Mathematik

für Ingenieure und Techniker

Ein Lehrbuch

von

Richard Doerfling

Ingenieur

Vierte Auflage

Mit 306 Bildern

München und Berlin 1942

Verlag von R. Oldenbourg

Druck von R. Oldenbourg, München
Printed in Germany

Es gibt Fälle, wo das Allgemeine leichter zu begreifen ist als das Spezielle.

Vorwort zur ersten Auflage

Talent zur Physik und Technik und Talent zur Mathematik sitzen selten in ein und demselben Kopf, die Natur geizt nun einmal mit der Verteilung von Fähigkeiten. Die meisten Lehrbücher der Mathematik haben den Zweck, Mathematiker heranzubilden, und müssen, neben Interesse, auch Talent für den Gegenstand voraussetzen.

In Erkennung dieser Tatsachen haben hin und wieder Physiker und Techniker Bücher über Mathematik geschrieben, um ihren Berufsgenossen die Aneignung der zu ihren speziellen Zwecken notwendigen Mathematik zu erleichtern. Ich bin mit einer Reihe dieser Bücher, soweit sie in englischer und deutscher Sprache erschienen sind, bekannt geworden, sie beschränken sich meistens auf Differential- und Integralrechnung.

Nun gibt es aber vieles, zu einem rationellen Studium Notwendige aus der Elementarmathematik (einschließlich der analytischen Geometrie), was ebenso schwierig ist und wohl schwerer im Gedächtnis haftet als die Elemente der Differential- und Integralrechnung. Determinanten und Hyperbelfunktionen, die doch in der physikalischen und technischen Literatur häufig auftreten und so manche Entwicklung vereinfachen, sowie die wichtigen Fourierschen Reihen werden in diesen Büchern selten oder gar nicht erwähnt; ein Abschluß nach der andern Seite hin, eine nennenswerte Einführung in Differentialgleichungen und Vektoranalysis, fehlen gänzlich.

Um zu erfahren, in welchem Umfange die Mathematik in den besten unserer Lehrbücher über technische Physik und Technik sowie in den leichteren Lehrbüchern über theoretische Physik zur Anwendung kommt, habe ich eine sehr umfangreiche Wanderung durch die Literatur dieser Gegenstände gemacht, und das vorliegende Buch ist danach begrenzt worden.

Mein Bestreben bei Abfassung des Buches war, so wenig wie möglich vorauszusetzen, an das Gedächtnis geringe Anforderungen zu stellen und die größte Einfachheit bei den Entwicklungen zu erzielen.

Als Leser oder Lernende habe ich mir solche gedacht, die keine besondere Veranlagung zur Mathematik haben, deren Interesse oder

Fähigkeiten aber auf ein Fach oder einen Beruf gerichtet sind, worin sie die Mathematik nicht entbehren können, die Mathematik also lediglich der Anwendung wegen studieren. Daß ich so wenig voraussetze, beruht auf langer Erfahrung und Beobachtung, an mir selbst und anderen, wie wenig schließlich von allem Erlernten sitzen bleibt. So habe ich z. B. noch beim Studium der partiellen Differentialgleichungen auf die Elemente zurückgreifen müssen, bei Umwandlung trigonometrischer Ausdrücke kommt das recht häufig vor. In diesem Buche werden daher nur die Anfangsgründe der Arithmetik und Algebra und der Elementargeometrie vorausgesetzt, sowie eine, diesen geringen mathematischen Kenntnissen entsprechende Bekanntschaft mit der allgemeinen Physik zum Verständnis der Anwendungsbeispiele. Es beginnt daher mit einer Zusammenstellung der Formeln über Potenzen und Wurzeln bzw. mit den Sätzen über ähnliche Dreiecke und proportionale Strecken.

Um das Wichtigste nach und nach dem Gedächtnis einzuprägen oder hie und da zu einer Repetition anzuregen, wird im ganzen Verlauf des Buches immer wieder auf vorhergegangene Formeln, Erklärungen und Ableitungen zurückgewiesen, welche zum Verständnis eines jeweiligen Problems in Frage kommen. Einige Anwendungsbeispiele in der Differential- und Integralrechnung erstrecken sich auf allgemein bekannte physikalische Gesetze. Der § 37 bringt dann ausschließlich Anwendungen aus der Mechanik mit den nötigen Erläuterungen und mag als eine kurze Einführung in die Mechanik betrachtet werden, genügend, um zu den darauffolgenden Differentialgleichungen praktische Anwendungsbeispiele zu liefern. Den Schluß bildet die Vektoranalysis mit erläuterten Anwendungen auf Gravitation, Magnetismus und Elektrizität.

Die Vektoranalysis hat erst durch das berühmte Lehrbuch des genialen schottischen Physikers Maxwell, a treatise on electricity and magnetism, erneute Lebenskraft erhalten und wird auch in Verbindung mit magnetischen und elektrischen Erscheinungen am leichtesten verständlich. Es sei noch bemerkt, daß die Vektoranalysis gleich nach § 37 ihren Platz finden könnte, Differentialgleichungen kommen nicht darin vor.

Nun noch etwas über das Studium der Mathematik. Der Astronom Wilhelm Förster sagte einst auf einer Tagung von Mathematikern: »Bekanntlich sind alle großen mathematischen Denker und Lehrer darin einig gewesen, ein möglichst schnelles Durchlaufen der unteren Stufen des mathematischen Lernens selbst auf Kosten der Gründlichkeit zu verlangen, weil die höheren Stufen immer mehr Licht und Freude auch für das Verständnis der unteren Stufen bringen, sobald man nur notdürftig für das Verständnis dieser höheren Stufen reif geworden ist. Energisches Zurückgreifen auf die unteren Stufen ist dabei vorausgesetzt.« — Repetitio est mater studiorum.

Von Interesse ist es auch zu wissen, daß es in der theoretischen Physik viele Probleme gibt, denen selbst der Mathematiker ratlos gegenübersteht; z. B. sind die Gleichungen, welche die Temperatur und die Bewegung in einer Flüssigkeit bestimmen, so schwer zu integrieren, daß bisher noch keine Aufgabe für irgendeinen Fall vollständig gelöst ist. Übrigens erfordert ein tieferes Eindringen in das Gebiet der Differentialgleichungen, namentlich der partiellen Differentialgleichungen, einen für Mathematik besonders begabten Kopf, die geistigen Kräfte durchschnittlich Talentierter dürften dabei leicht erlahmen.

Schließlich sei noch erwähnt, daß die Einteilung der höheren Mathematik hier mit der Absicht vorgenommen wurde, verschiedenen Erfordernissen gerecht zu werden. Vielen Ansprüchen werden § 33 und § 34 genügen und im Anschluß daran § 37. Nimmt man noch § 35, 1. hinzu, so wird es auch zum Verständnis von § 40 und § 41 auslangen. Auch können diese Teile zusammen als erster Lehrgang gelten, falls man sich die höhere Mathematik in zwei Lehrgänge einzuteilen wünscht.

Hinterbrühl in Wien, Mai 1939

Der Verfasser

Vorwort zur dritten Auflage

Während sich die zweite Auflage, wegen unvorhergesehenen raschen Absatzes der ersten Auflage, auf die Ausmerzung kleiner, vom aufmerksamen Leser leicht erkennbarer Druckfehler beschränken mußte, ist die dritte Auflage zunächst um eine elementare Abhandlung über unendliche Reihen, § 15, vervollständigt worden. Weiterhin ist diese dritte Auflage um einen umfangreichen 8. Teil, nämlich »Ausgleichungsrechnung nach der Methode der kleinsten Quadrate« erweitert worden, mit Musterbeispielen für die praktische Anwendung.

Obgleich die Ausgleichungsrechnung in erster Linie für Vermessungstechniker bestimmt ist, so ist doch das Auftreten von Ausgleichungserfordernissen auch in der praktischen Physik und Technik nicht selten.

§ 33, § 34 und § 35, 1. der höheren Mathematik genügen als Vorbereitung zum Studium der Ausgleichungsrechnung; der größere Teil geht über die Elementar-Mathematik nicht hinaus.

Hinterbrühl in Wien, Juli 1941

Der Verfasser

Das griechische Alphabet

A α	Alpha	H η	Ēta	N ν	Ny	T τ	Tau
B β	Beta	Θ ϑ θ	T͡Heta	Ξ ξ	Xi	Y υ	Ypsilon
Γ γ	Gamma	I ι	Iota	O o	Ŏmikron	Φ φ ϕ	P͡Hi
Δ δ	Delta	K $\varkappa$	Kappa	Π π	Pi	X χ	C͡Hi
E ε	Ĕpsilon	Λ χ	Lambda	P ϱ	Rho	Ψ ψ	P͡Si
Z ζ	Zeta	M μ	My	Σ σ ς	Sigma	Ω ω	Ōmega

(Die großen Anfangsbuchstaben der Namen geben die Äquivalente in deutsch.)

Bedeutung einiger Zeichen

$<$ ist kleiner als; $>$ ist größer als; $\lessgtr$ ist kleiner oder größer als; $\leq$ ist gleich oder kleiner; $\geq$ ist gleich oder größer; $\neq$ ist nicht gleich; $\pm$ plus oder minus; $\mp$ minus oder plus; $\therefore$ daher ist, folglich ist; lim (von limes), die Grenze, äußerster Wert; ∞ Symbol der Unendlichkeit. $x < 0$ sagt einfach, daß x einen negativen Wert hat.

Inhaltsverzeichnis

Die hereingerückten Zeilen deuten auf Hervorhebenswertes unter der betreffenden Nummer

D. Analytische Geometrie Seite

A. Arithmetik und Algebra

§ 1. Potenzen

1. $(+a)^n = +a^n$; $(-a)^n = \pm a^n$, je nachdem n eine gerade oder eine ungerade Zahl ist, also:

$$(-a)^{2n} = +a^{2n} \text{ und } (-a)^{2n+1} = -a^{2n+1}.$$

2. $a^m a^n = a^{m+n} = (m+n)$ Faktoren a.

3. $\frac{a^m}{a^n} = a^{m-n} = (m-n)$ Faktoren a,

z. B. $\frac{a^5}{a^3} = \frac{aaaaa}{aaa} = a^{5-3} = a^2$ und $\frac{a^3}{a^5} = \frac{aaa}{aaaaa} = a^{3-5} = a^{-2} = \frac{1}{a^2}$.

4. $a^m b^m = (ab)^m = m$ Faktoren ab.

5. $\frac{a^m}{b^m} = \left(\frac{a}{b}\right)^m = m$ Faktoren $\frac{a}{b}$.

6. $(a^m)^n = a^{mn} = n$ Faktoren a^m.

7. $a^0 = a^{n-n} = \frac{a^n}{a^n} = 1$.

8. $\frac{1}{a^m} = \left(\frac{1}{a}\right)^m = a^{0-m} = a^{-m}$; $a^{-1} = \frac{1}{a}$.

9. $\left(\frac{a}{b}\right)^{-n} = \frac{a^{-n}}{b^{-n}} = \frac{b^n}{a^n} = \left(\frac{b}{a}\right)^n$, d. h. die negative Potenz einer Zahl ist gleich der positiven Potenz der Reziproken. Vergleiche 3. 8.

10. $a^2 - b^2 = (a+b)(a-b)$.

11. $(a \pm b)^2 = a^2 \pm 2ab + b^2$.

12. $(a+b+c)^2 = a^2 + b^2 + c^2 + 2ab + 2ac + 2bc$.

13. $(a \pm b)^3 = a^3 \pm 3a^2b + 3ab^2 \pm b^3$.

Durch einfache Division erhält man 14. 15. 16. und 17.

14. $\frac{a^3+b^3}{a+b} = a^2 - ab + b^2$ und $\frac{a^3-b^3}{a-b} = a^2 + ab + b^2$

$$\therefore\ a^3 \pm b^3 = (a \pm b)(a^2 \mp ab + b^2).$$

15. $\frac{a^n - b^n}{a-b} = a^{n-1} + a^{n-2}b + a^{n-3}b^2 + \ldots\ldots + ab^{n-2} + b^{n-1}$.

16. $\frac{a^{2n} - b^{2n}}{a+b} = a^{2n-1} - a^{2n-2}b + a^{2n-3}b^2 - \ldots\ldots - b^{2n-1}$.

17. $\frac{a^{2n+1} + b^{2n+1}}{a+b} = a^{2n} - a^{2n-1}b + a^{2n-2}b^2 - \ldots\ldots + b^{2n}$.

18. Wenn $a > 1$, so ist für $n = \infty$, $\lim a^n = \infty$ und $\lim \frac{1}{a^n} = 0$.

§ 2. Binomischer Satz für ganze positive Exponenten

1. Durch fortlaufendes Potenzieren von $(a + b)$ erhält man aufsteigende Potenzen dieses Binoms; z. B. die 4. Potenz durch

$$\begin{array}{l} (a^3 + 3a^2b + 3ab^2 + b^3)(a+b) \\ \hline a^4 + 3a^3b + 3a^2b^2 + ab^3 \\ \quad + a^3b + 3a^2b^2 + 3ab^3 + b^4 \\ \hline a^4 + 4a^3b + 6a^2b^2 + 4ab^3 + b^4 \end{array}.$$

Schreibt man die Koeffizienten dieser Potenzen in Form eines Dreiecks nieder, so ergibt sich

$$\begin{array}{lccccccccccccccl}
\text{für } n = 0 & & & & & & & 1 & & & & & & & & \text{denn } (a+b)^0 = 1 \\
1 & & & & & & 1 & & 1 & & & & & & & \text{denn } (a+b)^1 = a+b \\
2 & & & & & 1 & & 2 & & 1 & & & & & & \\
3 & & & & 1 & & 3 & & 3 & & 1 & & & & & \\
4 & & & 1 & & 4 & & 6 & & 4 & & 1 & & & & \\
5 & & 1 & & 5 & & 10 & & 10 & & 5 & & 1 & & & \\
6 & 1 & & 6 & & 15 & & 20 & & 15 & & 6 & & 1 & &
\end{array}$$

Dies ist das sogenannte Pascalsche Dreieck. Man erkennt schon bei $n = 4$, daß jede Zahl außer 1 die Summe der beiden darüberstehenden Zahlen ist, und kann somit das Zahlendreieck ohne weiteres fortsetzen. Um jedoch einen allgemeinen Ausdruck für $(a + b)^n$ zu gewinnen, muß man versuchen, die Koeffizienten durch die Exponenten auszudrücken. Für $(a + b)^4$ findet man, daß die Koeffizienten der Reihe nach die Werte haben:

$$1, \quad 4, \quad \frac{4\cdot 3}{1\cdot 2}, \quad \frac{4\cdot 3\cdot 2}{1\cdot 2\cdot 3}, \quad \frac{4\cdot 3\cdot 2\cdot 1}{1\cdot 2\cdot 3\cdot 4},$$

und dementsprechende Werte ergeben sich für $(a + b)^5$.

2. Der Kürze halber werden diese Binomialkoeffizienten meistens anders geschrieben,

für $(a + b)^4$: $\binom{4}{0}, \binom{4}{1}, \binom{4}{2}, \binom{4}{3}, \binom{4}{4}$

für $(a + b)^n$: $\binom{n}{0}, \binom{n}{1}, \binom{n}{2}, \binom{n}{3}, \binom{n}{4} \ldots\ldots \binom{n}{p} \ldots\ldots \binom{n}{n-2}, \binom{n}{n-1}, \binom{n}{n}$.

Man beachte aber zugleich, daß die Koeffizientenwerte symmetrisch zur Mittellinie des Zahlendreiecks sind:

$$\binom{6}{1}=\binom{6}{6-1},\ \binom{6}{2}=\binom{6}{6-2},\ \binom{n}{4}=\binom{n}{n-4},\ \binom{n}{p}=\binom{n}{n-p},\ \binom{n}{n}=\binom{n}{n-n}=\binom{n}{0}=1;$$

$$\frac{n(n-1)(n-2)(n-3)\,.\,.\,.\,.\,.\,(n-(p-1))}{1\cdot2\cdot3\cdot\,.\,.\,.\,.\,.\,p}=\binom{n}{p},$$

zu lesen n über p, bedeutet also das Produkt von p Faktoren, die von n in natürlicher Reihe absteigen, dividiert durch das Produkt von p Faktoren, die von 1 aufsteigen.

Der Nenner 1. 2. 3. .... p heißt »p Fakultät« $= p!$

3. Von der Allgemeingültigkeit des binomischen Satzes, zunächst für ganze positive Exponenten, kann man sich nun leicht überzeugen durch den Schluß von n auf $n+1$, das heißt in diesem Falle, man geht von der $n$ten Potenz durch Multiplikation mit $(a+b)$ zur nächsthöheren Potenz über und prüft, ob die auf Grund spezieller Zahlenrechnung vermutete Gesetzmäßigkeit wieder erscheint:

$$\begin{array}{l}
\underline{\left(a^n+\binom{n}{1}a^{n-1}b+\binom{n}{2}a^{n-2}b^2+\binom{n}{3}a^{n-3}b^3+\dots+\binom{n}{n-1}ab^{n-1}+b^n\right)\cdot(a+b)}\\
a^{n+1}+\binom{n}{1}a^nb\quad+\binom{n}{2}a^{n-1}b^2\quad+\binom{n}{3}a^{n-2}b^3\quad+\,.\,.\,.\,.\,.+ab^n\\
\underline{\qquad\ +\quad a^nb\qquad+\ \binom{n}{1}a^{n-1}b^2\ +\ \binom{n}{2}a^{n-2}b^3\ +\,.\,.\,.\,.\,.\binom{n}{n-1}ab^n+b^{n+1}}\\
a^{n+1}+\binom{n+1}{1}a^nb+\binom{n+1}{2}a^{n-1}b^2+\binom{n+1}{3}a^{n-2}b^3+\,.\,.\,.\,.\,\binom{n+1}{n}ab^n+b^{n+1}.
\end{array}$$

4. Für die Addition der Binomialkoeffizienten unter 3. beachte man, daß $(n-(p-1))+p=n+1$ ist, also

$$\begin{aligned}
\binom{n}{p}+\binom{n}{p-1}&=\frac{n(n-1)(n-2)\,.\,.\,.\,.\,(n-(p-1))}{1\cdot2\cdot3\,.\,.\,.\,.\,p}\\
&+\frac{n(n-1)(n-2)\,.\,.\,.\,.\,(n-(p-2))}{1\cdot2\cdot3\,.\,.\,.\,.\,(p-1)}\cdot\frac{p}{p}\\
&=\frac{n(n-1)(n-2)\,.\,.\,.\,.\,(n-(p-2))(n+1)}{1\cdot2\cdot3\,.\,.\,.\,.\,p}=\binom{n+1}{p}
\end{aligned}$$

$$\therefore\ \binom{n}{1}+1=\binom{n+1}{1},\quad \binom{n}{2}+\binom{n}{1}=\binom{n+1}{2},\quad \binom{n}{3}+\binom{n}{2}=\binom{r+1}{3}.$$

5. Für die Addition der Binomialkoeffizienten im allgemeinen findet man hiernach

$$\begin{array}{l}
\binom{n+1}{p}=\binom{n}{p}+\binom{n}{p-1}\\
\binom{n}{p}\quad\ =\binom{n-1}{p}+\binom{n-1}{p-1}\\
\binom{n-1}{p}=\binom{n-2}{p}+\binom{n-2}{p-1}\\
\underline{\binom{n-2}{p}=\,.\,.\,.\,.\,.\,.\,.\,.\,.\,.\,.\qquad\qquad\qquad\qquad\qquad\qquad\qquad}\\
\binom{n+1}{p}=\binom{n}{p-1}+\binom{n-1}{p-1}+\binom{n-2}{p-1}+\,.\,.\,.\,.\,+\binom{p}{p-1}+\binom{p-1}{p-1}.
\end{array}$$

6. Für das Binom $(a - b)$ sind die ungeraden Potenzen von $-b$ negativ, und man erhält somit schließlich:

$$(a \pm b)^n = a^n \pm \binom{n}{1} a^{n-1} b + \binom{n}{2} a^{n-2} b^2 \pm \binom{n}{3} a^{n-3} b^3 + \ldots\ldots + \text{bzw.} \pm b^n.$$

Anwendungen:

7. $$(1 \pm x)^n = 1 \pm \binom{n}{1} x + \binom{n}{2} x^2 \pm \binom{n}{3} x^3 + \binom{n}{4} x^4 \pm \binom{n}{5} x^5 + \ldots\ldots + \text{bzw.} \pm x^n.$$

Ist x ein echter Bruch, so wird in der für $(1 + x)^n$ gefundenen Reihe von einem bestimmten Gliede an jedes Glied kleiner als das ihm vorausgehende. Der wichtigste Gebrauch hiervon ist die Berechnung der Zahl e, die Basis der natürlichen Logarithmen (§ 6):

$$\left(1 + \frac{1}{n}\right)^n = 1 + \frac{n}{1} \cdot \frac{1}{n} + \frac{n(n-1)}{1 \cdot 2} \cdot \frac{1}{n^2} + \frac{n(n-1)(n-2)}{1 \cdot 2 \cdot 3} \cdot \frac{1}{n^3} + \frac{n(n-1)(n-2)(n-3)}{1 \cdot 2 \cdot 3 \cdot 4} \cdot \frac{1}{n^4} + \ldots\ldots$$

$$= 1 + \frac{1}{1!} + \frac{1}{2!}\left(1 - \frac{1}{n}\right) + \frac{1}{3!}\left(1 - \frac{1}{n}\right)\left(1 - \frac{2}{n}\right) + \frac{1}{4!}\left(1 - \frac{1}{n}\right)\left(1 - \frac{2}{n}\right)\left(1 - \frac{3}{n}\right) + \ldots$$

Hieraus erhält man für $n = \infty$:

8. $$e = \lim_{n=\infty} \left(1 + \frac{1}{n}\right)^n = 1 + \frac{1}{1!} + \frac{1}{2!} + \frac{1}{3!} + \frac{1}{4!} + \frac{1}{5!} + \ldots\ldots$$

Begnügt man sich mit 5 Dezimalstellen, so geben schon 10 Glieder dieser rasch konvergierenden Reihe die gewünschte Genauigkeit, wie folgt:

$$\begin{array}{r} 1{,}000000 \\ 1 : 1! = 1{,}000000 \\ 1 : 2! = 0{,}500000 \\ 1 : 3! = 0{,}166667 \\ 1 : 4! = 0{,}041667 \\ 1 : 5! = 0{,}008333 \\ 1 : 6! = 0{,}001389 \\ 1 : 7! = 0{,}000198 \\ 1 : 8! = 0{,}000025 \\ 1 : 9! = 0{,}000002 \\ \hline e = 2{,}718281. \end{array}$$

(Siehe § 15, 6.)

Die Zahl $e = 2{,}7182818\ldots$ ist, ebenso wie die Zahl $\pi = 3{,}1415926\ldots$, ein unendlicher, nicht periodischer Dezimalbruch; es sind die beiden wichtigsten Zahlen der Mathematik. Will man die Zahl e dem Gedächtnis einprägen, so merke man sie in der Form: 27 — 18 — 28 — 18.

9. Ebenso wie unter 8. erhält man:

$$\lim_{n=\infty} \left(1 + \frac{x}{n}\right)^n = 1 + \frac{x}{1!} + \frac{x^2}{2!} + \frac{x^3}{3!} + \ldots.$$

Setzt man nun $n = m\,x$, so ergibt sich hieraus

$$\left(1 + \frac{x}{m\,x}\right)^{m\,x} = \left(1 + \frac{1}{m}\right)^{m\,x} = e^x;$$

es ist also

$$e^x = 1 + \frac{x}{1!} + \frac{x^2}{2!} + \frac{x^3}{3!} + \ldots\ldots$$

§ 3. Binomischer Satz für Exponenten $-n$, $\frac{n}{m}$, $-\frac{n}{m}$

1. Während der binomische Satz für ganze positive Exponenten immer einen geschlossenen Ausdruck liefert, oder in anderen Worten, eine endliche Reihe, so liefert dieser Satz mit den Exponenten $-n$, $\frac{n}{m}$, $-\frac{n}{m}$, im allgemeinen eine unendliche Reihe, denn

$$(a+b)^{-n} = \frac{1}{(a+b)^n}, \quad (a+b)^{\frac{n}{m}} = \sqrt[m]{(a+b)^n}, \quad (a+b)^{-\frac{n}{m}} = \frac{1}{\sqrt[m]{(a+b)^n}},$$

und zwar ist die Reihe konvergent für $a > b$. Der praktische Gebrauch hiervon beschränkt sich auf das Binom $(1 \pm x)$ und führt zu konvergenten Reihen für $x < 1$.

2. Von der Allgemeingültigkeit des Satzes in den vorliegenden Formen kann man sich überzeugen wie folgt:

a) Angenommen, es sei

$$y = \binom{-n}{0} + \binom{-n}{1} x + \binom{-n}{2} x^2 + \binom{-n}{3} x^3 + \ldots\ldots$$

Multipliziert man diesen Ausdruck mit

$$(1+x)^n = \binom{n}{0} + \binom{n}{1} x + \binom{n}{2} x^2 + \binom{n}{3} x^3 + \ldots\ldots,$$

so ergibt sich unter Beachtung, daß $\binom{n}{n} = \binom{n}{n-n} = \binom{n}{0} = 1$ und $\binom{-n}{-n} = \binom{-n}{-n+n} = \binom{-n}{0} = 1$:

$$\begin{aligned} y\,(1+x)^n = 1 &+ \left[\binom{-n}{1} + \binom{n}{1}\right] x \\ &+ \left[\binom{n}{0}\binom{-n}{2} + \binom{n}{1}\binom{-n}{1} + \binom{n}{2}\binom{-n}{0}\right] x^2 \\ &+ \left[\binom{n}{0}\binom{-n}{3} + \binom{n}{1}\binom{-n}{2} + \binom{n}{2}\binom{-n}{1} + \binom{n}{3}\binom{-n}{0}\right] x^3 + \ldots\ldots \\ = 1 &+ \binom{0}{1} x + \binom{0}{2} x^2 + \binom{0}{3} x^3 + \ldots\ldots = 1, \end{aligned}$$

also ist

$$y = \frac{1}{(1+x)^n} = (1+x)^{-n}, \text{ oder}$$

$$(1+x)^{-n} = 1 + \binom{-n}{1} x + \binom{-n}{2} x^2 + \binom{-n}{3} x^3 + \ldots\ldots$$

Binomialkoeffizienten, in der kurzen Schreibweise, sind wenig für Addition und noch weniger für Multiplikation geeignet, man wird sie für diese Zwecke wohl meistens ausschreiben müssen, z. B. Zeile 7 unter a)

$$\binom{n}{0}\binom{-n}{2}+\binom{n}{1}\binom{-n}{1}+\binom{n}{2}\binom{-n}{0}$$

$$=1\cdot\frac{(-n)(-n-1)}{2}+\frac{n}{1}\cdot\frac{-n}{1}+\frac{n(n-1)}{2}\cdot 1$$

$$=\frac{n^2+n}{2}\qquad-\frac{2n^2}{2}\qquad+\frac{n^2-n}{2}$$

$$=\frac{n^2+n-2n^2+n^2-n}{2}=\binom{0}{2}$$

oder Zeile 8:

$$\binom{n}{0}\binom{-n}{3}+\binom{n}{1}\binom{-n}{2}+\binom{n}{2}\binom{-n}{1}+\binom{n}{3}\binom{-n}{0}$$

$$=1\cdot\frac{(-n)(-n-1)(-n-2)}{6}+\frac{n}{1}\cdot\frac{(-n)(-n-1)}{2}$$

$$+\frac{n(n-1)}{2}\cdot\frac{-n}{1}+\frac{n(n-1)(n-2)}{6}\cdot 1$$

$$=\frac{1}{6}(n^2+n)(-n-2)+\frac{n}{2}(n^2+n)+(n^2-n)\frac{-n}{2}$$

$$+\frac{1}{6}(n^2-n)(n-2)$$

$$=\frac{1}{6}(-n^3-3n^2-2n)+\frac{1}{2}(n^3+n^2)+\frac{1}{2}(-n^3+n^2)$$

$$+\frac{1}{6}(n^3-3n^2+2n)$$

$$=\frac{1}{6}(-6n^2)+\frac{2n^2}{2}=\frac{0}{6}=\binom{0}{3}.$$

b) Angenommen, es sei

$$y=\binom{\frac{1}{m}}{0}+\binom{\frac{1}{m}}{1}x+\binom{\frac{1}{m}}{2}x^2+\binom{\frac{1}{m}}{3}x^3+\ldots,$$

so ist

$$y^2=\binom{\frac{2}{m}}{0}+\binom{\frac{2}{m}}{1}x+\binom{\frac{2}{m}}{2}x^2+\binom{\frac{2}{m}}{3}x^3+\ldots$$

$$y^3=\binom{\frac{3}{m}}{0}+\binom{\frac{3}{m}}{1}x+\binom{\frac{3}{m}}{2}x^2+\binom{\frac{3}{m}}{3}x^3+\ldots$$

und allgemein

$$y^a=\binom{\frac{a}{m}}{0}+\binom{\frac{a}{m}}{1}x+\binom{\frac{a}{m}}{2}x^2+\binom{\frac{a}{m}}{3}x^3+\ldots$$

Setzt man hierin $a = m$, so bleiben nur die zwei ersten Glieder, denn $\frac{1 \cdot 0}{1 \cdot 2} = 0$ und $\frac{1 \cdot 0 \cdot (-1)}{1 \cdot 2 \cdot 3} = 0$, und es folgt:

$$y^m = 1 + x, \text{ also } y = (1 + x)^{\frac{1}{m}}, \text{ oder}$$

$$(1 + x)^{\frac{1}{m}} = 1 + \binom{\frac{1}{m}}{1} x + \binom{\frac{1}{m}}{2} x^2 + \binom{\frac{1}{m}}{3} x^3 + \dots$$

und hieraus

$$y^n = (1 + x)^{\frac{n}{m}} = 1 + \binom{\frac{n}{m}}{1} x + \binom{\frac{n}{m}}{2} x^2 + \binom{\frac{n}{m}}{3} x^2 + \dots$$

c) Angenommen, es sei

$$y = \binom{-\frac{n}{m}}{0} + \binom{-\frac{n}{m}}{1} x + \binom{-\frac{n}{m}}{2} x^2 + \dots,$$

so ergibt sich durch Multiplikation mit

$$(1 + x)^{\frac{n}{m}} = \binom{\frac{n}{m}}{0} + \binom{\frac{n}{m}}{1} x + \binom{\frac{n}{m}}{2} x^2 + \dots \quad \text{wie unter a)}$$

$$y\,(1 + x)^{\frac{n}{m}} = 1, \text{ also } y = (1 + x)^{-\frac{n}{m}}, \text{ oder}$$

$$(1 + x)^{-\frac{n}{m}} = 1 + \binom{-\frac{n}{m}}{1} x + \binom{-\frac{n}{m}}{2} x^2 + \dots$$

Anwendungen:

3. a) $(1 + x)^{-1} = 1 + \frac{-1}{1} x + \frac{(-1)(-2)}{1 \cdot 2} x^2 + \frac{(-1)(-2)(-3)}{1 \cdot 2 \cdot 3} x^3 + \dots = 1 - x + x^2 - x^3 + \dots$

Dies findet man auch durch Division, denn $(1 + x)^{-1} = \frac{1}{(1 + x)}$.

b) $\sqrt{1 + x} = (1 + x)^{1/2} = 1 + \frac{1/2}{1} x + \frac{(1/2)(-1/2)}{1 \cdot 2} x^2 + \frac{(1/2)(-1/2)(-3/2)}{1 \cdot 2 \cdot 3} x^3 + \dots$

$$= 1 + \frac{1}{2} x - \frac{1 \cdot 1}{2 \cdot 4} x^2 + \frac{1 \cdot 1 \cdot 3}{2 \cdot 4 \cdot 6} x^3 - \dots$$

c) $\frac{1}{\sqrt{1 + x}} = (1 + x)^{-1/2} = 1 - \frac{1}{2} x + \frac{1 \cdot 3}{2 \cdot 4} x^2 - \frac{1 \cdot 3 \cdot 5}{2 \cdot 4 \cdot 6} x^3 + \dots$

4. $\frac{1}{1 \pm x} = (1 \pm x)^{-1} = 1 \mp x + x^2 \mp x^3 + x^4 \mp x^5 + \dots$

5. $\sqrt{1 \pm x} = (1 \pm x)^{1/2} = 1 \pm \frac{1}{2} x - \frac{1 \cdot 1}{2 \cdot 4} x^2 \pm \frac{1 \cdot 1 \cdot 3}{2 \cdot 4 \cdot 6} x^3 - \frac{1 \cdot 1 \cdot 3 \cdot 5}{2 \cdot 4 \cdot 6 \cdot 8} x^4 \pm \dots$

6. $\frac{1}{\sqrt{1 \pm x}} = (1 \pm x)^{-1/2} = 1 \mp \frac{1}{2} x + \frac{1 \cdot 3}{2 \cdot 4} x^2 \mp \frac{1 \cdot 3 \cdot 5}{2 \cdot 4 \cdot 6} x^3 + \frac{1 \cdot 3 \cdot 5 \cdot 7}{2 \cdot 4 \cdot 6 \cdot 8} x^4 \mp \dots$

§ 4. Wurzeln

1. Die Wurzeln aus Zahlen findet man in der Praxis wohl meistens mittels Tabellen, Logarithmen oder Rechenschieber. Für den eventuellen Gebrauch mögen die folgenden beiden Beispiele die rechnerische Methode für Quadrat- und Kubikwurzeln ins Gedächtnis zurückrufen:

$$\begin{array}{rrl}
 & \sqrt[2]{1253{,}16} & = 35{,}4 \\
a_1^2 = & 9: & \\
 & 353 & (35:2a_1 = 5) \\
2a_1b_1 = & 30 & \\
b_1^2 = & 25 & \\
 & 2816 & (281:2a_2 = 4) \\
2a_2b_2 = & 280 & \\
b_2^2 = & 16 & \\
 & 0 &
\end{array}
\qquad
\begin{array}{rrl}
 & \sqrt[3]{44361{,}864} & = 35{,}4 \\
a_1^3 = & 27: & \\
 & 17361 & (173:3a_1^2 = 5) \\
3a_1^2b_1 = & 135 & \\
3a_1\,b_1^2 = & 225 & \\
b_1^3 = & 125 & \\
 & 1486864 & (14868:3a_2^2 = 4) \\
3a_2^2b_2 = & 14700 & \\
3a_2\,b_2^2 = & 1680 & \\
b_2^3 = & 64 & \\
 & 0 &
\end{array}$$

In beiden Fällen ist $a_1 = 3$, $b_1 = 5$, $a_2 = 35$, $b_2 = 4$.

2. $\sqrt[4]{a} = \sqrt{\sqrt{a}}$; $\quad \sqrt[6]{a} = \sqrt[3]{\sqrt{a}}$.

3. $(\sqrt[n]{a})^n = a$

4. $\sqrt[n]{ab} = \sqrt[n]{a}\,\sqrt[n]{b}$

5. $\sqrt[n]{a:b} = \sqrt[n]{a}:\sqrt[n]{b}$

6. $\sqrt[n]{\dfrac{1}{a}} = \dfrac{1}{\sqrt[n]{a}} = a^{-\frac{1}{n}}$

7. $\sqrt[m]{a^n} = (\sqrt[m]{a})^n = a^{\frac{n}{m}}$

8. $\sqrt[m]{\sqrt[n]{a}} = \sqrt[mn]{a} = \sqrt[n]{\sqrt[m]{a}}$

9. $\sqrt{a} \pm \sqrt{b} = \sqrt{(\sqrt{a} \pm \sqrt{b})^2} = \sqrt{a + b \pm 2\sqrt{ab}}$,

also z. B.:

10. $\sqrt{a+b} + \sqrt{a-b} = \sqrt{2a + 2\sqrt{a^2 - b^2}}$

$\sqrt{a+b} - \sqrt{a-b} = \sqrt{2a - 2\sqrt{a^2 - b^2}}$

und hieraus folgt durch Addition und Subtraktion

11. $\sqrt{a+b} = \sqrt{\dfrac{a + \sqrt{a^2 - b^2}}{2}} + \sqrt{\dfrac{a - \sqrt{a^2 - b^2}}{2}}$

$\sqrt{a-b} = \sqrt{\dfrac{a + \sqrt{a^2 - b^2}}{2}} - \sqrt{\dfrac{a - \sqrt{a^2 - b^2}}{2}}$

12. $\sqrt{a^2} = \pm a$; $\quad \sqrt[2n]{a} = \pm a^{\frac{1}{2n}}$

13. $\sqrt[2n+1]{-a} = -a^{\frac{1}{2n+1}} = -\sqrt[2n+1]{a}$

14. $\sqrt[2n]{-a} = \sqrt[n]{\sqrt{-a}} = \sqrt[n]{\sqrt{a}\sqrt{-1}}.$

Dies nennt man eine imaginäre Zahl zum Unterschied von reellen Zahlen, deren Wert sich angeben oder berechnen läßt.

§ 5. Imaginäre und komplexe Zahlen

1. Alle $2n$ten Wurzeln aus negativen reellen Zahlen sind imaginär, denn man kennt weder eine positive noch eine negative reelle Zahl, deren $2n$te Potenz einen negativen Wert ergeben könnte. $\sqrt{-1}$ heißt die imaginäre Einheit und wird gewöhnlich mit i bezeichnet.

2. Bei der Multiplikation und Division von imaginären Zahlen hat man zu beachten, daß

$i = \sqrt{-1}$	$i^5 = i^4\, i = i$	$\frac{1}{i} = \frac{i^4}{i} = i^3 = -i$
$i^2 = -1$	$i^{4n+1} = i$	$\frac{1}{i^2} = \frac{i^4}{i^2} = i^2 = -1$
$i^3 = i^2\, i = -i$	$i^{4n+m} = i^m$	$\frac{1}{i^3} = \frac{i^4}{i^3} = i$
$i^4 = i^2\, i^2 = 1$	$i^{4n} = 1$	usw.

3. Eine komplexe Zahl ist ein aus reellen und imaginären Zahlen zusammengesetzter Ausdruck und läßt sich immer auf die Form $a \pm ib$ bringen, in der a und b reelle Werte sind. Bisweilen nennt man auch die komplexen Zahlen imaginär und bezeichnet dann die Zahlen unter 1. als rein-imaginär. Das Binom $a \pm ib$ umfaßt alle Zahlen, deren die Arithmetik bedarf; es enthält die reelle Zahl a, wenn $b = 0$, oder die imaginäre Zahl ib, wenn $a = 0$. Es folgt hieraus sogleich:

4. Ist $a + ib = 0$, so ist $a = 0$ und $b = 0$.
Ist $a + ib = c + id$, so ist $a = c$ und $b = d$,

denn 2 Komplexe können nur dann einander gleich sein, wenn das reelle Glied der einen dem reellen Glied der anderen und zugleich das imaginäre Glied der einen dem imaginären Glied der anderen gleich ist.

5. Für die Addition und Subtraktion zweier Komplexen hat man also

$$(a + ib) \pm (c + id) = (a \pm c) + i\,(b \pm d)$$
$$(a - ib) \pm (c - id) = (a \pm c) - i\,(b \pm d).$$

6. Zwei Komplexe der Form $a + ib$, $a - ib$ heißen konjugiert. Ihre Summe ist reell, ihre Differenz rein imaginär, denn

$$(a + ib) + (a - ib) = 2a$$
$$(a + ib) - (a - ib) = 2ib.$$

7. Die Multiplikation komplexer Zahlen besteht aus den Multiplikationen mit ihren Gliedern, so daß

$$(a + ib)\,(c + id) = ac + ibc + iad - bd$$
$$= (ac - bd) + i\,(bc + ad)$$
$$(a + ib)\,(a - ib) = a^2 + b^2,$$

also nicht nur die Summe, auch das Produkt konjugierter Zahlen ist reell. Die reelle Zahl $a^2 + b^2$, welche durch $a + ib$ und durch $a - ib$ teilbar ist, heißt die Norm der konjugierten Komplexen $a + ib$ und $a - ib$.

8. Die Division durch eine komplexe Zahl ist gleich der Multiplikation mit ihrer Konjugierten dividiert durch die Norm, denn

$$\frac{1}{a + ib} = \frac{a - ib}{a^2 + b^2},$$

also

$$\frac{a + ib}{c + id} = \frac{(a + ib)(c - id)}{c^2 + d^2} = \frac{ac + bd}{c^2 + d^2} + i\,\frac{bc - ad}{c^2 + d^2}.$$

9. Die positive Quadratwurzel einer komplexen Zahl ist nach 11. § 4:

$$\sqrt{a \pm ib} = \sqrt{\frac{\sqrt{a^2 + b^2} + a}{2}} \pm i\sqrt{\frac{\sqrt{a^2 + b^2} - a}{2}},$$

denn $$\sqrt{a - \sqrt{a^2 + b^2}} = i\sqrt{\sqrt{a^2 + b^2} - a}.$$

10. Zur geometrischen Darstellung des ganzen Zahlensystems denkt man sich alle Zahlen auf einer Ebene verteilt, so daß die Punkte der reellen Zahlen auf einer Geraden liegen, der reellen Zahlenlinie, die Punkte der positiven Zahlen in der einen Richtung vom Nullpunkt aus, die Punkte der negativen Zahlen in der entgegengesetzten Richtung. Auf einer durch den Nullpunkt dieser reellen Zahlenlinie verlaufenden Normalen denkt man sich eine gleiche Einteilung für die imaginären Zahlen und nennt diese Normale die imaginäre Zahlenlinie. Die beiden Zahlenlinien haben also nur den Nullpunkt gemein. Als Darstellung der komplexen Zahl $a + ib$ gilt nun der Punkt der Ebene, der a, b zu rechtwinkligen Koordinaten hat. Jedem Punkt der Ebene entspricht in dieser Weise eine bestimmte Zahl; diese ist reell, wenn der Punkt auf der reellen Zahlenlinie liegt; rein imaginär, wenn er auf der imaginären Zahlenlinie liegt; komplex, wenn er außerhalb beider Linien sich befindet. In dieser Auffassung heißt die Ebene auch Zahlenebene oder komplexe Zahlenebene. Die absolute Größe irgendeiner Zahl (ihre Größe abgesehen vom Vorzeichen, ihr Modul) ist immer der mit der Längeneinheit gemessene Abstand ihres Punktes vom gemeinschaftlichen Nullpunkt; die absolute Größe der Zahl $a + ib$ ist also $r = \sqrt{a^2 + b^2}$

(Bild 1), man nennt r auch den Radiusvektor. Die Zahlen $a + ib$, $-a + ib$, $-a - ib$, $a - ib$ der vier Quadranten sind von gleicher absoluter Größe, welche sowohl die Größe von a als auch die Größe von b übertrifft. Alle Komplexen auf der punktierten Normalen durch a haben das reelle Glied a gemein; alle Komplexen auf der punktierten Parallelen durch ib haben das imaginäre Glied ib gemein. Auf einem um den Nullpunkt beschriebenen Kreis liegen unendlich viele Zahlen gleicher Größe, darunter 2 reelle und 2 imaginäre. (Siehe Fortsetzung und Ergänzung § 24.)

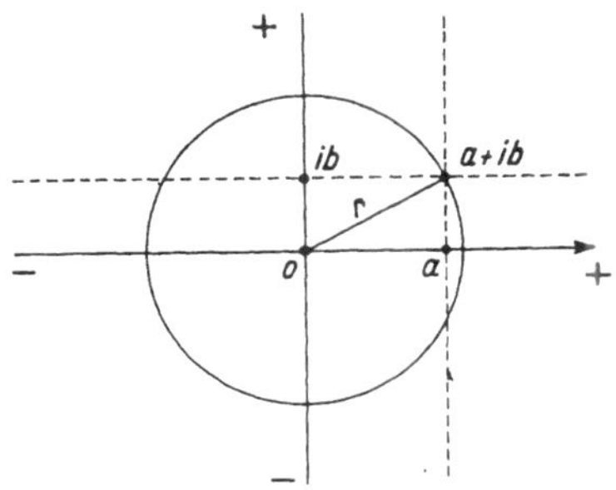

Bild 1

§ 6. Logarithmen

1. Eine Umkehrung des Potenzierens ist das Radizieren. Eine zweite Umkehrung des Potenzierens ist das Logarithmieren. Wenn nämlich in dem Ausdruck $b^n = a$, in welchem b die Basis, n der Exponent und a der Numerus genannt wird, der Exponent berechnet werden soll. In dieser Rechnungsart wird der Wert von n mit ${}^b\log a$ bezeichnet. (Gesprochen: b-Logarithmus von a.) Es bedeutet also ${}^b\log a$ immer den Exponenten, mit welchem b potenziert werden muß, um a zu ergeben.

Wie Potenzierung, Radizierung und Logarithmierung miteinander in Beziehung stehen, zeigen die folgenden charakteristischen Beispiele:

Ist $b^n = a$	dann ist $\sqrt[n]{a} = b$	und ${}^b\log a = n$
$9^2 = 81$	$\sqrt[2]{81} = 9$	${}^9\log 81 = 2$
$3^4 = 81$	$\sqrt[4]{81} = 3$	${}^3\log 81 = 4$
$10^3 = 1000$	$\sqrt[3]{1000} = 10$	${}^{10}\log 1000 = 3$
$5^{-3} = \left(\frac{1}{5}\right)^3 = \frac{1}{125}$	$\sqrt[3]{\frac{1}{125}} = \frac{1}{5}$	${}^5\log \frac{1}{125} = -3.$

Das Rechnen mit Logarithmen verwandelt
das Multiplizieren in ein Addieren,
das Dividieren in ein Subtrahieren,
das Potenzieren in ein Multiplizieren,
das Radizieren in ein Dividieren,

erniedrigt also jede Rechnungsart um eine Stufe. Man wendet daher die Logarithmen an, um Rechenarbeit zu vereinfachen und zu kürzen. Es gibt aber auch viele Aufgaben, die man ohne Logarithmen nur schwer oder gar nicht lösen könnte.

Ist nun

$$b^m = a \text{ und } b^n = c,$$

also

$${}^b\log a = m \text{ und } {}^b\log c = n,$$

so hat man

2. Für das Multiplizieren: $ac = b^m b^n = b^{m+n}$,
also ${}^b\log(ac) = {}^b\log a + {}^b\log c$.

3. Für das Dividieren: $a : c = b^m : b^n = b^{m-n}$,
also ${}^b\log(a : c) = {}^b\log a - {}^b\log c$.

4. Für das Potenzieren: $a^c = (b^m)^c = b^{cm}$,
also ${}^b\log a^c = c\,{}^b\log a$.

5. Für das Radizieren: $\sqrt[c]{a} = a^{\frac{1}{c}} = b^{\frac{m}{c}}$,
also ${}^b\log \sqrt[c]{a} = \frac{1}{c}\,{}^b\log a$.

6. Aus $b^0 = 1$ folgt ${}^b\log 1 = 0$,
aus $b^1 = b$ folgt ${}^b\log b = 1$.

7. Ist wieder $b^m = a$ und $b^n = c$,
so folgt $b = a^{\frac{1}{m}}$ und $c = a^{\frac{n}{m}}$,
also ${}^a\log c = \frac{{}^b\log c}{{}^b\log a}$ oder ${}^a\log c \cdot {}^b\log a = {}^b\log c$.

8. Für $c = b$ folgt aus 7. und 6.

$${}^a\log b = \frac{1}{{}^b\log a} \text{ oder } {}^a\log b \cdot {}^b\log a = 1.$$

9. Der Inbegriff der Logarithmen aller Zahlen für eine bestimmte Basis heißt ein Logarithmensystem. Nur zwei solche Systeme sind im allgemeinen Gebrauch, die gewöhnlichen Logarithmen (auch Brigssche, künstliche oder 10-Logarithmen genannt) und die natürlichen Logarithmen (auch Nepersche, hyperbolische oder e-Logarithmen genannt).

Für das gewöhnliche Rechnen werden die 10-Logarithmen gebraucht. Man läßt bei ihrer Bezeichnung die Basis fort, schreibt also statt ${}^{10}\log a$ einfacher $\log a$.

In der mathematischen Analysis kommen fast nur die natürlichen Logarithmen in Betracht und führen dort zu den frappantesten Vereinfachungen. Ihre Basis $e = 2{,}71828\ldots$ wurde unter 8. § 2 berechnet. Auch bei ihrer Bezeichnung läßt man meistens die Basis fort und schreibt statt ${}^e\log a$ einfacher $\ln a$.

10. Der 10-Logarithmus einer Dezimalzahl besteht aus einer ohne Rechnung sofort angebbaren, positiven oder negativen ganzen Zahl, der Kennziffer oder Charakteristik und aus einem Dezimalbruch, der Mantisse. Man hat also ohne Rechnung:

Num.	1000	100	10	1	0,1	0,01	0,001
log	3	2	1	0	—1	—2	—3

Da nun 276,47 zwischen 100 und 1000 liegt, so besteht log 276,47 aus der Kennziffer 2 und einer positiven Mantisse. Da ferner 0,0357 zwischen 0,1 und 0,01 liegt, so besteht log 0,0357 aus der Kennziffer —2 und einer positiven Mantisse. Man vermeidet also negative Mantissen. Die negative Kennziffer wird nach der positiven Mantisse geschrieben, z. B. log 0,0357 = 0,55267 — 2.

Die Kennziffer hat also soviel positive Einheiten als der Numerus Ziffern vor den Einern oder soviel negative Einheiten als der Numerus Nullen vor der ersten Dezimalziffer.

Die Logarithmentafeln geben für jede Ziffernreihe nur eine positive Mantisse, die Kennziffer muß man nach vorstehender Regel hinzufügen. Umgekehrt muß man zu dem für einen Logarithmus gegebenen Numerus, dieser Regel gemäß, das Dezimalkomma hinzufügen.

11. Für die Umrechnung der Logarithmen von einem System in das andere hat man nach 7.:

$$\ln x = \ln 10 \log x = 2{,}3025851 \log x,$$
$$\log x = \log e \quad \ln x = 0{,}4342945 \ln x,$$

und nach 8. hat man $\ln 10 \log e = 1$;

$\log e = \dfrac{1}{\ln 10} = 0{,}4342945$ heißt der Modul des natürlichen Logarithmensystems.

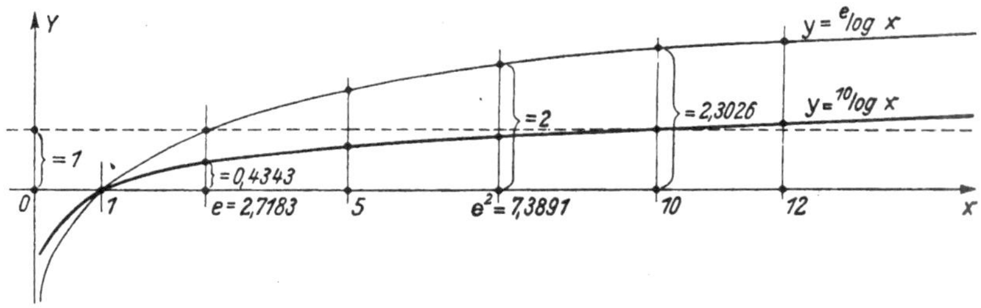

Bild 2

Bild 2 ist eine Darstellung der beiden Kurven $y = {}^{e}\log x$ und $y = {}^{10}\log x$. Für die meisten Arbeiten des Technikers genügt der 25 cm lange Rechenschieber, das praktische Äquivalent einer 3stelligen Logarithmentafel. Darüber hinaus dürften 5stellige Tafeln ausreichen, während Einzelfälle und geodätische Arbeiten 7stellige Tafeln erfordern.

12. Rechenbeispiele: Die Logarithmen in Klammern sind gleich den vorhergehenden, nur ist Subtrahendus und Minuendus um gleich viel vermehrt, um durch den Wurzelexponenten dividieren zu können.

$$x = \sqrt[7]{0{,}098756^3}$$

$$\begin{aligned} \log 0{,}098756 &= 0{,}99456 - 2 \\ \text{multipl. mit } 3 &= 2{,}98368 - 6 \\ &(3{,}98368 - 7) : 7 \\ = \log x &= 0{,}56910 - 1 \\ x &= 0{,}37077 \end{aligned}$$

$$x = \sqrt[5]{\frac{17{,}89 \cdot 0{,}053}{1{,}0546}}$$

$$\begin{aligned} \log 17{,}89 &= 1{,}25261 \\ \log 0{,}053 &= 0{,}72428 - 2 \\ & 1{,}97689 - 2 \\ \log 1{,}0546 &= 0{,}02309 \\ & 1{,}95380 - 2 \\ &(4{,}95380 - 5) : 5 \\ = \log x &= 0{,}99076 - 1 \\ x &= 0{,}97895 \end{aligned}$$

13. Für die logarithmische Multiplikation mit Division seien noch zwei Variationen mitgeteilt, a) für Verkürzung der Rechenarbeit, b) für Vereinfachung.

a) Wie man im gewöhnlichen Rechnen, statt durch eine Zahl zu dividieren, mit ihrer Reziproken multiplizieren kann, so kann man auch, statt den Logarithmus einer Zahl zu subtrahieren, den Logarithmus ihrer Reziproken addieren. Man bezeichnet diesen Logarithmus als den colog der Zahl.

$$\log \frac{1}{m} = 0 - \log m = \text{colog}\, m.$$

Nach einiger Übung wird man den colog direkt niederschreiben können, indem man Ziffer um Ziffer der Tafelangabe von 9 subtrahiert und die letzte von 10. ($0 - \log m$ heißt auch dekadische Ergänzung.)

b) Man vermeidet alle negativen Kennziffern, indem man sich die Logarithmen um 10 vergrößert denkt und bei der Addition die Zehner der Kennziffer einfach nicht berücksichtigt, gebraucht also statt des Täfelchens unter 10. das folgende:

Num.	1000	100	10	1	0,1	0,01	0,001
log	3	2	1	0	9	8	7

Ein Vergleich der folgenden beiden Ausrechnungen derselben Aufgabe, die erste nach gewöhnlicher Weise, die zweite mit den Variationen a) und b) erklärt und illustriert alle weiteren.

$$x = \frac{27{,}624 \cdot 0{,}00642 \cdot 347{,}54}{254{,}48 \cdot 0{,}04085}$$

log 27,624	= 1,44129	log 27,624	= 1,44129
log 0,00642	= 0,80754 — 3	log 0,00642	= 7,80754
log 347,54	= 2,54100	log 347,54	= 2,54100
	4,78983 — 3	colog 254,48	= 7,59435
log 254,48	= 2,40565	colog 0,04085	= 1,38881
log 0,04085	= 0,61119 — 2	log x	= 0,77299
	3,01684 — 2	x	= 5,9292
log x	= 1,77299 — 1		
x	= 5,9292		

Für die Potenz $x = 0{,}086^{0{,}119}$ hat man nach vorhergehenden Regeln:

$$\begin{array}{lrl} \log & 0{,}086 = & 0{,}934 - 2 \\ \text{mal} & 0{,}119 = & 0{,}111 - 0{,}238 \\ & & 0{,}762 - 0{,}762 \\ \hline \log x & = & 0{,}873 - 1, \text{ also } x = 0{,}747. \end{array}$$

Man merke sich: $e^{\ln z} = 10^{\log z} = z$.

Ist $\ln\left(\frac{T}{T_0}\right)^c + \ln\left(\frac{v}{v_0}\right)^{AR} = 0$, so ist $\left(\frac{T}{T_0}\right)^c \cdot \left(\frac{v}{v_0}\right)^{AR} = 1$, denn $\ln 1 = 0$.

Ist $\ln(a + bx) = c$, so ist $a + bx = e^c$.

Ist $a^{b+cx} = d$, so ist $b + cx = \log d : \log a$, denn $(b + cx) \log a = \log d$.

§ 7. Komplexionslehre

1. Permutationen. Eine Anzahl Elemente permutieren (oder umstellen) heißt dieselben in alle möglichen Reihenfolgen zu bringen.

Aus 2 Elementen a und b erhält man offenbar nur 2 Permutationen,

$$ab \text{ und } ba.$$

Nimmt man nun ein drittes Element c hinzu, so kann dasselbe einmal vor, einmal zwischen und einmal nach jedem der beiden Elementenpaare gesetzt werden. Man erhält also $2 \cdot 3 = 6$ Permutationen;

aus a, b, c:	cab	acb	abc	cba	bca	bac,
oder auch:	abc	acb	bca	bac	cab	cba;
aus 1, 2, 3:	123	132	231	213	312	321.

Ein viertes Element kann ebenso vor wie nach und in die beiden Zwischenräume jedes Elemententripels gesetzt werden. Also erhält man aus 4 Elementen $2 \cdot 3 \cdot 4 = 24$ Permutationen;

aus 1, 2, 3, 4:	1234	2431	3124	4321
	1243	2413	3142	4312
	1342	2314	3241	4213
	1324	2341	3214	4231
	1423	2143	3412	4132
	1432	2134	3421	4123.

Aus n Elementen erhält man in gleicher Weise n mal soviel Permutationen als aus $n - 1$ Elementen.

Die Anzahl der Permutationen aus n Elementen wird mit $P(n)$ bezeichnet. Es ergibt sich also:

$P(1) = 1 = 1!$ $\qquad P(4) = 1 \cdot 2 \cdot 3 \cdot 4 = 4!$
$P(2) = 1 \cdot 2 = 2!$ $\qquad P(n) = 1 \cdot 2 \cdot 3 \ldots. (n - 1)\, n = n!$
$P(3) = 1 \cdot 2 \cdot 3 = 3!$ $\qquad n!$ heißt n-Fakultät. (2. § 2.)

2. Zwei Elemente stehen in natürlicher Ordnung (oder Reihenfolge), wenn das höhere dem niederen nachfolgt; im entgegengesetzten Falle bilden sie eine Inversion (Nichtfolge). So enthält 2413 die Inversionen 21, 41, 43.

Man geht in der Regel von der Permutation aus, die alle Elemente in steigender Ordnung enthält (die niedrigste), und leitet jede folgende Permutation aus der vorhergehenden ab durch Vertauschung (Transposition) zweier Elemente. Hält man dabei der Reihe nach ein Element solange auf seinem Platz, bis die anderen Elemente die möglichen Vertauschungen durchlaufen haben, so ist das zwar nicht erforderlich, trägt aber sehr zu übersichtlichem Vorgehen bei. Die Zahlenpermutationen unter 1. sind in dieser Weise gebildet.

3. Die Anzahl der in einer Permutation vorhandenen Inversionen wird durch die Vertauschung von zwei Elementen um eine ungerade Zahl verändert. Man überzeugt sich davon wie folgt:

Wenn ein Element mit dem Nachbar vertauscht wird, so bleibt die Stellung der bewegten Elemente gegen die übrigen Elemente unverändert, und die Anzahl der Inversionen ändert sich um 1. Um die durch k Elemente getrennten Elemente N und O zu vertauschen, kann man zuerst N mit dem Nachbar zur Rechten $(k + 1)$mal vertauschen, hierbei rücken die k Zwischenelemente und auch O eine Stelle nach links. Nun vertauscht man O $k$mal mit dem Nachbar zur Linken, wobei die Zwischenelemente wieder auf ihren vorigen Platz zurückkehren. Es wird sich also die Anzahl der Inversionen $(2k + 1)$mal ändern, und $(2k + 1)$ ist immer eine ungerade Zahl.

Wenn man die Permutationen durch Vertauschung von jedesmal 2 Elementen entwickelt, so sind die in den aufeinanderfolgenden Permutationen vorhandenen Inversionen abwechselnd von gerader und ungerader Anzahl. Auf Grund dieser Tatsache teilt man die Permutationen in zwei Klassen, in

gerade, positive (mit gerader Anzahl von Inversionen) und
ungerade, negative (mit ungerader Anzahl von Inversionen).

Da die Anzahl aller Permutationen gerade ist, so gibt es von jeder Klasse gleich viel. Die Zahlenpermutationen unter 1. sind also abwechselnd + und —.

4. Bildet man Permutationen in der Weise, daß man jedesmal das letzte Element auf die erste Stelle bringt, oder umgekehrt, so nennt man das zyklische Permutation.

$$\begin{matrix} 1 & 2 & 3 & 4 & 5 \\ 5 & 1 & 2 & 3 & 4 \\ 4 & 5 & 1 & 2 & 3 \end{matrix}$$

sind zyklische Permutationen von 5 Elementen. Man erkennt ohne weiteres:

Eine einmalige zyklische Permutation einer Reihe von n Elementen ist äquivalent mit $n-1$ Vertauschungen; somit gehören beide Permutationen zur selben oder jede zu einer anderen Klasse, je nachdem n ungerad oder gerad ist.

5. Alles Bisherige bezog sich auf Reihen mit lauter ungleichen Elementen, das heißt auf Permutationen ohne Wiederholung. Von geringerer Bedeutung sind die Permutationen von teilweise gleichen Elementen, die

Permutationen mit Wiederholung.

Um die Anzahl der Permutationen aus einer Reihe von Elementen zu erhalten, die nicht alle verschieden sind, z. B. aus $aaabcd$, versieht man die gleichen Elemente zunächst mit Zeigern (Indizes) 1, 2, 3 und denkt sich jetzt die Permutation aus a_1, a_2, a_3, b, c, d gebildet. Ihre Anzahl ist $6! = 720$. Denkt man sich diese Anzahl in Gruppen geteilt, worin die Permutationen jeder Gruppe sich nur durch die Stellung der Zeiger unterscheiden, so kann man irgendeine dieser Gruppen leicht niederschreiben, indem man für eine beliebige Reihe nur die Zeiger permutiert, etwa:

$$\begin{matrix} a_1 & d & c & a_2 & b & a_3 \\ a_1 & d & c & a_3 & b & a_2 \\ a_2 & d & c & a_3 & b & a_1 \\ a_2 & d & c & a_1 & b & a_3 \\ a_3 & d & c & a_1 & b & a_2 \\ a_3 & d & c & a_2 & b & a_1 \end{matrix}$$

Wird von den Zeigern wieder abgesehen, so erkennt man, daß unter den 6! Permutationen je 3! unter sich gleich sind. Die Anzahl der

Permutationen ist also 6! dividiert durch 3! oder ${}^wP(6) = \frac{6!}{3!}$ und allgemein, wenn unter n Elementen α gleiche sind,

$$ {}^wP(n) = \frac{n!}{\alpha!}. $$

Sind noch β andere Elemente und γ weitere Elemente je unter sich gleich, so folgt ganz ebenso allgemein

$$ {}^wP(n) = \frac{n!}{\alpha!\,\beta!\,\gamma!}. $$

Man beachte, daß die Anzahl der Permutationen aus *aaabcd* nicht etwa gleich der aus *abcd* ist. Erstere ist $\frac{6!}{3!} = \frac{720}{6} = 120$; letztere ist $4! = 24$.

6. Variationen. Wenn man aus n verschiedenen Elementen auf alle mögliche Weise je p Elemente zusammenstellt, aber ohne Wiederholung, so nennt man die Anzahl aller dieser Gebilde Variationen der n Elemente zur $p$ten Klasse und bezeichnet das durch $V_p(n)$.

Von n Elementen zur 1. Klasse gibt es selbstverständlich n Variationen, also $V_1(n) = n$. Um hieraus $V_2(n)$ abzuleiten, hat man zu jeder von diesen ein anderes Element hinzuzufügen, was $(n-1)$mal in verschiedener Weise möglich ist. So erhält man $V_2(n) = n(n-1)$, und in dieser Weise fortfahrend ergibt sich für die Anzahl der Variationen von n Elementen zur $p$ten Klasse

$$ V_p(n) = n(n-1)(n-2)\ldots\ldots(n-(p-1)). $$

Ist $p = n$, so wird dieser Ausdruck gleich dem für Permutationen. Multipliziert und dividiert man noch mit $(n-p)!$, so erhält man schließlich

$$ V_p(n) = \frac{n!}{(n-p)!}, $$

z. B. $V_2(5) = \frac{5!}{3!} = 20$, nämlich:

12	21	31	41	51
13	23	32	42	52
14	24	34	43	53
15	25	35	45	54.

7. Für Variationen mit Wiederholung ändert sich in der Ableitung weiter nichts, als daß jetzt zu jeder vorhergehenden Variation jedes der n Elemente hinzugefügt wird, um die folgende Klasse von Variationen zu erhalten. Das gibt also

$$ {}^wV_1(n) = n, \quad {}^wV_2(n) = n \cdot n = n^2, \quad {}^wV_3(n) = n \cdot n \cdot n = n^3 $$

und allgemein

$$ {}^wV_p(n) = n^p, $$

z. B. ${}^{w}V_2(5) = 5^2 = 25$, nämlich:

11	21	31	41	51
12	22	32	42	52
13	23	33	43	53
14	24	34	44	54
15	25	35	45	55.

8. Kombinationen. Sollen n Elemente zur $p$ten Klasse kombiniert werden, so heißt dies, man soll aus n Elementen p Elemente so oft, als es möglich ist, zusammenstellen, ohne daß die ursprüngliche Reihenfolge dabei verändert wird, also ohne Inversion. Folglich wird sich die Anzahl $K_p(n)$ aus der entsprechenden Formel für Variationen ergeben, wenn man noch durch $p!$ (die Anzahl der Permutationen von p Elementen) dividiert. Also

$$K_p(n) = \frac{n(n-1)(n-2)\ldots\ldots(n-(p-1))}{1\cdot 2\cdot 3\ldots\ldots p} = \frac{n!}{(n-p)!\,p!} = \binom{n}{p}.$$

Es erscheint hier der unter 2. § 2 behandelte Binomialkoeffizient wieder.

Beispiele:

$$K_2(5) = \binom{5}{2} = \frac{5\cdot 4}{1\cdot 2} = 10$$

nämlich

12			
13	23		
14	24	34	
15	25	35	45

$$K_3(5) = \binom{5}{3} = \frac{5\cdot 4\cdot 3}{1\cdot 2\cdot 3} = 10$$

nämlich

123					
124	134		234		
125	135	145	235	245	345.

9. Anwendung. Mittels der Kombinationen kann man den binomischen Satz ableiten, etwa wie folgt:

Multipliziert man $(x + a)(x + b)(x + c)(x + d)$ nacheinander, so erhält man

(2) $x^2 + (a + b)x + ab$

(3) $x^3 + (a + b + c)x^2 + (ab + ac + bc)x + abc$

(4) $x^4 + (a + b + c + d)x^3 + (ab + ac + ad + bc + bd + cd)x^2 + (abc + abd + acd + bcd)x + abcd.$

Es ist ohne weiteres ersichtlich, daß die auftretenden Koeffizienten Kombinationen sind, und zwar

in (2) von 2 Elementen zur 1. und 2. Klasse,
in (3) von 3 Elementen zur 1., 2. und 3. Klasse,
in (4) von 4 Elementen zur 1., 2., 3. und 4. Klasse.

Denkt man sich die Multiplikation fortgeführt bis zu n Elementen, so wären die Kombinationen

in (n) von n Elementen zur 1. bis $n$ten Klasse; man hätte also

$$x^n + (a + b + c + \ldots. + n)x^{n-1} + (ab + ac + ad + \ldots.(n-1)n)x^{n-2} + (abc + \ldots..$$

Nun läßt man alle Elemente gleich a werden und erhält dann

für (2) $x^2 + 2ax + a^2$
für (3) $x^3 + 3ax^2 + 3a^2x + a^3$
für (4) $x^4 + 4ax^3 + 6a^2x^2 + 4a^3x + a^4$
für (n) $x^n + \binom{n}{1} a x^{n-1} + \binom{n}{2} a^2 x^{n-2} + \binom{n}{3} a^3 x^{n-3} + \ldots + \binom{n}{n} a^n$.

(Siehe 3. § 2.)

10. Kombinationen mit Wiederholung. ${}^wK_1(n) = K_1(n) = n$. Von der 2. Klasse gibt es also mit 1 anfangende n, mit 2 anfangende $(n-1)$, mit 3 anfangende $(n-2)$, usw., zusammen

${}^wK_2(n) = \binom{n}{1} + \binom{n-1}{1} + \binom{n-2}{1} + \ldots + \binom{1}{1} = \binom{n+1}{2}$. Siehe § 2, 5; z. B. ${}^wK_2(5)$ gibt

11
12 22
13 23 33
14 24 34 44
15 25 35 45 55.

Von der 3. Klasse gibt es demnach mit 1 anfangende $\binom{n+1}{2}$, mit 2 anfangende $\binom{n}{2}$, mit 3 anfangende $\binom{n-1}{2}$, usw., zusammen

$${}^wK_3(n) = \binom{n+1}{2} + \binom{n}{2} + \binom{n-1}{2} + \ldots + \binom{2}{2} = \binom{n+2}{3};$$

z. B. ${}^wK_3(5)$ gibt

111				
112 122	222			
113 123 133	223 233	333		
114 124 134 144	224 234 244	334 344	444	
115 125 135 145 155	225 235 245 255	335 345 355	445 455	555.

So fortfahrend erhält man ${}^wK_4(n) = \binom{n+3}{4}$, und allgemein

$${}^wK_p(n) = \binom{n+p-1}{p}.$$

11. Das wichtigste Anwendungsgebiet der Permutationen bilden die Determinanten, § 8, und das der Komplexionslehre überhaupt, die Wahrscheinlichkeitsrechnung, § 16.

Es dürfte noch zum besseren Verstehen beitragen, wenn man zum Schluß die Zahlenbeispiele unter 6., 7., 8. und 10. miteinander vergleicht. Streicht man nämlich in dem Beispiel unter 7. die Diagonale, so verbleiben die Glieder des Beispiels unter 6. Das Dreieck unter der Diagonale zeigt die Glieder des ersten Beispiels unter 8., und mit der Diagonale zeigt es die Glieder des ersten Beispiels unter 10.

Das zweite Beispiel unter 8. findet man zu dem zweiten Beispiel unter 10. erweitert. Streicht man nämlich im letzteren die Hypotenusen und ersten Kolonnen der fünf Gruppen, so verbleiben die drei Gruppen des Beispiels unter 8.

§ 8. Determinanten

1. Die Einführung in die Determinanten bilden die Permutationen, § 7, 1. 2. 3. 4.

Es seien nun die folgenden 16 Größen gegeben:

$$a_1 a_2 a_3 a_4 \quad b_1 b_2 b_3 b_4 \quad c_1 c_2 c_3 c_4 \quad d_1 d_2 d_3 d_4.$$

Bildet man aus diesen Größen Produkte von je vier Faktoren und kommt in jedem dieser Produkte jede der Größen a, b, c, d und jeder der vier Zeiger 1, 2, 3, 4 vor, so erhält man im ganzen eine Summe von $4! = 24$ Produkten.

Alle diese Produkte lassen sich aus dem Produkt $a_1 b_2 c_3 d_4$ dadurch ableiten, daß man die Permutationen der Zeiger 1, 2, 3, 4 durch je einmalige Vertauschung zweier Zeiger bildet. Nach § 7, 3. werden die Vorzeichen dann abwechselnd + und —, und man erhält:

$$\begin{array}{llll}
+ a_1 b_2 c_3 d_4 & + a_2 b_4 c_3 d_1 & + a_3 b_1 c_2 d_4 & + a_4 b_3 c_2 d_1 \\
- a_1 b_2 c_4 d_3 & - a_2 b_4 c_1 d_3 & - a_3 b_1 c_4 d_2 & - a_4 b_3 c_1 d_2 \\
+ a_1 b_3 c_4 d_2 & + a_2 b_3 c_1 d_4 & + a_3 b_2 c_4 d_1 & + a_4 b_2 c_1 d_3 \\
- a_1 b_3 c_2 d_4 & - a_2 b_3 c_4 d_1 & - a_3 b_2 c_1 d_4 & - a_4 b_2 c_3 d_1 \\
+ a_1 b_4 c_2 d_3 & + a_2 b_1 c_4 d_3 & + a_3 b_4 c_1 d_2 & + a_4 b_1 c_3 d_2 \\
- a_1 b_4 c_3 d_2 & - a_2 b_1 c_3 d_4 & - a_3 b_4 c_2 d_1 & - a_4 b_1 c_2 d_3.
\end{array}$$

Dies Resultat schreibt man aber in der kürzeren Form

$$\begin{vmatrix} a_1 a_2 a_3 a_4 \\ b_1 b_2 b_3 b_4 \\ c_1 c_2 c_3 c_4 \\ d_1 d_2 d_3 d_4 \end{vmatrix} = \Sigma\,(\pm\, a_1 b_2 c_3 d_4)$$

und nennt das eine Determinante 4. Grades. Die Produkte heißen Glieder der Determinante und die Faktoren heißen Elemente. Alle Glieder können, wie oben, aus dem Diagonalglied $(a_1 b_2 c_3 d_4)$, dem Hauptglied der Determinante, abgeleitet werden.

Eine Determinante von n Zeiten (waagrechten Reihen) und n Kolonnen (senkrechten Reihen), also von n^2 Elementen, heißt vom $n$ten Grade.

2. Eine Determinante 2. Grades (von 2^2 Elementen) besteht aus 2 Gliedern, einem positiven und einem negativen, also

$$\begin{vmatrix} a_1 & a_2 \\ b_1 & b_2 \end{vmatrix} = a_1 b_2 - a_2 b_1.$$

Der Ausdruck $\begin{vmatrix} a_1 & b_1 \\ a_2 & b_2 \end{vmatrix} = 0$ besagt demnach $a_1 b_2 = a_2 b_1$, ist also gleichbedeutend mit der Proportion $\frac{a_1}{a_2} = \frac{b_1}{b_2}$.

Die häufigste Anwendung findet man für Determinanten 2. und 3. Grades.

3. Wird die Determinante 3. Grades

$$D = \begin{vmatrix} a_1 a_2 a_3 \\ b_1 b_2 b_3 \\ c_1 c_2 c_3 \end{vmatrix}$$

durch je einmalige Vertauschung zweier Zeiger des Hauptgliedes entwickelt, so erhält man

$$D = a_1 b_2 c_3 - a_1 b_3 c_2 + a_2 b_3 c_1 - a_2 b_1 c_3 + a_3 b_1 c_2 - a_3 b_2 c_1.$$

Schreibt man dies nun in anderer Reihenfolge, so:

$$D = a_1 b_2 c_3 + a_2 b_3 c_1 + a_3 b_1 c_2 - a_3 b_2 c_1 - a_2 b_1 c_3 - a_1 b_3 c_2$$

und vergleicht es mit der Determinante, so ergibt sich:

Das erste der drei positiven Glieder ist, wie vorher, die rechtsfallende Hauptdiagonale. Das zweite Glied kann man betrachten als eine rechtsfallende (getrennte) Diagonale. Ebenso das dritte Glied. Das erste der drei negativen Glieder ist die linksfallende Diagonale. Das zweite dieser negativen Glieder kann man betrachten als eine linksfallende (getrennte) Diagonale. Ebenso das dritte der negativen Glieder.

Für die Entwicklung oder Berechnung der Determinante 3. Grades folgt hieraus die sehr brauchbare Regel:

Die 3 rechtsfallenden Diagonalen sind positiv,
die 3 linksfallenden Diagonalen sind negativ;

z. B.

$$\begin{vmatrix} 1 & 2 & 3 \\ 7 & 4 & 8 \\ 5 & 9 & 6 \end{vmatrix} = 1 \cdot 4 \cdot 6 + 2 \cdot 8 \cdot 5 + 3 \cdot 7 \cdot 9 - 3 \cdot 4 \cdot 5 - 2 \cdot 7 \cdot 6 - 1 \cdot 8 \cdot 9 = 77$$

$$\begin{vmatrix} 1 & 2 & 3 \\ 4 & 5 & 6 \\ 7 & 8 & 9 \end{vmatrix} = 45 + 84 + 96 - 105 - 72 - 48 = 0$$

$$\begin{vmatrix} 5 & -3 & 11 \\ 2 & 7 & 8 \\ 1 & -9 & 4 \end{vmatrix} = 5 \cdot 7 \cdot 4 + (-3)\,8 \cdot 1 + 11 \cdot 2\,(-9) - 11 \cdot 7 \cdot 1 - (-3)\,2 \cdot 4 - 5 \cdot 8\,(-9) = 225$$

Ist ein Element $= 0$, so verschwinden natürlich die Glieder, in denen es auftritt.

4. In der bisherigen Bezeichnungsweise deuten die Buchstaben a, b, c, ... auf die Zeilen, die Zeiger 1, 2, 3, ... auf die Kolonnen der Determinante, und man leitet alle Glieder aus der Hauptdiagonale ab, indem man entweder die Buchstaben oder die Zeiger permutiert. Für allgemeine Untersuchungen wird ein System mit Doppelzeigern bevorzugt, wie

$$\begin{vmatrix} a_{11} & a_{12} & a_{13} & \dots & a_{1n} \\ a_{21} & a_{22} & a_{23} & \dots & a_{2n} \\ a_{31} & a_{32} & a_{33} & \dots & a_{3n} \\ \dots & \dots & \dots & \dots & \dots \\ a_{n1} & a_{n2} & a_{n3} & \dots & a_{nn} \end{vmatrix}$$

worin der erste Zeiger die Zeile, der zweite die Kolonne angibt, in der das betreffende Element steht. Aus der Hauptdiagonale $a_{11}\,a_{22}\,a_{33}\dots a_{nn}$ können wieder alle Permutationen abgeleitet werden, indem man entweder die ersten oder die zweiten Zeiger permutiert.

5. Eigenschaften der Determinanten. Der Wert einer Determinante ändert sich nicht, wenn man die Zeilen zu Kolonnen macht oder umgekehrt, weil dies immer nur eine Drehung um die Hauptdiagonale bedeutet, aus der ja alle Permutationen abgeleitet werden. Es ist also z. B.:

$$\begin{vmatrix} a_1 & a_2 & a_3 & \dots \\ b_1 & b_2 & b_3 & \dots \\ c_1 & c_2 & c_3 & \dots \\ \dots & \dots & \dots & \dots \end{vmatrix} = \begin{vmatrix} a_1 & b_1 & c_1 & \dots \\ a_2 & b_2 & c_2 & \dots \\ a_3 & b_3 & c_3 & \dots \\ \dots & \dots & \dots & \dots \end{vmatrix} \quad \text{oder} \quad \begin{vmatrix} 1 & 2 & 3 \\ 7 & 4 & 8 \\ 5 & 9 & 6 \end{vmatrix} = \begin{vmatrix} 1 & 7 & 5 \\ 2 & 4 & 9 \\ 3 & 8 & 6 \end{vmatrix}$$

6. Eine Determinante ändert jedesmal ihr Vorzeichen, wenn eine Zeile mit einer anderen Zeile (oder eine Kolonne mit einer anderen Kolonne) vertauscht wird, weil das immer einen Tausch zweier Elemente der Hauptdiagonale bedeutet. Der absolute Wert der Determinante bleibt dabei unverändert. Z. B.:

$$\begin{vmatrix} a_1 & a_2 & a_3 & \dots \\ b_1 & b_2 & b_3 & \dots \\ c_1 & c_2 & c_3 & \dots \\ \dots & \dots & \dots & \dots \end{vmatrix} = - \begin{vmatrix} b_1 & b_2 & b_3 & \dots \\ a_1 & a_2 & a_3 & \dots \\ c_1 & c_2 & c_3 & \dots \\ \dots & \dots & \dots & \dots \end{vmatrix} \quad \text{oder} \quad \begin{vmatrix} 1 & 2 & 3 \\ 7 & 4 & 8 \\ 5 & 9 & 6 \end{vmatrix} = - \begin{vmatrix} 2 & 1 & 3 \\ 4 & 7 & 8 \\ 9 & 5 & 6 \end{vmatrix}$$

Bei mehrmaliger Vertauschung also ändert sich das Vorzeichen, oder es ändert sich nicht, je nachdem die Anzahl der Vertauschungen ungerade oder gerade ist. (Man kann auch dem Zeichenwechsel Rechnung tragen, indem man bei m Vertauschungen mit $(-1)^m$ multipliziert.)

7. Es folgt weiter aus 6.: Sind in einer Determinante zwei gleiche Zeilen (oder zwei gleiche Kolonnen) enthalten, so ist ihr Wert stets gleich Null, weil durch eine Vertauschung der gleichen Reihen kein Zeichenwechsel eintritt. Z. B.:

$$\begin{vmatrix} a_1 & a_2 & a_3 & \dots \\ b_1 & b_2 & b_3 & \dots \\ a_1 & a_2 & a_3 & \dots \\ \dots & \dots & \dots & \dots \end{vmatrix} = 0, \quad \text{oder} \quad \begin{vmatrix} 2 & 1 & 2 \\ 4 & 7 & 4 \\ 9 & 5 & 9 \end{vmatrix} = 0.$$

8. Haben die Elemente einer Zeile (oder Kolonne) einen gemeinsamen Faktor, so wird, da jedes Glied der entwickelten Determinante aus jeder Reihe ein und nur ein Element enthält, dieser Faktor auch allen Gliedern gemeinsam sein und kann daher herausgehoben und als Multiplikator vor die Determinante gesetzt werden, so daß

$$\begin{vmatrix} a_1 & kb_1 & c_1 & \ldots \\ a_2 & kb_2 & c_2 & \ldots \\ a_3 & kb_3 & c_3 & \ldots \\ \ldots & \ldots & \ldots & \ldots \end{vmatrix} = k \begin{vmatrix} a_1 & b_1 & c_1 & \ldots \\ a_2 & b_2 & c_2 & \ldots \\ a_3 & b_3 & c_3 & \ldots \\ \ldots & \ldots & \ldots & \ldots \end{vmatrix}$$

Eine Determinante kann hiernach mit einer Zahl multipliziert oder dividiert werden, indem man alle Elemente einer Zeile (oder einer Kolonne) mit dieser Zahl multipliziert bzw. dividiert. (Für $k = -1$ wechselt man also die Vorzeichen aller Elemente einer Reihe.)

9. Aus 8. folgt weiter: Eine Determinante, in der eine volle Reihe von Nullen vorkommt, hat den Wert Null, denn jedes Glied der Entwicklung würde eine Null als Faktor haben. Z. B.:

$$\begin{vmatrix} a_1 & b_1 & c_1 & d_1 \\ a_2 & b_2 & c_2 & d_2 \\ 0 & 0 & 0 & 0 \\ a_4 & b_4 & c_4 & d_4 \end{vmatrix} = 0.$$

10. Eine Determinante hat auch dann den Wert Null, wenn die Elemente einer Reihe proportional sind den Elementen einer parallelen Reihe, denn setzt man den Proport.-Faktor vor die Determinante, so erscheinen zwei gleiche Reihen. Z. B.:

$$\begin{vmatrix} a_1 & ka_1 & c_1 & \ldots \\ a_2 & ka_2 & c_2 & \ldots \\ a_3 & ka_3 & c_3 & \ldots \\ \ldots & \ldots & \ldots & \ldots \end{vmatrix} = k \begin{vmatrix} a_1 & a_1 & c_1 & \ldots \\ a_2 & a_2 & c_2 & \ldots \\ a_3 & a_3 & c_3 & \ldots \\ \ldots & \ldots & \ldots & \ldots \end{vmatrix} = 0, \text{ oder } \begin{vmatrix} 1 & 3 & 4 \\ 2 & 6 & 7 \\ 5 & 15 & 9 \end{vmatrix} = 3 \begin{vmatrix} 1 & 1 & 4 \\ 2 & 2 & 7 \\ 5 & 5 & 9 \end{vmatrix} = 0.$$

11. Bestehen alle Elemente einer Reihe aus 2 (oder n) Summanden, so läßt sich die Determinante in 2 (bzw. n) einfachere Determinanten zerlegen. Z. B.:

$$\begin{vmatrix} a_1 + p_1 & b_1 & c_1 \\ a_2 + p_2 & b_2 & c_2 \\ a_3 + p_3 & b_3 & c_3 \end{vmatrix} = \begin{vmatrix} a_1 & b_1 & c_1 \\ a_2 & b_2 & c_2 \\ a_3 & b_3 & c_3 \end{vmatrix} + \begin{vmatrix} p_1 & b_1 & c_1 \\ p_2 & b_2 & c_2 \\ p_3 & b_3 & c_3 \end{vmatrix}$$

denn die Hauptdiagonale $(a_1 + p_1)\, b_2\, c_3$ ist gleich $a_1 b_2 c_3 + p_1 b_2 c_3$.

12. Eine Determinante ändert ihren Wert nicht, wenn man zu den Elementen einer Reihe die mit einer beliebigen Zahl multiplizierten Elemente einer parallelen Reihe addiert. Z. B.:

$$\begin{vmatrix} a_1 & b_1 & c_1 \\ a_2 & b_2 & c_2 \\ a_3 & b_3 & c_3 \end{vmatrix} = \begin{vmatrix} a_1 + pb_1 & b_1 & c_1 \\ a_2 + pb_2 & b_2 & c_2 \\ a_3 + pb_3 & b_3 & c_3 \end{vmatrix}$$

denn diese zerfällt wieder nach 11. in 2 Determinanten wovon die zweite nach 10. verschwindet.

13. Damit ist die Möglichkeit gegeben, alle Glieder einer Reihe bis auf eines zum Verschwinden zu bringen, und hierdurch verwandelt sich die Determinante in eine andere, z. B.:

$$D = \begin{vmatrix} 1 & 4 & 8 & 12 \\ 2 & 0 & 1 & 3 \\ 5 & 2 & 1 & 2 \\ 3 & 1 & 4 & 3 \end{vmatrix} = \begin{vmatrix} 1 & 0 & 0 & 0 \\ 2 & -8 & 1 & 2 \\ 5 & -18 & -3 & -1 \\ 3 & -11 & 2 & -2 \end{vmatrix}$$

Es entsteht

die 2. Kolonne durch Subtraktion der mit 4 multiplizierten ersten,
die 3. ebenso durch Subtraktion der mit 2 multiplizierten zweiten,
die 4. durch Subtraktion der 2. und 3. Kolonne.

Setzt man noch den Faktor -1 vor die Determinante, so hat man schließlich:

$$D = -\begin{vmatrix} 8 & 1 & 2 \\ 18 & -3 & -1 \\ 11 & 2 & -2 \end{vmatrix}$$

Denn in der Entwicklung der Determinante 4. Grades würden 18 Glieder mit den Elementen 2, 5, 3 der ersten Kolonne, der drei Nullen wegen, verschwinden und nur die 6 Glieder mit dem ersten Glied 1 verbleiben. (Vergleiche mit der Entwicklung unter 1., wo $a_2\, a_3\, a_4$ die 3 Nullen repräsentieren würden.)

14. Subdeterminanten. Zurückkehrend zu der Entwicklung unter 1. beachte man jetzt, daß jede der 4 Gruppen von je 6 Gliedern einen gemeinsamen Faktor hat, der Reihe nach $a_1\, a_2\, a_3\, a_4$. Weil außerdem jede Gruppe ein und nur ein Element aus jeder Reihe der Determinante enthält (die Elemente der Zeile und Kolonne, welche sich in den gemeinsamen Faktor schneiden, also in keiner Gruppe auftreten), so können diese 4 Gruppen von Gliedern auch wieder in Determinantenform geschrieben werden, mit dem gemeinschaftlichen Faktor als Multiplikator, wie folgt:

$$a_1 \begin{vmatrix} b_2 & b_3 & b_4 \\ c_2 & c_3 & c_4 \\ d_2 & d_3 & d_4 \end{vmatrix} - a_2 \begin{vmatrix} b_1 & b_3 & b_4 \\ c_1 & c_3 & c_4 \\ d_1 & d_3 & d_4 \end{vmatrix} + a_3 \begin{vmatrix} b_1 & b_2 & b_4 \\ c_1 & c_2 & c_4 \\ d_1 & d_2 & d_4 \end{vmatrix} - a_4 \begin{vmatrix} b_1 & b_2 & b_3 \\ c_1 & c_2 & c_3 \\ d_1 & d_2 & d_3 \end{vmatrix}$$

Man nennt diese Determinanten Subdeterminanten (Unterdeterminanten), weil sie aus einer Determinante höheren Grades entstanden sind.

Bezüglich der Vorzeichen verbinde man die 4 Hauptdiagonalen mit dem gemeinsamen Faktor:

$$\begin{matrix} a_1\, b_2\, c_3\, d_4 \\ a_2\, b_1\, c_3\, d_4 \\ a_3\, b_1\, c_2\, d_4 \\ a_4\, b_1\, c_2\, d_3 \end{matrix}$$

und überzeuge sich, daß jede Reihe aus der vorhergehenden durch Vertauschung zweier Zeiger entstanden ist, so daß die Hauptdiagonalen der Subdeterminanten, und daher diese selbst, abwechselnd positiv und negativ werden.

15. Jede Subdeterminante kann ebenso wieder in Subdeterminanten niederen Grades aufgelöst werden. Z. B. die erste der obigen in

$$a_1 b_2 \begin{vmatrix} c_3 & c_4 \\ d_3 & d_4 \end{vmatrix} - a_1 b_3 \begin{vmatrix} c_2 & c_4 \\ d_2 & d_4 \end{vmatrix} + a_1 b_4 \begin{vmatrix} c_2 & c_3 \\ d_2 & d_3 \end{vmatrix}$$

und durch Auflösung dieser entsteht wieder die erste der 4 Gruppen der ursprünglichen Entwicklung der Determinante 4. Grades:

$$\begin{aligned} & a_1 b_2 c_3 d_4 \\ - & a_1 b_2 c_4 d_3 \\ + & a_1 b_3 c_4 d_2 \\ - & a_1 b_3 c_2 d_4 \\ + & a_1 b_4 c_2 d_3 \\ - & a_1 b_4 c_3 d_2. \end{aligned}$$

16. Bezeichnet man die zu a_1 gehörige Subdeterminante mit A_1, die zu a_2 gehörige mit A_2 usw., so schreibt sich die Entwicklung der Determinante 4. Grades kürzer:

$$D = a_1 A_1 - a_2 A_2 + a_3 A_3 - a_4 A_4.$$

Entsprechende Bezeichnungen gelten für Determinanten im allgemeinen. Man nennt die Entwicklung unter 14. eine Entwicklung nach den Elementen der ersten Zeile. Ebenso kann man auch nach den Elementen der ersten Kolonne entwickeln oder auch nach den Elementen irgendeiner Reihe.

Die zweite Determinante 4. Grades unter 13. nach der ersten Zeile entwickelt, würde eine Determinante 3. Grades ergeben, wie dort in anderer Weise gezeigt wurde.

Schreibt man eine Determinante $n$ten Grades in dem unter 4. erwähnten allgemeinen System mit Doppelzeigern,

$$\begin{vmatrix} a_{11} & a_{12} & a_{13} & a_{14} & \dots & a_{1n} \\ a_{21} & a_{22} & a_{23} & a_{24} & \dots & a_{2n} \\ a_{31} & a_{32} & a_{33} & a_{34} & \dots & a_{3n} \\ a_{41} & a_{42} & a_{43} & a_{44} & \dots & a_{4n} \\ \dots & \dots & \dots & \dots & \dots & \dots \\ a_{n1} & a_{n2} & a_{n3} & a_{n4} & \dots & a_{nn} \end{vmatrix}$$

so ist die Subdeterminante zu dem Element a_{11} eine geschlossene Determinante $(n-1)$ten Grades, begrenzt von der ersten Zeile und der ersten Kolonne. Ihre Hauptdiagonale ist also $a_{22} a_{33} a_{44} \dots a_{nn}$. Will man nun die Subdeterminante zu a_{31}, so denke man sich die 3. Zeile zuerst mit der zweiten, dann mit der ersten vertauscht, dies brächte

a_{31} auf die erste Stelle, die Subdeterminante A_{31} erschiene in geschlossener Form, genau wie jene zu a_{11}, ihr Vorzeichen wäre $+$, weil zwei Vertauschungen in Rechnung kämen, und ihre Elemente würden alle in natürlicher Ordnung erscheinen.

Will man die Subdeterminante zu a_{43}, so müßte man ebenso drei Zeilenvertauschungen und 2 Kolonnenvertauschungen vornehmen, um a_{43} auf die erste Stelle zu bringen, A_{43} erschiene dann in geschlossener Form, genau wie A_{11} und A_{31}, ihr Vorzeichen wäre $-$, weil 5 Vertauschungen in Rechnung kämen, und ihre Elemente stünden in natürlicher Ordnung.

Man beachte den Unterschied zwischen schrittweiser Reihenvertauschung wie hier und der sprungweisen Vertauschung wie unter 6. Diese läßt die verbleibenden Elemente in natürlicher Ordnung, jene aber nicht.

In dieser Weise kann man nun auch die Vorzeichen der Subdeterminanten unter 14. ein zweites Mal bestimmen.

Als Gedächtnisregel läßt sich aber jetzt die ganze Operation kürzer und allgemeiner fassen:

Um die Subdeterminante zu a_{ik} zu bestimmen, streicht man die $i$te Zeile und die $k$te Kolonne, was verbleibt ist A_{ik}. Das Vorzeichen wird bestimmt durch $(-1)^{i-1+k-1} = (-1)^{i+k-2}$.

Das Vorzeichen von A_{31} also durch $(-1)^{3+1-2} = +1$,
von A_{43} durch $(-1)^{4+3-2} = -1$.

17. Die Determinantentheorie ist durch das Suchen nach allgemeinen Lösungsverfahren von linearen Gleichungen entstanden, geht aber heute weit hinaus über den Zweck, der sie einst entstehen ließ, und spielt in der ganzen Mathematik eine sehr praktische Rolle. § 9 wird Anwendungen auf ihren ursprünglichen Zweck bringen.

§ 9. Gleichungen ersten Grades

1. Jede Gleichung ersten Grades läßt sich durch Umformungen auf ihre Normalform bringen. Die Normalformen der Gleichungen mit 1, 2, 3 Unbekannten sind bzw. $ax + b = 0$, $ax + by + c = 0$, $ax + by + cz + d = 0$, und dementsprechend für Gleichungen mit n Unbekannten. Eine Lösung erfordert so viele voneinander unabhängige Gleichungen, als Unbekannte vorhanden sind. Die Lösung (oder die Wurzel) der Gleichung mit einer Unbekannten ergibt sich dabei ohne weiteres als $x = -\frac{b}{a}$.

Um die zwei Gleichungen mit 2 Unbekannten

$$a_1 x + b_1 y + c_1 = 0$$
$$a_2 x + b_2 y + c_2 = 0$$

in gewöhnlicher Weise aufzulösen, multipliziert man zuerst mit b_2 und $-b_1$ und addiert, um x zu erhalten, dann multipliziert man mit $-a_2$ und a_1 und addiert, um y zu erhalten. Die Ausführung ist kurz wie folgt:

$$\begin{array}{l|c|c} a_1 x + b_1 y + c_1 = 0 & b_2 & -a_2 \\ a_2 x + b_2 y + c_2 = 0 & -b_1 & a_1 \end{array}$$

$$(a_1 b_2 - a_2 b_1)\, x + b_2 c_1 - b_1 c_2 = 0$$
$$(a_1 b_2 - a_2 b_1)\, y + a_1 c_2 - a_2 c_1 = 0\,.$$

$$x = \frac{b_1 c_2 - b_2 c_1}{a_1 b_2 - a_2 b_1} = \begin{vmatrix} b_1 & c_1 \\ b_2 & c_2 \end{vmatrix} : \begin{vmatrix} a_1 & b_1 \\ a_2 & b_2 \end{vmatrix}$$

$$y = -\frac{a_1 c_2 - a_2 c_1}{a_1 b_2 - a_2 b_1} = -\begin{vmatrix} a_1 & c_1 \\ a_2 & c_2 \end{vmatrix} : \begin{vmatrix} a_1 & b_1 \\ a_2 & b_2 \end{vmatrix}$$

Die letzten beiden Gleichungen geben die Lösungen zugleich in Determinantenform. (§ 8, 2.)

Sollen nun diese Werte x und y noch eine dritte Gleichung $a_3 x + b_3 y + c_3 = 0$ befriedigen, so folgt, wenn man die für x und y gefundenen Ausdrücke in diese Gleichung einsetzt und zugleich mit $\begin{vmatrix} a_1 & b_1 \\ a_2 & b_2 \end{vmatrix}$ multipliziert:

$$a_3 \begin{vmatrix} b_1 & c_1 \\ b_2 & c_2 \end{vmatrix} - b_3 \begin{vmatrix} a_1 & c_1 \\ a_2 & c_2 \end{vmatrix} + c_3 \begin{vmatrix} a_1 & b_1 \\ a_2 & b_2 \end{vmatrix} = 0$$

oder (nach § 8, 15.):

$$\begin{vmatrix} a_1 & b_1 & c_1 \\ a_2 & b_2 & c_2 \\ a_3 & b_3 & c_3 \end{vmatrix} = 0.$$

Diese Determinante besagt also, daß obige drei Gleichungen gleichzeitig gültig sind.

2. Sind drei Gleichungen gegeben

$$a_1 x + b_1 y + c_1 z + d_1 = 0,$$
$$a_2 x + b_2 y + c_2 z + d_2 = 0,$$
$$a_3 x + b_3 y + c_3 z + d_3 = 0,$$

und sieht man dieselben zuerst als Gleichungen für x und y allein an, so folgt aus 1.:

$$\begin{vmatrix} a_1 & b_1 & c_1 z + d_1 \\ a_2 & b_2 & c_2 z + d_2 \\ a_3 & b_3 & c_3 z + d_3 \end{vmatrix} = 0$$

oder (nach § 8, 11. 10.):

$$z \begin{vmatrix} a_1 & b_1 & c_1 \\ a_2 & b_2 & c_2 \\ a_3 & b_3 & c_3 \end{vmatrix} + \begin{vmatrix} a_1 & b_1 & d_1 \\ a_2 & b_2 & d_2 \\ a_3 & b_3 & d_3 \end{vmatrix} = 0$$

und hieraus:

$$z = -\begin{vmatrix} a_1 b_1 d_1 \\ a_2 b_2 d_2 \\ a_3 b_3 d_3 \end{vmatrix} : \begin{vmatrix} a_1 b_1 c_1 \\ a_2 b_2 c_2 \\ a_3 b_3 c_3 \end{vmatrix}$$

Ebenso folgt:

$$x = -\begin{vmatrix} d_1 b_1 c_1 \\ d_2 b_2 c_2 \\ d_3 b_3 c_3 \end{vmatrix} : \begin{vmatrix} a_1 b_1 c_1 \\ a_2 b_2 c_2 \\ a_3 b_3 c_3 \end{vmatrix} \qquad y = -\begin{vmatrix} a_1 d_1 c_1 \\ a_2 d_2 c_2 \\ a_3 d_3 c_3 \end{vmatrix} : \begin{vmatrix} a_1 b_1 c_1 \\ a_2 b_2 c_2 \\ a_3 b_3 c_3 \end{vmatrix}$$

Der Wert einer Unbekannten aus 3 Gleichungen ist also gleich einem Quotienten, dessen Nenner die Determinante aus den Koeffizienten der 3 Unbekannten ist, und dessen Zähler aus der Nennerdeterminante hervorgeht, wenn man die Koeffizienten der zu bestimmenden Unbekannten durch die Absolutglieder der 3 Gleichungen ersetzt.

Das Vorzeichen ist negativ, wenn die Absolutglieder auf den linken Seiten der Gleichungen stehen, und positiv im entgegengesetzten Falle. (Negativ also immer, wenn die Gleichungen, wie oben, auf Null reduziert sind.)

Wird die Nennerdeterminante durch D bezeichnet und die Zählerdeterminanten durch D_x, D_y, D_z, so ist

$$x = -\frac{D_x}{D}, \qquad y = -\frac{D_y}{D}, \qquad z = -\frac{D_z}{D}.$$

3. Wäre außer den obigen 3 Gleichungen noch eine vierte $a_4 x + b_4 y + c_4 z + d_4 = 0$ gegeben, so fände man für das gleichzeitige Bestehen der 4 Gleichungen, entsprechend wie unter 1.:

$$\begin{vmatrix} a_1 b_1 c_1 d_1 \\ a_2 b_2 c_2 d_2 \\ a_3 b_3 c_3 d_3 \\ a_4 b_4 c_4 d_4 \end{vmatrix} = 0$$

und könnte dann, ganz analog wie unter 2., fortfahren, 4 Gleichungen mit 4 Unbekannten zu lösen.

Es folgt hieraus, daß die für 3 Unbekannte angegebenen Regeln entsprechend für 4 Unbekannte und überhaupt allgemeine Gültigkeit haben.

Um den unter 1. gegebenen Ausdruck für x in Übereinstimmung mit obigen Regeln zu bringen, braucht man nur die beiden Kolonnen der Zählerdeterminante zu vertauschen (§ 8, 6.) und hat dann:

$$x = -\begin{vmatrix} c_1 b_1 \\ c_2 b_2 \end{vmatrix} : \begin{vmatrix} a_1 b_1 \\ a_2 b_2 \end{vmatrix}$$

In einem System von n Gleichungen zwischen n Unbekannten (§ 8, 4.)

$$a_{11}x_1 + a_{12}x_2 + \dots + a_{1p}x_p + \dots + a_{1n}x_n = b_1$$
$$a_{21}x_1 + a_{22}x_2 + \dots + a_{2p}x_p + \dots + a_{2n}x_n = b_2$$
$$\dots\dots\dots\dots\dots\dots\dots\dots\dots\dots$$
$$a_{n1}x_1 + a_{n2}x_2 + \dots + a_{np}x_p + \dots + a_{nn}x_n = b_n$$

ist den obigen Regeln entsprechend

$$x_p = \frac{\begin{vmatrix} a_{11}\,a_{12}\dots b_1\dots a_{1n} \\ a_{21}\,a_{22}\dots b_2\dots a_{2n} \\ \dots\dots\dots\dots \\ a_{n1}\,a_{n2}\dots b_n\dots a_{nn} \end{vmatrix}}{\begin{vmatrix} a_{11}\,a_{12}\dots a_{1p}\dots a_{1n} \\ a_{21}\,a_{22}\dots a_{2p}\dots a_{2n} \\ \dots\dots\dots\dots \\ a_{n1}\,a_{n2}\dots a_{np}\dots a_{nn} \end{vmatrix}}$$

4. Zahlenbeispiel (§ 8, 3.):

$$3x + 6y + 5z = 13$$
$$9x - 8y + z = 17$$
$$11x + 0y + 8z = 23$$

$$D = \begin{vmatrix} 3 & 6 & 5 \\ 9 & -8 & 1 \\ 11 & 0 & 8 \end{vmatrix} \quad x = \begin{vmatrix} 13 & 6 & 5 \\ 17 & -8 & 1 \\ 23 & 0 & 8 \end{vmatrix} : D \quad y = \begin{vmatrix} 3 & 13 & 5 \\ 9 & 17 & 1 \\ 11 & 23 & 8 \end{vmatrix} : D \quad z = \begin{vmatrix} 3 & 6 & 13 \\ 9 & -8 & 17 \\ 11 & 0 & 23 \end{vmatrix} : D$$

$$D = -118 \qquad x = \frac{-590}{-118} = 5 \qquad y = \frac{-354}{-118} = 3 \qquad z = \frac{472}{-118} = -4$$

Man beachte, daß sich für $D = 0$ keine Lösung ergeben würde. Das Kriterium der Lösbarkeit ist also $D \neq 0$.

5. Gleichungen ersten Grades nennt man auch lineare Gleichungen. Sie heißen homogen, wenn sie ein absolutes (ein konstantes, ein von der Unbekannten freies) Glied nicht enthalten. Durch Division mit einer der Unbekannten können sie wieder in gewöhnliche (nicht homogene) Gleichungen verwandelt werden, wie z. B. unter 6.

Was unter 1. von 3 Gleichungen mit 2 Unbekannten,
und unter 3. von 4 Gleichungen mit 3 Unbekannten

gezeigt wurde, kann jetzt in dem Satz verallgemeinert werden:

Ein nicht homogenes lineares Gleichungssystem von n Gleichungen mit $(n-1)$ Unbekannten kann nur dann von denselben $(n-1)$ Werten für diese Unbekannten befriedigt werden, wenn die Determinante aller Koeffizienten verschwindet.

Man nennt diese Determinante mit Bezug auf das Gleichungssystem auch dessen Resultante und bezeichnet sie dann mit $R = 0$; sie ist also das Kriterium für die Lösbarkeit des Systems.

6. Zwei homogene Gleichungen mit 3 Unbekannten.

$$a_1 x + b_1 y + c_1 z = 0 \qquad a_1 \frac{x}{z} + b_1 \frac{y}{z} + c_1 = 0$$

$$a_2 x + b_2 y + c_2 z = 0 \qquad a_2 \frac{x}{z} + b_2 \frac{y}{z} + c_2 = 0$$

$$\frac{x}{z} = \frac{\begin{vmatrix} b_1 c_1 \\ b_2 c_2 \end{vmatrix}}{\begin{vmatrix} a_1 b_1 \\ a_2 b_2 \end{vmatrix}} \quad \frac{y}{z} = \frac{\begin{vmatrix} c_1 a_1 \\ c_2 a_2 \end{vmatrix}}{\begin{vmatrix} a_1 b_1 \\ a_2 b_2 \end{vmatrix}} \quad \frac{z}{z} = 1, \text{ folglich ist } x : y : z = \begin{vmatrix} b_1 c_1 \\ b_2 c_2 \end{vmatrix} : \begin{vmatrix} c_1 a_1 \\ c_2 a_2 \end{vmatrix} : \begin{vmatrix} a_1 b_1 \\ a_2 b_2 \end{vmatrix}$$

oder $x : y : z = (b_1 c_2 - b_2 c_1) : (c_1 a_2 - c_2 a_1) : (a_1 b_2 - a_2 b_1)$.

Wenn man also aus den Kolonnen der rechteckigen Matrix der Koeffizienten $\begin{vmatrix} a_1 b_1 c_1 \\ a_2 b_2 c_2 \end{vmatrix}$ die drei möglichen Determinanten zweiten Grades in zyklischer Reihenfolge bildet, so bestimmen sie die Verhältnisse $x : y : z$.

7. Gewöhnliches Eliminationsverfahren. Man entfernt eine und dieselbe Unbekannte aus den gegebenen n Gleichungen, indem man $(n - 1)$ mal je zwei der n Gleichungen vereinigt. Aus den so entstandenen $(n - 1)$ neuen Gleichungen eliminiert man in gleicher Weise eine zweite Unbekannte usw., bis eine Gleichung mit einer (der $n$ten) Unbekannten übrigbleibt, aus der sich diese $n$te Unbekannte ergibt. Durch Einsetzen des gefundenen Wertes in eine der beiden Gleichungen mit zwei Unbekannten erhält man die $(n - 1)$te Unbekannte, und so zurückgehend der Reihe nach auch die übrigen Unbekannten.

Beispiel:	Faktoren		
$2x - y + 3z + 5u = 29$	3	1	2
$5x + 2y - 2z + 3u = 15$	—5		
$3x - 4y + 7z - u = 12$		5	
$4x + 3y - 5z + 2u = 3$			—5
$-19x - 13y + 19z = 12$	—2	—31	
$17x - 21y + 38z = 89$	1		
$-16x - 17y + 31z = 43$		19	
$55x + 5y = 65$	16		
$285x + 80y = 445$	—1		

$595\,x = 595; \ldots\ldots\ldots\ldots \quad x = 1$

$5\,y = 65 - 55\,x = 65 - 55 = 10 \ldots\ldots \quad y = 2$

$19\,z = 12 + 19\,x + 13\,y = 12 + 19 + 26 = 57; \quad z = 3$

$2\,u = 3 - 4\,x - 3\,y + 5\,z = 3 - 4 - 6 + 15 = 8; \quad u = 4$

Eine Rechenprobe kann man bei dieser Rechnung leider erst erhalten, nachdem alle Unbekannten bestimmt und dann in eine der ursprünglichen Gleichungen eingesetzt wurden.

8. Das Eliminationsverfahren nach Gauß ist in dieser Hinsicht von praktischer Bedeutung, es gibt Rechenproben Schritt vor Schritt und soll hier an einem Beispiel aus der Praxis erläutert werden:

Es seien die folgenden 7 Gleichungen gegeben:

$$
\begin{array}{ll}
1. & 30x_1 + 9x_2 + 6x_3 \ldots\ldots\ldots\ldots - 648 = 0 \\
2. & 9x_1 + 48x_2 + 7x_3 + 8x_4 \ldots\ldots\ldots - 777 = 0 \\
3. & 6x_1 + 7x_2 + 54x_3 + 5x_4 + 9x_5 \ldots\ldots - 477 = 0 \\
4. & \ldots\; 8x_2 + 5x_3 + 52x_4 + 5x_5 + 8x_6 \ldots + 39 = 0 \\
5. & \ldots\ldots 9x_3 + 5x_4 + 54x_5 + 7x_6 + 6x_7 + 522 = 0 \\
6. & \ldots\ldots\ldots 8x_4 + 7x_5 + 48x_6 + 9x_7 + 732 = 0 \\
7. & \ldots\ldots\ldots\ldots 6x_5 + 9x_6 + 30x_7 + 585 = 0
\end{array}
$$

Man entfernt x_1 aus den ersten beiden Gleichungen, indem man die erste mit $-\frac{9}{30}$ multipliziert und zur zweiten addiert; es ergibt sich so eine dritte Gleichung, die man mit 2′ markiert.

Die Quersumme aller Koeffizienten von 1. ist — 603. Fügt man also ein Summenglied + 603 zu 1., so ist die Quersumme = 0. Ebenso wird die Quersumme von 2. durch Hinzufügung eines Summengliedes + 705 gleich Null. Durch die Multiplikation mit $-\frac{9}{30}$ und der folgenden Addition ergibt sich das Summenglied für 2′. War die Rechnung richtig, so muß die Quersumme von 2′ gleich Null sein. Genügt eine weniger scharfe Rechnung, etwa mittels Rechenschieber, so wird die Probe als kleiner Dezimalbruch erscheinen, wie 0,01, 0,02, 0,03, und man kann danach beurteilen, auf welche Genauigkeit die Endresultate Anspruch haben. Alles Weitere zeigt die nebenstehende tabellarische Rechnung.

(7″) $x_7 = -5830{,}5 : 399{,}58 = -14{,}59.$
(7′) $x_6 = (30{,}75 \cdot 14{,}59 - 632{,}21) : 16{,}29 = -11{,}27.$
(7) $x_5 = (9 \cdot 11{,}27 + 30 \cdot 14{,}59 - 585) : 6 = -7{,}64.$
(6) $x_4 = (7 \cdot 7{,}64 + 48 \cdot 11{,}27 + 9 \cdot 14{,}59 - 732) : 8 = -0{,}81.$
(5) $x_3 = (5 \cdot 0{,}81 + 54 \cdot 7{,}64 + 7 \cdot 11{,}27 + 6 \cdot 14{,}59 - 522) : 9 = 6{,}76.$
(4) $x_2 = (52 \cdot 0{,}81 + 5 \cdot 7{,}64 + 8 \cdot 11{,}27 - 5 \cdot 6{,}76 - 39) : 8 = 12{,}23.$
(1) $x_1 = -(9 \cdot 12{,}23 + 6 \cdot 6{,}76 - 648) : 30 = 16{,}58.$

9. Verhältnisgleichungen. Das Manipulieren mit Gleichungen wird oft erleichtert, wenn man daran denkt, etwaige Verhältnisse in den gegebenen Ausdrücken zu erkennen.

Ist $a : b = c : d = e : f$, oder in anderer Form,

$$\frac{a}{b} = \frac{c}{d} = \frac{e}{f}, \text{ so ist auch } \frac{a}{b} = \frac{a+c}{b+d} = \frac{a+e}{b+f} = \frac{a+c+e}{b+d+f}.$$

$$\text{Ist } \begin{cases} ax - by = 0 \\ az - cy = 0 \end{cases} \text{ so ist } \frac{x}{z} = \frac{b}{c}, \text{ also auch } bz - cx = 0.$$

x_1	x_2	x_3	x_4	x_5	x_6	x_7	a	S	Probe	Bezeichnung
30	9	6					− 648	+ 603	0	1
9	48	7	8				− 777	+ 705	0	2
− 9	− 2,7	− 1,8					+ 194,4	− 180,9	0	$1 \cdot \left(-\frac{9}{30}\right)$
± 0	45,3	5,2	8				− 582,6	+ 524,1	0	2′
6	7	54	5	9			− 477	+ 396	0	3
− 6	− 1,8	− 1,2					+ 129,6	− 120,6	0	$1 \cdot \left(-\frac{6}{30}\right)$
± 0	5,2	52,8	5	9			− 347,4	+ 275,4	0	3′
	8	5	52	5	8		+ 39	− 117	0	4
	− 8	− 81,23	− 7,69	− 13,85			+ 534,46	− 423,69	0	$3' \cdot \left(-\frac{8}{5,2}\right)$
	± 0	− 76,23	44,31	− 8,85	8		+ 573,46	− 540,69	0	4′
		9	5	54	7	6	+ 522	− 603	0	5
		− 9	5,23	− 1,04	0,94		+ 67,71	− 63,84	0	$4' \cdot \left(+\frac{9}{76,23}\right)$
		± 0	10,23	52,96	7,94	6	+ 589,71	− 666,84	0	5′
			8	7	48	9	+ 732	− 804	0	6
			− 8	− 41,42	− 6,21	− 4,69	− 461,16	+ 521,48	0	$5' \cdot \left(-\frac{8}{10,23}\right)$
			± 0	− 34,42	+ 41,79	+ 4,31	+ 270,84	− 282,52	0	6′
				6	9	30	+ 585	− 630	0	7
				− 6	7,29	0,75	+ 47,21	− 49,25	0	$6' \cdot \left(+\frac{6}{34,42}\right)$
				± 0	16,29	30,75	+ 632,21	− 679,25	0	7′
	− 5,20	− 0,60	− 0,92				+ 66,88	− 60,16	0	$2' \cdot \left(-\frac{5,2}{45,3}\right)$ zu 3′
	± 0	52,20	4,08	9			− 280,52	+ 215,24	0	3″
		− 52,20	30,34	− 6,06	5,48		+ 392,69	− 370,25	0	$4' \cdot \left(+\frac{52,2}{76,23}\right)$
		± 0	34,42	2,94	5,48		+ 112,17	− 155,01	0	4″
			− 34,42	− 178,19	− 26,71	− 20,19	− 1984,15	+ 2243,66	0	$5' \cdot \left(-\frac{34,42}{10,23}\right)$
			± 0	− 175,25	− 21,23	− 20,19	− 1871,98	+ 2088,65	0	5″
				+ 175,25	− 212,77	− 21,94	− 1378,99	+ 1438,45	0	$6' \cdot \left(-\frac{175,25}{34,42}\right)$
				± 0	− 234	− 42,13	− 3250,97	+ 3527,10	0	6″
					+ 234	+ 441,71	+ 9081,47	− 9757,18	0	$7' \cdot \left(+\frac{234}{16,29}\right)$
					± 0	+ 399,58	+ 5830,50	− 6230,08	0	7″

Ist $p(x-a)+q(y-b)=z-c$ und $\frac{x-a}{m}=\frac{y-b}{n}$, so ist auch

$$\frac{p(x-a)}{pm}=\frac{q(y-b)}{qn}=\frac{z-c}{pm+qn},\ \text{also}\ \frac{x-a}{m}=\frac{y-b}{n}=\frac{z-c}{pm+qn}.$$

§ 10. Gleichungen zweiten Grades

1. Eine Gleichung zweiten Grades (oder quadratische Gleichung) mit einer Unbekannten hat im allgemeinen 3 Glieder, welche die Unbekannte in zweiter Potenz, in erster Potenz und gar nicht enthalten. Die allgemeine Form, nach der etwa erforderlichen Umformung, ist also

$$ax^2+bx+c=0.$$

Bringt man c auf die rechte Seite, dividiert die ganze Gleichung durch a und addiert $\left(\frac{b}{2a}\right)^2$ zu jeder Seite, so entsteht

$$x^2+\frac{b}{a}x+\left(\frac{b}{2a}\right)^2=\left(\frac{b}{2a}\right)^2-\frac{c}{a}$$

oder

$$\left(x+\frac{b}{2a}\right)^2=\left(\frac{b}{2a}\right)^2-\frac{c}{a}$$

und durch Radizierung und Transposition erhält man hieraus

$$x=-\frac{b}{2a}\pm\sqrt{\frac{b^2}{4a^2}-\frac{c}{a}}=\frac{-b\pm\sqrt{b^2-4ac}}{2a}.$$

Die beiden Wurzeln sind also

real verschieden, wenn b^2-4ac positiv,
real gleich, wenn b^2-4ac Null,
komplex konjugiert, wenn b^2-4ac negativ ist. (§ 5, 6.)

Der Ausdruck b^2-4ac heißt die Diskriminante der betrachteten quadratischen Gleichung.

2. Denkt man sich die Gleichung schon von vornherein durch den Koeffizienten von x^2 dividiert, so ergibt sich die Normalform $x^2+sx+p=0$, und die Lösung

$$x=-\frac{s}{2}\pm\sqrt{\left(\frac{s}{2}\right)^2-p}.$$

Bezeichnet man die beiden Wurzeln mit x_1 und x_2, so ist

$$x_1=-\frac{s}{2}+\sqrt{\left(\frac{s}{2}\right)^2-p}\ \text{und}\ x_2=-\frac{s}{2}-\sqrt{\left(\frac{s}{2}\right)^2-p}.$$

$$x_1+x_2=-\frac{s}{2}-\frac{s}{2}=-s$$

$$x_1x_2=\left(\frac{s}{2}\right)^2-\left(\frac{s}{2}\right)^2+p=p.$$

Die Summe der beiden Wurzeln einer quadratischen Gleichung in der Normalform ist also gleich dem mit -1 multiplizierten Koeffizienten von x und das Produkt der beiden Wurzeln ist gleich dem absoluten (von x freiem) Gliede.

Oder: $x^2 + sx + p = x^2 - (x_1 + x_2)\,x + x_1 x_2 = (x - x_1)(x - x_2)$.

Mittels dieser Relation zwischen Wurzeln und Koeffizienten kann man bei ganzzahligen Wurzeln nicht nur die Lösung einer Gleichung oft erraten, sondern auch den quadratischen Ausdruck $x^2 + ax + b$ in 2 Faktoren zerlegen. So findet man z. B. ohne Rechnung:

von	die Wurzeln	die Faktoren
$x^2 - 5x + 6 = 0$	$x_1 = 2;\quad x_2 = 3$	$(x-2)(x-3)$
$x^2 - 10x + 24 = 0$	$x_1 = 4;\quad x_2 = 6$	$(x-4)(x-6)$
$x^2 + 13x + 40 = 0$	$x_1 = -8;\quad x_2 = -5$	$(x+8)(x+5)$
$x^2 - x - 42 = 0$	$x_1 = -6;\quad x_2 = 7$	$(x+6)(x+7)$

3. Unter den Gleichungen höheren Grades, die sich auf quadratische zurückführen lassen, befinden sich alle Gleichungen vierten Grades (biquadratische), die außer dem absoluten Gliede nur x^4 und x^2 enthalten. Man betrachtet hier x^2 als die Unbekannte und erhält z. B. ohne Rechnung, wie oben:

von	die Wurzeln	die Faktoren
$x^4 - 10x^2 - 96 = 0$	$(x)_1^2 = 16;\ (x)_2^2 = -6$	$(x^2 - 16)(x^2 + 6)$

Die Wurzeln ergeben für x die vier Werte:

$$x_1 = +4 \qquad x_2 = -4 \qquad x_3 = +i\sqrt{6} \qquad x_4 = -i\sqrt{6}.$$

4. Auch symmetrische Gleichungen vierten Grades, d. h. Gleichungen von der Form

$$x^4 + ax^3 + bx^2 + ax + 1 = 0$$

oder $$x^4 - ax^3 + bx^2 - ax + 1 = 0$$

oder $$4x^4 - 25x^3 + 42x^2 - 25x + 4 = 0$$

lassen sich auf quadratische zurückführen. Dividiert man z. B. die letzte der Gleichungen durch x^2, so erhält man

$$4x^2 - 25x + 42 - 25\frac{1}{x} + 4\frac{1}{x^2} = 0$$

$$\text{oder } 4\left(x^2 + \frac{1}{x^2}\right) - 25\left(x + \frac{1}{x}\right) + 42 = 0.$$

Setzt man nun $x + \frac{1}{x} = y$, also $x^2 + \frac{1}{x^2} + 2 = y^2$, so ergibt sich

$$4(y^2 - 2) - 25y + 42 = 0$$

oder $$4y^2 - 25y + 34 = 0$$

oder in Normalform: $$y^2 - 6\tfrac{1}{4}\,y + 8\tfrac{1}{2} = 0.$$

Hieraus findet man ohne Rechnung, wie oben: $y_1 = 4\frac{1}{4}$ und $y_2 = 2$.

$x + \frac{1}{x} = 4\frac{1}{4}$ gibt $x^2 - 4\frac{1}{4}x + 1 = 0$ und $x + \frac{1}{x} = 2$ gibt $x^2 - 2x + 1 = 0$.

Aus diesen beiden quadratischen Gleichungen folgt wieder ohne Rechnung:

$$x_1 = 4 \qquad x_2 = \frac{1}{4} \qquad x_3 = 1 \qquad x_4 = 1.$$

Man nennt diese Gleichungen auch reziproke Gleichungen, weil die Wurzeln immer paarweise reziprok sind. Ist nämlich a eine Wurzel, so ist $\frac{1}{a}$ ebenfalls eine Wurzel. Die Wurzel 1 ist reziprok zu 1.

5. Eine symmetrische Gleichung dritten Grades (kubische) läßt sich durch Division mit $(x + 1)$ oder $(x - 1)$ direkt auf eine quadratische Gleichung zurückführen, deren beide Wurzeln reziprok sind. Die dritte Wurzel $+1$ oder -1 ist sich selbst reziprok.

6. Oft gelingt es durch Versuch einen Faktor $(x - a)$ von der Gleichung abzutrennen; die Gleichung wird dadurch um einen Grad erniedrigt, und a ist eine der Wurzeln. So erhält man z. B. aus der Gleichung $x^3 - x^2 - 7x + 10 = 0$ durch Division mit $(x - 2)$ die Gleichung $x^2 + x - 5 = 0$. Die drei Wurzeln sind also

$$x_1 = +2 \qquad x_2 = -\frac{1}{2} + \frac{1}{2}\sqrt{21} \qquad x_3 = -\frac{1}{2} - \frac{1}{2}\sqrt{21}$$

$$x_2 + x_3 = -1 \text{ und } x_2 x_3 = -5.$$

7. Zwei Gleichungen mit zwei Unbekannten erfordern zur Bestimmung der letzteren im allgemeinen die Lösung einer Gleichung vierten Grades mit einer Unbekannten (§ 11, 13.). In vielen Sonderfällen gelingt es aber, die Bestimmung der Unbekannten von der Lösung einer oder mehrerer Gleichungen zweiten Grades abhängig zu machen. Es folgen drei typische Beispiele:

8. Die eine Gleichung ist ersten Grades, z. B.:

$$\begin{cases} 4x + y = 6 \\ 2x^2 - xy + y^2 = x + 3. \end{cases}$$

Man führt den Wert $y = 6 - 4x$ aus der ersten Gleichung in die zweite ein und erhält so

$$2x^2 - (6 - 4x)x + (6 - 4x)^2 = x + 3$$

oder

$$22x^2 - 55x + 33 = 0$$

oder in Normalform: $x^2 - \frac{5}{2}x + \frac{3}{2} = 0$, also $x_1 = 1$ und $x_2 = 1\frac{1}{2}$. Diese Werte in $y = 6 - 4x$ eingesetzt ergeben $y_1 = 2$ und $y_2 = 0$.

9. Die Elimination des quadratischen Gliedes, z. B.:

$$\begin{cases} 3xy + x - 5y = 5 \\ x(y+1) = 8. \end{cases}$$

Die zweite Gleichung mit 3 multipliziert und von der ersten subtrahiert entfernt das quadratische Glied xy und gibt

$$-2x - 5y = -19 \text{ oder } x = \frac{19-5y}{2}.$$

Dies in die 2. Gleichung eingesetzt gibt

$$(19-5y)(y+1) = 16$$

oder

$$5y^2 - 14y - 3 = 0, \text{ also } y_1 = 3 \text{ und } y_2 = -\frac{1}{5}.$$

Diese Werte in $x = \frac{19-5y}{2}$ eingesetzt ergeben $x_1 = 2$ und $x_2 = 10$.

10. Die Einführung einer neuen Unbekannten führt oft zum Ziel, namentlich wenn eine Gleichung homogen ist, d. h. nur quadratische Glieder enthält, z. B.:

$$\begin{cases} x^2 - 3xy + 2y^2 = 0 \\ x^2 + y^2 + 10 = 7x + 5y. \end{cases}$$

Man dividiert die erste Gleichung durch y^2, setzt $\frac{x}{y} = t$ und erhält

$$t^2 - 3t + 2 = 0, \text{ also } t_1 = 1 \text{ und } t_2 = 2;$$

$$t_1 = 1 = \frac{x}{y} \text{ gibt } x = y \text{ und } t_2 = 2 = \frac{x}{y} \text{ gibt } x = 2y.$$

Diese beiden Wertepaare nacheinander in die zweite Gleichung eingesetzt geben

$$2y^2 - 12y + 10 = 0 \text{ und } 5y^2 - 19y + 10 = 0,$$

$$\text{also } y_1 = 5 \qquad y_2 = 1 \qquad y_{3,4} = \frac{19}{10} \pm \frac{1}{10}\sqrt{161}.$$

Die Werte für x folgen aus $x = y$ und $x = 2y$,

$$\text{also } x_1 = 5 \qquad x_2 = 1 \qquad x_{3,4} = \frac{19}{5} \pm \frac{1}{5}\sqrt{161}.$$

11. Exponential- und logarithmische Gleichungen.

(1) $a^x = b$;

$$x \log a = \log b \qquad \therefore x = \frac{\log b}{\log a}$$

(2) $\left(\frac{a}{b}\right)^x = \frac{c}{d}$;

$$x(\log a - \log b) = \log c - \log d \qquad \therefore x = \frac{\log c - \log d}{\log a - \log b}.$$

(3) $a^{x+p} + a^{x+q} = b^{x+m} + b^{x+n};$
$a^x (a^p + a^q) = b^x (b^m + b^n);$
$\left(\frac{a}{b}\right)^x = \frac{b^m + b^n}{a^p + a^q}$; hieraus folgt x nach (2).

(4) $x^r \cdot x^{\log x} = b,$
$r \log x + \log x \cdot \log x = \log b,$
$(\log x)^2 + r \log x = \log b; \quad \therefore \log x = -\frac{r}{2} \pm \sqrt{\log b + \frac{r^2}{4}}.$

(5) $\log (ax + b) + \log (cx + d) = m;$
$\log [(ax + b)(cx + d)] = m$, also
$(ax + b)(cx + d) = 10^m$, woraus x folgt.

(6) $\log x + 15{,}91\, x = 0{,}96198 - 3;$
Setzt man das zweite x der Gleichung $= 0$, so erhält man einen ersten Annäherungswert für x, damit einen zweiten usw.

1. $x = 0{,}00916$
2. $x = 0{,}00657$
3. $x = 0{,}00720$
4. $x = 0{,}00704$
5. $x = 0{,}00707$

Probe:
$\log 0{,}007071 = 0{,}84948 - 3$
$15{,}91 \cdot 0{,}007071 = 0{,}11250$
$= 0{,}96198 - 3$

(7) $x = \frac{38{,}875}{p}$ und $\log p = 3{,}655 + 13{,}976\, x.$
Indem man provisorisch $x = 0$ setzt, erhält man aus der zweiten Gleichung zunächst einen ersten Annäherungswert für p, damit nach der ersten Gleichung einen ersten Annäherungswert für x, damit nach der zweiten Gleichung einen zweiten, genaueren Wert für p usw.

	p	x
1.	4520	0,00861
2.	5960	0,00653
3.	5570	0,00698
4.	5660	0,00687
5.	5640	0,00689

Probe:
$\log 5640 = 3{,}75128$
$- 13{,}976 \cdot 0{,}00689 = 0{,}09629$
$= 3{,}655$

§ 11. Gleichungen dritten und höheren Grades

1. Die allgemeine Form der Gleichung ersten Grades mit einer Unbekannten ist $ax + b = 0$, die des zweiten Grades ist $ax^2 + bx + c = 0$, die des dritten Grades ist dementsprechend $ax^3 + bx^2 + cx + d = 0$.

Denkt man sich die ganze Gleichung noch durch den Koeffizienten von x^3 dividiert, so erhält man die Normalform

$$x^3 + a_1 x^2 + a_2 x + a_3 = 0.$$

Jeder Wert, der für x in die Gleichung eingesetzt dieselbe befriedigt, heißt eine Wurzel der Gleichung.

2. Multipliziert man die Binome $(x - x_1)$, $(x - x_2)$, $(x - x_3)$ miteinander, so erhält man

$$x^3 - (x_1 + x_2 + x_3)\,x^2 + (x_1 x_2 + x_1 x_3 + x_2 x_3)\,x - (x_1 x_2 x_3).$$

Die drei Klammerwerte sind die Kombinationen von x_1, x_2, x_3 zur 1., 2. und 3. Klasse (§ 7, 8.). Bezeichnet man sie entsprechend mit a_1, a_2, a_3, so ergibt sich als Wert des Produkts

$$(x - x_1)\,(x - x_2)\,(x - x_3) = x^3 - a_1 x^2 + a_2 x - a_3.$$

Setzt man in dieser Gleichung einen der Werte x_1, x_2, x_3 für x, so verschwindet die linke Seite der Gleichung und also auch die rechte Seite. Die Werte x_1, x_2, x_3 sind also die Wurzeln der Gleichung

$$x^3 - a_1 x^2 + a_2 x - a_3 = 0.$$

3. Alles unter 1. und 2. Gesagte gilt entsprechend auch für die Gleichung und das Produkt $n$ten Grades. In

$$(x - x_1)\,(x - x_2) \ldots . (x - x_n) = x^n - a_1 x^{n-1} + a_2 x^{n-2} - \ldots . \pm a_n$$

sind a_1, $a_2 \ldots . a_n$ die Kombinationen von x_1, $x_2 \ldots . x_n$ zur 1., 2. .... $n$ten Klasse. Die Werte x_1, $x_2 \ldots . x_n$ sind die Wurzeln der Gleichung

$$x^n - a_1 x^{n-1} + a_2 x^{n-2} - \ldots . \pm a_n = 0.$$

Insbesondere hat man, wie der erste Ausdruck unter 2. veranschaulicht:

Das Absolutglied ist gleich dem positiven Produkt der Wurzeln für Gleichungen geraden Grades und gleich diesem negativen Produkt für Gleichungen ungeraden Grades. Der Koeffizient des zweiten Gliedes der Gleichung ist gleich der negativen Summe der Wurzeln.

4. Ist umgekehrt x_1 eine Wurzel einer beliebigen Gleichung $x^n + a_1 x^{n-1} + a_2 x^{n-2} + \ldots . + a_n = 0$, so ist $(x - x_1)$ stets ein Faktor der linken Seite der Gleichung. Denn subtrahiert man den Wert

$$x_1^n + a_1 x_1^{n-1} + a_2 x_1^{n-2} + \ldots . + a_n = 0$$

von der ursprünglichen Gleichung, so erhält man die neue Gleichung

$$(x^n - x_1^n) + a_1 (x^{n-1} - x_1^{n-1}) + a_2 (x^{n-2} - x_1^{n-2}) + \ldots . + (a_n - a_n) = 0.$$

In dieser Gleichung ist aber $(x - x_1)$ in jedem einzelnen Gliede enthalten; das absolute Glied ist verschwunden.

Ist also irgendeine Wurzel x_p bekannt, so kann die Gleichung $n$ten Grades durch Division mit $(x - x_p)$ auf eine $(n - 1)$ten Grades reduziert werden.

Die Aufgabe, eine Gleichung $n$ten Grades zu lösen, ist also die, solche Faktoren $(x - x_1)$, $(x - x_2)$ .... zu finden, welche ohne Rest in der linken Seite derselben enthalten sind.

5. Betrachtet man x als eine veränderliche Größe (als Variable), so nennt man Ausdrücke wie die linken Seiten der Gleichungen unter 1. bis 4. Funktionen von x (von x abhängig) und braucht dafür die allgemeine Bezeichnung $f(x)$. Analog den Gleichungen heißen die Funktionen der ersten vier Grade auch linear, quadratisch, kubisch und biquadratisch. Soll eine solche Funktion durch einen Faktor $(x - \alpha)$ dividiert werden, etwa die Funktion $x^4 - 2x^3 + 3x^2 - 4x + 5$ durch $(x - 3)$, so erhält man durch Ausführung der Division das folgende Resultat:

$$\begin{array}{l} x^4 - 2x^3 + 3x^2 - 4x + 5 \quad : (x - 3) = x^3 + x^2 + 6x + 14 \\ \underline{x^4 - 3x^3} \\ \quad + x^3 \\ \quad \underline{+ x^3 - 3x^2} \\ \qquad + 6x^2 \\ \qquad \underline{+ 6x^2 - 18x} \\ \qquad\qquad + 14x \\ \qquad\qquad \underline{+ 14x - 42} \\ \qquad\qquad\qquad (+ 47) \end{array}$$

Dies ausführliche Verfahren wird nun, nach Horner, erheblich vereinfacht und schematisiert in der Form:

$$\begin{array}{c|ccccc} x & 1 & -2 & +3 & -4 & +5 \\ \hline +3 & 1 & +1 & +6 & +14 & (+47) \end{array}$$

Über dem Strich stehen die Koeffizienten des Dividenden, darunter kommen jetzt die des Quotienten wie folgt: Der erste Koeffizient ist gleich dem darüberstehenden, $= 1$. Dieser Koeffizient mit 3 multipliziert und zum zweiten oberen Koeffizienten -2 addiert, gibt den zweiten unteren Koeffizienten $+1$. Dieser Koeffizient mit 3 multipliziert und zum dritten oberen Koeffizienten $+3$ addiert, gibt den dritten unteren Koeffizienten $+6$ usw.

Die letzte Zahl, in dieser Weise erhalten, ist der Rest $(+47)$, den die Division ergibt. Es ist hierbei nichts anderes geschehen, als alles Entbehrliche fortgelassen worden und alles Subtrahieren, durch Zeichenwechsel von 3, in ein Addieren verwandelt. Bezeichnet man noch den Funktionswert durch y, so ist das Resultat:

$$y = x^4 - 2x^3 + 3x^2 - 4x + 5 = (x^3 + x^2 + 6x + 14)(x - 3) + 47.$$

6. Den Ausdruck $x^3 + x^2 + 6x + 14$ könnte man wieder durch $x - 3$ dividieren, und mit der Bezeichnung R_2 für den diesmaligen Rest würde man den Funktionswert in der Form erhalten:

$$y = (x^2 + a x + b)\,(x - 3)^2 + R_2\,(x - 3) + 47.$$

Eine dritte Division würde entsprechend ergeben:

$$y = (x - a_1)\,(x - 3)^3 + R_3\,(x - 3)^2 + R_2\,(x - 3) + R_1$$

und eine vierte schließlich:

$$y = (x - 3)^4 + R_4\,(x - 3)^3 + R_3\,(x - 3)^2 + R_2\,(x - 3) + R_1.$$

Wendet man das Hornersche Verfahren auf diese vier Divisionen an, schreibt eine Division unter die andere und läßt noch alle +-Zeichen fort, so erhält man das Schema:

x	1	—2	3	—4	5
3	1	1	6	14	(47)
	1	4	18	(68)	
	1	7	(39)		
	1	(10)			
	(1)				

Es ist also

$$y = (x - 3)^4 + 10\,(x - 3)^3 + 39\,(x - 3)^2 + 68\,(x - 3) + 47$$

oder

$$y = z^4 + 10 z^3 + 39 z^2 + 68 z + 47.$$

Aus der ursprünglichen Funktion $x^4 - 2x^3 + 3x^2 - 4x + 5$ hat sich also durch dies einfache Divisionsverfahren eine andere Funktion 4. Grades entwickelt, deren Veränderliche z um 3 kleiner ist als x.

Die erste Gleichung unter dem Schema zeigt ferner, daß der Funktionswert $= 47$ wäre, wenn man 3 für x in die ursprüngliche Funktion einsetzen würde. Man schreibt das

$$y = f(3) = 47.$$

7. Numerische Gleichungen sind solche, deren Koeffizienten in Zahlen gegeben, deren Wurzeln somit bestimmte Zahlen sind. Für Gleichungen dritten und vierten Grades gibt es Formeln (15. bis 18.), welche die algebraische Lösung dieser Gleichungen ermöglichen, sie führen jedoch meistens auf verwickelte Rechnungen. Für Gleichungen höher als vom vierten Grade existieren entsprechende Formeln überhaupt nicht. Man hat aber Näherungsmethoden zur Auffindung der Wurzeln entwickelt, die unabhängig vom Grade der Gleichung Geltung haben, und diese sind auch für die Gleichungen dritten und vierten Grades das brauchbarste Mittel. In der Regel haben nur die reellen Wurzeln ein Interesse; die folgenden Ausführungen beschränken sich daher zunächst auf die Bestimmung dieser. Der Genauigkeit der Wurzelbestimmungen sind dabei keine Schranken gesetzt.

8. Bei einfachen Gleichungen kann man mitunter eine Wurzel erraten oder nach wenigen Versuchen bestimmen und erhält dann nach 4. eine um einen Grad reduzierte Gleichung. Aus der kubischen Gleichung $x^3 - 7x + 6 = 0$ erkennt man z. B. leicht die Wurzel $x = 1$ und findet dann aus der Gleichung $x^2 + x - 6 = 0$ die beiden anderen Wurzeln, 2 und — 3. Die Probe nach 3. ist: $-(x_1 x_2 x_3) = 6$ und $x_1 + x_2 + x_3 = 0$. (Siehe auch § 10, 6.)

9. Man könnte nun zunächst die Bestimmung der oberen und unteren Schranken der Wurzeln erörtern, dann den Zusammenhang der Wurzeln mit der Zeichenfolge der Gleichungen in bezug auf Anzahl und Vorzeichen der Wurzeln usw. Alles dies führt aber nicht nur zu einer beträchtlichen Mehrbelastung des Gedächtnisses, sondern macht auch, durch die erforderlichen Nebenrechnungen, die Rechenarbeit meistens größer als notwendig. Das einfachste Vorgehen und das durchsichtigste ist, mit dem Entwurf eines Bildes der Gleichung zu beginnen, es beantwortet die Fragen nach Schranken, Anzahl und Vorzeichen sozusagen automatisch. Es folgen drei Beispiele mit den nötigen Erläuterungen.

10. Gegeben sei die Gleichung: $2x^4 + 4x^3 - 59x^2 - 61x + 30 = 0$. Mittels des Hornerschen Divisionsverfahrens berechnet man zuerst etwa vier Werte $y = f(x)$, nämlich $f(-1)$, $f(-2)$, $f(1)$ und $f(2)$. Die Gleichung selbst gibt $f(0) = 30$. Beginnt man mit diesen fünf Werten das Bild der Gleichung, so deutet die Form der Kurve schon an, ob man mit den x-Intervallen von 1 weitergehen oder größere Schritte nehmen sollte. Die Maßstäbe für x und y wählt man mit der Absicht, ein kleines kompaktes Bild zu erhalten (eine maßstäbliche Skizze), wobei der Maßstab für y wohl am besten $\frac{1}{1}, \frac{1}{10}, \frac{1}{100} \ldots$ desjenigen für x gewählt wird, um quadriertes Papier mit Vorteil benutzen zu können. Die Zahlentafel zeigt, daß zwischen $x = -1$ und $x = -2$ der Wert vom Positiven ins Negative übergeht. Eine Wurzel liegt also zwischen — 1 und — 2. Ebenso zeigt die Zahlentafel eine zweite Wurzel zwischen $x = 0$ und $x = 1$.

$f(x)$	2	4	— 59	— 61	30	$f(x)$	2	4	— 59	— 61	30
— 1	2	2	— 61	0	30	1	2	6	— 53	— 114	— 84
— 2	2	0	— 59	57	— 84	2	2	8	— 43	— 147	— 264
— 3	2	— 2	— 53	98	— 264	3	2	10	— 29	— 148	— 414
— 4	2	— 4	— 43	111	— 414	4	2	12	— 11	— 105	— 390
— 5	2	— 6	— 29	84	— 390	5	2	14	11	— 6	0
— 6	2	— 8	— 11	5	0	(6	2	16	37	161	996)
(— 7	2	— 10	11	— 138	996)						

Die Zahlentafel zeigt ferner, daß für $x = 5$ und für $x = -6$ der y-Wert zu Null wird, d. h. 5 und — 6 sind ganzzahlige Wurzeln der

Gleichung. Die Ausscheidung der Wurzel 5 hinterläßt eine kubische Gleichung mit den Koeffizienten 2, 14, 11, — 6, und diese, durch Ausscheidung der Wurzel — 6, wie folgt

x	2	14	11	—6
—6	2	2	—1	0

hinterläßt die quadratische Gleichung $2x^2 + 2x - 1 = 0$ mit den Wurzeln $-\frac{1}{2} \pm \frac{1}{2}\sqrt{3}$.

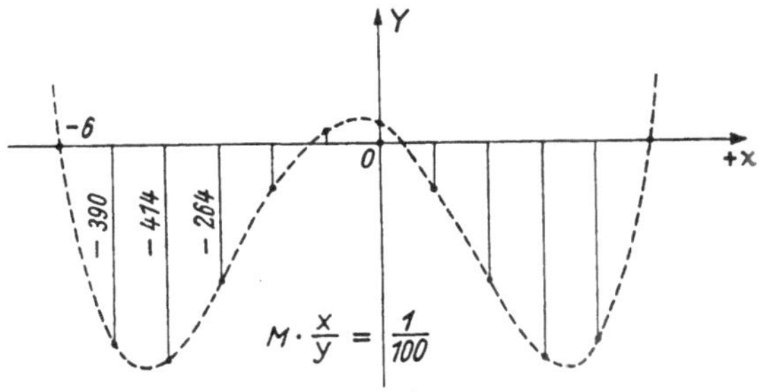

Bild 3

Die Gleichung $2x^4 + 4x^3 - 59x^2 - 61x + 30 = 0$ hat also die 4 Wurzeln, 5, — 6, $-\frac{1}{2} + \frac{1}{2}\sqrt{3}$, $-\frac{1}{2} - \frac{1}{2}\sqrt{3}$.

Beachtet man, daß die Regel unter 3. für die Normalform der Gleichung gilt, so hat man die Probe:

$$x_1 + x_2 + x_3 + x_4 = -\frac{4}{2} = -2$$

$$x_1 x_2 x_3 x_4 = \frac{30}{2} = 15.$$

In der Zahlentafel sind noch die y-Werte für $x = -7$ und für $x = 6$ eingetragen, um zu zeigen, daß außerhalb der ganzzahligen Wurzeln die Kurve zu beiden Seiten ins positive Unendliche zu verlaufen beginnt.

Das Bild der Gleichung (Bild 3) illustriert in diesem Falle nur, was die Zahlentafel bereits ergeben hat. Die Kurve ist charakteristisch für Gleichungen vierten Grades mit vier reellen Wurzeln. Außerhalb der äußeren Wurzeln verläuft die Kurve entweder ins positive oder ins negative Unendliche.

11. Gegeben sei die Gleichung: $x^3 + 3x^2 - 17x + 5 = 0$.

Das Verfahren zur Bestimmung der Wurzeln ist zunächst wie unter 10.

$f(x)$	1	3	—17	5
—1	1	2	—19	24
—2	1	1	—19	43
—3	1	0	—17	56
—4	1	—1	—13	57
—5	1	—2	— 7	40
—6	1	—3	1	— 1

$f(x)$	1	3	—17	5
1	1	4	—13	—8
2	1	5	— 7	—9
3	1	6	1	8
(6	1	9	37	227)
(10	1	13	113	1135)

Die Zahlentafel zeigt, daß die y-Werte zwischen $x = -5$ und $x = -6$, zwischen $x = 0$ und $x = 1$ und zwischen $x = 2$ und $x = 3$

das Vorzeichen wechseln. In diesen Intervallen liegen also die drei Wurzeln der Gleichung. Eine ganzzahlige Wurzel ist nicht vorhanden.

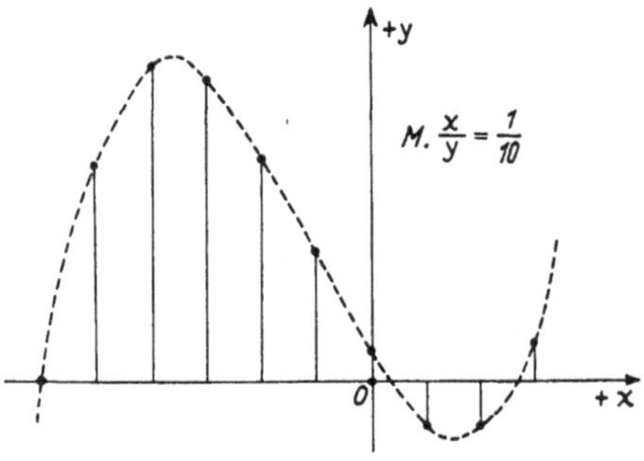

Bild 4

Aus dem Bild 4 kann man die Wurzelwerte bis auf eine Dezimalstelle ablesen, nämlich —5,9, 0,3 und 2,6. Ob diese Ablesungen richtig sind oder nicht, ist einerlei, eine unrichtige Annahme korrigiert sich in der folgenden Rechnung von selbst. Man braucht die Ablesungen eigentlich nur als Ausgangswerte betrachten, die nun durch Rechnung bis auf irgendeine gewünschte Dezimalstelle erweitert werden sollen, im vorliegenden Falle bis auf vier Dezimalstellen.

Unter 6. wurde gezeigt, wie man mittels des Hornerschen Divisionsverfahrens aus einer Funktion $n$ten Grades eine andere Funktion $n$ten Grades entwickelt, deren Veränderliche um einen gewünschten Betrag kleiner ist als x.

Beginnt man also mit der Bestimmung der ersten Wurzel und entwickelt aus der gegebenen Gleichung eine andere, deren x um — 5,9 kleiner ist als die gesuchte Wurzel, so hat man, nach dem ersten Teil der Zahlentafel x_1:

$$x^3 - 14{,}7\,x^2 + 52{,}03\,x + 4{,}351 = 0.$$

x_1	1	3	−17	5	x_2	1	3	−17	5	x_3	1	3	−17	5
−5,9	1	−2,9	0,11	(4,351)	0,3	1	3,3	−16,01	(0,197)	2,6	1	5,6	2,44	(−1,344)
	1	−8,8	(52,03)			1	3,6	(−14,93)			1	8,2	(18,88)	
	1	(−14,7)				1	(3,9)				1	(10,8)		
	(1)					(1)					(1)			
	1	−14,7	52,03	4,351		1	3,9	−14,93	0,197		1	10,8	18,88	−1,344
−0,08	1	−14,8	53,21	(0,094)	0,01	1	3,9	−14,89	(0,048)	0,06	1	10,9	19,53	(−0,172)
	1	−14,9	(54,40)			1	3,9	(−14,85)			1	11,0	(20,19)	
	1	(−15,0)				1	(3,9)				1	(11,1)		
	(1)					(1)					(1)			
	1	−15,0	54,40	0,094		1	3,9	−14,85	0,048		1	11,1	20,19	−0,172
−0,001	1	−15,0	54,42	(0,040)	0,003	1	3,9	−14,84	(0,003)	0,008	1	11,1	20,28	(−0,010)
	1	−15,0	(54,44)			1	3,9	(−14,83)			1	11,1	(20,37)	
	1	(−15,0)				1	(3,9)				1	(11,1)		
	(1)					(1)					(1)			
	1	−15,0	54,44	0,040		1	3,9	−14,83	0,003		1	11,1	20,37	−0,010
−0,0007					0,0002					0,0005				

In dieser Gleichung, deren x-Wert kleiner ist als $\frac{1}{10}$, sind die ersten beiden Glieder sehr klein im Vergleich zum dritten Glied, und da der Ausgangswert — 5,9 nur erweitert werden soll, so bestimmt man diesen

x-Wert, indem man die Glieder mit x^2 und x^3 vernachlässigt, also

$$x = -\frac{4,351}{52,03} = -0,08 \ldots\ldots$$

Man hat jetzt die gesuchte Wurzel bis auf zwei Dezimalen — 5,98.

Aus der letzten Gleichung entwickelt man wieder eine andere, deren x um — 0,08 kleiner ist als — 0,08 ...., wie im zweiten Teil der Zahlentafel x_1. Unter Vernachlässigung der Glieder mit x^2 und x^3 ergibt sich:

$$x = -\frac{0,094}{54,40} = -0,001 \ldots\ldots$$

So fährt man fort bis zu der gewünschten Anzahl der Dezimalstellen.

Es sind also immer nur ganz einfache Rechnungen auszuführen. Für die letzte Rechnung gibt der Rechenschieber — 0,00173, die Wurzel wäre also schon auf vier Dezimalstellen bestimmt, die Richtigkeit der 7 wurde jedoch im dritten Teil der Zahlentafel noch einer Prüfung unterworfen, weil die ganze Rechnung mit abgekürzten Zahlen ausgeführt wurde.

Die Zahlentafel x_2 und die Zahlentafel x_3 für die Wurzeln x_2 und x_3 brauchen hiernach keine weitere Erklärung. Nur wie die Annahmen sich von selbst korrigieren, soll noch gezeigt werden:

Das x der ersten Entwicklung der Zahlentafel x_3 ist

$$x = \frac{1,344}{18,88} = 0,0713 \ldots\ldots$$

Weil jedoch die Glieder mit x^2 und x^3 dabei vernachlässigt werden, so wurde 0,06 für die Weiterentwicklung gewählt. Wiederholt man nun die Rechnung mit 0,07, so ergibt sich für die zweite Entwicklung:

	1	10,8	18,88	— 1,344
0,07	1	10,87	19,641	(0,0309)
	1	10,94	(20,407)	
	1	(11,01)		
	(1)			
	1	11,01	20,407	0,0309
— 0,0015				

$$x = -\frac{0,0309}{20,407} = -0,0015;$$

also der Wurzelwert

$$x_3 = 2,67 - 0,0015 = 2,6685$$

wie vorher. Die dritte Entwicklung kann fortfallen, weil diesmal mit weniger abgekürzten Zahlen gerechnet wurde.

Die drei Wurzeln sind bis zu vier Dezimalstellen genau:

$$x_1 = -5{,}9817 \qquad x_2 = 0{,}3132 \qquad x_3 = 2{,}6685.$$

Probe: $x_1 + x_2 + x_3 = -3$.

Das Bild der Gleichung ist charakteristisch für Gleichungen dritten Grades mit drei reellen Wurzeln. Auf einer Seite verläuft die Kurve ins negative, auf der anderen Seite ins positive Unendliche.

12. Gegeben sei die Gleichung fünften Grades: $2x^5 + 4x^3 - 3 = 0$.

Das Verfahren zur Bestimmung der reellen Wurzeln ist zunächst wieder wie unter 10.

$f(x)$	2	0	4	0	0	−3
−1	2	−2	6	−6	6	−9
−2	2	−4	12	−24	48	−99
(−3	2	−6	22	−66	198	−597)
1	2	2	6	6	6	3
2	2	4	12	24	48	93
(3	2	6	22	66	198	591)

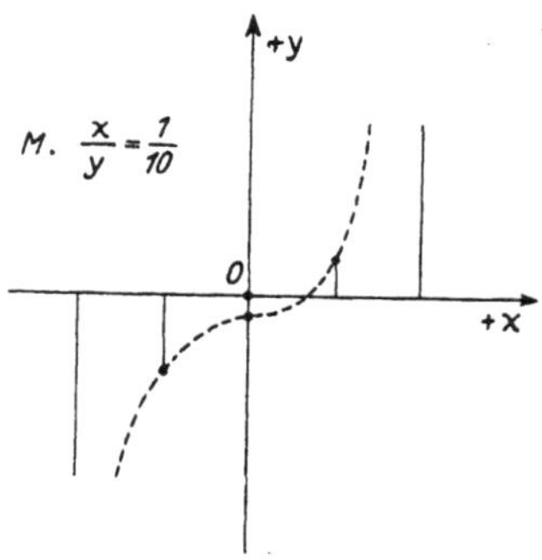

Bild 5

Die dritte und sechste Zeile der ersten Zahlentafel zeigen schon, daß die Kurve die x-Achse nicht wieder kreuzen kann. Die Gleichung hat also nur eine reelle Wurzel, deren Ausgangswert als 0,8 aus dem Bild 5 abgelesen werden kann. Diese Wurzel soll nun mittels einer Methode, die man »Regula falsi« nennt, bis auf fünf Dezimalstellen erweitert werden.

Die zweite Zahlentafel zeigt, daß der y-Wert zwischen $x = 0{,}8$ und $x = 0{,}9$ gleich Null wird, die Wurzel liegt also zwischen diesen beiden x-Werten.

$f(x)$	2	0	4	0	0	−3
0,8	2	1,6	5,28	4,224	3,3792	−0,2966
0,9	2	1,8	5,62	5,058	4,4522	1,0970
0,82	2	1,64	5,3448	4,3827	3,5938	−0,0531
0,83	2	1,66	5,3778	4,4636	3,7048	0,0750
0,824	2	1,648	5,3580	4,4150	3,6379	−0,0024
0,825	2	1,650	5,3613	4,4230	3,6490	0,0104
0,82419	2	1,64838	5,35856	4,41647	3,64001	0,00005

Unter der falschen Annahme (daher der Name Regula falsi), daß die Kurve zwischen $x = 0{,}8$ und $x = 0{,}9$ geradlinig verläuft, erhält man, durch einfache Verhältnisgleichungen zwischen ähnlichen Dreiecken, für die zweite Dezimale der Wurzel nach Bild 6_1:

$$\frac{0{,}02966}{1{,}3936} = 0{,}02\,\ldots\ldots$$

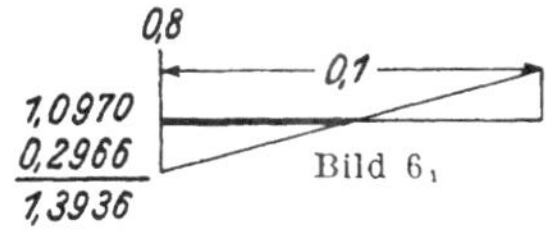

Bild 6_1

Jetzt berechnet man die y-Werte für $x = 0{,}82$ und $x = 0{,}83$ und erhält, nach Bild 6_2, für die dritte Dezimale der Wurzel:

$$\frac{0{,}000531}{0{,}1281} = 0{,}004\,\ldots\ldots$$

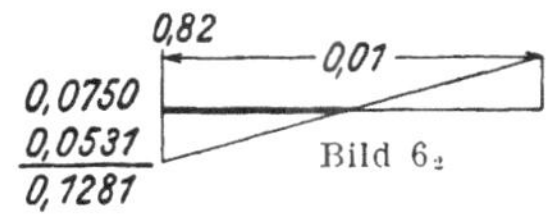

Bild 6_2

Schließlich berechnet man die y-Werte für $x = 0{,}824$ und $x = 0{,}825$ und erhält, nach Bild 6_3, für die vierte und fünfte Dezimale der Wurzel:

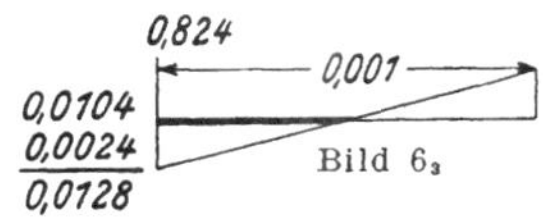

Bild 6_3

$$\frac{0{,}0000024}{0{,}0128} = 0{,}00019.$$

Die letzte Zeile der Zahlentafel gibt den y-Wert für $x = 0{,}82419$. Für $0{,}82418$ sowohl als für $0{,}82420$ ergibt sich ein größerer y-Wert. Die bestimmte Wurzel ist also tatsächlich bis auf fünf Dezimalstellen genau.

Das Newtonsche Näherungsverfahren wird Ende § 34, 7. erklärt.

13. Unter § 10, 7. wurde erwähnt, daß die Lösung zweier quadratischer Gleichungen mit 2 Unbekannten im allgemeinen von der Lösung einer Gleichung vierten Grades mit einer Unbekannten abhängig ist. Dieser allgemeine Fall soll jetzt Behandlung finden.

Zwei Gleichungen zweiten Grades mit 2 Unbekannten, in der allgemeinen Form, sind

$$a x^2 + b y^2 + c x y + d x + e y + f = 0,$$
$$a' x^2 + b' y^2 + c' x y + d' x + e' y + f' = 0.$$

Schreibt man diese Gleichungen so, daß die y, in Verbindung mit den Bekannten, als Koeffizienten von x erscheinen, so hat man:

$$a x^2 + (c y + d)\, x + (b y^2 + e y + f) = 0,$$
$$a' x^2 + (c' y + d')\, x + (b' y^2 + e' y + f') = 0.$$

Dies schreibt man nun besser in der kürzeren Form:

$$A x^2 + B x + C = 0,$$
$$A' x^2 + B' x + C' = 0.$$

Durch Multiplikation mit x bildet man aus diesen zwei Gleichungen die folgenden vier:

$$\begin{aligned} A x^3 + B x^2 + C x \qquad &= 0, \\ A x^2 + B x + C &= 0, \\ A' x^3 + B' x^2 + C' x \qquad &= 0, \\ A' x^2 + B' x + C' &= 0. \end{aligned}$$

Sieht man in diesen vier Gleichungen x^3, x^2 und x als Unbekannte an, so ist die Bedingung für das gleichzeitige Bestehen dieser vier Gleichungen, daß ihre Determinante verschwindet (§ 9, 3.). Also:

$$\begin{vmatrix} A & B & C & 0 \\ 0 & A & B & C \\ A' & B' & C' & 0 \\ 0 & A' & B' & C' \end{vmatrix} = 0.$$

Das gibt aber, unter Berücksichtigung der Werte des Diagonalgliedes, eine Gleichung vierten Grades im y.

14. Zahlenbeispiel: Die beiden Gleichungen seien

$$\begin{aligned} x^2 - 2xy + 3x + 2 \qquad &= 0, \\ 2xy - y^2 + x - y - 2 &= 0. \end{aligned}$$

Schreibt man sie in der zweiten Form (wie unter 13.)

$$\begin{aligned} x^2 + (-2y + 3)\,x + 2 \qquad &= 0, \\ (2y + 1)\,x - (y^2 + y + 2) &= 0 \end{aligned}$$

und bildet hieraus, durch Multiplikation mit x, die folgenden vier Gleichungen:

$$\begin{aligned} x^3 + (-2y + 3)\,x^2 + 2x \qquad &= 0, \\ x^2 + (-2y + 3)\,x + 2 \qquad &= 0, \\ (2y + 1)\,x^2 - (y^2 + y + 2)\,x &= 0, \\ (2y + 1)\,x - (y^2 + y + 2) \qquad &= 0, \end{aligned}$$

so muß (wie unter 13.) die Determinante dieser vier Gleichungen verschwinden. Also:

$$\begin{vmatrix} 1 & -2y + 3 & 2 & 0 \\ 0 & 1 & -2y + 3 & 2 \\ 0 & 2y + 1 & -(y^2 + y + 2) & 0 \\ 0 & 0 & 2y + 1 & -(y^2 + y + 2) \end{vmatrix} = 0.$$

Diese Determinante ergibt (nach § 8, 13.)

$$(y^2 + y + 2)^2 + 2\,(2y + 1)^2 + (y^2 + y + 2)\,(2y + 1)\,(-2y + 3) = 0,$$

oder die Gleichung vierten Grades:

$$3y^4 - 2y^3 - 12y^2 - 23y - 12 = 0.$$

Die Lösung dieser Gleichung ist ähnlich wie unter 12. und folgt jetzt ohne weitere Erklärung:

Es ergibt sich, daß die Gleichung zwei reelle Wurzeln hat, die ganzzahlige Wurzel 3 und eine andere zwischen 0 und — 1. Der Ausgangswert für die letztere kann aus Bild 7 als — 0,7 .... abgelesen werden. Mittels der zweiten Zahlentafel und der Regula falsi ist dieser Wert bis auf vier Dezimalstellen erweitert worden.

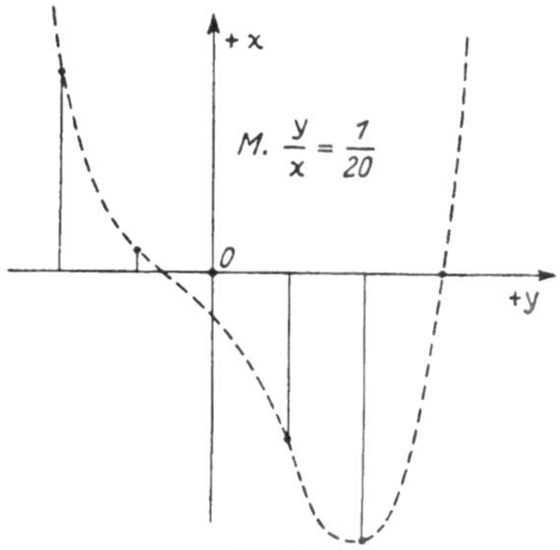

Bild 7

$f(y)$	3	—2	—12	—23	—12
—1	3	—5	—7	—16	4
—2	3	—8	4	—31	50
1	3	1	—11	—34	—46
2	3	4	—4	—31	—74
3	3	7	9	4	0
4	3	10	28	89	344

y_1	3	—2	—12	—23	—12
—0,7	3	—4,1	—9,13	—16,609	—0,3737
—0,8	3	—4,4	—8,48	—16,216	0,9728
—0,72	3	—4,16	—9,0058	—16,5158	—0,1086
—0,73	3	—4,19	—8,9413	—16,4729	0,0252
—0,7281	3	—4,18	—8,9565	—16,4798	—0,0011

Nach Bild 8_1 hat man für die zweite Dezimale

$$\frac{0{,}03737}{1{,}3465} = 0{,}02 \ldots .$$

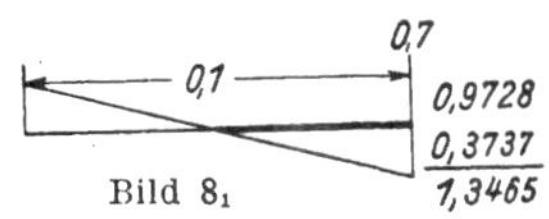

Bild 8_1

und nach Bild 8_2 für die anderen beiden Dezimalen

$$\frac{0{,}001086}{0{,}1338} = 0{,}0081.$$

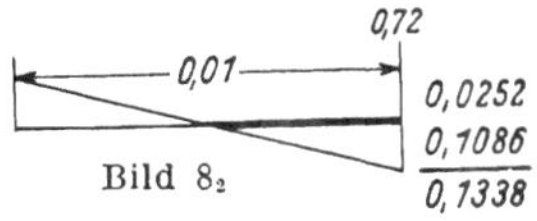

Bild 8_2

Die letzte Zahl der Zahlentafel ist der y-Wert für die Wurzel. Für — 0,7280 sowohl als für — 0,7282 ergibt sich ein größerer y-Wert, also ist — 0,7281 bis auf 4 Stellen genau.

Die zweite der ursprünglichen Gleichungen ergibt

$$x = \frac{y^2 + y + 2}{2y + 1}$$

und mit Einsetzung der y-Werte: $x = 2$ und $x = -3{,}9500$.

Die vier reellen Wurzeln sind also $x_1 = 2$; $x_2 = -3{,}9500$;
$y_1 = 3$; $y_2 = -0{,}7281$.

15. Algebraische Lösung kubischer Gleichungen. Die Normalform der Gleichung dritten Grades

a) $$x^3 + ax^2 + bx + c = 0$$

wird zunächst so transformiert, daß das zweite Glied verschwindet. Wie das zu geschehen hat, folgt sogleich aus dem unter 6. beschriebenen Hornerschen Divisionsverfahren zur Bestimmung der Koeffizienten der neuen Gleichung, denn soll darin der dritte Koeffizient unter a gleich Null werden, so muß der Addendus $-\frac{a}{3}$ sein.

x	1	a	b	c
$-\frac{a}{3}$	1	$\frac{2a}{3}$	$-\frac{2a^2}{9} + b$	$\left(\frac{2a^3}{27} - \frac{ab}{3} + c\right) = q$
	1	$\frac{a}{3}$	$\left(-\frac{a^2}{3} + b\right) = p$	
	1	(0)		
	(1)			

Die neue Gleichung lautet daher

b) $$z^3 + pz + q = 0$$

und heißt die reduzierte kubische Gleichung. Hierin ist also $z = x + \frac{a}{3}$, oder $z - \frac{a}{3} = x$.

Zur Lösung der reduzierten kubischen Gleichung setze man

c) $$z = u + v,$$

dann ist

$$(u + v)^3 + p(u + v) + q = 0,$$
$$u^3 + v^3 + 3uv(u + v) + p(u + v) + q = 0,$$
$$u^3 + v^3 + (3uv + p)(u + v) + q = 0.$$

Die letzte Gleichung ist offenbar befriedigt, wenn mit $u^3 + v^3 + q = 0$ zugleich $3uv + p = 0$ wird, also für $u^3 + v^3 = -q$ und

d) $$uv = -\frac{p}{3}.$$

Die Lösung der Gleichung b) ist somit zurückgeführt auf die Aufgabe, zwei Größen u und v zu finden, von denen die Summe ihrer dritten Potenzen bekannt ist und ebenso ihr Produkt.

Man kann aber auch u^3 und v^3 selbst als Unbekannte ansehen, von denen die Summe und das Produkt bekannt ist, denn

e) $$u^3 + v^3 = -q$$

f) $$u^3 v^3 = -\left(\frac{p}{3}\right)^3.$$

Nun ist eine Differenz wie $(x+y)^2 - (x-y)^2 = 4\,xy$, also hat man

$$(u^3 - v^3)^2 = (u^3 + v^3)^2 - 4\,u^3 v^3, \text{ oder}$$

g) $$u^3 - v^3 = \sqrt{q^2 + \frac{4\,p^3}{27}} = 2\sqrt{\left(\frac{q}{2}\right)^2 + \left(\frac{p}{3}\right)^3}.$$

Durch Addition und Subtraktion von e) und g) folgt

$$u^3 = -\frac{q}{2} + \sqrt{\left(\frac{q}{2}\right)^2 + \left(\frac{p}{3}\right)^3}$$

$$v^3 = -\frac{q}{2} - \sqrt{\left(\frac{q}{2}\right)^2 + \left(\frac{p}{3}\right)^3}$$

und hieraus die Lösung von b) mit Beachtung von c):

h) $$z = u + v = \sqrt[3]{-\frac{q}{2} + \sqrt{\left(\frac{q}{2}\right)^2 + \left(\frac{p}{3}\right)^3}} + \sqrt[3]{-\frac{q}{2} - \sqrt{\left(\frac{q}{2}\right)^2 + \left(\frac{p}{3}\right)^3}}.$$

Dies ist die berühmte Cardanische Formel.

Abgesehen von der Mehrdeutigkeit der Kubikwurzeln liefert diese Formel nur einen Wert z_1. Die Ausscheidung dieser Wurzel aus b) hinterläßt eine quadratische Gleichung, aus welcher die beiden anderen Wurzeln bestimmt werden können, wie folgt:

$$\frac{z^3 + p\,z + q}{z - z_1} \text{ ergibt nach 5.:}$$

z	1	0	p	q
z_1	1	z_1	$z_1^2 + p$	$(z_1^3 + p\,z_1 + q) = 0$
				$z_1^2 + p = -\frac{q}{z_1}$

also die quadratische Gleichung

$$z^2 + z_1 z + (z_1^2 + p) = 0, \text{ oder}$$

i) $$z^2 + z_1 z - \frac{q}{z_1} = 0,$$

welche nach § 10, 2. die beiden Wurzeln liefert:

k) $$z_{2,3} = -\frac{z_1}{2} \pm \sqrt{\left(\frac{z_1}{2}\right)^2 + \frac{q}{z_1}}.$$

Aus z_1, z_2, z_3 erhält man schließlich, durch Addition von $-\frac{a}{3}$, die Wurzeln x_1, x_2, x_3.

Die Natur der Wurzeln ist bedingt durch die Größe des Ausdruckes unter der Quadratwurzel in der Cardanischen Formel, des Radikanden

l) $$R = \left(\frac{q}{2}\right)^2 + \left(\frac{p}{3}\right)^3.$$

Man unterscheidet die folgenden drei Fälle:

1. Fall: Ist $R > 0$, so steht unter jeder Kubikwurzel eine reelle Zahl, u und v bedeuten dann die rellen Werte dieser Kubikwurzeln, die aber voneinander verschieden sind.

2. Fall: Ist $R = 0$, so steht unter jeder Kubikwurzel dieselbe Zahl, nämlich $-\frac{q}{2}$, und $u = v$.

3. Fall: Ist $R < 0$, so steht unter jeder Kubikwurzel eine komplexe Zahl, beide sind aber zueinander konjugiert komplex (§ 5, 6.). Dieser Fall bereitete vor der Einführung des Rechnens mit komplexen Zahlen unüberwindliche Schwierigkeiten, darum nennt man ihn seither den casus irreducibilis.

16. Drei Zahlenbeispiele zur Cardanischen Formel.

1. Beispiel: $x^3 - 4x^2 + 4x - 3 = 0.$

$$\begin{array}{c|cccc} x & 1 & -4 & 4 & -3 \\ \hline \frac{4}{3} & 1 & -\frac{8}{3} & \frac{4}{9} & \left(-\frac{65}{27}\right) \\ & 1 & -\frac{4}{3} & \left(-\frac{4}{3}\right) & \\ & 1 & (0) & & \\ & (1) & & & \end{array}$$

Soll der dritte Koeffizient unter -4 im Schema gleich Null werden, so muß der Addendus $\frac{4}{3}$ sein. Die reduzierte kubische Gleichung heißt also:

$$z^3 = \frac{4}{3} z - \frac{65}{27} = 0.$$

$$R = \left(\frac{65}{54}\right)^2 - \left(\frac{4}{9}\right)^3 = \frac{65^2 - 4^3 \cdot 2^2}{2^2 \cdot 27^2} = \frac{3969}{2^2 \cdot 27^2} > 0, \qquad \sqrt{R} = \frac{63}{54},$$

es liegt somit der 1. Fall vor; die reellen Werte der Kubikwurzeln sind:

$$u = \sqrt[3]{\frac{65}{54} + \frac{63}{54}} = \sqrt[3]{\frac{64}{27}} = \frac{4}{3} \text{ und } v = \sqrt[3]{\frac{65}{54} - \frac{63}{54}} = \sqrt[3]{\frac{1}{27}} = \frac{1}{3}.$$

Es ist also $z_1 = u + v = \frac{5}{3}$ und $x_1 = z_1 + \frac{4}{3} = 3$. Die Ausscheidung dieser Wurzel aus der ursprünglichen Gleichung

$$\begin{array}{c|cccc} x & 1 & -4 & 4 & -3 \\ \hline 3 & 1 & -1 & 1 & 0 \end{array}$$

hinterläßt die quadratische Gleichung $x^2 - x + 1 = 0$, welche nach § 10, 2. die beiden Wurzeln liefert:

$$x_{2,3} = \frac{1}{2} \pm \sqrt{\left(\frac{1}{2}\right)^2 - 1} = \frac{1}{2} \pm \frac{i}{2}\sqrt{3}.$$

Man kann aber auch so rechnen: Nach Formel 15. k) ist

$$z_{2,3} = -\frac{5}{6} \pm \sqrt{\left(\frac{5}{6}\right)^2 - \frac{65}{27}\cdot\frac{3}{5}} = -\frac{5}{6} \pm \frac{i}{2}\sqrt{3}.$$

Nun ist $x = z + \frac{4}{3}$ und mit Beachtung, daß sich eine reelle Zahl nur zu einer reellen Zahl addieren läßt, das imaginäre Glied also in diesem Falle unverändert bleibt, hat man schließlich:

$$x_1 = 3 \text{ und } x_{2,3} = \frac{1}{2} \pm \frac{i}{2}\sqrt{3}. \qquad \text{Probe: } x_1 + x_2 + x_3 = 4.$$

Der erste Fall liefert also eine reelle Wurzel und zwei konjugiert komplexe.

2. Beispiel: $x^3 - 6x^2 + 32 = 0.$

x	1	-6	0	32
2	1	-4	-8	(16)
	1	-2	(-12)	
	1	(0)		
	(1)			

Die reduzierte Gleichung heißt:

$$z^3 - 12z + 16 = 0,$$

$$R = \left(\frac{16}{2}\right)^2 + \left(\frac{-12}{3}\right)^3 = 64 - 64 = 0,$$

es liegt also der 2. Fall vor; die Kubikwurzeln sind $u = v = -2$, also $z_1 = u + v = -4$, und die Formel 15. k) gibt $z_{2,3} = \frac{4}{2} \pm 0 = 2$. Hiernach ist $x_1 = -2$ und $x_2 = x_3 = 4$. Probe: $x_1 + x_2 + x_3 = 6$.

Der zweite Fall liefert also drei reelle Wurzeln, darunter zwei gleiche.

3. Beispiel: Als drittes Beispiel soll die unter 11. nach der Näherungsmethode gelöste Gleichung dienen:

$$x^3 + 3x^2 - 17x + 5 = 0.$$

x	1	3	-17	5
-1	1	2	-19	(24)
	1	1	(-20)	
	1	(0)		
	(1)			

Aus dem Schema folgt die reduzierte Gleichung

$$z^3 - 20\,z + 24 = 0.$$

$R = 12^2 - \frac{8000}{27} < 0$, es liegt also der 3. Fall vor, der casus irreducibilis. Mit der Beachtung, daß R eine negative Zahl ist, also $-R$ eine positive, erhält die Cardanische Formel die komplexe Gestalt:

$$z = u + v = \sqrt[3]{-\frac{q}{2} + i\sqrt{-R}} + \sqrt[3]{-\frac{q}{2} - i\sqrt{-R}}.$$

Für das Folgende und Nr. 17 muß, vorgreifend, die Bekanntschaft mit 1, 2, 3 des § 24 vorausgesetzt werden.

Bringt man den ersten Radikanden in die trigonometrische Form, indem man

$$-\frac{q}{2} + i\sqrt{-R} = r\,(\cos\varphi + i\sin\varphi)$$

setzt, so folgt daraus:

$$r\cos\varphi = -\frac{q}{2} \text{ und } r\sin\varphi = \sqrt{-R}$$

$$r^2\,(\cos^2\varphi + \sin^2\varphi) = \left(\frac{q}{2}\right)^2 - R = \left(\frac{q}{2}\right)^2 - \left(\frac{q}{2}\right)^2 - \left(\frac{p}{3}\right)^3 = -\left(\frac{p}{3}\right)^3$$

$$r = \sqrt{-\left(\frac{p}{3}\right)^3} \text{ und } \cos\varphi = \frac{-\frac{q}{2}}{\sqrt{-\left(\frac{p}{3}\right)^3}}.$$

Aus der komplexen Gestalt der Cardanischen Formel wird jetzt, nach § 24, 2. f):

$$z = 2\sqrt{-\frac{p}{3}}\cos\frac{\varphi + 2\,k\,\pi}{3} \qquad (k = 0, 1, 2)$$

und hieraus erhält man schließlich, ebenfalls wie unter § 24, 2. f), die drei Wurzeln:

$$z_1 = 2\sqrt{-\frac{1}{3}\,p}\cos\frac{\varphi}{3}$$

$$z_2 = 2\sqrt{-\frac{1}{3}\,p}\cos\left(\frac{\varphi}{3} + 120^0\right)$$

$$z_3 = 2\sqrt{-\frac{1}{3}\,p}\cos\left(\frac{\varphi}{3} + 240^0\right).$$

Der dritte Fall liefert also drei reelle, voneinander verschiedene Wurzeln. Sie lassen sich, wie auch der Winkel φ, auf logarithmischem Wege bestimmen.

Da cos φ negativ und sin φ positiv ist, so liegt φ zwischen 90° und 180°. (Siehe Täfelchen unter § 21, 4.)

$$-\frac{q}{2} = -12 \qquad \log\frac{q}{2} = 1{,}079\,1812$$

$$\sqrt{-\left(\frac{p}{3}\right)^3} = \sqrt{+\frac{8000}{27}} \qquad \log\sqrt{-\left(\frac{p}{3}\right)^3} = 1{,}235\,8631$$

$$\log\cos(180^0 - \varphi) = 9{,}843\,3181$$
$$180 - \varphi = 45^0\,48'\,08''$$
$$\varphi = 134^0\,11'\,52''$$
$$\frac{\varphi}{3} = 44^0\,43'\,57''$$

$$\sqrt{-\frac{p}{3}} = \sqrt{\frac{20}{3}}$$
$$\log 2 = 0{,}301\,0300$$
$$\log\sqrt{-\frac{p}{3}} = 0{,}411\,9544$$
$$\log 2\sqrt{-\frac{p}{3}} = 0{,}712\,9844$$

$$\frac{\varphi}{3} + 120^0 = 164^0\,43'\,57''$$
$$\frac{\varphi}{3} + 240^0 = 234^0\,43'\,57''$$

$$0{,}712\,9844$$
$$\log\cos\frac{\varphi}{3} = 9{,}851\,5032$$
$$\log z_1 = 0{,}564\,4876$$
$$z_1 = 3{,}66\,849$$
$$x_1 = 2{,}66\,849$$

$$0{,}712\,9844$$
$$\log\cos\left(\frac{\varphi}{3} + 120^0\right) = 9{,}984\,3954\,(-)$$
$$\log - z_2 = 0{,}697\,3798$$
$$z_2 = -4{,}98\,172$$
$$x_2 = -5{,}98\,172$$

$$0{,}712\,9844$$
$$\log\cos\left(\frac{\varphi}{3} + 240^0\right) = 9{,}405\,3575$$
$$\log z_3 = 0{,}118\,3419$$
$$z_3 = 1{,}31\,323$$
$$x_3 = 0{,}31\,323$$

Probe: $x_1 + x_2 + x_3 = -3$.

Siebenstellige Logarithmen waren notwendig, um die Wurzeln bis auf fünf Dezimalstellen genau zu erhalten; man vergleiche hiermit die Lösung unter Nr. 11, die aber bis zu einer beliebigen Grenze fortgesetzt werden kann.

17. Die Cardanische Formel und die Wurzeln der Einheit. Unter 15. wurde die Mehrdeutigkeit der Kubikwurzeln der Cardanischen Formel nicht berücksichtigt, sondern nur der eine Wert $z_1 = u_1 + v_1$ gebraucht und aus der damit gewonnenen quadratischen Gleichung wurden dann z_2 und z_3 bestimmt. Dieselben Resultate erhält man nun etwas einfacher und ohne Reduktion auf eine quadratische Gleichung wie folgt:

Nach § 24, 3. sind die sechs Kubikwurzeln der Cardanischen Formel:

$$u_1 = \sqrt[3]{-\frac{q}{2} + \sqrt{\left(\frac{q}{2}\right)^2 + \left(\frac{p}{3}\right)^3}} \qquad v_1 = \sqrt[3]{-\frac{q}{2} - \sqrt{\left(\frac{q}{2}\right)^2 + \left(\frac{p}{3}\right)^3}}$$

$$u_2 = u_1\left(-\frac{1}{2} + \frac{i}{2}\sqrt{3}\right) \qquad v_2 = v_1\left(-\frac{1}{2} - \frac{i}{2}\sqrt{3}\right)$$

$$u_3 = u_1\left(-\frac{1}{2} - \frac{i}{2}\sqrt{3}\right) \qquad v_3 = v_1\left(-\frac{1}{2} + \frac{i}{2}\sqrt{3}\right).$$

Durch die Multiplikation der ersten Wurzeln u_1 und v_1 mit der zweiten und dritten Wurzel der positiven Einheit erhält man also u_2, v_3 bzw. u_3, v_2. Daß nur die drei Kombinationen $u_1 + v_1$, $u_2 + v_2$ und $u_3 + v_3$ Gültigkeit haben, ergibt sich aus Formel 15. d), wonach $uv = -\frac{p}{3}$; die Produkte der zusammengehörigen Wurzeln müssen also einander gleich sein, d. h. das Produkt der komplexen Zahlen jeder Kombination muß $= 1$ sein, was aber nur von zwei konjugiert Komplexen zutrifft.

Die Formeln 15. i) und k) werden hiermit entbehrlich.

18. Algebraische Lösung biquadratischer Gleichungen. (Entdecker: Ferrari, ein Schüler Cardanos; Methode nach Euler.)

Der Gedankengang dieser Lösung ist von dem unter 15. etwas verschieden; aber analog wie dort wird die Normalform vierten Grades

a) $$x^4 + ax^3 + bx^2 + cx + d = 0$$

zunächst so transformiert, daß das zweite Glied verschwindet. Soll aber der vierte Koeffizient unter a im Hornerschen Schema $= 0$ werden, so muß der Addendus $-\frac{a}{4}$ sein.

x	1	a	b	c	d
$-\frac{a}{4}$	1	$\frac{3a}{4}$	$-\frac{3a^2}{16} + b$	$\frac{3a^3}{64} - \frac{ab}{4} + c$	$\left(-\frac{3a^4}{256} + \frac{a^2b}{16} - \frac{ac}{4} + d\right) = r$
	1	$\frac{2a}{4}$	$-\frac{5a^2}{16} + b$	$\left(\frac{a^3}{8} - \frac{ab}{2} + c\right) = q$	
	1	$\frac{a}{4}$	$\left(-\frac{3a^2}{8} + b\right) = p$		
	1	(0)			
	(1)				

Die reduzierte Gleichung vierten Grades heißt also:

b) $$y^4 + py^2 + qy + r = 0.$$

Setzt man zur Lösung dieser

c) $$y = u + v + w,$$

so ergibt sich daraus nacheinander:

$$y^2 = u^2 + v^2 + w^2 + 2(uv + uw + vw)$$
$$y^2 - (u^2 + v^2 + w^2) = 2(uv + uw + vw)$$
$$y^4 - 2(u^2 + v^2 + w^2)y^2 + (u^2 + v^2 + w^2)^2 = 4(u^2v^2 + u^2w^2 + v^2w^2) + 8(u^2vw + uv^2w + uvw^2)$$
$$y^4 - 2(u^2 + v^2 + w^2)y^2 - 8uvwy + (u^2 + v^2 + w^2)^2 - 4(u^2v^2 + u^2w^2 + v^2w^2) = 0.$$

Aus einer Koeffizientenvergleichung dieses Resultats mit b) erhält man:

d) $$p = -2(u^2 + v^2 + w^2) \qquad q = -8uvw \qquad r = (u^2 + v^2 + w^2)^2 - 4(u^2v^2 + u^2w^2 + v^2w^2)$$

und hieraus schließlich:

e) $$-\frac{p}{2} = u^2 + v^2 + w^2 \qquad \frac{p^2}{16} - \frac{r}{4} = u^2v^2 + u^2w^2 + v^2w^2 \qquad \frac{q^2}{64} = u^2v^2w^2.$$

Nach Nr. 2 dieses Paragraphen sind also u^2, v^2, w^2 die Wurzeln der kubischen Gleichung

f) $$z^3 + \frac{p}{2}z^2 + \frac{p^2 - 4r}{16}z - \frac{q^2}{64} = 0,$$

die man als die **kubische Resolvente** der Gleichung b) bezeichnet. Für

$$u^2 = z_1 \qquad v^2 = z_2 \qquad w^2 = z_3$$

hat man nach c) bzw. d):

g) $$y = \sqrt{z_1} + \sqrt{z_2} + \sqrt{z^3} = \pm u \pm v \pm w.$$

h) $$-\frac{q}{8} = \sqrt{z_1}\sqrt{z_2}\sqrt{z_3}.$$

Nach der letzten Formel müssen also die zusammengehörigen Werte für ein positives q der Gleichung b) $-\frac{1}{8}q$ ergeben und umgekehrt. Die Wurzeln der Gleichung b) sind daher:

i)

für negatives q:	für positives q:
$y_1 = +u + v + w$	$y_1 = -u - v - w$
$y_2 = +u - v - w$	$y_2 = -u + v + w$
$y_3 = -u + v - w$	$y_3 = +u - v + w$
$y_4 = -u - v + w$	$y_4 = +u + v - w.$

Man beachte, daß sich y_2, y_3, y_4 aus y_1 ergeben durch Zeichenwechsel je zweier Glieder

19. Zahlenbeispiel zur weiteren Erläuterung

$$x^4 - 8x^3 + 3 = 0.$$

x	1	-8	0	0	3
2	1	-6	-12	-24	$(-45) = r$
	1	-4	-20	$(-64) = q$	
	1	-2	$(-24) = p$		
	1	(0)			
	(1)				

Soll der vierte Koeffizient unter -8 im Schema $= 0$ werden, so muß der Addendus $= 2$ sein. Die reduzierte Gleichung lautet also:

$$y^4 - 24y^2 - 64y - 45 = 0$$

und ihre kubische Resolvente nach 18. f) ist

$$z^3 - 12z^2 + \frac{189}{4}z - 64 = 0.$$

z	1	-12	$\frac{189}{4}$	-64
4	1	-8	$\frac{61}{4}$	(-3)
	1	-4	$\left(-\frac{3}{4}\right)$	
	1	(0)		
	(1)			

Die reduzierte Gleichung dieser kubischen Resolvente ist nach dem zweiten Schema:

$$s^3 - \frac{3}{4}s - 3 = 0$$

und nach 15. l) erhält man hieraus

$$R = \left(\frac{3}{2}\right)^2 - \left(\frac{1}{4}\right)^3 = \frac{143}{64}.$$

Die Cardanische Formel 15. h) gibt nun

$$s = u + v = \sqrt[3]{\frac{3}{2} + \sqrt{\frac{143}{64}}} + \sqrt[3]{\frac{3}{2} - \sqrt{\frac{143}{64}}}.$$

Wenn man die Rechnung mit Hilfe siebenstelliger Logarithmen weiterführt, so erhält man zunächst

$$s_1 = 1{,}44141 + 0{,}17347 = 1{,}61488$$

und die Formel 15. k) ergibt hiermit

$$s_{2,3} = -0{,}80744 \pm \sqrt{0{,}80744^2 - \frac{3}{1{,}61488}}.$$

Es ist also

$$s_1 = 1{,}61488;\; s_2 = -0{,}80744 + 1{,}09807\,i;\; s_3 = -0{,}80744 - 1{,}09807\,i$$
$$z_1 = 5{,}61488;\; z_2 = 3{,}19256 + 1{,}09807\,i;\; z_3 = 3{,}19256 - 1{,}09807\,i.$$

Nach § 5, 9. wird nun

$$\sqrt{z_1} = \pm 2{,}36957$$
$$\sqrt{z_2} = \pm (1{,}81227 + 0{,}30285\,i)$$
$$\sqrt{z_3} = \pm (1{,}81227 - 0{,}30285\,i).$$

Die Wurzeln der reduzierten Gleichung ergeben sich jetzt nach 18. i) für negatives q:

$$y_1 = 5{,}99411$$
$$y_2 = -1{,}25497$$
$$y_3 = -2{,}36957 + 0{,}60570\,i$$
$$y_4 = -2{,}36957 - 0{,}60570\,i.$$

Rechenprobe: $y_1 + y_2 + y_3 + y_4 = 0$.

Die Wurzeln der ursprünglichen Gleichung sind hiernach:

$$x_1 = 7{,}99411 \qquad x_3 = -0{,}36957 + 0{,}60570\,i$$
$$x_2 = 0{,}74503 \qquad x_4 = -0{,}36957 - 0{,}60570\,i,$$

also zwei reelle und zwei konjugiert komplexe.

Die Rechenprobe ist: $x_1 + x_2 + x_3 + x_4 = 8$.

Man vergleiche hiermit die einfachen Lösungen der biquadratischen Gleichungen unter 10. und 14.

§ 12. Arithmetische Reihen

1. Eine arithmetische Reihe (oder Progression) ist eine geordnete Folge von Zahlen, in der jede Zahl, vermindert um die vorhergehende, eine konstante Differenz d ergibt, z. B.: 5, 8, 11, 14, 17 ....; 13, 8, 3, — 2, — 7 ....; 1, $1\frac{3}{4}$, $2\frac{1}{2}$, $3\frac{1}{4}$, ...; a, $a + d$, $a + 2d$, ... $a + (n - 1)\,d$ ...

Das letzte der n ersten Glieder ist also

$$z = a + (n - 1)\,d$$

und die Summe der n ersten Glieder ist

$$s = \frac{1}{2}(a + z)\,n = \left(a + \frac{1}{2}(n - 1)\,d\right) n,$$

gleich n mal arithmetisches Mittel des ersten plus letzten Gliedes.

2. Da die fünf Werte a, d, n, s, z durch zwei Gleichungen miteinander verbunden sind, so müssen immer drei der fünf Werte bekannt sein, um die beiden anderen bestimmen zu können. Die erste der obigen Formeln verknüpft die fünf Werte mit Ausnahme von s, die erste Form der zweiten Formel mit Ausnahme von d, und die zweite Form mit Ausnahme von z. Zwei weitere Formeln, von denen die eine ohne n, die andere ohne a erscheint, sind durch Elimination leicht zu erhalten, nämlich:

$$s = \frac{(z + a)(z - a + d)}{2d} \quad \text{und} \quad s = nz - \frac{1}{2} n (n - 1) d.$$

3. Betrachtet man die drei Werte a, z, n als zu einer arithmetischen Reihe gehörig, so nennt man die Bestimmung der übrigen $n - 2$ Glieder »Interpolation«. Aus der ersten Formel unter 1. ergibt sich $d = \frac{z - a}{n - 1}$, also sind die zu interpolierenden Glieder:

$$a + \frac{z - a}{n - 1}, \quad a + 2\frac{z - a}{n - 1}, \quad a + 3\frac{z - a}{n - 1}, \text{ usw.}$$

Sollen z. B. zwischen 0,48 und 1,80 neun Glieder interpoliert werden, so ist $d = \frac{1{,}80 - 0{,}48}{11 - 1} = 0{,}132$, somit sind die neun Glieder:

0,612 0,744 0,876 1,008 1,140 1,272 1,404 1,536 1,668.

4. Ist x irgendein Glied einer arithmetischen Reihe mit der Differenz d, so ist das vorhergehende Glied $x - d$, das nachfolgende $x + d$. Da nun $\frac{(x - d) + (x + d)}{2} = x$ ist, so ergibt sich, daß jedes Glied einer arithmetischen Reihe das arithmetische Mittel seiner beiden Nachbarglieder ist.

5. Die Summe jeder arithmetischen Reihe findet man auch, indem man sie einmal in gegebener und darunter in rückläufiger Folge schreibt und dann addiert, z. B.:

$$\begin{array}{l} p + (p + 1) + (p + 2) + \ldots\ldots + (q - 2) + (q - 1) + q \\ q + (q - 1) + (q - 2) + \ldots\ldots + (p + 2) + (p + 1) + p \\ \hline (p + q) + (p + q) + (p + q) + \ldots\ldots + (p + q) + (p + q) + (p + q). \end{array}$$

Die Anzahl der Glieder ist $(q - p + 1)$, also $s = \frac{(p + q)(q - p + 1)}{2}$.

6. Einige besondere Reihen:

$$1 + 2 + 3 + 4 + 5 + \ldots\ldots + (n - 1) + n = \frac{n(n + 1)}{2}$$

$$2 + 4 + 6 + 8 + 10 + \ldots\ldots + (2n - 2) + 2n = n(n + 1)$$

$$1 + 3 + 5 + 7 + 9 + \ldots\ldots + (2n - 3) + (2n - 1) = n^2.$$

§ 13. Höhere arithmetische Reihen

1. Der Name ist die Abkürzung für »arithmetische Reihen höherer Ordnung«. Die Differenzen zwischen den aufeinanderfolgenden Gliedern sind nicht mehr konstant, sondern nach gesetzmäßigen Regeln veränderlich. Zur Unterscheidung nennt man die Reihen unter § 12 arithmetische Reihen erster Ordnung.

2. Eine Reihe heißt von zweiter, dritter, vierter .... Ordnung, wenn ihre Differenzen Reihen von erster, zweiter, dritter .... Ordnung bilden. Als Beispiele mögen die Quadrat-, Kubik- und Biquadratreihen der Zahlen 1, 2, 3, 4, 5, 6 dienen:

a) Gegebene Reihe	1	4	9	16	25	36	(2.)
1. Differenzreihe		3	5	7	9	11	(1.)
2. Differenzreihe			2	2	2	2	
b) Gegebene Reihe	1	8	27	64	125	216	(3.)
1. Differenzreihe		7	19	37	61	91	(2.)
2. Differenzreihe			12	18	24	30	(1.)
3. Differenzreihe				6	6	6	
c) Gegebene Reihe	1	16	81	256	625	1296	(4.)
1. Differenzreihe		15	65	175	369	671	(3.)
2. Differenzreihe			50	110	194	302	(2.)
3. Differenzreihe				60	84	108	(1.)
4. Differenzreihe					24	24	

Die Zahlen in Klammern geben die Ordnungen der Reihen an. Aus den Beispielen ist ersichtlich, daß man auch sagen kann, eine Reihe sei von zweiter, dritter, vierter, ... Ordnung, wenn ihre zweite, dritte, vierte, ... Differenzreihe aus lauter gleichen Gliedern besteht.

3. Aus dem Anfangsgliede (a_0) und den Anfangsdifferenzen (a_1, a_2 .... a_m) lassen sich die Glieder einer arithmetischen Reihe höherer Ordnung und die Summe der ersten n Glieder derselben berechnen.

Konstruiert man z. B. eine Reihe zweiter Ordnung aus diesen Anfangsgliedern, wie unter 2., aber in umgekehrter Reihenfolge, so ergibt sich:

2. Differenzreihe:

$$a_2 \qquad a_2 \qquad a_2 \qquad a_2$$

1. Differenzreihe:

$$a_1 \qquad a_1 + a_2 \qquad a_1 + 2\,a_2 \qquad a_1 + 3\,a_2 \qquad a_1 + 4\,a_2$$

Reihe 2. Ordnung:

$$a_0,\ a_0 + a_1,\ a_0 + 2\,a_1 + a_2,\ a_0 + 3\,a_1 + 3\,a_2,\ a_0 + 4\,a_1 + 6\,a_2,\ a_0 + 5\,a_1 + 10\,a_2$$

Das sechste Glied dieser Reihe ist also (mit Beachtung von § 2, 2.):

$$a_0 + (6 - 1)\,a_1 + \binom{6-1}{2}\,a_2$$

und die Summe der 6 ersten Glieder ist:

$$s = 6\,a_0 + \binom{6}{2}\,a_1 + \binom{6}{3}\,a_2 .$$

4. Nimmt man die auf Grund dieser Resultate vermutete Gesetzmäßigkeit als allgemeingültig an, so hätte man für das $n$te Glied und die Summe der n ersten Glieder der Reihe 2. Ordnung:

$$a_0 + (n-1)\,a_1 + \tbinom{n-1}{2}\,a_2 \text{ und } s = n\,a_0 + \tbinom{n}{2}\,a_1 + \tbinom{n}{3}\,a_2.$$

Für Reihen $m$ter Ordnung wäre dementsprechend:

$$\text{Das } n\text{-te Glied} = a_0 + (n-1)\,a_1 + \tbinom{n-1}{2}\,a_2 + \ldots\ldots + \tbinom{n-1}{m}\,a_m;$$

die Summe der n ersten Glieder gleich

$$s = n\,a_0 + \tbinom{n}{2}\,a_1 + \tbinom{n}{3}\,a_2 + \ldots\ldots + \tbinom{n}{m+1}\,a_m.$$

5. Durch den »Schluß von n auf $n+1$« überzeugt man sich nun von der Richtigkeit dieser Formeln, indem man das $n$te und $(n+1)$te Glied einer Reihe $m$ter Ordnung, sowie das $n$te Glied ihrer ersten Differenzreihe, durch die vorletzte Formel darstellt und prüft, ob das letztere Glied wirklich die Differenz der beiden ersteren ist. Des Vergleichens wegen möge dies in der Form wie unter 3. geschrieben werden:

m-te Differenzreihe: $\ldots\ldots a_m \ldots\ldots a_m$

. . . .

1. Differenzreihe: $\ldots\ldots a_1 \ldots\ldots\ldots a_1 + (n-1)\,a_2 + \ldots + \tbinom{n-1}{m-1}\,a_m$

Reihe m-ter Ordnung: $a_0 \ldots\ldots$

$$a_0 + (n-1)\,a_1 + \tbinom{n-1}{2}\,a_2 + \ldots + \tbinom{n-1}{m}\,a_m,\quad a_0 + n\,a_1 + \tbinom{n}{2}\,a_2 + \ldots + \tbinom{n}{m}\,a_m.$$

Mit Beachtung von § 2, 4. bestätigt sich also die Allgemeingültigkeit der Formeln unter 4.

6. Für die drei Reihen unter 2. ergibt sich hiernach:

$$1^2 + 2^2 + 3^2 + 4^2 + \ldots + (n-1)^2 + n^2 = \frac{n\,(n+1)\,(2n+1)}{1\cdot 2\cdot 3}$$

$$1^3 + 2^3 + 3^3 + 4^3 + \ldots + (n-1)^3 + n^3 = \frac{n^2\,(n+1)^2}{4}$$

$$1^4 + 2^4 + 3^4 + 4^4 + \ldots + (n-1)^4 + n^4 = \frac{n}{30}\,(n+1)(2n+1)(3n^2+3n-1).$$

Die Reihe $(n-1)\,1,\ (n-2)\,2,\ (n-3)\,3 \ldots\ 1\,(n-1)$ zerfällt in die beiden Reihen

$$n\,(1, 2, 3, \ldots\ldots) = \frac{n^2\,(n+1)}{2}$$

und

$$-(1, 4, 9, \ldots\ldots) = \frac{-n\,(n+1)\,(2n+1)}{6},$$

also ist ihre Summe

$$= \frac{(n-1)\,n\,(n+1)}{6}.$$

7. Bilden $t_1, t_2, t_3, \ldots$ eine arithmetische Reihe $m$ter Ordnung mit der letzten Differenz c, und ist a eine gegebene Zahl, so bilden auch

$at_1, at_2, at_3, \ldots.$ eine arithmetische Reihe $m$ter Ordnung mit der letzten Differenz ac. Denn die $n$te Differenz ist $at_{n+1} - at_n = a(t_{n+1} - t_n)$. Wenn also die $m$ten Differenzen der Reihe $t_1, t_2, t_3, \ldots.$ einander gleich sind, so sind auch die $m$ten Differenzen der Reihe $at_1, at_2, at_3, \ldots.$ einander gleich und a mal so groß als jene.

8. Bilden $t_1, t_2, t_3, \ldots.$ eine Reihe $m$ter Ordnung und $u_1, u_2, u_3, \ldots.$ eine Reihe niederer als $m$ter Ordnung, so bilden $t_1 + u_1$, $t_2 + u_2$, $t_3 + u_3$, ... eine Reihe $m$ter Ordnung. Denn die $n$te Differenz der zusammengesetzten Reihe ist

$$(t_{n+1} + u_{n+1}) - (t_n + u_n) = (t_{n+1} - t_n) + (u_{n+1} - u_n).$$

Nach der Voraussetzung verschwinden aber die $m$ten Differenzen der Reihe $u_1, u_2, u_3, \ldots.$, also sind die $m$ten Differenzen der Reihe $t_1 + u_1$, $t_2 + u_2$, $t_3 + u_3$, ... von den $m$ten Differenzen der Reihe $t_1, t_2, t_3, \ldots.$ nicht verschieden.

9. Entstehung der arithmetischen Reihen. Setzt man in dem Ausdruck

$$y_x = a_0 x^n + a_1 x^{n-1} + a_2 x^{n-2} + \ldots. + a_{n-1} x + a_n$$

für x nacheinander die Werte 0, 1, 2, 3, ... oder allgemeiner die Glieder einer arithmetischen Reihe der ersten Ordnung, so erhält man die Werte

$$y_0, y_1, y_2, y_3, y_4 \ldots.,$$

welche eine arithmetische Reihe $n$ter Ordnung bilden.

Bezeichnet man die Differenz $y_{\nu+1} - y_\nu$ mit Δy_ν, so ist

$$\Delta y_0, \Delta y_1, \Delta y_2, \Delta y_3 \ldots.$$

die erste Differenzreihe. Bezeichnet man ebenso die Differenzen dieser Reihe mit $\Delta_2 y$, so ist

$$\Delta_2 y_0, \Delta_2 y_1, \Delta_2 y_2, \Delta_2 y_3 \ldots.$$

die zweite Differenzreihe. So fortfahrend erhält man schließlich die $n$te Differenzreihe aus gleichen Gliedern $(\Delta_n y)$ bestehend.

10. Ist die Reihe z. B. gegeben durch

$$y = 2x^3 + x^2 - x + 1,$$

so bestimmt man die Glieder der hieraus abzuleitenden Reihe dritter Ordnung am besten mittels des Hornerschen Verfahrens (§ 11, 5. 10.) wie folgt:

$f(x)$	2	1	-1	1
1	2	3	2	3
2	2	5	9	19
3	2	7	20	61
4	2	9	35	141
5	2	11	54	271

Man hat also:

Reihe 3. Ordnung . . .	1	3	19	61	141	271
1. Differenzreihe.		2	16	42	80	130
2. Differenzreihe.			14	26	38	50
3. Differenzreihe.				12	12	12

11. Bildung des allgemeinen Gliedes. Soll umgekehrt aus der Reihe der Ausdruck für das allgemeine Glied, y_x, der Reihe bestimmt werden, so hat man zunächst die Differenzreihen zu bilden und erhält daraus nach der vorletzten Formel unter 4. (wobei zu beachten ist, daß dort die Zahlen n mit 1, hier aber die Zahlen x mit 0 beginnen):

$$y_x = y_0 + \binom{x}{1} \Delta x_0 + \binom{x}{2} \Delta_2 y_0 + \binom{x}{3} \Delta_3 y_0 + \ldots.$$

und mit Einsetzung der Werte für y_0, Δy_0, $\Delta_2 y_0$, $\Delta_3 y_0$, ..., ergibt sich hieraus:

$$y_x = a_0 x^n + a_1 x^{n-1} + a_2 x^{n-2} + \ldots. + a_n.$$

12. Ist z. B. die Reihe 1 3 11 31 69 131

gegeben, so sind die

Differenzreihen:	2	8	20	38	62
		6	12	18	24
			6	6	6

Die Reihe ist also von dritter Ordnung, und das allgemeine Glied heißt:

$$y_x = 1 + \binom{x}{1} 2 + \binom{x}{2} 6 + \binom{x}{3} 6$$
$$= x^3 + x + 1.$$

Zur Probe kann man hieraus wieder die ursprüngliche Reihe bestimmen, wie folgt:

$f(x)$	1	0	1	1
1	1	1	2	3
2	1	2	5	11
3	1	3	10	31
4	1	4	17	69
5	1	5	26	131

13. Summierung der Reihen. Soll aus der Reihe der Ausdruck für die Summe ihrer Glieder, Σy_x, bestimmt werden, so bildet man zunächst wieder die Differenzreihen und erhält daraus nach der letzten Formel unter 4. (wobei zu beachten ist, daß dort die Zahlen n mit 1, hier aber die Zahlen x mit 0 beginnen):

$$\Sigma y_x = (x+1) y_0 + \binom{x+1}{2} \Delta y_0 + \binom{x+1}{3} \Delta_2 y_0 + \binom{x+1}{4} \Delta_3 y_0 + \ldots.$$

und mit Einsetzung der Werte für y_0, Δy_0, $\Delta_2 y_0$, $\Delta_3 y_0$ .... ergibt sich hieraus:

$$\Sigma y_x = a_0 x^n + a_1 x^{n-1} + a_2 x^{n-2} + \ldots. + a_n.$$

Das Zahlenbeispiel unter 12. liefert also:

$$\Sigma y_x = (x+1) + \binom{x+1}{2} 2 + \binom{x+1}{3} 6 + \binom{x+1}{4} 6$$
$$= \frac{1}{4} x^4 + \frac{1}{2} x^3 + \frac{3}{4} x^2 + \frac{3}{2} x + 1;$$

die Summe von $y_0 \quad y_1 \quad y_2 \quad y_3 \quad y_4 \quad y_5$,
oder von $1 \quad 3 \quad 11 \quad 31 \quad 69 \quad 131 = 246$.

Eine Probe für die Summenformel ergibt sich aus:

$f(x)$	$\frac{1}{4}$	$\frac{1}{2}$	$\frac{3}{4}$	$\frac{3}{2}$	1
5	$\frac{1}{4}$	$1\frac{3}{4}$	$9\frac{1}{2}$	49	246

14. Interpolation. Ist irgendeine arithmetische Reihe gegeben, deren allgemeines Glied durch die Gleichung

$$y_x = y_0 + \binom{x}{1} \Delta y_0 + \binom{x}{2} \Delta_2 y_0 + \binom{x}{3} \Delta_3 y_0 + \dots$$

bestimmt ist, und sollen zwischen den Gliedern dieser Reihe je n weitere Glieder eingeschaltet werden, so hat man an Stelle von x nacheinander die Werte

$$0, \frac{1}{n+1}, \frac{2}{n+1}, \frac{3}{n+1}, \dots . 1, 1\frac{1}{n+1} \dots .$$

zu setzen, denn n Zwischenglieder korrespondieren mit $n+1$ Intervallen. Die Bezeichnung $\binom{x}{p}$ behält hierbei ihre Bedeutung, doch ist jetzt x keine ganze Zahl mehr.

15. Ist z. B. die Reihe zweiter Ordnung 4, 7, 12 .... gegeben und sollen zwischen je zwei Gliedern dieser Reihe zwei neue Glieder eingeschaltet werden, so ergibt sich aus

$$\left.\begin{matrix} 4 & 7 & 12 \\ & 3 & 5 \\ & & 2 \end{matrix}\right\} \text{das allgemeine Glied } y_x = 4 + \binom{x}{1} 3 + \binom{x}{2} 2.$$

Setzt man für x nacheinander die Werte $0, \frac{1}{3}, \frac{2}{3}, 1, 1\frac{1}{3}, \dots$, so erhält man:

$$y_0 = 4$$
$$y_{1/3} = 4 + \frac{1}{3} \cdot 3 + \frac{1}{3}\left(-\frac{2}{3}\right) = 4 + 1 - \frac{2}{9} = 4\frac{7}{9}$$
$$y_{2/3} = 4 + \frac{2}{3} \cdot 3 + \frac{2}{3}\left(-\frac{1}{3}\right) = 4 + 2 - \frac{2}{9} = 5\frac{7}{9}.$$

So fortfahrend ergibt sich die Reihe:

$$4 \quad 4\frac{7}{9} \quad 5\frac{7}{9} \quad 7 \quad 8\frac{4}{9} \quad 10\frac{1}{9} \quad 12 \ldots.$$

16. Eine große Anzahl Glieder so zu berechnen, wäre aber oft zu umständlich, namentlich dann, wenn der Ausdruck für y_x etwas unbequem wird. Man berechnet daher gewöhnlich nur soviel Glieder, um die gleichen Enddifferenzen feststellen zu können und konstruiert dann die weiteren Glieder der Reihe durch Addition, wie unter 3. Im vorliegenden Beispiel genügen dazu schon die zwei ersten interpolierten Glieder, wie das folgende Tableau zeigt. Alle Glieder rechts vom Vertikalstrich sind durch Addition bestimmt.

$$\begin{array}{ccccccc|ccccccccc}
4 & & 4\frac{7}{9} & & 5\frac{7}{9} & & 7 & & 8\frac{4}{9} & & 10\frac{1}{9} & & 12 & & 14\frac{1}{9} & \text{usw.} \\
& \frac{7}{9} & & 1 & & 1\frac{2}{9} & & 1\frac{4}{9} & & 1\frac{6}{9} & & 1\frac{8}{9} & & 2\frac{1}{9} & & \\
& & \frac{2}{9} & & \frac{2}{9} & & & \frac{2}{9} & & \frac{2}{9} & & \frac{2}{9} & & \frac{2}{9} & &
\end{array}$$

§ 14. Geometrische Reihen

1. Von einer Reihe von Werten sagt man, daß sie eine geometrische Reihe bilden, wenn die Verhältnisse der aufeinanderfolgenden Werte konstant sind. Ist a das Anfangsglied, v das Verhältnis irgendeines Gliedes zum vorhergehenden, so ist die geometrische Reihe bis zum $n$ten Gliede folgende:

$$a,\ av,\ av^2,\ av^3,\ \ldots,\ av^{n-1}.$$

Bezeichnet z das letzte Glied der Reihe, so hat man:

$$z = av^{n-1}, \text{ also } zv = av^n.$$

Die Reihe ist steigend oder fallend, je nachdem das Verhältnis größer oder kleiner als 1 ist. Z. B.: 5, 10, 20, 40, ...; 4, 2, 1, $\frac{1}{2}$, $\frac{1}{4}$, ... Die Glieder haben abwechselnde Vorzeichen, wenn das Verhältnis negativ ist. Z. B.: -81, $+27$, -9, $+3$, -1, $+\frac{1}{3}$, ...

Die Summe der Reihe erhält man durch Subtraktion wie folgt:

$$\begin{array}{rl}
s = & a + av + av^2 + \ldots + av^{n-1} \\
sv = & \phantom{a +{}} av + av^2 + \ldots + av^{n-1} + av^n \\
\hline
sv - s = & av^n - a \quad \text{oder} \quad s(v-1) = a(v^n - 1)
\end{array}$$

$$\text{also } s = a\frac{v^n - 1}{v - 1} = \frac{zv - a}{v - 1}.$$

2. Durch die beiden Formeln, für das letzte Glied und die Summe, werden fünf Werte miteinander verbunden, nämlich a, v, n, z, s, es sind also immer zwei der Werte von den anderen drei abhängig. Sind z. B. s, a, z gegeben, so findet man nach der zweiten Formel:

$$v = \frac{s - a}{s - z}.$$

Ist n gesucht, so ist man gezwungen, die Rechnung logarithmisch auszuführen. Es ergibt sich aus der ersten Formel:

$$n = 1 + \frac{\log z - \log a}{\log v}$$

und aus der zweiten Formel:

$$n = \frac{\log (sv - s + a) - \log a}{\log v}.$$

In einigen Fällen ist die Bestimmung des gesuchten vierten Wertes nur durch Lösung einer Gleichung höheren Grades zu erreichen, z. B. wenn v aus s, a, n oder aus s, z, n berechnet werden soll.

3. Unendliche geometrische Reihen. Wenn man bei einer fallenden geometrischen Reihe, d. h. bei einer solchen, deren konstantes Verhältnis < 1 ist, zuerst die n Anfangsglieder, dann die $n + 1$ Anfangsglieder usw. summiert, so erhält man Summen, welche sich einem bestimmten Grenzwerte nähern. Man erhält diesen Grenzwert, wenn man in der Summenformel unter 1. $n = \infty$ setzt und beachtet, daß die $n$te Potenz einer Zahl, die kleiner als 1 ist, sich mehr und mehr der Null nähert, je größer n wird. Ist also v ein positiver oder negativer echter Bruch, so erhält man:

$$s = \lim_{n=\infty} a \frac{v^n - 1}{v - 1} = \frac{a}{1 - v}.$$

Man sagt kürzer, die Reihe konvergiert, und schreibt:

$$s = a + av + av^2 + av^3 + \dots\dots \text{ ad inf.} = \frac{a}{1 - v} \quad \text{für } v < 1.$$

Ebenso:

$$s = 1 + x + x^2 + x^3 + \dots\dots\dots \text{ ad inf.} = \frac{1}{1 - x} \quad \text{für } x < 1.$$

(Für $x = 1$ oder größer wird s unendlich groß.)

Es ist z. B.

$$1 + \frac{1}{3} + \frac{1}{9} = 1\frac{4}{9}, \qquad 1 + \frac{1}{3} + \frac{1}{9} + \frac{1}{27} = 1\frac{13}{27},$$

$$1 + \frac{1}{3} + \frac{1}{9} + \frac{1}{27} + \frac{1}{81} = 1\frac{40}{81},$$

und schließlich $1 + \frac{1}{3} + \frac{1}{9} + \dots$ ad infinitum $= \frac{1}{1 - \frac{1}{3}} = 1\frac{1}{2}.$

Umgekehrt überzeugt man sich von der Richtigkeit der Summierung durch einfaches Dividieren:

$$a:(1-v) = a + av + av^2 + \ldots.$$

$$\begin{array}{l} a - av \\ \hline + av \\ + av - av^2 \\ \hline + av^2 \\ \text{usw.} \end{array} \qquad \begin{array}{l} 1:(1-x) = 1 + x + x^2 + \ldots. \\ 1 - x \\ \hline + x \\ + x - x^2 \\ \hline + x^2 \\ \text{usw.} \end{array} \qquad \begin{array}{l} 1:\left(1-\frac{1}{3}\right) = 1 + \frac{1}{3} + \frac{1}{9} + \ldots. \\ 1 - \frac{1}{3} \\ \hline + \frac{1}{3} \\ + \frac{1}{3} - \frac{1}{9} \\ \hline + \frac{1}{9} \\ \text{usw.} \end{array}$$

4. Jeder periodische Dezimalbruch ist einem gemeinen Bruche gleich. Man hat z. B. für 4,7252525 . . ., 4,7 + 0,0252525 . . ., also 4,7 und die geometrische Reihe 0,025 + 0,00025 + 0,0000025 + . . . mit $v = 0{,}01$. Das gibt nach der ersten Formel unter 3.:

$$s = 4{,}7 + \frac{0{,}025}{1 - 0{,}01} = 4\frac{7}{10} + \frac{25}{990} = 4\frac{718}{990} = 4\frac{359}{495}.$$

Ferner, ist $y = \frac{1}{1 - x + x^2}$ und man führt die Division aus, so ergibt sich die Reihe

$$y = 1 + x - x^3 - x^4 + x^6 + x^7 - x^9 - x^{10} + \ldots;$$

sie kann in eine geometrische Reihe verwandelt werden, indem man je zwei Glieder zusammenfaßt, wie folgt:

$$y = (1 + x) - x^3(1 + x) + x^6(1 + x) - x^9(1 + x) + \ldots \quad (v = -x^3),$$

sie konvergiert also für $x < 1$.

Ein wichtiges Anwendungsgebiet der geometrischen Reihen ist

5. Zinseszins- und Rentenrechnung.

a) Ein Kapital K trägt bei p Prozent (p %) in einem Jahre $\frac{Kp}{100}$ Zinsen. Fügt man diese zum Kapital, so hat man

$$K + \frac{Kp}{100} = K\left(1 + \frac{p}{100}\right) = Kv.$$

Der Faktor $\left(1+\frac{p}{100}\right)=v$ heißt der jährliche Vermehrungsfaktor (Diskontfaktor); bei 6% ist derselbe also 1,06.

Bezeichnet man das Anfangskapital mit K_0, so hat man nach Ablauf eines Jahres $K_1 = K_0 v$; nach zwei Jahren $K_2 = (K_0 v) v = K_0 v^2$; nach drei Jahren $K_3 = K_0 v^3$ und entsprechend nach n Jahren

$$K_n = K_0 v^n.$$

b) Umgekehrt gibt $K_0 = K_n : v^n$ das Anfangskapital, z. B. den heutigen Wert einer Schuld, die heute über n Jahre K_n Mark beträgt.

$$1+\frac{p}{100}=\frac{100+p}{100}=v=\sqrt[n]{K_n : K_0}, \text{ also } p=100\left(\sqrt[n]{K_n : K_0}-1\right).$$

Weiter ist

$$v^n = K_n : K_0, \text{ also } n=\frac{\log K_n - \log K_0}{\log v}.$$

Hieraus erhält man z. B. die Zeit, in welcher sich ein Kapital bei 4% verdoppelt, wenn man $K_n = 2\,K_0$ setzt:

$$n=\frac{\log 2}{\log 1{,}04}=\frac{0{,}30103}{0{,}01703}=17{,}7, \text{ also in } 17\tfrac{7}{10} \text{ Jahren.}$$

c) Werden die Zinsen schon nach jedem halben Jahr zum Kapital geschlagen, so heißt

$$v=1+\frac{p}{2\cdot 100}=\frac{200+p}{200}$$

der halbjährliche Vermehrungsfaktor, bei 6% ist derselbe also 1,03.

$$K_n = K_0 v^{2n}$$

gibt den Anwachs des Kapitals nach n Jahren bei halbjährlichen Zinseszinsen. Die Perioden sind halbiert, womit der Exponent sich verdoppelt.

d) Kommen die Zinseszinsen nach noch kürzeren Zeiträumen zum Kapital, die mit $\frac{1}{r}$ bezeichnet sein mögen, so ist entsprechend wie unter c):

$$K_n = K_0\left(1+\frac{1}{r}\cdot\frac{p}{100}\right)^{rn}.$$

Diesen Ausdruck schreibt man nun zuerst etwas anders und erhält daraus, für $r=\infty$, nach § 2, 9.:

$$K_n = K_0\left[\left(1+\frac{\frac{p}{100}}{r}\right)^r\right]^n = K_0\left(e^{\frac{p}{100}}\right)^n = K_0\, e^{\frac{pn}{100}} = K_0\, e^z,$$

worin $\frac{pn}{100} = z$ die einfachen Zinsen der Kapitalseinheit für n Jahre darstellt.

Diese Verzinsung, wobei also die Zinsen jeden Augenblick zu Kapital werden, nennt man »organische Verzinsung«. Sie findet auf organisches Wachstum, Forstwirtschaft, Bevölkerungsstatistik usw. Anwendung.

e) Legt man am Anfang jedes Jahres eine Summe R auf Zinsen an, so ist der Wert des Ersparten am Anfang des $n$ten Jahres, einschließlich der alsdann fälligen Zinsen, gleich der Summe einer geometrischen Reihe in umgekehrter Folge, nämlich:

$$S = R v^{n-1} + R v^{n-2} + \ldots\ldots + R v + R = R \frac{v^n - 1}{v - 1}.$$

Wartet man mit der Abrechnung bis zum Ende des $n$ten Jahres, so steht der ganze Betrag ein Jahr länger auf Zinseszins und man hätte daher

$$S = R v \frac{v^n - 1}{v - 1}.$$

f) Aus der ersten Gleichung unter e) erhält man die jährliche Abschreibungssumme eines nach n Jahren erlöschenden Wertes. Ist S z. B. der Wert einer Maschine oder eines Bauwerkes, das in n Jahren aufgebraucht und dann erneuert werden muß, so sind dafür jährlich zurückzulegen bzw. vom Neuwert abzuschreiben:

$$R = S \frac{v - 1}{v^n - 1}, \text{ oder in Prozenten des Neuwerts: } 100 \frac{R}{S} = 100 \frac{v - 1}{v^n - 1}.$$

Bei einer Verzinsung von 5% und einer Dauer von 10 Jahren beträgt also die Abschreibungssumme

$$100 \frac{1{,}05 - 1}{1{,}05^{10} - 1} = \frac{5}{0{,}6289} = 7{,}950\,\% \text{ von } S.$$

g) Wird ein Kapital K am Ende jedes Jahres um die gleiche Summe R vermehrt oder vermindert, so beträgt der Wert nach n Jahren

$$K_n = K v^n \pm R \frac{v^n - 1}{v - 1}.$$

Ist daher eine jährlich fortgenommene Summe R (Rente) größer als die jährlichen Zinsen des Kapitals K, so wird schließlich:

$$K v^n - R \frac{v^n - 1}{v - 1} = 0,$$

oder $K v^n (v - 1) - R v^n + R = 0$, oder $v^n (R - K (v - 1)) = R$.

Die Zeit in Jahren, nach welcher das Kapital aufgezehrt sein wird, ist also:

$$n = \frac{\log R - \log (R - K(v-1))}{\log v}.$$

h) Soll eine Rente für die folgenden n Jahre gekauft werden, so hat man (nach der zweiten Formel unter g) dafür heute ein Kapital zu zahlen gleich

$$K = R \frac{v^n - 1}{v^n (v-1)} \text{ Mark.}$$

Die Rente, die ein Kapital K für den Zeitraum von n Jahren abzuwerfen vermag, beträgt demnach:

$$R = \frac{K v^n (v-1)}{v^n - 1} \text{ Mark.}$$

§ 15. Unendliche Reihen.

1. Unendliche Reihen im allgemeinen. Außer den bisher behandelten arithmetischen und geometrischen Reihen lassen sich noch eine Menge anderer Reihen aufstellen, deren Summen bestimmt werden können. Es sei eine beliebige Reihe

$$a + b + c + d + e + \ldots + p$$

gegeben. Aus dieser Reihe läßt sich die neue Reihe bilden:

$$(a-b) + (b-c) + (c-d) + \ldots + (o-p),$$

deren Summe $= a - p$ ist. So erhält man z. B. aus

$$\frac{1}{1} + \frac{1}{2} + \frac{1}{3} + \ldots . + \frac{1}{n}$$

die Reihe

$$\left(1 - \frac{1}{2}\right) + \left(\frac{1}{2} - \frac{1}{3}\right) + \left(\frac{1}{3} - \frac{1}{4}\right) + \ldots . + \left(\frac{1}{n-1} - \frac{1}{n}\right) = 1 - \frac{1}{n}$$

oder

$$\frac{1}{1 \cdot 2} + \frac{1}{2 \cdot 3} + \frac{1}{3 \cdot 4} + \ldots . + \frac{1}{(n-1) \cdot n} = \frac{n-1}{n}.$$

Hieraus folgt durch Multiplikation mit 2:

$$1 + \frac{1}{3} + \frac{1}{6} + \frac{1}{10} + \ldots . + \frac{2}{(n-1) \cdot n} = \frac{2(n-1)}{n}.$$

Dividiert man dagegen die vorletzte Reihe durch 4, so erhält man

$$\frac{1}{2 \cdot 4} + \frac{1}{4 \cdot 6} + \frac{1}{6 \cdot 8} + \ldots . + \frac{1}{2n(2n-2)} = \frac{n-1}{4n}$$

oder

$$\frac{1}{3^2 - 1} + \frac{1}{5^2 - 1} + \frac{1}{7^2 - 1} + \ldots . + \frac{1}{(2n-1)^2 - 1} = \frac{n-1}{4n}.$$

Setzt man in den so erhaltenen Reihen $n = \infty$, so ergibt sich:

$$\frac{1}{1\cdot 2} + \frac{1}{2\cdot 3} + \frac{1}{3\cdot 4} + \ldots \text{ ad inf.} = 1$$

$$1 + \frac{1}{3} + \frac{1}{6} + \frac{1}{10} + \ldots \text{ ad inf.} = 2$$

$$\frac{1}{3^2 - 1} + \frac{1}{5^2 - 1} + \frac{1}{7^2 - 1} + \ldots \text{ ad inf.} = \frac{1}{4}.$$

Diese Reihen konvergieren also. Läßt sich dagegen ein endlicher Grenzwert nicht angeben, sondern wird der Wert der Reihe mit der Anzahl der Glieder selbst unendlich groß, so sagt man, die Reihe divergiert, wie z. B. die Reihe

$$1 + 2 + 4 + 8 + 16 + \ldots$$

Außer konvergenten und divergenten gibt es noch oszillierende Reihen. Bei diesen läßt sich kein bestimmter Wert für die Reihe angeben, man wird vielmehr, je nach der Anzahl der Glieder, zwei verschiedene Werte erhalten, denen die Reihe sich nähert. So ergibt sich aus der Reihe

$$2 - 1\frac{1}{2} + 1\frac{1}{4} - 1\frac{1}{8} + 1\frac{1}{16} - \ldots,$$

je nachdem man eine gerade oder ungerade größere Anzahl von Gliedern nimmt, nahezu der Wert $\frac{2}{3}$ oder $1\frac{2}{3}$, d. h. der Wert der Reihe schwankt zwischen $\frac{2}{3}$ und $1\frac{2}{3}$. Man erkennt das leicht, wenn man die Reihe in die beiden Teilreihen zerlegt:

$$\begin{cases} 1 - 1 + 1 - 1 + 1 - \ldots = 0 \text{ oder } 1 \\ 1 - \frac{1}{2} + \frac{1}{4} - \frac{1}{8} + \frac{1}{16} - \ldots = \dfrac{1}{1 + \frac{1}{2}} = \frac{2}{3}, \end{cases}$$

wovon die zweite eine geometrische Reihe ist mit dem konstanten Verhältnis $-\frac{1}{2}$.

2. Das einfachste Beispiel einer konvergenten Reihe ist die geometrische Reihe (§ 14, 3.):

$$S = 1 + x + x^2 + x^3 + \ldots \text{ für } x < 1, \quad S = \frac{1}{1 - x},$$

wird aber $x > 1$, so ist S unendlich groß.

Bildet man die reziproken Werte der natürlichen Zahlen, so ergibt sich die sogenannte harmonische Reihe

$$1+\frac{1}{2}+\frac{1}{3}+\frac{1}{4}+\cdots\cdot\cdot$$

Diese Reihe ist divergent. Um dies zu erkennen, fasse man die Glieder der Reihe wie folgt zusammen:

$$1+\frac{1}{2}+\left(\frac{1}{3}+\frac{1}{4}\right)+\left(\frac{1}{5}+\frac{1}{6}+\frac{1}{7}+\frac{1}{8}\right)+\left(\frac{1}{9}+\cdots\cdot+\frac{1}{16}\right)+\cdots\cdot$$

Die Ausdrücke in den Klammern sind aber einzeln größer als

$$2\cdot\frac{1}{4},\quad 4\cdot\frac{1}{8},\quad 8\cdot\frac{1}{16},\quad 16\cdot\frac{1}{32},\quad \cdots\cdot,$$

d. h. der Wert jedes Klammerausdrucks ist $> \frac{1}{2}$, und der Wert der Reihe selbst ist daher größer als der der Reihe

$$1+\frac{1}{2}+\frac{1}{2}+\frac{1}{2}+\frac{1}{2}+\cdots\cdot,$$

d. h. unendlich groß.

Ersetzt man in der harmonischen Reihe die natürlichen Zahlen durch die Glieder einer arithmetischen Reihe 1. Ordnung, so ergibt sich die Reihe

$$\frac{1}{a}+\frac{1}{a+d}+\frac{1}{a+2d}+\frac{1}{a+3d}+\frac{1}{a+4d}+\cdots\cdot,$$

die ebenfalls divergiert. Denn ist etwa $a > d$, und setzt man anstatt d den Wert a, so hat man die Reihe

$$\frac{1}{a}+\frac{1}{2a}+\frac{1}{3a}+\cdots\cdot=\frac{1}{a}\left(\frac{1}{1}+\frac{1}{2}+\frac{1}{3}+\cdots\cdot\right),$$

d. h. eine divergente Reihe. In dieser ist aber jedes Glied kleiner als das entsprechende der vorhergehenden Reihe, also ist die vorhergehende um so mehr divergent. Ist $a < d$, so ersetzt man a durch d und verfährt ebenso.

3. Konvergenz der Reihen mit Gliedern abwechselnd + und —.

Soll eine Reihe überhaupt einen endlichen Wert haben oder konvergieren, so müssen ihre Glieder, wenigstens von einem bestimmten an, immer kleiner werden, und zwar müssen sie zuletzt Null zur Grenze haben. Eine Abnahme der Glieder allein genügt nicht, wie z. B. die Reihe

$$0{,}11+0{,}101+0{,}1001+0{,}10001+\ldots$$

zeigt, deren Wert unendlich groß ist. Man hat also als erste Bedingung der Konvergenz einer Reihe

$$u_1 + u_2 + u_3 + u_4 + \ldots . + u_{n-1} + u_n,$$

daß für $n = \infty$, $\lim u_n = 0$ ist.

Nehmen aber die Glieder einer Reihe, von einem bestimmten an, immer mehr ab und haben sie Null zur Grenze, so konvergiert die Reihe stets, wenn die Glieder abwechselnd positiv und negativ sind.

Um dies zu zeigen, sei angenommen, daß diese Eigenschaft der Glieder mit dem ersten beginne. Träfe das nicht zu, so könnte man ja einfach den Anfang der Reihe, der diese Eigenschaft nicht zeigt, besonders berechnen.

Schreibt man die alternierende Reihe $S = u_1 - u_2 + u_3 - u_4 + u_5 - \ldots$ in der Form

$$S = (u_1 - u_2) + (u_3 - u_4) + (u_5 - u_6) + \ldots,$$

so ist leicht ersichtlich, daß sie jedenfalls einen positiven Wert hat, da alle Ausdrücke in den Klammern positiv sind, es ist also $S > 0$.

Schreibt man sie dagegen in der Form

$$S = u_1 - [(u_2 - u_3) + (u_4 - u_5) + (u_6 - u_7) + \ldots],$$

so zeigt sich, daß der Wert der Reihe auch $< u_1$ ist. Es ist also

$$u_1 > S > 0,$$

d. h. die Reihe konvergiert.

Bezeichnet man ferner den Wert der ersten n Glieder der Reihe durch S_n, so ergibt sich für den Wert der übrigen Glieder

$$R = (u_{n+1} - u_{n+2} + u_{n+3} - u_{n+4} + \ldots .).$$

Für diesen Rest R ergibt sich wie vorher, daß sein Wert zwischen 0 und u_{n+1} liegt. Vernachlässigt man also alle Glieder der Reihe vom n^{ten} ab, so ist der Fehler, der dadurch begangen wird, jedenfalls kleiner als das Glied u_{n+1}, oder es ist

$$S - S_n < u_{n+1}.$$

So ergibt sich z. B. aus der Reihe

$$\frac{1}{1 \cdot 2} - \frac{1}{2 \cdot 3} + \frac{1}{3 \cdot 4} - \frac{1}{4 \cdot 5} + \frac{1}{5 \cdot 6} - \ldots .$$

$S_5 = 0{,}400$. Dieser Wert ist zu groß. Der Fehler, der begangen wird, wenn man den Wert der Reihe $= S_5$ setzt, ist $< \frac{1}{6 \cdot 7}$, d. h. $< 0{,}023 \ldots$; der Wert der Reihe liegt also zwischen 0,377 ... und 0,400.

4. Konvergenz der Reihen mit nur positiven Gliedern.

Es gibt keine allgemeine Regel, nach der bei jeder Reihe sofort entschieden werden kann, ob sie konvergiert oder divergiert; man ist vielmehr genötigt, in jedem besonderen Fall eine besondere Untersuchung darüber anzustellen. Das wichtigste Mittel dafür ist aber die Vergleichung der Reihe mit einer anderen Reihe, von der man weiß, ob sie konvergiert oder divergiert. Sind von 2 Reihen

$$U = u_1 + u_2 + u_3 + \ldots,$$
$$V = v_1 + v_2 + v_3 + \ldots$$

deren Glieder alle positiv sind, von einem bestimmten ab wenigstens, die Glieder der einen Reihe alle kleiner als die entsprechenden der andern; ist z. B. $v_p < u_p$, so wird die Reihe V konvergieren, wenn die Reihe U konvergiert. Ist hingegen $v_p > u_p$, so wird die Reihe V divergieren, wenn die Reihe U divergiert.

Unter den Reihen, über deren Konvergenz oder Divergenz sofort entschieden werden kann, steht an erster Stelle die geometrische Reihe

$$1 + x + x^2 + x^3 + \ldots . = \frac{1 - x^n}{1 - x},$$

die Reihe konvergiert für $x < 1$, divergiert dagegen für $x > 1$.

Es sei nun für die gegebene Reihe

$$U = u_1 + u_2 + u_3 + \ldots . + u_n + u_{n+1} + \ldots .$$

wenigstens von einem bestimmten Glied ab, $\frac{u_{n+1}}{u_n} < \varepsilon$, wo ε einen bestimmten Wert < 1 hat. Es ist dann:

$$u_{n+1} < \varepsilon \cdot u_n, \quad u_{n+2} < \varepsilon \cdot u_{n+1} \quad \text{also} \quad < \varepsilon^2 \cdot u_n, \quad u_{n+3} < \varepsilon^3 \cdot u_n$$

usw. und daher

$$\lim (u_{n+1} + u_{n+2} + \ldots .) < \varepsilon\, u_n + \varepsilon^2\, u_n + \varepsilon^3\, u_n \ldots .$$

oder

$$\lim (u_{n+1} + u_{n+2} + \ldots .) < u_n (\varepsilon + \varepsilon^2 + \varepsilon^3 + \ldots .)$$
$$< u_n \frac{\varepsilon}{1 - \varepsilon},$$

d. h. die Reihe konvergiert.

Ist dagegen $\varepsilon > 1$, so erhält man ebenso:

$$\lim (u_{n+1} + u_{n+2} + \ldots .) > u_n\, \varepsilon \frac{1 - \varepsilon^n}{1 - \varepsilon},$$

d. h. die Reihe divergiert. Es ergibt sich also:

Ist von einem bestimmten Glied ab $\lim \frac{u_{n+1}}{u_n} \leq \varepsilon$ und ε um einen angebbaren Wert kleiner als Eins, so konvergiert die Reihe U. Ist dagegen $\lim \frac{u_{n+1}}{u_n} > \varepsilon$ und ε um einen angebbaren Wert größer als Eins, so divergiert die Reihe.

Dieser Satz wird in den meisten Fällen für die Untersuchung der Konvergenz oder Divergenz einer Reihe genügen. Es kann aber aus jeder Reihe, von der man weiß, wann sie konvergiert oder divergiert, ein Mittel zur Untersuchung der Konvergenz und Divergenz anderer Reihen abgeleitet werden.

So ist z. B. für die Reihe

$$\frac{1}{1\cdot 2}+\frac{x}{2\cdot 3}+\frac{x^2}{3\cdot 4}+\frac{x^3}{4\cdot 5}+\ldots+\frac{x^n}{(n+1)(n+2)}+\frac{x^{n+1}}{(n+2)(n+3)}+\ldots,$$

$$\lim\frac{u_{n+1}}{u_n}=\frac{x^{n+1}}{(n+2)(n+3)}\cdot\frac{(n+1)(n+2)}{x^n}$$

oder

$$\lim\frac{u_{n+1}}{u_n}=\frac{x(n+1)}{(n+3)}=x\frac{1+\frac{1}{n}}{1+\frac{3}{n}}=x \text{ für } n=\infty.$$

Die Reihe konvergiert also für $x<1$, divergiert dagegen für $x>1$.

Für die Reihe § 2, 9.:

$$e^x=1+\frac{x}{1!}+\frac{x^2}{2!}+\frac{x^3}{3!}+\ldots.$$

ist

$$\lim\frac{u_{n+1}}{u_n}=\frac{x^{n+1}}{(n+1)!}\cdot\frac{n!}{x^n}=\frac{x}{n+1}=0 \text{ für } n=\infty,$$

die Reihe konvergiert also für jeden positiven oder negativen endlichen Wert von x; für $x=1$ liefert sie die Zahl e, die Basis der natürlichen Logarithmen, § 2, 8.

Eine beliebige Potenzreihe

$$A_0+A_1x+A_2x^2+A_3x^3+\ldots$$

konvergiert oder divergiert je nachdem $\lim\frac{A_{n+1}x}{A_n}\lesseqgtr 1$ ist.

5. Konvergenz für den Grenzfall: $\lim\frac{u_{n+1}}{u_n}=1$.

Das vorige Mittel zur Untersuchung der Konvergenz oder Divergenz einer Reihe versagt für den Fall, daß $\lim\frac{u_{n+1}}{u_n}=1$ ist. Um auch für diesen Grenzfall ein Kriterium zu erhalten, möge von der Reihe

$$S_m=\frac{1}{1^m}+\frac{1}{2^m}+\frac{1}{3^m}+\ldots.$$

ausgegangen werden. Diese Reihe ist, wie unter 2. gezeigt wurde, für $m=1$ divergent; sie ist es also noch viel mehr für $m<1$.

Für ein beliebiges $k > 1$ hat man

$$\frac{1}{(k+1)^m} + \frac{1}{(k+2)^m} + \frac{1}{(k+3)^m} + \ldots + \frac{1}{(k+k)^m} < k \cdot \frac{1}{k^m} \text{ oder } < \frac{1}{k^{m-1}}.$$

Daraus ergibt sich

$$S_m = 1 + \frac{1}{2^m} + \left(\frac{1}{3^m} + \frac{1}{4^m}\right) + \left(\frac{1}{5^m} + \frac{1}{6^m} + \frac{1}{7^m} + \frac{1}{8^m}\right) + \ldots.$$

$$< 1 + \frac{1}{2^m} + \frac{1}{2^{m-1}} + \frac{1}{4^{m-1}} + \frac{1}{8^{m-1}} + \ldots. \text{ oder}$$

$$< 1 + \frac{1}{2^m} + \frac{1}{2^{m-1}} + \frac{1}{(2^{m-1})^2} + \frac{1}{(2^{m-1})^3} + \ldots..$$

Die letzte Reihe ist aber, mit dem dritten Gliede beginnend, eine geometrische Reihe mit dem konstanten Verhältnis $\frac{1}{2^{m-1}}$, ist also nur konvergent, wenn dieses Verhältnis < 1 ist, oder $2^{m-1} > 1$, oder $m > 1$, also konvergiert auch die gegebene Reihe S_m für $m > 1$, andernfalls divergiert sie.

Nun ist aber:

$$\lim \frac{u_{n+1}}{u_n} = \frac{n^m}{(n+1)^m} = \frac{n^m}{n^m + m \cdot n^{m-1} + \binom{m}{2} n^{m-2} + \ldots.}$$

$$= \frac{1}{1 + \frac{m}{n} + \binom{m}{2}\frac{1}{n^2} + \ldots.} \cdot \frac{1}{1 + \frac{m}{n}}$$

mit Vernachlässigung aller Glieder im Nenner außer $1 + \frac{m}{n}$, da für ein unendlich großes n diese Glieder unendlich klein gegenüber $\frac{m}{n}$ sind. Für $n = \infty$ hat man nach gewöhnlicher Rechnungsweise den Grenzfall $\lim \frac{u_{n+1}}{u_n} = 1$; mit Beibehaltung von $\frac{m}{n}$ ergibt sich aber für diesen Grenzfall die folgende Regel:

Ist $\lim \frac{u_{n+1}}{u_n} = \frac{1}{1 + \frac{m}{n}}$ und ist $\frac{m}{n}$ positiv, nähert sich aber mit wachsendem n der Null, so wird die Reihe konvergieren, wenn m um einen angebbaren Wert größer als Eins ist; sie wird dagegen divergieren, wenn m um einen solchen Wert kleiner als Eins ist.

Soll z. B. die Reihe $\frac{1}{3}+\frac{1}{7}+\frac{1}{13}+\frac{1}{21}+\ldots$ untersucht werden, deren allgemeines Glied $\frac{1}{n^2+n+1}$ ist, so ergibt sich:

$$\lim \frac{u_{n+1}}{u_n}=\frac{n^2+n+1}{(n+1)^2+(n+1)+1}=\frac{n^2+n+1}{n^2+3n+3}$$

$$=\frac{1}{1+\frac{2}{n}+\frac{-2}{(n^2+n+1)\,n}} \cdot \frac{1}{1+\frac{2}{n}};$$

hier ist also $m=2$, d. h. die Reihe konvergiert.

6. Für die meisten Fälle der praktischen Anwendung kommen nur rasch konvergierende Reihen in Frage, deren Zahlenwerte durch Ausrechnung weniger Anfangsglieder der Reihe leicht bestimmt werden können; auch erkennt man die Genauigkeit eines so bestimmten Zahlenwertes, wenn man die Rechnung etwas über die gewünschte Stellenzahl hinaus führt, wie z. B. unter § 2, 8. oder § 34, 13. q). Es läßt sich in dieser Weise die meistens umständliche Restabschätzung, $S-S_n=R$, der Reihe umgehen.

Als Beispiel für die Restabschätzung einer unendlichen Reihe möge die Ausrechnung von e, § 2, 8., dienen. Da die letzte Stelle eines abgebrochenen Dezimalbruches im allgemeinen eine Ungenauigkeit einschließt, so hat man in diesem Falle:

$$S_8=2+\frac{1}{2!}+\frac{1}{3!}+\ldots+\frac{1}{8!}=2{,}71828.$$

$$R=\frac{1}{8!\,(8+1)}+\frac{1}{8!\,(8+1)\,(8+2)}+\frac{1}{8!\,(8+1)\,(8+2)\,(8+3)}+\ldots$$

Dieser Rest der Reihe ist aber kleiner als die geometrische Reihe

$$\frac{1}{8!\,(8+1)}+\frac{1}{8!\,(8+1)^2}+\frac{1}{8!\,(8+1)^3}+\ldots=\frac{\frac{1}{8!\,(8+1)}}{1-\frac{1}{8+1}}=\frac{1}{8\cdot 8!}.$$

Also ist $R=S-S_8<\frac{1}{8\cdot 8!}$ oder $<0{,}0000031$.

Ebenso findet man

$$R=S-S_n<\frac{1}{n\cdot n!}$$

und kann somit R beliebig klein machen, indem man n beliebig groß wählt.

7. Methode der unbestimmten Koeffizienten.

Es sei $y_1=\frac{1}{1-3x+x^2}$ und $y_2=\frac{1}{1+3x+x^2}$.

Führt man die Division aus, so erhält man die Reihen

$$y_1 = 1 + 3x + 8x^2 + 21x^3 + 55x^4 + \ldots.$$
$$y_2 = 1 - 3x + 8x^2 - 21x^3 + 55x^4 - \ldots.$$

Hiernach, und auch mit Rückblick auf § 3, liegt die Vermutung nahe, eine beliebige Funktion $y = f(x)$ lasse sich einer Potenzreihe gleichsetzen, also einer Reihe

$$y = a_0 + a_1 x + a_2 x^2 + a_3 x^3 + \ldots,$$

deren Koeffizienten zunächst noch unbestimmt sind, aber feste Zahlenwerte bedeuten oder auch $= 0$ sein können. Dabei wird man sich gelegentlich überzeugen, ob und für welche Werte von x die Reihe konvergiert, d. h. für welche Werte von x die Entwicklungen Gültigkeit haben. Daß $y = f(x)$ nur einer einzigen Potenzreihe gleich sein kann, ergibt sich wie folgt: Wäre

$$y = b_0 + b_1 x + b_2 x^2 + b_3 x^3 + \ldots$$

eine zweite Gleichsetzung, so erhält man durch Subtraktion dieser von der vorigen die Gleichung

$$0 = (a_0 - b_0) + (a_1 - b_1)x + (a_2 - b_2)x^2 + (a_3 - b_3)x^3 + \ldots,$$

die nur bestehen kann, wenn $a_0 = b_0$, $a_1 = b_1$, $a_2 = b_2 \ldots$ ist. Sind also zwei Potenzreihen in x einander gleich, so müssen die Koeffizienten gleich hoher Potenzen von x einander gleich sein. Ist z. B. $mx^2 = a_0 + a_1 x + a_2 x^2 + a_3 x^3 + \ldots$, so ist $a_2 = m$ und alle anderen Koeffizienten der Reihe $= 0$.

Anwendungen dieser Methode der Koeffizientenvergleichung finden sich an vielen Stellen dieses Buches. Folgendes ist eine Anwendung auf die Umkehrung von Reihen:

Soll z. B. aus

$$y = x + \frac{1}{2}x^2 + \frac{1}{3}x^3 + \frac{1}{4}x^4 + \ldots. \qquad \text{(konvergent für } x < 1)$$

umgekehrt für x eine Reihe in y entwickelt werden, so setze man

$$x = a_0 + a_1 y + a_2 y^2 + a_3 y^3 + \ldots$$

Die erste Gleichung gibt für $x = 0$, $y = 0$, also ist $a_0 = 0$, oder

$$x = a_1 y + a_2 y^2 + a_3 y^3 + \ldots$$

Setzt man diesen Wert von x in die erste Gleichung ein, so ergibt sich

$$y = \begin{cases} a_1 y + a_2 y^2 + a_3 y^3 + \ldots + \frac{1}{2}(a_1 y + a_2 y^2 + a_3 y^3 + \ldots)^2 \\ + \frac{1}{3}(a_1 y + a_2 y^2 + a_3 y^3 + \ldots)^3 + \frac{1}{4}(a_1 y + a_2 y^2 + a_3 y^3 + \ldots)^4 + \ldots \end{cases}$$

und nach Potenzen von y geordnet:

$$y = \begin{cases} a_1 y + \left(a_2 + \frac{1}{2}a_1^2\right)y^2 + \left(a_3 + \frac{1}{2}\cdot 2a_1 a_2 + \frac{1}{3}\cdot a_1^3\right)y^3 \\ + \left(a_4 + \frac{1}{2}(2a_1 a_3 + a_2^2) + \frac{1}{3}\cdot 3a_1^2 a_2 + \frac{1}{4}a_1^4\right)y^4 + \ldots. \end{cases}$$

Hieraus erhält man durch Gleichsetzung der Koeffizienten gleich hoher Potenzen von y rechts und links:

$$1 = a_1 \quad \ldots \ldots \quad a_1 = 1$$

$$0 = a_2 + \frac{1}{2} a_1^2 \quad \ldots \ldots \quad a_2 = -\frac{1}{2!}$$

$$0 = a_3 + a_1 a_2 + \frac{1}{3} a_1^3 \quad \ldots \ldots \quad a_3 = +\frac{1}{3!}$$

$$0 = a_4 + a_1 a_3 + \frac{1}{2} a_2^2 + a_1^2 a_2 + \frac{1}{4} a_1^4 \quad \ldots \quad a_4 = -\frac{1}{4!}$$

usw., also ist

$$x = y - \frac{y^2}{2!} + \frac{y^3}{3!} - \frac{y^4}{4!} + \frac{y^5}{5!} - \ldots.$$

Die Reihe ist konvergent für jeden Wert von y.

§ 16. Wahrscheinlichkeitsrechnung

1. Die Wahrscheinlichkeitsrechnung beschäftigt sich mit den sogenannten zufälligen Ereignissen. Solche Ereignisse als das Fallen eines Würfels oder einer Münze, bei den Versicherungen der Eintritt eines Todesfalles oder eines Brandes, in der Geodäsie und Astronomie, sowie bei Messungen jeder Art, die allen Beobachtungen anhaftenden unvermeidlichen Fehler.

Der Teil der Wahrscheinlichkeitsrechnung, welcher sich mit der Ausgleichung von Beobachtungsfehlern befaßt, ist zu einem Spezialgebiet geworden und heißt »Ausgleichungsrechnung nach der Methode der kleinsten Quadrate«. (Siehe § 42,1.)

2. Mathematische Wahrscheinlichkeit. Die Wahrscheinlichkeit eines Ereignisses ist das Verhältnis der Anzahl der dem Ereignis günstigen Fälle zu der Anzahl der überhaupt möglichen Fälle. Es ist dabei vorausgesetzt, daß für alle möglichen Fälle die gleiche Wahrscheinlichkeit des Eintreffens bestehen muß. Z. B. die Wahrscheinlichkeit, mit einem Würfel die Zahl 6 zu werfen, ist $= \frac{1}{6}$, weil 1 Fall günstig und 6 Fälle möglich sind, welche alle die gleiche Wahrscheinlichkeit haben. Da die Anzahl der günstigen Fälle notwendig kleiner ist als die der überhaupt möglichen Fälle, so ist die Wahrscheinlichkeit hiernach immer ein echter Bruch, mit den Grenzen 0 für Unmöglichkeit und 1 für Gewißheit.

3. Zusammengesetzte Wahrscheinlichkeit. Denkt man sich in einer Urne a schwarze, b weiße und c sonstige Kugeln, dann ist die Wahrscheinlichkeit, bei einem Zuge eine schwarze Kugel zu erhalten:

$$w' = \frac{a}{a + b + c},$$

desgleichen für eine weiße Kugel:

$$w'' = \frac{b}{a + b + c}$$

und für eine schwarze oder eine weiße Kugel, da nun a und b günstig sind:

$$w = \frac{a + b}{a + b + c}.$$

Sind also w' und w'' die Einzelwahrscheinlichkeiten zweier sich ausschließender Ereignisse, so ist die Wahrscheinlichkeit w, daß entweder das eine oder das andere eintritt, gleich der Summe der beiden Einzelwahrscheinlichkeiten, d. h.

$$w = w' + w''.$$

4. Haben ebenso drei Ereignisse E', E'', E''' einzeln die Wahrscheinlichkeiten w', w'', w''' und sind unter m gleichwahrscheinlichen Fällen

n'	Fälle,	in	denen	E'	eintritt,
n''	»	»	»	E''	»
n'''	»	»	»	E'''	»

so gibt es unter m Fällen $n' + n'' + n'''$ Fälle, in denen eines der drei Ereignisse eintritt. Also ist die Wahrscheinlichkeit w, daß entweder E' oder E'' oder E''' eintritt, gleich

$$\frac{n' + n'' + n'''}{m} = \frac{n'}{m} + \frac{n''}{m} + \frac{n'''}{m} = w' + w'' + w'''.$$

Entsprechend ergibt sich: Die Wahrscheinlichkeit des Eintretens eines aus mehreren sich ausschließenden Ereignissen, die also in dem Verhältnis des »Entweder-oder-oder« stehen, ist gleich der Summe ihrer Einzelwahrscheinlichkeiten.

Man nennt dies den Additionssatz der Wahrscheinlichkeitsrechnung.

5. Weitergehend denke man sich jetzt zwei Urnen mit a' und a'' schwarzen, nebst b' und b'' anderen Kugeln; für beide Urnen ist die Wahrscheinlichkeit für Schwarz bzw.:

$$w' = \frac{a'}{a' + b'}, \quad w'' = \frac{a''}{a'' + b''}.$$

Fragt man nun nach der Wahrscheinlichkeit, daß bei zwei Zügen aus beiden Urnen beidemal Schwarz erscheint, so sind $a'a''$ Fälle günstig, denn zu jeder Kugel a' könnte eine Kugel a'' gezogen werden. Die Anzahl der möglichen Fälle ist $(a' + b')$ $(a'' + b'')$, weil zu jeder Kugel aus der einen Urne irgendeine Kugel aus der zweiten Urne kommen kann. Es ist daher:

$$w = \frac{a' \, a''}{(a' + b')(a'' + b'')} .$$

Sind also w' und w'' die Einzelwahrscheinlichkeiten zweier unabhängiger Ereignisse, so ist die Wahrscheinlichkeit w für das Zusammentreffen beider Ereignisse, daß sowohl das eine als auch das andere eintritt, gleich dem Produkt der beiden Einzelwahrscheinlichkeiten, d. h.:

$$w = w' \, w'' .$$

6. Sind ebenso E', E'', E''' drei unabhängige Ereignisse und sind

1.	unter	m'	Fällen	n'	Fälle,	in	denen E'	eintritt,
2.	»	m''	»	n''	»	»	» E''	»
3.	»	m'''	»	n'''	»	»	» E'''	»

so gibt es unter $m' m''$ Fällen $n' n''$ Fälle, in denen die Fälle der ersten Art mit den Fällen der zweiten Art zusammentreffen können, ferner gibt es unter $(m' m'') m'''$ Fällen $(n' n'') n'''$ Fälle, in denen alle drei Ereignisse zusammentreffen können, also ist die Wahrscheinlichkeit w, daß sowohl E' als auch E'' und E''' eintreten gleich

$$\frac{n' \, n'' \, n'''}{m' \, m'' \, m'''} = \frac{n'}{m'} \cdot \frac{n''}{m''} \cdot \frac{n'''}{m'''} = w' \, w'' \, w''' .$$

Entsprechend ergibt sich: Die Wahrscheinlichkeit für das Zusammentreffen mehrerer Ereignisse, die sich hinsichtlich der Wahrscheinlichkeit ihres Eintreffens nicht beeinflussen, ist gleich dem Produkt ihrer Einzelwahrscheinlichkeiten.

Man nennt dies den Multiplikationssatz der Wahrscheinlichkeitsrechnung.

7. Die beiden Urnen unter 5. mögen noch für ein anderes Problem dienen, in welchem beide Sätze, der Multiplikationssatz und der Additionssatz, zur Anwendung kommen. Fragt man nämlich nach der Wahrscheinlichkeit für Schwarz auf einen Zug, so führt das zu einer Zusammensetzung aus vier Einzelwahrscheinlichkeiten, wie folgt:

Die Wahrscheinlichkeit für die Wahl der ersten Urne ist $\frac{1}{2}$, und die Wahrscheinlichkeit für Schwarz aus dieser Urne ist $\frac{a'}{a' + b'}$; die Wahrscheinlichkeit des Zusammentreffens beider Ereignisse ist also $\frac{1}{2} \cdot \frac{a'}{a' + b'} = w'$. Die Wahrscheinlichkeit für die Wahl der zweiten Urne ist $\frac{1}{2}$; die Wahrscheinlichkeit für Schwarz aus dieser Urne ist $\frac{a''}{a'' + b''}$, die

Wahrscheinlichkeit des Zusammentreffens beider Ereignisse ist $\frac{1}{2} \cdot \frac{a''}{a'' + b''} = w''$.

Die Wahrscheinlichkeit für Schwarz auf einen Zug ist gleich der Wahrscheinlichkeit, daß entweder die ersten beiden oder die letzteren beiden Ereignisse eintreten, also gleich

$$\frac{1}{2} \cdot \frac{a'}{a' + b'} + \frac{1}{2} \cdot \frac{a''}{a'' + b''} = w' + w''.$$

8. Bei der Bestimmung der Wahrscheinlichkeit für den mindestens einmaligen Eintritt eines Ereignisses geht man oft am zweckmäßigsten von der Wahrscheinlichkeit des Gegenteils aus. Fragt man z. B. nach der Wahrscheinlichkeit, bei n-maligem Werfen eines Würfels mindestens einmal eine Sechs zu erhalten, so hat man als entgegengesetztes Ereignis das keinmalige Werfen der Sechs. Beide Ereignisse ergänzen sich zu Eins (= Gewißheit).

Die Wahrscheinlichkeit, daß die Sechs nicht geworfen wird, ist $\frac{5}{6}$; daß sie $n$mal nicht geworfen wird, ist $\left(\frac{5}{6}\right)^n$. Die Wahrscheinlichkeit für das mindestens einmalige Werfen einer Sechs ist daher gleich $1 - \left(\frac{5}{6}\right)^n$.

Ein anderes Beispiel: Eine Münze wird zweimal nacheinander auf den Tisch geworfen; was ist die Wahrscheinlichkeit, daß sie wenigstens einmal Kopf zeigt? Die Wahrscheinlichkeit für Schrift ist $\frac{1}{2}$; die Wahrscheinlichkeit für zweimal Schrift ist $\frac{1}{2} \cdot \frac{1}{2} = \frac{1}{4}$; also ist die Wahrscheinlichkeit für wenigstens einmal Kopf gleich $1 - \frac{1}{4} = \frac{3}{4}$.

Ist die Anzahl der möglichen Fälle gering, wie in diesem Beispiel, so schreibt man sie wohl ohne weiteres nieder und erkennt dann leicht die günstigen Fälle. Die möglichen Fälle sind hier: KK, KS, SK, SS, von denen drei günstig sind, also ist $w = \frac{3}{4}$.

Zwei Urnenbeispiele in Kontrast:

9. Eine Urne enthalte n Kugeln, und zwar a schwarze, b weiße und c rote. Wird nach jeder Ziehung die gezogene Kugel wieder mit den übrigen vermischt, so hat man für die Wahrscheinlichkeit, daß zuerst eine schwarze, dann eine weiße und zuletzt eine rote Kugel gezogen wird,

$$\frac{a}{n} \cdot \frac{b}{n} \cdot \frac{c}{n} = \frac{abc}{n^3} = \frac{abc}{(a + b + c)^3}.$$

Die Wahrscheinlichkeit für drei Farben in beliebiger Reihenfolge erhält man hieraus durch Multiplizieren mit der Permutation der Anzahl der Farben (§ 7, 1.), also:
$$3!\,\frac{a\,b\,c}{n^3} = 6\,\frac{a\,b\,c}{(a+b+c)^3}.$$

Die Wahrscheinlichkeit, daß zuerst x schwarze, dann y weiße und zuletzt z rote gezogen werden (natürlich für $x \leqq a$, $y \leqq b$, $z \leqq c$), ist
$$\frac{a^x \cdot b^y \cdot c^z}{(a+b+c)^{x+y+z}}.$$

Die Wahrscheinlichkeit, daß die drei Farbengruppen in beliebiger Gruppenfolge herauskommen, ist
$$3!\,\frac{a^x \cdot b^y \cdot c^z}{(a+b+c)^{x+y+z}}.$$

10. Denkt man sich jetzt die Ziehungen aus der Urne unter 9. ohne Zurücklegung der gezogenen Kugeln, so ist die Wahrscheinlichkeit, daß zuerst eine schwarze, dann eine weiße und zuletzt eine rote Kugel gezogen wird, gleich
$$\frac{a}{n} \cdot \frac{b}{n-1} \cdot \frac{c}{n-2} = \frac{a\,b\,c}{n\,(n-1)\,(n-2)}.$$
Die Wahrscheinlichkeit für drei Farben in beliebiger Reihenfolge ist also
$$3!\,\frac{a\,b\,c}{n\,(n-1)\,(n-2)}.$$
Die Wahrscheinlichkeit, daß zuerst 3 schwarze, dann 2 weiße und zuletzt eine rote gezogen werden, ist
$$\frac{a}{n} \cdot \frac{a-1}{n-1} \cdot \frac{a-2}{n-2} \cdot \frac{b}{n-3} \cdot \frac{b-1}{n-4} \cdot \frac{c}{n-5}.$$
Die Wahrscheinlichkeit, daß beim Ziehen sämtlicher Kugeln die drei Farbengruppen in beliebiger Gruppenfolge herauskommen, ist also
$$3!\,\frac{a!\,b!\,c!}{n!} = 6\,\frac{a!\,b!\,c!}{(a+b+c)!}.$$

11. Ein Kartenspiel. Von 52 Spielkarten, deren je 13 von einer Farbe sind und je 4 von einem Range, können 3 auf $\binom{52}{3}$ verschiedene Weisen gezogen werden (§ 7, 8.). Die Anzahl der günstigen Fälle für eine bestimmte Farbe ist $\binom{13}{3}$. Die Wahrscheinlichkeit, 3 Karten einer beliebigen Farbe zu ziehen, ist
$$4\binom{13}{3} : \binom{52}{3} = \frac{4 \cdot 13 \cdot 12 \cdot 11}{52 \cdot 51 \cdot 50} = \frac{22}{425} = \frac{1}{19{,}32}.$$

Die Anzahl der günstigen Fälle für 3 Karten eines bestimmten Ranges ist $\binom{4}{3}$. Die Wahrscheinlichkeit, 3 Karten eines beliebigen

Ranges zu ziehen, ist

$$13\binom{4}{3}:\binom{52}{3}=\frac{13\cdot4\cdot3\cdot2}{52\cdot51\cdot50}=\frac{1}{425}.$$

Die Wahrscheinlichkeit für 2 Karten eines beliebigen Ranges ist

$$13\binom{4}{2}:\binom{52}{2}=\frac{13\cdot4\cdot3}{52\cdot51}=\frac{1}{17}.$$

12. Zwei Würfelbeispiele. Die Berechnung der Wahrscheinlichkeiten aller möglichen Augensummen eines Wurfes mit zwei Würfeln ist hier in Zahlentafelform gegeben. Die Zeiger der Verteilungszahlen geben die Anzahl der Permutationen an; die Summe der Zeiger einer Zeile ist also die Anzahl der günstigen Fälle für eine bestimmte Augensumme. Die Anzahl aller möglichen Fälle ist $6^2 = 36$ und muß mit der Summe aller günstigen Fälle übereinstimmen.

Augensumme	Anzahl der günst. Fälle	Verteilung der Augensumme auf beide Würfel		
2	1	11_1		
3	2	12_2		
4	3	13_2	22_1	
5	4	14_2	23_2	
6	5	15_2	24_2	33_1
7	m. 6	16_2	25_2	34_2
8	5	62_2	53_2	44_1
9	4	63_2	54_2	
10	3	64_2	55_1	
11	2	65_2		
12	1	66_1		
Summe:	36			

Die Augen der entgegengesetzten Seiten eines Würfels ergänzen sich zu 7. Wird also der Eins-Pasch geworfen, so liegt der Sechs-Pasch verdeckt. Je zwei Verteilungszahlen, symmetrisch zur Mittelzeile m, zeigen diese Ergänzung zu 7. Dies erklärt auch, warum die Augensummen, welche sich zu 14 ergänzen, gleiche Wahrscheinlichkeiten haben.

Die Wahrscheinlichkeit eines bestimmten Wurfes mit n Würfeln ist nicht verschieden von der Wahrscheinlichkeit, mit einem Würfel bei n Würfen dieselbe Komplexion der Nummern zu erhalten. Z. B. die Wahrscheinlichkeit, mit einem Würfel zweimal nacheinander Eins zu werfen, ist $\frac{1}{6}\cdot\frac{1}{6}=\frac{1}{36}$; die Wahrscheinlichkeit, mit einem Würfel dreimal nacheinander Eins zu werfen, ist $\frac{1}{6}\cdot\frac{1}{6}\cdot\frac{1}{6}=\frac{1}{216}$.

13. Entsprechend wie unter 12. folgt hier die Berechnung der Wahrscheinlichkeiten aller möglichen Augensummen eines Wurfes mit drei Würfeln.

Die Zahlentafel dürfte jetzt wohl ohne weiteres verständlich sein, auch der Grund, warum die Augensummen, welche sich zu 21 ergänzen, gleiche Wahrscheinlichkeiten haben.

Augensumme	Anzahl der günst. Fälle	Verteilung der Augensumme auf 3 Würfel					
3	1	111_1					
4	3	112_3					
5	6	113_3	122_3				
6	10	114_3	123_6	222_1			
7	15	115_3	124_6	133_3	223_3		
8	21	116_3	125_6	134_6	224_3	233_3	
9	25	126_6	135_6	144_3	225_3	234_6	333_1
10	m. 27	136_6	145_6	226_3	235_6	244_3	334_3
11	27	641_6	632_6	551_3	542_6	533_3	443_3
12	25	651_6	642_6	633_3	552_3	543_6	444_1
13	21	661_3	652_6	643_6	553_3	544_3	
14	15	662_3	653_6	644_3	554_3		
15	10	663_3	654_6	555_1			
16	6	664_3	655_3				
17	3	665_3					
18	1	666_1					
Summe:	216						

14. Geometrische Wahrscheinlichkeit. Bisher handelte es sich immer darum, bei der Bestimmung der Wahrscheinlichkeit eines Ereignisses die Anzahl der günstigen und der überhaupt möglichen Fälle numerisch genau zu ermitteln. Bei der geometrischen Wahrscheinlichkeit kommt nicht diese Anzahl in Betracht, sondern die Ermittlung geometrischer Gebilde, wie Strecken, Flächen, Körper, innerhalb welcher die günstigen und möglichen Fälle liegen. Ein einfaches Beispiel diene zur weiteren Erklärung:

Ein Ball von 5 cm Durchmesser wird blindlings gegen ein Drahtgitter von 8 cm quadratischen Maschen geworfen; was ist die Wahrscheinlichkeit, daß er hindurchfliegt?

Es genügt, eine Masche zu betrachten (Bild 9). Der Ball kann nur hindurch, wenn sein Mittelpunkt um 2,5 cm von den Drähten (deren Dicke hier vernachlässigt werden soll) entfernt bleibt. Es ergibt sich also das schraffierte Quadrat als Inbegriff der günstigen Fälle, während das große Quadrat als Inbegriff der möglichen Fälle des Treffens gilt. Die Wahrscheinlichkeit, daß der Ball hindurchfliegt, ist daher $\frac{9}{64} \doteq \frac{1}{7}$.

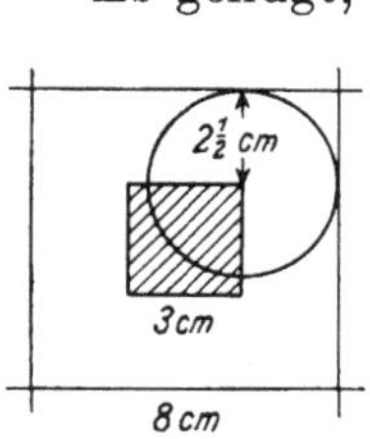

Bild 9

15. Wahrscheinlichste Verteilung. Eine Urne enthalte 10 weiße und 20 schwarze Kugeln. Werden 6 Ziehungen gemacht und wird nach jeder Ziehung die gezogene Kugel wieder mit den übrigen vermischt, so hat man 6 unabhängige Ereignisse. Die Berechnung der Wahrscheinlichkeiten aller möglichen Ergebnisse der 6 Ziehungen ist in folgender Zahlentafel übersichtlich dargestellt. Zur näheren Erläuterung diene die der dritten Zeile:

Ziehung der Kugeln weiß	schwarz	W. für eine bestimmte Reihenfolge	Zahl der möglichen Reihenfolgen	W. für eine beliebige Reihenfolge
6	0	$\left(\frac{1}{3}\right)^6$	1	1 : 729
5	1	$\left(\frac{1}{3}\right)^5 \cdot \left(\frac{2}{3}\right)^1$	6	12 : 729
4	2	$\left(\frac{1}{3}\right)^4 \cdot \left(\frac{2}{3}\right)^2$	15	60 : 729
3	3	$\left(\frac{1}{3}\right)^3 \cdot \left(\frac{2}{3}\right)^3$	20	160 : 729
2	4	$\left(\frac{1}{3}\right)^2 \cdot \left(\frac{2}{3}\right)^4$	15	240 : 729
1	5	$\left(\frac{1}{3}\right)^1 \cdot \left(\frac{2}{3}\right)^5$	6	192 : 729
0	6	$\left(\frac{2}{3}\right)^6$	1	64 : 729

Summe: 729 : 729 = 1

Die Wahrscheinlichkeit für eine weiße Kugel ist $\frac{10}{30} = \frac{1}{3}$ und für eine schwarze Kugel $\frac{20}{30} = \frac{2}{3}$. Die Wahrscheinlichkeit für 4 weiße und 2 schwarze in einer bestimmten Reihenfolge ist also $\left(\frac{1}{3}\right)^4 \cdot \left(\frac{2}{3}\right)^2 = \frac{4}{729}$. Die Anzahl der möglichen Reihenfolgen (§ 7, 5.) ist $\frac{6!}{4!\,2!} = \frac{6 \cdot 5}{1 \cdot 2} = 15$; die Wahrscheinlichkeit für eine beliebige Reihenfolge ist daher $\frac{4}{729} 15 = \frac{60}{729}$.

Die größte Wahrscheinlichkeit, wie die Zahlentafel zeigt, hat das Erscheinen von 2 weißen und 4 schwarzen Kugeln, also das Erscheinen der Kugeln im Verhältnis ihrer Häufigkeit (oder Verteilung) in der Urne.

Wüßte man nichts von der Verteilung der Kugeln in der Urne, würde aber durch eine ausgedehnte Versuchsreihe finden, daß sich die Anzahl der Ziehungen von Weiß und Schwarz wie 2:4 verhält, so würde man eine Verteilung der Kugeln in diesem Verhältnis als die wahrscheinlichste betrachten.

Ähnliche Überlegungen führen auf

16. Das Gesetz der großen Zahlen. Wenn sich eine Wahrscheinlichkeit nicht im voraus berechnen läßt, so gibt es einen Schluß aus der beobachteten Häufigkeit des Vorkommens von Ereignissen rückwärts auf die Wahrscheinlichkeit.

Hat man z. B. beobachtet, daß von 10000 geborenen Knaben nur 2500 das 50. Lebensjahr erreichen, so schließt man daraus, daß für irgendein heute geborenes männliches Kind die Wahrscheinlichkeit $\frac{2500}{10000}$ oder $\frac{1}{4}$ besteht, das 50. Lebensjahr zu erreichen.

Oder fände man bei 1000 Vergleichungen von doppelt ausgeführten Messungen einer bestimmten Art:

500	Differenzen	von	0	bis	1	mm,
323	»	zwischen	1	und	2	»
134	»	»	2	»	3	»
36	»	»	3	»	4	»
6	»	»	4	»	5	»
1	Differenz	»	5	»	6	»

so würde man bei Messungen derselben Art die Wahrscheinlichkeit für Differenzen bis zu 1 mm mit $\frac{500}{1000} = \frac{1}{2}$ veranschlagen; die Wahrscheinlichkeit für Differenzen von 1 bis 2 mm mit $\frac{323}{1000}$ usw. Differenzen über 5 mm würde man, der geringen Wahrscheinlichkeit wegen, als vermeidlich und deshalb als unzulässig betrachten müssen und in solchen Fällen eine dritte Messung vornehmen.

17. Vergleich der Wahrscheinlichkeitsberechnungen mit der Wirklichkeit. Bezeichnet man die Wahrscheinlichkeit eines Ereignisses mit $\frac{1}{64}$, so wird damit gesagt, daß die Wahrscheinlichkeit besteht, das Ereignis in 64 Versuchen einmal herbeizuführen. Wenige solcher Versuchsreihen zeigen aber schon, daß das Ereignis zwei-, dreimal in einer einzigen Versuchsreihe erscheint und wiederum nicht einmal in vielleicht zwei, drei solcher Versuchsreihen von je 64 Versuchen. Hingegen zeigt das Mittel von gar nicht sehr vielen solcher Versuchsreihen eine gute Annäherung an Eins, oder allgemein, an die berechneten Wahrscheinlichkeitswerte der ganzen Reihe. Diese Annäherung wird größer mit zunehmender Anzahl der Versuchsreihen, ohne daß ein stetiges Wachsen der Annäherung dabei stattfindet; denn es ist immerhin möglich, daß eine einzelne Versuchsreihe bessere Annäherungswerte zeigt als das Mittel aus allen, und gar nicht ausgeschlossen, daß einmal eine Versuchsreihe genau den berechneten Wahrscheinlichkeitswerten der Reihe entspräche. Man muß selbst darauf gefaßt sein, daß das Unwahrscheinlichste mitunter zuerst eintritt.

Ein einfacher Versuch, genügend mannigfaltig, um das Gesagte zu erläutern, würde sich hier lohnen. Erforderlich ist ein kleiner Becher mit 6 Münzen, und zwar Münzen kleinster Währung, des besseren Mischens wegen.

Die Anzahl der möglichen Fälle von 6 Münzen ist $2^6 = 64$. Die Wahrscheinlichkeit für 4mal Kopf und zweimal Schrift ist $\binom{6}{2}:64 = \frac{15}{64}$.

Die Zahlentafel soll nur als Beispiel dienen; die Versuchsreihen anderer lehren wenig, wenn man sie nicht selbst entstehen sieht. Das Notieren der Einzelversuche einer Reihe geschieht recht übersichtlich durch Striche in Gruppen von fünf.

Die Münzen zeigen K.	S.	Berechn. der günst. Fälle	6 Versuchsreihen 1.	2.	3.	4.	5.	6.	Arithm. Mittel
6	0	$\binom{6}{0} = 1$	0	2	2	1	1	0	1,0
5	1	$\binom{6}{1} = 6$	6	5	2	4	6	5	4,7
4	2	$\binom{6}{2} = 15$	13	17	13	13	16	14	14,3
3	3	$\binom{6}{3} = 20$	25	16	15	26	16	24	20,4
2	4	$\binom{6}{4} = 15$	14	18	21	13	13	17	16,0
1	5	$\binom{6}{5} = 6$	6	5	11	6	9	4	6,8
0	6	$\binom{6}{6} = 1$	0	1	0	1	3	0	0,8
		Summe: 64	64	64	64	64	64	64	64

Trägt man die Wahrscheinlichkeitswerte in gleichen Abständen als Ordinaten auf, verbindet die so bestimmten Punkte durch eine Kurve und tut dasselbe, auf denselben Ordinatenlinien, mit den Mittelwerten,

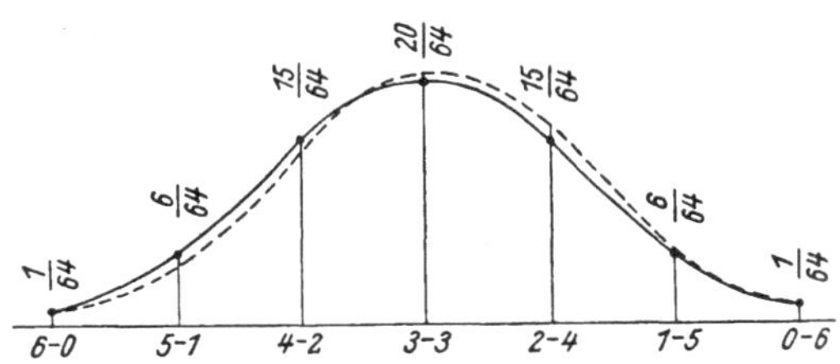

Bild 10

Bild 10, so erhält man ein Bild von der Gesetzmäßigkeit der Annäherung beider Werte. Die Wahrscheinlichkeitskurve läßt sich so betrachten als Ausgleichungskurve der mit den unvermeidlichen Mängeln und Fehlern der Versuche und Versuchsgegenstände behafteten Wirklichkeitswerte; die Wahrscheinlichkeitsrechnung als Ausgleichungsrechnung der unberechenbaren Zufälligkeiten der Wirklichkeit.

B. Elementargeometrie

§ 17. Ähnliche Dreiecke und proportionale Strecken

1. Jeder Außenwinkel eines Dreiecks ist gleich der Summe der beiden von ihm getrennt liegenden Innenwinkel.

In jedem Dreieck ist die Summe der Winkel gleich $2R = 180^0$.

Beide Sätze ergeben sich aus Bild 11, in welchem eine Parallele zu AB durch C den Außenwinkel ACD in die beiden Winkel α und β teilt.

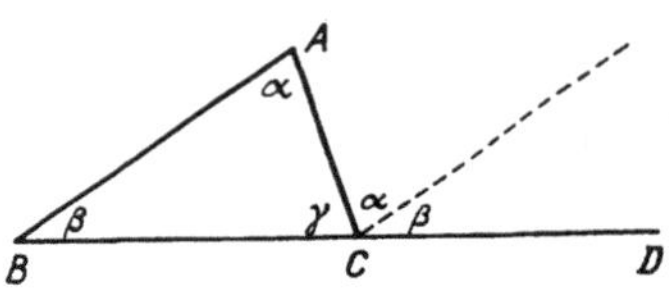

Bild 11

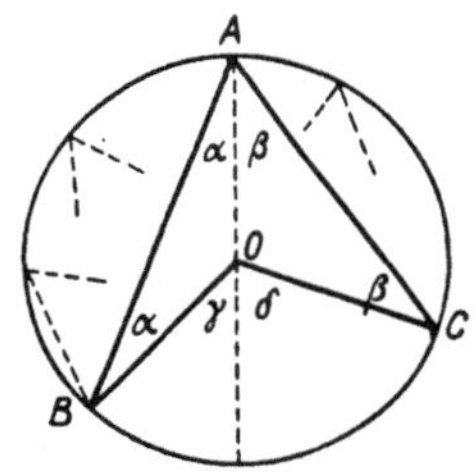

Bild 12

2. In einem Kreise heißt der Winkel, welcher von zwei sich auf der Peripherie schneidenden Sehnen gebildet wird, ein Peripheriewinkel. Der Winkel, welcher von zwei Radien gebildet wird, heißt Zentriwinkel. Stehen beide auf demselben Bogen, so nennt man sie einander zugehörig.

In Bild 12 ist BAC ein Peripheriewinkel, BOC der zugehörige Zentriwinkel. Zieht man den Durchmesser AO, so ist γ (als Außenwinkel des Dreiecks AOB) gleich 2α und $\delta = 2\beta$; also

$$\gamma + \delta = 2(\alpha + \beta) \text{ oder } BAC = \frac{1}{2} BOC,$$

d. h.: Jeder Peripheriewinkel ist die Hälfte seines zugehörigen Zentriwinkels.

Da zu allen Peripheriewinkeln, die auf dem Bogen BC stehen, ein und derselbe Zentriwinkel gehört, so ergibt sich:

Alle Peripheriewinkel auf demselben Bogen oder auf gleichen Bögen sind einander gleich.

Im besonderen ist also ein Peripheriewinkel, der auf einem Halbkreis steht, gleich $1R = 90^0$.

3. Der Winkel, welcher von einer Tangente und einer durch ihren Berührungspunkt gezogenen Sehne gebildet wird, heißt Tangentenwinkel; auch in diesem Falle sagt man, er stehe auf dem zwischen seinen Schenkeln liegenden Bogen.

Rückt der Scheitel A des Peripheriewinkels BAC, Bild 12, näher und näher an B heran, d. h. wird die Sehne AB unbeschränkt kürzer, so wird sie schließlich zu einer Sehne, die nur Richtung hat, aber keine Länge, also zur Tangente in B, und der Peripheriewinkel wird zum Tangentenwinkel.

Von der Richtigkeit dieses Schlusses überzeugt man sich auch wie folgt:

Es sei (Bild 13) CAB ein Tangenten- und ADC ein Peripheriewinkel, beide auf dem Bogen AC. Um ihre Gleichheit zu erweisen, nehme man den Peripheriewinkel zu Hilfe, dessen einer Schenkel Durchmesser ist, nämlich AEC. Es ergibt sich dann $\gamma = \alpha$, weil beide durch β zu einem rechten Winkel ergänzt werden (oder auch, weil die Schenkel des einen rechtwinklig sind zu denen des anderen). Nun ist aber $\delta = \gamma$ mithin auch $\delta = \alpha$, d. h.:

J e d e r T a n g e n t e n w i n k e l i s t s o g r o ß w i e d e r m i t i h m a u f d e m s e l b e n B o g e n s t e h e n d e P e r i p h e r i e w i n k e l.

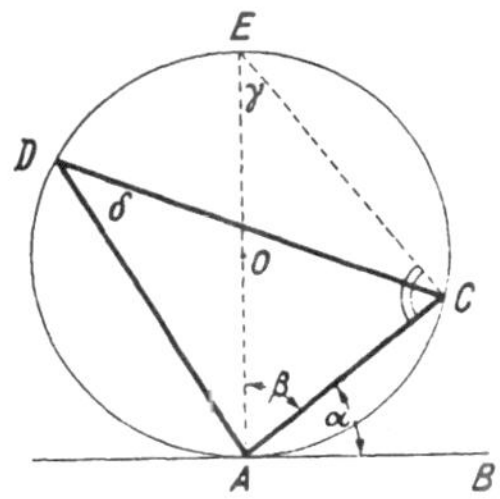

Bild 13.

4. Ein Dreieck ist eindeutig bestimmt:

(a) durch zwei Seiten und den eingeschlossenen Winkel;
(b) durch eine Seite und die beiden anliegenden Winkel;
(c) durch drei Seiten;
(d) durch zwei Seiten und den der größeren Seite gegenüberliegenden Winkel.

Zweideutig wird die Bestimmung durch zwei Seiten und den der kleineren Seite gegenüberliegenden Winkel, wie aus Bild 14 ohne weiteres hervorgeht, in welchem AB und AC die gegebenen Seiten sind.

Haben also zwei Dreiecke die unter (a) oder (b) oder (c) oder (d) genannten drei Bestimmungsstücke der Reihe nach einander gleich, so sind die beiden Dreiecke kongruent.

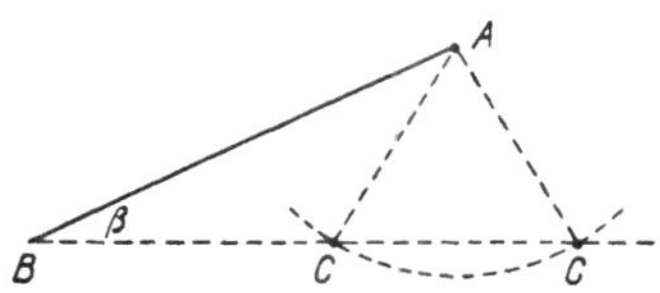

Bild 14

5. Betrachtet man nun zwei ähnliche Dreiecke als durch proportionale Vergrößerung oder Verkleinerung eines aus dem anderen hervorgegangen, so erhält man, entsprechend wie unter 4., die vier Ähnlichkeitssätze:

Zwei Dreiecke sind ähnlich,

(a) wenn zwei Seiten des einen zweien des anderen proportional und die von ihnen eingeschlossenen Winkel gleich sind;

(b) wenn zwei Winkel des einen zweien des anderen gleich sind;

(c) wenn die drei Seiten des einen denen des anderen proportional sind;

(d) wenn zwei Seiten des einen zweien des anderen proportional und die den größeren Seiten gegenüberliegenden Winkel gleich sind.

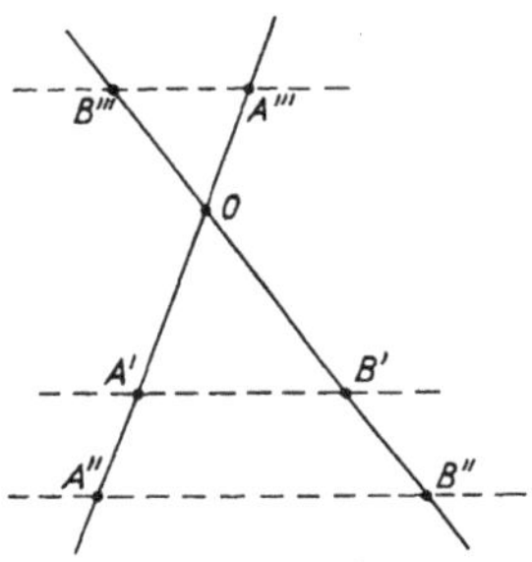

Bild 15

Ähnliche Dreiecke bilden die Grundlage der meisten geometrischen Ableitungen. Zwei weitere gebräuchliche Ähnlichkeitssätze sind:

Zwei Dreiecke sind ähnlich, wenn die drei Seiten des einen denen des anderen parallel sind; oder wenn die drei Seiten des einen zu denen des anderen rechtwinklig sind.

6. Schneidet man einen Zweistrahl durch drei parallele Linien, Bild 15, so entstehen ähnliche Dreiecke $OA'B'$, $OA''B''$, $OA'''B'''$, mit den Seitenverhältnissen

$$OA':OA'':OA''' = OB':OB'':OB''' = A'B':A''B'':A'''B''',$$

oder

$$\frac{OA'}{OA''} = \frac{OB'}{OB''} = \frac{A'B'}{A''B''}, \quad \frac{OA''}{OA'''} = \frac{OB''}{OB'''} = \frac{A''B''}{A'''B'''}$$

und

$$\frac{OA'}{OA'''} = \frac{OB'}{OB'''} = \frac{A'B'}{A'''B'''} \text{ oder } \frac{OA'}{A'B'} = \frac{OA''}{A''B''} \text{ usw.}$$

Ferner ist $OA':A'A'' = OB':B'B''$ und $AO'':A'A'' = OB'':B'B''$.

7. Mittels ähnlicher Dreiecke lassen sich einige häufig vorkommende Konstruktionsaufgaben lösen, für welche das folgende als typisches Beispiel gelten möge:

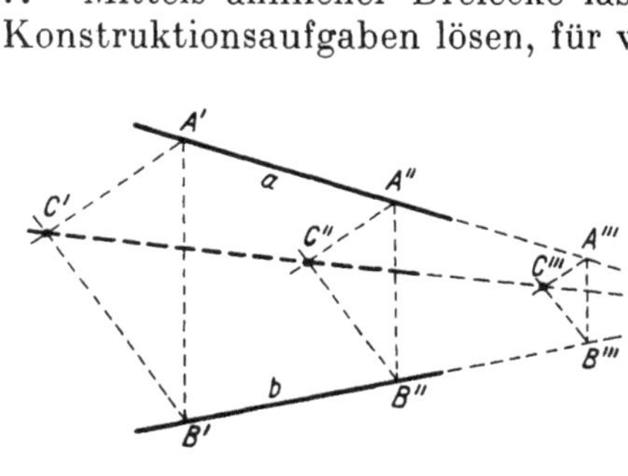

Bild 16

Durch einen beliebigen Punkt nach dem außerhalb des Zeichenbrettes fallenden Schnittpunkt zweier Geraden eine dritte Gerade zu ziehen.

Ist C' der beliebige Punkt, Bild 16, sowie a und b die gegebenen Geraden, so schneide man die letzteren durch zwei Parallele $A'B'$ und $A''B''$, verbinde $A'B'$ mit C' zu einem Dreieck und konstruiere über $A''B''$ durch Parallele das ähnliche dazu, dann ist $C'C''$ die dritte Gerade. Eine Probe erhält man durch die Konstruktion eines dritten ähnlichen Dreiecks, welches einen dritten Punkt der gesuchten Geraden liefern muß.

Vervollständigt man Bild 16 bis zum Schnittpunkt der drei Geraden, so zeigt es zugleich, wie sich mittels eines Strahlenbüschels eine geometrische Figur in beliebiger Proportion vergrößern oder verkleinern läßt.

8. Harmonische Teilung. Die gegebene Strecke AB innerhalb und außerhalb in dem gegebenen Verhältnis $m : n$ zu teilen, Bild 17:

Mache AC gleich m; ziehe durch B die Parallele DE zu AC und mache $BD = BE = n$. Linien CD und CE schneiden AB in F und G, durch welche Punkte die gewünschte Teilung erfolgt, denn zwei Paare ähnlicher Dreiecke ergeben $AF : BF = m : n$ und $AG : BG = m : n$, oder

$$\frac{AF}{BF} = \frac{AG}{BG} = \frac{m}{n}.$$

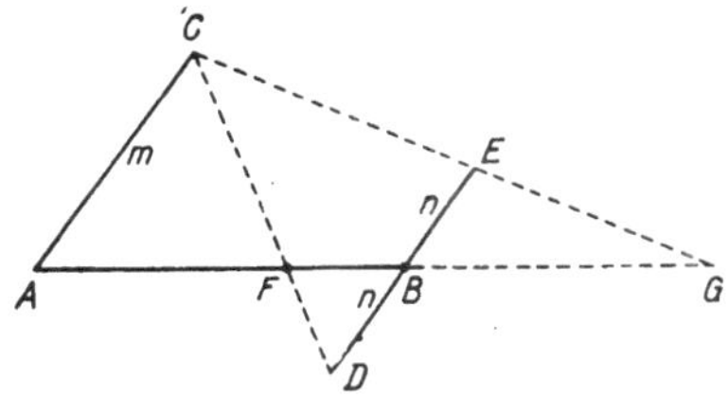

Bild 17

In Worten: Eine Strecke ist durch 2 Punkte harmonisch geteilt, wenn die Abstände des inneren Teilpunktes von den Endpunkten der Strecke sich verhalten wie die Abstände des äußeren Teilpunktes von den entsprechenden Endpunkten der Strecke.

Der Name deutet auf die Beziehungen der Längenverhältnisse (AG, AB, AF, Bild 17) dreier gleichartiger und gleichgespannter Saiten zu dem Wohlklang der damit erzeugten Töne; ist z. B. $m : n = 5 : 1$, so erzeugen sie den Dreiklang (Grundton, Terz, Quint).

9. In jedem Dreieck teilt die Halbierungslinie eines Innen- oder Außenwinkels die Gegenseite im Verhältnis der anstoßenden Seiten.

Es sei ABC, Bild 18, ein beliebiges Dreieck. Die Halbierungslinien des Innen- und Außenwinkels bei A seien AF und AE, sie stehen als solche rechtwinklig aufeinander. Zieht man noch Parallele zu den Halbierungslinien durch C, so ergeben zwei Paare ähnlicher Dreiecke mit der Spitze in B:

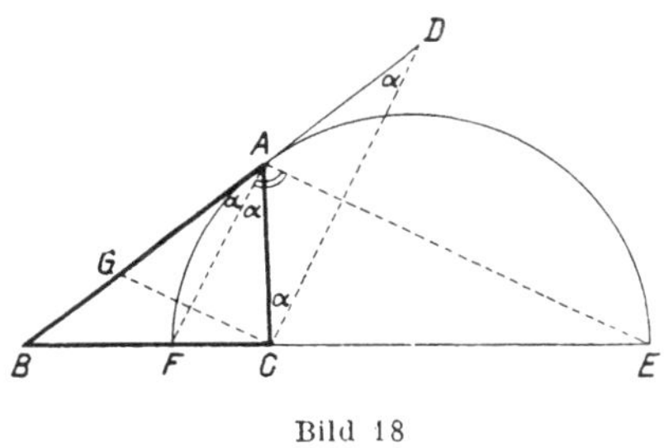

Bild 18

$$BF : CF = BA : DA \text{ und } BE : CE = BA : GA.$$

Nun ist aber $DA = GA = CA$, also erhält man schließlich:

$$\frac{BF}{CF} = \frac{BE}{CE} = \frac{BA}{CA}$$

und erkennt F und E als harmonische Teilpunkte der Strecke BC.

10. Sehnensatz: Von allen Sehnen durch ein und denselben Punkt innerhalb eines Kreises bilden die beiden Abschnitte ein und dasselbe Produkt.

Sekantensatz: Von allen Sekanten durch ein und denselben Punkt außerhalb eines Kreises bilden die ganze Sekante und ihr äußerer Abschnitt ein und dasselbe Produkt.

In Bild 19 und 20 ist $\alpha = \beta$, als Peripheriewinkel auf demselben Bogen, es ergibt sich also aus ähnlichen Dreiecken in beiden Fällen:

$$\frac{EA}{EC} = \frac{ED}{EB}, \text{ also } EA \cdot EB = EC \cdot ED.$$

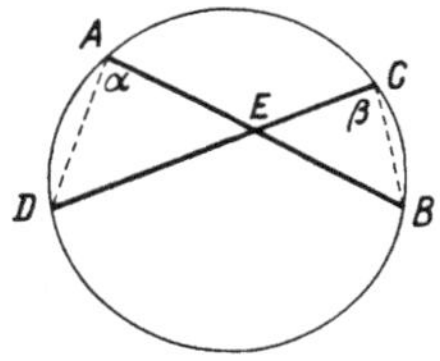

Bild 19

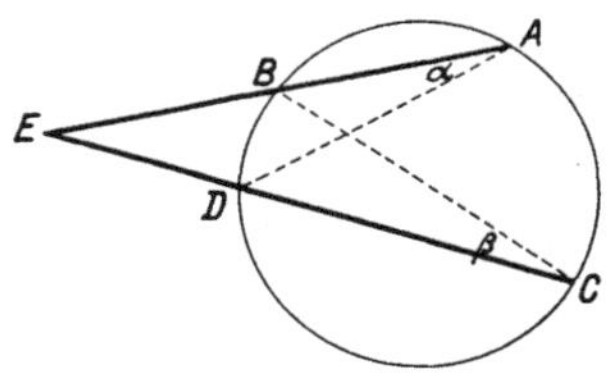

Bild 20

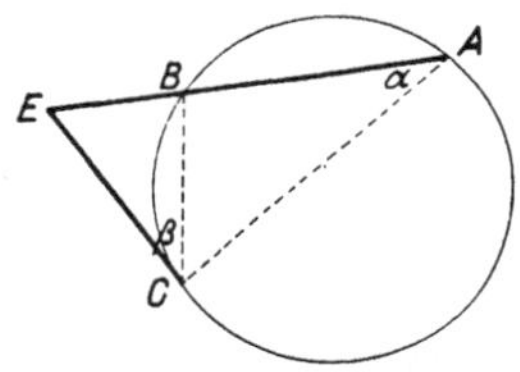

Bild 21

Wird eine Sekante zur Tangente, so wird das Produkt zum Quadrat der Tangente, denn ähnliche Dreiecke in Bild 21 ergeben:

$$\frac{EA}{EC} = \frac{EC}{EB}, \text{ also } EA \cdot EB = \overline{EC}^2.$$

Das Produkt heißt die Potenz des Punktes E in bezug auf den Kreis.

Die größte und kleinste Sehne durch einen beliebigen Punkt im Kreis ist der Durchmesser bzw. die Sehne rechtwinklig dazu. Das Produkt der Sehnenabschnitte ist gleich dem Quadrat der halben kleinsten Sehne.

11. Der Goldene Schnitt. Eine Strecke heißt nach stetiger Proportion, oder in eine mittlere und eine äußere Proportionale geteilt, wenn der größere Abschnitt eine mittlere Proportionale ist zwischen der ganzen Strecke und dem kleineren Abschnitt.

Die Teilung folgt aus einem Spezialfall des Bildes 21. Macht man nämlich die Tangente CE gleich dem Kreisdurchmesser und zieht die

Sekante EA durch den Mittelpunkt des Kreises, Bild 22, so ergibt sich:

$$\overline{EC}^2 = \overline{BA}^2 = EB \cdot EA,$$

also die Strecke EA in B stetig geteilt. Macht man nun ferner $ED = EB$, so folgt zunächst wieder die letzte Gleichung der Nr. 10,

$$\frac{EA}{EC} = \frac{EC}{EB}, \text{ hieraus } \frac{EA - EC}{EC} = \frac{EC - EB}{EB}, \text{ hieraus } \frac{ED}{EC} = \frac{CD}{ED}$$

und zuletzt

$$\overline{ED}^2 = EC \cdot CD;$$

d. h. die Strecke EC ist in D stetig geteilt. Um also eine beliebige Strecke EC im äußeren und mittleren Verhältnis zu teilen, errichte man in C ein Lot CO gleich der halben Strecke, ziehe OE und schlage aus O und E die Kreisbögen CB bzw. BD, Bild 22.

Die stetige Teilung tritt in Mathematik, Natur und Kunst häufig auf und heißt deshalb auch der Goldene Schnitt; es hat selbst nicht an Bestrebungen gefehlt, dem Verhältnis die Wichtigkeit eines Naturgesetzes beizumessen.

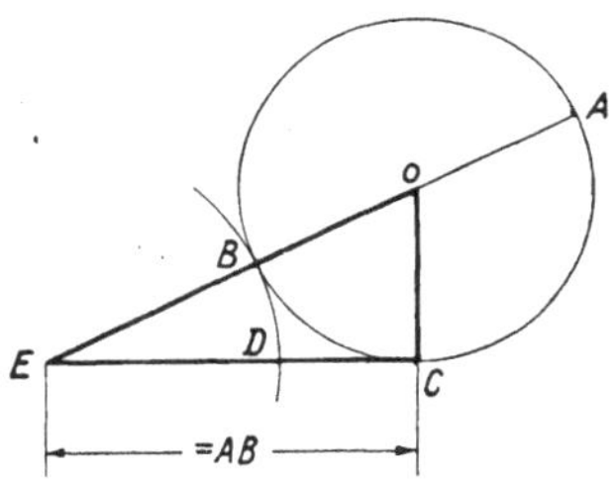

Bild 22.

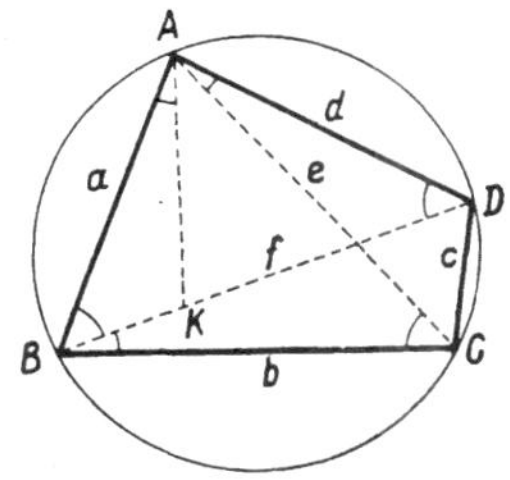

Bild 23.

12. Die Seiten und Diagonalen eines Sehnenvierecks stehen in einfacher Beziehung zueinander, die durch ähnliche Dreiecke erschlossen werden kann. Macht man nämlich in dem Sehnenviereck $ABCD$, Bild 23, den Winkel $BAK = DAC$, so folgt aus zwei Paar ähnlichen Dreiecken (ABK und ACD; AKD und ABC):

$$a : BK = e : c \text{ oder } a \cdot c = e \cdot BK$$
$$b : e = KD : d \text{ oder } b \cdot d = e \cdot KD$$

Addiert: $ac + bd = e(BK + KD) = ef.$

D. h.: In jedem Sehnenviereck ist das Produkt der Diagonalen gleich der Summe der Produkte aus den Gegenseiten.

Dies ist der Satz des Ptolemäus.

Das Bild 23 mag zugleich noch den Satz illustrieren:

In jedem Sehnenviereck ist die Summe eines jeden Paares gegenüberliegender Winkel gleich $2R = 180^0$.

Der Peripheriewinkel A steht auf dem Bogen BCD, und der Peripheriewinkel C steht auf dem Bogen BAD; das Winkelmaß für beide ist also (nach 2.) $\frac{1}{2} \cdot 360^0$. Ebenso ergänzen sich die Peripheriewinkel B und D zu 180^0.

13. Aus jedem rechtwinkligen Dreieck entstehen durch die Höhenlinie zur Hypotenuse drei ähnliche Dreiecke, das ganze und seine beiden Teile.

Bild 24 ergibt:

$$a : b = b : n \quad \text{oder} \quad an = b^2,$$
$$a : c = c : m \quad \text{oder} \quad am = c^2.$$

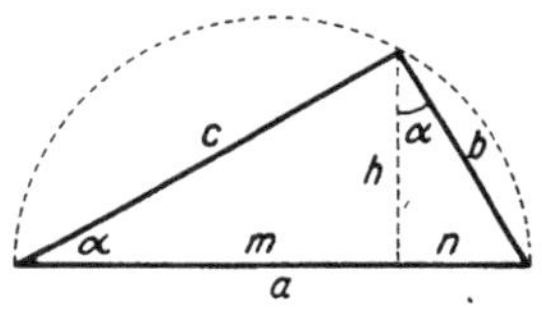

Bild 24

D. h.: Im rechtwinkligen Dreieck ist jede Kathete mittlere Proportionale zur Hypotenuse und ihrer Projektion auf diese.

Ferner ist

$$m : h = h : n \quad \text{oder} \quad mn = h^2;$$

d. h.: Im rechtwinkligen Dreieck ist die Höhe mittlere Proportionale zu den beiden Abschnitten der Hypotenuse.

Schlägt man einen Halbkreis über a, so hat man zugleich: Jede Kreisordinate zum Durchmesser ist mittlere Proportionale zu den beiden Abschnitten des Durchmessers. (Man vergleiche damit die Schlußsätze von 2. und 10.) Addiert man noch die ersten beiden Gleichungen, so ergibt sich

$$a\,(n + m) = b^2 + c^2 \quad \text{oder} \quad a^2 = b^2 + c^2;$$

d. h.: Im rechtwinkligen Dreieck ist das Hypotenusenquadrat gleich der Summe der beiden Kathetenquadrate.

Dies ist der Satz des Pythagoras. Streckenrelationen haben hier unmerklich auf Flächenrelationen geführt. Faßt man den Satz gleich in die allgemeinere Form: »Eine beliebige Figur über der Hypotenuse ist gleich der Summe zweier ähnlicher Figuren über den Katheten«, so folgt eine direkte Ableitung aus dem Bild 24 ohne weiteres, denn die beiden Dreiecke über den Katheten sind ja ähnlich dem ganzen und die Summe ist ihm flächengleich (§ 18, 2.).

Die Anwendung obiger Folgerungen aus dem einfachen Bild 24 ist wohl so mannigfach und häufig als die aller übrigen Sätze der Geometrie zusammengenommen.

§ 18. Flächeninhalt ebener Figuren

1. Über jeder Seite eines Dreiecks läßt sich durch Parallele zu den beiden anderen Seiten das kongruente konstruieren, Bild 25. Die ganze Figur wird im allgemeinen ein Rhomboid; mit $\alpha = 90^0$ ein Rechteck; sind die α einschließenden Seiten gleich, so wird das Rhomboid zum Rhombus, das Rechteck zum Quadrat. Ein Dreieck ist also immer die Hälfte eines Parallelogramms von gleicher Grundlinie und Höhe; d. h. der Flächeninhalt des Dreiecks ist $\frac{1}{2} g h$, Bild 25; g ist eine der drei Seiten und h rechtwinklig dazu.

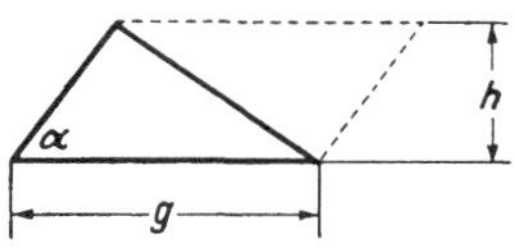

Bild 25

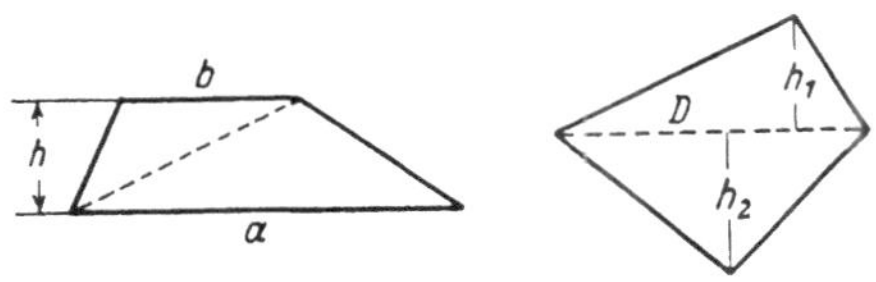

Bild 26

Nach Bild 26 ist der Flächeninhalt

$$\text{für Trapez} = \frac{a+b}{2} h$$

$$\text{für Trapezoid} = \frac{h_1 + h_2}{2} D.$$

Das Trapezoid ist ein Viereck allgemeinster Art und deutet zugleich auf die Berechnung von Polygonen oder Vielecken, nämlich durch Zerlegung derselben mittels Diagonalen in Dreiecke.

2. Betrachtet man zwei ähnliche Figuren als durch proportionale Vergrößerung oder Verkleinerung eine aus der anderen hervorgegangen, so erkennt man, daß jede Seite oder jede Streckenabmessung der einen zu der homologen (gleichliegenden) Seite bzw. Streckenabmessung der anderen ein und dasselbe Verhältnis hat. Bezeichnen z. B. F, g, h, sowie F_1, g_1, h_1, Flächeninhalt, Grundlinie und Höhe zweier ähnlicher Dreiecke bzw., so ist

$$\frac{F}{F_1} = \frac{\frac{1}{2} g h}{\frac{1}{2} g_1 h_1} = \frac{g}{g_1} \cdot \frac{h}{h_1} = \left(\frac{g}{g_1}\right)^2 = \frac{g^2}{g_1^2} = \frac{h^2}{h_1^2}.$$

Man gelangt so zu dem Satz:

Die Flächeninhalte ähnlicher Figuren verhalten sich wie die zweiten Potenzen ihrer homologen Strecken.

Dies ergänzt zugleich die schon § 17, 13. gegebene Ableitung der allgemeinen Form des Pythagoreischen Satzes.

3. Pythagoreischer Satz für das schiefwinklige Dreieck Bild 27, erster Fall, h innerhalb:

$$a^2 = (b - n)^2 + h^2 = b^2 - 2\,nb + n^2 + h^2 = b^2 + c^2 - 2\,nb,$$

weil

$$n^2 + h^2 = c^2.$$

Bild 27, zweiter Fall, h außerhalb:

$$a^2 = (b + n)^2 + h^2 = b^2 + 2nb + n^2 + h^2 = b^2 + c^2 + 2nb.$$

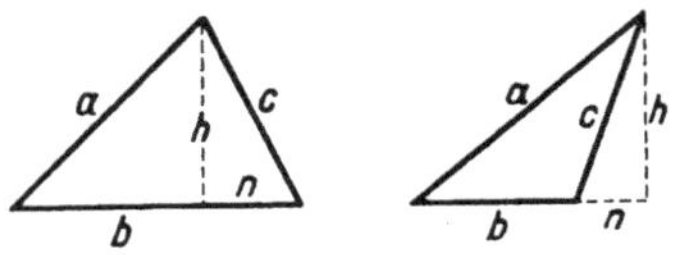

Bild 27

Für beide Fälle in Worten:

Das Quadrat über einer Dreieckseite, die einem spitzen bzw. stumpfen Winkel gegenüberliegt, ist gleich der Summe der Quadrate über der zweiten und dritten Seite vermindert bzw. vermehrt um das doppelte Rechteck aus der zweiten Seite und der Projektion der dritten auf die zweite.

4. Verwandlung von Figuren. Eine Figur verwandeln heißt, sie unter Erhaltung ihres Flächeninhaltes umzugestalten. Es geschieht meistens, um eine Figur für die Berechnung zu vereinfachen. Man bringt dabei im allgemeinen eine Ecke nach der anderen zum Verschwinden, bis die beabsichtigte Verwandlung erreicht ist.

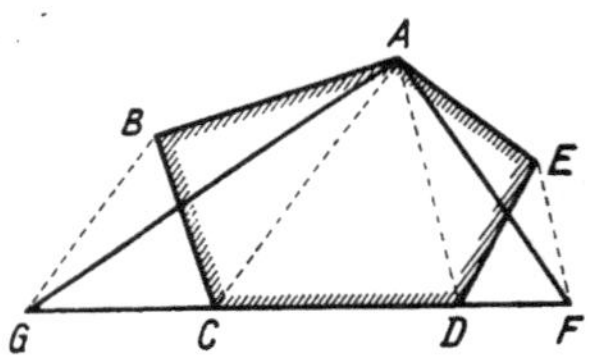

Bild 28

Um z. B. das Fünfeck $ABCDE$, Bild 28, in ein Dreieck zu verwandeln, bringt man die Ecke E zum Verschwinden, indem man durch E eine Parallele zu AD legt, CD nach F verlängert und AF zieht. Dann ist Dreieck $ADE = ADF$, denn sie haben gleiche Grundlinien (AD) und gleiche Höhen; der durch AF abgeschnittene Teil ist also gleich dem durch AF und DF hinzugefügten; die Ecken E und D sind durch die Ecke F ersetzt. Ebenso ersetzt man die Ecken B und C durch G und erhält so schließlich Dreieck $AGF = ABCDE$.

5. Teilung der Figuren. Im allgemeinen führt der Versuch mit nachträglicher Korrektion zum Ziel. Um z. B. das Fünfeck, Bild 29, vom Punkte M aus zu halbieren, ziehe man die punktierte Linie nach Augenmaß, berechne F_1 und F_2 und daraus die Korrektion $k = (F_1 - F_2) : h$. Soll die Teilungslinie parallel oder rechtwinklig zu einer Seite sein, so führt dasselbe Verfahren zu jeder gewünschten Annäherung; die Korrektionsfläche wird ein Trapez von der kleinen Höhe $\frac{1}{2} k$.

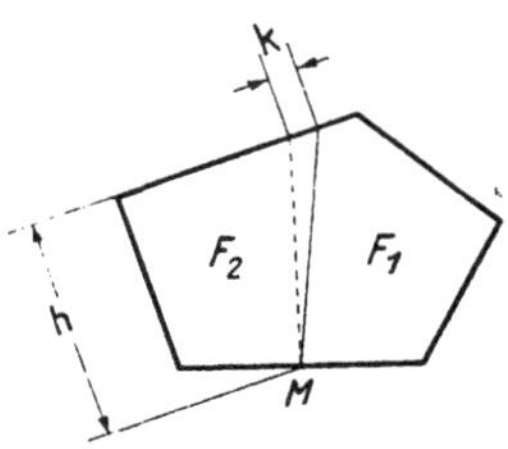

Bild 29

6. In vielen besonderen Fällen leistet die Anwendung des Satzes unter 2. gute Dienste. Z. B. das Dreieck ABO, Bild 30, in 5 gleiche Teile zu teilen mit den Teillinien parallel AB. Aus dem ganzen Dreieck entstehen dadurch 5 ähnliche Dreiecke, deren Inhalte sich verhalten wie

1 : 2 : 3 : 4 : 5, deren homologe Seiten sich also verhalten müssen wie $\sqrt{1}:\sqrt{2}:\sqrt{3}:\sqrt{4}:\sqrt{5}$. Vermerkt man diese Wurzelwerte maßstäblich auf einer passenden Linie OP, so teilen Parallele zu PA durch diese Punkte die Grundlinie OA im selben Verhältnis.

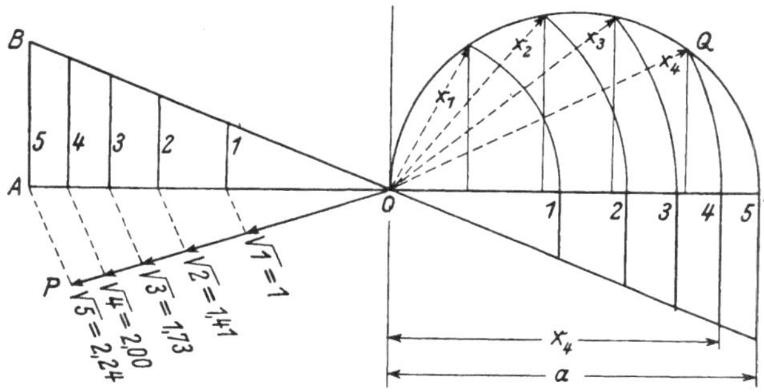

Bild 30

7. Die rechte Hälfte des Bildes 30 zeigt eine andere Lösung derselben Aufgabe. Man hat zunächst für die beiden größten der 5 ähnlichen Dreiecke nach dem Satz unter 2:

$$\frac{x_4{}^2}{a^2}=\frac{4}{5}, \quad \text{oder} \quad x_4{}^2=\frac{4}{5}a^2=a\cdot\frac{4}{5}a.$$

Teilt man nun die Grundlinie OA' in 5 gleiche Teile, projiziert diese Teilpunkte normal zur Grundlinie auf einen Halbkreis über OA', so hat man nach dem Kathetensatz (§ 17, 13.)

$$a\cdot\frac{4}{5}a=\overline{OQ}^2=x_4^2, \quad \text{oder} \quad OQ=x_4.$$

Ebenso erhält man x_3, x_2, x_1, wie in dem Bild angedeutet. Diese Teilung findet beim Entwurf von Eisenbetonbalken häufige Anwendung.

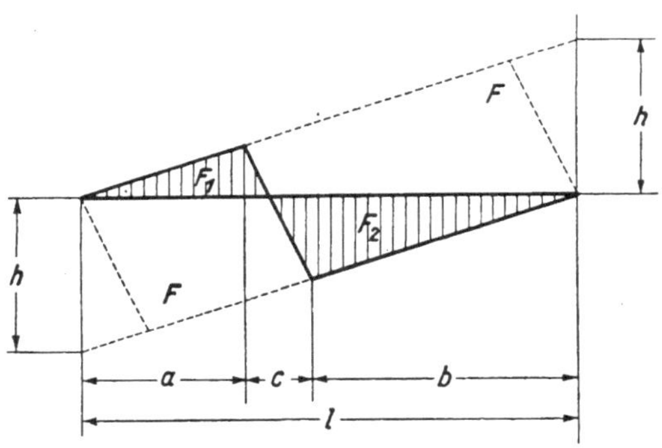

Bild 31

8. Eine Flächendarstellung aus der Statik. Die Konstanten sind c, l, h und F. Die Veränderlichen sind a, b, F_1 und F_2. Die Inhalte aus a, b und h zu berechnen. F, F_1, F_2 sind ähnliche Dreiecke, Bild 31

$$F = (a + b + c)\frac{h}{2} - c\frac{h}{2} = (a + b)\frac{h}{2}.$$

$$\frac{F_1}{F} = \frac{F_1}{\frac{h}{2}(a+b)} = \frac{a^2}{(a+b)^2} \text{ nach 2.,}$$

also
$$F_1 = \frac{h}{2} \cdot \frac{a^2}{a+b} \text{ und } F_2 = \frac{h}{2} \cdot \frac{b^2}{a+b}.$$

9. Die Berechnung des Dreiecks aus den drei Seiten. Nach 3. und Bild 27 ist

$$n = \frac{b^2 + c^2 - a^2}{2b}$$

$$h^2 = c^2 - n^2 = (c + n)(c - n)$$

$$= \left(c + \frac{b^2 + c^2 - a^2}{2b}\right)\left(c - \frac{b^2 + c^2 - a^2}{2b}\right)$$

$$= \frac{2bc + b^2 + c^2 - a^2}{2b} \cdot \frac{2bc - b^2 - c^2 + a^2}{2b}$$

$$= \frac{(b+c)^2 - a^2}{2b} \cdot \frac{a^2 - (b-c)^2}{2b} \quad \text{(Zähler = Differenz zweier Quadrate)}$$

$$= \frac{(b + c + a)(b + c - a) \cdot (a + b - c)(a - b + c)}{4b^2}.$$

Setzt man zur Abkürzung $a + b + c = 2s$, dann ist $b + c - a = 2s - 2a = 2(s - a)$ usw. Also erhält man ferner:

$$b^2 h^2 = 2s \cdot 2(s - a) \cdot (s - b) \cdot (s - c)$$

$$bh = 2\sqrt{s(s-a)(s-b)(s-c)}$$

$$F = \sqrt{s(s-a)(s-b)(s-c)} \quad \text{(Heronsche Formel).}$$

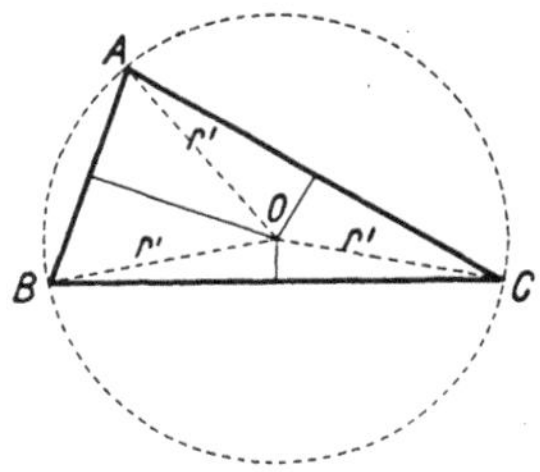

Bild 32

10. Zwei merkwürdige Punkte eines Dreiecks. Die Mittellote auf den Seiten AB und BC eines Dreiecks, Bild 32, schneiden sich in O. Da nun $OA = OB$ und $OB = OC$ ist, so ist auch $OA = OC$, also liegt O auch auf dem Mittellote der Seite AC.

In Worten:

Die drei Mittellote der Seiten eines Dreiecks schneiden sich in einem Punkte, der von den Ecken gleichweit entfernt ist.

Der Kreis von O aus, mit $OA = r$ als Radius, heißt der umschriebene Kreis des Dreiecks.

Bild 33 liefert in ähnlicher Weise:

Die drei Winkelhalbierenden eines Dreiecks schneiden sich in einem Punkte, der von den Seiten gleichweit entfernt ist.

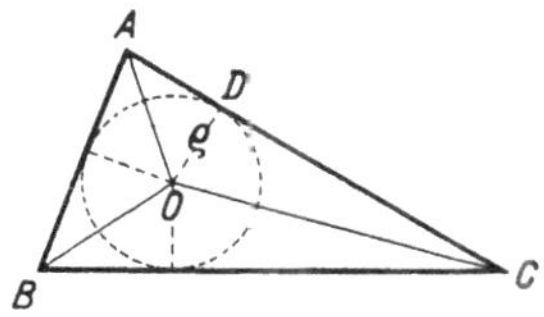

Bild 33

Der Kreis von O aus, mit $OD = \varrho$ als Radius, heißt der eingeschriebene Kreis des Dreiecks. $F = \frac{\varrho}{2}(a + b + c) = \varrho s.$

In Bild 34 ist der halbe Zentriwinkel bei O gleich dem Peripheriewinkel α bei A, es ist daher

$$b : h = r : \frac{a}{2}, \quad \text{oder } ab = 2rh$$

$$abc = 2rch = 2r(2F) = 4rF.$$

$$F = \frac{abc}{4r} = \varrho s$$

$$\varrho = \frac{F}{s} = \frac{abc}{4rs} = \sqrt{\frac{(s-a)(s-b)(s-c)}{s}}.$$

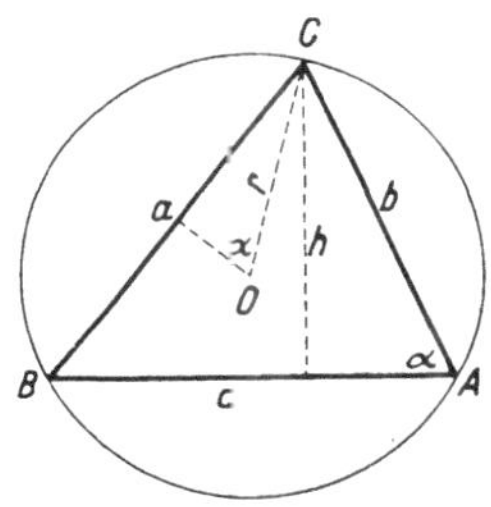

Bild 34

11. Die Berechnung des Kreises. Kreise sind ähnliche Figuren. Ihre Umfänge (Peripherien) verhalten sich daher wie homologe Strecken; ihre Flächen wie die Quadrate homologer Strecken. Das konstante Verhältnis des Umfanges zum Durchmesser wird mit π bezeichnet (das griechische p für Peripherie). Ist d der Durchmesser, U der Umfang und r der Radius oder Halbmesser, so ist also

$$U = d\pi = 2r\pi;$$

ist ferner F der Flächeninhalt, und denkt man sich einen Kreis in unendlich viele Dreiecke zerlegt mit den Basen in U und den Spitzen im Mittelpunkt, so erhält man durch Summation $F = \frac{1}{2}Ur = \frac{1}{4}Ud$, oder

$$F = \pi r^2 = \frac{1}{4}\pi d^2.$$

Die Peripherie des Kreises ist die Grenze, der sich die Umfänge ein- und umbeschriebener Vielecke bei unbeschränkter Vermehrung der Seitenzahl nähern.

Da ein Zentriwinkel des regulären Sechsecks gleich 60^0 ist, so folgt, daß eine Seite gleich dem Radius des Umkreises ist. Ausgehend vom Sechseck lassen sich die Umfänge u und U der ein- bzw. umbeschriebenen 12, 24, 48, 96, 192, 384 .... Ecke berechnen und daraus ein Wert für π, man nennt das die Exhaustionsmethode für die Bestimmung von π.

12. Das einbeschriebene n-Eck. Ist BC, Bild 35, die Seite des n-Ecks, AE rechtwinklig zu BC, so ist EC die Seite des $2n$-Ecks. Im Dreieck EAC ist nach Nr. 3:

$$s_{2n}^2 = r^2 + r^2 - 2r \cdot AD.$$

Aus dem rechtwinkligen Dreieck ADC erhält man

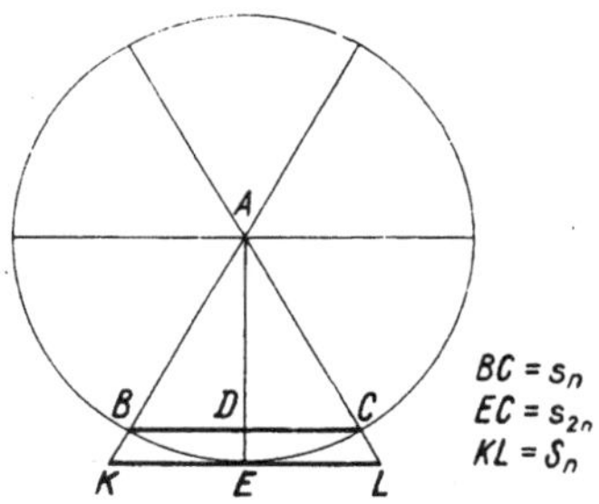

Bild 35

$$AD = \sqrt{r^2 - \left(\frac{s_n}{2}\right)^2},$$

somit ist

$$s_{2n}^2 = 2r^2 - 2r\sqrt{r^2 - \left(\frac{s_n}{2}\right)^2}$$

$$= r^2\left(2 - 2\sqrt{1 - \left(\frac{s_n}{2r}\right)^2}\right)$$

$$s_{2n} = r\sqrt{2 - 2\sqrt{1 - \frac{s_n^2}{4r^2}}}.$$

Setzt man die Seite des regelmäßigen Sechsecks, $s_6 = r$, in diese Gleichung ein, so erhält man für die Seite des 12-Ecks:

$$s_{12} = r\sqrt{2 - 2\sqrt{1 - \frac{1}{4}}} = r\sqrt{2 - \sqrt{3}}.$$

So fortfahrend erhält man s_{24}, s_{48} usw.

13. Das umbeschriebene n-Eck. Ist $BC = s_n$, Bild 35, die Seite des einbeschriebenen n-Ecks, so ist die Parallele durch E, $KL = S_n$, die Seite des umbeschriebenen n-Ecks. Aus ähnlichen Dreiecken erhält man

$$S_n : s_n = r : AD \text{ oder } S_n = s_n r : AD.$$

Mit dem Wert für AD unter Nr. 12 ergibt sich also

$$S_n = s_n r : \sqrt{r^2 - \frac{s_n^2}{4}} = s_n : \sqrt{1 - \frac{s_n^2}{4r^2}}.$$

Für $s_6 = r$ liefert die Formel den Wert

$$S_6 = r : \sqrt{1 - \frac{1}{4}} = 2r : \sqrt{3};$$

Für $s_{12} = r\sqrt{2 - \sqrt{3}}$, den Wert

$$S_{12} = \frac{2r\sqrt{2 - \sqrt{3}}}{\sqrt{2 + \sqrt{3}}} \cdot \frac{\sqrt{2 - \sqrt{3}}}{\sqrt{2 - \sqrt{3}}} = 2r(2 - \sqrt{3}); \text{ usw.}$$

14. Die Bestimmung von π mittels der Exhaustionsmethode. Berechnet man u und U der ein- bzw. umbeschriebenen 6, 12, 24, 48, 96, 192, 384, ... Ecke für $r = 1$, so erhält man

$$\begin{array}{ll} u_6 = 6{,}00000 & U_6 = 6{,}92820 \\ u_{12} = 6{,}21166 & U_{12} = 6{,}43078 \\ u_{24} = 6{,}26526 & U_{24} = 6{,}31932 \\ u_{48} = 6{,}27870 & U_{48} = 6{,}29218 \\ u_{96} = 6{,}28206 & U_{96} = 6{,}28543 \\ u_{192} = 6{,}28291 & U_{192} = 6{,}28375 \\ u_{384} = 6{,}28311 & U_{384} = 6{,}28333. \end{array}$$

Das Mittel der letzten Zeile ist 6,2832, also für den Durchmesser 1 = 3,1416, ein für die meisten Fälle der Praxis hinreichender Wert für π. (Kurze Berechnung unter § 34, 13. q.)

Im 16. Jahrhundert bestimmte Ludolf van Ceulen diese Zahl auf 35 Dezimalstellen, und ihm zu Ehren wird π die Ludolfsche Zahl genannt. Später wurde π mittels schnell konvergierender trigonometrischer Reihen von Vega auf 140, von Dahse auf 200 und von Richter in Elbing auf 500 Dezimalstellen berechnet.

Die Zahl π ist, ebenso wie die Zahl e (§ 2, 8.), ein unendlicher, nicht periodischer Dezimalbruch. Auf 7 Dezimalen genau ist $\pi = 3{,}1415927$, $\pi^2 = 9{,}8696044$, $\frac{1}{\pi} = 0{,}3183099$, $\frac{1}{4}\pi = 0{,}7853982$ und $\log \pi = 0{,}4971499$.

15. Berechnung der Kreisteile. Ist b die Bogenlänge, so ist die Fläche des Kreisausschnittes (Sektors) $F = \frac{1}{2} br$. Für den Zentriwinkel φ^0 ist $b = \frac{\varphi}{360} 2 r\pi$, also $F = \frac{\varphi}{360} \pi r^2$. Die Fläche des Kreisabschnittes (Segments) ist gleich der Differenz des zugehörigen Kreisausschnittes und des durch die Sehne abgeschnittenen Dreiecks. Der Kreisring ist die Differenz zweier Kreisflächen; das Kreisringstück die Differenz zweier Sektoren. In beiden Fällen ist auch F = mittlere Bogenlänge mal Ringbreite.

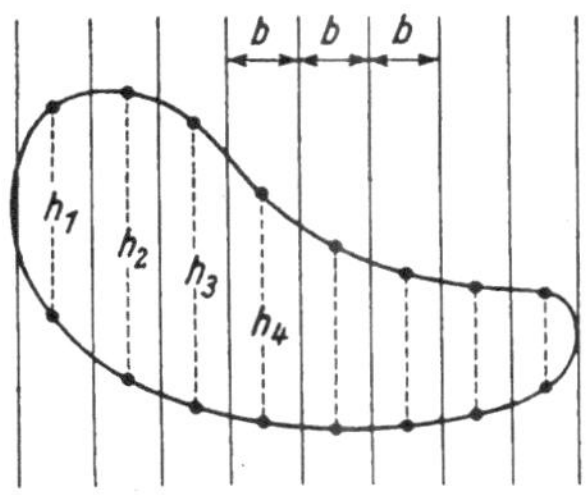

Bild 36

16. Berechnung krummliniger Figuren. Teilt man eine Figur, wie Bild 36, in Streifen von gleicher Breite b und bestimmt die mittleren Höhen dieser Streifen, so ist die Fläche näherungsweise gleich

$$F = b\,(h_1 + h_2 + h_3 + \ldots.) = b\Sigma h.$$

Σ bedeutet »Summe aller«. Ist die Figur klein, so gebraucht man wohl ein Transparent von Gitterlinien und addiert die h am besten zwischen Zirkelspitzen, so daß der Zirkel schließlich Σh faßt. Bei größeren Figuren wird die Genauigkeit eine größere, wenn man mittels ein- oder umbeschriebener Vielecke sich der ganzen Fläche nähert und dann nur die verbleibenden krummlinigen Ränder der Figur in der zuerst beschriebenen Weise zu berechnen braucht. Siehe auch § 20, 13.

§ 19. Schwerpunkte von Linien und Flächen

1. Spricht man von Schwere und Schwerpunkten geometrischer Gebilde, so führt das natürlich auf physikalische Vorstellungen zurück, auf Gleichgewicht und statische Momente ausgedehnter und konzentriert gedachter Massen, auf materielle Linien und Flächen. Annähernd findet diese Vorstellung ihre Verwirklichung hier in einem sehr dünnen Drahte, dessen Masse gleichförmig auf die Länge, bzw. einer sehr dünnen Platte, deren Masse gleichförmig auf die Fläche verteilt ist. So aufgefaßt, fällt der Schwerpunkt einer geraden Linie mit ihrem Mittelpunkt zusammen.

D e r S c h w e r p u n k t e i n e s D r e i e c k s ABC liegt in der Geraden DC, welche die Mitte der Seite AB mit dem gegenüberliegenden Eckpunkt C verbindet, weil die Schwerpunkte der unendlich schmalen Streifen, in welche durch parallel zur Seite AB gezogene Linien das ganze Dreieck zerlegt werden kann, sämtlich in der Geraden DC liegen, Bild 37. Aus demselben Grunde enthält auch die von der Mitte der Seite AC nach dem gegenüberliegenden Eckpunkt B gezogene Gerade EB den Schwerpunkt des Dreiecks; es fällt derselbe also mit dem Schnittpunkt S der beiden Geraden DC und EB zusammen. Dieser Punkt liegt, von jeder Seite als Grundlinie gerechnet, im ersten Drittel der Höhe des Dreiecks, denn aus beiden ähnlichen Dreiecken SED und SCB ergibt sich

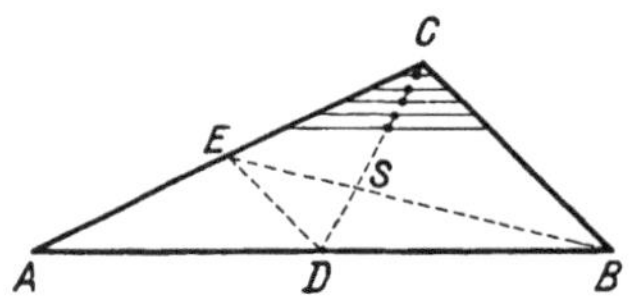

Bild 37

$$ED = \frac{1}{2} CB, \qquad SD = \frac{1}{2} SC, \qquad SE = \frac{1}{2} SB.$$

Eine Gerade von der Mitte der Seite BC nach A muß natürlich durch S gehen, auch liegt S im ersten Drittel dieser Geraden.

Rein geometrisch gilt der Satz:

I n j e d e m D r e i e c k s c h n e i d e n s i c h d i e d r e i T r a n s v e r s a l e n i n e i n e m P u n k t i m V e r h ä l t n i s 2 : 1.

Man nennt diesen Punkt einen dritten merkwürdigen Punkt des Dreiecks. (§ 18, 10.)

2. S c h w e r p u n k t e i n e s K r e i s b o g e n s. Ist S der Schwerpuukt des Bogens $AB = b_1 + b_2 + b_3 + \ldots = \Sigma b$, Bild 38, so ist das Moment des Bogens um die Achse CY gleich $x_0 \Sigma b$. Das Moment eines Bogenteilchens b ist xb, die Summe aller ist gleich Σxb. Ähnliche Dreiecke ergeben

$$b:c = r:x \text{ oder } bx = cr, \text{ also } \Sigma bx = \Sigma cr = r(c_1 + c_2 + c_3 + \ldots) = r\Sigma c.$$

Man erhält schließlich

$$x_0 \Sigma b = r \Sigma c, \quad \text{oder} \quad x_0 = r \frac{\Sigma c}{\Sigma b} = r \cdot \frac{\text{Sehne } AB}{\text{Bogen } AB}.$$

Wird der Bogen zum Halbkreis, so ist

$$x_0 = r \cdot \frac{2r}{r\pi} = \frac{2r}{\pi}.$$

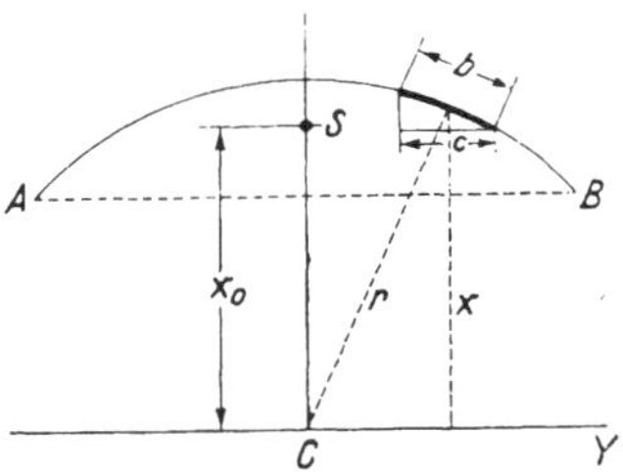

Bild 38

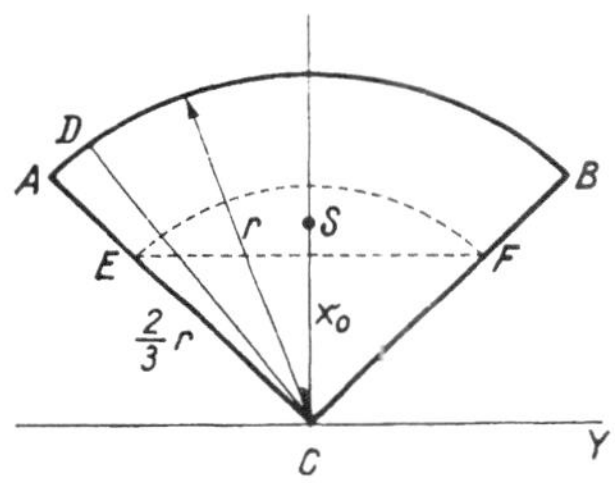

Bild 39

3. Schwerpunkt eines Kreissektors. Der Schwerpunkt eines Sektorteilchens ADC, Bild 39, ist $\frac{2}{3}r$ von C entfernt; die Schwerpunkte aller Sektorteilchen, in welche der ganze Sektor zerlegt werden kann, liegen also auf dem Bogen EF vom Halbmesser $\frac{2}{3}r$. Der Schwerpunkt dieses Bogens ist daher der Schwerpunkt des Sektors, also

$$x_0 = \frac{2}{3} r \frac{\text{Sehne } EF}{\text{Bogen } EF}.$$

Wird der Sektor zur Halbkreisfläche, so ist

$$x_0 = \frac{2}{3} \cdot \frac{2r}{\pi} = \frac{4r}{3\pi}.$$

4. Der Schwerpunkt einer Trapezfläche liegt auf der Verbindungslinie MN der Mittelpunkte der parallelen Seiten, Bild 40. Eine Gerade DE, parallel zu CB, zerlegt die ganze Fläche F in ein Rhomboid $BCDE$ und ein Dreieck ADE. Die Verbindungslinie S_1S_2 der Schwerpunkte von Rhomboid und Dreieck schneidet MN im Schwerpunkt S der Trapezfläche.

Wählt man AB zur Drehachse und setzt das Moment der Trapezfläche den Momenten des Rhomboids und des Dreiecks gleich, so hat man

$$yF = b_2 h \cdot \frac{h}{2} + (b_1 - b_2)\frac{h}{2} \cdot \frac{h}{3} = (b_1 + 2\,b_2)\frac{h^2}{6},$$

$$y = \frac{\frac{1}{6}(b_1 + 2\,b_2)\,h^2}{\frac{1}{2}(b_1 + b_2)\,h} = \frac{b_1 + 2\,b_2}{b_1 + b_2} \cdot \frac{h}{3}.$$

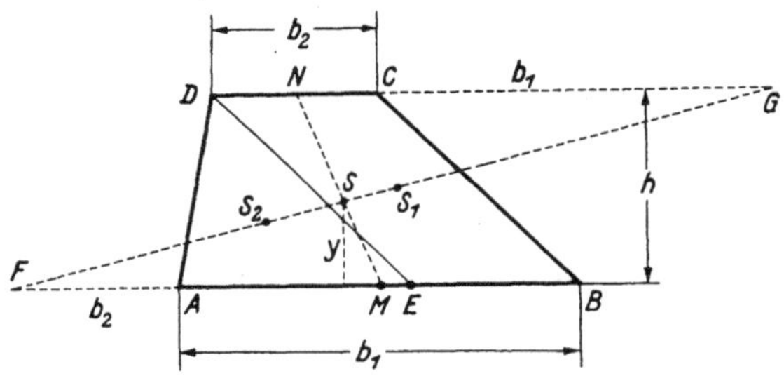

Bild 40

Hieraus ergibt sich eine in der Praxis beliebte Konstruktion. Verlängert man nämlich die Seite b_1 um b_2 und die Seite b_2 um b_1 nach entgegengesetzten Richtungen und zieht die Gerade FG, so schneidet letztere die Gerade MN im Schwerpunkt S; denn aus der letzten Gleichung folgt:

$$MS = \frac{b_1 + 2\,b_2}{b_1 + b_2} \cdot \frac{MN}{3} \quad \text{und} \quad NS = \frac{2\,b_1 + b_2}{b_1 + b_2} \cdot \frac{MN}{3};$$

also

$$\frac{MS}{NS} = \frac{b_1 + 2\,b_2}{2\,b_1 + b_2} = \frac{\frac{1}{2} b_1 + b_2}{b_1 + \frac{1}{2} b_2},$$

ein Verhältnis, wie es auch aus der Ähnlichkeit der Dreiecke MSF und NSG hervorgeht.

5. Den Schwerpunkt eines Trapezoids kann man dadurch bestimmen, daß man es mittels einer Diagonale in zwei Dreiecke zerlegt, die Dreieckschwerpunkte S_1 und S_2 bestimmt, auf deren Verbindungslinie der Schwerpunkt S des Trapezoids liegen muß. Nun wiederholt man dieselbe Konstruktion mittels der anderen Diagonale und erhält so S_3 und S_4. Der Schnittpunkt von S_1S_2 und S_3S_4 ist S.

Anstatt dessen kann man aber auch die in Bild 41 dargestellte Konstruktion verwenden, indem man die Länge CF von A nach E abträgt und den Schwerpunkt des Dreiecks BDE aufsucht. Dieser Punkt ist zugleich der Schwerpunkt der ganzen Viereckfläche, denn die beiden Dreiecke EBF und EDF haben sowohl dieselben Schwerpunkte S_1 und S_2, als auch dasselbe Flächenverhältnis wie die Dreiecke ABC und ADC, bzw.

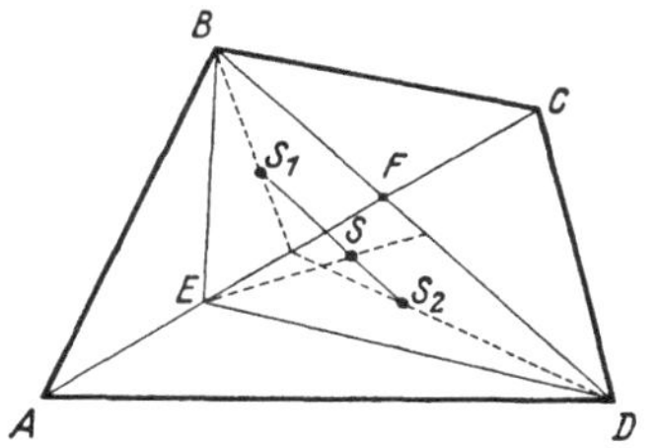

Bild 41

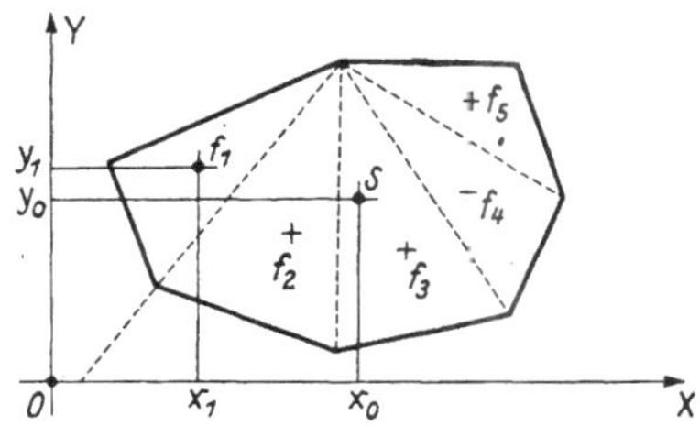

Bild 42

6. Den Schwerpunkt einer Polygonfläche findet man durch Bestimmung seiner Koordinaten $x_0 y_0$, Bild 42. Sind f_1, f_2, f_3 .... die Flächeninhalte der Teile, in welche die ganze Polygonfläche F zerlegt worden ist, und $(x_1 y_1)$, $(x_2 y_2)$, $(x_3 y_3)$ .... die Schwerpunktkoordinaten dieser Teilflächen, so hat man

$$F\, x_0 = f_1\, x_1 + f_2\, x_2 + f_3\, x_3 + \ldots = \Sigma f x, \quad \text{oder} \quad x_0 = \Sigma f x : \Sigma f,$$

$$F\, y_0 = f_1\, y_1 + f_2\, y_2 + f_3\, y_3 + \ldots = \Sigma f y, \quad \text{oder} \quad y_0 = \Sigma f y : \Sigma f.$$

Der Schwerpunkt einer krummlinigen Fläche, wie Bild 36, läßt sich in derselben Weise annähernd bestimmen, indem man die einzelnen Flächenstreifen als Teilflächen benutzt und als Trapeze behandelt.

§ 20. Oberflächen- und Rauminhalt von Körpern

1. Prisma und Zylinder. Die Seitenflächen eines Prismas sind Parallelogramme und die beiden Endflächen kongruente Vielecke, es ist ein Polyeder, da es von lauter ebenen Vielecken begrenzt ist. Gehen die Endflächen in kongruente krummlinige Figuren über, so wird das Prisma zum Zylinder. Prisma und Zylinder heißen rechtwinklig oder schief, je nachdem die Seitenkanten des Prismas bzw. die Mantellinien des Zylinders rechtwinklig zu den Endflächen sind oder nicht; unter Höhe beider versteht man den rechtwinkligen Abstand der Endflächen. Von besonderer Bedeutung ist der rechtwinklige Kreiszylinder. Ein Prisma, dessen Endflächen Parallelogramme sind, heißt Parallelflach oder Parallelepipedon. Der Quader ist ein rechtwinkliges Parallelflach; alle seine 6 Flächen sind Rechtecke. Der Würfel ist ein Quader, dessen 6 Flächen Quadrate sind.

Ist F die Grundfläche (eine Endfläche),
h die Höhe,
V der Rauminhalt (Volumen),
O die Oberfläche,
U der Umfang der Grundfläche,

so ist allgemein:

$$V = Fh \text{ und } O = Uh + 2F;$$

beim Quader, mit den Kantenlängen a, b, c, wird daraus

$$V = abc \text{ und } O = 2(ab + ac + bc);$$

beim Würfel mit der Kantenlänge a ist

$$V = a^3 \text{ und } O = 6a^2.$$

Beim rechtwinkligen Kreiszylinder vom Radius r ist

$$V = r^2\pi h \text{ und } O = 2r\pi h + 2r^2\pi = 2\pi r(r + h);$$

die Mantelfläche (das ist die gekrümmte Fläche allein)

$$M = 2r\pi h.$$

Für Hohlzylinder oder Rohr ist, wenn R den äußeren Radius, r den inneren Radius und s $(= R - r)$ die Dicke bezeichnet,

$$V = \pi h(R^2 - r^2) = \pi hs(2R - s) = \pi hs(2r + s).$$

$(2R - s = 2r + s =$ mittlerer Durchmesser.)

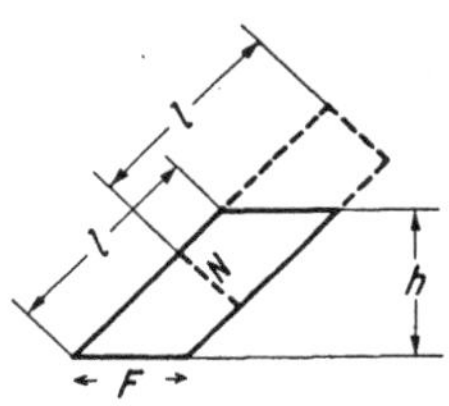

Bild 43

Für schiefe Prismen und Zylinder hat man schließlich noch, wenn N eine Normalschnittfläche und l die Seitenlänge bezeichnet: $V = Fh = Nl$, wie aus der im Bild 43 angedeuteten Verwandlung ohne weiteres ersichtlich sein dürfte.

2. Schief abgeschnittene Prismen und Zylinder. Es sei $ABCD$, Bild 44, ein an beiden Enden schief abgeschnittener prismatischer Körper und EF ein Normalschnitt mit der Schnittfläche N.

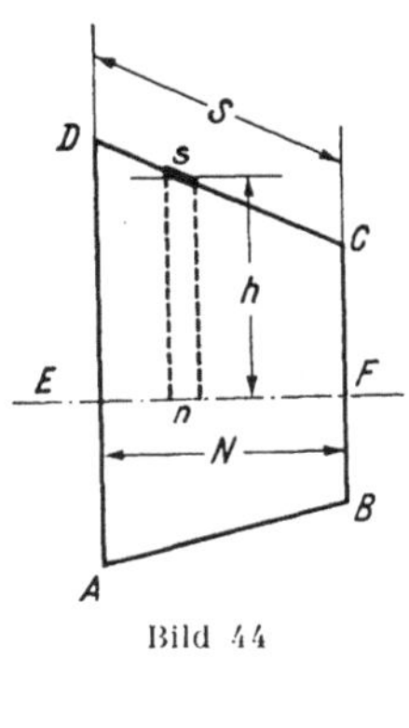

Bild 44

Denkt man sich den Körper oberhalb EF in lauter unendlich dünne Prismen zerlegt, mit den Grundflächen n_1, n_2, n_3 .... und den Höhen h_1, h_2, h_3 ...., so ist sein Rauminhalt $V = n_1h_1 + n_2h_2 + n_3h_3 + \ldots$. Sind s_1, s_2, s_3 .... die schiefen Schnittflächen der Prismenelemente und S die schiefe Schnittfläche des Körpers, so ist $n : s = N : S$ oder $n = s\frac{N}{S}$, also

$$V = \frac{N}{S}(s_1h_1 + s_2h_2 + \ldots).$$

Nun ist aber $s_1 h_1 + s_2 h_2 + \ldots$ das Moment $S h_0$ der ganzen schiefen Schnittfläche zur Achse EF; es ergibt sich daher

$$V = \frac{N}{S} \cdot S h_0 = N h_0,$$

d. h.: Der Rauminhalt eines schief abgeschnittenen prismatischen Körpers ist das Produkt aus der Normalschnittfläche und dem Abstand der Schwerpunkte der Endflächen.

Ist N' der Umfang des Normalschnittes, S' der Umfang des schiefen Schnittes, $n' h'$ ein Flächenstreifen und h'_0 der Abstand der Schwerpunkte beider Endumfänge, so erhält man ebenso für die Mantelfläche

$$M = \frac{N'}{S'} \cdot S' h'_0 = N' h'_0.$$

Beim Kreis und den regelmäßigen Vielecken, einschließlich Quadrat und gleichseitigem Dreieck, fallen beide Schwerpunkte mit dem Mittelpunkt zusammen; für den schief abgeschnittenen Kreiszylinder hat man daher, wenn l_1 und l_2 die längste bzw. die kürzeste Zylinderseite bezeichnen:

$$V = \pi r^2 \frac{l_1 + l_2}{2} \quad \text{und} \quad M = \pi r (l_1 + l_2).$$

Für das schief abgeschnittene dreiseitige Prisma, Bild 45, ist der Abstand der Schwerpunkte der Endflächen

$$h_0 = \frac{b+c}{2} + \left(a - \frac{b+c}{2}\right)\frac{1}{3} = \frac{1}{3}(a+b+c).$$

$$V = N h_0 = \frac{1}{3}(a+b+c) N.$$

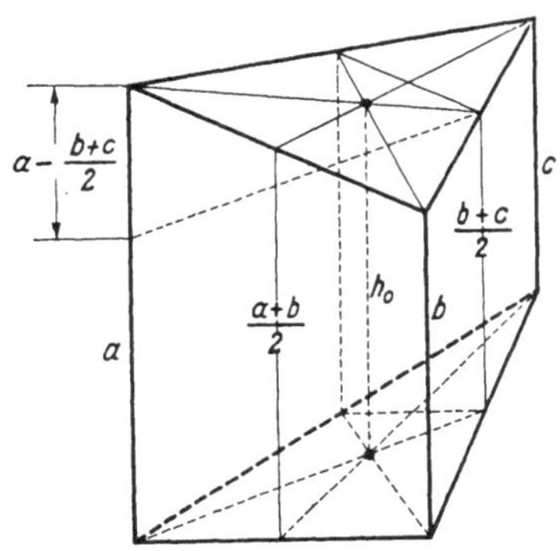

Bild 45

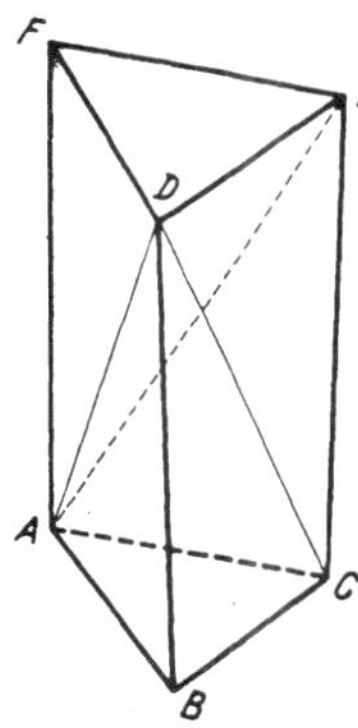

Bild 46

3. Pyramide und Kegel. Das dreiseitige Prisma $ABCDEF$, Bild 46, wird durch die Diagonaldreiecke ACD und ADE in die drei Pyramiden $ABCD$, $DEFA$ und $CDEA$ zerlegt. Nun ist die Pyramide $ABCD$

sowohl der Pyramide $DEFA$ als auch der Pyramide $CDEA$ an Volumen gleich, weil die erste und zweite die gleichen Grundflächen, ABC und DEF, und gleiche Höhen, die erste und dritte die gleichen Grundflächen, BCD und CDE, und gleiche Höhen haben. Also ist die Pyramide $ABCD$ der dritte Teil des Prismas $ABCDEF$.

Daß eine vielseitige Pyramide der dritte Teil eines Prismas ist, welches mit ihr die Grundfläche und die Höhe gemein hat, erkennt man durch Zerlegung der vielseitigen in dreiseitige Pyramiden. Geht die vieleckige Grundfläche in eine krummlinige Figur über, so wird die Pyramide zum Kegel; für beide gilt allgemein

$$V = \frac{1}{3} F h.$$

Für die Oberflächen gibt es keine Formeln, jeder Fall erfordert eine besondere Berechnung.

Eine Pyramide heißt regelmäßig, wenn ihre Grundfläche ein regelmäßiges Vieleck ist und ihre Spitze rechtwinklig über dem Mittelpunkt der Grundfläche liegt. Der dementsprechende Kreiskegel ist von besonderer Bedeutung, er heißt kurz »Kegel«, auch gerader oder rechtwinkliger Kreiskegel. Bei anderer Lage der Spitze hat man einen schiefen Kreiskegel.

Für den rechtwinkligen Kreiskegel ist

$$V = \frac{1}{3} \pi r^2 h \quad \text{und} \quad M = \pi r \sqrt{r^2 + h^2} = \pi r l,$$

wenn l die Seiten- oder Mantellänge bedeutet.

4. Prismatoid oder Prismoid. Dies ist ein Körper, begrenzt von zwei parallelen Endflächen und dreieckigen Seitenflächen; doch mögen Paare der Seitendreiecke zu ebenen Vierecken werden. Unter Höhe versteht man den rechtwinkligen Abstand der Endflächen. Ein Schnitt durch die Mitte der Höhe, parallel den Endflächen, heißt der Mittelschnitt des Prismoids.

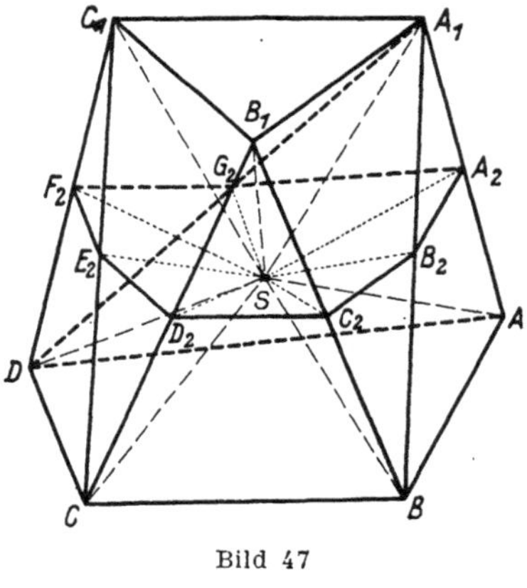

Bild 47

Im Bild 47 sind $ABCD = F$ und $A_1B_1C_1 = F_1$ die beiden Endflächen und $A_2B_2C_2D_2E_2F_2G_2 = M$ die Mittelschnittfläche. Verbindet man einen beliebigen Punkt S der letzteren mit allen Ecken der beiden Endflächen, so wird das ganze Prismoid in lauter Pyramiden geteilt, deren Rauminhalte sich berechnen lassen wie folgt:

Zuerst hat man die beiden Pyramiden mit den Grundflächen F und F_1 und den Höhen $\frac{1}{2}h$; der Rauminhalt beider ist somit

$$\frac{hF}{6} + \frac{hF_1}{6} = \frac{h}{6}(F + F_1).$$

Von den Pyramiden, welche ebenfalls ihre Spitzen in S haben und deren Grundflächen die Seitenflächen des Prismoids sind, betrachte man zunächst die Pyramide $SABA_1$ und vergleiche sie mit der Pyramide $SA_1A_2B_2$. Beide haben dieselbe Höhe, während die Grundfläche der einen viermal so groß ist als die der anderen; es ist also auch die Pyramide $SABA_1$ viermal so groß als die Pyramide $SA_1A_2B_2$. Betrachtet man nun bei letzterer den Punkt A_1 als Spitze und $SA_2B_2 = m$, also einen Teil des Mittelschnitts, als Grundfläche, so hat man für ihren Rauminhalt $\frac{mh}{6}$. Der Inhalt der ganzen Seitenpyramide $SABA_1$ ist somit $\frac{4mh}{6}$.

Jede andere der Seitenpyramiden bestimmt ebenso eine Grundfläche m im Mittelschnitt, und alle diese Grundflächen füllen den ganzen Mittelschnitt aus. Der Inhalt aller Seitenpyramiden zusammen ist daher gleich

$$\Sigma\frac{4mh}{6} = \frac{4h}{6}(m_1 + m_2 + m_3 + \ldots .) = \frac{4h}{6}M.$$

Es ergibt sich schließlich für den Rauminhalt des Prismoids:

$$V = \frac{h}{6}(F_1 + F_2) + \frac{4h}{6}M = \frac{h}{6}(F + 4M + F_1),$$

eine Formel von großer Tragweite; sie gilt nicht nur für die eigentlichen Prismoids, wo die Endflächen ebene Vielecke sind, sondern auch für die Grenzfälle, wo eine oder beide Endflächen in krummlinige Flächen übergehen oder zu geraden Linien und Punkten zusammenschrumpfen. Sie gilt also auch für Pyramide und Kegel, wo $M = \frac{1}{4}F$ und $F_1 = 0$ ist; für dreiseitige Prismen, Bild 45, mit einer Seitenfläche als Endfläche und der anderen Endfläche zur Kante zusammengeschrumpft. Sie gilt ferner für eine große Anzahl anderer Körper, von denen einige noch in Betracht gezogen werden sollen.

5. Abgestumpfte Pyramiden und Kegel. Dies sind Prismoide mit ähnlichen und gleich orientierten Endflächen. Für die abgestumpfte Pyramide hat man also

$$V = \frac{h}{6}\left(F + 4\left(\frac{\sqrt{F} + \sqrt{F_1}}{2}\right)^2 + F_1\right) = \frac{h}{3}(F + \sqrt{FF_1} + F_1);$$

sind die Endflächen ähnliche Quadrate mit den Seiten a und a_1, so wird hieraus $V = \frac{h}{3}(a^2 + a a_1 + a_1^2)$; sind schließlich a und a_1 nur homologe Seiten beliebiger ähnlicher Endflächen, so wird aus der letzten Gleichung durch Multiplikation mit $\frac{F}{a^2}$:

$$V = \frac{hF}{3}\left(1 + \frac{a_1}{a} + \left(\frac{a_1}{a}\right)^2\right).$$

Für den abgestumpften Kreiskegel mit den Radien R und R_1 hat man

$$V = \frac{h}{6}\left(R^2\pi + 4\left(\frac{R + R_1}{2}\right)^2 \pi + R_1^2\pi\right) = \frac{h\pi}{3}(R^2 + R R_1 + R_1^2).$$

Der Umfang der Mittelschnittfläche ist $(R + R_1)\pi$, die Seiten- oder Mantellänge ist $\sqrt{(R - R_1)^2 + h^2}$, also ist

$$M = \pi(R + R_1)\sqrt{(R - R_1)^2 + h^2}.$$

6. Obelisk und Keil. Der Obelisk ist ein Prismoid mit unähnlichen rechteckigen Endflächen, deren homologe Seiten aber parallel sind. Verlängert man also die vier Seitenflächen, so endigen sie nicht in einem

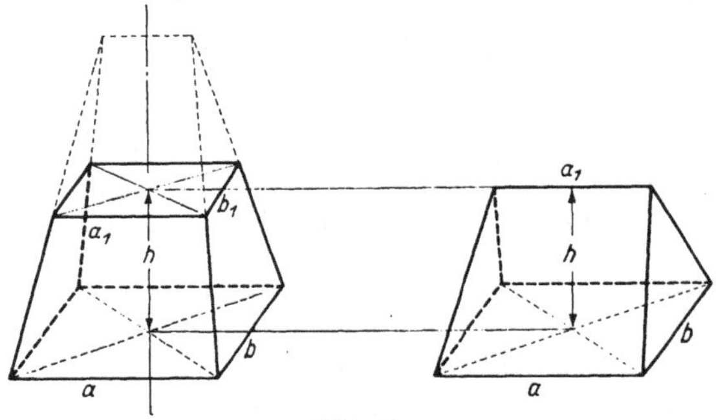

Bild 48

Punkt, wie bei der rechteckigen abgestumpften Pyramide, sondern in eine Kante, Bild 48. Der Obelisk ist also ein abgestumpfter Keil mit rechteckiger Grundfläche. Sind a, b und a_1, b_1 die Endflächen, so ist

$$V = \frac{h}{6}\left(ab + 4\left(\frac{a + a_1}{2} \cdot \frac{b + b_1}{2}\right) + a_1 b_1\right)$$
$$= \frac{h}{6}(2ab + a_1 b + a b_1 + 2 a_1 b_1).$$

Für den Keil hat man vergleichsweise:

$$V = \frac{h}{6}\left(ab + 4\left(\frac{a + a_1}{2} \cdot \frac{b + 0}{2}\right) + 0\right)$$
$$= \frac{h}{6}(2ab + a_1 b) = \frac{hb}{6}(2a + a_1),$$

auch erkennt man diesen Keil wieder als schief abgeschnittenes dreiseitiges Prisma und findet den Rauminhalt dementsprechend nach der letzten Formel unter 2:

$$V = \frac{b\,h}{2} \cdot \frac{1}{3}(a + a + a_1) = \frac{b\,h}{6}(2\,a + a_1).$$

7. Zylinderhuf oder Zylinderstutz. Legt man den Normalschnitt eines schief abgeschnittenen Kreiszylinders durch die schiefe Endfläche CD, Bild 44, so heißt der oberhalb verbleibende Teil ein Zylinderhuf. Es ist also ein schief abgeschnittener prismatischer Körper mit dem Volumen $V = N\,h_0$, worin N die normale Endfläche und h_0 den Abstand der Schwerpunkte beider Endflächen bedeutet. Ist die normale Endfläche ein Halbkreis, Bild 49, so ist der Abstand ihres Schwerpunktes von O (nach § 19, 3.) gleich $\frac{4\,r}{3\,\pi}$; man hat also

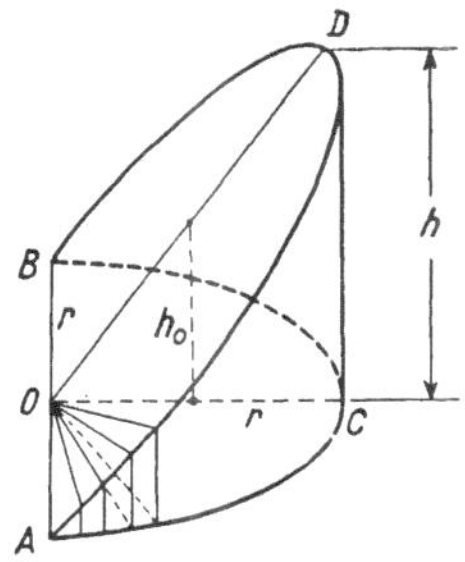

Bild 49

$$h_0 : h = \frac{4\,r}{3\,\pi} : r, \text{ oder } h_0 = \frac{4\,h}{3\,\pi};$$

$$V = N\,h_0 = \frac{r^2\pi}{2} \cdot \frac{4\,h}{3\,\pi} = \frac{2}{3}\,h\,r^2.$$

Denkt man sich nun den Körper durch Ebenen, welche rechtwinklig zum Grundkreis sind und durch seinen Mittelpunkt gehen, in unendlich viele kleine Pyramiden mit den Grundflächen $f_1, f_2, f_3 \ldots.$ und der gemeinsamen Höhe r zerlegt, so ist

$$\Sigma \frac{f\,r}{3} = V, \text{ oder } \frac{r}{3}\Sigma f = V, \text{ oder } \frac{3\,V}{r} = \Sigma f.$$

Σf ist aber die gekrümmte Mantelfläche M des Zylinderhufs, also ist

$$M = \frac{3}{r} \cdot \frac{2}{3}\,h\,r^2 = 2\,h\,r.$$

Das Merkwürdige der Formeln für V und M ist, daß sie π nicht enthalten, beide sind Funktionen von h und r allein, trotz der Kreisbogenformen des Körpers. Eine weitere Merkwürdigkeit ist, daß der Körper auch als Prismoid angesehen und berechnet werden kann, und zwar wird die Ableitung der Formeln dabei recht kurz und einfach. Nach Nr. 4 ist die Hauptcharakteristik eines Prismoids, daß 4mal Mittelschnittfläche mal $\frac{1}{6}$ der Höhe gleich dem Rauminhalt aller Seitenpyramiden ist (also in diesem Falle gleich V). Betrachtet man nun $AB = 2r$ als die Höhe des Körpers, so ist Dreieck $OCD = \frac{r\,h}{2}$

die Mittelschnittfläche, und es ergibt sich (im Kleide der Prismoidformel):

$$V = \frac{2r}{6}\left(0 + 4\frac{rh}{2} + 0\right) = \frac{2}{3}hr^2;$$

dividiert man noch mit $\frac{r}{3}$, so erhält man $M = 2hr$.

8. Die Kugel. Die krumme Oberfläche einer Kugel mit dem Radius r, welche zwischen zwei Parallelkreisen mit dem unendlich kleinen Abstand h liegt, kann als Mantel m eines abgestumpften Kegels angesehen werden, Bild 50.

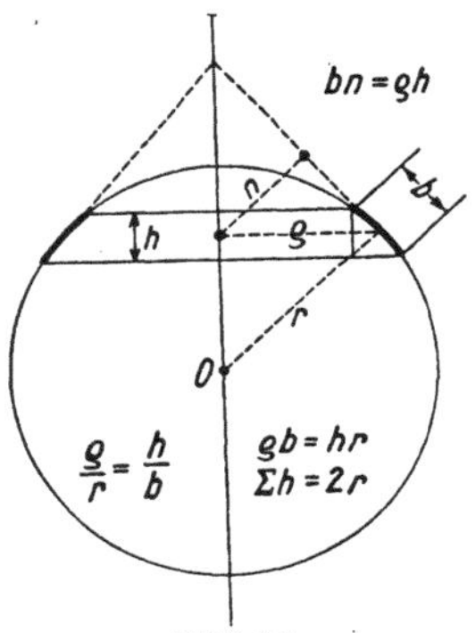

Bild 50

$$m = 2\varrho\pi b = 2r\pi h.$$

Die Oberfläche der ganzen Kugel ist die Summe aller solcher Kegelmäntel, oder

$$O = \Sigma m = \Sigma 2r\pi h = 2r\pi\Sigma h = 4r^2\pi,$$

das ist gleich 4mal Inhalt eines größten Kreises; auch gleich der Mantelfläche eines Zylinders von gleichem Durchmesser und gleicher Höhe.

Das Volumen einer Kugel kann man sich zerlegt denken in unendlich viele kleine Pyramiden mit den Grundflächen in der Oberfläche der Kugel und den Spitzen im Mittelpunkte O. Es ist also

$$V = 4r^2\pi\cdot\frac{1}{3}r = \frac{4}{3}r^3\pi = 4{,}18879\,r^3.$$

Für $2r = d$ ist

$$V = d^2\pi\cdot\frac{1}{6}d = \frac{1}{6}d^3\pi = 0{,}52360\,d^3.$$

Die Hohlkugel ist gleich der Differenz zweier Kugeln:

$$V = \frac{4}{3}\pi(R^3 - r^3) = \frac{1}{6}\pi(D^3 - d^3).$$

9. Kugel und Kugelteile als Prismoids. Nicht nur Kugel, sondern auch Kugelabschnitt und Kugelzone besitzen die in Nr. 7 wiederholte Haupteigenschaft des Prismoids. Für die Kugel liefert die Prismoidformel

$$V = \frac{1}{6}d(0 + \pi d^2 + 0) = \frac{1}{6}\pi d^3.$$

Für Kugelabschnitt und Kugelzone erhält man aus Bild 50, wenn man sich die Spitzen der Seitenpyramiden im Mittelpunkt der Mittelschnittfläche denkt, das Volumen der Seitenpyramiden gleich

$$V = 2\varrho\pi h\cdot\frac{1}{3}\varrho = \frac{2}{3}\varrho^2\pi h;$$

es ist aber auch

$$\frac{1}{6}h\cdot 4\,M = \frac{1}{6}h\cdot 4\,\varrho^2\pi = \frac{2}{3}\varrho^2\pi h.$$

10. Kugelausschnitt (Kugelsektor). Nach der ersten Gleichung unter 8. ist die Kugelfläche des Bildes 51 gleich $2r\pi h$; der Kegelmantel ist gleich $a\pi r$; also die ganze Oberfläche

$$O = \pi r\,(2h + a).$$

$$V = 2\,r\pi h\cdot\frac{1}{3}r = \frac{2}{3}\pi r^2 h.$$

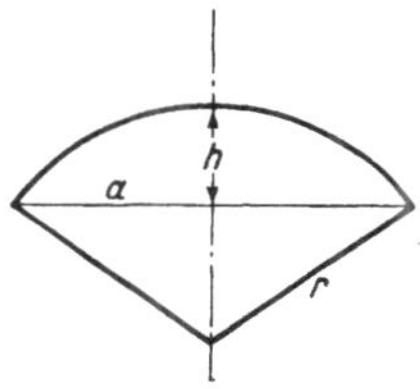

Bild 51

11. Kugelabschnitt (Kugelkalotte). Nach der ersten Gleichung unter 8. ist die Mantelfläche $M = 2r\pi h = \pi\,(a^2 + h^2)$, Bild 52.

Nach dem Höhensatz (§ 17, 13.) ist

$$a^2 = (2r - h)\,h = 2rh - h^2$$

und

$$m^2 = \left(2\,r - \frac{h}{2}\right)\frac{h}{2} = r\,h - \frac{h^2}{4}.$$

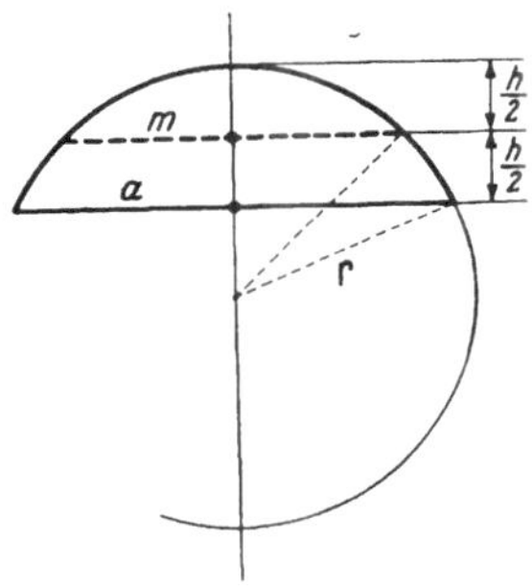

Bild 52

Nach der Prismoidformel ist

$$V = \frac{1}{6}h\,(\pi\,a^2 + 4\,\pi\,m^2 + 0)$$

$$= \frac{1}{6}h\,\pi\,(a^2 + 4\,r\,h - h^2 - h^2 + h^2)$$

$$= \frac{1}{6}h\,\pi\,(3\,a^2 + h^2).$$

Etwas umständlicher ist die Ableitung aus Kugelsektor minus Kegel.

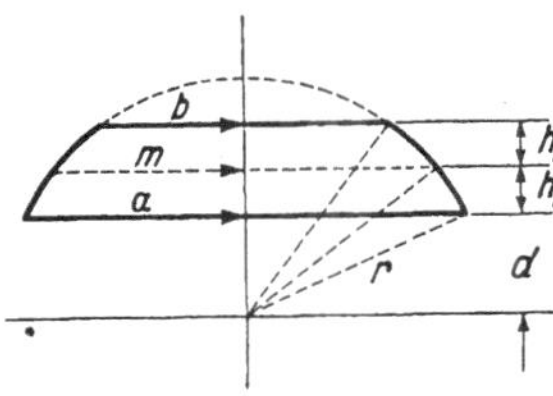

Bild 53

12. Kugelzone (Kugelschicht). Nach der ersten Gleichung unter 8. ist $M = 2r\pi h$, Bild 53.

$$a^2 = r^2 - d^2;$$

$$b^2 = r^2 - (d + h)^2 = r^2 - d^2 - 2\,d\,h - h^2;$$

$$4\,m^2 = 4\left(r^2 - \left(d + \frac{h}{2}\right)^2\right) = 4\,r^2 - 4\,d^2 - 4\,d\,h - h^2 - h^2 + h^2$$

$$= 2\,a^2 + 2\,b^2 + h^2.$$

Nach der Prismoidformel ist

$$V = \frac{1}{6}h\,\pi\,(a^2 + 4\,m^2 + b^2) = \frac{1}{6}h\,\pi\,(3\,a^2 + 3\,b^2 + h^2).$$

Umständlicher wird die Ableitung aus der Differenz zweier Kugelabschnitte.

13. Simpsonsche Regel, Schichtenformel. Für ein Faß mit dem Enddurchmesser d, dem mittleren Durchmesser D und der Höhe h gibt die Prismoidformel den nicht ganz genauen Wert:

$$V = \frac{1}{6} h \pi \left(\frac{1}{4} d^2 + D^2 + \frac{1}{4} d^2\right) = \frac{1}{12} \pi h (d^2 + 2 D^2).$$

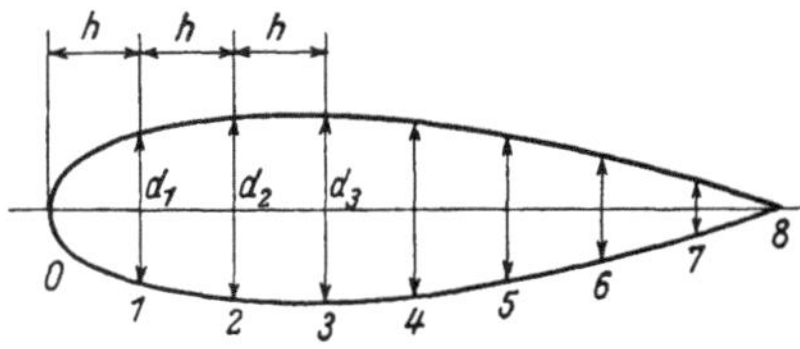

Bild 54

Für größere Körper oder genauere Rechnung zerlegt man den Körper in eine gerade Anzahl Schichten von gleicher Dicke und betrachtet je zwei Schichten als ein Prismoid. Z. B. für einen Luftschiffkörper mit kreisförmigen Querschnitten, Bild 54, erhält man so

$$V = \frac{1}{3} h \frac{\pi}{4} (d_0^2 + 4 d_1^2 + d_2^2 + d_2^2 + 4 d_3^2 + d_4^2 + d_4^2 + 4 d_5^2 + d_6^2 + d_6^2 + 4 d_7^2 + d_8^2)$$

$$V = \frac{1}{12} h \pi (d_0^2 + 4 d_1^2 + 2 d_2^2 + 4 d_3^2 + 2 d_4^2 + 4 d_5^2 + 2 d_6^2 + 4 d_7^2 + d_8^2).$$

Diese Addition der Prismoidformeln nennt man Schichtenformel oder Simpsonsche Regel. Sind $f_0, f_1, f_2 \ldots$ die Querschnittsflächen und h ihre gleichen Abstände, so hat man allgemein

$$V = \frac{1}{3} h (f_0 + 4 f_1 + 2 f_2 + 4 f_3 + 2 f_4 + \ldots + f_n).$$

Betrachtet man Bild 54 als einen Körper von rechteckigen Querschnitten der Tiefe 1, so erkennt man die Gültigkeit der Simpsonschen Regel für Flächenberechnungen:

$$F = \frac{1}{3} h (d_0 + 4 d_1 + 2 d_2 + 4 d_3 + 2 d_4 + \ldots + d_n);$$

sie liefert genauere Werte als die Trapezregel, § 18, 16.

Nach den letzten beiden Formeln kann man auch ganz unregelmäßige Körper berechnen, z. B. den Kubikinhalt eines Berges mittels der Höhenkurven oder Höhenschichtlinien.

14. Guldinsche Regeln. Dreht sich eine ebene Figur um eine in ihrer Ebene liegende Achse, so wird ein Umdrehungskörper erzeugt, den man sich durch Radialschnitte in unendlich viele schief abgeschnittene prismatische Scheiben zerlegt denken kann, Bild 55, deren Rauminhalte und Mantelflächen nach Nr. 2 zu berechnen wären. Durch Summierung ergibt sich daraus:

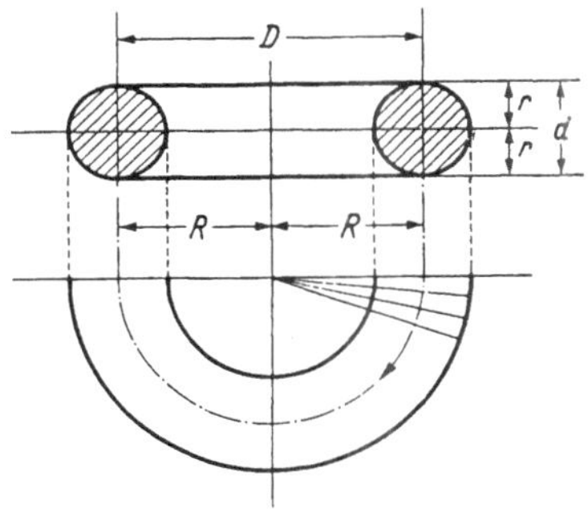

Bild 55

Der Kubikinhalt eines Umdrehungskörpers ist gleich dem Produkt aus der Fläche der erzeugenden Figur und dem Weg des Schwerpunktes der Fläche, den dieser bei der Drehung zurückgelegt hat.

Ebenso:

Die Oberfläche eines Umdrehungskörpers ist gleich dem Produkt aus dem Umfang der erzeugenden Figur und dem Weg des Schwerpunktes des Umfanges, den dieser bei der Drehung zurückgelegt hat.

So wird z. B. die Kugeloberfläche O durch eine 360gradige Umdrehung eines Halbkreisbogens um einen Durchmesser erzeugt. Der Abstand des Schwerpunktes eines Halbkreisbogens von der Drehachse ist (nach § 19, 2.) $x_0 = \frac{2r}{\pi}$,

$$O = \text{Halbkreisbogen mal } 2\pi x_0$$

$$= r\pi \cdot 2\pi \cdot \frac{2r}{\pi} = 4r^2\pi = 4 \text{ Großkreise.}$$

15. Kegel, Kugel und Zylinder. Durch 360gradige Umdrehungen der rechtwinkligen Dreieckfläche ABC, Bild 56, der Halbkreisfläche ABE und der Rechteckfläche $ABCD$ um die Achse AB wird ein Kegel-, ein Kugel- und ein Zylindervolumen erzeugt, im Verhältnis 1:2:3. Die Schwerpunktabstände der drei Flächen von der Drehachse AB sind $\frac{1}{3}r$, $\frac{4r}{3\pi}$ und $\frac{1}{2}r$ (§ 19, 1. 3.), also ist

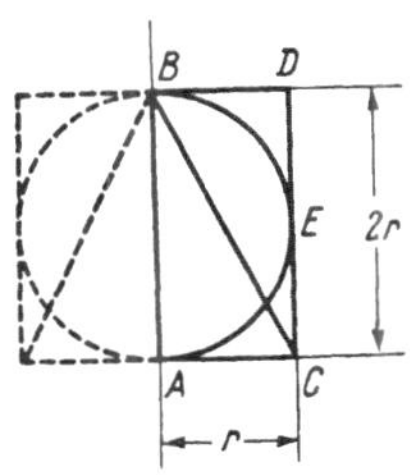

Bild 56

$$\text{das Kegelvolumen} \quad = \frac{r \cdot 2r}{2} \cdot 2\pi \cdot \frac{r}{3} = \frac{2}{3} r^3\pi,$$

$$\text{das Kugelvolumen} \quad = \frac{r^2\pi}{2} \cdot 2\pi \cdot \frac{4r}{3\pi} = \frac{4}{3} r^3\pi,$$

$$\text{das Zylindervolumen} \quad = r \cdot 2r \cdot 2\pi \cdot \frac{r}{2} = 2r^3\pi,$$

(oder Zylinder minus Kegel = Kugel);

d. h.: Die Volumen von Kegel, Kugel und Zylinder, die einem Würfel eingeschrieben sind, verhalten sich wie 1 : 2 : 3.

16. Zylindrischer Ring. Bild 55 und die Guldinsche Regel ergeben:

$$V = r^2 \pi \cdot 2 R \pi = 2 \pi^2 r^2 R \qquad = 19{,}739\, R r^2$$
$$= \frac{1}{4} d^2 \pi \cdot D \pi = \frac{1}{4} \pi^2 d^2 D = 2{,}4674\, D d^2.$$
$$O = 2 r \pi \cdot 2 R \pi = 4 \pi^2 R r \qquad = 39{,}478\, R r$$
$$= d \pi \cdot D \pi = \pi^2 D d \qquad = 9{,}8696\, D d.$$

17. Ähnliche Raumgebilde. Bei ähnlichen Raumgebilden sind, wie bei Figuren der Ebene, homologe Längen proportional zueinander. Sind also L und L_1 zwei Längen eines Gebildes und l und l_1 die entsprechenden Längen eines ähnlichen, so ist $L : l = L_1 : l_1 = q$.

Homologe Flächen F und f verhalten sich wie die Quadrate homologer Längen. Es ist also $F : f = L^2 : l^2 = q^2$.

Die Volumen V und v ähnlicher Körper oder die ihrer homologen Teile verhalten sich wie die dritten Potenzen homologer Längen. Es ist daher $V : v = L^3 : l^3 = q^3$.

C. Trigonometrie

§ 21. Winkel- und Kreisfunktionen

1. Die Elementargeometrie lehrt, welche Stücke zur Bestimmung eines Dreiecks erforderlich sind; sie lehrt die Berechnung des Flächeninhalts eines Dreiecks aus Grundlinie und Höhe sowie aus seinen drei Seiten (§ 18, 9.); sie lehrt, daß die Summe der drei Winkel eines Dreiecks gleich 180°, daß also in einem gleichseitigen Dreieck jeder der drei Winkel gleich 60° ist. Teilt man ein gleichseitiges Dreieck durch eine Transversale, so erhält man zwei rechtwinklige Dreiecke mit den spitzen Winkeln 60° und 30°. In einem rechtwinklig gleichschenkligen Dreieck ist jeder der spitzen Winkel gleich 45°. Aber außer solchen speziellen Winkelbestimmungen liefert die Elementargeometrie keine Methode zur Bestimmung von Winkelgrößen; es bedarf hierzu weiterer Beziehungen oder Abhängigkeitsverhältnisse zwischen Winkel und Strecken, der sog. trigonometrischen Funktionen.

2. Alle rechtwinkligen Dreiecke, welche einen spitzen Winkel gemein haben, sind ähnliche Dreiecke. Es sind daher die Seitenverhältnisse des bei C rechtwinkligen Dreiecks ABC, Bild 57, Funktionen des spitzen Winkels α, denn sie sind durch dessen Größenangabe allein vollständig bestimmt.

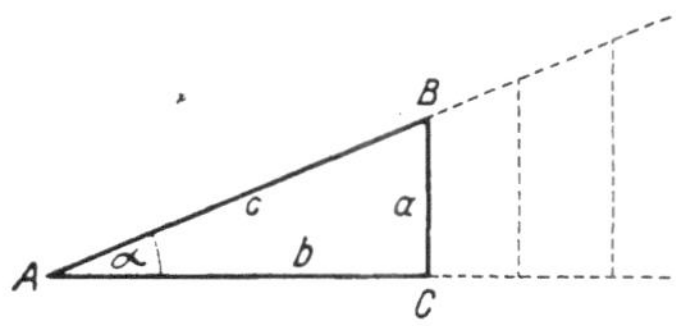

Bild 57

Diese Seitenverhältnisse heißen die trigonometrischen Funktionen des Winkels α, doch führt jedes der Verhältnisse noch einen besonderen Namen wie folgt:

$\dfrac{\text{Gegenüberliegende Kathete}}{\text{Hypotenuse}}$ heißt Sinus α, geschrieben $\sin\alpha = \dfrac{a}{c}$.

$\dfrac{\text{Anliegende Kathete}}{\text{Hypotenuse}}$ heißt Cosinus α, geschrieben $\cos\alpha = \dfrac{b}{c}$.

$\dfrac{\text{Gegenüberliegende Kathete}}{\text{Anliegende Kathete}}$ heißt Tangens α, geschrieben $\tan\alpha = \dfrac{a}{b}$.

Die Reziproken dieser drei Verhältnisse heißen der Reihe nach Cosecans α, Secans α, Cotangens α, geschrieben cosec α, sec α, cot α; es ist also $\frac{1}{\sin\alpha} = \operatorname{cosec}\alpha = \frac{c}{a}$, $\frac{1}{\cos\alpha} = \sec\alpha = \frac{c}{b}$, $\frac{1}{\tan\alpha} = \cot\alpha = \frac{b}{a}$;

$$\sin\alpha \operatorname{cosec}\alpha = 1, \qquad \cos\alpha \sec\alpha = 1, \qquad \tan\alpha \cot\alpha = 1.$$

Für tan, cot und cosec schreibt man auch tg, ctg und csc.

Außer den angeführten sechs Funktionen, von denen Secans und Cosecans weit seltener gebraucht werden als die anderen vier, findet man zuweilen noch, besonders in England und Amerika, die folgenden drei Funktionen in Gebrauch:

$$\begin{aligned} \text{Sinus versus } \alpha &= \operatorname{vers}\alpha = 1 - \cos\alpha, \\ \text{Cosinus versus } \alpha &= \operatorname{covers}\alpha = 1 - \sin\alpha, \\ \text{Secans externus } \alpha &= \operatorname{exsec}\alpha = \sec\alpha - 1. \end{aligned}$$

3. Wählt man das rechtwinklige Dreieck mit der Hypotenuse $= 1$, so ist die gegenüberliegende Kathete a der Sinus, die anliegende b der Cosinus und $\frac{a}{b}$ der Tangens des Winkels α, oder

$$\tan\alpha = \frac{\sin\alpha}{\cos\alpha}.$$

Schlägt man nun mit der Einheitshypotenuse als Radius einen Kreis um die Spitze des Winkels α, den sog. Einheitskreis, so lassen sich alle Funktionen des Winkels α als Strecken an dieser Konstruktion deuten, wie es in Bild 58 dargestellt ist, denn ähnliche Dreiecke ergeben:

$$\sin\alpha : \cos\alpha = \tan\alpha : 1, \qquad 1 : \tan\alpha = \cot\alpha : 1,$$
$$1 : \cos\alpha = \sec\alpha : 1, \qquad 1 : \sin\alpha = \operatorname{cosec}\alpha : 1.$$

Wegen dieser Darstellung am Einheitskreis nennt man die trigonometrischen Funktionen auch Kreisfunktionen.

Man beachte noch die aus Bild 58 ersichtlichen Komplementbeziehungen:

$$\begin{aligned} \cos\alpha &= \sin(90^0 - \alpha) = \sin\beta, \\ \cot\alpha &= \tan(90^0 - \alpha) = \tan\beta, \\ \operatorname{cosec}\alpha &= \sec(90^0 - \alpha) = \sec\beta. \end{aligned}$$

Bild 59 gibt eine andere Darstellung der Funktionen am Einheitskreis. Die Erklärung ist genau wie für Bild 58, mittels ähnlicher Dreiecke.

Die Darstellung der Funktionen am Einheitskreis zeigt den Sinus als halbe Sehne, die Namen Sinus und Sehne dürften also wohl, der Bedeutung als dem Klange nach, gleichen Ursprungs sein, ebenso wie Tangens und Tangente (den Kreis Berührende) oder Secans und Sekante (den Kreis Schneidende). Cosinus ist die Abkürzung für Complementi Sinus, der Sinus des Komplements, und dementsprechend sind die Namen Cosecans und Cotangens zu deuten.

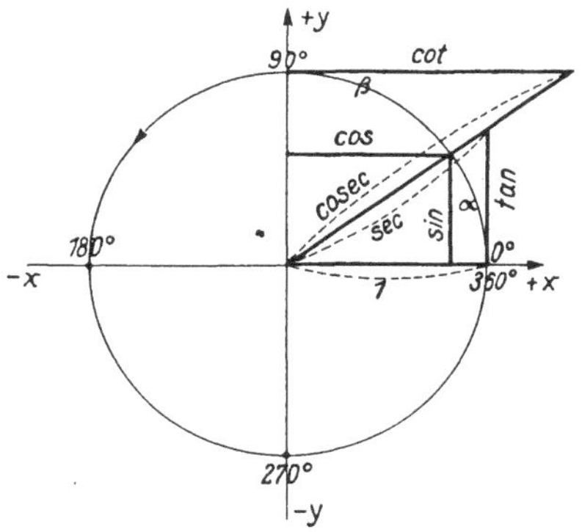

Bild 58

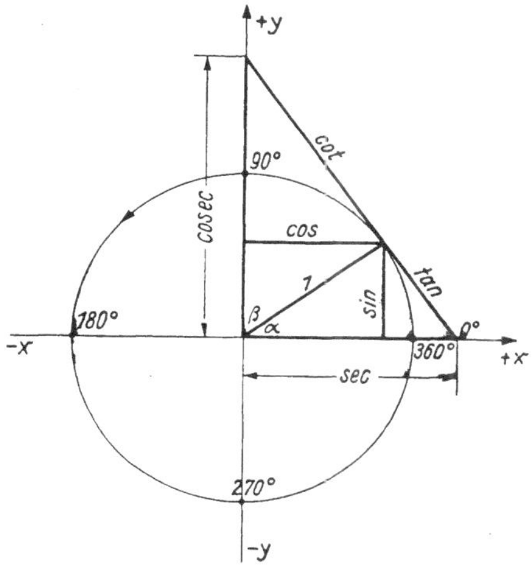

Bild 59

4. Vorzeichen der Kreisfunktionen. Denkt man sich die Einheitshypotenuse als Radiusvektor den Kreis durchlaufend, den Winkel α also von 0 bis 360° veränderlich, so sind $\sin \alpha$ und $\cos \alpha$ immer die rechtwinkligen Koordinaten des Vektorpunktes und wechseln als solche die Vorzeichen im Sinne der Koordinatenachsen x und y, Bild 58. Es ist also $\sin \alpha$ im ersten und zweiten Quadranten positiv, im dritten und vierten negativ; $\cos \alpha$ ist im ersten und vierten Quadranten positiv und im zweiten und dritten negativ. Das Vorzeichen von $\tan \alpha$ ist bestimmt durch $\frac{\sin \alpha}{\cos \alpha} = \tan \alpha$, während die Funktionen $\operatorname{cosec} \alpha$, $\sec \alpha$ und $\cot \alpha$, als Reziproke von $\sin \alpha$, $\cos \alpha$ und $\tan \alpha$, mit diesen der Reihe nach dieselben Vorzeichen haben müssen. In Zahlentafelform hat man also:

Für Winkel α zwischen	sin cosec	cos sec	tan cot
0° und 90°	+	+	+
90° » 180°	+	—	—
180° » 270°	—	—	+
270° » 360°	—	+	—

5. Funktionswerte bestimmter Winkel. Aus Bild 60 lassen sich alle Funktionen der Winkel 30°, 45° und 60° niederschreiben, wenn man für 60° die Komplementbeziehungen zu 30° beachtet. Die übrigen Funk-

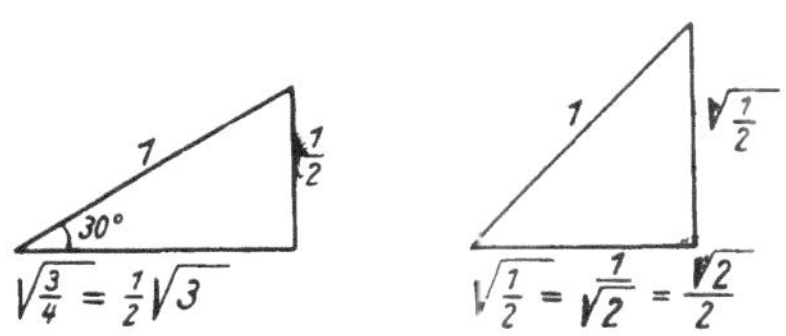

Bild 60

tionen der folgenden Zahlentafel ergeben sich ohne weiteres aus ihren reziproken Beziehungen und dem Bild 58 (oder auch Bild 59).

Winkel	30°	45°	60°	0°	90°	180°	270°	360°
sin =	$\frac{1}{2}$	$\frac{1}{2}\sqrt{2}$	$\frac{1}{2}\sqrt{3}$	0	1	0	−1	0
cos =	$\frac{1}{2}\sqrt{3}$	$\frac{1}{2}\sqrt{2}$	$\frac{1}{2}$	1	0	−1	0	1
tan =	$\frac{1}{3}\sqrt{3}$	1	$\sqrt{3}$	0	∞	0	∞	0
cosec =	2	$\sqrt{2}$	$\frac{2}{3}\sqrt{3}$	∞	1	∞	−1	∞
sec =	$\frac{2}{3}\sqrt{3}$	$\sqrt{2}$	2	1	∞	−1	∞	1
cot =	$\sqrt{3}$	1	$\frac{1}{3}\sqrt{3}$	∞	0	∞	0	∞

6. Komplementbeziehungen. Berechnet man die Zahlenwerte der Funktionen für 30° und bestimmt die Logarithmen dieser Zahlenwerte mittels gewöhnlicher Logarithmentafeln, so läßt sich das folgende Täfelchen daraus zusammenstellen, welches die Komplementbeziehungen klar veranschaulicht. Für die Erklärung der letzten beiden Zeilen des Täfelchens siehe § 6, 13.

sin 30° = 0,50 000 = cos 60°	log sin 30° = 9,69 897 = log cos 60°
cos 30° = 0,86 603 = sin 60°	» cos 30° = 9,93 753 = » sin 60°
tan 30° = 0,57 735 = cot 60°	» tan 30° = 9,76 144 = » cot 60°
cot 30° = 1,73 205 = tan 60°	» cot 30° = 0,23 856 = » tan 60°
sec 30° = 1,15 470 = csc 60°	colog cos 30° = 0,06 247 = colog sin 60°
csc 30° = 2,00 000 = sec 60°	colog sin 30° = 0,30 103 = colog cos 60°

Tafeln der Logarithmen der trigonometrischen Funktionen enthalten nur sin, cos, tan und cot; aber Tafeln der trigonometrischen Funktionen selbst sollten auch sec und csc enthalten, weil das Multiplizieren mit sec und csc im allgemeinen schneller geht als ein entsprechendes Dividieren mit cos und sin.

7. Funktionskurven. Bild 61 ist eine graphische Darstellung der Kreisfunktionen von 0° bis 360°. Die sechs Zahlen des vorhergehenden Täfelchens geben zwei Punkte für jede Funktion in jedem Quadranten (30° und 60°), genügend für die Herstellung einer solchen Skizze wie Bild 61, welche den Verlauf der Funktionskurven klar veranschaulicht. Die Darstellung läßt sich natürlich auch ganz ohne Rechnung machen, indem man den Einheitskreis, Bild 58, mit einer Teilung versieht und für die verschiedenen Stellungen des Radiusvektors die Funktionswerte mißt (oder mit dem Zirkel abgreift), um sie für die Konstruktion der Kurven zu benutzen. Man erkennt dabei auch leicht, wie sich die Sinus- und Cosinuskurven durch Projektion gewinnen lassen.

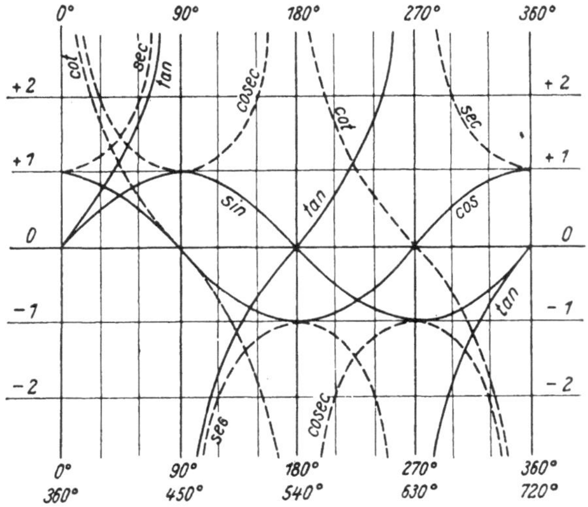

Bild 61

8. Komplement- und Supplementbeziehungen. Ist α ein Winkel $< 90^0$ (kleiner als 90^0), so gilt die folgende Zahlentafel, wovon man sich mittels des Bildes 62 leicht überzeugen kann.

$\varphi =$	$\mp \alpha$	$90^0 \mp \alpha$	$180^0 \mp \alpha$	$270^0 \mp \alpha$
$\sin \varphi$	$\mp \sin \alpha$	$+ \cos \alpha$	$\pm \sin \alpha$	$- \cos \alpha$
$\cos \varphi$	$+ \cos \alpha$	$\pm \sin \alpha$	$- \cos \alpha$	$\mp \sin \alpha$
$\tan \varphi$	$\mp \tan \alpha$	$\pm \cot \alpha$	$\mp \tan \alpha$	$\pm \cot \alpha$
$\cot \varphi$	$\mp \cot \alpha$	$\pm \tan \alpha$	$\mp \cot \alpha$	$\pm \tan \alpha$

Ist α ein Winkel $< 45^0$, so ist:

$$\sin(45^0 \pm \alpha) = \cos(45^0 \mp \alpha)$$
$$\tan(45^0 \pm \alpha) = \cot(45^0 \mp \alpha).$$

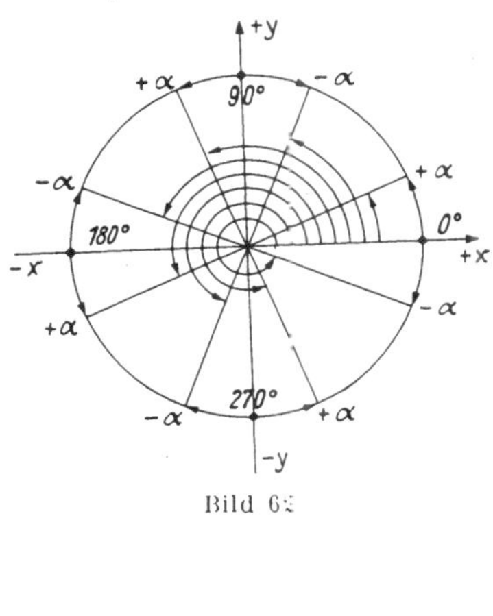

Bild 62

Tafeln der Logarithmen trigonometrischer Funktionen erstrecken sich nur über Winkel des ersten Quadranten. Hat man nun mit einem Winkel über 90^0 zu tun, so gibt es scheinbar zwei Wege zur Lösung. Verlangt die Rechnung z. B. log sin $127^0 43'$, so kann man entweder mit log sin 52°17′ (= 180° — 127°43′) oder mit log cos 37°43′ (= 127°43′ — 90°) rechnen; beide Winkel sind aber komplementär, ihre Zahlenwerte decken sich in der Zahlentafel, der Unterschied liegt also lediglich in der Funktionsbezeichnung. Mit anderen Worten:

Der Sinus eines stumpfen Winkels ist gleich dem Sinus seines spitzen Supplements oder gleich dem Cosinus des Komplements dieses spitzen Supplements.

Bezeichnen φ_2, φ_3, φ_4 Winkel, die sich bis in den zweiten bzw. dritten bzw. vierten Quadranten erstrecken, so hat man:

$90^0 < \varphi_2 < 180^0$

φ_2	$180^0 - \varphi_2$	$\varphi_2 - 90^0$
sin	$= +\sin$	$= +\cos$
cos	$= -\cos$	$= -\sin$
tan	$= -\tan$	$= -\cot$

$180^0 < \varphi_3 < 270^0$

φ_3	$\varphi_3 - 180^0$	$270^0 - \varphi_3$
sin	$= -\sin$	$= -\cos$
cos	$= -\cos$	$= -\sin$
tan	$= +\tan$	$= +\cot$

$270^0 < \varphi_4 < 360^0$

φ_4	$360^0 - \varphi_4$	$\varphi_4 - 270^0$
sin	$= -\sin$	$= -\cos$
cos	$= +\cos$	$= +\sin$
tan	$= -\tan$	$= -\cot$

§ 22. Berechnung ebener Dreiecke

1. Das rechtwinklige Dreieck. Nach den Definitionen unter § 21, 2. und dem Bilde 63 ist

a) $\sin\alpha = \frac{a}{c}$; $a = c\sin\alpha$; $c = \frac{a}{\sin\alpha} = a\,\mathrm{cosec}\,\alpha$.

b) $\cos\alpha = \frac{b}{c}$; $b = c\cos\alpha$; $c = \frac{b}{\cos\alpha} = b\sec\alpha$.

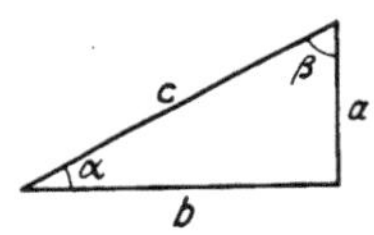

Bild 63

c) $\tan\alpha = \frac{a}{b}$; $a = b\tan\alpha$; $b = \frac{a}{\tan\alpha} = a\cot\alpha$.

d) $a^2 + b^2 = c^2$; $a = \sqrt{c^2 - b^2} = \sqrt{(c+b)(c-b)}$.

Für logarithmische Rechnung kommen die folgenden 5 Fälle in Betracht:

Gegeben	a und	α;	$b = a\cot\alpha$,	$c = a : \sin\alpha$.
»	b »	α;	$a = b\tan\alpha$,	$c = b : \cos\alpha$.
»	c »	α;	$a = c\sin\alpha$,	$b = c\cos\alpha$.
»	a »	b;	$\tan\alpha = a : b$,	$c = a : \sin\alpha$.
»	a »	c;	$\sin\alpha = a : c$,	$b = a\cot\alpha$.

Zahlenbeispiele:

(1) Gegeben $a = 12$ und $\alpha = 67^0 22' 48''$, gesucht b und c.

$$\begin{aligned} \log a &= 1{,}07918 \\ -\log\sin\alpha &= 9{,}96524 \\ \hline \log c &= 1{,}11394 \\ c &= 13{,}000 \end{aligned} \qquad \begin{aligned} \log a &= 1{,}07918 \\ +\log\cot\alpha &= 9{,}61979 \\ \hline \log b &= 0{,}69897 \\ b &= 5{,}000. \end{aligned}$$

Probe: $12^2 + 5^2 = 13^2$.

(2) Gegeben $c = 217{,}46$ und $\alpha = 38^0 21'47''$, gesucht a und b.

$$\begin{aligned} \log c &= 2{,}33738 \\ + \log \sin \alpha &= 9{,}79285 \\ \hline \log a &= 2{,}13023 \\ a &= 134{,}97 \end{aligned} \qquad \begin{aligned} \log c &= 2{,}33738 \\ + \log \cos \alpha &= 9{,}89437 \\ \hline \log b &= 2{,}23175 \\ b &= 170{,}51. \end{aligned}$$

(3) Gegeben $a = 3$ und $c = 5$, gesucht α und β.

$\sin \alpha = 0{,}6$, $\log \sin \alpha = 9{,}77815$, $\alpha = 36^0 52'11''$.

$\beta = 90^0 - \alpha = 53^0 07'49''$.

$b = \sqrt{25 - 9} = 4$, also $\cos \alpha = 0{,}8$, womit man eine Proberechnung machen kann.

2. Das schiefwinklige Dreieck. Bei Berechnung schiefwinkliger Dreiecke unterscheidet man die folgenden 4 Fälle:

1. Fall: Gegeben die 3 Seiten a, b, c;
   gesucht die Winkel α, β, γ.
2. Fall: Gegeben 2 Seiten und ein Gegenwinkel, a, b, α;
   gesucht β, γ, c.
3. Fall: Gegeben 1 Seite und 2 Winkel, a, α, β;
   gesucht γ, b, c.
4. Fall: Gegeben 2 Seiten und der eingeschlossene Winkel, a, b, γ;
   gesucht α, β, c.

Es ist vorteilhaft, sich vor der Berechnung jeden Falles eine maßstäbliche Skizze anzufertigen und die Berechnungen darauf einzutragen; grobe Rechenfehler werden dabei sofort entdeckt.

Der 2. Fall hat zwei Lösungen, wenn der gegebene Winkel α der kleineren Seite gegenüberliegt, Bild 64, denn es gibt zwei Winkel β, deren Sinus denselben Wert haben, einen spitzen und den supplementären stumpfen. (Siehe auch § 17, 4., Bild 14.) Ist $a < b \sin \alpha$, so hat der Fall keine Lösung; ist $a = b \sin \alpha$, so ist β ein rechter Winkel. Beide Möglichkeiten sind in Bild 64 angedeutet.

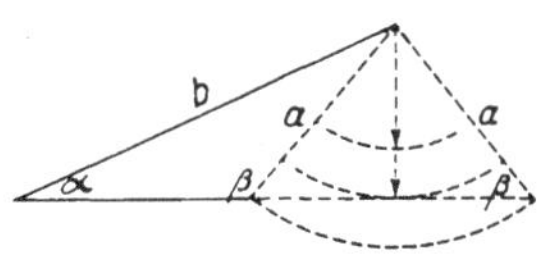

Bild 64

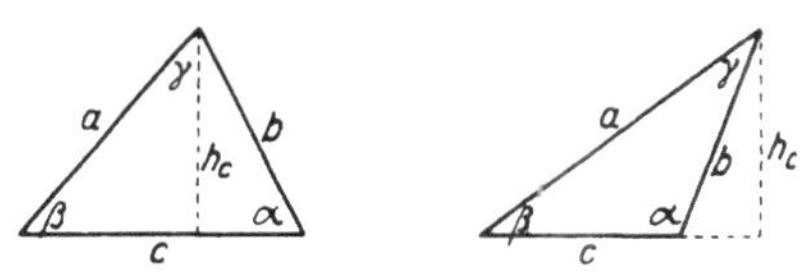

Bild 65

3. Die Sinus der Dreieckswinkel.

a) Die Höhenformel:

$$h_c = a \sin \beta = b \sin \alpha \text{ (Bild 65)},$$
$$h_b = c \sin \alpha = a \sin \gamma,$$
$$h_a = b \sin \gamma = c \sin \beta.$$

b) Die Inhaltsformel:

$$F = \frac{1}{2}\, c\, a \sin \beta = \frac{1}{2}\, b\, c \sin \alpha = \frac{1}{2}\, a\, b \sin \gamma.$$

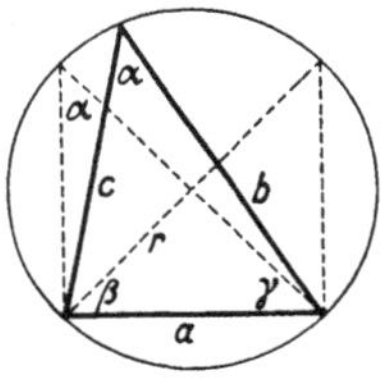

Bild 66

c) Der Sehnensatz:

Nach dem Satz vom Peripheriewinkel (§ 17, 2.) und dem Bild 66 ist $a = 2r \sin \alpha$. Ebenso ist $b = 2r \sin \beta$ und $c = 2r \sin \gamma$. Siehe auch § 18, 10., Bild 34.

a), b) und c) gestatten die Berechnung des 1. Falles unter 2, der Winkel aus den 3 Seiten, denn nach § 18, 9. und 10., ist

$$\log h_c = \log a + \log b - \log 2r;$$
$$\log F = \frac{1}{2}\,[\log s + \log (s - a) + \log (s - b) + \log (s - c)];$$
$$\log 2r = \log a + \log b + \log c - \log 2 - \log F.$$

Man beachte hier auch § 6, 13.

Nach a) ist
$$\log \sin \alpha = \log h_c - \log b,$$
$$\log \sin \beta = \log h_c - \log a,$$
$$\gamma = 180^0 - (\alpha + \beta).$$

Nach c) ist
$$\log \sin \alpha = \log a - \log 2r,$$
$$\log \sin \beta = \log b - \log 2r,$$
$$\log \sin \gamma = \log c - \log 2r.$$

d) Der Sinussatz:

Nach a) ist $a : \sin \alpha = b : \sin \beta$
und $a : \sin \alpha = c : \sin \gamma$,
also $a : b : c = \sin \alpha : \sin \beta : \gamma$.

In Worten: Die Seiten verhalten sich wie die Sinus der ihnen gegenüberliegenden Winkel.

Dasselbe ergibt sich aus c), denn

$$\frac{a}{\sin \alpha} = \frac{b}{\sin \beta} = \frac{c}{\sin \gamma} = 2r.$$

Der Sinussatz gestattet die Berechnung des 2. und 3. Falles unter 2.:

$$\log 2r = \log a - \log \sin \alpha$$

(2. Fall)	(3. Fall)
$\log \sin \beta = \log b - \log 2r$	$\gamma = 180^0 - (\alpha + \beta)$
$\gamma = 180^0 - (\alpha + \beta)$	$\log b = \log 2r + \log \sin \beta$
$\log c = \log 2r + \log \sin \gamma$	$\log c = \log 2r + \log \sin \gamma$

Man beachte die zweifache Lösung illustriert durch Bild 64.

4. Die Cosinus der Dreieckswinkel.

a) Die Projektionsformel: $b_c = \pm b \cos \alpha$ für spitzes bzw. stumpfes α (Bild 67).

Ebenso ist

$a_c = \pm a \cos \beta$;

$b_a = \pm b \cos \gamma$; $c_a = \pm c \cos \beta$;

$a_b = \pm a \cos \gamma$; $c_b = \pm c \cos \alpha$.

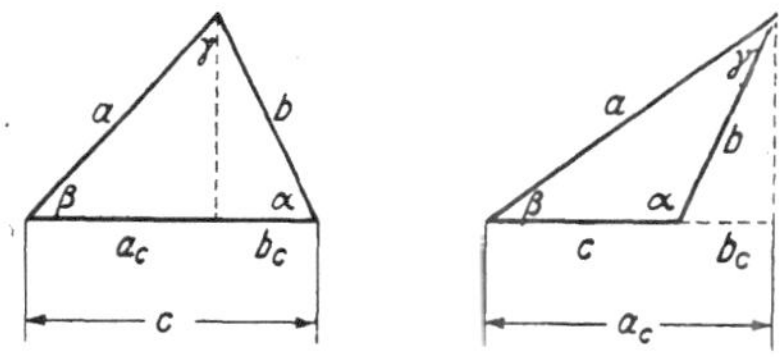

Bild 67

b) Die Cosinusformel:

$a = b \cos \gamma + c \cos \beta$; $b = c \cos \alpha + a \cos \gamma$; $c = a \cos \beta + b \cos \alpha$.

Man beachte hierbei, daß der Cosinus eines stumpfen Winkels negativ ist.

c) Der Cosinussatz: $a^2 = b^2 + c^2 - 2\,bc \cos \alpha$,

oder
$$\cos \alpha = \frac{b^2 + c^2 - a^2}{2\,bc}$$

folgt unmittelbar aus § 18, 3., denn das dortige n ist gleich $c \cos \alpha$.

Ebenso ist
$$b^2 = c^2 + a^2 - 2\,ca \cos \beta,$$
$$c^2 = a^2 + b^2 - 2\,ab \cos \gamma.$$

Mittels der Projektionsformel kann man jeden 2., 3. und 4. Fall unter 2. auf die Berechnung zweier rechtwinkliger Dreiecke zurückführen und wie unter 1. vollenden.

Die Formeln unter b) und c) gestatten keine durchgehende logarithmische Rechnung.

5. Die Tangens der halben Dreieckswinkel. Beide Tangenten von einem Punkt an einen Kreis haben gleiche Länge. Hiermit überzeugt man sich leicht von der Richtigkeit der in Bild 68 angegebenen Dimensionen des Dreiecks ABC, wenn der halbe Umfang oder $\frac{1}{2}(a + b + c)$ mit s bezeichnet wird.

Nach § 18, 10. ist der Radius des einbeschriebenen Kreises $\varrho = F : s = \sqrt{(s-a)(s-b)(s-c) : s}$, und nach Bild 68 ist

$$\tan \frac{1}{2}\alpha = \varrho : (s-a) = \sqrt{(s-b)(s-c) : s(s-a)}.$$

Ebenso ist

$$\tan \frac{1}{2}\beta = \varrho : (s-b) = \sqrt{(s-a)(s-c) : s(s-b)}$$

$$\tan \frac{1}{2}\gamma = \varrho : (s-c) = \sqrt{(s-a)(s-b) : s(s-c)}$$

$$\log\varrho = \frac{1}{2}\left[\log(s-a) + \log(s-b) + \log(s-c) - \log s\right]$$

$$\log\tan\frac{1}{2}\alpha = \log\varrho - \log(s-a)$$

$$\log\tan\frac{1}{2}\beta = \log\varrho - \log(s-b)$$

$$\log\tan\frac{1}{2}\gamma = \log\varrho - \log(s-c).$$

Die Tangensformel liefert die zweckmäßigste Methode zur Berechnung der Winkel aus den 3 Seiten. Denn erstens hat man nur die vier Logarithmen von s, $s-a$, $s-b$, $s-c$, aufzusuchen, nicht auch noch

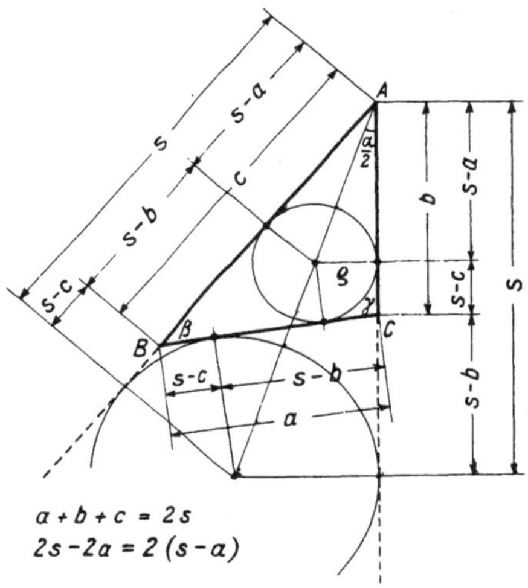

Bild 68

log a, log b, log c, wie beim Sehnensatz; zweitens sind die aufzusuchenden Winkel $\frac{1}{2}\alpha$, $\frac{1}{2}\beta$, $\frac{1}{2}\gamma$ sicherlich spitz, und drittens ist bei fünfstelliger Genauigkeit die Tafeldifferenz von log tan nie kleiner als 25, so daß sich mindestens auf 2 Sekunden interpolieren läßt.

6. Die Formeln von Mollweide und Napier. Schlägt man mit der Seite b des Dreiecks ABC als Radius einen Halbkreis um C, Bild 69, und verbindet D und E mit A, so ist der Winkel $DAE = 90^0$. ACD ist ein gleichschenkeliges Dreieck, also ist jeder seiner beiden Innenwinkel gleich der Hälfte des Außenwinkels bei C, gleich $\frac{1}{2}(\alpha+\beta)$; der Winkel bei E ist demnach $90^0 - \frac{1}{2}(\alpha+\beta)$ und der Winkel BAD $= \alpha - \frac{1}{2}(\alpha+\beta) = \frac{1}{2}(\alpha-\beta)$.

Für die Dreiecke ABD und ABE ergibt der Sinussatz:

$$(a - b) : c = \sin \frac{1}{2}(\alpha - \beta) : \sin \frac{1}{2}(\alpha + \beta)$$

$$(a + b) : c = \sin \left(90^0 + \frac{\alpha - \beta}{2}\right) : \sin \left(90^0 - \frac{\alpha + \beta}{2}\right)$$

$$= \cos \frac{1}{2}(\alpha - \beta) : \cos \frac{1}{2}(\alpha + \beta).$$

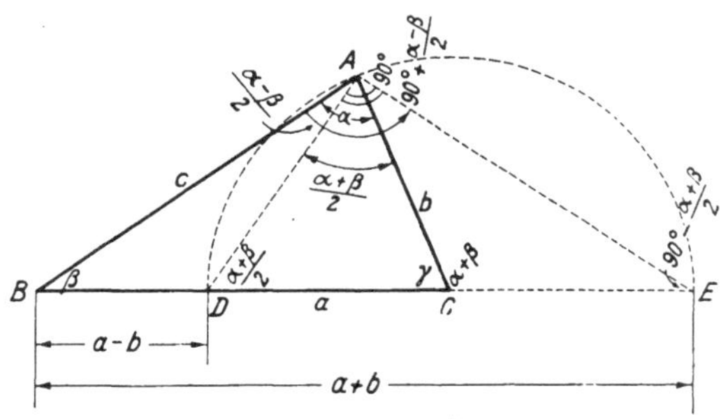

Bild 69

Dies sind die Formeln von Mollweide. Durch Division dieser beiden Formeln erhält man den Tangenssatz oder die Formel von Napier:

$$(a - b) : (a + b) = \tan \frac{1}{2}(\alpha - \beta) : \tan \frac{1}{2}(\alpha + \beta).$$

Der Tangenssatz ermöglicht auch für den 4. und letzten Fall unter 2., die Berechnung des Dreiecks aus zwei Seiten und dem eingeschlossenen Winkel, eine bequeme durchgehende logarithmische Rechnung. Ist γ der von a und b eingeschlossene Winkel, so ist

$$\alpha + \beta = 180^0 - \gamma \text{ oder } \frac{1}{2}(\alpha + \beta) = 90^0 - \frac{1}{2}\gamma.$$

$$\log \tan \frac{1}{2}(\alpha - \beta) = \log \tan \frac{1}{2}(\alpha + \beta) + \log (a - b) - \log (a + b)$$

$$\alpha = \frac{\alpha + \beta}{2} + \frac{\alpha - \beta}{2}; \quad \beta = \frac{\alpha + \beta}{2} - \frac{\alpha - \beta}{2}.$$

Die Berechnung von c folgt nun entweder nach dem Sinussatz

$$c = a \sin \gamma : \sin \alpha, \ \log c = \log a + \log \sin \gamma - \log \sin \alpha,$$

oder, um das Aufsuchen von $\log a$ zu ersparen, nach der ersten der Mollweideschen Formeln

$$c = (a - b) \sin \frac{1}{2}(\alpha + \beta) : \sin \frac{1}{2}(\alpha - \beta)$$

$$\log c = \log (a - b) + \log \sin \frac{1}{2}(\alpha + \beta) - \log \sin \frac{1}{2}(\alpha - \beta).$$

Zahlenbeispiel:

Gegeben $a = 135{,}09$, $b = 164{,}70$, $\gamma = 92^0 27' 54''$; gesucht α, β, c.

$b - a = 29{,}61 \qquad \beta + \alpha = 87^0\, 32'\, 06''$

$b + a = 299{,}79 \qquad \frac{1}{2}(\beta + \alpha) = 43^0\, 46'\, 03''$

(1.)

$$\log\tan\frac{1}{2}(\beta + \alpha) = 9{,}98131$$
$$\log(b - a) = 1{,}47144$$
$$\text{colog}(b + a) = 7{,}52318$$
$$\text{loc}\tan\frac{1}{2}(\beta - \alpha) = 8{,}97593$$
$$\frac{1}{2}(\beta - \alpha) = 5^0\, 24'\, 17''$$
$$\beta = 49^0\, 10'\, 20''$$
$$\alpha = 38^0\, 21'\, 46''$$

(2.)

$$\log(b - a) = 1{,}47144$$
$$\log\sin\frac{1}{2}(\beta + \alpha) = 9{,}83994$$
$$\text{colog}\sin\frac{1}{2}(\beta - \alpha) = 1{,}02599$$
$$\log c = 2{,}33737$$
$$c = 217{,}46$$

§ 23. Umformung trigonometrischer Ausdrücke

1. Beziehungen zwischen den Funktionen eines Winkels.

a) Wiederholungen:

$$\tan\alpha = \frac{\sin\alpha}{\cos\alpha}; \quad \cot\alpha = \frac{1}{\tan\alpha} = \frac{\cos\alpha}{\sin\alpha}.$$

b) Nach dem Pythagoreischen Satz und dem Bild 58 ist:

$$(\sin\alpha)^2 + (\cos\alpha)^2 = 1.$$

Dies schreibt man aber $\sin^2\alpha + \cos^2\alpha = 1$.

$$1 + \tan^2\alpha = \sec^2\alpha = \frac{1}{\cos^2\alpha}; \quad 1 + \cot^2\alpha = \text{cosec}^2\alpha = \frac{1}{\sin^2\alpha}.$$

Hieraus folgt:

c) $$\cos^2\alpha = \frac{1}{1 + \tan^2\alpha}; \quad 1 - \cos^2\alpha = 1 - \frac{1}{1 + \tan^2\alpha} = \frac{\tan^2\alpha}{1 + \tan^2\alpha} = \frac{1}{1 + \cot^2\alpha}.$$

d) $$\sin\alpha = \sqrt{1 - \cos^2\alpha} = \frac{\tan\alpha}{\sqrt{1 + \tan^2\alpha}} = \frac{1}{\sqrt{1 + \cot^2\alpha}}.$$

e) $$\cos\alpha = \sqrt{1 - \sin^2\alpha} = \frac{\cot\alpha}{\sqrt{1 + \cot^2\alpha}} = \frac{1}{\sqrt{1 + \tan^2\alpha}}.$$

2. Beim Umformen trigonometrischer Ausdrücke wird es oft erforderlich, irgendeine Funktion eines Winkels in Werten seiner anderen Funktionen auszudrücken, und um dem Gedächtnis nicht zuviel zuzumuten, ist es vorteilhaft, sich dabei von vornherein mehr auf die Definitionen zu stützen. Ist z. B. $\sin\alpha$ gegeben, so hat man zugleich das Bild 70 und erhält daraus ohne weiteres:

$$\cos\alpha = \sqrt{1-\sin^2\alpha},\quad \tan\alpha = \frac{\sin\alpha}{\sqrt{1-\sin^2\alpha}},\quad \cot\alpha = \frac{\sqrt{1-\sin^2\alpha}}{\sin\alpha},\ \text{usw.}$$

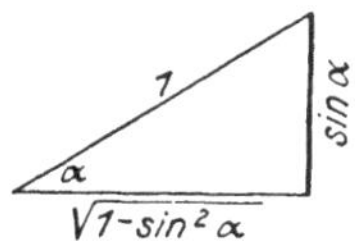

Bild 70

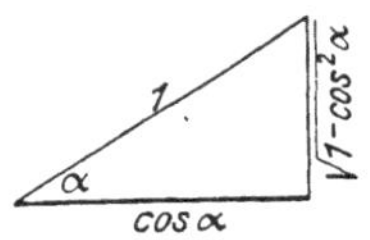

Bild 71

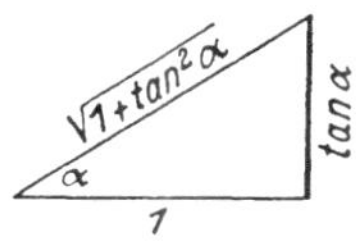

Bild 72

Ist $\cos\alpha$ gegeben, so hat man das Bild 71 und erhält daraus:

$$\sin\alpha = \sqrt{1-\cos^2\alpha},\quad \tan\alpha = \frac{\sqrt{1-\cos^2\alpha}}{\cos\alpha},\quad \cot\alpha = \frac{\cos\alpha}{\sqrt{1-\cos^2\alpha}},\ \text{usw.}$$

Ist $\tan\alpha$ gegeben, so hat man das Bild 72 und erhält daraus:

$$\sin\alpha = \frac{\tan\alpha}{\sqrt{1+\tan^2\alpha}},\quad \cos\alpha = \frac{1}{\sqrt{1+\tan^2\alpha}},\quad \cot\alpha = \frac{1}{\tan\alpha},\ \text{usw.}$$

3. Erscheint die Funktion eines Winkels als Quotient zweier Zahlen, so erhält man ebenso die Zahlenwerte aller anderen Funktionen des Winkels. Ist z. B. $\sin\alpha = \frac{2}{3}$, so hat man zugleich das Bild 73 und erhält daraus:

$$\cos\alpha = \frac{\sqrt{5}}{3},\quad \tan\alpha = \frac{2}{\sqrt{5}},\quad \cot\alpha = \frac{\sqrt{5}}{2},\ \text{usw.}$$

Ist $\cos\alpha = \frac{5}{13}$, so hat man das Bild 74 und erhält daraus:

$$\sin\alpha = \frac{12}{13},\quad \tan\alpha = \frac{12}{5},\quad \cot\alpha = \frac{5}{12},\ \text{usw.}$$

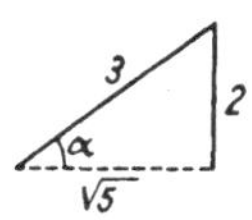

Bild 73

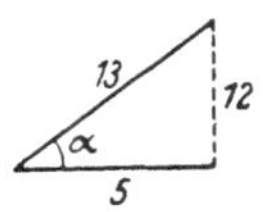

Bild 74

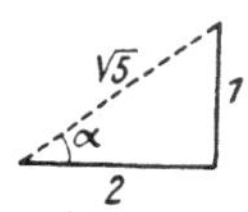

Bild 75

Ist $\tan\alpha = \frac{1}{2}$, so hat man Bild 75 und erhält daraus:

$$\sin\alpha = \frac{1}{\sqrt{5}},\quad \cos\alpha = \frac{2}{\sqrt{5}},\quad \cot\alpha = 2,$$

$$\operatorname{cosec}\alpha = \sqrt{5},\quad \sec\alpha = \frac{\sqrt{5}}{2}.$$

4. Beziehungen zwischen den Funktionen zweier Winkel. Nach § 21, 2. und Bild 76 ist

$$\sin(\alpha + \beta) = AB + ED$$
$$= \sin\alpha\cos\beta + \cos\alpha\sin\beta.$$
$$\cos(\alpha + \beta) = OD - EB$$
$$= \cos\alpha\cos\beta - \sin\alpha\sin\beta.$$

Nach § 21, 2. und Bild 77 ist

$$\sin(\alpha - \beta) = AB - ED$$
$$= \sin\alpha\cos\beta - \cos\alpha\sin\beta.$$
$$\cos(\alpha - \beta) = OD + EB$$
$$= \cos\alpha\cos\beta + \sin\alpha\sin\beta.$$

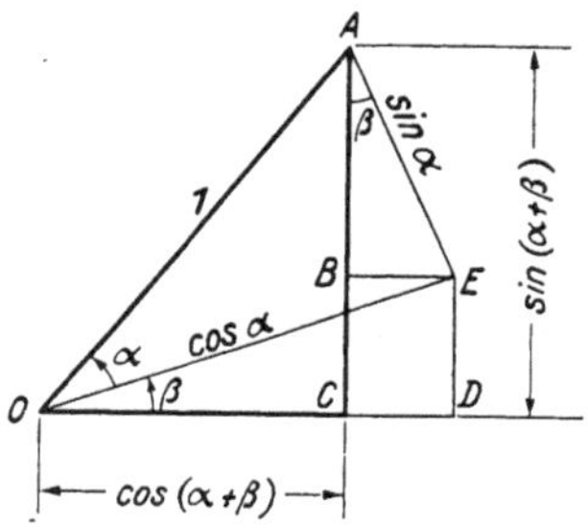

Bild 76

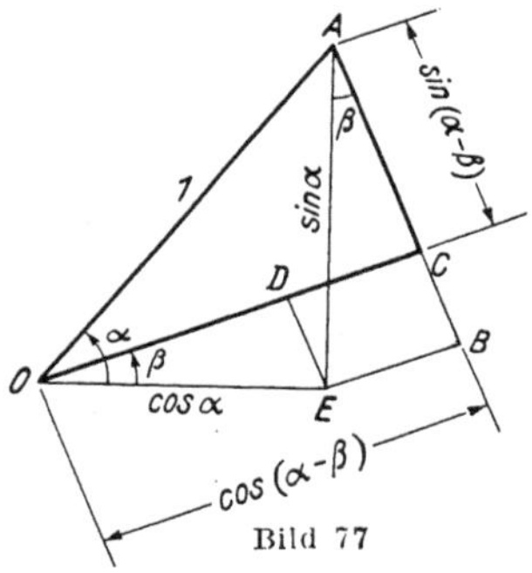

Bild 77

Diese vier Gleichungen faßt man der Kürze und Übersichtlichkeit wegen zusammen in

a) $\sin(\alpha \pm \beta) = \sin\alpha\cos\beta \pm \cos\alpha\sin\beta.$

b) $\cos(\alpha \pm \beta) = \cos\alpha\cos\beta \mp \sin\alpha\sin\beta.$

Diese beiden Formeln sind fundamental; aus ihnen folgen nicht nur alle anderen Beziehungen zwischen den Funktionen zweier Winkel, sondern auch die Formeln für das Zweifache und die Hälfte eines Winkels (10. und 11.).

5. Ersetzt man in den letzten beiden Formeln $\sin\alpha$ durch $\cos\alpha\tan\alpha$ und $\sin\beta$ durch $\cos\beta\tan\beta$, so folgt

$$\sin(\alpha \pm \beta) = \cos\alpha\cos\beta\,(\tan\alpha \pm \tan\beta)$$
$$\cos(\alpha \pm \beta) = \cos\alpha\cos\beta\,(1 \mp \tan\alpha\tan\beta),$$

und durch Division dieser beiden Gleichungen erhält man

a) $\tan(\alpha \pm \beta) = (\tan\alpha \pm \tan\beta) : (1 \mp \tan\alpha\tan\beta).$

Ersetzt man in den Fundamentalformeln unter 4. $\cos\alpha$ durch $\sin\alpha\cot\alpha$ und $\cos\beta$ durch $\sin\beta\cot\beta$, so folgt

$$\cos(\alpha \pm \beta) = \sin\alpha\sin\beta\,(\cot\alpha\cot\beta \mp 1)$$
$$\sin(\alpha \pm \beta) = \sin\alpha\sin\beta\,(\cot\beta \pm \cot\alpha),$$

und durch Division dieser beiden Gleichungen erhält man

b) $$\cot(\alpha \pm \beta) = (\cot\alpha \cot\beta \mp 1) : (\cot\beta \pm \cot\alpha).$$

6. Aus den Fundamentalgleichungen unter 4. folgt durch Addition und Subtraktion:

$$\sin(\alpha + \beta) + \sin(\alpha - \beta) = 2\sin\alpha\cos\beta$$
$$\sin(\alpha + \beta) - \sin(\alpha - \beta) = 2\cos\alpha\sin\beta$$
$$\cos(\alpha + \beta) + \cos(\alpha - \beta) = 2\cos\alpha\cos\beta$$
$$\cos(\alpha + \beta) - \cos(\alpha - \beta) = -2\sin\alpha\sin\beta.$$

Werden diese vier Gleichungen noch durch 2 dividiert, so erhält man:

a) $$\sin\alpha\cos\beta = \frac{1}{2}\sin(\alpha + \beta) + \frac{1}{2}\sin(\alpha - \beta)$$

b) $$\cos\alpha\sin\beta = \frac{1}{2}\sin(\alpha + \beta) - \frac{1}{2}\sin(\alpha - \beta)$$

c) $$\cos\alpha\cos\beta = \frac{1}{2}\cos(\alpha - \beta) + \frac{1}{2}\cos(\alpha + \beta)$$

d) $$\sin\alpha\sin\beta = \frac{1}{2}\cos(\alpha - \beta) - \frac{1}{2}\cos(\alpha + \beta).$$

7. Setzt man in den ersten vier Gleichungen unter 6.

$$\alpha + \beta = x$$
$$\underline{\alpha - \beta = y}$$

dann wird $2\alpha = x + y$, also $\alpha = \frac{1}{2}(x + y)$,

$2\beta = x - y$, also $\beta = \frac{1}{2}(x - y)$,

und man erhält:

a) $$\sin x + \sin y = 2\sin\frac{1}{2}(x + y)\cos\frac{1}{2}(x - y)$$

b) $$\sin x - \sin y = 2\cos\frac{1}{2}(x + y)\sin\frac{1}{2}(x - y)$$

c) $$\cos x + \cos y = 2\cos\frac{1}{2}(x + y)\cos\frac{1}{2}(x - y)$$

d) $$\cos x - \cos y = -2\sin\frac{1}{2}(x + y)\sin\frac{1}{2}(x - y).$$

8. Aus der ersten und fünften Gleichung unter 5. erhält man direkt:

a) $$\tan\alpha \pm \tan\beta = \frac{\sin(\alpha \pm \beta)}{\cos\alpha\cos\beta},$$

b) $$\cot\alpha \pm \cot\beta = \frac{\sin(\beta \pm \alpha)}{\sin\alpha\sin\beta},$$

und die Division dieser beiden Gleichungen ergibt:

c) $$\tan\alpha\tan\beta = \frac{\tan\alpha + \tan\beta}{\cot\alpha + \cot\beta} = -\frac{\tan\alpha - \tan\beta}{\cot\alpha - \cot\beta}$$

d) $$\cot\alpha\cot\beta = \frac{\cot\alpha + \cot\beta}{\tan\alpha + \tan\beta} = -\frac{\cot\alpha - \cot\beta}{\tan\alpha - \tan\beta}.$$

9. Durch Multiplikation von 7. a), b) und 7. c), d) erhält man

$$\sin^2 x - \sin^2 y = 2\sin\frac{1}{2}(x+y)\cos\frac{1}{2}(x+y)\cdot 2\sin\frac{1}{2}(x-y)\cos\frac{1}{2}(x-y)$$

$$\cos^2 x - \cos^2 y = -2\sin\frac{1}{2}(x+y)\cos\frac{1}{2}(x+y)\cdot 2\sin\frac{1}{2}(x-y)\cos\frac{1}{2}(x-y).$$

Wechselt man die Vorzeichen der zweiten dieser Gleichungen und substituiert nach der folgenden Nr. 10a), so vereinfacht sich das Ganze zu

$$\sin^2 x - \sin^2 y = \cos^2 y - \cos^2 x = \sin(x+y)\sin(x-y).$$

10. Formeln für das Zweifache und die Hälfte eines Winkels. Setzt man in den Fundamentalformeln unter 4. $\beta = \alpha$, so ergibt sich:

a) $\sin 2\alpha = 2\sin\alpha\cos\alpha$, oder $\sin\alpha = 2\sin\frac{1}{2}\alpha\cos\frac{1}{2}\alpha$.

b) $\cos 2\alpha = \cos^2\alpha - \sin^2\alpha = 1 - 2\sin^2\alpha = 2\cos^2\alpha - 1;$

$\cos\alpha = 1 - 2\sin^2\frac{1}{2}\alpha = 2\cos^2\frac{1}{2}\alpha - 1.$

Die Ausdrücke hinter dem zweiten und dritten Gleichheitszeichen der Formel b) erhält man durch Addition und Subtraktion von $\sin^2\alpha$ bzw. $\cos^2\alpha$.

Aus 5. a), b) ergibt sich für $\beta = \alpha$:

c) $\tan 2\alpha = 2\tan\alpha : (1 - \tan^2\alpha) = 2 : (\cot\alpha - \tan\alpha)$,

$\tan\alpha = 2\tan\frac{1}{2}\alpha : \left(1 - \tan^2\frac{1}{2}\alpha\right).$

d) $\cot 2\alpha = (\cot^2\alpha - 1) : 2\cot\alpha = \frac{1}{2}\cot\alpha - \frac{1}{2}\tan\alpha$,

$\cot\alpha = \left(\cot^2\frac{1}{2}\alpha - 1\right) : 2\cot\frac{1}{2}\alpha.$

11. Aus 7. c), d) erhält man für $y = 0$:

$$1 + \cos x = 2\cos^2 \frac{1}{2} x \text{ und } 1 - \cos x = 2\sin^2 \frac{1}{2} x \text{ oder:}$$

a) $$\sin \frac{1}{2} x = \sqrt{\frac{1}{2}(1 - \cos x)} = \frac{1}{2}\sqrt{1 + \sin x} - \frac{1}{2}\sqrt{1 - \sin x}$$

b) $$\cos \frac{1}{2} x = \sqrt{\frac{1}{2}(1 + \cos x)} = \frac{1}{2}\sqrt{1 + \sin x} + \frac{1}{2}\sqrt{1 - \sin x}.$$

Die Ausdrücke hinter dem zweiten Gleichheitszeichen beider Formeln ergeben sich durch Substitution von $\sqrt{1 - \sin^2 x}$ für $\cos x$ und Vervollständigung zum Quadrat. Z. B. für a):

$$\frac{1 - \cos x}{2} = \frac{2 - 2\sqrt{1 - \sin^2 x} + \sin x - \sin x}{4}$$

$$= \frac{(1 + \sin x) + (1 - \sin x) - 2\sqrt{1 - \sin^2 x}}{4}$$

$$\sqrt{\frac{1 - \cos x}{2}} = \frac{1}{2}\sqrt{1 + \sin x} - \frac{1}{2}\sqrt{1 - \sin x}.$$

Durch Division von a) durch b) und umgekehrt erhält man

c) $$\tan \frac{1}{2} x = \sqrt{\frac{1 - \cos x}{1 + \cos x}} = \frac{1 - \cos x}{\sin x} = \frac{\sin x}{1 + \cos x}$$

d) $$\cot \frac{1}{2} x = \sqrt{\frac{1 + \cos x}{1 - \cos x}} = \frac{1 + \cos x}{\sin x} = \frac{\sin x}{1 - \cos x}.$$

Die Ausdrücke hinter dem zweiten und dritten Gleichheitszeichen beider Formeln ergeben sich durch Multiplikation von Zähler und Nenner mit $\sqrt{1 - \cos x}$ bzw. $\sqrt{1 + \cos x}$.

12. Nach dem Satz vom Peripheriewinkel (§ 17, 2.) ist im Bild 78: Winkel $CAB = \frac{1}{2}\, COB$ und der Winkel $ACB = 90^0$.

Die Formeln

$$\sin \alpha = 2 \sin \frac{1}{2}\alpha \cos \frac{1}{2}\alpha$$

$$1 + \cos \alpha = 2\cos^2 \frac{1}{2}\alpha$$

$$1 - \cos \alpha = 2\sin^2 \frac{1}{2}\alpha$$

$$\tan \frac{1}{2}\alpha = \frac{1 - \cos \alpha}{\sin \alpha} = \frac{\sin \alpha}{1 + \cos \alpha},$$

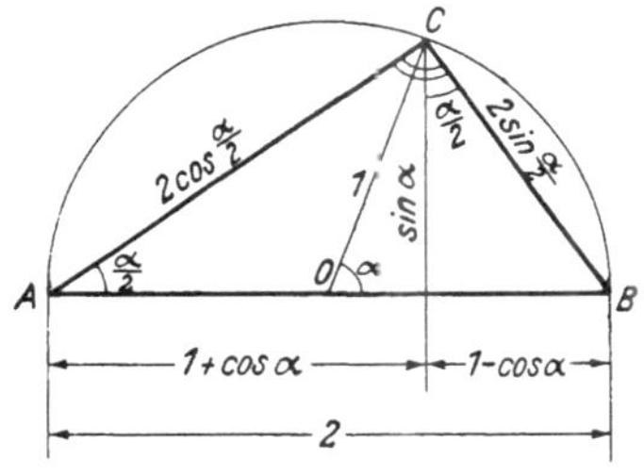

Bild 78

welche unter 10. und 11. aus den Fundamentalformeln der Nr. 4 abgeleitet wurden, lassen sich aus Bild 78 direkt ablesen.

Durch Multiplikation und Division der ersten dieser vier Gleichungen mit $\cos\frac{1}{2}\alpha$ erhält man noch:

a) $$\sin\alpha = \frac{2\tan\frac{1}{2}\alpha}{1+\tan^2\frac{1}{2}\alpha} \qquad \sin 2\alpha = \frac{2\tan\alpha}{1+\tan^2\alpha}$$

und durch Division dieser mit der zweiten Gleichung unter 10. c):

b) $$\cos\alpha = \frac{1-\tan^2\frac{1}{2}\alpha}{1+\tan^2\frac{1}{2}\alpha} \qquad \cos 2\alpha = \frac{1-\tan^2\alpha}{1+\tan^2\alpha}.$$

Die Addition und Subtraktion von 11. a), b) ergibt:

c) $$\sin\frac{1}{2}x \pm \cos\frac{1}{2}x = \pm\sqrt{1\pm\sin x}$$

$$\sin x \pm \cos x = \pm\sqrt{1\pm\sin 2x}.$$

Beachtet man, daß $\frac{1}{2}(90^0 \pm x)$ gleich $\left(45^0 \pm \frac{x}{2}\right)$ ist, so folgt aus 11. c):

d) $$\tan\left(45^0 - \frac{x}{2}\right) = \sqrt{\frac{1-\cos(90^0-x)}{1+\cos(90^0-x)}} = \sqrt{\frac{1-\sin x}{1+\sin x}}$$

$$\tan\left(45^0 + \frac{x}{2}\right) = \sqrt{\frac{1-\cos(90^0+x)}{1+\cos(90^0+x)}} = \sqrt{\frac{1+\sin x}{1-\sin x}}$$

$$\tan^2\left(45^0 \mp \frac{x}{2}\right) = \frac{1\mp\sin x}{1\pm\sin x},$$

eine Formel, welche besonders in der Theorie des Erddruckes Anwendung findet.

Anmerkung: Die unter 4. bis 12. abgeleiteten Formeln bezeichnet man auch als Additionstheoreme. Von ihren vielseitigen Anwendungen bringen die folgenden Nummern 13. 14. 15. einige, welche sich auf das ebene Dreieck beziehen.

13. Die Halbwinkelformeln des Dreiecks. Drückt man im Cosinussatz (§ 22, 4.) $\cos\alpha$ nach 10. b) zuerst durch $\cos\frac{1}{2}\alpha$, dann durch $\sin\frac{1}{2}\alpha$ aus, so erhält man:

$$2bc\left(2\cos^2\frac{1}{2}\alpha - 1\right) = b^2 + c^2 - a^2,$$

$$4\,b\,c\cos^2\frac{1}{2}\alpha = b^2 + c^2 + 2\,b\,c - a^2 = (b+c)^2 - a^2$$
$$= (b+c+a)\,(b+c-a) = 2\,s\cdot 2\,(s-a) = 4\,s\,(s-a),$$
$$2\,b\,c\left(1 - 2\sin^2\frac{1}{2}\alpha\right) = b^2 + c^2 - a^2,$$
$$4\,b\,c\sin^2\frac{1}{2}\alpha = a^2 - b^2 - c^2 + 2\,b\,c = a^2 - (b-c)^2$$
$$= (a-b+c)\,(a+b-c) = 2\,(s-b)\cdot 2\,(s-c)$$
$$= 4\,(s-b)\,(s-c).$$

Es ist also

$$\sin\frac{1}{2}\alpha = \sqrt{\frac{(s-b)\,(s-c)}{b\,c}} \quad \text{und} \quad \cos\frac{1}{2}\alpha = \sqrt{\frac{s\,(s-a)}{b\,c}}.$$

Durch Division dieser beiden Formeln erhält man die unter § 22, 5. direkt abgeleitete Formel für $\tan\frac{1}{2}\alpha$.

14. Die Dreiecksformeln von Mollweide. Nach den letzten beiden Formeln unter 13. ist

$$\cos\frac{1}{2}\alpha\cos\frac{1}{2}\beta = \sqrt{\frac{s\,(s-a)}{b\,c}\cdot\frac{s\,(s-b)}{a\,c}} = \frac{s}{c}\sqrt{\frac{(s-a)\,(s-b)}{a\,b}} = \frac{s}{c}\sin\frac{1}{2}\gamma.$$

Es ergeben sich in dieser Weise die folgenden vier Formeln:

a) $$c\cos\frac{1}{2}\alpha\cos\frac{1}{2}\beta = s\sin\frac{1}{2}\gamma,$$

b) $$c\sin\frac{1}{2}\alpha\sin\frac{1}{2}\beta = (s-c)\sin\frac{1}{2}\gamma,$$

c) $$c\sin\frac{1}{2}\alpha\cos\frac{1}{2}\beta = (s-b)\cos\frac{1}{2}\gamma,$$

d) $$c\cos\frac{1}{2}\alpha\sin\frac{1}{2}\beta = (s-a)\cos\frac{1}{2}\gamma.$$

Mit Beachtung der vierten bzw. dritten Formel unter 4. erhält man hieraus:

$$\text{a)} + \text{b)} = c\left[\cos\left(\frac{1}{2}\alpha - \frac{1}{2}\beta\right)\right]$$
$$= [s + (s-c)]\sin\frac{1}{2}\gamma = (a+b)\cos\frac{1}{2}(\alpha+\beta),$$
$$\text{c)} - \text{d)} = c\left[\sin\left(\frac{1}{2}\alpha - \frac{1}{2}\beta\right)\right]$$
$$= [(s-b) - (s-a)]\cos\frac{1}{2}\gamma = (a-b)\sin\frac{1}{2}(\alpha+\beta),$$

oder

$$\frac{a+b}{c} = \frac{\cos\frac{1}{2}(\alpha-\beta)}{\cos\frac{1}{2}(\alpha+\beta)} \quad \text{und} \quad \frac{a-b}{c} = \frac{\sin\frac{1}{2}(\alpha-\beta)}{\sin\frac{1}{2}(\alpha+\beta)},$$

die unter § 22, 6. direkt abgeleiteten Formeln von Mollweide.

15. Beziehungen zwischen den drei Winkeln eines Dreiecks. Nach dem Sehnensatz § 22, 3. und der Formel 10. a) ist

$$c = 2r\sin\gamma = 4r\sin\frac{1}{2}\gamma\cos\frac{1}{2}\gamma.$$

Mit diesem Wert für c erhält man aus 14. a) und b)

a) $$4\cos\frac{1}{2}\alpha\cos\frac{1}{2}\beta\cos\frac{1}{2}\gamma = \frac{s}{r} = \frac{a+b+c}{2r} = \sin\alpha+\sin\beta+\sin\gamma.$$

b) $$4\sin\frac{1}{2}\alpha\sin\frac{1}{2}\beta\cos\frac{1}{2}\gamma = \frac{s-c}{r} = \frac{a+b-c}{2r} = \sin\alpha+\sin\beta-\sin\gamma.$$

Ferner ist hiernach

$$s = 4r\cos\frac{1}{2}\alpha\cos\frac{1}{2}\beta\cos\frac{1}{2}\gamma;$$

$$s-c = 4r\sin\frac{1}{2}\alpha\sin\frac{1}{2}\beta\cos\frac{1}{2}\gamma;$$

nach § 22, 5. ist

$$\varrho = (s-c)\tan\frac{1}{2}\gamma,$$

also ist auch

$$\varrho = 4r\sin\frac{1}{2}\alpha\sin\frac{1}{2}\beta\sin\frac{1}{2}\gamma.$$

Hieraus ergibt sich

$$\frac{s-a}{\varrho} + \frac{s-b}{\varrho} + \frac{s-c}{\varrho} = \frac{s}{\varrho},$$

oder

c) $$\cot\frac{1}{2}\alpha + \cot\frac{1}{2}\beta + \cot\frac{1}{2}\gamma = \cot\frac{1}{2}\alpha\cot\frac{1}{2}\beta\cot\frac{1}{2}\gamma.$$

Nach 14. a), b), c), d) ist

$$(s-c) : s = \tan\frac{1}{2}\alpha\tan\frac{1}{2}\beta,$$

$$(s-b) : s = \tan\frac{1}{2}\gamma\tan\frac{1}{2}\alpha,$$

$$(s-a) : s = \tan\frac{1}{2}\beta\tan\frac{1}{2}\gamma.$$

Als Summe erhält man

$$\text{d)}\qquad \tan\frac{1}{2}\alpha\tan\frac{1}{2}\beta+\tan\frac{1}{2}\gamma\tan\frac{1}{2}\alpha+\tan\frac{1}{2}\beta\tan\frac{1}{2}\gamma=1.$$

Natürlich lassen sich solche Umformungen in mehr als einer Weise herbeiführen. So erhält man z. B. die letzten beiden Formeln c) und d) direkt aus den Komplementbeziehungen der Winkel und den Formeln 5. a), b) wie folgt:

$$\cot\left(\frac{1}{2}\alpha+\frac{1}{2}\beta\right)=\frac{1}{\cot\frac{1}{2}\gamma}=\frac{\cot\frac{1}{2}\alpha\cot\frac{1}{2}\beta-1}{\cot\frac{1}{2}\beta+\cot\frac{1}{2}\alpha},$$

also

$$\text{c)}\qquad \cot\frac{1}{2}\alpha+\cot\frac{1}{2}\beta+\cot\frac{1}{2}\gamma=\cot\frac{1}{2}\alpha\cot\frac{1}{2}\beta\cot\frac{1}{2}\gamma.$$

$$\tan\left(\frac{1}{2}\alpha+\frac{1}{2}\beta\right)=\frac{1}{\tan\frac{1}{2}\gamma}=\frac{\tan\frac{1}{2}\alpha+\tan\frac{1}{2}\beta}{1-\tan\frac{1}{2}\alpha\tan\frac{1}{2}\beta},$$

also

$$\text{d)}\qquad \tan\frac{1}{2}\alpha\tan\frac{1}{2}\beta+\tan\frac{1}{2}\beta\tan\frac{1}{2}\gamma+\tan\frac{1}{2}\gamma\tan\frac{1}{2}\alpha=1.$$

Ebenso erhält man aus den Supplementbeziehungen der Winkel und den Formeln 5. a), b) die entsprechenden Formeln für ganze Winkel:

$$\tan(\alpha+\beta)=-\tan\gamma=\frac{\tan\alpha+\tan\beta}{1-\tan\alpha\tan\beta},$$

also

$$\text{e)}\qquad \tan\alpha+\tan\beta+\tan\gamma=\tan\alpha\tan\beta\tan\gamma.$$

$$\cot(\alpha+\beta)=-\cot\gamma=\frac{\cot\alpha\cot\beta-1}{\cot\beta+\cot\alpha},$$

also

$$\text{f)}\qquad \cot\alpha\cot\beta+\cot\beta\cot\gamma+\cot\gamma\cot\alpha=1.$$

16. Gradmaß und Bogenmaß eines Winkels. In der Elementarmathematik, sowie bei den meisten praktischen Anwendungen, werden die Winkel in Gradmaß gemessen. Ein Grad (1^0) ist der 180. Teil einer halben Umdrehung und wird in 60 Minuten ($60'$), die Minute in 60 Sekunden ($60''$) geteilt. In der Analysis (höheren Mathematik) ist, aus Gründen der dadurch erzielten allgemeinen Vereinfachungen, das sog. Bogenmaß in Gebrauch, dessen Einheit der Radius ist, also der πte Teil einer halben Umdrehung. Das Verhältnis zwischen Gradmaß und Bogenmaß ist daher

$$\frac{180}{\pi} = 57{,}29\,578 \ldots\ldots,$$

oder nennt man (wie im Englischen) die Einheiten des Bogenmaßes Radians, so ist

$$1 \text{ Radian} = 57^0\,17'44{,}8'' \text{ und } \pi \text{ Radians} = 180^0.$$
$$1^0 = 0{,}01745 \ldots\ldots \text{ Radians},$$
$$1' = 0{,}00029 \ldots\ldots \text{ Radians}.$$

Man hat also die Äquivalente:

Gradmaß . . .	30^0	45^0	60^0	90^0	180^0	270^0	360^0	720^0	usw.
Bogenmaß . .	$\frac{1}{6}\pi$	$\frac{1}{4}\pi$	$\frac{1}{3}\pi$	$\frac{1}{2}\pi$	π	$\frac{3}{2}\pi$	2π	4π	usw.

Arcus, abgekürzt arc, heißt Bogen; arc x heißt Bogen x; arc 30^0 und arc $\frac{1}{6}\pi$ sind also äquivalente Ausdrücke.

17. Formeln für die Arcus der Funktionen. Die Formel $y = \text{arc} \sin x$ (gelesen: Arcus Sinus x) bedeutet: y ist der Bogen des Einheitskreises, dessen Sinus gleich x ist (Bild 79), oder y ist der Winkel im Bogenmaß gemessen, dessen Sinus gleich x ist. Im Englischen schreibt man das $y = \sin^{-1} x$ (gelesen: inverse sine of x), d. h.: $y = \sin^{-1} x$ ist die inverse Funktion von $x = \sin y$.

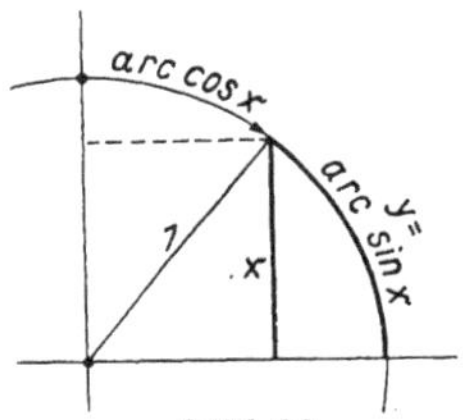

Bild 79

Aus den Bildern 70, 71, 72 der Nr. 2 ergibt sich hiernach ohne weiteres:

a) $\text{arc} \sin x = \text{arc} \cos \sqrt{1 - x^2} = \text{arc} \tan \frac{x}{\sqrt{1 - x^2}} = \frac{\pi}{2} - \text{arc} \cos x.$

b) $\text{arc} \cos x = \text{arc} \sin \sqrt{1 - x^2} = \text{arc} \tan \frac{\sqrt{1 - x^2}}{x} = \frac{\pi}{2} - \text{arc} \sin x.$

c) $\text{arc} \tan x = \text{arc} \sin \frac{x}{\sqrt{1 + x^2}} = \text{arc} \cos \frac{1}{\sqrt{1 + x^2}} = \text{arc} \cot \frac{1}{x}.$

Aus 10. c) und 12. a), b) erhält man:

d) $\text{arc} \tan x = \frac{1}{2} \text{arc} \tan \frac{2x}{1 - x^2} = \frac{1}{2} \text{arc} \sin \frac{2x}{1 + x^2} = \frac{1}{2} \text{arc} \cos \frac{1 - x^2}{1 + x^2}.$

Man beachte, daß die trigonometrischen Funktionen einwertig, ihre Bogen-, Arcus- oder inverse Funktionen aber vielwertig sind; so ist z. B. $\sin 30^0 = 0{,}5$, aber

$$\text{arc} \sin 0{,}5 = 30^0,\quad 150^0,\quad 390^0,\quad 510^0 \;\ldots \text{ in Gradmaß},$$
$$= \frac{1}{6}\pi,\quad \frac{5}{6}\pi,\quad 2\frac{1}{6}\pi,\quad 2\frac{5}{6}\pi \;\ldots \text{ in Bogenmaß}.$$

§ 24. Umformung durch komplexe Zahlen

1. Trigonometrische Form einer komplexen Zahl. Das Folgende ist eine Ergänzung und Fortsetzung des § 5.

Der Winkel, welchen der Radiusvektor r mit der reellen Zahlenlinie einschließt (Bild 1, § 5) und der hier mit φ bezeichnet werden soll, heißt Richtungswinkel (auch Phase, Amplitude, Anomalie, Argument, Azimut, Polarwinkel) von $a + ib$. Weil nun

$$\frac{a}{r} = \cos\varphi \text{ und } \frac{b}{r} = \sin\varphi,$$

oder

$$a = r\cos\varphi \text{ und } b = r\sin\varphi,$$

so hat man

a) $$a + ib = r(\cos\varphi + i\sin\varphi).$$

Diese Darstellungsform ist für das Rechnen mit komplexen Zahlen von großer Bedeutung geworden.

Man beachte noch, daß $\tan\varphi = \frac{b}{a}$ oder $\varphi = \operatorname{arc\,tan}\frac{b}{a}$.

Multiplikation und Division stellen sich nun wie folgt dar:

$$r(\cos\varphi + i\sin\varphi)\cdot r'(\cos\varphi' + i\sin\varphi')$$
$$= rr'[\cos\varphi\cos\varphi' - \sin\varphi\sin\varphi' + i(\sin\varphi\cos\varphi' + \cos\varphi\sin\varphi')]$$
$$= rr'[\cos(\varphi+\varphi') + i\sin(\varphi+\varphi')].$$

Die trigonometrische Form der ersten Gleichung unter § 5, 8. ist

$$\frac{1}{r(\cos\varphi + i\sin\varphi)} = \frac{r(\cos\varphi - i\sin\varphi)}{r^2(\cos^2\varphi + \sin^2\varphi)} = \frac{\cos\varphi - i\sin\varphi}{r},$$

man dividiert also durch die Komplexe $\cos\varphi + i\sin\varphi$, indem man mit ihrer Konjugierten multipliziert, also:

$$r(\cos\varphi + i\sin\varphi) : r'(\cos\varphi' + i\sin\varphi')$$
$$= \frac{r}{r'}(\cos\varphi + i\sin\varphi)(\cos\varphi' - i\sin\varphi')$$
$$= \frac{r}{r'}(\cos\varphi\cos\varphi' + \sin\varphi\sin\varphi') + i(\sin\varphi\cos\varphi' - \cos\varphi\sin\varphi')$$
$$= \frac{r}{r'}[\cos(\varphi-\varphi') + i\sin(\varphi-\varphi')].$$

Für komplexe Zahlen des Moduls 1 und mit Berücksichtigung der Zeichenwechsel ergibt sich somit:

b) $\frac{1}{\cos\varphi \pm i\sin\varphi} = \cos\varphi \mp i\sin\varphi$, also $(\cos\varphi + i\sin\varphi)(\cos\varphi - i\sin\varphi) = 1$.

c) $(\cos\varphi \pm i\sin\varphi)(\cos\varphi' \pm i\sin\varphi') = \cos(\varphi+\varphi') \pm i\sin(\varphi+\varphi')$.

d) $(\cos\varphi \pm i\sin\varphi) : (\cos\varphi' \pm i\sin\varphi') = \cos(\varphi-\varphi') \pm i\sin(\varphi-\varphi')$.

Beachtet man schließlich noch die allgemeineren oder erweiterten Auffassungen für Cosinus und Sinus:

$$\frac{a}{r} = \cos\varphi = \cos(\varphi + k \cdot 360^0) = \cos(\varphi + 2\,k\pi)$$
$$\frac{b}{r} = \sin\varphi = \sin(\varphi + k \cdot 360^0) = \sin(\varphi + 2\,k\pi),$$

worin k immer eine ganze Zahl bedeutet (0, 1, 2, 3 ....), so erhält man aus a), mit Berücksichtigung der Zeichenwechsel, die sog. Normalform einer komplexen Zahl:

e) $$a \pm ib = r\,[\cos(\varphi + 2\,k\,\pi) \pm i\sin(\varphi + 2\,k\,\pi)].$$

2. Die Moivresche Binomialformel. Nach 1. c) ist

$$(\cos x + i\sin x)(\cos y + i\sin y) = \cos(x + y) + i\sin(x + y),$$

ebenso ist

$$[\cos(x + y) + i\sin(x + y)](\cos z + i\sin z) = \cos(x + y + z) + i\sin(x + y + z),$$

usw., also ergibt sich für $x = y = z = \ldots. = \varphi$

$$(\cos\varphi + i\sin\varphi)^m = \cos m\,\varphi + i\sin m\,\varphi;$$

ebenso $$(\cos\varphi - i\sin\varphi)^m = \cos m\,\varphi - i\sin m\,\varphi.$$

Zusammenfassend erhält man

a) $$(\cos\varphi \pm i\sin\varphi)^m = \cos m\,\varphi \pm i\sin m\,\varphi.$$

Dies ist der berühmte Satz von Moivre, gültig für beliebige Werte von m.

Durch Addition und Subtraktion ergibt sich hieraus eine reelle bzw. eine komplexe Zahl:

b) $$(\cos\varphi + i\sin\varphi)^m + (\cos\varphi - i\sin\varphi)^m = 2\cos m\,\varphi;$$

c) $$(\cos\varphi + i\sin\varphi)^m - (\cos\varphi - i\sin\varphi)^m = 2\,i\sin m\,\varphi.$$

Mittels des Moivreschen Satzes erhält man aus 1. a):

d) $$(a + ib)^m = r^m(\cos m\,\varphi + i\sin m\,\varphi)$$

oder allgemeiner, nach 1. e):

e) $$(a \pm ib)^m = r^m[\cos m(\varphi + 2\,k\,\pi) \pm i\sin m(\varphi + 2\,k\,\pi)].$$

Die Formeln zeigen, daß auch die Potenzen und Wurzeln aus komplexen Zahlen wieder komplexe Zahlen sind.

Aus der letzten Formel folgt durch Addition:

$$(a + ib)^{\frac{1}{m}} + (a - ib)^{\frac{1}{m}} = 2\,r^{\frac{1}{m}}\cos\frac{\varphi + 2\,k\,\pi}{m}, \text{ oder}$$

f) $$\sqrt[m]{a + ib} + \sqrt[m]{a - ib} = 2\sqrt[m]{r}\cos\frac{\varphi + 2\,k\,\pi}{m} = u.$$

Für $m = 3$ sollten sich hieraus nur drei Werte für u ergeben, während k die Zahlenreihe 0, 1, 2, 3 .... durchläuft. Dieser scheinbare

Widerspruch verschwindet, wenn man sich klarmacht, daß der Cosinus für $k = 0$ denselben Wert hat als für $k = m$, und daß mit $k = m$ eine neue Periode (ein neuer Kreislauf von 360°) beginnt, worin sich alle Werte wiederholen, ebenso für $k = 2\,m$, usw. Man erhält also alle verschiedenen u-Werte für $k = 0, 1, 2, \ldots. (m - 1)$ oder die 3 gesuchten Werte für $k = 0, 1, 2$. Somit ergeben sich für $m = 3$ die reellen Werte:

$$u_1 = 2\sqrt[3]{r}\cos\frac{\varphi}{3}$$

$$u_2 = 2\sqrt[3]{r}\cos\left(\frac{\varphi}{3} + \frac{2\pi}{3}\right)$$

$$u_3 = 2\sqrt[3]{r}\cos\left(\frac{\varphi}{3} + \frac{4\pi}{3}\right) = 2\sqrt[3]{r}\cos\left(\frac{\varphi}{3} - \frac{2\pi}{3}\right),$$

denn ein Richtungswinkel $+\frac{4\pi}{3}$ (oder eine Linksdrehung von 240°) ist äquivalent dem Richtungswinkel $-\frac{2\pi}{3}$ (oder einer Rechtsdrehung von 120°).

Siehe eine Anwendung im 3. Beispiel § 11, 16., kubische Gleichungen.

3. Weitere Anwendungen des Moivreschen Satzes. Wenn die Lösung der binomischen Gleichung $x^m - a = 0$ einfach mit $x = \sqrt[m]{a}$ angegeben wird, so ist das keine vollständige Lösung, denn die Lehre von den Gleichungen fordert m Wurzeln. Die Auffindung aller m Lösungen wird durch den Moivreschen Satz ermöglicht, wie folgt:

Jede reelle Größe a kann geschrieben werden

$a = a\,(\cos 0^0 + i \sin 0^0)$ oder noch allgemeiner

$a = a\,(\cos k \cdot 360^0 + i \sin k \cdot 360^0) = a\,(\cos 2\,k\pi + i \sin 2\,k\pi)$

(worin $k = 0, 1, 2, 3 \ldots.$), denn jede der Klammergrößen ist gleich 1. Nach dem Moivreschen Satz ist nun

a) $$\sqrt[m]{a} = \sqrt[m]{a}\left(\cos\frac{2\,k\pi}{m} + i \sin\frac{2\,k\pi}{m}\right)$$

und nach der Erklärung unter 2. f) ergeben sich hieraus die m Lösungen.

Aus $x^3 - 1 = 0$ erhält man $x = \cos\frac{k \cdot 360^0}{3} + i \sin\frac{k \cdot 360^0}{3}$, worin $k = 0, 1, 2$, also hat man für die dritten Wurzeln der positiven Einheit:

b) $$x_1 = \cos 0^0 + i \sin 0^0 = 1$$

$$x_2 = \cos 120^0 + i \sin 120^0 = -\frac{1}{2} + \frac{i}{2}\sqrt{3}$$

$$x_3 = \cos 240^0 + i \sin 240^0 = -\frac{1}{2} - \frac{i}{2}\sqrt{3}.$$

Aus $x^3 - a = 0$ ergibt sich

$$x^3 = a \cdot 1,\ x = \sqrt[3]{a} \cdot \sqrt[3]{1}$$

$$x_1 = \sqrt[3]{a}$$

$$x_2 = \sqrt[3]{a}\left(-\frac{1}{2} + \frac{i}{2}\sqrt{3}\right)$$

$$x_3 = \sqrt[3]{a}\left(-\frac{1}{2} + \frac{i}{2}\sqrt{3}\right)$$

Aus $x^3 + 8 = 0$ ergibt sich

$$x_1 = -2$$

$$x_2 = -2\left(-\frac{1}{2} + \frac{i}{2}\sqrt{3}\right)$$

$$x_3 = -2\left(-\frac{1}{2} - \frac{i}{2}\sqrt{3}\right).$$

Siehe eine Anwendung in § 11, 17.

Die dritten Wurzeln der positiven Einheit findet man auch wie folgt:

$$\sqrt[3]{1} = x, \text{ also ist } x^3 - 1 = 0.$$

Nun ist $\quad x^3 - 1 = (x - 1)(x^2 + x + 1)$

und indem man jeden dieser beiden Faktoren $= 0$ setzt, erhält man die drei Wurzeln $x = 1$ und $x = -\frac{1}{2} \pm \frac{1}{2} i\sqrt{3}$.

4. Formeln für die Vielfachen eines Winkels. Nach dem Moivreschen Satz ist

$$\begin{aligned} \cos 2\varphi + i \sin 2\varphi &= (\cos\varphi + i \sin\varphi)^2 \\ &= \cos^2\varphi + 2\cos\varphi\, i \sin\varphi - \sin^2\varphi. \end{aligned}$$

Durch Gleichsetzung der rellen und der imaginären Glieder ergibt sich daraus

a) $$\cos 2\varphi = \cos^2\varphi - \sin^2\varphi,$$

b) $$\sin 2\varphi = 2\cos\varphi \sin\varphi.$$

Ebenso erhält man aus

$$\begin{aligned} \cos 3\varphi + i \sin 3\varphi &= (\cos\varphi + i \sin\varphi)^3 \\ &= \cos^3\varphi + 3\cos^2\varphi\, i \sin\varphi - 3\cos\varphi \sin^2\varphi - i \sin^3\varphi \end{aligned}$$

c) $$\cos 3\varphi = \cos^3\varphi - 3\cos\varphi \sin^2\varphi = 4\cos^3\varphi - 3\cos\varphi,$$

d) $$\sin 3\varphi = 3\cos^2\varphi \sin\varphi - \sin^3\varphi = 3\sin\varphi - 4\sin^3\varphi.$$

Durch Entwicklung nach dem binomischen Satz (§ 2, 3.) ergibt sich in gleicher Weise aus

$$\begin{aligned} \cos n\varphi + i \sin n\varphi &= (\cos\varphi + i \sin\varphi)^n \\ &= \cos^n\varphi + \tbinom{n}{1}\cos^{n-1}\varphi\, i \sin\varphi - \tbinom{n}{2}\cos^{n-2}\varphi \sin^2\varphi - \tbinom{n}{3}\cos^{n-3}\varphi\, i \sin^3\varphi \\ &\quad + \tbinom{n}{4}\cos^{n-4}\varphi \sin^4\varphi + \dots \end{aligned}$$

e) $$\cos n\varphi = \cos^n\varphi - \tbinom{n}{2}\cos^{n-2}\varphi \sin^2\varphi + \tbinom{n}{4}\cos^{n-4}\varphi \sin^4\varphi - \dots$$

f) $$\sin n\varphi = \tbinom{n}{1}\cos^{n-1}\varphi \sin\varphi - \tbinom{n}{3}\cos^{n-3}\varphi \sin^3\varphi + \dots$$

5. Potenzen von Sinus und Cosinus. Aus 4. a) erhält man

a) $$2 \sin^2\varphi = -\cos 2\varphi + 1,$$

b) $$2 \cos^2\varphi = \cos 2\varphi + 1,$$

$$\cos^2 2\varphi = \frac{1}{2}\cos 4\varphi + \frac{1}{2}.$$

Aus 4. c) und 4. d) ergibt sich direkt

c) $$4 \cos^3\varphi = \cos 3\varphi + 3\cos\varphi,$$

d) $$4 \sin^3\varphi = -\sin 3\varphi + 3\sin\varphi.$$

Die zweite Potenz von a) ist

$$4 \sin^4\varphi = \cos^2 2\varphi - 2\cos 2\varphi + 1$$

$$= \frac{1}{2}\cos 4\varphi + \frac{1}{2} - 2\cos 2\varphi + 1, \text{ also ist}$$

e) $$8 \sin^4\varphi = \cos 4\varphi - 4\cos 2\varphi + 3.$$

Die zweite Potenz von *b*) ist

$$4 \cos^4\varphi = \cos^2 2\varphi + 2\cos 2\varphi + 1$$

$$= \frac{1}{2}\cos 4\varphi + \frac{1}{2} + 2\cos 2\varphi + 1, \text{ also ist}$$

f) $$8 \cos^4\varphi = \cos 4\varphi + 4\cos 2\varphi + 3.$$

6. Reihen für Sinus und Cosinus. Ist x der Arcus eines spitzen Winkels, so ist

$$\sin x < x < \tan x,$$

denn das innere Dreieck (Bild 80) ist kleiner als der Sektor, und dieser ist kleiner als das äußere Dreieck. Man erkennt leicht, daß für kleine Winkel $\sin x$, x und $\tan x$ wenig voneinander verschieden sind und $\cos x$ wenig von 1. Für unendlich kleine Winkel kann man $\sin x = x = \tan x$ setzen und $\cos x = 1$.

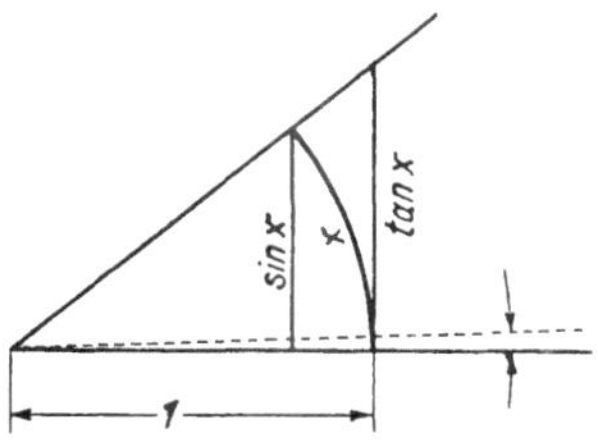

Bild 80

Nach dem Moivreschen Satz ist

$$\cos x + i \sin x = \left(\cos\frac{x}{m} + i \sin\frac{x}{m}\right)^m;$$

ist nun m eine unendlich große Zahl, so ist $\frac{x}{m}$ ein unendlich kleiner Winkel, und es wird daher

$$\cos x + i \sin x = \left(1 + \frac{i x}{m}\right)^m.$$

Das gibt aber nach § 2, 9. die unendliche konvergente Reihe

$$\left(1 + \frac{ix}{m}\right)^m = e^{ix} = 1 + \frac{i x}{1!} - \frac{x^2}{2!} - \frac{i x^3}{3!} + \frac{x^4}{4!} + \frac{i x^5}{5!} - \frac{x^6}{6!} - \frac{i x^7}{7!} + \cdots,$$

und durch Gleichsetzung der reellen und der imaginären Glieder erhält man somit:

a) $$\cos x = 1 - \frac{x^2}{2!} + \frac{x^4}{4!} - \frac{x^6}{6!} + \dots,$$

b) $$\sin x = x - \frac{x^3}{3!} + \frac{x^5}{5!} - \frac{x^7}{7!} + \dots.$$

7. Beziehungen zwischen $\cos x$, $\sin x$ und e^{ix}. Nach Nr. 6 ist

$$\cos x + i \sin x = \left(1 + \frac{i x}{m}\right)^m = e^{ix}.$$

Ebenso wird

$$\cos x - i \sin x = \left(1 - \frac{i x}{m}\right)^m = e^{-ix}.$$

Durch Addition und Subtraktion ergibt sich hieraus

a) $$\cos x = \frac{1}{2}(e^{ix} + e^{-ix}),$$

b) $$\sin x = \frac{1}{2i}(e^{ix} - e^{-ix}).$$

Als Probe der Ableitungen hat man schließlich:

$e^{ix} \cdot e^{iy} = e^{i(x+y)}$ oder $(\cos x + i \sin x)(\cos y + i \sin y)$
$= \cos(x + y) + i \sin(x + y)$,

also

$\cos x \cos y - \sin x \sin y + i(\sin x \cos y + \cos x \sin y)$
$= \cos(x + y) + i \sin(x + y)$,

und durch Gleichsetzung der reellen und der imaginären Glieder dieser Gleichung ergeben sich so wieder die Fundamentalformeln von § 23, 4.

§ 25. Berechnung sphärischer Dreiecke

1. Dreikant und Polardreikant. Drei Ebenen, die sich in einem Punkte schneiden, bilden ein Dreikant, Bild 81. Der Schnittpunkt der drei Ebenen heißt die Spitze oder der Scheitel des Dreikants; die Schnittlinien der drei Ebenen bilden die Kanten. Die ebene Fläche zwischen zwei Kanten heißt eine Seitenfläche, und der Winkel zwischen zwei Kanten heißt eine Seite des Dreikants.

Der Neigungswinkel zweier Seitenflächen heißt ein Kantenwinkel oder kurz ein Winkel des Dreikants. Er wird gemessen durch den Winkel, dessen beide Schenkel rechtwinklig zur Kante sind, dessen Ebene also zur Kante als auch zu den beiden Seitenflächen senkrecht ist.

Fällt man von einem beliebigen Punkte S' im Innern eines Dreikants Lote auf seine drei Seitenflächen, so sind dies die Kanten eines neuen Dreikants, des Polardreikants des ursprünglichen; seine

Seitenflächen sind Winkelflächen des ursprünglichen, Bild 82. Das eine Dreikant ist das Polardreikant des anderen.

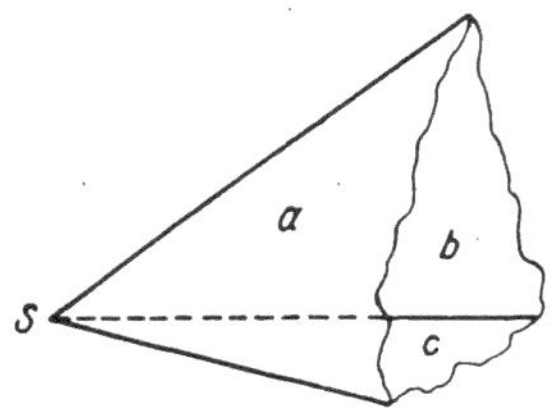

Bild 81

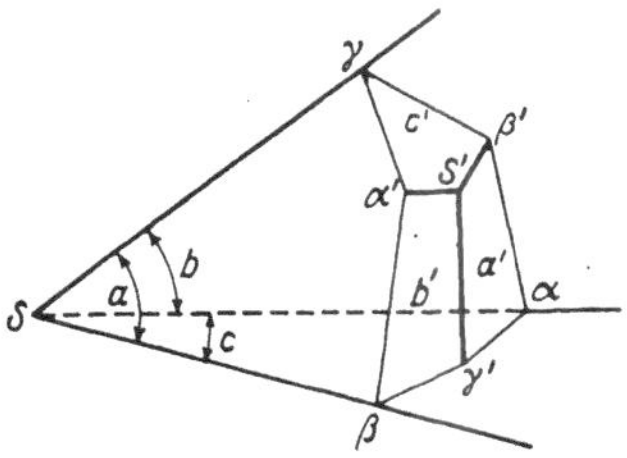

Bild 82

Bezeichnet man die Seitenflächen und zugleich auch die Seiten eines Dreikants mit a, b, c und die den Seiten gegenüberliegenden Winkel bzw. mit α, β, γ; die entsprechenden Bezeichnungen für das zugehörige Polardreikant seien a', b', c' und α', β', γ'; dabei liege α in der Ebene a', β in der Ebene b' und γ in der Ebene c'. So erhält man folgende Beziehungen:

$$a + \alpha' = b + \beta' = c + \gamma' = a' + \alpha = b' + \beta = c' + \gamma = 2R = 180^0,$$

denn jedes dieser Glieder ist die Summe der beiden gegenüberliegenden Winkel eines Vierecks, dessen andere beiden Winkel rechte sind.

2. Das Dreikant und das sphärische Dreieck. Denkt man sich um den Scheitel eines Dreikants als Mittelpunkt mit beliebigem Radius eine Kugel beschrieben, so schließen die Großkreisbögen, in welchen die Seitenflächen des Dreikants die Kugel schneiden, ein sphärisches Dreieck ein. Dies liegt ganz auf der Kugeloberfläche.

Zu einem Polardreikant gehört ebenso ein sphärisches Polardreieck.

Die Großkreisbögen, welche ein sphärisches Dreieck begrenzen, heißen seine Seiten. Sie werden, wie die Seiten des Dreikants, in Graden, Minuten und Sekunden gemessen; die sphärische Längenmessung ist also eine Winkelmessung.

Die Winkel des sphärischen Dreiecks sind den Winkeln seines Dreikants gleich, denn sie werden gemessen durch die Winkel zweier Großkreistangenten an den Ecken. Diese Tangenten aber liegen in den Seitenflächen des Dreikants und stehen auf der Kante senkrecht.

Jedem Dreikant entsprechen unendlich viele sphärische Dreiecke (auf konzentrischen Kugeln), die alle dieselben Seiten und Winkel haben, ohne kongruent zu sein; alle sind ähnliche Dreiecke. Jedem sphärischen Dreieck entspricht ein bestimmtes Dreikant. Man erhält dieses, wenn man die Ecken des Dreiecks mit dem Mittelpunkt der zugehörigen Kugel durch Gerade verbindet.

Ein Dreikant oder ein sphärisches Dreieck heißt rechtwinklig, wenn einer der drei Winkel ein rechter ist; gleichschenklig, wenn zwei Seiten gleich sind; gleichseitig, wenn alle drei Seiten gleich sind.

Da ein sphärisches Dreieck dieselben Seiten und Winkel hat wie das zugehörige Dreikant, so ergeben sich aus den Sätzen über das Dreikant unmittelbar entsprechende für das sphärische Dreieck.

3. Seiten- und Winkelbeziehungen. In jedem Dreikant oder sphärischen Dreieck liegt die Summe der drei Seiten zwischen 0^0 und 360^0. Mit 0^0 wird das Dreikant eine Linie und das sphärische Dreieck ein Punkt auf der Kugel; mit 360^0 wird das Dreikant eine Ebene und das sphärische Dreieck eine Halbkugelfläche. Man hat also mit Beachtung der Formel unter 1:

$$a + b + c + \alpha' + \beta' + \gamma' = 6R \text{ und}$$
$$0 < a + b + c < 4R, \text{ hieraus folgt:}$$
$$2R < \alpha' + \beta' + \gamma' < 6R \text{ oder in Worten:}$$

In jedem Dreikant oder sphärischen Dreieck ist die Summe der drei Winkel größer als $2R$ und kleiner als $6R$. Sie liegt zwischen 180^0 und 540^0.

Mit 180^0 ist das sphärische Dreieck so klein, daß es als ebenes Dreieck betrachtet werden kann; mit 540^0 wird das Dreieck eine Halbkugelfläche und jeder der drei Winkel gestreckt.

4. Sphärischer Exzeß und Flächeninhalt. Der sphärische Exzeß eines sphärischen Dreiecks ist der Überschuß der Winkelsumme über 180^0, er wird gewöhnlich mit ε bezeichnet und in Graden gemessen, es ist also

a) $$\varepsilon^0 = \alpha + \beta + \gamma - 180^0.$$

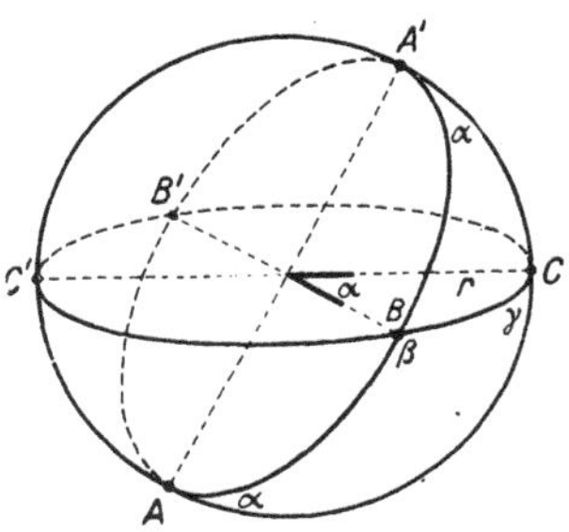

Bild 83

Das Kugelzweieck ist eine sphärische Figur, welche von zwei Großhalbkreisen begrenzt wird, wie $ABA'CA$, Bild 83. Der Winkel α heißt Öffnungswinkel. Der Flächeninhalt ist dem Öffnungswinkel proportional; ist also K die Kugeloberfläche und Z die Kugelzweieckfläche, so hat man

b) $$Z = \frac{\alpha}{360} K = \frac{\alpha}{360} 4 r^2 \pi = \frac{\alpha}{90} \pi r^2.$$

Drei Großkreisebenen teilen die Kugelfläche in 8 sphärische Dreiecke, Bild 83, von welchen jedes Dreieck das Scheiteldreieck des gegenüberliegenden heißt. Scheiteldreiecke sind zueinander symmetrisch; sie sind flächengleich, aber nicht kongruent.

Jedes sphärische Dreieck heißt das Nebendreieck von einem anderen, mit dem es eine Seite gemein hat. Die 3 Nebendreiecke von ABC sind also BCA', CAB', ABC', und die 3 Nebendreiecke von seinem Scheiteldreieck $A'B'C'$ sind $B'C'A$, $C'A'B$, $A'B'C$.

Den Flächeninhalt F eines sphärischen Dreiecks findet man nun nach b) wie folgt:

$$ABC + BCA' = K\alpha : 360$$
$$ABC + CAB' = K\beta : 360$$
$$ABC + ABC' = K\gamma : 360$$
$$ABC + BCA' + CAB' + ABC' = \frac{1}{2}K = \frac{180}{360}K,$$

weil $BCA' = B'C'A$ ist. Subtrahiert man die vierte Gleichung von der Summe der drei ersten, so erhält man mit Beachtung von a)

$$2(ABC) = 2F = \frac{K(\alpha+\beta+\gamma)}{360} - \frac{180}{360}K$$

c) $$F = \frac{K(\alpha+\beta+\gamma-180)}{720} = K\frac{\varepsilon}{720} = \frac{\varepsilon}{180}r^2\pi.$$

Der sphärische Exzeß ε^0 ist also dem Flächeninhalt des Dreiecks proportional.

5. Bestimmung des Polardreiecks auf der Kugel. Der Großkreis hat dieselbe Bedeutung auf der Kugel als die gerade Linie in der Ebene. Unter sphärischer Entfernung zweier Punkte einer Kugelfläche versteht man den kleineren der beiden Bögen des Großkreises der Kugel, der durch die beiden Punkte geht; es ist, auf der Kugelfläche, der kürzeste Weg zwischen zwei Punkten.

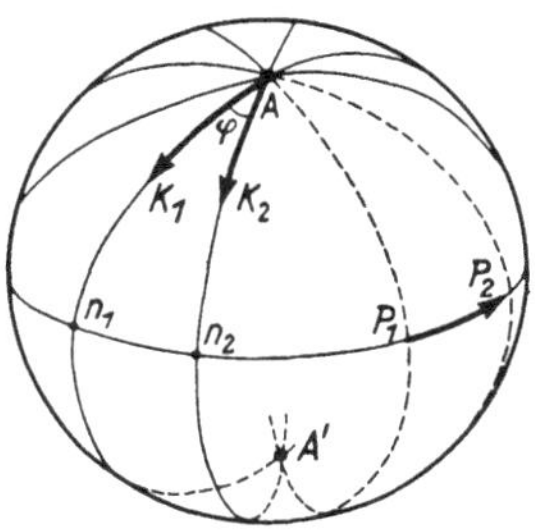

Bild 84

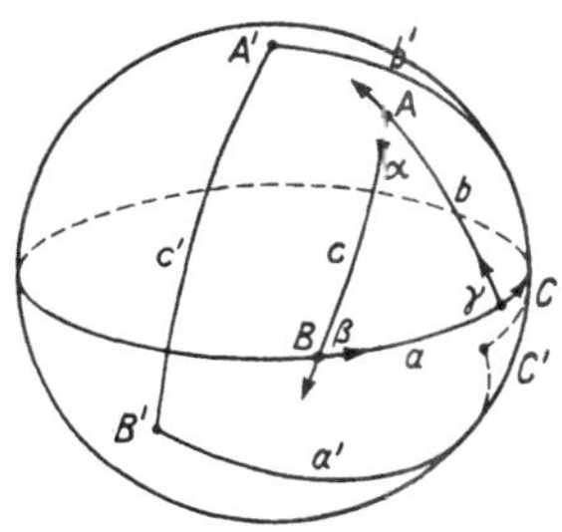

Bild 85

Zwei Großkreise schneiden sich stets in einem Paar AA' von Gegenpunkten, Bild 84, wie beispielsweise alle Meridiane der Erdkugel in den beiden Polen. Diese sind zugleich die sphärischen Mittelpunkte der Parallelkreise, d. h. Punkte, um welche man mit Großkreisbögen als Radien diese Parallelkreise beschreiben kann. Alle

Parallelkreise sind Kleinkreise bis auf den Äquator, der ein Großkreis ist und mit einem Quadranten als Radius beschrieben wird.

Durch zwei Punkte auf der Kugel, die nicht Gegenpunkte sind, geht nur ein Großkreis, und jeder Großkreis hat zwei Pole. Man nennt einen Großkreis auch die Polare seiner Pole. Die Polare ist also der Ort aller Punkte, die von den Polen den sphärischen Abstand 90° haben.

Um die beiden Pole zu unterscheiden, gibt man ihrem Großkreis eine Richtung und nennt dann den Pol zur Linken dieser Richtung den Linkspol und umgekehrt. In Bild 84 sind P_1 und P_2 daher die Linkspole von K_1 und K_2. Der sphärische Abstand $P_1 P_2$ der Pole ist gleich dem Öffnungswinkel φ zwischen ihren Polaren, denn $n_1 P_1 = n_2 P_2 = 90^0$, also $n_1 n_2 = P_1 P_2$.

Beschreibt man nun aus jedem der drei Eckpunkte A, B, C eines sphärischen Dreiecks, Bild 85, mit einem Quadranten als Radius einen Kreis auf der Kugel, so sind die Schnittpunkte A', B', C' dieser drei Kreise der Reihe nach die Linkspole von a, b, c, denn der Umfahrungssinn des Dreiecks ABC ist linksläufig; A' liegt zur Linken von a, B' zur Linken von b, und C' zur Linken von c. Die sphärischen Polabstände a', b', c' sind (nach der Erklärung zu Bild 84) der Reihe nach gleich den Außenwinkeln von α, β, γ, also:

$$a' + \alpha = b' + \beta = c' + \gamma = 2R = 180^0,$$

$A'B'C'$ ist daher, nach den Erklärungen und der Formel unter 1, das Polardreieck von ABC und umgekehrt. Verschiebt man das Polardreikant des Bildes 82 parallel SS', bis S' mit S zusammenfällt, so schneidet es auf der Kugel das Scheiteldreieck des wie in Bild 85 konstruierten Polardreiecks aus.

6. Umkreis und Inkreis sphärischer Dreiecke. Entsprechend den Sätzen über Um- und Inkreis ebener Dreiecke, § 18, 10., kommen hier die folgenden beiden Sätze in Betracht:

Legt man durch die Halbierungslinie jeder Seite eines Dreikants die Ebene senkrecht dazu, so schneiden sich die drei Ebenen in einer Geraden. Diese Gerade ist die Achse des dem Dreikant umschriebenen Kegels, d. h. des durch die drei Kanten gehenden Kegels; der Schnitt dieses Kegels mit einer konzentrischen Kugel ist der Umkreis des sphärischen Dreiecks. (Siehe Bild 32.)

Die drei Ebenen, welche die Winkel eines Dreikants halbieren, schneiden sich in einer Geraden, welche die Achse des dem Dreikant einbeschriebenen, d. h. seine Seiten berührenden Kreiskegels ist; der Schnitt dieses Kegels mit einer konzentrischen Kugel ist der Inkreis des sphärischen Dreiecks. (Siehe Bild 33.)

7. Das rechtwinklige sphärische Dreieck. Die Berechnung sphärischer Dreiecke erfordert keine neuen Funktionen, aber zu den trigonometrischen Funktionen der Winkel α, β, γ treten jetzt noch die trigonometrischen Funktionen der Seiten a, b, c.

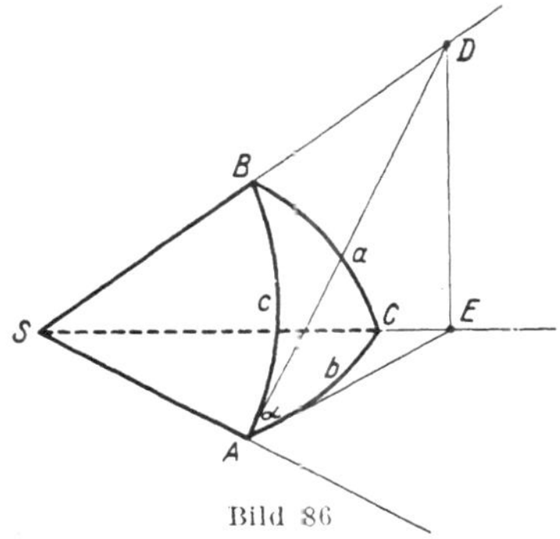

Bild 86

Ist ABC ein bei C rechtwinkliges sphärisches Dreieck (Bild 86) und schneidet man das zugehörige Dreikant mit der Winkelebene α, so ist DE lotrecht zur Ebene SCA, denn auch SCB ist lotrecht zu SCA, weil $\gamma = 90^0$ ist. Es sind also DAS, DES und EAS rechte Winkel, und man erhält somit:

$$SA : SD = \cos c, \quad SE : SD = \cos a, \quad SA : SE = \cos b.$$

Die Identität $\frac{SA}{SD} \cdot \frac{SE}{SE} = (SE : SD)\ (SA : SE)$ zeigt, daß

a) $$\cos c = \cos a \cos b.$$

Diese Formel ergibt die Beziehungen zwischen den drei Seiten und heißt der sphärische Pythagoras.

Beziehungen zwischen einem Winkel und zwei Seiten.

Aus den identischen Gleichungen

$$\frac{AE}{AD} = \frac{AE:SA}{AD:SA}, \qquad \frac{ED}{AD} = \frac{ED:SD}{AD:SD}, \qquad \frac{ED}{EA} = \frac{ED:SE}{EA:SE},$$

ergeben sich ebenso die drei Formeln:

b) $$\cos\alpha = \frac{\tan b}{\tan c}, \qquad \sin\alpha = \frac{\sin a}{\sin c}, \qquad \tan\alpha = \frac{\tan a}{\sin b}.$$

Vertauscht man die Bezeichnungen a und b (und damit auch α und β), so erhält man dementsprechend:

c) $$\cos\beta = \frac{\tan a}{\tan c}, \qquad \sin\beta = \frac{\sin b}{\sin c}, \qquad \tan\beta = \frac{\tan b}{\sin a}.$$

Beziehungen zwischen zwei Winkeln und einer Seite.

Für die erste der Gleichungen b) kann man schreiben:

$$\cos\alpha = \frac{\sin b}{\cos b} \cdot \frac{\cos c}{\sin c} = \frac{\sin b}{\sin c} \cdot \frac{\cos c}{\cos b};$$

durch Substitution aus c) und a) ergibt sich hieraus

d) $$\cos\alpha = \sin\beta \cos a$$

und dementsprechend durch Vertauschung:

e) $$\cos\beta = \sin\alpha \cos b.$$

Aus den dritten der Gleichungen b) und c) erhält man:

$$\cot\alpha \cot\beta = \frac{\sin a}{\tan a} \cdot \frac{\sin b}{\tan b} = \cos a \cos b = \cos c,$$

also

f) $$\cot\alpha = \tan\beta \cos c.$$

Die Napiersche Regel:

Ersetzt man in einem rechtwinkligen sphärischen Dreieck die beiden Katheten a und b durch ihre Komplemente $90^0 - a$ bzw. $90^0 - b$, Bild 87, so ist der Cosinus jedes der fünf Elemente das Produkt

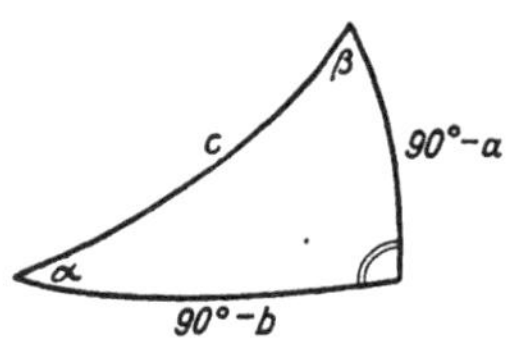

Bild 87

1. der Cotangens der beiden anliegenden,
2. der Sinus der beiden von ihm getrennten Elemente.

Die nach dieser Regel mechanisch niedergeschriebenen Gleichungen sind die obigen 10 Formeln a) bis f), und zwar ordnen sie sich dabei zugleich in zwei Gruppen zu je fünf, wie folgt:

g)$_{1-10}$

$\cos c$	$= \cot\alpha \cot\beta$	$= \cos a \cos b$
$\cos\alpha$	$= \tan b \cot c$	$= \sin\beta \cos a$
$\sin b$	$= \tan a \cot\alpha$	$= \sin\beta \sin c$
$\sin a$	$= \tan b \cot\beta$	$= \sin\alpha \sin c$
$\cos\beta$	$= \tan a \cot c$	$= \sin\alpha \cos b$

Sind zwei der Elemente gegeben, so lassen sich die anderen drei daraus berechnen.

8. Das schiefwinklige sphärische Dreieck. Betrachtet man die Kathete a in Bild 86 als die sphärische Höhe des rechtwinkligen sphärischen Dreiecks, so hat man nach der zweiten Formel 7. b):

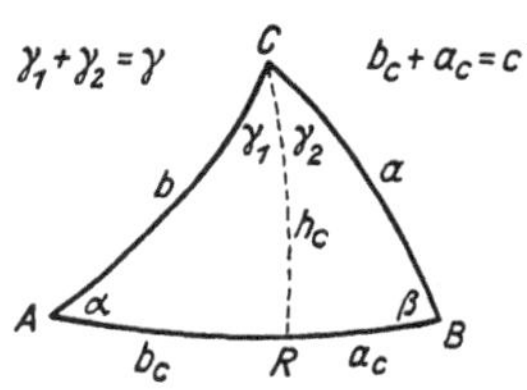

Bild 88

a) Sinus Höhe = Sinus Hypotenuse mal Sinus Gegenwinkel.

Teilt man nun das schiefwinklige sphärische Dreieck ABC, Bild 88, durch einen Großkreisbogen CR in zwei bei R rechtwinklige Dreiecke, so ergeben sich nach a) die beiden Gleichungen:

$$\sin h_c = \sin a \sin\beta = \sin b \sin\alpha$$

und daraus der Sinussatz:

b) $$\sin a : \sin\alpha = \sin b : \sin\beta = \sin c : \sin\gamma,$$

d. h. die Sinus der Seiten verhalten sich wie die Sinus ihrer Gegenwinkel.

Nach 7. a), dem sphärischen Pythagoras, erhält man:

$$\cos a_c \cos h_c = \cos a, \qquad \cos b_c \cos h_c = \cos b.$$

Eliminiert man $\cos h_c$, indem man seinen Wert aus der ersten in die zweite Gleichung einsetzt, so folgt:

$$\cos b_c \cos a = \cos b \cos a_c = \cos b \cos (c - b_c).$$

Wird nun $\cos (c - b_c)$ nach § 23 4. b) entwickelt und beide Seiten der Gleichung noch durch $\cos b_c$ dividiert, so ergibt sich:

$$\cos a = \cos b \cos c + \cos b \sin c \tan b_c.$$

Nach der ersten Formel 7. b) ist aber $\tan b_c = \cos \alpha \tan b = \cos \alpha \cdot \frac{\sin b}{\cos b}$, also erhält man schließlich:

c) $$\cos a = \cos b \cos c + \sin b \sin c \cos \alpha.$$

Dies ist der erste Cosinussatz. Nach Bild 82 und der Formel unter 1 sowie nach Nr. 5 hat jedes sphärische Dreieck die Supplemente der Seiten seines Polardreiecks zu Winkeln und die Supplemente der Winkel seines Polardreiecks zu Seiten. Mit der Beachtung, daß die Cosinus der Supplemente negativ einzusetzen sind, ergibt sich somit aus der letzten Formel:

d) $$\cos \alpha = - \cos \beta \cos \gamma + \sin \beta \sin \gamma \cos a.$$

Dies ist der zweite Cosinussatz. Man sagt: d) ist die polare Formel zu c), und umgekehrt, oder d) entsteht aus c) durch Polarisation (Übergang zum Polardreieck), und umgekehrt.

Der erste Cosinussatz für β ist

$$\cos b = \cos a \cos c + \sin a \sin c \cos \beta.$$

Eliminiert man $\cos a$ aus dieser Gleichung, indem man seinen Wert aus c) einsetzt, beachtet, daß $\cos b\,(1 - \cos^2 c) = \cos b \sin^2 c$ ist und noch mit $\sin c$ dividiert, so erhält man die Cosinusformel:

e) $$\cos b \sin c = \sin a \cos \beta + \sin b \cos c \cos \alpha.$$

Die polare Formel dazu ist

f) $$\cos \beta \sin \gamma \quad \sin \alpha \cos b - \sin \beta \cos \gamma \cos a.$$

Dividiert man c) durch $\sin b$ und ersetzt dann $\sin a : \sin b$ durch $\sin \alpha : \sin \beta$, so ergibt sich der Cotangenssatz:

g) $$\sin c \cot b - \sin \alpha \cot \beta = \cos c \cos \alpha.$$

9. Die halben Winkel und Seiten. Man setze zur Abkürzung, wie für das ebene Dreieck, auch hier:

$$a + b + c = 2s \text{ oder } s = \frac{1}{2}(a + b + c).$$

Drückt man nun im ersten Cosinussatz $\cos \alpha$ nach § 23, 10. b) zuerst durch $\cos \frac{1}{2}\alpha$, dann durch $\sin \frac{1}{2}\alpha$ aus, so erhält man, ganz analog wie unter § 23, 13. und mit Beachtung von § 23, 7. d):

$$\sin b \sin c \left(2\cos^2 \frac{1}{2}\alpha - 1\right) = \cos a - \cos b \cos c,$$

$$\begin{aligned} 2 \sin b \sin c \cos^2 \frac{1}{2} a &= \cos a - \cos b \cos c + \sin b \sin c \\ &= \cos a - \cos (b + c) \\ &= -2 \sin \frac{1}{2}(a + b + c) \sin \frac{1}{2}(a - b - c) \\ &= 2 \sin s \sin (s - a). \end{aligned}$$

$$\sin b \sin c \left(1 - 2\sin^2 \frac{1}{2}\alpha\right) = \cos a - \cos b \cos c,$$

$$\begin{aligned} 2 \sin b \sin c \sin^2 \frac{1}{2} \alpha &= -\cos a + \cos b \cos c + \sin b \sin c \\ &= -\cos a + \cos (b - c) \\ &= -2 \sin \frac{1}{2}(b - c + a) \sin \frac{1}{2}(b - c - a) \\ &= 2 \sin (s - b) \sin (s - c). \end{aligned}$$

a) $\quad \cos \frac{1}{2}\alpha = \sqrt{\frac{\sin s \sin (s-a)}{\sin b \sin c}}, \quad \sin \frac{1}{2}\alpha = \sqrt{\frac{\sin (s-b) \sin (s-c)}{\sin b \sin c}}.$

Setzt man ferner $\alpha + \beta + \gamma = 2\,\sigma$ und in bezug auf das Polardreieck $a' + b' + c' = 2\,s'$, so ist (nach der Formel unter 1.)

$$\begin{aligned} &2\,s' + 2\,\sigma = 6\,R = 540^0. \\ &s' + \sigma = 270^0 \text{ und} \\ &s' - a' + \sigma - \alpha = 270^0 - 180^0 = 90^0. \end{aligned}$$

Für die Polarisation hatte man bisher (nach der Formel unter 1.) $a + \alpha' = b + \beta' = c + \gamma' = 180^0$, bei der Vertauschung kamen also die Supplemente in Betracht; für halbe Winkel und Seiten hat man demnach $\frac{1}{2}a + \frac{1}{2}\alpha' = \frac{1}{2}b + \frac{1}{2}\beta' = \frac{1}{2}c + \frac{1}{2}\gamma' = 90^0$, und es kommen bei Vertauschung dieser die Komplemente in Betracht; ebenso für $(s' - a') + (\sigma - \alpha)$ wie für $s' + \sigma$. Im letzten Falle tritt außerdem Zeichenwechsel ein, denn $\sin s' = \sin\,(270 - \sigma) = -\cos \sigma$. Hiernach erhält man nun aus a) die Polarformeln:

b) $\sin \frac{1}{2} a = \sqrt{\frac{-\cos \sigma \cos (\sigma - \alpha)}{\sin \beta \sin \gamma}}, \quad \cos \frac{1}{2} a = \sqrt{\frac{\cos (\sigma - \beta) \cos (\sigma - \gamma)}{\sin \beta \sin \gamma}}.$

Die Division der beiden Formeln a) und der beiden Formeln b) gibt $\tan \frac{1}{2}\alpha$ bzw. $\cot \frac{1}{2} a$, also:

c) $\tan \frac{1}{2}\alpha = \sqrt{\frac{\sin (s-b) \sin (s-c)}{\sin s \sin (s-a)}}, \quad \cot \frac{1}{2} a = \sqrt{\frac{\cos (\sigma - \beta) \cos (\sigma - \gamma)}{-\cos \sigma \cos (\sigma - \alpha)}}$

und als Probe findet man die eine aus der anderen wieder durch Polarisation.

Da alle Seiten und Winkel konkav, ihre Hälften also spitz sind, gelten nur die positiven Wurzelwerte.

Die Formeln c) eignen sich besonders zur numerischen Berechnung eines Winkels aus den 3 Seiten und einer Seite aus den 3 Winkeln. Setzt man noch

$$\sqrt{\sin(s-a)\sin(s-b)\sin(s-c):\sin s} = k$$

und

$$\sqrt{\cos(\sigma-\alpha)\cos(\sigma-\beta)\cos(\sigma-\gamma):-\cos\sigma} = \varkappa,$$

so wird

d) $$\tan\frac{1}{2}\alpha = \frac{k}{\sin(s-a)} \text{ und } \cot\frac{1}{2}a = \frac{\varkappa}{\cos(\sigma-\alpha)}$$

und hiermit die logarithmische Rechnung für 3 Seiten bzw. 3 Winkel weiter verkürzt.

10. Die Formeln von Mollweide und Napier. Ganz analog wie unter § 23, 14. erhält man aus 9. a):

$$\cos\frac{1}{2}\alpha\cos\frac{1}{2}\beta = \sqrt{\frac{\sin s\sin(s-a)}{\sin b\sin c}\cdot\frac{\sin s\sin(s-b)}{\sin a\sin c}}$$

$$= \frac{\sin s}{\sin c}\sqrt{\frac{\sin(s-a)\sin(s-b)}{\sin a\sin b}} = \frac{\sin s}{\sin c}\sin\frac{1}{2}\gamma;$$

hieraus a) und ebenso b), c), d):

a) $$\sin c\cos\frac{1}{2}\alpha\cos\frac{1}{2}\beta = \sin s\sin\frac{1}{2}\gamma,$$

b) $$\sin c\sin\frac{1}{2}\alpha\sin\frac{1}{2}\beta = \sin(s-c)\sin\frac{1}{2}\gamma,$$

c) $$\sin c\sin\frac{1}{2}\alpha\cos\frac{1}{2}\beta = \sin(s-b)\cos\frac{1}{2}\gamma,$$

d) $$\sin c\cos\frac{1}{2}\alpha\sin\frac{1}{2}\beta = \sin(s-a)\cos\frac{1}{2}\gamma.$$

Die Subtraktion a) — b) ergibt nun, unter Beachtung von § 23, 4. b), § 23, 10. a) und § 23, 7. b):

$$\sin c\cos\frac{1}{2}(\alpha+\beta) = \left(\sin s - \sin(s-c)\right)\sin\frac{1}{2}\gamma,$$

$$2\sin\frac{1}{2}c\cos\frac{1}{2}c\cos\frac{1}{2}(\alpha+\beta) = 2\cos\frac{1}{2}(s+s-c)\sin\frac{1}{2}(s-s+c)\sin\frac{1}{2}\gamma$$

$$= 2\cos\frac{1}{2}(a+b)\sin\frac{1}{2}c\sin\frac{1}{2}\gamma.$$

Hieraus erhält man e), und ebenso ergeben a) + b), c) + d), c) — d) bzw. die Formeln f), g), h):

e) $$\cos\frac{1}{2}(\alpha+\beta)\cos\frac{1}{2}c = \cos\frac{1}{2}(a+b)\sin\frac{1}{2}\gamma,$$

f) $$\cos\frac{1}{2}(\alpha-\beta)\sin\frac{1}{2}c = \sin\frac{1}{2}(a+b)\sin\frac{1}{2}\gamma,$$

g) $$\sin\frac{1}{2}(\alpha+\beta)\cos\frac{1}{2}c = \cos\frac{1}{2}(a-b)\cos\frac{1}{2}\gamma,$$

h) $$\sin\frac{1}{2}(\alpha-\beta)\sin\frac{1}{2}c = \sin\frac{1}{2}(a-b)\cos\frac{1}{2}\gamma.$$

Diese Formeln sind gleichzeitig und unabhängig auch von Gauß entdeckt worden und werden daher auch Gaußsche Formeln genannt.

Die Divisionen g) : e), h) : f), f) : e), h) : g) geben schließlich noch vier weitere Formeln, die sog. Neperschen Analogien.

i) $$\tan\frac{1}{2}(\alpha+\beta) : \cot\frac{1}{2}\gamma = \cos\frac{1}{2}(a-b) : \cos\frac{1}{2}(a+b),$$

k) $$\tan\frac{1}{2}(\alpha-\beta) : \cot\frac{1}{2}\gamma = \sin\frac{1}{2}(a-b) : \sin\frac{1}{2}(a+b),$$

l) $$\tan\frac{1}{2}(a+b) : \tan\frac{1}{2}c = \cos\frac{1}{2}(\alpha-\beta) : \cos\frac{1}{2}(\alpha+\beta),$$

m) $$\tan\frac{1}{2}(a-b) : \tan\frac{1}{2}c = \sin\frac{1}{2}(\alpha-\beta) : \sin\frac{1}{2}(\alpha+\beta).$$

Sind 3 Elemente eines schiefwinkligen sphärischen Dreiecks gegeben, so lassen sich die anderen 3 Elemente nach den Formeln unter 8. bis 10. in verschiedener Weise berechnen.

11. Schema für durchgehende logarithmische Rechnung:

Gegeben	Auflösung nach Formel:
$a \quad b \quad c$	9. a) oder 9. c) oder 9. d)
$\alpha \quad \beta \quad \gamma$	9. b) oder 9. c) oder 9. d)
$\alpha \quad \beta \quad c$	$\frac{a+b}{2}$ und $\frac{a-b}{2}$ aus 10. l) bzw. 10. m), dann γ aus 8. b)
$a \quad b \quad \gamma$	$\frac{\alpha+\beta}{2}$ und $\frac{\alpha-\beta}{2}$ aus 10. i) bzw. 10. k), dann c aus 8. b)
$a \quad b \quad \alpha$	β aus 8. b), dann γ und c aus 10. i) — m)
$\alpha \quad \beta \quad a$	b aus 8. b), dann c und γ aus 10. i) — m)

D. Analytische Geometrie

§ 26. Koordinaten und grundlegende Methoden

1. Einleitendes.

Die analytische Geometrie handelt wie die Elementargeometrie von den Eigenschaften (Gestalt, Größe, Lage) ebener und räumlicher Gebilde. Sie unterscheidet sich von der Elementargeometrie nicht nur dadurch, daß sie auch die Lehren der Trigonometrie verwendet, sondern hauptsächlich durch eine viel ausgedehntere Anwendung der Algebra. Sie führt zu geometrischen Beziehungen und Wahrheiten durch rein algebraische Operationen und eignet sich besonders zur Untersuchung komplizierterer Gebilde, namentlich von Kurven und Flächen, deren Betrachtung auf dem elementaren Wege der Konstruktion zu schwierig wäre.

Die Methoden der analytischen Geometrie lassen sich in zwei Gruppen teilen:

(1). solche, mittels welcher die Lage jedes Punktes durch geometrische Bestimmungsstücke, Koordinaten genannt, festgelegt wird, und

(2.) solche, mittels welcher die Eigenschaften geometrischer Gebilde durch Gleichungen, in denen die geometrischen Bestimmungsstücke enthalten sind, dargestellt werden.

Je nachdem nun sämtliche Punkte eines Gebildes und deren Koordinaten der Ebene oder dem Raume angehören, unterscheidet man die analytische Geometrie der Ebene und die des Raumes. Zwischen beiden kann man noch die analytische Geometrie einer krummen Fläche einschalten, die von solchen Punkten, Koordinaten und Figuren handelt, welche sämtlich einer krummen Fläche (z. B. einer Kugelfläche) angehören.

Die Art und Weise, wie man die Lage eines Punktes bestimmt, ist willkürlich und meistens dem Zwecke, den man verfolgt, angepaßt. Ein bekanntes Beispiel ist die Bestimmung eines Ortes auf der Erdkugel durch seine beiden Kugelflächenkoordinaten, d. h. durch Meridian und Breitenkreis.

Koordinaten sind die charakteristischen Operationselemente der analytischen Geometrie, welche daher auch oft Koordinatengeometrie genannt wird.

Für Lagenbestimmungen der Ebene und des Raumes bedient man sich am häufigsten der Parallelkoordinaten und der Polarkoordinaten.

2. Parallelkoordinaten der Ebene.

Um die Lage eines Punktes zunächst in einer Ebene durch Parallelkoordinaten festzulegen, zieht man in dieser zwei sich unter beliebigem Winkel schneidende gerade Linien, die sog. Koordinatenachsen, deren Durchschnittspunkt der Koordinatenanfangspunkt oder Ursprung des Koordinatensystems heißt. Bezeichnet man die beiden Achsen mit X und Y, gibt jeder einen Richtungssinn (vom Ursprung nach einer Seite positiv, entgegengesetzt negativ) und projiziert nun einen Punkt P der Ebene parallel zur Y-Achse auf die X-Achse und parallel zur X-Achse auf die Y-Achse, Bild 89, so sind $OQ = RP = x$ und $OR = QP = y$ die Parallelkoordinaten des Punktes P. Man nennt auch OQ die Abszisse, QP die Ordinate des Punktes P, und dementsprechend gebraucht man dann die Namen Abszissenachse und Ordinatenachse.

Das in Bild 89 dargestellte Koordinatensystem ist schiefwinklig. Wäre der Winkel $\omega = \frac{\pi}{2} = 90^0$, so hätte man ein rechtwinkliges oder Cartesisches Koordinatensystem (nach R. Descartes benannt, der als Begründer der analytischen Geometrie gilt). Rechtwinklige Koordinaten wurden bisher schon verschiedentlich benutzt zur geometrischen Darstellung von Zahlenbegriffen, numerischen Gleichungen, Funktionen usw., so in Bild 1 zur Erklärung der komplexen Zahlen; in Bild 2 zur Erklärung der Logarithmen; in Bild 3, 4, 5 und 7 zur Konstruktion von Bildern numerischer Gleichungen dritten und höheren Grades; in Bild 10 zur Veranschaulichung der gesetzmäßigen Annäherung zwischen Wahrscheinlichkeit und Wirklichkeit; in Bild 42 zur Schwerpunktbestimmung einer Fläche; im § 21, 4. zur Erklärung der Vorzeichen von Sinus und Cosinus in den vier Quadranten und damit der Vorzeichen aller anderen trigonometrischen Funktionen; in Bild 61 zur Darstellung der sechs Funktionskurven für sin, cos, tan, cot, sec und cosec in den vier Quadranten.

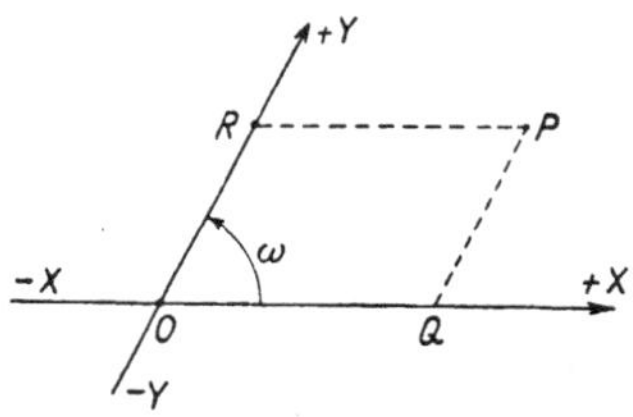

Bild 89

Sind die Koordinaten x, y und x_1, y_1, zweier Punkte P und P_1 gegeben, Bild 90, so ist die Entfernung $PP_1 = \sqrt{(x_1 - x)^2 + (y_1 - y)^2}$, auch läßt sich der Winkel φ bestimmen, welchen die Strecke PP_1 mit der positiven Richtung der X-Achse bildet, denn

$$\tan\varphi = \frac{P_1A}{PA} = \frac{y_1 - y}{x_1 - x}.$$

Mittels dieser Formel kann man durch bloße Rechnung die Frage beantworten, ob drei Punkte, P, P_1, P_2, deren Koordinaten bzw. x/y, x_1/y_1 und x_2/y_2 sind, auf einer Geraden liegen. Ist dies der Fall, so müssen die Strecken PP_1 und P_1P_2 offenbar dieselbe Richtung haben, d. h. denselben Winkel mit der positiven x-Achse bilden, also muß die Beziehung gelten

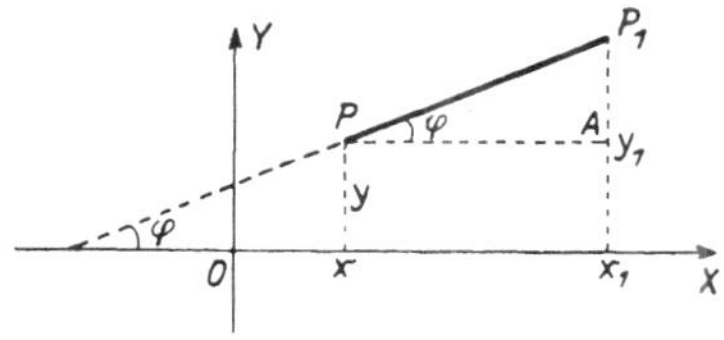

Bild 90

$$\frac{y_1 - y}{x_1 - x} = \frac{y_2 - y_1}{x_2 - x_1}.$$

Für die drei Punkte P (4/13), P_1 (2/8) und P_2 (6/18) ergibt sich z. B.:

$$\frac{8-13}{2-4} = \frac{18-8}{6-2} = \frac{5}{2} \text{ sowie die Probe } \frac{18-13}{6-4} = \frac{5}{2},$$

die drei Punkte liegen also auf einer Geraden.

3. Inverse Funktionen und Funktionskurven.

$$y = a^x, \quad x = {}^a\log y, \quad y = {}^a\log x.$$

In dem ersten dieser drei Ausdrücke erscheint y als Funktion von x, oder y erscheint als von x abhängig, hier heißt daher y die abhängige und x die unabhängige Variable (Veränderliche). Drückt man nun x in Werten von y aus, wie im zweiten der obigen drei Ausdrücke, so ist

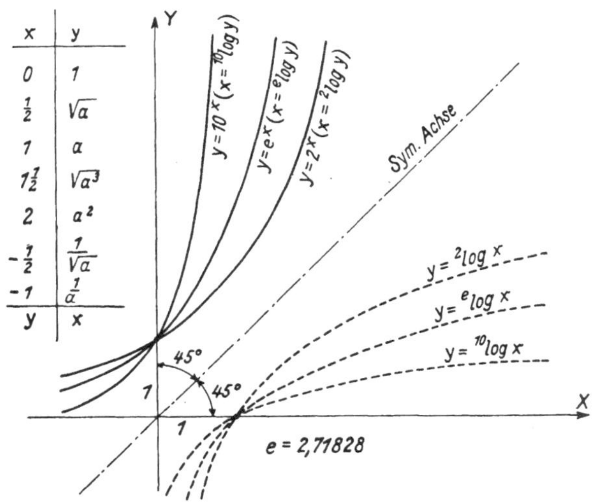

Bild 91

jetzt umgekehrt x die abhängige und y die unabhängige Variable. Die Koordinaten der Funktionskurven, also auch die Funktionskurven selbst, sind bei dieser Umkehrung unverändert geblieben, um jedoch x wieder als unabhängige Variable zu erhalten, vertauscht man schließlich noch x und y und erhält so den dritten der obigen Ausdrücke. Die Koordinaten der Funktionskurven sind jetzt vertauscht und damit die Lage der Funktionskurve zu den Koordinatenachsen; die neue Lage ist also symmetrisch zur ersten (und zweiten) mit der Halbierungslinie des Winkels zwischen den Achsen als Symmetrieachse. Der zweite und dritte

x	y
-1	$3\frac{1}{2}$
0	4
1	$4\frac{1}{2}$
2	5
3	$5\frac{1}{2}$
4	6
y	x

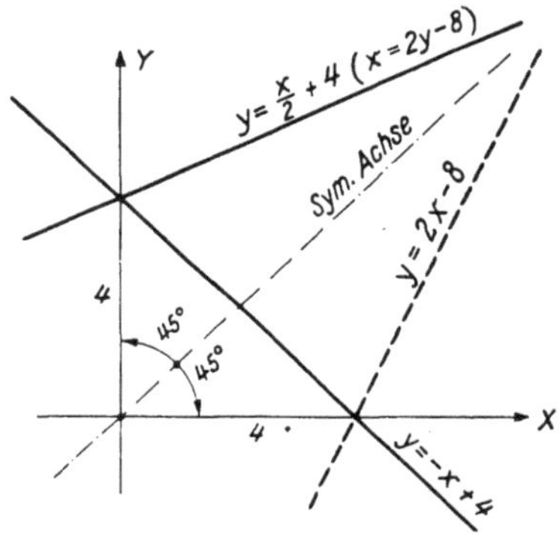

Bild 92

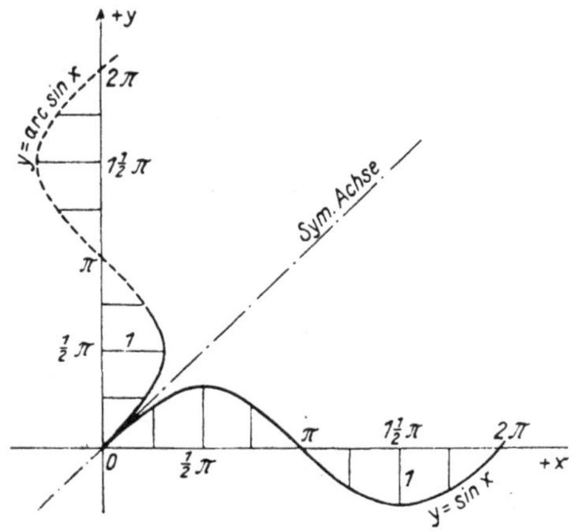

Bild 93

Ausdruck heißen **inverse Funktionen** des ersten, obgleich nur der dritte Ausdruck eine inverse Funktionskurve liefert.

Nimmt man für a nacheinander die Zahlenwerte 2, 10 und $e = 2{,}72$, so erhält man mittels der danach berechneten Koordinaten die in Bild 91 dargestellten drei **Exponentialkurven** sowie ihre Inversen, die drei **Logarithmenkurven**.

Die Funktion ersten Grades, $y = ax + b$, ergibt für $a = \frac{1}{2}$ und $b = 4$ die in Bild 92 dargestellte Kurve und ihre Inverse. Man erkennt leicht, daß in diesem Falle die Funktionskurven gerade Linien sein müssen, welche für alle Werte von a, solange b unverändert bleibt, durch ein und denselben Punkt der y-Achse gehen, sowie ihre Inversen durch den dazu symmetrisch gelegenen Punkt der x-Achse.

Ändert sich eine Funktion nicht, wenn man x und y vertauscht, so sagt man, sie ist sich **selbstinvers**. So erhält man im vorliegenden Falle für $a = -1$ nur eine Linie, $y = -x + 4$, Bild 92, sie ist sich selbstinvers, ihre Lage ist symmetrisch zur Symmetrieachse des Systems.

Von den drei Ausdrücken

$$y = \sin x \qquad x = \text{arc} \sin y \qquad y = \text{arc} \sin x$$

sind wieder der zweite und dritte inverse Funktionen des ersten. Der erste und zweite Ausdruck geben ein und dieselbe Kurve, der dritte die

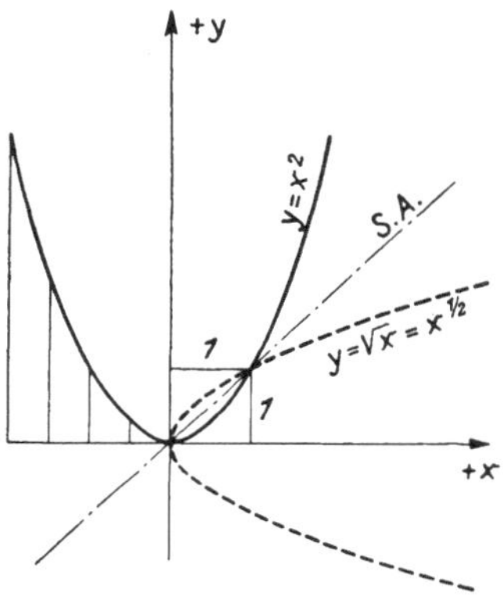

Bild 94

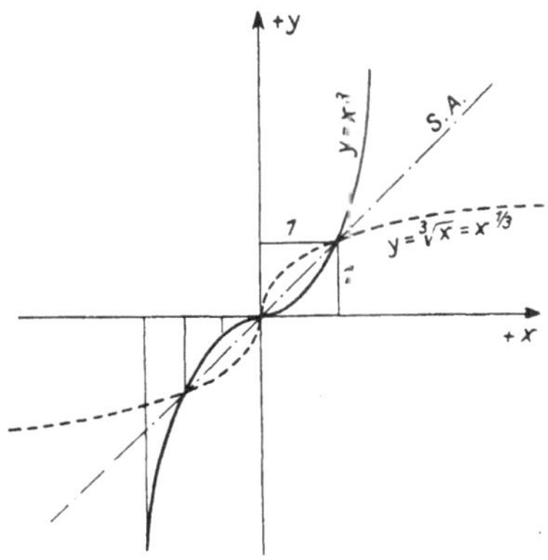

Bild 95

inverse, die Arcussinuslinie, Bild 93. Nach § 21, 7., Bild 61, und § 23, 17. kann man ebenso, nämlich durch Inversion um die Symmetrieachse, aus den übrigen trigonometrischen Linien die der Arcus- oder zyklometrischen Funktionen bestimmen.

Die Inversion der Kurven beruht natürlich auf Gegenseitigkeit, doch führen sie nicht immer verschiedene Namen. So sind z. B. die

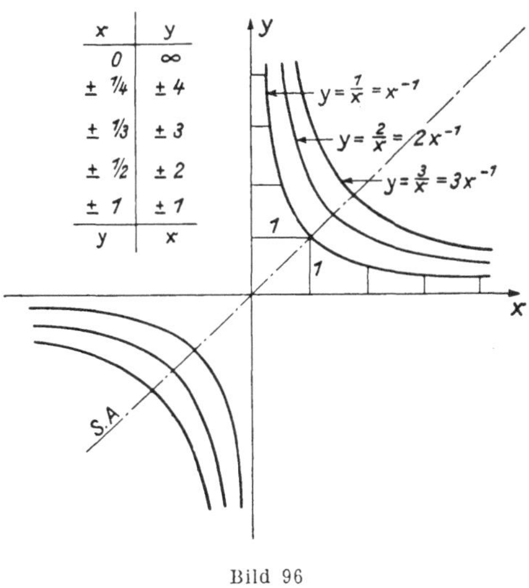

Bild 96

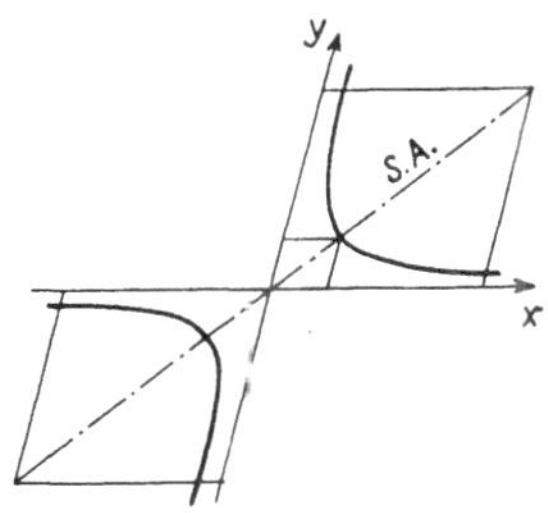

Bild 97

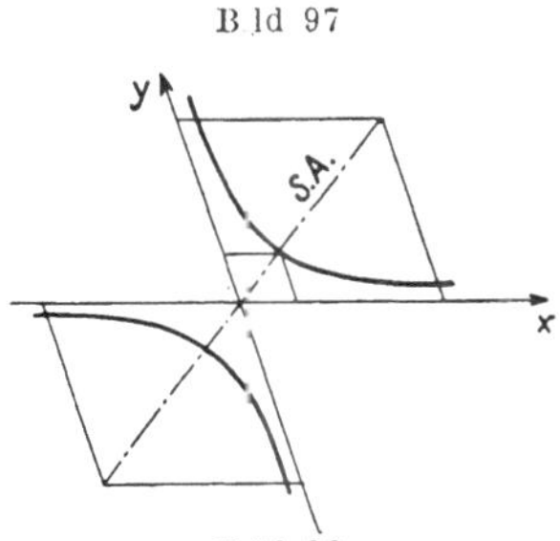

Bild 98

beiden Kurven des Bildes 94 zueinander invers, beide gehören zur Familie der Parabeln, die eine hat die y-Achse zur Parabelachse, die andere die x-Achse. Ebenso verhält es sich mit den beiden Kurven des Bildes 95, beide sind zueinander invers und sog. kubische Parabeln. Jede der drei Kurven des Bildes 96 hat einen getrennten Verlauf im ersten und dritten Quadranten, man nennt sie gleichseitige Hyperbeln zum Unterschied von den Hyperbeln der Bilder 97 und 98. Jede dieser Kurven ist sich selbstinvers, denn die Halbierungslinie der Quadranten ist zugleich eine Symmetrieachse der Kurven. In Bild 97 und 98 wurden die in Bild 96 gegebenen Koordinatenwerte als schiefwinklige Koordinaten benutzt. Die beiden Kurven in Bild 99, welche wieder zueinander invers sind, führen wohl keinen besonderen Namen, aber sie gehören zu derselben Gattung von Kurven wie die der Bilder 94, 95 und 96, mit der gemeinsamen Funktion $y = x^n$, der Potenzfunktion. Diese Funktion ist, ihres außerordentlich häufigen Auftretens wegen, die wichtigste der ganzen Analysis. Je nachdem n positiv oder negativ ist, spricht man auch wohl von einem parabolischen bzw. hyperbolischen Typus der Funktion, danach hätte man in Bild 99 zwei zueinander inverse Potenzlinien hyperbolischen Typs. Für $n = 1$, also $y = x$, erhält man die Symmetrieachse selbst.

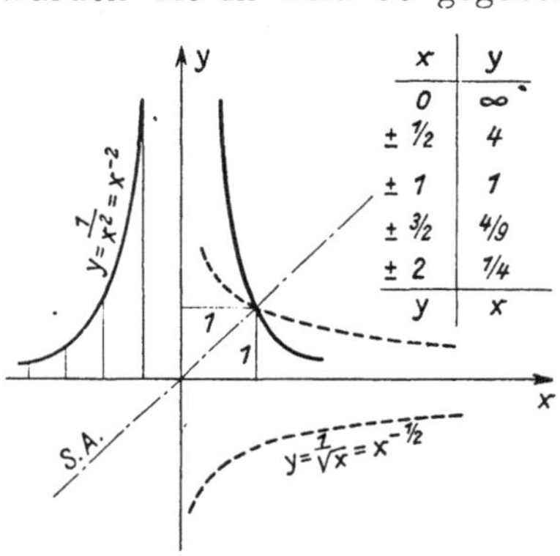

Bild 99

4. Einfache Gleichungen ebener Gebilde.

Bisher wurden immer nur von gegebenen Funktionen die Koordinaten berechnet und zur Konstruktion der Funktionsbilder benutzt; jetzt soll ein umgekehrter Weg eingeschlagen werden, aus gegebenen oder bedingten Eigenschaften einer Kurve die Funktion zu bestimmen, d. h. eine Gleichung, die für jeden beliebigen Punkt (den allgemeinen Punkt) der Kurve Gültigkeit hat und die Gleichung der Kurve genannt wird.

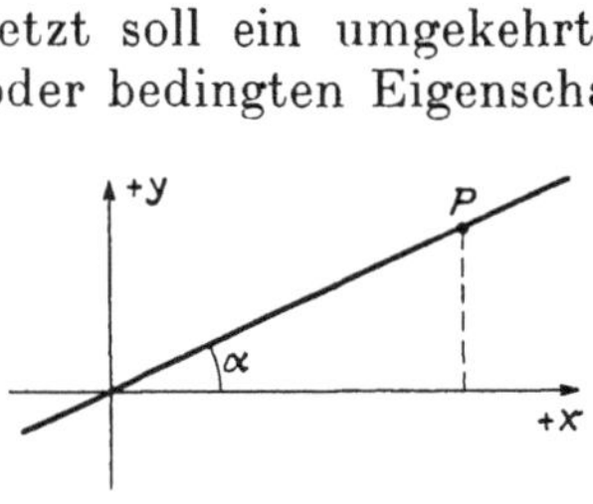

Bild 100

a) Die Gleichung einer Geraden zu bestimmen, welche durch den Koordinatenanfangspunkt geht und mit der positiven Richtung der x-Achse den Winkel α bildet. Aus Bild 100 geht unmittelbar hervor, daß für die Koordinaten x, y jedes Punktes der Geraden die Beziehung gilt:

$$\frac{y}{x} = \tan \alpha \qquad \text{oder} \qquad y = x \tan \alpha.$$

Man überzeugt sich leicht, daß diese Gleichung ausschließlich für die Punkte der Geraden gilt, letztere also tatsächlich das geometrische Bild der Gleichung ist. Ist $\alpha = 0$, so fällt die Gerade mit der x-Achse zusammen. Die Gleichung der x-Achse ist also

$$\frac{y}{x} = \tan 0^0 = 0 \qquad \text{oder} \qquad y = 0.$$

Die Inverse dazu, die Gleichung der y-Achse, ist $x = 0$. Die Gleichung der Symmetrieachse ist $y = x$, denn $\tan 45^0 = 1$.

b) Die Gleichung einer Geraden zu bestimmen, welche mit der x-Achse den Winkel α bildet und die y-Achse in der Entfernung b vom Anfangspunkte schneidet. Nach Bild 101 gilt für die Koordinaten jedes Punktes der Geraden die Gleichung:

$$\frac{y - b}{x} = \tan \alpha$$

oder

$$y = x \tan \alpha + b.$$

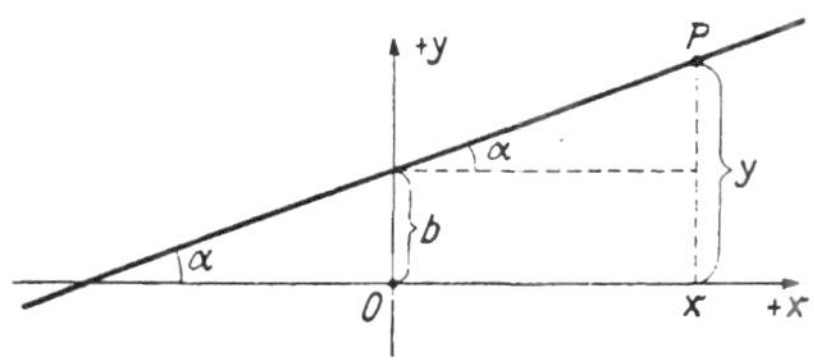

Bild 101

Die Form dieser Gleichung stimmt mit der unter a) abgeleiteten bis auf die Größe b völlig überein und geht in a) über, wenn $b = 0$ ist, d. h. wenn die Gerade durch den Koordinatenanfangspunkt geht. Der Winkel α bestimmt die Richtung der Geraden, und man nennt daher $\tan \alpha$ die Richtungskonstante der Geraden. Mit der üblichen Bezeichnung m für die Richtungskonstante lautet die Gleichung der Geraden

$$y = mx + b.$$

Beachtet man, daß $\tan \alpha$, also auch m, für spitze Winkel positiv und für stumpfe Winkel negativ ist, ebenso daß b positiv oder negativ sein kann, so hat man die im Bild 102 dargestellten vier möglichen Fälle.

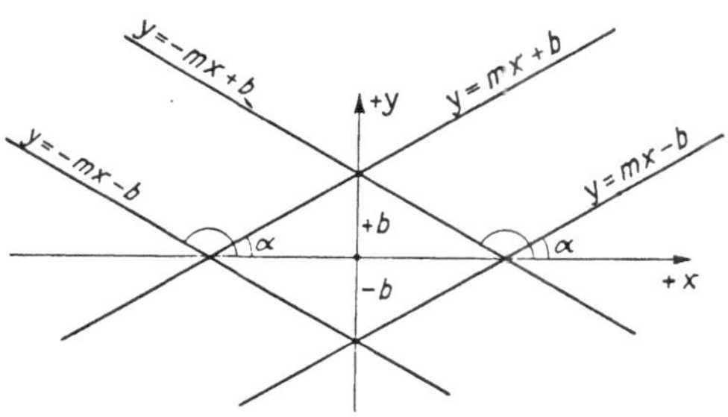

Bild 102

Ist α (also auch m) gleich Null, so ist die Gerade der x-Achse parallel, und ihre Gleichung ist $y = b$.

c) Die Gleichung des Kreises. Ein Kreis ist der Ort aller Punkte, die von einem gegebenen Punkte gleiche Entfernung haben. Ist 0 der gegebene Punkt, Bild 103, so ist die Gleichung des Kreises also

$$x^2 + y^2 = r^2.$$

Es sei nochmals betont, daß die Gleichung eines Gebildes für jeden Punkt des Gebildes Gültigkeit hat. Betrachtet man nun aber die beiden Gleichungen zweier Gebilde, z. B. die einer Geraden und die eines Kreises, als zusammengehörige algebraische Gleichungen, so kann ihre Lösung nur solche Werte für x und y liefern, welche beide Gebilde miteinander gemein haben. Eine Gerade kann einen Kreis in zwei Punkten schneiden, sie kann ihn tangieren oder außerhalb des Kreises verlaufen. Entsprechend diesen drei möglichen Fällen müssen die beiden Wurzeln sein: real verschieden, real gleich oder komplex konjugiert (§ 10, 1.).

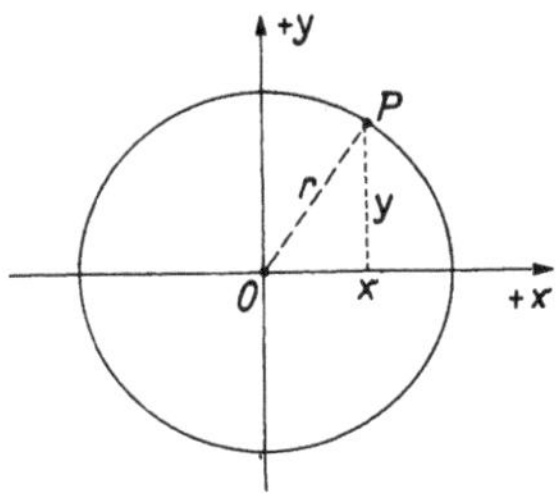

Bild 103

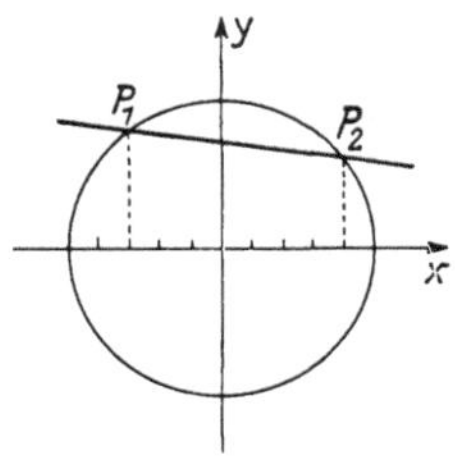

Bild 104

Zahlenbeispiel: Die Gleichungen der Geraden und des Kreises seien

$$y = -\frac{1}{7}x + \frac{25}{7} \quad \text{bzw.} \quad x^2 + y^2 = 25.$$

Setzt man den Wert für y aus der ersten in die zweite Gleichung ein und reduziert, so erhält man

$$x^2 - x = 12, \text{ also } x = \frac{1}{2} \pm \sqrt{12\frac{1}{4}} = \frac{1}{2} \pm 3\frac{1}{2} = 4 \text{ und } -3$$

$$y = 3 \text{ und } 4.$$

Die Gerade schneidet also den Kreis in den beiden Punkten P_1 (— 3/4) und P_2 (4/3), Bild 104.

d) Die Gleichung der Kurve zu bestimmen, die aus dem Kreis hervorgeht, wenn man die Ordinaten im Verhältnis $b : a$ verkürzt. Ist a der Radius des Kreises, so ist seine Gleichung $x^2 + y^2 = a^2$ oder $y = \pm\sqrt{a^2 - x^2}$. Die Gleichung der gewünschten Kurve ist also

$$y = \pm\frac{b}{a}\sqrt{a^2 - x^2},$$

und durch einfache Transformation erhält man daraus

$$a^2 y^2 + b^2 x^2 = a^2 b^2 \qquad \text{oder} \qquad \frac{x^2}{a^2} + \frac{y^2}{b^2} = 1.$$

Die Kurve heißt Ellipse und die Gleichung ihre Mittelpunktgleichung. Die Ableitung in dieser Weise gibt zugleich eine praktische

Methode für die Konstruktion der Kurve, wie folgt: Um 0 als Zentrum, Bild 105, schlägt man zwei Kreise mit den Radien a und b, zieht dann einen beliebigen Radius OA, projiziert den Schnittpunkt B des inneren Kreises parallel der x-Achse auf die Ordinate NA des äußeren Kreises und erhält so einen Punkt P der Ellipse, denn

$$OB : OA = NP : NA \quad \text{oder} \quad \frac{b}{a} y = NP.$$

$2a$ heißt der große, $2b$ der kleine Durchmesser der Ellipse. Da alle Ordinaten des Kreises im Verhältnis $\frac{b}{a}$ verkleinert sind, so ist auch die Fläche des Kreises im selben Verhältnis verkleinert, also ist der Flächeninhalt der Ellipse

$$F = \frac{b}{a} \cdot a^2 \pi = a b \pi.$$

Bild 105 zeigt noch, wie man zu einem Punkte T die Ellipsentangente konstruieren kann, indem man zuvor mittels der zur selben Ordinate gehörigen Kreistangente den Schnittpunkt S mit der x-Achse bestimmt.

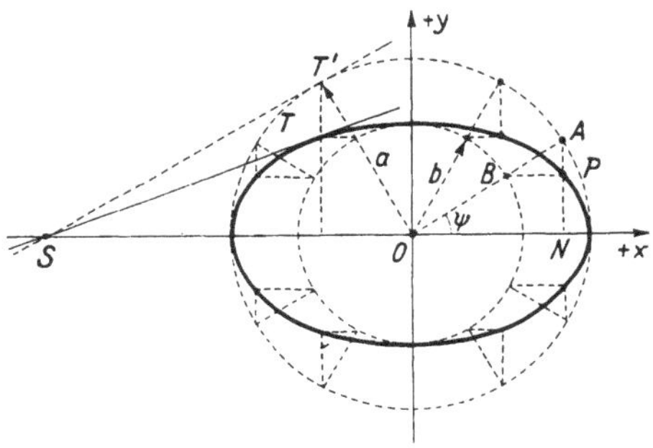

Bild 105

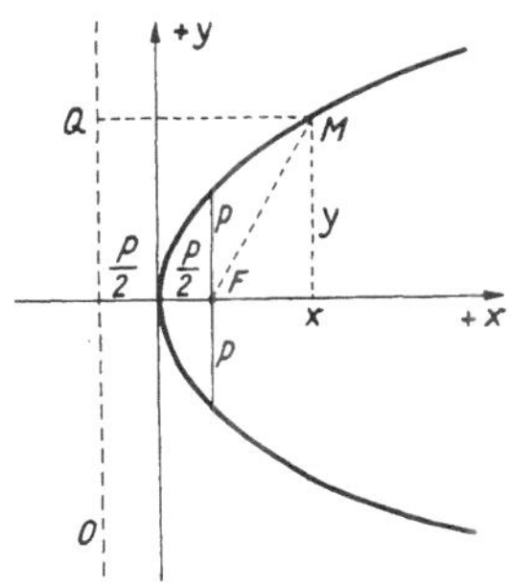

Bild 106

e) Die Gleichung der Kurve zu bestimmen, deren Punkte von einer festen Geraden und einem festen Punkte außerhalb dieser Geraden gleich weit entfernt sind. Ist OQ die feste Gerade und F der feste Punkt, Bild 106, so hat man also $FM = QM$ oder

$$\sqrt{y^2 + \left(x - \frac{p}{2}\right)^2} = x + \frac{p}{2}$$

$$y^2 + x^2 - p x + \frac{p^2}{4} = x^2 + p x + \frac{p^2}{4}$$

$$y^2 = 2 p x.$$

Die Kurve heißt Parabel. OQ heißt Leitlinie oder Direktrix und F der Brennpunkt. p ist die Ordinate im Brennpunkt, und $2p$

nennt man den Parameter (Hilfsvariable). Die y-Achse ist Tangente im Scheitel der Parabel, die Gleichung heißt daher Scheitelgleichung der Parabel. Für die Parabeln des Bildes 94 ist $p = \frac{1}{2}$.

5. Gleichungen der Kegelschnittkurven.

Einen Kreiszylinder kann man betrachten als einen Kreiskegel mit der Spitze in der Unendlichkeit, seine Schnittkurven also als Kegelschnitte. Jeder Normalschnitt zur Zylinder- oder Kegelachse ist ein Kreis, und man erhält für jeden beliebigen Punkt P der Schnittachse die dazugehörige Ordinate y als Halbkreisordinate eines Normalschnittes durch P. Ist die Kegelschnittebene parallel zur Mantellinie wie in Bild 109, bildet sie also den Winkel α mit der Normalen, so ist die Schnittkurve eine Parabel; jede Schnittebene mit dem Schnittwinkel $< \alpha$, wie in Bild 108, ergibt eine Ellipse; jede Schnittebene mit dem Schnittwinkel $> \alpha$, wie in Bild 110, ergibt eine Hyperbel. Die Parabel ist also ein Grenzgebilde zwischen Ellipse und Hyperbel, welches daher bei der kleinsten Änderung des Schnittwinkels zur Ellipse bzw. Hyperbel wird.

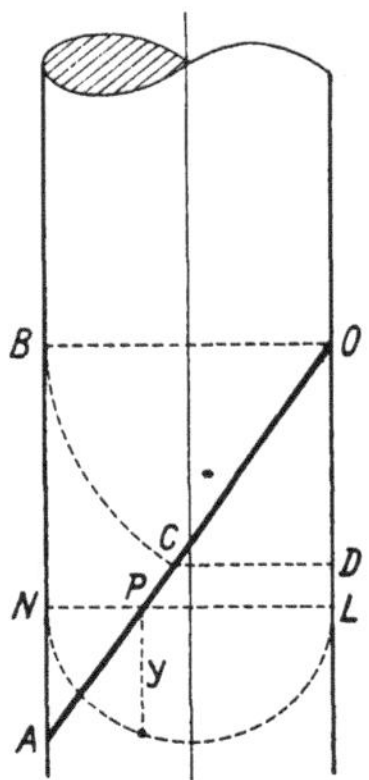

Bild 107

In den vier Bildern 107 bis 110 sei

$$OB = OC, \qquad OA = 2a, \qquad DC = 2p, \qquad OP = x.$$

Für Bild 109 hat man: $y^2 = LP \cdot PN$,

aber $$LP : DC = OP : OC \text{ und } PN = OB,$$

also $$y^2 = \frac{DC \cdot OP}{OC} \cdot OB, \text{ oder}$$

a) $$y^2 = 2px.$$

Für die Bilder 107, 108 und 110 hat man: $y^2 = LP \cdot PN$, $LP : DC = OP : OC$ und $PN : OB = AP : OA$,

also $$y^2 = \frac{DC \cdot OP}{OC} \cdot \frac{OB \cdot AP}{OA}.$$

Für Bild 107 und 108 ergibt dies

$$y^2 = \frac{2p \cdot x \cdot (2a - x)}{2a}, \text{ oder}$$

b) $$y^2 = 2px - \frac{p}{a}x^2.$$

Für Bild 110 erhält man

$$y^2 = \frac{2p \cdot x \cdot (2a + x)}{2a}, \text{ oder}$$

c) $$y^2 = 2px + \frac{p}{a}x^2.$$

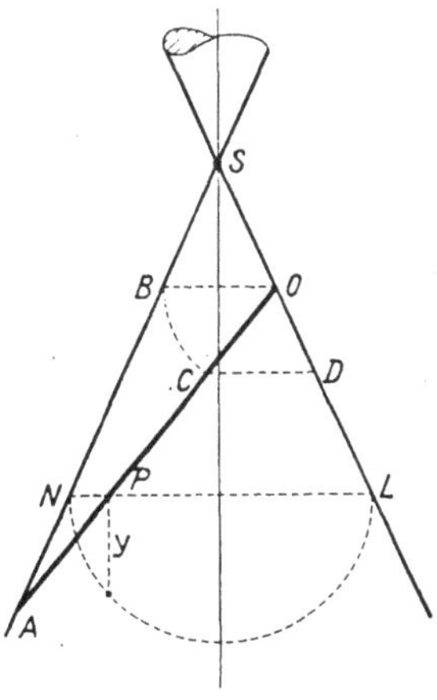

Bild 108

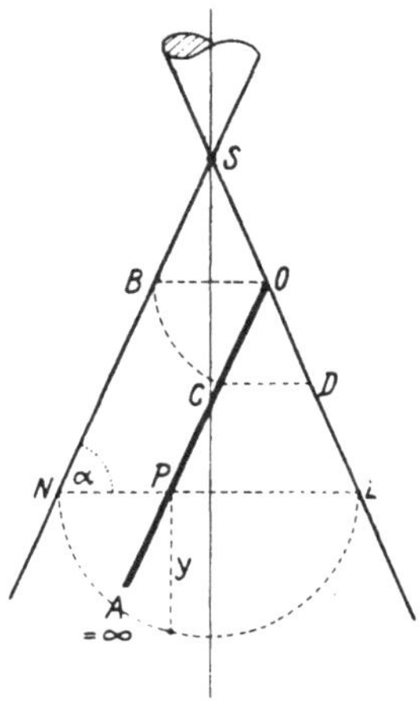

Bild 109

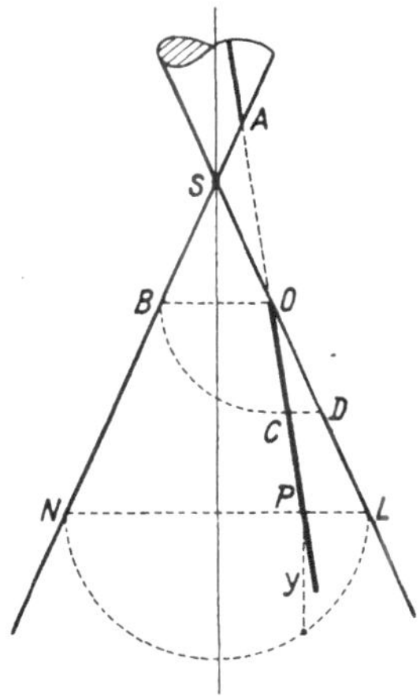

Bild 110

Die Gleichung a) stimmt mit der Gleichung unter 4. e) überein. Wie dort ist p die Ordinate im Brennpunkt und $2p$ der Parameter. Weil der Nullpunkt der x-Achse im Scheitel der Kurven liegt, heißen a), b) und c) Scheitelgleichungen der Kurven. Für $2a = \infty$ gehen b) und c) in a) über; auch dies charakterisiert die Parabel als ein Grenzgebilde zwischen Ellipse und Hyperbel.

Für $y = p$ erhält man aus b) und c)

d) $$x = a \pm \sqrt{a^2 - ap} \quad \text{bzw.} \quad x = -a \pm \sqrt{a^2 + ap};$$

Ellipse und Hyperbel haben also je zwei Brennpunkte, symmetrisch zum Mittelpunkt der Achse $2a$. Der Kreis ist eine Ellipse, in der beide Brennpunkte mit dem Mittelpunkt zusammenfallen. Bilder 96, 97 und 98 sind Hyperbeln mit SA als Schnittachse.

Die Parabel ist eine der wichtigsten und häufigsten Kurven der Technik; eine praktische Methode für ihre Konstruktion läßt sich aus der Scheitelgleichung ableiten, wie folgt:

Aus der Gleichung $y^2 = 2px$ und dem Bild 111 ergeben sich die Verhältnisse

$$\frac{y}{2p} = \frac{x}{y} = \frac{a}{b},$$

der Punkt Q ist also ein Punkt der Parabel mit dem Scheitel in O, und durch Verdopplung von y und a erhält man ebenso einen zweiten Punkt usw. Ist also ein Punkt A der Parabel in bezug auf Scheitel und x-Achse gegeben, so teilt man die Strecken OB und BA in eine gleiche Anzahl gleicher Teile und erhält dann durch Schnitte der Teilstrahlen durch 0 und parallel zur x-Achse weitere Punkte der Parabel wie in Bild 111. Die Strecke $2p$ kommt also bei der Konstruktion nicht in Betracht.

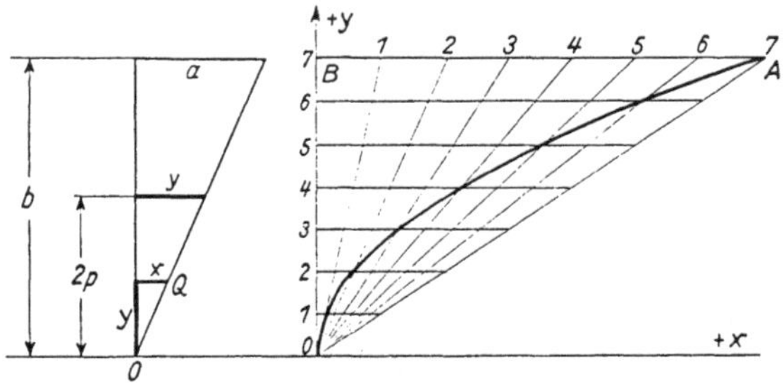

Bild 111

6. Die Zykloiden oder Rollkurven.

a) Die Gleichungen einer Kurve zu bestimmen, die ein Punkt P einer Kreislinie beschreibt, wenn diese, ohne zu gleiten, sich auf einer Geraden OX abwälzt, Bild 112. Der

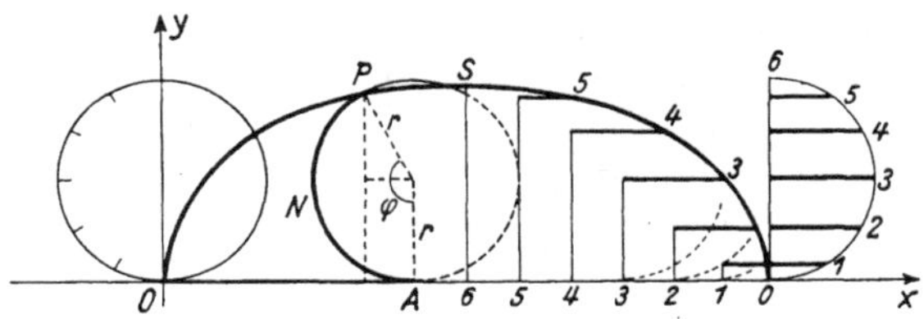

Bild 112

Winkel φ heißt Wälzungswinkel, er wird im Bogenmaß gemessen (§ 23, 16.) und als Parameter (Hilfsvariable) benutzt. Aus dem Bild läßt sich unmittelbar ablesen, daß die Länge

$$OA = ANP = r\varphi,$$

also erhält man für den Punkt P:

$$x = r\varphi - r \sin \varphi = r(\varphi - \sin \varphi),$$

$$y = r \quad - r \cos \varphi = r(1 - \cos \varphi).$$

Beide Gleichungen gestatten eine einfachere Rechnung als eine Gleichung, die man durch Elimination des Winkels φ daraus ableiten könnte. Die Kurve heißt gemeine Zykloide. Die rechte Seite des Bildes zeigt die Konstruktion der Kurve und dürfte ohne weitere Erklärung verständlich sein.

b) Rollt ein Kreis mit Radius r auf der konvexen Seite eines anderen Kreises mit Radius R, Bild 113, so beschreibt ein Punkt P des rollenden Kreises eine Epizykloide.

Die Bogenlänge AB ist gleich der Bogenlänge $BNP = r\varphi$, also ist der Winkel $BOA = \frac{r}{R}\varphi$. Für die Koordinaten des Punktes P ergibt sich hiernach

$$x = (R + r)\cos\frac{r}{R}\varphi - r\cos\left(\varphi + \frac{r}{R}\varphi\right)$$

$$y = (R + r)\sin\frac{r}{R}\varphi - r\sin\left(\varphi + \frac{r}{R}\varphi\right).$$

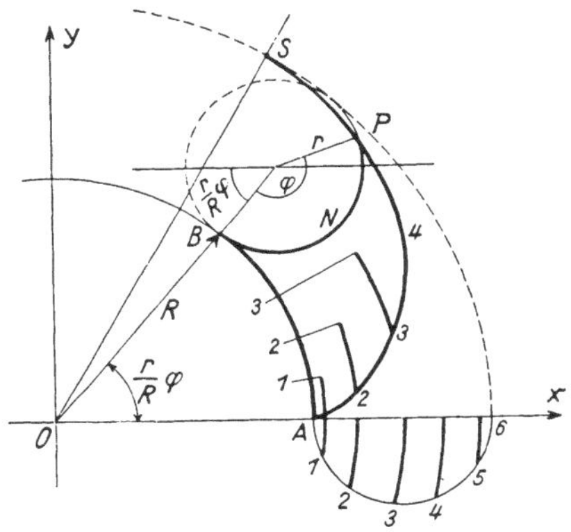

Bild 113

Die Konstruktion der Kurve ist angedeutet und ist ähnlich der in Bild 112. Ist $\frac{r}{R} = \frac{1}{3}$, so kommen genau drei Epizykloiden auf

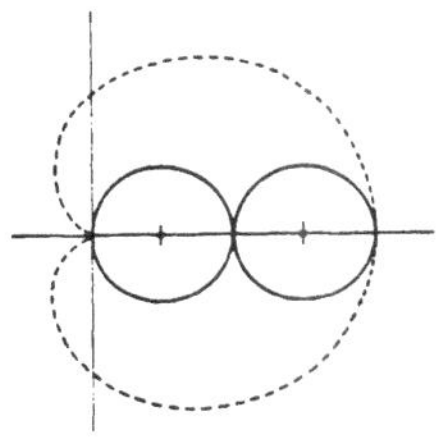
Bild 114

den festen Kreis. Ist $r = R$, so erhält man einen einzigen geschlossenen Bogen, die Kardioide (Herzkurve), Bild 114. Die Koordinatengleichungen vereinfachen sich zu

$$x = 2r\cos\varphi - r\cos 2\varphi,$$
$$y = 2r\sin\varphi - r\sin 2\varphi.$$

c) Rollt ein Kreis mit Radius r auf der konkaven Seite eines anderen Kreises mit Radius R, Bild 115, so beschreibt ein Punkt P des rollenden Kreises eine Hypozykloide.

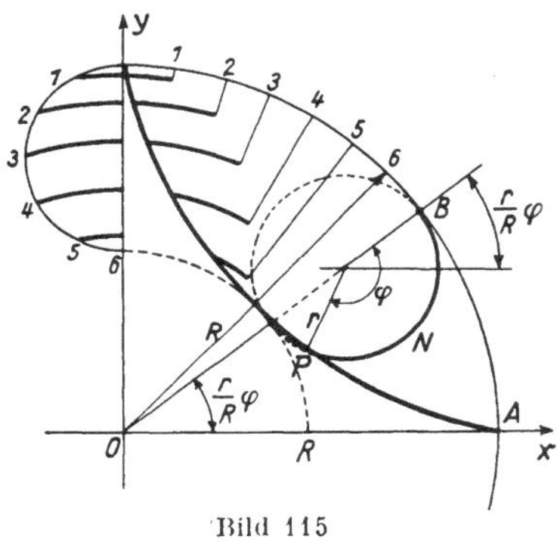

Bild 115

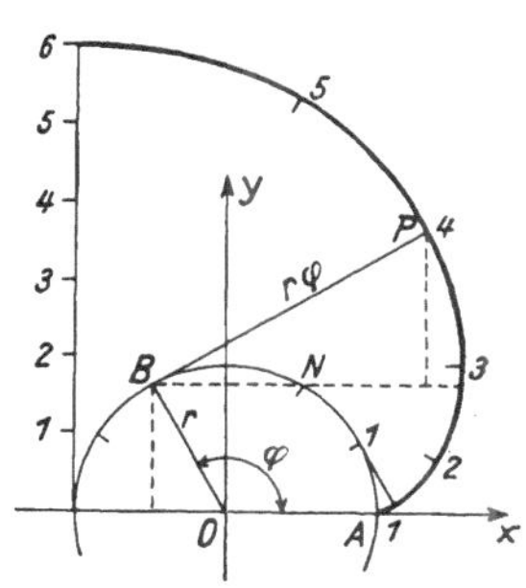

Bild 116

Der Bogen AB ist gleich dem Bogen $BNP = r\varphi$, also ist Winkel $BOA = \frac{r}{R}\varphi$, und die Koördinaten des Punktes P sind

$$x = (R - r)\cos\frac{r}{R}\varphi + r\cos\left(\varphi - \frac{r}{R}\varphi\right)$$

$$y = (R - r)\sin\frac{r}{R}\varphi - r\sin\left(\varphi - \frac{r}{R}\varphi\right).$$

Die Konstruktion der Kurve ist angedeutet und ähnlich wie in Bild 113.

Ist $\frac{r}{R} = \frac{1}{4}$, so wird der Umfang in genau vier Hypozykloiden durchlaufen, die so entstehende Figur heißt Astrois (Sternkurve). Für $\frac{r}{R} = \frac{1}{2}$ wird die Hypozykloide zur geraden Linie, der Punkt beschreibt einen Durchmesser des festen Kreises.

d) Unter a) wälzte sich ein Kreis auf einer Geraden ab, jetzt soll umgekehrt sich eine Gerade auf einem festen Kreis abwälzen, Bild 116 (man kann das auch als Abwicklung eines um den Kreis geschlungenen Fadens betrachten), wobei der Punkt P die sog. Kreisevolvente beschreibt, eine Spirallinie um den festen Kreis.

Die Bogenlänge ANB ist gleich $BP = r\varphi$, also sind die Koordinaten des Punktes P

$$x = r\cos\varphi + r\varphi\sin\varphi,$$

$$y = r\sin\varphi - r\varphi\cos\varphi.$$

Die Konstruktion ist angedeutet und bedarf wohl keiner Erklärung.

7. Polarkoordinaten der Ebene.

In vielen Fällen nehmen die Formeln der analytischen Geometrie eine einfachere Gestalt an und gestatten eine bequemere Rechnung, wenn man sich der Polarkoordinaten bedient, deren Erklärung hier folgt:

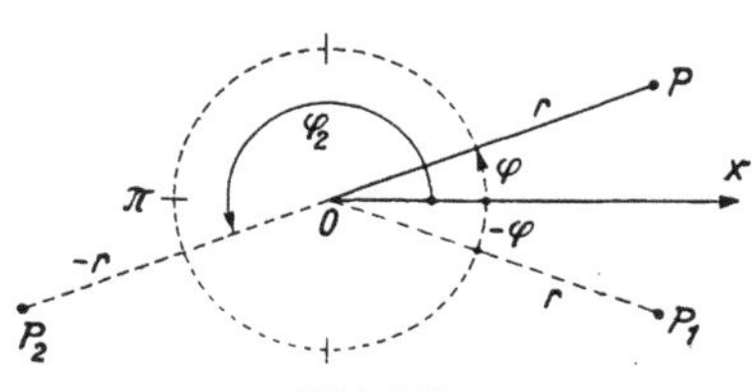

Bild 117

Denkt man sich in der Ebene einen festen Punkt O, den Pol, und dazu eine geradlinige feste Richtung OX, die Polarachse, so kann man die Lage eines beliebigen Punktes P der Ebene bestimmen durch den Polarwinkel φ der gerichteten Strecke OP mit der Polarachse und die Länge r der Strecke OP. Man nennt r den Leitstrahl oder Radiusvektor und φ, r die Polarkoordinaten des Punktes P, Bild 117.

$P(\varphi, r)$ bedeutet den eben beschriebenen Punkt; $P(o, r)$ einen Punkt der Polarachse; $P(\pi, r)$ einen Punkt ihrer negativen Verlängerung. $P(-\varphi, r)$ ist der Punkt P_1 und $P(\varphi, -r)$ der Punkt P_2, welche sich durch Rechnung so ergeben mögen; man vermeidet sonst negative Vorzeichen und bezeichnet den Punkt P_2 mit $P(\varphi_2, r)$.

Stellt man mittels einer y-Achse durch 0 ein rechtwinkliges Koordinatensystem her, so bestehen zwischen den rechtwinkligen und den Polarkoordinaten eines Punktes die Beziehungen:

a) $$x = r\cos\varphi, \qquad y = r\sin\varphi, \qquad x^2 + y^2 = r^2.$$

Für die Fläche des Dreiecks $O P P_1$ in Polarkoordinaten, Bild 118, hat man

b) $$F = \frac{1}{2} r r_1 \sin(\varphi - \varphi_1).$$

Für die Fläche des Dreiecks $P P_1 P_2$, Bild 119, erhält man ebenso

c) $$F = \frac{1}{2}[r r_1 \sin(\varphi - \varphi_1) + r_1 r_2 \sin(\varphi_1 - \varphi_2) - r r_2 \sin(\varphi - \varphi_2)].$$

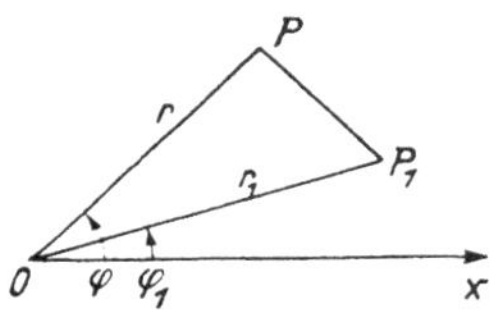

Bild 118

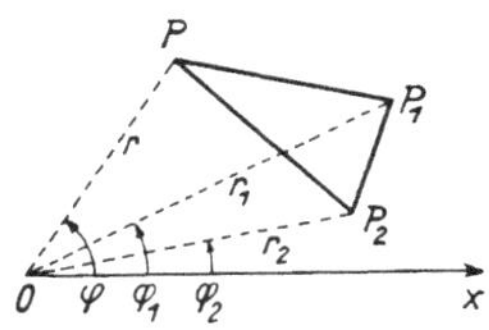

Bild 119

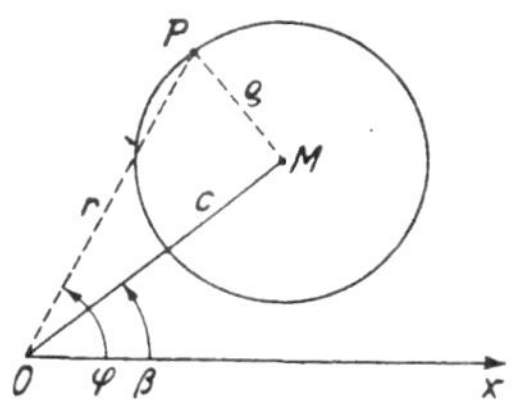

Bild 120

Wird $F = 0$, so liegen P, P_1, P_2 auf einer Geraden; ergibt sich für F ein negativer Wert, so liegt P_1, entgegen dem Bild 119, auf der Polseite von $P P_2$.

Die allgemeine Gleichung des Kreises in Polarkoordinaten ist mit den Bezeichnungen des Bildes 120,

d) $$r^2 + c^2 - 2rc\cos(\varphi - \beta) = \varrho^2. \qquad (\S\,22,\ 4.\ c.)$$

Nimmt man in Bild 106 den Brennpunkt F als Pol und die x-Achse als Polarachse, so erhält man für die Brennpunktgleichung der Parabel in Polarkoordinaten:

$$r = p + r\cos\varphi \quad \text{oder} \quad r(1 - \cos\varphi) = p,$$

also

e) $$r = \frac{p}{1-\cos\varphi} = \frac{p}{2\sin^2\frac{1}{2}\varphi}. \qquad (\S\,23,\ 11.)$$

Der letzte Ausdruck ist für logarithmische Rechnung.

8. Rechtwinklige Parallelkoordinaten des Raumes.

An Stelle der beiden Koordinatenachsen der Ebene treten hier drei aufeinander rechtwinklige, sich in einem Punkte, dem Anfangspunkt oder Ursprung der Koordinaten, schneidende Achsen, die x-Achse, y-Achse und z-Achse. Durch je zwei dieser Achsen denkt man sich eine Ebene gelegt, wodurch drei aufeinander rechtwinklige Ebenen entstehen, die den ganzen Raum in 8 kongruente Teile zerlegen, deren jeder eine Ecke oder Dreikant ist (§ 25, 1.) und Oktant heißt. Die drei Ebenen heißen Koordinatenebenen und werden nach den Achsen bezeichnet, durch welche sie gelegt sind, so daß man eine xy-Ebene, eine xz-Ebene und eine yz-Ebene unterscheidet. Die erstgenannte wird von der z-Achse, die zweite von der y-Achse und die dritte von der x-Achse rechtwinklig geschnitten.

Zur Darstellung dieses dreidimensionalen Koordinatensystems und der darauf bezogenen räumlichen Gebilde bedient man sich meistens der

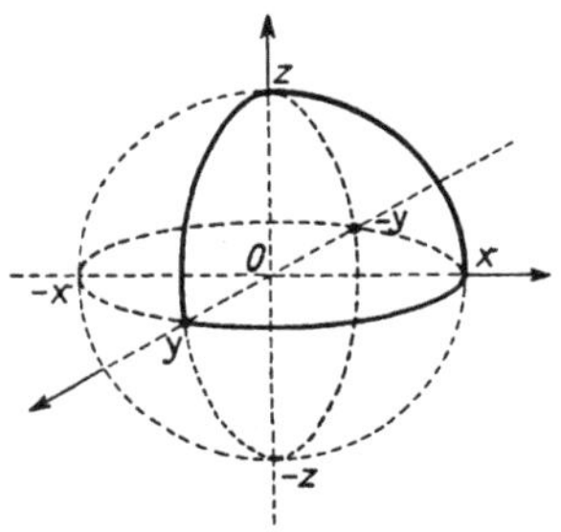

Bild 121

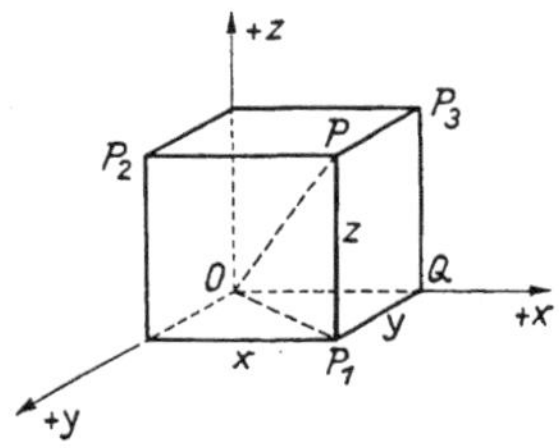

Bild 122

sog. Kavalierperspektive, wobei eine der Achsen vertikal, eine andere horizontal und die dritte unter einem Winkel von 30° bis 45° gegen die horizontale Achse geneigt erscheint, Bild 121. Die Maßeinheiten parallel der x-Achse und parallel der z-Achse sind gleich. Für praktische Zwecke des einheitlichen Messens parallel allen drei Achsen wählt man auch wohl für die y-Achse dieselbe Einheit, um jedoch einigermaßen naturgetreue Bilder zu erhalten, verkürzt man diese gewöhnlich auf etwa $\frac{1}{2}$ der anderen. Daß dieser Kunstgriff den Zweck erfüllt, erkennt auch wohl ein wenig geschultes Auge bei der Betrachtung des Bildes 121, welches die 8 kongruenten Oktanten einer Kugel mit dem Mittelpunkt 0 darstellt; auf der xz-Ebene erscheint die Schnittlinie der Kugel als Kreis, auf der yz-Ebene sowohl als auf xy-Ebene als Ellipse; beide Ellipsen sind durch die Annahme der Maßeinheit auf der y-Achse bestimmt.

Bild 122 stellt ebenso einen Würfel im ersten Oktanten dar, wobei die drei nicht sichtbaren Würfelkanten die Koordinatenachsen bilden.

Ein nicht geringer Teil der Schwierigkeiten in der Geometrie des Raumes entsteht durch die geometrische Verzerrung der Elemente (Linien, Winkel, Flächen) in den Bildern räumlicher Gebilde; die Anschauung kann durch ein Bild nicht so augenscheinlich unterstützt werden, als es für ebene Gebilde möglich ist, dazu wären Modelle nötig. So erfordert es zu Anfang wohl schon eine kleine Überlegung in der verkürzten Strecke OP, Bild 122, eine Diagonale des Würfels zu erkennen, in dem verzerrten Winkel PP_1O einen rechten Winkel oder sogar in dem stumpf erscheinenden Winkel OPP_3 einen spitzen. Das ganze Gebilde erkennt man meistens viel leichter als seine geometrischen Einzelheiten.

Projiziert man einen Punkt P des Raumes mit Hilfe von Ebenen, die zu den Achsen senkrecht stehen, auf diese, so erhält man in den drei Achsenabschnitten die Raumkoordinaten des Punktes. Zu jedem Punkt des Raumes gehört ein und nur ein solches Koordinatentripel, und umgekehrt führt ein gegebenes Koordinatentripel nur zu einem Punkt des Raumes. Bei diesem Vorgang entstehen auch die Projektionen P_1, P_2, P_3 des Punktes P auf die drei Koordinatenebenen.

In einem Linienzug wie OQ_1P_1P, Bild 122, sind alle drei Koordinaten $(x/y/z)$ eines Punktes P zur Anschauung gebracht. In der Folge wird daher in der Regel dieser Linienzug allein verzeichnet werden.

Liegt ein Punkt in einer der Koordinatenebenen, so ist eine seiner Koordinaten Null; so bedeutet $P\,(a/b/0)$ einen Punkt in der xy-Ebene. Liegt ein Punkt in einer der Achsen, so sind zwei seiner Koordinaten Null; es ist also $P\,(0/b/0)$ ein Punkt der y-Achse. $P\,(0/0/0)$ ist der Ursprung.

Durch $P\,(a/b/c)$ und $P\,(a/b/-c)$ ist ein zur xy-Ebene, durch $P\,(a/b/c)$ und $P\,(a/-b/-c)$ ein zur x-Achse, durch $P\,(a/b/c)$ und $P\,(-a/-b/-c)$ ein zum Ursprung symmetrisches Punktepaar bestimmt.

9. Elemente im rechtwinkligen System des Raumes.

a) Abstand eines Punktes vom Ursprung. Die Strecke, die den Ursprung mit dem Punkte P verbindet, erscheint als Diagonale in dem zugehörigen Koordinatenparallelepiped, wie in Bild 122. Bezeichnet man ihre Länge mit r, die Koordinaten von P mit x, y, z, so ist $x^2 + y^2 + z^2 = r^2$ der Pythagoreische Satz des Raumes, und $r = \sqrt{x^2 + y^2 + z^2}$.

b) Gleichung der Kugel. Faßt man x, y, z als variabel auf, so ist durch die Gleichung

$$x^2 + y^2 + z^2 = r^2$$

der Inbegriff aller Punkte gekennzeichnet, die vom Ursprung den Abstand r haben; ihr Ort ist die mit dem Radius r um 0 beschriebene Kugel, der obige Ausdruck also die Mittelpunktgleichung der Kugel.

c) Um die Koordinaten der Projektion eines Punktes auf eine der Koordinatenebenen zu erhalten, hat man von den drei Koordinaten des Punktes diejenige gleich Null zu setzen, welche auf der Projektionsebene senkrecht steht.

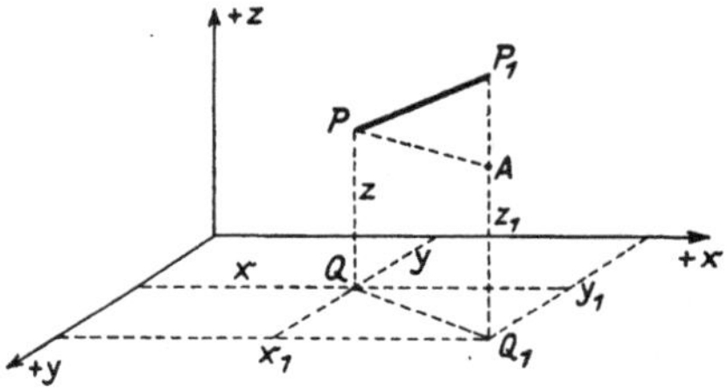

Bild 123

d) Abstand zweier Punkte im Raume. Die Projektionen der Punkte P und P_1, Bild 123, auf die xy-Ebene seien bzw. Q und Q_1. Zieht man PA parallel QQ_1, so ist Winkel $PAP_1 = 90^0$. Da nun $\overline{PA}^2 = \overline{QQ_1}^2 = (x_1 - x)^2 + (y_1 - y)^2$ und $\overline{AP_1}^2 = (z_1 - z)^2$, so erhält man für den Abstand der Punkte P und P_1

$$a = \sqrt{(x_1 - x)^2 + (y_1 - y)^2 + (z_1 - z)^2}.$$

e) Richtungswinkel einer Geraden im Raume. Um sich an vereinfachte Darstellungen wie Bild 124 zu gewöhnen, denke man sich OP wieder als Diagonale des vollständigen Projektionsparallelepipeds (wie in Bild 122). Der Linienzug OQ_1P_1P gibt die Koordinaten x, y, z des Punktes P. Bezeichnet man nun die Winkel, welche r mit den positiven Richtungen der Koordinatenachsen bildet, durch α, β, γ, so sind die drei Koordinaten trigonometrisch bestimmt durch

$$x = r \cos \alpha, \quad y = r \cos \beta, \quad z = r \cos \gamma.$$

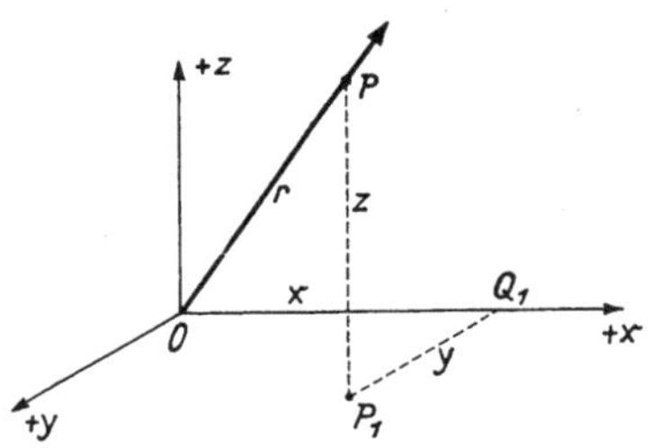

Bild 124

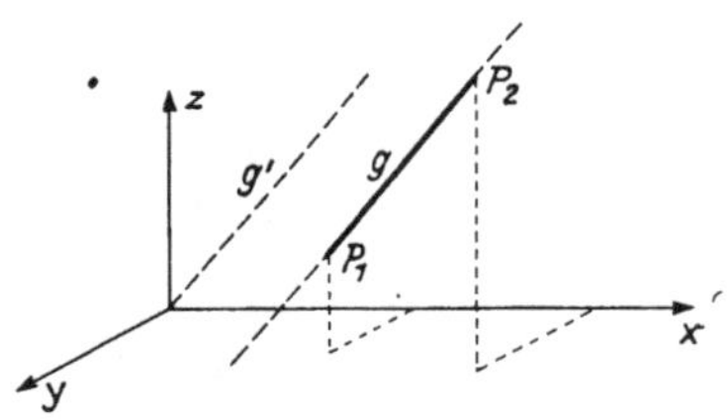

Bild 125

Mit Beachtung der Formel unter a) ergibt die Quadratsumme dieser drei Gleichungen

$$\cos^2 \alpha + \cos^2 \beta + \cos^2 \gamma = 1,$$

ein bemerkenswertes Resultat, aus welchem hervorgeht, daß nur zwei der Cosinus bekannt zu sein brauchen, um daraus den Wert des dritten zu bestimmen.

Die Gültigkeit der letzten Formel läßt sich auf eine beliebige, nicht durch den Ursprung gehende Gerade g ausdehnen, wenn man unter ihren Richtungswinkeln diejenigen versteht, welche ihre Parallele g'

durch den Ursprung mit den drei Koordinatenachsen bildet, Bild 125. Es ist dann

$$\cos\alpha = \frac{x_2 - x_1}{a}, \qquad \cos\beta = \frac{y_2 - y_1}{a}, \qquad \cos\gamma = \frac{z_2 - z_1}{a}.$$

Man nennt $\cos\alpha$, $\cos\beta$, $\cos\gamma$ die Richtungscosinus der Geraden g. Es besteht also der Satz: Im rechtwinkligen Koordinatensystem ist die Summe der Quadrate der drei Richtungscosinus einer jeden Geraden gleich 1.

Ist beispielsweise $\alpha = 45^0$, $\beta = 60^0$, so hat man

$$\frac{1}{2} + \frac{1}{4} + \cos^2\gamma = 1 \qquad \text{oder} \qquad \cos\gamma = \pm\frac{1}{2},$$

es gibt also zwei Gerade, die der Bedingung genügen; ihre Richtungswinkel sind 45^0, 60^0, 60^0 und 45^0, 60^0, 120^0.

f) Winkel zweier Geraden im Raume. Um den Winkel φ zweier gerichteten Geraden zu bestimmen, betrachte man Parallele dazu durch den Ursprung, Bild 126, und trage auf jeder vom Ursprung aus in positiver Richtung die Längeneinheit auf; die Endpunkte P_1 und P_2 dieser Strecken haben dann die Koordinaten $\cos\alpha_1/\cos\beta_1/\cos\gamma_1$ und $\cos\alpha_2/\cos\beta_2/\cos\gamma_2$. Nach den Gleichungen unter d) und e) ist das Quadrat der sie verbindenden Strecke a

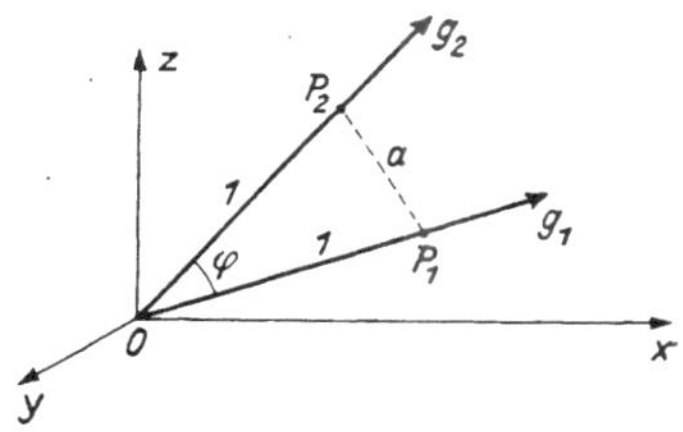

Bild 126

$$a^2 = (\cos\alpha_1 - \cos\alpha_2)^2 + (\cos\beta_1 - \cos\beta_2)^2 + (\cos\gamma_1 - \cos\gamma_2)^2$$
$$= 2 - 2\,(\cos\alpha_1\cos\alpha_2 + \cos\beta_1\cos\beta_2 + \cos\gamma_1\cos\gamma_2);$$

andererseits folgt aus dem Dreieck $O P_1 P_2$ (nach § 22, 4. c)

$$a^2 = 2 - 2\cos\varphi;$$

es ist also

$$\cos\varphi = \cos\alpha_1\cos\alpha_2 + \cos\beta_1\cos\beta_2 + \cos\gamma_1\cos\gamma_2.$$

Ist die rechte Seite dieser Gleichung gleich Null, so ist $\varphi = 90^0$, es stehen alsdann die beiden Richtungen rechtwinklig zueinander.

10. Polarkoordination des Raumes.

Die Lage eines Punktes P im Raume kann mit Bezug auf ein rechtwinkliges Koordinatensystem in folgender Weise beschrieben werden: Man gibt die Länge r der Strecke an, die den Punkt P mit dem Ursprung verbindet, den Radiusvektor, Bild 127, ferner den Winkel ψ, welchen der Radiusvektor mit der positiven Richtung der z-Achse bildet, schließlich den Winkel φ zwischen der Projektionsbasis OQ und der positiven Richtung der x-Achse. Die drei Werte φ, ψ, r nennt man die räumlichen Polarkoordinaten des Punktes P und schreibt das $P\,(\varphi/\psi/r)$.

Um alle Punkte des Raumes beschreiben zu können, genügt es, φ auf das Intervall (0°, 360°), ψ auf das Intervall (0°, 180°) zu beschränken, während r alle Werte von 0 bis ∞ annehmen kann.

O ist jetzt der Pol, OX die Polarachse, OZ die Polachse (§ 25, 5.). φ, ψ, r sind positiv, wie sie in Bild 127 erscheinen; etwa durch Rechnung gefundene negative Werte lassen sich analog wie unter 7. deuten.

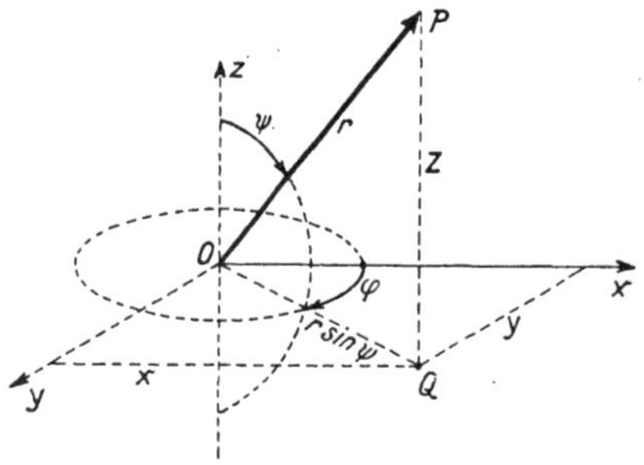

Bild 127

Man beachte, daß die Polarkoordinaten, wie oben beschrieben, den bekannten Erdkugelkoordinaten entsprechen; hier hat man einen Horizontalwinkel, einen Vertikalwinkel und den Radiusvektor, dort ist der Radiusvektor der Erdhalbmesser, man braucht also nur die beiden Winkel, d. h. Meridian und Breitenkreis.

Die Beziehungen zwischen den rechtwinkligen und den Polarkoordinaten eines Punktes P ergeben sich aus Bild 127 wie folgt:

a) $$x = r \sin \psi \cos \varphi, \qquad y = r \sin \psi \sin \varphi, \qquad z = r \cos \psi.$$

Umgekehrt ist (mit Beachtung der Vorzeichen von x, y, z):

b) $$r = +\sqrt{x^2 + y^2 + z^2}, \qquad \cos \psi = \frac{z}{r}, \qquad \cos \varphi = \frac{x}{+\sqrt{x^2 + y^2}},$$

$$\sin \varphi = \frac{y}{+\sqrt{x^2 + y^2}}.$$

Die beiden letzten Gleichungen bestimmen φ eindeutig in dem Intervall von 0° bis 360°, was sich nach § 21, 4. leicht erkennen läßt.

§ 27. Transformation der Koordinaten

1. Einleitendes.

Koordinaten werden transformiert, d. h. ein Koordinatensystem in ein anderes verwandelt, um Gleichungen umzuformen oder Untersuchungen geometrischer Gebilde zu vereinfachen und zu kürzen, oft auch, um aus der unbekannten Form einer Gleichung eine bekannte Form herzuleiten, in welcher man den Charakter des ihr entsprechenden Gebildes erst erkennt. Das Prinzip soll sogleich an einem typischen Beispiel erklärt werden:

Nach § 26, 7. d) ist die allgemeine Gleichung des Kreises in Polarkoordinaten

$$\begin{aligned} \varrho^2 &= r^2 + c^2 - 2\,cr \cos(\varphi - \beta) \\ &= r^2 + c^2 - 2\,cr (\cos \varphi \cos \beta + \sin \varphi \sin \beta). \end{aligned}$$

Es soll hieraus zunächst die allgemeine Gleichung des Kreises für rechtwinklige Koordinaten hergeleitet werden mit der Polarachse OX, Bild 120, als x-Achse und einer Vertikalen durch den Punkt O als y-Achse. Bezeichnet man die neuen Koordinaten für P mit x, y und für M mit a, b, so hat man nach Bild 120

$$r^2 = x^2 + y^2 \qquad r\cos\varphi = x \qquad r\sin\varphi = y,$$
$$c^2 = a^2 + b^2 \qquad c\cos\beta = a \qquad c\sin\beta = b.$$

Substituiert in dem zweiten Ausdruck der obigen Gleichung ergibt das

$$x^2 + y^2 + a^2 + b^2 - 2ax - 2by = \varrho^2,$$

oder

$$(x-a)^2 + (y-b)^2 = \varrho^2,$$

die gewünschte Gleichung, welche sich natürlich ebenso direkt als § 26, 7. d) ableiten läßt.

Verschiebt man jetzt noch das Achsenkreuz parallel nach M und bezeichnet diese dritten Koordinaten des Punktes P mit x', y', so ist

$$x = x' + a \text{ und } y = y' + b.$$

Werden diese Werte für x und y in die letzte Gleichung eingesetzt, so erhält man

$$x'^2 + y'^2 = \varrho^2,$$

die Mittelpunktgleichung des Kreises, wie unter § 26, 4. c).

Man erkennt zugleich an diesem Beispiel, daß es, in bezug auf Einfachheit, nicht gleichgültig ist, in welchem Koordinatensystem die Gleichung eines Gebildes ausgedrückt wird.

2. Translation eines Parallelkoordinatensystems der Ebene.

Hierunter versteht man den Übergang von einem Parallelkoordinatensystem zu einem anderen mit parallelen und gleichgerichteten Achsen, wovon schon das Beispiel unter 1. eine Anwendung brachte. Ist OXY das ursprüngliche System, $O'X'Y'$ das neue, sowie x, y und x', y' die auf die beiden Systeme bezüglichen Koordinaten eines Punktes P, so hat man nach Bild 128:

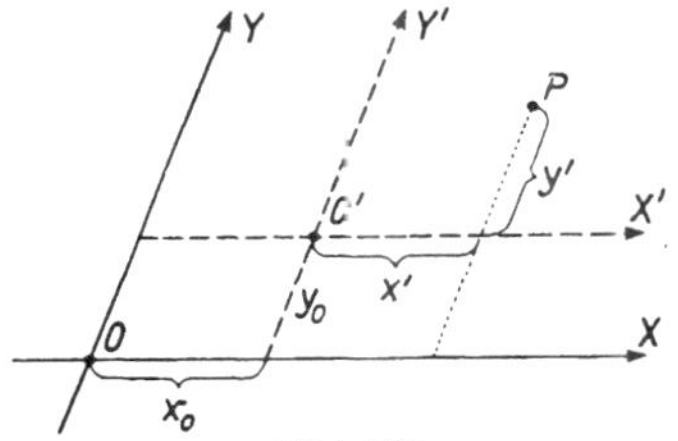

Bild 128

a) $\quad x = x_0 + x', \qquad y = y_0 + y',$

und für die inverse Transformation:

b) $\quad x' = x - x_0, \qquad y' = y - y_0.$

Während a) den Übergang vom alten System zum neuen vermittelt, tut b) das Umgekehrte.

Um z. B. die Gleichung der Ellipse § 26, 4. d)

$$b^2x^2 + a^2y^2 = a^2b^2$$

auf den linken Scheitel als Ursprung zu transformieren, hat man $x = -a + x'$ und $y = y'$ zu setzen; die Gleichung lautet dann:

$$b^2x'^2 + a^2y'^2 = 2\,ab^2\,x'.$$

3. Rotation eines Cartesischen Systems um den Ursprung. Es ist dies der Übergang von einem rechtwinkligen System zu einem gleichorientierten anderen mit demselben Ursprung. Die Anordnung beider Systeme ist durch den Rotationswinkel α bestimmt.

Aus Bild 129 ergibt sich unmittelbar

a) $$x = x' \cos\alpha - y' \sin\alpha \text{ und } y = x' \sin\alpha + y' \cos\alpha.$$

Die inversen Transformationsformeln könnte man ebenfalls aus dem Bild bestimmen, aber auch ohne Rechnung aus a), wenn man beachtet, daß eine Drehung des neuen Systems um $-\alpha$ wieder zum alten führt. Man braucht also nur x, y mit x', y' vertauschen und das Vorzeichen von $\sin\alpha$ ändern. Es ist daher

b) $$x' = x \cos\alpha + y \sin\alpha \text{ und } y' = -x \sin\alpha + y \cos\alpha.$$

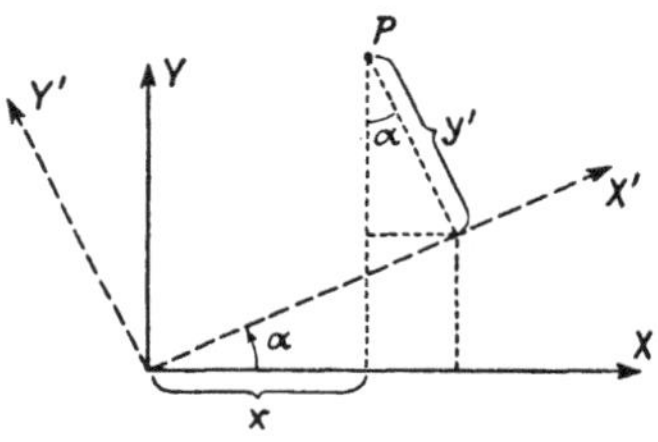

Bild 129

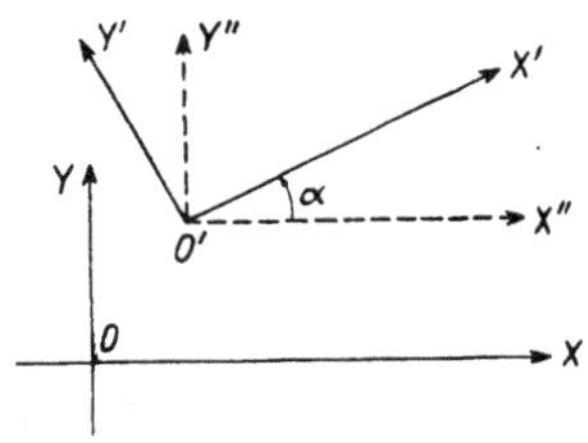

Bild 130

4. Allgemeine Transformation rechtwinkliger Koordinaten. Das ist eine Translation nebst Rotation eines rechtwinkligen Systems, Bild 130.

Nach 2. a) ist

$$x = x_0 + x'' \text{ und } y = y_0 + y''.$$

Nach 3. a) ist

$$x'' = x' \cos\alpha - y' \sin\alpha \text{ und } y'' = x' \sin\alpha + y' \cos\alpha.$$

Durch Substitution ergeben sich hieraus die endgültigen Transformationsformeln

a) $$x = x_0 + x' \cos\alpha - y' \sin\alpha \text{ und } y = y_0 + x' \sin\alpha + y' \cos\alpha.$$

Die inversen Transformationsformeln erhält man analog 2. b), wenn man jetzt x' mit $x - x_0$ und y' mit $y - y_0$ vertauscht und das Vorzeichen von $\sin\alpha$ ändert. Es ist also

b) $$x' = (x - x_0) \cos\alpha + (y - y_0) \sin\alpha \text{ und } y' = -(x - x_0) \sin\alpha + (y - y_0) \cos\alpha.$$

5. Rechtwinklige und Polarkoordinaten.

Der einfache Fall, wo Pol und Ursprung sowie Polarachse und x-Achse übereinstimmen, wurde schon unter § 26, 7. erklärt, § 26, 7. a) gibt die Transformationsformeln und Nr. 1 ein Beispiel für diesen Fall. Es soll jetzt noch der allgemeine Fall Erklärung finden, wo weder Pol und Ursprung, noch Polarachse und x-Achse übereinstimmen.

Aus Bild 131 ergibt sich ohne weiteres

$$x = x_0 + r(\cos\varphi\cos\alpha - \sin\varphi\sin\alpha),$$
$$y = y_0 + r(\sin\varphi\cos\alpha + \cos\varphi\sin\alpha)$$

und daraus die Transformationsformeln

a) $$x = x_0 + r\cos(\varphi + \alpha), \qquad y = y_0 + r\sin(\varphi + \alpha).$$

Für die inverse Transformation hat man

b) $$r = \sqrt{(x - x_0)^2 + (y - y_0)^2}, \qquad \cos(\varphi + \alpha) = \frac{x - x_0}{r},$$
$$\sin(\varphi + \alpha) = \frac{y - y_0}{r}.$$

Die beiden letzten Gleichungen bestimmen $\varphi + \alpha$ im Intervall 0^0 bis 360^0 eindeutig (§ 21, 4.), woraus sich dann durch Subtraktion von α der Polarwinkel φ ergibt.

Der Fall für rechtwinklige und Polarkoordinaten des Raumes, wo Pol und Ursprung sowie Polarachse und x-Achse übereinstimmen, wurde bereits unter § 26, 10. erledigt.

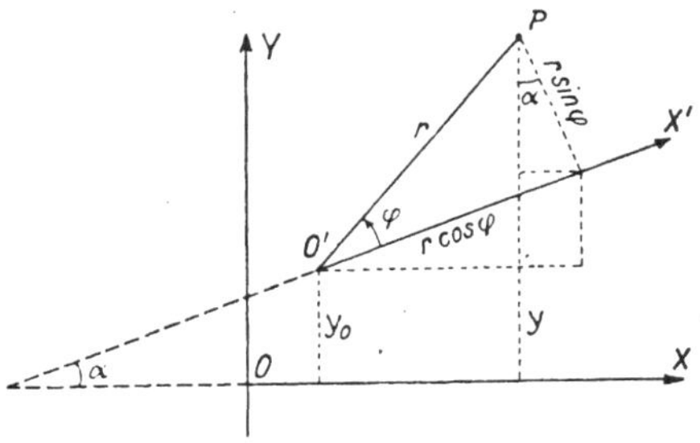

Bild 131

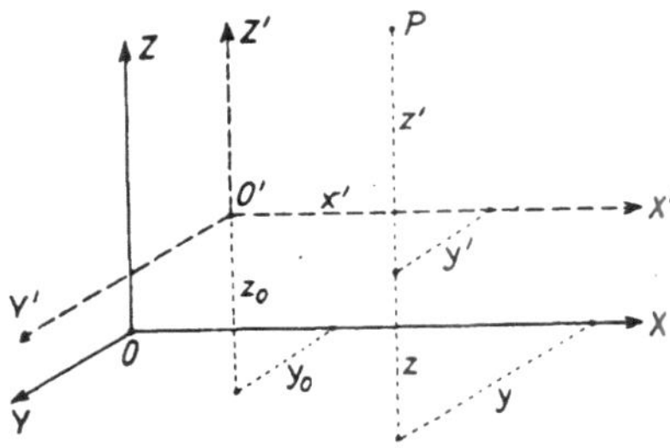

Bild 132

6. Translation rechtwinkliger Koordinaten des Raumes.

Der Übergang von einem rechtwinkligen Koordinatensystem $OXYZ$, Bild 132, zu einem anderen $O'X'Y'Z'$, das mit ihm parallel und gleichgerichtet ist, ist bestimmt, sobald die Koordinaten $x_0/y_0/z_0$ des neuen Ursprungs O' in bezug auf das alte System gegeben sind. Zwischen den Koordinaten $x/y/z$ und $x'/y'/z'$ eines Punktes P in den beiden Systemen bestehen dann die unmittelbar abzulesenden Gleichungen:

a) $$x = x_0 + x', \qquad y = y_0 + y', \qquad z = z_0 + z',$$

die den Übergang vom alten zum neuen System vermitteln. Für die inverse Translation hat man:

b) $$x' = x - x_0, \qquad y' = y - y_0, \qquad z' = z - z_0.$$

Unter § 26, 9. b) erscheint die Mittelpunktgleichung der Kugel,

$$x^2 + y^2 + z^2 = r^2.$$

Will man daraus die allgemeine Gleichung der Kugel ableiten, so erhält man durch Translation des Koordinatensystems und die Formeln b)

$$(x - x_0)^2 + (y - y_0)^2 + (z - z_0)^2 = r^2.$$

Ist hierin $z_0 = r$, so tangiert die xy-Ebene die Kugel; ist $z_0 < r$, so schneidet die xy-Ebene die Kugel in einem Kreis mit Radius $\sqrt{r^2 - z^2} = \varrho$; die Gleichung dieses Kreises in der xy-Ebene ist also

$$(x - x_0)^2 + (y - y_0)^2 = \varrho^2,$$

es ist die allgemeine Gleichung des Kreises wie unter 1.

7. Allgemeine Transformation rechtwinkliger Raumkoordinaten.

Dreht man das Koordinatensystem $O'X'Y'Z'$ um den Punkt O', und bezeichnet die Cosinus der Winkel zwischen den Achsen

OX	und $O'X'$,	$O'Y'$,	$O'Z'$	mit	$\alpha_1, \alpha_2, \alpha_3,$
OY	»	»	»	»	$\beta_1, \beta_2, \beta_3,$
OZ	»	»	»	»	$\gamma_1, \gamma_2, \gamma_3,$

und projiziert nun den Koordinatenzug x', y', z' eines Punktes zuerst auf die x-Richtung, dann auf die y-Richtung, dann auf die z-Richtung, so ergibt sich:

a) $$\begin{cases} x - x_0 = x'\alpha_1 + y'\alpha_2 + z'\alpha_3, \\ y - y_0 = x'\beta_1 + y'\beta_2 + z'\beta_3, \\ z - z_0 = x'\gamma_1 + y'\gamma_2 + z'\gamma_3. \end{cases}$$

Die Cosinus der Winkel zwischen den Achsen

$O'X'$	und OX,	OY,	OZ	sind	$\alpha_1, \beta_1, \gamma_1,$
$O'Y'$	»	»	»	»	$\alpha_2, \beta_2, \gamma_2,$
$O'Z'$	»	»	»	»	$\alpha_3, \beta_3, \gamma_3,$

damit erhält man ebenso für die inversen Transformationsformeln:

b) $$\begin{cases} x' = (x - x_0)\alpha_1 + (y - y_0)\beta_1 + (z - z_0)\gamma_1, \\ y' = (x - x_0)\alpha_2 + (y - y_0)\beta_2 + (z - z_0)\gamma_2, \\ z' = (x - x_0)\alpha_3 + (y - y_0)\beta_3 + (z - z_0)\gamma_3. \end{cases}$$

§ 28. Die Gerade und die Gleichung ersten Grades

1. Einleitendes.

Es soll zunächst gezeigt werden, daß jede Gleichung ersten Grades in x und y eine Gerade darstellt. Die allgemeine Form einer solchen Gleichung lautet:

a) $$Ax + By + C = 0.$$

Für $A = 0$ hat man die Gleichung $By + C = 0$ oder $y = -\frac{C}{B}$; sie kennzeichnet den Ort aller Punkte mit ein und derselben Ordinate, also eine Gerade parallel der Abszissenachse.

Für $B = 0$ hat man die Gleichung $Ax + C = 0$ oder $x = -\frac{C}{A}$; sie kennzeichnet den Ort aller Punkte mit ein und derselben Abszisse, also eine Gerade parallel der Ordinatenachse.

$B = 0$ und $C = 0$ führt zu $Ax = 0$, also auch zu $x = 0$, womit die Punkte der Ordinatenachse selbst charakterisiert sind.

$A = 0$ und $C = 0$ führt zu $By = 0$, also auch zu $y = 0$, womit alle Punkte der Abszissenachse gekennzeichnet sind.

Für $C = 0$ liefert die Gleichung a)

b) $$Ax + By = 0, \text{ oder } \frac{y}{x} = -\frac{A}{B}, \text{ oder } y = -\frac{A}{B}x,$$

also ein konstantes Verhältnis für $x:y$; alle Punkte liegen daher auf einer bestimmten Geraden durch den Ursprung.

Ist endlich keiner der drei Koeffizienten $= 0$, so erhält man aus a)

c) $$y = -\frac{A}{B}x - \frac{C}{B}.$$

Die zu einer Abszisse gehörige Ordinate erscheint als Summe von $-\frac{A}{B}x$ und $-\frac{C}{B}$; das erste ist nach b) die Ordinate einer bestimmten Geraden durch den Ursprung, das zweite eine konstante Größe; es sind also die Ordinaten einer Geraden um eine konstante Strecke verlängert oder verkürzt, je nach dem Vorzeichen von $\frac{C}{B}$; der Ort der so erhaltenen Punkte ist eine Gerade von allgemeiner Lage.

Jede Gleichung ersten Grades in x und y bestimmt also, nach allen zulässigen Annahmen über die Koeffizienten, eine Gerade in der Ebene.

Unter § 26, 4. a), b) wurde bereits der Richtungswinkel α einer Geraden eingeführt, ebenso $\tan\alpha = m$, die Richtungskonstante, sowie die darauf basierte allgemeine Gleichung der Geraden.

d) $$y = mx + b;$$

verglichen mit c) ist also $-\frac{A}{B} = m$, die Richtungskonstante und $-\frac{C}{B} = b$ der Abschnitt auf der y-Achse.

2. Segmentgleichung der Geraden.

Die zu $y = 0$ gehörige Abszisse a und die zu $x = 0$ gehörige Ordinate b sind die Abschnitte oder Segmente, welche die Gerade

a) $$Ax + By + C = 0$$

auf den Koordinatenachsen bildet.

Für $y = 0$ hat man $Aa + C = 0$, oder $a = -\frac{C}{A}$;

für $x = 0$ hat man $Bb + C = 0$, oder $b = -\frac{C}{B}$.

Ersetzt man A und B in a) durch $-\frac{C}{a}$ bzw. $-\frac{C}{b}$, so ergibt sich

$$-\frac{Cx}{a} - \frac{Cy}{b} = -C$$

und daraus die Segmentgleichung der Geraden:

b) $$\frac{x}{a} + \frac{y}{b} = 1$$

Geometrisch folgt die Ableitung dieser Gleichung aus Bild 133, denn ähnliche Dreiecke ergeben

$$\frac{x}{a} = \frac{b-y}{b}, \text{ also } \frac{x}{a} + \frac{y}{b} = 1$$

für jeden Punkt P der Geraden g.

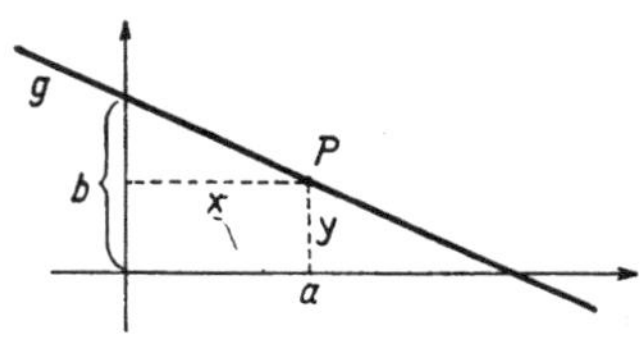

Bild 133

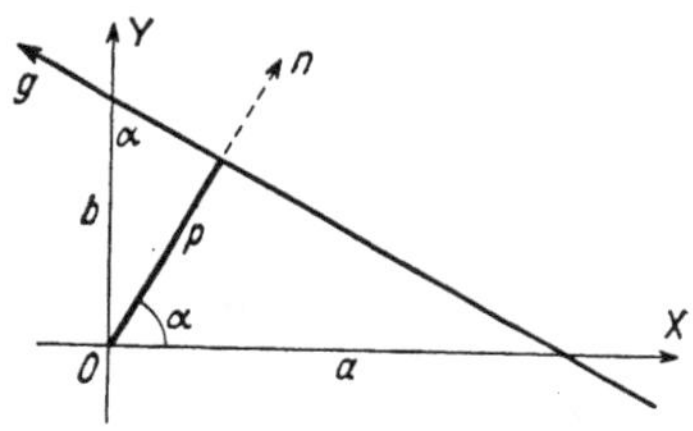

Bild 134

3. Normalgleichung der Geraden.

Zu jeder Geraden g gehört eine Normale n durch den Ursprung des Koordinatensystems. Will man beide als gerichtete Linien betrachten, so nenne man in Übereinstimmung mit der Winkeldrehung diejenige Richtung der Geraden g positiv, bei welcher der Ursprung 0 zur Linken liegt. Die Richtung der Normalen sei positiv vom Ursprung fort, wie bei einem Radiusvektor, und p sei die Länge der Normalen vom Ursprung zur Geraden, Bild 134.

Nach 2. b) hat man zunächst

a) $$\frac{x}{a} + \frac{y}{b} - 1 = 0.$$

Nun ist aber unter allen Umständen

$$a \cos \alpha = b \sin \alpha = p;$$

multipliziert man also das erste, zweite, dritte Glied der Gleichung a) bzw. mit dem ersten, zweiten, dritten dieser gleichen Werte, so erhält man

b) $$x \cos \alpha + y \sin \alpha - p = 0,$$

die man als Normalgleichung bezeichnet. Sie wird auch Hessesche Normalgleichung benannt, nach dem Mathematiker O. Hesse.

Um die allgemeine Gleichung

c) $$Ax + By + C = 0$$

auf diese Form zu bringen, muß man einen Multiplikator m gebrauchen, so daß $$m^2 A^2 + m^2 B^2 = 1,$$

in Übereinstimmung mit der Formel $\cos^2 \alpha + \sin^2 \alpha = 1$, damit mA und mB tatsächlich den cos und sin eines Winkels darstellen. Die Unbestimmtheit des Vorzeichens von

d) $$m = \frac{1}{\sqrt{A^2 + B^2}}$$

wird dadurch behoben, daß mC mit $-p$ übereinstimmen und daher m das entgegengesetzte Vorzeichen von C erhalten muß. Man schreibt dafür statt des Wurzelvorzeichens

e) $$-\operatorname{sgn} C \quad \text{(gelesen: Signum von } C\text{)}.$$

Um also die allgemeine Gleichung c) in die Normalform zu verwandeln, hat man sie durch $-\operatorname{sgn} C \sqrt{A^2 + B^2}$ zu dividieren.

Nach dieser Regel ergeben sich beispielsweise für die Geraden

$$3x - 4y - 5 = 0 \text{ und } x + 2y + 3 = 0$$

die Normalgleichungen

$$\frac{3}{5}x - \frac{4}{5}y - 1 = 0 \quad \text{und} \quad -\frac{1}{\sqrt{5}}x - \frac{2}{\sqrt{5}}y - \frac{3}{\sqrt{5}} = 0.$$

Man erkennt leicht, daß die Normale der ersten Gleichung, $p = -1$, in den vierten, die Normale der zweiten Gleichung, $p = -\frac{3}{\sqrt{5}}$, in den dritten Quadranten verläuft. Durch die sich ergebenden Vorzeichen von $\cos \alpha$ und $\sin \alpha$ ist α unzweideutig bestimmt (§ 21, 4.).

α und p können auch als Polarkoordinaten des Normalenschnittpunktes N der Geraden g aufgefaßt werden, wobei dann die Betrachtungen unter § 26, 7. zur Geltung kommen.

Aus Bild 135 erhält man direkt:

$$x \cos \alpha + y \sin \alpha = p.$$

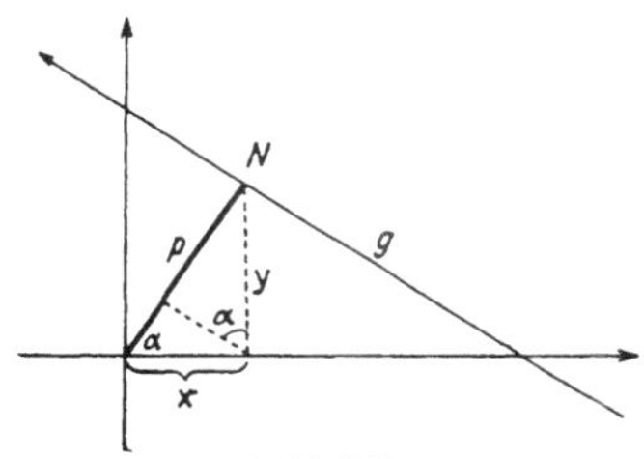

Bild 135

4. Geradenbüschel bestimmt, durch einen Punkt.

Die allgemeine Gleichung der Geraden

a) $$A x + B y + C = 0$$

hat drei Koeffizienten, die sich auf zwei Konstanten reduzieren lassen, indem man durch einen von ihnen die Gleichung dividiert. In den speziellen Gleichungsformen

$$y = m x + b, \qquad \frac{x}{a} + \frac{y}{b} = 1, \qquad x \cos\alpha + y \sin\alpha = p,$$

hat man tatsächlich nur je zwei Konstanten; m/b, a/b und α/p. Es folgt daraus, daß eine Gerade im allgemeinen durch zwei Bedingungen bestimmt ist. Ist nur eine Bedingung gegeben, so lassen sich unendlich viele Gerade bestimmen, die dieser Bedingung entsprechen. Einen wichtigen Fall dieser Art bilden die Geraden durch einen gegebenen Punkt, deren Gesamtheit man einen Geradenbüschel nennt. Heißt der gegebene Punkt $P_1(x_1/y_1)$, so führt die Forderung, daß er der Geraden angehöre, zu der Bedingung

b) $$A x_1 + B y_1 + C = 0.$$

Subtrahiert man diese Gleichung von a), so erhält man

c) $$A(x - x_1) + B(y - y_1) = 0$$

oder, indem man $-\frac{A}{B} = m$ setzt,

d) $$y - y_1 = m(x - x_1)$$

als Gleichung des Geradenbüschels mit dem Träger $P_1(x_1/y_1)$.

5. Die Gerade durch zwei Punkte.

Die beiden Punkte seien $P_1(x_1/y_1)$ und $P_2(x_2/y_2)$. Nach 4. c) ist jede Gerade, die durch den ersten Punkt geht, in der Gleichung des Geradenbüschels

$$A(x - x_1) + B(y - y_1) = 0$$

enthalten; soll sie nun auch durch den zweiten Punkt gehen, so müssen die Koeffizienten A und B der Bedingung entsprechen:

$$A(x_2 - x_1) + B(y_2 - y_1) = 0.$$

Durch Division beider Gleichungen ergibt sich

$$\frac{x - x_1}{x_2 - x_1} = \frac{y - y_1}{y_2 - y_1}$$

oder $$y - y_1 = \frac{y_2 - y_1}{x_2 - x_1}(x - x_1)$$

als Gleichung der durch P_1 und P_2 bestimmten Geraden.

Eine direkte geometrische Ableitung ergibt sich aus der letzten Gleichung unter § 26, 2. und dem Bild 90, ebenso aus der folgenden Gleichung 6. a).

6. Teilungsverhältnis in der Geraden.

Teilt man die Strecke zwischen den Punkten $P_1\,(x_1/y_1)$ und $P_2\,(x_2/y_2)$ im Verhältnis $m : n$, Bild 136, und nennt den Teilungspunkt $P\,(x/y)$, so hat man

a) $$\frac{x - x_1}{x_2 - x} = \frac{y - y_1}{y_2 - y} = \frac{m}{n} = v;$$

woraus sich ergibt

b) $$x = \frac{x_1 + v\,x_2}{1 + v} \quad \text{und} \quad y = \frac{y_1 + v\,y_2}{1 + v}.$$

Betrachtet man die Gerade als eine gerichtete und den Punkt P außerhalb der Strecke $P_1 P_2$, so werden die Verhältnisse a) negativ, einerlei auf welcher Seite der Strecke $P_1 P_2$ der Punkt P liegen mag; seine Koordinaten sind dann

c) $$x = \frac{x_1 - v\,x_2}{1 - v} \quad \text{und} \quad y = \frac{y_1 - v\,y_2}{1 - v}.$$

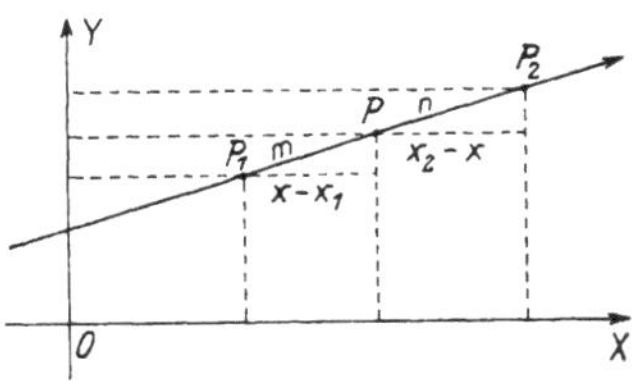

Bild 136

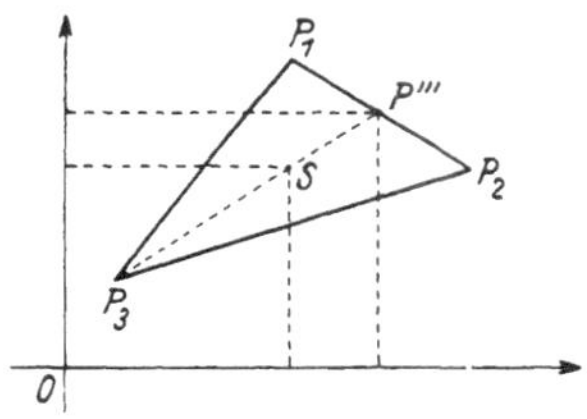

Bild 137

Als Beispiel der Anwendung des Teilungsverhältnisses diene die Bestimmung der Koordinaten des Schwerpunktes S eines Dreiecks $P_1 P_2 P_3$ aus den Koordinaten seiner Eckpunkte, Bild 137.

Der Mittelpunkt P''' der Seite $P_1 P_2$ hat das Teilungsverhältnis $v = 1$, daher sind seine Koordinaten

$$x''' = \frac{x_1 + x_2}{2} \quad \text{und} \quad y''' = \frac{y_1 + y_2}{2};$$

der Schwerpunkt S teilt $P''' P_3$ in dem Verhältnis $v = \frac{1}{2}$, also sind seine Koordinaten

$$x = \frac{x''' + \frac{1}{2}x_3}{1 + \frac{1}{2}} = \frac{x_1 + x_2 + x_3}{3}$$

$$y = \frac{y''' + \frac{1}{2}y_3}{1 + \frac{1}{2}} = \frac{y_1 + y_2 + y_3}{3}.$$

7. Abstand eines Punktes von einer Geraden.

Man versteht darunter immer den kürzesten, also den rechtwinkligen Abstand des Punktes.

Die gerichtete Gerade g, Bild 138, sei im rechtwinkligen System durch die Normalgleichung

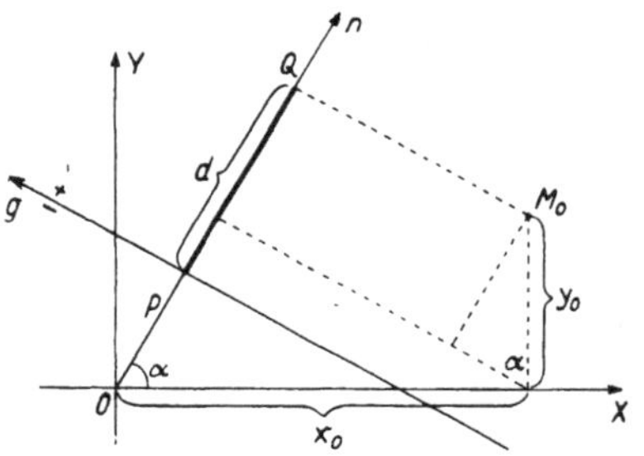

Bild 138

a) $$x \cos \alpha + y \sin \alpha - p = 0$$

und der Punkt M_0 durch seine Koordinaten x_0/y_0 gegeben.

Projiziert man den Linienzug x_0/y_0 rechtwinklig auf die Normale n von g, so hat man

$$OQ = x_0 \cos \alpha + y_0 \sin \alpha,$$

also für den Abstand des Punktes M_0 von g:

b) $$d = OQ - p = x_0 \cos \alpha + y_0 \sin \alpha - p.$$

d fällt positiv oder negativ aus, je nachdem M_0 auf der rechten oder der linken, der positiven oder der negativen, Seite der gerichteten Geraden g liegt. Es ergibt sich also:

Der Abstand eines Punktes von einer Geraden wird erhalten, indem man statt der Veränderlichen die Koordinaten des Punktes in die Normalgleichung der Geraden einsetzt.

Ist die Gerade durch die Gleichung

c) $$Ax + By + C = 0$$

gegeben, so ist nach dieser Regel und der Erklärung unter 3. e)

d) $$d = \frac{A x_0 + B y_0 + C}{-\operatorname{sgn} C \sqrt{A^2 + B^2}}.$$

Hiernach findet man z. B. den Abstand des Punktes M_0 (3/5) von der Geraden $5x - 12y + 3 = 0$:

$$d = \frac{15 - 60 + 3}{-\sqrt{25 + 144}} = \frac{42}{13},$$

der durch sein Vorzeichen sagt, daß der Punkt auf der rechten oder positiven Seite der Geraden liegt. Der Abstand des Ursprungs O (0/0) von derselben Geraden ist

$$p = \frac{3}{-\sqrt{25 + 144}} = -\frac{3}{13};$$

der Ursprung liegt also auf der linken oder negativen Seite der Geraden, wie das ja auch nach der unter 3. gemachten Annahme, über die Richtung der Geraden, nicht anders sein kann.

8. Schnittpunkt und Winkel zweier Geraden.

Da die Gleichungen zweier Geraden zwei Gleichungen ersten Grades in x und y sind, so muß die Lösung als solche die Koordinatenwerte des Schnittpunktes ergeben. Betrachtet man die unter § 9, 1. erscheinenden Gleichungen als Beispiel, so erkennt man ohne weiteres, daß sich keine Lösung ergeben würde, wenn der gemeinschaftliche Nenner $a_1 b_2 - a_2 b_1$ gleich Null ist; die beiden Geraden sind in diesem Falle parallel oder, wie man sagt, haben einen unendlich fernen Schnittpunkt.

Aus $a_1 b_2 - a_2 b_1 = 0$ erhält man $\frac{a_1}{b_1} = \frac{a_2}{b_2}$, das ist die Gleichheit der Richtungskonstanten beider Geraden, also die Erklärung und zugleich die Bedingung für den Parallelismus.

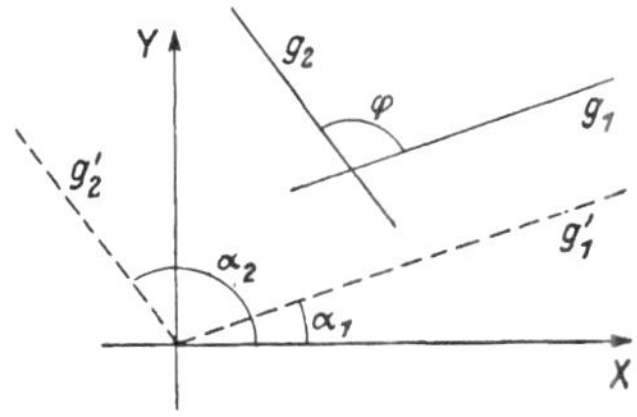

Bild 139

Um den Winkel φ zweier Geraden g_1 und g_2 aus ihren Gleichungen zu berechnen, denke man sich Parallele zu den gegebenen Geraden durch den Ursprung des Koordinatensystems, Bild 139, werden dann die Winkel dieser Parallelen, also auch der Geraden selbst, mit der x-Achse durch α_1 und α_2 bezeichnet, so hat man

$$\varphi = \alpha_2 - \alpha_1.$$

Hieraus folgt nach § 23, 5. a)

$$\tan \varphi = \tan(\alpha_2 - \alpha_1) = \frac{\tan \alpha_2 - \tan \alpha_1}{1 + \tan \alpha_2 \tan \alpha_1};$$

$\tan \alpha_1$ und $\tan \alpha_2$ sind aber die Richtungskonstanten der beiden Geraden und wurden in der allgemeinen Gleichung der Geraden 1. d) durch m bezeichnet, dieser Bezeichnung entsprechend lautet die letzte Gleichung

a) $$\tan \varphi = \frac{m_2 - m_1}{1 + m_2 m_1}.$$

Die beiden Geraden sind parallel für $\tan \varphi = 0$, also für $m_2 = m_1$; sie sind rechtwinklig zueinander für $\tan \varphi = \infty$, also für $m_2 m_1 = -1$; für $\tan \varphi$ positiv ist φ ein spitzer, für $\tan \varphi$ negativ ein stumpfer Winkel; aus $\pm \tan \varphi$ erhält man φ und seinen Nebenwinkel $180^0 - \varphi$.

Nimmt man wieder für die beiden Geradengleichungen die unter § 9, 1. als Beispiel, also $m_1 = \frac{a_1}{b_1}$ und $m_2 = \frac{a_2}{b_2}$, so erhält man durch Substitution dieser Bezeichnungen in a)

b) $$\tan \varphi = \frac{a_2 b_1 - b_2 a_1}{b_2 b_1 + a_2 a_1}.$$

Zahlenbeispiele:

Für die Geraden (g_1) $3x - 4y - 8 = 0,$

(g_2) $5x + 12y + 4 = 0$

ist $\tan\varphi = \frac{-20 - 36}{-48 + 15} = \frac{56}{33}$, also $\varphi = 59^0 29'23''$.

Für die Geraden (g_1) $2x - 3y - 5 = 0,$

(g_2) $-4x + 6y + 7 = 0$

ist $\tan\varphi = \frac{12 - 12}{-18 - 8} = 0$, also sind g_1 und g_2 parallel.

Für die Geraden (g_1) $3x + 4y - 2 = 0,$

(g_2) $8x - 6y + 3 = 0$

ist $\tan\varphi = \frac{32 + 18}{-24 + 24} = \infty$, also ist $\varphi = 90^0$.

9. Gerade, bestimmt durch Punkt und Richtung.

Ist $P_1(x_1/y_1)$ der gegebene Punkt und α der Richtungswinkel, also $\tan\alpha = m$ die Richtungskonstante, so ist die Geradengleichung in der allgemeinen Form

a) $$y = mx + b.$$

Da die Gerade durch den Punkt x_1/y_1 gehen soll, so muß auch die Gleichung gelten

$$y_1 = mx_1 + b \text{ oder } b = y_1 - mx_1.$$

Setzt man diesen Ausdruck für b in die Gleichung a) ein, so wird daraus

$$y = mx + y_1 - mx_1, \text{ oder}$$

b) $$y - y_1 = m(x - x_1).$$

Diese Gleichung folgt auch direkt aus der ersten Gleichung unter § 26, 2.

Ist $\tan\alpha = m$ die Richtungskonstante einer Geraden, so ist $\tan(\alpha + 90^0) = -\cot\alpha = -\frac{1}{m}$ die Richtungskonstante der Rechtwinkligen dazu, also ist die Gleichung der Geraden durch den Punkt $P_1(x_1/y_1)$ rechtwinklig zur gegebenen Richtung (oder rechtwinklig zu der Geraden $y = mx + b$) nach b)

c) $$y - y_1 = -\frac{1}{m}(x - x_1).$$

Eine Erweiterung der Aufgabe.

Die Gleichung der Geraden zu bestimmen, welche die Gerade $y = mx + b$ im Punkt x_1/y_1 unter dem Winkel φ schneidet.

Wird der Richtungswinkel der gegebenen Geraden mit α bezeichnet, dann ist der Richtungswinkel der gesuchten Geraden $\alpha + \varphi$.

Nach § 23, 5. a) ist

$$\tan(\alpha + \varphi) = \frac{\tan\alpha + \tan\varphi}{1 - \tan\alpha \tan\varphi}$$

Führt man diese Richtungskonstante in b) ein, mit $\tan\alpha = m$, so ergibt sich als Gleichung der gesuchten Geraden:

d) $$y - y_1 = \frac{m + \tan\varphi}{1 - m\tan\varphi}(x - x_1).$$

Teilungsgeraden eines Winkels.

Die Gleichung d) kann man auch gebrauchen, um z. B. die Gerade zu bestimmen, welche den Winkel φ, Bild 139, halbiert. Der Richtungswinkel der Geraden ist $\alpha_1 + \frac{\varphi}{2}$, der Schnittpunkt sei x_1/y_1; man erhält also die Gleichung der Halbierungsgeraden, wenn in Gleichung d) $\tan\varphi$ durch $\tan\frac{1}{2}\varphi$ ersetzt wird.

Für die Dreiteilung des Winkels φ hätte man ebenso zwei Gerade der Form d) mit $\tan\frac{1}{3}\varphi$ bzw. $\tan\frac{2}{3}\varphi$.

10. Abstand zweier Parallelen.

In der Normalgleichung der Geraden 3. b)

$$x\cos\alpha + y\sin\alpha - p = 0$$

ist p der Abstand der Geraden vom Ursprung 0. Bild 140 zeigt ohne weiteres, daß der Abstand d zweier Parallelen g_1 und g_2 entweder die Summe oder die Differenz der absoluten p-Werte ist, je nachdem der Ursprung 0 zwischen den Parallelen oder außerhalb beider sich befindet. Da nun $\cos\alpha = -\cos(\alpha + 180^0)$ und $\sin\alpha = -\sin(\alpha + 180^0)$ ist, so ergibt sich

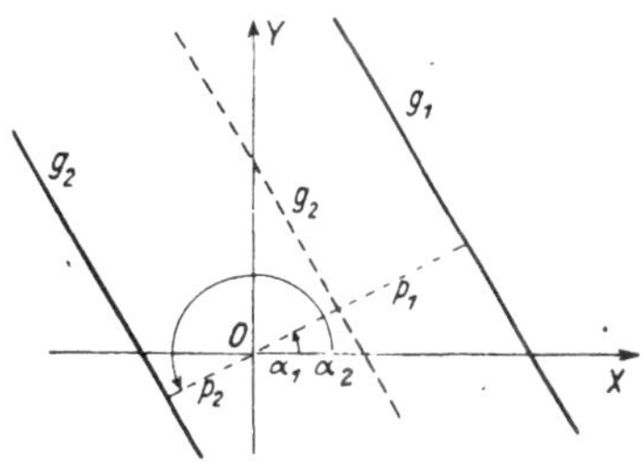

Bild 140

a) $d = |p_1 - p_2|$ wenn $\cos\alpha_1 = \cos\alpha_2$ und $\sin\alpha_1 = \sin\alpha_2$,

b) $d = |p_1 + p_2|$ wenn $\cos\alpha_1 = -\cos\alpha_2$ und $\sin\alpha_1 = -\sin\alpha_2$.

Sind z. B. die Gleichungen zweier Parallelen g_1 und g_2

$$-3x + 4y + 12 = 0,$$
$$3x - 4y - 20 = 0,$$

so erkennt man aus den Vorzeichen den Fall für Formel b) und erhält nach 7. d)

$$p_1 = \frac{12}{\sqrt{9+16}} = 2\frac{2}{5} \text{ und } p_2 = \frac{20}{\sqrt{9+16}} = 4, \text{ also } d = 6\frac{2}{5}.$$

11. Geradenbüschel, bestimmt durch zwei Gerade.

a) Multipliziert man eine lineare Gleichung in x und y mit einem beliebigen Faktor k, so entsteht zwar eine neue Gleichung, aber keine neue Beziehung zwischen x und y, denn

$$\text{aus} \quad Ax + By + C = 0 \text{ folgt } y = -\frac{A}{B}x - \frac{C}{B},$$

$$\text{aus } k(Ax + By + C) = 0 \text{ folgt } y = -\frac{kA}{kB}x - \frac{kC}{kB}.$$

Beiden Gleichungen entspricht dasselbe geometrische Bild, dieselbe Gerade.

b) Sind zwei Gerade g_1 und g_2 durch ihre Gleichungen gegeben

$$g_1 = A_1x + B_1y + C_1 = 0,$$
$$g_2 = A_2x + B_2y + C_2 = 0$$

und addiert man zur ersten Gleichung die mit k multiplizierte zweite, so ergibt sich eine neue Gleichung in x und y

$$g_1 + kg_2 = A_1x + B_1y + C_1 + k(A_2x + B_2y + C_2) = 0,$$

deren Bild ebenfalls eine Gerade ist, denn sie ist vom ersten Grade, die aber weder mit g_1 noch mit g_2 zusammenfallen kann, was man aus den Richtungskonstanten der drei Gleichungen

$$-\frac{A_1}{B_1}, \qquad -\frac{A_2}{B_2}, \qquad -\frac{A_1 + kA_2}{B_1 + kB_2}$$

erkennt. Die Geraden g_1 und g_2 haben einen Punkt gemein, ihren Schnittpunkt. Da aber die dritte Gleichung durch jenes Wertepaar x/y befriedigt wird, das den Gleichungen g_1 und g_2 zugleich genügt, so geht auch die Gerade der dritten Gleichung durch den Schnittpunkt der beiden anderen.

c) Eine weitere Erkenntnis dafür, daß die drei Gleichungen gleichzeitig gültig sind, die drei Geraden also einen gemeinschaftlichen Schnittpunkt haben, liefert der Satz (§ 9, 1.), daß die Determinante aus den Koeffizienten der drei Gleichungen

$$D = \begin{vmatrix} A_1 & B_1 & C_1 \\ A_2 & B_2 & C_2 \\ A_1 + kA_2 & B_1 + kB_2 & C_1 + kC_2 \end{vmatrix}$$

verschwinden muß. Subtrahiert man die zweite Zeile, mit k multipliziert, von der dritten, so werden zwei der Zeilen gleich und die Determinante verschwindet, d. h. $D = 0$ (§ 8, 7.).

d) Bezeichnet man die dritte Gerade mit g_k und ihre Gleichung mit $g_k = 0$, so hat man

$$g_k = g_1 + kg_2 = \frac{1}{k}g_1 + g_2 = 0$$

und erkennt daraus: Für $k = 0$ wird $g_k = g_1$, für $k = \infty$ wird $g_k = g_2$. Da nun k alle Werte von 0 bis $\pm\infty$ annehmen kann, so ist $g_k = g_1 + kg_2 = 0$ die Gleichung der Geraden durch den Schnittpunkt von g_1 und g_2, d. h. die Gleichung des Geradenbüschels mit g_1, g_2 als Träger.

e) Einfach gestaltet sich jetzt die folgende Aufgabe:

Die Gleichung einer Geraden zu bestimmen, von gegebener Richtung und durch den Schnittpunkt zweier durch ihre Gleichungen gegebenen Geraden. Die Lösung liegt in der Berechnung des k-Wertes. Die Richtungskonstante R_3 der Büschelgeraden ist

$$R_3 = -\frac{A_1 + kA_2}{B_1 + kB_2}, \text{ also ist } k = -\frac{A_1 + R_3 B_1}{A_2 + R_3 B_2}.$$

Sind z. B. die Gleichungen der gegebenen Geraden

$$5x - 7y + 8 = 0,$$
$$3x + 2y - 9 = 0;$$

der Richtungswinkel der gesuchten Geraden 45^0, ihre Richtungskonstante also gleich 1, so ist $k = -\frac{5-7}{3+2} = \frac{2}{5}$, und die Gleichung lautet daher

$$5x - 7y + 8 + \frac{2}{5}(3x + 2y - 9) = 0$$

und reduziert:

$$31x - 31y + 22 = 0.$$

Die Gleichheit der Koeffizienten für x und y zeigt, daß die Richtungskonstante tatsächlich gleich 1 ist.

Als Rechenprobe hat man wieder:

$$D = \begin{vmatrix} 5 & -7 & 8 \\ 3 & 2 & -9 \\ 31 & -31 & 22 \end{vmatrix} = 0. \qquad (\S\,8,\ 3.)$$

12. Teilungsverhältnis im Geradenbüschel.

Die beiden Geraden g_1 und g_2, Bild 141, welche das Geradenbüschel bestimmen, seien nach der unter 3. gemachten Annahme gerichtet und durch ihre Normalgleichungen gegeben:

$$g_1 = x\cos\alpha_1 + y\sin\alpha_1 - p_1 = 0,$$
$$g_2 = x\cos\alpha_2 + y\sin\alpha_2 - p_2 = 0.$$

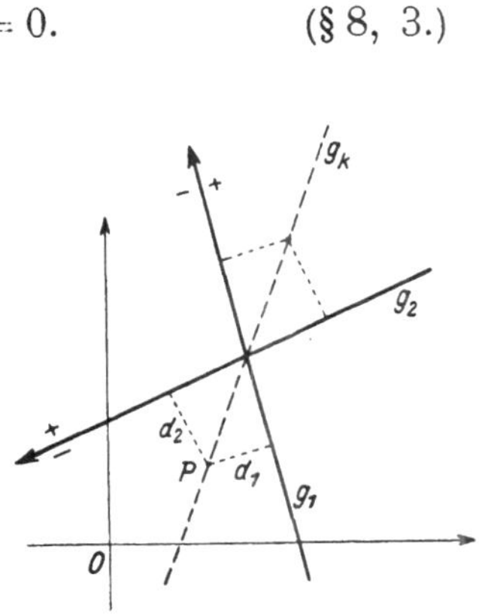

Bild 141

Sie zerlegen die Ebene in zwei Paare gegenüberliegender Felder, welche sich voneinander unterscheiden lassen, indem man das den Ursprung 0 enthaltende als innere Winkelfläche, das andere als äußere Winkelfläche der beiden Geraden bezeichnet.

Es sei nun

$$g_k = g_1 + k g_2 = 0$$

eine bestimmte Gerade des Büschels und $P\ (x/y)$ ein Punkt derselben. Nach dem Satz unter 7. b) haben die Ausdrücke für g_1 und g_2, mit diesen Koordinaten gebildet, die Bedeutung der Abstände d_1 und d_2 des Punktes P von beiden Grundgeraden; für diese Abstände besteht somit die Gleichung:

$$d_1 + k\, d_2 = 0,$$

woraus sich ergibt

$$k = -\frac{d_1}{d_2} = -\frac{\sin(g_1 g_k)}{\sin(g_k g_2)}.$$

Der Parameter k bedeutet also das Abstandsverhältnis eines beliebigen Punktes der g_k von den beiden Grundgeraden und zugleich das Sinusverhältnis der Winkel, in welche der Winkel $(g_1 g_2)$ durch g_k geteilt wird. Man bezeichnet dies letztere Verhältnis als das Teilungsverhältnis der Geraden g_k in bezug auf g_1 und g_2; es ist negativ für die innere Winkelfläche, positiv für die äußere, weil im ersten Fall d_1 und d_2 entweder beide positiv oder beide negativ sind, während sie im zweiten Falle ungleiche Vorzeichen haben; das Teilungsverhältnis ist unabhängig von der Reihenfolge der Grundgeraden.

Für die Halbierungslinie der inneren Winkelfläche ist $k = -1$, für die der äußeren $k = 1$, es sind also

$$g_1 - g_2 = 0 \text{ und } g_1 + g_2 = 0$$

die Gleichungen dieser Halbierungslinien.

Man beachte, daß die Teilung hier geschieht, ohne den Schnittpunkt von g_1 und g_2 zu bestimmen, wie es bei der Teilung unter 9. d) erforderlich ist.

Anwendung auf einen bekannten Satz der Elementargeometrie.

Denkt man sich den Ursprung des Koordinatensystems im Innern des Dreiecks $g_1 g_2 g_3$, Bild 142, so sind die Gleichungen der Halbierungslinien der beiden Innenwinkel $g_1 g_2$ und $g_2 g_3$:

$$g_1 - g_2 = 0 \text{ und } g_2 - g_3 = 0;$$

durch Addition beider Gleichungen erhält man die Gleichung einer Linie, welche durch den Schnittpunkt beider Halbierungslinien geht, nämlich $g_1 - g_3 = 0$, dies ist aber zu-

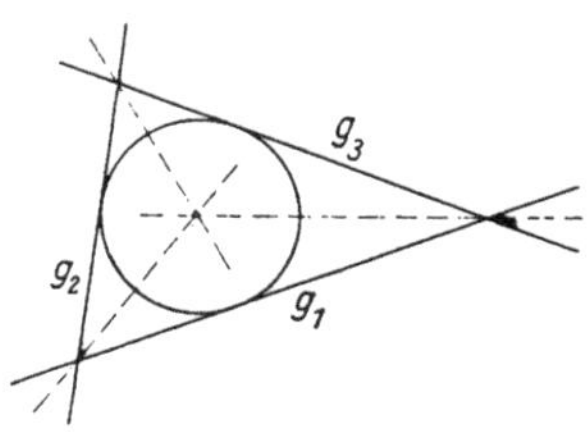

Bild 142

gleich die Halbierungslinie des dritten Winkels $g_1 g_3$, also gehen die drei Winkelhalbierenden durch ein und denselben Punkt.

13. Wiederholung einiger Aufgaben mit Determinantenlösung.

a) Die Gerade durch zwei Punkte (§ 28, 5.).

Die Gleichung der Geraden hat die Form

$$Ax + By + C = 0.$$

Soll die Gerade durch die gegebenen Punkte x_1/y_1 und x_2/y_2 gehen, so hat man die beiden Bedingungsgleichungen

$$\begin{aligned} A x_1 + B y_1 + C &= 0, \\ A x_2 + B y_2 + C &= 0. \end{aligned}$$

Die drei Gleichungen zwischen den drei Unbekannten $A/B/C$ können nur dann gleichzeitig bestehen, wenn

$$\begin{vmatrix} x & y & 1 \\ x_1 & y_1 & 1 \\ x_2 & y_2 & 1 \end{vmatrix} = 0.$$

Diese Determinante ist daher die gesuchte Gleichung der Geraden; sie ist eine Relation, welche zwischen den Koordinaten x/y eines beliebigen Punktes der Geraden und den Koordinaten der beiden gegebenen Punkte bestehen muß. Durch Subtraktion der zweiten Zeile von der ersten und der dritten von der zweiten entsteht

$$\begin{vmatrix} x - x_1 & y - y_1 & 0 \\ x_1 - x_2 & y_1 - y_2 & 0 \\ x_2 & y_2 & 1 \end{vmatrix} = 0 \text{ oder } (x - x_1)(y_1 - y_2) - (x_1 - x_2)(y - y_1) = 0$$

und hieraus die Gleichung in bekannter Form:

$$y - y_1 = \frac{y_1 - y_2}{x_1 - x_2}(x - x_1).$$

Zahlenbeispiel:

Sind die gegebenen Punkte 3/5 und — 4/8, so ist die gesuchte Gleichung

$$\begin{vmatrix} x & y & 1 \\ 3 & 5 & 1 \\ -4 & 8 & 1 \end{vmatrix} = x \begin{vmatrix} 5 & 1 \\ 8 & 1 \end{vmatrix} - y \begin{vmatrix} 3 & 1 \\ -4 & 1 \end{vmatrix} + \begin{vmatrix} 3 & 5 \\ -4 & 8 \end{vmatrix} = 0. \qquad (\S\, 8,\ 14.)$$

$$= -3x - 7y + 44 = 0.$$

Vertauscht man zwei Zeilen der Determinante, so erhält man ebenso

$$3x + 7y - 44 = 0.$$

b) Die Bedingung dafür, daß drei Punkte x_1/y_1, x_2/y_2 und x_3/y_3 in einer geraden Linie liegen (§ 26, 7. c)) folgt unmittelbar aus der ersten Determinante unter a), denn wenn man darin x/y durch x_3/y_3 ersetzt, so erhält man die Bedingungsgleichung:

$$\begin{vmatrix} x_3 & y_3 & 1 \\ x_1 & y_1 & 1 \\ x_2 & y_2 & 1 \end{vmatrix} = 0 \text{ oder } \begin{vmatrix} x_1 & y_1 & 1 \\ x_2 & y_2 & 1 \\ x_3 & y_3 & 1 \end{vmatrix} = 0. \qquad \text{(Ende § 26, 2.)}$$

c) Die Fläche eines Dreiecks aus seinen Eckpunktkoordinaten x_1/y_1, x_2/y_2 und x_3/y_3 (§ 26, 7. c)).

Nach der ersten Determinante unter a) heißt die Gleichung der Geraden durch x_2/y_2 und x_3/y_3:

$$\begin{vmatrix} x & y & 1 \\ x_2 & y_2 & 1 \\ x_3 & y_3 & 1 \end{vmatrix} = x(y_2 - y_3) - y(x_2 - x_3) + x_2 y_3 - x_3 y_2 = 0,$$

also ist $A = (y_2 - y_3)$ und $B = -(x_2 - x_3)$.

Wenn man in dieser Determinante die Koordinaten des dritten Punktes einsetzt und noch durch $\sqrt{A^2 + B^2}$ dividiert, so erhält man nach 7. d) den rechtwinkligen Abstand d dieses Punktes von der Geraden x_2/y_2, x_3/y_3:

$$d = \begin{vmatrix} x_1 & y_1 & 1 \\ x_2 & y_2 & 1 \\ x_3 & y_3 & 1 \end{vmatrix} : \sqrt{(y_2 - y_3)^2 + (x_2 - x_3)^2}\,.$$

Die Länge der Basis, also die Strecke zwischen x_2/y_2 und x_3/y_3, ist

$$b = \sqrt{(y_2 - y_3)^2 + (x_2 - x_3)^2}\,.$$

Die Fläche F des Dreiecks ist $\frac{1}{2}\,bd$, also:

$$F = \frac{1}{2}\begin{vmatrix} x_1 & y_1 & 1 \\ x_2 & y_2 & 1 \\ x_3 & y_3 & 1 \end{vmatrix}.$$

Zahlenbeispiel:

Für die Dreieckskoordinaten 6/2, 14/4 und 9/12 ist

$$F = \frac{1}{2}\begin{vmatrix} 6 & 2 & 1 \\ 14 & 4 & 1 \\ 9 & 12 & 1 \end{vmatrix} = 37 \qquad \text{(§ 8, 3.)}$$

Erscheint F mit negativen Vorzeichen, so hat man nur zwei Zeilen der Determinante zu vertauschen. Wird $F = 0$, so liegen die drei Punkte in gerader Linie.

§ 29. Die Gleichungen und die Linien zweiten Grades

1. Kreisgleichungen.

Unter § 26, 4. c) wurde die Mittelpunktgleichung des Kreises abgeleitet; unter § 26, 7. d) erscheint die allgemeine Gleichung des Kreises in Polarkoordinaten und unter § 27, 1. wurde letztere für rechtwinklige Koordinaten umgewandelt.

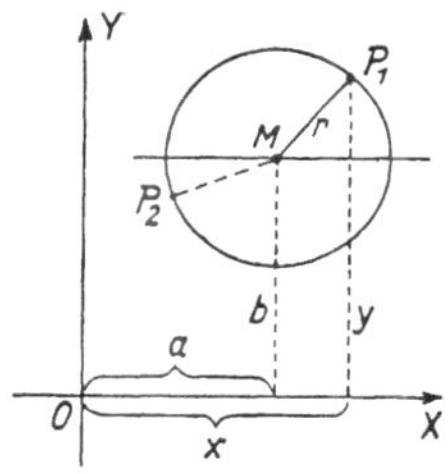

Bild 143

Aus Bild 143 läßt sich diese Gleichung ohne weiteres niederschreiben. Je nachdem man dabei den Punkt P_1 oder etwa P_2 ins Auge faßt, erhält man:

a) $$(x - a)^2 + (y - b)^2 = r^2,$$
$$(a - x)^2 + (b - y)^2 = r^2.$$

Beide Gleichungen geben in entwickelter Form:

b) $$x^2 + y^2 - 2ax - 2by + a^2 + b^2 - r^2 = 0.$$

Ein Vergleich dieser Kreisgleichung mit der allgemeinen Gleichung zweiten Grades:

c) $$Ax^2 + By^2 + Cxy + Dx + Ey + F = 0$$

ergibt das Fehlen des Gliedes mit xy und die Gleichheit der Koeffizienten von x^2 und y^2, so daß die Kreisgleichung unter die allgemeine Form

d) $$A(x^2 + y^2) + Dx + Ey + F = 0$$

kommt. Mit b) verglichen führt dies zu

e) $$\frac{D}{A} = -2a, \qquad \frac{E}{A} = -2b, \qquad \frac{F}{A} = a^2 + b^2 - r^2,$$

oder $$a = -\frac{D}{2A}, \qquad b = -\frac{E}{2A}, \qquad r = \frac{\sqrt{D^2 + E^2 - 4AF}}{2A}.$$

Setzt man die Koeffizienten in d) als reell und $A \neq 0$ voraus, so sind hiernach die Koordinaten des Mittelpunktes a/b reell und endlich; hingegen ist r reell, Null, oder imaginär, je nachdem für den Radikanden

f) $$D^2 + E^2 - 4AF \gtreqless 0$$

das obere, das mittlere oder das untere Zeichen gilt.

Um eine einheitliche Ausdrucksweise zu haben, sagt man, die Gleichung d) stelle einen Kreis dar, der reell, ein Nullkreis, oder imaginär sein kann.

Wird $a = r$ und $b = 0$, so erhält man aus Gleichung a) die Scheitelgleichung des Kreises:

g) $$y^2 = 2rx - x^2$$
$$= x(2r - x).$$

Der Kreis ist also das Bild einer quadratischen Gleichung, sowie die Gerade das Bild einer linearen. Während jedoch das Bild jeder linearen Gleichung eine Gerade ist, so entspricht nur solchen quadratischen Gleichungen ein Kreis in rechtwinkligen Koordinaten, die sich auf die Form d) bringen lassen. Dividiert man dann noch durch A, so hat man die allgemeine Kreisgleichung; ist außerdem $E = 0$, so hat man die Scheitelgleichung; ist $D = 0$ und $E = 0$, so hat man die Mittelpunktgleichung.

Zahlenbeispiel:

$$3\,x^2 + 3\,y^2 - 30\,x + 24\,y - 69 = 0.$$

Aus der Gleichheit der Koeffizienten von x^2 und y^2 erkennt man, daß die Gleichung einen Kreis in rechtwinkligen Koordinaten darstellt, und weil

$$(-30)^2 + 24^2 + 12 \cdot 69 > 0,$$

so ist es nach f) ein reeller Kreis.

Die ursprüngliche Gleichung durch 3 dividiert gibt

$$x^2 - 10x + y^2 + 8y = 23.$$

Dieser Ausdruck zu zwei Quadraten ergänzt liefert

$$x^2 - 10\,x + 25 + y^2 + 8y + 16 = 23 + 25 + 16,$$

und hieraus erhält man schließlich die allgemeine Kreisgleichung a)

$$(x - 5)^2 + (y + 4)^2 = 64;$$

der Kreis hat also die Mittelpunktkoordinaten $5/-4$ und den Radius 8.

2. Der Kreis durch drei Punkte.

Die Gleichung des Kreises in rechtwinkligen Koordinaten enthält vier Koeffizienten, oder da sich einer davon durch Division beseitigen läßt, drei Konstanten, folglich bestimmen drei Bedingungen einen Kreis. Die Elementargeometrie lehrt, daß sich durch drei gegebene Punkte nur ein Kreis konstruieren läßt.

Die allgemeine Form der Kreisgleichung ist

a) $$A\,(x^2 + y^2) + Dx + Ey + F = 0.$$

Soll dieser Kreis durch die drei gegebenen Punkte x_1/y_1, x_2/y_2, x_3/y_3 gehen, so müssen die Konstanten A, D, E, F folgenden Gleichungen entsprechen:

b) $$\begin{aligned} A\,(x_1^2 + y_1^2) + Dx_1 + Ey_1 + F &= 0, \\ A\,(x_2^2 + y_2^2) + Dx_2 + Ey_2 + F &= 0, \\ A\,(x_3^2 + y_3^2) + Dx_3 + Ey_3 + F &= 0. \end{aligned}$$

Das gleichzeitige Bestehen dieser vier Gleichungen bedingt, daß

c)
$$\begin{vmatrix} x^2 + y^2 & x & y & 1 \\ x_1^2 + y_1^2 & x_1 & y_1 & 1 \\ x_2^2 + y_2^2 & x_2 & y_2 & 1 \\ x_3^2 + y_3^2 & x_3 & y_3 & 1 \end{vmatrix} = 0.$$

Diese Determinante ist also die Gleichung des gesuchten Kreises. Um sie in die Form a) zu bringen, hat man sie nach den Elementen der ersten Zeile zu entwickeln. Der Koeffizient A ist hiernach bestimmt durch

d)
$$\begin{vmatrix} x_1 & y_1 & 1 \\ x_2 & y_2 & 1 \\ x_3 & y_3 & 1 \end{vmatrix}$$

Verschwindet diese Determinante, so liegen die drei gegebenen Punkte in einer geraden Linie (§ 28, 13. b). Die Entwicklung gibt also die Gleichung eines reellen Kreises für $d) \neq 0$ und die einer Geraden für d) $= 0$.

Zahlenbeispiel:

Der durch die drei Punkte $-2/3$, $1/4$, $0/0$ gehende Kreis hat die Gleichung

$$\begin{vmatrix} x^2+y^2 & x & y & 1 \\ 13 & -2 & 3 & 1 \\ 17 & 1 & 4 & 1 \\ 0 & 0 & 0 & 1 \end{vmatrix} = (x^2+y^2)\begin{vmatrix} -2 & 3 & 1 \\ 1 & 4 & 1 \\ 0 & 0 & 1 \end{vmatrix} - x\begin{vmatrix} 13 & 3 & 1 \\ 17 & 4 & 1 \\ 0 & 0 & 1 \end{vmatrix} + y\begin{vmatrix} 13 & -2 & 1 \\ 17 & 1 & 1 \\ 0 & 0 & 1 \end{vmatrix} = 0$$

$$= -11\,(x^2 + y^2) - x + 47\,y = 0,$$

seine Parameter sind also nach 1. e)

$$a = -\frac{1}{22}, \qquad b = \frac{47}{22} \qquad \text{und} \qquad r = \frac{\sqrt{1 + 47^2}}{22} = 2{,}1368\ldots$$

3. Der Kreis und die Gerade.

Unter § 26, 4. c) erschien ein einfaches Zahlenbeispiel über Schnittpunkte von Kreis und Gerade, mit Benutzung der Mittelpunktgleichung des Kreises; hier folgt dieselbe Aufgabe in allgemeinerer Behandlung:

Ein Kreis k und eine Gerade g seien durch die Gleichungen gegeben

$$k = (x - a)^2 + (y - b)^2 - r^2 = 0,$$
$$g = y - m\,x - n = 0.$$

Eliminiert man y, so entsteht die Gleichung

$$(x - a)^2 + (m\,x + n - b)^2 - r^2 = 0,$$

die nach x geordnet lautet:

$$(1 + m^2)\,x^2 + 2\,[m\,(n - b) - a]\,x + a^2 + (n - b)^2 - r^2 = 0;$$

über die Natur ihrer Wurzeln entscheidet die Diskriminante D (§ 10, 1.).

$$\begin{aligned} D &= [m(n-b)-a]^2-(1+m^2)[a^2+(n-b)^2-r^2] \\ &= (1+m^2)r^2-[(n-b)+ma]^2 \\ &= (1+m^2)r^2-(b-ma-n)^2; \end{aligned}$$

ist D positiv, also

$$r > \left| \frac{b-ma-n}{\sqrt{1+m^2}} \right| = |d|,$$

so sind die Wurzeln reell und verschieden; ist $r = |d|$, so sind die Wurzeln reell und gleich; ist $r < |d|$, so sind die Wurzeln imaginär; d ist der Abstand des Kreismittelpunktes von der Geraden, wie man nach § 28, 7. leicht erkennt.

Für den zweiten Fall, $r = |d|$, tangiert die Gerade den Kreis; die Bedingung dafür ist also

$$(1+m^2)r^2 = (b-ma-n)^2.$$

Für die Mittelpunktgleichung von k ist $a = 0$ und $b = 0$; alle Gleichungen vereinfachen sich entsprechend; die letzte Gleichung z. B. zu

$$(1+m^2)r^2 = n^2.$$

4. Die Gleichungen zweier Kreise.

Die Frage, wie aus den Gleichungen zweier Kreise die gegenseitige Lage der Kreise zu erkennen ist, beantwortet sich leicht durch geometrische Betrachtung. Sind r_1 und r_2 die Radien und c die Länge der Zentrale zweier Kreise, das ist der Abstand ihrer Mittelpunkte, so besagt:

$c > r_1 + r_2$, ein Kreis ist außerhalb des andern;
$c = r_1 + r_2$, die Kreise berühren sich von außen;
$r_1 + r_2 > c > r_1 - r_2$, die Kreise schneiden sich in zwei Punkten;
$c = r_1 - r_2$, die Kreise berühren sich von innen;
$c < r_1 - r_2$, ein Kreis ist innerhalb des andern;
$c = 0$, die Kreise sind konzentrisch.

Sind die Gleichungen der Kreise

$$\begin{aligned} (x-a_1)^2+(y-b_1)^2 &= r_1^2, \\ (x-a_2)^2+(y-b_2)^2 &= r_2^2, \end{aligned}$$

so ist die Länge der Zentrale

$$c = \sqrt{(a_1-a_2)^2+(b_1-b_2)^2}.$$

Die Berechnung der Schnittpunkte gestaltet sich ähnlich wie für Kreis und Gerade. Die gemeinsame Sehne, welche die Schnittpunkte verbindet, heißt Chordale und ist rechtwinklig zur Zentrale.

5. Die Gleichung der Tangente des Kreises.

Hat man die Gleichung einer Geraden auf die Normalform gebracht (§ 28, 3.), so erkennt man aus der Bedingung $d = r$, ob die Gerade den Kreis $x^2 + y^2 = r^2$ berührt. Die Gleichung einer Tangente an den Kreis ist demnach

a) $$x \cos \alpha + y \sin \alpha - r = 0.$$

Nennt man die Koordinaten des Berührungspunktes x_1/y_1, so ist $x_1 = r \cos \alpha$ und $y_1 = r \sin \alpha$, Bild 144, oder

$$\frac{x_1}{\cos \alpha} = r \quad \text{und} \quad \frac{y_1}{\sin \alpha} = r.$$

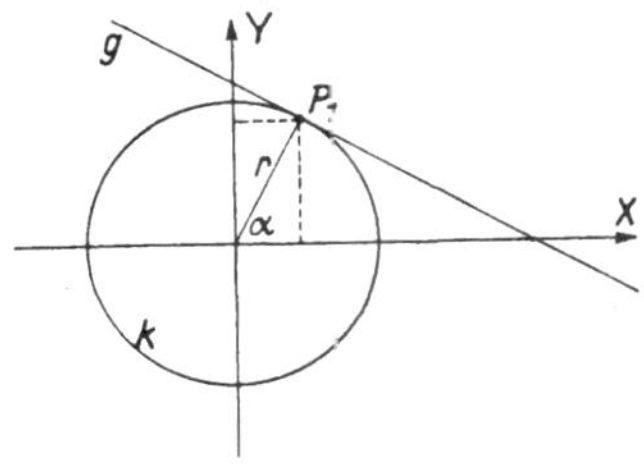

Bild 144

Multipliziert man jetzt a) mit r, so verschwinden $\cos \alpha$ und $\sin \alpha$, und man erhält

b) $$x x_1 + y y_1 = r^2$$

als Gleichung einer Geraden, welche den Kreis in x_1/y_1 berührt; x_1/y_1 und r sind die Konstanten der Tangentengleichung.

Die Gleichung b) ist besonders zur Transformation auf ein anderes Koordinatensystem geeignet. Hat z. B. der Mittelpunkt des Kreises im neuen System die Koordinaten a/b und sind die gleichbenannten Achsen beider Systeme parallel, so ist

c) $$(x - a)(x_1 - a) + (y - b)(y_1 - b) = r^2$$

die Gleichung der Tangente, welche den Kreis

$$(x - a)^2 + (y - b)^2 = r^2$$

im Punkte x_1/y_1 berührt.

Die Gleichung b) kann zur Lösung einer Reihe von Aufgaben dienen, von denen hier einige folgen:

Aus der Mittelpunktgleichung eines Kreises und den Koordinaten x_2/y_2 eines Punktes P_2 außerhalb des Kreises sollen die Gleichungen der Tangenten bestimmt werden, welche von P_2 aus an den Kreis gelegt werden können.

Die Gleichung der Tangente hat die Form

$$x x_1 + y y_1 = r^2,$$

worin x_1/y_1 die unbekannten Koordinaten des Berührungspunktes sind, sie müssen also der Kreisgleichung, und da P_2 auf der Tangente liegen soll, müssen x_2/y_2 der Tangentengleichung genügen. Man hat also

$$x_1^2 + y_1^2 = r^2 \quad \text{und} \quad x_2 x_1 + y_2 y_1 = r^2,$$

zwei Gleichungen, aus denen x_1 und y_1 berechnet werden können. Die erste dieser Gleichungen ist quadratisch für x_1 und y_1, so daß man je zwei Werte für x_1 und y_1 erhält. Es lassen sich also zwei Tangenten durch einen Punkt außerhalb an einen Kreis legen.

Die Gleichung der Geraden zu bestimmen, welche den Kreis $x^2 + y^2 = r^2$ berührt und der Geraden $y = mx + 6$ parallel ist.

Die Gleichung der Tangente ist $xx_1 + yy_1 = r^2$, ihre Richtungskonstante also $-\frac{x_1}{y_1}$, welche gleich m sein muß, soll die Tangente der gegebenen Geraden parallel sein. Man hat also die Gleichungen

$$m = -\frac{x_1}{y_1} \quad \text{und} \quad x_1^2 + y_1^2 = r^2,$$

aus denen sich x_1 und y_1 leicht berechnen lassen. Auch hier erhält man je zwei Werte für x_1 und y_1 und dementsprechend zwei Tangenten parallel zur gegebenen Geraden.

In ähnlicher Weise sind die Aufgaben zu lösen:

Die Gleichungen der Tangenten zu bestimmen, die eine gegebene Gerade rechtwinklig oder unter einem gegebenen Winkel schneiden.

Zahlenbeispiel:

An den Kreis $(x - 3)^2 + (y - 6)^2 = 25$ in den Punkten, in welchen er die y-Achse schneidet, die Tangenten zu legen und ihren Schnittpunkt zu bestimmen:

Aus $(0 - 3)^2 + (y_1 - 6)^2 = 25$ ergeben sich die Schnittpunkte der y-Achse, nämlich $x_1 = 0$ und $y_1 = 6 \pm 4 = 10$ und 2.

Nach Formel c) sind die Gleichungen der Tangenten

$$(x - 3)(0 - 3) + (y - 6)(10 - 6) = 25 \quad \text{oder} \quad -3x + 4y = 40,$$
$$(x - 3)(0 - 3) + (y - 6)(2 - 6) = 25 \quad \text{oder} \quad -3x - 4y = -8.$$

Durch Addition und Subtraktion ergibt sich daraus für den Schnittpunkt der Tangenten $x = -\frac{16}{3}$ und $y = 6$.

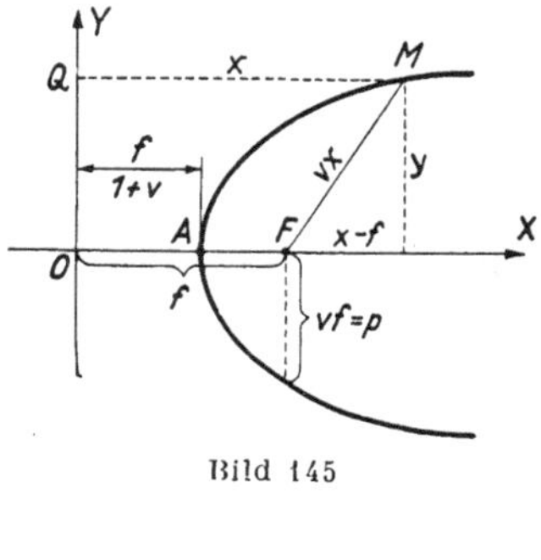

Bild 145

6. Ellipse, Parabel und Hyperbel.

Die einfache Aufgabe unter § 26, 4. e) soll jetzt erweitert werden, nämlich: Die Gleichung der Kurve zu bestimmen, deren Punkte vom Brennpunkt und der Leitlinie Abstände von konstantem Verhältnis haben.

Ist OQ die Leitlinie, F der Brennpunkt und v das konstante Verhältnis, Bild 145, so hat man also $\frac{FM}{QM} = v$ oder $FM = v \cdot QM$. Es ist hiernach

$$(x - f)^2 + y^2 = v^2 x^2,$$

oder

a) $$(1 - v^2)\, x^2 + y^2 - 2fx + f^2 = 0.$$

Dies ist die Gleichung der gewünschten Kurve mit der Leitlinie als y-Achse.

Für die Abszisse s des Scheitels A hat man $s + vs = f$ oder $s = \frac{f}{1 + v}$.

Verschiebt man jetzt das Achsenkreuz parallel nach A, indem man in a)

$$x = x' + \frac{f}{1 + v}$$

setzt, so ergibt sich nach einiger Reduktion

$$y^2 = 2\, v f x' - (1 - v^2)\, x'^2;$$

schreibt man wieder x statt x' und ersetzt noch vf durch p, so erhält man schließlich als die Scheitelgleichung der Kurve:

b) $$y^2 = 2\, p\, x - (1 - v^2)\, x^2.$$

Für $x = 0$ ist $y = 0$. Bezeichnet man die Abszisse, für welche y zum zweiten Male Null wird, mit 2a, so hat man $2p - (1 - v^2)\, 2a = 0$ oder $\frac{p}{a} = (1 - v^2)$;

ist $v < 1$, so ist $\frac{p}{a}$ positiv, also ist auch a positiv;

ist $v = 1$, so ist $\frac{p}{a} = 0$, also ist $a = \infty$;

ist $v > 1$, so ist $\frac{p}{a}$ negativ, also ist auch a negativ.

Mit Berücksichtigung dieser drei Fälle gehen aus b) der Reihe nach die drei Gleichungen hervor:

c) $$y^2 = 2\, p\, x - \frac{p}{a}\, x^2; \qquad y^2 = 2\, p\, x; \qquad y^2 = 2\, p\, x + \frac{p}{a}\, x^2;$$

die Scheitelgleichungen der Ellipse, Parabel und Hyperbel, wie sie unter § 26, 5. als Kegelschnittkurven abgeleitet wurden. Die Gleichung b) heißt die Scheitelgleichung der Kegelschnitte. Es sind a), b), c) Gleichungen zweiten Grades in x und y und daher nennt man die sie darstellenden Kurven Linien zweiten Grades.

Um auch Leitlinie, Brennpunkt und das Verhältnis v aus der Kegelkonstruktion zu erkennen, Bild 146, denke man sich eine Kugel, welche den Kegelmantel im Kreise $T\,T_0$ und die Schnittebene im Punkte F berührt. Die Ebene des Berührungskreises trifft die Schnittebene in der Geraden OQ. Es sei nun QM der Abstand eines beliebigen Punktes M der Schnittkurve von dieser Geraden; MS die Mantellinie, welche die Kugel in T tangiert. Die wahre Länge von $M\,T$ ist gegeben durch $M_0\,T_0$. Ferner ist $MF = M\,T$, weil beides Kugeltangenten aus M sind. Man hat nun für die beiden Abstände MF und MQ nach dem Sinussatz:

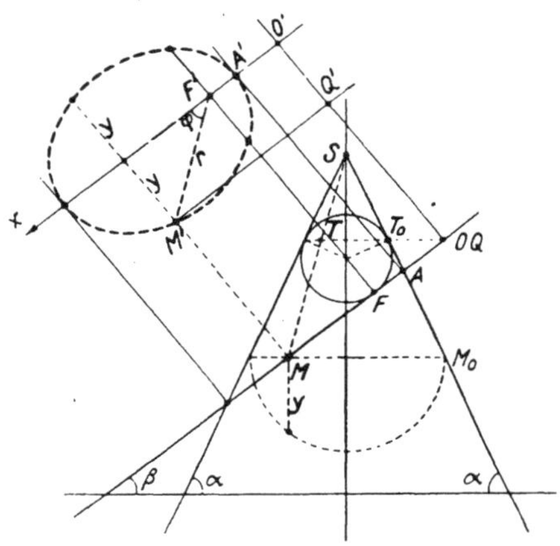

Bild 146

d) $$\frac{MF}{MQ} = \frac{M_0\,T_0}{MQ} = \frac{\sin\beta}{\sin\alpha} = v,$$

also für jeden Kegelschnitt ein konstantes Verhältnis.

Die Konstruktion des Kegelschnittes, in diesem Falle eine Ellipse, ist in dem Bild 146 angedeutet.

Geht die Schnittebene durch den Scheitel S des Kegels, so erhält man statt Ellipse einen Punkt; statt Parabel eine einzige Linie (die Erzeugende des Kegels); statt Hyperbel zwei sich schneidende Linien (zwei Mantellinien). Es sind dies die sogenannten Grenzfälle der Kegelschnitte, die auch bei der Lösung von Gleichungen zweiten Grades in x und y auftreten können und in dieser Weise eine Erklärung finden. Ein vierter und letzter Grenzfall sind zwei parallele Linien, welche durch einen der Achse parallelen Schnitt des Zylinders entstehen.

Brennpunktgleichung der Kegelschnitte in Polarkoordinaten.

Unter § 26, 7. e) wurde die Brennpunktgleichung der Parabel in Polarkoordinaten gegeben, auch diese Gleichung soll jetzt erweitert werden: Bezeichnet man den Winkel zwischen Brennstrahl r und der Polarachse mit φ, Bild 146, so ergibt sich nach Bild 145:

$$r = v\,x = v\,(f + r\cos\varphi) \text{ oder } r\,(1 - v\cos\varphi) = v\,f, \text{ also}$$

e) $$r = \frac{p}{1 - v\cos\varphi};$$

für Ellipse ist $v < 1$, für Parabel ist $v = 1$, für Hyperbel ist $v > 1$.

7. Mittelpunktgleichungen der Ellipse und Hyperbel.

Unter 6. b) wurde gezeigt, daß $p = (1 - v^2)\,a$. Substituiert man nun diesen p-Wert in die Brennpunktgleichungen § 26, 5. d), so ergibt sich für die Brennpunktabszissen der Ellipse bzw. Hyperbel (für welche $(1 - v^2)$ negativ ist):

a) $$x = a \pm \sqrt{a^2 - (1 - v^2)\, a^2} \qquad x = -a \pm \sqrt{a^2 - (1 - v^2)\, a^2}$$
$$= a \pm v\, a \qquad\qquad = -a \pm v\, a.$$

Durch abermalige Translation des Achsenkreuzes um a bzw. $-a$ vom Scheitel erhält man die Mittelpunktgleichungen der Ellipse und Hyperbel mit den Brennpunktabständen $\pm\, v a$, welche gewöhnlich mit e bezeichnet werden; $2 v a$ oder $2 e$ nennt man die Exzentrizität der Kurven, Bild 147. Auch wird $v a = e$ die lineare Exzentrizität genannt und $v = \frac{e}{a}$ die numerische.

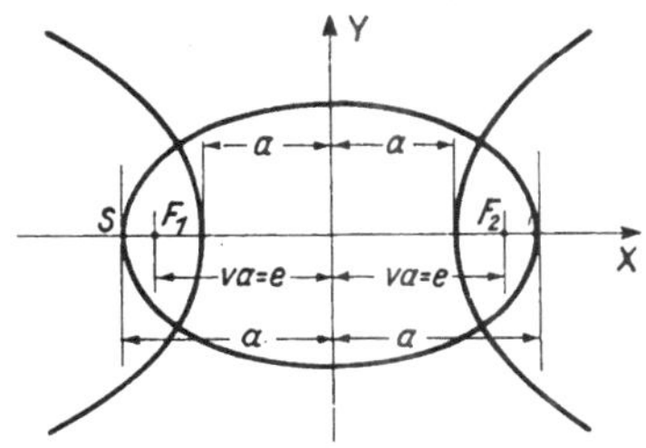

Bild 147

Setzt man zuerst $x = a$ und $x = -a$ in die Scheitelgleichungen 6. c) ein und bezeichnet die dazugehörigen Ordinaten mit b, so erhält man für die Ellipse bzw. Hyperbel:

b) $$b^2 = 2\, p a - p a \qquad b^2 = -2\, p a + p a$$
oder $$b^2 = p a, \qquad -b^2 = p a,$$

die Hyperbelordinaten für $x = -a$ sind also imaginär, d. h. die neue y-Achse schneidet die Kurve nicht. Substituiert man jetzt $\left|\frac{b^2}{a}\right|$ für p in die Scheitelgleichungen 6. c), so ergibt sich

c) $$y^2 = \frac{2\, b^2}{a}\, x - \frac{b^2}{a^2}\, x^2, \qquad y^2 = \frac{2\, b^2}{a}\, x + \frac{b^2}{a^2}\, x^2.$$

Um schließlich die Mittelpunktgleichung der beiden Kurven zu erhalten, muß man hierin $x = x' + a$ bzw. $x = x' - a$ setzen, also

$$y^2 = \frac{2\, b^2}{a}\,(x' + a) - \frac{b^2}{a^2}\,(x' + a)^2, \quad y^2 = \frac{2\, b^2}{a}\,(x' - a) + \frac{b^2}{a^2}\,(x' - a)^2,$$

woraus sich, mit Fortlassung des nunmehr überflüssigen Primzeichens, die gewünschten Gleichungen ergeben:

d) $$\frac{x^2}{a^2} + \frac{y^2}{b^2} = 1 \quad \text{und} \quad \frac{x^2}{a^2} - \frac{y^2}{b^2} = 1.$$

Die erste dieser Gleichungen wurde bereits unter § 26, 4. d) abgeleitet und dort wurde die Entstehung der Ellipse aus dem Kreis veranschaulicht, der ja selbst eine Ellipse ist, in welcher beide Brennpunkte zusammenfallen.

8. Spezielle Definitionen für Ellipse und Hyperbel.

Die drei Kegelschnitte sind einheitlich definiert als Kurven, deren Punkte von einem festen Punkt und einer festen Geraden Abstände von konstantem Verhältnis haben. Für Ellipse und Hyperbel, welche zwei Brennpunkte, also auch zwei Leitlinien haben, entspringen hieraus noch spezielle Definitionen, nämlich:

Die Ellipse ist eine Kurve, deren Punkte von zwei festen Punkten Abstände von konstanter Summe haben.

Die Hyperbel ist eine Kurve, deren Punkte von zwei festen Punkten Abstände von konstanter Differenz haben.

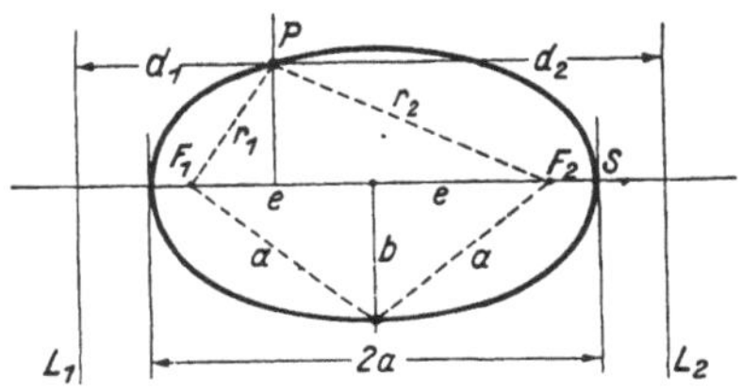

Bild 148

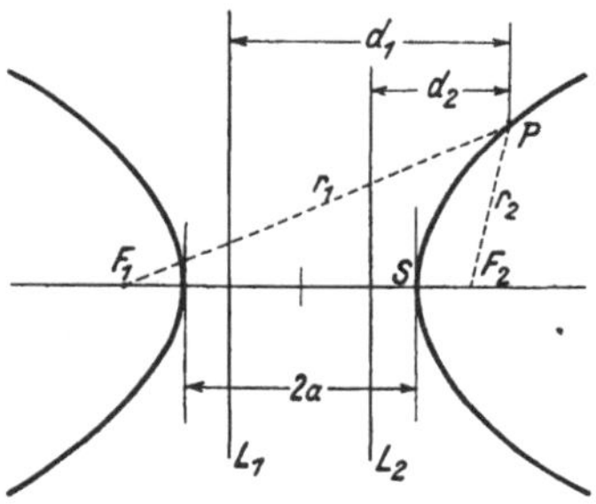

Bild 149

Nach Bild 148 und Bild 149 sind diese Definitionen leicht zu begründen, denn $\frac{r_1}{d_1} = \frac{r_2}{d_2} = v$, also ist auch

$$\frac{r_1 \pm r_2}{d_1 \pm d_2} = v.$$

Bei der Ellipse ist aber $d_1 + d_2$ und bei der Hyperbel $d_1 - d_2$ konstant, nämlich gleich dem Abstande der beiden Leitlinien voneinander; also muß für Ellipse die Summe $r_1 + r_2$ und für die Hyperbel die Differenz $r_1 - r_2$ konstant sein. Faßt man nun die Abstände des Scheitels S von beiden Brennpunkten ins Auge, so erkennt man ferner:

a) für Ellipse ist $r_1 + r_2 = 2a$,

b) für Hyperbel ist $r_1 - r_2 = 2a$.

Bild 148 veranschaulicht zugleich die Fadenkonstruktion der Ellipse. Verknüpft man nämlich einen Faden von der Länge $2(a + e)$ zu einer Schlinge, läßt diese um zwei Stifte F_1 und F_2 gleiten, während man sie mit einem Fahrstift P straff erhält, so beschreibt der Fahrstift eine Ellipse. Das Bild zeigt auch, wie man F_1 und F_2 durch Konstruktion findet, oder aus $e = \sqrt{a^2 - b^2}$ berechnet, wenn die große und kleine Achse oder a und b gegeben sind.

Aus den obigen Definitionen lassen sich die Mittelpunktgleichungen der beiden Kurven direkt ableiten. Nach a) und Bild 148 ist die Summe der Leitstrahlen $r_1 + r_2$ gleich

$$\sqrt{y^2 + (e - x)^2} + \sqrt{y^2 + (e + x)^2} = 2\,a;$$

quadriert man diese Gleichung, so entsteht

$$x^2 + y^2 + e^2 + \sqrt{(x^2 + y^2 + e^2)^2 - 4\,e^2\,x^2} = 2\,a^2,$$

und nach nochmaligem Quadrieren

$$a^2\,(x^2 + y^2 + e^2) - e^2\,x^2 - a^4 = 0,$$

nach x und y geordnet

$$(a^2 - e^2)\,x^2 + a^2\,y^2 = a^2\,(a^2 - e^2);$$

setzt man hierin $a^2 - e^2 = b^2$, so erhält man die Gleichung der Ellipse:

c) $$b^2\,x^2 + a^2\,y^2 = a^2\,b^2 \text{ oder } \frac{x^2}{a^2} + \frac{y^2}{b^2} = 1.$$

Nach b) und Bild 149 erhält man ebenso die Gleichung der Hyperbel, wenn man schließlich $a^2 - e^2 = -b^2$ setzt, weil jetzt $a < e$ ist:

d) $$b^2\,x^2 - a^2\,y^2 = a^2\,b^2 \text{ oder } \frac{x^2}{a^2} - \frac{y^2}{b^2} = 1.$$

9. Diskussion der Ellipsengleichungen.

Unter § 26, 4. wurde die Mittelpunktgleichung der Ellipse aus der Kreisgleichung abgeleitet und die Formel für den Flächeninhalt; unter § 26, 5. wurde die Scheitelgleichung gewonnen, als Schnittgleichung von Zylinder und Kegel; unter 6. wurde diese Gleichung aus der allgemeinen Kegelschnittgleichung hergeleitet, ebenso die Brennpunktgleichung in Polarkoordinaten; unter 7. wurde dann die Mittelpunktgleichung durch Transformation aus der Scheitelgleichung und unter 8. direkt abgeleitet.

Aus der Mittelpunktgleichung 8. c) erhält man

a) $$x = \pm \frac{a}{b}\sqrt{b^2 - y^2} \quad \text{und} \quad y = \pm \frac{b}{a}\sqrt{a^2 - x^2}.$$

Diese Formeln sagen zunächst, daß zu jedem y-Werte zwei gleiche, mit verschiedenen Vorzeichen versehene x-Werte gehören, und umgekehrt. Daraus folgt, daß die x-Achse und die y-Achse zugleich Symmetrieachsen der Ellipse sind. Die vier Schnittpunkte der Achsen mit der Kurve sind die vier Scheitel der Ellipse.

Ferner erkennt man aus a), daß der größte x-Wert $= a$, der größte y-Wert $= b$ ist, weil für $x > a$ und $y > b$ bzw. x und y imaginär werden.

Setzt man in der Mittelpunktgleichung für rechtwinklige Koordinaten $x = r \cos \varphi$ und $y = r \sin \varphi$, Bild 150, so erhält man die Mittelpunktgleichung in Polarkoordinaten:

$$\frac{r^2 \cos^2 \varphi}{a^2} + \frac{r^2 \sin^2 \varphi}{b^2} = 1 \quad \text{oder} \quad \frac{\cos^2 \varphi}{a^2} + \frac{\sin^2 \varphi}{b^2} = \frac{1}{r^2},$$

und hieraus ergibt sich

b) $$r = \frac{\pm a b}{\sqrt{b^2 \cos^2 \varphi + a^2 \sin^2 \varphi}}.$$

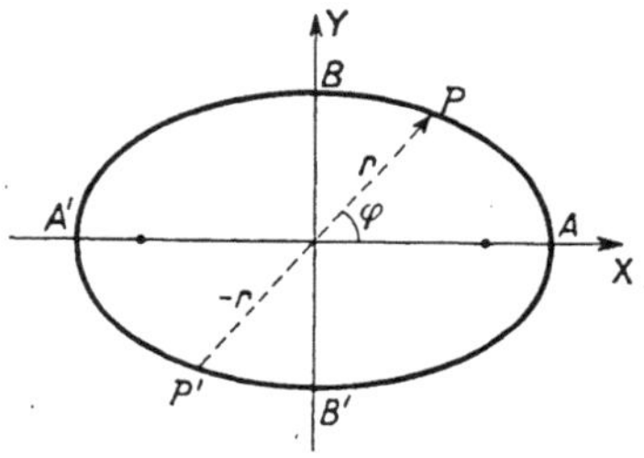

Bild 150

Ist $b < a$, so hat der Nenner seinen kleinsten Wert für $\sin^2 \varphi = 0$, d. h. für $\varphi = 0$ oder gleich 180^0, seinen größten Wert für $\sin^2 \varphi = 1$, d. h. für $\varphi = 90^0$ oder $= 270^0$. Im ersten Falle ist der Nenner $= b$, also $r = a$, im zweiten Falle ist der Nenner $= a$, also $r = b$. Alle übrigen Werte von r liegen demnach zwischen a und b.

Bezeichnet man in allen Fällen die große Achse der Ellipse mit a und die kleine Achse mit b, so erkennt man aus den beiden Gleichungen

$$\frac{x^2}{a^2} + \frac{y^2}{b^2} = 1 \quad \text{und} \quad \frac{x^2}{b^2} + \frac{y^2}{a^2} = 1$$

im ersten Falle eine Ellipse, in gewöhnlicher Lage, im zweiten Falle eine Ellipse, in welcher die große Achse mit den Brennpunkten auf der y-Achse liegt und die kleine auf der x-Achse, m. a. W., die erste Ellipse erscheint in der zweiten Gleichung um 90^0 gedreht.

Die Koordinaten x und y eines Ellipsenpunktes P lassen sich nach Bild 105 § 26 auch wie folgt ausdrücken:

c) $$x = a \cos \psi \quad \text{und} \quad y = b \sin \psi,$$

wobei man zu beachten hat, daß ψ nicht der Richtungswinkel von P ist. Die beiden Ausdrücke c) erfüllen die Ellipsengleichung, denn

$$\frac{a^2 \cos^2 \psi}{a^2} + \frac{b^2 \sin^2 \psi}{b^2} = \cos^2 \psi + \sin^2 \psi = 1$$

und sind in vielen Fällen ein bequemes Hilfsmittel zur Vereinfachung der Rechnung. Um z. B. die Länge der Brennstrahlen r_1 und r_2 zu berechnen, hat man nach Bild 148 für beide:

$$r = \sqrt{(x \pm e)^2 + y^2} = \sqrt{x^2 \pm 2 e x + e^2 + y^2};$$

mit den Werten für x und y aus c) wird daraus

$$r = \sqrt{a^2 \cos^2 \psi \pm 2 a e \cos \psi + e^2 + b^2 \sin^2 \psi};$$

hierin $\sin^2\psi = 1 - \cos^2\psi$, sowie $e^2 = a^2 - b^2$ gesetzt, gibt

$$r = \sqrt{a^2\cos^2\psi \pm 2\,a\,e\cos\psi + e^2 + b^2(1 - \cos^2\psi)}$$
$$= \sqrt{(a^2 - b^2)\cos^2\psi \pm 2\,a\,e\cos\psi + a^2}$$
$$= \sqrt{e^2\cos^2\psi \pm 2\,a\,e\cos\psi + a^2} = a \pm e\cos\psi.$$

Schließlich entfernt man den Hilfswinkel ψ wieder, indem man im letzten Ausdruck $\cos\psi = \frac{x}{a}$ setzt, und erhält dann

d) $$r_1 = \frac{a^2 + e\,x}{a} \quad \text{und} \quad r_2 = \frac{a^2 - e\,x}{a}.$$

Für ein positives x ist r_1 der größere und r_2 der kleinere der Brennstrahlen, für ein negatives x ist das Umgekehrte der Fall; als Probe hat man $r_1 + r_2 = 2\,a$.

Die Koordinaten der Schnittpunkte einer Geraden mit einer Ellipse sind aus den Gleichungen beider Linien in derselben Weise zu berechnen wie unter 3. für Kreis und Gerade. Das zwischen beiden Schnittpunkten gelegene Stück der Geraden heißt, analog zum Kreis, eine Ellipsensehne.

Durch Anwendung der Transformationsformeln $x = x' - m$ und $y = y' - n$ auf die Mittelpunktgleichung erhält man eine allgemeinere Form der Ellipsengleichung

$$\frac{(x' - m)^2}{a^2} + \frac{(y' - n)^2}{b^2} = 1.$$

Bei dieser Parallelverschiebung sind m und n die Koordinaten des Ellipsenmittelpunktes für das neue System. Durch Anwendung der Transformationsformeln unter § 27, 4., d. h. durch Translation und Rotation, würde sich die allgemeinste Form der Ellipsengleichung ergeben.

Die fünf Konstanten der Ellipsengleichungen, a, b, e, p, v, stehen durch drei Gleichungen miteinander in Beziehung:

e) $$a^2 - b^2 = e^2; \qquad p = \frac{b^2}{a}; \qquad v = \frac{e}{a};$$

sind zwei dieser Konstanten gegeben, so lassen sich mittels dieser Gleichungen die übrigen drei Konstanten berechnen.

Schließlich sei noch darauf hingewiesen, daß jede Gleichung, welche sich durch Transformation auf die Form

f) $$A\,x^2 + B\,y^2 = C \quad \text{oder} \quad \frac{x^2}{C:A} + \frac{y^2}{C:B} = 1$$

bringen läßt, eine Ellipse darstellt, wenn die Konstanten A, B, C gleiche Vorzeichen haben; $C:A$ und $C:B$ sind die Quadrate der halben Achsen.

10. Sehnen und konjugierte Durchmesser der Ellipse.

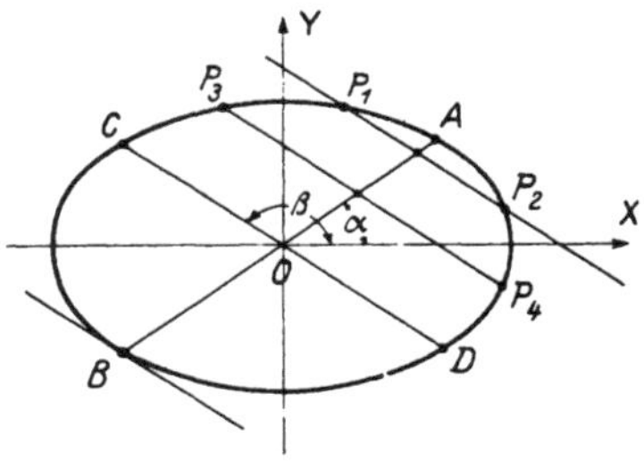

Bild 151

P_1 (x_1/y_1) und P_2 (x_2/y_2), Bild 151, seien zwei Punkte der Ellipse

$$\frac{x^2}{a^2} + \frac{y^2}{b^2} = 1.$$

Für die Koordinaten von P_1 und P_2 gelten demnach die Gleichungen

$$\frac{x_1^2}{a^2} + \frac{y_1^2}{b^2} = 1 \quad \text{und} \quad \frac{x_2^2}{a^2} + \frac{y_2^2}{b^2} = 1,$$

aus denen durch Subtraktion sich eine neue Beziehung für $x_1/y_1/x_2/y_2$ ergibt:

$$\frac{x_1^2 - x_2^2}{a^2} + \frac{y_1^2 - y_2^2}{b^2} = 0,$$

oder

$$\frac{(x_1 - x_2)(x_1 + x_2)}{a^2} + \frac{(y_1 - y_2)(y_1 + y_2)}{b^2} = 0,$$

oder

a)
$$\frac{y_1 - y_2}{x_1 - x_2} = -\frac{b^2}{a^2} \cdot \frac{x_1 + x_2}{y_1 + y_2}.$$

Nun ist aber $\frac{y_1 - y_2}{x_1 - x_2}$ der Tangens des Winkels, welchen die Sehne $P_1 P_2$ mit der positiven Richtung der x-Achse bildet, oder die Richtungskonstante einer durch P_1 und P_2 gelegten Geraden. Die rechte Seite von a) kann geschrieben werden

$$-\frac{b^2}{a^2} \cdot \frac{\frac{x_1 + x_2}{2}}{\frac{y_1 + y_2}{2}},$$

worin $\frac{x_1 + x_2}{2}$ und $\frac{y_1 + y_2}{2}$ die Mittelpunktkoordinaten der Strecke $P_1 P_2$ sind. Bezeichnet man diese mit x' und y' und die Richtungskonstante mit R, so geht die Gleichung a) über in

b)
$$R = -\frac{b^2}{a^2} \cdot \frac{x'}{y'}.$$

Eine zu $P_1 P_2$ parallele Sehne, etwa $P_3 P_4$, hat dieselbe Richtungskonstante. Bezeichnet man die Mittelpunktkoordinaten dieser Sehne mit x''/y'', so ist

$$R = -\frac{b^2}{a^2} \cdot \frac{x''}{y''} \text{ usw.},$$

es gilt also der Satz:

Die Mittelpunktkoordinaten x/y aller unter sich parallelen Sehnen genügen einer Gleichung von der Form

c) $$R = -\frac{b^2}{a^2} \cdot \frac{x}{y} \quad \text{oder} \quad \frac{y}{x} = -\frac{b^2}{a^2} \cdot \frac{1}{R}.$$

Das Bild einer solchen Gleichung ist aber (nach § 26, 4. a) eine durch den Nullpunkt des Koordinatensystems gehende Gerade, im vorliegenden Falle also der Ellipsendurchmesser AB, Bild 151. Hiernach ergibt sich als geometrische Deutung des eben gefundenen Satzes:

Die Mittelpunkte unter sich paralleler Sehnen der Ellipse liegen auf einem Durchmesser, eine geometrische Eigenschaft der Ellipse, die zur Lösung vieler Aufgaben führt. Handelt es sich z. B. darum, den Mittelpunkt einer gegebenen Ellipse durch Konstruktion zu finden, so braucht man nur zwei parallele Sehnen zu zeichnen und durch ihre Mittelpunkte den Durchmesser zu legen, dessen Mitte der Mittelpunkt der Ellipse ist.

Unter allen parallelen Sehnen, deren Mittelpunkte auf einem Durchmesser liegen, geht eine durch den Mittelpunkt der Ellipse, ist also selbst ein Durchmesser, CD in Bild 151. Von diesem Durchmesser läßt sich zeigen, daß er alle dem Durchmesser AB parallele Sehnen halbiert:

Bezeichnet man die Richtungskonstante des Durchmessers AB und aller ihm parallelen Sehnen mit R', so ist nach Gleichung c)

d) $$R' = -\frac{b^2}{a^2} \cdot \frac{1}{R}, \quad \text{also } RR' = -\frac{b^2}{a^2},$$

woraus hervorgeht, daß R und R' verschiedene Vorzeichen haben müssen. Die Richtungskonstante des Durchmessers, auf welcher die Mittelpunkte aller zu AB parallelen Sehnen liegen, ist nach c) und d)

$$-\frac{b^2}{a^2} \cdot \frac{1}{R'} = R;$$

R ist aber die Richtungskonstante der Sehnen $P_1 P_2$, $P_3 P_4$, also auch des Durchmessers CD. Daraus folgt, daß der Durchmesser mit der Richtungskonstanten R alle Sehnen mit der Richtungskonstanten $-\frac{b^2}{a^2} \cdot \frac{1}{R}$ halbiert. Von beiden Durchmessern halbiert also jeder die dem andern parallelen Sehnen. Zwei Durchmesser von dieser reziproken Eigenschaft heißen konjugierte Durchmesser.

Wie unter § 26, 4. d) die Ellipsengleichung aus der Kreisgleichung abgeleitet wurde, so kann man auch Kreisdurchmesser, Kreissehnen und ihre Mittelpunkte, Kreistangenten und ihre Berührungspunkte, sowie andere Kreisgebilde auf die Ellipse übertragen, nämlich durch Verkürzung der Ordinaten y der Kreisgebilde im Verhältnis $\frac{b}{a}$; alle Abszissen x bleiben dabei unverändert, also ändern sich auch die Tangens oder Richtungskonstanten aller Geraden im Verhältnis $\frac{b}{a}$, weil $\frac{y}{x} = R$.

Bezeichnet man nun die Richtungskonstante des Ellipsendurchmessers $4'\,1'$ mit R, Bild 152, so hat man für den entsprechenden Kreisdurchmesser $\frac{a}{b} R$, für die Rechtwinklige dazu (nach § 28, 9. c) $-\frac{b}{a}\cdot\frac{1}{R}$, und schließlich für den Ellipsendurchmesser $5'\,3'$ die Richtungskonstante $-\frac{b^2}{a^2}\cdot\frac{1}{R}$.

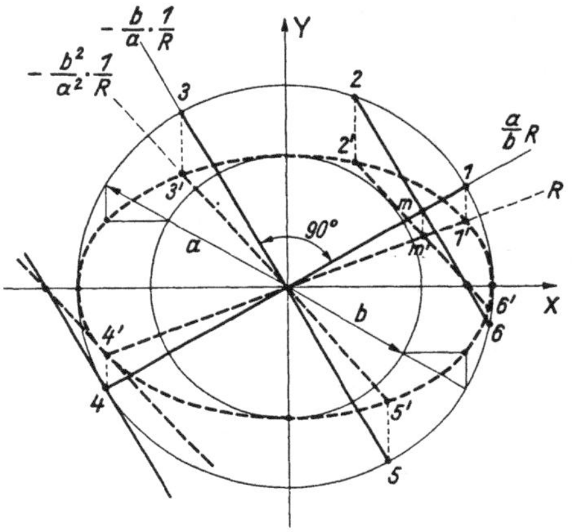

Bild 152

Die Sätze dieser Nummer lassen sich aus dem Bild 152 ohne weiteres ablesen; auch erkennt man leicht, daß unter allen konjugierten Durchmessern der Ellipse nur ein Paar rechtwinklig zueinander ist, nämlich die große und die kleine Achse.

11. Gleichung der Ellipsentangente.

Verschiebt man eine Gerade, welche die Ellipse schneidet, parallel mit sich selbst, so werden die Sehnen auf dieser Geraden immer kleiner, je weiter sich die Gerade vom Mittelpunkt der Ellipse entfernt, die Schnittpunkte $P_1\,P_2$, Bild 151, fallen also bei einer solchen Parallelverschiebung schließlich mit A zusammen, wo die Gerade zur Tangente wird. Legt man umgekehrt durch den Berührungspunkt einer Tangente einen Durchmesser und einen zweiten parallel zur Tangente, so sind die beiden Durchmesser konjugiert. Es gilt also auch der Satz: Die Tangenten durch die Endpunkte eines Durchmessers sind dem konjugierten Durchmesser parallel.

Die Gleichung der Ellipsentangente ergibt sich wie folgt: Legt man die allgemeine Form der Geradengleichung

$$y = Rx + c$$

zugrunde und bezeichnet die Koordinaten des Berührungspunktes mit x_1 und y_1, so müssen letztere, da der Berührungspunkt ein Punkt der Tangente ist, der Gleichung der Tangente genügen, also ist

$$y_1 = Rx_1 + c.$$

Durch Subtraktion dieser Gleichung von der ersten erhält man

a) $$y - y_1 = R\,(x - x_1)$$

als Gleichung der Tangente, in welcher nur noch R zu bestimmen bleibt.

R ist die Richtungskonstante der Tangente, also auch die Richtungskonstante des der Tangente parallelen Durchmessers CD, Bild 151. Nach den Betrachtungen unter 10. ist die Richtungskonstante eines Durchmessers

$$R = -\frac{b^2}{a^2}\cdot\frac{x}{y},$$

worin x und y die Koordinaten irgendeines Punktes auf dem konjugierten Durchmesser sind, also auch des Berührungspunktes B, Bild 151, so daß man die Koordinaten x/y durch x_1/y_1 ersetzen kann. Führt man den R-Wert mit dieser Veränderung in a) ein, so ergibt sich

$$y - y_1 = -\frac{b^2}{a^2}\cdot\frac{x_1}{y_1}\,(x - x_1),$$

oder

b) $$\frac{x\,x_1}{a^2} + \frac{y\,y_1}{b^2} = \frac{x_1^2}{a^2} + \frac{y_1^2}{b^2}.$$

Der Berührungspunkt x_1/y_1 ist aber auch ein Punkt der Ellipse, und seine Koordinaten genügen daher der Gleichung

$$\frac{x_1^2}{a^2} + \frac{y_1^2}{b^2} = 1,$$

also vereinfacht sich b) schließlich zu der T a n g e n t e n g l e i c h u n g:

c) $$\frac{x\,x_1}{a^2} + \frac{y\,y_1}{b^2} = 1.$$

Die Gleichung der Kreistangente 5. b) kann geschrieben werden $\frac{x\,x_1}{r^2} + \frac{y\,y_1}{r^2} = 1$, woraus durch Einsetzen der beiden Ellipsenhalbmesser für die Kreishalbmesser die Tangentengleichung der Ellipse entsteht. Die Erklärung dafür findet man durch Betrachtung des Bildes 152.

Die Gleichung c) kann zur Lösung einer Reihe von Aufgaben dienen, über Ellipse und ihre Tangenten, ganz analog wie solche unter 5. für den Kreis und seine Tangenten angegeben und angedeutet wurden.

12. D i s k u s s i o n d e r H y p e r b e l g l e i c h u n g e n.

Unter § 26, 5. wurde die Scheitelgleichung der Hyperbel abgeleitet als ebene Schnittkurve des Kegels; unter 6. wurde diese Kurve aus der allgemeinen Kegelschnittgleichung gewonnen, ebenso die Brennpunktgleichung in Polarkoordinaten; unter 7. wurde dann die Mittelpunktgleichung durch Transformation aus der Scheitelgleichung und unter 8. direkt abgeleitet.

Die Mittelpunktgleichung 8. d) ergibt

a) $$x = \pm \frac{a}{b}\sqrt{b^2 + y^2} \qquad \text{und} \qquad y = \pm \frac{b}{a}\sqrt{x^2 - a^2}.$$

Aus der ersten dieser Formeln folgt, daß die x-Achse und die y-Achse zugleich Symmetrieachsen der Hyperbel sind, denn sie zeigt, daß jedem positiven oder negativen y-Werte zwei gleiche, aber entgegengesetzte x-Werte entsprechen. Für $y = 0$ hat x seinen kleinsten Wert $= a$ und mit wachsendem y wird auch x immer größer, die Punkte der Kurve entfernen sich dabei immer mehr von den Koordinatenachsen. Da nun die Hyperbel durch die Koordinatenachsen in vier kongruente Teile zerlegt wird, so geht in jedem Quadranten ein Zug der Kurve ins Unendliche.

Aus der zweiten Formel folgt, daß der kleinste Wert, welchen x annehmen kann, $\pm a$ ist, da für noch kleinere x-Werte der Ausdruck unter dem Wurzelzeichen negativ, y also imaginär wird. Es gibt also keinen Punkt der Hyperbel, für welchen $x = 0$ ist, d. h. kein Punkt der Hyperbel liegt auf der y-Achse; die Hyperbel wird also von der y-Achse nicht geschnitten, sondern besteht aus zwei getrennten, auf beiden Seiten der y-Achse gelegenen kongruenten Teilen, Zweige oder Äste genannt. Die Punkte, in denen die x-Achse die beiden Hyperbelzweige schneidet, sind die Scheitel der Hyperbel; ihr Abstand ist gleich 2a.

Die Einführung von Polarkoordinaten ergibt, entsprechend der Gleichung 9. b)

b) $$r = \frac{\pm a b}{\sqrt{b^2 \cos^2 \varphi - a^2 \sin^2 \varphi}};$$

r erreicht seinen kleinsten Wert für $\varphi = 0$, da für diesen Fall der Nenner der Gleichung b) offenbar am größten ist. Demnach ist $2a = AA'$, Bild 153, der kleinste Durchmesser der Hyperbel; 2a ist die Länge der Hauptachse, 2b die Länge der Nebenachse.

Ein wesentlicher Unterschied im Vergleich zur Ellipse besteht darin, daß der Winkel φ nicht jeden beliebigen Wert annehmen kann, also nicht jede durch den Mittelpunkt der Hyperbel gelegte Gerade die Kurve schneidet, denn sobald φ einen solchen Wert hat, daß $b^2 \cos^2 \varphi < a^2 \sin^2 \varphi$, so wird der Ausdruck unter dem Wurzelzeichen in Gleichung b) negativ, r also imaginär.

Da (nach § 23, 1. a) $\sin \varphi = \cos \varphi \tan \varphi$, so kann man den Nenner in Gleichung b) auch schreiben:

$$\sqrt{\cos^2 \varphi \,(b^2 - a^2 \tan^2 \varphi)}.$$

Er erreicht seinen kleinsten Wert, wenn $b^2 = a^2 \tan^2 \varphi$, oder wenn

c) $$\tan \varphi = \pm \frac{b}{a},$$

und wird imaginär für größere Werte von φ. Die beiden durch Gleichung c) bestimmten Grenzwerte von φ sind leicht zu konstruieren und in Bild 153 mit φ_1 und φ_2 bezeichnet, der eine Winkel ist positiv, der andere negativ.

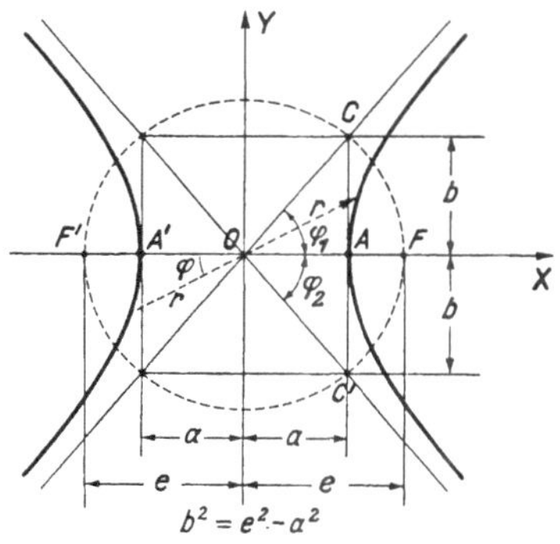

Bild 153

Der Radiusvektor r jedes Hyperbelpunktes muß, wie aus dem Vorhergehenden folgt, innerhalb der Winkel φ_1 und φ_2 oder deren Scheitelwinkel liegen; d. h. die Geraden OC und OC' teilen die ganze Koordinatenebene in vier Teile, von denen die beiden von der x-Achse geschnittenen je einen Hyperbelzweig enthalten, während in den beiden andern Teilen kein Punkt der Hyperbel liegt.

Aus den bisherigen Betrachtungen ergibt sich eine weitere sehr merkwürdige Eigenschaft der beiden Geraden OC und OC': Je mehr sich der Polarwinkel φ eines Punktes der Hyperbel den Grenzwerten φ_1 und φ_2 nähert, um so näher der Geraden OC oder OC' liegt offenbar der betrachtete Punkt, und um so größer ist der Radiusvektor des Punktes, es gilt also der Satz: Jeder der vier ins Unendliche verlaufenden Kurvenzüge der Hyperbel nähert sich mit wachsendem r und φ, oder mit wachsendem x und y einer Geraden, ohne dieselbe im Endlichen zu erreichen.

Linien, welche die Eigenschaft haben, sich einer Kurve fortwährend zu nähern, ohne sie im Endlichen zu erreichen, heißen Asymptoten der Kurve. Die Asymptoten der Hyperbel sind zwei Gerade durch den Mittelpunkt der Hyperbel, welche mit der Hauptachse einen Winkel einschließen, dessen Tangens gleich $\frac{b}{a}$ ist. Für den speziellen Fall $b = a$ ist der Tangens des Winkels gleich 1, die Asymptoten bilden einen rechten Winkel, die Kurve heißt in diesem Falle gleichseitige Hyperbel.

Bei der Ellipse liegen die Brennpunkte auf der größeren der beiden Achsen; bei der Hyperbel liegen die Brennpunkte auf der Hauptachse, einerlei, ob dieselbe größer oder kleiner als die Nebenachse ist. Die Hauptachse ist aus der Mittelpunktgleichung der Hyperbel daran zu erkennen, daß ihr Quadrat den Nenner des positiven Gliedes der linken Seite bildet. Lautet demnach die Gleichung der Hyperbel

$$\frac{x^2}{a^2} - \frac{y^2}{b^2} = 1,$$

so ist a die Hauptachse, b die Nebenachse und die Brennpunkte liegen auf der x-Achse; in der Gleichung

$$\frac{y^2}{a^2} - \frac{x^2}{b^2} = 1$$

ist a ebenfalls Hauptachse, b Nebenachse, dagegen liegt die Hauptachse mit den Brennpunkten auf der y-Achse des Koordinatensystems.

Die Koordinaten der Schnittpunkte einer Geraden mit einer Hyperbel sind aus den Gleichungen beider Linien in derselben Weise zu berechnen wie unter 3. für Gerade und Kreis.

Durch Anwendung der Transformationsformeln $x = x' - m$ und $y = y' - n$ erhält man eine allgemeinere Form der Hyperbelgleichung

$$\frac{(x' - m)^2}{a^2} - \frac{(y' - n)^2}{b^2} = 1.$$

Bei dieser Parallelverschiebung sind m und n die Koordinaten des Hyperbelmittelpunktes für das neue System. Durch Anwendung der Transformationsformeln unter § 27, 4., d. h. durch Translation und Rotation, würde sich die allgemeinste Form der Hyperbelgleichung ergeben.

Die fünf Konstanten der Hyperbelgleichung a, b, e, p, v stehen durch die drei Gleichungen in Beziehung:

d) $$a^2 + b^2 = e^2, \qquad p = \frac{b^2}{a}, \qquad v = \frac{e}{a};$$

sind zwei dieser Konstanten gegeben, so lassen sich mittels dieser Gleichungen die übrigen drei Konstanten berechnen.

Schließlich sei noch darauf hingewiesen, daß jede Gleichung, welche sich durch Transformation auf die Form

e) $$A\,x^2 + B\,y^2 = C \qquad \text{oder} \qquad \frac{x^2}{C:A} + \frac{y^2}{C:B} = 1$$

bringen läßt, eine Hyperbel darstellt, wenn A und B verschiedene Vorzeichen haben; $C : A$ und $C : B$ sind die Quadrate der halben Achsen.

13. Die Asymptotengleichung der Hyperbel.

Eine sehr bemerkenswerte Form der Hyperbelgleichung liefert die Transformation auf ein neues System, dessen beide Achsen die Asymptoten der Hyperbel sind. Die Formeln für die Transformation von dem rechtwinkligen System xy zu dem schiefwinkligen $x'y'$ lassen sich aus Bild 154 ohne weiteres ablesen:

$$x = x' \cos\varphi + y' \cos\varphi,$$
$$y = x' \sin\varphi - y' \sin\varphi.$$

Da aber $\cos \varphi = \frac{a}{e}$ und $\sin \varphi = \frac{b}{e}$, so ist

a) $$x = \frac{a}{e}(x' y') \qquad \text{und} \qquad y = \frac{b}{e}(x' - y').$$

Substituiert man diese Ausdrücke für x und y in die Mittelpunktgleichung der Hyperbel, so ergibt sich

$$\frac{a^2 (x' + y')^2}{e^2 a^2} - \frac{b^2 (x' - y')^2}{e^2 b^2} = 1, \qquad \text{oder} \qquad 4\, x' y' = e^2,$$

b) $$x' y' = \left(\frac{e}{2}\right)^2, \qquad \text{oder} \qquad x' y' = \frac{a^2 + b^2}{4}.$$

Das Produkt $x' y'$ hat also für alle Punkte der Hyperbel einen konstanten Wert.

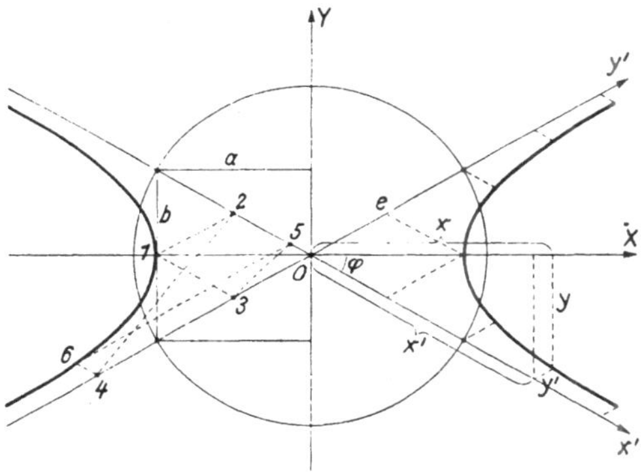

Bild 154

In den drei gleichseitigen Hyperbeln des Bildes 96 ist dieser Wert 1, 2 und 3.

Läßt man a und b im gleichen Verhältnis kleiner und kleiner werden, so verkleinert sich damit das Produkt $x' y'$, d. h. die Abstände y' verringern sich mehr und mehr, bis schließlich die Hyperbel mit den Asymptoten zusammenfällt. Die Asymptoten stellen also ein Grenzgebilde der Hyperbel dar oder eine Hyperbel mit unendlich kleinen Achsen.

Aus Gleichung b) folgt ferner eine einfache Konstruktion der Hyperbel, wenn ein Punkt der Kurve und die Asymptoten gegeben sind. Die linke Hälfte des Bildes 154 veranschaulicht diese Konstruktion. Sind x'/y' und x''/y'' die Koordinaten zweier Hyperbelpunkte, so hat man nach Gleichung b) $x' y' = x'' y''$ oder $\frac{x'}{x''} = \frac{y'}{y''}$. Ist nun 1 der gegebene Punkt, so bestimme man zuerst seine Koordinaten 02 und 03, will man dann für eine beliebige Abszisse, etwa 04, die Ordinate, so lege man durch 3 eine Parallele zu $\overline{24}$ und durch 5 eine Parallele zur Asymptote, welche den Punkt 6 bestimmt, denn ähnliche Dreiecke ergeben 03 : 04 = 05 : 02.

Aus der Konstruktion ergibt sich zugleich eine Flächenrelation: Die Parallelogramme 0213 und 0564 sind flächengleich, denn $x' y' = x'' y''$. Nun ist aber die Fläche $0213 = \frac{1}{2} ab$, also gilt der Satz:

Legt man durch einen beliebigen Punkt einer Hyperbel Parallele zu den Asymptoten, so hat das hierdurch entstehende Parallelogramm den Flächeninhalt $\frac{1}{2}ab$.

Für die gleichseitige Hyperbel ist $\varphi = 45^0$, also $b = a$. Nach den Formeln 12. d) wird demnach $p = a$, $v = \sqrt{2}$ und $e = a\sqrt{2}$.

Die Asymptotengleichung ist $x'\,y' = \frac{1}{2}a^2$.

Die Mittelpunktgleichung ist $x^2 - y^2 = a^2$

und $$y = \pm\sqrt{x^2 - a^2};$$

vergleicht man diesen y-Wert mit dem der ungleichseitigen oder allgemeinen Hyperbel 12. a)

$$y = \pm\frac{b}{a}\sqrt{x^2 + a^2},$$

so erkennt man, daß alle Hyperbeln aus der gleichseitigen Hyperbel hervorgehen durch Änderung der Ordinaten im Verhältnis $\frac{b}{a}$. Die gleichseitige Hyperbel nimmt also zur allgemeinen Hyperbel eine Stellung ein wie der Kreis zur Ellipse (§ 26, 4. d).

Ferner ist jede Gleichung von der Form

c) $$xy = C$$

die Gleichung einer Hyperbel. Die Größe C kann positiv oder negativ sein; im letzteren Falle liegen die beiden Hyperbeläste in den beiden Gebieten der Ebene, die von je einem positiven und negativen Teile der Asymptoten eingeschlossen sind, und bilden die sog. konjugierte Hyperbel.

14. Sehnen, Tangenten und konjugierte Durchmesser der Hyperbel.

Für konjugierte Durchmesser der Hyperbel finden im wesentlichen dieselben Beziehungen statt wie für die Ellipse. Sind x' und y' die Koordinaten des Mittelpunktes einer beliebigen Sehne, Bild 155, so findet man, genau wie unter 10., für die Richtungskonstante des Durchmessers, welcher diese Sehne und alle ihr parallelen Sehnen halbiert, den Wert

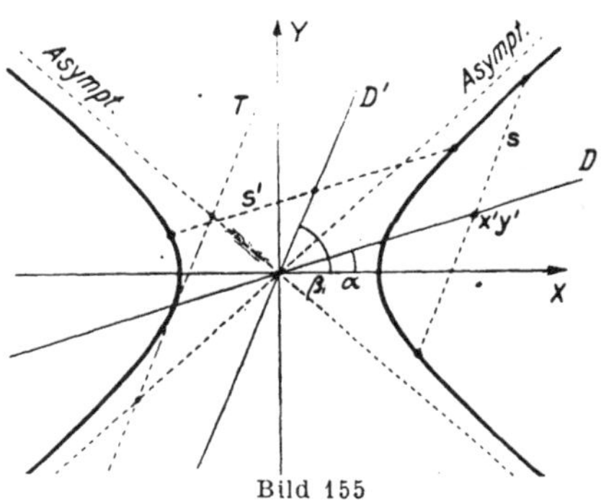

Bild 155

$$R = \frac{b^2}{a^2}\cdot\frac{x'}{y'}$$

und für die Richtungskonstante des konjugierten Durchmessers den Wert

$$R' = \frac{b^2}{a^2} \cdot \frac{1}{R} \cdot$$

Es ist demnach

a) $$R R' = \frac{b^2}{a^2} \cdot$$

R und R' sind die Tangens der Winkel, welche die in Betracht gezogenen konjugierten Durchmesser mit der x-Achse bilden; $\frac{b}{a}$ ist der Tangens des Winkels der Asymptoten mit der x-Achse. Bei der Ellipse liegen die konjugierten Durchmesser in verschiedenen Quadranten, R und R' haben daher verschiedene Vorzeichen; bei der Hyperbel liegen die konjugierten Durchmesser in ein und demselben Quadranten, R und R' haben daher gleiche Vorzeichen. Da dem größeren Tangens der größere Winkel angehört, gilt der Satz: Von den Winkeln, welche zwei konjugierte Hyperbeldurchmesser mit der x-Achse bilden, ist der eine kleiner, der andere größer als der Winkel der Asymptote mit der x-Achse, woraus folgt, daß der eine Durchmesser die Hyperbel schneidet, der andere nicht; der erstere halbiert Sehnen zwischen Punkten ein und desselben Hyperbelzweiges, der letztere Sehnen zwischen Punkten auf verschiedenen Zweigen, Bild 155.

Wie bei der Ellipse, gilt der Satz: Die Tangenten durch die Endpunkte eines Durchmessers sind dem konjugierten Durchmesser parallel; man beachte jedoch, daß nur einer von zwei konjugierten Durchmessern reelle Endpunkte haben kann.

Die Gleichung der Hyperbeltangente findet man in genau derselben Weise wie die Gleichung der Ellipsentangente 11. c) und lautet

b) $$\frac{x x_1}{a^2} - \frac{y y_1}{b^2} = 1 .$$

Diese Gleichung kann zu einer Reihe von Aufgaben dienen, über die Hyperbel und ihre Tangenten, ganz analog wie solche unter 5. für den Kreis und seine Tangenten angegeben und angedeutet wurden.

Die Asymptoten lassen sich nicht nur betrachten als die Tangenten in den unendlich fernen Punkten der Hyperbel, sondern auch als eine Hyperbel mit unendlich kleinen Achsen, wie unter 13. erklärt wurde.

Die Sätze über Sehnen und konjugierte Durchmesser beziehen sich also auch auf die Asymptoten. So ist z. B. die Hyperbeltangente T, Bild 155, zugleich eine Asymptotensehne und wird als solche von dem Durchmesser D halbiert, auch sind die beiden Verlängerungen der Sehne s bis zu den Asymptoten gleich lang.

15. Diskussion der Parabelgleichungen.

Unter § 26, 4. e) wurde die Scheitelgleichung der Parabel nach einer Spezifikation abgeleitet und unter § 26, 5. als ebene Schnittkurve des Kreiskegels; unter § 26, 7. e) erscheint die Brennpunktgleichung in Polarkoordinaten; unter 6. dieses Paragraphen wurde die Parabelgleichung aus der allgemeinen Kegelschnittgleichung gewonnen. Die Parabelgleichung $y^2 = 2\,p\,x$ ergibt

a) $$y = \pm\sqrt{2\,p\,x} \qquad \text{und} \qquad x = \frac{y^2}{2\,p}.$$

Die erste dieser Gleichungen sagt, daß zu jedem x-Wert zwei gleiche, entgegengesetzt gerichtete y-Werte gehören; die x-Achse ist also eine Symmetrieachse der Parabel, welche man kurz die Achse der Parabel nennt. Dagegen zeigt die zweite der Formeln a), daß jedem y-Wert nur ein x-Wert entspricht, die y-Achse ist also keine Symmetrieachse. Für $x = 0$ ist $y = \pm 0$, beide Schnittpunkte fallen zusammen, die y-Achse ist also Tangente im Scheitel der Kurve. Für $x = \frac{p}{2}$ ist $y = \pm p$.

Nimmt x an Größe zu, so wächst auch y, eine Grenze des Wachstums ist nicht vorhanden. Die Parabel besteht demnach aus zwei kongruenten Kurventeilen, welche beide vom Scheitel aus sich immer weiter von beiden Koordinatenachsen entfernen; sie ist weder eine geschlossene Kurve, wie die Ellipse, noch hat sie zwei kongruente Zweige, wie die Hyperbel, sondern nur einen, zu beiden Seiten der x-Achse ins Unendliche verlaufenden Zweig.

Es ist geometrisch leicht einzusehen, daß eine Kurve von der angegebenen Beschaffenheit einen Mittelpunkt im gewöhnlichen Sinne des Wortes nicht haben kann, ihr Mittelpunkt liegt auf der Achse im Unendlichen. Die Parabel ist ein Grenzgebilde, sie läßt sich betrachten als Ellipse oder Hyperbel mit unendlichgroßer Achse und mit einem der Scheitel im endlichen Gebiet der Koordinatenebene. Eine Anzahl Sätze, welche für die letztgenannten Kegelschnitte gelten, können auf die Parabel übertragen werden, indem man die große Achse der Ellipse bzw. die Hauptachse der Hyperbel unendlichgroß annimmt, oder den Mittelpunkt der Kurven ins Unendliche gerückt denkt.

So ist z. B. jeder Parabeldurchmesser der Achse parallel, denn nur Parallele zur Achse schneiden dieselbe im unendlichfernen Mittelpunkte. Ein Durchmesser hat aber die Eigenschaft, alle Sehnen zu halbieren, die der Tangente im Endpunkte des Durchmessers parallel sind. Dieser Satz möge jedoch direkt abgeleitet werden.

Es seien $P_1\,(x_1/y_1)$ und $P_2\,(x_2/y_2)$, Bild 156, zwei Punkte einer Parabel mit der Gleichung $y^2 = 2p\,x$. Es bestehen dann die Gleichungen

$$y_1{}^2 = 2\,p\,x_1 \quad \text{und} \quad y_2{}^2 = 2\,p\,x_2,$$

aus deren Differenz

$$y_2^2 - y_1^2 = 2\,p\,(x_2 - x_1)$$

sich für die Richtungskonstante R der Sehne $P_1\,P_2$ der Wert ergibt

$$R = \frac{y_2 - y_1}{x_2 - x_1} = \frac{2\,p}{y_2 + y_1} = \frac{p}{\frac{1}{2}(y_2 + y_1)};$$

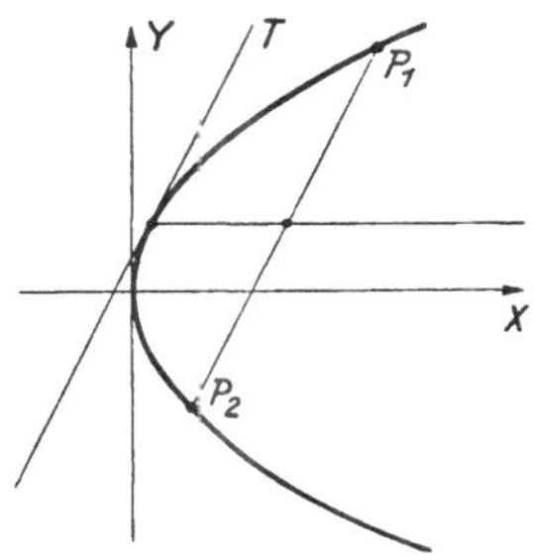

Bild 156

$\frac{1}{2}(y_2 + y_1)$ ist aber die Mittelpunktordinate der Sehne $P_1\,P_2$; bezeichnet man diese mit y', so ist

a) $$R = \frac{p}{y'}.$$

Diese Gleichung gilt für alle Sehnen, deren Richtungskonstante R ist, d. h. für alle der Sehne $P_1\,P_2$ parallelen Sehnen. Schreibt man a) in der Form

$$y' = \frac{p}{R},$$

so erkennt man, daß y' einen konstanten Wert hat, daß also die Mittelpunkte einer Schar paralleler Sehnen auf einer Parallelen zur x-Achse liegen. Für die der Sehne parallele Tangente fallen beide Schnittpunkte mit dem Berührungspunkt zusammen, $y_2 = y_1 = y'$. Bezeichnet man jetzt die Koordinaten des Berührungspunktes mit x_1 und y_1, so hat man nach § 28, 5. für die Gleichung der Tangente

$$y - y_1 = \frac{p}{y_1}(x - x_1)$$

oder

$$y\,y_1 - y_1^2 = p\,x - p\,x_1,$$

y_1 und x_1 genügen auch der Parabelgleichung $y_1^2 = 2\,p\,x_1$, wodurch sich y_1^2 aus der letzten Gleichung eliminieren läßt, so daß man erhält

b) $$y\,y_1 = p\,(x + x_1)$$

als Gleichung der Parabeltangente für das Koordinatensystem der Scheitelgleichung.

Da alle Durchmesser der Parabel parallel sind, hat man keine konjugierten Durchmesser, wie bei Ellipse und Hyperbel.

Die allgemeine Gleichung der Parabel ergibt sich, wie die der Ellipse und Hyperbel, durch Transformation auf ein beliebig gelegenes Koordinatensystem.

Mit Bezug auf die Gleichung zweiten Grades gilt der Satz: Jede Gleichung, welche sich durch Transformation auf die Formen

c) $$A\,y^2 + B\,x = 0 \quad \text{oder} \quad A\,x^2 + B\,y = 0$$

bringen läßt, stellt eine Parabel dar. Aus der ersten Gleichung ergibt sich

$$y^2 = -\frac{B}{A}x,$$

die Scheitelgleichung einer Parabel, deren Achse auf der x-Achse gelegen ist. Der Parameter hat in beiden Fällen den Wert $2p = -\frac{B}{A}$ und ist positiv, wenn A und B ungleiche, negativ, wenn A und B gleiche Vorzeichen haben. In beiden Scheitelgleichungen ist die linke Seite, y^2 oder x^2, positiv, es müssen demnach auch die rechten Seiten positiv sein, d. h. x bzw. y und $\left(-\frac{B}{A}\right)$ müssen gleiche Vorzeichen haben. Ist also $\left(-\frac{B}{A}\right)$ ein positiver Wert, so sind alle x bzw. y der Parabelpunkte positiv, die Parabelachse liegt auf der positiven x- bzw. y-Achse. Ist dagegen $\left(-\frac{B}{A}\right)$ ein negativer Wert, so sind alle x bzw. y negativ und die Parabelachse liegt auf der negativen x- bzw. y-Achse.

16. Tangente und Normale, Subtangente und Subnormale der Kegelschnitte.

Die Gleichungen der Tangenten an Kreis, Ellipse, Hyperbel für das Koordinatensystem der Mittelpunktgleichungen dieser Kurven und die Gleichung der Parabeltangente für das System der Scheitelgleichung, sind der Reihe nach:

a) $$x x_1 + y y_1 = r^2 \qquad 5.\,b)$$

b) $$\frac{x x_1}{a^2} + \frac{y y_1}{b^2} = 1 \qquad 11.\,c)$$

c) $$\frac{x x_1}{a^2} - \frac{y y_1}{b^2} = 1 \qquad 14.\,b)$$

d) $$y y_1 = p(x + x_1) \qquad 15.\,b)$$

In jeder der vier Gleichungen sind x_1 und y_1 die Koordinaten des Berührungspunktes.

Eine Gerade, welche die Tangente im Berührungspunkte rechtwinklig (normal) schneidet, heißt Normale der Kurve im Punkte (x_1/y_1). Die Gleichungen der Normale sind aus den Gleichungen der Tangente nach § 28, 9. c) ohne weiteres herzuleiten.

Wird von einer der Gleichungen a) bis d) die betreffende Gleichung der Kurve in x_1/y_1 subtrahiert, so erhält man eine neue Gleichung der Tangente; ersetzt man darin R durch $-\frac{1}{R}$, so ergibt sich eine Gleichung der Normale. Man findet für das Koordinatensystem der betreffenden Tangentengleichungen die Gleichungen der Normalen für Kreis, Ellipse, Hyperbel und Parabel der Reihe nach:

e) $$y - y_1 = \frac{y_1}{x_1}(x - x_1) \text{ oder } \frac{y}{x} = \frac{y_1}{x_1},$$

f) $$y - y_1 = \frac{a^2 y_1}{b^2 x_1}(x - x_1),$$

g) $$y - y_1 = -\frac{a^2 y_1}{b^2 x_1}(x - x_1),$$

h) $$y - y_1 = -\frac{y_1}{p}(x - x_1).$$

Die Strecke einer Tangente vom Berührungspunkte bis zum Schnittpunkte mit der x-Achse (oder mit der Polarachse bei Polarkoordinaten) $P_1 T$, Bild 157, heißt Länge der Tangente, die entsprechende Strecke der Normale, $P_1 N$, heißt Länge der Normale. Die Projektionen dieser Strecken auf die x-Achse, ST und SN, heißen Subtangente bzw. Subnormale.

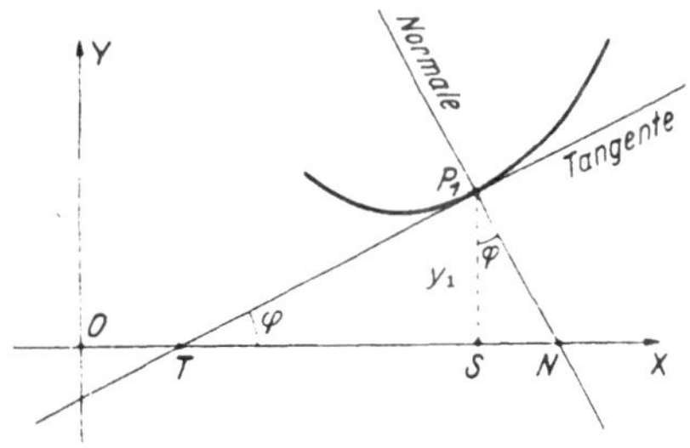

Bild 157

Die Berechnung dieser vier Strecken für die obigen vier Fälle ergibt sich aus den Koordinaten des Berührungspunktes und der Richtungskonstanten R der Tangente. Im Dreieck $P_1 S T$ ist

$$\tan\varphi = R = \frac{y_1}{ST}$$

i) $$ST = \text{Subtangente} = \frac{y_1}{R}.$$

Im Dreieck $P_1 S N$ ist

$$\tan\varphi = R = \frac{SN}{y_1}$$

k) $$SN = \text{Subnormale} = y_1 R.$$

Mittels des Pythagoreischen Satzes ergibt sich ferner

l) $$P_1 T = \text{Tangentenlänge} = \sqrt{y_1^2 + \frac{y_1^2}{R^2}} = \frac{y_1}{R}\sqrt{1 + R^2},$$

m) $$P_1 N = \text{Normalenlänge} = \sqrt{y_1^2 + y_1^2 R^2} = y_1 \sqrt{1 + R^2}.$$

Setzt man in die Gleichungen i) bis m) die aus den Gleichungen e) bis h) zu entnehmenden R-Werte ein, so ergeben sich die entsprechenden Strecken für Kreis, Ellipse, Hyperbel und Parabel.

Aus den Gleichungen i) und k) geht hervor, daß Subtangente und Subnormale positiv sind bei gleichen Vorzeichen von y_1 und R, negativ bei ungleichen Vorzeichen. Die Bedeutung des Vorzeichens zeigt sich in dem Bild 157: Die Subtangente erstreckt sich vom Fußpunkte der Ordinate y_1 nach der negativen x-Richtung, die Subnormale nach der positiven, bei gleichen Vorzeichen von y_1 und R, während das Umgekehrte bei ungleichen Vorzeichen der Fall ist.

§ 30. Die allgemeine Gleichung zweiten Grades

1. Einleitendes.

Die Gleichungen von Kreis, Ellipse, Hyperbel und Parabel sind für Parallelkoordinaten vom zweiten Grade, d. h. die Koordinaten x und y erscheinen in keiner höheren Potenz als in der zweiten. Die allgemeine Gleichung zweiten Grades für x und y hat die Form

a) $$A x^2 + B y^2 + C x y + D x + E y + F = 0.$$

Es fragt sich nun, ob jede Gleichung zweiten Grades der analytische Ausdruck eines Kegelschnittes ist und wie sich aus der allgemeinen Form erkennen läßt, welcher der vier Kegelschnitte das Bild der Gleichung ist.

Die Lösung beruht darin, daß man die allgemeine Gleichung durch Anwendung der in § 27 gegebenen Transformationsformeln so umformt, daß sie mit einer der bereits bekannten Kegelschnittgleichungen übereinstimmt. Ausreichend dafür sind die folgenden Gleichungen:

b) $x^2 + y^2 + A x + B y + C = 0$ für den Kreis (nach § 29, 1. d).

c) $A x^2 + B y^2 = C$ für Ellipse (§ 29, 9. f) A, B, C gleiche Vorzeichen.

d) $A x^2 + B y^2 = C$ für Hyperbel (§ 29, 12. e) A, B verschiedene Vorzeichen.

e) $A y^2 + B x = 0$ oder $A x^2 + B y = 0$ für die Parabel (§ 29, 15. c).

2. Erste Transformation der allgemeinen Gleichung.

Nimmt man an, die Gleichung 1. a) beziehe sich auf rechtwinklige Koordinaten und ändert dies Koordinatensystem zuerst durch Rotation allein, so gelten die Transformationsformeln (§ 27, 3. a)

$$x = x' \cos\alpha - y' \sin\alpha \quad \text{und} \quad y = x' \sin\alpha + y' \cos\alpha,$$

worin α den Rotationswinkel bezeichnet und x'/y' die neuen Koordinaten. Indem man die gleichen Potenzen von x' und y' zusammenfaßt, erhält man

a) $$\left\{\begin{aligned} & x'^2 (A \cos^2\alpha + B \sin^2\alpha + C \cos\alpha \sin\alpha) \\ & + y'^2 (A \sin^2\alpha + B \cos^2\alpha - C \cos\alpha \sin\alpha) \\ & + x' y' (-(A - B)\, 2 \cos\alpha \sin\alpha + C (\cos^2\alpha - \sin^2\alpha)) \\ & + x' (D \cos\alpha + E \sin\alpha) \\ & + y' (- D \sin^2\alpha + E \cos\alpha) \\ & + F = 0. \end{aligned}\right.$$

Die Größe des Winkels α wird jetzt so gewählt, daß das Glied mit $x'y'$ verschwindet, weil hierdurch die transformierte Gleichung sich der Form der Gleichungen 1. b) bis 1. e) nähert, deren keine ein Glied mit dem Produkte der Koordinaten enthält. Man setze also

b) $$-(A-B)\,2\cos\alpha\sin\alpha + C(\cos^2\alpha - \sin^2\alpha) = 0.$$

Nach 10. a) und 10. b) § 23 ist aber

$$2\cos\alpha\sin\alpha = \sin 2\alpha,$$
$$\cos^2\alpha - \sin^2\alpha = \cos 2\alpha,$$

so daß b) geschrieben werden kann:

$$(A-B)\sin 2\alpha = C\cos 2\alpha$$

oder

c) $$\tan 2\alpha = \frac{C}{A-B},$$

eine Gleichung, aus welcher α für jeden beliebigen Wert von A, B, C berechnet werden kann. Denkt man sich diesen Wert, für α in Gleichung a) eingesetzt, so verschwindet also das Glied mit $x'y'$; bezeichnet man zugleich noch die verbleibenden vier Klammerwerte der Reihe nach durch H, J, K, L, so geht die Gleichung a) über in die einfachere Form

d) $$Hx'^2 + Jy'^2 + Kx' + Ly' + F = 0.$$

Dies ist die Gleichung eines Kreises, wenn $H = J$; denn man hat dann nur beide Seiten der Gleichung durch H oder J zu dividieren, um die Form 1. b), d. h. die allgemeine Gleichung des Kreises zu erhalten. Die Gleichung $H = J$ lautet ausführlicher nach a):

$$A\cos^2\alpha + B\sin^2\alpha + C\cos\alpha\sin\alpha$$
$$= A\sin^2\alpha + B\cos^2\alpha - C\cos\alpha\sin\alpha$$

oder $$(A-B)(\cos^2\alpha - \sin^2\alpha) = -C\,2\cos\alpha\sin\alpha$$

oder $$(A-B)\cos 2\alpha = -C\sin 2\alpha$$

oder $$\tan 2\alpha = -\frac{A-B}{C}.$$

Durch Vergleich dieses Wertes für $\tan 2\alpha$ mit der Gleichung c) ergibt sich die Bedingung, unter welcher die Gleichung d) einen Kreis darstellt, nämlich

$$-\frac{A-B}{C} = \frac{C}{A-B}$$

oder $$-(A-B)^2 = C^2,$$

eine Gleichung, die für reelle Werte von A, B, C nur bestehen kann, wenn

$$A = B,\ \text{also}\ C = 0\ \text{ist}.$$

Es ergibt sich somit der Satz: Eine Gleichung zweiten Grades kann nur dann die Gleichung eines Kreises sein, wenn sie das Produkt der Koordinaten xy nicht enthält und die Koeffizienten der quadratischen Glieder einander gleich sind. Die weitere Behandlung der Gleichung 1. b) findet man unter § 29. 1.

3. Zweite Transformation der allgemeinen Gleichung.

Unterwirft man jetzt die Gleichung 2. d) einer Transformation durch Parallelverschiebung, mit m und n als Koordinaten des Nullpunktes des neuen Systems, so sind die Transformationsformeln nach § 27, 2. a):

$$x' = m + x'' \quad \text{und} \quad y' = n + y''.$$

Die Gleichung 2. d) geht hiermit über in

a) $$H x''^2 + J y''^2 + (2mH + K)\, x'' + (2nJ + L)\, y'' + Hm^2 + Jn^2 + Km + Ln + F = 0.$$

Jetzt werden die Nullpunktkoordinaten m/n des x''/y''-Systems so bestimmt, daß die Glieder mit den ersten Potenzen von x'' und y'' der Gleichung a) verschwinden, daß also m und n den Gleichungen genügen

$$2\,mH + K = 0 \quad \text{und} \quad 2\,nJ + L = 0,$$

woraus folgt

b) $$m = -\frac{K}{2H} \text{ und } n = -\frac{L}{2J}.$$

Die Gleichung a) nimmt dann die Form an

c) $$H x''^2 + J y''^2 + Hm^2 + Jn^2 + Km + Ln + F = 0,$$

enthält also außer konstanten Gliedern nur die Quadrate der Koordinaten, x''^2 und y''^2. Bezeichnet man die letzten fünf konstanten Glieder der Gleichung c) mit $-M$, so kann man c) in der kürzeren Form schreiben

d) $$H x''^2 + J y''^2 = M,$$

in welcher sie mit den Gleichungen 1. c) und 1. d) übereinstimmt; sie stellt also eine Ellipse dar, wenn H, J, M gleiche, eine Hyperbel, wenn H und J verschiedene Vorzeichen haben. Sind dagegen die Vorzeichen von H und J gleich und das von M entgegengesetzt, so entspricht der Gleichung d) kein geometrisches Gebilde, da dann für reelle Werte von x'' und y'' beide Seiten der Gleichung entgegengesetzte Vorzeichen erhalten würden, mithin reelle Werte von x'' und y'' der Gleichung nicht genügen.

Ist $M = 0$, so genügen bei gleichen Vorzeichen von H und J der Gleichung d) nur die Werte $x'' = 0$ und $y'' = 0$, d. h. Gleichung d) und also auch 1. a) stellt einen Punkt dar; bei ungleichen Vorzeichen von H und J ist nach § 1, 10.:

$$H x''^2 - J y''^2 = (\pm x'' \sqrt{H} \pm y'' \sqrt{J}) (\pm x'' \sqrt{H} \mp y'' \sqrt{J}) = 0,$$

d. h. entweder

$$\pm x'' \sqrt{H} \pm y'' \sqrt{J} = 0 \text{ und } y'' = - x'' \sqrt{H : J},$$

oder

$$\pm x'' \sqrt{H} \mp y'' \sqrt{J} = 0 \text{ und } y'' = x'' \sqrt{H : J}.$$

Die beiden letzten Gleichungen stellen zwei gerade Linien dar, die sich im Punkte $x'' = 0$ und $y'' = 0$ schneiden.

Eine weitere Betrachtung erfordert der Fall, daß einer der beiden Koeffizienten H und J gleich Null ist, weil dann die eine der Gleichungen b) einen unendlich großen Wert für m oder n liefern würde, d. h. es fiele der Nullpunkt des x''/y''-Systems nicht in das endliche Gebiet der Koordinatenebene. Ist $J = 0$, so muß daher an Stelle der Gleichung $2nJ + L = 0$ eine andere gebraucht werden, aus der n bestimmt werden kann. Es bietet sich hierzu die Gleichung

e) $$Hm^2 + Km + Ln + F = 0,$$

welche ausdrückt, daß die Gleichung a) kein von x'' und y'' freies Glied enthält. Aus den Gleichungen b) verbleibt

$$m = - \frac{K}{2H};$$

mit Einsetzung dieses Ausdruckes ergibt sich aus e)

f) $$n = \frac{K^2 - 4HF}{4HL}.$$

Mit $J = 0$, $2mH + K = 0$ und $Hm^2 + Km + Ln + F = 0$ geht jetzt die Gleichung a) über in

g) $$Hx''^2 + Ly'' = 0,$$

welche der Form nach mit der zweiten Gleichung 1. e) übereinstimmt, also eine Parabel darstellt.

Ein ganz ähnliches Resultat ergibt sich, wenn $H = 0$, wodurch die erste der Gleichungen b) unbrauchbar wird. Es bietet sich an deren Stelle die Gleichung

h) $$Jn^2 + Km + Ln + F = 0,$$

welche wieder ausdrückt, daß a) kein von x'' und y'' freies Glied enthält. Aus der Gleichung b) verbleibt

$$n = - \frac{L}{2J};$$

mit Einsetzung dieses Ausdruckes ergibt sich aus h)

i) $$m = \frac{L^2 - 4JF}{4JK}.$$

Mit $H = 0$, $2nJ + L = 0$ und $Jn^2 + Km + Ln + F = 0$ geht jetzt die Gleichung a) über in

k) $$Jy''^2 + Kx'' = 0,$$

welche die Form der ersten Gleichung 1. e) hat und ebenfalls eine Parabel darstellt.

Endlich können die Fälle eintreten, daß auch die in f) und i) angegebenen Werte von m und n unbrauchbar werden, nämlich wenn im ersten Falle außer $J = 0$ auch noch $L = 0$, und im zweiten Falle außer $H = 0$ auch noch $K = 0$ ist. Im ersten Falle geht dann a) über in

$$Hx''^2 + (2mH + K)\,x'' + Hm^2 + Km + F = 0,$$

oder anders geordnet

$$H(x'' + m)^2 + K(x'' + m) + F = 0,$$

oder nach den Transformationsformeln

l) $$Hx'^2 + Kx' + F = 0.$$

Im zweiten Falle geht a) über in

$$Jy''^2 + (2nJ + L)\,y'' + Jn^2 + Ln + F = 0,$$

oder anders geordnet

$$J(y'' + n)^2 + L(y'' + n) + F = 0,$$

oder nach den Transformationsformeln

m) $$Jy'^2 + Ly' + F = 0.$$

Die Lösung der Gleichung l) ergibt

$$x' = \frac{-K \pm \sqrt{K^2 - 4HF}}{2H} \quad (= \text{Konstante})$$

d. i. die Gleichung zweier Geraden, welche der y-Achse parallel sind und die x-Achse in den Entfernungen

$$\frac{-K + \sqrt{K^2 - 4HF}}{2H} \quad \text{und} \quad \frac{-K - \sqrt{K^2 - 4HF}}{2H}$$

schneiden, vorausgesetzt, daß $K^2 > 4HF$. Ist $K^2 = 4HF$, so entspricht der Gleichung l) nur eine Gerade und für $K^2 < 4HF$ gar kein geometrisches Gebilde.

Die Lösung der Gleichung m) ergibt

$$y' = \frac{-L \pm \sqrt{L^2 - 4JF}}{2J} \quad (= \text{Konstante}),$$

ebenfalls die Gleichung zweier Geraden parallel zur x'-Achse, wenn $L^2 > 4JF$; einer Geraden, wenn $L^2 = 4JF$; ohne geometrische Deutung für $L^2 < 4JF$.

4. Weitere Berechnungen und Kriterium.

Unter 2. und 3. wurde gezeigt, daß die allgemeine Gleichung zweiten Grades für rechtwinklige Koordinaten der analytische Ausdruck eines Kegelschnittes ist, abgesehen von speziellen Fällen, in welchen die Gleichung auch gerade Linien oder einen Punkt darstellen kann, oder einer geometrischen Deutung nicht fähig ist. Bevor aber das Ganze zu einem kurzen Kriterium zusammengefaßt werden kann, müssen die Größen H und J wieder durch die Koeffizienten der allgemeinen Gleichung 1. a) ausgedrückt werden:

Aus Gleichung 2. a) ist zu entnehmen

$$H = A \cos^2 \alpha + B \sin^2 \alpha + C \cos \alpha \sin \alpha,$$
$$J = A \sin^2 \alpha + B \cos^2 \alpha - C \cos \alpha \sin \alpha;$$

durch Addition dieser beiden Gleichungen ergibt sich

a) $$H + J = A + B$$

und durch Subtraktion derselben (nach § 23, 10. a), b)

b) $$H - J = (A - B) \cos 2\alpha + C \sin 2\alpha.$$

Nach 2. c) ist $\tan 2\alpha = \frac{C}{A - B}$, also ist nach § 23, 3.

c) $$\cos 2\alpha = \frac{A - B}{\operatorname{sgn} C \sqrt{(A - B)^2 + C^2}} \text{ und } \sin 2\alpha = \frac{C}{\operatorname{sgn} C \sqrt{(A - B)^2 + C^2}}$$

Die Gleichungen für 2α versagen, wenn $A = B$ und $C = 0$, also im Falle des Kreises. In jedem anderen Falle geben sie, wenn man beide Wurzelwerte gelten läßt, die Bestimmung zweier Winkel, die sich um 180^0 voneinander unterscheiden, also zweier Werte von α, die um 90^0 differieren. Behält man den spitzen Winkel bei, so müssen C und der Wurzelausdruck gleiche Vorzeichen haben, was nach § 28, 3. e) durch sgn C gesagt wird.

Mit den Werten für $\cos 2\alpha$ und $\sin 2\alpha$ geht b) über in

d) $$H - J = \sqrt{(A - B)^2 + C^2}.$$

Aus a) und d) ergibt sich jetzt durch Addition und Subtraktion

e) $$H = \frac{1}{2}\left(A + B + \operatorname{sgn} C \sqrt{(A - B)^2 + C^2}\right).$$

f) $$J = \frac{1}{2}\left(A + B - \operatorname{sgn} C \sqrt{(A - B)^2 + C^2}\right).$$

Handelt es sich nun um eine vorläufige Untersuchung, ob das Bild einer Gleichung zweiten Grades eine Ellipse, Hyperbel oder Parabel ist (der Fall des Kreises ist ohne weiteres zu entscheiden), so führt die folgende Betrachtung schnell zum Ziele. Nach den in diesem Paragraphen entwickelten Sätzen ist im allgemeinen das Bild einer Gleichung zweiten Grades eine Ellipse, Hyperbel oder Parabel, je nachdem die Werte H und J dasselbe oder verschiedene Vorzeichen haben oder einer derselben gleich Null ist. Diese Beziehung läßt sich aber auch anders ausdrücken: Das Bild der allgemeinen Gleichung ist eine Ellipse, Hyperbel oder Parabel, je nachdem das Produkt $HJ > 0$ oder < 0 oder $= 0$ ist. Nach e) und f) ist nun

$$HJ = \frac{1}{4}(4AB - C^2),$$

also gilt der Satz:

Das Bild einer Gleichung zweiten Grades

$$Ax^2 + By^2 + Cxy + Dx + Ey + F = 0$$

ist im allgemeinen das Bild einer Ellipse, Parabel oder Hyperbel, je nachdem

g) $$4AB - C^2 \gtreqless 0 \text{ ist.}$$

Ordnet man die allgemeine Gleichung nach fallenden Potenzen von y, so erhält man

$$By^2 + (Cx + E)\,y + (Ax^2 + Dx + F) = 0$$

und daraus

h) $$y = \frac{-(Cx + E) \pm \sqrt{(Cx + E)^2 - 4B(Ax^2 + Dx + F)}}{2B},$$

eine Gleichung, die sich zur Berechnung beliebiger Koordinaten verwenden läßt.

Soll außer der Gestalt des Kegelschnitts auch noch die Lage desselben in bezug auf das ursprüngliche Koordinatensystem aus Gleichung 1. a) hergeleitet werden, so ist dazu die Berechnung der Transformationskonstanten α, m, n aus den Gleichungen 2. c) und 3. b) bzw. 3. f) oder 3. i) erforderlich, also auch der Größen K und L.

5. Zahlenbeispiel.

Gegeben sei die Gleichung

$$x^2 + 4y^2 - 2xy - 6x + 4y + 3 = 0,$$

welche man nach dem Kriterium 4. g) als die einer Ellipse erkennt. Nach 2. c) hat man für den Rotationswinkel

$$\tan 2\alpha = \frac{C}{A - B} = \frac{2}{3}, \text{ also } 2\alpha = 33^0\,40' \text{ und } \alpha = 16^0\,50';$$

$$\sin\alpha = 0{,}290 \text{ und } \cos\alpha = 0{,}957.$$

K und L sind die letzten beiden Klammerwerte der Formel 2. a), es ist also

$$K = -4{,}582 \text{ und } L = 5{,}568.$$

Nach 4. e) und f) ist

$$H = \frac{1}{2}(5 - \sqrt{13}) = 0{,}697,$$

$$J = \frac{1}{2}(5 + \sqrt{13}) = 4{,}303.$$

Die Koordinaten für den Nullpunkt 0″ des neuen Systems ergeben sich nun nach 3. b)

$$m = +\,3{,}287 \text{ und } n = -\,0{,}647.$$

Schließlich bleibt noch $-M$ zu berechnen, das ist die Summe der letzten fünf Glieder der Gleichung 3. c)

$$-\,M = 12{,}331 - 18{,}664 = -\,6{,}333,$$

also ist $M = 6{,}333$. Die resultierende Gleichung bezogen auf das System $X''\,Y''$ mit dem Nullpunkt 0″ ist jetzt nach 3. d)

$$0{,}697\,x''^2 + 4{,}303\,y''^2 = 6{,}333,$$

oder in bekannter Form

$$\frac{x''^2}{9{,}086} + \frac{y''^2}{1{,}472} = 1.$$

Die Halbachsen der Ellipse sind also

$$a = \pm\sqrt{9{,}086} = \pm\,3{,}01,$$

$$b = \pm\sqrt{1{,}472} = \pm\,1{,}21.$$

Bild 158 veranschaulicht die Resultate der Berechnung. Es zeigt das ursprüngliche Achsenkreuz XY, das durch Drehung gewonnene $X'Y'$ und das dann durch Parallelverschiebung sich ergebende $X''Y''$.

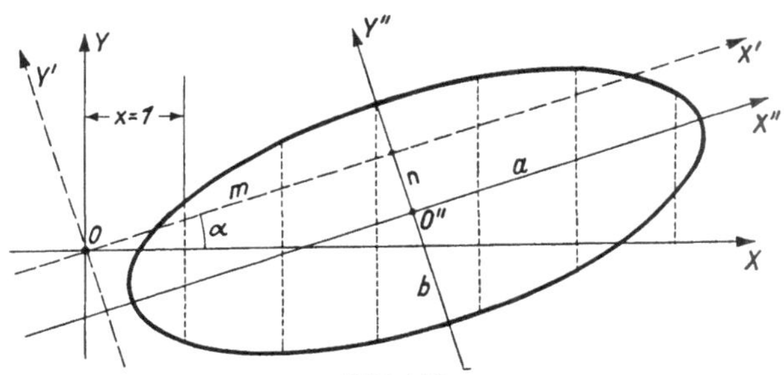

Bild 158

Als Probe wurden noch 6 Ordinatenpaare mittels Gleichung 4. h) berechnet, und zwar für $x = 1, 2, 3, 4, 5, 6$, was sich, trotz der kompliziert aussehenden Formel, recht einfach gestaltet. Diese Ordinatenpaare sind der Reihe nach

$$-\frac{1}{4} \pm \frac{3}{4}, \quad 0 \pm 1{,}12, \quad \frac{1}{4} \pm 1\frac{1}{4}, \quad \frac{1}{2} \pm 1{,}22, \quad \frac{3}{4} \pm 1{,}03, \quad 1 \pm \frac{1}{2},$$

und im Bild 158 markiert. Der Maßstab der Figur ist gegeben durch $x = 1$.

6. Noch ein besonderer Fall der Gleichung zweiten Grades.

Eine Gleichung mit den Koordinaten x und y ist auch dann vom zweiten Grade, wenn sie weder x^2 noch y^2, sondern nur das Produkt xy enthält. Dieser Fall tritt ein, wenn in der allgemeinen Gleichung $A = 0$ und $B = 0$ ist, erstere also die Form hat

a) $$Cxy + Dx + Ey + F = 0.$$

Das Bild einer solchen Gleichung ist immer eine Hyperbel, wenn nicht noch die Koeffizienten D, E und F gleichzeitig $= 0$ sind, denn die Gleichung a) läßt sich dann durch die Transformation $x = x' + m$, $y = y' + n$ auf die Asymptotengleichung der Hyperbel zurückführen. Man erhält aus a) durch Einsetzung der Werte für x und y nach leichter Umformung

b) $$Cx'y' + (Cn + D)\,x' + (Cm + E)\,y' + Cmn + Dm + En + F = 0.$$

Die Koordinaten m und n des Nullpunktes des neuen Systems werden jetzt so bestimmt, daß die Glieder mit x' und y' aus der Gleichung b) verschwinden, daß also

$$Cn + D = 0 \text{ oder } n = -\frac{D}{C},$$

$$Cm + E = 0 \text{ oder } m = -\frac{E}{C}.$$

Setzt man diese Werte in Gleichung b) ein, so ergibt sich

c) $$x'y' = \frac{DE - CF}{C^2},$$

die Gleichung einer Hyperbel, bezogen auf die Asymptoten als Koordinatenachsen (§ 29, 13.). Nimmt man an, daß das x/y-System und daher auch das x'/y'-System ein rechtwinkliges ist, so schneiden sich die Asymptoten der durch Gleichung c) dargestellten Hyperbel unter rechten Winkeln, die Hyperbel ist also eine gleichseitige.

Man beachte, daß die Gleichung a) dem allgemeinen Kriterium 4. g) gehorcht und auch dadurch als Hyperbel zu erkennen ist.

7. Die Linien zweiten Grades durch fünf Punkte.

Die allgemeine Gleichung zweiten Grades

a) $$Ax^2 + By^2 + Cxy + Dx + Ey + F = 0$$

hat sechs Koeffizienten, oder da sich einer davon durch Division beseitigen läßt, fünf Konstanten, folglich bestimmen fünf Bedingungen einen Kegelschnitt. Beim Kreis ist $A = B$ und $C = 0$, so daß schon drei Bedingungen einen Kreis bestimmen. Unter § 29, 2. wurde gezeigt, wie sich die Gleichung des Kreises finden läßt, welcher durch drei gegebene Punkte geht, ganz analog läßt sich nun die Gleichung des Kegelschnittes finden, welcher durch fünf beliebige, durch ihre Koordinaten gegebene Punkte gehen soll.

Bezeichnet man die Koordinaten der fünf gegebenen Punkte mit x_1/y_1, x_2/y_2, x_3/y_3, x_4/y_4, x_5/y_5, so müssen die Konstanten A, B, C, D, E, F den fünf Gleichungen entsprechen

b) $$A x_n^2 + B y_n^2 + C x_n y_n + D x_n + E y_n + F = 0 \quad (n = 1, 2, 3, 4, 5).$$

Das gleichseitige Bestehen der sechs Gleichungen a) und b) bedingt, daß

c) $$\begin{vmatrix} x^2 & y^2 & xy & x & y & 1 \\ x_1^2 & y_1^2 & x_1 y_1 & x_1 & y_1 & 1 \\ \cdots & \cdots & \cdots & \cdots & \cdots & \cdots \\ x_5^2 & y_5^2 & x_5 y_5 & x_5 & y_5 & 1 \end{vmatrix} = 0.$$

Diese Determinante ist also die Gleichung des gesuchten Kegelschnittes.

§ 31. Ebene, Gerade und Punkt im Raume

1. Einleitendes.

Unter § 26, 8. wurde das rechtwinklige dreidimensionale Koordinatensystem behandelt. Unter § 26, 9. folgten einige grundlegende Aufgaben wie: Abstand eines Punktes vom Ursprung; Gleichung der Kugel; Abstand zweier Punkte im Raume; Richtungswinkel einer Geraden im Raume; Winkel zweier Geraden im Raume. Unter § 26, 10. findet sich das Nötige über Polarkoordinaten des Raumes, unter § 27, 6. über Translation und unter § 27, 7. über allgemeine Transformation rechtwinkliger Raumkoordinaten.

Bei der Ableitung der Gleichung der Geraden für das rechtwinklige Koordinatensystem in der Ebene war es nötig, daß die Lage der Geraden mit Bezug auf die Koordinatenachsen durch gewisse geometrische Größen, z. B. den Winkel der Geraden mit der x-Achse, oder die Abschnitte auf den Achsen usw., gegeben waren. Jene geometrischen Bestimmungsstücke wurden dann die Konstanten der Gleichung. Ganz ebenso ist es auch für die Aufstellung der Gleichung der Ebene im Raume erforderlich, die Lage der Ebene in bezug auf die drei Koordinatenachsen zu kennen.

Die Bestimmung der Lage der Ebene im dreidimensionalen System ist, wie bei der Geraden im zweidimensionalen, in mancherlei Weise möglich. Es können z. B. drei nicht in einer Geraden liegende Punkte durch ihre Koordinaten gegeben sein, oder die drei Abschnitte der Ebene auf den Koordinatenachsen, entsprechend § 28, 2., oder die vom Ursprung des Koordinatensystems auf die Ebene gefällte Normale mit den drei Winkeln, welche diese Normale mit den positiven Richtungen der Koordinatenachsen bildet, entsprechend § 28, 3.

2. Die Normalgleichung der Ebene.

Im Bild 159 sind $0A$, $0B$, $0C$ die drei Abschnitte der Ebene auf den Koordinatenachsen, die Strecken AB, BC, CA sind die zwischen den positiven Achsen gelegenen Teile der Geraden, in welchen die Ebene bzw. die xy-Ebene, die yz-Ebene und die xz-Ebene schneidet, und heißen die Spuren der Ebene. Die Normale zur Ebene vom Ursprung 0 schneide die Ebene im Punkte N, es ist also $0N = p$ der rechtwinklige Abstand der Ebene von 0. Verbindet man nun einen beliebigen Punkt M der Ebene mit N und 0, so ist das Dreieck $0NM$ bei N rechtwinklig, und ist umgekehrt Dreieck $0NM$ für einen beliebigen Punkt M bei N rechtwinklig, so liegt M auf der betrachteten Ebene. Bezeichnet man den Winkel $N0M$ mit φ und den Radiusvektor $0M$ mit r, so ist

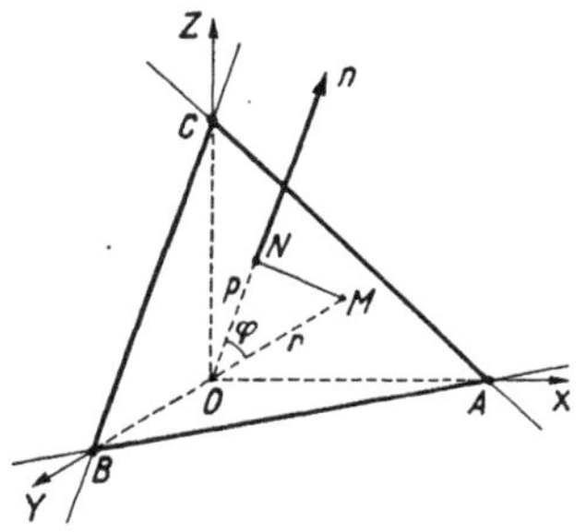

Bild 159

$$\frac{p}{r} = \cos\varphi.$$

Nach § 26, 9. f) läßt sich nun für $\cos\varphi$ noch ein anderer Ausdruck aufstellen, der sich aus den Cosinus der sechs Winkel zusammensetzt, welche p und r mit den Koordinatenachsen bilden. Die Richtungswinkel von p seien α, β, γ, die Cosinus der Richtungswinkel von r sind nach § 26, 9. e) $x : r$, $y : r$, $z : r$, wenn x, y, z die Koordinaten des Punktes M sind. Man hat also nach der letzten Formel unter § 26, 9. f):

$$\cos\varphi = \frac{x}{r}\cos\alpha + \frac{y}{r}\cos\beta + \frac{z}{r}\cos\gamma;$$

setzt man hierin $\cos\varphi = \frac{p}{r}$, so hebt sich r und man erhält

a) $$x\cos\alpha + y\cos\beta + z\cos\gamma - p = 0,$$

die Normalgleichung der Ebene.

Die Diskussion der Gleichung a) führt zu Resultaten, welche den für die Gerade in der Ebene abgeleiteten (§ 28, 3.) vollständig entsprechen. Zunächst ist ersichtlich, daß jede Ebene durch eine Gleichung von der Form a) darstellbar sein muß, da die Gleichung für alle Werte von α, β, γ und p Gültigkeit behält. Ferner läßt sich zeigen, daß jede Gleichung ersten Grades in x, y, z die Gleichung einer Ebene ist. Um die allgemeine Gleichung ersten Grades

b) $$Ax + By + Cz + D = 0$$

auf die Form a) zu bringen, muß man einen Multiplikator m gebrauchen, so daß

$$m^2A^2 + m^2B^2 + m^2C^2 = 1,$$

in Übereinstimmung mit der Formel $\cos^2\alpha + \cos^2\beta + \cos^2\gamma = 1$, damit mA, mB, mC tatsächlich die Cosinus der Winkel α, β, γ darstellen. Die Unbestimmtheit des Vorzeichens von

$$m = \frac{1}{\sqrt{A^2 + B^2 + C^2}}$$

wird dadurch behoben, daß mD mit $-p$ übereinstimmen und daher das entgegengesetzte Vorzeichen von D erhalten muß. Man schreibt dafür statt des Wurzelzeichens: $-\operatorname{sgn} D$.

Um also die allgemeine Gleichung b) in die Normalform zu verwandeln, hat man sie durch $-\operatorname{sgn} D\sqrt{A^2 + B^2 + C^2}$ zu dividieren.

Beispielsweise kommt der Ebene $2x - 3y - 5z + 6 = 0$ die Normalgleichung

$$\frac{2x - 3y - 5z + 6}{-\sqrt{38}} = 0$$

zu, aus der man unmittelbar abliest:

$$\cos\alpha = -\frac{2}{\sqrt{38}}, \quad \cos\beta = \frac{3}{\sqrt{38}}, \quad \cos\gamma = \frac{5}{\sqrt{38}}, \quad p = -\frac{6}{\sqrt{38}}.$$

3. Die Segmentgleichung der Ebene.

Eine zweite Form der Ebenengleichung ergibt sich aus 2. a), wenn man an Stelle der Konstanten α, β, γ, p die Strecken a, b, c einführt, welche die Ebene auf den drei Koordinatenachsen abschneidet. Aus den drei bei N rechtwinkligen Dreiecken $A0N$, $B0N$, $C0N$, Bild 160, ergeben sich die Beziehungen

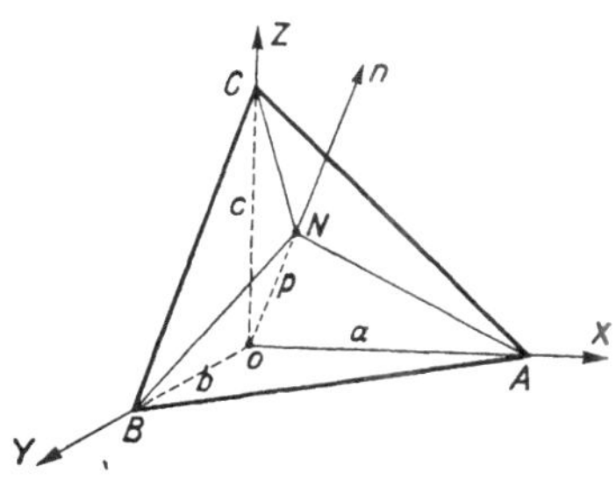

Bild 160

$$\frac{p}{a} = \cos\alpha, \quad \frac{p}{b} = \cos\beta, \quad \frac{p}{c} = \cos\gamma,$$

also

$$\frac{\cos\alpha}{p} = \frac{1}{a}, \quad \frac{\cos\beta}{p} = \frac{1}{b}, \quad \frac{\cos\gamma}{p} = \frac{1}{c}.$$

Dividiert man nun 2. a) durch p, also

$$\frac{x\cos\alpha}{p} + \frac{y\cos\beta}{p} + \frac{z\cos\gamma}{p} = 1$$

und setzt hierin die soeben gefundenen Werte ein, so erhält man

a) $$\frac{x}{a} + \frac{y}{b} + \frac{z}{c} = 1,$$

die **Segmentgleichung der Ebene**. Diese Gleichung entspricht vollständig der unter § 38, 2. aufgestellten Geradengleichung. Vergleicht man sie mit der allgemeinen Ebenengleichung oder mit $Ax + By + Cz = -D$, so findet man

b) $$a = -\frac{D}{A}, \quad b = -\frac{D}{B}, \quad c = -\frac{D}{C}.$$

Beispielsweise hat die Ebene $2x - 3y + 4z = -12$ die Segmentgleichung

$$\frac{x}{-6} + \frac{y}{4} + \frac{z}{-3} = 1,$$

aus der man sich über die Lage der Ebene schnell orientieren kann; $a = -6$, $b = 4$, $c = -3$, die Ebene schneidet also das Dreikant, welches von $-X$, $+Y$, $-Z$ gebildet wird.

Spezielle Fälle. Ist $D = 0$, d. h. fehlt in der Gleichung der Ebene das von x, y, z freie Glied, so ist nach 2. a) auch $p = 0$; die Ebene geht durch den Nullpunkt des Koordinatensystems.

Ist einer der drei Koeffizienten A, B, C gleich Null, so ist nach 2. a) einer der drei Cosinus gleich Null, mithin einer der Richtungswinkel ein rechter. Ist z. B. $A = 0$, also $By + Cz + D = 0$, so ist $\cos\alpha = 0$ und $\alpha = 90^0$, d. h. die Normale der Ebene und die x-Achse schneiden sich rechtwinklig, woraus folgt, daß die Ebene der x-Achse parallel ist. Es gilt also der Satz: **Enthält die Gleichung nur zwei der drei Raumkoordinaten, so ist die Ebene der Achse der fehlenden Koordinate parallel.**

Sind gleichzeitig zwei Koeffizienten A, B, C gleich Null, so sind zwei der Richtungswinkel je 90^0, mithin zwei Koordinatenachsen parallel der Ebene. Es ist also z. B.

$$Ax + D = 0$$

die Gleichung einer Ebene, die der yz-Ebene parallel ist, da wegen $B = 0$ und $C = 0$ auch $\beta = 90^0$ und $\gamma = 90^0$. Allgemein gilt: **Enthält die Gleichung einer Ebene nur eine Koordinate, so ist sie der durch die fehlenden Koordinaten bezeichneten Koordinatenebene parallel.**

Aus der letzten Gleichung folgt $x = -\frac{D}{A} = a$. Es ist also

$x = a$ die Gleichung einer Ebene parallel zur yz-Ebene;
$y = b$ » » » » » » xz- »
$z = c$ » » » » » » xy- »

ferner sind $x = 0$, $y = 0$, $z = 0$ die Gleichungen bzw. der yz-Ebene, der xz-Ebene und der xy-Ebene.

Die Aufgaben über die Ebene und ihre Gleichungen sind zum großen Teil nur Erweiterungen der in § 28, 4. bis 12. für die Gerade und ihre Gleichungen gelösten Aufgaben. An Stelle der zwei Koordinaten (x/y) treten in der Gleichung der Ebene drei $(x/y/z)$, von denen man zwei willkürlich wählen kann, um dann mit Hilfe der Ebenengleichung die dritte zu berechnen. Man kann in einer der drei Koordinatenebenen, z. B. in der xy-Ebene, einen beliebigen Punkt (x_1/y_1) wählen und aus der Ebenengleichung die dritte Koordinate z_1 berechnen, welche, im Punkte (x_1/y_1) errichtet, einen Punkt der Ebene liefert.

4. Die Ebene durch drei gegebene Punkte.

Die allgemeine Gleichung der Ebene

a) $$A x + B y + C z + D = 0$$

hat vier Koeffizienten, die sich auf drei Konstanten reduzieren lassen, indem man durch einen von ihnen die Gleichung dividiert. Es folgt daraus, daß eine Ebene im allgemeinen durch drei Bedingungen bestimmt ist. Soll die Ebene durch einen Punkt M_1 $(x_1/y_1/z_1)$ gehen, so muß sie der Gleichung genügen

$$A x_1 + B y_1 + C z_1 + D = 0;$$

durch Subtraktion dieser Gleichung von a) verschwindet D, und man erhält

b) $$A (x - x_1) + B (y - y_1) + C (z - z_1) = 0,$$

eine Gleichung von nur mehr drei Koeffizienten, also zwei Konstanten.

Die Gesamtheit der Ebenen durch einen Punkt M_1 nennt man ein Ebenenbündel und M_1 seinen Träger; b) ist also die Gleichung eines Ebenenbündels.

Soll die Ebene außer durch M_1 noch durch die Punkte M_2 $(x_2/y_2/z_2)$ und M_3 $(x_3/y_3/z_3)$ gehen, so gilt es, aus dem Ebenenbündel b) diejenige Ebene zu bestimmen, die dieser Forderung genügt; sie muß also nicht nur der Gleichung b) genügen, sondern auch den Gleichungen

$$A (x_2 - x_1) + B (y_2 - y_1) + C (z_2 - z_1) = 0,$$
$$A (x_3 - x_1) + B (y_3 - y_1) + C (z_3 - z_1) = 0.$$

Das gleichzeitige Bestehen dieser drei Gleichungen ist aber nur möglich, wenn

c) $$\begin{vmatrix} x - x_1 & y - y_1 & z - z_1 \\ x_2 - x_1 & y_2 - y_1 & z_2 - z_1 \\ x_3 - x_1 & y_3 - y_1 & z_3 - z_1 \end{vmatrix} = 0.$$

Diese Determinante ist also die Gleichung der verlangten Ebene.

Soll beispielsweise die durch

$$M_1\,(6/2/-1),\qquad M_2\,(4/-2/3),\qquad M_3\,(5/-1/-2)$$

gehende Ebene bestimmt werden, so hat man nach c)

$$\begin{vmatrix} x-6 & y-2 & z+1 \\ -2 & -4 & 4 \\ -1 & -3 & -1 \end{vmatrix} = 0,$$

also $(x-6)\,(4+12) - (y-2)\,(2+4) + (z+1)\,(6-4) = 0$

oder $16\,(x-6) - 6\,(y-2) + 2\,(z+1) = 0,$

und erhält daraus schließlich

$$8\,x - 3\,y + z - 41 = 0$$

als Gleichung der verlangten Ebene.

5. Abstand eines Punktes von einer Ebene.

Die Ebene sei durch die Normalgleichung gegeben

a) $$x\cos\alpha + y\cos\beta + z\cos\gamma - p = 0$$

und der Punkt M_0 durch seine Koordinaten $x_0/y_0/z_0$. Wie bei der gerichteten Geraden, Bild 138, sei die dem Ursprung 0 zugekehrte Seite der Ebene die negative, die andere die positive Seite. Der Punkt kann, wenn er nicht auf der Ebene liegt, auf der positiven oder negativen Seite der Ebene liegen. Die Bestimmung des Abstandes soll so geregelt werden, daß sich dieser Lagenunterschied im Vorzeichen ausdrückt.

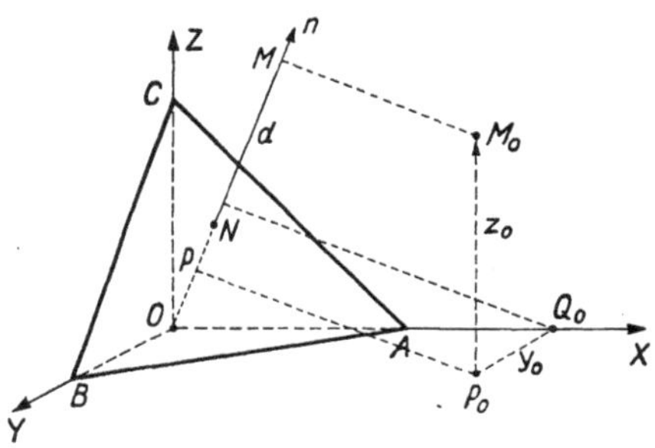

Bild 161

Da die Koordinaten von M_0 den Koordinatenachsen parallel sind, so bilden sie mit der Normalen n die Winkel α, β, γ. Projiziert man nun die Koordinaten $x_0/y_0/z_0$ auf die Normale, also den Linienzug $0Q_0P_0M_0$ auf n, Bild 161, so erhält man

$$0M = x_0\cos\alpha + y_0\cos\beta + z_0\cos\gamma.$$

Diese Strecke ist positiv oder negativ, je nachdem $0M$ die Richtung von n hat oder die entgegengesetzte. Durch Subtraktion von $0N = p$ ergibt sich der Abstand d des Punktes M_0 von der Ebene mit positiven oder negativen Vorzeichen, je nachdem M_0 auf der positiven oder negativen Seite der Ebene liegt; es ist also

b) $$d = x_0\cos\alpha + y_0\cos\beta + z_0\cos\gamma - p,$$

d. h.: Ersetzt man in der linken Seite der Normalgleichung einer Ebene die Veränderlichen $x/y/z$ durch die Koordinaten eines beliebigen Punktes, so ergibt der Ausdruck den Abstand dieses Punktes von der Ebene, und zwar mit positivem oder negativem Vorzeichen, je nachdem der Punkt auf der positiven oder negativen Seite der Ebene liegt.

Ist die Gleichung der Ebene in der allgemeinen Form gegeben

$$A x + B y + C z + D = 0,$$

so bringt man sie nach 2. in die Normalform und erhält so

$$d = \frac{A x_0 + B y_0 + C z_0 + D}{-\operatorname{sgn} D \sqrt{A^2 + B^2 + C^2}}.$$

Von der Ebene $2x - y - 7z + 6 = 0$ haben hiernach die Punkte $P_1(-3/4/5)$ und $P_2(4/-2/-1)$ die Abstände

$$d_1 = \frac{13}{\sqrt{6}} \qquad \text{und} \qquad d_2 = -\frac{23}{3\sqrt{6}},$$

es liegt also P_1 auf der positiven Seite der Ebene und P_2 auf der negativen.

6. Winkel zweier Ebenen.

Der Winkel, welchen zwei Ebenen miteinander bilden, ist gleich dem Winkel, welchen ihre Normalen einschließen. Sind also

$$x \cos \alpha_1 + y \cos \beta_1 + z \cos \gamma_1 - p_1 = 0$$
$$x \cos \alpha_2 + y \cos \beta_2 + z \cos \gamma_2 - p_2 = 0$$

die Normalgleichungen der beiden Ebenen, so erhält man nach § 26, 9. f) unmittelbar

a) $$\cos \varphi = \cos \alpha_1 \cos \alpha_2 + \cos \beta_1 \cos \beta_2 + \cos \gamma_1 \cos \gamma_2.$$

Sind die Ebenengleichungen in allgemeiner Form gegeben

$$A_1 x + B_1 y + C_1 z + D_1 = 0,$$
$$A_2 x + B_2 y + C_2 z + D_2 = 0,$$

so hat man nach den Erklärungen unter 2. b)

$$\cos \alpha_1 = \frac{A_1}{-\operatorname{sgn} D_1 \sqrt{A_1^2 + B_1^2 + C_1^2}},$$

$$\cos \alpha_2 = \frac{A_2}{-\operatorname{sgn} D_2 \sqrt{A_2^2 + B_2^2 + C_2^2}},$$

usw. Formel a) geht also über in

b) $$\cos \varphi = \frac{A_1 A_2 + B_1 B_2 + C_1 C_2}{\operatorname{sgn} D_1 \operatorname{sgn} D_2 \sqrt{A_1^2 + B_1^2 + C_1^2}\sqrt{A_2^2 + B_2^2 + C_2^2}}.$$

Für die Ebenen

$$3x - 2y - 4z + 3 = 0,$$
$$x + 5y - 2z - 4 = 0$$

ergibt sich beispielsweise

$$\cos\varphi = \frac{3 - 10 + 8}{-\sqrt{(9+4+16)(1+25+4)}} = \frac{1}{-\sqrt{29\cdot 30}} = -\frac{1}{\sqrt{870}}$$

und $\varphi = 91^0\,56'34''$.

Dies ist der Winkel der Normalen; also ist der Winkel der Ebenen, der den Ursprung einschließt, gleich $88^0 03'26''$.

Rechtwinklige und parallele Ebenen.

Aus der Formel b) lassen sich die Bedingungen ablesen, unter welchen zwei Ebenen

$$A_1x + B_1y + C_1z + D_1 = 0,$$
$$A_2x + B_2y + C_2z + D_2 = 0$$

zueinander rechtwinklig bzw. parallel sind.

Formel b) zeigt, daß die Ebenen einen rechten Winkel einschließen, wenn

c) $$A_1A_2 + B_1B_2 + C_1C_2 = 0,$$

weil dann und nur dann $\cos\varphi = 0$ ist; daß sie parallel sind, wenn

d) $$\frac{A_1}{A_2} = \frac{B_1}{B_2} = \frac{C_1}{C_2} = n,$$

weil dann und nur dann $\cos\varphi = 1$ ist, denn mit dem Verhältnis n wird $A_1 = nA_2$, $B_1 = nB_2$, $C_1 = nC_2$ und Zähler sowie Nenner von b) werden daher gleich $n(A_2^2 + B_2^2 + C_2^2)$.

Auf Grund dieser Merkmale erkennt man also die Ebenen

$$3x - 2y + 2z - 1 = 0$$
$$4x + 4y - 2z + 3 = 0$$

als rechtwinklig zueinander, die Ebenen

$$2x - 3y - z + 4 = 0$$
$$-4x + 6y + 2z - 5 = 0$$

als parallel.

Den Abstand zweier paralleler Ebenen findet man entsprechend dem zweier paralleler Geraden, § 28, 10.:

$$d = p_1 \pm p_2;$$

welche dieser beiden Gleichungen gilt, geht aus den Vorzeichen der Richtungscosinus hervor.

7. Ebenenbüschel, bestimmt durch zwei Ebenen.

Entsprechend § 28, 11. hat man: Zwei Ebenen

a) $$E_1 = A_1 x + B_1 y + C_1 z + D_1 = 0$$

b) $$E_2 = A_2 x + B_2 y + C_2 z + D_2 = 0$$

bestimmen ein Ebenenbüschel als Gesamtheit der Ebenen, die durch ihre Schnittlinie gehen. Alle diese Ebenen sind in der folgenden Gleichung enthalten:

c) $$E_1 + kE_2 = A_1 x + B_1 y + C_1 z + D_1 + k(A_2 x + B_2 y + C_2 z + D_2) = 0,$$

denn diese Gleichung, weil vom ersten Grade in $x/y/z$, stellt eine Ebene dar, und da sie durch jeden Punkt befriedigt wird, der a) und b) zugleich erfüllt, so enthält die Ebene die gemeinsamen Punkte der Ebenen E_1 und E_2, geht also durch deren Schnittlinie.

Bezeichnet man diese dritte Ebene mit E_k und ihre Gleichung mit $E_k = 0$, so hat man

$$E_k = E_1 + kE_2 = \frac{1}{k} E_1 + E_2 = 0$$

und erkennt daraus: Für $k = 0$ wird $E_k = E_1$, für $k = \infty$ wird $E_k = E_2$. Da nun k alle Werte von 0 bis $\pm\infty$ annehmen kann, so ist $E_k = E_1 + kE_2 = 0$ die Gleichung aller Ebenen durch die Schnittlinie von E_1 und E_2, d. h. die Gleichung des Ebenenbüschels mit E_1 und E_2 als Träger oder als Grundebenen.

8. Teilungsverhältnis im Ebenenbüschel.

Die beiden Grundebenen des Büschels seien in der Normalform gegeben:

a) $$N_1 = x \cos\alpha_1 + y \cos\beta_1 + z \cos\gamma_1 - p_1 = 0,$$

b) $$N_2 = x \cos\alpha_2 + y \cos\beta_2 + z \cos\gamma_2 - p_2 = 0;$$

die Gleichung des Büschels ist dann

c) $$N_k = N_1 + kN_2 = 0.$$

Die Grundebenen teilen den Raum in vier Winkelräume, die sich in zwei Paare gegenüberliegender Winkelräume unterscheiden lassen: Jenes Paar, dem der Ursprung des Koordinatensystems angehört, heiße der innere, das andere Paar der äußere Winkelraum. Dem inneren Winkelraum wenden beide Ebenen gleichbezeichnete, dem äußeren ungleichbezeichnete Seiten zu.

Ist N_k eine bestimmte Ebene des Büschels und $M(x/y/z)$ einer ihrer Punkte, der nicht zugleich N_1 und N_2 angehört, so haben nach 5. b) die Ausdrücke N_1, N_2, mit seinen Koordinaten geschrieben, die Bedeutung der Abstände d_1, d_2 des Punktes M von den Grundebenen des Büschels, es gilt also in Beziehung auf diesen Punkt die Gleichung

d) $$d_1 + k d_2 = 0 \quad \text{oder} \quad k = -\frac{d_1}{d_2};$$

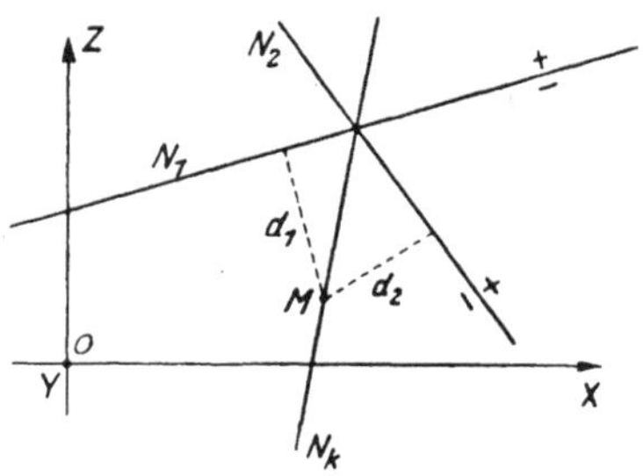

Bild 162

$\frac{d_1}{d_2}$ ist aber auch das Sinusverhältnis der Flächenwinkel, in welche die Ebene N_k den Flächenwinkel $(N_1 N_2)$ teilt, Bild 162, so daß also auch

e) $$k = -\frac{\sin(N_1 N_k)}{\sin(N_k N_2)}$$

gilt. Durchschneidet N_k den inneren Winkelraum, so sind d_1, d_2 gleich bezeichnet, k daher negativ; durchschneidet N_k den äußeren Winkelraum, so sind d_1, d_2 ungleich bezeichnet, k also positiv.

Sind insbesondere d_1, d_2 gleich lang, so halbiert die Ebene N_k den betreffenden Winkelraum und ist im inneren Raume durch $k = -1$ und im äußeren durch $k = 1$ gekennzeichnet, so daß die Gleichungen dieser zwei winkelhalbierenden Ebenen in gekürzter Schreibweise lauten:

f) $$N_1 - N_2 = 0 \quad \text{und} \quad N_1 + N_2 = 0.$$

Sind die Grundebenen in der allgemeinen Form gegeben

$$E_1 = A_1 x + B_1 y + C_1 z + D_1 = 0,$$
$$E_2 = A_2 x + B_2 y + C_2 z + D_2 = 0,$$

so ist nach dem Verwandlungssatz unter 2:

$$N_1 = \frac{E_1}{-\operatorname{sgn} D_1 \sqrt{A_1^2 + B_1^2 + C_1^2}} = 0,$$

$$N_2 = \frac{E_2}{-\operatorname{sgn} D_2 \sqrt{A_2^2 + B_2^2 + C_2^2}} = 0;$$

die Gleichung

$$E_k = E_1 + k E_2 = 0$$

schreibt sich nunmehr so:

$$E_k = -\operatorname{sgn} D_1 \cdot N_1 \sqrt{A_1^2 + B_1^2 + C_1^2} - k \operatorname{sgn} D_2 \cdot N_2 \sqrt{A_2^2 + B_2^2 + C_2^2} = 0$$

und man hat für k jetzt die folgende Gleichung:

$$k = -\frac{\operatorname{sgn} D_1 \sqrt{A_1^2 + B_1^2 + C_1^2}}{\operatorname{sgn} D_2 \sqrt{A_2^2 + B_2^2 + C_2^2}} \cdot \frac{\sin(E_1 E_k)}{\sin(E_k E_2)}.$$

Die Gleichungen der winkelhalbierenden Ebenen für den inneren bzw. äußeren Winkelraum lauten:

$$\frac{E_1}{-\operatorname{sgn} D_1 \sqrt{A_1^2 + B_1^2 + C_1^2}} \mp \frac{E_2}{-\operatorname{sgn} D_2 \sqrt{A_2^2 + B_2^2 + C_2^2}} = 0.$$

9. Die Gerade als Schnitt zweier Ebenen.

Der geometrischen Tatsache, daß zwei Ebenen sich in einer Geraden schneiden, entspricht die Aussage, daß zwei Gleichungen ersten Grades in $x/y/z$

a) $$\begin{cases} A_1 x + B_1 y + C_1 z + D_1 = 0 \\ A_2 x + B_2 y + C_2 z + D_2 = 0 \end{cases}$$

eine Gerade bestimmen. Jede der Gleichungen, für sich betrachtet, stellt eine Ebene dar, und indem man sie als gleichzeitig bestehend auffaßt, genügen ihnen die Koordinaten solcher und nur solcher Punkte, die beiden Ebenen angehören, also der Punkte einer Geraden.

Eliminiert man aus den Gleichungen a) zunächst y, indem man die erste mit B_2 und die zweite mit $-B_1$ multipliziert und beide Gleichungen addiert, so erhält man

$$(A_1 B_2 - A_2 B_1)\, x + (C_1 B_2 - C_2 B_1)\, z + (D_1 B_2 - D_2 B_1) = 0.$$

In dieser Gleichung ist $y = 0$, es genügen ihr also die Projektionen der Punkte der Geraden auf der xz-Ebene, folglich stellt sie diese Projektionen selbst dar. Ebenso erhält man durch Elimination von z die Gleichung der Projektionen der Geraden auf die xy-Ebene:

$$(A_1 C_2 - A_2 C_1)\, x + (B_1 C_2 - B_2 C_1)\, y + (D_1 C_2 - D_2 C_1) = 0.$$

Ist $B_1 C_2 - B_2 C_1 \neq 0$, so erscheinen die letzten beiden Gleichungen nach Division durch diesen Koeffizienten in der Form

b) $$\begin{cases} z = m_1 x + n_1, \\ y = m_2 x + n_2. \end{cases}$$

Ist hingegen $B_1 C_2 - B_2 C_1 = 0$, so ergeben beide Eliminationsprozesse ein und dieselbe Gleichung von der Form $x = n$, die Projektionen in der xz- und der xy-Ebene bedeuten also in beiden Fällen eine zur x-Echse rechtwinklige Gerade; die Gerade im Raume ist durch diese zwei gleichen Projektionen nicht bestimmt und es muß die dritte Projektion herangezogen werden, die sich durch Elimination von x aus a) ergibt.

Nach obigen Erklärungen findet man beispielsweise, daß das Ebenenpaar

$$\begin{aligned} 2x - 3y - 4z + 5 &= 0 \\ 3x + y \quad - 2z - 3 &= 0 \end{aligned}$$

eine Gerade mit den folgenden Projektionen

$$z = \frac{11}{10}x - \frac{2}{5} \quad \text{und} \quad y = -\frac{4}{5}x + \frac{11}{5}$$

darstellt, das Ebenenpaar

$$3x + 2y + 4z - 2 = 0$$
$$4x + 3y + 6z + 5 = 0$$

eine Gerade, deren Projektionen auf der xz- und xy-Ebene die Gleichung

$$x = 16,$$

auf der yz-Ebene die Gleichung

$$z = -\frac{1}{2}y - \frac{23}{2}$$

besitzt.

Fügt man zur allgemeinen Ebenengleichung $Ax + By + Cz + D = 0$ die Gleichung der xy-Ebene $z = 0$, so liegen die Punkte, deren Koordinaten beiden Gleichungen gleichzeitig genügen, auf der Schnittgeraden beider Ebenen. Diese Gerade ist die sog. Spur der Ebene in der xy-Ebene. Setzt man $z = 0$ in die Ebenengleichung ein, so ergibt sich die Gleichung der Spur, $Ax + By + D = 0$, auf die xy-Ebene bezogen. Ebenso erhält man die Spuren der Ebene in den anderen beiden Koordinatenebenen.

10. Geradenbündel und parametrische Gleichung der Geraden.

Ist $M_0\,(x_0/y_0/z_0)$ ein beliebiger Punkt der Geraden, die durch das Ebenenpaar

a) $$\begin{cases} A_1x + B_1y + C_1z + D_1 = 0 \\ A_2x + B_2y + C_2z + D_2 = 0 \end{cases}$$

bestimmt ist, so kann man dasselbe Ebenenpaar, nach 4. b), auch durch die Gleichungen

b) $$\begin{cases} A_1(x - x_0) + B_1(y - y_0) + C_1(z - z_0) = 0 \\ A_2(x - x_0) + B_2(y - y_0) + C_2(z - z_0) = 0 \end{cases}$$

darstellen. Diese Gleichungen aber bestimmen die Verhältnisse von $x - x_0$, $y - y_0$, $z - z_0$; es ist nach § 9, 6.:

$$\frac{x - x_0}{B_1C_2 - B_2C_1} = \frac{y - y_0}{C_1A_2 - C_2A_1} = \frac{z - z_0}{A_1B_2 - A_2B_1};$$

bezeichnet man die Nenner der Reihe nach mit p, q, r, so hat man in

c) $$\frac{x - x_0}{p} = \frac{y - y_0}{q} = \frac{z - z_0}{r}$$

eine weitere Darstellung der Geraden durch einen gegebenen Punkt; die Nenner p, q, r sind bestimmend für die Richtung der Geraden. Bei unbestimmten p, q, r ist c) die Gleichung aller Geraden durch den Punkt M_0, ihre Gesamtheit heißt ein Geradenbündel.

Um die Gerade

$$\begin{aligned} x + 3y - 2z - 7 &= 0 \\ 2x - 4y - 3z - 2 &= 0 \end{aligned}$$

in der Form c) darzustellen, muß man zuerst einen ihrer Punkte bestimmen; nimmt man x_0 beliebig an, etwa $x_0 = 0$, so hat man zur Berechnung von y_0 und z_0 die Gleichungen:

$$\begin{aligned} 3y_0 - 2z_0 - 7 &= 0, \\ 4y_0 + 3z_0 + 2 &= 0, \end{aligned}$$

aus denen sich $y_0 = 1$ und $z_0 = -2$ ergibt; die Nenner sind nach § 9, 6. die Determinanten zweiten Grades aus der Matrix

$$\begin{vmatrix} 1 & 3 & -2 \\ 2 & -4 & -3 \end{vmatrix}, \text{ also } \begin{vmatrix} 3 & -2 \\ -4 & -3 \end{vmatrix} = -17, \quad \begin{vmatrix} -2 & 1 \\ -3 & 2 \end{vmatrix} = -1, \quad \begin{vmatrix} 1 & 3 \\ 2 & -4 \end{vmatrix} = -10,$$

mithin lauten die Gleichungen:

$$\frac{x-0}{17} = \frac{y-1}{1} = \frac{z+2}{10}.$$

Die drei Quotienten der Gleichungen c) ändern ihren Wert mit $(x/y/z)$; bezeichnet man diesen gemeinsamen aber veränderlichen Wert mit u, so ergeben sich aus c) die Gleichungen

d) $$x = x_0 + pu, \qquad y = y_0 + qu, \qquad z = z_0 + ru;$$

sie heißen parametrische Gleichungen der Geraden, weil die Koordinaten als Funktionen des veränderlichen Parameters u erscheinen.

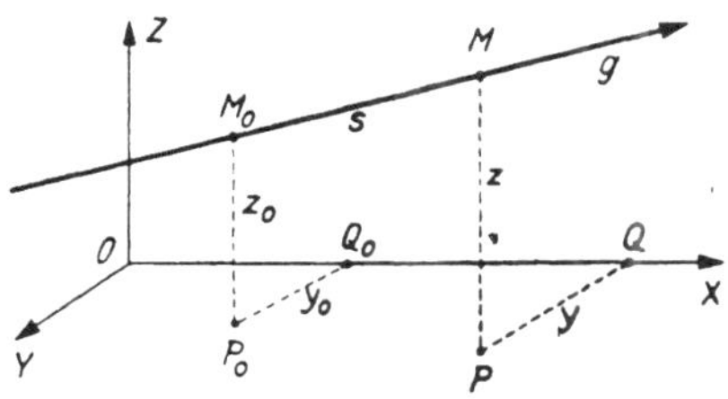

Bild 163

Eine andere parametrische Darstellung ergibt sich in folgender Weise. Bezeichnet man den veränderlichen Abstand des allgemeinen oder laufenden Punktes M, Bild 163, von dem festen Punkte M_0 mit s (wobei s positiv ist, wenn die Strecke M_0M mit der Geraden gleichgerichtet, negativ, wenn die Richtung umgekehrt ist), so ergeben sich durch Projektion der Strecke s auf die Koordinatenachsen die Beziehungen

$$x - x_0 = s \cos \alpha, \qquad y - y_0 = s \cos \beta, \qquad z - z_0 = s \cos \gamma;$$

dabei sind $\cos\alpha$, $\cos\beta$, $\cos\gamma$ die Richtungscosinus der gerichteten Geraden. Durch Transposition erhält man die parametrische Darstellung der Geraden:

e) $x = x_0 + s\cos\alpha, \qquad y = y_0 + s\cos\beta, \qquad z = z_0 + s\cos\gamma.$

Aus den beiden Darstellungen d) und e) ergibt sich

$$pu = s\cos\alpha, \qquad qu = s\cos\beta, \qquad ru = s\cos\gamma;$$

durch Quadrieren und Addieren dieser drei Ausdrücke erhält man zuerst

$$u^2(p^2 + q^2 + r^2) = s^2(\cos^2\alpha + \cos^2\beta + \cos^2\gamma) = s^2,$$

daraus

$$u = \frac{s}{\sqrt{p^2 + q^2 + r^2}}$$

und schließlich

f) $\cos\alpha = \dfrac{p}{\sqrt{p^2 + q^2 + r^2}}, \quad \cos\beta = \dfrac{q}{\sqrt{p^2 + q^2 + r^2}}, \quad \cos\gamma = \dfrac{r}{\sqrt{p^2 + q^2 + r^2}}.$

Hiermit sind die Richtungscosinus der durch die Gleichungen c) dargestellten ungerichteten Geraden bestimmt, solange man bezüglich des Wurzelzeichens keine Wahl trifft; entscheidet man sich für + oder —, so ist damit eine Richtung als die positive festgesetzt.

Als Beispiel diene der folgende Fall. In der Geraden

$$\frac{x - 2}{4} = \frac{y - 3}{5} = \frac{z + 1}{-3}$$

soll jene Richtung als die positive gelten, die mit der positiven z-Achse einen spitzen Winkel bildet; es sind die Richtungscosinus und ihre Richtungswinkel zu bestimmen.

Da nach dieser Festsetzung $\cos\gamma$ notwendig positiv sein muß, hat man die negative Wurzel, $-\sqrt{50} = -5\sqrt{2}$, zu nehmen; die Richtungscosinus sind also:

$$\cos\alpha = -\frac{4}{5\sqrt{2}}, \quad \cos\beta = -\frac{5}{5\sqrt{2}} = -\frac{1}{\sqrt{2}}, \quad \cos\gamma = \frac{3}{5\sqrt{2}};$$

die Winkel selbst sind

$$\alpha = 124^0 27' 00'', \qquad \beta = 135^0 00' 00'', \qquad \gamma = 64^0 53' 45''.$$

11. Gerade durch zwei Punkte.

Die Gleichungen der Geraden durch zwei gegebene Punkte M_1 $(x_1/y_1/z_1)$ und $M_2\,(x_2/y_2/z_2)$ erhält man wie folgt.

Das Geradenbündel durch M_1 ist nach 10. c) in

a) $$\frac{x - x_1}{p} = \frac{y - y_1}{q} = \frac{z - z_1}{r}$$

bei unbestimmten p, q, r dargestellt; diejenige unter den Geraden des Bündels, die durch M_2 geht, muß also die Bedingungen erfüllen:

b) $$\frac{x_2 - x_1}{p} = \frac{y_2 - y_1}{q} = \frac{z_2 - z_1}{r}.$$

Durch Division von a) und b) erhält man

c) $$\frac{x - x_1}{x_2 - x_1} = \frac{y - y_1}{y_2 - y_1} = \frac{z - z_1}{z_2 - z_1}$$

als Gleichungen der Geraden durch M_1 und M_2; ihre Richtungscosinus sind nach § 26, 9. e)

d) $$\cos\alpha = \frac{x_2 - x_1}{s}, \quad \cos\beta = \frac{y_2 - y_1}{s}, \quad \cos\gamma = \frac{z_2 - z_1}{s},$$

$$s = \sqrt{(x_2 - x_1)^2 + (y_2 - y_1)^2 + (z_2 - z_1)^2},$$

wobei man die Richtung durch Wahl des Wurzelvorzeichens, wie unter 10., festsetzen kann.

12. Schnittpunkt einer Geraden mit einer Ebene.

Dem Wesen nach läuft diese Aufgabe auf die Lösung dreier Gleichungen in $(x/y/z)$ hinaus: der Gleichung der Ebene und der beiden die Gerade darstellenden Gleichungen.

Die Lösung nimmt eine übersichtliche Gestalt an, wenn man die Geradengleichungen nach 10. auf die parametrische Form gebracht hat. Sind dann Ebene und Gerade gegeben durch

a) $$Ax + By + Cz + D = 0,$$

b) $$x = x_0 + pu, \qquad y = y_0 + qu, \qquad z = z_0 + ru,$$

so führt die Substitution von b) in a) auf die Gleichung

c) $$Ax_0 + By_0 + Cz_0 + D + (Ap + Bq + Cr)\,u = 0,$$

aus der sich der zum Schnittpunkt gehörige Parameterwert bestimmt. Die Bestimmung ist aber nur dann möglich, wenn $Ap + Bq + Cr \neq 0$, und zwar ist dann

d) $$u = -\frac{Ax_0 + By_0 + Cz_0 + D}{Ap + Bq + Cr};$$

durch Einsetzen dieses Wertes in b) ergeben sich die Koordinaten des Schnittpunktes. Ist jedoch

e) $$Ap + Bq + Cr = 0,$$

gleichzeitig aber $Ax_0 + By_0 + Cz_0 + D \neq 0$, so kann der Gleichung c) nur durch einen unendlichen Wert von u genügt werden, folglich ergeben sich dann auch für die Koordinaten des Schnittpunktes unendiche Werte. Man sagt die Gerade habe mit der Ebene einen unendich fernen Punkt gemein und bezeichnet sie als zur Ebene parallel.

Wenn schließlich neben e) auch

f) $$A x_0 + B y_0 + C z_0 + D = 0$$

ist, so wird c) durch jeden Wert u befriedigt, alle Punkte der Geraden gehören der Ebene an, die Gerade liegt in der Ebene. Die Beziehung e) zeigt also den Parallelismus an; f) für sich besagt, daß der Punkt $(x_0/y_0/z_0)$ der Geraden auch der Ebene angehört; beides zusammen bedeutet, daß die Gerade in der Ebene liegt.

13. Ebene durch eine Gerade und einen Punkt.

Von den unter 12. erkannten Bedingungen kann Gebrauch gemacht werden zur Lösung der Aufgabe: Die Gleichung der Ebene aufzustellen, welche durch die Gerade

a) $$\frac{x - x_0}{p} = \frac{y - y_0}{q} = \frac{z - z_0}{r}$$

und den Punkt $M_1 (x_1/y_1/z_1)$ geht.

Sieht man

b) $$A x + B y + C z + D = 0$$

als die Gleichung der gesuchten Ebene an, so müssen die Koeffizienten folgende Bedingungen erfüllen:

c) $$\begin{cases} A p + B q + C r = 0 \\ A x_0 + B y_0 + C z_0 + D = 0 \\ A x_1 + B y_1 + C z_1 + D = 0, \end{cases}$$

die beiden ersten verbürgen die Lage der Geraden in der Ebene, die letzte die Lage des Punktes M_1 in der Ebene.

Das gleichzeitige Bestehen der vier Gleichungen b) und c) verlangt, daß

d) $$\begin{vmatrix} x & y & z & 1 \\ p & q & r & 0 \\ x_0 & y_0 & z_0 & 1 \\ x_1 & y_1 & z_1 & 1 \end{vmatrix} = 0.$$

Diese Determinante stellt also die gesuchte Ebene dar.

Z. B. schreibt sich die Gleichung der Ebene durch

$$\frac{x - 2}{4} = \frac{3 (y - 4)}{5} = \frac{4 (z + 3)}{3} \quad \text{und} \quad M_1 (6 — 4/3)$$

nach (d) wie folgt:

$$\begin{vmatrix} x & y & z & 1 \\ 4 & \frac{5}{3} & \frac{3}{4} & 0 \\ 2 & 4 & -3 & 1 \\ 6 & -4 & 3 & 1 \end{vmatrix} = 0;$$

durch Subtraktion der dritten Zeile von der ersten und der vierten Zeile von der dritten, wird daraus

$$\begin{vmatrix} x-2 & y-4 & z+3 & 0 \\ 4 & \frac{5}{3} & \frac{3}{4} & 0 \\ -4 & 8 & -6 & 0 \\ 6 & -4 & 3 & 1 \end{vmatrix} = \begin{vmatrix} x-2 & y-4 & z-3 \\ 4 & \frac{5}{3} & \frac{3}{4} \\ -4 & 8 & -6 \end{vmatrix} = 0.$$

Die Determinante dritten Grades ergibt

$$(x-2)(-10-6) + (y-4)(-3+24) + (z+3)\left(32 + \frac{20}{3}\right) = 0$$

oder
$$-16(x-2) + 21(y-4) + \frac{116}{3}(z+3) = 0$$

und schließlich:

$$48x - 63y - 116z - 192 = 0.$$

14. Winkel einer Geraden mit einer Ebene.

Eine Ebene E und eine Gerade g seien durch die Gleichungen gegeben

a) $$Ax + By + Cz + D = 0$$

b) $$\frac{x-x_0}{p} = \frac{y-y_0}{q} = \frac{z-z_0}{r}.$$

Der hohle Winkel φ zwischen der gerichteten Geraden und der positiven Normale der Ebene ist spitz oder stumpf, je nachdem die positive Richtung der Geraden von der negativen Seite der Ebene zur positiven, wie im Bild 164, oder umgekehrt verläuft; das Komplement ε dieses Winkels, also

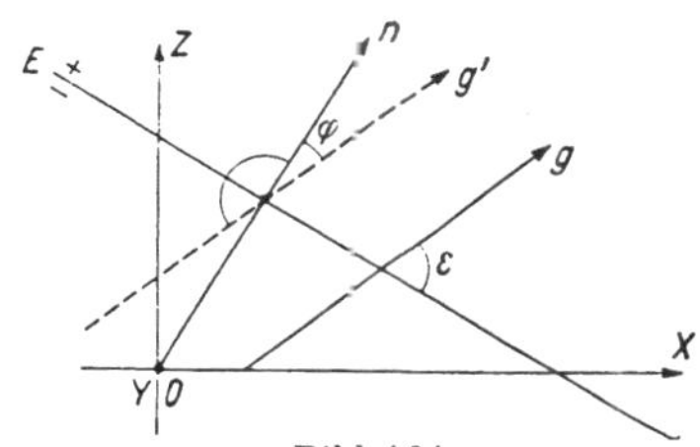

Bild 164

c) $$\varepsilon = 90^0 - \varphi$$

soll als Neigungswinkel der Geraden zur Ebene bezeichnet werden; ε ist der Größe nach spitz und sein Vorzeichen deutet die Richtung der Geraden zur Ebene an.

Die Richtungscosinus der Geraden sind nach 10. f)

$$\frac{p}{\sqrt{p^2+q^2+r^2}}, \quad \frac{q}{\sqrt{p^2+q^2+r^2}}, \quad \frac{r}{\sqrt{p^2+q^2+r^2}},$$

während die der positiven Normalen zur Ebene nach 2. die Ausdrücke haben

$$\frac{A}{-\operatorname{sgn} D\sqrt{A^2+B^2+C^2}}, \quad \frac{B}{-\operatorname{sgn} D\sqrt{A^2+B^2+C^2}},$$
$$\frac{C}{-\operatorname{sgn} D\sqrt{A^2+B^2+C^2}}.$$

Daraus erhält man nach 6. b)

$$\text{d)}\qquad \sin\varepsilon = \cos\varphi = \frac{Ap + Bq + Cr}{-\operatorname{sgn} D\sqrt{A^2 + B^2 + C^2}\sqrt{p^2 + q^2 + r^2}},$$

wobei man die Richtung der Geraden durch Wahl des zweiten Wurzelzeichens, wie unter 10., festsetzen kann.

Mit Bezug auf 6. c) folgt aus d) die Bedingung für den Parallelismus zwischen Gerade und Ebene ($\varphi = 90^0$, also $\varepsilon = 0$), d. h.

$$Ap + Bq + Cr = 0.$$

Mit Bezug auf 6. d) folgt aus d) die Bedingung für die Perpendikularität zwischen Gerade und Ebene ($\varphi = 0$, also $\varepsilon = 90^0$), d. h.

$$\frac{A}{p} = \frac{B}{q} = \frac{C}{r}.$$

Als Beispiel diene die folgende Aufgabe. Es ist der Winkel der Geraden

$$\frac{x}{-3} = \frac{y}{4} = \frac{z}{-5}$$

mit der Ebene $\qquad 2x - y - 6z + 3 = 0$

zu bestimmen, und zwar soll die positive Richtung der Geraden mit der positiven x-Achse einen spitzen Winkel bilden.

Der Bedingung gemäß ist das zweite Wurzelzeichen in d) negativ zu nehmen; man hat also

$$\sin\varepsilon = \frac{-6 - 4 + 30}{+\sqrt{(4 + 1 + 36)(9 + 16 + 25)}} = \frac{20}{5\sqrt{82}} = \frac{4}{\sqrt{82}}$$

und $\varepsilon = 26^0 12' 53''$. Da der Winkel positiv ist, so verläuft die Gerade von der negativen Seite der Ebene zur positiven.

15. Zwei Gerade im Raume.

Zwei Gerade im Raume haben im allgemeinen keinen Punkt miteinander gemein. Schneiden sich die Geraden in einem eigentlichen oder einem unendlich fernen Punkte, so bestimmen sie eine Ebene. Die Bedingungen für diese Sonderfälle erhält man wie folgt:

Die parametrischen Gleichungen zweier Geraden seien

$$\text{a)}\qquad x = x_1 + p_1 u \qquad y = y_1 + q_1 u \qquad z = z_1 + r_1 u$$
$$\text{b)}\qquad x = x_2 + p_2 u \qquad y = y_2 + q_2 u \qquad z = z_2 + r_2 u$$

Sie haben dann und nur dann einen gemeinsamen Punkt, wenn es Parameterwerte u_1 und u_2 gibt, welche in a) bzw. b) eingesetzt, zu denselben Werten $x/y/z$ führen. Subtrahiert man b) von a) nach Einsetzung von u_1 und u_2, so erhält man die Gleichungen

$$x_1 - x_2 + p_1 u_1 - p_2 u_2 = 0,$$
$$y_1 - y_2 + q_1 u_1 - q_2 u_2 = 0,$$
$$z_1 - z_2 + r_1 u_1 - r_2 u_2 = 0.$$

Die Bedingung für das gleichzeitige Bestehen dieser drei Gleichungen mit den beiden Unbekannten u_1 und u_2 ist nach § 9, 1.:

$$\text{c)} \qquad \begin{vmatrix} x_1 - x_2 & p_1 & -p_2 \\ y_1 - y_2 & q_1 & -q_2 \\ z_1 - z_2 & r_1 & -r_2 \end{vmatrix} = 0.$$

Diese Determinante ist zugleich die analytische Bedingung dafür, daß die beiden Geraden eine Ebene bestimmen.

Hierin ist sowohl der Fall des eigentlichen Schneidens als auch der des Parallelismus enthalten; der letztere tritt nach 10. f) dann ein, wenn

$$p_1 : q_1 : r_1 = p_2 : q_2 : r_2,$$

und bei diesem Verhältnis verschwindet die Determinante c) ohne Rücksicht auf die Werte der Elemente der ersten Kolonne (§ 8, 10.).

§ 32. Krumme Flächen

1. Einleitendes.

Die einzige krumme Fläche, die bisher in Betracht gezogen wurde, ist die Kugelfläche. Unter § 26, 9. b) wurde die Mittelpunktgleichung und unter § 27, 6. die allgemeine Gleichung der Kugel gegeben.

Eine Fläche ist geometrisch definiert, wenn ein Konstruktionsverfahren angegeben ist, durch das beliebig viele ihrer Punkte bestimmt werden können.

Bezieht man eine so definierte Fläche auf ein Koordinatensystem, so hat die Einheitlichkeit des Konstruktionsverfahrens zur Folge, daß zwischen den Koordinaten eines Punktes der Fläche eine für alle Punkte gleichlautende Gleichung besteht, die man als die Gleichung der Fläche bezeichnet.

Umgekehrt entspricht einer Gleichung zwischen den Veränderlichen x, y, z, wenn man sie in einem Koordinatensystem deutet, im allgemeinen eine Fläche, unter Umständen ein System von Flächen.

Diese letztere Aussage soll nun näher erörtert werden, wobei zugleich eine gebräuchliche kurze Schreibweise für Funktionen eingeführt werden möge. Es werden nämlich Funktionen einer Variablen x, wie

$$a x, \qquad a x^2 + 5, \qquad x^3 + a x^2 + b x + c,$$

allgemein durch $f(x)$ bezeichnet, wenn von den Beziehungen zwischen der Variablen x und den Konstanten abstrahiert werden soll, oder auch, wenn man diese Beziehungen vorderhand gar nicht kennt. Will man andeuten, daß es sich um drei verschiedene Funktionen von x handelt, so variiert man die Funktionsbezeichnung und schreibt etwa $f(x)$, $g(x)$, $h(x)$. Ebenso bedeuten $f(x, y)$, $F(x, y)$, $\varphi(x, y)$ verschiedene Funktionen der beiden Variablen x und y, sowie $F(x, y, z)$ eine beliebige Funktion dreier Variablen usw.

2. Flächengleichungen.

Enthält die in Rede stehende Flächengleichung nur eine der Koordinaten, lautet sie z. B.

a) $$F(x) = 0,$$

so liefert die Auflösung nach x eine oder mehrere Gleichungen von der Form

$$x = \alpha,$$

wobei nur relle Lösungen in Betracht gezogen werden sollen; das Gebilde aber, dessen sämtliche Punkte ein und dasselbe x haben, ist eine zur x-Achse senkrechte Ebene; sind mehrere Lösungen vorhanden, so bestimmen sie ebenso viele Ebenen dieser Art.

Enthält die Gleichung zwei Koordinaten, lautet sie z. B.

b) $$F(x, y) = 0,$$

so bestimmt sie, auf die xy-Ebene bezogen, eine Linie; es genügen ihr aber, da sie z nicht enthält, auch alle Punkte des Raumes, die sich in Punkte dieser Linie projizieren; der Ort solcher Punkte ist eine Zylinderfläche, welche die erwähnte Linie zur Leitlinie hat und deren Mantellinien der z-Achse parallel sind, Bild 165.

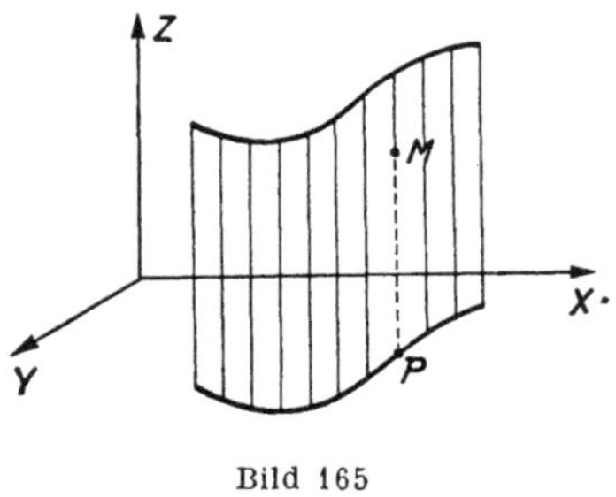

Bild 165

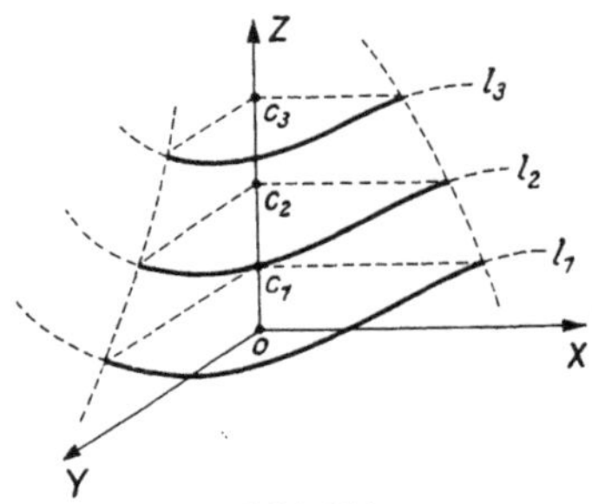

Bild 166

Sind alle drei Koordinaten in der Gleichung enthalten, hat sie also die Form

c) $$F(x, y, z) = 0,$$

so stelle man folgende Betrachtung an. Punkte des Raumes, deren $z = c_1$ ist und die zugleich der Gleichung

$$F(x, y, c_1) = 0$$

genügen, liegen auf einer Linie l_1, die sich in der zur xy-Ebene parallel gedachten Ebene im Abstande c_1 befindet, Bild 166; ebenso führt die Annahme $z = c_2$ zu einer Linie l_2, deren x, y der Gleichung

$$F(x, y, c_2) = 0$$

genügen; zu einer dritten solchen Linie l_3 gelangt man durch die Annahme $z = c_3$ usw. Die Punkte aller dieser Linien entsprechen der

Gleichung c). Stellt man sich nun vor, daß statt des sprungweisen Übergangs von einem z-Werte zum andern eine kontinuierliche Änderung erfolgt, so folgen auch die Linien l kontinuierlich aufeinander und beschreiben so eine Fläche, deren Punkte der Gleichung c) genügen.

Diese Betrachtung gibt zugleich einen Weg an, wie man sich eine Vorstellung von der Gestalt einer Fläche verschaffen kann, deren Gleichung gegeben ist.

Ist nun die Gleichung $F(x, y, z) = 0$ in bezug auf die Koordinaten vom $n$ten Grade, so wird die zugehörige Fläche eine Fläche $n$ten Grades genannt. So ist z. B. auf Grund ihrer Gleichungen, unter § 27, 6., die Kugel als Fläche zweiten Grades zu bezeichnen.

3. Krumme Linien im Raume.

Eine Linie im Raume erscheint häufig und kann immer aufgefaßt werden als Schnittlinie zweier Flächen. Ihre analytische Darstellung besteht daher in zwei gleichzeitig gültigen Gleichungen zwischen den Koordinaten, hat also im allgemeinen die Form

a) $$\begin{cases} F(x, y, z) = 0, \\ G(x, y, z) = 0. \end{cases}$$

Eliminiert man eine der Koordinaten, beispielsweise z, so bestimmt die resultierende Gleichung

b) $$\varphi(x, y) = 0$$

die Projektion der Linie a) auf der xy-Ebene.

Da nun zwei Projektionen im allgemeinen ein Gebilde im Raume bestimmen, so sind zwei derartige Eliminationsresultate, etwa

c) $$\begin{cases} \varphi(x, y) = 0 \\ \psi(y, z) = 0 \end{cases}$$

im allgemeinen geeignet, die Linie im Raume zu beschreiben.

Die Gleichungen c) lassen noch eine andere Auffassung zu. Nach den Erklärungen unter 2. stellt jede derselben eine Zylinderfläche dar, die erste eine solche parallel zur z-Achse, die zweite parallel zur x-Achse, und die Linie im Raume erscheint als Durchschnitt beider. Es ist aber zu beachten, daß die beiden Zylinderflächen, zu denen die Linie im Raume geführt hat, außer ihr noch eine andere Linie gemein haben können; so schneiden sich z. B. die

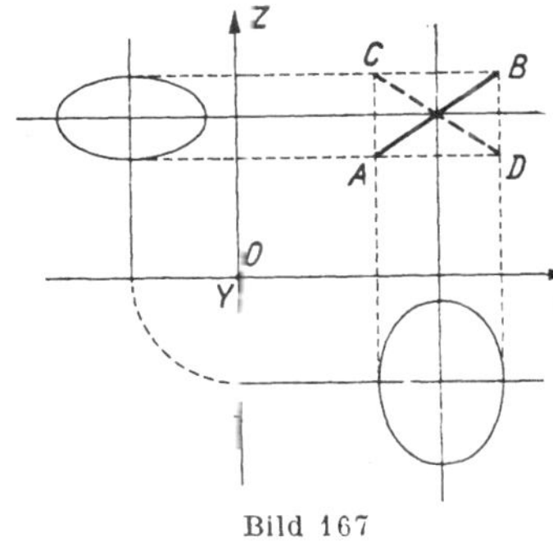

Bild 167

beiden projizierenden Zylinder, Bild 167, die man durch einen Kreis AB im Raume parallel den genannten Achsen legt, auch in dem Kreis CD, und es bedarf einer weiteren Angabe, wenn man den Kreis AB allein zur analytischen Darstellung bringen will.

Für die Untersuchung von Flächen sind deren ebene Schnitte von besonderer Wichtigkeit. Hier sollen zunächst nur die Schnitte mit den Koordinatenebenen betrachtet werden. Man erhält sie, indem man die Gleichung der Fläche, $F(x, y, z) = 0$, der Reihe nach mit $x = 0$, $y = 0$, $z = 0$ verbindet. Ist die Gleichung $F(x, y, z) = 0$ vom $n$ten Grade, so werden es im allgemeinen auch die Gleichungen sein:

$$\text{d)} \qquad \begin{aligned} F(0, y, z) &= 0, \\ F(x, 0, z) &= 0, \\ F(x, y, 0) &= 0, \end{aligned}$$

es gilt also der Satz: Eine Fläche $n$ten Grades schneidet die Koordinatenebenen im allgemeinen nach Linien $n$ten Grades. Die einfachsten Beispiele dafür sind Ebene und Gerade (§ 31, 9.) sowie Kugel und Kreis (§ 27, 6.).

In speziellen Fällen ist es vorteilhaft, eine Linie unmittelbar als Bahn eines sich im Raum bewegenden Punktes aufzufassen. So kann z. B. die zylindrische Schraubenlinie durch einen Punkt erzeugt werden, der gleichförmig eine Kreislinie durchläuft, während sich diese in einer Richtung, die zu ihrer Ebene rechtwinklig ist, gleichförmig fortbewegt, also den Mantel eines geraden Kreiszylinders beschreibt.

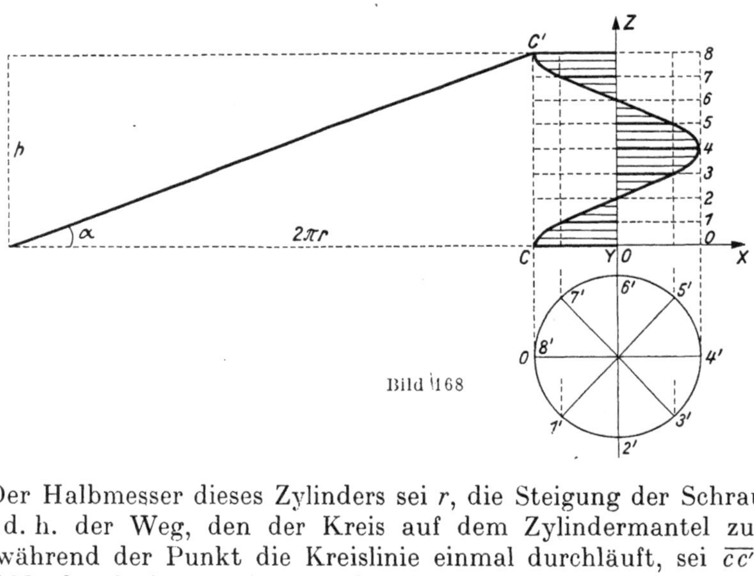

Bild 168

Der Halbmesser dieses Zylinders sei r, die Steigung der Schraubenlinie, d. h. der Weg, den der Kreis auf dem Zylindermantel zurücklegt, während der Punkt die Kreislinie einmal durchläuft, sei $\overline{CC'} = h$, Bild 168, der Steigungswinkel α der Schraubenlinie ist gegeben durch

$$\tan\alpha = \frac{h}{2\pi r} = m.$$

Die z-Achse sei die Achse des Zylinders; die x-Achse schneide die Schraubenlinie im Punkte c. Bezeichnet man den Winkel, den die Projektion des Radiusvektors r auf die xy-Ebene mit der x-Achse bildet, durch φ, so sind die Gleichungen der Schraubenlinie:

e) $$x = r\cos\varphi, \qquad y = r\sin\varphi, \qquad z = mr\varphi = \frac{h\varphi}{2\pi},$$

oder mit Elimination des Parameters φ

f) $$x = r\cos\frac{z}{mr}, \qquad y = r\sin\frac{z}{mr}.$$

Die Konstruktion der Schraubenlinie ist aus dem Bild ersichtlich. Die Schraubenfläche oder Wendelfläche, welche vom Radiusvektor zugleich erzeugt wird, ist in dem Bild durch volle Linien markiert. Die linke Seite des Bildes zeigt die Abwicklung der Zylinderfläche mit der Schraubenlinie.

4. Rotationsflächen.

Eine Rotationsfläche entsteht durch Rotation einer Linie um eine feste Achse, die Rotationsachse. Jeder Punkt der erzeugenden Linie beschreibt dabei einen Kreis, dessen Ebene zur Rotationsachse rechtwinklig ist, und dessen Mittelpunkt in dieser Achse liegt; diese Kreise heißen Parallelkreise.

Jede von der Rotationsachse ausgehende Halbebene schneidet die Rotationsfläche nach einer Linie, die man als Meridian bezeichnet, und da nach der Entstehungsweise der Fläche alle Meridiane kongruent sein müssen, so kann die Fläche auch durch Umdrehung eines Meridians erzeugt werden; meistens, aber nicht immer, ist dies die einfachste Weise der Erzeugung.

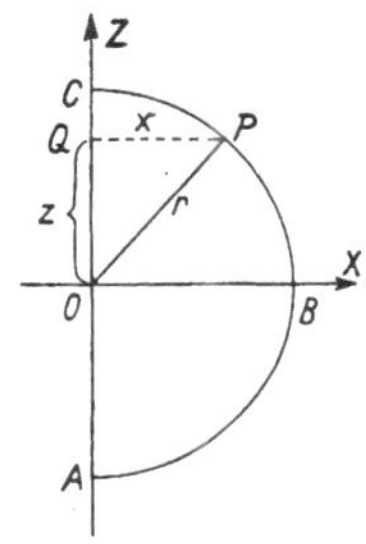

Bild 169

Die Mittelpunktgleichung eines Kreises in der xz-Ebene ist

a) $$x^2 + z^2 = r^2,$$

Bild 169. Rotiert der Halbkreis ABC um die z-Achse, so beschreiben seine Punkte Parallelkreise von der Gleichung

$$x'^2 + y'^2 = \overline{PQ}^2 = x^2.$$

Setzt man diesen Wert von x^2, mit gleichzeitiger Unterdrückung der Akzente, in a) ein, so ergibt sich die Mittelpunktgleichung der Kugel

b) $$x^2 + y^2 + z^2 = r^2;$$

das x der xz-Ebene wird also bei der Umdrehung um die z-Achse zum variablen Rotationsradius $\sqrt{x^2 + y^2}$ in den Ebenen der Parallelkreise. Es gilt daher die Regel: Um die Gleichung der durch Umdrehung einer Linie um die z-Achse erzeugten Rotationsfläche zu erhalten, hat man in der Gleichung der Erzeugenden x durch $\sqrt{x^2 + y^2}$ zu ersetzen.

Die Gleichung der Erzeugenden $0A$, Bild 170, ist

$$\frac{x}{a} = \frac{z}{c};$$

ersetzt man darin nach obiger Regel das x der xz-Eebene durch den Radius $\sqrt{x^2 + y^2}$ der Parallelkreise und quadriert, so erhält man

c) $$\frac{x^2 + y^2}{a^2} = \frac{z^2}{c^2},$$

die Gleichung der Kegelfläche, deren Achse die z-Achse und deren Scheitel der Ursprung ist.

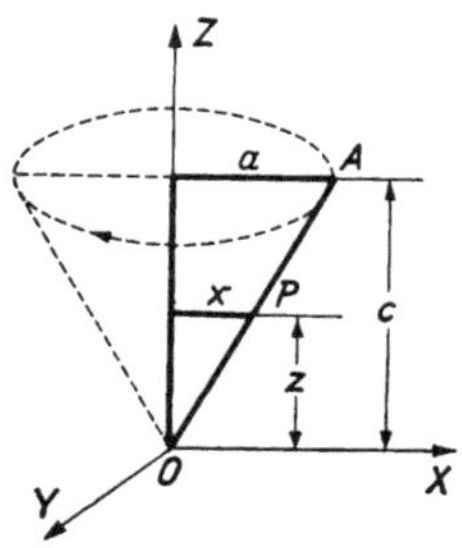

Bild 170

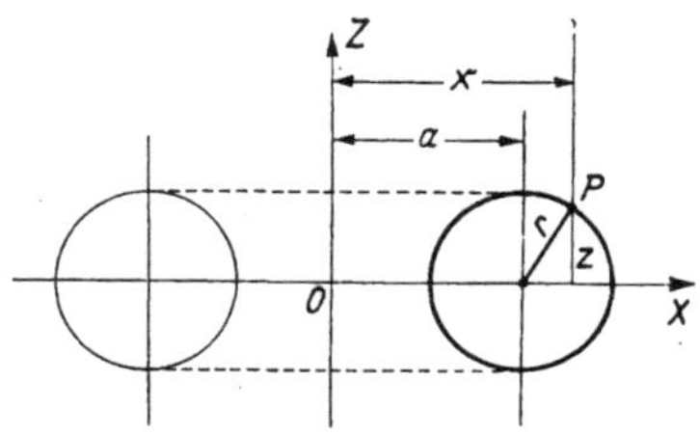

Bild 171

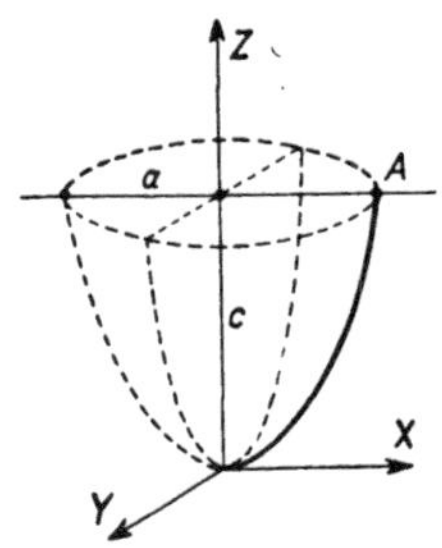

Bild 172

Durch Rotation des Kreises

$$(x - a)^2 + z^2 = r^2,$$

Bild 171, um die z-Achse entsteht die als Torus benannte Fläche vierten Grades; ihre Gleichung nach obiger Regel ist

d) $$(\sqrt{x^2 + y^2} - a)^2 + z^2 = r^2,$$

oder $$(x^2 + y^2 + z^2 + a^2 - r^2)^2 = 4a^2 (x^2 + y^2).$$

Durch Umdrehung der Parabel $x^2 = 2\,pz$ um die z-Achse, Bild 172, entsteht das Rotationsparaboloid; seine Gleichung nach obiger Regel ist

e) $$x^2 + y^2 = 2\,pz.$$

Ebenso erhält man durch Umdrehung der Ellipse $\frac{x^2}{a^2} + \frac{z^2}{c^2} = 1$ um die z-Achse das Rotationsellipsoid; seine Gleichung nach obiger Regel ist

f) $$\frac{x^2 + y^2}{a^2} + \frac{z^2}{c^2} = 1.$$

Man unterscheidet die Ellipsoide in **oblonge** (wenn $c > a$) und **abgeplattete** (wenn $c < a$); letztere nennt man auch **Sphäroide**.

Durch Umdrehung der Hyperbel $\frac{x^2}{a^2} - \frac{z^2}{c^2} = 1$ um die z-Achse, also um die Nebenachse, entsteht das einmantelige oder **einschalige Rotationshyperboloid**:

g) $$\frac{x^2 + y^2}{a^2} - \frac{z^2}{c^2} = 1.$$

Durch Umdrehung der Hyperbel $\frac{x^2}{a^2} - \frac{z^2}{c^2} = 1$ um die x-Achse, also um die Hauptachse, entsteht das zweimantelige oder **zweischalige Rotationshyperboloid**:

h) $$\frac{x^2}{a^2} - \frac{y^2 + z^2}{c^2} = 1,$$

denn hier muß man, nach dem Sinne der obigen Regel, z durch $\sqrt{z^2 + y^2}$ ersetzen.

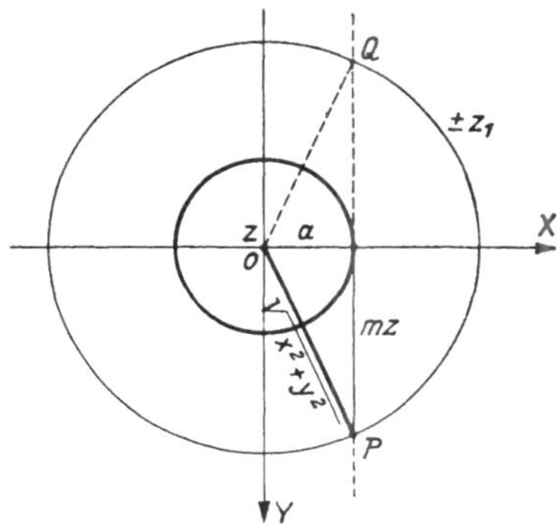

Bild 173

Das einschalige Rotationshyperboloid kann auch durch die Umdrehung einer Geraden erzeugt werden, welche im Abstande a vom Ursprung die x-Achse rechtwinklig schneidet und mit der xz-Ebene einen Winkel bildet, dessen Tangens gleich m ist. Die Gleichung einer solchen Geraden ist gegeben durch die beiden Ebenengleichungen

$$x = a \quad \text{und} \quad y = mz$$

(§ 31, 9.). Bild 173 zeigt den Rotationskreis vom Radius a in der xy-Ebene, den Parallelkreis durch einen Punkt P der Rotationsfläche und die Erzeugende durch P. Die Gleichung der Rotationsfläche läßt sich hiernach ohne weiteres niederschreiben und lautet

i) $$x^2 + y^2 - m^2 z^2 = a^2.$$

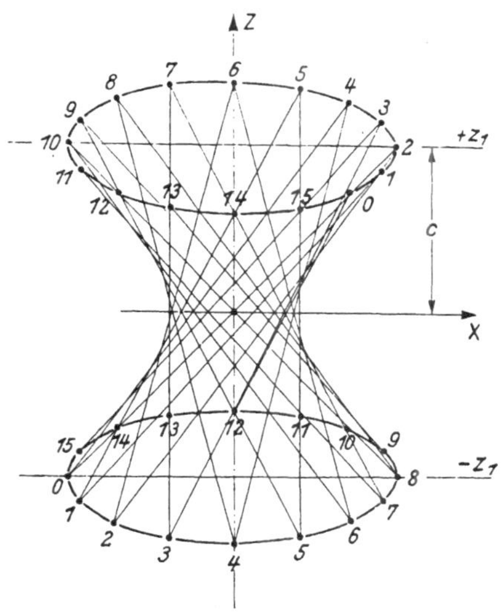

Bild 174

Da sich diese Gleichung nicht ändert, wenn man m durch $-m$ ersetzt, so enthält die erzeugte Fläche zwei Scharen von Geraden, denn die Erzeugende kann auch

$$x = a \quad \text{und} \quad y = -mz$$

sein. Bild 174 veranschaulicht die Konstruktion der Fläche: Teilt man zwei Parallelkreise, $+z_1$ und $-z_1$, in die gleiche Anzahl gleicher Teile, numeriert die Teilpunkte fortlaufend, aber dreht die Numerierung des einen Kreises gegen die andere, entsprechend dem Winkel $P0Q$, Bild 173, so gehören die Geraden 0/0, 1/1, 2/2 ... zu einer Geradenschar, die Geraden 8/12, 7/11, 6/10 ... (Bild 174) zu der andern.

Aus i) ergibt sich, mit $y = 0$, die Gleichung

$$x^2 - m^2 z^2 = a^2 \quad \text{oder} \quad \frac{x^2}{a^2} - \frac{m^2 z^2}{a^2} = 1,$$

der in der xz-Ebene befindlichen Meridiane, die somit die beiden Äste einer Hyperbel bilden, deren Hauptachse $2a$ in der x-Achse liegt. Die letzte Gleichung geht durch die Substitution $\frac{a}{c} = m$ in die zur Ableitung von g) gebrauchte Gleichung über:

$$\frac{x^2}{a^2} - \frac{z^2}{c^2} = 1.$$

Flächen, die sich durch Bewegung einer Geraden erzeugen lassen, nennt man **Regelflächen**, das einschalige Rotationshyperboloid gehört also zu diesen.

5. Affine Transformationen.

Unter § 26, 4, d) wurde die Ellipse aus dem Kreis bestimmt durch Verkürzung der Kreisordinaten im Verhältnis $b : a$, man nennt das eine **affine Transformation**. Die x-Achse, Bild 105, wird dabei als Affinitätsachse, die y-Achse als Affinitätsrichtung, $b : a$ als Affinitätsverhältnis bezeichnet.

Alle Punkte in der Affinitätsachse bleiben bei dieser Transformation unverändert; eine gerade Linie bleibt gerade und schneidet sich mit der ursprünglichen in der Affinitätsachse (§ 29, 10., Bild 152).

Bei affinen Transformationen von Raumgebilden hat man anstatt der Affinitätsachse der Ebene die **Affinitätsebene** des Raumes; alle Punkte in der Affinitätsebene bleiben bei der Transformation unverändert; gerade Linien gehen wieder in gerade Linien über und Ebenen wieder in Ebenen, und es schneiden sich Gerade sowohl wie Ebenen mit den entsprechenden des ursprünglichen Gebildes in der Affinitätsebene.

Aus der Kugel

$$x^2 + y^2 + z^2 = a^2$$

erhält man, wenn man auf sie die affine Transformation bezüglich der xy-Ebene mit dem Affinitätsverhältnis $k = \frac{c}{a}$ anwendet, zuerst

$$x^2 + y^2 + \frac{z^2}{k^2} = a^2 \quad \text{oder} \quad x^2 + y^2 + \frac{a^2 z^2}{c^2} = a^2$$

und durch Division mit a^2 die Gleichung des Rotationsellipsoids 4. f)

$$\frac{x^2+y^2}{a^2}+\frac{z^2}{c^2}=1.$$

Wird auf dies Rotationsellipsoid nochmals affine Transformation in bezug auf die xz-Ebene, mit dem Affinitätsverhältnis $k' = \frac{b}{a}$ angewendet, so entsteht das allgemeine oder dreiachsige Ellipsoid:

a) $$\frac{x^2}{a^2}+\frac{y^2}{b^2}+\frac{z^2}{c^2}=1.$$

Wendet man auf das einschalige Rotationshyperboloid 4. g), Bild 174,

$$\frac{x^2+y^2}{a^2}-\frac{z^2}{c^2}=1$$

affine Transformation in bezug auf die xz-Ebene an, mit $k = \frac{b}{a}$, so entsteht das allgemeine einschalige Hyperboloid:

b) $$\frac{x^2}{a^2}+\frac{y^2}{b^2}-\frac{z^2}{c^2}=1.$$

Ebenso entsteht aus dem zweischaligen Rotationshyperboloid 4. h)

$$\frac{x^2}{a^2}-\frac{y^2+z^2}{c^2}=1$$

durch affine Transformation in bezug auf die xz-Ebene, mit $k = \frac{b}{c}$, das allgemeine zweischalige Hyperboloid:

c) $$\frac{x^2}{a^2}-\frac{y^2}{b^2}-\frac{z^2}{c^2}=1.$$

Aus dem Rotationsparaboloid 4. e), Bild 172,

$$x^2+y^2=2\,p\,z$$

entsteht durch affine Transformation in bezug auf die xz-Ebene, mit $k = \frac{b}{a}$, zuerst

$$x^2+\frac{a^2}{b^2}\,y^2=2\,p\,z \quad\text{oder}\quad \frac{x^2}{a^2}+\frac{y^2}{b^2}=\frac{2\,p\,z}{a^2},$$

setzt man darin $\frac{a^2}{p}=c$, so erhält man die gebräuchliche Gleichung des elliptischen Paraboloids:

d) $$\frac{x^2}{a^2}+\frac{y^2}{b^2}=\frac{2\,z}{c}.$$

Durch affine Transformation des Kreiskegels 4. c)

$$\frac{x^2+y^2}{a^2}=\frac{z^2}{c^2}$$

bezüglich der xz-Ebene, mit $k = \frac{b}{a}$, ergibt sich der allgemeine Kegel zweiten Grades:

e) $$\frac{x^2}{a^2} + \frac{y^2}{b^2} = \frac{z^2}{c^2}.$$

Die Zylinder zweiten Grades, mit zur z-Achse parallelen Mantellinien, sind in den Gleichungen der vier Linien zweiten Grades, bezogen auf die xy-Ebene, enthalten, ihre Gleichungen sind also

f) $$x^2 + y^2 = a^2, \quad \frac{x^2}{a^2} + \frac{y^2}{b^2} = 1, \quad \frac{x^2}{a^2} - \frac{y^2}{b^2} = 1, \quad y^2 = 2px.$$

Die Gleichungen a) bis f) beziehen sich jedesmal auf ein rechtwinkliges Koordinatensystem, das den Symmetrieverhältnissen der betreffenden Fläche angepaßt ist und daher zu besonders einfachen Gleichungsformen führt. Ändert man die Lage des Gebildes im Koordinatensystem, so kompliziert sich die Gleichung, ohne jedoch ihren Grad zu ändern.

6. Konoidflächen.

Die Bewegungen der Geraden, durch welche Kegel- und Zylinderflächen erzeugt werden, sind dadurch gekennzeichnet, daß jede zwei Lagen der Geraden einen festen Punkt miteinander gemein haben; bei Erzeugung einer Kegelfläche liegt dieser Punkt im Endlichen, und die Bewegung ist eine drehende; bei Erzeugung einer Zylinderfläche liegt er im Unendlichen, und die Bewegung ist eine fortschreitende. Bei der drehenden Bewegung beschreiben die einzelnen Punkte der Geraden ähnliche, bei der fortschreitenden Bewegung kongruente Bahnen.

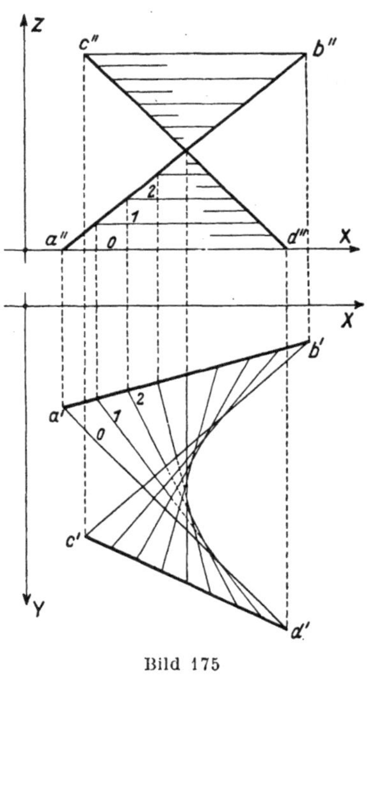

Bild 175

Eine Bewegung der Geraden, bei der zwei beliebige Lagen keinen gemeinsamen Punkt besitzen, wird eine schraubende Bewegung genannt; eine solche Bewegung kann als Zusammensetzung der drehenden mit der fortschreitenden Bewegung aufgefaßt werden. Sind nämlich g_1 und g_2 zwei beliebige Lagen der Geraden, so kann man g_1 in g_2 dadurch überführen, daß man mit g_1 zuerst eine Parallelverschiebung vornimmt, bis sie mit g_2 einen Punkt gemein hat und sodann durch eine Drehung um diesen Punkt in die Lage von g_2 gelangt. Diese schraubende Bewegung findet statt bei Erzeugung von Konoidflächen, welche entstehen, wenn eine Gerade längs einer Geraden und irgendeiner zweiten Leitlinie sich bewegt und einer festen Ebene, der Richtebene, parallel bleibt.

Wenn die gerade Leitlinie zur Richtebene rechtwinklig ist, so heißt das Konoid ein gerades, sonst ein schiefes. Bild 175 zeigt die Projektionen eines schiefen Konoids in der xz- und der xy-Ebene; beide Leitlinien, ab und cd, sind Gerade, und die Erzeugende bleibt der xy-Ebene parallel.

Ein anderes Beispiel: Ein gerades Konoid habe die z-Achse zur geraden Leitlinie, und die Erzeugende bewege sich so, daß die fortschreitende und die drehende Bewegung gleichförmig und beständig in demselben Sinne erfolgen. Die durch diese regelmäßige Schraubenbewegung erzeugte Fläche wird gerades Schraubenkonoid, gerade Schraubenfläche oder Wendelfläche genannt. Die Schnittlinie der geraden Schraubenfläche mit einem um ihre Achse gelegten Kreiszylinder heißt Schraubenlinie oder Helix (3. Bild 168).

7. Hyperbolisches Paraboloid.

Es soll die Gleichung eines geraden Konoids bestimmt werden, dessen gerade Leitlinie die x-Achse, dessen zweite Leitlinie ebenfalls eine Gerade ist, welche die y-Achse im Abstande b vom Ursprung rechtwinklig schneidet und dessen Richtebene die yz-Ebene ist.

Die Erzeugende sowohl als die zweite Leitlinie sind gegeben durch den Schnitt zweier Ebenen (§ 31, 9.).

Aus den Gleichungen der Erzeugenden

a) $$x = u, \qquad z = v y$$

und den Gleichungen der zweiten Leitlinie

b) $$y = b, \qquad x = m z,$$

erhält man durch Elimination von x, y, z die Bedingungsgleichung zwischen den Parametern u und v:

c) $$u = m b v.$$

Durch Verbindung mit a) ergibt sich hieraus die Gleichung des Konoids:

d) $$x = m b \frac{z}{y}.$$

Man kann nun diese Gleichung auch

d′) $$y = m b \frac{z}{x}$$

schreiben, d. h. dasselbe Konoid wird auch dadurch erzeugt, daß die y-Achse als gerade Leitlinie, die xz-Ebene als Richtebene und die Gerade

$$x = b, \qquad y = mz,$$

als zweite Leitlinie verwendet wird.

Es enthält also die, durch eine der Gleichungen d), d') oder durch die entsprechende Gleichung

e) $$xy = mbz$$

dargestellte Fläche zwei Scharen von Geraden, die eine parallel der yz-, die andere parallel der xz-Ebene. Man nennt sie ein **hyperbolisches Paraboloid**, weil sie durch Ebenen nach Hyperbeln und Parabeln geschnitten wird.

Verbindet man nämlich die Gleichung e) mit der allgemeinen Gleichung der Ebene

f) $$Ax + By + Cz + D = 0$$

und eliminiert eine der Variablen x, y, beispielsweise y, so ergibt sich (mit $mbB = E$) die Gleichung

g) $$Ax^2 + Cxz + Dx + Ez = 0$$

als Gleichung der Projektion des Schnittes von e) mit f) auf der xz-Ebene. Diese Gleichung ist aber, nach dem Kriterium 4. g) § 30, die einer Parabel, wenn $C = 0$, sonst die einer Hyperbel. Enthält der Schnitt eine Lage der Erzeugenden, so ergibt sich als Grenzfall eine Gerade.

Die Gleichung e) soll jetzt transformiert werden, um ihr die Form des Rotationsparaboloids zu geben. Dreht man das Koordinatensystem zu diesem Zwecke um 45^0 um die z-Achse, so lautet die zugehörige Substitution nach § 27, 3. a):

$$x = \frac{x' - y'}{\sqrt{2}}, \qquad y = \frac{x' + y'}{\sqrt{2}}, \qquad z = z';$$

die Gleichung e) verwandelt sich hiernach, wenn man noch $mb = p$ setzt und den Akzent fortläßt, in

h) $$x^2 - y^2 = 2pz,$$

hat also die Form von 4. e). Man nennt die durch diese Gleichung dargestellte Fläche **das gleichseitige hyperbolische Paraboloid**. Seine Richtebenen, weil um 45^0 gedreht, sind $y = x$ und $y = -x$ (denn $\tan 45^0 = \pm 1$) und sind rechtwinklig zueinander.

Unterwirft man schließlich diese Fläche einer affinen Transformation, bezüglich der xz-Ebene, mit dem Verhältnis $k = \frac{b}{a}$ und setzt zugleich $\frac{a^2}{p} = c$, so entsteht die Gleichung

i) $$\frac{x^2}{a^2} - \frac{y^2}{b^2} = \frac{2z}{c},$$

welche die Form des elliptischen Paraboloids 5. d) hat und **das allgemeine hyperbolische Paraboloid** darstellt. Da bei affiner

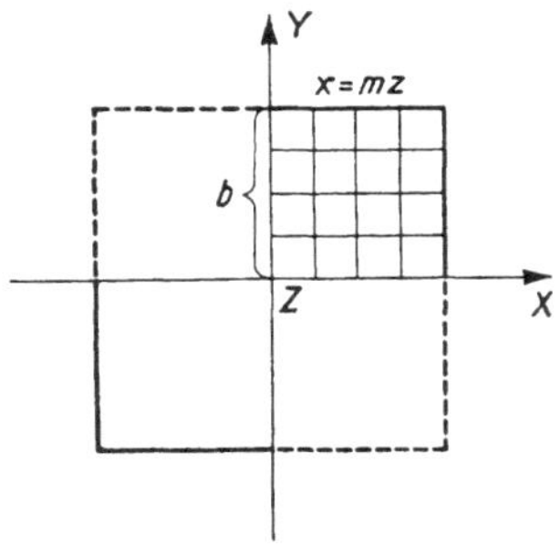

Bild 176

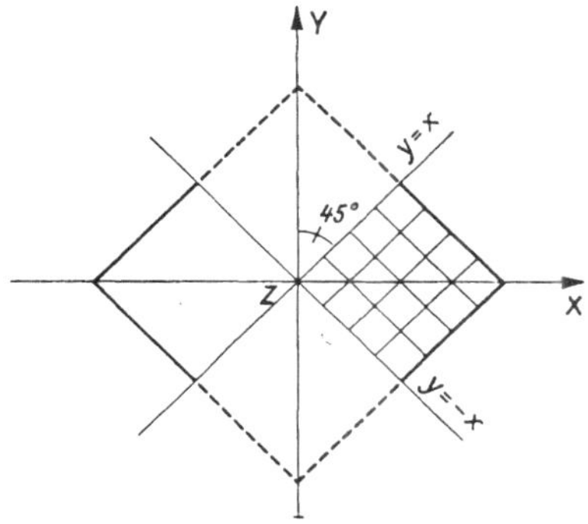

Bild 177

Transformation Gerade wieder in Gerade übergehen, so enthält auch diese Fläche zwei Scharen von Geraden und ist ein schiefes Konoid mit den Richtebenen $y = \frac{b}{a}\,x$ und $y = -\frac{b}{a}\,x$.

Bild 176 ist die Projektion in der xy-Ebene von einem begrenzten Teil des Konoids, mit Erzeugenden beider Richtungen; Bild 177 illu-

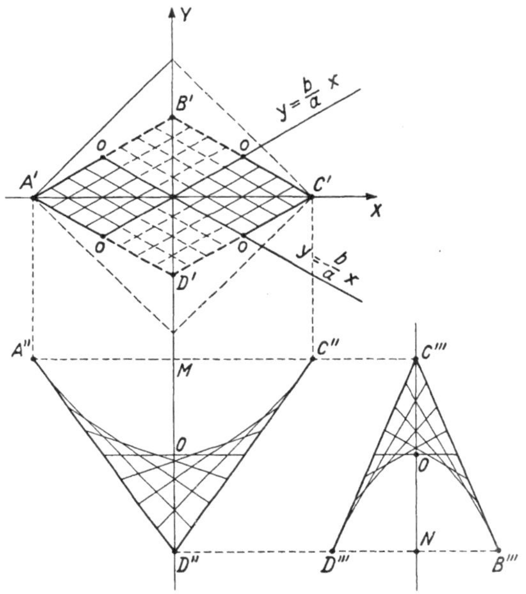

Bild 178

striert die erste Transformation und Bild 178 die affine Transformation; dieses Bild zeigt ferner die Projektionen der Erzeugenden auf die xz-

und die yz-Ebene, woraus die sattelförmige Gestalt der Fläche klar zu erkennen ist.

In Bild 175 wurde ein anderes Konoid in zwei Projektionen dargestellt, wobei sich die Erzeugenden in der unteren Projektion als Höhenschichtlinien in bezug auf die xy-Ebene betrachten lassen.

In Bild 179 ist ein begrenztes Viertel der durch Gleichung e) dargestellten Fläche in Höhenschichtlinien bezüglich der xy-Ebene ge-

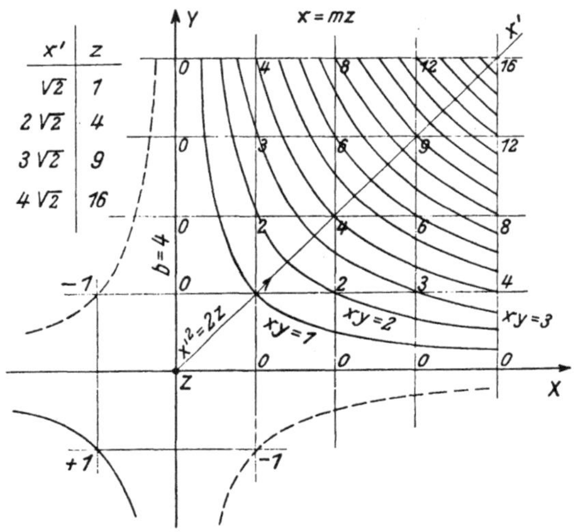

Bild 179

geben. Führt man Zahlenwerte ein, wählt etwa $b = 4$ Meter und die Richtungskonstante $m = \frac{1}{4}$, so ist der höchste Punkt der Fläche gleich 16 Meter. Man kann hiernach ohne weiteres eine beliebige Anzahl von Höhenkoten in ein Netz von Quadraten eintragen, mit deren Hilfe die Höhenschichtlinien einzeichnen, wie es das Bild zeigt, und wird dann leicht erkennen, daß diese Linien Hyperbelzweige sind von der Form des Bildes 96 oder der Gleichung § 29, 13. c). Ebenso erkennt man an den Quadratzahlen der Diagonale, daß der diagonale Vertikalschnitt der Fläche die Hälfte einer Parabel ist, mit der z-Achse als Parabelachse und der Gleichung $x'^2 = 2z$.

Die Seitenprojektionen des Bildes 178 gelten für $b = 4$ und $m = 1$. Diese Projektionen illustrieren zugleich ganz unabsichtlich (denn daß die Erzeugenden Parabeltangenten sind, wird hier erst durch die Projektion erkannt) eine praktisch wertvolle und beliebte Konstruktion der Parabel, welche sich auch aus der Gleichung der Parabeltangente, § 29, 15. b), ableiten läßt, denn setzt man darin $y_1 = 0$, so ergibt sich $x = -x_1$, also hier:

$$M0 = 0D'' \quad \text{und} \quad N0 = 0D''',$$

d. h. die Parabeltangente schneidet die Achse so, daß der Scheitel in der Mitte zwischen dem Schnitt und dem Fußpunkt der Ordinate des Berührungspunktes liegt.

Ein perspektivisches Bild der sattelförmigen Fläche entsteht, wenn man sich das Gebilde räumlich durch ein den Koordinatenachsen entsprechendes Parallelepiped begrenzt denkt und darin die Geradenkonstruktion $ABCD$ ausführt, Bild 180.

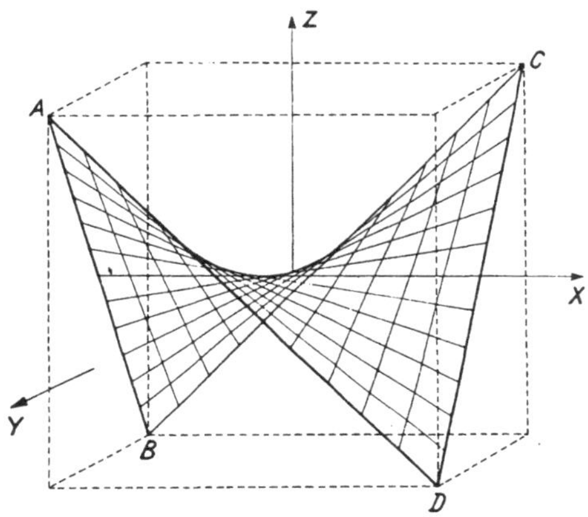

Bild 180

Die sattelförmige Gestalt der Fläche tritt aber auch aus dem Bild 179 hervor, wenn man sich die fehlenden drei Viertel des Höhenschichtlinienplanes hinzudenkt.

Die Bilder wurden zuletzt etwas gehäuft, um noch einmal recht augenscheinlich zu machen, wie sich jeder analytische Schritt und die entstehenden geometrischen Gebilde in einfacher und doch mannigfacher Weise versinnlichen lassen. Regelflächen, wie sie die Bilder 174 und 180 darstellen, lassen sich auch leicht durch Fadenmodelle verwirklichen.

E. Differential- und Integralrechnung

§ 33. Einleitende Betrachtungen und Anknüpfungspunkte

1. Die Differential- und Integralrechnung, auch Infinitesimalrechnung genannt, setzt die Grundlehren der Elementarmathematik voraus, und durch systematische Verbindung dieser mit Betrachtungen über das Unendlichgroße und das Unendlichkleine gelangt sie zu Formulierungen, wodurch nicht nur solche Gebiete von Naturwissenschaft und Technik der mathematischen Behandlung erschlossen werden, wozu die Elementarmathematik nicht ausreicht, sondern wodurch auch zahlreiche umständliche und verwickelte Rechnungen, Regeln und Kunstgriffe der Elementarmathematik durch kürzere, einfachere und namentlich einheitliche Methoden ersetzt werden können.

2. Von den Grundideen der Infinitesimalrechnung wird ja schon vereinzelt in der Elementarmathematik Gebrauch gemacht, so z. B. in der Berechnung der Zahlenwerte für e und e^x (§ 2, 8. 9.), der konvergierenden geometrischen Reihen (§ 14, 3.), der organischen Verzinsung (§ 15, 4.); bei der Flächeninhaltsberechnung des Kreises (§ 18, 11.); bei der Schwerpunktbestimmung eines Dreiecks (§ 19, 1.), eines Kreisbogens (§ 19, 2.), eines Kreissektors (§ 19, 3.); bei der Volumenberechnung des schief abgeschnittenen Prismas (§ 20, 2.), des Zylinderhufs (§ 20, 7.), der Kugel (§ 20, 8.), der Umdrehungskörper (§ 20, 14.); bei Entwicklung der Reihen von Sinus und Cosinus (§ 24, 6.); in der Auffassung des Parallelismus (§ 28, 8.); in der Definition der Asymptoten (§ 29, 12. c); und anderwärts. Um flüchtigen Meinungen zu begegnen, daß es sich in allen diesen Fällen nicht etwa um exakte Resultate handle, seien noch zwei ganz einfache Beispiele angeführt, wovon das Resultat anderweitig bekannt ist, nämlich die Flächeninhaltsberechnung eines Dreiecks durch Zerlegung in n Trapezstreifen von gleicher Höhe und deren Behandlung als Rechtecke:

Bezeichnet man eine beliebige Rechteckseite mit dem Abstand z von der Spitze durch x, so hat man für Bild 181:

$$x : z = a : h, \quad z = \frac{k}{n} h, \quad \text{also } x = \frac{a k}{n}, \quad \text{worin } k = 1, 2, 3 \ldots . n \text{ ist.}$$

Der Inhalt eines Rechtecks ist somit $\frac{ak}{n} \cdot \frac{h}{n} = \frac{akh}{n^2}$ und die Summe aller ist

$$F = \frac{ah}{n^2}(1 + 2 + 3 + \ldots . + n) = \frac{ah}{n^2} \cdot \frac{(n+1)\,n}{2} = \frac{ah}{2}\left(1 + \frac{1}{n}\right);$$

für $n = \infty$ verschwindet $\frac{1}{n}$ und man erhält $F = \frac{ah}{2}$.

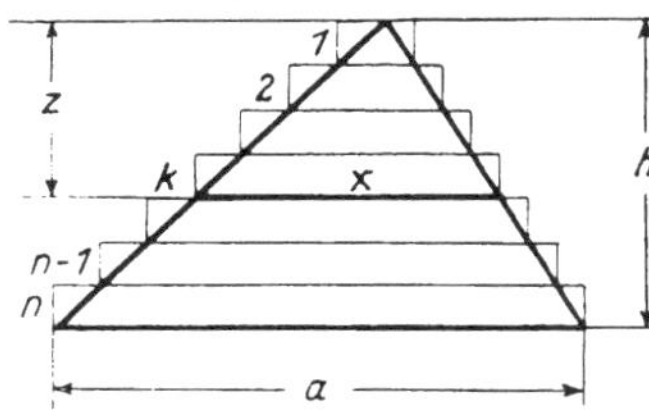

Bild 181

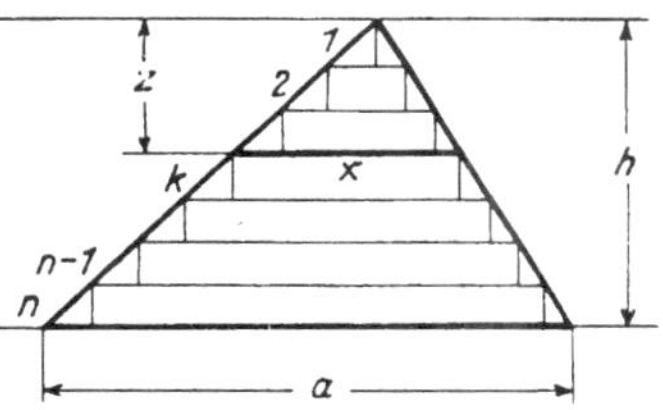

Bild 182

Für Bild 182 ergibt sich ebenso:

$$x : z = a : h, \qquad z = \frac{k-1}{n}\,h, \qquad \text{also } x = \frac{a\,(k-1)}{n};$$

$$F = \frac{ah}{n^2}[1 + 2 + 3 + \ldots . + (n-1)] = \frac{ah}{n^2} \cdot \frac{n\,(n-1)}{2} = \frac{ah}{2}\left(1 - \frac{1}{n}\right);$$

für $n = \infty$ verschwindet $\frac{1}{n}$, und man erhält wieder $F = \frac{ah}{2}$.

Es ist also einerlei, ob man sich die Rechtecke wie in Bild 181 oder wie in Bild 182 begrenzt denkt, beides führt zu demselben Resultat.

3. Ausdrücke wie $\frac{1}{\infty} = 0$, $\frac{2}{\infty} = 0$, $\frac{1\,000\,000}{\infty} = 0$, allgemein $\frac{a}{\infty} = 0$, gehören zu den Paradoxien der Unendlichkeit, wofür es schlechterdings keine bessere Erklärung gibt als etwa diese: Wäre einer der Ausdrücke nicht gleich Null, sondern hätte einen noch so geringen Zahlenwert, so käme man zu dem absurden Resultat, daß sich ein Zahlenwert für ∞ daraus berechnen ließe. Nun kann man aber unter dem Unendlichkleinen nicht die Null (das absolute Nichts) verstehen, sondern im äußersten Falle Winzigkeiten, die sich nicht mehr in Zahlen ausdrücken lassen, und umgekehrt spricht man dann von einem uneigentlich Unendlichgroßen, von Größen, die sich nicht mehr in Zahlen ausdrücken lassen. In dieser Auffassung sagen die obigen Ausdrücke, daß Null die feste Grenze ist für das Unendlichkleine, ∞ eine uneigentliche Grenze für das Unendlichgroße, und daß Unendlichkleines mit Unendlichgroßem multipliziert zu endlichen Größen führt. Häufig vermeidet man auch das Wort »Unendlich« und spricht anstatt von **Unmeßbarkleinem** und **Unmeßbargroßem**.

4. Sehr große und sehr kleine Zahlen schreibt man am besten in Potenzen von 10, also 10^6 für eine Million, 10^{12} für eine Billion, 10^{18} für eine Trillion, und für die Reziproken dieser drei (ein Millionstel, ein Billionstel, ein Trillionstel), 10^{-6}, 10^{-12}, 10^{-18} bzw. Bezüglich der beiden Extreme des zur Zeit Meßbaren sei noch erwähnt: Die Lichtgeschwindigkeit ist rd. 300000 km pro Sekunde. Der Astronom bestimmt die Entfernungen der Fixsterne in Lichtjahren; 1 Lichtjahr $= 300000 \cdot 60 \cdot 60 \cdot 24 \cdot 365 = 9{,}46 \cdot 10^{12}$ km. Während die Entfernung der Sonne $8\frac{1}{4}$ Lichtminuten beträgt, ist die Entfernung des nächsten Fixsterns, des Centauri, $4\frac{1}{2}$ Lichtjahre $= 4{,}25 \cdot 10^{13}$ km. Die Entfernung des Beteigeuze, im schönen Sternbild des Orion, wird auf 130 Lichtjahre geschätzt $= 1{,}23 \cdot 10^{15}$ km. Der Physiker bestimmt die Masse eines Wasserstoffatoms zu $2 \cdot 10^{-24}$ g, die eines Elektrons zu $2 \cdot 10^{-27}$ g, also tausendmal kleiner als die des Wasserstoffatoms. Der Durchmesser eines Elektrons wird zu $17 \cdot 10^{-12}$ cm angegeben. Alle solche Extreme des zur Zeit Meßbaren (oder Schätzbaren) übersteigen das menschliche Fassungsvermögen gänzlich, obgleich sie sich bequem in Zahlen ausdrücken lassen.

5. Den wichtigen Satz, daß Unendlichkleines mit Unendlichgroßem multipliziert zu endlichen Größen führt, kann man sich auch geometrisch erklären wie folgt: Unter § 29, 13. wurde gezeigt, daß das Produkt $x'y'$ der Hyperbelkoordinaten, in bezug auf die Asymptoten als Achsen, einen konstanten Wert hat. Für die erste der Hyperbeln des Bildes 179 ist dieses Produkt $= 1$, und man erhält weiter, für $x = 1000$ ist $y = \frac{1}{1000}$, für $x = 10^{18}$ ist $y = 10^{-18}$, für $x = \infty$ ist $y = 0$. Für die vierte Hyperbel ist $xy = 4$, also für $x = 4000$ ist $y = \frac{1}{1000}$, für $x = 4 \cdot 10^{18}$ ist $y = 10^{-18}$, für $x = \infty$ ist $y = 0$ usw. Die Unendlichkeiten der ersten, vierten, $a$ten Hyperbelasymptoten verhalten sich also wie $1 : 4 : a$. Auch diese Beispiele deuten auf die Null als Grenze des Unendlichkleinen und auf ∞ als eine uneigentliche Grenze des Unendlichgroßen. Die Hyperbel $xy = a$ gibt für jedes unendlich große x das reziproke unendlich kleine y. Man beachte noch, daß man sich in dieser Weise, also asymptotisch, der Grenze des Unendlichkleinen (der Null) nähern kann, ohne sie im Endlichen zu erreichen.

Bezeichnet ∞ die unendliche Länge, so bedeutet ∞^2 die unendliche Ebene und ∞^3 den unendlichen Raum.

6. Für die charakteristischen Symbole der Differential- und Integralrechnung findet man ebenfalls Äquivalente und Anknüpfungspunkte in der Elementarmathematik. Man bezeichnet z. B. in den arithmetischen Reihen (§ 13, 9. und anderwärts) die Differenzen $y_1 - y_0$, $y_2 - y_1$, $y_{n+1} - y_n$, zweier aufeinanderfolgender endlicher Werte durch Δy_0, Δy_1, Δy_n bzw., ebenso in der Differential- und Integralrechnung. Um aber unendlich kleine Differenzen zu bezeichnen oder unendlich kleine Teilchen endlicher Werte x, y, t, u, gebraucht man statt des griechischen Δ das lateinische d, schreibt bzw. dx, dy, dt, du und nennt diese Ausdrücke Differentiale, hier also Differential von x, Differential von y, usw., man erspart durch diese neue Bezeichnungsweise den sonst immer erforderlichen Hinweis darauf, daß man es mit unendlich kleinen Werten zu tun hat.

In der analytischen Geometrie erscheint der Ausdruck $\frac{y_1 - y}{x_1 - x}$ sehr häufig (§ 26, 2. und anderwärts), als Tangens oder Richtungskoeffizient einer Geraden, wie oben könnte man dafür auch $\frac{\Delta y}{\Delta x}$ schreiben und diesen Ausdruck immer als Tangens oder Richtungskoeffizienten einer durch zwei Punkte, x/y und x_1/y_1 einer Kurve gehenden Sekante betrachten. Denkt man sich dann den Punkt x_1/y_1 unbeschränkt der Kurve entlang an den Punkt x/y heranrückend, so ändert sich der Richtungskoeffizient $\frac{\Delta y}{\Delta x}$ dabei fortwährend, bis im Grenzfall die Sekante zur Tangente wird und $\frac{\Delta y}{\Delta x}$ zum Richtungskoeffizienten $\frac{dy}{dx}$ der Tangente im Punkte x/y der Kurve. Man bezeichnet den Vorgang kurz mit

$$\lim \frac{\Delta y}{\Delta x} = \frac{dy}{dx}$$

und nennt $\frac{dy}{dx}$ den Differentialquotienten der Kurve. Die Gleichung sagt also: Die Grenze des Differenzenquotienten ist der Differentialquotient der Kurve. Während nun die Differentiale dy und dx unendlich kleine (nicht in Zahlen ausdrückbare) Werte sind, hat der Differentialquotient $\frac{dy}{dx}$ für jeden Punkt der Kurve einen ganz bestimmten Wert, denn er ist ja ein Tangens und kann also jeden Wert eines Tangens annehmen. Den algebraischen Wert oder den Zahlenwert des Differentialquotienten einer beliebigen Funktion zu bestimmen, ist das eigentliche Feld der Differentialrechnung.

7. Bei der Anwendung des Hornerschen Divisionsverfahrens (§ 11, 6. 10.) wurde das Symbol $f(x)$ für eine beliebige Funktion von x gebraucht, sowie Symbole $f(0)$, $f(1)$, $f(2)$, $f(-2)$, $f(a)$ für die Werte der Funktion $f(x)$, wenn man darin nacheinander $x = 0$, $x = 1$, $x = 2$,

$x = -2$, $x = a$ setzt. Bei der Behandlung krummer Flächen (§ 32, 1. 2. 3.) wurde die geometrische Bedeutung der Funktionssymbole $f(x, y)$, $f(x, y, z)$ usw., erklärt sowie $f(x, y, 0)$, $f(x, y, 1)$, $f(x, y, a)$ usw., als Werte der Funktion $f(x, y, z)$, wenn man darin nacheinander $z = 0$, $z = 1$, $z = a$ setzt. Bei Summierung der Reihen (§ 13, 13.) wird das griechische Σ als Summationszeichen für endliche Summanden gebraucht, ebenso in der Geometrie für Summation kleiner Längen, Flächenteilchen und Körperscheibchen (§ 19, 2. 6., § 20, 7. und anderwärts). Für die Summation unendlich kleiner Teilchen beliebiger Art gebraucht man statt Σ das Zeichen $\int$ (ein langgezogenes S), anstatt $\Sigma \Delta x$, $\Sigma x \cdot \Delta x$, $\Sigma f(x) \Delta x$, schreibt man also $\int dy$, $\int x dx$, $\int f(x) dx$, bzw. und nennt diese Ausdrücke Integrale, hier also Integral von dx, von $x dx$, von $f(x) dx$. Man erspart durch diese neue Bezeichnungsweise den sonst immer erforderlichen Hinweis darauf, daß man es mit unendlich kleinen Summanden zu tun hat. Den algebraischen Wert oder den Zahlenwert der Summe unendlich vieler unendlich kleiner Werte zu bestimmen, also Integralwerte $\int dx$, $\int x dx$, $\int a x dx$, $\int f(x) dx$ usw., ist das eigentliche Feld der Integralrechnung.

Differenzieren heißt trennen, verschieden gestalten, und integrieren heißt ergänzen, zur Vollständigkeit erneuern, was schon darauf hindeutet, daß man es mit zwei inversen Operationen zu tun hat, analog den drei Paaren inverser Operationen der Arithmetik.

8. Als Erfinder der Differential- und Integralrechnung gelten Newton und Leibniz. Die vorbereitenden Ideen dieser Erfindung treten in deutlichen Umrissen zuerst bei Cavalieri auf, dann bei Pascal, der eine beliebige Fläche aus unendlich vielen, unendlich schmalen Rechtecken zusammensetzt, doch ergaben sich meistens zu große Schwierigkeiten, die so entstehenden Reihen zu summieren. Das Rechnen mit Geschwindigkeiten und Beschleunigungen bei ungleichförmigen Bewegungen führte bei Newton zur Erfindung der Differentialrechnung, während fast gleichzeitig das Berechnen von Tangenten an beliebige Kurven bei Leibniz den Anstoß zur Erfindung dieser Rechnungsweise gab. Durch Summierung unendlich kleiner Werte nach alter Weise fand er auch zuerst die einfachsten Sätze der Integralrechnung. Newton spricht von einem Quotienten zweier unendlich kleiner Werte $\left(\frac{dy}{dx}\right)$ als von einem Grenzwert, welchen sich das Verhältnis der verschwindenden Werte nähert, je kleiner diese werden. Die Bezeichnung dx für ein unendlich kleines Teilchen von x, sowie das Zeichen $\int$ für die Summierung unendlich vieler unendlich kleiner Werte stammen von Leibniz.

Bevor zu den eigentlichen Rechnungsmethoden übergegangen werden soll, seien noch die drei Hauptelemente der Infinitesimalrechnung erklärt: Die Ordnungen des Unendlichkleinen, der Differentialquotient und das Integral.

9. Die Ordnungen des Unendlichkleinen. Angenommen, die Längenausdehnungszahl (Zunahme der Längeneinheit für 1^0 C Temperaturerhöhung) für Gußeisen sei gegeben als 0,00001 und man solle daraus die Flächenausdehnungszahl sowie die Raumausdehnungszahl berechnen. Würde man die Aufgabe zuerst als eine rein geometrische auffassen, so wäre die Rechnung, etwa nach den Formeln für $(a+b)^2$ und $(a+b)^3$, folgende:

$$\begin{array}{rl} a^2 = & 1 \\ 2\,ab = & 0{,}00002 \\ b^2 = & \qquad\;\vdots\,00001 \\ \hline (1{,}00001)^2 = & 1{,}00002\;00001 \end{array} \qquad \begin{array}{rl} a^3 = & 1 \\ 3\,a^2b = & 0{,}00003 \\ 3\,ab^2 = & \qquad\;\vdots\,00003 \\ b^3 = & \qquad\qquad\;\vdots\,00001 \\ \hline (1{,}00001)^3 = & 1{,}00003\;00003\;00001 \end{array}$$

Würde man jedoch die Aufgabe richtiger als eine physikalische oder technische erkennen, so käme man wohl leicht zu der Überzeugung, daß die beiden aus obigen Resultaten (durch Subtraktion von 1) sich ergebenden Ausdehnungszahlen einen unverantwortlichen Genauigkeitsgrad vortäuschen würden, daß vielmehr 0,00002 und 0,00003 die der Unterlage entsprechenden Lösungen der Aufgabe sind und nach den Formeln $2ab$ bzw. $3a^2b$ berechnet werden können. Zugleich hätte man dabei die Entdeckung gemacht, daß bei ähnlichen Potenzierungen, wo b relativ zu a sehr klein ist, die Rechnung durch Vernachlässigung der zweiten und höheren Potenzen von b verkürzt werden kann. Ist also x eine beliebige Größe und $\varDelta x$ ein kleiner Zuwachs von x, so ist

$$(x + \varDelta x)^n \text{ nahezu } = x^n + n\,x^{n-1}\,\varDelta x.$$

Das Mißliche an der Entdeckung wäre aber, daß man ohne Prüfung oft im unklaren bleiben würde, ob die relative Kleinheit des $\varDelta x$ genügte, das Resultat mit dem gewünschten Genauigkeitsgrad zu erhalten. Ganz anders verhält es sich mit

$$(x + d\,x)^n = x^n + n\,x^{n-1}\,d\,x + \tbinom{n}{2}\,x^{n-2}\,d\,x^2 + \tbinom{n}{3}\,x^{n-3}\,d\,x^3 + \ldots;$$

hierin bedeutet x einen beliebigen endlichen Wert und $d\,x$ einen unendlich kleinen, nicht in Zahlen ausdrückbaren Zuwachs von x, ein Differential von x. Man nennt $d\,x$ auch ein Differential erster Ordnung und bezeichnet dann $d\,x^2$, $d\,x^3$, $d\,x^n$ als Differentiale zweiter, dritter und $n$ter Ordnung. Wie $d\,x$ gegenüber x verschwindet, so verschwindet jedes Differential höherer Ordnung gegenüber dem der vorhergehenden Ordnung, denn $d\,x$ ist ein unendlich kleines Teilchen von x

wie $\qquad d\,x^2\,(= d\,x \cdot d\,x)$ von $d\,x$

und $\qquad d\,x^n\,(= d\,x^{n-1}\,d\,x)$ von $d\,x^{n-1}$

oder $\qquad x : \dfrac{x}{\infty} = \dfrac{x}{\infty} : \dfrac{x}{\infty^2} = \dfrac{x}{\infty^{n-1}} : \dfrac{x}{\infty^n}.$

In der obigen Reihe verschwinden demnach alle Differentiale gegenüber dx, man kann sie daher nacheinander $= 0$ setzen und erhält dann die Gleichung

$$(x + dx)^n = x^n + n x^{n-1} dx.$$

Streicht man endliche, noch in Zahlen ausdrückbare Werte, weil sie die erwünschte Genauigkeit einer Rechnung nicht mehr beeinflussen können, so spricht man ganz richtig vom »Vernachlässigen« dieser Werte, streicht man aber nur Ausdrücke, welche als Multiplikationen mit der zweiten, dritten und den höheren Potenzen eines Ausdrucks erscheinen, dessen erste Potenz schon nicht mehr in Zahlen ausdrückbar ist, so ist wohl »Verschwinden« das passende Wort dafür. In der letzten Gleichung ist also nichts vernachlässigt worden. Kann man sich aber mit den Paradoxien der Unendlichkeit nicht abfinden, so kann man, ganz unbeschadet der praktischen Erlernung und Anwendung der Differential- und Integralrechnung, sich unter den Kleinheitsordnungen dx, dx^2, dx^3 etwa 10^{-10}, 10^{-20}, 10^{-30} oder auch 10^{-100}, 10^{-200}, 10^{-300} vorstellen; auch so befindet man sich auf einem asymptotischen Wege zur Null als Grenze der Kleinheiten, den man beliebig weit über das Unmeßbarkleine hinaus verfolgt denken kann, und erkennt, daß jedes Differential höherer Ordnung gegenüber dem der vorhergehenden Ordnung verschwindet.

10. Differentialquotient und Integral. Ist $y = x^n$ und man erteilt x den unendlich kleinen Zuwachs dx, so erfährt y den entsprechenden unendlich kleinen Zuwachs dy. Die neue Gleichung ist dann

$$y + dy = (x + dx)^n = x^n + n x^{n-1} dx;$$

subtrahiert man die ursprüngliche Gleichung, so ergibt sich

$$dy = n x^{n-1} dx;$$

dies ist im eigentlichen Sinne des Wortes differenzieren. Weil sich aber mit unendlich kleinen Werten nicht rechnen läßt, so geht man einen Schritt weiter und schreibt die letzte Gleichung in Form eines Verhältniswertes

$$\frac{dy}{dx} = n x^{n-1};$$

es ist der wichtigste Ausdruck der Differentialrechnung, der Differentialquotient von $y = x^n$. Er wird hiernach erhalten, indem man mit dem Exponenten multipliziert und diesen selbst um 1 vermindert.

Aus dieser einfachen Regel für das Differenzieren von $y = x^n$ geht rückläufig die des Integrierens hervor. Will man nämlich unendlich viele der unendlich kleinen Teilchen $dy = n x^{n-1} dx$ summieren, so muß man jetzt den Exponenten um 1 vermehren und mit diesem Exponenten dividieren. Die ganze Operation wird ausgedrückt in diesem Falle durch

$$y = \int n x^{n-1} d x = \frac{n x^n}{n} = x^n.$$

Die Formel für das Integral von $x^n d x$ ist genau nach dieser Regel:

$$\int x^n d x = \frac{x^{n+1}}{n+1},$$

es ist die wichtigste Formel der Integralrechnung, denn die Funktion $y = x^n$ tritt in der Analysis wohl so häufig auf, als alle anderen Funktionen zusammengenommen.

§ 34. Grundlehren, Methoden und Formeln

1. Wiederholung mit Hinweis auf Anwendungen.

Die Abhängigkeit einer Größe y von einer anderen Größe x wird durch Formeln wie $y = 3 x^2$, $y = a x^n$ usw. angegeben. Man schreibt symbolisch $y = f(x)$, $z = \varphi(y)$ usw. und nennt y eine Funktion von x, sowie z eine Funktion von y. Die Funktionszeichen f, φ deuten nur allgemein an, daß y von x, sowie z von y abhängt; sie lassen die Abhängigkeit dieser Größen voneinander ganz unbestimmt, schreiben also die algebraische Operation, durch die y aus x oder z aus y hervorgeht, nicht vor.

Eine Funktion $y = f(x)$ ist eine unbestimmte Gleichung; es gibt unzählig viele Werte von x und y, welche derselben entsprechen, gibt man jedoch die eine (x), so ist die andere (y) durch die Funktion bestimmt, und verändert man die eine, so erfährt die andere ebenfalls eine Veränderung. Man nennt deshalb die unbestimmten Größen x und y variable oder veränderliche Größen, dagegen die gegebenen oder als gegeben anzusehenden Größen, welche also die Operation vorschreiben, durch welche y aus x hervorgeht, konstante oder beständige Größen. Von den veränderlichen Größen heißt die, welche willkürlich anzunehmen ist, die unabhängige Variable, dagegen die, welche als Funktion der letzteren durch eine algebraische Operation aus dieser bestimmt wird, die abhängige Variable. In $y = a x^m$ sind a und m die Konstanten, x die unabhängige und y die abhängige Variable.

Die Abhängigkeit einer Größe z von zwei anderen x und y wird symbolisch durch $z = f(x, y)$ ausgedrückt. Es ist in diesem Falle z Funktion von x und y zugleich, man hat es also hier mit zwei unabhängigen Variablen zu tun.

Jede durch eine Funktionsformel $y = f(x)$ ausgedrückte Abhängigkeit einer Größe y von einer anderen Größe x läßt sich durch eine ebene Kurve darstellen; den verschiedenen Werten der Unabhängigen x entsprechen die Abszissen, den verschiedenen Werten der Abhängigen

y die Ordinaten der Kurve. Die Koordinaten stellen also die beiden Variablen der Funktion vor.

Die graphische Darstellung einer Funktion, d. h. die Reduktion derselben auf eine Kurve, vereinigt manche Vorteile in sich. Sie liefert erstens einen Überblick über den Zusammenhang zweier Größen; sie ersetzt zweitens eine Zahlentafel von je zwei zusammengehörigen Werten der Funktion; sie verschafft drittens die Erkenntnis besonderer Eigenschaften der Funktion und Beziehungen zu anderen Funktionen.

a) Die Funktion $y = \sqrt{2rx - x^2}$ stimmt mit der Scheitelgleichung eines Kreises vom Radius r überein (§ 29, 1. g). Der Kreis gewährt in diesem Falle nicht allein eine Übersicht über die verschiedenen Werte, welche die Funktion annehmen kann, sondern bringt auch andere Eigentümlichkeiten dieser Funktion zur Erscheinung, weil die Eigenschaften des Kreises zugleich ihre Bedeutung in der Funktion haben. Man erkennt z. B. ohne Rechnung, daß y nicht allein für $x = 0$, sondern auch für $x = 2r$ zu Null wird, daß ferner y ein Maximum, und zwar $= r$ wird, wenn $x = r$ ist, usw. Die physikalischen Gesetze lassen sich in der Regel durch Funktionen von zwei oder drei Variablen ausdrücken und können dann immer durch Kurven bzw. krumme Flächen dargestellt werden.

b) Beim freien Fall der Körper im luftleeren Raum hat man z. B. für die Fallgeschwindigkeit y, welche der Fallhöhe x entspricht, $y = \sqrt{2gx}$; diese Formel stimmt mit der Scheitelgleichung der Parabel überein (§ 26, 4. e); der halbe Parameter p der Parabel ist hier gleich der Beschleunigung g ($= 9{,}81$ m/s²) durch die Schwerkraft. Es läßt sich daher das Fallgesetz durch eine Parabel mit dem Parameter $2p = 2g$ graphisch darstellen, worin die Abszissen die Fallhöhen und die Ordinaten die entsprechenden Geschwindigkeiten sind.

c) Bezeichnet a ein Luftvolumen unter dem Druck einer Atmosphäre ($= 1$ kg/qcm), so ist nach dem Boyle-Mariotteschen Gesetz das Volumen derselben Luftmenge unter dem Druck von x Atmosphären $y = \frac{a}{x}$. Das ist aber die Gleichung einer gleichseitigen Hyperbel (§ 29, 13. b und Bild 179). Man erkennt an der Kurve noch besser als an der Gleichung, wie schnell das Volumen immer kleiner wird, je größer der Druck oder (wie es auch heißt) je größer die Spannung wird und daß, wenn das Boyle-Mariottesche Gesetz bei allen Spannungen richtig bliebe, einer unendlich großen Spannung x ein unendlich kleines Volumen y entspräche, und umgekehrt.

d) Das Mariotte-Gay-Lussacsche Gesetz $pv = RT$ oder $v = \frac{RT}{p}$, wonach sich das Volumen v einer Luftmenge aus dem Druck p und der Temperatur T berechnen läßt, ist durch die krumme Fläche $ABCD$,

Bild 183, dargestellt. T ist die absolute Temperatur ($= t + 273^0$) und R ist die sog. Gaskonstante (für Luft $= 29{,}26$). Die Koordinatenachsen sind hier mit P, T, V bezeichnet entsprechend den drei Veränderlichen p, T, v (Druck, Temperatur und Volumen). Die Koordinaten der Kurve DFC geben die Volumen bei konstanter Temperatur $0\,M = T$; die Koordinaten der Geraden AD geben die Volumen bei konstantem Druck.

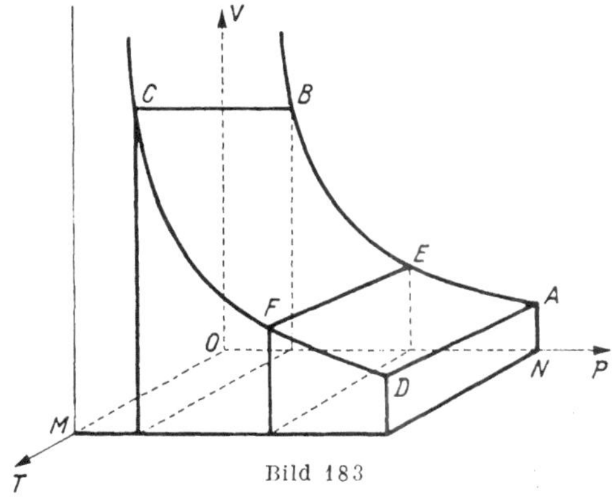

Bild 183

2. Allgemeine Differenzierungsregeln; x^n und $a x^n$.

Ist K eine beliebige Funktionskurve, Bild 184, sowie $P\,(x/y)$ und $P_1\,(x_1/y_1)$ zwei ihrer Punkte, so sind $x_1 - x = \Delta x$ und $y_1 - y = \Delta y$ die Differenzen der Koordinaten dieser beiden Punkte. Der Differenzenquotient $\frac{\Delta y}{\Delta x}$ ist der Richtungskoeffizient der Sekante S durch P und P_1, also der Tangens des Sekantenwinkels φ. Denkt man sich nun den Punkt P_1 unbeschränkt der Kurve entlang an den Punkt P heranrückend,

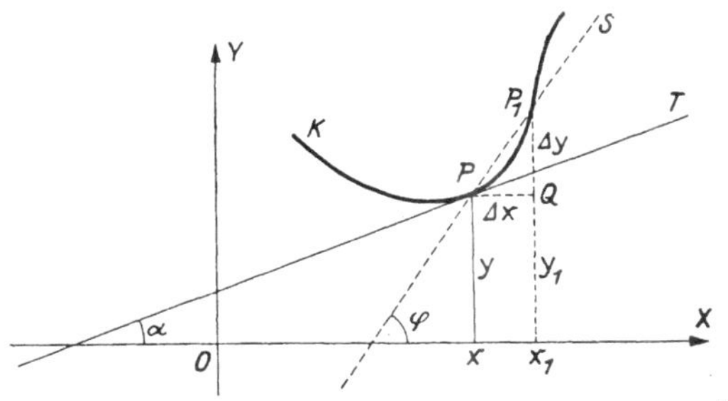

Bild 184

so ändert sich der Richtungskoeffizient $\frac{\Delta y}{\Delta x}$ dabei fortwährend, bis im Grenzfall die Sekante zur Tangente wird und der Richtungskoeffizient einen festen Wert erreicht. Dieser Grenzwert wird mit $\frac{dy}{dx}$ bezeichnet, es ist der Richtungskoeffizient der Kurventangente im Punkte P, also der Tangens des Tangentenwinkels α. Die unendlichkleinen, an der Grenze verschwindenden Differenzen dy und dx nennt man Differentiale und dementsprechend heißt $\frac{dy}{dx}$ der Differentialquotient der Funktion und wird gelesen »de-ypsilon nach de-icks«. Ist also $y = f(x)$, so ist $y + dy = f(x + dx)$; subtrahiert man die erste Gleichung von der zweiten, so ergibt sich

a) $$dy = f(x + dx) - f(x) \quad \text{und} \quad \frac{dy}{dx} = \frac{f(x + dx) - f(x)}{dx}.$$

Dies ist die allgemeine Regel zur Bestimmung des Differentials und des Differentialquotienten.

In vielen Lehrbüchern der Differentialrechnung bringt man in der allgemeinen Ableitungsformel für den Differentialquotienten den ganzen, in Bild 184 dargestellten Werdegang zur Anschauung, schreibt

b) $$\frac{dy}{dx} = \lim_{\Delta x = 0} \frac{f(x + \Delta x) - f(x)}{\Delta x} = \lim_{\Delta x = 0} \frac{\Delta y}{\Delta x}$$

und ignoriert die getrennte Daseinsberechtigung der Differentiale dy und dx, welche man ihnen aber in der Integralrechnung dann stillschweigend zuerkennen muß, denn sie sind ja (oder bestimmen) die unendlich kleinen Teilchen, die summiert werden sollen. Die Ableitungen werden meistens kürzer und verständlicher, wenn zuerst das Differential der Funktion entwickelt wird; durch Division mit dx erhält man daraus den Differentialquotienten. Während also der Differentialquotient allein den gewünschten Rechenausdruck (den Tangens der Funktionskurve) liefert, gestalten sich die Zwischenoperationen in der Regel einfacher, wenn man mit Differentialen operiert.

Ist z. B. $y = x^2$, so hat man nach der ersten Formel a)

$$dy = (x + dx)^2 - x^2 = 2x dx + dx^2,$$

dx^2 verschwindet aber als ein Unendlichkleines zweiter Ordnung gegenüber dx, es ist also

$$dy = 2x dx \quad \text{und} \quad \frac{dy}{dx} = 2x.$$

Ist $y = x^3$, so hat man

$$dy = (x + dx)^3 - x^3 = 3x^2 dx + 3x dx^2 + dx^3,$$

hier verschwinden die Unendlichkleinen 2. und 3. Ordnung gegenüber dx, und man erhält

$$dy = 3x^2 dx \quad \text{und} \quad \frac{dy}{dx} = 3x^2.$$

Ebenso hätte man für $y = ax^2$

$$dy = a(2x dx + dx^2) = 2ax dx$$

und für $y = ax^3$

$$dy = a(3x^2 dx + 3x dx^2 + dx^3) = 3ax^2 dx.$$

Auch so gelangt man zu den vorgreifend schon unter § 33, 9. 10. erörterten Entwicklungen für die Potenzfunktion $y = x^n$:

c) $$dy = nx^{n-1} dx \quad \text{und} \quad \frac{dy}{dx} = nx^{n-1}.$$

Nach Formel b) wäre die Ableitung für $y = a x^n$ folgende:

Den Werten x und x_1 entsprechen die Funktionswerte $y = a x^n$ und $y_1 = a x_1^n$, es ist also

$$\frac{dy}{dx} = \lim a \left(\frac{x_1^n - x^n}{x_1 - x}\right) = \lim a\,(x_1^{n-1} + x_1^{n-2}\,x + x_1^{n-3}\,x^2 + \ldots + x^{n-1}),$$

für $\Delta x = 0$, also $x_1 = x$, werden die n Klammerwerte einander gleich, und man erhält

$$\text{d)} \qquad \frac{dy}{dx} = n\,a\,x^{n-1}.$$

Die abzulesende Regel für das Differenzieren der Potenzfunktion $y = a x^n$ ist also: Man multipliziere mit dem Exponenten der Veränderlichen und vermindere diesen um 1.

3. Tangentenbestimmungen.

Die Einheitlichkeit der Methoden der Differentialrechnung tritt recht deutlich bei Tangentenbestimmungen hervor, denn der Tangens einer Kurventangente im Punkte $P(x/y)$ ist ja $= \frac{dy}{dx}$. Z. B. für die Parabel $y^2 = 2\,p\,x$ ergibt sich durch Differenzierung $2\,y\,dy = 2\,p\,dx$, also

$$\frac{dy}{dx} = \frac{2\,p}{2\,y} = \frac{2\,p\,x}{2\,y\,x} = \frac{y^2}{2\,y\,x} = \frac{y}{2\,x}.$$

Die Strecke einer Tangente vom Berührungspunkte bis zum Schnittpunkt mit der Abszissenachse heißt Länge der Tangente, und die Projektion dieser Strecke auf die Abszissenachse heißt Subtangente. Im allgemeinen hat man daher

$$\text{Subtangente} = \frac{y}{\tan\alpha} = y : \frac{dy}{dx} = y\,\frac{dx}{dy}.$$

Für die vorhergehende Parabel ist somit die

$$\text{Subtangente} = y \cdot \frac{2\,x}{y} = 2\,x.$$

Es ist also die Subtangente der Parabel der doppelten Abszisse gleich und hiernach die Lage der Tangente für jeden Punkt der Parabel leicht anzugeben.

Bei einer krummen Fläche, ABC, Bild 185, welche eine Funktion $z = f(x, y)$ darstellt, sind die Neigungswinkel α und β der Tangenten PT und PU bestimmt durch

$$\tan\alpha = \frac{dz}{dx} \text{ und } \tan\beta = \frac{dz}{dy}.$$

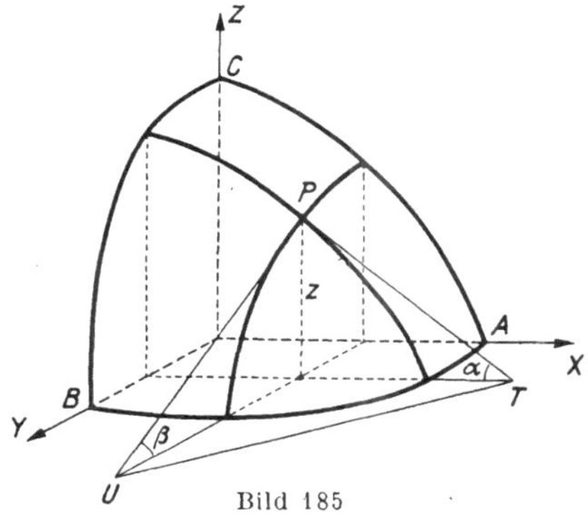

Bild 185

Die durch PT und PU gelegte Ebene PTU ist Tangentialebene der Fläche im Punkte $P\,(x/y/z)$ und UT ihre Spur in der xy-Ebene.

4. Differentialformeln für Summe, Produkt und Quotient.

Für eine Funktion $y = a + m\,f(x)$ hat man nach der allgemeinen Regel 2. a)

$$\begin{aligned} dy &= [a + m\,f(x + dx)] - [a + m\,f(x)] \\ &= m\,[f(x + dx) - f(x)] \\ &= m \cdot \text{Differential von } f(x), \text{ also} \end{aligned}$$

a) $$d\,[a + m\,f(x)] = m\,d\,f(x);$$

z. B. $$d\,(5 + 3x^2) = 3 \cdot 2\,x\,dx = 6\,x\,dx.$$

Ebenso ist

$$d\left(4 - \frac{1}{2}\,x^3\right) = -\frac{1}{2} \cdot 3\,x^2\,dx = -\frac{3}{2}\,x^2\,dx.$$

Die leicht abzulesende wichtige Regel ist: Die konstanten Glieder (a, 5, 4) einer Funktion verschwinden beim Differenzieren, und die konstanten Faktoren $\left(m, 3, -\frac{1}{2}\right)$ bleiben dabei unverändert. Das Differential einer Konstanten (a, 5, 4) ist also $= 0$.

Ist ferner $y = u + v$, also die Summe zweier Variablen u und v, so hat man

$$dy = (u + du + v + dv) - (u + v),$$

also

b) $$d\,(u + v) = du + dv,$$

und ebenso

$$d\,[f(x) + \varphi(x)] = d\,f(x) + d\varphi(x).$$

Es ist also das Differential von der Summe aus mehreren Funktionen gleich der Summe der Differentiale der einzelnen Funktionen; z. B.:

$$d\left(2\,x + 3\,x^2 - \frac{1}{2}\,x^3\right) = 2\,dx + 6\,x\,dx - \frac{3}{2}\,x^2\,dx = \left(2 + 6\,x - \frac{3}{2}\,x^2\right)dx.$$

Ist ferner $y = uv$, also das Produkt zweier Variablen, so hat man

$$\begin{aligned} dy &= (u + du)\,(v + dv) - uv \\ &= u\,dv + v\,du + du\,dv, \end{aligned}$$

der Ausdruck $du\,dv$ verschwindet aber als Unendlichkleines zweiter Ordnung gegenüber der ersten Ordnung der beiden anderen Ausdrücke, und daher ist

c) $$d\,(uv) = u\,dv + v\,du$$

und allgemein

$$d\,[f(x) \cdot \varphi(x)] = f(x)\,d\varphi(x) + \varphi(x)\,d\,f(x).$$

Es ist also das Differential eines Produktes zweier Variablen gleich der Summe aus den Produkten von je einer und dem Differential der anderen Variablen.

Man erhält hieraus, wenn w einen dritten variablen Faktor bezeichnet:

d) $$d(uvw) = u\,d(vw) + vw\,du = uv\,dw + uw\,dv + vw\,du;$$

ebenso ist

e) $$d(uvwz) = uvw\,dz + uvz\,dw + uwz\,dv + vwz\,du;$$

und allgemein

f) $$d(xyzu\ldots.) = \left(\frac{dx}{x} + \frac{dy}{y} + \frac{dz}{z} + \frac{du}{u} + \ldots.\right) xyzu\ldots.$$

Setzt man hierin $x = y = z = u = \ldots$, so folgt

g) $$dx^n = n\frac{dx}{x}x^n = n\,x^{n-1}\,dx,$$

also eine dritte Ableitung für die Potenzfunktion.

Jetzt soll zugleich gezeigt werden, daß g) nicht nur für positive, sondern auch für negative und gebrochene Exponenten gilt:

Ist $y = x^{-n}$, so hat man $y = \frac{1}{x^n}$,

oder $y\,x^n = 1$ und $d(y\,x^n) = 0$,

also nach c) $y\,d(x^n) + x^n dy = 0$

und daher $$dy = -\frac{y\,d(x^n)}{x^n} = -\frac{x^{-n}\cdot n\,x^{n-1}\,dx}{x^n} = -n\,x^{-n-1}\,dx.$$

Beispiele:

$$d(x^{-3}) = -3\,x^{-4}\,dx = -\frac{3\,dx}{x^4},$$

ebenso

$$d(3\,x^2+1)^{-2} = -2(3\,x^2+1)^{-3}\,d(3\,x^2) = -2(3\,x^2+1)^{-3}\,6\,x\,dx = -\frac{12\,x\,dx}{(3\,x^2+1)^3}.$$

Ist ferner $y = x^{\frac{m}{n}}$, so hat man auch $y^n = x^m$ und $d(y^n) = d(x^m)$, also

$$n\,y^{n-1}\,dy = m\,x^{m-1}\,dx,$$

daher

$$dy = \frac{m\,x^{m-1}\,dx}{n\,y^{n-1}} = \frac{m}{n}\cdot\frac{x^{m-1}\,dx}{x^{m-\frac{m}{n}}} = \frac{m}{n}\,x^{\frac{m}{n}-1}\,dx.$$

Die Formel g) hat also allgemeine Gültigkeit.

Beispiele:

$$(1)\quad d\sqrt{x} = d\left(x^{\frac{1}{2}}\right) = \frac{1}{2}x^{-\frac{1}{2}}dx = \frac{dx}{2\sqrt{x}}.$$

$$(2)\quad d\sqrt{x^3} = d\left(x^{\frac{3}{2}}\right) = \frac{3}{2}x^{\frac{1}{2}}dx = \frac{3}{2}\sqrt{x}\,dx.$$

$$(3)\quad d\sqrt{a^2+x^2} = d\,(a^2+x^2)^{\frac{1}{2}} = \frac{1}{2}(a^2+x^2)^{-\frac{1}{2}}\,2\,x\,dx = \frac{x\,dx}{\sqrt{a^2+x^2}}.$$

$$(4)\quad d\sqrt{a^2+(c-x)^2} = d\,[a^2+(c-x)^2]^{\frac{1}{2}}$$
$$= \frac{1}{2}[a^2+(c-x)^2]^{-\frac{1}{2}}(-2\,(c-x)\,dx)$$
$$= -\frac{(c-x)\,dx}{\sqrt{a^2+(c-x)^2}}.$$

$$(5)\quad d[(a+b\,x^n)^p] = p\,(a+b\,x^n)^{p-1}d\,(a+b\,x^n) = p\,(a+b\,x^n)^{p-1}b\,n\,x^{n-1}d\,x.$$

$$(6)\quad d\sqrt{2\,r\,x-x^2} = d\,(2\,r\,x-x^2)^{\frac{1}{2}} = \frac{1}{2}(2\,r\,x-x^2)^{-\frac{1}{2}}(2\,r\,d\,x-2\,x\,d\,x)$$
$$= \frac{(r-x)\,d\,x}{\sqrt{2\,r\,x-x^2}}.$$

Für das Differential eines Quotienten, $y = \frac{u}{v} = uv^{-1}$, hat man jetzt nach c)

$$d\,y = v^{-1}\,d\,u - u\,v^{-2}\,d\,v = \frac{d\,u}{v} - \frac{u\,d\,v}{v^2},$$

oder

$$\text{h)}\quad d\left(\frac{u}{v}\right) = \frac{v\,d\,u - u\,d\,v}{v^2},\ \text{also auch}\ d\left(\frac{1}{v}\right) = -1\,v^{-2}\,dv = -\frac{dv}{v^2}.$$

Beispiel:

$$d\left(\frac{x^2-1}{x+2}\right) = \frac{(x+2)\,d\,(x^2-1)-(x^2-1)\,d\,(x+2)}{(x+2)^2}$$
$$= \frac{(x+2)\,2\,x\,d\,x-(x^2-1)\,d\,x}{(x+2)^2} = \frac{(x^2+4\,x+1)\,d\,x}{(x+2)^2},$$

auch ist

$$d\left(\frac{4}{x^2}\right) = -\frac{4\,d\,(x^2)}{x^4} = -\frac{8\,d\,x}{x^3}.$$

5. Die Potenzfunktion $y = x^n$

ist die wichtigste der ganzen Analysis, weil sie bei dem größten Teil aller Untersuchungen auftritt. Wenn man dem Exponenten n alle möglichen Werte, positive und negative, ganze und gebrochene, gerade und ungerade, beilegt, so liefert sie auch die verschiedenartigsten Kurven, wovon die Bilder 94 bis 99 (§ 26, 3.) typische Beispiele zeigen.

Die Gesamtheit dieser Kurven läßt sich in zwei Gruppen teilen, je nachdem n positiv oder negativ ist, auch spricht man in dieser Beziehung von einem parabolischen bzw. einem hyperbolischen Typus der Funktion. Alle Kurven des parabolischen Typs gehen durch den Ursprung des Koordinatensystems, und zwar verlaufen die mit geraden Exponenten 2, 4, 6 ... im 1. und 2. Quadranten, ihre Inversen mit den Exponenten $\frac{1}{2}, \frac{1}{4}, \frac{1}{6} \ldots$ im 1. und 4. Quadranten, Bild 94; die mit ungeraden Exponenten 3, 5, 7 ..., sowie ihre Inversen mit den Exponenten $\frac{1}{3}, \frac{1}{5}, \frac{1}{7} \ldots$ verlaufen im 1. und 3. Quadranten, Bild 95. Während jede Kurve des parabolischen Typs aus einem Zug besteht, hat jede Kurve des hyperbolischen Typs zwei getrennte Züge, alle Kurven beider Typen gehen aber durch je zwei der vier Punkte $x = \pm 1$ $y = \pm 1$, weil $1^{\pm n} = 1$ ist. Die Kurven mit den Exponenten -2, -4, -6 ... verlaufen im 1. und 2. Quadranten, ihre Inversen, mit den Exponenten $-\frac{1}{2}$, $-\frac{1}{4}$, $-\frac{1}{6} \ldots$, im 1. und 4. Quadranten, Bild 99. Die Kurve für $n = -1$ ist eine gleichseitige Hyperbel, verläuft im 1. und 3. Quadranten und ist sich selbst invers, Bild 96.

Aus der wichtigen Formel $d\,(x^n) = n\,x^{n-1}\,d\,x$ folgt auch die Formel für den Tangentenwinkel dieser Kurven, denn

$$\tan \alpha = \frac{d\,y}{d\,x} = n\,x^{n-1},$$

und hieraus die Subtangente $= y \cdot \frac{d\,x}{d\,y} = \frac{x^n}{n\,x^{n-1}} = \frac{x}{n}$.

Ferner erhält man für die gleichseitige Hyperbel $y = \frac{a}{x} = a\,x^{-1}$ den Tangentenwinkel α aus

$$\tan \alpha = a\,\frac{d\,(x^{-1})}{d\,x} = -\frac{a}{x^2}$$

und die Subtangente $= \frac{a}{x}\left(-\frac{x^2}{a}\right) = -x$.

6. Maxima und Minima der Funktionen.

a) Wenn man in dem Differentialquotienten $\frac{d\,y}{d\,x}$, also in der Formel für den Tangens des Tangentenwinkels, für x nacheinander verschiedene Werte setzt, so erhält man dementsprechende verschiedene Lagen der Kurventangenten. Nimmt man $x = 0$, so erhält man den Tangens der Kurventangente im Koordinatenursprung, nimmt man hingegen $x = \infty$, so ergibt sich der Tangens der Tangente für einen unendlich fernen Punkt der Kurve. Am wichtigsten sind die Punkte, wo die Kurventangente mit der einen oder der anderen Koordinatenachse parallel läuft, weil hier die eine oder die andere der Koordinaten x und y ihren größten oder kleinsten Wert hat, oder wie man sagt, die Funktionswerte ein Maximum oder ein Minimum haben. Für den Parallelismus mit der Abszissenachse ist $\alpha = 0$, also auch $\tan\alpha = 0$, und für den mit der Ordinatenachse $\alpha = 90^0$, also $\tan\alpha = \infty$; hieraus folgt die Regel:

Man findet diejenigen Werte der Abszisse oder der Unabhängigen x, welchen die Maximal- oder Minimalwerte der Ordinate oder der Abhängigen y entsprechen, wenn man den Differentialquotienten $\frac{dy}{dx} = 0$ und $= \infty$ setzt und die so erhaltenen Gleichungen nach x auflöst.

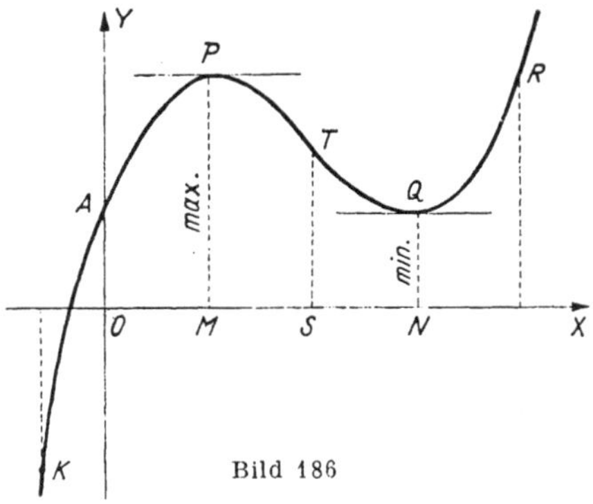

Bild 186

Beispiele:

(1) Für die Gleichung

$$y = \frac{1}{3}x^3 - 2x^2 + 3x + 1,$$

welche der Kurve $KPQR$, Bild 186, entspricht, ist

$$\frac{dy}{dx} = x^2 - 4x + 3$$

und es folgt durch Nullsetzen von $\frac{dy}{dx}$

$$x = 2 \pm \sqrt{1} = 3 \text{ und } 1.$$

Diese Werte in die ursprüngliche Gleichung eingesetzt, ergeben den Maximalwert von $y = MP = \frac{1}{3} - 2 + 3 + 1 = 2\frac{1}{3}$, und den Minimalwert von $y = NQ = 9 - 18 + 9 + 1 = 1$.

(2) Für die Funktionskurve $KPQR$, Bild 187, deren Gleichung

$$y = x + \sqrt[3]{(x-1)^2}$$

ist, erhält man

$$\frac{dy}{dx} = 1 + \frac{2}{3}(x-1)^{-\frac{1}{3}} = 1 + \frac{2}{3\sqrt[3]{x-1}} = \tan\alpha;$$

für $\tan\alpha = 0$ ist $\frac{2}{3\sqrt[3]{x-1}} = -1$,

also

$$x = 0M = 1 - \left(\frac{2}{3}\right)^3 = \frac{19}{27} = 0{,}7037;$$

für $\tan\alpha = \infty$ ist $x = 0N = 1$.

Dem ersteren Falle entspricht der Maximalwert

$$y = MP = 1 - \left(\frac{2}{3}\right)^3 + \left(\frac{2}{3}\right)^2 = \frac{31}{27} = 1{,}148$$

und dem letzteren der Minimalwert $y = NQ = 1$.

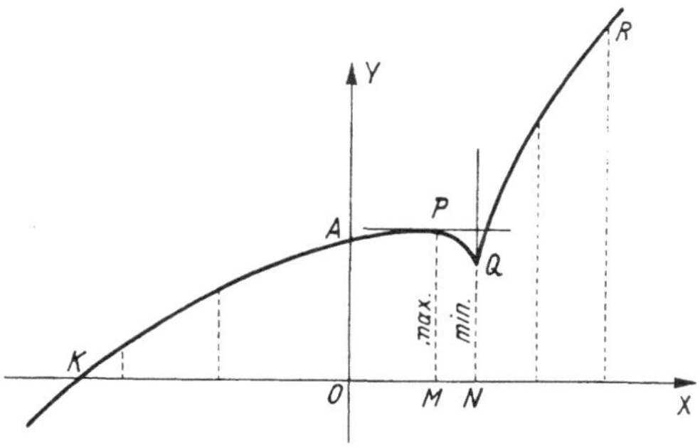

Bild 187

Ferner ist für $x = 0$, $y = 0A = 1$ und für $y = 0$ erhält man aus der kubischen Gleichung $x^3 + x^2 - 2x + 1 = 0$

$$x = 0K = -2{,}148.$$

Die Bilder 186 und 187 zeigen zugleich, daß Maximum und Minimum einer Funktion nicht identisch sind mit ihrem größten bzw. kleinsten Wert; eine Funktion mag auch viele Maxima und Minima haben.

b) Differentialquotienten höherer Ordnung. Der Differentialquotient von x^3 ist $3x^2$, er ist also nur eine andere Funktion von x, von welcher wieder ein zweiter Differentialquotient bestimmt werden kann, nämlich $6x$, und hieraus als dritter und letzter 6; oder

$$\text{für } y = x^3 \text{ ist } \frac{dy}{dx} = 3x^2 \text{ und } \frac{d}{dx}\left(\frac{dy}{dx}\right) = 6x.$$

Den Ausdruck $\frac{d}{dx}\left(\frac{dy}{dx}\right)$ nennt man den zweiten Differentialquotienten nach dx oder den Differentialquotienten zweiter Ordnung und schreibt dafür $\frac{d^2y}{dx^2}$, also

$$\text{für } y = x^3 \text{ ist } \frac{d^2y}{dx^2} = 6x, \qquad \text{ebenso } \frac{d^3y}{dx^3} = 6.$$

$$\text{Für } y = ax^n \text{ ist } \frac{dy}{dx} = nax^{n-1},\ \frac{d^2y}{dx^2} = n(n-1)ax^{n-2},\ \frac{d^3y}{dx^3}$$
$$= n(n-1)(n-2)ax^{n-3}, \text{ usw. bis } \frac{d^ny}{dx^n}.$$

$$\text{Für } y = y^{5/3} \text{ ist } \frac{dy}{dx} = \frac{5}{3}x^{2/3},\ \frac{d^2y}{dx^2} = \frac{10}{9}x^{-1/3},\ \frac{d^3y}{dx^3} = -\frac{10}{27}x^{-4/3}, \text{ usw.}$$

Den zweiten Differentialquotienten liest man »de-zwei ypsilon nach de-icks-quadrat« und entsprechend die anderen.

c) *Inflexions- oder Wendepunkte.* Mit dem Tangens des Neigungswinkels einer Kurventangente zur x-Achse ist zugleich *die Neigung der Kurve* im Berührungspunkte bezeichnet. Nähert man sich beim Durchlaufen einer stetig gekrümmten Kurve, im Sinne der wachsenden x, einem Minimum, so ist die Neigung der Kurve, also $\frac{dy}{dx}$, *negativ und abnehmend*, bis sie im Punkte des Minimums = *Null* wird, Bild 188. Auf dem Wege von hier zu einem Maximum ist die

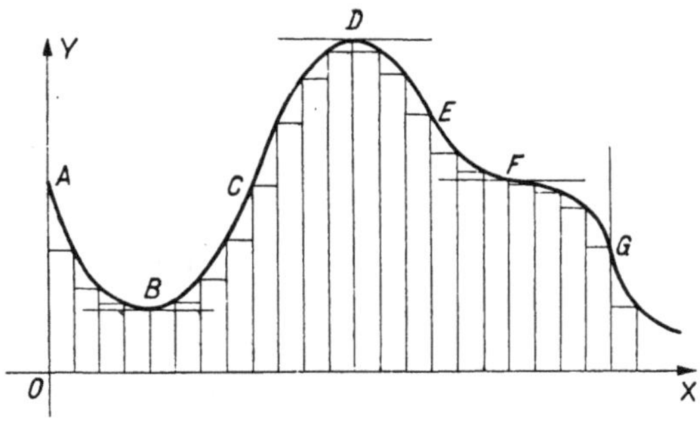

Bild 188

Neigung zuerst *positiv und zunehmend* bis zu einem bestimmten Punkte, wo die Zunahme ihren größten Wert erreicht, dem *Inflexionspunkt* oder Wendepunkt; darauf *positiv und abnehmend*, bis sie im Punkte des Maximums = *Null* wird. Über das Maximum hinaus ist die Neigung zuerst *negativ und zunehmend.* Die drei kritischen Punkte sind in Bild 188 mit B, C und D bezeichnet. E ist ein Wendepunkt im gewöhnlichen Sinne wie C, während F und G spezielle Fälle von Wendepunkten darstellen, nämlich mit Tangenten parallel der x-Achse bzw. y-Achse. Der Wendepunkt F heißt auch, seine Lage bezeichnend, *Terrassenpunkt.*

d) *Kriterium für Maxima, Minima und Inflexionspunkte.* Da vom Punkte B ab, Bild 188, die Neigung der Kurve, also $\frac{dy}{dx}$, *positiv und zunehmend* ist, so muß auch die Änderung von $\frac{dy}{dx}$, also $\frac{d}{dx}\left(\frac{dy}{dx}\right)$ oder $\frac{d^2y}{dx^2}$ *positiv* sein. Da ferner vom Punkte D ab die Neigung der Kurve *negativ und zunehmend* ist, so muß auch die Änderung von $\frac{dy}{dx}$, also $\frac{d^2y}{dx^2}$, hier *negativ* sein. Da schließlich im Punkte C die Kurvenneigung vom Zunehmen zum Abnehmen übergeht, so muß die Änderung von $\frac{dy}{dx}$, also $\frac{d}{dx}\left(\frac{dy}{dx}\right)$ oder $\frac{d^2y}{dx^2}$ in diesem Punkte $=$ Null sein; dasselbe gilt von einem Wendepunkt mit einer zur x-Achse parallelen Tangente, einem Terrassenpunkt. Hat man also durch Nullsetzen von $\frac{dy}{dx}$ einen Extremwert einer Funktion bestimmt, so läßt sich ohne Funktionsbild feststellen, welchem der drei Punkte B, D, F dieser Wert entspricht; es ist entweder ein Minimum oder ein Maximum oder ein Terrassenpunkt je nachdem

$\frac{d^2y}{dx^2}$ positiv oder negativ oder Null ist.

Im Beispiel (1) wurden bei $x = 1$ und $x = 3$ Extremwerte bestimmt; $\frac{dy}{dx} = x^2 - 4x + 3$, also ist $\frac{d^2y}{dx^2} = 2x - 4$. Für $x = 1$ wird $\frac{d^2y}{dx^2}$ negativ, bei $x = 1$ ist also ein Maximum; für $x = 3$ wird $\frac{d^2y}{dx^2}$ positiv, bei $x = 3$ ist also ein Minimum; für $\frac{d^2y}{dx^2} = 0$ ist $x = 2$, bei $x = 2$ ist also ein Inflexionspunkt, wofür die ursprüngliche Gleichung den Wert $\frac{8}{3} - 8 + 6 + 1 = 1\frac{2}{3}$ liefert und welcher in Bild 186 durch ST dargestellt ist.

Für die kubische Gleichung (§ 11, 11. Bild 4) $x^3 + 3x^2 - 17x + 5 = 0$ ist $\frac{dy}{dx} = 3x^2 + 6x - 17$, also sind die Extreme bei $x = 1{,}58$ und $-3{,}58$; $\frac{d^2y}{dx^2} = 6x + 6$, es ist daher ein Wendepunkt bei $x = -1$.

e) Zwei Ökonomiegesetze der Natur.

(1) Über der Geraden MN, Bild 189, seien zwei Punkte A und B gegeben, welche mit einem Punkt P der Geraden so verbunden werden sollen, daß der Weg $AP + PB = w$ ein Minimum wird. Mit den Bezeichnungen des Bildes ist $w = \sqrt{a^2 + x^2} + \sqrt{b^2 + (c - x)^2}$, und die notwendige Bedingung für ein Extrem lautet (s. Beispiel 4 unter 4.):

$$\frac{dw}{dx} = \frac{x}{\sqrt{a^2 + x^2}} - \frac{c - x}{\sqrt{b^2 + (c - x)^2}} = 0,$$

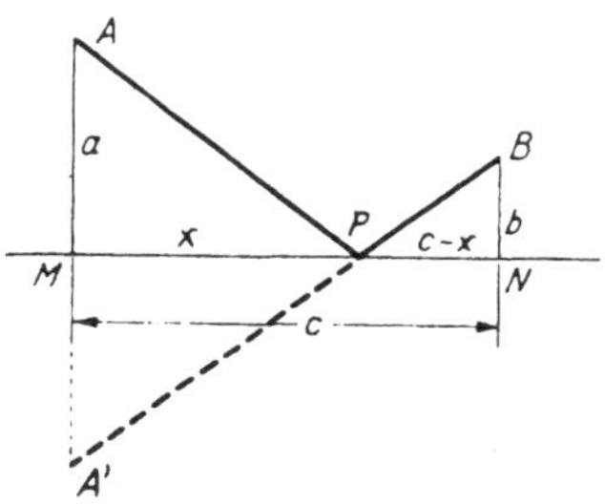

Bild 189

diese Gleichung sagt aber direkt, daß $\cos APM = \cos BPN$, also die beiden Einfallswinkel bei P einander gleich sein müssen. Man findet P, indem man $A'M = AM$ macht und A' mit B verbindet. Daß das gefundene Extrem kein Maximum sein kann, ist aus dem Bild ohne weiteres erkenntlich, also braucht $\frac{d^2 y}{d x^2}$ nicht bestimmt zu werden.

Hiernach ist das Reflexionsgesetz ein Ökonomiegesetz der Natur: Die Fortpflanzung des Lichts, des Schalls u. a. durch Reflexion erfolgt so, daß von einem Punkt zum anderen der kürzeste Weg durchlaufen wird.

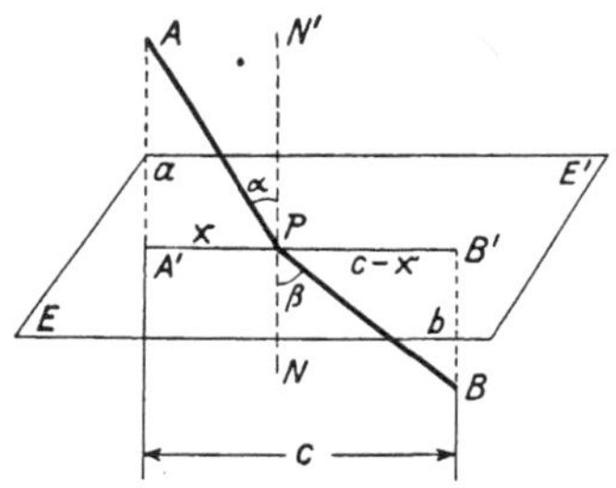

Bild 190

(2) Es sind zwei Punkte A, B und eine sie trennende Ebene EE' gegeben, Bild 190. Man soll den Weg von A nach B bestimmen, welchen ein Bewegliches in der kürzesten Zeit zurücklegt, wenn es sich von A bis zur Ebene mit der Geschwindigkeit u und von der Ebene bis B mit der Geschwindigkeit v bewegt.

Es ist geometrisch leicht einzusehen, daß der Weg in der zu EE' normalen Projektionsebene durch A und B verlaufen muß, entweder gradlinig von A nach B oder mit einem Brechpunkt P in EE'. Mit den Bezeichnungen des Bildes ist die für den Weg erforderliche Zeit

$$t = \frac{\sqrt{a^2 + x^2}}{u} + \frac{\sqrt{b^2 + (c - x)^2}}{v}$$

und die notwendige Bedingung für das Minimum der Zeit ist

$$\frac{dt}{dx} = \frac{x}{u\sqrt{a^2 + x^2}} - \frac{c - x}{v\sqrt{b^2 + (c - x)^2}} = 0;$$

diese Gleichung sagt aber direkt, daß $\frac{1}{u} \cos APA' = \frac{1}{v} \cos BPB'$ sein muß; oder bezeichnet man die Winkel, welche die Wegteile AP und PB mit dem Lote NN' zur Ebene einschließen, mit α und β, so ist der verlangte Weg durch die Beziehung

$$\frac{\sin \alpha}{\sin \beta} = \frac{u}{v}$$

bestimmt, wonach das Sinusverhältnis der beiden Winkel dem Verhältnis der Geschwindigkeiten gleich ist.

Man erkennt hieraus das Refraktionsgesetz der Optik: Die Fortpflanzung des Lichtes aus einem Medium nach einem von anderer optischer Dichte nimmt also den Weg so, daß das Licht von einem Punkte zu einem andern im Minimum der Zeit gelangt.

7. Reihen von Maclaurin und Taylor.

Schreibweisen für Differentialquotienten. Unter 6. b) wurden die Differentialquotienten höherer Ordnung eingeführt, die durch sukzessives Differenzieren aus einer ursprünglichen Funktion abgeleitet werden können. Von Leibniz stammen die symbolischen Schreibweisen

$$\frac{dy}{dx} = \frac{df(x)}{dx} \quad \text{und} \quad \frac{d^2y}{dx^2} = \frac{d^2f(x)}{dx^2}$$

sowie die entsprechenden Namen »erster und zweiter Differentialquotient«; beinahe ebenso gebräuchlich ist die Bezeichnung nach Lagrange, $y' = f'(x)$ und $y'' = f''(x)$, mit den entsprechenden Namen »erste und zweite Ableitung«; eine dritte Bezeichnung nach Cauchy, $Dy = Df(x)$ und $D^2y = D^2f(x)$, mit den entsprechenden Namen »erste und zweite Derivierte«, ist weniger gebräuchlich. Hiernach dürfte die folgende Zusammenstellung der am meisten gebräuchlichen Schreibweisen ohne weiteres verständlich sein:

$$\begin{aligned}
y &= f(x) \\
y' &= f'(x) = \frac{dy}{dx} = \frac{df(x)}{dx} \\
y'' &= f''(x) = \frac{d^2y}{dx^2} = \frac{d^2f(x)}{dx^2} = \frac{d}{dx}\left(\frac{dy}{dx}\right) \quad \text{oder} \quad \frac{d\left(\frac{dy}{dx}\right)}{dx} \\
y''' &= f'''(x) = \frac{d^3y}{dx^3} = \frac{d^3f(x)}{dx^3} = \frac{d}{dx}\left(\frac{d^2y}{dx^2}\right) \\
y^{IV} &= f^{IV}(x) = \frac{d^4y}{dx^4} = \frac{d^4f(x)}{dx^4} = \frac{d}{dx}\left(\frac{d^3y}{dx^3}\right) \\
y^{(n)} &= f^{(n)}(x) = \frac{d^ny}{dx^n} = \frac{d^nf(x)}{dx^n} = \frac{d}{dx}\left(\frac{d^{n-1}y}{dx^{n-1}}\right)
\end{aligned}$$

$y^{(n)} = f^{(n)}(x)$ wird gelesen: y-n-Strich gleich f-n-Strich von x.
$x^{(0)} = f^{(0)}(x)$ bedeutet die ursprüngliche Funktion.

Ist z. B. $y = f(x) = uv$, so ist in der Lagrangeschen Schreibweise

$$\begin{aligned}
y' &= f'(x) = u'v + uv' \\
y'' &= f''(x) = u''v + 2u'v' + uv'' \\
y''' &= f'''(x) = u'''v + 3u''v' + 3u'v'' + uv''' \quad \text{usw.}
\end{aligned}$$

Man beachte auch: $d\left(\frac{dx}{dt}\right)^2 = 2\frac{dx}{dt} \cdot \frac{d^2x}{dt}$

und $$\frac{d}{dt}\left(\frac{dx}{dt}\right)^2 = 2\frac{dx}{dt} \cdot \frac{d^2x}{dt^2}.$$

Maclaurinsche Reihe. Für eine Funktion, welche in einer nach fortschreitenden Potenzen von x mit positiven ganzen Exponenten konvergenten Reihe dargestellt ist, wie

$$y = f(x) = A_0 + A_1 x + A_2 x^2 + A_3 x^3 + A_4 x + \dots$$

erhält man durch sukzessives Differenzieren

$$f'(x) = A_1 + 2A_2 x + 3A_3 x^2 + 4A_4 x^3 + \dots$$
$$f''(x) = 2A_2 + 2 \cdot 3A_3 x + 3 \cdot 4A_4 x^2 + \dots$$
$$f'''(x) = 2 \cdot 3A_3 + 2 \cdot 3 \cdot 4A_4 x + \dots \text{ usw.}$$

Setzt man in diesen Reihen $x =$ Null, so erhält man Ausdrücke, welche zur Bestimmung der konstanten Koeffizienten A_0, A_1 $A_2 \dots$ geeignet sind, nämlich:

$$f(0) = A_0, \quad f'(0) = A_1, \quad f''(0) = 2A_2, \quad f'''(0) = 2 \cdot 3A_3, \text{ usw.}$$

die Werte dieser Koeffizienten sind also

$$A_0 = f(0), \; A_1 = f'(0), \; A_2 = \frac{1}{2} f''(0), \; A_3 = \frac{1}{2 \cdot 3} f'''(0),$$
$$A_4 = \frac{1}{2 \cdot 3 \cdot 4} f^{IV}(0), \text{ usw.}$$

Es läßt sich hiernach eine Funktion in folgende, nach dem schottischen Mathematiker Maclaurin benannte Reihe verwandeln

a) $$f(x) = f(0) + f'(0) \frac{x}{1!} + f''(0) \frac{x^2}{2!} + f'''(0) \frac{x^3}{3!} + f^{IV}(0) \frac{x^4}{4!} + \dots$$

Für die Binomialfunktion $y = f(x) = (1 + x)^n$ ist

$$f'(x) = n(1 + x)^{n-1}, \quad f''(x) = n(n-1)(1 + x)^{n-2},$$
$$f'''(x) = n(n-1)(n-2)(1 + x)^{n-3} \text{ usw.}$$

setzt man also hierin $x = 0$, so ergibt sich

$$f(0) = 1, f'(0) = n, f''(0) = n(n-1), f'''(0) = n(n-1)(n-2) \text{ usw.}$$

und es folgt nach a) die Binomische Reihe:

b) $$(1 + x)^n = 1 + \frac{n}{1!} x + \frac{n(n-1)}{2!} x^2 + \frac{n(n-1)(n-2)}{3!} x^3 + \dots$$

Ebenso erhält man

$$(1 - x)^n = 1 - \frac{n}{1!} x + \frac{n(n-1)}{2!} x^2 - \frac{n(n-1)(n-2)}{3!} x^3 + \dots$$

Also

$$(1 \pm x)^n = 1 \pm \binom{n}{1} x + \binom{n}{2} x^2 \pm \binom{n}{3} x^3 + \dots \qquad (\S\, 2, 7.)$$

Auch ergibt sich

$$(1 + x)^{-n} = 1 - \frac{n}{1!} x + \frac{n(n+1)}{2!} x^2 - \frac{n(n+1)(n+2)}{3!} x^3 + \dots$$
$$= 1 + \binom{-n}{1} x + \binom{-n}{2} x^2 + \binom{-n}{3} x^3 + \dots \qquad (\S\, 3, 2.\text{a})$$

sowie

$$(1 = z)^{-n} = 1 + \frac{n}{1!} z + \frac{n(n+1)}{2!} z^2 + \frac{n(n+1)(n+2)}{3!} z^3 + \dots$$

Setzt man $1 + x = (1 - z)^{-1} = \frac{1}{1 - z}$, so ist $z = \frac{x}{1 + x}$, und man erhält:

c) $$(1 + x)^n = 1 + \frac{n}{1!}\left(\frac{x}{1 + x}\right) + \frac{n(n + 1)}{2!}\left(\frac{x}{1 + x}\right)^2 + \frac{n(n + 1)(n + 2)}{3!}\left(\frac{x}{1 + x}\right)^3 + \ldots .$$

Die Reihe b) ist eine endliche für ganze positive, die Reihe c) für ganze negative Werte von n, z. B.

$$(1 + x)^5 = 1 + 5x + 10x^2 + 10x^3 + 5x^4 + x^5$$

$$(1 + x)^{-5} = \frac{1}{(1 + x)^5} = \left(\frac{1}{1 + x}\right)^5 = \left(1 - \frac{x}{1 + x}\right)^5$$

$$= 1 - 5\left(\frac{x}{1 + x}\right) + 10\left(\frac{x}{1 + x}\right)^2 - 10\left(\frac{x}{1 + x}\right)^3 + 5\left(\frac{x}{1 + x}\right)^4 - \left(\frac{x}{1 + x}\right)^5.$$

Da ferner $a + x = a\left(1 + \frac{x}{a}\right)$ ist, so folgt auch

$$(a + x)^n = a^n\left(1 + \frac{x}{a}\right)^n = a^n\left[1 + \frac{n}{1!}\left(\frac{x}{a}\right) + \frac{n(n - 1)}{2!}\left(\frac{x}{a}\right)^2 + \ldots\right],$$

also

d) $$(a + x)^n = a^n + \frac{n}{1!}a^{n-1}x + \frac{n(n - 1)}{2!}a^{n-2}x^2 + \frac{n(n - 1)(n - 2)}{3!}a^{n-3}x^3 + \ldots .$$

und

$$(a \pm x)^n = a^n \pm \tbinom{n}{1}a^{n-1}x + \tbinom{n}{2}a^{n-2}x^2 \pm \tbinom{n}{3}a^{n-3}x^3 + \ldots \text{ (§ 2, 6.)}$$

z. B.: $$\sqrt[3]{1009^2} = (1000 + 9)^{\frac{2}{3}} = 1000^{\frac{2}{3}}(1 + 0{,}009)^{\frac{2}{3}}$$

$$= 100\left(1 + \frac{2}{3}\cdot 0{,}009 + \frac{\frac{2}{3}\left(\frac{2}{3} - 1\right)}{2}\cdot 0{,}009^2 + \ldots\right)$$

$$= 100\,(1 + 0{,}006 - 0{,}000009 + \ldots) = 100{,}5991\ldots$$

Taylorsche Reihe. Differenziert man die Funktion $u = x + h$ zuerst nach x, indem man h als Konstante betrachtet, dann nach h, indem man x als Konstante betrachtet, so ergibt sich

$$\frac{du}{dx} = 1 + 0 \quad \text{und} \quad \frac{du}{dh} = 0 + 1,$$

also für beide Fälle dasselbe Resultat. Ebenso wird

$$\frac{d[2a(x+h)]}{dx} = \frac{d[2a(x+h)]}{dh} \quad \text{oder} \quad \frac{df(x+h)}{dx} = \frac{df(x+h)}{dh}.$$

Ist nun

e) $$f(x+h) = X_0 + X_1 h + X_2 h^2 + X_3 h^3 + \ldots$$

eine nach fortschreitenden Potenzen von h konvergente Reihe, so ist

$$\frac{df(x+h)}{dx} = \frac{dX_0}{dx} + \frac{dX_1}{dx}h + \frac{dX_2}{dx}h^2 + \frac{dX_3}{dx}h^3 + \ldots.$$

$$\frac{df(x+h)}{dh} = 0 + X_1 + 2X_2 h + 3X_3 h^2 + 4X_4 h^3 + \ldots.$$

Diese beiden Reihen sind aber einander gleich, also erhält man durch Vergleichung der Koeffizienten für h^0, h^1, h^2 usw.

$$X_1 = \frac{dX_0}{dx}, \quad X_2 = \frac{1}{2}\frac{dX_1}{dx} = \frac{1}{1\cdot 2}\frac{d^2X_0}{dx^2}, \quad X_3 = \frac{1}{3}\frac{dX_2}{dx} = \frac{1}{1\cdot 2\cdot 3}\frac{d^3X_0}{dx^3},$$

usw.

Für $h = 0$ in e) ergibt sich $X_0 = f(x)$, also $X_1 = \frac{dX_0}{dx} = f'(x)$,

$$X_2 = \frac{1}{1\cdot 2}\frac{d^2X_0}{dx^2} = \frac{1}{2!}f''(x), \quad X_3 = \frac{1}{1\cdot 2\cdot 3}\frac{d^3X_0}{dx^3} = \frac{1}{3!}f'''(x), \text{ usw.}$$

Es läßt sich hiernach eine Funktion in folgende, nach dem englischen Mathematiker B. Taylor benannte Reihe verwandeln:

f) $$f(x+h) = f(x) + \frac{h}{1!}f'(x) + \frac{h^2}{2!}f''(x) + \frac{h^3}{3!}f'''(x) + \ldots.$$

Setzt man in dieser Reihe $x = 0$, so ergibt sich

$$f(h) = f(0) + \frac{h}{1!}f'(0) + \frac{h^2}{2!}f''(0) + \frac{h^3}{3!}f'''(0) + \ldots.$$

also die Maclaurinsche Reihe a).

Die Reihen von Taylor und Maclaurin sind gültig, wenn $f(x)$ mit sämtlichen Ableitungen in dem Intervall x bis $x + h$ bzw. 0 bis x endlich und stetig bleibt. Dem Wesen nach lösen beide die nämliche Aufgabe: die Entwicklung einer Funktion in eine Potenzreihe; die erstere leistet dies für ein beliebiges Intervall der Funktion, die letztere nimmt die Null als Grenze des Intervalls. Die Taylorsche Reihe ist von größerer Tragweite. Bei den meisten Anwendungen ist h sehr klein, ein nahe der Null liegender Bruch, dessen steigende Potenzen rasch abnehmend der Null sich nähern; zur näherungsweisen Berechnung von $f(x+h)$ aus $f(x)$ und dem Differentialquotienten genügen dann wenige Glieder der Reihe. Hat man z. B. einen Näherungswert $x = a$ für die Wurzel einer Gleichung gefunden, so bedeutet h das kleine Zusatzglied für den genauen Wert der Wurzel, es ist dann $f(a+h) = 0$. Bricht man die Reihe nach dem zweiten Gliede ab, so hat man

g) $$f(a+h) = f(a) + h f'(a), \text{ also } h = -\frac{f(a)}{f'(a)}.$$

Dies ist das Newtonsche Näherungsverfahren für die Lösung von Gleichungen.

Unter § 11, 12. wurde die Gleichung fünften Grades $2x^5 + 4x^3 - 3 = 0$ nach der »Regula falsi« gelöst; dieselbe Gleichung soll jetzt nach dem Newtonschen Verfahren gelöst werden, also gleichzeitig als Zahlenbeispiel für die Anwendung der Taylorschen Reihe dienen:

$$f(x) = 2x^5 + 4x^3 - 3 \quad \text{und} \quad f'(x) = 10x^4 + 12x^2;$$

ein Ausgangswert nach § 11, 12. ist $a = 0{,}8$ und $f(a) = -0{,}2966$:

a	$f(a)$	$f'(a)$	$f(a) : f'(a)$	h
0,8	— 0,2966	11,776	— 0,025	0,025
0,825	0,0104	12,8000	0,00081	— 0,00081
0,82419	0,00005			

In der Kürze dieser Rechnung hat man zugleich ein typisches Beispiel, wie die Differentialrechnung den elementaren Rechenmethoden überlegen ist.

8. Geometrische Bedeutung von $y = f(x)$ und $\frac{dx}{dy} = f'(x)$.

Bisher wurde $f(x)$ immer als Kurve gedacht und $f'(x)$ als Tangens oder Neigung der Kurve im Punkte x/y. Dies ist aber nicht die einzig mögliche Auffassung, man hat vielmehr in dieser Beziehung oft eine dreifache Wahl; denkt man sich x immer als Abszisse, so kann $f(x)$ entweder eine Kurvenordinate bedeuten oder eine Fläche oder schließlich ein Volumen, und $f'(x)$ bzw. einen Tangens oder eine Kurvenordinate oder eine Fläche. Um dies in recht einfacher Weise zu erläutern, betrachte man zuerst die Gerade durch 0 und P, Bild 191; schreibt man ihre Gleichung $y = mx$, so ist der Differentialquotient $= m$, und in diesem Falle eine Konstante, nämlich der Tangens der Geraden. Faßt man ein andermal die durch Gerade und x-Achse begrenzten rechtwinkligen Dreiecke ins Auge, also die Funktion $y = f(x) = \frac{mx^2}{2}$, so bedeutet der Differentialquotient $f'(x) = mx$ die letzte Ordinate eines beliebigen dieser Dreiecke; für $x = 3$ und $m = \frac{2}{5}$ ist diese $QP = \frac{6}{5}$. Denkt man sich drittens Gerade und x-Achse als Kantenlinien rechteckiger Pyramiden, etwa die Funktion $y = f(x) = \frac{mx^3}{3}$, so bedeutet der Differentialquotient $f'(x) = m x^2$ jetzt den letzten Querschnitt einer beliebigen dieser Pyramiden; für $x = 3$ und $m = \frac{2}{5}$ ist dieser $= Q P M N$ $= \frac{18}{5}$. In den Kurven $y = \frac{m x^2}{2}$ und $y = \frac{m x^3}{3}$ erscheinen die Dreieckflächen bzw. Pyramidenvolumen als Ordinaten; für $x = 3$ und $m = \frac{2}{5}$ sind die Differentialquotienten $\frac{6}{5}$ und $\frac{18}{5}$, die Tangens oder Kurvenneigungen in den Punkten P' bzw. P''.

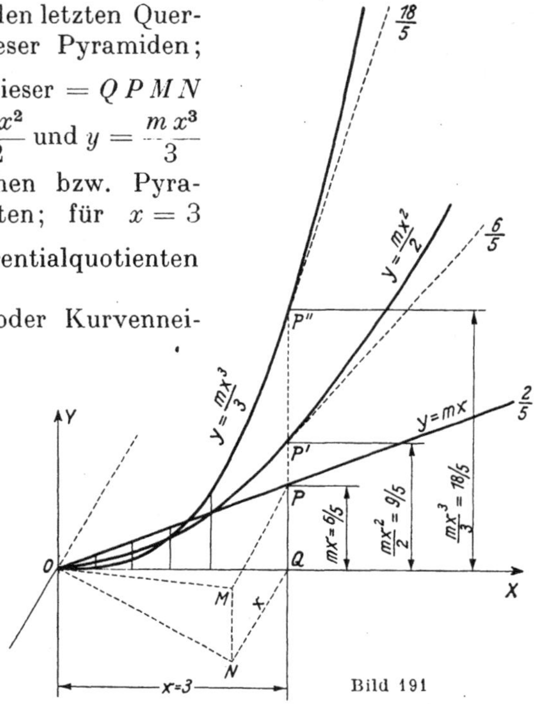

Bild 191

Für die vierten und höheren Potenzen von x ist man auf die Kurvendarstellungen allein angewiesen, und zwar aus dem einfachen Grunde, weil der Raum nur drei Dimensionen hat.

Der Maßstab des Bildes 191 ist für $m = \frac{2}{5}$ und die Zahlenangaben für $x = 3$.

9. Bestimmte und unbestimmte Integrale.

Die ersten Sätze der Integralrechnung wurden gefunden, analog den beiden Dreiecksberechnungen unter § 33, 2., durch Integrieren als direktes Summieren:

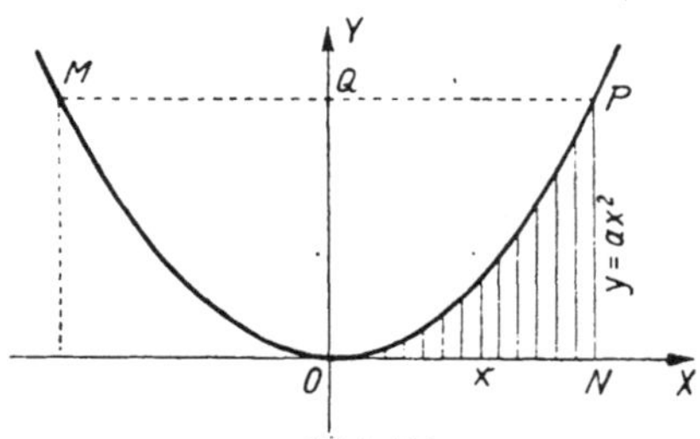

Bild 192

Teilt man die Abszisse $ON = x$, Bild 192, in n gleiche Teile $\Delta x = \frac{x}{n}$ und bezeichnet die den Teilpunkten entsprechenden Ordinaten mit y_1, $y_2 \ldots y_n$, so ist die von der Parabel $y = a x^2$ begrenzte Fläche NOP annähernd $= y_1 \Delta x + y_2 \Delta x + \ldots + y_n \Delta x = \Sigma y \cdot \Delta x$. Ersetzt man y_1 durch $a (\Delta x)^2$, y_2 durch $a (2 \Delta x)^2$ usw., so hat man

$$\begin{aligned} \Sigma a x^2 \cdot \Delta x &= a \Delta x [(\Delta x)^2 + (2 \Delta x)^2 + (3 \Delta x)^2 + \ldots + (n \Delta x)^2] \\ &= a \Delta x^3 (1^2 + 2^2 + 3^2 + \ldots + n^2) \\ &= a \frac{x^3}{n^3} \cdot \frac{n (n+1)(2n+1)}{1 \cdot 2 \cdot 3} \qquad \text{(Siehe § 13, 6.)} \end{aligned}$$

für $n = \infty$ ist also genau

$$\int a x^2 dx = \frac{a x^3}{n^3} \cdot \frac{n^3}{3} = \frac{a x^3}{3}.$$

Die Rechteckfläche $ONPQ$ ist ax^3, also ist die innere Parabelfläche $OQP = \frac{2}{3} a x^3$ oder auch die Parabelfläche $MOP = \frac{2}{3}$ des sie umschließenden Rechtecks.

Wie schon unter § 33, 8. gesagt wurde, sind die Schwierigkeiten beim direkten Integrieren, die dabei auftretenden Reihen zu summieren, und um diese Schwierigkeiten zu umgehen, betrachtet man jetzt allgemein das

Integrieren als Inversion des Differenzierens,

wie es unter § 33, 10. erklärt wurde. Nach der daselbst gegebenen Regel erhält man statt der obigen Rechnung ohne weiteres

$$\int a x^2 dx = \frac{a x^3}{3}.$$

Die drei Differentialquotienten der in Bild 191 dargestellten Funktionen sind

$$\frac{dy}{dx} = m, \qquad \frac{dy}{dx} = m x, \qquad \frac{dy}{dx} = m x^2,$$

die drei Differentiale sind also

$$dy = m dx, \qquad dy = m x dx, \qquad dy = m x^2 dx,$$

und die drei Integrale dieser Differentialen sind nach der Regel:

$$\int m\, dx = m x, \qquad \int m x\, dx = \frac{m x^2}{2}, \qquad \int m x^2 dx = \frac{m x^3}{3}.$$

Man beachte noch: $d\int m dx = m dx$ oder allgemein $d\int f(x) dx = f(x) dx$, die beiden Zeichen d und $\int$ heben sich also gegenseitig auf, wie das ja auch als Zeichen inverser Operationen nicht anders sein kann.

Unbestimmtheiten. Differenziert man die drei Funktionen

$$a x^3 + 5, \qquad a x^3 + b, \qquad a x^3 + ab,$$

so erhält man in allen drei Fällen $3 a x^2$, weil der Differentialquotient eines konstanten Gliedes (5, b, ab) gleich Null ist. Ist daher für einen Differentialquotienten wie $\frac{dy}{dx} = m x^5$ das entsprechende Integral, also seine Stammfunktion, verlangt, so gibt

$$y = \int m x^5 dx = \frac{m x^6}{6}$$

wohl das richtige Bild der Funktionskurve, aber ihre Lage im Koordinatensystem bleibt unbestimmt, weil ein gegebener Differentialquotient das konstante Glied seiner Stammfunktion nicht verrät; die Feststellung des Vorhandenseins eines solchen und seine Bestimmung ist eine Nebenaufgabe des Integrierens, deren Lösung weiterhin Behandlung finden wird; um jedoch an diese Unbestimmtheit stets erinnert zu sein, schreibt man das obige Integral

$$y = \int m\,x^5\,dx = \frac{m\,x^6}{6} + C.$$

C bedeutet die noch zu bestimmende Konstante, die sog. Integrationskonstante; wird sie nicht zu jedem Integral hinzugefügt, so ist sie doch stillschweigend immer vorausgesetzt. Während also die erste Schreibweise ein unvollständiges Integral ist, nennt man die zweite Schreibweise ein unbestimmtes Integral.

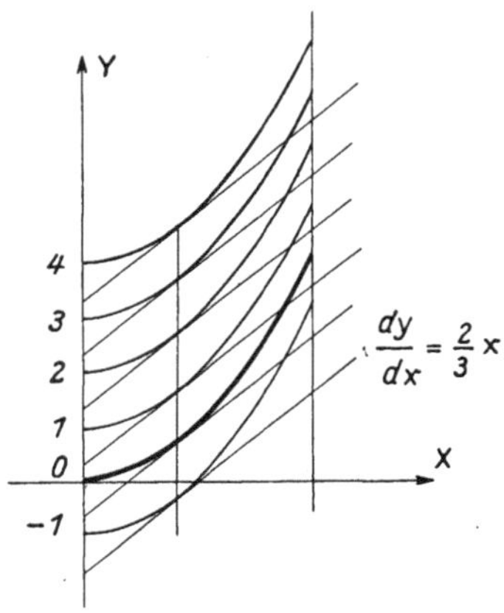

Bild 193

Für $\frac{dy}{dx} = \frac{2}{3}\,x$ ist das Integral

$$y = \int \frac{2}{3}\,x\,dx = \frac{1}{3}\,x^2 + C,$$

also bei willkürlichem C eine Schar von Parabeln, Bild 193, die sämtlich in den Schnittpunkten mit einer beliebigen Parallelen zur y-Achse gleiche Neigung haben, denn $\frac{dy}{dx}$ ist ja der Tangens dieser Neigung. Für $C = 0$ hat man die Parabel durch den Ursprung des Koordinatensystems, die sog. Hauptkurve. Man erhält ebenso allgemein:

Das unbestimmte Integral

$$y = \int f(x)\,dx = F(x) + C$$

des Differentials $dy = f(x)dx$ stellt eine Schar von kongruenten ebenen Kurven dar, die erzeugt wird, indem man die Hauptkurve $y = F(x)$ in der Richtung der y-Achse verschiebt.

Um die Integrationskonstante zu finden, müssen zwei zusammengehörige Werte von x und $y = \int f(x)\,dx$ bekannt sein; ist für $x = a$, $y = m$, und hat man $y = \int f(x)\,dx = F(x) + C$ gefunden, so muß auch

$$m = F(a) + C$$

sein, es gilt somit die Subtraktion $y - m = F(x) - F(a)$, also in diesem Falle

$$y = \int f(x)\,dx = F(x) + m - F(a),$$

und es ist hiernach die Konstante $C = m - F(a)$.

Weiß man z. B., daß das unbestimmte Integral

$$y = \int x\,dx = \frac{x^2}{2} \text{ für } x = 1,\ y = 3 \text{ gibt,}$$

so ist die Konstante $C = 3 - \frac{1}{2} = \frac{5}{2}$, und daher das Integral

$$y = \int x\,dx = \frac{x^2}{2} + \frac{5}{2} = \frac{x^2 + 5}{2}.$$

Selbst die Konstantenermittlung läßt das Integral noch unbestimmt, weil für x, als unabhängige Variable, jeder beliebige Wert angenommen werden kann; will man aber einen ganz bestimmten Wert n des Integrals haben, der einem bestimmten Wert b von x entspricht, so muß man noch diesen in das gefundene Integral einsetzen, und erhält dann $n = F(b) + m - F(a)$. So gilt z. B. $y = \int x\,dx = \frac{x^2 + 5}{2}$ für $x = 5$ und $y = 15$.

Meistens ist derjenige Wert von x bekannt, bei welchem $y =$ Null wird; in diesem Falle hat man also $m = 0$, und es führt daher das unbestimmte Integral $\int f(x)\,dx = F(x)$ auf das bestimmte Integral $n = F(b) - F(a)$, das also gefunden wird, wenn man in dem Ausdruck $F(x)$

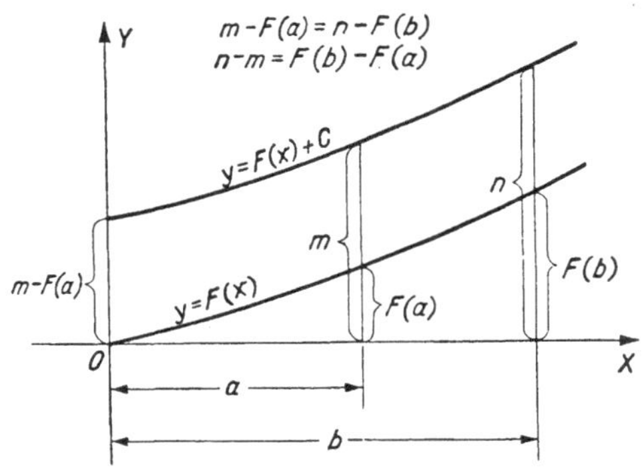

Bild 194

des unbestimmten Integrals die beiden Grenzwerte a und b von x einsetzt und die erhaltenen Werte voneinander subtrahiert. Um dies anzudeuten, schreibt man statt $\int f(x)\,dx$, $\int_a^b f(x)\,dx$; ist also z. B.

$$\int f(x)\,dx = \frac{x^2}{2}, \text{ so ist } \int_a^b f(x)\,dx = \frac{b^2 - a^2}{2};$$

a und b nennt man hier die untere bzw. die obere Grenze des bestimmten Integrals. Bild 194 gibt eine geometrische Erklärung der obigen Ableitungen und dürfte jetzt ohne weiteres verständlich sein.

10. Integralformeln für Summe und Potenz mit Beispielen.

Die Inversion der Differentialformel $d[f(x) + \varphi(x)] = df(x) + d\varphi(x)$ gibt die Integralformel $\int [df(x) + d\varphi(x)] = f(x) + \varphi(x)$, oder

a) $$\int [f(x)\,dx + \varphi(x)\,dx] = \int f(x)\,dx + \int \varphi(x)\,dx.$$

Es ist also das Integral von einer Summe mehrerer Differentialen gleich der Summe von den Integralen der einzelnen Differentialen. Z. B. $\int (3 + 5x)dx = \int 3\,dx + \int 5\,x\,dx = 3\,x + \frac{5}{2}\,x^2$.

Die allerwichtigste Integralformel, die der Potenzfunktion x^n,

b) $$\int x^n\,dx = \frac{x^{n+1}}{n+1}$$

wurde schon, vorausgreifend, unter § 33, 10. gegeben, zusammen mit ihrer einfachen Integralregel. Sie entspricht den unter 5. dieses Paragraphen erörterten Kurvensystemen.

Hiernach ist z. B. $\int 5\,x^3\,dx = 5 \int x^3\,dx = \frac{5}{4}\,x^4$; ferner

$$\int \sqrt[3]{x^4}\,d\,x = \int x^{\frac{4}{3}}\,dx = \frac{3}{7}\,x^{\frac{7}{3}} = \frac{3}{7}\sqrt[3]{x^7};$$

$$\int \frac{d\,x}{2\sqrt{x}} = \frac{1}{2}\int x^{-\frac{1}{2}}\,d\,x = \frac{1}{2}\,\frac{x^{\frac{1}{2}}}{\frac{1}{2}} = \sqrt{x};$$

$$\begin{aligned}\int (4 - 6\,x^2 + 5\,x^4)\,d\,x &= \int 4\,dx - \int 6\,x^2\,dx + \int 5\,x^4\,dx \\ &= 4\int dx - 6\int x^2\,dx + 5\int x^4\,dx \\ &= 4\,x - 2\,x^3 + x^5.\end{aligned}$$

Die Differentialrechnung lehrt, daß $\sqrt{3\,x - 2} \cdot d\,x$ kein vollständiges Differential ist, um es vollständig zu machen, ohne den Wert der Funktion zu ändern, muß man mit 3 multiplizieren und dividieren und erhält dann $\frac{1}{3}\sqrt{3\,x - 2} \cdot 3\,dx$. Hiernach ist

$$\begin{aligned}\int \sqrt{3\,x - 2} \cdot dx &= \frac{1}{3}\int \sqrt{3\,x - 2} \cdot 3\,dx = \frac{1}{3}\int (3\,x - 2)^{\frac{1}{2}}\,3\,dx \\ &= \frac{1}{3} \cdot \frac{2}{3}(3\,x - 2)^{\frac{3}{2}} = \frac{2}{9}\sqrt{(3\,x - 2)^3};\end{aligned}$$

ebenso erhält man

$$\begin{aligned}\int \frac{5\,x\,dx}{\sqrt[3]{2\,x^2 - 1}} &= \int \frac{5}{4}\,\frac{4\,x\,dx}{\sqrt[3]{2\,x^2 - 1}} = \int \frac{5}{4}(2\,x^2 - 1)^{-\frac{1}{3}}\,4\,x\,dx \\ &= \frac{5}{4} \cdot \frac{3}{2}\,(2\,x^2 - 1)^{\frac{2}{3}} = \frac{15}{8}\sqrt[3]{(2\,x^2 - 1)^2}.\end{aligned}$$

Außer durch eine solche formale Änderung oder Vervollständigung des Differentials kann man das Integral auch durch Substitution erhalten. Setzt man im ersten Falle $3x - 2 = u$, so ist $3\,dx = du$ oder $dx = \frac{du}{3}$, man hat also

$$\int \sqrt{3x-2} \cdot dx = \int u^{\frac{1}{2}} \frac{du}{3} = \frac{1}{3} \cdot \frac{2}{3} u^{\frac{3}{2}} = \frac{2}{9} \sqrt{u^3} = \frac{2}{9} \sqrt{(3x-2)^3}.$$

Setzt man im zweiten Falle $2x^2 - 1 = u$, so ist $4x\,dx = du$ oder $x\,dx = \frac{du}{4}$, man erhält jetzt

$$\int \frac{5\,x\,dx}{\sqrt[3]{2x^2-1}} = \int \frac{5\,du}{4\sqrt[3]{u}} = \frac{5}{4} \int u^{-\frac{1}{3}}\,du = \frac{5}{4} \cdot \frac{3}{2} u^{\frac{2}{3}} = \frac{15}{8} \sqrt[3]{(2x^2-1)^2}.$$

Durch Hinzufügen der Grenzen lassen sich die unbestimmten Integrale in bestimmte verwandeln, z. B.

$$\int_1^2 5x^3\,dx = \frac{5}{4} x^4 \Big|_1^2 = \frac{5}{4}(16-1) = 18\frac{3}{4}.$$

$$\int_4^9 \frac{dx}{2\sqrt{x}} = \sqrt{x} \Big|_4^9 = \sqrt{9} - \sqrt{4} = 1.$$

$$\int_1^6 \sqrt{3x-2}\,dx = \frac{2}{9} \sqrt{(3x-2)^3} \Big|_1^6 = \frac{2}{9}(\sqrt{16^3} - \sqrt{1^3}) = \frac{2}{9}(64-1) = 14.$$

$$\int_{-1}^{+1} (1-x^2)\,dx = x - \frac{x^3}{3} \Big|_{-1}^{+1} = 1 - \frac{1}{3} - \left(-1 + \frac{1}{3}\right) = \frac{4}{3}.$$

$$\int_{-2}^{+2} x^4\,dx = \frac{x^5}{5} \Big|_{-2}^{+2} = \frac{32+32}{5} = \frac{64}{5}.$$

$$\int_{-\frac{1}{2}}^{0} \left(1 + \frac{3x}{2} - x^2\right) dx = x + \frac{3x^2}{4} - \frac{x^3}{3} \Big|_{-\frac{1}{2}}^{0} = \frac{1}{2} - \frac{3}{16} - \frac{1}{24} = \frac{13}{48}.$$

$$\int_0^3 (2x + 3x^2)\,dx = x^2 + x^3 \Big|_0^3 = 9 + 27 = 36.$$

$$\int_a^b (a + bx)\,dx = \frac{2ab + b^3 - 2a^2 - a^2 b}{2}$$

$$\int_a^b f(x)\,dx = F(b) - F(a) \text{ und } \int_b^a f(x)\,dx = F(a) - F(b),$$

d. h. vertauscht man die Grenzen eines bestimmten Integrals, so ändert sich nur sein Vorzeichen, es ist also

c) $$\int_a^b f(x)\,dx = -\int_b^a f(x)\,dx.$$

Die Regel für das Integral der Potenzfunktion x^n hat einen einzigen Ausnahmefall, in welchem sie ein unbestimmbares Resultat liefert, nämlich für $\int \frac{1}{x} dx$ ergibt die Regel $\frac{x^0}{0} = \infty$; für x^0 ($= 1$) liefert ja auch die Differentialrechnung kein Differential. Der Integralwert von $\int \frac{1}{x} dx$ ist der sogenannte natürliche Logarithmus von x, geschrieben ${}^e\log x$ oder $\ln x$, wie sich weiterhin zeigen wird.

11. Die wichtige Funktion e^x.

Unter § 2, 8. erscheint die Reihe für e und unter § 2, 9. die Reihe für

$$e^x = 1 + x + \frac{x^2}{1 \cdot 2} + \frac{x^3}{1 \cdot 2 \cdot 3} + \frac{x^4}{1 \cdot 2 \cdot 3 \cdot 4} + \dots,$$

Differenziert man diese Reihe Glied für Glied, so erhält man

$$0 + 1 + x + \frac{x^2}{1 \cdot 2} + \frac{x^3}{1 \cdot 2 \cdot 3} + \dots,$$

es ergibt sich also wieder dieselbe Reihe, d. h. ist $y = e^x$, so ist $dy = e^x dx$ oder $\frac{dy}{dx} = e^x$. Man hat hier die bemerkenswerte und einzig dastehende Tatsache, daß ein Differentialquotient gleich seiner Stammfunktion ist, diese also durch Differenzieren nicht verändert wird. Ist $y = ce^x$, so ist $\frac{dy}{dx} = ce^x$.

Ohne von der Funktion e^x etwas zu wissen, könnte ihre Entdeckung leicht durch die Frage herbeigeführt werden: Gibt es einen Ausdruck, der nur Potenzen von x enthält und durch Differenzieren nicht verändert wird? — Angenommen

$$y = A + Bx + Cx^2 + Dx^3 + Ex^4 + \dots$$

wäre ein solcher Ausdruck, dann wäre

$$\frac{dy}{dx} = B + 2Cx + 3Dx^2 + 4Ex^3 + \dots$$

soll nun diese Reihe mit der ursprünglichen identisch sein, so ist

$$A = B;\ B = 2C, \text{ also } C = \frac{A}{2};\ C = 3D, \text{ also } D = \frac{A}{2 \cdot 3};$$

$$D = 4E, \text{ also } E = \frac{A}{2 \cdot 3 \cdot 4}; \text{ usw.}$$

Benutzt man diese Werte für die ursprüngliche Reihe, so wird

$$y = A\left(1 + x + \frac{x^2}{1 \cdot 2} + \frac{x^3}{1 \cdot 2 \cdot 3} + \frac{x^4}{1 \cdot 2 \cdot 3 \cdot 4} + \dots\right).$$

Für $A = 1$ und $x = 0$ ist $y = 1$
» $A = 1$ » $x = 1$ » $y = 2{,}7182818\ldots = e$
» $A = 1$ » $x = 2$ » $y = e^2 = 7{,}389056\ldots$
» $A = 1$ » $x = x$ » $y = e^x$
» $A = c$ » $x = x$ » $y = ce^x$.

a) Aus $d\,(e^x) = e^x\,d\,x$ folgt

b) $d\,(e^{bx}) = e^{bx}\,d\,(b\,x) = b\,e^{bx}\,d\,x$ und

c) $d\,(c\,e^{bx}) = c\,e^{bx}\,d\,(b\,x) = c\,b\,e^{bx}\,d\,x$.

Setzt man $e = a^m$ oder $a = e^{\frac{1}{m}}$, so ist $\frac{1}{m} = {}^e\!\log a$ oder $\ln a$.

$$d\,(a^x) = d\left(e^{\frac{x}{m}}\right) = e^{\frac{x}{m}}\,d\left(\frac{x}{m}\right) = e^{\frac{x}{m}}\,\frac{1}{m}\,d\,x, \text{ also}$$

d) $$d\,(a^x) = \frac{a^x}{m}\,d\,x = a^x \ln a\,d\,x.$$

Während $y = x^n$ als Potenzfunktion bezeichnet wird, nennt man $y = a^x$ eine Exponentialfunktion; bei der einen ist also die Basis die Variable, bei der andern der Exponent. Die Exponentialfunktion e^x nennt man auch die natürliche Potenz.

Aus der Exponentialreihe für e^x erhält man die für a^x wie folgt:

$$a^x = e^{\frac{x}{m}} = 1 + \frac{1}{1!}\,\frac{x}{m} + \frac{1}{2!}\left(\frac{x}{m}\right)^2 + \frac{1}{3!}\left(\frac{x}{m}\right)^3 + \ldots.$$

$$= 1 + \frac{\ln a}{1!}\,x + \frac{(\ln a)^2}{2!}\,x^2 + \frac{(\ln a)^3}{3!}\,x^3 + \ldots.$$

Setzt man wieder $y = a^x = e^{\frac{x}{m}}$, so hat man

$$x = {}^a\!\log y \text{ und } \frac{x}{m} = {}^e\!\log y, \text{ also}$$

$${}^a\!\log y = m\,{}^e\!\log y \text{ und umgekehrt}$$

$${}^e\!\log y = \frac{1}{m}\,{}^a\!\log y.$$

Die Zahl m heißt der Modul des der Basis a entsprechenden Logarithmensystems. Über Logarithmensysteme s. § 6, 9. und für die Umrechnung der 10-Logarithmen in e-Logarithmen und umgekehrt s. § 6, 11. Das Bild 91 § 26 gibt ein Bild der Funktionen 2^x, e^x, 10^x mit ihren Inversen ${}^2\!\log x$, ${}^e\!\log x$, ${}^{10}\!\log x$. Bild 2, § 6, zeigt die Kurven ${}^e\!\log x$ und ${}^{10}\!\log x$ mit Markierung besonderer Punkte; für $y = 0$ ist $x = e^0 = 10^0 = 1$ für beide Kurven; für $y = -1$ ist $x = e^{-1} = 0{,}368\ldots$ und $x = 10^{-1} = 0{,}1$; für $y = -\infty$ ist $x = 0$, die y-Achse ist also Asymptote beider Kurven.

Ist $x = a^y$, so hat man nach d)

$$dx = d(a^y) = \frac{a^y\,dy}{m} \text{ und umgekehrt}$$

$$dy = \frac{m\,dx}{a^y} = \frac{m\,dx}{x}.$$

Nun ist aber auch $y = {}^a\log x$, also hat man für die logarithmischen Funktionen $y = {}^a\log x$ und $y = \ln x$ die Differentialformeln:

e) $$d({}^a\log x) = \frac{m\,dx}{x} = \frac{1}{\ln a} \cdot \frac{dx}{x}$$

f) $$d(\ln x) = \frac{dx}{x}, \text{ weil } \ln e = 1 \text{ ist.}$$

Mittels der Differentialformeln e) und f) erhält man z. B.:

(1) $$d\left(\ln \sqrt{x}\right) = \frac{d\sqrt{x}}{\sqrt{x}} = \frac{d(x)^{\frac{1}{2}}}{x^{\frac{1}{2}}} = \frac{1}{2}\,\frac{x^{-\frac{1}{2}}\,dx}{x^{\frac{1}{2}}} = \frac{1}{2}\,\frac{dx}{x}.$$

oder auch $$= d\left(\frac{1}{2}\ln x\right) = \frac{1}{2}\,d(\ln x) = \frac{1}{2}\,\frac{dx}{x}.$$

(2) $$\begin{aligned} d\left(\ln \frac{2+x}{x^2}\right) &= d\left[\ln(2+x) - \ln x^2\right] \\ &= d\ln(2+x) - d\ln x^2 \\ &= \frac{dx}{2+x} - \frac{2\,dx}{x} = -\frac{(4+x)\,dx}{x(2+x)}. \end{aligned}$$

(3) $$\begin{aligned} d\ln\frac{e^x-1}{e^x+1} &= d\ln(e^x-1) - d\ln(e^x+1) \\ &= \frac{d(e^x)}{e^x-1} - \frac{d(e^x)}{e^x+1} = \frac{e^x\,dx}{e^x-1} - \frac{e^x\,dx}{e^x+1} = \frac{2\,e^x\,dx}{e^{2x}-1}. \end{aligned}$$

Anstatt $y = f(x)$ direkt zu differenzieren, ist es oft zweckmäßig, zunächst beiderseits den natürlichen Logarithmus zu nehmen und diesen zu differenzieren; man nennt das logarithmische Differenzierung.

Sie wird besonders dann mit Vorteil angewendet, wenn $f(x)$ ein Produkt von mehreren Faktoren darstellt. Ist also $y = uvw \ldots$, wo u, v, w, ... Funktionen von x sind, so hat man

$$\ln y = \ln u + \ln v + \ln w + \ldots$$

und erhält hieraus durch Differenzierung

$$\frac{dy}{y} = \frac{du}{u} + \frac{dv}{v} + \frac{dw}{w} + \ldots.$$

Auch alle Funktionen von der Form $y = u^v$ werden mit Vorteil in dieser Weise behandelt. Man erhält zunächst durch Logarithmieren

$$\ln y = v \ln u$$

und hieraus durch Differenzieren

$$\frac{dy}{y} = v \frac{du}{u} + \ln u\, dv,$$

oder

$$dy = v u^{v-1} du + \ln u \cdot u^v dv.$$

Z. B.:

(4) $$y = x \sqrt{\frac{a-x}{a+x}} = x (a-x)^{\frac{1}{2}} (a+x)^{-\frac{1}{2}}$$

$$\ln y = \ln x + \frac{1}{2} \ln (a-x) - \frac{1}{2} \ln (a+x)$$

$$\frac{dy}{y} = \left(\frac{dx}{x} - \frac{dx}{2(a-x)} - \frac{dx}{2(a+x)}\right) = \frac{a^2 - ax - x^2}{x(a^2 - x^2)} dx,$$

oder

$$\frac{dy}{dx} = \frac{a^2 - ax - x^2}{(a+x)(a^2 - x^2)^{\frac{1}{2}}}.$$

(5) $$y = x^x, \quad \ln y = x \ln x$$

$$\frac{dy}{y} = x \frac{dx}{x} + dx \ln x$$

$$\frac{dy}{dx} = x^x (1 + \ln x).$$

12. Die Integrale $\int a^x dx$, $\int e^x dx$, $\int \frac{dx}{x}$ und logarithmische Reihen.

Durch Inversion der Differentialformeln unter 11. erhält man wichtige Integralformeln:

Aus $d(a^x) = \frac{a^x dx}{m}$ folgt $\int \frac{a^x dx}{m} = a^x$, oder

a) $$\int a^x dx = m a^x = \frac{a^x}{\ln a}$$

b) $$\int e^x dx = e^x. \quad \int e^{mx} dx = \frac{1}{m} \int e^{mx} m\, dx = \frac{e^{mx}}{m}.$$

Ferner aus $d({}^a\log x) = \frac{m\, dx}{x}$ folgt $\int \frac{m\, dx}{x} = {}^a\log x$, also

c) $$\int \frac{dx}{x} = \frac{1}{m} {}^a\log x = \ln x,$$

und dasselbe gibt auch die Formel $d(\ln x) = \frac{dx}{x}$. Es ist der unter 10. erwähnte Ausnahmefall für die Potenzregel. Nach c) gilt ferner die wichtige Regel: Das Integral eines Bruches, dessen Zähler gleich dem Differential des Nenners ist, ist gleich dem Logarithmus des Nenners.

Also

$$\int \frac{2x - 5}{x^2 - 5x + 6} dx = \ln(x^2 - 5x + 6) + C$$

$$\int \frac{e^x dx}{e^x + a} = \ln(e^x + a) + C$$

$$\int \frac{e^x + 1}{e^x + x} dx = \ln(e^x + x) + C$$

$$\int \frac{e^x - e^{-x}}{e^x + e^{-x}} dx = \ln(e^x + e^{-x}) + C.$$

Durch Vervollständigung des Differentials wie unter 10. erhält man

$$\int e^{5x-1} dx = \frac{1}{5}\int e^{5x-1}\, 5\, dx = \frac{1}{5} e^{5x-1}$$

$$\int \frac{3\,dx}{7x + 2} = \frac{3}{7}\int \frac{7\,dx}{7x + 2} = \frac{3}{7}\ln(7x + 2)$$

$$\begin{aligned}\int \left(\frac{x^2 + 1}{x - 1}\right) dx &= \int \left(x + 1 + \frac{2}{x - 1}\right) dx \\ &= \int x\,dx + \int dx + 2\int \frac{dx}{x - 1} \\ &= \frac{x^2}{2} + x + 2\ln(x - 1).\end{aligned}$$

$$\begin{aligned}\int \sqrt{ax + b}\, dx &= \int \frac{1}{a}(ax + b)^{\frac{1}{2}} a\,dx = \frac{2}{3}\cdot\frac{1}{a}(ax + b)^{\frac{3}{2}} \\ &= \frac{2}{3a}\sqrt{(ax + b)^3}.\end{aligned}$$

$$\begin{aligned}\int \frac{dx}{\sqrt{ax + b}} &= \int \frac{1}{a}(ax + b)^{-\frac{1}{2}} a\,dx = \frac{2}{1}\cdot\frac{1}{a}(ax + b)^{\frac{1}{2}} \\ &= \frac{2}{a}\sqrt{ax + b}.\end{aligned}$$

$$\int \frac{x}{\sqrt{a + bx^2}} dx = \frac{1}{2b}\int \frac{2bx}{\sqrt{a + bx^2}} dx = \frac{1}{b}\sqrt{a + bx^2}.$$

Setzt man in der Integralformel $\int \frac{dx}{x} = \ln x$ $x = 1 + u$, also $u = x - 1$ und $dx = du$, so ergibt sich (wie in § 3, 3. a)

$$\frac{dx}{x} = \frac{du}{1+u} = (1+u)^{-1} du = (1 - u + u^2 - u^3 + u^4 - \dots) du,$$

und daher

$$\int \frac{dx}{x} = \int \frac{du}{1+u} = \int (1 - u + u^2 - u^3 + u^4 - \dots) du$$
$$= \int du - \int u\,du + \int u^2 du - \int u^3 du + \dots$$
$$= u - \frac{u^2}{2} + \frac{u^3}{3} - \frac{u^4}{4} + \dots,$$

man hat also auch

$$\ln(1+u) = u - \frac{u^2}{2} + \frac{u^3}{3} - \frac{u^4}{4} + \dots,$$

oder

d) $$\ln x = (x-1) - \frac{(x-1)^2}{2} + \frac{(x-1)^3}{3} - \frac{(x-1)^4}{4} + \dots$$

Mittels dieser Reihe lassen sich die Logarithmen solcher Zahlen berechnen, welche wenig von 1 abweichen. Nimmt man u negativ, so gibt die vorletzte Reihe

$$\ln(1-u) = -u - \frac{u^2}{2} - \frac{u^3}{3} - \frac{u^4}{4} - \dots$$

und es folgt durch Subtraktion

$$\ln(1+u) - \ln(1-u) = 2\left(u + \frac{u^3}{3} + \frac{u^5}{5} + \dots\right) = \ln\frac{1+u}{1-u};$$

setzt man $\frac{1+u}{1-u} = x$, also $u = \frac{x-1}{x+1}$, so erhält man schließlich

e) $$\ln x = 2\left[\frac{x-1}{x+1} + \frac{1}{3}\left(\frac{x-1}{x+1}\right)^3 + \frac{1}{5}\left(\frac{x-1}{x+1}\right)^5 + \dots\right].$$

Diese Reihe ist auch zur Bestimmung der Logarithmen solcher Zahlen zu gebrauchen, welche bedeutend von 1 abweichen.

Es ist auch

$$\ln(x+y) - \ln x = \ln\frac{x+y}{x} = \ln\left(1 + \frac{y}{x}\right)$$
$$= \frac{y}{x} - \frac{1}{2}\left(\frac{y}{x}\right)^2 + \frac{1}{3}\left(\frac{y}{x}\right)^3 - \dots$$

Setzt man $\frac{x+y}{x} = \frac{1+u}{1-u}$, so ist $u = \frac{y}{2x+y}$, und es ergibt sich

f) $\ln(x+y) = \ln x + 2\left[\frac{y}{2x+y} + \frac{1}{3}\left(\frac{y}{2x+y}\right)^3 + \frac{1}{5}\left(\frac{y}{2x+y}\right)^5 + \ldots\right]$.

Mittels dieser Formel kann man aus einem Logarithmen einen nächstgrößeren berechnen.

Beispiele: Nach Formel e) ist

$$\ln 2 = 2\left[\frac{2-1}{2+1} + \frac{1}{3}\left(\frac{2-1}{2+1}\right)^3 + \frac{1}{5}\left(\frac{2-1}{2+1}\right)^5 + \ldots\right]$$

$$= 2\left(\frac{1}{3} + \frac{1}{3}\cdot\frac{1}{27} + \frac{1}{5}\cdot\frac{1}{243} + \ldots\right)$$

$$= 2\left\{\begin{matrix}0{,}33\,333\\0{,}01\,234\\0{,}00\,082\\0{,}00\,007\\0{,}00\,001\end{matrix}\right\} = 2\cdot 0{,}34657 = 0{,}69314$$

genauer 0,69314718.

$$\ln 8 = \ln 2^3 = 3\ln 2 = 2{,}0794415$$

und weiter nach Formel f):

$$\ln 10 = \ln(8+2) = \ln 8 + 2\left[\frac{2}{16+2} + \frac{1}{3}\left(\frac{2}{16+2}\right)^3 + \ldots\right]$$

$$= 2{,}0794415 + 0{,}2231436 = 2{,}302585.$$

Man kann aber auch so rechnen: Nach Formel f) ist

$$\ln 2 = \ln(1+1) = 0 + 2\left[\frac{1}{2+1} + \frac{1}{3}\left(\frac{1}{2+1}\right)^3 + \frac{1}{5}\left(\frac{1}{2+1}\right)^5 + \ldots\right]$$

usw. wie vorher.

$$\ln 1\frac{1}{2} = \ln\left(1+\frac{1}{2}\right) = 0 + 2\left[\frac{\frac{1}{2}}{2+\frac{1}{2}} + \ldots\right]$$

$$= 2\left(\frac{1}{5} + \frac{1}{3}\cdot\frac{1}{5^3} + \frac{1}{5}\cdot\frac{1}{5^5} + \ldots\right) = 0{,}40546$$

$$\ln 5 = \ln(4+1) = 2\ln 2 + 2\left(\frac{1}{9} + \frac{1}{3}\cdot\frac{1}{9^3} + \ldots\right)$$

$$\ln 10 = \ln 2 + \ln 5.$$

Setzt man

$$\frac{1}{1-x^2} = \frac{a}{1+x} + \frac{b}{1-x} = \frac{a(1-x)+b(1+x)}{(1+x)(1-x)},$$

so folgt

$$a(1-x)+b(1+x)=1; \quad \text{für } 1+x=0, \text{ also } x=-1, \text{ ist } a=\frac{1}{2},$$

$$\text{für } 1-x=0, \text{ also } x=1, \quad \text{ist } b=\frac{1}{2};$$

es ist also

$$\int\frac{dx}{1-x^2}=\frac{1}{2}\int\frac{dx}{1+x}+\frac{1}{2}\int\frac{dx}{1-x}$$
$$=\frac{1}{2}\ln(1+x)-\frac{1}{2}\ln(1-x),$$

oder

g) $$\int\frac{dx}{1-x^2}=\frac{1}{2}\ln\left(\frac{1+x}{1-x}\right),$$

und ebenso

h) $$\int\frac{dx}{x^2-1}=\frac{1}{2}\ln\left(\frac{x-1}{x+1}\right).$$

Um den Integralwert $\int\frac{dx}{\sqrt{a^2x^2\pm b}}$ zu bestimmen, setze man

$$\sqrt{a^2x^2\pm b}=y-ax;$$

quadriert man diese Gleichung, so hebt sich a^2x^2 fort, und man erhält

$$\pm b=y^2-2axy;$$

durch Differenzierung ergibt sich hieraus:

$$0=2ydy-2axdy-2aydx \text{ oder}$$
$$0=(y-ax)dy-aydx;$$

und mit Einsetzung des ursprünglichen Wertes für $(y-ax)$ hat man nun

$$\int\frac{dx}{\sqrt{a^2x^2\pm b}}=\int\frac{dy}{ay}=\frac{1}{a}\ln y+C,$$

oder

i) $$\int\frac{dx}{\sqrt{a^2x^2\pm b}}=\frac{1}{a}\ln\left(ax+\sqrt{a^2x^2\pm b}\right)+C.$$

Durch graduelle Veränderung des Wurzelausdrucks ergeben sich hieraus die folgenden drei Formeln ohne weiteres:

k) $$\int\frac{dx}{\sqrt{ax^2\pm b}}=\frac{1}{\sqrt{a}}\ln\left(x\sqrt{a}+\sqrt{ax^2\pm b}\right)+C$$

l) $$\int\frac{dx}{\sqrt{x^2\pm b}}=\ln\left(x+\sqrt{x^2\pm b}\right)+C$$

m) $$\int\frac{dx}{\sqrt{x^2\pm 1}}=\ln\left(x+\sqrt{x^2\pm 1}\right)+C$$

Durch formelle Änderung des Integrals erhält man

$$-\int \frac{dx}{x(1+x^2)} = -\int \frac{x\,dx}{x^2(1+x^2)} = \int \left(\frac{x\,dx}{1+x^2} - \frac{x\,dx}{x^2}\right)$$
$$= \frac{1}{2}\ln(1+x^2) - \frac{1}{2}\ln x^2 = \frac{1}{2}\ln\frac{1+x^2}{x^2} + C.$$

Schließlich beachte man noch

$$d\ln x = \frac{dx}{x}, \text{ also } \int \frac{dx}{x} = \ln x + C,$$

aber auch

$$d\ln kx = d(\ln k + \ln x) = \frac{dx}{x}, \text{ also auch } \int \frac{dx}{x} = \ln kx + C.$$

13. Die wichtige Funktion $\sin x$.

"Die Funktionen x^n, e^x und $\sin x$ könnte man als die drei primären Funktionen der Analysis bezeichnen, weil alle anderen Funktionen sich als Ableitungen oder Zusammensetzungen dieser drei betrachten lassen. So ist z. B. jede logarithmische Funktion eine Ableitung von e^x, jeder Cosinus auch ein Sinus, also jeder Tangens ein Sinusverhältnis.

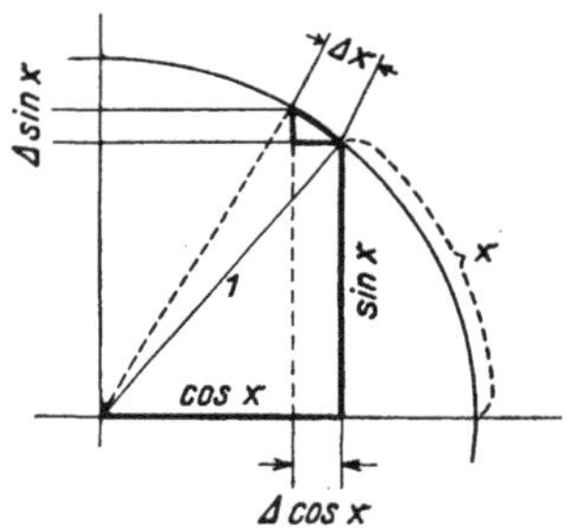

Bild 195

Nach Bild 195 ist $\sin(x + \Delta x) - \sin x = \Delta \sin x$. Denkt man sich den Zuwachs Δx des Bogens x unendlich klein, so schrumpfen die drei Veränderungen Δx, $\Delta \sin x$, $\Delta \cos x$ der Reihe nach zu dx, $d\sin x$, $d\cos x$ zusammen, und man erhält

$$\sin(x + dx) - \sin x = d\sin x$$
$$\cos(x + dx) - \cos x = -d\cos x;$$

aus ähnlichen Dreiecken ergibt sich

$$\frac{d\sin x}{dx} = \frac{\cos x}{1} \quad \text{und} \quad \frac{-d\cos x}{dx} = \frac{\sin x}{1},$$

also hat man

a) $$d\sin x = \cos x\,dx,$$

b) $$d\cos x = -\sin x\,dx.$$

Zu denselben Resultaten kommt man auch wie folgt: Nach § 23, 4. a) ist

$$\sin(x + dx) - \sin x = \sin x \cos dx + \cos x \sin dx - \sin x$$
$$= \cos x\,dx,$$

denn nach § 24, 6. kann man für unendlich kleine Winkel den Cosinus $= 1$ und den Sinus gleich dem Bogenmaß setzen, also hier $\cos dx = 1$ und $\sin dx = dx$.

Ebenso erhält man nach § 23, 4. b)

$$\begin{aligned} \cos(x + dx) - \cos x &= \cos x \cos dx - \sin x \sin dx - \cos x \\ &= -\sin x\, dx. \end{aligned}$$

Nach Formel 4. h) hat man jetzt

$$d \operatorname{cosec} x = d\frac{1}{\sin x} = -\frac{\cos x\, dx}{\sin^2 x} = -\cot x \operatorname{cosec} x\, dx,$$

$$d \sec x = d\frac{1}{\cos x} = \frac{\sin x\, dx}{\cos^2 x} = \tan x \sec x\, dx.$$

Secans und Cosecans werden wenig gebraucht.

Für $y = \sin x$ ist $\frac{dy}{dx} = \cos x$ und $\frac{d^2 y}{dx^2} = -\sin x$;

für $y = \cos x$ ist $\frac{dy}{dx} = -\sin x$ und $\frac{d^2 y}{dx^2} = -\cos x$.

Sinus und Cosinus sind die einzigen Funktionen, deren zweiter Differentialquotient gleich der ursprünglichen Funktion mit umgekehrtem Vorzeichen ist.

$$d \sin^2 x = d(\sin x)^2 = 2 \sin x \cdot \cos x\, dx = \sin 2x\, dx \qquad (\S\ 23,\ 7.\ a)$$

$$d \cos^2 x = d(\cos x)^2 = -2 \cos x \cdot \sin x\, dx = -\sin 2x\, dx$$

$$d \cos^2(ax) = -2 \cos(ax) \cdot \sin(ax)\, a\, dx = -a \sin(2ax)\, dx.$$

c) $$d \tan x = d\frac{\sin x}{\cos x} = \frac{\cos^2 x + \sin^2 x}{\cos^2 x} dx = \frac{dx}{\cos^2 x} = \sec^2 x\, dx.$$

d) $$d \cot x = d\frac{\cos x}{\sin x} = \frac{-\sin^2 x - \cos^2 x}{\sin^2 x} dx = -\frac{dx}{\sin^2 x} = -\operatorname{cosec}^2 x\, dx.$$

Die Formeln a), b), c), d) ergeben ohne weiteres:

$$d \sin(ax) = \cos(ax)\, a\, dx = a \cos(ax)\, dx$$

$$d \cos(ax) = -\sin(ax)\, a\, dx = -a \sin(ax)\, dx$$

$$d \tan(ax) = \frac{a\, dx}{\cos^2(ax)}; \qquad d \cot(ax) = -\frac{a\, dx}{\sin^2(ax)}.$$

Für $y = a \sin(bx + c)$ ist $dy = a \cos(bx + c)\, b\, dx$

$$\text{also } \frac{dy}{dx} = ab \cos(bx + c).$$

Nach § 23, 17. ist $y = \operatorname{arc} \sin x$ die inverse Funktion von $x = \sin y$ der Differentialquotient der letzteren Funktion ist nun

$$\frac{dx}{dy} = \cos y = \sqrt{1 - \sin^2 y} = \sqrt{1 - x^2}$$

und daraus entsteht $\frac{dy}{dx} = \frac{1}{\sqrt{1-x^2}}$, oder

e) $$d \operatorname{arc} \sin x = \frac{dx}{\sqrt{1-x^2}}.$$

Ebenso ist $y = \operatorname{arc} \cos x$ die inverse Funktion von $x = \cos y$, also ist

$$\frac{dx}{dy} = -\sin y = -\sqrt{1-\cos^2 y} = -\sqrt{1-x^2}$$

und daraus entsteht $\frac{dy}{dx} = -\frac{1}{\sqrt{1-x^2}}$, oder

f) $$d \operatorname{arc} \cos x = -\frac{dx}{\sqrt{1-x^2}}.$$

Man hat aber auch $\operatorname{arc} \cos x = \frac{\pi}{2} - \operatorname{arc} \sin x$, also nach e)

$$d \operatorname{arc} \cos x = -\frac{dx}{\sqrt{1-x^2}}.$$

Für $y = \operatorname{arc} \tan x$, also $x = \tan y$, ergibt sich

$$\frac{dx}{dy} = \frac{1}{\cos^2 y} = 1 + \tan^2 y = 1 + x^2, \text{ folglich } \frac{dy}{dx} = \frac{1}{1+x^2},$$

oder

g) $$d \operatorname{arc} \tan x = \frac{dx}{1+x^2};$$

für $y = \operatorname{arc} \cot x$, also $x = \cot y$, ergibt sich

$$\frac{dx}{dy} = -\frac{1}{\sin^2 x} = -(1 + \cot^2 x) = -(1 + x^2), \text{ folglich } \frac{dy}{dx} = -\frac{1}{1+x^2},$$

oder

h) $$d \operatorname{arc} \cot x = -\frac{dx}{1+x^2}.$$

Hat man es nun mit einem zusammengesetzten Ausdruck zu tun, so wird man ihn in einzelne Faktoren zu zerlegen versuchen, z. B.:

$$\frac{d}{dx}\left(\frac{x \operatorname{arc} \sin x}{\sqrt{1-x^2}} + \ln \sqrt{1-x^2}\right) = \frac{d}{dx}\left(x \cdot \operatorname{arc} \sin x \cdot \frac{1}{\sqrt{1-x^2}} + \ln \sqrt{1-x^2}\right)$$

$$= \frac{\operatorname{arc} \sin x}{\sqrt{1-x^2}} + \frac{x}{1-x^2} + \frac{x^2 \operatorname{arc} \sin x}{(1-x^2)^{\frac{3}{2}}} + \frac{-x}{1-x^2}$$

$$= \frac{\operatorname{arc} \sin x}{(1-x^2)^{\frac{3}{2}}}.$$

Der Bruch $\frac{x \arcsin x}{\sqrt{1-x^2}}$ ist hier als Produkt dreier Faktoren aufgefaßt.

$$\int \frac{dx}{x\sqrt{x^2-1}} = \int \frac{dx}{x^2\sqrt{1-\frac{1}{x^2}}} = -\int \frac{d\left(\frac{1}{x}\right)}{\sqrt{1-\frac{1}{x^2}}} \left(\text{denn } d\left(\frac{1}{x}\right) = -\frac{dx}{x^2}\right)$$

$$= -\arcsin\frac{1}{x} = \arccos\frac{1}{x}.$$

Bild 61 (§ 21, 7.) zeigt den relativen Verlauf der Sinuslinie und der Cosinuslinie, beides Wellenlinien mit dem Maximum $+1$, dem Minimum -1 und der Periode $2\pi = 360^0$. Dasselbe Bild zeigt auch die ganz anders gestalteten Tangens- und Cotangenslinien mit der Periode $\pi = 180^0$ und ihrem relativen Verlauf aus dem negativen Unendlichen durch Null ins positive Unendliche und umgekehrt. Bild 93 (§ 26, 3.) zeigt die Sinuslinie mit ihrer Inversen, der Arcussinuslinie. Die Reihen für Sinus und Cosinus wurden unter § 24, 6. entwickelt.

Aus den Differentialformeln a) bis h) ergeben sich durch Inversion die entsprechenden Integralformeln:

i) $$\int \cos x\, dx = \sin x$$

k) $$\int \sin x\, dx = -\cos x$$

l) $$\int \frac{dx}{\cos^2 x} = \tan x$$

m) $$\int \frac{dx}{\sin^2 x} = -\cot x.$$

Nach diesen vier Formeln ist ferner:

$$\int \cos(ax)\, dx = \int \frac{1}{a}\cos(ax)\, a\, dx = \frac{1}{a}\sin(ax);$$

$$\int \sin(ax)\, dx = -\frac{1}{a}\cos(ax)$$

$$\int \frac{dx}{\cos^2(ax)} = \frac{1}{a}\tan(ax), \qquad \int \frac{dx}{\sin^2(ax)} = -\frac{1}{a}\cot(ax).$$

$$\int a\sin(bx+c)\, dx = \int \frac{a}{b}\sin(bx+c)\, b\, dx$$

$$= -\frac{a}{b}\cos(bx+c).$$

n) $$\int \frac{dx}{\sqrt{1-x^2}} = \arcsin x = -\arccos x$$

n′) $$\int \frac{dx}{\sqrt{a^2 - x^2}} = \int \frac{\frac{dx}{a}}{\sqrt{1 - \frac{x^2}{a^2}}} = \text{arc sin}\,\frac{x}{a} = -\,\text{arc cos}\,\frac{x}{a}$$

o) $$\int \frac{dx}{1 + x^2} = \text{arc tan}\, x = -\,\text{arc cot}\, x$$

$$\int \frac{dx}{\sin^2 x \cos^2 x} = \int \frac{\sin^2 x + \cos^2 x}{\sin^2 x \cos^2 x}\, dx = \int \frac{dx}{\cos^2 x} + \int \frac{dx}{\sin^2 x}$$
$$= \tan x - \cot x = -2 \cot 2x$$

$$\int \sin(a + bx)\, dx = \int \frac{1}{b} \sin(a + bx)\, b\, dx = -\frac{1}{b} \cos(a + bx)$$

$$\int \cos(a + bx)\, dx = \int \frac{1}{b} \cos(a + bx)\, b\, dx \doteq \frac{1}{b} \sin(a + bx)$$

$$\int \frac{dx}{\cos^2(a + bx)} = \frac{1}{b} \int \frac{b\, dx}{\cos^2(a + bx)} = \frac{1}{b} \tan(a + bx)$$

$$\int \cos\left(\frac{x}{m}\right) dx = \int m \cos\left(\frac{x}{m}\right) \frac{dx}{m} = m \sin\left(\frac{x}{m}\right).$$

$$\int \frac{dx}{\sin x \cos x} = \int \frac{1}{\tan x} \cdot \frac{dx}{\cos^2 x} = \int \frac{d \tan x}{\tan x} = \ln \tan x$$

und weil $\sin x = 2 \sin \frac{x}{2} \cos \frac{x}{2}$, so ist

$$\int \frac{dx}{\sin x} = \int \frac{1}{\tan \frac{x}{2}} \cdot \frac{dx}{2 \cos^2 \frac{x}{2}} = \ln \tan \frac{x}{2}$$

$$\int_0^a \frac{dx}{a^2 + x^2} = \int_0^a \frac{1}{a} \cdot \frac{d\frac{x}{a}}{1 + \frac{x^2}{a^2}} = \frac{1}{a} \left[\text{arc tan}\, \frac{x}{a}\right]_0^a = \frac{1}{a}\left(\frac{\pi}{4} - 0\right) = \frac{\pi}{4a}.$$

Verwandelt man den Ausdruck für arc tan x durch Division in eine Reihe und integriert diese Glied für Glied, so erhält man

$$\frac{1}{1 + x^2} = 1 - x^2 + x^4 - x^6 + x^8 - \ldots.$$

$$\int \frac{dx}{1 + x^2} = \int dx - \int x^2\, dx + \int x^4\, dx - \int x^6\, dx + \ldots, \text{ also}$$

p) $$\text{arc tan}\, x = x - \frac{x^3}{3} + \frac{x^5}{5} - \frac{x^7}{7} + \ldots.$$

$$\text{arc tan}\, 1 = \frac{\pi}{4} = 1 - \frac{1}{3} + \frac{1}{5} - \frac{1}{7} + \frac{1}{9} - \ldots.$$

$$-\frac{\pi}{4} = -1 + \frac{1}{3} - \frac{1}{5} + \frac{1}{7} - \frac{1}{9} + \ldots.$$

Durch Reihenentwicklung und gliedweises Integrieren erhält man ferner:

$$\frac{1}{\sqrt{1-x^2}} = (1-x^2)^{-\frac{1}{2}} = 1 + \left(-\frac{1}{2}\right)(-x^2) + \frac{-\frac{1}{2}\left(-\frac{3}{2}\right)}{1\cdot 2}x^4$$
$$+ \frac{-\frac{1}{2}\left(-\frac{3}{2}\right)\left(-\frac{5}{2}\right)}{1\cdot 2\cdot 3}(-x^6) + \ldots$$
$$= 1 + \frac{1}{2}x^2 + \frac{3}{8}x^4 + \frac{5}{16}x^6 + \ldots .$$

$$\int\frac{dx}{\sqrt{1-x^2}} = \int dx + \frac{1}{2}\int x^2\,dx + \frac{3}{8}\int x^4\,dx + \frac{5}{16}\int x^6\,dx + \ldots,$$

also

q) $$\operatorname{arc\,sin} x = x + \frac{1\,x^3}{2\cdot 3} + \frac{1\cdot 3\,x^5}{2\cdot 4\cdot 5} + \frac{1\cdot 3\cdot 5\,x^7}{2\cdot 4\cdot 6\cdot 7} + \ldots .$$

Z. B. ist hiernach die Berechnung von π:

$$\frac{\pi}{6} = 30^0 = \operatorname{arc\,sin}\frac{1}{2} = \frac{1}{2}\left(1 + \frac{1}{24} + \frac{3}{640} + \frac{5}{7168} + \ldots\right),$$

also

$$\pi = 3\cdot\begin{Bmatrix} 1{,}04\,167 \\ 0{,}00\,469 \\ 0{,}00\,070 \\ 0{,}00\,012 \\ 0{,}00\,002 \end{Bmatrix} = 3{,}1416\ldots .$$

Vergleicht man diese Berechnung von π mit der unter § 18, 14., so hat man wieder ein typisches Beispiel von der Überlegenheit der Differential- und Integralrechnung über elementare Rechenmethoden.

Aus den Differentialgleichungen

$$d\left(x \operatorname{arc\,sin} x + \sqrt{1-x^2}\right) = \operatorname{arc\,sin} x\,dx$$
$$d\left(x \operatorname{arc\,cos} x - \sqrt{1-x^2}\right) = \operatorname{arc\,cos} x\,dx$$
$$d\left(x \operatorname{arc\,tan} x - \frac{1}{2}\ln(1+x^2)\right) = \operatorname{arc\,tan} x\,dx$$
$$d\left(x \operatorname{arc\,cot} x + \frac{1}{2}\ln(1+x^2)\right) = \operatorname{arc\,cot} x\,dx$$
$$d\left(x \operatorname{arc\,sin} ax + \frac{\sqrt{1-a^2x^2}}{a}\right) = \left(\frac{ax}{\sqrt{1-a^2x^2}} + \operatorname{arc\,sin} ax\right.$$
$$\left. - \frac{a^2x}{a\sqrt{1-a^2x^2}}\right)dx = \operatorname{arc\,sin} ax\cdot dx$$

$$d\left(x \operatorname{arc} \tan a x - \frac{\ln(1 + a^2 x^2)}{2a}\right) = \left(\frac{a x}{1 + a^2 x^2} + \operatorname{arc} \tan a x \right.$$

$$\left. - \frac{a^2 x}{a(1 + a^2 x^2)}\right) d x = \operatorname{arc} \tan a x \cdot d x$$

folgen, der Reihe nach, die Integrale

$$\int \operatorname{arc} \sin x \, d x = x \operatorname{arc} \sin x + \sqrt{1 - x^2} + C$$

$$\int \operatorname{arc} \cos x \, d x = x \operatorname{arc} \cos x - \sqrt{1 - x^2} + C$$

$$\int \operatorname{arc} \tan x \, d x = x \operatorname{arc} \tan x - \frac{1}{2} \ln(1 + x^2) + C$$

$$\int \operatorname{arc} \cot x \, d x = x \operatorname{arc} \cot x + \frac{1}{2} \ln(1 + x^2) + C$$

$$\int \operatorname{arc} \sin a x \cdot d x = x \operatorname{arc} \sin a x + \frac{\sqrt{1 - a^2 x^2}}{a} + C$$

$$\int \operatorname{arc} \tan a x \cdot d x = x \operatorname{arc} \tan a x - \frac{\ln(1 + a^2 x^2)}{2a} + C.$$

Nach § 23, 10. ist $\sin^2 \alpha = \frac{1}{2}(1 - \cos 2\alpha)$. Man hat hiernach

r) $$\int \sin^2 x \, d x = \int \frac{1}{2}(1 - \cos 2 x) \, d x = \frac{1}{2} \int (1 - \cos 2 x) \, d x$$

$$= \frac{1}{2}\left(\int d x - \int \cos 2 x \, d x\right) = \frac{1}{2}\left[x - \frac{1}{2} \int \cos 2 x \cdot d(2 x)\right]$$

$$= \frac{1}{2}\left(x - \frac{1}{2} \sin 2 x\right)$$ und nach § 23, 10. a)

$$= \frac{1}{2}(x - \sin x \cos x);$$

also auch

$$\int \sin^2(a x) \, d x = \frac{1}{a} \int \sin^2(a x) \, a \, d x$$

$$= \frac{1}{2a}\left(a x - \frac{1}{2} \sin 2 a x\right) = \frac{1}{2a}(a x - \sin a x \cos a x).$$

Ebenso erhält man

s) $$\int \cos^2 x \, d x = \frac{1}{2}\left(x + \frac{1}{2} \sin 2 x\right) = \frac{1}{2}(x + \sin x \cos x)$$

t) $$\int \sin x \cos x \, d x = \frac{1}{2} \int \sin 2 x \, d x = \frac{1}{4} \int \sin 2 x \, d(2 x) = -\frac{1}{4} \cos 2 x;$$

oder auch nach $\int u\,d\,u = \frac{1}{2}u^2$:

$$\int \sin x\,(\cos x\,d\,x) = \frac{1}{2}\sin^2 x = \frac{1}{4}(1 - \cos 2\,x) \text{ und}$$

$$\int \cos x\,(\sin x\,d\,x) = -\frac{1}{2}\cos^2 x = -\frac{1}{4}(1 + \cos 2\,x).$$

Die zweite und dritte Lösung unterscheiden sich also von der ersten durch die Konstanten $+\frac{1}{4}$ und $-\frac{1}{4}$; schreibt man die drei Lösungen vollständiger

$$-\frac{1}{4}\cos 2x + C_1, \qquad \frac{1}{2}\sin^2 x + C_2, \qquad -\frac{1}{2}\cos^2 x + C_3,$$

so wird auf etwaige konstante Unterschiede ohne weiteres hingewiesen.

$$\int \sin^n x \cos x\,d\,x = \frac{\sin^{n+1} x}{n+1} \text{ und } \int \cos^n x \sin x\,d\,x = -\frac{\cos^{n+1} x}{n+1}.$$

u) $\int \tan^2 x\,d\,x = \int \left(\frac{1}{\cos^2 x} - 1\right) d\,x = \tan x - x.$

v) $\int \cot^2 x\,d\,x = \int \left(\frac{1}{\sin^2 x} - 1\right) d\,x = -(\cot x + x).$

Nach der Formel 12. c) ergibt sich ferner:

$$d \ln \sin x = \frac{d \sin x}{\sin x} = \frac{\cos x\,d\,x}{\sin x} = \cot x\,d\,x,$$

folglich

w) $\int \cot x\,d\,x = \ln \sin x,$

ebenso

x) $\int \tan x\,d\,x = -\ln \cos x.$

$$d \ln \tan x = \frac{d \tan x}{\tan x} = \frac{d\,x}{\cos^2 x \tan x} = \frac{d\,x}{\cos x \sin x} = \frac{d\,(2\,x)}{\sin 2\,x}, \text{ also}$$

$$d \ln \tan \frac{x}{2} = \frac{d\,x}{\sin x}$$

und

y) $\int \frac{d\,x}{\sin x} = \ln \tan \frac{x}{2}$, und weil $\cos x = \sin\left(\frac{\pi}{2} + x\right)$:

z) $\int \frac{d\,x}{\cos x} = \ln \tan\left(\frac{\pi}{4} + \frac{x}{2}\right) = \ln \cot\left(\frac{\pi}{4} - \frac{x}{2}\right)$

$$\int \frac{2}{\sin 2\,x}\,d\,x = \ln \tan x.$$

14. Die Reduktionsformel: $\int u\,dv = uv - \int v\,du$.

Wenn man die Differentialformel 4. c)

$$d(uv) = u\,dv + v\,du$$

integriert, so erhält man den Ausdruck $uv = \int u\,dv + \int v\,du$ und daraus folgendes, als Reduktionsformel benanntes Integral:

a) $$\int u\,dv = uv - \int v\,du,$$

oder

$$\int f(x)\,d\varphi(x) = f(x)\,\varphi(x) - \int \varphi(x)\,df(x).$$

Diese Regel kommt stets zur Anwendung, wenn eines der beiden Integrale bekannt ist, das andere aber nicht. Es muß daran erinnert werden, daß das Integrieren eine Inversion des Differenzierens ist, d. h. man kann eine Integration nicht ausführen, ohne die Funktion zu kennen, welche das gegebene Differential liefert. Unter 10. und 12. wurden einige Integrale gefunden durch »Vervollständigung des gegebenen Differentials«; man überzeugt sich aber leicht, daß z. B. $\int \sqrt{1+x^2}\,dx$ in jener Weise und überhaupt nach bisherigen Beispielen nicht bestimmt werden kann; mittels der Reduktionsformel läßt sich nun dies unbekannte Integral auf ein bekanntes Integral zurückführen.

Es ist $f(x) = \sqrt{1+x^2}$, $d\varphi(x) = dx$, also $\varphi(x) = x$ und $df(x) = \frac{x\,dx}{\sqrt{1+x^2}}$; demnach hat man

$$\int \sqrt{1+x^2}\,dx = x\sqrt{1+x^2} - \int \frac{x^2\,dx}{\sqrt{1+x^2}},$$

aber

$$\frac{x^2}{\sqrt{1+x^2}} = \frac{1+x^2}{\sqrt{1+x^2}} - \frac{1}{\sqrt{1+x^2}} = \sqrt{1+x^2} - \frac{1}{\sqrt{1+x^2}},$$

dies gibt

$$\int \sqrt{1+x^2}\,dx = x\sqrt{1+x^2} - \int \sqrt{1+x^2}\,dx + \int \frac{dx}{\sqrt{1+x^2}},$$

oder

$$2\int \sqrt{1+x^2}\,dx = x\sqrt{1+x^2} + \int \frac{dx}{\sqrt{1+x^2}}$$

und schließlich

b) $$\int \sqrt{1+x^2}\,dx = \frac{1}{2}x\sqrt{1+x^2} + \frac{1}{2}\int \frac{dx}{\sqrt{1+x^2}},$$

oder nach 12. m)

$$= \frac{1}{2}\left[x\sqrt{1+x^2} + \ln\left(x + \sqrt{1+x^2}\right)\right].$$

Ebenso erhält man

c) $$\int \sqrt{1-x^2}\,dx = \frac{1}{2}x\sqrt{1-x^2} + \frac{1}{2}\int \frac{dx}{\sqrt{1-x^2}},$$

oder nach 13. e)

$$= \frac{1}{2}\left[x\sqrt{1-x^2} + \arcsin x\right]$$

und ferner

d) $$\int\sqrt{x^2-1}\,dx = \frac{1}{2}\,x\sqrt{x^2-1} - \frac{1}{2}\int\frac{dx}{\sqrt{x^2-1}},$$

oder nach 12. m)

$$= \frac{1}{2}\left[x\sqrt{x^2-1} - \ln\left(x+\sqrt{x^2-1}\right)\right].$$

Auch ist

e) $$\int x\,e^x\,dx = \int x\,d\,(e^x) = x\,e^x - \int e^x\,dx = (x-1)\,e^x.$$

$$\int x\,e^{-2x}\,dx = \int -\frac{x}{2}\,e^{-2x}(-2\,dx) = \int -\frac{x}{2}\,d\,(e^{-2x})$$

$$= -\frac{x}{2}\,e^{-2x} - \frac{1}{4}\int e^{-2x}\left(-4\,\frac{dx}{2}\right) = -e^{-2x}\left(\frac{x}{2}+\frac{1}{4}\right).$$

$$\int x^4\,e^x\,dx = x^4\,e^x - 4\int x^3\,e^x\,dx$$

$$\int x^3\,e^x\,dx = x^3\,e^x - 3\int x^2\,e^x\,dx, \text{ usw.,}$$

also ist

$$\int x^4\,e^x\,dx = e^x\,(x^4 - 4\,x^3 + 12\,x^2 - 24\,x + 24).$$

f) $$\int \ln x\,dx = x\ln x - \int x\,\frac{dx}{x}$$

$$= x\ln x - \int dx = x\,(\ln x - 1).$$

g) $$\int x\ln x\,dx = \frac{x^2}{2}\ln x - \int\frac{x^2}{2}\,\frac{dx}{x}$$

$$= \frac{x^2}{2}\ln x - \int\frac{x\,dx}{2} = \frac{x^2}{2}\left(\ln x - \frac{1}{2}\right).$$

h) $$\int x\sin x\,dx = -x\cos x + \int\cos x\,dx = -x\cos x + \sin x.$$

$$\int x\sin a\,x\cdot dx = \int\frac{x}{a}\sin a\,x\cdot a\,dx$$

$$= -\frac{x}{a}\cos a\,x + \int\cos a\,x\cdot\frac{1}{a}\,dx$$

$$= -\frac{x}{a}\cos a\,x + \frac{1}{a^2}\int\cos a\,x\cdot a\,dx$$

$$= -\frac{x}{a}\cos a\,x + \frac{1}{a^2}\sin a\,x.$$

$$\int x \cos x \, dx = x \sin x + \cos x .$$

$$\int x \cos a x \cdot d x = \frac{x}{a} \sin a x + \frac{1}{a^2} \cos a x .$$

Aus der allgemeinen Reduktionsformel a) lassen sich wieder besondere ableiten, z. B.

$$\int \frac{1}{(1+x^2)^n} \cdot d x = \frac{1}{(1+x^2)^n} x - \int x \cdot \left[- \frac{n \cdot 2 x}{(1+x^2)^{n+1}} d x \right];$$

die Umformung des letzten Integrals gibt weiter:

$$+ 2 n \int \frac{x^2}{(1+x^2)^{n+1}} d x = + 2 n \int \frac{1 + x^2 - 1}{(1+x^2)^{n+1}} d x$$

$$= 2 n \int \left[\frac{1+x^2}{(1+x^2)^{n+1}} - \frac{1}{(1+x^2)^{n+1}} \right] d x$$

$$= 2 n \left[\int \frac{d x}{(1+x^2)^n} - \int \frac{d x}{(1+x^2)^{n+1}} \right];$$

hiermit wird aus der ursprünglichen Gleichung zuerst

$$\int \frac{d x}{(1+x^2)^n} = \frac{x}{(1+x^2)^n} + 2 n \left[\int \frac{d x}{(1+x^2)^n} - \int \frac{d x}{(1+x^2)^{n+1}} \right], \text{ dann}$$

$$2 n \int \frac{d x}{(1+x^2)^{n+1}} = \frac{x}{(1+x^2)^n} + (2 n - 1) \int \frac{d x}{(1+x^2)^n},$$

und zuletzt

$$\text{i)} \qquad \int \frac{d x}{(1+x^2)^{n+1}} = \frac{x}{2 n (1+x^2)^n} + \frac{2 n - 1}{2 n} \int \frac{d x}{(1+x^2)^n} .$$

Mittels dieser Formel läßt sich also der Exponent des Integrals sukzessive um 1 erniedrigen, was zur Vereinfachung und sogar zur Lösung des Integrals führen kann. Die Formel versagt für $n = 0$, aber für diesen Fall ist das Integral bekannt, denn

$$\int \frac{d x}{1 + x^2} = \operatorname{arc} \tan x ;$$

$n = 3$ gibt
$$\int \frac{d x}{(1+x^2)^4} = \frac{x}{6 (1+x^2)^3} + \frac{5}{6} \int \frac{d x}{(1+x^2)^3}$$

$n = 2$ gibt
$$\int \frac{d x}{(1+x^2)^3} = \frac{x}{4 (1+x^2)^2} + \frac{3}{4} \int \frac{d x}{(1+x^2)^2}$$

$n = 1$ gibt
$$\int \frac{d x}{(1+x^2)^2} = \frac{x}{2 (1+x^2)} + \frac{1}{2} \int \frac{d x}{1+x^2}$$

$$= \frac{x}{2 (1+x^2)} + \frac{1}{2} \operatorname{arc} \tan x .$$

$$n = \frac{1}{2} \text{ gibt} \qquad \int \frac{dx}{(1+x^2)^{\frac{3}{2}}} = \frac{x}{(1+x^2)^{\frac{1}{2}}},$$

oder

k) $$\int \frac{dx}{(\sqrt{1+x^2})^3} = \frac{x}{\sqrt{1+x^2}} + C.$$

Nach c) erhält man durch formale Änderung des Differentials:

$$\int \sqrt{a^2 - x^2}\, dx = a^2 \int \sqrt{1 - \frac{x^2}{a^2}} \cdot \frac{dx}{a} = \frac{a^2}{2}\left(\frac{x}{a^2}\sqrt{a^2 - x^2} + \arcsin \frac{x}{a}\right),$$

also ist

l) $$\int \sqrt{a^2 - x^2}\, dx = \frac{x}{2}\sqrt{a^2 - x^2} + \frac{a^2}{2} \arcsin \frac{x}{a}.$$

15. Ermittlung der Werte unbestimmter Formen: $\frac{0}{0}, \frac{\infty}{\infty}$ usw.

Wenn der Quotient $y = \frac{f(x)}{\varphi(x)}$ aus zwei Funktionen $f(x)$ und $\varphi(x)$ für einen Wert a von x den unbestimmten Wert $\frac{0}{0}$ annimmt, welches stets eintritt, wenn Zähler und Nenner einen Faktor $(x - a)$ miteinander gemein haben, wie z. B. in

$$y = \frac{x^2 - a^2}{x - a} = \frac{0\,(x + a)}{0},$$

so kann man den wirklichen Wert finden, wenn man Zähler und Nenner jeden für sich differenziert.

Wächst x um dx und entsprechend y um dy, so erhält man

$$y + dy = \frac{f(x) + d f(x)}{\varphi(x) + d\varphi(x)};$$

ist nun aber für $x = a$

$$f(x) = 0 \quad \text{und} \quad \varphi(x) = 0,$$

so hat man in diesem Falle

$$y + dy = \frac{d f(x)}{d \varphi(x)}$$

oder weil dy als Unendlichkleines gegen y verschwindet:

$$y = \frac{f(x)}{\varphi(x)} = \frac{df(x)}{d\varphi(x)} = \frac{f'(x)}{\varphi'(x)},$$

wo $f'(x)$ und $\varphi'(x)$ die Differentialquotienten von $f(x)$ und $\varphi(x)$ bedeuten. Stellt sich

$$y = \frac{f'(x)}{\varphi'(x)} \text{ wieder} = \frac{0}{0} \text{ heraus,}$$

so kann man von neuem differenzieren und

$$y = \frac{d\,f'(x)}{d\,\varphi'(x)} = \frac{f''(x)}{\varphi''(x)} \text{ setzen usw.}$$

Auf diese Weise sind auch die unbestimmten Ausdrücke $y = \frac{\infty}{\infty}$ und $y = 0 \cdot \infty$ usw. zu behandeln, da $\infty = \frac{1}{0}$, folglich $\frac{\infty}{\infty} = \frac{1}{0} \cdot \frac{0}{1}$ und $0 \cdot \infty = 0 \cdot \frac{1}{0} = \frac{0}{0}$ gesetzt werden können. Z. B.:

(1) Die Gleichung $y = \frac{3x^3 - 7x^2 - 8x + 20}{5x^3 - 21x^2 + 24x - 4}$ ist $\frac{0}{0}$ für $x = 2$; durch separates Differenzieren von Zähler und Nenner erhält man die neue Gleichung $y = \frac{9x^2 - 14x - 8}{15x^2 - 42x + 24}$, welche aber für $x = 2$ wieder $\frac{0}{0}$ ergibt; durch abermaliges separates Differenzieren erhält man schließlich

$$y = \frac{18x - 14}{30x - 42} = \frac{9x - 7}{15x - 21} = \frac{11}{9} \text{ für } x = 2.$$

Es ist aber auch der Faktor $x - 2$ wirklich zweimal in dem Zähler und Nenner der gegebenen Funktion enthalten. Dividiert man beide durch $x - 2$, so ergibt sich

$$y = \frac{3x^2 - x - 10}{5x^2 - 11x + 2} = \frac{0}{0} \text{ für } x = 2$$

und durch abermaliges Dividieren mit $x - 2$ erhält man

$$y = \frac{3x + 5}{5x - 1} = \frac{11}{9} \text{ für } x = 2.$$

(2) Die Gleichung

$$y = \frac{a - \sqrt{a^2 - x}}{x} \text{ gibt } \frac{0}{0} \text{ für } x = 0;$$

durch separates Differenzieren von Zähler und Nenner erhält man

$$y = \frac{1}{2\sqrt{a^2 - x}} = \frac{1}{2a} \text{ für } x = 0.$$

(3) Die Gleichung

$$y = \frac{\ln x}{\sqrt{1 - x}} \text{ ist } \frac{0}{0} \text{ für } x = 1$$

$$d \ln x = \frac{dx}{x} \text{ und } d\sqrt{1 - x} = -\frac{dx}{2\sqrt{1 - x}},$$

daraus folgt

$$y = -\frac{2\sqrt{1 - x}}{x} = \frac{2 \cdot 0}{1} = 0.$$

(4) Die Gleichung

$$y = \frac{1 - \sin x + \cos x}{-1 + \sin x + \cos x} \text{ gibt für } x = \frac{\pi}{2} = 90^0$$

$$y = \frac{1 - 1 + 0}{-1 + 1 + 0} = \frac{0}{0};$$

durch separates Differenzieren von Zähler und Nenner erhält man

$$y = \frac{-\cos x - \sin x}{\cos x - \sin x} = \frac{-0 - 1}{0 - 1} = 1.$$

16. Quadratur der Kurven.

Unter der Quadratur einer Kurve versteht man die Berechnung des Flächeninhalts F, der von den Ordinaten zweier Kurvenpunkte, dem zugehörigen Kurvenbogen und der Abszissenachse begrenzt wird. Man denkt sich die Fläche dabei in unendlich viele, den Ordinaten parallele Streifen geteilt, von der konstanten Breite dx und hat dann für die Kurve $y = f(x)$, Bild 196,

a) $$F = \int_a^b y\,dx = \int_a^b f(x)\,dx = \varphi(x)\Big|_a^b = \varphi(b) - \varphi(a).$$

Für die Parabel $y = \sqrt{2px}$ ist

b) $$F = \int \sqrt{2px}\,dx = \sqrt{2p}\int x^{\frac{1}{2}}\,dx = \frac{\sqrt{2p}\cdot x^{\frac{3}{2}}}{\frac{3}{2}} = \frac{2}{3}x\sqrt{2px} = \frac{2}{3}xy;$$

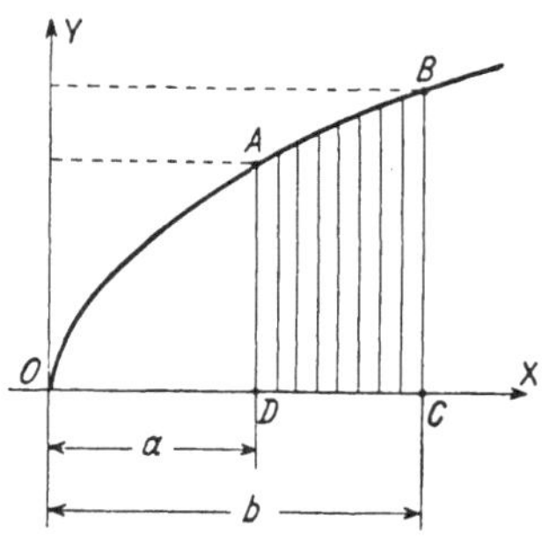

Bild 196

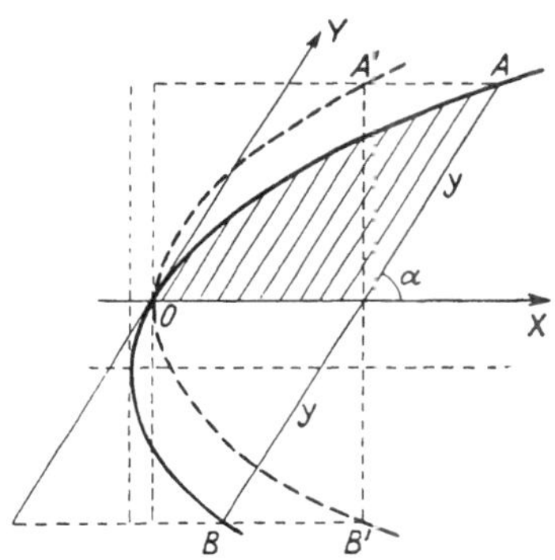

Bild 197

für die Grenzen a, b, Bild 196, ist also

$$F = \frac{2}{3}\left(b\sqrt{2pb} - a\sqrt{2pa}\right),$$

gleich der Differenz der Parabelflächen OBC und OAD.

Daß die Parabelfläche gleich $\frac{2}{3}$ des sie umschließenden Rechtecks ist, wurde schon unter 9. gefunden, man kann aber umfassender sagen gleich $^2/_3$ des sie umschließenden Koordinatenparallelogramms, denn die entsprechende Gleichung der Parabel in schiefwinkligen Koordinaten ist nach Bild 197

c) $$y \sin \alpha = \sqrt{2\,p\,x}, \text{ also } y = \frac{\sqrt{2\,p\,x}}{\sin \alpha} \text{ und } F = \frac{2}{3}\,x\,y \sin \alpha.$$

OX ist ein Durchmesser und OY eine Tangente der Parabel, wie man nach den Erklärungen zu Bild 156 (§ 29) leicht erkennt. Dreht man die Ordinaten y um den Winkel $(90^0 - \alpha)$ und verkürzt sie im Verhältnis $1 : \sin \alpha$, so entsteht aus der schiefwinkligen Parabel AOB die rechtwinklige $A'OB'$.

Für die gleichseitige Hyperbel $y = \frac{a^2}{x}$, Bild 198, ist

$$F = \int_a^b \frac{a^2\,d\,x}{x} = a^2 (\ln b - \ln a) = a^2 \ln \frac{b}{a};$$

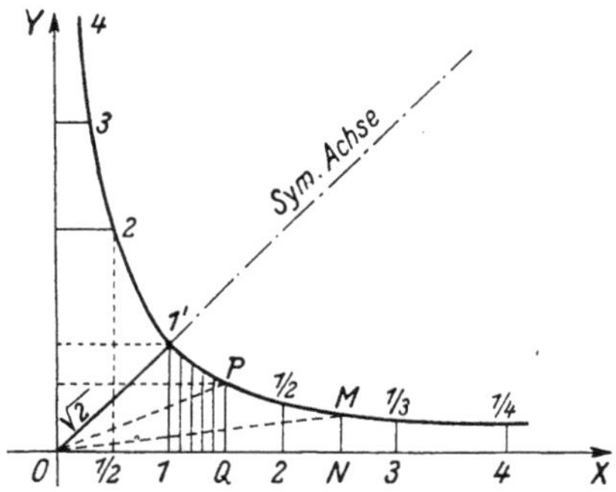

Bild 198

nimmt man die Grenzen $a = 1$ und $b = x$, so ist

d) $$F = \ln x;$$

es sind hiernach die Flächeninhalte $1'\,PQ1$, $1'\,MN1$ usw. die natürlichen Logarithmen der Abszissen OQ, ON usw. Wegen dieser Beziehungen nennt man die natürlichen Logarithmen auch hyperbolische Logarithmen.

Unter § 29, 13. wurde gezeigt, daß das Produkt xy für alle Punkte einer Hyperbel einen konstanten Wert hat, also ist hier:

Dreieck $1'01$ = Dreieck POQ und daher
Fläche $01'PQ$ — Dreieck $1'01$ = Fläche $1'PQ1 = \ln OQ$,
Fläche $01'PQ$ — Dreieck POQ = Fläche $1'P0 \quad = \ln OQ$,

denn Gleiches von Gleichem subtrahiert gibt Gleiches; es geben also auch die Sektorflächen $1'PO$, $1'MO$ usw. die natürlichen Logarithmen von OQ, ON usw.

Von praktischer Wichtigkeit ist noch, daß man jedes Integral $\int y\,dx = \int f(x)\,dx$ gleich dem Inhalt einer Fläche F setzen kann, und wenn sich daher ein Integral durch bekannte Regeln nicht bestimmen läßt, so kann man es wenigstens annähernd finden, wenn man den Inhalt des entsprechenden Flächenstücks ermittelt.

Für eine Fläche $ABPQN$, Bild 199, die durch die drei gleich weit voneinander abstehenden Ordinaten y_0, y_1, y_2 bestimmt ist, hat man für den trapezoiden Teil

$$ABQN = F_1 = (y_0 + y_2)\frac{c}{2}$$

und den segmentförmigen Teil BPQ, wenn man den Kurvenbogen als Parabel betrachtet,

$$F_2 = \frac{2}{3}\overline{PS}\cdot c = \frac{2}{3}\left(y_1 - \frac{y_0 + y_2}{2}\right)c,$$

also die ganze Fläche

$$F = F_1 + F_2 = \left[\frac{1}{2}(y_0 + y_2) + \frac{2}{3}\left(y_1 - \frac{y_0 + y_2}{2}\right)\right]c$$

$$= \left[\frac{1}{6}(y_0 + y_2) + \frac{2}{3}x_1\right]c = (y_0 + 4y_1 + y_2)\frac{c}{6}.$$

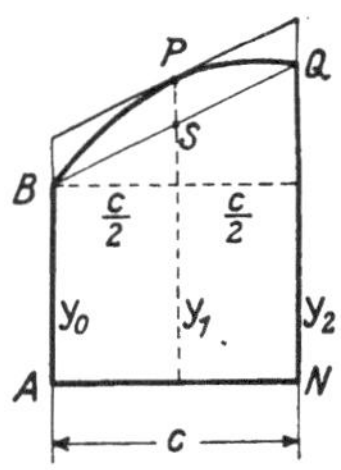

Bild 199

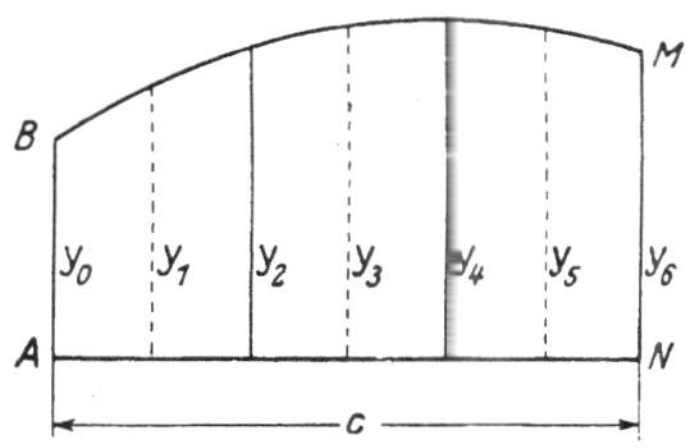

Bild 200

Um hiernach den Inhalt einer Fläche $ABMN$, Bild 200, zu ermitteln, welche durch eine ungerade Anzahl von Ordinaten y_0, y_1, $y_2 \ldots y_n$ bestimmt ist, durch diese also in eine gerade Anzahl gleich breiter Streifen zerlegt wird, hat man

$$\begin{aligned} F = \frac{1}{3}\cdot\frac{c}{6}(y_0 + 4y_1 + {} & y_2 \\ + {} & y_2 + 4y_3 + y_4 \\ & \qquad + y_4 + 4y_5 + y_6) \end{aligned}$$

$$F = \frac{1}{3}\cdot\frac{c}{6}(y_0 + 4y_1 + 2y_2 + 4y_3 + 2y_4 + 4y_5 + y_6);$$

für eine beliebige gerade Anzahl n gleich breiter Streifen ist

e) $$F = \frac{c}{3n}(y_0 + 4y_1 + 2y_2 + 4y_3 + 2y_4 + \ldots + y_n)$$

$$= \frac{c}{3n}[y_0 + y_n + 4(y_1 + y_3 + \ldots + y_{n-1}) + 2(y_2 + y_4 \ldots + y_{n-2})].$$

Der Klammerausdruck dividiert durch $3n$ gibt die mittlere Höhe der ganzen Fläche.

Formel e) ist die sog. Simpsonsche Regel für Flächenberechnungen, unter § 20, 13. wurde sie aus der Prismoidformel abgeleitet. Um mittels der Simpsonschen Regel ein Integral

$$\int_a^b y\,dx = \int_a^b f(x)\,dx$$

zu bestimmen, zerlegt man $c = b - a$ in eine gerade Anzahl n gleicher Teile, berechnet die Ordinaten

$$y_0 = f(a),\ y_1 = f\left(a + \frac{c}{n}\right),\ y_2 = f\left(a + \frac{2c}{n}\right) \ldots \text{ bis } y_n = f(b)$$

und hat dann

$$\int_a^b y\,dx = \int_a^b f(x)\,dx = [y_0 + y_n + 4(y_1 + y_3 + \ldots + y_{n-1}) + 2(y_2 + y_4 + \ldots + y_{n-2})]\frac{b-a}{3n};$$

zum Beispiel:

Für $\int_1^2 \frac{dx}{x}$ ist $c = b - a = 2 - 1 = 1$ und $y = f(x) = \frac{1}{x}$.

Nimmt man $n = 6$, also $\frac{c}{n} = \frac{1}{6}$, so ist

$$y_0 = \frac{1}{1} = 1{,}0000;\ y_1 = \frac{1}{7/6} = \frac{6}{7} = 0{,}8571;\ y_2 = \frac{1}{8/6} = \frac{3}{4} = 0{,}7500;$$

$$y_3 = \frac{1}{9/6} = \frac{6}{9} = 0{,}6667;\ y_4 = \frac{1}{10/6} = \frac{6}{10} = 0{,}6000;$$

$$y_5 = \frac{1}{11/6} = \frac{6}{11} = 0{,}5454;\quad y_6 = \frac{1}{2} = 0{,}5000.$$

$$y_0 + y_6 = 1{,}5000;\ y_1 + y_3 + y_5 = 2{,}0692;\ y_2 + y_4 = 1{,}3500$$

und

$$\int_1^2 \frac{dx}{x} = (1{,}5000 + 4 \cdot 2{,}0692 + 2 \cdot 1{,}3500)\frac{1}{18} = \frac{12{,}4768}{18} = 0{,}69315.$$

Unter 12. f) wurde

$\int_1^2 \frac{dx}{x} = \ln 2 - \ln 1 = 0{,}693147$ gefunden, die Übereinstimmung ist also eine gute. Dieser Logarithmus ist gleich der Fläche $12\frac{1}{2}1'$; oder auch gleich dem Sektor $1'\frac{1}{2}0$, des Bildes 198.

17. Rektifikation der Kurven.

Unter Rektifikation einer Kurve versteht man die Berechnung der Länge des Kurvenbogens zwischen den Punkten P_1 und P_2 mit den Koordinaten x_1/y_1 und x_2/y_2.

Ist $y = f(x)$ die Gleichung der Kurve, so ist das Differential des Bogens bestimmt durch

a) $$ds = \sqrt{dx^2 + dy^2} = \sqrt{1 + \left(\frac{dy}{dx}\right)^2}\,dx, \text{ oder } \sqrt{1 + \left(\frac{dx}{dy}\right)^2}\,dy.$$

Durch Integration folgt hieraus die Länge des Kurvenbogens $P_1 P_2$,

b) $$s = \int_{x_1}^{x_2} \sqrt{1 + \left(\frac{dy}{dx}\right)^2}\,dx, \text{ oder } \int_{y_1}^{y_2} \sqrt{1 + \left(\frac{dx}{dy}\right)^2}\,dy.$$

Das zweite Integral von b) wird mit Vorteil dann angewendet, wenn einem gegebenen x-Wert der Kurve mehrere y-Werte entsprechen, wie in der zweiten Kurve des Bildes 201.

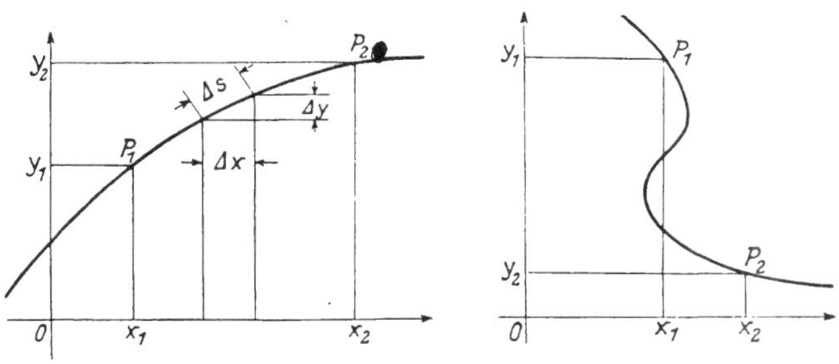

Bild 201

Läßt sich also der Differentialquotient einer gegebenen Kurve bestimmen, so liefert die Formel b) die Länge eines beliebigen Bogenabschnitts derselben.

Beispiele:

(1) Für die Parabel $x^2 = 2py$ oder $y = \frac{x^2}{2p}$, ist $\frac{dy}{dx} = \frac{x}{p}$, also die Länge eines im Ursprung beginnenden Bogens.

$$s = \int_0^x \sqrt{1 + \left(\frac{x}{p}\right)^2}\,dx;$$ nach Formel 14. b) erhält man hieraus direkt

$$s = \frac{p}{2}\left[\frac{x}{p}\sqrt{1 + \frac{x^2}{p^2}} + \ln\left(\frac{x}{p} + \sqrt{1 + \frac{x^2}{p^2}}\right)\right]$$

(2) Für die semikubische oder Neilsche Parabel $y = a x^{\frac{3}{2}}$ ist $\frac{dy}{dx} = \frac{3}{2} a x^{\frac{1}{2}}$ und für $x = 0$ und $x = x_1$ ist daher

$$s = \int_0^{x_1} \sqrt{1 + \frac{9}{4} a^2 x} \cdot dx = \int_0^{x_1} \left(1 + \frac{9}{4} a^2 x\right)^{\frac{1}{2}} dx$$

$$= \frac{4}{9a^2} \int_0^{x_1} \left(1 + \frac{9a^2 x}{4}\right)^{\frac{1}{2}} \frac{9a^2}{4} dx = \left[\frac{4}{9a^2} \cdot \frac{2}{3} \left(1 + \frac{9a^2 x}{4}\right)^{\frac{3}{2}}\right]_0^{x_1}$$

für $x = 0$ ist dies $= \frac{8}{27 a^2}$, also ist

$$s = \frac{8}{27 a^2} \left[\left(\sqrt{1 + \frac{9}{4} a^2 x_1}\right)^3 - 1\right].$$

(3) Für die Zykloide, § 26, 6. a) und Bild 112, ist

$$x = r(\varphi - \sin\varphi) \qquad \text{und} \qquad y = r(1 - \cos\varphi)$$
$$dx = r(1 - \cos\varphi)\, d\varphi \qquad\qquad dy = r \sin\varphi\, d\varphi;$$

für die Länge eines im Ursprung beginnenden Bogens ist

$$s = \int_0^x \sqrt{dx^2 + dy^2} = r \int_0^\varphi \sqrt{\sin^2\varphi + (1 - \cos\varphi)^2}\, d\varphi$$

$$= r \int_0^\varphi \sqrt{\sin^2\varphi + 1 - 2\cos\varphi + \cos^2\varphi}\, d\varphi$$

$$= r \int_0^\varphi \sqrt{2(1 - \cos\varphi)}\, d\varphi = 2r \int_0^\varphi \sqrt{\frac{1}{2}(1 - \cos\varphi)}\, d\varphi$$

nach § 23, 11. a)

$$= 2r \int_0^\varphi \sin\frac{\varphi}{2}\, d\varphi = 4r \int_0^\varphi \sin\frac{\varphi}{2} \cdot \frac{d\varphi}{2}$$

$$= \left[4r\left(-\cos\frac{\varphi}{2}\right)\right]_0^\varphi = 4r\left[\left(-\cos\frac{\varphi}{2}\right) - (-1)\right]$$

$$= 4r\left(1 - \cos\frac{\varphi}{2}\right)$$

nach § 23, 11. a)

$$= 8r \sin^2\frac{\varphi}{4}.$$

Setzt man $\varphi = 2\pi = 360^0$, so erhält man für die Länge eines ganzen Astes der Zykloide $s = 8r = 4$ Durchmesser des erzeugenden Kreises.

18. Kurvenkrümmung und Krümmungsradius.

Eine Gerade rechtwinklig zur Tangente PT, Bild 202, ist normal zur Berührungsstelle P der Kurve, weil ja die Tangente die Kurvenrichtung an dieser Stelle angibt. Die Strecke PK dieser Geraden, vom Berührungspunkte P bis zur Abszissenachse, heißt Länge der Normale und ihre Projektion MK auf der Abszissenachse heißt Subnormale. Für die letztere hat man $MK = MP \cdot \tan\alpha$ oder

$$\text{die Subnormale} = y \tan\alpha = y \frac{dy}{dx}.$$

Für ein Kurvensystem $y = x^m$ ist $\tan\alpha = m x^{m-1}$, also die Subnormale $= m x^m \cdot x^{m-1} = \frac{m x^{2m}}{x} = \frac{m y^2}{x}$. Für die Parabel $y^2 = 2px$ ist die Subnormale $= \frac{1}{2} \cdot \frac{2px}{x} = p$, also konstant.

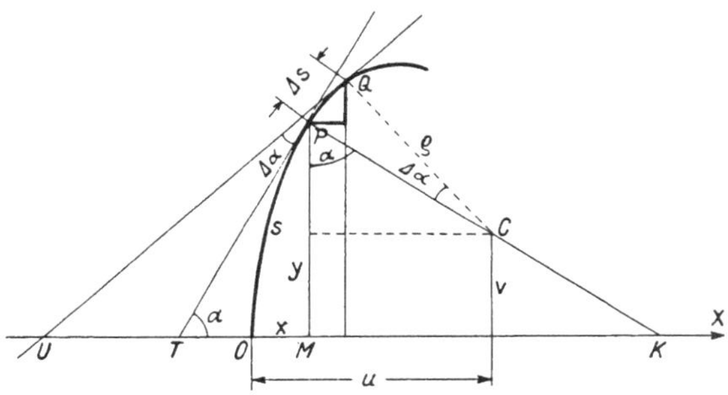

Bild 202

Errichtet man in einem zweiten, der Stelle P nahen Punkte Q eine andere Normale QC, so erhält man in dem Schnittpunkt C der beiden Normalen das Zentrum des Schmiegungskreises für die Streckendifferenz PQ der Kurve, es ist unter allen durch P und Q zu legenden Kreisen jedenfalls der, welcher sich der Kurvenstrecke PQ am besten anschmiegen würde.

Bezeichnet man die Strecke PQ des Bogens s mit Δs, die zwischen P und Q erfolgende Änderung des Tangentenwinkels α mit $\Delta\alpha$, und den Radius des Schmiegungskreises mit ϱ, so hat man im vorliegenden Falle einer negativen Winkeländerung (konkave Kurve)

$$\Delta s = -\varrho \Delta\alpha \text{ oder } \varrho = -\frac{\Delta s}{\Delta\alpha}.$$

Denkt man sich Q unendlich nahe an P heranrückend, so schrumpfen Δs und $\Delta\alpha$ zu ds und $d\alpha$ zusammen und man erhält für den Krümmungsradius im Punkte P

a) $$ds = -\varrho\, d\alpha \text{ oder } \varrho = -\frac{ds}{d\alpha}.$$

Der reziproke Wert von ϱ, also im allgemeinen $\frac{1}{\varrho} = \pm\frac{d\alpha}{ds}$, heißt die Krümmung der Kurve im Punkte P für konvexe bzw. konkave Bogenteile; für einen Wendepunkt ist $\varrho = \infty$, also $\frac{1}{\varrho} = 0$.

Für $\tan\alpha = \frac{dy}{dx}$ ist $d\tan\alpha = d\left(\frac{dy}{dx}\right) = \frac{d^2y}{dx^2}dx$; nach 13. c) ist aber auch $d\tan\alpha = \frac{d\alpha}{\cos^2\alpha}$, ferner ist $\cos\alpha = \frac{dx}{ds}$ und daraus ergibt sich

$$d\alpha = \cos^2\alpha\, d\tan\alpha = \frac{dx^2}{ds^2}d\tan\alpha$$

und

$$\varrho = \frac{ds}{\cos^2\alpha\, d\tan\alpha} = \frac{ds^3}{dx^2\, d\tan\alpha} = \frac{ds^3}{dx^3\frac{d^2y}{dx^2}} = \frac{\left(\frac{ds^2}{dx^2}\right)^{\frac{3}{2}}}{\frac{d^2y}{dx^2}} = \frac{\left(\frac{dx^2+dy^2}{dx^2}\right)^{\frac{2}{3}}}{\frac{d^2y}{dx^2}},$$

also

b′) $$\varrho = \frac{ds}{d\alpha} = \frac{\left[1+\left(\frac{dy}{dx}\right)^2\right]^{\frac{3}{2}}}{\frac{d^2y}{dx^2}}$$

und nach der unter 7. erklärten Lagrangeschen Schreibweise hat man dafür auch

b″) $$\varrho = \frac{(1+y'^2)^{\frac{3}{2}}}{y''} \quad\text{oder}\quad = \frac{\sqrt{(1+y'^2)^3}}{y''}.$$

Für die Koordinaten u/v des Krümmungsmittelpunktes C ist

c) $$u = x + \varrho\sin\alpha \quad\text{und}\quad v = y - \varrho\cos\alpha;$$

die stetige Folge der Krümmungsmittelpunkte beschreibt eine Kurve, welche die Evolute von OP genannt und deren Verlauf durch die Koordinaten u/v bestimmt wird.

Beispiele:

(1) Für die Parabel $y^2 = 2px$ ist

$$y' = \frac{p}{y} = \frac{p}{\sqrt{2px}},$$

sowie

$$y'' = -\frac{p^2}{(2px)^{\frac{3}{2}}} = -\frac{p^2}{y^3}$$

und hiermit ergibt sich der Krümmungsradius, je nachdem man ihn durch die Ordinate oder durch die Abszisse ausdrückt

$$\varrho = -\frac{(y^2 + p^2)^{\frac{3}{2}}}{p^2} \quad \text{oder} \quad = -\frac{(2\,x + p)^{\frac{3}{2}}}{p^{\frac{1}{2}}}.$$

Beide Formeln geben für $y = 0$ bzw. $x = 0$ den Krümmungsradius im Scheitel $\varrho = p$, also gleich dem halben Parameter der Parabel. Bild 203 gibt ein Bild dieser Tatsache für $p = 2$. Man kann sich

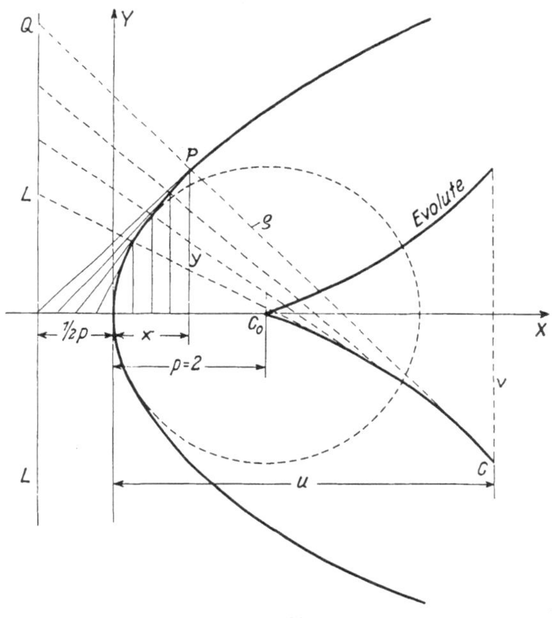

Bild 203

auch durch Rechnung leicht überzeugen, daß flache Kreissegmente mit guter Annäherung wie Parabelflächen berechnet werden können, nämlich $\frac{2}{3}$ Sehne mal Höhe.

(2) Wie unter § 23, 2. erhält man aus $\tan\alpha = y'$

$$\sin\alpha = \frac{y'}{\sqrt{1 + y'^2}} \quad \text{und} \quad \cos\alpha = \frac{1}{\sqrt{1 + y'^2}},$$

also sind nach b'') und c) die Koordinaten u und v eines Krümmungsmittelpunktes (mit Beachtung des Vorzeichens von ϱ)

$$u = x - \frac{(1 + y'^2)\,y'}{y''} \quad \text{und} \quad v = y + \frac{1 + y'^2}{y''};$$

setzt man in der ersten dieser Gleichungen die Abszissenwerte, in der zweiten die Ordinatenwerte für y' und y'', so erhält man

$$u = 3x + p \quad \text{und} \quad v = -\frac{y^3}{p^2};$$

eliminiert man hieraus x und y mit Hilfe der ursprünglichen Gleichung $y^2 = 2px$, so ergibt sich die Gleichung

$$v^2 = \frac{8}{27 \cdot p}(u - p)^3,$$

welche die Evolute darstellt, eine semikubische oder Neilsche Parabel, wie im Beispiele (2) unter 17.

Nun ist $u - x = 3x + p - x = 2\left(x + \frac{p}{2}\right)$ die Projektion der Strecke PC auf der Abszissenachse und $x + \frac{p}{2}$ ist die Projektion der Normalenstrecke PQ zwischen dem Parabelpunkt P und der Leitlinie LL auf derselben Achse, also ist auch $\varrho = PC = 2 \cdot PQ$. Man erhält demnach den Krümmungsradius eines Punktes der Parabel durch Verdopplung des Normalenabschnittes zwischen Leitlinie und Parabel.

Die Länge C_0C der Neilschen Parabel ist die Differenz $\varrho - p$ (weil sich ϱ, von C_0 anfangend, auf der Kurve abwickelt),

$$\text{also} = \frac{(y^2 + p^2)^{\frac{3}{2}}}{p^2} - p.$$

Dies ist das erste Beispiel der algebraischen Berechnung eines Kurvenbogens, ausgeführt von W. Neil im Jahre 1657.

19. Allgemeine Wiederholung in einem Beispiel.

Viele Funktionen, welche in der Anwendung auf die Praxis vorkommen, lassen sich aus den bisher kennengelernten Hauptfunktionen $y = x^m$, $y = e^x$, $y = \sin x$ usw. zusammensetzen, und es sind daher auch die Eigenschaften der ihnen entsprechenden Kurven, betreffend Tangentenlage, Quadratur, Rektifikation, Krümmung usw. leicht mit Hilfe der bisherigen Lehren aufzusuchen und die Konstruktion dieser Kurven auszuführen, wie folgendes Beispiel zeigen mag.

Für die Kurve, welche der Gleichung

$$y = x^2\left(1 - \frac{x}{3}\right) = x^2 - \frac{1}{3}x^3$$

entspricht, ist

$$dy = 2x\,dx - x^2\,dx$$

folglich

$$\tan\alpha = \frac{dy}{dx} = y' = 2x - x^2 = x(2 - x).$$

Da dieser Tangens für $x = 0$ und $x = 2$ zu Null wird, so hat die ihm entsprechende Kurventangente in den Punkten, welche den Abszissenwerten 0 und 2 zukommen, die Richtung der Abszissenachse. Ferner ist

$$d \tan \alpha = 2\,d\,x - 2\,x\,d\,x = 2\,(1 - x)\,d\,x,$$

oder

$$\frac{d}{d\,x} \tan \alpha = \frac{d}{d\,x}\left(\frac{d\,y}{d\,x}\right) = \frac{d^2\,y}{d\,x^2} = y'' = 2\,(1 - x);$$

$$\text{für } x = 0 \text{ ist } y'' = +\,2,$$
$$\text{für } x = 2 \text{ ist } y'' = -\,2,$$

und daher die Ordinate des ersten Punktes ein Minimum, dagegen die des zweiten ein Maximum. Für $y'' = 0$ erhält man die Koordinaten des Wendepunktes, $x = 1$ und mit Hilfe der Kurvengleichung, $y = \frac{2}{3}$.

Ferner ist der Krümmungsradius der Kurve nach 18. b'')

$$\varrho = \frac{(1 + y'^2)^{\frac{3}{2}}}{y''} = \frac{[1 + x^2\,(2 - x)^2]^{\frac{3}{2}}}{2\,(1 - x)}$$

z. B. für $x = 0$ ist $\varrho = \frac{1}{2}$ (konvexe Krümmung),

» $x = 1$ » $\varrho = \frac{2^{\frac{3}{2}}}{0} = \infty$ (Wendepunkt),

» $x = 2$ » $\varrho = -\frac{1}{2}$ (konkave Krümmung),

» $x = 3$ » $\varrho = \frac{10^{\frac{3}{2}}}{-4} = -7{,}906$ (konkave Krümmung).

Die Kurve ist in Bild 204 dargestellt. Dem ersten Teil der Gleichung, $y_1 = x^2$, entspricht die Parabel $B_1 0 B$, im zweiten und ersten Quadranten, mit der y-Achse als Parabelachse; dem zweiten Teil der Gleichung, $y_2 = -\frac{1}{3}\,x^3$, entspricht die kubische Parabel $C_1 0 C$, welche sich vom zweiten Quadranten, durch 0 als Wendepunkt, in den vierten Quadranten erstreckt. Um nun für eine gegebene Abszisse x den entsprechenden Punkt der dritten Kurve, $y = x^2 - \frac{1}{3}\,x^3$, zu bestimmen, braucht man nur die dieser Abszisse zugehörigen Ordinaten der ersten beiden Kurven algebraisch zu addieren. Man hat z. B.:

für $x = 1$ ist $y = y_1 + y_2 = 1 - \frac{1}{3} = \frac{2}{3}$ (Punkt W),

» $x = 2$ » $y = y_1 + y_2 = 4 - 2\frac{2}{3} = 1\frac{1}{3}$ (Punkt M),

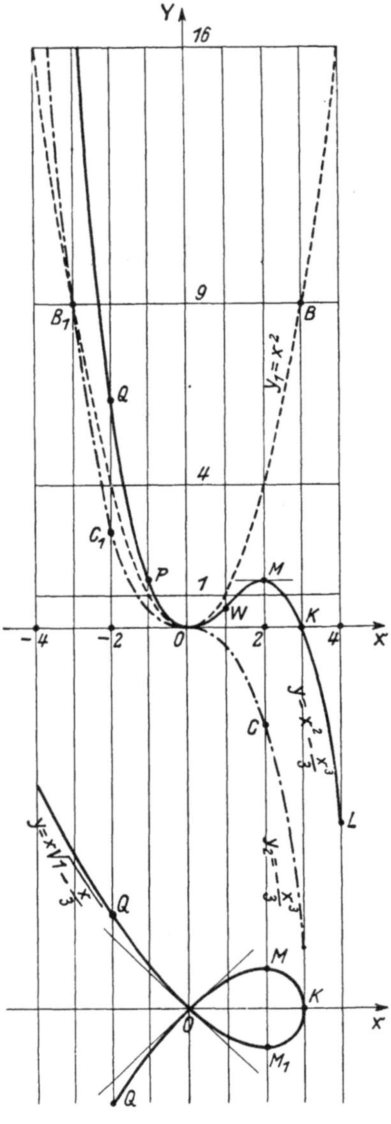

Bild 204

für $x = 3$ ist $y = 9 - 9 = 0$;

» $x = 4$ ist $y = 16 - 21\frac{1}{3} = -5\frac{1}{3}$;

» $x = -1$ ist $y = 1 + \frac{1}{3} = 1\frac{1}{3}$;

» $x = -2$ ist $y = 4 + 2\frac{2}{3} = 6\frac{2}{3}$;

» $x = -3$ ist $y = 9 + 9 = 18$ usw.

Es ergibt sich so, daß die durch Kurvenaddition gefundene dritte Kurve $Q0WMKL$ aus dem zweiten Quadranten in den ersten, dann in den vierten Quadranten verläuft, daß sie in 0 ein Minimum, in M ein Maximum und in W einen Wendepunkt besitzt. Die Kurvenneigung in W ist 45^0, weil $\tan\alpha = x(2-x) = 1$ ist, dagegen ist im Punkte K $\tan\alpha = -3$, also die Kurvenneigung $= -71^0 34'$ usw.

Die Quadratur der Kurve ist durch das Integral

$$F = \int y\,dx = \int\left(x^2 - \frac{1}{3}x^3\right)dx$$
$$= \int x^2\,dx - \frac{1}{3}\int x^3\,dx$$
$$= \frac{x^3}{3} - \frac{x^4}{12} = \frac{x^3}{3}\left(1 - \frac{x}{4}\right)$$

vollzogen. Hiernach folgt z. B. für das Flächenstück $0WMK$ über $0K = 3$, der Inhalt

$$F = \frac{3^3}{3}\left(1 - \frac{3}{4}\right) = \frac{9}{4},$$

und der Inhalt des Flächenstückes $3L4$ unter dem Abszissenstücke $\overline{34}$

$$F = \int_3^4 y\,dx = \frac{4^3}{3}\left(1 - \frac{4}{4}\right) - \frac{3^3}{3}\left(1 - \frac{3}{4}\right) = 0 - \frac{9}{4} = -\frac{9}{4}.$$

Um schließlich noch die Länge eines Kurvenstückes, z. B. $0WM$, zu finden, hat man

$$ds = \sqrt{dx^2 + dy^2} = \sqrt{dx^2 + x^2(2-x)^2 dx^2} = \sqrt{1 + x^2(2-x)^2} \cdot dx$$

$$s = \int_a^b f(x)\,dx = \int_0^2 \sqrt{1 + x^2(2-x)^2} \cdot dx.$$

Bringt man die unter 16. behandelte Integrationsmethode zur Anwendung und wählt $n = 4$, so ist $\frac{b-a}{4} = \frac{2-0}{4} = \frac{1}{2}$. Setzt man nun für x nacheinander die Werte $0, \frac{1}{2}, 1, \frac{3}{2}, 2$ in die zu integrierende Funktion $f(x) = \sqrt{1 + x^2(2-x)^2}$ ein, so erhält man die Werte

$$f(0) = \sqrt{1} = 1, \quad f\left(\frac{1}{2}\right) = \sqrt{1 + \frac{9}{16}} = \frac{5}{4}, \quad f(1) = \sqrt{1+1} = \sqrt{2} = 1{,}414\ldots$$

$$f\left(\frac{3}{2}\right) = \sqrt{1 + \frac{9}{16}} = \frac{5}{4},\; f(2) = \sqrt{1} = 1,$$

und hiernach die Länge des Bogens OWM

$$s = \left[f(0) + 4f\left(\frac{1}{2}\right) + 2f(1) + 4f\left(\frac{3}{2}\right) + f(2)\right]\frac{b-a}{3 \cdot 4}$$

$$= (1 + 5 + 2{,}828 + 5 + 1)\frac{1}{6} = 2{,}471\ldots$$

Mittels der Kurve $y = x^2\left(1 - \frac{x}{3}\right)$ läßt sich jetzt auch leicht der Lauf der Kurve $y = x\sqrt{1 - \frac{x}{3}}$ angeben, denn die Quadratwurzeln aus den Koordinaten der ersteren ergeben die entsprechenden Koordinaten der letzteren. Da die Quadratwurzeln aus negativen Zahlen imaginär sind, so erstreckt sich diese vierte Kurve nicht über den Punkt K hinaus, und da jede Quadratwurzel aus einer positiven Zahl zwei gleich große entgegengesetzte Werte hat, so ist die Abszissenachse eine Symmetrieachse dieser Schleifenkurve.

20. Die Hyperbelfunktionen.

Unter § 24, 7. wurden mittels des Moivreschen Satzes Beziehungen zwischen $\sin x$, $\cos x$ und e^{ix} abgeleitet, nämlich

$$i \sin x = \frac{1}{2}(e^{ix} - e^{-ix})$$

$$\cos x = \frac{1}{2}(e^{ix} + e^{-ix});$$

(i ist die imaginäre Einheit $= \sqrt{-1}$, $i^2 = -1$). Für $x = ix$ erhält man daraus

$$i \sin ix = \frac{1}{2}(e^{-x} - e^{x})$$

oder

a) $$-i \sin i\,x = \frac{1}{2}(e^x - e^{-x}) = \sinh x$$

b) $$\cos i\,x = \frac{1}{2}(e^x + e^{-x}) = \cosh x;$$

$\sinh x$. und $\cosh x$ sind die Bezeichnungen für Sinushyperbolicus bzw. Cosinushyperbolicus oder für den hyperbolischen Sinus und Cosinus von x; eine andere, aber weniger bezeichnende Schreibweise dafür ist $\mathfrak{Sin}\ x$ und $\mathfrak{Cof}\ x$. Die Formeln a) und b) geben zugleich die analytische Beziehung zwischen den genannten Kreis- und Hyperbelfunktionen; letztere lassen sich als Strecken an der gleichseitigen Hyperbel von der Halbachse 1 deuten wie die Kreisfunktionen am Kreis vom Radius 1, was zunächst gezeigt werden soll.

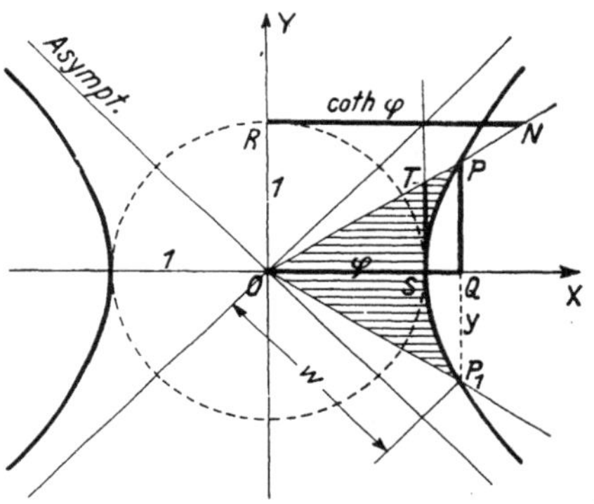

Bild 205

Unter 16. ergab sich, daß der natürliche Logarithmus einer beliebigen Zahl an einer gleichseitigen Hyperbel von der Halbachse $= \sqrt{2}$, Bild 198, als Sektorfläche $1'\,0P$ dargestellt ist, wenn man die Zahl als die dazugehörige Asymptotenabszisse $0Q$ betrachtet. Verkleinert man diese Hyperbel $\sqrt{2}:1$, so verkleinern sich homologe Strecken wie $\sqrt{2}:1$, homologe Flächen aber, wie die Quadrate der Strecken, also wie $2:1$, folglich ist für die gleichseitige Hyperbel von der Halbachse 1, Bild 205, in welcher $w = \frac{0Q}{\sqrt{2}} + \frac{QP_1}{\sqrt{2}} = \frac{x+y}{\sqrt{2}}$ ist und die ganze Sektorfläche $0P_1SP0$ mit φ bezeichnet sein möge:

$$\ln(w\sqrt{2}) = \ln(x+y) = \frac{\varphi}{2} \cdot 2 = \varphi,$$

also

c) $$x + y = e^{\varphi}.$$

Die Gleichung der Einheitshyperbel ist $x^2 - y^2 = 1$, daher ist

$$(x+y)(x-y) = 1, \text{ also } (x-y) = \frac{1}{e^{\varphi}}, \text{ oder}$$

d) $$x - y = e^{-\varphi}.$$

Durch Addition und Subtraktion von c) und d) ergibt sich

$$e = \frac{e^{\varphi} + e^{-\varphi}}{2} \quad \text{und} \quad y = \frac{e^{\varphi} - e^{-\varphi}}{2}$$

und durch Vergleich mit a) und b) erkennt man hieraus, daß die Koordinaten x und y eines Punktes P der Einheitshyperbel den hyperbolischen Cosinus und Sinus der durch P bestimmten Sektorfläche φ darstellen. (Siehe auch Beispiel (4) unter § 36, 5.)

Ferner bezeichnet man analog den Kreisfunktionen

$$\frac{\sinh \varphi}{\cosh \varphi} = \tanh \varphi \quad \text{und} \quad \frac{\cosh \varphi}{\sinh \varphi} = \coth \varphi$$

und nennt $\tanh \varphi$ und $\coth \varphi$ den hyperbolischen Tangens und Cotangens von φ, sie werden in Bild 205 durch die Strecken ST bzw. RN dargestellt, denn ähnliche Dreiecke ergeben

$$\frac{PQ}{0Q} = \frac{TS}{1} \quad \text{und} \quad \frac{0Q}{PQ} = \frac{RN}{1};$$

zusammenfassend hat man also:

e) $$PQ = \sinh \varphi = \frac{e^{\varphi} - e^{-\varphi}}{2}$$

f) $$0Q = \cosh \varphi = \frac{e^{\varphi} + e^{-\varphi}}{2}.$$

g) $$ST = \tanh \varphi = \frac{\sinh \varphi}{\cosh \varphi} = \frac{e^{\varphi} - e^{-\varphi}}{e^{\varphi} + e^{-\varphi}}$$

h) $$RN = \coth \varphi = \frac{\cosh \varphi}{\sinh \varphi} = \frac{e^{\varphi} + e^{-\varphi}}{e^{\varphi} - e^{-\varphi}} = \frac{1}{\tanh \varphi}$$

Aus c) und d) und der Hyperbelgleichung erhält man ohne weiteres

i) $$\cosh \varphi + \sinh \varphi = e^{\varphi}$$

k) $$\cosh \varphi - \sinh \varphi = e^{-\varphi}$$

l) $$\cosh^2 \varphi - \sinh^2 \varphi = 1.$$

Aus $\dfrac{\sinh^2 \varphi}{\cosh^2 \varphi} = \tanh^2 \varphi$ erhält man $\dfrac{\cosh^2 \varphi - 1}{\cosh^2 \varphi} = \tanh^2 \varphi$.

m) $$1 - \tanh^2 \varphi = \frac{1}{\cosh^2 \varphi}$$

und ebenso

n) $$\coth^2 \varphi - 1 = \frac{1}{\sinh^2 \varphi}.$$

Da die äußerste Lage des Leitstrahls $0P$ oder $0P_1$ mit einer der Asymptoten zusammenfällt, so ist für reelle Werte der Veränderlichen φ

$$\cosh \varphi \geqq 1; \quad -1 \leqq \tanh \varphi \leqq +1; \quad \coth^2 \varphi > 1;$$

während $\sinh \varphi$ jeden positiven oder negativen Zahlenwert annehmen kann.

Die Veränderliche der trigonometrischen Funktionen wurde bisher entweder als Winkel oder als Bogenlänge am Einheitskreis aufgefaßt, eine Betrachtung des Bildes 195 zeigt aber, daß man sie, analog den Hyperbelfunktionen, auch als doppelte Kreissektorfläche ansehen kann, denn $\frac{x \cdot 1}{2} \cdot 2 = x$.

Ferner hat man in Analogie der Arcusfunktionen:

Ist $\sinh \varphi = u$, so schreibt man $\varphi = \operatorname{Ar}\sinh u$, d. h. $\operatorname{Ar}\sinh u$ bedeutet diejenige Hyperbelsektorfläche, deren $\sinh = u$ ist. Entsprechende Bedeutung haben $\operatorname{Ar}\cosh u$, $\operatorname{Ar}\tanh u$, $\operatorname{Ar}\coth u$. (Man beachte: nicht Arc sondern Ar, von area = Fläche, Flächeninhalt.) Es sind die inversen Hyperbelfunktionen.

Nach l) ist

$$\cosh u = \sqrt{\sinh^2 u + 1}$$

und

$$\sinh u = \sqrt{\cosh^2 u - 1}$$

ist daher $\varphi = \operatorname{Ar}\sinh u$, so ist

$$u = \frac{1}{2}(e^{\varphi} - e^{-\varphi})$$

$$\sqrt{u^2 + 1} = \frac{1}{2}(e^{\varphi} + e^{-\varphi})$$

$$u + \sqrt{u^2 + 1} = e^{\varphi},$$

oder

$$\varphi = \ln\left(u + \sqrt{u^2 + 1}\right),$$

es ist also

o) $$\operatorname{Ar}\sinh u = \ln\left(u + \sqrt{u^2 + 1}\right)$$

und ebenso findet man

p) $$\operatorname{Ar}\cosh u = \ln\left(u + \sqrt{u^2 - 1}\right).$$

Ist $\varphi = \operatorname{Ar}\tanh u$, so ist

$$u = \frac{e^{\varphi} - e^{-\varphi}}{e^{\varphi} + e^{-\varphi}} = \frac{e^{2\varphi} - 1}{e^{2\varphi} + 1},$$

$$\text{oder } e^{2\varphi} = \frac{1 + u}{1 - u}, \text{ oder } 2\varphi = \ln \frac{1 + u}{1 - u},$$

also

q) $$\operatorname{Ar}\tanh u = \frac{1}{2} \ln \frac{1 + u}{1 - u}$$

und ebenso ergibt sich

r) $$\operatorname{Ar}\coth u = \frac{1}{2} \ln \frac{u + 1}{u - 1}.$$

Im Englischen schreibt man für Ar sinh u (oder 𝔄𝔯 𝔖𝔦𝔫 u) $\sinh^{-1} u$ und entsprechend $\cosh^{-1} u$, $\tanh^{-1} u$, $\coth^{-1} u$.

Aus a) erhält man durch Multiplikation mit i

s) $$\sin i x = i \sinh x.$$

Nun hat man nach § 24, 6. b)

$$\sin i x = \frac{i x}{1!} - \frac{(i x)^3}{3!} + \frac{(i x)^5}{5!} - \ldots = i\left(\frac{x}{1!} - \frac{i^2 x^3}{3!} + \frac{i^4 x^5}{5!} - \ldots\right)$$

und hieraus folgt die hyperbolische Sinusreihe:

t) $$\sinh x = \frac{x}{1!} + \frac{x^3}{3!} + \frac{x^5}{5!} + \ldots$$

Nach § 24, 6. a) ist

$$\cos i x = 1 - \frac{(i x)^2}{2!} + \frac{(i x)^4}{4!} - \frac{(i x)^6}{6!} + \ldots$$

also ist nach b) die hyperbolische Cosinusreihe:

$$\cosh x = 1 + \frac{x^2}{2!} + \frac{x^4}{4!} + \frac{x^6}{6!} + \ldots$$

Mittels der Beziehungen a) und b)

$$-i \sin i x = \sinh x \quad \text{und} \quad \cos i x = \cosh x$$

und den Beziehungen zwischen den Funktionen zweier Winkel, a), c), d) § 23, 7., erhält man zuerst

$$-i(\sin i\alpha + \sin i\beta) = -i\,2 \sin\frac{1}{2}(i\alpha + i\beta)\cos\frac{1}{2}(i\alpha - i\beta)$$

$$\cos i\alpha + \cos i\beta = 2\cos\frac{1}{2}(i\alpha + i\beta)\cos\frac{1}{2}(i\alpha - i\beta)$$

$$\cos i\alpha - \cos i\beta = \frac{-2}{i^2}\left(-i\sin\frac{1}{2}(i\alpha + i\beta)\right)\left(-i\sin\frac{1}{2}(i\alpha - i\beta)\right)$$

und daraus der Reihe nach

u) $$\sinh\alpha + \sinh\beta = 2\sinh\frac{1}{2}(\alpha + \beta)\cosh\frac{1}{2}(\alpha - \beta)$$

v) $$\cosh\alpha + \cosh\beta = 2\cosh\frac{1}{2}(\alpha + \beta)\cosh\frac{1}{2}(\alpha - \beta)$$

w) $$\cosh\alpha - \cosh\beta = 2\sinh\frac{1}{2}(\alpha + \beta)\sinh\frac{1}{2}(\alpha - \beta).$$

Die Formeln u) und v) sind genau analog a) und c) § 23, 7.; w) hat kein Minuszeichen auf der rechten Seite wie § 23, 7. d). Es dürfte dem Leser nicht schwerfallen, weitere Formeln im Bedarfsfalle in obiger Weise abzuleiten.

Die Funktionskurven für $\sinh x$ und $\cosh x$ ergeben sich am einfachsten, wenn man die halbe Differenz bzw. die halbe Summe der

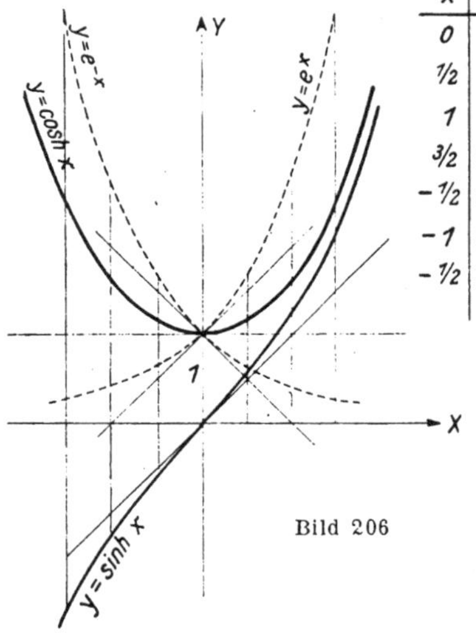

x	e^x
0	1
$1/2$	$\sqrt{e}$
1	e
$3/2$	$\sqrt{e^3}$
$-1/2$	$1:\sqrt{e}$
-1	$1:e$
$-3/2$	$1:\sqrt{e^3}$

Bild 206

beiden, zu ein und derselben Abszisse gehörigen Ordinaten der zur y-Achse symmetrischen Exponentialkurven $y = e^x$ und $y = e^{-x}$ bildet, Bild 206. Die Kurve $y = \cosh x$ oder auch $y = \frac{1}{2}(e^x + e^{-x})$ heißt Catenaria oder Kettenlinie. Als Gleichgewichtsfigur eines gleichmäßig schweren, an beiden Enden gleich hoch befestigten Seiles wurde sie fast gleichzeitig (1690 bis 1691) von Jakob und Johann Bernoulli, Huygens und Leibniz erkannt, nachdem Galilei (1638) die Parabel dafür gehalten hatte.

21. Differential- und Integralformeln der Hyperbelfunktionen.

Nach 11. a) ist $d e^x = e^x dx$ und $d e^{-x} = - e^{-x} dx$, man hat daher

$$d \sinh x = \frac{1}{2}(d e^x - d e^{-x}) = \frac{1}{2}(e^x + e^{-x})\, dx = \cosh x\, dx,$$

$$d \cosh x = \frac{1}{2}(d e^x + d e^{-x}) = \frac{1}{2}(e^x - e^{-x})\, dx = \sinh x\, dx,$$

also:

a) $\qquad d \sinh x = \cosh x\, dx,$

b) $\qquad d \cosh x = \sinh x\, dx.$

Ferner ist jetzt nach 4. h) und 20. l)

$$d \tanh x = d\,\frac{\sinh x}{\cosh x} = \frac{\cosh x \cosh x - \sinh x \sinh x}{\cosh^2 x}\, dx$$

$$= \frac{\cosh^2 x - \sinh^2 x}{\cosh^2 x}\, dx = \frac{1}{\cosh^2 x}\, dx,$$

$$d \coth x = \frac{\sinh^2 x - \cosh^2 x}{\sinh^2 x}\, dx$$

$$= -\frac{\cosh^2 x - \sinh^2 x}{\sinh^2 x}\, dx = -\frac{1}{\sinh^2 x}\, dx,$$

also:

c) $$d \tanh x = \frac{dx}{\cosh^2 x}$$

d) $$d \coth x = -\frac{dx}{\sinh^2 x}.$$

Das Differenzieren der inversen Hyperbelfunktionen gestaltet sich ganz ähnlich wie das der Arcusfunktionen unter 13.: $y = \mathrm{Ar}\sinh x$ ist die inverse Funktion von $x = \sinh y$; der Differentialquotient der letzteren Funktion ist nach a)

$$\frac{dx}{dy} = \cosh y = \sqrt{\sinh^2 y + 1} = \sqrt{x^2 + 1}$$

und daraus entsteht

$$\frac{dy}{dx} = \frac{1}{\sqrt{x^2 + 1}},$$

oder

e) $$d\,\mathrm{Ar}\sinh x = \frac{dx}{\sqrt{x^2 + 1}};$$

ebenso erhält man

f) $$d\,\mathrm{Ar}\cosh x = \frac{dx}{\sqrt{x^2 - 1}}.$$

Für $y = \mathrm{Ar}\tanh x$, also $x = \tanh y$, ergibt sich nach 20. m)

$$\frac{dx}{dy} = \frac{1}{\cosh^2 y} = 1 - \tanh^2 y = 1 - x^2, \text{ also } \frac{dy}{dx} = \frac{1}{1 - x^2},$$

oder

g) $$d\,\mathrm{Ar}\tanh x = \frac{dx}{1 - x^2}$$

und ebenso erhält man nach 20. n):

h) $$d\,\mathrm{Ar}\coth x = -\frac{dx}{x^2 - 1}\left(= \frac{dx}{1 - x^2}\right).$$

Es sei hier auf die frappante Ähnlichkeit der 8 Formeln a) bis h) mit den 8 Formeln a) bis h) unter 13. hingewiesen.

Die Integralformeln folgen nach a) bis d) ohne weiteres:

i) $$\int \cosh x\,dx = \sinh x, \qquad \int \cosh(ax)\,dx = \frac{1}{a}\sinh(ax).$$

k) $$\int \sinh x\,dx = \cosh x, \qquad \int \sinh(ax)\,dx = \frac{1}{a}\cosh(ax).$$

l) $$\int \frac{dx}{\cosh^2 x} = \tanh x, \qquad \int \frac{dx}{\cosh^2(ax)} = \frac{1}{a}\tanh(ax).$$

m) $$\int \frac{dx}{\sinh^2 x} = -\coth x, \qquad \int \frac{dx}{\sinh^2(ax)} = -\frac{1}{a}\coth(ax).$$

Auch ist

$$\int \tanh x\,dx = \int \frac{\sinh x\,dx}{\cosh x} = \ln\cosh x,$$

$$\int \coth x\,dx = \int \frac{\cosh x\,dx}{\sinh x} = \ln\sinh x.$$

Nach e) bis h) und 20. o) bis r) ist ferner:

n) $$\int \frac{dx}{\sqrt{x^2+1}} = \operatorname{Ar\,sinh} x = \ln\left(x + \sqrt{x^2+1}\right)$$

o) $$\int \frac{dx}{\sqrt{x^2-1}} = \operatorname{Ar\,cosh} x = \ln\left(x + \sqrt{x^2-1}\right)$$

p) $$\int \frac{dx}{1-x^2} = \operatorname{Ar\,tanh} x = \frac{1}{2}\ln\frac{1+x}{1-x}$$

q) $$\int -\frac{dx}{x^2-1} = \operatorname{Ar\,coth} x = \frac{1}{2}\ln\frac{x+1}{x-1}.$$

Die Hyperbelfunktionen sind neueren Datums, sie wurden um die Mitte des 18. Jahrhunderts von V. Riccati mit den heute üblichen Bezeichnungen eingeführt. In vielen, namentlich den sog. populären Lehrbüchern der Differential- und Integralrechnung werden sie gar nicht erwähnt; weil sie sich aber in der technischen Literatur allgemein eingebürgert haben, so war ihre Behandlung hier geboten. Wie sich durch Anwendung der Hyperbelfunktionen algebraische Operationen und Rechnungen vereinfachen lassen, möge die Berechnung der Länge des Kettenlinienbogens AP, Bild 207, zeigen, welche unter (1) mit, unter (2) ohne Hyperbelfunktionen nach Formel 17. b) ausgeführt ist:

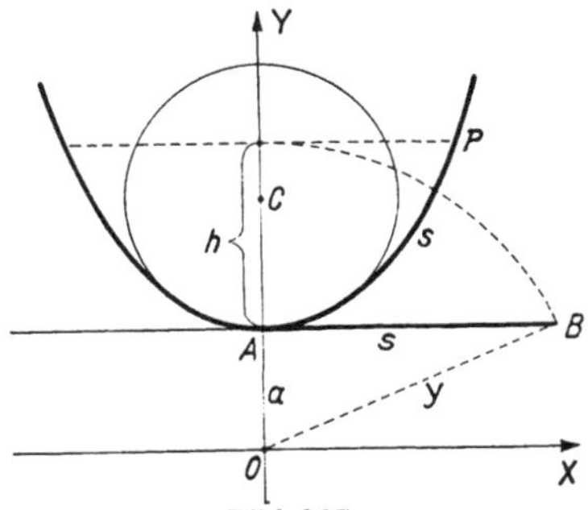

Bild 207

(1) $$y = a\cosh\frac{x}{a}, \quad y' = \sinh\frac{x}{a}$$

$$s = \int_0^x \sqrt{1+y'^2}\,dx = \int_0^x \cosh\frac{x}{a}\,dx$$

$$= a\sinh\frac{x}{a} = a\sqrt{\cosh^2\frac{x}{a} - 1}$$

$$= \sqrt{y^2-a^2} = AB.$$

(2) $$y = \frac{a}{2}\left(e^{\frac{x}{a}} + e^{-\frac{x}{a}}\right), \quad y' = \frac{1}{2}\left(e^{\frac{x}{a}} - e^{-\frac{x}{a}}\right)$$

$$s = \int_0^x \sqrt{1+y'^2}\,dx = \frac{1}{2}\int_0^x \left(e^{\frac{x}{a}} + e^{-\frac{x}{a}}\right)dx$$

$$= \frac{a}{2}\left(e^{\frac{x}{a}} - e^{-\frac{x}{a}}\right) = \frac{a}{2}\sqrt{\left(e^{\frac{x}{a}} + e^{-\frac{x}{a}}\right)^2 - 4}$$

$$= \sqrt{y^2-a^2} = AB.$$

Unter (2) müßte man wohl, ohne Kenntnis der Hyperbelfunktionen, hinter dem ersten und dritten Ausdruck nach s noch den Schritt

$$= \int_0^x \sqrt{1 + \frac{\left(e^{\frac{2x}{a}} - 2e^0 + e^{-\frac{2x}{a}}\right)}{4}}\, dx, \text{ bzw.}$$

$$= \frac{a}{2}\sqrt{\left(e^{\frac{2x}{a}} - 2e^0 + e^{-\frac{2x}{a}}\right) - 4 + 4}$$

hinzufügen, um den folgenden Schritt in beiden Fällen verständlich zu machen.

Die Berechnung führt zugleich auf eine sehr einfache geometrische Bestimmung der Bogenlänge, wie im Bild angegeben ist.

(3) Für den Krümmungsradius der Kettenlinie hat man zuerst

$$y = a \cosh\frac{x}{a}, \qquad y' = \sinh\frac{x}{a} \qquad y'' = \frac{1}{a}\cosh\frac{x}{a},$$

dann nach Formel 18. b'')

$$\varrho = a\frac{\left(\sqrt{1 + \sinh^2\frac{x}{a}}\right)^3}{\cosh\frac{x}{a}} = a\cosh^2\frac{x}{a} = \frac{a^2\cosh^2\frac{x}{a}}{a} = \frac{y^2}{a}.$$

Für $x = 0$ ist $y = a$, also der Krümmungsradius im Scheitel $= \frac{a^2}{a} = a$. Ohne Hyperbelfunktionen ließe sich eine solche Einfachheit der Berechnung nicht erreichen.

Schließlich sei noch erwähnt, daß (analog den trigonometrischen Funktionen) $\frac{1}{\cosh x} = \operatorname{sech} x$ und $\frac{1}{\sinh x} = \operatorname{cosech} x$ ist, der eine Ausdruck also immer für den anderen gesetzt werden kann; für die Formeln c) und d) hat man so beispielsweise:

c) $$d\tanh x = \frac{dx}{\cosh^2 x} = \operatorname{sech}^2 x\, dx$$

d) $$d\coth x = -\frac{dx}{\sinh^2 x} = -\operatorname{cosech}^2 x\, dx.$$

§ 35. Fortsetzung der Differentialrechnung

1. Partielle und totale Differenzierung von $f(x, y)$.

Bisher wurden immer nur Funktionen von der Form $y = f(x)$ differenziert. Hat man es nun mit einer Funktion von zwei unabhängigen Variablen zu tun, was symbolisch durch $z = f(x, y)$ bezeichnet wird und durch eine krumme Fläche dargestellt werden kann, wie z. B. in den Bildern 183 und 185, so erkennt man leicht, daß der Funktionswert, also die z-Ordinate, sich in dreierlei Weise ändern kann und zwar:

(1) dadurch, daß bei festem y nur x übergeht in x_1,

(2) dadurch, daß bei festem x nur y übergeht in y_1,

(3) dadurch, daß gleichzeitig x und y übergehen in x_1 und y_1.

Differenziert man jetzt die Funktion, indem man zuerst y als konstant betrachtet, so heißt das eine partielle Differenzierung nach x; im zweiten Falle erhält man also eine partielle Differenzierung nach y; die Differenzierung im dritten Falle heißt totale Differenzierung nach x und y. Um partielle und totale Differenzierung zu unterscheiden, gebraucht man für erstere ein rundes ∂ und schreibt

a) $$\frac{\partial z}{\partial x} = \frac{\partial f(x, y)}{\partial x} = \lim \frac{f(x_1, y) - f(x, y)}{x_1 - x}$$

b) $$\frac{\partial z}{\partial y} = \frac{\partial f(x, y)}{\partial y} = \lim \frac{f(x, y_1) - f(x, y)}{y_1 - y}$$

und nennt diese Ausdrücke die partiellen Differentialquotienten der Funktion.

Für die totale Differenzierung hat man zunächst

$$(z_1 - z) = f(x_1, y_1) - f(x, y),$$

durch Subtraktion und Addition von $f(x, y_1)$ ergibt sich dann

$$z_1 - z = \frac{f(x_1, y_1) - f(x, y_1)}{x_1 - x}(x_1 - x) + \frac{f(x, y_1) - f(x, y)}{y_1 - y}(y_1 - y);$$

und durch Übergang zu den Grenzen wird hieraus

$$dz = \frac{\partial f(x, y)}{\partial x} dx + \frac{\partial f(x, y)}{\partial y} dy,$$

oder in kürzerer Schreibweise

c) $$dz = \frac{\partial f}{\partial x} dx + \frac{\partial f}{\partial y} dy, \qquad \text{oder} \qquad dz = \frac{\partial z}{\partial x} dx + \frac{\partial z}{\partial y} dy.$$

Dieser Ausdruck heißt das totale Differential der Funktion.

Bezugnehmend auf Bild 185 kann man die partiellen Differentialquotienten nach x und y auch als Differentialquotienten in der Richtung X bzw. Y bezeichnen und erkennt so den Differentialquotienten in beliebiger Richtung als den totalen Differentialquotienten. Eine beliebige Richtung in der xy-Ebene ist durch $ds = \sqrt{dx^2 + dy^2}$ bestimmt, und auch durch die Winkel φ und ψ, welche sie mit der X- bzw. Y-Richtung bilden möge; die Division der Formel c) durch ds ergibt also für den totalen Differentialquotienten:

c)' $$\frac{dz}{ds} = \frac{\partial f}{\partial x} \cdot \frac{dx}{ds} + \frac{\partial f}{\partial y} \cdot \frac{dy}{ds}$$

oder auch

c)'' $$\frac{dz}{ds} = \frac{\partial z}{\partial x} \cos\varphi + \frac{\partial z}{\partial y} \cos\psi.$$

Beispiele für die Formel c):

$$df(u,v) = \frac{\partial f}{\partial u} du + \frac{\partial f}{\partial v} dv.$$

(1) Ist $f(u,v) = u \pm v$, so ist

$$\frac{\partial f}{\partial u} = 1 \text{ und } \frac{\partial f}{\partial v} = \pm 1,$$

also $d(u \pm v) = du \pm dv$ (Formel § 34, 4. b)).

(2) Ist $f(u,v) = uv$, so ist $\frac{\partial f}{\partial u} = v$ und $\frac{\partial f}{\partial v} = u$,

also $d(uv) = vdu + udv$ (Formel § 34, 4. c)).

(3) Ist $f(u,v) = \frac{u}{v}$, so ist $\frac{\partial f}{\partial u} = \frac{1}{v} = \frac{v}{v^2}$ und $\frac{\partial f}{\partial v} = -uv^{-2} = -\frac{u}{v^2}$,

also $d\frac{u}{v} = \frac{vdu - udv}{v^2}$ (Formel § 34, 4. h)).

Die unter § 34, 4. abgeleiteten Differenzierungen zusammengesetzter Funktionen sind also besondere Fälle der in Formel c) ausgesprochenen allgemeinen Regel.

(4) Ist $z = 2ax^2 + 3bxy + 4cy^3$, so ist

$$\frac{\partial z}{\partial x} = 4ax + 3by \quad \text{und} \quad \frac{\partial z}{\partial y} = 3bx + 12cy^2,$$

also $dz = (4ax + 3by)dx + (3bx + 12cy^2)dy$.

(5) Ist $z = x^y$, so ist nach der Potenzregel und § 34, 11. d)

$$\frac{\partial z}{\partial x} = yx^{y-1} \quad \text{und} \quad \frac{\partial z}{\partial y} = x^y \ln x,$$

also

$$dz = yx^{y-1}dx + x^y \ln x\, dy,$$

oder

$$dz = x^{y-1}(ydx + x \ln x dy).$$

(6) Unter § 34, 1. d) wurde mittels des Bildes 183 das Mariotte-Gay-Lussacsche Gesetz $T = \frac{pv}{R}$ veranschaulicht. Für die beiden par-

tiellen Differentialquotienten von T ergeben sich hieraus die Werte:

$$\frac{\partial T}{\partial p} = \frac{v}{R} \quad \text{und} \quad \frac{\partial T}{\partial v} = \frac{p}{R}$$

und für das totale Differential von T erhält man somit

$$d\,T = \frac{\partial T}{\partial p} d\,p + \frac{\partial T}{\partial v} d\,v,$$

oder die Differentialgleichung

$$d\,T = \frac{v}{R} d\,p + \frac{p}{R} d\,v.$$

Anstatt T als Funktion der beiden unabhängigen Veränderlichen p und v zu betrachten, könnte man auch $p = \frac{R\,T}{v}$ als Funktion der beiden unabhängigen Veränderlichen T und v oder auch $v = \frac{R\,T}{p}$ als Funktion der beiden unabhängigen Veränderlichen T und p auffassen. Man würde dann z. B. für die partiellen Differentialquotienten von p und v nach T die folgenden Gleichungen erhalten:

$$\frac{\partial p}{\partial T} = \frac{R}{v} \quad \text{und} \quad \frac{\partial v}{\partial T} = \frac{R}{p},$$

welche zeigen, daß ihre Werte bzw. mit den reziproken Werten der oben für die beiden partiellen Differentialquotienten von T gefundenen Ausdrücke identisch sind.

Die Ausdrücke $\frac{\partial f}{\partial x}$ und $\frac{\partial f}{\partial y}$ heißen in weiterer Auffassung auch partielle Ableitungen erster Ordnung der Funktion f nach x und y. Es sind selbst Funktionen von x und y und können daher wieder partiell nach x und y abgeleitet werden, man erhält dann die partiellen Ableitungen zweiter Ordnung:

$$\frac{\partial\left(\frac{\partial f}{\partial x}\right)}{\partial x} = \frac{\partial^2 f}{\partial x^2} \qquad \frac{\partial\left(\frac{\partial f}{\partial x}\right)}{\partial y} = \frac{\partial^2 f}{\partial y\,\partial x}$$

$$\frac{\partial\left(\frac{\partial f}{\partial y}\right)}{\partial x} = \frac{\partial^2 f}{\partial x\,\partial y} \qquad \frac{\partial\left(\frac{\partial f}{\partial y}\right)}{\partial y} = \frac{\partial^2 f}{\partial y^2}.$$

Die partiellen Ableitungen dritter Ordnung sind:

$$\frac{\partial^3 f}{\partial x^3}, \quad \frac{\partial^3 f}{\partial x^2\,\partial y}, \quad \frac{\partial^3 f}{\partial x\,\partial y^2}, \quad \frac{\partial^3 f}{\partial y^3} \text{ usw.}$$

Beispiel: Für $f(x, y) = ax^3y + bxy^2 + cxy$ ist

$$\frac{\partial f}{\partial x} = 3ax^2y + by^2 + cy \quad \text{und} \quad \frac{\partial f}{\partial y} = ax^3 + 2bxy + cx,$$

somit ist

$$\frac{\partial^2 f}{\partial x \partial y} = 3ax^2 + 2by + c = \frac{\partial^2 f}{\partial y \partial x} \quad \text{usw.}$$

$$\frac{\partial^3 f}{\partial x^2 \partial y} = 6ax, \quad \frac{\partial^3 f}{\partial x \partial y^2} = 2b \quad \text{usw.}$$

Man erkennt aus dem Beispiel zugleich: Wird eine Funktion $f(x, y)$ mehrfach nach den beiden Veränderlichen x und y partiell abgeleitet, so ist es gleichgültig, in welcher Reihenfolge dies geschieht.

Wird die Formel c) nochmals differenziert, so entsteht:

$$d^2 z = \frac{\partial\left(\frac{\partial f}{\partial x} dx + \frac{\partial f}{\partial y} dy\right)}{\partial x} dx + \frac{\partial\left(\frac{\partial f}{\partial x} dx + \frac{\partial f}{\partial y} dy\right)}{\partial y} dy,$$

oder

d) $$d^2 z = \frac{\partial^2 f}{\partial x^2} dx^2 + 2\frac{\partial^2 f}{\partial x \partial y} dx\,dy + \frac{\partial^2 f}{\partial y^2} dy^2.$$

Demnach ergibt die nochmalige Differenzierung von c)', wenn man zugleich $\frac{dx}{ds}$ durch x' und $\frac{dy}{ds}$ durch y' ersetzt:

d)' $$\frac{d^2 z}{ds^2} = \frac{\partial^2 f}{\partial x^2} x'^2 + 2\frac{\partial^2 f}{\partial x \partial y} x' y' + \frac{\partial^2 f}{\partial y^2} y'^2.$$

Analog den Formeln c) und d) hat man schließlich noch für Funktionen von mehreren Veränderlichen

e) $$dF(x, y, z, u \ldots) = \frac{\partial F}{\partial x} dx + \frac{\partial F}{\partial y} dy + \frac{\partial F}{\partial z} dz + \frac{\partial F}{\partial u} du + \ldots$$

f) $$d^n F(x, y, z, u \ldots) = \frac{\partial^n F}{\partial x^n} dx^n + n\frac{\partial^n F}{\partial x^{n-1} \partial y} dx^{n-1} dy + \ldots$$

2. Endlichkeit und Stetigkeit der Funktionen.

Bisher wurde immer vorausgesetzt, daß die Funktionen und ihre Differentialquotienten stetig verlaufen, wenigstens wurde den Stellen, wo eine Diskontinuität eintritt, noch keine besondere Aufmerksamkeit geschenkt; dies soll jetzt nachgeholt werden:

Eine Funktion $y = f(x)$ ist innerhalb eines Gebietes von $x = a$ bis $x = b$ endlich, wenn zu jedem Wert von x innerhalb dieses Gebietes ein endlicher Wert von y gehört. Sie ist zugleich stetig innerhalb dieses Gebietes, wenn darin jeder kleinsten Änderung von x eine, wenn auch noch so kleine Änderung von y entspricht.

Eine Funktion $y = f(x)$ wird für $x = a$ **unstetig**, wenn sie für diesen Wert unendlich wird, wie z. B. die Funktion $f(x) = \tan x$ für $x = \frac{\pi}{2}$, wo sie einen Sprung von $+\infty$ bis $-\infty$ macht; dieselbe Unstetigkeit an derselben Stelle zeigt die Funktion $\sec x$ (§ 21, 7., Bild 61), während $\cos x$ ($= 1 : \sec x$) durchaus stetig verläuft. Die Funktion $y = \frac{x^2}{(x-a)^2}$ wird für $x = a$ unstetig, weil sie daselbst einen unendlich fernen Punkt besitzt; Bild 208 zeigt das Funktionsbild für $a = 1$.

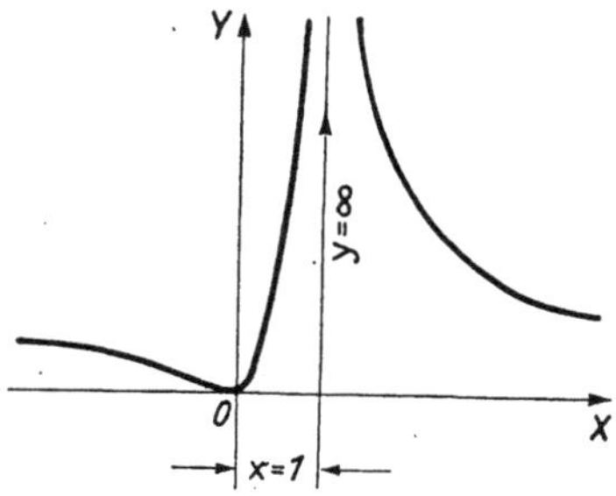

Bild 208

Es gibt ferner Unstetigkeiten durch **endlichen Sprung**. So ist z. B. die Funktion

$$y = \frac{1}{1 + a^{\frac{1}{x}}} \qquad (a > 0)$$

für alle Werte stetig, ausgenommen den Wert $x = 0$; bezeichnet man

Null minus ein Unendlichkleines durch -0,
Null plus ein Unendlichkleines durch $+0$,

so ist

$$\text{für } a < 1 \qquad \lim_{x=-0} y = 0, \ \lim_{x=+0} y = 1,$$

$$\text{für } a > 1 \qquad \lim_{x=-0} y = 1, \ \lim_{x=+0} y = 0;$$

in beiden Fällen weist also die Funktion an der Stelle $x = 0$ eine Unstetigkeit auf, einen Sprung von 0 bis 1 bzw. von 1 bis 0 auf der y-Achse. Man kann sich dies leicht durch Einsetzung von Zahlen klarmachen, etwa wie folgt:

$$\text{da } 0{,}99^{\infty} = 0, \quad 1{,}01^{\infty} = \infty, \quad \frac{1}{-0} = -\infty, \quad \frac{1}{+0} = +\infty,$$

$$\text{so ist } y = \frac{1}{1 + 0{,}99^{-\infty}} = \frac{1}{1 + \frac{1}{0{,}99^{\infty}}} = 0, \qquad y = \frac{1}{1 + 0{,}99^{\infty}} = 1,$$

$$y = \frac{1}{1 + 1{,}01^{-\infty}} = \frac{1}{1 + \frac{1}{1{,}01^{\infty}}} = 1, \qquad y = \frac{1}{1 + 1{,}01^{\infty}} = 0.$$

Bild 209 zeigt das Funktionsbild für $a = 2$.

Der Differentialquotient einer Funktion wird an allen den Stellen unendlich und zugleich diskontinuierlich, an welchen die ursprüngliche Funktion eine Unterbrechung der Stetigkeit erleidet, die Funktion ist

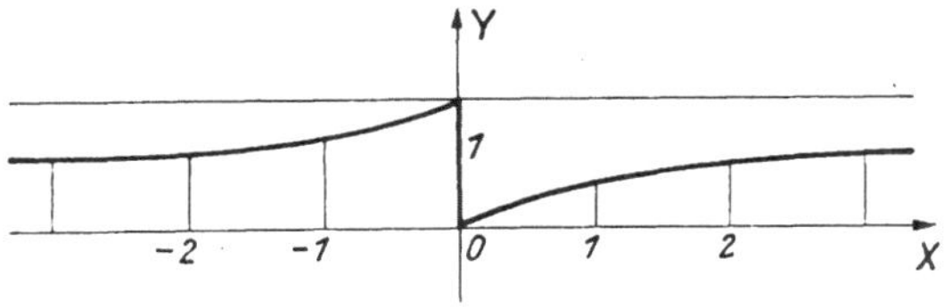

Bild 209

also an diesen Stellen nicht differenzierbar, aber umgekehrt, solange der Differentialquotient einer Funktion endlich und stetig bleibt, verläuft die Funktion selbst kontinuierlich.

3. Ableitung nicht entwickelter Funktionen.

In den Funktionen, die bisher abgeleitet wurden, war y stets eine entwickelte Funktion von x, also die Form der Funktion $y = f(x)$. Es kann aber auch vorkommen, daß y durch eine Gleichung in nicht entwickelter Form, $f(x, y) = 0$, mit x verbunden ist, die vielleicht nicht nach y aufgelöst werden kann. Um die Ableitung in diesem Falle zu erhalten, nehme man an, $z = f(u, v)$ sei eine Funktion der Veränderlichen u und v, dann ist nach 1. c)

$$\frac{dz}{dx} = \frac{\partial f}{\partial u} \cdot \frac{du}{dx} + \frac{\partial f}{\partial v} \cdot \frac{dv}{dx};$$

setzt man hierin $z = 0$, $u = x$, $v = y$, so folgt

$$0 = \frac{\partial f}{\partial x} \cdot \frac{dx}{dx} + \frac{\partial f}{\partial y} \cdot \frac{dy}{dx} \text{ und hieraus, weil } \frac{dx}{dx} = 1 \text{ ist,}$$

a) $$\frac{\partial f}{\partial x} + \frac{\partial f}{\partial y} y' = 0,$$

oder die gewünschte Ableitung

b) $$y' = -\frac{\partial f}{\partial x} : \frac{\partial f}{\partial y}.$$

Beispiele:

(1) Die unentwickelte Funktion sei

$$f = e^y \ln x - y = 0,$$

dann ist

$$\frac{\partial f}{\partial x} = \frac{e^y}{x} \text{ und } \frac{\partial f}{\partial y} = e^y \ln x - 1,$$

also nach b)

$$y' = -\frac{e^y}{x(e^y \ln x - 1)}.$$

(2) Die unentwickelte Funktion sei

$$f = x^2 + 2xy - y^2 - 2ay = 0;$$

$$\frac{\partial f}{\partial x} = 2x + 2y, \qquad \frac{\partial f}{\partial y} = 2x - 2y - 2a,$$

also

$$y' = \frac{x+y}{a-x+y}.$$

(3) Für $f = x^2 + y^2 - a^2 = 0$ ist

$$\frac{\partial f}{\partial x} = 2x, \quad \frac{\partial f}{\partial y} = 2y, \quad \text{also } y' = -\frac{x}{y} = -\frac{x}{\sqrt{a^2 - x^2}}.$$

Die entwickelte Funktion $y^2 = a^2 - x^2$ gibt nach alter Weise:

$$2y\,dy = -2x\,dx, \quad \text{also} \quad y' = -\frac{x}{y} = -\frac{x}{\sqrt{a^2 - x^2}}.$$

Will man die bei entwickelten Funktionen vorkommenden Nenner, Wurzelzeichen und dergleichen vermeiden, so geht man zu der unentwickelten Funktion über, z. B.

(4) Aus $y = \sqrt{x + \sqrt{1 + x^2}}$ erhält man $y^2 - x = \sqrt{1 + x^2}$ und daraus

$$f = y^4 - 2y^2x - 1 = 0;$$

$$\frac{\partial f}{\partial x} = -2y^2, \quad \frac{\partial f}{\partial y} = 4y^3 - 4xy, \quad \text{also } y' = \frac{y}{2(y^2 - x)} = \frac{\sqrt{x + \sqrt{1 + x^2}}}{2\sqrt{1 + x^2}}.$$

4. Funktionen der Form $x = \varphi(t)$, $y = \psi(t)$ sowie $y = \varphi[\psi(z)]$.

Sind x und y Funktionen einer dritten Variablen t, eines Parameters, so könnte man daraus durch Elimination von t eine Gleichung $y = f(x)$ ermitteln und mit Hilfe derselben $\frac{dy}{dx} = f'(x)$ bestimmen, z. B.

$$y = \arcsin \frac{t}{\sqrt{1+t^2}}, \qquad x = \arccos \frac{1}{\sqrt{1+t^2}};$$

$$\sin^2 y = \frac{t^2}{1+t^2}, \qquad \cos^2 x = \frac{1}{1+t^2};$$

$$\sin^2 y + \cos^2 x = 1, \text{ oder } \sin^2 y = 1 - \cos^2 x;$$

also $$\sin^2 y = \sin^2 x, \qquad \text{folglich} \qquad y = x \text{ und } \frac{dy}{dx} = 1.$$

In vielen Fällen ist es jedoch zweckmäßiger, die Elimination von t zu unterlassen und den Differentialquotienten $\frac{dy}{dx}$ ebenfalls als Funktion von t zu ermitteln; für $x = \varphi(t)$ und $y = \psi(t)$ hat man also

$$\frac{dy}{dt} = \psi'(t), \qquad \frac{dx}{dt} = \varphi'(t), \qquad \frac{dy}{dx} = \frac{\psi'(t)}{\varphi'(t)}.$$

Beispiele:

(1) $$x = a(1 - t), \qquad y = at,$$
$$\frac{dx}{dt} = -a, \qquad \frac{dy}{dt} = a, \qquad \frac{dy}{dx} = \frac{a}{-a} = -1.$$

(2) $$x = \sin^2 t, \qquad y = \sin 2t,$$
$$\frac{dx}{dt} = 2 \sin t \cos t = \sin 2t$$
$$\frac{dy}{dt} = 2 \cos 2t, \text{ also } \frac{dy}{dx} = 2 \cot 2t.$$

(3) $$x = a \cos t, \qquad y = b \sin t,$$
$$\frac{dx}{dt} = -a \sin t, \qquad \frac{dy}{dt} = b \cos t, \qquad \frac{dy}{dx} = -\frac{b}{a} \cot t.$$

Wird t aus den ursprünglichen Gleichungen eliminiert, so erhält man die Gleichung der Ellipse

$$f = \frac{x^2}{a^2} + \frac{y^2}{b^2} - 1 = 0, \quad \text{oder} \quad y = \frac{b}{a}\sqrt{a^2 - x^2},$$

und daraus den Differentialquotienten in den beiden Formen:

$$\frac{dy}{dx} = -\frac{b^2 x}{a^2 y} \quad \text{und} \quad \frac{dy}{dx} = \frac{-bx}{a\sqrt{a^2 - x^2}}.$$

Die drei Formen des Differentialquotienten sind natürlich äquivalent; die ursprünglichen beiden Gleichungen geben $\cot t = \frac{bx}{ay}$, wodurch die erste Form auf die zweite zurückgeführt ist und somit auch auf die dritte.

Ableitung einer Funktion von einer Funktion.

Ist y eine Funktion von x und x eine Funktion von z, so ist auch y eine Funktion von z oder, wie man sagt, eine Funktion von einer Funktion von z, d. h. für

$$y = \varphi(x) \text{ und } x = \psi(z) \text{ ist auch } y = \varphi[\psi(z)];$$
$$\frac{dy}{dx} = \frac{d\varphi(x)}{dx} \text{ und } \frac{dx}{dz} = \frac{d\psi(z)}{dz},$$

also

$$\frac{dy}{dz} = \frac{dy}{dx} \cdot \frac{dx}{dz} = \frac{d\varphi(x)}{dx} \cdot \frac{d\psi(z)}{dz}.$$

Ebenso findet man: Ist y eine Funktion von v und v eine Funktion von w und w eine Funktion von x, so ist

$$\frac{dy}{dx} = \frac{dy}{dv} \cdot \frac{dv}{dw} \cdot \frac{dw}{dx}.$$

Ist ferner φ eine Funktion von r und $r^2 = x^2 + y^2 + z^2$, so ist

$$\frac{\partial \varphi}{\partial x} = \frac{d\varphi}{dr} \cdot \frac{\partial r}{\partial x} = \frac{d\varphi}{dr} \cdot \frac{x}{r}$$

und

$$\frac{\partial^2 \varphi}{\partial x^2} = \frac{d^2 \varphi}{dr^2} \cdot \frac{\partial r}{\partial x} \cdot \frac{x}{r} + \frac{d\varphi}{dr} \cdot \frac{1}{r} - \frac{d\varphi}{dr} \cdot \frac{x \, \partial r}{r^2 \partial x}$$

$$= \frac{d^2 \varphi}{dr^2} \cdot \frac{x^2}{r^2} + \frac{d\varphi}{dr} \cdot \frac{1}{r} - \frac{d\varphi}{dr} \cdot \frac{x^2}{r^3}.$$

Analoge Gleichungen erhält man für die Ableitungen von φ nach y und z.

5. Singuläre Punkte einer Kurve.

Schreibt man die Gleichung der Schleifenkurve, Bild 204, in der Form $y^2 = x^2 - \frac{x^3}{3}$, so erhält man daraus

$$\frac{dy}{dx} = \frac{2x - x^2}{2y};$$

für die Koordinaten $x = 0$ und $y = 0$ nimmt dieser Tangens den unbestimmten Wert $\frac{0}{0}$ an; um den wirklichen Wert zu finden, muß man nach § 34, 15. Zähler und Nenner differenzieren und erhält so

$$\frac{dy}{dx} = \frac{(2 - 2x)\frac{dx}{dx}}{2\frac{dy}{dx}}, \text{ oder } \frac{dy}{dx} = \pm \sqrt{1 - x};$$

danach sind die beiden Tangentenrichtungen im Kreuzungspunkt oder Doppelpunkt der Kurve, also für $x = 0$:

$$\frac{dy}{dx} = \pm 1,$$

die Richtungswinkel also $\pm 45^0$.

Die Gleichung der semikubischen oder Neilschen Parabel, wie sie unter § 34, 18. als Evolute der Parabel gefunden und in Bild 203 dargestellt wurde, ist

$$v^2 = \frac{8}{27 \cdot p} (u - p)^3;$$

hieraus ergibt sich

$$\frac{dv}{du} = \frac{12}{27 \cdot p} \frac{(u-p)^2}{v};$$

für die Koordinaten $u = p$ und $v = 0$ nimmt dieser Tangens den unbestimmten Wert $\frac{0}{0}$ an; durch Differenzierung von Zähler und Nenner nach u erhält man

$$\frac{dv}{du} = \frac{24}{27 \cdot p} \cdot \frac{(u-p)\frac{du}{du}}{\frac{dv}{du}}, \text{ oder } \frac{dv}{du} = \pm \sqrt{\frac{24}{27 \cdot p}(u-p)};$$

danach sind die beiden Tangentenrichtungen in der Spitze oder dem Rückkehrpunkt C_0, also für $u = p$:

$$\frac{dv}{du} = \pm 0,$$

fallen also beide mit der Abszissenachse zusammen.

Nähern sich die beiden Tangenten eines Doppelpunktes mehr und mehr, so verkleinert sich damit die Schleife, bis sie beim Zusammenfallen der beiden Tangenten in einen Rückkehrpunkt übergeht.

Sind die Tangenten eines Doppelpunktes imaginär, so gilt doch ihr Schnittpunkt als ein reeller Kurvenpunkt, weil er die Kurvengleichung erfüllt. Da alsdann in dessen Umgebung keine weiteren reellen Kurvenpunkte liegen, so wird ein solcher Punkt als isolierter oder konjugierter Punkt bezeichnet. So wird z. B. die Gleichung $y^2 - x^3 + 2x^2 = 0$ erfüllt durch $x = 0$ und $y = 0$; aus

$$y^2 = x^3 - 2x^2 \text{ folgt } \frac{dy}{dx} = \frac{3x^2 - 4x}{2y}$$

und dieser Ausdruck nimmt für $x = 0$ und $y = 0$ den unbestimmten Wert $\frac{0}{0}$ an; durch Differenzierung von Zähler und Nenner erhält man

$$\frac{dy}{dx} = \frac{(6x-4)\frac{dx}{dx}}{2\frac{dy}{dx}}, \quad \text{oder } \frac{dy}{dx} = \pm\sqrt{3x-2},$$

also sind die beiden Tangenten für $x = 0$ imaginär und folglich ist der Koordinatenursprung ein isolierter Punkt der durch die gegebene Gleichung bestimmten Kurve, Bild 210.

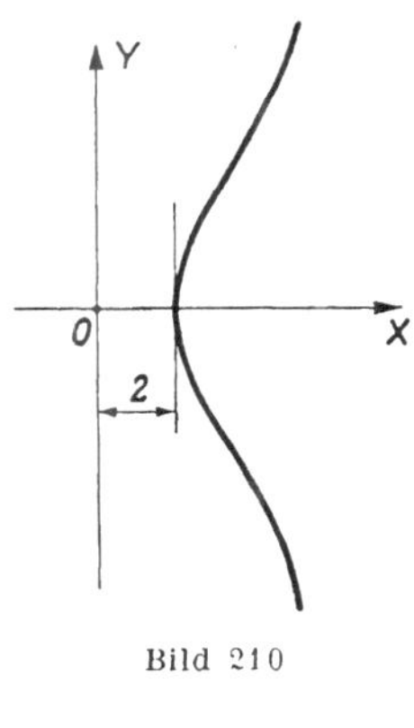

Bild 210

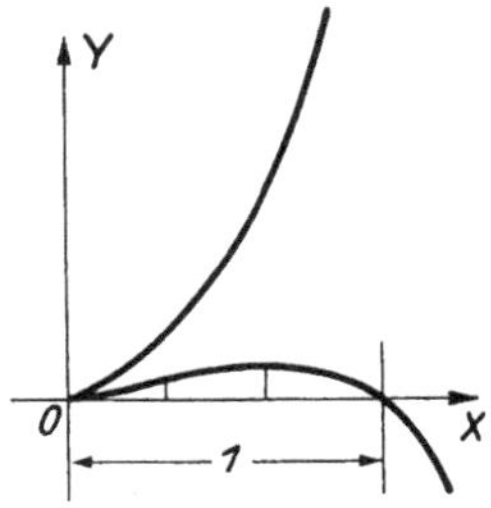

Bild 211

Einen **Rückkehrpunkt zweiter Art**, eine sog. Schnabelspitze, liefert die Gleichung $(y - x^2)^2 - x^5 = 0$, Bild 211. Die Auflösung $y = x^2 (1 \pm \sqrt{x})$ läßt erkennen, daß zu negativen x-Werten kein reelles y gehört, daß für x zwischen 0 und 1 beide y-Werte positiv, also beide Äste der Kurve über der Abszissenachse liegen; erst bei $x = 1$ tritt der zum unteren Zeichen gehörige Ast unter die Abszissenachse, wo er dann verbleibt, während der andere Ast beständig über ihr liegt. Die Abszissenachse ist Tangente für beide Äste im Punkte 0. Der untere Ast hat an der Stelle $x = \frac{64}{225}$ einen Wendepunkt und bei $x = \frac{16}{25}$ ein Maximum $y = \frac{256}{3125}$. Der Punkt 0 ist kein Minimum der Kurve, obgleich die Bedingungsgleichung $\frac{dy}{dx} = 0$ erfüllt ist; man muß also stets auf beiden Seiten eines auf einen Extremwert hindeutenden Punktes die Nachprüfung vornehmen.

Um für die singulären Punkte einer Kurve, für die also die erste Ableitung den unbestimmten Wert $\frac{0}{0}$ ergibt, eine allgemein brauchbare Formel zu gewinnen, geht man von der unentwickelten Form der Kurvengleichung $f(x, y) = 0$ und der Formel 3. b) aus, hat also zuerst

a) $$\frac{dy}{dx} = -\frac{\frac{\partial f}{\partial x}}{\frac{\partial f}{\partial y}} = \frac{0}{0};$$

um den wirklichen Wert dieses Ausdrucks zu erhalten, differenziert man dann Zähler und Nenner und erhält so

$$\frac{dy}{dx} = -\frac{\frac{d}{dx}\left(\frac{\partial f}{\partial x}\right)}{\frac{d}{dx}\left(\frac{\partial f}{\partial y}\right)} = -\frac{\frac{\partial^2 f}{\partial x^2} + \frac{\partial^2 f}{\partial x \partial y} \cdot \frac{dy}{dx}}{\frac{\partial^2 f}{\partial y \partial x} + \frac{\partial^2 f}{\partial y^2} \cdot \frac{dy}{dx}}$$

und daraus

b) $$\frac{dy}{dx} = \frac{-\frac{\partial^2 f}{\partial x \partial y} \pm \sqrt{\left(\frac{\partial^2 f}{\partial x \partial y}\right)^2 - \frac{\partial^2 f}{\partial x^2} \cdot \frac{\partial^2 f}{\partial y^2}}}{\frac{\partial^2 f}{\partial y^2}}.$$

Man hat es demnach mit einem Doppelpunkt, einem Rückkehrpunkt oder einem isolierten Punkt zu tun, je nachdem in

c) $$\left(\frac{\partial^2 f}{\partial x \, \partial y}\right)^2 \gtreqless \frac{\partial^2 f}{\partial x^2} \cdot \frac{\partial^2 f}{\partial y^2}$$

das obere, das mittlere oder das untere Zeichen gilt.

Beispiel (1): Für

$$f = x y^2 - x^2 + 2x - 1 = 0$$

ist

$$\frac{\partial f}{\partial x} = y^2 - 2x + 2 \text{ und } \frac{\partial f}{\partial y} = 2xy;$$

$x = 1$ und $y = 0$ machen beide Ausdrücke $= 0$, wodurch ein singulärer Punkt der Funktionskurve bestimmt ist. Nach Gleichung b) erhält man ferner

$$\frac{dy}{dx} = \frac{-2y \pm \sqrt{4y^2 - (-2)(2x)}}{2x}$$

und das gibt für $x = 1$ und $y = 0$ die beiden Tangenswerte

$$\frac{dy}{dx} = \frac{-0 \pm \sqrt{0 + 4}}{2} = \pm 1.$$

Die Kurve besteht aus zwei Ästen symmetrisch zur x-Achse, Bild 212, mit der y-Achse als Asymptote. Die beiden Äste schneiden sich rechtwinklig in P (1,0).

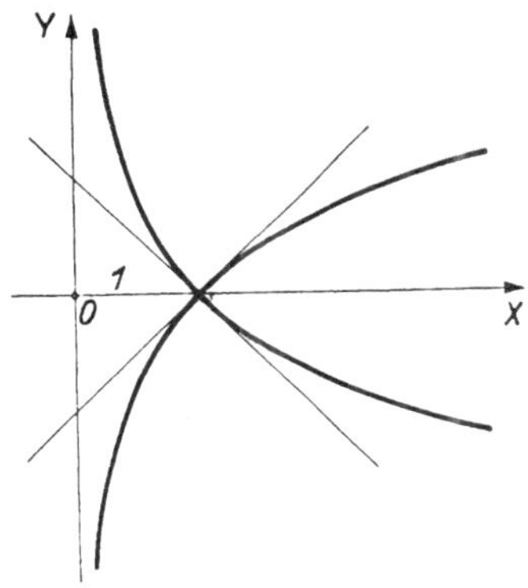

Bild 212

Beispiel (2): Für die Kurve vierten Grades

$$f = x^4 - 2ay^3 - 3a^2y^2 - 2a^2x^2 + a^4 = 0$$

ist

$$\frac{\partial f}{\partial x} = 4x^3 - 4a^2x \text{ und } \frac{\partial f}{\partial y} = -6ay^2 - 6a^2y;$$

jedes der Koordinatenpaare ($x = a$, $y = 0$), ($x = -a$, $y = 0$), ($x = 0$, $y = -a$) machen beide Ausdrücke $= 0$), wodurch drei singuläre Punkte bestimmt sind. Die Gleichung b) gibt

$$\frac{dy}{dx} = \frac{-0 \pm \sqrt{0 - (12x^2 - 4a^2)(-12ay - 6a^2)}}{-12ay - 6a^2}$$
$$= \pm \sqrt{\frac{12x^2 - 4a^2}{12ay + 6a^2}};$$

die Tangentenrichtungen für die drei singulären Punkte sind also der Reihe nach bestimmt durch

$$\frac{dy}{dx} = \pm \sqrt{\frac{4}{3}}, \quad \frac{dy}{dx} = \pm \sqrt{\frac{4}{3}}, \quad \frac{dy}{dx} = \pm \sqrt{\frac{2}{3}}.$$

Die Kurve hat ein Maximum für $x = 0$ und $y = \frac{1}{2} a$, ferner zwei Minima für $x = \pm a$ und $y = -\frac{3}{2} a$, und zwei Tangenten parallel

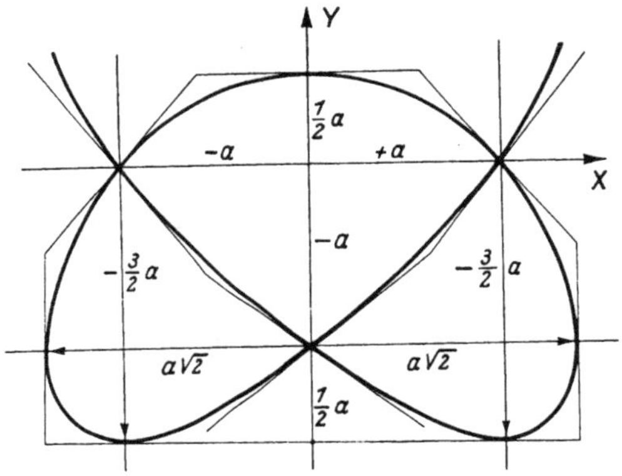

Bild 213

zur y-Achse für $x = \pm a\sqrt{2}$ und $y = -a$, Bild 213, für diese Punkte gilt

$$\frac{dy}{dx} = \frac{4x^3 - 4xa^2}{6ay^2 + 6a^2y}.$$

6. Einhüllende Kurven oder Umhüllungslinien.

Eine Kurvengleichung der Ebene enthalte neben den Veränderlichen x, y noch eine willkürliche Größe p, einen sog. Parameter, und sei dargestellt durch $f(x, y, p) = 0$. Legt man hierin dem p alle möglichen Werte bei, so erhält man ebenso viele ebene Kurven, welche bei gradueller Änderung von p entsprechend graduell in Gestalt und Lage voneinander abweichen werden und sich in bestimmten Punkten schneiden mögen. Mit veränderlichem Parameter p stellt also die Gleichung $f(x, y, p) = 0$ ein unendliches System oder eine Schar ebener Kurven oder ein Kurvenkontinuum dar, und läßt man den Parameter p nacheinander um Δp wachsen, so erhält man in

$f(x, y, p + \Delta p) = 0, f(x, y, p + 2\Delta p) = 0, f(x, y, p + 3\Delta p) = 0$ usw.

einzelne, graduell aufeinanderfolgende Kurven des Kontinuums.

Die partielle Differenzierung der Gleichung nach p sagt ohne weiteres aus, daß x und y sich hierbei nicht ändern, für den gleichen Wert von p gehen also die Linien

$$f(x, y, p) = 0 \quad \text{und} \quad \frac{\partial f(x, y, p)}{\partial p} = 0$$

durch ein und denselben Punkt. Aus beiden Gleichungen folgt durch Elimination von p eine dritte Gleichung

$$F(x, y) = 0,$$

welche ebenfalls durch den gemeinschaftlichen Punkt der beiden anderen hindurchgehen muß. Da diese dritte Gleichung aber p gar nicht mehr enthält, so geht sie durch alle wie vorher bestimmten Punkte, stellt also eine einzige Linie dar, welche nacheinander sämtliche Kurven der Schar berührt; es ist die Einhüllende oder Umhüllungslinie der Kurvenschar, und diese letzteren heißen in dieser Beziehung die Eingehüllten.

Sind die Linien des Systems Gerade, so bilden sie die Tangenten der Einhüllenden. Die Evolute einer Kurve kann hiernach auch als die Einhüllende der Normalen betrachtet werden, Bild 203.

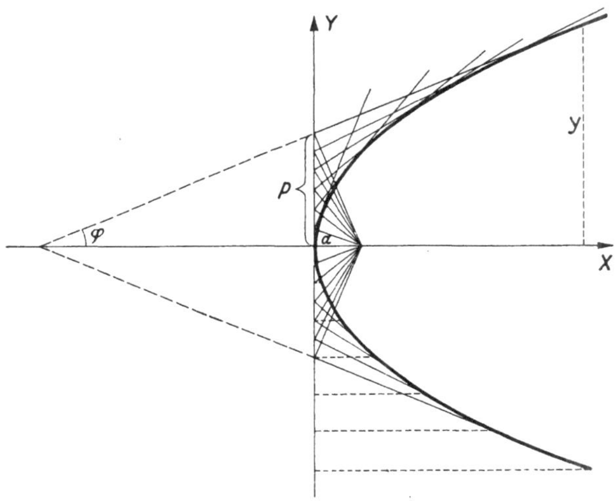

Bild 214

Beispiel (1): Ein rechter Winkel wird so bewegt, daß sein Scheitel beständig auf der y-Achse gleitet und ein Schenkel durch einen festen Punkt $(a, 0)$ auf der x-Achse geht. Welches ist die Einhüllende des anderen Schenkels?

Schneidet der durch $(a, 0)$ gehende Schenkel des rechten Winkels die y-Achse im Punkte $(0, p)$, Bild 214, so ist die Gleichung des anderen Schenkels (also die Gleichung der Linienschar) $y = x \tan \varphi + p$ oder $y = x\frac{a}{p} + p$, oder $ax - py + p^2 = 0$. Durch partielle Differenzierung nach p folgt hieraus $-y + 2p = 0$ und durch Elimination von p aus beiden Gleichungen, die Gleichung der Umhüllungslinie:

$$y^2 - 4ax = 0,$$

worin man die Scheitelgleichung der Parabel erkennt, mit dem Parameter 4a und dem Punkt $(a, 0)$ als Brennpunkt. Bild 214 illustriert also eine Konstruktion der Parabel, wenn der Brennpunkt gegeben ist.

Die untere Hälfte der Konstruktion zeigt ferner die der x-Achse parallelen Linien der partiellen Differenzierung nach p, deren Schnittpunkte mit den entsprechenden Linien der Schar ja auch die Umhüllungslinie bestimmen.

Beispiel (2): Ein Kurvenkontinuum habe die Gleichung

$$y = x \tan \alpha - \frac{g x^2}{2 v^2 \cos^2 \alpha}.$$

Mit $\tan \alpha = p$ als veränderlichem Parameter, $\frac{g}{2 v^2} = m$ gesetzt, und weil $\frac{1}{\cos^2 \alpha} = \tan^2 \alpha + 1$, wird aus obiger Gleichung

$$y - x p + m x^2 (p^2 + 1) = 0$$

und daraus durch partielle Differenzierung nach p:

$$-x + 2 m x^2 p = 0 \left(\text{oder } p = \frac{1}{2 m x}\right).$$

Aus beiden Gleichungen folgt durch Elimination von p die Gleichung der Umhüllungslinie

$$y = -m x^2 + \frac{1}{4 m},$$

oder

$$y = -\frac{g x^2}{2 v^2} + \frac{v^2}{2 g}.$$

Unter § 37, 2. 1) wird diese Gleichung in anderer Weise abgeleitet und dort ist auch ihre physikalische Bedeutung nebst Illustration gegeben, Bild 240.

7. Maxima und Minima von $z = f(x, y)$.

Unter § 34, 6. wurden Extremwerte von $y = f(x)$ bestimmt; ganz analog lassen sich Extremwerte von Funktionen mit zwei unabhängigen Variablen bestimmen. Die Funktionsfläche $z = f(x, y)$ muß an der Stelle eines Extrems eine Tangentialebene parallel zur xy-Ebene haben, daher müssen an dieser Stelle nicht nur die Differentialquotienten in den x- und y-Richtungen gleich Null sein, also

a) $$\frac{\partial f}{\partial x} = 0 \text{ und } \frac{\partial f}{\partial y} = 0,$$

es muß auch der Differentialquotient in beliebiger Richtung gleich Null sein, also nach 1. c)' der totale Differentialquotient

b) $$\frac{dz}{ds} = \frac{\partial f}{\partial x} \cdot \frac{dx}{ds} + \frac{\partial f}{\partial y} \cdot \frac{dy}{ds} = 0.$$

Die z-Ordinaten um ein Minimum herum sind zunehmend, der zweite Differentialquotient ist also positiv; die z-Ordinaten um ein Maximum herum sind abnehmend, der zweite Differentialquotient ist daher negativ.

Die Gleichungen a) ergeben die Werte von x und y, welche z zu einem Minimum oder einem Maximum machen, und diese werden durch das Vorzeichen des zweiten Differentialquotienten unterschieden. Die Differenzierung der Gleichung b) ist nach 1. d)'

$$\frac{d^2 z}{d s^2} = \frac{\partial^2 f}{\partial x^2} x'^2 + 2 \frac{\partial^2 f}{\partial x \partial y} x' y' + \frac{\partial^2 f}{\partial y^2} y'^2,$$

also ist

$$\frac{\partial^2 f}{\partial x^2} \cdot \frac{d^2 z}{d s^2} = \left(\frac{\partial^2 f}{\partial x^2}\right)^2 x'^2 + 2 \frac{\partial^2 f}{\partial x^2} \cdot \frac{\partial^2 f}{\partial x \partial y} x' y' + \frac{\partial^2 f}{\partial x^2} \cdot \frac{\partial^2 f}{\partial y^2} y'^2,$$

oder

$$\text{c)} \quad \frac{\partial^2 f}{\partial x^2} \cdot \frac{d^2 z}{d s^2} = \left[\frac{\partial^2 f}{\partial x^2} x' + \frac{\partial^2 f}{\partial x \partial y} y'\right]^2 + \left[\frac{\partial^2 f}{\partial x^2} \cdot \frac{\partial^2 f}{\partial y^2} - \left(\frac{\partial^2 f}{\partial x \partial y}\right)^2\right] y'^2.$$

Hiernach läßt sich nun entscheiden, unter welcher Bedingung $\frac{d^2 z}{d s^2}$ in allen Richtungen ein und dasselbe Vorzeichen hat, was für einen Extremwert der Funktion erforderlich ist. Ist nämlich

$$\text{d)} \quad \frac{\partial^2 f}{\partial x^2} \cdot \frac{\partial^2 f}{\partial y^2} - \left(\frac{\partial^2 f}{\partial x \partial y}\right)^2 > 0,$$

d. h. positiv, so ist die ganze rechte Seite von c) positiv, also auch die linke; es hat dann $\frac{d^2 z}{d s^2}$ stets das nämliche Vorzeichen wie $\frac{\partial^2 f}{\partial x^2}$. Ist die Bedingung d) erfüllt, so ist

$$z \text{ ein Minimum, wenn } \frac{\partial^2 f}{\partial x^2} > 0,$$

$$z \text{ ein Maximum, wenn } \frac{\partial^2 f}{\partial x^2} < 0.$$

(1) Zahlenbeispiel: $z = x^2 + y^2 + xy - 6x - 4y + 5$

$$\left.\begin{aligned} \frac{\partial f}{\partial x} &= 2x + y - 6 = 0 \\ \frac{\partial f}{\partial y} &= 2y + x - 4 = 0 \end{aligned}\right\} x = \frac{8}{3}, \quad y = \frac{2}{3}.$$

$$\frac{\partial^2 f}{\partial x^2} = 2, \quad \frac{\partial^2 f}{\partial y^2} = 2, \quad \frac{\partial^2 f}{\partial x \partial y} = 1 \text{ und } 2 \cdot 2 - 1 > 0,$$

also ergibt sich ein Minimum für $x = \frac{8}{3}$, $y = \frac{2}{3}$.

(2) Kürzester Abstand zweier Geraden im Raume. Die beiden Geraden seien nach § 31, 9. b) durch die Gleichungen

e) $$\begin{cases} y = B_1 x + b_1 \\ z = C_1 x + c_1 \end{cases} \quad \text{und} \quad \begin{cases} y = B_2 x + b_2 \\ z = C_2 x + c_2 \end{cases}$$

gegeben. Nimmt man auf der ersten Geraden einen Punkt $x_1\, y_1\, z_1$, auf der zweiten einen Punkt $x_2\, y_2\, z_2$ an, so ist die Länge der verbindenden Geraden

f) $$\sqrt{(x_1 - x_2)^2 + (y_1 - y_2)^2 + (z_1 - z_2)^2},$$

soll diese ein Minimum sein, so ist offenbar auch ihr Quadrat ein Minimum, also $(x_1 - x_2)^2 + (y_1 - y_2)^2 + (z_1 - z_2)^2$, welches nach e) die Form annimmt

$$F(x_1, x_2) = (x_1 - x_2)^2 + (B_1 x_1 - B_2 x_2 + b_1 - b_2)^2 + (C_1 x_1 - C_2 x_2 + c_1 - c_2)^2$$

und eine Funktion der beiden unabhängigen Variablen x_1 und x_2 darstellt. Man erhält daraus

$$\frac{1}{2}\frac{\partial F}{\partial x_1} = (1 + B_1^2 + C_1^2)\, x_1 - (1 + B_1 B_2 + C_1 C_2)\, x_2 + (b_1 - b_2)\, B_1 + (c_1 - c_2)\, C_1,$$

$$\frac{1}{2}\frac{\partial F}{\partial x_2} = -(1 + B_1 B_2 + C_1 C_2)\, x_1 + (1 + B_2^2 + C_2^2)\, x_2 - (b_1 - b_2)\, B_2 - (c_1 - c_2)\, C_2,$$

$$\frac{1}{2}\frac{\partial^2 F}{\partial x_1^2} = (1 + B_1^2 + C_1^2), \qquad \frac{1}{2}\frac{\partial^2 F}{\partial x_1 \partial x_2} = -(1 + B_1 B_2 + C_1 C_2),$$

$$\frac{1}{2}\frac{\partial^2 F}{\partial x_2^2} = (1 + B_2^2 + C_2^2).$$

Die ersten Differentialquotienten $= 0$ gesetzt ergeben 2 Gleichungen ersten Grades zur Bestimmung von x_1 und x_2. Die so erhaltenen Werte entsprechen einem Minimum, weil die Bedingung d)

$$(1 + B_1^2 + C_1^2)(1 + B_2^2 + C_2^2) - (1 + B_1 B_2 + C_1 C_2)^2 = (B_1 - B_2)^2 + (C_1 - C_2)^2 + (B_1 C_2 - B_2 C_1)^2 > 0$$

erfüllt ist und $\dfrac{\partial^2 F}{\partial x_1^2}$ sowie $\dfrac{\partial^2 F}{\partial x_2^2}$ positiv sind.

Aus x_1 und x_2 erhält man mittels der Gleichungen der Geraden die Werte von y_1, y_2 und z_1, z_2. Diese 6 Werte in *f*) eingesetzt ergeben den kürzesten Abstand der beiden Geraden.

Übrigens liegt es hier in der Natur der Aufgabe, daß nur ein Minimum stattfindet, man hätte sich also die Entwicklung der zweiten Differentialquotienten von F und den Nachweis des Minimums ersparen können.

§ 36. Fortsetzung der Integralrechnung

1. Integration rationaler Brüche durch Zerlegung in Teilbrüche.

In Teilbrüche können nur echte rationale Brüche zerlegt werden, d. h. echte Brüche, worin die Variable nicht unter einem Wurzelzeichen erscheint. Das Integral habe zunächst die Form

a) $$\int \frac{f(x)}{ax+b}\,dx;$$

ist ein gegebener Bruch von dieser Form aber nicht echt, so kann man ihn durch Division mit dem Nenner in den Zähler in einen ganzen Teil und einen echten Bruch zerlegen, dessen Zähler die Variable nicht mehr enthält, um dann die einzelnen Glieder zu integrieren. Z. B.:

(1) $$\int \frac{10x^4 - 17x^3 - 24x^2 + 16x - 14}{2x-5}\,dx$$
$$= \int \left(5x^3 + 4x^2 - 2x + 3 + \frac{1}{2x-5}\right) dx$$
$$= \frac{5x^4}{4} + \frac{4x^3}{3} - x^2 + 3x + \frac{1}{2}\ln(2x-5).$$

(2) $$\int \frac{x+a}{x+b}\,dx = \int \left(1 + \frac{a-b}{x+b}\right) dx = x + (a-b)\ln(x+b).$$

Ist der gegebene Bruch von der Form a) aber weder echt noch rational, d. h. steht die Variable unter einem Wurzelzeichen, so ist er durch Substitution zunächst rational zu machen, um ihn dann, wie vorher, durch Division zu behandeln. Z. B.:

(3) $$\int \frac{\sqrt{x}}{1+\sqrt{x}}\,dx.$$

Hier setzt man $x = z^2$, also $dx = 2z\,dz$ und hat dann

$$2\int \frac{z^2}{z+1}\,dz = 2\int \left(z - 1 + \frac{1}{z+1}\right) dz = 2\left[\frac{z^2}{2} - z + \ln(z+1)\right]$$
$$= 2\left[\frac{x}{2} - \sqrt{x} + \ln\left(1+\sqrt{x}\right)\right].$$

Mittels derselben Substitution erhält man:

(4) $$\int \frac{5}{2+\sqrt{x}}\,dx = 10\sqrt{x} - 20\ln\left(2+\sqrt{x}\right);$$

(5) $$\int \frac{x^2\sqrt{x}}{1+\sqrt{x}}\,dx$$
$$= \frac{x^3}{3} - \frac{2}{5}\sqrt{x^5} + \frac{x^2}{2} - \frac{2}{3}\sqrt{x^3} + x - 2\sqrt{x} + 2\ln\left(1+\sqrt{x}\right).$$

Das Integral habe jetzt die Form

b) $$\int \frac{f(x)}{x^2 + 2ax + b}\, dx;$$

ist der Zähler von höherem Grade als der Nenner, so trennt man durch Division, wie unter a), einen ganzen Teil ab, den man Glied für Glied integriert. Das Integral des verbleibenden echten Restbruches hat die Form

c) $$\int \frac{mx + n}{x^2 + 2ax + b}\, dx.$$

Um diese Form in Teilbrüche zu verwandeln, muß man zuerst den Nenner in seine Faktoren zerlegen, indem man, nach § 10, 2., den Nenner als eine quadratische Gleichung betrachtet mit den Wurzeln α und β und erhält so

$$x^2 + 2ax + b = (x - \alpha)(x - \beta).$$

Es können nun drei Fälle eintreten:

1. Fall: Die Wurzeln α und β sind reell und verschieden.

Der Bruch wird dann in Teilbrüche zerlegt wie folgt:

$$\frac{mx + n}{(x - \alpha)(x - \beta)} = \frac{A}{x - \alpha} + \frac{B}{x - \beta}, \text{ also ist } \frac{mx + n}{x - \beta} = A + \frac{B(x - \alpha)}{x - \beta};$$

für $x = \alpha$ erhält man aus der letzten Gleichung

$$A = \frac{m\alpha + n}{\alpha - \beta}, \text{ und ebenso ergibt sich } B = -\frac{m\beta + n}{\alpha - \beta}.$$

Die Teilbrüche in c) eingesetzt ergeben schließlich

d) $$\frac{1}{\alpha - \beta} \int \left(\frac{m\alpha + n}{x - \alpha} - \frac{m\beta + n}{x - \beta} \right) dx$$
$$= \frac{(m\alpha + n) \ln (x - \alpha) - (m\beta + n) \ln (x - \beta)}{\alpha - \beta}.$$

Für das Integral

$$\int \frac{x + 5}{x^2 - 2x - 3}\, dx \text{ hat man } \frac{x - 5}{x^2 - 2x - 3} = \frac{A}{x - 3} + \frac{B}{x + 1},$$

also ist $x + 5 = A(x + 1) + B(x - 3)$;

für $x = 3$ ist $4A = 8$, also $A = 2$,

für $x = -1$ ist $-4B = 4$, also $B = -1$, folglich ist

$$\int \left(\frac{2}{x - 3} - \frac{1}{x + 1} \right) dx = 2 \ln (x - 3) - \ln (x + 1) + C.$$

Für das Integral

$$\int \frac{1}{x^2 + a^2}\, dx = \int \frac{1}{x^2 - (ai)^2}\, dx = \int \frac{1}{(x - ai)(x + ai)}\, dx$$

ist $\alpha = ai, \quad \beta = -ai, \quad \alpha - \beta = 2ai$

und Formel d) ergibt daher

$$\frac{1}{2ai}\int\left(\frac{1}{x-ai}-\frac{1}{x+ai}\right)dx=\frac{1}{2ai}\ln\frac{x-ai}{x+ai}.$$

Nach Formel § 34, 13. o) ist aber auch

$$\int\frac{1}{a^2+x^2}\,dx=\frac{1}{a}\int\frac{1}{1+\frac{x^2}{a^2}}\,d\frac{x}{a}=\frac{1}{a}\operatorname{arc\,tan}\frac{x}{a},$$

und da zwei Integrale der nämlichen Funktion nur um eine Konstante differieren können, so kann man setzen:

e) $$\frac{1}{2i}\ln\frac{x-ai}{x+ai}=\operatorname{arc\,tan}\frac{x}{a}+C,$$

eine Formel, die zur Verwandlung von imaginären zu reellen Integralen benutzt werden kann.

2. Fall: Die Wurzeln α und β sind reell und gleich, wofür die Formel d) $\frac{0}{0}$ ergeben würde.

Aus

$$\frac{mx+n}{(x-\alpha)^2}=\frac{A+B(x-\alpha)}{(x-\alpha)^2}\qquad\left(=\frac{A}{(x-\alpha)^2}+\frac{B}{x-\alpha}\right),$$

erhält man $mx+n=A+B(x-\alpha)$;
also für $x=\alpha$ ist $A=m\alpha+n$
und für $x=0$ ist $n=A-B\alpha=m\alpha+n-B\alpha$ oder $B=m$.

Die Teilbrüche in c) eingesetzt ergeben schließlich

f) $$\int\frac{mx+n}{(x-\alpha)^2}\,dx=\int\left(\frac{m\alpha+n}{(x-\alpha)^2}+\frac{m}{x-\alpha}\right)dx=m\ln(x-\alpha)-\frac{m\alpha+n}{x-\alpha}.$$

Für das Integral:

$$\int\frac{3x-5}{(x-2)^2}\,dx=\int\left(\frac{A}{(x-2)^2}+\frac{B}{x-2}\right)dx$$

ist $3x-5=A+B(x-2)=A+Bx-2B$,
also $B=3$ und $A=-5+2B=1$, folglich ist

$$\int\frac{dx}{(x-2)^2}+3\int\frac{dx}{x-2}=-\frac{1}{x-2}+3\ln(x-2)+C.$$

3. Fall: Die Wurzeln α und β sind komplex konjugiert, was nach § 10, 2. immer dann eintritt, wenn (a^2-b) negativ ist.

Setzt man $\alpha=p+qi$ und $\beta=p-qi$, so ist $\alpha-\beta=2qi$; ferner ist dann $p=-a$, sowie $(qi)^2=a^2-b$, also $q=\sqrt{b-a^2}$. Werden die Werte für α und β zunächst in die Formel d) eingesetzt, so ergibt sich daraus der Integralwert c) mit Hilfe von e):

$$\int \frac{mx+n}{x^2+2ax+b}\,dx$$

$$= \frac{[m(p+qi)+n]\ln(x-p-qi)-[m(p-qi)+n]\ln(x-p+qi)}{2qi}$$

$$= \frac{mp+n}{q}\cdot\frac{1}{2i}\ln\frac{(x-p)-qi}{(x-p)+qi}+\frac{m}{2}\ln[(x-p-qi)(x-p+qi)]$$

$$= \frac{m}{2}\ln(x^2-2px+p^2+q^2)+\frac{mp+n}{q}\operatorname{arc\,tan}\frac{x-p}{q}+C,$$

oder

g) $$\int \frac{mx+n}{x^2+2ax+b}\,dx$$

$$= \frac{m}{2}\ln(x^2+2ax+b)+\frac{n-am}{\sqrt{b-a^2}}\operatorname{arc\,tan}\frac{x+a}{\sqrt{b-a^2}}.$$

Der dritte Fall führt also auf einen Logarithmus und einen Arcustangens. Beispielsweise ist

$$\int\frac{2x-1}{x^2-2x+3}\,dx=\int\frac{2x-2}{x^2-2x+3}\,dx+\int\frac{1}{(x-1)^2+2}\,dx$$

$$=\ln(x^2-2x+3)+\frac{1}{\sqrt{2}}\operatorname{arc\,tan}\frac{x-1}{\sqrt{2}}.$$

Der letzte Ausdruck folgt auch direkt nach § 34, 13. o), denn

$$\int\frac{1}{(x-1)^2+2}\,dx=\frac{1}{\sqrt{2}}\int\frac{1}{\frac{(x-1)^2}{2}+1}\,d\frac{x-1}{\sqrt{2}}=\frac{1}{\sqrt{2}}\operatorname{arc\,tan}\frac{x-1}{\sqrt{2}}.$$

Es sei nun allgemein das Integral zu ermitteln

h) $$\int\frac{f(x)}{F(x)}\,dx$$

in dem $f(x)$ und $F(x)$ ganze Funktionen m-ten und n-ten Grades sein sollen. Ist $m \geqq n$, so zerlege man den Bruch unter dem Integralzeichen wieder durch Division in eine ganze und eine echt gebrochene Funktion. Der erste Teil kann direkt integriert werden; der echt gebrochene Teil wird zunächst in Partialbrüche zerlegt. Die Zerlegung in Partialbrüche setzt voraus, daß man die Wurzeln der Gleichung $F(x)=0$ kennt. Ist diese Gleichung vom n-ten Grade, so hat sie n reelle oder imaginäre Wurzeln, von denen auch mehrere einander gleich sein können. Bezeichnet man die Wurzeln mit $a, b, c, \ldots n$, so ist

$$F(x)=(x-a)(x-b)(x-c)\ldots(x-n)$$

und

i) $$\frac{f(x)}{F(x)}=\frac{A}{x-a}+\frac{B}{x-b}+\frac{C}{x-c}+\ldots+\frac{N}{x-n},$$

woraus man nach Multiplikation mit dx und Integration erhält:

k) $$\int \frac{f(x)}{F(x)}\,dx = A\ln(x-a) + B\ln(x-b) + \ldots\ldots + N\ln(x-n).$$

Multipliziert man die Gleichung i) mit dem Nenner $F(x) = (x-a)(x-b)\ldots(x-n)$, so ergibt sich

$$\begin{aligned} f(x) = {} & A\,(x-b)\,(x-c)\ldots(x-n) \\ & + B\,(x-a)\,(x-c)\ldots(x-n) \\ & + \ldots\ldots\ldots\ldots\ldots\ldots\ldots\ldots \\ & + N\,(x-a)\,(x-b)\ldots(x-m) \end{aligned}$$

für $x = a$ verschwinden hierin alle Glieder mit Ausnahme des ersten,
für $x = b$ dito, mit Ausnahme des zweiten, usw.,
für $x = n$ dito, mit Ausnahme des n-ten.

Setzt man daher der Reihe nach $x = a$, $x = b$, ... $x = n$, so ergeben sich die Zähler A, B, ... N unmittelbar in der Form

$$A = \frac{f(a)}{(a-b)(a-c)\ldots\ldots(a-n)}$$

$$B = \frac{f(b)}{(b-a)(b-c)\ldots\ldots(b-n)}$$

$$\ldots\ldots\ldots\ldots\ldots\ldots\ldots\ldots\ldots$$

$$N = \frac{f(n)}{(n-a)(n-b)\ldots\ldots(n-m)}.$$

Es sei beispielsweise das Integral zu ermitteln

$$\int \frac{f(x)\,dx}{F(x)} = \int \frac{3x^2 - 10x + 4}{x^3 - x^2 - 4x + 4}\,dx.$$

Dividiert man den Nenner versuchsweise durch $(x-1)$, so ergibt sich (x^2-4) und daraus die anderen beiden Faktoren $(x-2)$ und $(x+2)$; es ist also $F(x) = x^3 - x^2 - 4x + 4 = (x-1)\,(x-2)\,(x+2)$ und daher

$$A = \frac{f(1)}{(1-2)(1+2)} = \frac{-3}{-3} = 1$$

$$B = \frac{f(2)}{(2-1)(2+2)} = \frac{-4}{4} = -1$$

$$C = \frac{f(-2)}{(-2-1)(-2-2)} = \frac{36}{12} = 3$$

$$\frac{f(x)}{F(x)} = \frac{1}{x-1} - \frac{1}{x-2} + \frac{3}{x+2}$$

und

$$\int \frac{f(x)}{F(x)}\,dx = \ln(x-1) - \ln(x-2) + 3\ln(x+2) + C.$$

Eine Konstante C muß, wie unter § 34, 9. erklärt wurde, jeder Integrallösung hinzugefügt werden.

Vereinigt man zwei Teilbrüche der Gleichung i), etwa $\frac{A}{x-a} = \frac{B}{x-b}$, so erhält man

$$\frac{(A+B)\,x - A\,b - B\,a}{x^2 - (a+b)\,x + a\,b}$$

also einen Bruch von der Form

$$\frac{P\,x + Q}{x^2 + p\,x + q},$$

wie er auch in c) erscheint. Da nun imaginäre Wurzeln immer in Paaren auftreten, so kann man das Imaginäre ganz vermeiden, indem man die beiden zu zwei konjugiert komplexen Wurzeln gehörigen Teilbrüche zu einem Teilbruch vereinigt. Als Beispiel diene die Entwicklung des Integrals

$$\int \frac{7\,x - 3}{x^3 - 3\,x^2 + x + 5}\,d\,x;$$

man findet zunächst als Wurzeln der Gleichung $x^3 - 3\,x^2 + x + 5 = 0$ die Werte $x = -1$, $x = 2 + i$, $x = 2 - i$, es ist also

$$\begin{aligned} x^3 - 3\,x^2 + x + 5 &= (x+1)\,(x-2-i)\,(x-2+i) \\ &= (x+1)\,(x^2 - 4\,x + 5); \end{aligned}$$

der Ausdruck hinter dem letzten Gleichheitszeichen heißt die reelle Zerlegung des Nenners. Man hat jetzt

$$\frac{7\,x - 3}{x^3 - 3\,x^2 + x + 5} = \frac{A}{x+1} + \frac{B\,x + C}{x^2 - 4\,x + 5}.$$

Durch Reduktion auf denselben Nenner und Vergleichung der Zähler ergeben sich für A, B, C die Gleichungen

$$A + B = 0, \qquad -4A + B + C = 7, \qquad 5A + C = -3,$$

aus denen $A = -1$, $B = 1$, $C = 2$ folgt. Es ist daher

$$\begin{aligned} \int \frac{7\,x - 3}{x^3 - 3\,x^2 + x + 5}\,d\,x &= -\int \frac{d\,x}{x+1} + \int \frac{x+2}{x^2 - 4\,x + 5}\,d\,x \\ &= -\int \frac{d\,x}{x+1} + \frac{1}{2}\int \left(\frac{2\,x - 4}{x^2 - 4\,x + 5} + \frac{8}{(x-2)^2 + 1}\right) d\,x \\ &= -\ln(x+1) + \frac{1}{2}\ln(x^2 - 4\,x + 5) + 4 \operatorname{arc\,tan}(x-2) + C. \end{aligned}$$

2. Integration irrationaler Differentiale.

Das Differential $f(x)\,d\,x$ heißt irrational, wenn in der Funktion $f(x)$ die Veränderliche x unter einem oder mehreren Wurzelzeichen auftritt. Um solche Ausdrücke integrieren zu können, wird man sie in den meisten Fällen zuerst in rationale Differentiale verwandeln müssen, wofür (3), (4), (5) unter 1. einfache Beispiele liefern.

Enthält die Funktion $f(x)$ nur Potenzen von x, und ist das kleinste gemeinschaftliche Vielfache der Wurzelexponenten $= k$, so setze man

$$x = z^k, \qquad \text{also} \qquad dx = k z^{k-1}\, dz,$$

dann wird

$$f(x)\, dx = f(z^k) \cdot k z^{k-1}\, dz$$

ein rationales Differential und kann nach beliebigen Methoden integriert werden. Z. B.:

(1) Um das Integral $J = \int \frac{dx}{x\sqrt{x}}$ zu ermitteln, setze man $x = z^2$ und daher $dx = 2z\,dz$, dann ist

$$J = \int \frac{2z\,dz}{z^2 + z} = 2\int \frac{dz}{z+1} = 2 \ln(\sqrt{x} + 1).$$

(2) In dem Integral

$$\int \frac{dx}{\sqrt[3]{x^2} + \sqrt[2]{x}}$$

ist das kleinste gemeinschaftliche Vielfache der Wurzelexponenten $= 6$, man setze daher

$$x = z^6, \quad \text{also } \sqrt[3]{x^2} = z^4, \quad \sqrt{x} = z^3, \quad dx = 6z^5\,dz,$$

dann ist

$$J = \int \frac{6z^5\,dz}{z^4 + z^3} = 6\int \frac{z^2\,dz}{z+1} = 6\int \left(z - 1 + \frac{1}{z+1}\right) dz$$

$$= 6\left[\frac{1}{2} z^2 - z + \ln(z+1)\right] = 6\left[\frac{1}{2}\sqrt[3]{x} - \sqrt[6]{x} + \ln(\sqrt[6]{x} + 1)\right].$$

(3) In dem Integral

$$\int \frac{dx}{\sqrt[4]{x^3}\,(1 + \sqrt[6]{x})}$$

ist das kleinste gemeinschaftliche Vielfache der Wurzelexponenten $= 12$, man setze daher

$$x = z^{12}, \text{ also } dx = 12 z^{11} dz,$$

dann ist

$$J = \int \frac{12 z^{11}\,dz}{z^9(1+z^2)} = 12\int \frac{z^2}{1+z^2}\,dz = 12\int \frac{1 + z^2 - 1}{1+z^2}\,dz$$

$$= 12\int \left(1 - \frac{1}{1+z^2}\right) dz = 12(z - \operatorname{arc\,tan} z)$$

$$= 12(\sqrt[12]{x} - \operatorname{arc\,tan} \sqrt[12]{x}).$$

Lineare Irrationalität.

Ist ein Integral von der Form

b) $$J = \int f(x, y)\, dx,$$

worin $y = \sqrt[n]{\dfrac{a + \alpha x}{b + \beta x}}$ die n-te Wurzel aus einer linearen Funktion von x ist, so setze man

c) $$\frac{a + \alpha x}{b + \beta x} = y^n, \qquad \text{also } x = \frac{b y^n - a}{\alpha - \beta y^n}$$

und

$$dx = n(\alpha b - \beta a) \frac{y^{n-1} dy}{(\alpha - \beta y^n)^2},$$

womit b) übergeht in

d) $$J = (\alpha b - \beta a) \int f\left(\frac{b y^n - a}{\alpha - \beta y^n}, y\right) \frac{y^{n-1} dy}{(\alpha - \beta y^n)^2},$$

d. h. in ein rationales Integral von y allein. Enthält also ein Integral von der Form b) keine andere Irrationalität als die n-te Wurzel aus einer linearen Funktion von x, so geht dasselbe durch die Substitution c) in ein rationales Integral von der Form d) über, welches nach bisherigen Methoden behandelt werden kann. Z. B.:

(4) Um das Integral $J = \int \dfrac{x\, dx}{\sqrt{a + b x}}$ zu ermitteln, setze man

$$a + b x = y^2, \quad \text{also} \quad x = \frac{y^2 - a}{b} \quad \text{und} \quad dx = \frac{2 y\, dy}{b},$$

dann ist

$$J = \frac{2}{b^2} \int (y^2 - a)\, dy = \frac{2}{3 b^2} (y^3 - 3 a y) = \frac{2}{3 b^2} (b x - 2 a) \sqrt{a + b x}.$$

(5) $J = \int x \sqrt{a + b x}\, dx;$

$$a + b x = z^2, \qquad x = \frac{z^2 - a}{b}, \qquad dx = \frac{2 z\, dz}{b},$$

also

$$J = \frac{2}{b^2} \int (z^4 - a z^2)\, dz = \frac{2}{b^2} \left(\frac{z^5}{5} - \frac{a z^3}{3}\right)$$
$$= \frac{2}{b^2} \sqrt{(a + b x)^3} \left(\frac{a + b x}{5} - \frac{3}{a}\right).$$

Das Integral kann auch nach der Reduktionsformel § 34, 14. a) ermittelt werden:

$$\int x (a + b x)^{\frac{1}{2}} dx = x \frac{2 (a + b x)^{\frac{3}{2}}}{3 b} - \frac{2}{3 b} \int (a + b x)^{\frac{3}{2}} dx$$
$$= \frac{2 x (a + b x)^{\frac{3}{2}}}{3 b} - \frac{2}{3 b} \cdot \frac{2}{5 b} (a + b x)^{\frac{5}{2}}.$$

Für $x = 0$ geben beide Lösungen $-\frac{4a^{\frac{5}{2}}}{15b^2}$.

Kommt x nur einmal vor, so verdient direkte Integration den Vorzug, z. B.:

(6) $$\int \frac{1}{\sqrt{a+bx}}dx = \frac{1}{b}\int (a+bx)^{-\frac{1}{2}} b\,dx = \frac{2}{b}(a+bx)^{\frac{1}{2}} = \frac{2}{b}\sqrt{a+bx};$$

(7) $$\int \frac{1}{\sqrt[3]{a+bx}}dx = \frac{1}{b}\int (a+bx)^{-\frac{1}{3}} b\,dx = \frac{3}{2b}(a+bx)^{\frac{2}{3}} = \frac{3}{2b}\sqrt[3]{(a+bx)^2};$$

(8) $$\int \frac{1}{\sqrt[n]{(a+bx)^p}}dx = \frac{1}{b}\int (a+bx)^{-\frac{p}{n}} b\,dx = \frac{n}{(n-p)b}(a+bx)^{-\frac{p}{n}+1} = \frac{n}{(n-p)b\sqrt[n]{(a+bx)^{p-n}}}.$$

Direkte Integration löst auch die folgende Aufgabe:

(9) $$\int \sqrt{\frac{a-x}{x}}\,dx = \int \frac{a-x}{\sqrt{ax-x^2}}dx = \int \frac{a-2x}{2\sqrt{ax-x^2}}dx + \int \frac{a}{2\sqrt{ax-x^2}}dx$$
$$= \sqrt{ax-x^2} + \int \frac{a}{\sqrt{4ax-4x^2+a^2-a^2}}dx$$
$$= \sqrt{ax-x^2} + \int \frac{a}{\sqrt{a^2-(a-2x)^2}}dx = \sqrt{ax-x^2} - \frac{a}{2}\int \frac{-\frac{2}{a}dx}{\sqrt{1-\left(\frac{a-2x}{a}\right)^2}}$$
$$= \sqrt{ax-x^2} + \frac{a}{2}\arccos\frac{a-2x}{a}.$$

Quadratische Irrationalität.

Enthält ein Integral neben rationalen Ausdrücken von x keine andere Irrationalität als die Wurzel aus einer ganzen Funktion zweiten Grades in x, ist es also von der Form

e) $$J = \int f(x, \sqrt{a+bx+cx^2})\,dx,$$

so kann man es zuerst in einen fertigen Teil und in ein noch auszuführendes Integral zerlegen, welches nur noch den Wurzelausdruck enthält. Wie dies geschieht, soll an einem Zahlenbeispiel gezeigt werden:

Man setze das Integral

$$\int \frac{30\,x^5 + 30\,x^4 + 12\,x^3 + 21\,x^2 - 15\,x - 1}{\sqrt{4 + 2\,x + 3\,x^2}}\,d\,x$$

$$= (a_4\,x^4 + a_3\,x^3 + a_2\,x^2 + a_1\,x + a_0)\sqrt{4 + 2\,x + 3\,x^2}$$

$$+ K\int \frac{1}{\sqrt{4 + 2\,x + 3\,x^2}}\,d\,x,$$

worin a und K noch unbestimmte Koeffizienten sind. Diese Gleichung ist durch die Tatsache begründet, daß auf beiden Seiten der Form nach völlig gleiche Ausdrücke entstehen, wenn man wieder differenziert. Man hat alsdann:

$$\frac{30\,x^5 + 30\,x^4 + 12\,x^3 + 21\,x^2 - 15\,x - 1}{\sqrt{4 + 2\,x + 3\,x^2}}$$

$$= (4\,a_4\,x^3 + 3\,a_3\,x^2 + 2\,a_2\,x + a_1)\sqrt{4 + 2\,x + 3\,x^2}$$

$$+ \frac{(1 + 3\,x)\,(a_4\,x^4 + a_3\,x^3 + a_2\,x^2 + a_1\,x + a_0) + K}{\sqrt{4 + 2\,x + 3\,x^2}},$$

also $$30\,x^5 + 30\,x^4 + 12\,x^3 + 21\,x^2 - 15\,x - 1$$

$$= (4a_4\,x^3 + 3a_3\,x^2 + 2a_2\,x + a_1)\;(4 + 2\,x + 3\,x^2)$$

$$+ (1 + 3\,x)\,(a_4\,x^4 + a_3\,x^3 + a_2\,x^2 + a_1\,x + a_0) + K,$$

oder ausmultipliziert

$$\begin{aligned} = 12a_4\,x^5 &+ 9\,a_3\,x^4 + 6\,a_2\,x^3 \;+ 3\,a_1\,x^2 \\ &+ 8\,a_4\,x^4 + 6\,a_3\,x^3 \;+ 4\,a_2\,x^2 \;+ 2\,a_1\,x \\ &\qquad\quad + 16\,a_4\,x^3 + 12\,a_3\,x^2 + 8\,a_2\,x + 4\,a_1 \\ + 3\,a_4\,x^5 &+ 3\,a_3\,x^4 + 3\,a_2\,x^3 \;+ 3\,a_1\,x^2 \;+ 3\,a_0\,x \\ &+ \;\; a_4\,x^4 + \;\; a_3\,x^3 \;+ \;\; a_2\,x^2 \;+ \;\; a_1\,x + a_0 + K \end{aligned}$$

Durch Koeffizientenvergleichung gleich hoher Potenzen von x ergeben sich hieraus die Werte:

$$\begin{aligned} 30 &= 15a_4 \;.\;.\;.\;.\;.\;.\;.\;.\;. & \text{also } a_4 &= 30 : 15 = 2 \\ 30 &= \;\;9a_4 + 12a_3 \;.\;.\;.\;. & \text{»} \;\; a_3 &= (30 - 18) : 12 = 1 \\ 12 &= 16a_4 + \;\;7a_3 + 9a_2 \;.\;. & \text{»} \;\; a_2 &= (12 - 32 - 7) : 9 = -3 \\ 21 &= 12a_3 + \;\;5a_2 + 6a_1 \;.\;. & \text{»} \;\; a_1 &= (21 - 12 + 15) : 6 = 4 \\ -15 &= \;\;8a_2 + \;\;3a_1 + 3a_0 \;.\;. & \text{»} \;\; a_0 &= (-15 + 24 - 12) : 3 = -1 \\ -\;1 &= \;\;4a_1 + \;\;\;a_0 + K \;\;.\;. & \text{»} \;\; K &= -1 - 16 + 1 = -16. \end{aligned}$$

Die ursprüngliche Gleichung wird nunmehr

$$\int \frac{30\,x^5 + 30\,x^4 + 12\,x^3 + 21\,x^2 - 15\,x - 1}{\sqrt{4 + 2\,x + 3\,x^2}}$$

$$= (2\,x^4 + x^3 - 3\,x^2 + 4\,x - 1)\sqrt{4 + 2\,x + 3\,x^2}$$

$$- 16\int \frac{1}{\sqrt{4 + 2\,x + 3\,x^2}}\,d\,x.$$

Die Ermittlung des verbliebenen Integrals ist eine verschiedene, je nachdem der Koeffizient von x^2 positiv oder negativ ist.

Im ersteren Falle ist allgemein:

f) $$\int \frac{dx}{\sqrt{a + 2bx + cx^2}} = \frac{1}{\sqrt{c}} \int \frac{dx}{\sqrt{\frac{a}{c} + \frac{2bx}{c} + x^2 - \frac{b^2}{c^2} + \frac{b^2}{c^2}}}$$

$$= \frac{1}{\sqrt{c}} \int \frac{dx}{\sqrt{\left(\frac{a}{c} - \frac{b^2}{c^2}\right) + \left(x + \frac{b}{c}\right)^2}}$$ (also nach § 34, 12. l)

$$= \frac{1}{\sqrt{c}} \ln \left(x + \frac{b}{c} + \sqrt{\frac{a}{c} + \frac{2bx}{c} + x^2}\right) + C_1,$$

oder

$$= \frac{1}{\sqrt{c}} \ln (b + cx + \sqrt{c}\sqrt{a + 2bx + cx^2}) + C_2.$$

Hier ist $C_1 - \frac{\ln c}{\sqrt{c}} = C_2$, die letzten beiden Ausdrücke unterscheiden sich also nur durch eine Konstante.

Wird $a = 0$ gesetzt, so hat man

f)′ $$\int \frac{dx}{\sqrt{2bx + cx^2}} = \frac{1}{\sqrt{c}} \ln (b + cx + \sqrt{c}\sqrt{2bx + cx^2}) + C.$$

Im zweiten Falle ist allgemein:

g) $$\int \frac{dx}{\sqrt{a + 2bx - cx^2}} = \frac{1}{\sqrt{c}} \int \frac{dx}{\sqrt{\frac{a}{c} + \frac{2bx}{c} - x^2 + \frac{b^2}{c^2} - \frac{b^2}{c^2}}}$$

$$= \frac{1}{\sqrt{c}} \int \frac{dx}{\sqrt{\left(\frac{a}{c} + \frac{b^2}{c^2}\right) - \left(x - \frac{b}{c}\right)^2}}$$ (also nach § 34, 13. n′)

$$= \frac{1}{\sqrt{c}} \arcsin \frac{x - \frac{b}{c}}{\sqrt{\frac{a}{c} + \frac{b^2}{c^2}}},$$

oder

$$= -\frac{1}{\sqrt{c}} \arcsin \frac{b - cx}{\sqrt{b^2 + ac}}$$

$$= \frac{1}{\sqrt{c}} \arccos \frac{b - cx}{\sqrt{b^2 + ac}}.$$

Wird $a = 0$ gesetzt, so hat man

g)′ $$\int \frac{dx}{\sqrt{2bx - cx^2}} = \frac{1}{\sqrt{c}} \arccos \frac{b - cx}{b}$$

und ebenso

g)'' $$\int \frac{dx}{\sqrt{b\,x - c\,x^2}} = \frac{1}{\sqrt{c}} \arccos \frac{b - 2\,c\,x}{b}.$$

Die Lösung der Integrale f) und g) durch Substitution ist weniger übersichtlich als die angewendete Methode der Vervollständigung oder formalen Änderung des Integrals.

Das Integral des behandelten Zahlenbeispiels hat die Form

h) $$\int \frac{f(x)}{\sqrt{a + b\,x + c\,x^2}}\,d\,x,$$

hätte es die Form

i) $$\int f(x) \sqrt{a + b\,x + c\,x^2}\,d\,x,$$

so könnte es durch Multiplikation und Division mit $\sqrt{a + b\,x + c\,x^2}$ auf die Form h) gebracht werden. Man hat alsdann

$$\int \frac{f(x)\,(c\,x^2 + b\,x + a)}{\sqrt{a + b\,x + c\,x^2}}\,d\,x.$$

Mit Beachtung von f) ergibt sich ohne weitere Rechnung:

k) $$\int \frac{dx}{\sqrt{a + c\,x^2}} = \frac{1}{\sqrt{c}} \ln \left(c\,x + \sqrt{c}\,\sqrt{a + c\,x^2}\right)$$

also

$$\int \frac{dx}{\sqrt{4 + 5\,x^2}} = \frac{1}{\sqrt{5}} \ln \left(5\,x + \sqrt{5}\,\sqrt{4 + 5\,x^2}\right).$$

Beispiel (10):

$$\int \frac{x^4}{\sqrt{4 + 5\,x^2}}\,dx = a_3\,x^3 + a_2\,x^2 + a_1\,x + a_0) \sqrt{4 + 5\,x^2} + K \int \frac{d\,x}{\sqrt{4 + 5\,x^2}}$$

$$\begin{aligned} x^4 &= (3\,a_3\,x^2 + 2\,a_2\,x + a_1)\,(4 + 5\,x^2) \\ &\quad + 5\,x\,(a_3\,x^3 + a_2\,x^2 + a_1\,x + a_0) + K \\ \hline &= 15\,a_3\,x^4 + 10\,a_2\,x^3 + 5\,a_1\,x^2 \\ &\qquad + 12\,a_3\,x^2 + 8\,a_2\,x + 4\,a_1 \\ &\quad + 5\,a_3\,x^4 + 5\,a_2\,x^3 + 5\,a_1\,x^2 + 5\,a_0\,x + K \\ \hline \end{aligned}$$

$$\begin{aligned} 1 &= 20\,a_3 \;.\;.\;.\;.\;. \text{ also } a_3 = \frac{1}{20} \\ 0 &= 15\,a_2 \;.\;.\;.\;.\;. \quad » \quad a_2 = 0 \\ 0 &= 12\,a_3 + 10\,a_1 \;.\; \quad » \quad a_1 = -\frac{3}{50} \\ 0 &= 8\,a_2 + 5\,a_0 \;.\;. \quad » \quad a_0 = 0 \\ 0 &= 4\,a_1 + K \;.\;. \quad » \quad K = \frac{6}{25}. \end{aligned}$$

Mit Beachtung von k) ist also

$$\int \frac{x^4}{\sqrt{4+5x^2}}\,dx = \left(\frac{x^3}{20} - \frac{3x}{50}\right)\sqrt{4+5x^2} + \frac{6}{25\sqrt{5}} \ln\left(5x + \sqrt{5}\sqrt{4+5x^2}\right).$$

Beispiel (11):

$$\int \frac{x^5}{\sqrt{3+2x^2}}\,dx = (a_4 x^4 + a_3 x^3 + a_2 x^2 + a_1 x + a_0)\sqrt{3+2x^2} + K \int \frac{dx}{\sqrt{3+2x^2}}$$

$$\begin{aligned} x^5 &= (4a_4 x^3 + 3a_3 x^2 + 2a_2 x + a_1)(3+2x^2) \\ &\quad + 2x(a_4 x^4 + a_3 x^3 + a_2 x^2 + a_1 x + a_0) + K \\ &= 8a_4 x^5 + 6a_3 x^4 + 4a_2 x^3 + 2a_1 x^2 \\ &\quad + 12 a_4 x^3 + 9a_3 x^2 + 6a_2 x + 3a_1 \\ &\quad + 2a_4 x^5 + 2a_3 x^4 + 2a_2 x^3 + 2a_1 x^2 + 2a_0 x + K \end{aligned}$$

$$\begin{aligned} 1 &= 10 a_4 \;\ldots\ldots \quad \text{also } a_4 = \frac{1}{10} \\ 0 &= 8a_3 \;\ldots\ldots \quad » \; a_3 = 0 \\ 0 &= 12 a_4 + 6a_2 \;.\,. \quad » \; a_2 = -\frac{1}{5} \\ 0 &= 9a_3 + 4a_1 \;.\,. \quad » \; a_1 = 0 \\ 0 &= 6a_2 + 2a_0 \;.\,. \quad » \; a_0 = \frac{3}{5} \\ 0 &= 3a_1 + K \;.\,. \quad » \; K = 0 \end{aligned}$$

$$\int \frac{x^5}{\sqrt{3+2x^2}}\,dx = \left(\frac{x^4}{10} - \frac{x^2}{5} + \frac{3}{5}\right)\sqrt{3+2x^2}.$$

$$J = \int \frac{x^n}{\sqrt{a+bx^2}}\,dx$$

ergibt, daß für ungerade n stets $K = 0$ ist, was auch aus den beiden Beispielen (10) und (11) hervorgehen dürfte.

Für die Lösungen von $\int \sqrt{1+x^2}\,dx$, $\int \sqrt{1-x^2}\,dx$, $\int \sqrt{x^2-1}\,dx$, siehe § 34, 14. b), c), d).

Reduktionsformeln.

Setzt man $\sqrt{bx - x^2} = W$, dann ist

$$d(x^{n-1} W) = (n-1)\,x^{n-2} W\,dx + \frac{x^{n-1}(b-2x)\,dx}{2W}$$

$$= \frac{(n-1)\,x^{n-2}(bx - x^2)\,dx}{W} + \frac{b}{2} \cdot \frac{x^{n-1}\,dx}{W} - \frac{x^n\,dx}{W},$$

also

$$\frac{x^n\,dx}{W} = -\frac{d(x^{n-1}W)}{n} + \frac{2n-1}{2n}\, b\, \frac{x^{n-1}\,dx}{W}.$$

Dies integriert gibt

l) $$\int \frac{x^n\,dx}{\sqrt{b\,x - x^2}} = -\frac{x^{n-1}}{n}\sqrt{b\,x - x^2} + \frac{2n-1}{2n}\,b\int \frac{x^{n-1}\,dx}{\sqrt{b\,x - x^2}}.$$

Setzt man ein andermal $\sqrt{a + 2b\,x + c\,x^2} = W$, dann ist

$$d\,(x^{n-1}W) = (n-1)\,x^{n-2}\,W\,dx + \frac{x^{n-1}\,(2b + 2c\,x)\,dx}{2\,W}$$

$$= \frac{(n-1)\,x^{n-2}\,(a + 2b\,x + c\,x^2)\,dx}{W} + \frac{b\,x^{n-1}\,dx}{W} + \frac{c\,x^n\,dx}{W}$$

$$= \frac{a\,(n-1)\,x^{n-2}\,dx}{W} + \frac{2b\,(n-1)\,x^{n-1}\,dx}{W} + \frac{c\,(n-1)\,x^n\,dx}{W}$$

$$+ \frac{b\,x^{n-1}\,dx}{W} + \frac{c\,x^n\,dx}{W},$$

also

$$\frac{n\,c\,x^n\,dx}{W} = d\,(x^{n-1}W) - b\,(2n-1)\,\frac{x^{n-1}\,dx}{W} - a\,(n-1)\,\frac{x^{x-2}\,dx}{W}.$$

Dies durch $n\,c$ dividiert und dann integriert gibt

m) $$\int \frac{x^n\,dx}{W} = \frac{x^{n-1}\,W}{n\,c} - \frac{b\,(2n-1)}{n\,c}\int \frac{x^{n-1}\,dx}{W} - \frac{a\,(n-1)}{n\,c}\int \frac{x^{n-2}\,dx}{W}.$$

Für $a = 0$, $2b = b$ und $c = -1$ ergibt sich hieraus die Formel l), was als Probe dienen mag.

Durch fortgesetzte Anwendung der Formel m) gelangt man schließlich zu der Formel f) oder mit Variationen zu f)', g), g)', g)''.

3. Integration transzendenter Differentiale.

Ein Differential $f\,(x)\,dx$ heißt transzendent, wenn $f\,(x)$ einzelne oder mehrere der transzendenten Funktionen a^x, e^x; $\sin x$, $\cos x$, $\tan x$, $\cot x$; $\operatorname{arc}\sin x$, $\operatorname{arc}\cos x$, $\operatorname{arc}\tan x$, $\operatorname{arc}\cot x$; $\sinh x$, $\operatorname{Ar}\sinh x$ usw. enthält.

Die vier Lösungsmethoden, die bisher in Anwendung kamen, kommen auch hier wieder in Betracht, nämlich: Vervollständigung oder formale Änderung des gegebenen Integrals, Substitution neuer Variablen, Reduktion nach § 34, 14. und Reihenentwicklung.

Vervollständigung oder formale Änderung des Integrals.

Unter § 34, 12., 13., 21. findet man eine Anzahl von Beispielen dieser Art, einige andere sind:

(1) $$\int \frac{dx}{e^x} = -\int e^{-x}\,(-\,dx) = -\,e^{-x} = -\frac{1}{e^x}.$$

(2) $$\int e^{m\,x}\,dx = \frac{1}{m}\int e^{m\,x}\,m\,dx = \frac{e^{m\,x}}{m}.$$

$$(3)\quad \int\left(e^{3x}+\sqrt{e^x}\right)dx=\frac{1}{3}\int e^{3x}\,3\,dx+2\int e^{\frac{x}{2}}\frac{dx}{2}=\frac{e^{3x}}{3}+2\sqrt{e^x}.$$

$$(4)\quad \int\frac{1}{e^x+e^{-x}}dx=\int\frac{dx}{e^x+\frac{1}{e^x}}=\int\frac{e^x\,dx}{e^{2x}+1}=\operatorname{arc\,tan} e^x.$$

$$(5)\quad \int\sqrt{\frac{e^x}{1-e^x}}\,dx=2\int\frac{e^{\frac{x}{2}}}{\sqrt{1-e^x}}\cdot\frac{dx}{2}=2\operatorname{arc\,sin}\sqrt{e^x}.$$

$$(6)\quad \int\sin nx\,dx=\frac{1}{n}\int\sin nx\cdot n\,dx=-\frac{1}{n}\cos nx.$$

$$(7)\quad \int\cos\frac{x}{m}\,dx=m\int\cos\frac{x}{m}\cdot\frac{dx}{m}=m\sin\frac{x}{m}.$$

$$(8)\quad \int\tan nx\,dx=-\frac{1}{n}\int\frac{-\sin nx}{\cos nx}(-n\,dx)=-\frac{1}{n}\ln\cos nx.$$

$$(9)\quad \int\sin^2 ax\,dx=\int\left(\frac{1}{2}-\frac{1}{2}\cos 2ax\right)dx=\frac{x}{2}-\frac{1}{4a}\int\cos 2ax\cdot 2a\,dx$$
$$=\frac{x}{2}-\frac{\sin 2ax}{4a}.$$

$$(10)\quad \int\cos^2 ax\,dx=\int\left(\frac{1}{2}+\frac{1}{2}\cos 2ax\right)dx=\frac{x}{2}+\frac{\sin 2ax}{4a}.$$

$$(11)\quad \int\sin ax\cdot\cos bx\cdot dx=\int\frac{1}{2}\sin(ax+bx)\,dx+\frac{1}{2}\sin(ax-bx)\,dx$$
$$=\int\frac{1}{2}\sin(a+b)\,x\cdot dx+\frac{1}{2}\sin(a-b)\,x\cdot dx$$
$$=-\frac{\cos(a+b)\,x}{2(a+b)}-\frac{\cos(a-b)\,x}{2(a-b)}.$$

$$(12)\quad \int\sin ax\cdot\sin bx\cdot dx=\frac{\sin(a-b)\,x}{2(a-b)}-\frac{\sin(a+b)\,x}{2(a+b)}.$$

$$(13)\quad \int\cos ax\cdot\cos bx\cdot dx=\frac{\sin(a+b)\,x}{2(a+b)}+\frac{\sin(a-b)\,x}{2(a-b)}.$$

$$(14)\quad \int\operatorname{sech}^2 ax\cdot dx=\frac{1}{a}\int\frac{a\,dx}{\cosh^2 ax}=\frac{1}{a}\tanh ax.$$

$$(15)\quad \int\operatorname{cosech}^2 ax\cdot dx=\frac{1}{a}\int\frac{a\,dx}{\sinh^2 ax}=-\frac{1}{a}\coth ax.$$

Substitution neuer Variablen.

Diese Methode kann die vorhergehende in allen Fällen ersetzen und wird meistens bevorzugt, was aber nur bei komplizierteren Ausdrücken gerechtfertigt sein dürfte.

In den Beispielen (1) bis (10) setze man e^x, nx, $\frac{x}{m}$, ax, $= z$. Für $\frac{x}{m} = z$ hat man $dz = \frac{dx}{m}$, $dx = m dz$, also ist

$$(7) \quad \int \cos \frac{x}{m} dx = \int \cos z \cdot m dz = m \int \cos z dz = m \sin z$$
$$= m \sin \frac{x}{m}.$$

Für $e^x = z$ hat man $dz = e^x dx$, $dx = \frac{dz}{e^x} = \frac{dz}{z}$, also ist

$$(4) \quad \int \frac{dx}{e^x + e^{-x}} = \int \frac{\frac{dz}{z}}{z + \frac{1}{z}} = \int \frac{dz}{z^2 + 1} = \text{arc tan } z$$
$$= \text{arc tan } e^x.$$

$$(16) \quad \int e^x \sqrt{1 + e^x} dx = \int (1 + z)^{\frac{1}{2}} dz = \frac{2}{3} (1 + z)^{\frac{3}{2}} = \frac{2}{3} \sqrt{(1 + e^x)^3}.$$

$$(17) \quad \int \frac{e^x}{(e^x + 1)^2} dx = \int (z + 1)^{-2} dz = \frac{(z + 1)^{-1}}{-1} = -\frac{1}{e^x + 1}.$$

$$(18) \quad \int \frac{e^x}{(e^x + a)^n} dx = \int (z + a)^{-n} dz = \frac{(z + a)^{-n+1}}{-n + 1}$$
$$= -\frac{1}{(n - 1)(e^x + a)^{n-1}}.$$

Gelingt es, ein transzendentes Integral durch Substitution in ein algebraisches zu verwandeln, so wird man zumeist die Möglichkeit einer Integration leichter erkennen.

Für $e^{kx} = z$, also $dz = ke^{kx} dx$, hat man

$$(19) \quad \int f(e^{kx}) e^{kx} dx = \frac{1}{k} \int f(z) dz.$$

Für $\ln x = z$, also $dz = \frac{dx}{x}$, hat man

$$(20) \quad \int f(\ln x) \frac{dx}{x} = \int f(z) dz.$$

Für $\sin x = z$, also $dz = \cos x \, dx$, hat man

$$(21) \quad \int f(\sin x) \cos x \, dx = \int f(z) dz.$$

Für $\sin x = z$ erhält man ferner

$$\cos x = \sqrt{1 - z^2}, \ \tan x = \frac{z}{\sqrt{1 - z^2}}, \ \cot x = \frac{\sqrt{1 - z^2}}{z},$$
$$dx = \frac{dz}{\cos x} = \frac{dz}{\sqrt{1 - z^2}},$$

also ist

$$(22)\quad \int f(\sin x,\ \cos x,\ \tan x,\ \cot x)\,dx$$
$$= \int f\left(z, \sqrt{1-z^2}, \frac{z}{\sqrt{1-z^2}}, \frac{\sqrt{1-z^2}}{z}\right)\frac{dz}{\sqrt{1-z^2}}.$$

Eine immer zum Ziele führende Substitution ist

$$\tan\frac{x}{2} = v, \text{ also } x = 2\operatorname{arc\,tan} v,\ dx = \frac{2\,dv}{1+v^2},$$

(und nach § 23, 12. a), b))

$$\sin x = \frac{2v}{1+v^2},\ \cos x = \frac{1-v^2}{1+v^2},\ \tan x = \frac{2v}{1-v^2},\ \cot x = \frac{1-v^2}{2v},$$

also ist

$$(23)\quad \int f(\sin x,\ \cos x,\ \tan x,\ \cot x)\,dx$$
$$= 2\int f\left(\frac{2v}{1+v^2}, \frac{1-v^2}{1+v^2}, \frac{2v}{1-v^2}, \frac{1-v^2}{2v}\right)\frac{dv}{1+v^2},$$

worin jetzt alle Substitutionen ohne Wurzelzeichen ausgedrückt sind; d. h. ist die linke Seite der Gleichung (23) rational, so ergibt die rechte Seite ein rationales algebraisches Integral. Hiernach ist

$$(24)\quad \int\frac{dx}{\sin x} = \int\frac{dv}{v} = \ln\tan\frac{x}{2}.$$

$$(25)\quad \int\frac{dx}{\cos x} = \int\frac{d\left(x+\frac{\pi}{2}\right)}{\sin\left(x+\frac{\pi}{2}\right)} = \ln\tan\left(\frac{x}{2}+\frac{\pi}{4}\right).$$

Sind ferner a und b beliebige Zahlen und setzt man

$$\frac{a}{\sqrt{a^2+b^2}} = \sin\varepsilon, \text{ dann ist } \frac{b}{\sqrt{a^2+b^2}} = \cos\varepsilon,$$

also

$$(26)\quad \int\frac{dx}{a\cos x + b\sin x} = \frac{1}{\sqrt{a^2+b^2}}\int\frac{dx}{\sin\varepsilon\cos x + \cos\varepsilon\sin x}$$
$$= \frac{1}{\sqrt{a^2+b^2}}\int\frac{d(x+\varepsilon)}{\sin(x+\varepsilon)} = \frac{1}{\sqrt{a^2+b^2}}\ln\tan\frac{x+\varepsilon}{2}.$$

$$(27)\quad \int\frac{dx}{a\sin x + b(\cos x + 1)} = 2\int\frac{dv}{2av+2b} = \frac{1}{a}\int\frac{d(av+b)}{av+b}$$
$$= \frac{1}{a}\ln(av+b) = \frac{1}{a}\ln\left(a\tan\frac{x}{2}+b\right).$$

Reduktion nach § 34, 14.: $\int u dv = uv - \int v du$.

Man nennt diese Methode auch teilweise oder partielle Integration, sie liefert das Mittel manche unbekannten Integrale auf bekannte derselben Art zurückzuführen, z. B.:

$$\begin{aligned} J_4 &= \int \cos^4 x\, dx = \int \cos^3 x \cdot d \sin x \\ &= \cos^3 x \cdot \sin x - \int \sin x \cdot 3 \cos^2 x\, (-\sin x dx) \\ &= \cos^3 x \cdot \sin x + 3 \int \cos^2 x \sin^2 x\, dx. \end{aligned}$$

Setzt man hierin $\sin^2 x = 1 - \cos^2 x$, so ist

$$J_4 = \cos^3 x \sin x + 3\,(J_2 - J_4),$$

also

$$4\, J_4 = \cos^3 x \sin x + 3\, J_2,$$

oder

$$\int \cos^4 x\, dx = \frac{1}{4} \cos^3 x \sin x + \frac{3}{4} \int \cos^2 x\, dx.$$

Nach § 34, 13. s) ist aber

$$\int \cos^2 x\, dx = \frac{1}{2} \cos x \sin x + \frac{x}{2},$$

also erhält man schließlich

$$\int \cos^4 x\, dx = \frac{1}{4} \cos^3 x \sin x + \frac{3}{8} \cos x \sin x + \frac{3}{8} x.$$

Setzt man allgemein $\cos^n x$ statt $\cos^4 x$, so ergibt sich

a) $$\int \cos^n x\, dx = \frac{1}{n} \cos^{n-1} x \sin x + \frac{n-1}{n} \int \cos^{n-2} x\, dx;$$

für $n = 6, 4, 2$ erhält man hiernach

$$\int \cos^6 x\, dx = \frac{1}{6} \cos^5 x \sin x + \frac{5}{6} \int \cos^4 x\, dx$$

$$\int \cos^4 x\, dx = \frac{1}{4} \cos^3 x \sin x + \frac{3}{4} \int \cos^2 x\, dx$$

$$\int \cos^2 x\, dx = \frac{1}{2} \cos x \sin x + \frac{x}{2} \qquad (\text{denn } \cos^0 x = 1)$$

und nennt dies Integration durch allmähliche Reduktion.

Ganz analog wie a) ergibt sich die Reduktionsformel

b) $$\int \sin^n x\, dx = -\frac{1}{n} \sin^{n-1} x \cos x + \frac{n-1}{n} \int \sin^{n-2} x\, dx,$$

für $n = 2$ folgt hiernach

$$\int \sin^2 x\, dx = -\frac{1}{2} \sin x \cos x + \frac{x}{2} \quad (\text{denn } \sin^0 x = (\sin x)^0 = 1)$$

$$\int \sin^2 x \cos^2 x \, dx = \int \sin^2 x (1 - \sin^2 x) \, dx$$
$$= \left(\frac{\sin^3 x}{4} - \frac{\sin x}{8}\right) \cos x + \frac{x}{8}.$$

Setzt man in Gleichung a) $-n+2$ an Stelle von n, so ergibt sich

$$\int \cos^{-n+2} x \, dx = \frac{1}{-n+2} \cos^{-n+1} x \sin x + \frac{-n+1}{-n+2} \int \cos^{-n} x \, dx,$$

und hieraus folgt eine dritte Reduktionsformel:

c) $$\int \frac{dx}{\cos^n x} = \frac{\sin x}{(n-1) \cos^{n-1} x} + \frac{n-2}{n-1} \int \frac{dx}{\cos^{n-2} x}.$$

Aus b) folgt ebenso

d) $$\int \frac{dx}{\sin^n x} = -\frac{\cos x}{(n-1) \sin^{n-1} x} + \frac{n-2}{n-1} \int \frac{dx}{\sin^{n-2} x}.$$

Mit Beachtung, daß

$$\sin^2 x = 1 - \cos^2 x, \text{ also } \tan^2 x = \frac{1}{\cos^2 x} - 1$$

ist, ergibt sich

$$\int \tan^n x \, dx = \int \tan^{n-2} x \left(\frac{1}{\cos^2 x} - 1\right) dx$$
$$= \int (\tan x)^{n-2} \frac{dx}{\cos^2 x} - \int \tan^{n-2} x \, dx;$$

daraus folgt

e) $$\int \tan^n x \, dx = \frac{1}{n-1} \tan^{n-1} x - \int \tan^{n-2} x \, dx,$$

und entsprechend erhält man

f) $$\int \cot^n x \, dx = -\frac{1}{n-1} \cot^{n-2} x - \int \cot^{n-2} x \, dx.$$

Mittels der teilweisen Integration erhält man ferner:

$$\int x^n \ln x \, dx = \frac{x^{n+1}}{n+1} \ln x - \frac{1}{n+1} \int x^n \, dx,$$

also

g) $$\int x^n \ln x \, dx = \frac{x^{n+1}}{n+1} \left(\ln x - \frac{1}{n+1}\right).$$

h) $\int (\ln x)^n \, dx = x (\ln x)^n - n \int (\ln x)^{n-1} \, dx.$

i) $\int x^n e^x \, dx = x^n e^x - n \int x^{n-1} e^x \, dx.$ (Siehe § 34, 14. e)).

k) $\int x^n \cos x \, dx = x^n \sin x - n \int x^{n-1} \sin x \, dx.$

l) $\int x^n \sin x \, dx = -x^n \cos x + n \int x^{n-1} \cos x \, dx.$

Setzt man in den Gleichungen i), k), l) $-n+1$ an Stelle von n, so ergibt die Umkehrung dieser Gleichungen, analog der Ableitung von c), der Reihe nach:

m) $$\int \frac{e^x}{x^n}\,dx = -\frac{e^x}{(n-1)\,x^{n-1}} + \frac{1}{n-1}\int \frac{e^x}{x^{n-1}}\,dx.$$

n) $$\int \frac{\sin x}{x^n}\,dx = -\frac{\sin x}{(n-1)\,x^{n-1}} + \frac{1}{n-1}\int \frac{\cos x}{x^{n-1}}\,dx.$$

o) $$\int \frac{\cos x}{x^n}\,dx = -\frac{\cos x}{(n-1)\,x^{n-1}} - \frac{1}{n-1}\int \frac{\sin x}{x^{n-1}}\,dx.$$

Für $n = 1$ versagen diese drei Formeln. Die Integrale

$$\int \frac{e^x}{x}\,dx, \qquad \int \frac{\sin x}{x}\,dx, \qquad \int \frac{\cos x}{x}\,dx,$$

lassen sich nicht in endlicher Form darstellen, für ihre Ermittlung bleibt nur die

Integration durch Reihenentwicklung:

Da
$$e^x = 1 + \frac{x}{1!} + \frac{x^2}{2!} + \frac{x^3}{3!} + \ldots,$$
so ist

p) $$\int \frac{e^x}{x}\,dx = \int\left(\frac{1}{x} + 1 + \frac{x}{2!} + \frac{x^2}{3!} + \ldots\right)dx$$
$$= \ln x + x + \frac{x^2}{2\cdot 2!} + \frac{x^3}{3\cdot 3!} + \frac{x^4}{4\cdot 4!} + \frac{x^5}{5\cdot 5!} + \ldots + C$$
$$= \ln x + x + \frac{x^2}{4} + \frac{x^3}{18} + \frac{x^4}{96} + \frac{x^5}{600} + \ldots + C.$$

Ebenso erhält man mittels der Reihen für Sinus und Cosinus § 24, 6. a), b):

q) $$\int \frac{\sin x}{x}\,dx = x - \frac{x^3}{3\cdot 3!} + \frac{x^5}{5\cdot 5!} - \frac{x^7}{7\cdot 7!} + \ldots + C.$$

r) $$\int \frac{\cos x}{x}\,dx = \ln x - \frac{x^2}{2\cdot 2!} + \frac{x^4}{4\cdot 4!} - \frac{x^6}{6\cdot 6!} + \ldots + C.$$

Die drei Integrale p), q) und r) werden auch als neue transzendente Funktionen betrachtet und heißen in dieser Beziehung Integrallogarithmus, Integralsinus und Integralcosinus.

Für $e^x = z$, also $dz = e^x\,dx$, $dx = \frac{dz}{z}$, $x = \ln z$, wird

$$\int \frac{e^x\,dx}{x} = \int \frac{dz}{\ln z}.$$

4. Einfache und mehrfache bestimmte Integrale.

Nach den Erklärungen unter § 34, 9. bleibt ein Integral unbestimmt, solange über die beiden Grenzen der unabhängigen Veränderlichen keine Bestimmung getroffen wird; um es vollständig darzustellen, muß immer eine willkürliche Konstante, die Integrationskonstante, hinzugefügt werden.

Man schreibt daher

$$\int x^2\,dx = \frac{1}{3}x^3 + C,$$

oder symbolisch

$$\int f(x)\,dx = F(x) + C;$$

ferner für $x = b$

$$\int^{b} f(x)\,dx = F(b) + C,$$

und für $x = a$

$$\int^{a} f(x)\,dx = F(a) + C.$$

Es ist also

$$\int^{b} f(x)\,dx - \int^{a} f(x)\,dx = F(b) - F(a);$$

aber dieser Gleichung gibt man die kürzere Form

a) $$\int_a^b f(x)\,dx = F(b) - F(a)$$

und nennt das ein bestimmtes Integral, worin b und a die obere und untere Grenze der Unabhängigen x bezeichnen und die Integrationskonstante verschwunden ist. Der Wert eines bestimmten Integrals ist also stets gleich der Differenz aus den Werten des unbestimmten Integrals für die obere und für die untere Grenze der unabhängigen Veränderlichen, also:

$$\int_b^a f(x)\,dx = F(x)\Big|_b^a = F(a) - F(b), \qquad \int_a^a f(x)\,dx = 0.$$

Unter Annahme der gleichen Integrationskonstanten für beide Integrale folgen aus a) die Formeln:

b) $$\int_a^b f(x)\,dx + \int_b^c f(x)\,dx = \int_a^c f(x)\,dx = F(c) - F(a),$$

denn $(b - a) + (c - b) = c - a$.

c) $$\int_a^c f(x)\,dx - \int_a^b f(x)\,dx = \int_b^c f(x)\,dx,$$

denn $(c - a) - (b - a) = c - b$.

d) $$\int_a^c f(x)\,dx - \int_b^c f(x)\,dx = \int_a^b f(x)\,dx,$$

denn $(c - a) - (c - b) = b - a$.

e) $$\int_a^b f(x)\,dx = -\int_b^a f(x)\,dx,$$

denn $(b - a) = -(a - b)$.

Siehe § 34, 10. c) mit vorausgehenden Beispielen; einige andere sind:

(1) $$\int_a^b m x^n\,dx = \frac{m}{n+1}(b^{n+1} - a^{n+1}).$$

(2) Der Flächeninhalt einer halben Sinuswelle, Bild 93, ist

$$\int_0^\pi \pm \sin x\,dx = \mp \cos x \Big|_0^\pi = \mp(-1 - 1) = \pm 2.$$

(3) $$\int_0^\pi (\sin x + \cos x)\,dx = -\cos x + \sin x \Big|_0^\pi = 2 + 0 = 2.$$

(4) $$\int_0^a \frac{dx}{\sqrt{a^2 - x^2}} = \arcsin \frac{x}{a}\Big|_0^a = \arcsin 1 = \frac{\pi}{2}$$ (§ 34, 13. n')).

(5) $$\int_0^a \sqrt{a^2 - x^2}\,dx = \frac{x}{2}\sqrt{a^2 - x^2} + \frac{a^2}{2}\arcsin\frac{x}{a}\Big|_0^a = \frac{a^2\pi}{4}$$ (§ 34, 14. c)).

(6) $$\int_0^{2\pi} (1 - \cos x)^3\,dx = \int_0^{2\pi} (1 - 3\cos x + 3\cos^2 x - \cos^3 x)\,dx$$
$$= 2\pi + 0 + 3\pi + 0 = 5\pi.$$ (Formel 3. a)).

Ferner ist nach 3. a)

$$\int_0^{\frac{\pi}{2}} \cos^2 x\,dx = 0 + \frac{\pi}{4} = \frac{1}{2}\cdot\frac{\pi}{2}.$$

$$\int_0^{\frac{\pi}{2}} \cos^4 x\,dx = \frac{3}{4}\cdot\frac{1}{2}\cdot\frac{\pi}{2}.$$

$$\int_0^{\frac{\pi}{2}} \cos^6 x\,dx = \frac{5}{6}\cdot\frac{3}{4}\cdot\frac{1}{2}\cdot\frac{\pi}{2}.$$

$$\int_0^{\frac{\pi}{2}} \cos^{2n} x\,dx = \frac{2n-1 \ldots\ldots 5\cdot 3\cdot 1}{2n \ldots\ldots\ldots 6\cdot 4\cdot 2}\cdot\frac{\pi}{2}.$$

Ebenso ist nach 3. b)

$$\int_0^{\frac{\pi}{2}} \sin^{2n} x\,dx = \frac{2n-1 \ldots\ldots 5\cdot 3\cdot 1}{2n \ldots\ldots\ldots 6\cdot 4\cdot 2}\cdot\frac{\pi}{2}.$$

(7) $$\int_0^{\frac{\pi}{4}} \tan x\,dx = -\ln\cos x\Big|_0^{\frac{\pi}{4}} = \ln\sqrt{2} = \frac{1}{2}\ln 2.$$

(8) $$\int_0^{\pi} \sin a x\,dx = \frac{1-\cos a\pi}{a}.$$

(9) $$\int_0^{\pi} \cos a x\,dx = \frac{\sin a\pi}{a}.$$

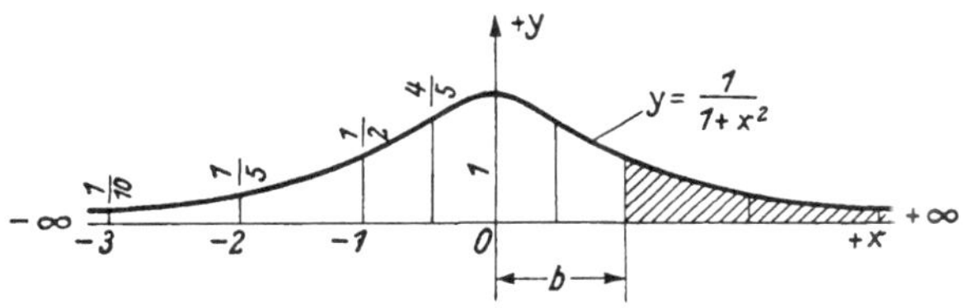

Bild 215

(10) $$\int_0^{\infty} \frac{dx}{1+x^2} = \operatorname{arc\,tan} x\Big|_0^{\infty} = \frac{\pi}{2},$$ Bild 215.

(11) $$\int_b^{\infty} \frac{dx}{1+x^2} = \frac{\pi}{2} - \operatorname{arc\,tan} b,$$ Bild 215.

(12) $$\int_{-\infty}^{\infty} \frac{dx}{1+x^2} = \pi = \text{ganze Fläche},$$ Bild 215.

(13) $$\int_0^{\infty} \frac{dx}{a+b x^2} = \frac{1}{\sqrt{ab}}\operatorname{arc\,tan}\left(\sqrt{\frac{b}{a}}\cdot x\right)\Big|_0^{\infty} = \frac{\pi}{2\sqrt{ab}}.$$

(14) $$\int_0^{\sqrt{\frac{a}{b}}} \frac{dx}{a+b x^2} = \frac{1}{\sqrt{ab}}\operatorname{arc\,tan} 1 = \frac{\pi}{4\sqrt{ab}}.$$

(15) $\int\limits_0^\infty e^{-ax}\,dx = -\frac{1}{a}e^{-ax}\Big|_0^\infty = -\frac{1}{a}\left(\frac{1}{\infty}-\frac{1}{1}\right) = \frac{1}{a}.$

(16) $\int\limits_\alpha^\infty \cos x\,dx\,(=\sin\infty - \sin\alpha)$ ist unbestimmt.

Für die Grenzen $\pm\infty$ kann also das Integral einen endlichen und bestimmten Wert haben; es kann aber auch unendlich oder unbestimmt werden.

Siehe Annäherungsmethode der Berechnung unter § 34, 16. und weitere Beispiele unter § 34, 17.

(17) Es soll der Flächeninhalt F der Ellipse, deren Gleichung

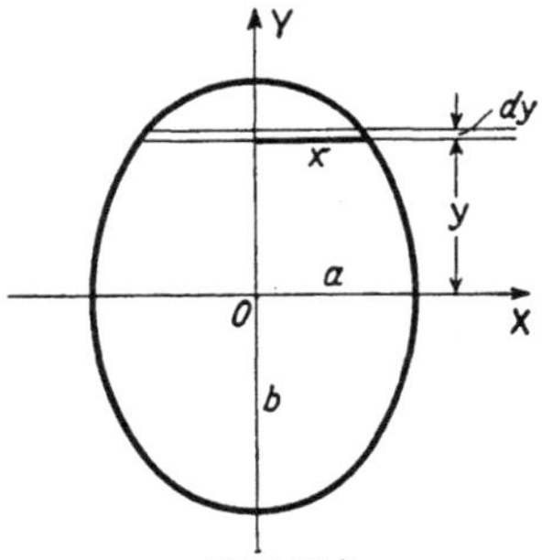

Bild 216

$$\frac{x^2}{a^2}+\frac{y^2}{b^2}=1 \text{ oder } x=\frac{a}{b}\sqrt{b^2-y^2}$$

ist, nach der allgemeinen Methode bestimmt werden. Der Flächeninhalt eines Streifens parallel der x-Achse und von der Höhe dy, Bild 216, ist

$$dF = 2x\,dy = \frac{2a}{b}\sqrt{b^2-y^2}\,dy.$$

Die Summe solcher Streifen gibt (nach § 34, 14. l))

$$\frac{1}{2}F = \frac{2a}{b}\int\limits_0^b\sqrt{b^2-y^2}\,dy = \frac{2a}{b}\left(\frac{y}{2}\sqrt{b^2-y^2}+\frac{b^2}{2}\arcsin\frac{y}{b}\right)_0^b$$

$$= ab\arcsin 1 = ab\frac{\pi}{2},$$

also ist $F = ab\pi$.

Für $a = b = r$ ergibt sich hieraus der Flächeninhalt des Kreises $= r^2\pi$.

(18) Den Rauminhalt V des allgemeinen oder **dreiachsigen Ellipsoids**, Bild 217, dessen Gleichung nach § 32, 5. a)

$$\frac{x^2}{a^2}+\frac{y^2}{b^2}+\frac{z^2}{c^2}=1$$

ist, findet man wie folgt:

Die xz-Ebene schneidet das Ellipsoid in einer Ellipse mit den Halbachsen a, c; die yz-Ebene in einer Ellipse mit den Halbachsen b, c. Die Ordinaten dieser beiden Hauptschnitte

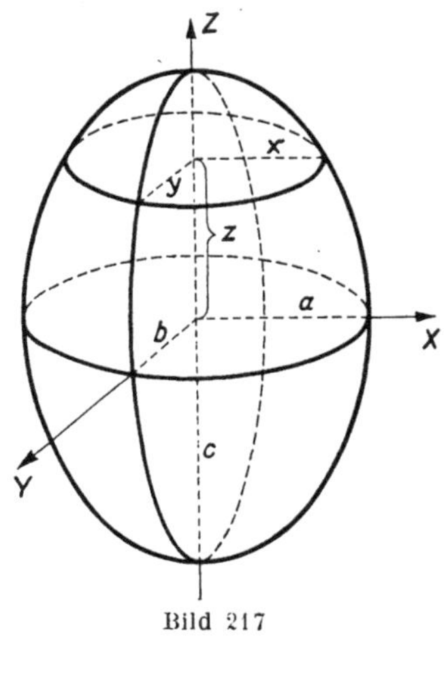

Bild 217

in der Entfernung z von der xy-Ebene seien bzw. x und y, also die Gleichungen der beiden Hauptschnitte

$$\frac{x^2}{a^2} + \frac{z^2}{c^2} = 1 \text{ und } \frac{y^2}{b^2} + \frac{z^2}{c^2} = 1.$$

Der Rauminhalt einer zur z-Achse rechtwinkligen Scheibe von der Dicke dz ist

$$dV = xy\pi dz;$$

substituiert man hierin die aus den Ellipsengleichungen sich ergebenden Werte für x und y, so erhält man durch Summation solcher Scheiben

$$\frac{1}{2} V = \int_0^c \frac{a}{c} \sqrt{c^2 - z^2} \cdot \frac{b}{c} \sqrt{c^2 - z^2} \cdot \pi\, dz$$

$$= \frac{ab\pi}{c^2} \int_0^c (c^2 - z^2)\, dz = \frac{2}{3} abc\pi,$$

also

$$V = \frac{4}{3} abc\pi.$$

Die Prismoid-Formel (§ 20, 4.) liefert dasselbe Resultat:

$$V = \frac{h}{6}(F + 4M + F_1) = \frac{2c}{6}(0 + 4ab\pi + 0) = \frac{4}{3} abc\pi.$$

Für $a = b = c = r$ ergibt sich hieraus der Rauminhalt der Kugel $\frac{4}{3} r^3 \pi$.

(19) Die Gleichung des elliptischen Paraboloids ist nach § 32, 5. d):

$$\frac{2z}{c} = \frac{x^2}{a^2} + \frac{y^2}{b^2}.$$

Die xz- und die yz-Ebenen werden in Parabeln geschnitten, Bild 218, und die Gleichungen dieser Hauptschnitte sind

$$\frac{z}{c} = \frac{x^2}{a^2} = \frac{y^2}{b^2}.$$

Setzt man abkürzungsweise $\frac{a^2}{c} = p$ und $\frac{b^2}{c} = q$, so kann man diesen Gleichungen auch die folgende Form geben

$$x = \sqrt{pz} \text{ und } y = \sqrt{qz}.$$

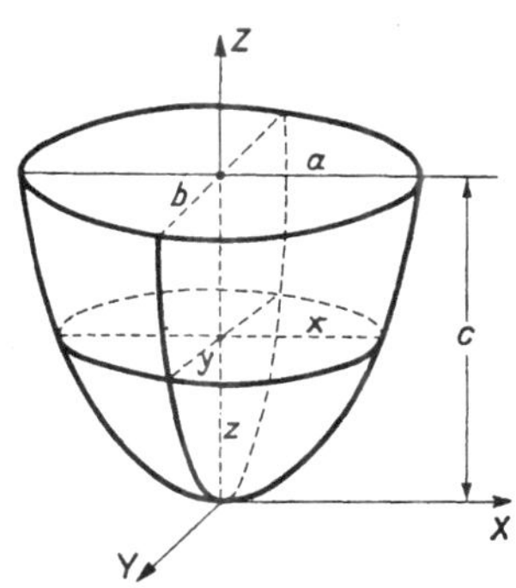

Bild 218

Eine zur z-Achse rechtwinklige Ebene in der Höhe z schneidet das Paraboloid in einer Ellipse, deren Halbachsen x und y sind. Der Rauminhalt solcher Ellipsenscheibe von der Dicke dz ist

$$dV = xy\pi\,dz = \sqrt{pz}\sqrt{qz}\cdot\pi\,dz,$$

wonach sich durch Integration zwischen den Grenzen 0 und c der Rauminhalt des Paraboloids ergibt:

$$V = \pi\sqrt{pq}\int_0^c z\,dz = \pi\sqrt{pq}\cdot\frac{c^2}{2} = \frac{\pi a b c}{2}.$$

Für $a = b = r$ erhält man hieraus den Rauminhalt des Rotationsparaboloids $\frac{1}{2}\pi r^2 c$, gleich der Hälfte des umschließenden Kreiszylinders.

(20) Rektifikation der Ellipse. Für den Winkel $90^0 - \psi = \varphi$, Bild 105, hat man für einen Punkt P der Ellipse die Koordinaten $x = a\sin\varphi$ und $y = b\cos\varphi$, also das Bogendifferential

$$ds = \sqrt{a^2\cos^2\varphi + b^2\sin^2\varphi}\cdot d\varphi = \sqrt{a^2 - (a^2 - b^2)\sin^2\varphi}\cdot d\varphi;$$

$\frac{\sqrt{a^2 - b^2}}{a} = \varepsilon$ ist die numerische Exzentrizität der Ellipse (§ 29, 7.) und damit wird

$$ds = a\sqrt{1 - \varepsilon^2\sin^2\varphi}\cdot d\varphi.$$

Für einen beliebigen Ellipsenbogen ist daher

$$s = a\int_0^\varphi \sqrt{1 - \varepsilon^2\sin^2\varphi}\cdot d\varphi$$

und für einen Quadranten

$$\frac{1}{4}S = a\int_0^{\frac{\pi}{2}} \sqrt{1 - \varepsilon^2\sin^2\varphi}\cdot d\varphi,$$

das ist ein sogenanntes elliptisches Integral zweiter Gattung; sein Wert kann berechnet werden, indem man den Wurzelausdruck (nach § 3, 5.) in eine Reihe verwandelt:

$$(1 - \varepsilon^2\sin^2\varphi)^{\frac{1}{2}}$$
$$= 1 - \frac{1}{2}\varepsilon^2\sin^2\varphi - \frac{1\cdot 1}{2\cdot 4}\varepsilon^4\sin^4\varphi - \frac{1\cdot 1\cdot 3}{2\cdot 4\cdot 6}\varepsilon^6\sin^6\varphi - \ldots;$$

nach § 36, 4. (6) ist nun

$$\int_0^{\frac{\pi}{2}}\sin^2\varphi\,d\varphi = \frac{1}{2}\cdot\frac{\pi}{2}, \int_0^{\frac{\pi}{2}}\sin^4\varphi\,d\varphi = \frac{1\cdot 3}{2\cdot 4}\cdot\frac{\pi}{2}, \int_0^{\frac{\pi}{2}}\sin^6\varphi\,d\varphi = \frac{1\cdot 3\cdot 5}{2\cdot 4\cdot 6}\cdot\frac{\pi}{2},$$

also ist

$$a\int_0^{\frac{\pi}{2}}\sqrt{1-\varepsilon^2\sin^2\varphi}\cdot d\varphi$$

$$=\frac{\pi a}{2}\left\{1-\left(\frac{1}{2}\right)^2\frac{\varepsilon^2}{1}-\left(\frac{1\cdot 3}{2\cdot 4}\right)^2\frac{\varepsilon^4}{3}-\left(\frac{1\cdot 3\cdot 5}{2\cdot 4\cdot 6}\right)^2\frac{\varepsilon^6}{5}-\cdots\right\}.$$

Unter § 38, 7. i) findet man ein elliptisches Integral erster Gattung.

Wird der Integrand $f(x)$ zwischen den Integrationsgrenzen a und b an einer Stelle c) unstetig (§ 35, 2.), so trennt man das Integral an der Stelle $x = c$, rechnet also nach der Formel

f) $$\int_a^b f(x)\,dx = \int_c^b f(x)\,dx + \int_a^c f(x)\,dx.$$

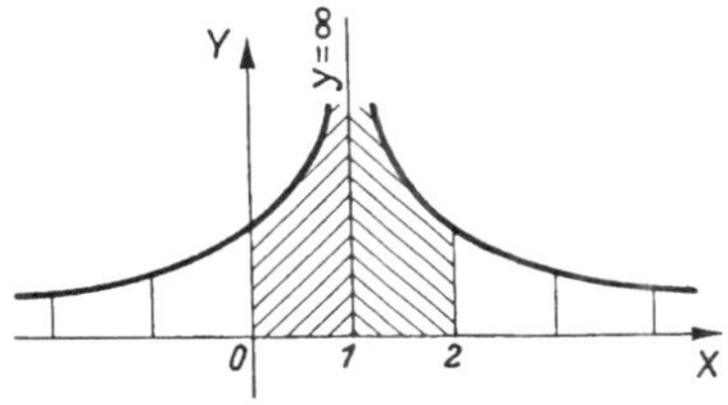

Bild 219

So hat z. B. die binomische Hyperbel 5. Grades, Bild 219, deren Gleichung

$$y^3(x-1)^2-1=0 \quad \text{oder} \quad y=f(x)=\frac{1}{(x-1)^{\frac{2}{3}}}$$

ist, in $x = 1$ einen unendlich fernen Punkt; der Inhalt des schraffierten Flächenstückes ist in diesem Falle bestimmt.

$$\int_1^2\frac{dx}{(x-1)^{\frac{2}{3}}}+\int_0^1\frac{dx}{(x-1)^{\frac{2}{3}}}$$

$$=3(x-1)^{\frac{1}{3}}\Big|_1^2+3(x-1)^{\frac{1}{3}}\Big|_0^1=3\sqrt[3]{1}-3\sqrt[3]{-1}=6.$$

M e h r f a c h e I n t e g r a l e. Integriert man einen beliebigen Ausdruck m dreimal nacheinander, so ergibt sich der Reihe nach

$$\int m\,dx = m\,x + a$$

$$\int (m\,x+a)\,dx = \frac{m\,x^2}{2}+a\,x+b$$

$$\int\left(\frac{m\,x^2}{2}+a\,x+b\right)dx=\frac{m\,x^3}{6}+\frac{a\,x^2}{2}+b\,x+c,$$

worin a, b, c die Integrationskonstanten bezeichnen.

Die Forderung dieser dreimaligen Integration wird kürzer ausgedrückt durch

$$\int dx\int dx\int m\,dx \quad \text{oder} \quad \int\int\int m\,dx\,dx\,dx.$$

Nach der bekannten Wechselbeziehung zwischen Differenzieren und Integrieren hat man allgemein: Integriert man die Funktion $f(x)$ $n$mal nacheinander, so erhält man eine Funktion $F(x)$, welche nach $n$maliger Differenzierung wieder $f(x)$ ergibt, d. h.

$$\frac{d^n F(x)}{dx^n} = f(x).$$

Ferner, betrachtet man dx, dy, dz als unendlich kleine Strecken parallel den Koordinatenachsen, dann bedeutet im rechtwinkligen System $dxdy$ ein unendlich kleines Rechteck und $dxdydz$ ein unendlich kleiner Quader. In dieser Beziehung nennt man dann auch

$\int f(x)\,dx$ ein Linienintegral,

$\int dx \int f(x, y)\,dy$ oder $\iint f(x, y)\,dxdy$ ein Flächenintegral,

$\int dx \int dy \int f(x, y, z)\,dz$ oder $\iiint f(x, y, z)\,dx\,dy\,dz$ ein Raumintegral,

worin die Integranden $f(x)$, $f(x, y)$, $f(x, y, z)$ Eigenschaften ausdrücken, welche sich bzw. mit der Länge, der Fläche, dem Raum ändern können, wie etwa Dichtigkeit, Spannung, die Abstände von einer Achse, die Quadrate solcher Abstände, usw. Die Integranden können aber auch konstant $= K$ oder $= 1$ werden. So wird z. B. der Inhalt der in Bild 220 schraffierten Fläche dargestellt durch das bestimmte Doppelintegral

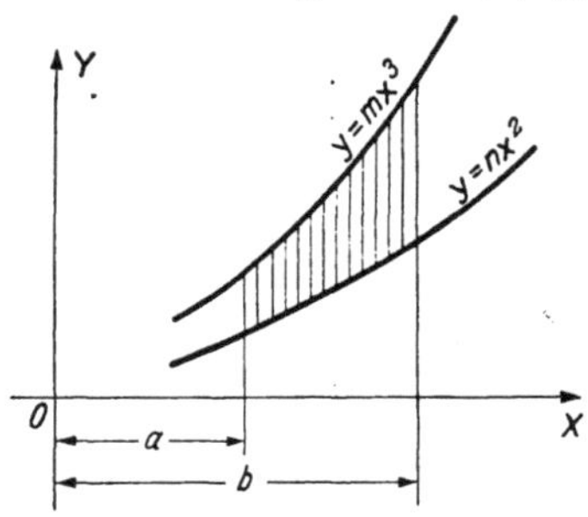

Bild 220

$$\int_a^b \int_{nx^2}^{mx^3} dx\,dy \quad \text{oder} \quad \int_a^b dx \int_{nx^2}^{mx^3} dy.$$

Führt man die Integration nach y aus, so verbleibt das einfache Integral

$$\int_a^b (m\,x^3 - n\,x^2)\,dx = \frac{m\,x^4}{4} - \frac{n\,x^3}{3}\Big|_a^b = \frac{m}{4}(b^4 - a^4) - \frac{n}{3}(b^3 - a^3).$$

Zwei Beispiele von Tripelintegralen seien der Mechanik entlehnt und dazu die folgende Erklärung vorausgeschickt:

Die Summe der Produkte aus den Massenteilchen eines Körpers und dem Quadrat der Entfernung r von einer Achse heißt das **Trägheitmoment** T des Körpers, bezogen auf diese Achse. Ist der Körper homogen und m seine Masse pro Kubikeinheit, so ist

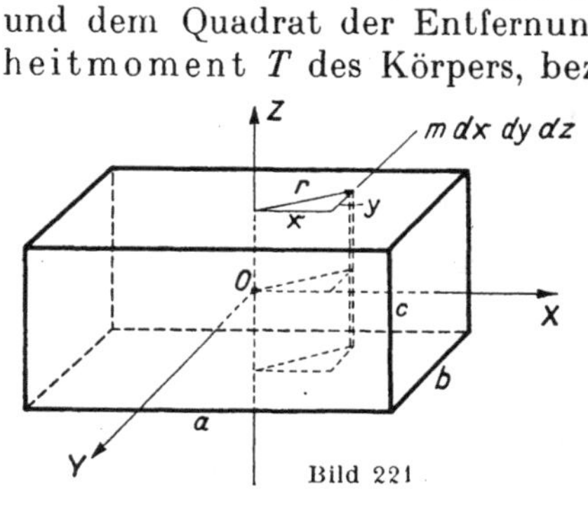

Bild 221

$$dT = m\,dxdydz \cdot r^2$$

das Trägheitsmoment eines unendlich kleinen Quaders $dxdydz$. Die Summation dieses Differentials für den ganzen Körper gibt das Trägheitsmoment des Körpers.

(21) Das Trägheitsmoment des Parallelepipeds, Bild 221, bezogen auf die z-Achse, ist also

$$T_z = m\int\int\int(x^2+y^2)\,dx\,dy\,dz$$

$$= m\int\int(x^2+y^2)\,dx\,dy\int_{-\frac{c}{2}}^{+\frac{c}{2}}dz$$

$$= mc\left\{\int_{-\frac{a}{2}}^{+\frac{a}{2}}x^2\,dx\int_{-\frac{b}{2}}^{+\frac{b}{2}}dy + \int_{-\frac{b}{2}}^{+\frac{b}{2}}y^2\,dy\int_{-\frac{a}{2}}^{+\frac{a}{2}}dx\right\}$$

$$= mc\left\{\frac{b\,x^3}{3}\Big|_{-\frac{a}{2}}^{+\frac{a}{2}} + \frac{a\,y^3}{3}\Big|_{-\frac{b}{2}}^{+\frac{b}{2}}\right\}$$

$$= mc\left\{\frac{b\,a^3}{12}+\frac{a\,b^3}{12}\right\} = m\,a\,b\,c\,\frac{a^2+b^2}{12}.$$

Bezeichnet man die Masse des Parallelepipeds mit M, dann ist

$$T_z = M\,\frac{a^2+b^2}{12}, \qquad T_y = M\,\frac{a^2+c^2}{12}, \qquad T_x = M\,\frac{b^2+c^2}{12}.$$

(22) Das Trägheitsmoment des dreiachsigen Ellipsoids, Bild 222, bezogen auf die z-Achse ist

$$T_z = m\int\int\int(x^2+y^2)\,dx\,dy\,dz$$

$$= m\int\int(x^2+y^2)\,dx\,dy\int_{-z}^{+z}dz$$

$$= 2\,m\int\int z\,(x^2+y^2)\,dx\,dy.$$

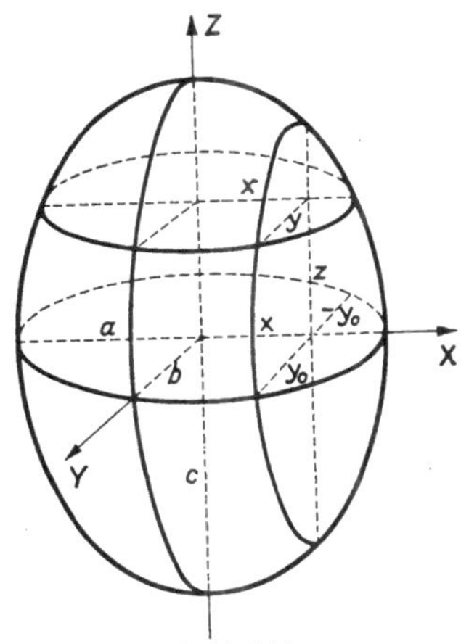

Bild 222

Dieses Doppelintegral kann man in die beiden einfacheren Doppelintegrale

$$A = 2m\int\int zx^2\,dx\,dy$$

und $\quad B = 2m\int\int zy^2\,dx\,dy$

zerlegen. Um A zu integrieren, hat man darin zunächst für z den Wert zu bestimmen, welcher aus der Gleichung der Ellipsoid-Oberfläche (§ 32, 5. a))

$$\frac{x^2}{a^2}+\frac{y^2}{b^2}+\frac{z^2}{c^2}=1 \qquad \text{oder} \qquad z=\frac{c}{b}\sqrt{b^2\left(1-\frac{x^2}{a^2}\right)-y^2}$$

zu entnehmen ist. Für $z = 0$ gibt ferner die erstere dieser beiden Gleichungen

$$y^2 = b^2\left(1-\frac{x^2}{a^2}\right);$$

bezeichnet man diesen Wert mit y_0^2, so wird hiermit

$$z = \frac{c}{b} \sqrt{y_0^2 - y^2}$$

und

$$A = 2\, m \frac{c}{b} \int x^2\, dx \int_{-y_0}^{+y_0} \sqrt{y_0^2 - y^2}\, dy,$$

denn $+ y_0$ ist der größte und $- y_0$ der kleinste Wert, welchen y bei unverändert bleibenden x annehmen kann. Nach § 34, 14. 1) ist

$$\begin{aligned} \int_{-y_0}^{+y_0} \sqrt{y_0^2 - y^2}\, dy &= \frac{y_0^2}{2} \arcsin 1 - \frac{y_0^2}{2} \arcsin(-1) \\ &= \frac{y_0^2}{2}\left(\frac{\pi}{2} + \frac{\pi}{2}\right) - \frac{y_0^2 \pi}{2}, \end{aligned}$$

folglich ist

$$\begin{aligned} A &= m \pi \frac{c}{b} \int y_0^2\, x^2\, dx \\ &= m \pi b c \int_{-a}^{+a} \left(1 - \frac{x^2}{a^2}\right) x^2\, dx \\ &= m \pi b c \left(\frac{2}{3}\, a^3 - \frac{2}{5}\, a^3\right) = \frac{4}{15}\, m \pi a^3 b c. \end{aligned}$$

Durch Vertauschung der Buchstaben a und b erhält man hieraus

$$B = \frac{4}{15}\, m \pi a b^3 c.$$

Das Trägheitsmoment des Ellipsoids mit Bezug auf die z-Achse hat also die Größe

$$T_z = \frac{4}{15}\, m \pi a b c\, (a^2 + b^2).$$

Nach Beispiel (18) ist die ganze Masse des Ellipsoids gleich

$$\frac{4}{3}\, m \pi a b c = M.$$

Hiermit nimmt das Trägheitsmoment die einfachere Form an:

$$T_z = M \frac{a^2 + b^2}{5}$$

und durch Vertauschung der Buchstaben erhält man für die andern beiden Achsen

$$T_y = M \frac{a^2 + c^2}{5} \qquad \text{und} \qquad T_x = M \frac{b^2 + c^2}{5}.$$

Für $a = b = c = r$ ergibt sich hieraus das Trägheitsmoment der Kugel

$$T_x = T_y = T_z = \frac{2}{5} M r^2.$$

5. Anwendung von Polarkoordinaten.

Ist eine Kurve in Polarkoordinaten gegeben, so ändern sich die bisher angewandten Methoden für Quadratur und Rektifikation nur wenig. An Stelle der Zerlegung in Parallelstreifen nach der Richtung einer der Koordinatenachsen tritt die Zerlegung in Keilstreifen mit den Spitzen im Pol, entsprechend den Polarkoordinaten r und φ eines Kurvenpunktes.

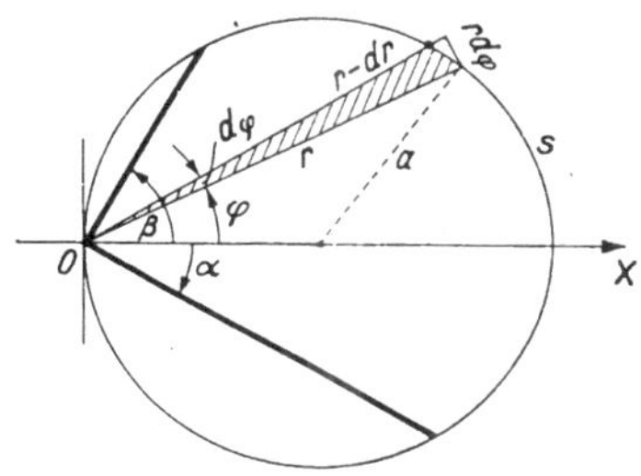

Bild 223

Der Flächeninhalt des von dem unendlich kleinen Winkel $d\varphi$ gebildeten Sektors, Bild 223, ist

$$dF = \frac{r^2\, d\varphi}{2} - \frac{r\, d\varphi\, dr}{2} = \frac{r^2\, d\varphi}{2},$$

denn $r\, d\varphi\, dr$, als unendlich Kleines zweiter Ordnung, verschwindet gegenüber $r^2\, d\varphi$. Die von dem Winkel $(\beta \pm \alpha)$ und der Kurve eingeschlossene Fläche ist daher

a) $$F = \frac{1}{2} \int\limits_{\mp\alpha}^{\beta} r^2\, d\varphi.$$

Dies ist die Formel für die Quadratur eines Sektors einer beliebigen Kurve in Polarkoordinaten, welche zwischen den Integrationsgrenzen stetig verläuft. Wählt man z. B. einen Kreis vom Radius a, dessen Zentrum im Punkte $(a/0)$ auf der x-Achse liegt, so ist seine Gleichung in Polarkoordinaten

$$r = 2a \cos\varphi,$$

die ganze Fläche

$$F = 2 \cdot \frac{1}{2} \int\limits_0^{\frac{\pi}{2}} r^2\, d\varphi$$

$$= 4a^2 \int\limits_0^{\frac{\pi}{2}} \cos^2\varphi\, d\varphi \text{ und nach § 34, 13. s)}$$

$$= 4a^2 \left. \frac{\varphi + \sin\varphi \cos\varphi}{2} \right|_0^{\frac{\pi}{2}} = 4a^2 \frac{\pi}{4} = a^2 \pi.$$

Aus dem verschwindenden rechtwinkligen Dreieckchen, Bild 223, erhält man ferner für das Bogendifferential

$$ds = \sqrt{r^2\,d\varphi^2 + d\,r^2} = d\varphi \sqrt{r^2 + \left(\frac{d\,r}{d\varphi}\right)^2}$$

und hieraus für die Länge (Rektifikation) eines beliebigen Kurvenbogens ($\beta \pm \alpha$)

b) $$s = \int\limits_{\mp\alpha}^{\beta} \sqrt{r^2 + \left(\frac{d\,r}{d\varphi}\right)^2}\, d\varphi.$$

Nimmt man wieder als Beispiel den Kreis $r = 2a\cos\varphi$, so ist

$$\frac{d\,r}{d\varphi} = -2\,a\sin\varphi \quad \text{und} \quad \left(\frac{d\,r}{d\varphi}\right)^2 = 4\,a^2\sin^2\varphi.$$

Für die ganze Kreislinie hat man also nach b):

$$s = 2\int\limits_0^{\frac{\pi}{2}} \sqrt{4\,a^2(\cos^2\varphi + \sin^2\varphi)}\,d\varphi = 4\,a\int\limits_0^{\frac{\pi}{2}} d\varphi = 4\,a\frac{\pi}{2} = 2\,a\pi.$$

Beispiele:

(1) Die Schleifenkurve oder Lemniskate, Bild 224, hat in Polarkoordinaten die Gleichung $r^2 = a^2\cos 2\varphi$. Für $r = 0$ muß $\cos 2\varphi = 0$ sein, also $\varphi_0 = 45^0 = \frac{\pi}{4}$, wodurch die Tangenten im Nullpunkt bestimmt sind.

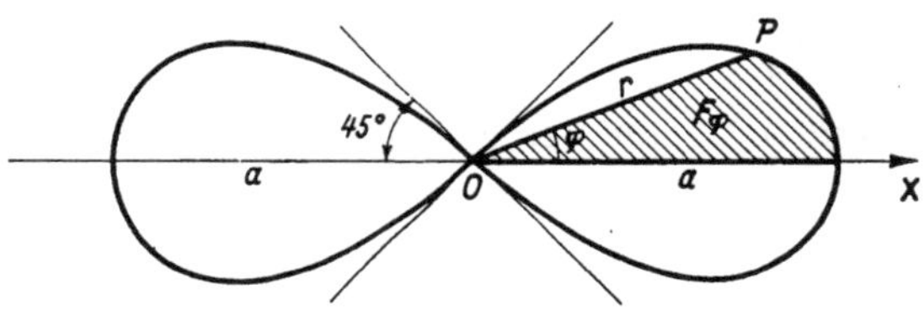

Bild 224

Die schraffierte Fläche ist nach Gleichung a)

$$F_\varphi = \frac{a^2}{2}\int\limits_0^{\varphi} \cos 2\,\varphi\,d\varphi = \frac{a^2}{4}\sin 2\,\varphi;$$

der ganze Flächeninhalt ist

$$4\,\frac{a^2}{4}\sin 2\,\varphi\Big|_0^{\frac{\pi}{4}} = a^2\sin\frac{\pi}{2} = a^2.$$

(2) Die Kardioide oder Herzkurve, Bild 225 (siehe auch Bild 114), hat die Polargleichung

$$r = 2a\,(1 + \cos\varphi).$$

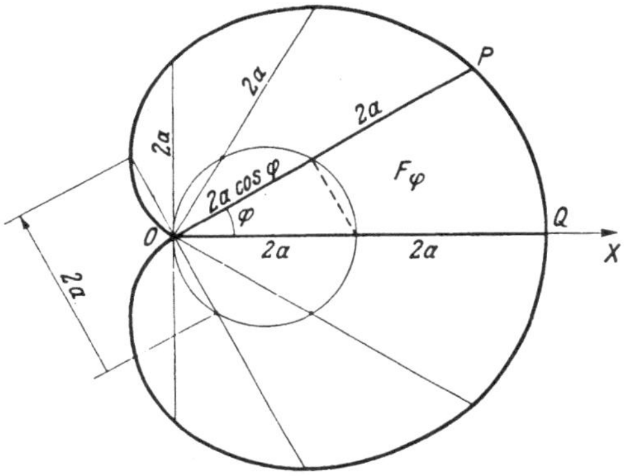

Bild 225

Gleichung a) gibt für die Sektorfläche $Q0P$

$$F_\varphi = \frac{1}{2}\int_0^\varphi 4\,a^2\,(1 + \cos\varphi)^2\,d\varphi$$

$$= 2\,a^2\int_0^\varphi (1 + 2\cos\varphi + \cos^2\varphi)\,d\varphi.$$

Die halbe Kardioidenfläche ist daher (mit Beachtung von § 34, 13. s))

$$\frac{1}{2}F = 2\,a^2\left(\varphi + 2\sin\varphi + \frac{1}{2}(\varphi + \sin\varphi\cos\varphi)\right)_0^\pi$$

$$= 2\,a^2\left(\pi + \frac{\pi}{2}\right) = 3\,\pi\,a^2,$$

also $\qquad F = 6\,\pi\,a^2.$

(3) Für die Rektifikation der Kardioide hat man

$$r^2 = 4\,a^2\,(1 + \cos\varphi)^2, \quad \frac{dr}{d\varphi} = -2\,a\sin\varphi, \quad \left(\frac{dr}{d\varphi}\right)^2 = 4\,a^2\sin^2\varphi,$$

also nach Gleichung b)

$$s = \int_0^\varphi \sqrt{r^2 + \left(\frac{dr}{d\varphi}\right)^2}\,d\varphi = 2\,a\int_0^\varphi \sqrt{1 + 2\cos\varphi + \cos^2\varphi + \sin^2\varphi}\,d\varphi$$

$$= 2\,a\int_0^\varphi \sqrt{2\,(1 + \cos\varphi)}\,d\varphi, \quad \text{oder nach § 23, 11. b)}$$

$$= 4\,a\int_0^\varphi \cos\frac{\varphi}{2}\,d\varphi = 8\,a\sin\frac{\varphi}{2}.$$

Der halbe Umfang ist demnach

$$\frac{1}{2}\,s = 8\,a \sin\frac{\varphi}{2}\Big|_0^{\pi} = 8\,a \sin\frac{\pi}{2} = 8\,a$$

und $$s = 16\,a.$$

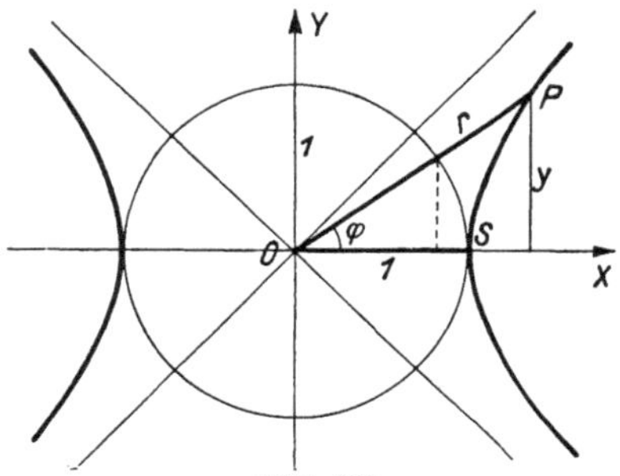

Bild 226

(4) Die Mittelpunktgleichung der gleichseitigen Hyperbel mit den Halbachsen 1, Bild 226, ist

$$x^2 - y^2 = 1.$$

Für die Polargleichung ergibt sich hieraus

$$r^2 \cos^2\varphi - r^2 \sin^2\varphi = 1$$

$$r^2 = \frac{1}{\cos^2\varphi - \sin^2\varphi} = \frac{1}{\cos 2\varphi}.$$

Der Flächeninhalt des Sektors $S\,0\,P$ ist also nach Gleichung a)

$$F = \frac{1}{2}\int_0^{\varphi} r^2\,d\varphi = \frac{1}{2}\int_0^{\varphi} \frac{d\varphi}{\cos 2\varphi} = \frac{1}{4}\int_0^{\varphi} \frac{2\,d\varphi}{\cos 2\varphi} \qquad \text{(und nach § 34, 13. z))}$$

$$= \frac{1}{4}\ln\tan\left(\frac{\pi}{4} + \varphi\right) = \frac{1}{4}\ln\frac{\tan\frac{\pi}{4} + \tan\varphi}{1 - \tan\frac{\pi}{4}\tan\varphi} = \frac{1}{4}\ln\frac{1 + \tan\varphi}{1 - \tan\varphi}$$

$$= \frac{1}{4}\ln\frac{1 + \frac{\sin\varphi}{\cos\varphi}}{1 - \frac{\sin\varphi}{\cos\varphi}} = \frac{1}{4}\ln\frac{r\cos\varphi + r\sin\varphi}{r\cos\varphi - r\sin\varphi} = \frac{1}{4}\ln\frac{x + y}{x - y}$$

$$= \frac{1}{4}\ln\frac{\cosh u + \sinh u}{\cosh u - \sinh u}$$

$$= \frac{1}{4}\ln\frac{e^u}{e^{-u}} = \frac{1}{4}\ln e^{2u} = \frac{1}{2}\ln e^u = \frac{1}{2}\,u\ln e = \frac{1}{2}\,u.$$

Dies gibt zugleich eine Probe für die Ableitungen unter § 34, 20., wo die Fläche des Doppelsektors mit φ bezeichnet ist; denn geht man von der Definition aus

$$\frac{1}{2}\,(e^u + e^{-u}) = \cosh u$$

$$\frac{1}{2}\,(e^u - e^{-u}) = \sinh u$$

und von der Annahme, daß diese Funktionen durch die rechtwinkligen Koordinaten x und y einer gleichseitigen Hyperbel mit den

Halbachsen 1 ihre geometrische Darstellung finden, so gibt die obige Integration die geometrische Bedeutung von u, welche dieser Annahme entspricht.

Für $$x = 1{,}5431 = \cosh u$$

ist $$y = 1{,}1752 = \sinh u$$

und $$u = \frac{1}{2} \ln 7{,}389 = \frac{1}{2} \ln e^2 = \ln e = 1.$$

6. Volumen und Mantelflächen von Rotationskörpern.

Rotiert die ebene Kurve $y = f(x)$ um die x-Achse, so kann man sich den Rauminhalt des erzeugten Rotationskörpers immer in Kreisscheiben, rechtwinklig zur x-Achse, von der Dicke dx zerlegt denken. Der Rauminhalt einer solchen unendlich dünnen Scheibe ist

$$dV = \pi y^2\, dx = \pi f^2(x)\, dx,$$

also hat man für das Volumen des Rotationskörpers zwischen den Grenzen a und b die allgemeine Formel:

a) $$V = \pi \int_a^b y^2\, dx = \pi \int_a^b f^2(x)\, dx.$$

Beispiele:

(1) Die Gerade $y = \frac{r}{h} x$ erzeugt durch Rotation um die x-Achse, von $x = 0$ bis $x = h$, einen Kegel vom Inhalt

$$V = \pi \int_0^h \frac{r^2}{h^2} x^2\, dx = \pi \frac{r^2}{h^2} \cdot \frac{x^3}{3} \Big|_0^h = \frac{1}{3} \pi r^2 h.$$

(2) Der Kreis $x^2 + y^2 = r^2$ erzeugt durch Rotation um die x-Achse, von $x = r$ bis $x = -r$, eine Kugel vom Inhalt

$$V = \pi \int_{-r}^{r} (r^2 - x^2)\, dx = \pi \left(r^2 x - \frac{x^3}{3} \right) \Big|_{-r}^{r} = \frac{4}{3} \pi r^3.$$

(3) Gebraucht man die Scheitelgleichung des Kreises $y^2 = 2rx - x^2$, so erhält man ebenso das Volumen des Kugelabschnitts von der Höhe h:

$$V = \pi \int_0^h (2rx - x^2)\, dx = \pi \left(r x^2 - \frac{x^3}{3} \right) \Big|_0^h = \pi \left(r h^2 - \frac{h^3}{3} \right)$$
$$= \frac{1}{3} \pi h^2 (3r - h).$$

(4) Die Parabel $y = p x^2$ erzeugt durch Rotation um die x-Achse, von $x = 0$ bis $x = x$, einen Körper vom Inhalt

$$V = \pi \int_0^x p^2 x^4 \, dx = \frac{\pi}{5} p^2 x^5 = \frac{\pi}{5} y^2 x.$$

(5) Die Parabel $y^2 = p x$ erzeugt ebenso ein Rotationsparaboloid von

$$V = \pi \int_0^x p x \, dx = \frac{\pi p x^2}{2} = \frac{\pi y^2 x}{2},$$

gleich der Hälfte des umschließenden Kreiszylinders.

(6) Läßt man die Kurve des Beispiels (4) von $y = 0$ bis $y = y$ um die y-Achse rotieren, so ergibt sich

$$V = \pi \int_0^y x^2 \, dy = \pi \int_0^y \frac{y}{p} \, dy = \frac{\pi y^2}{2p} = \frac{\pi x^2 y}{2}.$$

(7) Die Kurve $b y^2 + a x^2 - x^3 = 0$, Bild 227, erzeugt durch Rotation um die x-Achse einen Körper vom Inhalt

$$V = \frac{\pi}{b} \int_a^{na} (x^3 - a x^2) \, dx = \frac{\pi a^4}{12 b} (3 n^4 - 4 n^3 + 1).$$

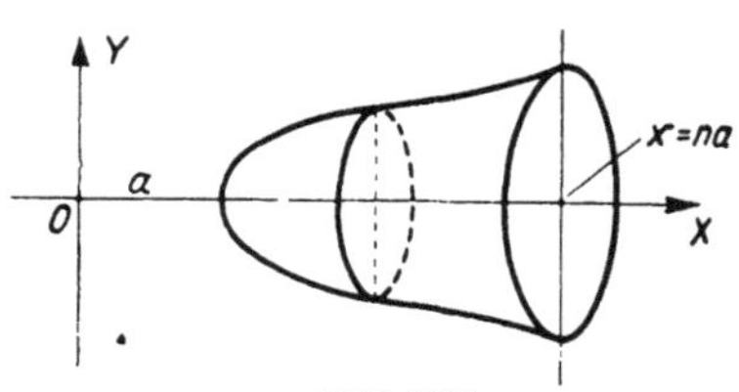

Bild 227

Die **Berechnung der Mantelflächen von Rotationskörpern** ergibt sich in ähnlicher Weise wie die Kubatur. Eine zur Rotationsachse rechtwinklige Kreisscheibe, von der Dicke dx, hat eine Mantellänge ds, also eine Mantelfläche $dM = 2\pi y \, ds$. Durch Summation solcher ringförmigen Mantelflächen zwischen den Grenzen $x = a$ und $x = b$ erhält man

$$M = 2\pi \int_a^b y \, ds = 2\pi \int_a^b f(x) \, ds.$$

Nun ist aber

$$ds = \sqrt{dx^2 + dy^2} = \sqrt{1 + \left(\frac{dy}{dx}\right)^2} \, dx$$

und damit erhält man die allgemeine Formel

b) $$M = 2\pi \int_a^b y \sqrt{1 + \left(\frac{dy}{dx}\right)^2} \, dx.$$

(8) Läßt man z. B. den Kreis $x^2 + y^2 = r^2$, zwischen $x = a$ und $x = b$, um die x-Achse rotieren, so ist die Mantelfläche der erzeugten

Kugelzone

$$M = 2\pi \int_a^b \sqrt{r^2 - x^2} \sqrt{1 + \left(\frac{d\sqrt{r^2 - x^2}}{dx}\right)^2}\, dx$$

$$= 2\pi \int_a^b \sqrt{r^2 - x^2} \sqrt{1 + \frac{x^2}{r^2 - x^2}}\, dx$$

$$= 2\pi \int_a^b r\, dx = 2\pi r (b - a) = 2\pi r h,$$

wenn h die Höhe der Kugelzone bedeutet. Für $h = 2r$ erhält man die ganze Kugelfläche $= 4\pi r^2 = 4$ Großkreisflächen.

7. Fouriersche Reihen mit Beispielen.

Um anzudeuten, um was es sich in dieser Nummer eigentlich handelt, seien zunächst einige Erörterungen über die Addition von Sinuswellen vorausgeschickt.

Im geometrischen Sinne hat die Sinuswelle $\sin x$ die Länge 2π und die Scheitelordinate oder Amplitude 1, Bild 93. Nimmt man die Zeit in Betracht, also die Winkeländerung pro Sekunde, die sog. Winkelgeschwindigkeit ω, so ist x ein Zeitmaß, also ωx der veränderliche Winkel und die Wellenlänge eine Zeitperiode. Dann hat man

für	$\omega = 1$	und	$\sin x$,	die	Periode	2π Sek.,	die Ampl.	1,
»	$\omega = 1$	»	$A \sin x$,	»	»	2π »	» »	A,
»	$\omega = n$	»	$\sin nx$,	»	»	$\frac{2\pi}{n}$ »	» »	1,
»	$\omega = n$	»	$A_1 \sin nx$,	»	»	$\frac{2\pi}{n}$ »	» »	A_1,
»	$\omega = n$	»	$A_3 \sin 3nx$,	»	»	$\frac{2\pi}{3n}$ »	» »	A_3,

denn die Zeitperioden müssen den Winkelgeschwindigkeiten umgekehrt proportional sein.

In Bild 228 sind 1 und 2 Sinuswellen. Ihre Gleichungen seien

$$y_1 = A_1 \sin nx \quad \text{und} \quad y_2 = A_3 \sin 3nx.$$

Addiert man ihre Ordinaten, so ergibt sich die stumpfe Welle 3. Addiert man ihre Gleichungen, so ergibt sich die Gleichung der stumpfen Welle, nämlich

$$y = A_1 \sin nx + A_3 \sin 3nx.$$

Man sieht ohne weiteres, daß der Scheitelwert dieser Welle $= A_1 - A_3$ ist. Er ergibt sich aus der letzten Gleichung, wenn man darin $nx = \frac{\pi}{2}$ setzt.

Die spitze Wellenform in Bild 229 besteht aus denselben Gliedern, aber die dreifache Sinuswelle beginnt hier mit negativen Werten. Die Gleichung der resultierenden Welle ist also

$$y = A_1 \sin n x - A_3 \sin 3 n x$$

und der Scheitelwert in diesem Falle $= A_1 + A_3$.

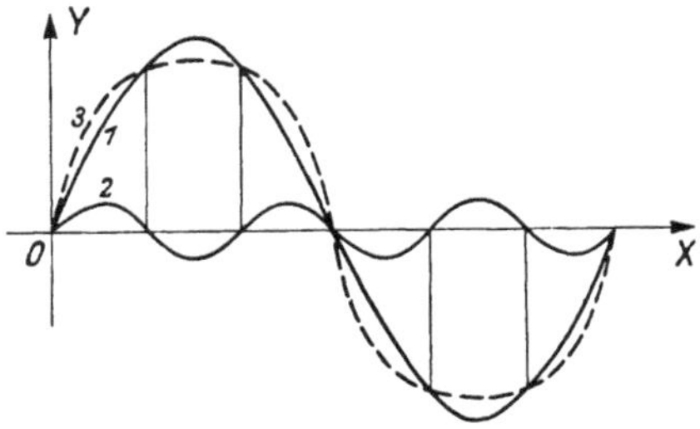

Bild 228

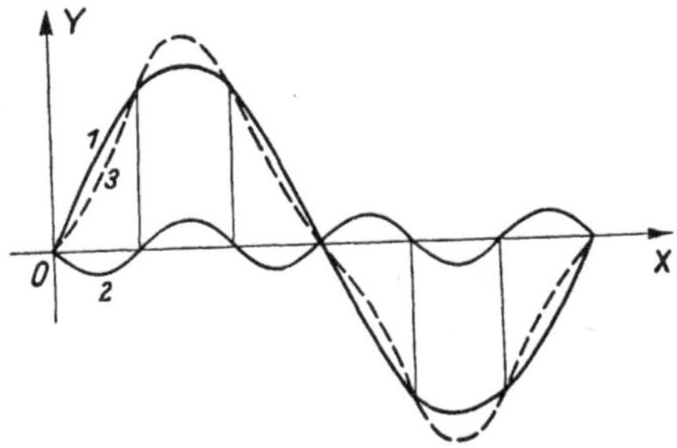

Bild 229

Bild 228 und 229 zeigen die einfachsten Wellenformen der Wechselstromtechnik. Bild 230 gibt eine Wellenform aus der Akustik, die den Klang der Töne und zugleich ihren Aufbau aus harmonischen Partialtönen darstellt. Ihre Gleichung ist, da alle Sinuswellen mit positiven Werten beginnen,

$$y = A_1 \sin n x + A_2 \sin 2 n x + A_3 \sin 3 n x + A_4 \sin 4 n x + \ldots.$$

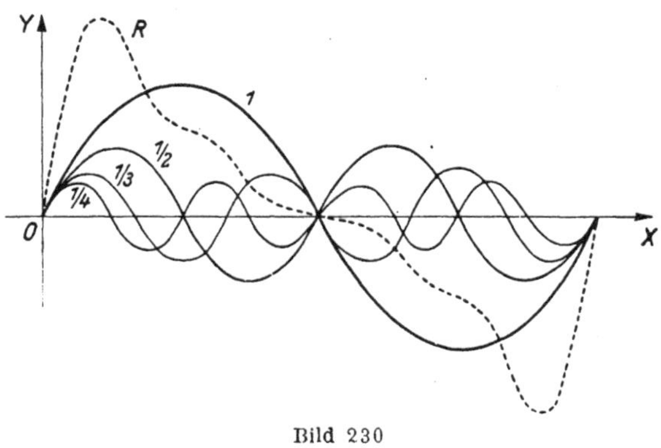

Bild 230

Bild 231 zeigt beiläufig, wie sich maßstäblich genau, mit Hilfe eines Kreisbogens, eine Sinuslinie für beliebige Perioden und beliebige Amplituden konstruieren läßt. Hauptsächlich aber soll sie die (wohl paradox erscheinende) Tatsache illustrieren, daß die durch eine Sinusreihe dargestellte Funktion s e l b s t g e r a d l i n i g verlaufen kann. Eine

Reihe für solchen Funktionsverlauf ist

$$y = \sin x - \frac{1}{3^2}\sin 3x + \frac{1}{5^2}\sin 5x - \frac{1}{7^2}\sin 7x + \ldots.$$

Schon die Addition der ersten vier Sinuslinien ergibt die Gerade der Funk-

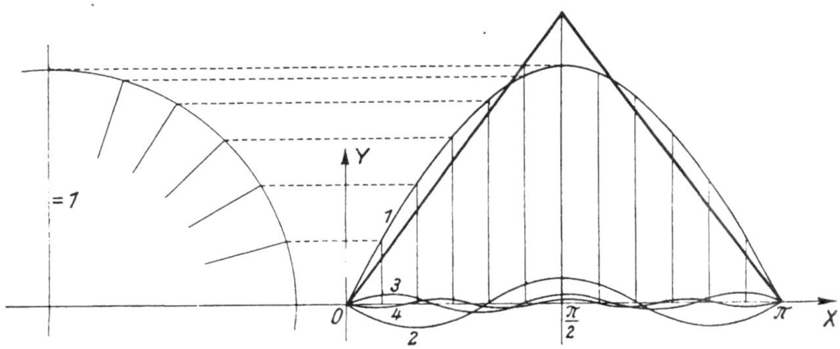

Bild 231

tion bis auf die Scheitelordinate, diese kann aber leicht rechnerisch genau aus der ganzen Reihe bestimmt werden. Weil für $\frac{\pi}{2}$ alle Sinusordinaten positiv sind, ist ihre Summe gleich $1 + \frac{1}{3^2} + \frac{1}{5^2} + \frac{1}{7^2} + \ldots. = \frac{\pi^2}{8} = 1{,}23 \ldots.$ (Siehe Beispiel 3.) Der Maßstab der Figur ist gegeben durch die Amplitude von $\sin x = 1$.

Gerade und ungerade Funktionen. Eine in dem Intervall $(-a, a)$ oder auch $(-\infty, \infty)$ definierte Funktion heißt eine gerade Funktion, wenn $f(-x) = f(x)$; hingegen eine ungerade Funktion, wenn $f(-x) = -f(x)$; die erste Eigenschaft kommt einer geraden Potenz von x zu, weil $(-x)^{2n} = x^{2n}$; die zweite einer ungeraden Potenz, weil $(-x)^{2n+1} = -x^{2n+1}$; woher die Benennungen stammen.

$$y_1 = x^2 \text{ und } y_2 = \cos x \text{ sind gerade Funktionen,}$$

denn y ändert seinen Wert nicht, wenn x durch $-x$ ersetzt wird; die Funktionen sind symmetrisch zur y-Achse.

$y_1 = x^3$ und $y_2 = \sin x$ sind ungerade Funktionen, denn y behält zwar einen absoluten Wert, aber ändert sein Vorzeichen, wenn x durch $-x$ ersetzt wird; die Funktionen sind symmetrisch zum Ursprung des Koordinatensystems.

$$y_1 = x^2 + x^3 \text{ und } y_2 = \cos x + \sin x$$

sind weder gerade noch ungerade, sondern unsymmetrische Funktionen, denn y ändert seinen Wert, wenn x durch $-x$ ersetzt wird; z. B.

für $x = 2$ bzw. -30^0 wird $y_1 = 12$ und $y_2 = 0{,}866 + 0{,}500 = 1{,}366$,
für $x = -2$ bzw. -30^0 wird $y_1 = -4$ und $y_2 = 0{,}866 - 0{,}500 = 0{,}366$.

Eine Funktion $f(x)$ der unbeschränkten Variablen, welche für je zwei Werte von x, die sich dem Betrage nach um p voneinander unterscheiden, gleiche Werte annimmt, heißt eine periodische Funktion, p ihre Periode. Diese Eigenschaft drückt sich in der Gleichung aus

$$f(x + p) = f(x),$$

die für jedes x gilt. Es folgt hieraus unmittelbar, daß auch

$$f(x + kp) = f(x),$$

worin k jede positive oder negative ganze Zahl bedeuten kann.

Man wird nach obigen Erklärungen leicht erkennen, daß zur Darstellung einer periodischen Funktion von x, für alle Werte von x, eine Reihe erforderlich ist, worin jedes Glied selbst eine periodische Funktion ist. Ist die darzustellende Funktion außerdem gerade, so müssen auch die Reihenglieder gerade Funktionen sein; ist sie ungerade, so müssen auch die Reihenglieder ungerade Funktionen sein; ist sie unsymmetrisch, so müssen die Reihenglieder aus geraden und ungeraden Funktionen bestehen.

Fourier hat zuerst gezeigt, daß die Sinus- und Cosinusfunktionen die einfachsten Reihen für den genannten Zweck liefern, und daher der Name Fouriersche Reihen.

Aus der Funktion $\sin x$, welche die Periode 2π, die Amplitude 1 und den Anfangswert 0 hat, kann man nämlich Funktionen erzeugen mit beliebig kleiner Periode, beliebiger Amplitude und beliebigem Anfangswert. Denn die Funktion $A \sin(nx + \alpha)$, in welcher n eine ganze Zahl bedeuten soll, hat die Periode $\frac{2\pi}{n}$, die Amplitude A und den Anfangswert $A \sin\alpha$, was alles durch entsprechende Wahl von n, A und α nach Belieben reguliert werden kann.

$$\begin{aligned} A \sin(nx + \alpha) &= A \cos\alpha \sin nx + A \sin\alpha \cos nx \\ &= a \sin nx + b \cos nx, \qquad n = 0, 1, 2, 3 \ldots \end{aligned}$$

wenn $A \cos\alpha = a$ und $A \sin\alpha = b$ gesetzt wird. $A \sin(nx + \alpha)$ ist also eine unsymmetrische Funktion. Setzt man $\alpha = 0$, so ergibt sich die ungerade (zum Ursprung symmetrische) Funktion $A \sin nx$.

Eine ähnliche Betrachtung kann man mit der Funktion $\cos x$ anstellen, sie hat die Periode 2π, die Amplitude 1 und den Anfangswert 1. Die Funktion

$$\begin{aligned} B \cos(nx - \alpha) &= B \cos\alpha \cos nx + B \sin\alpha \sin nx \\ &= b \cos nx + a \sin nx, \qquad n = 0, 1, 2, 3 \ldots \end{aligned}$$

wenn $B \cos \alpha = b$ und $B \sin \alpha = a$ gesetzt wird. Für $\alpha = 0$ ergibt sich die gerade (zur y-Achse symmetrische) Funktion $B \cos n x$.

Die letzte Reihe ausgeschrieben (mit der Beachtung, daß $b_0 \cos 0 x = b_0$ sowie $a_0 \sin 0 x = 0$) und einer beliebigen Funktion $f(x)$ gleichgesetzt, ergibt

a)
$$f(x) = b_0 + b_1 \cos x + b_2 \cos 2x + b_3 \cos 3x + \ldots$$
$$+ a_1 \sin x + a_2 \sin 2x + a_3 \sin 3x + \ldots$$

Ist $f(x)$ eine gerade Funktion, so verschwinden die Sinusglieder, ist $f(x)$ eine ungerade Funktion, so verschwinden die Cosinusglieder.

Die Bestimmung der Koeffizienten a_n und b_n stützt sich auf die folgenden bestimmten Integrale, worin p und q ganze Zahlen bedeuten sollen:

b)
$$\int_0^{2\pi} \sin p x \, d x = \left[\frac{\cos p x}{p}\right]_{2\pi}^{0} = 0$$
$$\int_0^{2\pi} \cos p x \, d x = \left[\frac{\sin p x}{p}\right]_0^{2\pi} = 0.$$

Nach diesen beiden Formeln und den Formeln (11), (12), (13) unter § 36, 3. ist ferner:

c)
$$\int_0^{2\pi} \sin p x \cos q x \, d x = \left[\frac{\cos (p+q) x}{2(p+q)} + \frac{\cos (p-q) x}{2(p-q)}\right]_{2\pi}^{0} = 0$$
$$\int_0^{2\pi} \sin p x \sin q x \, d x = \left[\frac{\sin (p-q) x}{2(p-q)} - \frac{\sin (p+q) x}{2(p+q)}\right]_0^{2\pi} = 0 \quad \text{für } p \neq q$$
$$\int_0^{2\pi} \cos p x \cos q x \, d x = \left[\frac{\sin (p+q) x}{2(p+q)} + \frac{\sin (p-q) x}{2(p-q)}\right]_0^{2\pi} = 0 \quad \text{für } p \neq q.$$

Für $p = q$ ergeben die letzten beiden Formeln nach (9) und (10) § 36, 3.:

d)
$$\int_0^{2\pi} \sin^2 p x \, d x = \left[\frac{x}{2} - \frac{\sin 2 p x}{4 p}\right]_0^{2\pi} = \pi$$
$$\int_0^{2\pi} \cos^2 p x \, d x = \left[\frac{x}{2} + \frac{\sin 2 p x}{4 p}\right]_0^{2\pi} = \pi.$$

Soll nun die Funktion $f(x)$ in dem Intervall $(0, 2\pi)$ durch die Reihe a) dargestellt werden, so multipliziere man, um b_n zu bestimmen, den Ansatz a) mit $\cos n x d x$ und integriere Glied für Glied zwischen 0 und

2π. Es verbleibt dann, mit Beachtung der Formeln b), c), d):

$$\int_0^{2\pi} f(x) \cos n x \, dx = b_n \pi,$$

also ist

e) $$b_n = \frac{1}{\pi} \int_0^{2\pi} f(x) \cos n x \, dx.$$

Um a_n zu bestimmen, multipliziere man mit $\sin n x dx$ und integriere wie zuvor. Es verbleibt dann

$$\int_0^{2\pi} f(x) \sin n x \, dx = a_n \pi,$$

also ist

f) $$a_n = \frac{1}{\pi} \int_0^{2\pi} f(x) \sin n x \, dx.$$

Um drittens b_0 zu bestimmen, multipliziere man mit dx und integriere wie zuvor. Es verbleibt dann

$$\int_0^{2\pi} f(x) \, dx = b_0 \cdot 2\pi,$$

also ist

g) $$b_0 = \frac{1}{2\pi} \int_0^{2\pi} f(x) \, dx.$$

Diese drei Werte in a) eingesetzt ergeben die Fouriersche Reihe:

h)₁ $$f(x) = \frac{1}{2\pi} \int_0^{2\pi} f(x) \, dx + \frac{1}{\pi} \sum_1^{\infty} \cos n x \int_0^{2\pi} f(x) \cos n x \, dx + \frac{1}{\pi} \sum_1^{\infty} \sin n x \int_0^{2\pi} f(x) \sin n x \, dx.$$

Ist $f(x)$ statt in dem Intervall $(0, 2\pi)$ in dem beliebigen Intervall $(0, c)$ zu entwickeln, so muß man

$$\frac{2\pi}{c} x \text{ statt } x \text{ und } c \text{ statt } 2\pi$$

setzen, denn

$$\frac{1}{2\pi} \int_0^{2\pi} x \, dx = \frac{1}{c} \int_0^{c} \frac{2\pi x}{c} \, dx = \pi.$$

Man erhält dann

h)₂ $$f(x)=\frac{1}{c}\int\limits_0^c f(x)\,dx+\frac{2}{c}\sum_1^\infty \cos\frac{2n\pi x}{c}\int\limits_0^c f(x)\cos\frac{2n\pi x}{c}\,dx$$
$$+\frac{2}{c}\sum_1^\infty \sin\frac{2n\pi x}{c}\int\limits_0^c f(x)\sin\frac{2n\pi x}{c}\,dx.$$

Für das Intervall $(-\pi, \pi)$ erhält man aus $h)_1$ ohne weiteres:

h)₃ $$f(x)=\frac{1}{2\pi}\int\limits_{-\pi}^{\pi} f(x)\,dx+\frac{1}{\pi}\sum_1^\infty \cos nx\int\limits_{-\pi}^{\pi} f(x)\cos nx\,dx$$
$$+\frac{1}{\pi}\sum_1^\infty \sin nx\int\limits_{-\pi}^{\pi} f(x)\sin nx\,dx.$$

Für das Intervall $(-c, c)$ muß man hierin, analog $h)_2$

$$\frac{\pi}{c}\,x \text{ statt } x \text{ und } c \text{ statt } \pi$$

setzen und erhält:

h)₄ $$f(x)=\frac{1}{2c}\int\limits_{-c}^{c} f(x)\,dx+\frac{1}{c}\sum_1^\infty \cos\frac{n\pi x}{c}\int\limits_{-c}^{c} f(x)\cos\frac{n\pi x}{c}\,dx$$
$$+\frac{1}{c}\sum_1^\infty \sin\frac{n\pi x}{c}\int\limits_{-c}^{c} f(x)\sin\frac{n\pi x}{c}\,dx.$$

Für gerade Funktionen entfällt das dritte Glied, und das Integrationsintervall kann auf die Hälfte reduziert werden. Die letzten beiden Gleichungen ergeben dann:

h)₅ $$f(x)=\frac{1}{\pi}\int\limits_0^{\pi} f(x)\,dx+\frac{2}{\pi}\sum_1^\infty \cos nx\int\limits_0^{\pi} f(x)\cos nx\,dx.$$

h)₆ $$f(x)=\frac{1}{c}\int\limits_0^{c} f(x)\,dx+\frac{2}{c}\sum_1^\infty \cos\frac{n\pi x}{c}\int\limits_0^{c} f(x)\cos\frac{n\pi x}{c}\,dx.$$

Für ungerade Funktionen entfallen die ersten beiden Glieder, und das Integrationsintervall kann auf die Hälfte reduziert werden; $h)_3$ bzw. $h)_4$ ergeben dann

h)₇ $$f(x)=\frac{2}{\pi}\sum_1^\infty \sin nx\int\limits_0^{\pi} f(x)\sin nx\,dx.$$

h)₈ $$f(x)=\frac{2}{c}\sum_1^\infty \sin\frac{n\pi x}{c}\int\limits_0^{c} f(x)\sin\frac{n\pi x}{c}\,dx.$$

Nun läßt sich ohne weiteres einsehen, daß aus einem beschränkten Intervall $(0, \pi)$ bzw. $(0, c)$ einer beliebigen Funktion sowohl eine gerade als auch eine ungerade Funktion hergestellt werden kann; umgekehrt folgt daraus, daß die Reihen $h)_5$, $h)_7$, bzw. $h)_6$, $h)_8$ auch dazu dienen können, eine beliebige, für das Intervall $(0, \pi)$ bzw. $(0, c)$ gegebene Funktion innerhalb dieses Intervalls darzustellen.

Für das Intervall $(0, c)$ allein kann man also $h)_2$, $h)_6$ oder $h)_8$ verwenden; soll aber die Darstellung über das Intervall hinaus eine unsymmetrische, eine gerade oder eine ungerade Funktion ergeben, so muß man im 1. Fall $h)_2$, im 2. Fall $h)_6$ und im 3. Fall $h)_8$ verwenden.

Beispiel 1. Die Funktion $f(x)$ habe in der ersten Hälfte des Intervalls $(0, c)$ den festen Wert k, in der zweiten Hälfte den Wert 0. Um beiläufig zu einer technisch wichtigen Darstellung zu gelangen, soll die Reihe $h)_2$ dazu verwandt werden, und zwar ist darin

$$\int_0^c f(x)\,dx = \int_0^{\frac{c}{2}} k\,dx = \frac{ck}{2}$$

$$\int_0^c f(x) \cos \frac{2n\pi x}{c}\,dx = k \int_0^{\frac{c}{2}} \cos \frac{2n\pi x}{c}\,dx = \frac{ck}{2n\pi} \left\{ \sin \frac{2n\pi x}{c} \right\}_0^{\frac{c}{2}} = 0$$

$$\int_0^c f(x) \sin \frac{2n\pi x}{c}\,dx = k \int_0^{\frac{c}{2}} \sin \frac{2n\pi x}{c}\,dx$$

$$= \frac{ck}{2n\pi} \left\{ \cos \frac{2n\pi x}{c} \right\}_{\frac{c}{2}}^0 = \begin{cases} 0 & \text{für } n \text{ gerad} \\ \dfrac{ck}{n\pi} & \text{für } n \text{ ungerad.} \end{cases}$$

Hiermit liefert $h)_2$ die Reihe:

$$\text{i)} \quad f(x) = \frac{k}{2} + \frac{2k}{n\pi} \left(\sin \frac{2n\pi x}{c} \right) \qquad n = 1, 3, 5 \ldots.$$

$$= \frac{k}{2} + \frac{2k}{\pi} \left(\sin \frac{2\pi x}{c} + \frac{1}{3} \sin \frac{6\pi x}{c} + \frac{1}{5} \sin \frac{10\pi x}{c} + \ldots. \right).$$

Man überzeugt sich leicht, daß $f\left(\frac{c}{4}\right) = k$, $f\left(\frac{3c}{4}\right) = 0$ ist, wie es der Definition entspricht, nämlich

$$f\left(\frac{c}{4}\right) = \frac{k}{2} + \frac{2k}{\pi} \left(\sin \frac{2\pi}{4} + \frac{1}{3} \sin \frac{6\pi}{4} + \frac{1}{5} \sin \frac{10\pi}{4} + \ldots. \right)$$

$$= \frac{k}{2} + \frac{2k}{\pi} \left(1 - \frac{1}{3} + \frac{1}{5} - \frac{1}{7} + \ldots. \right) = k,$$

denn der Klammerausdruck ist nach § 34, 13. p) $= \frac{\pi}{4}$. Ebenso wird

$$f\left(\frac{3c}{4}\right) = \frac{k}{2} + \frac{2k}{\pi}\left(-1 + \frac{1}{3} - \frac{1}{5} + \frac{1}{7} - \ldots\right) = 0,$$

denn jetzt ist der Klammerausdruck $= -\frac{\pi}{4}$.

Für $x = 0, \frac{c}{2}, c$ liefert die Reihe i) den Wert $\frac{k}{2}$, also das Mittel der beiden Werte an diesen Stellen.

Außerhalb des Intervalls $(0, c)$ führt die Reihe zu einer periodischen Wiederholung der Intervallswerte, Bild 232.

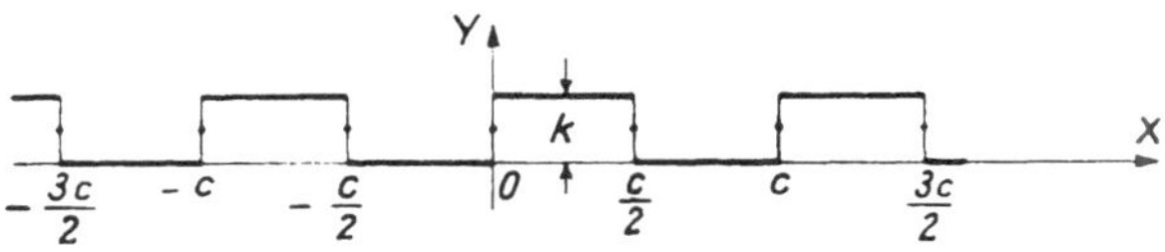

Bild 232

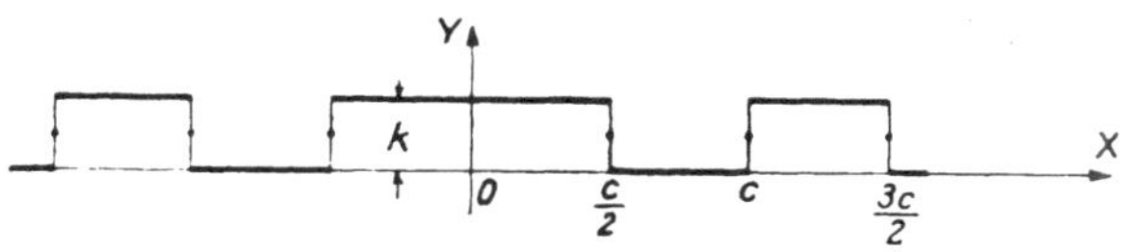

Bild 233

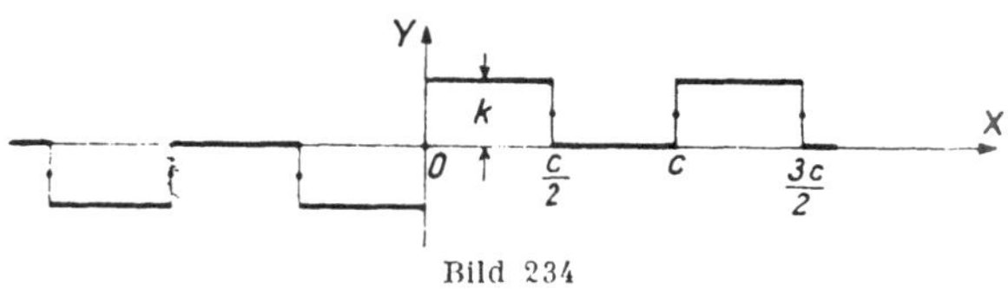

Bild 234

Die Darstellung zeigt eine unsymmetrische Funktion.

Die Reihe $h)_6$ würde eine gerade (zur y-Achse symmetrische) Funktion ergeben, Bild 233.

Die Reihe $h)_8$ würde eine ungerade (zum Nullpunkt symmetrische) Funktion ergeben, Bild 234.

Im Definitionsintervall $(0, c)$ stimmen alle drei überein.

Beispiel 2. Die Funktion $f(x)$ habe in dem Intervall (0, c) beständig den Wert k.

Wählt man zu ihrer Darstellung die Reihe $h)_8$, so ist darin

$$\int_0^c f(x) \sin \frac{n\pi x}{c}\, dx = \frac{kc}{n\pi}\left\{\cos \frac{n\pi x}{c}\right\}_c^0 = \begin{cases} 0 \text{ für } n \text{ gerad} \\ \frac{2kc}{n\pi} \text{ für } n \text{ ungerad} \end{cases}$$

und damit ergibt sich

$$\text{k)}\quad f(x) = \frac{4k}{n\pi}\left(\sin\frac{n\pi x}{c}\right) \qquad n = 1, 3, 5 \ldots.$$

$$= \frac{4k}{\pi}\left(\sin\frac{\pi x}{c} + \frac{1}{3}\sin\frac{3\pi x}{c} + \frac{1}{5}\sin\frac{5\pi x}{c} + \ldots.\right).$$

Setzt man zur Prüfung $x = \frac{c}{2}$, so ergibt sich, analog Beispiel 1,

$$f\left(\frac{c}{2}\right) = \frac{4k}{\pi}\left(1 - \frac{1}{3} + \frac{1}{5} - \frac{1}{7} + \ldots.\right) = k.$$

An den Grenzen des Intervalls gibt die Reihe k) den Wert 0, das Mittel der beiden Werte an diesen Stellen; denn über das Intervall $(0, c)$ hinaus verfolgt, zeigt die durch die Reihe k) ausgedrückte Funktion den in Bild 235 angedeuteten Verlauf, eine ungerade (zum Nullpunkt symmetrische) Funktion.

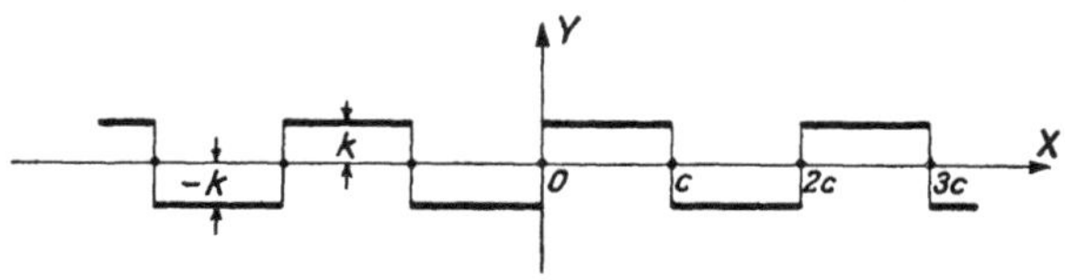

Bild 235

Beispiel 3. In dem Intervall $(0, c)$ sei $f(x) = x$, also die Funktionslinie eine unter dem Winkel von 45^0 ansteigende Gerade.

Wählt man zur Darstellung die Reihe $\text{h})_6$, so hat man zunächst

$$\int_0^c x\,dx = \frac{c^2}{2}$$

und nach § 34, 14. h)

$$\int_0^c x\cos\frac{n\pi x}{c}\,dx$$

$$= \left\{\frac{cx}{n\pi}\sin\frac{n\pi x}{c} + \frac{c^2}{n^2\pi^2}\cos\frac{n\pi x}{c}\right\}_0^c = \begin{cases} 0 & \text{für } n \text{ gerad} \\ -\dfrac{2c^2}{n^2\pi^2} & \text{für } n \text{ ungerad,} \end{cases}$$

folglich ist

$$\text{l)}\qquad x = \frac{c}{2} - \frac{4c}{n^2\pi^2}\left(\cos\frac{n\pi x}{c}\right) \qquad n = 1, 3, 5 \ldots.$$

$$= \frac{c}{2} - \frac{4c}{\pi^2}\left(\cos\frac{\pi x}{c} + \frac{1}{3^2}\cos\frac{3\pi x}{c} + \frac{1}{5^2}\cos\frac{5\pi x}{c} + \ldots.\right).$$

Setzt man zur Prüfung $x = \frac{c}{2}$, so wird der Klammerwert $= 0$ und man erhält $f\left(\frac{c}{2}\right) = \frac{c}{2}$, wie es der Definition entspricht.

Die Reihe l) gilt aber auch für die Grenzen des Intervalls,

$$f(0) = \frac{c}{2} - \frac{4c}{\pi^2}\left(1 + \frac{1}{3^2} + \frac{1}{5^2} + \ldots\right) = 0,$$

denn der Klammerwert ist $\frac{\pi^2}{8}$, wie ersichtlich, wenn man $c = \pi$ setzt.

$$f(c) = \frac{c}{2} - \frac{4c}{\pi^2}\left(-1 - \frac{1}{3^2} - \frac{1}{5^2} - \ldots\right) = c.$$

Über die Grenzen des Intervalls $(0, c)$ hinaus verfolgt, ergibt sich der in Bild 236 angedeutete Verlauf.

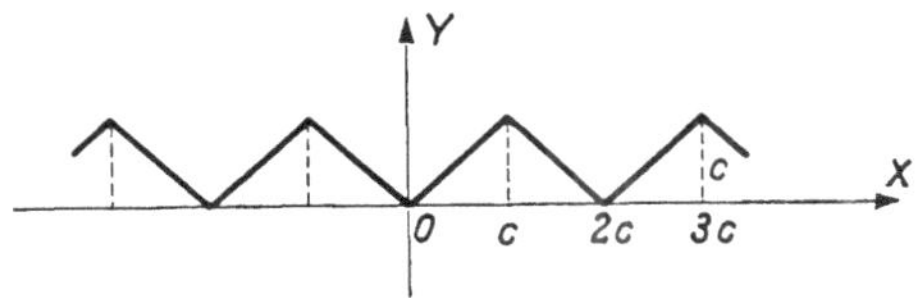

Bild 236

Wo die Reihe nicht den Definitionswert ergibt, ist immer ein Sprung der Funktion, die Rechnung scheint offenbar beiden Enden gerecht werden zu wollen, wie die Punkte in den Bildern 232 bis 235 und 237 andeuten. Ergibt sich auch an den Intervallsgrenzen der Definitionswert, so ist der Sprung dort = 0, Bild 236, also die Funktion stetig.

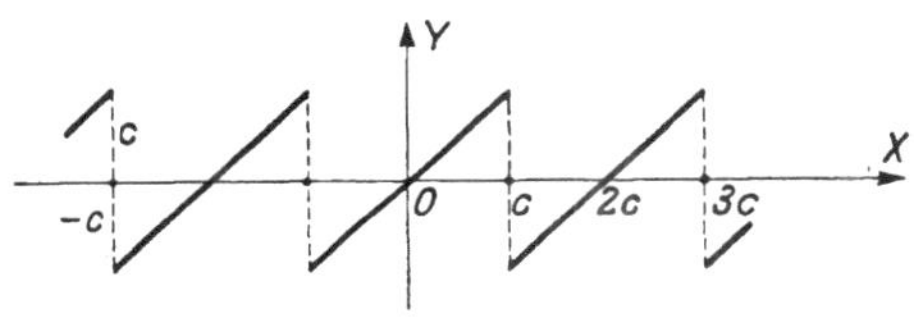

Bild 237

Beispiel 4. Die Aufgabe des Beispiels 3 soll jetzt mittels der Reihe h)$_8$ gelöst werden.

Nach § 34, 14. h) ist zunächst

$$\int_0^c x \sin\frac{n\pi x}{c}\,dx = \left\{-\frac{cx}{n\pi}\cos\frac{n\pi x}{c} + \frac{c^2}{n^2\pi^2}\sin\frac{n\pi x}{c}\right\}_0^c = \begin{cases} -\dfrac{c^2}{n\pi} & \text{für } n \text{ gerad} \\ \dfrac{c^2}{n\pi} & \text{für } n \text{ ungerad,} \end{cases}$$

folglich ist

m) $$x = \frac{2c}{n\pi}\left(\sin\frac{n\pi x}{c}\right) \qquad n = 1, 2, 3, 4 \ldots$$

$$= \frac{2c}{\pi}\left(\sin\frac{\pi x}{c} - \frac{1}{2}\sin\frac{2\pi x}{c} + \frac{1}{3}\sin\frac{3\pi x}{c} - \ldots\right).$$

Setzt man zur Prüfung wieder $x = \frac{c}{2}$, so ergibt sich

$$f\left(\frac{c}{2}\right) = \frac{2c}{\pi}\left(1 - \frac{1}{3} + \frac{1}{5} - \frac{1}{7} + \ldots\right) = \frac{c}{2}.$$

$$f(0) = \frac{2c}{\pi}\cdot 0 = 0 = \text{Definitionswert.}$$

$$f(c) = \frac{2c}{\pi}\cdot 0 = 0, \text{ also ein Funktionssprung.}$$

Für ein und dieselbe Definition ergibt also die Cosinusreihe $h)_6$ eine gerade Funktion, Bild 236, die Sinusreihe $h)_8$ eine ungerade Funktion, Bild 237. Beide stimmen im Definitionsintervall $(0, c)$ überein.

§ 37. Fortsetzung der Anwendungen

1. Geradlinige Bewegung eines Punktes.

In der Mehrzahl physikalischer Probleme tritt die Zeit als unabhängige Veränderliche auf. Z. B. ist der geradlinige Weg s eines sich bewegenden Punktes eine Funktion der Zeit, was durch die Gleichung $s = F(t)$ ausgedrückt wird. $F(t)$ kann nun sehr mannigfaltig sein. Der einfachste Fall ist $s = F(t) = vt$, worin v zunächst eine Konstante bedeuten soll. Die Bewegung, welche dieser Gleichung entspricht, nennt man eine gleichförmige, weil in gleichen Zeiten gleiche Strecken zurückgelegt werden. Der Weg v, welcher in der Zeiteinheit, etwa pro Sekunde, beschrieben wird, heißt die Geschwindigkeit des Punktes. Die Geschwindigkeit v wird also gemessen durch das Verhältnis des Weges s zur zugehörigen Zeit t oder

$$v = \frac{s}{t}.$$

Da die Geschwindigkeit nur eine Verhältniszahl ist, so ist bei ihrer Ermittlung eine bestimmte Größe des Weges und der dazugehörigen Zeit nicht erforderlich, die Definition der Geschwindigkeit gilt daher auch für einen unendlich kleinen Weg ds und des dazugehörigen Zeitteilchens dt, woraus

a) $$v = \frac{ds}{dt}$$

folgt. Hiermit ist man in der Lage, für einen beliebigen Punkt des Weges die Geschwindigkeit anzugeben und kann jetzt v als Veränderliche betrachten, also die Bewegung des Punktes als eine ungleichförmige.

Die veränderliche Geschwindigkeit ist aber, ebenso wie der Weg, eine Funktion der Zeit, oder $v = f(t)$. Wählt man auch diesmal den einfachsten Fall, setzt $v = f(t) = pt$, unter p wieder zunächst eine Konstante verstanden, so ist die Geschwindigkeitsänderung pro Sekunde gleich p und heißt Beschleunigung, sowie die Bewegung des Punktes eine gleichförmig beschleunigte. (Eine negative Beschleunigung ergibt eine abnehmende Geschwindigkeit, also hier eine gleichförmige Verzögerung der Bewegung.)

Auch die Beschleunigung

$$p = \frac{v}{t}$$

ist eine Verhältniszahl, man kann daher, ganz analog wie bei der Geschwindigkeit, die Beschleunigung durch den Differentialquotienten der Geschwindigkeit nach der Zeit ausdrücken und erhält so, mit Berücksichtigung von a), die Gleichung

b) $$p = \frac{dv}{dt} = \frac{d^2s}{dt^2},$$

worin nun p als Veränderliche betrachtet werden kann, also die Bewegung des Punktes als eine ungleichförmig beschleunigte.

Da auch die Beschleunigung eine Funktion der Zeit ist, so könnte man ferner nach der Geschwindigkeit des Wachsens der Beschleunigung fragen und würde dafür, analog wie vorher, erhalten

$$\frac{dp}{dt} = \frac{d^2v}{dt^2} = \frac{d^3s}{dt^3}, \text{ usw.};$$

indessen hat sich bisher keine Veranlassung ergeben, für solche Geschwindigkeiten und Beschleunigungen höherer Ordnung besondere Benennungen einzuführen.

Für eine beliebige geradlinige Bewegung bestehen demnach die Differentialgleichungen a) und b):

$$v = \frac{ds}{dt}, \qquad p = \frac{dv}{dt} = \frac{d^2s}{dt^2}$$

und die daraus (also aus $v : p = ds : dv$) folgende

c) $$v\,dv = p\,ds,$$

sowie die zugehörigen Integralgleichungen

d) $$s = \int_0^t v\,dt + s_0, \qquad v = \int_0^t p\,dt + v_0, \qquad \int_{s_0}^{s} p\,ds = \int_{v_0}^{v} v\,dv = \frac{1}{2}v^2 - \frac{1}{2}v_0^2,$$

worin s und s_0, sowie v und v_0 den durch t und 0 gegebenen Zeitpunkten entsprechen. Für eine gleichförmig beschleunigte Bewegung ist $\frac{dp}{dt} = 0$, also p eine konstante Größe. Durch zweimalige Integration der Gleichung

$$\frac{d^2s}{dt^2} = p$$

erhält man für Geschwindigkeit bzw. Weg in diesem Falle die Gleichungen:

$$v = \frac{ds}{dt} = pt + v_0 \qquad \text{und} \qquad s = \frac{pt^2}{2} + v_0t + s_0,$$

in welchen die Integrationskonstanten v_0 und s_0 die Anfangswerte von v und s bedeuten, d. h. die Werte für $t = 0$.

Wäre die Bewegung bestimmt durch die Gleichung

$$s = A + Bt + Ct^2 + Dt^3,$$

so würde man durch zweimalige Differenzierung erhalten:

$$v = B + 2Ct + 3Dt^2,$$
$$p = 2C + 6Dt.$$

Wäre umgekehrt die Bewegung durch die letzte Gleichung gegeben, so würde zweimaliges Integrieren auf die Gleichungen für v und s führen.

Man erkennt wohl ohne weiteres, daß der Begriff »Geschwindigkeit« auch auf andere Größen übertragen werden kann, welche mit der Zeit sich ändern. Ist u eine beliebige Größe, die sich mit der Zeit stetig ändert, so kann man die vorigen Betrachtungen auf das Gesetz des Wachsens dieser Größe u anwenden und gelangt so zu den Differentialquotienten $\frac{du}{dt}$ als Maß für die Geschwindigkeit des Wachsens.

So kann z. B. die Rede sein von der Geschwindigkeit, mit welcher die Temperatur eines Körpers zunimmt, oder von der Geschwindigkeit, mit welcher der von einem um eine feste Drehachse rotierenden Körper beschriebene Winkel wächst. Wenn für letzteren Fall mit α der Winkel bezeichnet wird, um welchen der Körper während der Zeit t sich gedreht hatte, so ist

$$\text{e)} \qquad \frac{d\alpha}{dt} = \omega$$

die Geschwindigkeit des Wachsens von α, die sog. Winkel- oder Drehgeschwindigkeit.

Je nachdem die Veränderliche im Wachsen oder Abnehmen begriffen ist, wird für die Geschwindigkeit ein positiver oder negativer Wert sich ergeben. So z. B. würde bei einem sich allmählich abkühlenden Körper die Geschwindigkeit der Temperaturzunahme einen negativen Wert haben. Ebenso würde bei einem in rückläufiger Bewegung begriffenen Punkte für die Geschwindigkeit der Vorwärtsbewegung ein negativer Wert sich ergeben.

Was von der Übertragung des Geschwindigkeitsbegriffes gesagt wurde, gilt entsprechend für die Übertragung des Begriffes »Beschleunigung«.

Projiziert man die jeweilige Lage eines sich bewegenden Punktes auf die drei Achsen eines rechtwinkligen Koordinatensystems, so besitzen die drei Projektionen ebenfalls bestimmte Geschwindigkeiten und Beschleunigungen. Die Wege der Projektionen sind dabei die drei Achsen. Ihre Geschwindigkeiten v_x, v_y, v_z lassen sich genau wie vorher entwickeln, ebenso ihre Beschleunigungen p_x, p_y, p_z. Man erhält

$$\text{f)} \qquad v_x = \frac{dx}{dt}, \qquad v_y = \frac{dy}{dt}, \qquad v_z = \frac{dz}{dt},$$

$$\text{g)} \qquad p_x = \frac{d^2x}{dt^2}, \qquad p_y = \frac{d^2y}{dt^2}, \qquad p_z = \frac{d^2z}{dt^2}.$$

Ist die Bahn des Punktes geradlinig und schließt sie mit den Achsen die Winkel α, β, γ ein, so erkennt man ohne weiteres, daß

h) $$\frac{dx}{dt} = \frac{ds}{dt} \cos\alpha, \quad \frac{dy}{dt} = \frac{ds}{dt} \cos\beta, \quad \frac{dz}{dt} = \frac{ds}{dt} \cos\gamma$$

ist. Gleicherweise erhält man die Beschleunigungen der Projektionen in den drei Achsen, indem man die wirkliche Beschleunigung des Punktes mit den Richtungscosinus der Bahn multipliziert.

Man erkennt ferner, daß ein Punkt, welcher die Geschwindigkeiten v_x, v_y, v_z parallel zu den drei Achsen besitzen soll, nur eine Geschwindigkeit von ganz bestimmter Größe und Richtung im Raume haben kann. Man nennt diese die resultierende Geschwindigkeit der Komponenten v_x, v_y, v_z; sie wird dargestellt durch die Diagonale des den drei Komponenten entsprechenden Parallelepipeds. Ganz dasselbe gilt wiederum auch für die Beschleunigung.

Für eine Bewegung in der Ebene vereinfachen sich die Ausführungen, da man es nur mit zwei Komponenten zu tun hat. Die Diagonale des den beiden Komponenten entsprechenden Parallelogramms stellt die resultierende Geschwindigkeit bzw. Beschleunigung dar.

2. Trägheit, Kraft, Masse, Wurfbewegung, freier Fall.

Bewegt sich ein Körper mit gleichmäßiger Geschwindigkeit in einer geraden Linie, so sagt man, er sei frei von Kräften, hingegen er sei von Kräften beeinflußt, wenn die geradlinige, gleichförmige Bewegung gestört wird. Während die geradlinige, gleichförmige Bewegung zum Begriff der Trägheit oder des Beharrungsvermögens führt, nennt man jede Ursache der Veränderung der Bewegung eine Kraft.

Die Erfahrung lehrt, daß nicht jeder Körper in gleicher Weise von ein und derselben Kraft beeinflußt wird. Während der eine eine große Beschleunigung erfährt, erhält ein anderer nur geringe. Diesen Unterschied schreibt man der Masse (der relativen Dichtigkeit der Materie) des Körpers zu. Je größer seine Masse, desto kleiner die Beschleunigung, welche dem Körper eine Kraft zu erteilen vermag. Das Produkt aus der Masse m und der Beschleunigung p kann daher als Maß der Kraft K gelten, und man erhält somit die wichtige Gleichung

a) $$K = mp = m\frac{dv}{dt} = m\frac{d^2 s}{dt^2}.$$

Denkt man sich die ganze Masse eines relativ kleinen Körpers in einem Punkt vereinigt, so nennt man das einen Massenpunkt.

Analog der Geschwindigkeit und Beschleunigung unter 1. kann man jede Kraft in drei zueinander senkrechte Komponenten X, Y, Z zerlegen, welche parallel den Achsen eines Koordinatensystems wirken.

Das Maß der Teilkräfte ist dann gegeben durch

b) $$m\frac{d^2x}{dt^2} = X, \quad m\frac{d^2y}{dt^2} = Y, \quad m\frac{d^2z}{dt^2} = Z.$$

Aus der Zerlegung von Kräften in einem schiefwinkligen Koordinatensystem der Ebene folgt ferner:

Vervollständigt man zwei in einem Punkt angreifende Kräfte zu einem Parallelogramm, so gibt die vom Angriffspunkt P ausgehende Diagonale Größe und Richtung der Resultierenden. Die Konstruktion heißt das Parallelogramm der Kräfte.

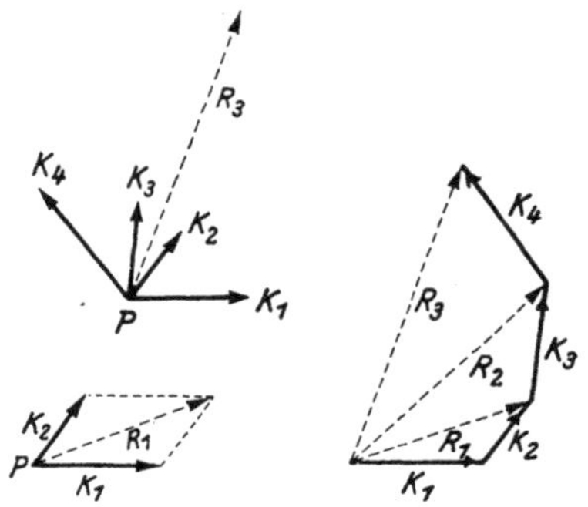

Bild 238

Wirken mehrere Kräfte auf einen Massenpunkt P, etwa K_1, K_2, K_3, K_4, Bild 238, so gibt das Parallelogramm der Kräfte für K_1, K_2 die Resultierende R_1, ein zweites Parallelogramm würde ebenso für R_1, K_3 die Resultierende R_2 ergeben, usw. Man kann hiernach auch die einzelnen Kräfte zu einem Polygonzug zusammenfügen, dessen Schlußlinie die Resultierende der gegebenen Kräfte darstellt. Die so erhaltene Figur heißt das Polygon der Kräfte. Ebenso ergibt sich das Polygon der Geschwindigkeiten oder das der Beschleunigungen. Schließt sich das Polygon, so ist die Resultierende $= 0$. Das Polygon zweier Kräfte heißt ein Kräftedreieck.

Wirkt auf einen Massenpunkt eine Kraft von bestimmter Richtung, so kann dessen Bewegung nur in einer Ebene stattfinden, da zur ursprünglichen Richtung nur noch die Richtung der Kraft hinzukommt.

Eine solche Kraft ist die Schwerkraft. Unter alleinigem Einfluß der Schwerkraft muß demnach die Bahn geworfener Körper eine ebene Kurve sein. Wurfrichtung und Richtung der Schwere bestimmen diese Ebene. Denkt man sich in dieser Ebene ein rechtwinkliges Koordinatensystem mit der x-Achse horizontal und der y-Achse vertikal, so wirkt die Schwerkraft parallel zur y-Achse. Parallel dieser wird also die Bewegung des Körpers durch die Gleichung bestimmt:

$$m\frac{d^2y}{dt^2} = Y$$

und parallel zur x-Achse durch die Gleichung

$$m\frac{d^2x}{dt^2} = 0,$$

denn die Geschwindigkeit in dieser Achse ist gleichförmig, also die Beschleunigung $= 0$.

Beobachtung und Erfahrung lehren, daß die Schwerkraft innerhalb eines beschränkten Raumes sich weder mit der Zeit noch mit dem Ort ändert, und daß sie immer proportional der Masse des Körpers ist, auf welchen sie wirkt. Man kann daher

$$Y = -mg$$

setzen, wenn g (= 9,81 m pro Sekunde) die Beschleunigung der Schwere bezeichnet; mg ist das Gewicht des Körpers. Y ist negativ, weil es entgegen der positiven Richtung der y-Achse wirkt. Die Bewegungsgleichungen reduzieren sich daher auf

$$\frac{d^2x}{dt^2} = 0 \qquad \text{und} \qquad \frac{d^2y}{dt^2} = -g.$$

Aus der ersten findet man durch zweimaliges Integrieren

$$\frac{dx}{dt} = a \qquad \text{und} \qquad x = at + a',$$

aus der zweiten in derselben Weise

$$\frac{dy}{dt} = -gt + b \qquad \text{und} \qquad y = -\frac{gt^2}{2} + bt + b'.$$

Die vier Konstanten a, a', b, b' ergeben sich aus den Anfangsbedingungen, d. h. aus der Lage, Geschwindigkeit und Richtung des Körpers zur Zeit $t = 0$. Es ist demnach a die Geschwindigkeit parallel zur x-Achse, b die Geschwindigkeit parallel zur y-Achse, a' die Abszisse und b' die Ordinate des Körpers zu Beginn seiner Bewegung. Wählt man den Ursprung des Koordinatensystems so, daß er mit dem Beginn der Bewegung zusammenfällt, so ist $a' = 0$ und $b' = 0$. Es genügen jetzt zur Bestimmung der Lage des Punktes die Gleichungen

c) $$x = at \qquad \text{und} \qquad y = bt - \frac{gt^2}{2}.$$

Eliminiert man aus diesen beiden Gleichungen die Zeit t, so ergibt sich die Bahngleichung

d) $$y = \frac{bx}{a} - \frac{gx^2}{2a^2}.$$

Für $y = 0$ wird $x = 0$ und $\frac{2ab}{g}$; dies ist die Wurfweite.

Für $\frac{dy}{dx} = \frac{b}{a} - \frac{gx}{a^2} = 0$ wird $x = \frac{ab}{g}$; der Körper erreicht also eine maximale Höhe nach Zurücklegung der halben Wurfweite, sie ist demnach $\frac{b^2}{2g}$.

Die Gleichungen für den senkrechten Wurf ergeben sich aus jenen des schiefen, wenn man $a = 0$ setzt. Für den horizontalen Wurf ist hingegen $b = 0$ zu setzen. Die Bewegungsgleichung wird dann

$$\text{e)} \qquad y = -\frac{g\,x^2}{2\,a^2} \quad \left(\text{oder } x^2 = -\frac{2\,a^2}{g}\,y\right),$$

woraus man ohne weiteres die Scheitelgleichung der Parabel erkennt mit dem Parameter $\frac{2\,a^2}{g}$, denn Beginn der Bewegung, also auch der Nullpunkt des Koordinatensystems, ist jetzt der Punkt S, Bild 239. Hiermit erkennt man nun auch leicht die allgemeine Bahngleichung d) als Parabel mit dem Nullpunkt in 0. Es beschreibt daher ein geworfener Körper, welcher sich nur unter dem Einfluß der Schwere befindet, eine Parabel.

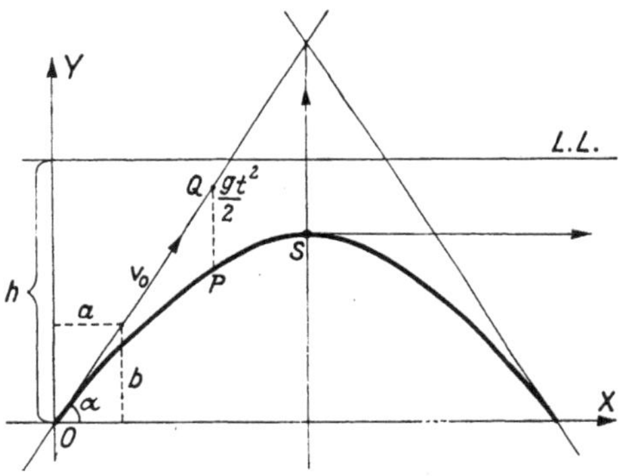

Bild 239

Wählt man schließlich $a = 0$ und $b = 0$, so ergibt sich aus c) das Gesetz des freien Falles, $s = \frac{1}{2}\,g\,t^2$, und (durch Differenzierung) $v = gt$.

Zu gebräuchlichen Formeln gelangt man auch, wenn anstatt der Komponenten a und b die Anfangsgeschwindigkeit v_0 selbst und der Winkel α eingeführt werden, welchen die Anfangsrichtung mit der x-Achse, d. h. dem Horizont, bildet. Es ist dann

$$a = v_0 \cos\alpha, \qquad b = v_0 \sin\alpha;$$

somit die Wurfweite

$$\text{f)} \qquad x = \frac{2\,{v_0}^2}{g} \cos\alpha \sin\alpha$$

und die Wurfhöhe

$$\text{g)} \qquad y = \frac{{v_0}^2}{2g} \sin^2\alpha.$$

Letztere erreicht also ihren größten Wert für $\alpha = 90^0$, also für den vertikalen Wurf. Die Wurfweite kann man, da $\sin 2\alpha = 2 \sin\alpha \cos\alpha$ ist, auch

$$\text{h)} \qquad x = \frac{{v_0}^2}{g} \sin 2\,\alpha$$

schreiben, und erkennt daraus, daß sie ihren größten Wert für $\frac{\pi}{4}$, d. h. bei 45^0 Elevation erreicht.

Jede kleinere Wurfweite läßt sich durch verschiedene α erzielen, da $\sin 2\,(45^0 \pm \beta)$ nur einen Wert ergibt.

Addiert man zur Höhe der Parabel $\frac{1}{4}$ des Parameters, so erhält man die Höhe der Leitlinie LL über der x-Achse, also

$$\frac{b^2}{2g} + \frac{a^2}{2g} = \frac{a^2 + b^2}{2g} = \frac{v_0^2}{2g},$$

und das ist auch nach g) die Höhe des vertikalen Wurfes, des Grenzfalles der Parabeln, es gilt daher der Satz: Werden mehrere Körper mit derselben Anfangsgeschwindigkeit unter verschiedenen Winkeln aufwärts geworfen, so beschreiben sie ebensoviele Parabeln, die sämtlich die gleiche Leitlinie haben.

Ersetzt man in der Gleichung d) die Ausdrücke $\frac{b}{a}$ und a^2 durch ihre trigonometrischen Werte, so erhält man die Gleichung der Bahnlinie in der Form

i) $$y = x \tan\alpha - \frac{g\,x^2}{2\,v_0^2 \cos^2\alpha},$$

und wenn man nun diese Gleichung für $\tan\alpha$ auflöst (indem man $\frac{1}{\cos^2\alpha} = 1 + \tan^2\alpha$ setzt), so ergibt sich für denjenigen Winkel, welchen die Anfangsgeschwindigkeit v_0 mit der Horizontalen bilden müßte, damit ein durch seine Koordinaten x und y gegebener Punkt getroffen werde, die Gleichung:

k) $$\tan\alpha = \frac{v_0^2}{g\,x} \pm \sqrt{\frac{v_0^4}{g^2\,x^2} - \left(1 + \frac{2\,v_0^2\,y}{g\,x^2}\right)}.$$

Diese Gleichung zeigt, daß es im allgemeinen für die Anfangsgeschwindigkeit v_0 immer zwei Richtungen gibt, bei welcher der vorgeschriebene Punkt durch die Bahnlinie getroffen wird. Hat der Punkt aber eine solche Lage, daß der Ausdruck unter dem Wurzelzeichen $= 0$ wird, so gibt es nur einen Wert von α, welcher der Bedingung genügt. Hätte ferner der gegebene Punkt eine solche Lage, daß der Ausdruck unter dem Wurzelzeichen negativ wird, so wäre $\tan\alpha$ imaginär, d. h. der Punkt würde bei der gegebenen Anfangsgeschwindigkeit v_0 überhaupt nicht erreichbar sein. Setzt man den Ausdruck unter dem Wurzelzeichen $= 0$, so ergibt sich:

l) $$y = \frac{v_0^2}{2g} - \frac{g\,x^2}{2\,v_0^2}$$

als Gleichung der Grenzlinie, welche in der vertikalen Bahnebene das Gebiet der erreichbaren Punkte einschließt und von dem Gebiete der unerreichbaren Punkte trennt. Diese krumme Linie ist wiederum eine

Parabel mit vertikaler Achse, und zwar liegt der Scheitelpunkt derselben vertikal über dem Punkte 0, in der Höhe

$$h = \frac{v_0^2}{2g},$$

welche der Anfangsgeschwindigkeit v_0 als Fallhöhe entspricht, also der Höhe des vertikalen Wurfes. Gibt man nun der Gleichung l) dieser Parabel die Form

$$h - y = \frac{x^2}{4h},$$

so erkennt man zugleich, daß der Anfangspunkt 0 den Brennpunkt und die Größe $4h$ den Parameter derselben bildet. Es ist die sog. Umhüllungslinie der Wurfparabeln und wird von deren Leitlinie im

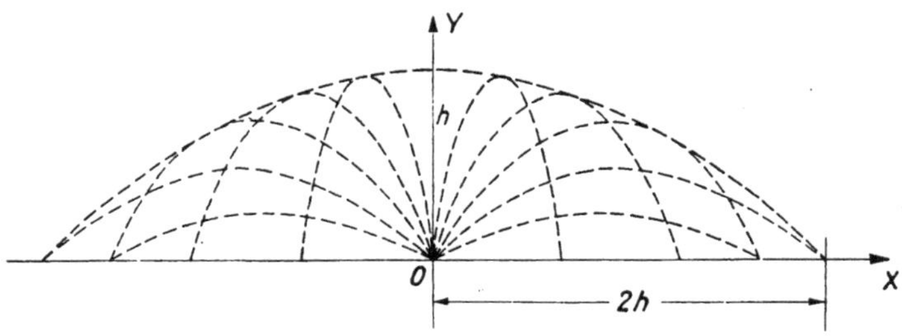

Bild 240

Scheitel tangiert. Das zugehörige Rotationsparaboloid ist bei manchen gbr unnen als Außenfläche einer Garbe von Wasserstrahlen zu beten , Bild 240.

Für eine andere Ableitung der Gleichung l) aus i) siehe § 35, 6., Beispiel (2).

3. Arbeit, kinetische Energie, Bewegungsgröße, Impuls.

Wird ein Bewegliches durch die Wirkung einer Kraft K um den Weg s in der Richtung der Kraft verschoben, so nennt man Ks die Arbeit der Kraft auf dem Wege s. Sind also Kraft und Weg nicht gleichgerichtet, so ist die geleistete Arbeit A gleich dem Produkt aus Kraft und Weg multipliziert mit dem Cosinus des von den Richtungen beider eingeschlossenen Winkels φ. Es ist daher in diesem Falle

$$Ks \cos \varphi = A$$

und die Komponente $K \sin \varphi$ leistet keine Arbeit.

Haben Kraft und Weg gleiche Richtung, so ist

$$\int_{s_0}^{s} K\,ds$$

die Arbeit, welche die Kraft von s_0 bis s leistet. Es ist aber

$$\text{a)}\qquad \int_{s_0}^{s} K\,ds = \int_{s_0}^{s} m\frac{d^2 s}{dt^2}\,ds = m\int_{s_0}^{s}\frac{dv}{dt}\,ds = m\int_{v_0}^{v}\frac{ds}{dt}\,dv$$

$$= m\int_{v_0}^{v} v\,dv = \frac{mv^2}{2} - \frac{mv_0^2}{2}.$$

Die Größe $\frac{mv^2}{2}$ nennt man die lebendige Kraft, die kinetische Energie oder das Arbeitsvermögen der Masse m des Beweglichen. Es ist demnach die Änderung der lebendigen Kraft des Beweglichen gleich der Arbeit, welche die Kraft auf dem Wege $s - s_0$ geleistet hat.

Der Ausdruck $\int_{s_0}^{s} K\,ds$ heißt das Wegintegral der Kraft.

Zerlegt man die Kraft in drei Komponenten, entsprechend einem rechtwinkligen Koordinatensystem und ebenso den Weg, so ergibt sich

$$dA = K\,ds = X\,dx + Y\,dy + Z\,dz;$$

$$\text{b)}\qquad A = \int_{s_0}^{s} (X\,dx + Y\,dy + Z\,dz) = \frac{mv^2}{2} - \frac{mv_0^2}{2}.$$

Auch so kann man die Beziehungen zwischen Arbeit und lebendiger Kraft darstellen, was besonders dann am Platz ist, wenn gleichzeitig mehrere Kräfte auf einen Massenpunkt wirken und die verschiedenen Richtungen der Kräfte mit dem Weg nicht zusammenfallen.

Die auf die Zeiteinheit entfallende Arbeit heißt Leistung oder Effekt; es stellt also $K\frac{ds}{dt}$, oder das Produkt aus Kraft und Geschwindigkeit, die Leistung dar.

Wenn X, Y, Z konstante Größen sind, d. h. wenn während der Bewegung die Kraft K, sowohl der Größe wie der Richtung nach, unverändert bleibt, so erhält man die von derselben verrichtete Arbeit, indem man K mit der ganzen in ihrer Richtung zurückgelegten Weglänge multipliziert.

Wenn z. B. bei einem unter Wirkung der Schwerkraft (des Gewichts mg) sich bewegenden Geschosses der Anfangspunkt der Bahnlinie in der Höhe h über dem Endpunkt derselben liegt, so ist die Endgeschwindigkeit zu berechnen aus der Gleichung

$$\frac{mv^2}{2} - \frac{mv_0^2}{2} = mgh, \qquad \text{oder} \qquad v = \sqrt{v_0^2 + 2gh}.$$

Läßt man eine Kraft während einer kleinen Zeit dt auf eine bewegliche Masse m wirken, so muß sich deren Geschwindigkeit ändern, und zwar wird die Änderung um so beträchtlicher ausfallen, je größer die Kraft und je größer dt ist. Die Gesamtänderung ist demnach dem Produkt Kdt proportional. Für eine endliche Zeit erhält man daher den Gesamteinfluß der Kraft auf die bewegliche Masse m durch den Ausdruck $\int_{t_0}^{t} Kdt$. Da nun

$$K = m\frac{d^2 s}{dt^2} = m\frac{dv}{dt},$$

so ist

$$\text{c)} \qquad \int_{t_0}^{t} K\,dt = m\int_{t_0}^{t} \frac{dv}{dt}\,dt = m\int_{v_0}^{v} dv = mv = mv_0,$$

wenn v_0 und v die Geschwindigkeiten in den durch t_0 und t gegebenen Zeitpunkten sind.

Die Größe mv nennt man die Bewegungsgröße der Masse m. Die Einwirkung der Kraft durch eine gegebene Zeit auf eine bewegliche Masse m kann demnach durch die Differenz der Bewegungsgrößen zu Beginn und zu Ende dieser Zeit gemessen werden. Die Kraft ist also unmittelbar durch den Zuwachs der Bewegungsgröße bestimmt, welchen das Bewegliche in der Zeiteinheit erfährt.

Man nennt den Ausdruck $\int_{t_0}^{t} Kdt$ das Zeitintegral der Kraft, oder den Impuls. Auch die Bewegungsgröße wird häufig Impuls genannt.

Eine Anwendung vom Zeitintegral der Kraft bietet der Zusammenstoß zweier Kugeln. Es sei vorausgesetzt, daß die Bewegung der Kugeln in der Verbindungsgeraden ihrer Mittelpunkte und in gleicher Richtung erfolgt. Ihre Bewegungsgrößen seien vor dem Zusammenstoß $m'v'$ bzw. $m''v''$. Sind die Kugeln vollkommen unelastisch, so wirken sie beim Zusammenstoß solange aufeinander, bis sie dieselbe Geschwindigkeit v angenommen haben. Die neuen Bewegungsgrößen sind also $m'v$ und $m''v$. Mithin hat die einholende Kugel $m'(v' - v)$ an Bewegungsgröße verloren, während die eingeholte $m''(v - v'')$ gewonnen hat. Beide Größen müssen einander gleich sein, da auf beide Kugeln ja dieselbe Kraft während derselben Zeit gewirkt hat. Es ist also

$$m'(v' - v) = m''(v - v'')$$

oder die Geschwindigkeit nach dem Zusammenstoß

$$v = \frac{m'v' + m''v''}{m' + m''}.$$

Sind die Kugeln vollkommen elastisch, so hört die Einwirkung derselben aufeinander bei gleichwerdender Geschwindigkeit noch nicht auf, da die elastischen Kräfte die Kugeln wieder auseinandertreiben, und zwar ist das Zeitintegral vor und nach dem Gleichwerden der Geschwindigkeiten gleich groß, da auf beiden Kugeln ja wieder dieselbe Kraft während derselben Zeit wirkt, also die ursprünglichen Geschwindigkeitsänderungen sich verdoppeln müssen. Sind die Endgeschwindigkeiten u' und u'', so hat man demnach

$$m'(v' - v) = m''(v - v'') = m'(v - u') = m''(u'' - v),$$

woraus folgt:

$$u' + v' = 2v \quad \text{und} \quad u'' + v'' = 2v$$

oder

$$u' = 2\frac{m'v' + m''v''}{m' + m''} - v' \quad \text{und} \quad u'' = 2\frac{m'v' + m''v''}{m' + m''} - v''.$$

Bei gleichen Massen wird $u' = v' + v'' - v'$ und $u'' = v' + v'' - v''$, also

$$u' = v'' \quad \text{und} \quad u'' = v',$$

d. h. die Kugeln vertauschen nach dem Zusammenstoß ihre Geschwindigkeiten.

Ist $m'' = \infty$ und $v'' = 0$, was sich beim Stoß gegen eine feste Wand annehmen läßt, so wird

$$u' = -v',$$

d. h. die Kugel wird mit unveränderter Geschwindigkeit zurückgeworfen.

4. Krummlinige Bewegung, Zentripetalbeschleunigung, Fliehkraft.

Die Beschleunigung, welche ein Massenpunkt in irgendeinem Punkt einer krummlinigen Bahn besitzt, kann in eine Komponente, die mit der Kurventangente zusammenfällt, und in eine Komponente rechtwinklig dazu, also nach der Normalenrichtung zerlegt werden. Man betrachte einen Massenpunkt, welcher sich von P nach P' bewegt, Bild 241; seine Geschwindigkeit in P sei v, in P' $v + \Delta v$. Die Komponente der letzteren Geschwindigkeit, parallel zur ursprünglichen Tangente, ist demnach

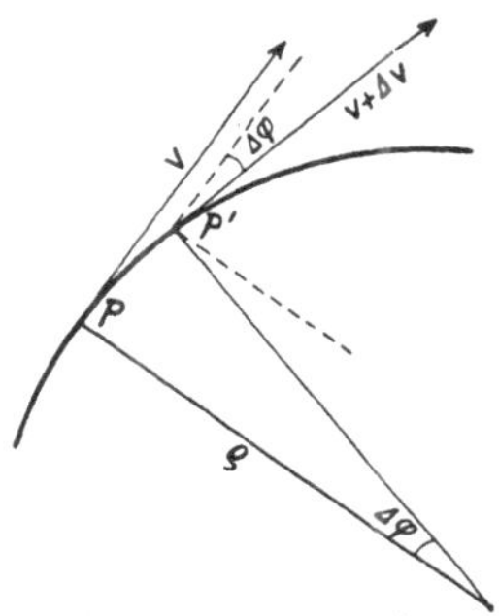

Bild 241

$$(v + \Delta v)\cos\Delta\varphi,$$

rechtwinklig dazu

$$(v + \Delta v)\sin\Delta\varphi.$$

Bezeichnet Δt die Zeitspanne der Bewegung von P nach P', so hat man für die Beschleunigung in der Tangentenrichtung

$$p_T = \lim \frac{(+ \Delta v)\cos\Delta\varphi - v}{\Delta t}$$

und für die Beschleunigung in der Normalenrichtung

$$p_N = \lim \frac{(v + \Delta v) \sin \Delta \varphi}{\Delta t}.$$

Für einen unendlich kleinen Winkel $d\varphi$ ist $\cos d\varphi = 1$ und $\sin d\varphi = d\varphi$. Beim Übergang zur Grenze ergibt sich also

a) $$p_T = \frac{dv}{dt} \quad \text{und} \quad p_N = \frac{v\,d\varphi}{dt},$$

denn $dv\,d\varphi$ verschwindet als Unendlichkleines zweiter Ordnung. Von den beiden Beschleunigungen heißt die erstere Tangentialbeschleunigung, die zweite, weil nach dem Krümmungsmittelpunkt der Bahnlinie gerichtet, heißt Zentripetalbeschleunigung. Setzt man noch $d\varphi = \frac{ds}{\varrho} = \frac{v\,dt}{\varrho}$, so erhält man für die Zentripetalbeschleunigung

b) $$p_N = \frac{v^2}{\varrho},$$

einen Wert, zu dessen Bestimmung also die Kenntnis der Geschwindigkeit und des ersten Krümmungshalbmessers ausreicht.

Die wirkliche oder totale Beschleunigung ist als Resultierende aus der Tangentialbeschleunigung und der Zentripetalbeschleunigung zu betrachten. Sie wird gleich der Tangentialbeschleunigung, wenn die Richtung der Geschwindigkeit stets dieselbe bleibt, d. h. bei der geradlinigen Bewegung. Sie fällt dagegen mit der Zentripetalbeschleunigung zusammen, wenn die Größe der Geschwindigkeit stets dieselbe bleibt, d. h. bei gleichförmiger Bewegung längs krummliniger Bahn. Es stellt daher die Tangentialbeschleunigung den Beitrag dar, welchen die Größenänderung der Geschwindigkeit zur Totalbeschleunigung liefert, und die Zentripetalbeschleunigung den Beitrag, welchen die Richtungsänderung liefert.

$$\text{Totalbeschleunigung } p = \sqrt{p_T^2 + p_N^2}.$$

Für kreisende Bewegung kann man (nach 1. e)) die Winkel- oder Drehgeschwindigkeit ω einführen, es ist dann $v = \varrho\,\omega$, also die Zentripetalbeschleunigung $= \varrho\,\omega^2$.

Hat der Massenpunkt die Masse m, so können die auf ihn wirkenden Kräfte in eine Tangential- und eine Normalkraft zerlegt werden. Erstere wird gegeben sein durch

c) $$T = m\frac{dv}{dt} = m\frac{d^2 s}{dt^2},$$

letztere durch

d) $$N = \frac{m v^2}{\varrho} = m\varrho\,\omega^2$$

für kreisende Bewegung.

Diese nennt man Zentripetalkraft und die dadurch hervorgerufene ebenso große Gegenkraft des beweglichen Massenpunktes dessen Zentrifugalkraft oder Fliehkraft.

Beispiel: Rotiert eine Wassermasse nebst dem sie umschließenden Gefäß mit gleichförmiger Geschwindigkeit um die vertikale Symmetrieachse des Gefäßes, so bildet der Flüssigkeitsspiegel eine Rotationsfläche. Um die geometrische Form dieser Rotationsfläche und damit zusammenhängender Linien und Flächen zu bestimmen, betrachte man ein Wasserteilchen P, Bild 242, vom Gewicht W, also der Masse $\frac{W}{g}$; die Zentrifugalkraft des Wasserteilchens P ist dann

$$N = \frac{W}{g} \varrho \omega^2.$$

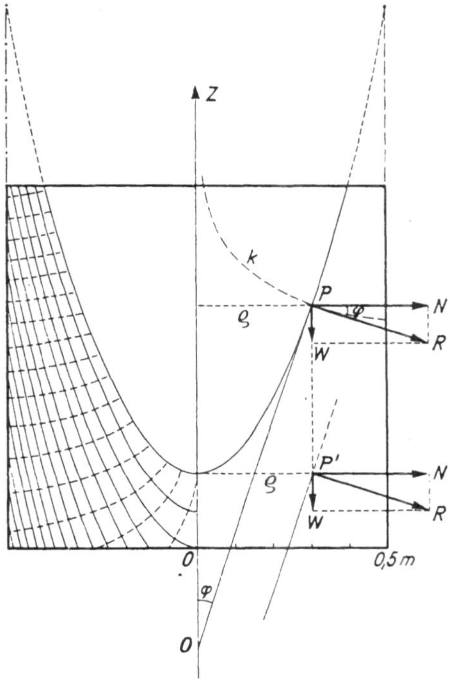

Bild 242

Wie bei ruhendem Wasser die Spiegelfläche rechtwinklig zur Schwerkraftrichtung sein muß, so muß auch die Spiegelfläche in P oder deren Tangente PO rechtwinklig zur Resultierenden aus W und N sein. Der Tangens des Winkels, welchen die Resultierende mit der Horizontalen einschließt oder

$$\tan \varphi = -\frac{W}{N} = -W : \frac{W}{g} \varrho \omega^2 = -\frac{g}{\omega^2 \varrho},$$

gibt die Richtung der Kraftlinie k im Punkte P, also einen Wert für den Differentialquotienten $\frac{dz}{d\varrho}$ dieser Kurve. Durch Integration ergibt sich ihre Gleichung

$$z = -\frac{g}{\omega^2} \ln \varrho + C.$$

Der Tangens des Winkels, welchen die Tangente PO mit der Vertikalen einschließt, also ein Wert des Differentialquotienten der axialen Schnittlinie der Spiegelfläche, ist

$$\frac{d\varrho}{dz} = \frac{g}{\omega^2 \varrho},$$

woraus man die Gleichung der Schnittkurve

$$z = \frac{\omega^2}{2g} \varrho^2 \qquad \text{oder} \qquad \varrho^2 = \frac{2g}{\omega^2} z + C$$

erhält, eine Parabel mit dem Parameter $2g : \omega^2$.

Man erkennt ohne weiteres, daß für einen Punkt P', vertikal unter P, sich nichts in den Ableitungen ändern würde, Kraftlinie und Parabel durch P' erhält man also durch vertikale Verschiebung derjenigen durch P, doch bezeichnet man die Parabel durch P' als Niveaulinie (Linie gleichen Druckes).

Die Spiegelfläche und alle Niveauflächen sind also kongruente Rotationsparaboloide, die von allen Kraftlinien rechtwinklig geschnitten werden. Die Ableitungen gelten für jede Flüssigkeit, also auch für Luft oder flüssiges Metall, denn die Gleichungen der Kurven sind unabhängig von W. Bei ruhender Flüssigkeit sind die Kraftlinien vertikal, die Niveauflächen horizontal.

Das Bild 242 gilt maßstäblich für ein zylindrisches Gefäß von 1 m Durchmesser und 1 m Höhe, einer Peripheriegeschwindigkeit $v = 31{,}4$ m, also einem $\omega = 10$ Umdrehungen pro Sekunde. Der Rauminhalt des Rotationsparaboloids der Spiegelfläche ist (§ 36, 4. (19) oder 6. (5)) $=$ 0,200 m³, also der der Flüssigkeit $=$ 585 l. Unter einer Füllung von 485 l würde die dritte Fläche (also die zweite Niveaufläche) zur Spiegelfläche, denn die Form der Niveauflächen und Kraftlinien ist unabhängig von der Füllung.

5. Statische Momente und Schwerpunktbestimmungen.

Sind in mehreren Punkten der Ebene, deren Koordinaten $x_1\, y_1$, $x_2, y_2, \ldots$ sind, die Massen $m_1, m_2 \ldots$ verteilt, so heißt $\Sigma m x$ das statische Moment der Massen in bezug auf die y-Achse, $\Sigma m y$ in bezug auf die x-Achse.

Sind $x_0 y_0$ die Schwerpunktkoordinaten des ganzen Massensystems, so ist

$$x_0 \Sigma m = \Sigma m x, \qquad y_0 \Sigma m = \Sigma m y,$$

also ist

a) $$x_0 = \frac{\Sigma m x}{\Sigma m}, \qquad y_0 = \frac{\Sigma m y}{\Sigma m}.$$

Für die kontinuierliche Verteilung einer Gesamtmasse m, wie in einer homogenen Scheibe, kommt jedem Punkt ein Massendifferential dm zu, an Stelle der Summenzeichen Σ treten Integrale, und man erhält

b) $$x_0 m = \int x\, dm, \qquad y_0 m = \int y\, dm.$$

Ist die Masse längs einer ebenen Linie von der Länge s gleichmäßig verteilt und ϱ die Masse pro Längeneinheit, so ist $m = \varrho s$ und $dm = \varrho ds$, also

$$x_0 \varrho s = \int \varrho x \, ds, \qquad y_0 \varrho s = \int \varrho y \, ds.$$

Die Schwerpunktkoordinaten x_0 y_0 eines Kurvenbogens von der Länge s sind daher bestimmt durch

$$x_0 s = \int x \, ds, \quad \text{und} \quad y_0 s = \int y \, ds,$$

und weil

$$ds = \sqrt{dx^2 + dy^2} = \sqrt{1 + \left(\frac{dy}{dx}\right)^2} \, dx,$$

so hat man schließlich

$$\text{c)} \qquad x_0 s = \int x \sqrt{1 + \left(\frac{dy}{dx}\right)^2} \, dx, \qquad y_0 s = \int y \sqrt{1 + \left(\frac{dy}{dx}\right)^2} \, dx.$$

Beispiel (1). Um den Schwerpunkt des Viertelkreisbogens der Gleichung $x^2 + y^2 = r^2$ zu bestimmen, hat man

$$y_0 \frac{\pi r}{2} = \int_0^r \sqrt{r^2 - x^2} \sqrt{1 + \left(\frac{d\sqrt{r^2 - x^2}}{dx}\right)^2} \, dx$$

$$= \int_0^r \sqrt{r^2 - x^2} \sqrt{1 + \frac{x^2}{r^2 - x^2}} \, dx = \int_0^r r \, dx = r^2,$$

also $\qquad y_0 = \dfrac{2r}{\pi} = x_0.$

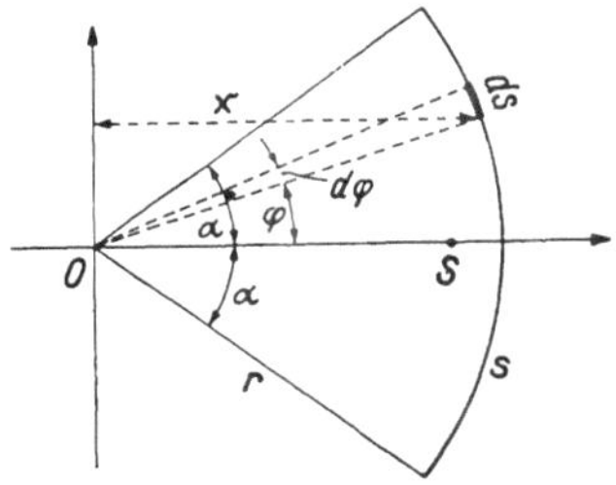

Bild 243

Beispiel (2). Der Schwerpunkt S eines Kreisbogens von beliebiger Länge liegt in der Halbierungslinie des zugehörigen Winkels 2α, Bild 243. Die Bogenlänge $s = 2r\alpha$, $ds = r d\varphi$, $x = r \cos\varphi$, folglich ist

$$x_0 \cdot 2 r \alpha = \int_{-\alpha}^{+\alpha} x r \, d\varphi = r^2 \int_{-\alpha}^{+\alpha} \cos\varphi \, d\varphi = 2 r^2 \sin\alpha$$

und

$$x_0 = \frac{r \sin\alpha}{\alpha}.$$

Für den Halbkreisbogen ist $\alpha = \dfrac{\pi}{2}$, also $x_0 = \dfrac{2r}{\pi}$. Für die ganze Peripherie ist $\alpha = \pi$, also $x_0 = 0$.

Ist die Masse auf einer ebenen Fläche gleichmäßig verteilt und ϱ die Masse pro Flächeneinheit, so ist $m = \varrho F$ und $dm = \varrho dF$, also ist

$$x_0 \varrho F = \varrho \int x\, dF,$$

oder

d) $$x_0 F = \int x\, dF, \qquad y_0 F = \int y\, dF,$$

woraus sich die Koordinaten $x_0\, y_0$ des Schwerpunktes ergeben.

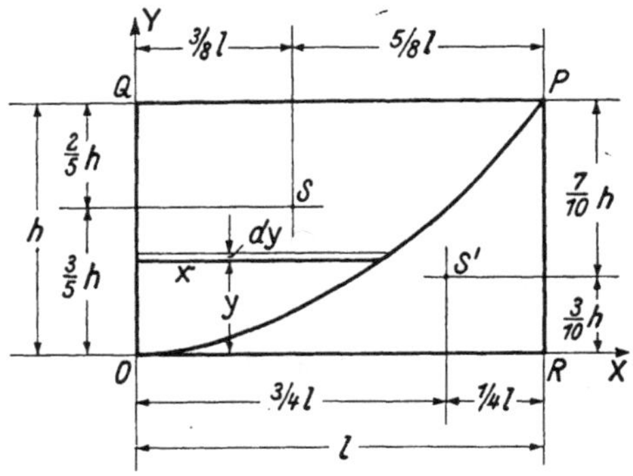

Bild 244

Beispiel (3). Für die Parabel OP, deren Achse mit der y-Achse des Koordinatensystems zusammenfällt, gilt nach den in Bild 244 gewählten Bezeichnungen die Gleichung

$$\frac{y}{h} = \frac{x^2}{l^2}.$$

Die Parabelfläche OPQ hat bekanntlich den Inhalt $\frac{2}{3}hl$. Die statischen Momente eines unendlich dünnen Streifens von der Fläche $dF = x\,dy$ in bezug auf die Koordinatenachsen sind $\frac{x}{2} \cdot x\,dy$ in der x-Richtung und $y \cdot x\,dy$ in der y-Richtung. Für die Koordinaten des Schwerpunktes S hat man daher

$$x_0 \frac{2hl}{3} = \int_0^h \frac{x^2}{2}\, dy = \frac{l^2}{2h} \int_0^h y\, dy = \frac{l^2}{2h} \cdot \frac{y^2}{2}\Big|_0^h = \frac{hl^2}{4}$$

also $x_0 = \frac{3}{8} l$;

$$y_0 \frac{2hl}{3} = \int_0^h x y\, dy = \int_0^h y \sqrt{\frac{y l^2}{h}}\, dy = \frac{l}{\sqrt{h}} \cdot \frac{2}{5} y^{\frac{5}{2}}\Big|_0^h = \frac{2}{5} h^2 l$$

also $y_0 = \frac{3}{5} h$.

Die Koordinaten des Schwerpunktes S' der Fläche des äußeren Parabeldreiecks OPR findet man jetzt am einfachsten aus den Gleichungen der drei statischen Momente (des Ganzen und der beiden Teile) in der x- bzw. y-Richtung:

$$x_0' \cdot \frac{1}{3} F = \frac{1}{2} l \cdot F - \frac{3}{8} l \cdot \frac{2}{3} F, \quad \text{also } x_0' = \frac{3}{4} l,$$

$$y_0' \cdot \frac{1}{3} F = \frac{1}{2} h \cdot F - \frac{3}{5} h \cdot \frac{2}{3} F, \quad \text{also } y_0' = \frac{3}{10} h.$$

(Siehe auch Schwerpunkte von Linien und Flächen § 19.)

Ist die Masse auf ein Volumen V gleichmäßig verteilt und ϱ die Masse pro Volumeneinheit, so ist $m = \varrho V$ und $dm = \varrho dV$, also

$$x_0 \varrho V = \varrho \int x \, dV$$

oder

e) $$x_0 V = \int x \, dV, \quad y_0 V = \int y \, dV, \quad z_0 V = \int z \, dV.$$

Bezeichnet dV das Volumen einer Scheibe rechtwinklig zur z-Achse in der Entfernung z vom Nullpunkt und von der Dicke dz, so ist $z dV$ das statische Moment solcher unendlich dünnen Volumenscheibe bezüglich der xy-Ebene.

Beispiel (4). Unter § 36, 4. (19), Bild 218, wurde das Volumen des elliptischen Paraboloids bestimmt. Der Schwerpunkt liegt in der Symmetrieachse. Benutzt man das dort gefundene letzte Integral, so ergibt sich für die Höhe des Schwerpunktes über dem Scheitelpunkt:

$$z_0 V = \pi \sqrt{pq} \int_0^c z^2 \, dz = \pi \sqrt{pq} \, \frac{c^3}{3},$$

und da

$$V = \pi \sqrt{pq} \cdot \frac{c^2}{2}, \quad \text{so ist } z_0 = \frac{2}{3} c.$$

Die Formel ist unabhängig von a und b, gilt also auch für das Rotationsparaboloid.

Guldinsche Regeln (siehe auch § 20, 14. 15. 16.): Wenn die ebene Kurve AB, Bild 245, von der Länge s um die x-Achse rotiert, so erzeugt sie eine Rotationsfläche vom Inhalt

$$O = 2\pi \int y \, ds.$$

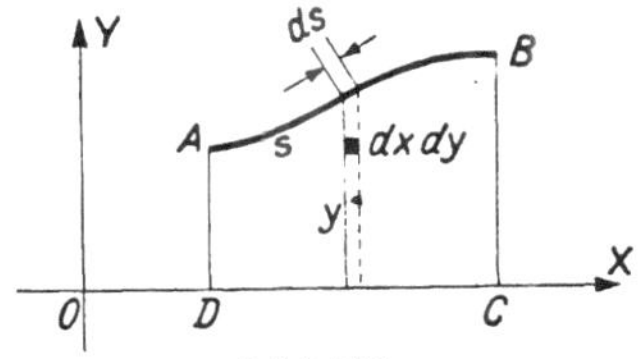

Bild 245

Für die Ordinate des Schwerpunktes der Linie gilt $y_0 s = \int y \, ds$, daher ist

f) $$O = 2\pi y_0 s;$$

d. h. alle Kurven von derselben Länge und demselben Schwerpunkt erzeugen Rotationsflächen gleichen Inhalts. Sind also zwei der Werte O, s, y_0 gegeben, so kann man nach f) den dritten berechnen.

Ferner, läßt man die Fläche $ABCD = F$ um die x-Achse rotieren, so erzeugt sie ein Rotationsvolumen

$$V = 2\pi \iint y\,dx\,dy.$$

Für die Ordinate des Schwerpunktes der rotierenden Fläche F gilt $y_0 F = \iint y\,dx\,dy$, daher ist

g) $$V = 2\pi y_0 F;$$

d. h. alle Flächen von demselben Inhalt und demselben Schwerpunkt erzeugen Rotationskörper gleichen Volumens. Sind also zwei der Werte V, F, y_0 gegeben, so läßt sich nach g) der dritte bestimmen.

Beispiel (5). Rotiert die Parabelfläche OPQ, Bild 244, um die y-Achse, so erzeugt sie ein Rotationsparaboloid von dem Volumen

$$V = 2\pi \cdot \frac{3}{8} l \cdot \frac{2}{3} hl = \frac{1}{2} \pi h l^2.$$

Rotiert das äußere Parabeldreieck OPR um dieselbe Achse, so ist

$$V = 2\pi \cdot \frac{3}{4} l \cdot \frac{1}{3} hl = \frac{1}{2} \pi h l^2.$$

Die Summe beider ergibt das Volumen des Rotationszylinders aus $OQPR$ und somit eine Probe für die Ableitungen unter (3).

Man beachte noch, daß $2\pi y_0$ in den Formeln f) und g) der Weg des Schwerpunktes ist, den dieser bei einer vollen Umdrehung zurücklegt und daß O und V sich daher leicht für einen beliebigen Teil einer ganzen Umdrehung bestimmen lassen.

6. Trägheitsmomente.

Unter § 36, 4. wurde den Beispielen (21) und (22) eine Definition des Trägheitsmomentes eines Körpers vorausgeschickt und dann die Trägheitsmomente eines Parallelepides und des dreiachsigen Ellipsoids bestimmt. Doch sei wiederholt: Ist dm ein Massenteilchen und x seine Entfernung von einer Achse, so ist für homogene materielle Linien, Flächen und Körper

$\int x\,dm$ das statische Moment,

$\int x^2 dm$ das Trägheitsmoment

in bezug auf die angenommene Achse. Auch die auf die mathematische Form hinweisenden Benennungen »Momente erster und zweiter Ordnung« sind in Gebrauch.

Wünscht man vorderhand neben der mathematischen Definition einen physikalischen Begriff für die Momente erster und zweiter Ordnung, so dürfte folgendes genügen:

In Verbindung mit Formel 3. c) wurde mv als Bewegungsgröße und in Verbindung mit Formel 3. a) wurde $\frac{1}{2}mv^2$ als lebendige Kraft einer Masse m bezeichnet, welche sich mit der Geschwindigkeit v auf geradliniger Bahn bewegt. Für rotierende Bewegung mit der Winkelgeschwindigkeit ω hat also ein Massenteilchen dm in der Entfernung r von der Drehachse eine Bewegungsgröße $\omega r dm$ und eine lebendige Kraft $\frac{1}{2}\omega^2 r^2 dm$. Für einen rotierenden Körper von der Masse m ist daher

$$\int \omega r dm = \omega \int r dm = \omega S, \text{ die Bewegungsgröße,}$$
$$\int \frac{1}{2}\omega^2 r^2 dm = \frac{1}{2}\omega^2 \int r^2 dm = \frac{1}{2}\omega^2 T, \text{ die lebendige Kraft,}$$

wenn S das statische und T das Trägheitsmoment bezeichnet.

Während T seiner quadratischen Natur nach immer positiv ist, kann S positiv oder negativ sein. In bezug auf die Schwerpunktachse ist S stets $= 0$.

Setzt man $T = mr^2$, unter m die Gesamtmasse des Körpers verstanden, so heißt r der Trägheitshalbmesser oder Trägheitsarm der Masse m; r ist also die Entfernung, in welcher man sich die ganze Masse konzentriert denken kann.

Ferner, wie man im übertragenen Sinne von Schwerpunkten geometrischer Gebilde spricht, so überträgt man auch den Momentenbegriff auf geometrische Linien, Flächen und Körper. Statt des Massendifferentials dm gebraucht man dann entsprechende Differentiale der Länge, der Fläche, des Volumens, etwa ds, dF, dV bzw.

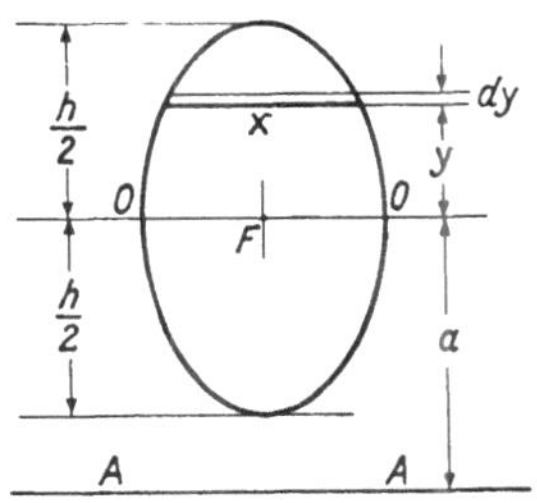

Bild 246

Das Trägheitsmoment der Fläche F in bezug auf die Schwerpunktachse 00, Bild 246, ist

$$T_0 = \int y^2 dF = \int y^2 x dy.$$

Das Trägheitsmoment derselben Fläche in bezug auf die zu 00 im Abstande a parallele Achse AA ist

$$T_a = \int (y + a)^2 dF = \int y^2 dF + 2a \int y dF + a^2 \int dF$$

und unter Beachtung, daß

$$\int y^2 dF = T_0, \quad \int y\,dF = 0, \quad \int dF = F,$$

ergibt sich die wichtige Formel

a) $$T_a = T_0 + a^2 F.$$

Ist also T in bezug auf die Schwerpunktachse bekannt, so findet man T in bezug auf eine parallele Achse durch Addition des Produktes aus der ganzen Fläche und dem Quadrat des Achsenabstandes. Ist umgekehrt T_a bekannt, so ist $T_0 = T_a - a^2 F$.

Formel a) zeigt zugleich, daß von allen auf parallele Achsen bezogenen Trägheitsmomenten dasjenige am kleinsten ist, dessen Bezugsachse durch den Schwerpunkt geht.

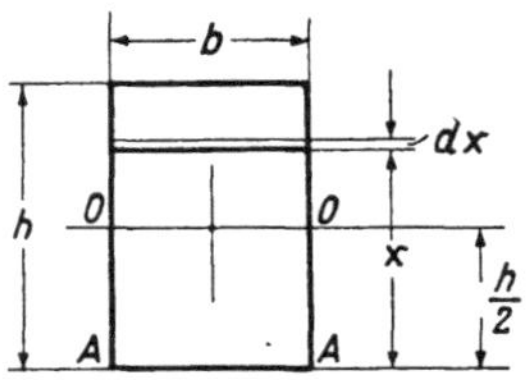

Bild 247

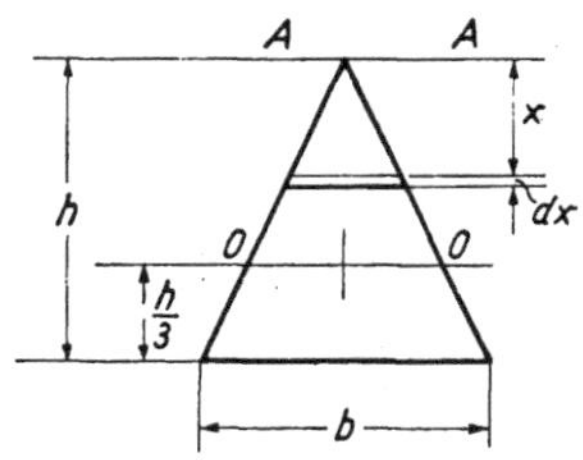

Bild 248

Für das Rechteck bh, Bild 247, ist in bezug auf die Seite AA

$$T_a = \int_0^h x^2 b\,dx = \frac{bh^3}{3},$$

folglich in bezug auf die um $\frac{h}{2}$ abstehende Schwerpunktachse 00

b) $$T_0 = T_a - \left(\frac{h}{2}\right)^2 bh = \frac{bh^3}{3} - \frac{bh^3}{4} = \frac{bh^3}{12},$$

was sich durch das Integral $\int_{-\frac{h}{2}}^{\frac{h}{2}} x^2 b\,dx$ direkt ergibt, x auf 00 bezogen.

Für das Dreieck, Bild 248, ist in bezug auf die Achse AA

$$T_a = \int_0^h x^2 \left(b\frac{x}{h}\right) dx = \frac{1}{4} bh^3,$$

in bezug auf die um $\frac{2}{3}h$ abstehende Schwerpunktachse 00 ist

c) $$T_0 = \frac{1}{4} bh^3 - \left(\frac{2}{3}h\right)^2 \frac{bh}{2} = \frac{1}{36} bh^3;$$

in bezug auf die Basis ist

$$T_b = \frac{1}{36} b h^3 + \left(\frac{h}{3}\right)^2 \frac{b h}{2} = \frac{1}{12} b h^3.$$

Für die Kreisfläche, Bild 249, ist in bezug auf die Schwerpunktachse 00

$$T_0 = 2 \int_0^r y^2 x \, dy.$$

Weil $x = 2 r \cos \varphi$, $y = r \sin \varphi$, $dy = r \cos \varphi \, d\varphi$, wird

$$T_0 = 4 r^4 \int_0^{\frac{\pi}{2}} \sin^2 \varphi \cos^2 \varphi \, d\varphi \text{ (und nach § 36, 3. b))}$$

$$= 4 r^4 \left[\left(\frac{\sin^3 \varphi}{4} - \frac{\sin \varphi}{8}\right) \cos \varphi + \frac{\varphi}{8}\right]_0^{\frac{\pi}{2}} = 4 r^4 \frac{\pi}{16},$$

also ist

d) $$T_0 = \frac{\pi}{4} r^4 = \frac{\pi}{64} d^4.$$

Für die Ellipsenfläche, Bild 250, kann man das Trägheitsmoment aus dem sie umschließenden Kreis ableiten. Das Trägheitsmoment

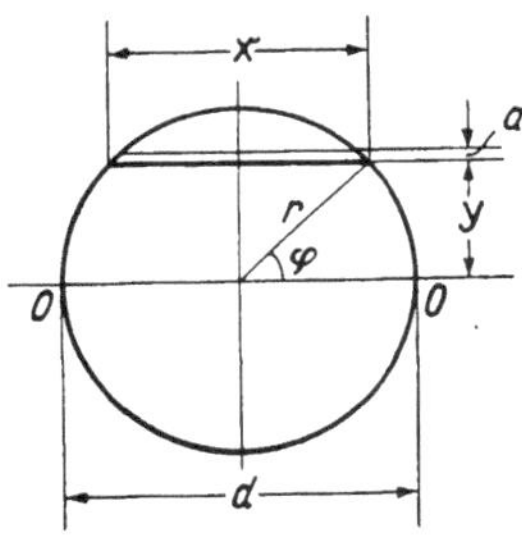

Bild 249

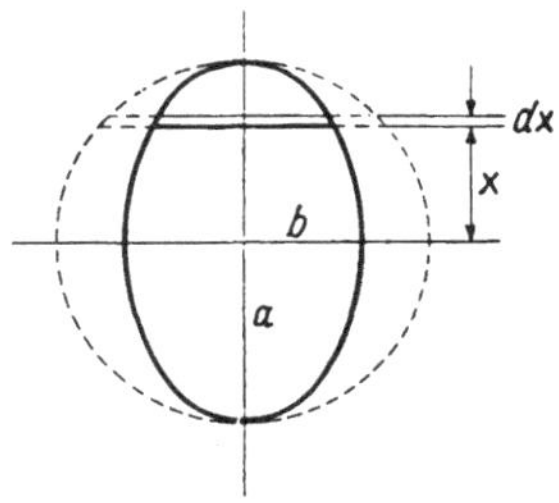

Bild 250

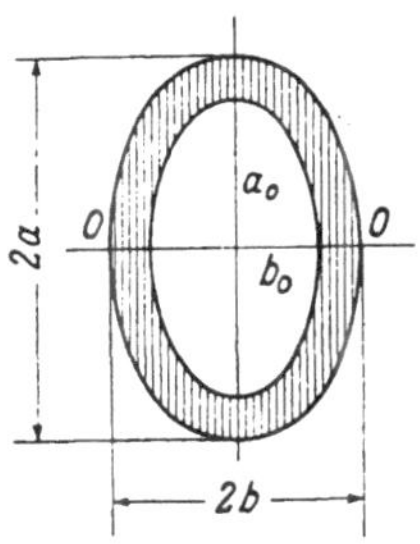

Bild 251

eines Ellipsenstreifens parallel zur b-Achse ist $\frac{b}{a}$ mal das des entsprechenden Kreisstreifens; das Trägheitsmoment für den Kreis vom Radius a ist $\frac{\pi}{4} a^4$, also das der Ellipse

e) $$T_b = \frac{\pi}{4} a^4 \cdot \frac{b}{a} = \frac{\pi}{4} a^3 b.$$

Das Trägheitsmoment in bezug auf die a-Achse ergibt sich in ähnlicher Weise:

$$T_a = \frac{\pi}{4} a^4 \cdot \frac{b^3}{a^3} = \frac{\pi}{4} a b^3.$$

Für die Querschnittsfläche einer elliptischen Röhre, Bild 251, in bezug auf 00, ist demnach

$$T_0 = \frac{\pi}{4}(a^3 b - a_0{}^3 b_0),$$

wenn a_0 und b_0 die Halbachsen der inneren Ellipse sind.

Für den zusammengesetzten Querschnitt, Bild 252, ergibt sich das Trägheitsmoment in bezug auf die Symmetrieachse durch Addition dreier Trägheitsmomente von Rechtecken. Für das Trägheitsmoment in bezug auf die horizontale Schwerachse muß man zunächst diese bestimmen.

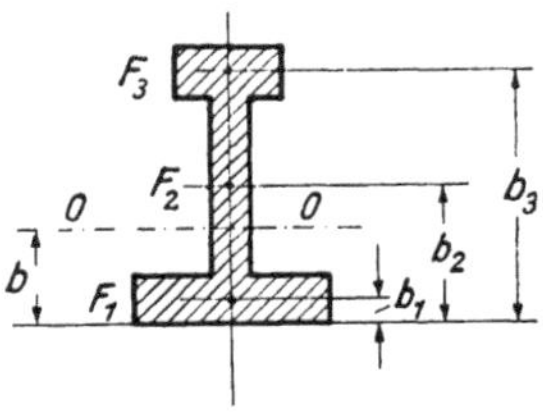

Bild 252

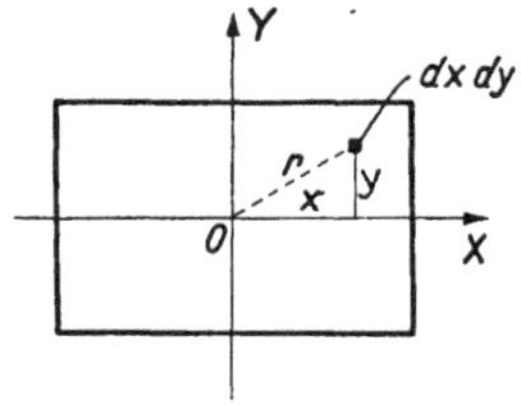

Bild 253

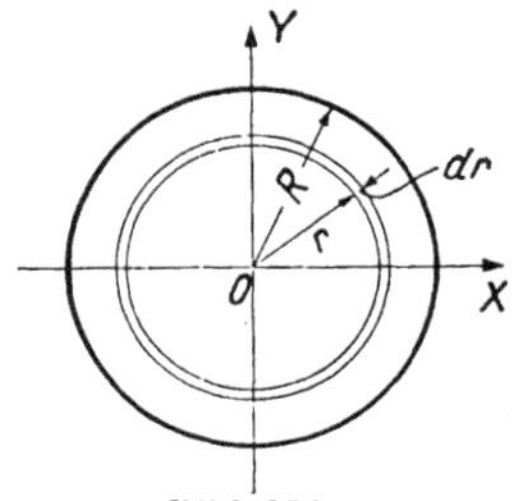

Bild 254

Bezeichnet b ihren Abstand von der Basis und F die ganze Fläche, so ist nach 5. a)

$$b = \frac{F_1 b_1 + F_2 b_2 + F_3 b_3}{F}.$$

Bezeichnet man jetzt die Schwerlinienabstände von 00 durch a_1, a_2, a_3, so ist nach Formel a)

$$T_0 = T_1 + F_1 a_1{}^2 + T_2 + F_2 a_2{}^2 + T_3 + F_3 a_3{}^2.$$

Das Trägheitsmoment in bezug auf eine Achse rechtwinklig zur Bildfläche, durch den Punkt 0, Bild 253, ist

f) $$T_p = \iint r^2\,dx\,dy = \int r^2\,dF = \int (x^2 + y^2)\,dF = \int x^2\,dF + \int y^2\,dF$$

und heißt polares Trägheitsmoment der Fläche in bezug auf den Pol 0. Die letzten beiden Integrale zeigen, daß es gleich der Summe der Trägheitsmomente bezüglich der x- und y-Achse ist. Zur Unterscheidung nennt man die letzteren axiale oder äquatoriale Trägheitsmomente der Fläche. Ist 0 der Schwerpunkt der Fläche, so ist T_p das kleinste von allen ihren polaren Trägheitsmomenten.

Für den Kreis, Bild 254, bedeutet $2\pi r dr$ einen unendlich dünnen Kreisring; das polare Trägheitsmoment der ganzen Kreisfläche ist also

g) $$T_p = \int_0^R 2\pi r\,dr \cdot r^2 = 2\pi \int_0^R r^3\,dr = \frac{1}{2}\pi R^4,$$

und da die axialen Trägheitsmomente eines Kreises einander gleich sein müssen, so hat man für diese $\frac{1}{4}\pi R^4$, wie vorher in nicht so einfacher Weise gefunden wurde.

Betrachtet man Bild 254 als Querschnittsfläche eines Zylinders von der Höhe h, so bedeutet $2\pi r\,dr \cdot h$ das Volumen eines unendlich dünnwandigen Hohlzylinders. Führt man wieder die Masse ein mit m pro Volumeneinheit, so ist das Trägheitsmoment des Zylinders in bezug auf seine Höhenachse

$$\text{h)} \qquad T = \frac{1}{2} m \pi R^4 h.$$

Ferner, dreht man das rechtwinklige Achsenkreuz XY eines Querschnittes um den Winkel φ in die Lage $X'Y'$, Bild 255, so sind die neuen Koordinaten des Flächendifferentials dF:

$$y' = y \cos\varphi - x \sin\varphi,$$
$$x' = y \sin\varphi + x \cos\varphi.$$

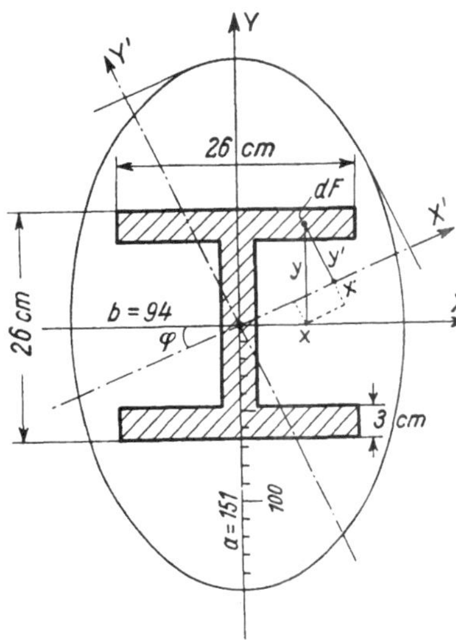

Bild 255

Für die Trägheitsmomente $T_{x'} = \int y'^2\,dF$ und $T_{y'} = \int x'^2\,dF$ ergibt sich also

$$T_{x'} = \cos^2\varphi \int y^2\,dF + \sin^2\varphi \int x^2\,dF - 2\sin\varphi\cos\varphi \int xy\,dF,$$
$$T_{y'} = \sin^2\varphi \int y^2\,dF + \cos^2\varphi \int x^2\,dF + 2\sin\varphi\cos\varphi \int xy\,dF.$$

Das Integral $\int xy\,dF$ wird Deviationsmoment, Zentrifugalmoment oder Trägheitsprodukt benannt und mag hier mit D bezeichnet werden. Man erkennt leicht, daß es positiv, negativ oder Null sein kann und daß es in bezug auf eine Symmetrieachse des Querschnittes immer $= 0$ ist. Schreibt man die letzten beiden Gleichungen in der kürzeren Form:

$$\text{i)} \qquad \begin{aligned} T_{x'} &= T_x \cos^2\varphi + T_y \sin^2\varphi - 2D\sin\varphi\cos\varphi, \\ T_{y'} &= T_x \sin^2\varphi + T_y \cos^2\varphi + 2D\sin\varphi\cos\varphi, \end{aligned}$$

so ergibt ihre Addition das wichtige Gesetz:

$$\text{k)} \qquad T_{x'} + T_{y'} = T_x + T_y,$$

d. h. die Summe der Trägheitsmomente, bezogen auf zwei durch denselben Punkt gehende rechtwinklige Achsen, ist konstant.

Gehen die Achsen durch den Schwerpunkt, so ist nach i)

$$T_{x'} = T_x \cos^2 \varphi + T_y \sin^2 \varphi.$$

Nun ist die Polargleichung der Ellipse mit den Halbachsen a und b nach § 29, 9., Bild 150,

$$b^2 \cos^2 \varphi + a^2 \sin^2 \varphi = \frac{a^2 b^2}{r^2},$$

worin r den Radiusvektor eines Ellipsenpunktes und φ seinen Winkel mit der x-Achse bedeutet. Konstruiert man also eine Ellipse, Bild 255, mit $a = \sqrt{T_x}$ und $b = \sqrt{T_y}$, so ist

l) $$T_{x'} = T_x \cos^2 \varphi + T_y \sin^2 \varphi = T_x T_y : r^2.$$

Man nennt die so konstruierte Ellipse Trägheitsellipse, weil sie das Gesetz, nach welchem das Trägheitsmoment sich mit der Richtung der Drehachse ändert, zur geometrischen Darstellung bringt.

Die Trägheitsellipse läßt ohne weiteres erkennen, daß zu einer Symmetrieachse und der Achse rechtwinklig dazu das größte und kleinste Trägheitsmoment des Querschnitts gehören; man nennt diese beiden die Hauptträgheitsmomente.

Sind die Hauptträgheitsmomente einander gleich, wie z. B. beim Quadrat, so wird die Trägheitsellipse zum Kreis. Bei solchen Querschnitten sind also alle Trägheitsmomente in bezug auf Achsen durch den Schwerpunkt einander gleich.

Zahlenbeispiel: Sind Breite und Höhe des in Bild 255 abgebildeten H-Querschnitts = 26 cm und die Breite seiner drei Rechtecke = 3 cm, so ist nach Formel b):

$$T_x = \frac{26^4 - 23 \cdot 20^3}{12} = 22748 \text{ cm}^4, \text{ also } \sqrt{T_x} = 150{,}82 \text{ cm}^2 = a,$$

$$T_y = \frac{6 \cdot 26^3 + 20 \cdot 3^3}{12} = 8833 \text{ cm}^4, \text{ also } \sqrt{T_y} = 93{,}98 \text{ cm}^2 = b;$$

a und b sind die Halbachsen der Trägheitsellipse.

Ähnlich wie die Trägheitsellipse für ebene Querschnitte und von entsprechender Bedeutung erhält man für Körper ein Trägheitsellipsoid. Die Hauptträgheitsmomente des Parallelepipeds z. B., Bild 221, sind T_x, T_y, T_z. Sind alle drei verschieden, so erhält man ein dreiachsiges Ellipsoid; sind zwei gleich, ein Rotationsellipsoid; sind alle drei gleich, also auch $a = b = c$, so wird das Parallelepiped zum Würfel und das Trägheitsellipsoid zur Kugelfläche. Denn ist r der Radiusvektor oder die Richtung einer beliebigen Achse durch den Schwerpunkt und α, β, γ die Winkel, welche r mit den Hauptachsen einschließt, so ist

m) $$T = T_x \cos^2 \alpha + T_y \cos^2 \beta + T_z \cos^2 \gamma;$$

nach § 26, 9. e) ist aber $\cos^2 \alpha + \cos^2 \beta + \cos^2 \gamma = 1$; sind also die drei Hauptträgheitsmomente einander gleich, so hat man

$$T_x = T_y = T_z = T_r.$$

Die hier besprochene Trägheitsellipse heißt im engeren Sinne Zentralellipse, weil sie sich auf den Schwerpunkt des Querschnittes bezieht. Mittels der Formel a) lassen sich danach die Trägheitsmomente, wie auch die Trägheitsellipse für einen beliebigen Punkt des Querschnitts bestimmen. Analog heißt das Trägheitsellipsoid, auf den Schwerpunkt des Körpers bezogen, Zentralellipsoid.

7. Parallele Kräfte, graphische Integration.

Mit Bezug auf Bild 238 wurde das Kräfteparallelogramm, das Kräftepolygon und das Kräftedreieck erklärt. Betrachtet man danach zwei Seiten eines beliebigen Dreiecks mit demselben Umlaufssinn als zwei in einem Punkt angreifende Kräfte, so ist die dritte Seite die Resultante oder die Reaktionskraft, je nachdem man ihren Umlaufssinn entgegengesetzt oder gleichgerichtet annimmt.

In Bild 256 sei links die Lage, rechts die Größe zweier Parallelkräfte K_1, K_2 gegeben, und es soll die Lage der Resultante bestimmt werden.

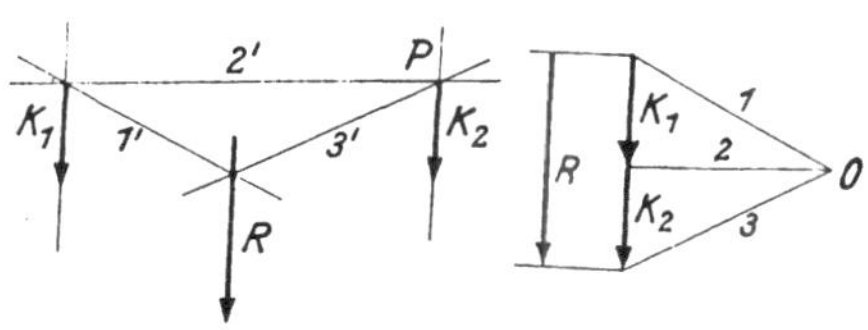

Bild 256

Macht man von den Eigenschaften des Kräftedreiecks Gebrauch, verbindet beide Endpunkte der Kräfte K_1 und K_2 mit einem beliebigen Punkt 0, so bilden $1\,K_1\,2$ ein Kräftedreieck. Im Kräfteplan links müssen daher Parallele zu 1 und 2 durch einen Punkt von K_1 gehen. Parallele zu den Linien 2 und 3 des zweiten Kräftedreiecks $2\,K_2\,3$ müssen durch den nun schon bestimmten Punkt P von K_2 gehen. Das dritte Kräftedreieck ist $1\,R\,3$, die schon gezogenen Parallelen zu 1 und 3 bestimmen also die Lage der Resultante R.

Ist umgekehrt die Kraft R gegeben, und man will die Größe der bestimmten Abständen entsprechenden Komponenten ermitteln, so bestimmen Parallele zu 1 und 3 durch R links die Linie 2′ und eine Parallele hierzu durch 0 die Größen von K_1 und K_2.

Das Diagramm rechts heißt Krafteck, links Seileck, der Punkt 0 Pol. Krafteck und Seileck sind reziproke Figuren. Drei Linien, welche im Krafteck ein Dreieck bilden, gehen im Seileck durch einen Punkt.

Die Konstruktion soll jetzt etwas erweitert werden und zur Bestimmung von Momenten erster und zweiter Ordnung dienen.

In Bild 257 sind Größe und Lage von vier Parallelkräften gegeben. Um zunächst ihre Resultante zu finden, verbindet man die Kraftlinie

$K_1 - K_4$ mit einem beliebigen Punkt 0 zu einem Krafteck, wählt einen Punkt A in der Richtung von K_1 beliebig und zieht Parallele zu I und II durch A, wodurch der Punkt B des Seilecks bestimmt wird, durch welchen Parallele zu II und III des zweiten Kräftedreiecks gehen müssen. Ebenso erhält man die Punkte C und D, sowie durch den Schnittpunkt der Parallelen zu I und V die Lage von R. Man beachte die einfache Regel: Drei Linien, welche im Krafteck ein Dreieck bilden, müssen (parallel verschoben) im Seileck durch einen Punkt gehen.

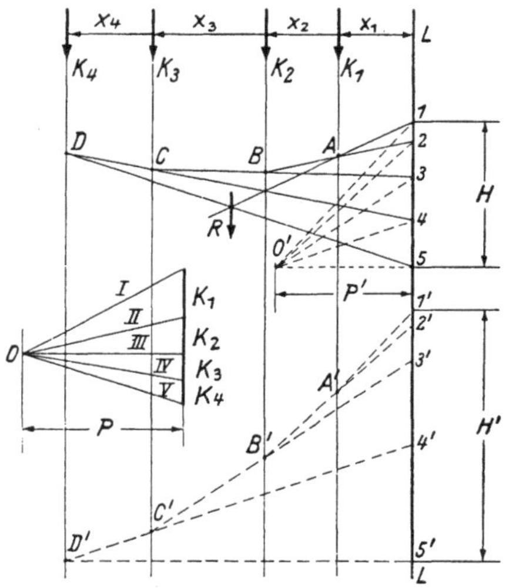

Bild 257

Ohne von der Resultante weiteren Gebrauch zu machen, soll jetzt das statische Moment S der vier Kräfte in bezug auf eine beliebige Parallele LL graphisch bestimmt werden. Die Methode beruht auf der Ähnlichkeit von Dreiecken.

$$S = K_1\, x_1 + K_2\, x_2 + K_3\, x_3 + \ldots = \Sigma\, K\, x.$$

Die Dreiecke des Kraftecks sind ähnlich zu denen, welche die Seilecklinien mit ihren Abschnitten auf LL bilden. Die Dreiecke $\overline{12}A$ und $K_1 0$, $\overline{23}B$ und $K_2 0$, $\overline{34}C$ und $K_3 0$, $\overline{45}D$ und $K_4 0$ sind Paare ähnlicher Dreiecke, es ist daher $K_1 : P = \overline{12} : x_1$ oder $K_1 x_1 = \overline{12}\, P$; ebenso $K_2 x_2 = \overline{23}\, P$ usw., also

a) $$S = \overline{12}\, P + \overline{23}\, P + \overline{34}\, P + \ldots = H\, P,$$

wenn H die Summe der Abschnitte auf LL bedeutet. H wird mit dem Längenmaßstab, P mit dem Kräftemaßstab gemessen.

Drittens soll jetzt das Moment zweiter Ordnung oder das Trägheitsmoment T der Kräfte in bezug auf LL graphisch bestimmt werden.

$$T = K_1 x_1^2 + K_2 x_2^2 + K_3 x_3^2 + \ldots = \Sigma\, K\, x^2.$$

Betrachtet man die Abschnitte $\overline{12}$, $\overline{23}$, $\overline{34}$, $\overline{45}$ als Kräfte, verbindet sie mit einem beliebigen Pol $0'$ zu einem zweiten Krafteck und zeichnet das dazugehörige zweite Seileck $A'B'C'D'$, so bilden die Seillinien mit ihren Abschnitten auf LL Dreiecke, welche denen ihres Kraftecks ähnlich sind. Die Dreiecke $1'2'A'$ und $\overline{12}\, 0'$, $2'3'B'$ und $\overline{23}\, 0'$, ... sind Paare ähnlicher Dreiecke.

$$\overline{12} : P' = 1'\,2' : x_1 \quad \text{oder} \quad x_1 = 1'\,2'\,P' : \overline{12},\quad x_2 = 2'\,3'\,P' : \overline{23},\ \ldots$$

$$K_1\, x_1^2 = \overline{12}\, P\, x_1 = P\, P' \cdot 1'\,2',\quad K_2\, x_2^2 = \overline{23}\, P\, x_2 = P\, P' \cdot 2'\,3',\ \ldots$$

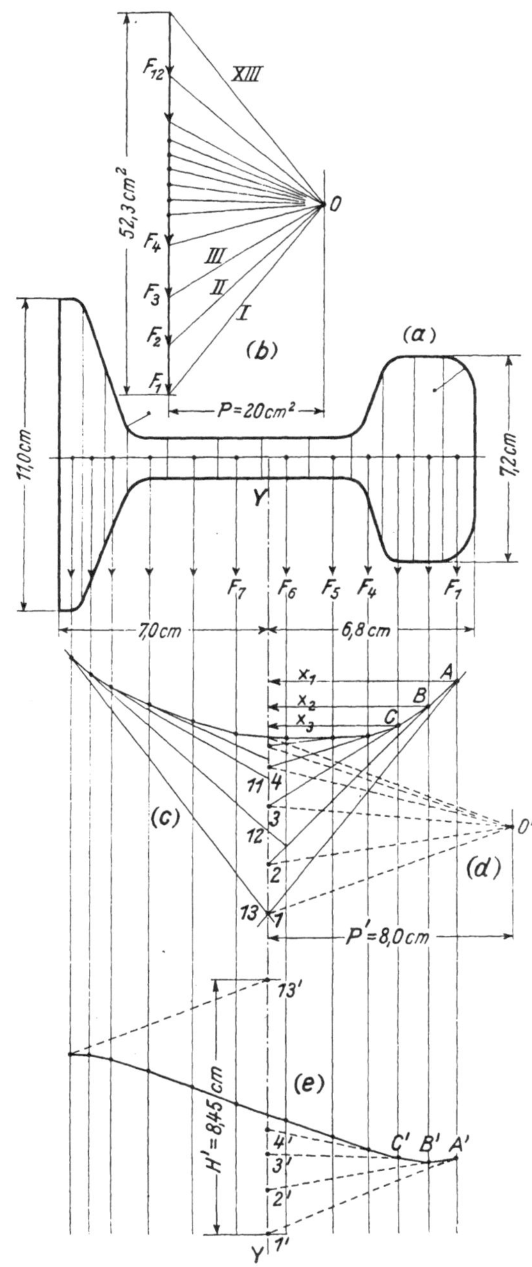
XIII
F_{12}
52,3 cm²
O
F_4
III
F_3
II
F_2
I
F_1
(b)
P = 20 cm²
(a)
11,0 cm
7,2 cm
Y
F_7
F_6
F_5
F_4
F_1
7,0 cm
6,8 cm
x_1
x_2
x_3
A
B
C
11
4
3
12
2
13
1
(c)
O'
(d)
P' = 8,0 cm
13'
(e)
H' = 8,45 cm
4'
3'
2'
C'
B'
A'
Y
1'

Bild 258

also ist

b) $T = PP' \cdot 1'2' + PP' \cdot 2'3' + PP' \cdot 3'4' + \ldots = PP'H'$,

wenn H' die Summe der Abschnitte auf LL bedeutet. P' und H' werden mit dem Längenmaßstab, P mit dem Kräftemaßstab gemessen.

Bestimmung des Trägheitsmomentes einer unregelmäßigen Figur: In dem analytischen Ausdruck für das Trägheitsmoment $T_y = \int x^2 dF$ bedeutet dF einen unendlich schmalen Flächenstreifen $y\,dx$. Bei der graphischen Bestimmung von T muß man diese unendlich schmalen Streifen durch solche von endlicher Breite ersetzen. Sind $F_1, F_2, F_3 \ldots$ deren Inhalte und $x_1, x_2, x_3 \ldots$ die Abstände ihrer Schwerpunkte von der y-Achse, so ist angenähert $T_y = F_1 x_1^2 + F_2 x_2^2 + F_3 x_3^2 + \ldots \Sigma F x^2$.

Nach der obigen Methode, welche von Culmann stammt, können recht gute Resultate erzielt werden, wenn man die Maßstäbe nicht zu klein, die Streifenbreite nicht zu groß und die Polweiten P und P' so wählt, daß die Seilecke nicht zu flach ausfallen. Ein Beispiel aus der Praxis, das als Paradigma gelten mag, gibt Bild 258. Die Figuren sind, nach der Reihenfolge ihrer Entstehung, mit (a) bis (e) bezeichnet. Die Schwerachse YY geht durch den Schnittpunkt der ersten und letzten Seillinie.

Die Konstruktion dürfte nach vorhergehendem keine weitere Erklärung erfordern, wenn man sich erinnert, worauf solche graphischen Integrationen basiert sind: Drei Linien, welche im Krafteck ein Dreieck bilden, müssen (parallel verschoben) im Seileck durch einen Punkt gehen.

Die Dreiecke $F_1 0$ und $\overline{12}A$, $F_2 0$ und $\overline{23}\,B$ usw. sind Paare ähnlicher Dreiecke. Ebenso $\overline{12}\,0'$ und $1'2'A'$, $\overline{23}\,0'$ und $2'3'B'$ usw.

Die Summe der Abschnitte $\overline{12}, \overline{23}, \overline{34} \ldots$ bis 13 ist Null in diesem Falle, denn das statische Moment in bezug auf die Schwerachse ist $= 0$. Bild (a) gibt den Querschnitt der Preußischen Schiene Nr. 8, ihr Hauptträgheitsmoment mit Beachtung der Formel b) ist also

$$T_y = PP'H' = 20 \text{ qcm} \cdot 8 \text{ cm} \cdot 8{,}45 \text{ cm} = 1352 \text{ cm}^4.$$

F. Differentialgleichungen.

§ 38. Gewöhnliche Differentialgleichungen.

1. Geometrische Bedeutung der Differentialgleichung 1. Ordnung.

Die bisherigen Integrationen bezogen sich immer nur auf entwickelte Differentiale, d. h. auf bekannte Funktionen der vorhandenen Variablen. Es kann nun aber der Fall eintreten, daß von einer Funktion der Differentialquotient nicht unmittelbar bekannt ist, sondern nur eine Beziehung zwischen ihm und der ursprünglichen Funktion vorliegt, und daß hieraus die Funktion bestimmt werden soll. So wurde z. B. unter § 34, 11. nach der Funktion y von x gefragt, welche ihrem Differentialquotienten gleich ist, für die also $\frac{dy}{dx} = y$ ist; ebenso ließe sich die Frage nach der Kurve stellen, deren Subtangente gleich der doppelten Abszisse, d. h. $y\frac{dx}{dy} = 2x$ wäre, usw., und es würde bei solchen Problemen immer darauf ankommen, aus der gegebenen, zwischen x, y, dx, dy stattfindenden Relation eine neue von dx und dy freie Gleichung abzuleiten, mittels welcher sich schließlich y durch x ausdrücken ließe. Alle jene Gleichungen, in denen sich eine Beziehung zwischen einer noch unbekannten Funktion und einem oder mehreren Differentialquotienten ausspricht, heißen Differentialgleichungen; die Aufgabe ist, sie zu integrieren, d. h. aus der Differentialgleichung eine weitere Gleichung, die sog. Integralgleichung abzuleiten, in der keine Differentiale, sondern nur die ursprünglichen Variablen und etwaige Konstanten vorkommen.

Man klassifiziert die Differentialgleichungen nach der Ordnung des höchsten vorkommenden Differentialquotienten, und nennt eine Differentialgleichung von der $n$ten Ordnung, wenn der höchste darin vorkommende Differentialquotient von der $n$ten Ordnung ist. Das allgemeine Schema der Differentialgleichungen erster Ordnung zwischen zwei Variablen x und y ist demnach:

a) $$F\left(x,\ y,\ \frac{dy}{dx}\right) = 0.$$

Die Integrationen solcher Differentialgleichungen lassen sich auch geometrisch ausführen, d. h. man kann die Integralkurven konstruieren. Sieht man, diesem Zweck entsprechend, in einer Gleichung von der Form

b) $$\frac{dy}{dx} = f(x, y)$$

x und y als rechtwinklige Koordinaten eines Punktes an, so ist zwar die Natur der Kurve noch nicht bekannt, auf welcher sich der Punkt befindet, man kennt aber die Richtung der Kurventangente, denn die Gleichung b) gibt dafür ja $\tan\alpha = f(x, y)$, wenn α den Winkel zwischen Abszissenachse und Tangente im Punkte x/y bezeichnet. Wählt man für x und y zwei willkürliche Anfangswerte $x = x_0$ und $y = y_0$, so läßt sich die Tangente vermöge der Gleichung $\tan\alpha_0 = f(x_0, y_0)$ bestimmen; nimmt man auf dieser nahe x_0/y_0 einen zweiten Punkt x_1/y_1 an, so läßt sich das zwischen x_0/y_0 und x_1/y_1 liegende Stückchen der Tangente, welches t_0 heißen möge, als annähernd zusammenfallend mit der Kurve betrachten. Von diesem zweiten Kurvenpunkte x_1/y_1 ausgehend, kann man die vorige Konstruktion wiederholen, also $\tan\alpha_1 = f(x_1, y_1)$ bestimmen, die Tangente ziehen, darauf ein Stückchen t_1 abschneiden und damit zu einem dritten Punkte x_2/y_2 gelangen usw. Das so konstruierte Polygon schließt sich der gesuchten Kurve offenbar um so genauer an, je kleiner seine Seiten t_0, t_1, t_2 usw. gewählt wurden, und man erkennt hieraus die Möglichkeit einer zwar näherungsweisen, aber bis zu jedem beliebigen Genauigkeitsgrade verfolgbaren Integration der gegebenen Differentialgleichung. Man bemerkt zugleich eine gewisse Unbestimmtheit, welche in der Lösung der Aufgabe liegt. Da nämlich der erste Punkt x_0/y_0 willkürlich bleibt, so gibt es nicht eine, sondern unendlich viele Integralkurven, welche der Gleichung b) entsprechen; sie sind jedoch alle von derselben Natur und nur verschieden in der Lage oder in den Dimensionen, ganz analog wie dies für ein unbestimmtes Integral in Bild 193 illustriert wurde.

2. Trennung der Variablen.

Die algebraische Lösung einer Differentialgleichung gelingt immer, wenn sich eine **Trennung der Variablen** vornehmen läßt, d. h. wenn man die Differentialgleichung auf die Form

a) $$f(x)\,dx + \varphi(y)\,dy = 0$$

bringen kann, denn das allgemeine Integral wird in diesem Falle

b) $$\int f(x)\,dx + \int \varphi(y)\,dy = C.$$

Da C eine ganz beliebige Konstante ist, so kann man sie auch in beliebiger Form hinzufügen, als $-C$, $\frac{1}{c}$, c^2, $\sqrt{c}$, $\ln c$, $\frac{1}{2}\ln c$, $\operatorname{arc\,tan} c$, usw.

und durch eine passende Wahl der Form die Rechnung vereinfachen. Für die unter 1. erwähnte Differentialgleichung $y\frac{dx}{dy} = 2x$ hat man z. B.

$$\frac{dy}{y} = \frac{dx}{2x}, \text{ also } \ln y = \frac{1}{2}\ln x + \frac{1}{2}\ln c \qquad \left(= \frac{1}{2}\ln c\,x\right)$$

oder $$y = \sqrt{c\,x},$$

wo c ganz beliebig bleibt, d. h. in jeder Parabel ist die Subtangente der doppelten Abszisse gleich. Vgl. § 34, 3.

Ähnlich, aber allgemeiner, ist die Aufgabe, die Kurve zu finden, in welcher die Subtangente eine gegebene Funktion $\varphi(x)$ der Abszisse ist. Die Differentialgleichung ist in diesem Falle

$$y\frac{dx}{dy} = \varphi(x)$$

und nach Trennung der Variablen

$$\frac{dy}{y} = \frac{dx}{\varphi(x)}, \text{ also } \ln y - \ln c = \int\frac{dx}{\varphi(x)} \qquad \left(= \ln\frac{y}{c}\right),$$

somit ist die Gleichung der Integralkurve

$$y = c\,e^{\int\frac{dx}{\varphi(x)}}.$$

Für $\varphi(x) = 2x$ erhält man hieraus als Spezialfall:

$$y = c\,e^{\frac{1}{2}\ln x} = c\sqrt{x} = \sqrt{c'x},$$

wie im ersten Beispiel.

Ebenso lassen sich auch solche Differentialgleichungen integrieren, in welchen die Variable x gar nicht vorkommt, z. B.

$$\frac{dy}{dx} = y; \qquad \frac{dy}{dx} = Ay; \qquad \frac{dy}{dx} = A\,y^n; \qquad \frac{dy}{dx} = 1 + y^2;$$

nach Trennung der Variablen hat man der Reihe nach:

$$\frac{dy}{y} = dx; \qquad \frac{dy}{y} = A\,dx; \qquad \frac{dy}{y^n} = A\,dx; \qquad \frac{dy}{1+y^2} = dx;$$

die Integration dieser vier Ausdrücke ergibt:

$$x = \ln y + c; \qquad x = \frac{1}{A}\ln y + c; \qquad x = -\frac{1}{A(n-1)\,y^{n-1}} + c;$$

$$x = \operatorname{arc\,tan} y + c.$$

Diese vier Gleichungen lassen sich umkehren, wenn man noch in der ersten $e^{-c} = c'$, in der zweiten $e^{-Ac} = c'$, in der dritten $A\,(n-1)\,c$

$= c'$ setzt:

$$y = c' e^{x}; \qquad y = c' e^{Ax}; \qquad y = \frac{1}{\sqrt[n-1]{c' - A(n-1)x}};$$

$$y = \tan(x - c).$$

Weitere Beispiele:

(1) $$\frac{dy}{dx} = \frac{y}{x}; \qquad \frac{dy}{dx} = A\frac{y}{x}; \qquad \frac{dy}{dx} = -\frac{x}{y};$$

nach Trennung der Variablen hat man der Reihe nach:

$$\frac{dy}{y} = \frac{dx}{x}; \quad \frac{dy}{y} = A\frac{dx}{x}; \quad y\,dy + x\,dx = 0;$$

die Integration ergibt jetzt:

$$\ln y = \ln x + \ln c; \qquad \ln y = A \ln x + \ln c; \qquad \frac{1}{2}(y^2 + x^2) = \frac{1}{2}c^2;$$

oder $$y = cx; \qquad y = cx^{A}; \qquad x^2 + y^2 = c^2.$$

Man erkennt ohne weiteres die geometrische Bedeutung dieser drei Lösungen; die erste als Geradenbüschel durch den Ursprung, die zweite als die wichtigen Potenzkurven, und die dritte als konzentrische Kreise um den Ursprung.

(2) Die Differentialgleichung

$$\frac{dy}{dx} + \frac{y^2+1}{x^2+1} = 0$$

lautet nach Trennung der Variablen

$$\frac{dx}{x^2+1} + \frac{dy}{y^2+1} = 0$$

und die Integration gibt zunächst (nach § 34, 13. o))

$$\operatorname{arc\,tan} x + \operatorname{arc\,tan} y = C.$$

Von dieser transzendenten Form kann man leicht zu einer algebraischen Form übergehen, wenn man die linke Bogensumme durch einen einzigen Bogen und C durch $\operatorname{arc\,tan} c$ ersetzt; es ist dann (nach § 23, 5. a)):

$$\tan(\operatorname{arc\,tan} x + \operatorname{arc\,tan} y) = \frac{x+y}{1-xy},$$

also

$$\operatorname{arc\,tan}\frac{x+y}{1-xy} = \operatorname{arc\,tan} c$$

und daraus folgt

$$\frac{x+y}{1-xy} = c.$$

(3) Ebenso erhält man aus

$$\frac{dy}{dx} + \frac{\sqrt{1-y^2}}{\sqrt{1-x^2}} = 0:$$

$$\frac{dx}{\sqrt{1-x^2}} + \frac{dy}{\sqrt{1-y^2}} = 0; \quad \text{arc sin } x + \text{arc sin } y = C;$$

oder auch durch Zusammenfassung der Bogensumme (nach § 23, 4. a))

$$\sin(\text{arc sin } x + \text{arc sin } y) = x\sqrt{1-y^2} + y\sqrt{1-x^2},$$

$$\text{arc sin}\left(x\sqrt{1-y^2} + y\sqrt{1-x^2}\right) = \text{arc sin } c,$$

also

$$x\sqrt{1-y^2} + y\sqrt{1-x^2} = c.$$

(4) Die Differentialgleichung $a y + b\frac{dy}{dx} = g$ zeigt ohne weiteres, daß die Kurve ein Maximum oder Minimum für y haben muß, denn für $\frac{dy}{dx} = 0$ ist $y = \frac{g}{a}$. Um die Variablen zu trennen, hat man nacheinander

$$b\frac{dy}{dx} = g - a\,y; \quad \frac{dy}{dx} = \frac{a}{b}\left(\frac{g}{a} - y\right); \quad \frac{dy}{y - \frac{g}{a}} = -\frac{a}{b}\,dx.$$

Die Integration ergibt jetzt

$$\ln\left(y - \frac{g}{a}\right) = -\frac{a}{b}x + \ln c$$

und daraus erhält man

$$y - \frac{g}{a} = c\,e^{-\frac{a}{b}x} \quad \text{oder} \quad y = \frac{g}{a} + c\,e^{-\frac{a}{b}x}.$$

Unter der Bedingung, daß $y = 0$ ist für $x = 0$, ergibt sich $c = -\frac{g}{a}$ und mit diesem Wert für c erhält die Lösung die Form

$$y = \frac{g}{a}\left(1 - e^{-\frac{a}{b}x}\right);$$

für $x = \infty$ wird die Potenz $= 0$ und daher y ein Max. $= \frac{g}{a}$. Unter Verwendung dieser Beziehung wird schließlich

$$y = y_{\max}\left(1 - e^{-\frac{a}{b}x}\right),$$

ein Ergebnis, welches bei physikalischen Problemen eine Rolle spielt.

Differentialgleichungen enthalten meistens physikalische Gesetze und Aussagen in der kürzesten und allgemeinsten Form. Ist z. B. x

geradliniger Weg und t Zeit, so besagt $\frac{d^3 x}{d t^3} = 0$, daß $\frac{d^2 x}{d t^2}$ (die Beschleunigung) sich nicht ändert; es ist der allgemeinste Ausdruck für gleichförmig beschleunigte Bewegung. Integriert man und erhält $\frac{d^2 x}{d t^2} = a$, so hat man die bestimmtere Aussage, daß die gleichförmige Beschleunigung gleich a ist. Integriert man wieder und erhält

$$\frac{dx}{dt} = at + b,$$

so hat man die weitere Aussage, daß b die Geschwindigkeit ist zur Zeit $t = 0$. Integriert man zum drittenmal und erhält

$$x = \frac{1}{2} a t^2 + bt + c,$$

so wird damit gesagt, daß $x = c$ ist zur Zeit $t = 0$.

Die einfachste Differentialgleichung $n$ter Ordnung, also die Differentialgleichung von der Form $\frac{d^n y}{d x^n} = f(x)$, kann meistens gelöst werden durch wiederholte Integration. Ist etwa $\frac{d^3 y}{d x^3} = x \sin x$ die gegebene Differentialgleichung, so ist

die erste Integration $\frac{d^2 y}{d x^2} = -x \cos x + \sin x + 2a$,

die zweite $\frac{dy}{dx} = -x \sin x - 2 \cos x + 2ax + b$,

die dritte und letzte $y = x \cos x - 3 \sin x + ax^2 + bx + c$.

3. Totale Differentialgleichungen und integrierender Faktor.

Ist eine Differentialgleichung von der Form

a) $$\varphi(x, y)\, dx + \psi(x, y)\, dy = 0$$

gegeben, so liegt es nahe zu fragen, ob nicht die linke Seite das unveränderte Resultat einer Differenzierung darstelle, d. h. das totale Differential einer Funktion $f(x, y)$. Ist nämlich

$$\varphi(x, y)\, dx + \psi(x, y)\, dy = \frac{\partial f}{\partial x} dx + \frac{\partial f}{\partial y} dy = df(x, y),$$

so kann die Gleichung a) nur dann bestehen, wenn $f(x, y) = K$ (= Konstante) ist, und damit hat man unmittelbar die gesuchte Integralgleichung. So wird man z. B. der Differentialgleichung

$$x dy + y dx = 0$$

ohne weiteres ansehen, daß sie mit der Gleichung $d(xy) = 0$ übereinstimmt und folglich $xy = K$ ihr Integral ist. Selten ist der Fall so einfach wie in diesem Beispiel, und es ergeben sich daher zwei Aufgaben: Man muß ein Kriterium suchen, wonach sich entscheiden läßt, ob die linke Seite der Gleichung a) ein vollständiges Differential ist, und man muß zutreffendenfalls die zugrunde liegende Funktion $f(x, y)$ und damit die Integralgleichung entwickeln. Zur Lösung der beiden Aufgaben dienen folgende Erörterungen:

Die linke Seite der Gleichung a) oder in kurzer Schreibweise:

$$\varphi \cdot dx + \psi \cdot dy$$

ist mit dem totalen Differential von f, also mit

$$\frac{\partial f}{\partial x} dx + \frac{\partial f}{\partial y} dy$$

jedenfalls identisch, wenn die Gleichungen

$$\frac{\partial f}{\partial x} = \varphi \text{ und } \frac{\partial f}{\partial y} = \psi$$

bestehen; differenziert man die erste derselben partiell nach y und die zweite partiell nach x, so entstehen die neuen Gleichungen:

$$\frac{\partial^2 f}{\partial x \partial y} = \frac{\partial \varphi}{\partial y} \text{ und } \frac{\partial^2 f}{\partial y \partial x} = \frac{\partial \psi}{\partial x},$$

deren linke Seiten identisch sind; es muß daher

b) $$\frac{\partial \varphi}{\partial y} = \frac{\partial \psi}{\partial x}$$

sein, und wenn diese Bedingung erfüllt ist, so ist $\varphi \cdot dx + \psi \cdot dy$ ein vollständiges Differential von f.

Um die Funktion f zu bestimmen, ziehe man die Gleichung $\frac{\partial f}{\partial x} = \varphi$ in Betracht, woraus folgt:

c) $$f = \int \varphi \cdot dx + K$$

oder

$$f(x, y) = \int \varphi(x, y)\, dx + K;$$

dies ist aber eine Integration in bezug auf x allein (bei konstant gelassenem y), daher ist K eine Konstante, die zwar von x frei sein muß, aber y enthalten, also eine Funktion von y sein kann. Sie bestimmt sich, wenn die Gleichung partiell nach y differenziert wird, wodurch

$$\frac{\partial f}{\partial y} = \int \frac{\partial \varphi}{\partial y} dx + \frac{\partial K}{\partial y}$$

entsteht; dies muß mit ψ übereinstimmen, und man hat daher:

$$\frac{\partial K}{\partial y} = \psi - \int \frac{\partial \varphi}{\partial y} dx,$$

folglich ist

$$K = \int \psi \cdot dy - \int\int \frac{\partial \varphi}{\partial y} dx\, dy.$$

In c) eingesetzt gibt dies die Integralgleichung $f = C$, nämlich

d) $$\int \varphi \cdot dx + \int \psi \cdot dy - \int\int \frac{\partial \varphi}{\partial y} dx\, dy = C,$$

worin die angedeuteten Integrationen immer partiell auf die Variable zu beziehen sind, deren Differential unter dem Integralzeichen vorkommt.

Beispiele:

(1) Die Differentialgleichung $(x^2 + 2\,xy)dx + (x^2 - y^2)\,dy = 0$ ist eine totale, weil

$$\frac{\partial\,(x^2 + 2\,x\,y)}{\partial y} = 2\,x = \frac{\partial\,(x^2 - y^2)}{\partial x}.$$

Nun ist

$$\int (x^2 + 2\,x\,y)\,dx = \frac{x^3}{3} + x^2\,y$$

$$\int (x^2 - y^2)\,dy = x^2\,y - \frac{y^3}{3}$$

$$-\int\int 2\,x\,dx\,dy = -\,x^2\,y$$

also ist das allgemeine Integral:

$$\frac{x^3}{3} + x^2\,y - \frac{y^3}{3} = C, \quad \text{oder } x^3 + 3\,x^2\,y - y^3 - 3\,C.$$

(2) Die Differentialgleichung $(x^m + y)\,dx + (y^n + x)\,dy = 0$ ist eine totale, weil

$$\frac{\partial\,(x^m + y)}{\partial y} = 1 = \frac{\partial\,(y^n + x)}{\partial x}.$$

Die Integrationen sind

$$\int (x^m + y)\,dx = \frac{x^{m+1}}{m+1} + x\,y$$

$$\int (y^n + x)\,dy = \frac{y^{n+1}}{n+1} + x\,y$$

$$-\int\int dx\,dy = -\,x\,y$$

und daher das allgemeine Integral

$$\frac{x^{m+1}}{m+1} + \frac{y^{n+1}}{n+1} + x\,y = C.$$

Integrierender Faktor. Es kann nun auch der Fall vorkommen, daß eine Differentialgleichung zwar durch Differenzierung einer Gleichung von der Form $f(x, y) = C$ entstanden ist, daß aber trotzdem die Bedingung b) unerfüllt bleibt. Ergibt sich nämlich das Differential der Gleichung $f = C$ in der Form

$$(\varphi \cdot dx + \psi \cdot dy) F = 0,$$

worin φ, ψ und F Funktionen von x und y bezeichnen, so wird man gewöhnlich das Resultat durch Division mit F kürzen und einfach $\varphi \cdot dx + \psi \cdot dy = 0$ schreiben. Die linke Seite dieser gekürzten Gleichung bildet dann aber kein vollständiges Differential mehr und wird der Bedingung b) also nicht genügen. Die Differenzierung der Gleichung $\frac{x}{y} = C$ ergibt z. B.

$$\frac{1}{y} dx - \frac{x}{y^2} dy = \frac{1}{y^2} (y\,dx - x\,dy) = 0$$

oder

$$y\,dx - x\,dy = 0;$$

in der ungekürzten Form hat man linker Hand ein vollständiges Differential, denn

$$\frac{\partial \left(\frac{1}{y} \right)}{\partial y} = -\frac{1}{y^2} = \frac{\partial \left(-\frac{x}{y^2} \right)}{\partial x},$$

in der gekürzten Form ist hingegen die linke Seite durch Verlust des gemeinschaftlichen Faktors $\frac{1}{y^2}$ zu einem unvollständigen Differential geworden, und die Bedingung b) trifft nicht mehr zu.

Wenn nun die in der Differentialgleichung $\varphi dx + \psi dy = 0$ vorkommenden Funktionen der Bedingung b) nicht genügen, so würde die vorige Integrationsmethode immer noch anwendbar sein, sobald sich der sogenannte integrierende Faktor F finden ließe, womit die gegebene Gleichung zu einem vollständigen Differential gemacht werden kann. Dem Kriterium b) gemäß muß F der Gleichung genügen:

$$\frac{\partial (\varphi F)}{\partial y} = \frac{\partial (\psi F)}{\partial x};$$

entwickelt man diese partiellen Differentialquotienten, so erhält man zur Bestimmung von F

$$\varphi \frac{\partial F}{\partial y} + F \frac{\partial \varphi}{\partial y} = \psi \frac{\partial F}{\partial x} + F \frac{\partial \psi}{\partial x},$$

eine partielle Differentialgleichung, welche im allgemeinen viel schwieriger zu lösen ist als die ursprüngliche gewöhnliche Differentialgleichung. In praktischen Fällen wird man daher trachten, den integrierenden Faktor F durch Probieren zu bestimmen, und gelingt das nicht, die Gleichung auf andere Weise zu lösen versuchen. Die Prüfung der Differentialgleichung nach b) deutet gewöhnlich an, ob F eine Funktion von x allein, von y allein oder von x und y sein wird.

Beispiele:

(3) Gegeben sei die Differentialgleichung

$$(1 + 3\,xy)\,dx + x^2 dy = 0.$$

Die Prüfung nach b) ergibt

$$\frac{\partial\,(1 + 3\,x\,y)}{\partial\,y} = 3\,x \qquad \text{und} \qquad \frac{\partial\,(x^2)}{\partial\,x} = 2\,x,$$

also kein vollständiges Differential. Multipliziert man die gegebene Gleichung mit dem durch die Prüfung nahegelegten Faktor x, so ergibt sich $(x + 3\,x^2 y)dx + x^3 dy = 0$,

$$\frac{\partial\,(x + 3\,x^2\,y)}{\partial\,y} = 3\,x^2 \qquad \text{und} \qquad \frac{\partial\,(x^3)}{\partial\,x} = 3\,x^2,$$

also ein vollständiges Differential. Die Lösung nach d) ist jetzt wie in den Beispielen (1) und (2):

$$\int (x + 3\,x^2\,y)\,dx = \frac{x^2}{2} + x^3\,y$$

$$\int (x^3)\,dy = x^3\,y$$

$$-\iint 3\,x^2\,dx\,dy = -\,x^3\,y$$

$$\frac{x^2}{2} + x^3\,y = \frac{c}{2} \qquad \text{oder} \qquad x^2 + 2\,x^3\,y = C.$$

Man erkennt hier ohne weiteres, daß $2\,x$, $3\,x$, $n\,x$ ebenfalls integrierende Faktoren sind. Für $F = n\,x$ ist

$$\frac{\partial\,(n\,x + 3\,n\,x^2\,y)}{\partial\,y} = 3\,n\,x^2 = \frac{\partial\,(n\,x^3)}{\partial\,x}.$$

(4) Die Differentialgleichung

$$(xy^2 - 3\,y^3)\,dx + (1 - 3\,y^2 x)\,dy = 0$$

gibt

$$\frac{\partial\,(x\,y^2 - 3\,y^3)}{\partial\,y} = 2\,x\,y - 9\,y^2 \qquad \text{und} \qquad \frac{\partial\,(1 - 3\,y^2\,x)}{\partial\,x} = -\,3\,y^2,$$

also kein vollständiges Differential. Mit dem Multiplikator $F = \frac{1}{y^2}$ erhält man

$$\frac{\partial\,(x - 3\,y)}{\partial\,y} = -3 \qquad \text{und} \qquad \frac{\partial\left(\frac{1}{y^2} - 3\,x\right)}{\partial\,x} = -\,3,$$

ein vollständiges Differential. Die Lösung ist also

$$\int (x - 3y)\,dx = \frac{x^2}{2} - 3xy$$

$$\int \left(\frac{1}{y^2} - 3x\right) dy = -\frac{1}{y} - 3xy$$

$$-\iint -3\,dx\,dy = +3xy$$

$$\frac{x^2}{2} - \frac{1}{y} - 3xy = C.$$

(5) Die Differentialgleichung

$$(yx^2 - y^3 + ya^2)\,dx + (-x^3 + xy^2 + xa^2)\,dy = 0$$

gibt

$$\frac{\partial \varphi}{\partial y} = x^2 - 3y^2 + a^2 \quad \text{und} \quad \frac{\partial \psi}{\partial x} = -3x^2 + y^2 + a^2,$$

die Integrationsbedingung ist also nicht erfüllt. Mit dem Multiplikator $F = \frac{1}{x^2 y^2}$ erhält man

$$\left(\frac{1}{y} - \frac{y}{x^2} + \frac{a^2}{x^2 y}\right) dx + \left(-\frac{x}{y^2} + \frac{1}{x} + \frac{a^2}{x y^2}\right) dy = 0$$

$$\frac{\partial \varphi}{\partial y} = -\frac{1}{y^2} - \frac{1}{x^2} - \frac{a^2}{x^2 y^2} = \frac{\partial \psi}{\partial x}$$

und die Lösung:

$$\int \left(\frac{1}{y} - \frac{y}{x^2} + \frac{a^2}{x^2 y}\right) dx = \frac{x}{y} + \frac{y}{x} - \frac{a^2}{xy}$$

$$\int \left(-\frac{x}{y^2} + \frac{1}{x} + \frac{a^2}{x y^2}\right) dy = \frac{x}{y} + \frac{y}{x} - \frac{a^2}{xy}$$

$$-\iint \left(-\frac{1}{y^2} - \frac{1}{x^2} - \frac{a^2}{x^2 y^2}\right) dx\,dy = -\frac{x}{y} - \frac{y}{x} + \frac{a^2}{xy}$$

$$\frac{x}{y} + \frac{y}{x} - \frac{a^2}{xy} = C$$

oder

$$x^2 + y^2 - Cxy - a^2 = 0.$$

Die beste Probe für die Richtigkeit des Integrierens ist, wie immer, das rückgängige Differenzieren.

4. Substitution neuer Variablen.

Unter 2. (1) wurden drei Differentialgleichungen gelöst, die man **homogene Differentialgleichungen** nennt; ihre allgemeine Form ist

a) $$\frac{dy}{dx} = f\left(\frac{y}{x}\right).$$

Die Trennung der Veränderlichen gelingt hier im allgemeinen dadurch, daß man für den Bruch $\frac{y}{x}$ eine neue Variable t einführt. Man erhält so

$$y = xt; \qquad dy = x\,dt + t\,dx; \qquad \frac{dy}{dx} = x\frac{dt}{dx} + t = f(t);$$

hieraus $$\frac{dx}{x} = \frac{dt}{f(t) - t}$$

und schließlich das Integral

b) $$\ln x = \int \frac{dt}{f(t) - t} + C.$$

Man sieht, daß für die Durchführung der Rechnung der Fall unter 2. (1), nämlich $f(t) = t$, ausgeschlossen ist.

Aus b) erhält man eine Gleichung von der Form $\ln x = F(t) + C$, also hat das allgemeine Integral von a) die Form

c) $$\ln x = F\left(\frac{y}{x}\right) + C.$$

Beispiel: Für eine Kurve gelte die folgende Tangentenkonstruktion: Zieht man von dem Endpunkte M der Abszisse des Kurvenpunktes P, Bild 259, eine Senkrechte auf den Radiusvektor $0P$ bis zum Schnitt mit der Ordinatenachse, so bestimmt dieser Schnittpunkt die Tangente TP. Wie heißt die Gleichung der Kurve?

Zwei ähnliche Dreiecke ergeben

$$0T : x = x : y \qquad \text{oder} \qquad 0T = \frac{x^2}{y}.$$

Der Richtungsfaktor der Tangente ist daher

$$\frac{dy}{dx}\left(= \frac{y - \frac{x^2}{y}}{x} = \frac{y^2 - x^2}{xy}\right) = \frac{y}{x} - \frac{1}{\frac{y}{x}}.$$

Mittels der Substitution $y = xt$ wird hieraus

$$\frac{x\,dt + t\,dx}{dx} = t - \frac{1}{t}, \text{ also } x\,dt = -\frac{dx}{t}.$$

Trennung der Variablen und Integration ergeben

$$t\,dt = -\frac{dx}{x}; \qquad \frac{t^2}{2} = -\ln x + \ln c; \qquad t^2 = \ln c^2 - \ln x^2.$$

Die verlangte Gleichung ist also

$$\frac{y}{x} = \sqrt{\ln c^2 - \ln x^2} \qquad \text{oder} \qquad y = x\sqrt{\ln\frac{c^2}{x^2}},$$

sie stellt aber, wie alle Lösungen von Differentialgleichungen, nicht eine, sondern eine unendliche Schar von Kurven dar. Die gezeich-

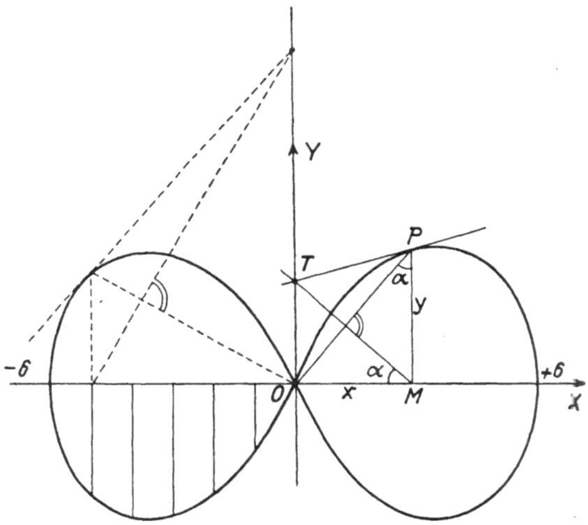

Bild 259

nete Kurve ist für die Integrationskonstante (oder den variablen Parameter) $c = 6$ und zeigt die Natur der Schar; es sind Schleifenkurven durch den Ursprung, symmetrisch zur x- und y-Achse.

Lineare Differentialgleichungen nennt man solche, die bezüglich der zu bestimmenden Funktion und ihrem Differentialquotienten vom ersten Grade sind und auch das Produkt der beiden Variablen nicht enthalten. Ihre allgemeine Form ist demnach

d) $$\frac{dy}{dx} + Xy = X_1,$$

worin X und X_1 Funktionen von x allein bezeichnen. Die Trennung der Variablen gelingt auch bei dieser Form. Betrachtet man nämlich y als Produkt zweier neuer Variablen u und v, setzt also

$$y = uv, \qquad \frac{dy}{dx} = v\frac{du}{dx} + u\frac{dv}{dx},$$

so geht die Gleichung d) über in

$$v\left(\frac{du}{dx} + Xu\right) + \left(u\frac{dv}{dx} - X_1\right) = 0.$$

Diese ist offenbar erfüllt, wenn die noch unbekannten Variablen u und v den Bedingungen genügen

$$\frac{du}{dx} + Xu = 0 \qquad \text{und} \qquad u\frac{dv}{dx} - X_1 = 0.$$

Aus der ersten dieser Gleichungen erhält man durch Trennung der Variablen und nachherige Integration:

$$\frac{du}{u} = -Xdx, \qquad \ln u = \ln c - \int X dx, \qquad u = ce^{-\int X dx}.$$

Aus der zweiten Gleichung folgt unter Benutzung des für u gefundenen Wertes:

$$\frac{dv}{dx} = \frac{X_1}{u} = \frac{1}{c} X_1 e^{+\int X dx}, \qquad v = \frac{1}{c}\int X_1 e^{+\int X dx} dx + c_1.$$

Nach der Gleichung $y = uv$ wird nun für $cc_1 = K$:

e) $$y = \left(e^{-\int X dx}\right)\cdot\left(K + \int X_1 e^{+\int X dx} dx\right),$$

wo die Integrationskonstanten in K vereinigt sind.

Beispiel: Die lineare Differentialgleichung

$$\frac{dy}{dx} = ax + by + c$$

nach Form d) geschrieben lautet

$$\frac{dy}{dx} - by = (ax + c);$$

die Exponenten $\int Xdx$ in der Integralgleichung e) wechseln also die Vorzeichen, und man hat daher

$$y = e^{bx}\left(K + \int (ax + c)\, e^{-bx} dx\right).$$

Nach der Reduktionsformel § 34, 14. a) ist

$$\int (ax + c)\, e^{-bx} dx = (ax + c)\cdot\frac{e^{-bx}}{-b} - \int \frac{e^{-bx}}{-b}\cdot a\, dx$$

$$= \frac{(ax + c)\, e^{-bx}}{-b} + \frac{a}{b}\int e^{-bx} dx$$

$$= \frac{(ax + c)\, e^{-bx}}{-b} - \frac{a e^{-bx}}{b^2}$$

$$= -\frac{abx + bc + a}{b^2} e^{-bx}$$

und hiermit wird die Integralgleichung:

$$y = K e^{bx} - \frac{abx + bc + a}{b^2},$$

oder in anderer Anordnung, wenn $b^2 K = C$ gesetzt wird:

$$b^2 y + abx + bc + a = C e^{bx}.$$

5. Differentialgleichungen verschiedener Grade.

Bisher wurden nur solche Differentialgleichungen erster Ordnung behandelt, worin $\frac{dy}{dx}$ in erster Potenz erscheint, welche also bezüglich dieses Ausdruckes vom ersten Grade waren. Das Schema einer Differentialgleichung erster Ordnung und $n$ten Grades ist

a) $$\left(\frac{dy}{dx}\right)^n + F_1\left(\frac{dy}{dx}\right)^{n-1} + F_2\left(\frac{dy}{dx}\right)^{n-2} + \ldots + F_{n-1}\frac{dy}{dx} + F_n = 0,$$

worin $F_1, F_2 \ldots F_{n-1}, F_n$ Funktionen von x und y bezeichnen. Wird eine solche Gleichung nach $\frac{dy}{dx}$ als Unbekannte aufgelöst, so erhält man im allgemeinen n Wurzeln $f_1, f_2 \ldots f_n$ und somit n Differentialgleichungen ersten Grades:

b) $$\frac{dy}{dx} = f_1, \qquad \frac{dy}{dx} = f_2, \qquad \ldots \frac{dy}{dx} = f_n;$$

werden diese nun einzeln nach den vorigen Methoden integriert, so ist jedes einzelne Integral auch eine Lösung der ursprünglichen Differentialgleichung, ebenso das Produkt zweier oder mehrerer dieser Integrale, denn es sind ja Gleichungen zwischen x und y. Das Produkt aller Einzelintegrale nennt man die allgemeine Lösung der ursprünglichen Gleichung oder das allgemeine Integral.

Beispiele:

(1) Gegeben sei die Differentialgleichung $\left(\frac{dy}{dx}\right)^2 = Ax;$

die Wurzeln sind $\frac{dy}{dx} = \pm\sqrt{Ax}$

und die Integration dieser ergibt $y = \pm\frac{2}{3}x\sqrt{Ax} + C,$

oder quadriert $(y - C)^2 = \frac{4}{9}Ax^3.$

(2) Aus der Differentialgleichung $\left(\frac{dy}{dx}\right)^2 = Ay^3$

erhält man $\frac{dy}{dx} = \pm y^{\frac{3}{2}}\sqrt{A}$

und durch Trennung der Variablen

$$dx = \pm \frac{y^{-\frac{3}{2}}\, dy}{\sqrt{A}}, \qquad x = \mp \frac{2}{\sqrt{A\, y}} + C, \qquad y = \frac{4}{A\,(x - C)^2}.$$

(3) Die Differentialgleichung $x \left(\frac{dy}{dx}\right)^2 = y$

ergibt

$$\frac{dy}{dx} = \pm \frac{\sqrt{y}}{\sqrt{x}}$$

und nach Trennung der Variablen

$$\frac{dy}{\sqrt{y}} \pm \frac{dx}{\sqrt{x}} = 0;$$

die Integration liefert

$$\sqrt{y} \pm \sqrt{x} = \pm \sqrt{C}$$

und nach Fortschaffung der Wurzeln (durch zweimaliges Quadrieren) erhält man daraus

$$(x - y)^2 - 2\,C\,(x + y) + C^2 = 0.$$

(4) Die Differentialgleichung $(x^2 + 1)\left(\frac{dy}{dx}\right)^2 = 1$

gibt die Auflösung

$$\frac{dy}{dx} = \frac{1}{\sqrt{x^2 + 1}}$$

und das Integral (nach § 34, 12. m))

$$y + \ln c = \ln\left(x + \sqrt{x^2 + 1}\right);$$

schreibt man statt dessen

$$c\,e^y = x + \sqrt{x^2 + 1}$$

und schafft die Quadratwurzel fort, so ergibt sich

$$c^2 e^{2y} - 2\,c\,x\,e^y - 1 = 0.$$

(5) Die Differentialgleichung

$$x y y'^2 + (x^2 - y^2)\, y' - x y = 0$$

gibt die Auflösung

$$\frac{dy}{dx} = y' = -\frac{x^2 - y^2}{2\,x\,y} \pm \sqrt{\frac{(x^2 - y^2)^2}{4\,x^2\,y^2} + 1} = -\frac{x^2 - y^2}{2\,x\,y} \pm \frac{x^2 + y^2}{2\,x\,y}$$

und somit die beiden Gleichungen

$$\frac{dy}{dx} = \frac{y}{x} \text{ und } \frac{dy}{dx} = -\frac{x}{y};$$

nach Trennung der Variablen und Integration erhält man hieraus

$$y = C_1 x \quad \text{und} \quad x^2 + y^2 = C_2;$$

das erste dieser Resultate bestimmt also einen Geradenbüschel durch den Ursprung, das zweite eine Schar konzentrischer Kreise um denselben. In jedem Punkte der Ebene schneidet sich eine Linie des ersten Systems mit einer des zweiten unter rechtem Winkel.

(6) Aus der Differentialgleichung erster Ordnung und dritten Grades

$$1 + \left(\frac{dy}{dx}\right)^3 = x$$

erhält man

$$\frac{dy}{dx} = (x - 1)^{\frac{1}{3}}$$

und hieraus das Integral

$$y = \frac{3}{4}(x - 1)^{\frac{4}{3}} + C.$$

(7) Die Differentialgleichung erster Ordnung und dritten Grades

$$y'^3 - y' = 0$$

in ihre Faktoren zerlegt, lautet

$$y'(y' - 1)(y' + 1) = 0,$$

die Wurzeln sind also

$$y' = 0, \quad y' = 1 \text{ und } y' = -1.$$

Trennung der Variablen und Integration ergeben:

für $\frac{dy}{dx} = 0$	für $\frac{dy}{dx} = 1$	für $\frac{dy}{dx} = -1$
ist $y = C_1$,	ist $y = x + C_2$	ist $y = -x + C_3$;

geometrisch stellt jedes dieser drei Resultate eine Schar paralleler Geraden dar mit den Richtungswinkeln 0^0; 45^0 und 135^0. Das allgemeine Integral der ursprünglichen Differentialgleichung ist das Produkt der Einzelintegrale, also

$$(y - C_1)(y - x - C_2)(y + x = C_3) = 0.$$

(8) Die Differentialgleichung

$$\left(\frac{dy}{dx}\right)^2 - 7\frac{dy}{dx} + 12 = 0$$

ist identisch mit

$$\left(\frac{dy}{dx} - 4\right)\left(\frac{dy}{dx} - 3\right) = 0,$$

ihr allgemeines Integral ist also

$$(y - 4x + C_1)(y - 3x + C_2) = 0.$$

(9) Ist $yy'\left(\frac{y^2}{x} - yy'\right) = a^2$ die gegebene Differentialgleichung und setzt man $\frac{y^2}{x} = t$, dann ist $y^2 = xt$, $2y\,dy = t\,dx + x\,dt$ oder $y\frac{dy}{dx} = \frac{t - xt'}{2}$. Die Differentialgleichung verwandelt sich damit in

$$(t + xt')(t - xt') = 4a^2 \text{ oder } t^2 - x^2t'^2 = 4a^2;$$

daraus folgt

$$t'^2 = \frac{t^2 - 4a^2}{x^2}, \qquad t' = \frac{\sqrt{t^2 - 4a^2}}{x}, \qquad \frac{dt}{\sqrt{t^2 - 4a^2}} = \pm\frac{dx}{x},$$

$$\ln\left(t + \sqrt{t^2 - 4a^2}\right) = \pm(\ln x + \ln c) = \pm \ln cx.$$

Mit der Beachtung, daß $-\ln cx = \ln\frac{1}{cx}$ ist, erhält man daraus die beiden Lösungen

$$\frac{cy^2}{2a^2} - \frac{c^2x^2}{4a^2} = 1 \text{ und } \frac{cy^2}{2a^2} - c^2x^2 = \frac{1}{4a^2}.$$

Die Differenzierung der ersten Lösung nach c gibt

$$\frac{y^2}{2a^2} - \frac{2cx^2}{4a^2} = 0 \text{ oder } c = \frac{y^2}{x^2},$$

und damit erhält man aus der ersten Lösung

$$y^4 = 4a^2x^2,$$

das ist die Einhüllende der Schar (§ 35, 6.), die sich ebenso aus der zweiten Lösung ergeben würde. Man nennt die letzte Gleichung das singulare Integral der ursprünglichen Differentialgleichung, weil es sich nur auf die Einhüllende bezieht. Diese singulare Lösung erhält man auch direkt aus der ursprünglichen Differentialgleichung wie folgt:

$$\frac{y^3}{x}y' - y^2y'^2 = a^2; \quad \frac{y^3}{x} - 2y^2y' = 0; \quad y' = \frac{y}{2x};$$

also

$$\frac{y^3}{x}\cdot\frac{y}{2x} - y^2\frac{y^2}{4x^2} = a^2 \text{ oder } y^4 = 4a^2x^2.$$

6. Differentialgleichungen zweiter Ordnung.

Eine Differentialgleichung zweiter Ordnung zwischen zwei Variablen x und y hat im allgemeinen die Form

a) $$F\left(x, y, \frac{dy}{dx}, \frac{d^2y}{dx^2}\right) = 0,$$

oder auf den zweiten Differentialquotienten reduziert,

b) $$\frac{d^2 y}{d x^2} = f\left(x, y, \frac{dy}{dx}\right),$$

und die Aufgabe ist auch hier y als Funktion von x zu bestimmen. Der Sinn dieser Aufgabe läßt sich auf ähnliche Weise verdeutlichen, wie es unter 1. für Differentialgleichungen erster Ordnung geschah. Man betrachte wieder x und y als rechtwinklige Koordinaten eines Kurvenpunktes, mithin $\frac{dy}{dx}$ als den Tangens der Kurvenrichtung im Punkte x/y. Sind x, y und $\frac{dy}{dx}$ gegeben, so ist damit nach Gleichung b) auch der Wert für $\frac{d^2 y}{d x^2}$ bestimmt. Die Konstruktion der Kurve kann nun auf folgende Weise geschehen. Man gehe von einem beliebigen Punkte x_0/y_0 aus, wähle den Wert $\frac{dy}{dx}$, der mit y_0' bezeichnet werden möge, gleichfalls willkürlich und berechne den zugehörigen Wert von $\frac{d^2 y}{d x^2}$ also y_0''. Wäre $y = \varphi(x)$ die Gleichung der gesuchten Kurve, so hätte man für kleine Abszissendifferenzen δ die Beziehungen:

$$\frac{\varphi(x+\delta) - \varphi(x)}{\delta} = \varphi'(x)$$

$$\frac{\varphi'(x+\delta) - \varphi'(x)}{\delta} = \frac{\varphi(x+2\delta) - 2\varphi(x+\delta) + \varphi(x)}{\delta^2} = \varphi''(x)$$

oder

$$\begin{aligned} \varphi(x+\delta) &= \varphi(x) + \delta\varphi'(x) \\ \varphi(x+2\delta) &= 2\varphi(x+\delta) - \varphi(x) + \delta^2\varphi''(x); \end{aligned}$$

Aus $\varphi(x)$, $\varphi'(x)$, $\varphi''(x)$ lassen sich also nacheinander $\varphi(x+\delta)$ und $\varphi(x+2\delta)$ ableiten. Von dem Punkt x_0/y_0 ausgehend, kann man hiernach zwei neue naheliegende Punkte x_1/y_1 und x_2/y_2 bestimmen, und zwar wären die Abszissen derselben

$$x_1 = x_0 + \delta, \qquad x_2 = x_0 + 2\delta,$$

und die Ordinaten

$$y_1 = y_0 + \delta y_0', \qquad y_2 = 2y_1 - y_0 + \delta^2 y_0''.$$

Betrachtet man jetzt x_2/y_2 als neuen Ausgangspunkt, so lassen sich wieder zwei weitere Punkte x_3/y_3 und x_4/y_4 bestimmen, mit den Koordinaten

$$\begin{aligned} x_3 &= x_2 + \delta & x_4 &= x_2 + 2\delta \\ y_3 &= y_2 + \delta y_2' & y_4 &= 2y_3 - y_2 + \delta^2 y_2'' \end{aligned}$$

usw.

Das so konstruierte Polygon wird sich der gesuchten Kurve um so genauer anschließen, je kleiner δ gewählt wurde. Man erkennt ohne weiteres, daß die gegebene Differentialgleichung die gemeinsame Eigenschaft einer unendlichen Menge gleichartiger Kurven enthält; sie bestimmt jede dieser Kurven vollständig, sobald ein Punkt x_0/y_0 und der Tangens y_0' der Kurvenrichtung in diesem Punkte gegeben oder willkürlich angenommen ist. Im allgemeinen bleiben also zwei Größen in der Kurvenbestimmung beliebig, d. h. das allgemeine Integral einer Differentialgleichung zweiter Ordnung enthält zwei Integrationskonstanten. Dies ist auch analytisch leicht einzusehen, denn eine Gleichung zwischen x, y, y', y'' würde durch einmalige Integration zu einer Gleichung zwischen x, y, y', also zu einer Differentialgleichung erster Ordnung werden, es bedarf daher im ganzen zweier Integrationen, deren jede eine willkürliche Konstante mit sich bringt, daher muß das gesuchte Integral von der Form $\varphi\,(x, y, C_1, C_2)$ sein.

Es sollen nun zunächst die einfachsten Typen der Differentialgleichung b) betrachtet werden, bei welchen zugleich die Integration vollständig ausführbar ist.

Erster Typus. Die rechte Seite von b) enthalte x allein, für $f(x) = X$ hat man mithin

c) $$\frac{d^2y}{dx^2} = X.$$

Diese Gleichung ist identisch mit $\frac{dy'}{dx} = X$, woraus zuerst

$$y' = \frac{dy}{dx} = \int X\,dx + C_1$$

folgt, und hieraus die zweite Integration

d) $$y = \iint X\,dx\,dx + C_1 x + C_2.$$

Beispiel:

$$\frac{d^2y}{dx^2} = ax + \frac{b}{x} + c$$

gibt als erstes Integral

$$\frac{dy}{dx} = \frac{ax^2}{2} + b\ln x + cx + C_1$$

und als zweites Integral (nach § 34, 14. f))

$$y = \frac{ax^3}{6} + bx(\ln x - 1) + \frac{cx^2}{2} + C_1 x + C_2.$$

Zweiter Typus. Die rechte Seite von b) enthalte y allein, für $f(y) = Y$ hat man alsdann

e) $$\frac{d^2y}{dx^2} = Y.$$

Hier läßt sich die linke Seite ersetzen durch

$$\frac{dy'}{dx} = \frac{dy'}{dy} \cdot \frac{dy}{dx} = \frac{dy'}{dy} y'$$

und man erhält somit die Gleichung

$$y' \frac{dy'}{dy} = Y, \qquad \text{oder} \qquad y'\,dy' = Y\,dy,$$

worin die Variablen getrennt sind. Das erste Integral der Gleichung e) ist daher

$$\frac{1}{2} y'^2 = \frac{1}{2} C_1 + \int Y\,dy, \qquad \text{oder} \qquad y' = \frac{dy}{dx} = \sqrt{C_1 + 2\int Y\,dy}\,;$$

hieraus ergibt sich

$$dx = \frac{dy}{\sqrt{C_1 + 2\int Y\,dy}}$$

und durch nochmalige Integration

f) $$x = \int \frac{dy}{\sqrt{C_1 + 2\int Y\,dy}} + C_2.$$

Beispiel:

$$\frac{d^2 y}{dx^2} = a y; \qquad \frac{dy}{dx} = \sqrt{C_1 + a y^2}; \qquad dx = \frac{dy}{\sqrt{C_1 + a y^2}};$$

(und nach § 34, 12. k))

$$x = \frac{1}{\sqrt{a}} \ln\left(y\sqrt{a} + \sqrt{C_1 + a y^2}\right) + C_2.$$

Dritter Typus. Die Differentialgleichung enthalte nur den ersten und zweiten Differentialquotienten, es sei also

g) $$\frac{d^2 y}{dx^2} = f\left(\frac{dy}{dx}\right) \qquad \text{oder} \qquad \frac{dy'}{dx} = f(y').$$

Trennung der Variablen und Integration ergeben

h) $$dx = \frac{dy'}{f(y')} \qquad \text{und} \qquad x = \int \frac{dy'}{f(y')} + C_1.$$

Um ferner y zu finden, hat man

i) $$dy = y'\,dx = y' \frac{dy'}{f(y')}, \qquad \text{folglich} \qquad y = \int \frac{y'\,dy'}{f(y')} + C_2.$$

Die Integralformeln in h) und i) geben x und y ausgedrückt durch die dritte Variable y'; eliminiert man sie aus beiden Gleichungen, so erhält man eine Gleichung zwischen x, y, C_1, C_2, welche das allgemeine Integral von g) ist. Oft wird sich die Lösung etwas einfacher gestalten, wie im folgenden

Beispiel:

$$a\frac{d^2y}{dx^2} = \sqrt{1 + \left(\frac{dy}{dx}\right)^2} \qquad \text{oder} \qquad a\frac{dy'}{dx} = \sqrt{1 + y'^2};$$

$$\frac{a\,dy'}{\sqrt{1 + y'^2}} = dx,$$

also ist (nach § 34, 12. m))

$$\frac{x}{a} = \ln\left(y' + \sqrt{1 + y'^2}\right) - \ln C_1$$

oder

$$C_1 e^{\frac{x}{a}} - y' = \sqrt{1 + y'^2};$$

durch Quadrieren wird hieraus

$$y' = \frac{1}{2} C_1 e^{\frac{x}{a}} - \frac{1}{2C_1} e^{-\frac{x}{a}} = \frac{dy}{dx},$$

und abermalige Integration ergibt jetzt

$$y = \frac{a}{2} C_1 e^{\frac{x}{a}} + \frac{a}{2C_1} e^{-\frac{x}{a}} + C_2.$$

Vierter Typus. Die Differentialgleichung enthalte außer dem ersten und zweiten Differentialquotienten nur x, sie sei also

k) $$\frac{d^2y}{dx^2} = f\left(x, \frac{dy}{dx}\right) \qquad \text{oder} \qquad y'' = f(x, y').$$

Schreibt man sie

$$\frac{dy'}{dx} = f(x, y'),$$

so enthält sie nur die beiden Variablen x und y' und ist in Beziehung hierauf eine Differentialgleichung erster Ordnung. Durch Trennung der Variablen und Integration erhält man die Lösung in der Form

m) $$y' = \frac{dy}{dx} = \varphi(x) \qquad \text{und} \qquad y = \int \varphi(x)\, dx + C.$$

Beispiel: Die Kurve zu finden, in welcher der Krümmungshalbmesser eine vorgeschriebene Funktion der zugehörigen Abszisse ist, etwa $\varrho = \psi(x)$. Die Differentialgleichung lautet also (nach § 34, 18. b'')

$$\frac{(1 + y'^2)^{\frac{3}{2}}}{y''} = \psi(x),$$

oder auf y'' reduziert

$$\frac{dy'}{dx} = \frac{(1 + y'^2)^{\frac{3}{2}}}{\psi(x)}.$$

Die Trennung der Variablen ergibt

$$\frac{dy'}{(1 + y'^2)^{\frac{3}{2}}} = \frac{dx}{\psi(x)}$$

und durch Integration folgt hieraus (nach § 34, 14. k))

$$\frac{y'}{\sqrt{1 + y'^2}} = \int \frac{dx}{\psi(x)} + C = X + C,$$

worin X als Abkürzung eingeführt ist. Mit der Umformung

$$y'^2 = (X + C)^2 (1 + y'^2) = (X + C)^2 + (X + C)^2 y'^2$$

$$1 = \frac{(X + C)^2}{y'^2} + (X + C)^2, \text{ also } \sqrt{1 - (X + C)^2} + \frac{X + C}{y'}$$

ergibt sich weiter

$$y' = \frac{dy}{dx} = \frac{X + C}{\sqrt{1 - (X + C)^2}}$$

und durch nochmalige Integration

$$y = \int \frac{X + C}{\sqrt{1 - (X + C)^2}} dx + K.$$

Für $\varrho = \frac{x^2}{a}$ hätte man z. B.

$$X = -\frac{a}{x} \qquad \text{und} \qquad y = \int \frac{Cx - a}{\sqrt{x^2 - (Cx - a)^2}} dx + K.$$

Dies gibt verschiedene Kurven, je nachdem man $C \gtrless 1$ wählt; für $C = 1$ erhält man mittels der Reduktionsformel § 34, 14. a):

$$\begin{aligned} y &= \int (x - a)(2ax - a^2)^{-\frac{1}{2}} dx \\ &= (x - a) \frac{1}{a} (2ax - a^2)^{\frac{1}{2}} - \frac{1}{a} \int (2ax - a^2)^{\frac{1}{2}} dx \\ &= (x - a) \frac{1}{a} (2ax - a^2)^{\frac{1}{2}} - \frac{1}{3a^2} (2ax - a^2)(2ax - a^2)^{\frac{1}{2}} \\ &= (x - a) \sqrt{\frac{2x - a}{a}} - \frac{1}{3}(2x - a) \sqrt{\frac{2x - a}{a}} \\ &= \frac{1}{3}(x - 2a) \sqrt{\frac{2x - a}{a}} + K. \end{aligned}$$

Fünfter Typus. Die Differentialgleichung enthalte außer dem ersten und zweiten Differentialquotienten nur y, sie sei also .

n) $$\frac{d^2y}{dx^2} = f\left(y, \frac{dy}{dx}\right) \quad \text{oder} \quad y'' = f(y, y').$$

Die linke Seite läßt sich ersetzen durch

$$\frac{dy'}{dx} = \frac{dy'}{dy} \cdot \frac{dy}{dx} = \frac{dy'}{dy} y'$$

und man erhält somit die Gleichung

o) $$y' \frac{dy'}{dy} = f(y, y'),$$

also eine Differentialgleichung erster Ordnung zwischen den Variablen y und y'. Durch Trennung der Variablen und Integration erhält man die Lösung in der Form

p) $$y' = \frac{dy}{dx} = \varphi(y) \text{ und } x = \int \frac{dy}{\varphi(y)} + C.$$

Beispiel: Die Kurve zu finden, in welcher der Krümmungshalbmesser eine vorgeschriebene Funktion der zugehörigen Ordinate ist, etwa $\varrho = \psi(y)$. Die Differentialgleichung lautet also (nach § 34, 18. b'')

$$\frac{(1 + y'^2)^{\frac{3}{2}}}{y''} = \psi(y)$$

oder auf y'' reduziert

$$y' \frac{dy'}{dy} = \frac{1 + y'^2)^{\frac{3}{2}}}{\psi(y)}.$$

Die Trennung der Variablen ergibt

$$\frac{y'\, dy'}{(1 + y'^2)^{\frac{3}{2}}} = \frac{dy}{\psi(y)}$$

und durch Integration folgt hieraus

$$-\frac{1}{\sqrt{1 + y'^2}} = \int \frac{dy}{\psi(y)} + C = Y + C,$$

worin Y zur Abkürzung dient. Mit der Umformung

$$1^2 = (Y + C)^2 (1 + y'^2) = (Y + C)^2 + (Y + C)^2 y'^2$$

also

$$\sqrt{1 - (Y + C)^2} = (Y + C)\, y'$$

ergibt sich weiter

$$y' = \frac{dy}{dx} = \frac{\sqrt{1 - (Y + C)^2}}{Y + C}$$

und durch abermalige Integration

$$x = \int \frac{Y + C}{\sqrt{1 - (Y + C)^2}}\, dy + K.$$

Vertauscht man in diesem Resultat x, Y und dy der Reihe nach mit y, X und dx, so ergibt sich die Lösung des vorigen Beispiels, denn obgleich verschieden in der Rechnung, beruht der Unterschied der beiden Aufgaben im konstruktiven Sinne, ja nur in der Vertauschung der Koordinatenachsen.

7. Weitere Beispiele von Differentialgleichungen 2. Ordnung.

(1) Das einfachste Beispiel ist die Fallbewegung (§ 37, 2.). Hier lautet die Differentialgleichung

$$\frac{d^2 y}{d x^2} = -g \quad \text{oder} \quad y'' = -g,$$

worin g die Fallbeschleunigung bezeichnet, die der Richtung der y-Achse entgegenwirkt. Das erste Integral gibt die Geschwindigkeit

$$\frac{dy}{dx} = -g x + C_1$$

und das zweite oder allgemeine Integral die Strecke

$$y = -\frac{1}{2} g x^2 + C_1 x + C_2.$$

Wird ein Körper vom Nullpunkt der Strecke im Nullpunkt der Zeitrechnung mit der Vertikalgeschwindigkeit v_0 emporgeworfen, so ist $C_1 = v_0$ und $C_2 = 0$.

Setzt man nun den Ausdruck für die Geschwindigkeit $= 0$, so ergibt sich die Steigzeit $x = \frac{v_0}{g}$, und dieser Wert in die Streckengleichung eingesetzt, gibt die Steighöhe

$$y = -\frac{v_0^2}{2g} + \frac{v_0^2}{g} = \frac{v_0^2}{2g}.$$

(2) Ein wichtiges Beispiel bildet die Differentialgleichung vom 2. Typus

$$\frac{d^2 y}{d x^2} = -k^2 y;$$

nach Formel 6. f) hat man

$$x = \int \frac{dy}{\sqrt{C_1 - 2\int k^2 y\, dy}} + C_2 = \int \frac{dy}{\sqrt{C_1 - k^2 y^2}} + C_2$$

und mit $C_1 = k^2 C^2$ und $C_2 = -\frac{c}{k}$ wird hieraus (nach § 34, 13. n))

$$x = \int \frac{dy}{k\sqrt{C^2 - y^2}} - \frac{c}{k} = \frac{1}{k} \arcsin \frac{y}{C} - \frac{c}{k}$$

also $\quad y = C \sin (c + kx)$

oder $\quad y = C \sin c \cos kx + C \cos c \sin kx$

oder, wenn man für $C \sin c$ und $C \cos c$ neue Integrationskonstanten A und B einführt

$$y = A \cos kx + B \sin kx.$$

(3) Für $\frac{d^2 y}{dx^2} = k^2 y$ hat man hingegen (nach § 34, 12. i))

$$x = \int \frac{dy}{\sqrt{C_1 + k^2 y^2}} + C_2 = \frac{1}{k} \ln \left(ky + \sqrt{C_1 + k^2 y^2}\right) + C_2,$$

also $\quad k(x - C_2) = \ln \left(ky + \sqrt{C_1 + k^2 y^2}\right)$

oder $\quad e^{k(x - C_2)} - ky = \sqrt{C_1 + k^2 y^2}.$

Quadriert man diese Gleichung, so hebt sich $k^2 y^2$ fort und man erhält

$$y = \frac{1}{2k} \left\{ e^{k(x - C_2)} - C_1 e^{-k(x - C_2)} \right\};$$

setzt man noch die konstanten Faktoren $\frac{1}{2k} e^{-kC_2} = A$ und $-\frac{1}{2k} C_1 e^{kC_2} = B$, so ergibt sich schließlich

$$y = A e^{kx} + B e^{-kx},$$

worin A und B ebenso willkürliche Konstanten sind wie die früheren C_1 und C_2.

(4) **Bewegung eines Massenpunktes m unter Einwirkung einer dem Abstande von einem festen Anziehungszentrum O proportionalen Anziehungskraft.** Ist Q die Anziehungskraft im Abstande a und K die Anziehungskraft im Abstande r, so hat man also

$$\frac{K}{Q} = \frac{r}{a} \quad \text{oder} \quad K = \frac{Q}{a} r.$$

Die Beschleunigung der Bewegung wird durch den zweiten Differentialquotienten des Weges nach der Zeit dargestellt, und da die Anziehungskraft K dem Wachsen von r entgegenwirkt, so ist die Beschleunigung in diesem Falle eine negative Größe, es ergibt sich daher (nach § 37, 2. a)) für die beiden Bewegungskomponenten x und y:

$$\frac{d^2 x}{dt^2} = -\frac{K \cos \varphi}{m}, \quad \frac{d^2 y}{dt^2} = -\frac{K \sin \varphi}{m}.$$

Für $\cos\varphi = \frac{x}{r}$, $\sin\varphi = \frac{y}{r}$, und $K = \frac{Q r}{a}$, wird hieraus

$$\frac{d^2 x}{d t^2} = -\frac{Q}{m a} x, \qquad \frac{d^2 y}{d t^2} = -\frac{Q}{m a} y.$$

Setzt man weiterhin zur Abkürzung $\frac{Q}{m a} = k^2$, so erhält man schließlich die beiden Differentialgleichungen

$$\frac{d^2 x}{d t^2} = -k^2 x, \qquad \frac{d^2 y}{d t^2} = -k^2 y$$

und deren Integrale nach Beispiel (2):

$$x = A \sin kt + B \cos kt, \qquad y = C \sin kt + D \cos kt.$$

Die Differentialquotienten dieser beiden Ausdrücke geben nun für die beiden Geschwindigkeitskomponenten

$$\frac{dx}{dt} = A k \cos kt - B k \sin kt, \qquad \frac{dy}{dt} = C k \cos kt - D k \sin kt;$$

hierin sind die vier Konstanten A, B, C, D aus den gegebenen Anfangswerten der beiden Koordinaten und der beiden Geschwindigkeitskomponenten zu bestimmen.

Wenn x_0, y_0 die Koordinaten des Anfangspunktes und v_x, v_y die beiden Komponenten der Anfangsgeschwindigkeit v bezeichnen, so ist zur Zeit $t = 0$:

$$x_0 = 0 + B, \qquad y_0 = 0 + D, \qquad v_x = A k - 0, \qquad v_y = C k - 0,$$

und durch Substitution der hieraus für die vier Konstanten sich ergebenden Werte verwandeln sich die obigen Gleichungen in folgende:

a) $$x = \frac{v_x}{k} \sin kt + x_0 \cos kt, \qquad y = \frac{v_y}{k} \sin kt + y_0 \cos kt,$$

b) $$\frac{dx}{dt} = v_x \cos kt - x_0 k \sin kt, \qquad \frac{dy}{dt} = v_y \cos kt - y_0 k \sin kt.$$

Wählt man als Anfangspunkt den Punkt A, Bild 260, sowie die Anfangsgeschwindigkeit v parallel zur y-Achse, so ist $x_0 = a$, $y_0 = 0$, $v_x = 0$ und $v_y = v$ zu setzen, und man erhält nach den Gleichungen a)

c) $$x = a \cos kt, \qquad y = b \sin kt,$$

worin $b = \frac{v}{k}$ ist. Dividiert man

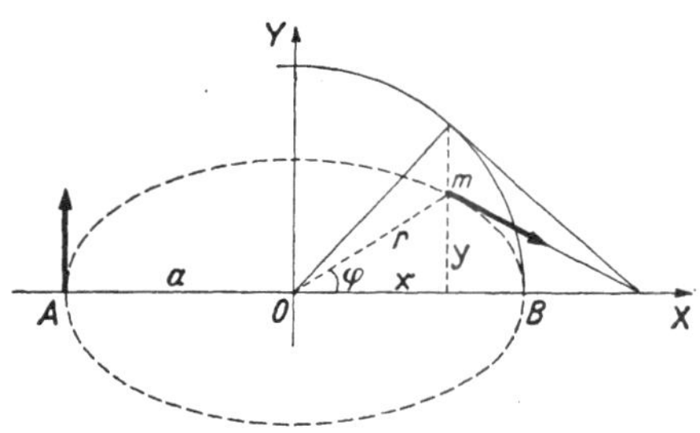

Bild 260

die erste dieser Gleichungen durch a, die zweite durch b und addiert alsdann die Quadrate beider, so ergibt sich die Gleichung

d) $$\frac{x^2}{a^2} + \frac{y^2}{b^2} = 1 \quad (\text{denn } \cos^2 kt + \sin^2 kt = 1),$$

welche zeigt, daß die Bahnlinie eine Ellipse ist mit den Halbachsen a und b.

Ist im besonderen $v = 0$, so erhält man eine zwischen den Endpunkten A und B der Strecken $-r$ und $+r$ hin und her schwingende Bewegung, denn aus den Gleichungen a) und b) ergeben sich die Werte:

$$\text{für } kt = \pi: \qquad x = -r, \qquad \frac{dx}{dt} = 0,$$

$$\text{für } kt = 2\pi: \qquad x = +r, \qquad \frac{dx}{dt} = 0,$$

$$\text{für } kt = 3\pi: \qquad x = -r. \qquad \frac{dx}{dt} = 0, \quad \text{usw.}$$

Die größte Geschwindigkeit erreicht der schwingende Massenpunkt im Mittelpunkt seiner Bahn, und man erhält sie aus der ersten der Gleichungen b), indem man für kt das Ein- oder ungerade Vielfache von $\frac{\pi}{2}$, d. h. $\sin kt = \pm 1$ setzt:

$$v_{\max} = \pm\, a k \qquad \left(= \sqrt{\frac{Q a}{m}}\right).$$

Ist im besonderen $v = ak$, so wird $b = \frac{ak}{k} = a$, und statt der Bahngleichung d) erhält man $x^2 + y^2 = a^2$, also einen Kreis vom Radius a.

Die Schwingungsdauer von A bis B ist die gleiche in allen drei Fällen, denn setzt man $kt = \pi$, so ergibt sich

e) $$t = \frac{\pi}{k} = \pi \sqrt{\frac{m a}{Q}}.$$

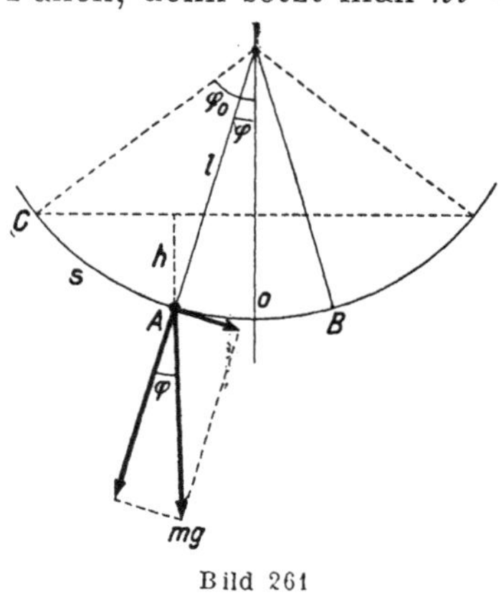

Bild 261

Die Schwingungsdauer ist unabhängig von der Schwingungsweite $2a$, denn nach Voraussetzung ändert sich Q mit a im konstanten Verhältnis, oder betrachtet man Q als die Anziehungskraft im Abstande 1, so verschwindet a aus der letzten Gleichung.

Pendelschwingungen. Eine kleine schwere Kugel von der Masse m an einen dünnen Faden aufgehängt kann als Kreispendel dienen, Bild 261. Bringt man die

Kugel aus ihrer Ruhelage nach A und gibt sie dann frei, so beginnt sie zu schwingen. Man denke sich nun die auf die Kugel wirkende Schwerkraft mg in zwei Komponenten zerlegt, in der Richtung des Fadens und rechtwinklig dazu; die erstere hält der Fadenspannung das Gleichgewicht, die zweite treibt die Kugel nach der Ruhelage zurück. Die veränderliche Größe dieser treibenden Komponente ist $mg \sin \varphi$, doch kann man sie für sehr kurze Schwingungen mit großer Annäherung $= mg\varphi$ setzen, also proportional der Entfernung aus der Ruhelage; die Bewegung ist dann wie im vorhergehenden Beispiel. In der letzten Gleichung ist jetzt $a = A0 = l\varphi$ und $Q = mg\varphi$, also die Schwingungsdauer

f) $$t = \pi \sqrt{\frac{ml\varphi}{mg\varphi}} = \pi \sqrt{\frac{l}{g}}.$$

Für $t = 1$ ergibt sich aus der Gleichung die Länge eines Sekundenpendels

$$l = \frac{g}{\pi^2} = 0{,}9938 \text{ Meter}.$$

Ferner läßt sich aus der Länge eines Pendels und seiner Schwingungsdauer die Fallbeschleunigung g bestimmen, denn nach Gleichung f) ist

$$g = \left(\frac{\pi}{t}\right)^2 l.$$

Genauere Pendelformel. Beginnt die Pendelkugel im Punkte C ihre Bewegung mit der Geschwindigkeit Null, so ist ihre lebendige Kraft nach Zurücklegung des Bogens $CA = s$, Bild 261, gleich

$$\frac{mv^2}{2} = mgh = mg\,(l \cos \varphi - l \cos \varphi_0),$$

also die Geschwindigkeit $v = \sqrt{2gl\,(\cos \varphi - \cos \varphi_0)}$.

Es ist aber auch

$$v = \frac{ds}{dt} = \frac{l\,d\varphi}{dt},$$

also

g) $$dt = \frac{l\,d\varphi}{\sqrt{2gl\,(\cos \varphi - \cos \varphi_0)}}.$$

Die halbe Schwingungsdauer oder die Zeit, nach welcher die Pendelkugel die tiefste Stelle O der Bahn erreicht, ist demnach

$$\frac{T}{2} = \int_0^{\varphi_0} \frac{l\,d\varphi}{\sqrt{2gl\,(\cos \varphi - \cos \varphi_0)}},$$

oder

h) $$T = 2\sqrt{\frac{l}{2g}} \int_0^{\varphi_0} \frac{d\varphi}{\sqrt{\cos \varphi - \cos \varphi_0}}.$$

Die Integration kann in dieser Form nicht ausgeführt werden. Zur Umformung diene der Hilfswinkel ε, der erklärt wird durch

i) $$\sin\frac{\varphi}{2} = \sin\frac{\varphi_0}{2}\sin\varepsilon, \text{ weil } \varphi < \varphi_0 \text{ ist.}$$

Nach der zweiten Formel unter § 23, 11. erhält man hiermit

$$\sqrt{\cos\varphi - \cos\varphi_0} = \sqrt{2\left(\sin^2\frac{\varphi_0}{2} - \sin^2\frac{\varphi}{2}\right)} = \sqrt{2\sin^2\frac{\varphi_0}{2}(1-\sin^2\varepsilon)}$$
$$= \sqrt{2}\sin\frac{\varphi_0}{2}\cos\varepsilon,$$

und die Differenzierung von i) ergibt

$$\cos\frac{\varphi}{2}\,d\varphi = 2\sin\frac{\varphi_0}{2}\cos\varepsilon\,d\,\varepsilon,$$

oder

$$d\varphi = \frac{2\sin\frac{\varphi_0}{2}\cos\varepsilon\,d\varepsilon}{\sqrt{1-\sin^2\frac{\varphi_0}{2}\sin^2\varepsilon}}.$$

Damit verwandelt sich h) in

$$T = 2\sqrt{\frac{l}{g}}\int\limits_0^{\frac{\pi}{2}}\frac{d\,\varepsilon}{\sqrt{1-\sin^2\frac{\varphi_0}{2}\sin^2\varepsilon}},$$

ein sog. elliptisches Integral erster Gattung. Sein Wert kann berechnet werden, indem man die Wurzel unter dem Integral (nach § 3, 6.) in eine Reihe entwickelt. Das gibt

$$\left(1-\sin^2\frac{\varphi_0}{2}\sin^2\varepsilon\right)^{-\frac{1}{2}} = 1 + \frac{1}{2}\sin^2\varepsilon\frac{\varphi_0}{2}\sin^2\varepsilon + \frac{1\cdot 3}{2\cdot 4}\sin^4\frac{\varphi_0}{2}\sin^4\varepsilon + \dots$$

Nach § 36, 4. (6) ist

$$\int\limits_0^{\frac{\pi}{2}}\sin^2\varepsilon\,d\,\varepsilon = \frac{1}{2}\cdot\frac{\pi}{2}, \quad \int\limits_0^{\frac{\pi}{2}}\sin^4\varepsilon\,d\,\varepsilon = \frac{1\cdot 3}{2\cdot 4}\cdot\frac{\pi}{2}, \text{ usw.,}$$

also ist

$$T = \pi\sqrt{\frac{l}{g}}\left(1 + \left(\frac{1}{2}\right)^2\sin^2\frac{\varphi_0}{2} + \left(\frac{1\cdot 3}{2\cdot 4}\right)^2\sin^4\frac{\varphi_0}{2}\right.$$
$$\left. + \left(\frac{1\cdot 3\cdot 5}{2\cdot 4\cdot 6}\right)^2\sin^6\frac{\varphi_0}{2} + \dots\right).$$

Für $2\varphi_0 = 22^0 57' 30''$ ist $\sin^2 \frac{\varphi_0}{2} = \frac{1}{100}$

und $$T = \pi \sqrt{\frac{l}{g}}\left(1 + \frac{1}{400} + \frac{9}{640000} + \frac{225}{2304000000} + \ldots\right);$$

für $2\varphi_0 = 7^0 15'$ ist $\sin^2 \frac{\varphi_0}{2} = \frac{1}{1000}$

und $$T = \pi \sqrt{\frac{l}{g}}\left(1 + \frac{1}{4000} + \frac{9}{64000000} + \frac{225}{2304000000000} + \ldots\right);$$

wonach sich die Genauigkeit der einfachen Pendelformel f) beurteilen läßt.

(5) Bewegung eines Massenpunktes m unter Einwirkung einer dem Abstande von einem festen Abstoßungszentrum O proportionalen Abstoßungskraft. Wenn man in den ursprünglichen Gleichungen des Beispiels (4) die Größe $+K$ vertauscht mit der Größe $-K$ oder $+k^2$ mit $-k^2$, so gelten dieselben für den Fall, wo es statt der anziehenden eine abstoßende Kraft ist, unter deren Wirkung der Massenpunkt seine Bewegung ausführt. Es gelten also für diesen Fall die Differentialgleichungen

$$\frac{d^2 x}{dt^2} = +k^2 x, \qquad \frac{d^2 y}{dt^2} = +k^2 y,$$

und deren Integrale nach Beispiel (3):

$$x = A e^{+kt} + B e^{-kt}, \qquad y = C e^{+kt} + D e^{-kt}.$$

Die Differentialquotienten dieser beiden Ausdrücke geben für die beiden Geschwindigkeitskomponenten

$$\frac{dx}{dt} = A k e^{kt} - B k e^{-kt}, \qquad \frac{dy}{dt} = C k e^{kt} - D k e^{-kt}.$$

Die vier Konstanten sind wie im Beispiel (4) aus den Anfangswerten der beiden Koordinaten und der beiden Geschwindigkeitskomponenten zu bestimmen. Zur Zeit $t = 0$ ist

$$x_0 = A + B, \quad y_0 = C + D, \quad v_x = Ak - Bk, \quad v_y = Ck - Dk.$$

Mit den hieraus sich ergebenden Werten für A, B, C, D erhält man

$$x = \frac{1}{2}\left(x_0 + \frac{v_x}{k}\right) e^{kt} + \frac{1}{2}\left(x_0 - \frac{v_x}{k}\right) e^{-kt},$$

$$y = \frac{1}{2}\left(y_0 + \frac{v_y}{k}\right) e^{kt} + \frac{1}{2}\left(y_0 - \frac{v_y}{k}\right) e^{-kt}.$$

Wählt man als Anfangspunkt den Punkt A, Bild 262, sowie die Anfangsgeschwindigkeit v parallel zur y-Achse, so ist $x_0 = a$, $y_0 = 0$,

$v_x = 0$ und $v_y = v$; setzt man noch $\frac{v_y}{k} = \frac{v}{k} = b$, so vereinfachen sich die letzten beiden Gleichungen zu

$$x = \frac{1}{2} a e^{kt} + \frac{1}{2} a e^{-kt}, \qquad y = \frac{1}{2} b e^{kt} - \frac{1}{2} b e^{-kt},$$

oder

$$x = a \cosh kt, \qquad y = b \sinh kt.$$

Dividiert man die erste dieser beiden Gleichungen durch a, die zweite durch b, und subtrahiert alsdann das Quadrat der zweiten von dem

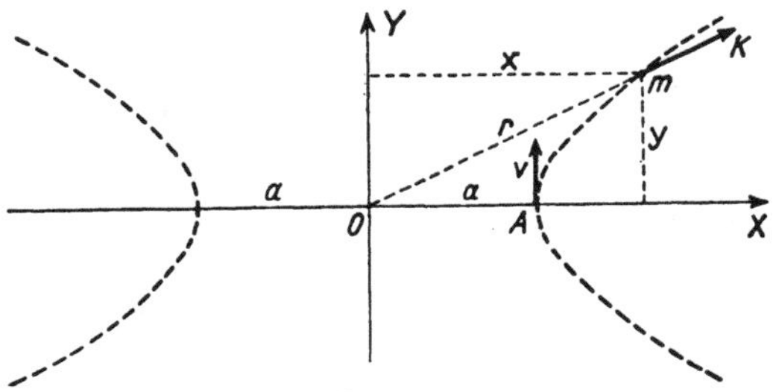

Bild 262

Quadrate der ersten, so ergibt sich die Gleichung

$$\frac{x^2}{a^2} - \frac{y^2}{b^2} = 1, \text{ denn } \cosh^2 kt - \sinh^2 kt = 1 \text{ (§ 34, 20. 1)).}$$

Die Gleichung zeigt, daß die Bahnlinie in diesem Falle eine Hyperbel ist, deren Mittelpunkt das Abstoßungszentrum bildet und deren Hauptachse mit der x-Achse zusammenfällt.

(6) Catenaria oder Kettenlinie. In Bild 206 wurde die Kettenlinie als Funktionskurve des hyperbolischen Cosinus dargestellt und in Verbindung mit Bild 207 wurden Bogenlänge und Krümmungshalbmesser berechnet; hier soll nun die Kettenlinie als Gleichgewichtsfigur eines gleichmäßig schweren, an beiden Enden befestigten Seils betrachtet und ihre Gleichung aus dieser Grundeigenschaft abgeleitet werden. Es wird dabei noch die niemals ganz zutreffende Annahme gemacht, daß das Seil völlig biegsam und unausdehnbar ist. Das Seil sei an Punkten A und B befestigt, Bild 263, und unterliege nur der Einwirkung der Schwere; sein Gewicht sei w pro

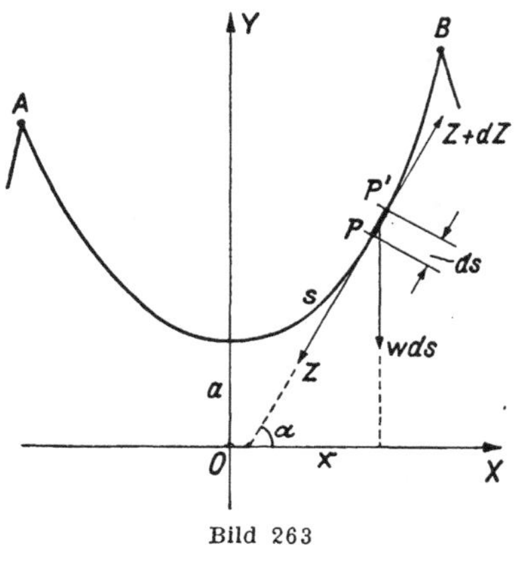

Bild 263

Längeneinheit. Bezeichnet Z die Zugspannung des Seils im Punkte P, so hat man für die Horizontal- und Vertikalkomponenten dieser Kraft

$$H = Z \cos\alpha, \qquad V = Z \sin\alpha, \qquad \frac{V}{H} = \tan\alpha = \frac{dy}{dx}.$$

In einem unendlich nahen Punkte P' oberhalb P sind die Spannungskomponenten $H + dH$ und $V + dV$. Diese Spannungen müssen mit dem Gewicht des Seilstückchens ds zwischen P und P' im Gleichgewicht sein. Die Komponenten dieses Gewichts sind aber 0 und $-wds$, also hat man

$$(H + dH) - H = 0, \qquad (V + dV) = wds,$$

oder

$$dH = 0 \qquad dV = wds.$$

Die Integration ergibt $H = C$ (= Konstante) und somit ist $V = C \tan\alpha = C\frac{dy}{dx} = Cy'$. Da ferner $ds = \sqrt{dx^2 + dy^2} = \sqrt{1 + y'^2}\, dx$ ist, so erhält man aus $dV = wds$

$$C\frac{dy'}{dx} = w\sqrt{1 + y'^2},$$

eine Differentialgleichung vom dritten Typus. Die Trennung der Variablen ergibt

$$\frac{dy'}{\sqrt{1 + y'^2}} = \frac{w}{C}dx$$

und die Integration (nach § 34, 21. n)), wenn man zugleich $\frac{c}{w} = a$ setzt,

$$Ar \sinh y' = \frac{x}{a},$$

also

$$y' = \sinh\frac{x}{a}.$$

Durch abermalige Integration erhält man (nach § 34, 21. k)) die Gleichung der Kurve

$$y = a\cosh\frac{x}{a}.$$

Für $x = 0$ ist $y = a$, und in bezug auf Bild 207 wurde gezeigt, daß der Parameter a zugleich der Krümmungshalbmesser im Scheitel ist. Da die Horizontalkomponente H eine Konstante, also in allen Punkten gleich groß ist, so gibt sie zugleich die Zugspannung im Scheitel der Kurve, und die Spannung in einem beliebigen Punkte ist demnach

$$Z = \frac{H}{\cos\alpha}.$$

Nun ist

$$\frac{1}{\cos\alpha} = \sqrt{1+\tan^2\alpha} = \sqrt{1+y'^2} = \sqrt{1+\sinh^2\frac{x}{a}} = \cosh\frac{x}{a} = \frac{y}{a},$$

und $wa = C = H$, also ergibt sich die einfache Formel

$$Z = wy.$$

Aus Bild 207 kann man ohne weiteres ablesen

$$a^2 = y^2 - s^2 = (a+h)^2 - s^2 = a^2 + 2ah + h^2 - s^2,$$

also

$$a = \frac{s^2 - h^2}{2h},$$

worin h den Durchhang des Seiles bezeichnet, d. h. die Vertikaldistanz zwischen gleich hohen Befestigungspunkten und Scheitel.

Ist z. B. ein Draht von 1000 m Länge und 180 kg Gewicht (also 0,18 kg pro Meter) mit einem Durchhang von 100 m zwischen zwei gleich hohen Punkten befestigt, so hat man

$$a = \frac{500^2 - 100^2}{200} = 1200 \text{ m}$$

und

$$H = 1200 \cdot 0{,}18 = 216 \text{ kg}.$$

An den Befestigungspunkten ist $Z = 1300 \cdot 0{,}18 = 234$ kg. Wegen des relativ geringen Durchhanges wird die Kurve nahezu mit einem Kreisbogen von 1200 m Radius (oder auch mit einer Parabel) übereinstimmen.

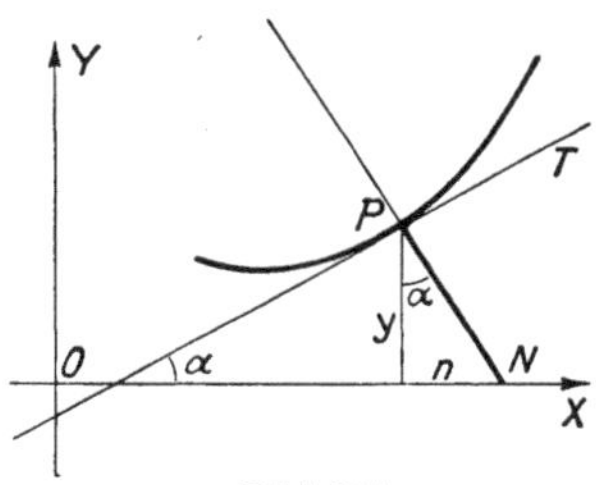

Bild 264

(7) Es sollen jene Kurven bestimmt werden, deren Krümmungshalbmesser sich proportional mit der Länge der Normalen ändert. Die Subnormale

$$n = y\tan\alpha = yy', \text{ Bild 264,}$$

und die Normale

$$PN = \sqrt{y^2 + n^2} = \sqrt{y^2 + (yy')^2} = y\sqrt{1+y'^2},$$

also hat man (nach § 34, 18. b'')) die Differentialgleichung vom fünften Typus

$$m\frac{(1+y'^2)^{\frac{3}{2}}}{y''} = y\sqrt{1+y'^2},$$

oder

$$yy'' = m(1 - y'^2).$$

Die schon früher gebrauchte Substitution

$$y'' = \frac{dy'}{dx} = \frac{dy'}{dy}\cdot\frac{dy}{dx} = \frac{dy'}{dy}y'$$

ergibt die Trennung der Variablen

$$\frac{y'\,dy'}{(1+y'^2)} = m\frac{dy}{y}$$

und die Integration

$$\frac{1}{2}\ln(1+y'^2) = m(\ln y - \ln c_1),$$

oder

$$y' = \sqrt{\left(\frac{y}{c_1}\right)^{2m} - 1} = \frac{dy}{dx}.$$

Die zweite Integration liefert hiernach

$$x = \int \frac{dy}{\sqrt{\left(\frac{y}{c_1}\right)^{2m} - 1}} + c_2.$$

Bemerkenswert sind die folgenden vier Fälle:

Für $m = -1$ ist

$$x - c_2 = \int \frac{y\,dy}{\sqrt{c_1^2 - y^2}},$$

also

$$x - c_2 = -\sqrt{c_1^2 - y^2},$$

oder

$$(x - c_2)^2 + y^2 = c_1^2.$$

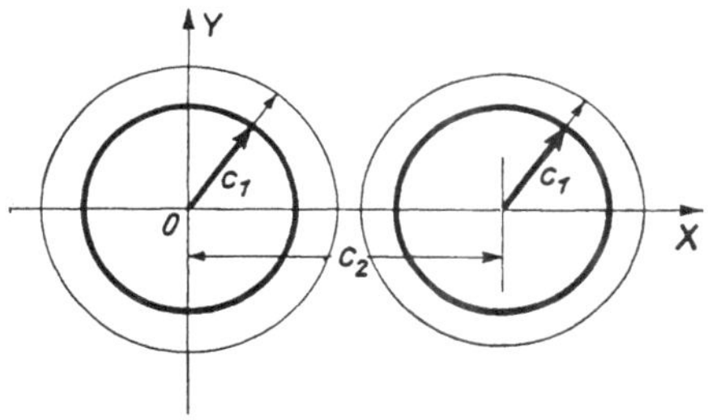

Bild 265

Die Eigenschaft $\varrho = -N$ haben somit alle Kreise, deren Mittelpunkte in der Abszissenachse liegen, Bild 265. Für $c_2 = 0$ hat man die Hauptschar der Kreise um den Ursprung des Koordinatensystems.

Für $m = 1$ ist

$$x - c_2 = \int \frac{dy}{\sqrt{\left(\frac{y}{c_1}\right)^2 - 1}};$$

hieraus folgt nach § 34, 12. i)

$$\frac{x - c_2}{c_1} = \ln\left(\frac{y}{c_1} + \sqrt{\left(\frac{y}{c_1}\right)^2 - 1}\right)$$

und nach § 34, 21. o)

$$\frac{x - c_2}{c_1} = \operatorname{Ar\,cosh}\frac{y}{c_1}$$

also ist

$$y = c_1 \cosh\frac{x - c_2}{c_1};$$

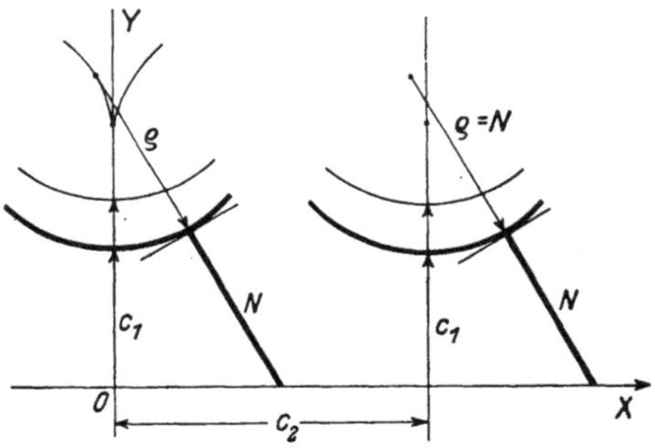

Bild 266

die Eigenschaft $\varrho = N$ haben demnach alle Kettenlinien, mit ein und derselben Abszissenachse, Bild 266. Für $c_2 = 0$ hat man die Hauptschar, symmetrisch zur Ordinatenachse. Im Scheitel ist $\varrho = c_1$.

Für $m = -\frac{1}{2}$ ist

$$x - c_2 = \int \sqrt{\frac{y}{c_1 - y}} \cdot dy;$$

setzt man $y = c_1 \sin^2 \frac{\varphi}{2}$, also $dy = c_1 \sin \frac{\varphi}{2} \cos \frac{\varphi}{2} d\varphi$, so wird, nachdem man noch Zähler und Nenner des Wurzelausdrucks durch c_1 dividiert und $1 - \sin^2 \frac{\varphi}{2}$ durch $\cos^2 \frac{\varphi}{2}$ ersetzt hat,

$$\int \sqrt{\frac{y}{c_1 - y}}\, dy = \int \frac{\sin \frac{\varphi}{2}}{\cos \frac{\varphi}{2}} \cdot c_1 \sin \frac{\varphi}{2} \cos \frac{\varphi}{2}\, d\varphi$$

$$= c_1 \int \sin^2 \frac{\varphi}{2}\, d\varphi$$

$$= c_1 \left(\frac{\varphi}{2} - \frac{1}{2} \sin \varphi\right) \text{ (nach § 34, 13. r)).}$$

Es ist also

$$x - c_2 = \frac{c_1}{2} (\varphi - \sin \varphi),$$

$$y = \frac{c_1}{2} (1 - \cos \varphi) \text{ (nach § 23, 10. b)),}$$

worin man die unter § 26, 6. a) abgeleiteten Gleichungen der Zykloide erkennt. Die Eigenschaft $\left(-\frac{1}{2} \varrho = N, \text{ oder}\right) \varrho = -2N$ haben somit alle Zykloiden mit gemeinschaftlicher Grundlinie, Bild 267. Für $c_2 = 0$

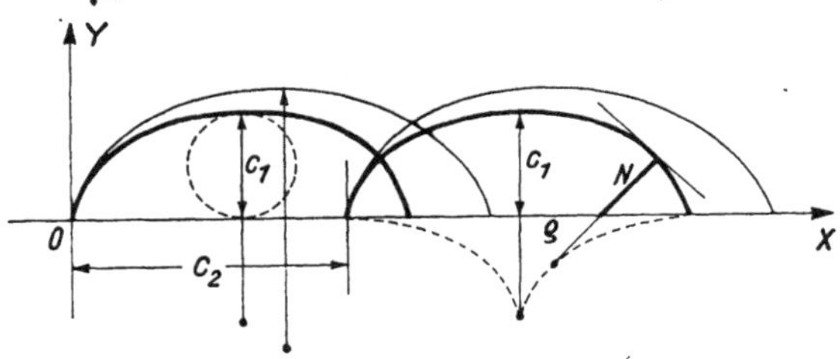

Bild 267

hat man die Hauptschar durch den Ursprung des Koordinatensystems. Im Scheitel ist $\varrho = 2\,c_1$.

Für $m = \frac{1}{2}$ ist

$$x - c_2 = \int \frac{dy}{\sqrt{\frac{y}{c_1} - 1}} = 2\,c_1 \sqrt{\frac{y}{c_1} - 1}$$

und durch Quadrieren erhält man hieraus

$$y = c_1 + \frac{(x - c_2)^2}{4\,c_1},$$

die Gleichung von Parabeln mit dem Parameter $4 c_1$. Die Eigenschaft $\varrho = 2N$ haben daher alle Parabeln, deren gemeinschaftliche Leitlinie die x-Achse ist, Bild 268. Für $c_2 = 0$ hat man die Hauptschar symmetrisch zur y-Achse. Im Scheitel ist $\varrho = 2\,c_1$. Siehe auch Bild 203.

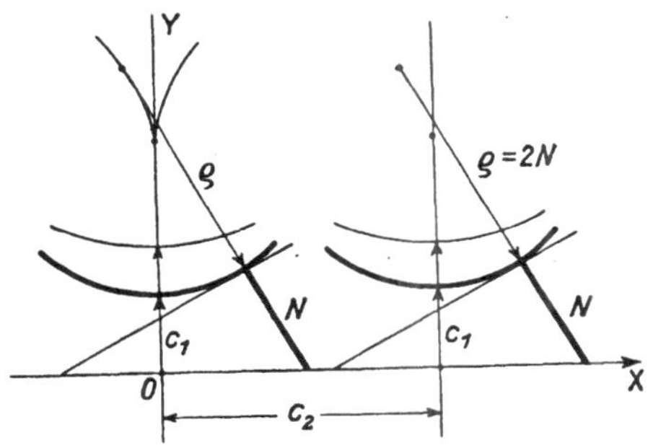

Bild 268

(8) Die Differentialgleichung sei

$$\frac{d\,v^2}{d\,r^2} + \frac{1}{r} \cdot \frac{d\,v}{d\,r} = \frac{f}{m}.$$

Setzt man $\frac{d\,v}{d\,r} = p$, dann ist $\frac{d\,p}{d\,r} + \frac{p}{r} = \frac{f}{m}$ eine Differentialgleichung 1. Ordnung von der Form

$$\frac{d\,p}{d\,r} + X\,p = X_1$$

und die Lösung nach 4. e) dieses Paragraphen ist

$$p = e^{-\int X\,d\,r} \left(c + \int X_1\, e^{\int X\,d\,r}\, d\,r\right),$$

also

$$p = e^{-\ln r} \left(c + \int \frac{f}{m} e^{\ln r} d\,r\right) = \frac{1}{r} \left(c + \int \frac{f}{m} r\,d\,r\right)$$

oder

$$\frac{d\,v}{d\,r} = \frac{1}{r} \left(c + \frac{f\,r^2}{2\,m}\right) \text{ und } v = \int c\,\frac{d\,r}{r} + \int \frac{f\,r\,d\,r}{2\,m} = c \ln r + \frac{f\,r^2}{4\,m} + c_1.$$

8. Homogene Differentialgleichung 2. Ordnung mit konstanten Koeffizienten.

Unter einer linearen Differentialgleichung versteht man wieder eine solche, in der sowohl y als die Differentialquotienten dieser Funktion nur in der ersten Potenz vorkommen; demnach ist

a) $$\frac{d^2 y}{d x^2} + X_1 \frac{d y}{d x} + X_2 y = X,$$

worin X_1, X_2 und X als Funktionen von x allein angesehen werden, das allgemeine Schema einer linearen Differentialgleichung 2. Ordnung.

Ist $X = 0$, also

b) $$y'' + X_1 y' + X_2 y = 0,$$

so spricht man von einer homogenen Gleichung zum Unterschiede von der nicht homogenen Gleichung a); auch die Bezeichnungen verkürzte und unverkürzte Gleichung, Gleichung ohne Störungsglied und mit Störungsglied sind gebräuchlich für b) und a).

Wären nun zwei verschiedene partikulare Lösungen, y_1 und y_2, von b) bekannt, so hätte man

c) $$y_1'' + X_1 y_1' + X_2 y_1 = 0,$$

d) $$y_2'' + X_1 y_2' + X_2 y_2 = 0.$$

Multipliziert man c) mit k_1, d) mit k_2 (beides willkürliche Konstanten) und addiert, so ergibt sich

e) $$(k_1 y_1 + k_2 y_2)'' + X_1 (k_1 y_1 + k_2 y_2)' + X_2 (k_1 y_1 + k_2 y_2) = 0;$$

es ist also auch $y = k_1 y_1 + k_2 y_2$ eine Lösung von b), und zwar die allgemeine, da sie zwei willkürliche Konstanten enthält. Durch Spezialisierung erhält man aus e) wieder die partikularen Lösungen, denn für $k_1 = 1$ und $k_2 = 0$ wird $y = y_1$ und für $k_1 = 0$ und $k_2 = 1$ wird $y = y_2$. Unter 7. (2) ergab sich z. B. für die Differentialgleichung $y'' + k^2 y = 0$ die allgemeine Lösung $y = A \cos k x + B \sin k x$, setzt man hier einmal $A = 1$ und $B = 0$, und ein andermal $A = 0$ und $B = 1$, so ergeben sich die beiden partikularen Lösungen $y_1 = \cos k x$ und $y_2 = \sin k x$.

Es soll nun zunächst der einfachste Fall von Gleichung b) behandelt werden, nämlich wenn X_1 und X_2 konstant sind, also

f) $$y'' + a y' + b y = 0.$$

Betrachtet man eine Differentialgleichung 1. Ordnung von ähnlicher Bauart, etwa $y' + r y = 0$, von der $y = e^{-rx}$ eine partikulare Lösung ist, d. h. also eine Lösung ohne willkürliche Konstante, so dürfte man eine ähnliche exponentiale Form des Integrals von f) vermuten. Setzt man daher $y = e^{rx}$ in f) ein und führt nun die erforderlichen Differenzierungen aus, so ergibt sich

g) $$r^2 e^{rx} + a r e^{rx} + b e^{rx} = 0,$$

oder

h) $$e^{rx} (r^2 + a r + b) = 0.$$

Da e^{rx} für endliche Werte von x nicht verschwinden kann, so muß $r^2 + ar + b = 0$ sein. Wird r aus dieser quadratischen, der sogenannten charakteristischen Gleichung bestimmt, so ist also der Ansatz g) richtig und

i) $$y = k_1 e^{r_1 x} k_2 e^{r_2 x}$$

ist das allgemeine Integral der Differentialgleichung f).

Für $r_2 = r_1$ würde Formel i) übergehen in

$$y = (k_1 + k_2)\, e^{r_1 x} = k e^{r_1 x};$$

dies wäre zwar eine Lösung der ursprünglichen Differentialgleichung, aber nicht die allgemeine; um letztere zu finden, nehme man zuerst eine Verschiedenheit an, also $r_2 = r_1 + \delta$, dann ist

$$y = e^{r_1 x}(k_1 + k_2 e^{\delta x}), \text{ also nach § 2, 9.}$$
$$= e^{r_1 x}\left(k_1 + k_2 + k_2 \delta x + \frac{1}{2} k_2 \delta^2 x^2 + \frac{1}{6} k_2 \delta^3 x^3 + \ldots\right)$$

oder wenn $k_1 + k_2 = A$ und $k_2 \delta = B$ gesetzt wird, wo A und B wiederum beliebige Konstanten sind:

$$y = e^{r_1 x}\left(A + Bx + \frac{1}{2} B \delta x^2 + \frac{1}{6} B \delta^2 x^3 + \ldots\right)$$

Für $\delta = 0$ wird $r_2 = r_1$ und man erhält

k) $$y = e^{r_1 x}(A + Bx),$$

das allgemeine Integral der Differentialgleichung f) für zwei gleiche Wurzeln der charakteristischen Gleichung.

Die Differentialgleichung $\frac{d^2 y}{dx^2} = k^2 y$, welche unter 7. (3) dieses Paragraphen als Beispiel zum 2. Typus gelöst wurde, läßt sich kürzer als homogene Differentialgleichung mit konstanten Koeffizienten lösen:

$$y'' - k^2 y = 0,$$

die charakteristische Gleichung ist $r^2 - k^2 = 0$, deren Wurzeln $\pm k$ sind, also ist das allgemeine Integral

$$y = c_1 e^{kx} + c_2 e^{-kx}.$$

Beispiele:

(1) Ist $y'' - 3y' + 2y = 0$ gegeben und setzt man darin $y = e^{rx}$, so hat man $e^{rx}(r^2 - 3r + 2) = 0$; aus $r^2 - 3r + 2 = 0$ erhält man $r = 1$ und $r = 2$. Da $y = e^x$ und $y = e^{2x}$ partikulare Lösungen sind, so ist nach dem vorhergehenden die allgemeine Lösung

$$y = k_1 e^x + k_2 e^{2x}.$$

(2) Die Differentialgleichung $y'' + y = 0$ verwandelt sich durch Substitution von $y = e^{rx}$ in $e^{rx}(r^2 + 1) = 0$ und aus $r^2 + 1 = 0$ er-

gibt sich $r = \pm \sqrt{-1} = \pm i$, also ist die allgemeine Lösung $y = k_1 e^{ix} + k_2 e^{-ix}$ oder nach § 24, 7.:

$$\begin{aligned} y &= k_1 (\cos x + i \sin x) + k_2 (\cos x - i \sin x) \\ &= (k_1 + k_2) \cos x + i (k_1 - k_2) \sin x. \end{aligned}$$

Führt man statt $(k_1 + k_2)$ und $i(k_1 - k_2)$ neue Konstanten A und B ein, so erhält man wie im Beispiel 7. (2):

$$y = A \cos x + B \sin x.$$

(3) Die Differentialgleichung $y'' - 4y' + 5y = 0$ verwandelt sich durch $y = e^{rx}$ in $e^{rx}(r^2 - 4r + 5) = 0$ und der Klammerausdruck $= 0$ gesetzt, gibt $r = 2 + i$ und $2 - i$, also hat man analog wie in (2) die allgemeine Lösung:

$$\begin{aligned} y &= k_1 e^{(2+i)x} + k_2 e^{(2-i)x} \\ &= k_1 e^{2x} \cdot e^{ix} + k_2 e^{2x} \cdot e^{-ix} \\ &= A e^{2x} \cos x + B e^{2x} \sin x. \end{aligned}$$

(4) Gedämpfte Schwingungen. In dem Beispiel 7. (4) ergab sich für die Schwingungsbahn eines Massenpunktes unter Einwirkung einer dem Abstande von einem festen Anziehungszentrum proportionalen Anziehungskraft im allgemeinen eine Ellipse, und wenn die Anfangsgeschwindigkeit $= 0$ eine gerade Linie; solche geradlinigen Schwingungen bezeichnet man auch als elastische Schwingungen. Wird z. B. eine Spiralfeder an beiden Enden so befestigt, daß sie sich in mäßiger Spannung befindet, ihr Mittelpunkt gewaltsam ein Stückchen nach einem Ende hin bewegt und dann frei gelassen, so ist die auf ihm wirkende Kraft, wie in 7. (4), proportional seiner Entfernung von der Ruhelage.

Alle physikalischen Bewegungen sind aber mehr oder weniger von Widerständen beeinflußt, wie Luftwiderstand bei den Fall- und Wurfbewegungen, Reibungen der Massenteilchen bei elastischen Schwingungen usw.; man bezeichnet diese Bewegungswiderstände zusammenfassend als Dämpfungskräfte (oder auch Bremskräfte) und spricht in dieser Beziehung dann von gedämpften Schwingungen.

Es wirke nun bei einer elastischen Schwingung außer der elastischen Kraft noch eine Dämpfungskraft, welche der augenblicklichen Geschwindigkeit proportional ist. Wie verläuft die Bewegung?

Bezeichnet man mit $2m$ den konstanten Dämpfungsfaktor, so erweitert sich die entsprechende Differentialgleichung der ungedämpften Bewegung ($y'' = -k^2 x$) des Beispiels 7. (2) zu

$$\frac{d^2 x}{dt^2} = -k^2 x - 2m \frac{dx}{dt},$$

oder

$$x'' + 2mx' + k^2 x = 0;$$

setzt man $x = e^{rt}$, so wird hieraus

$$e^{rt}(r^2 + 2mr + k^2) = 0$$

und der Klammerausdruck $= 0$ gesetzt gibt die beiden r-Werte

$$r_1 = -m + \sqrt{m^2 - k^2} \quad \text{und} \quad r_2 = -m - \sqrt{m^2 - k^2}.$$

In der weiteren Untersuchung der Bewegung lassen sich vier Fälle unterscheiden.

1. Fall. Der Ausdruck unter dem Wurzelzeichen sei positiv, $= + w^2$, dann sind r_1 und r_2 reelle Zahlen, und das allgemeine Integral ist

$$\begin{aligned} x &= C_1 e^{r_1 t} + C_2 e^{r_2 t} \\ &= C_1 e^{-mt+wt} + C_2 e^{-mt-wt}; \end{aligned}$$

addiert und subtrahiert man zu e^{wt} im ersten dieser beiden Glieder $\frac{1}{2} e^{-wt}$ und zu e^{-wt} im zweiten Gliede $\frac{1}{2} e^{wt}$, so ergibt sich nach § 34, 20. a), b):

$$x = e^{-mt}(C_1 \cosh wt + C_1 \sinh wt + C_2 \cosh wt - C_2 \sinh wt);$$

wird noch $C_1 + C_2 = A$ und $C_1 - C_2 = B$ gesetzt, so ist

$$x = e^{-mt}(A \cosh wt + B \sinh wt).$$

Soll nach den Anfangsbedingungen für $t = 0$ auch $x = 0$ und $v = v_0$ sein, so hat man nach der ersten Gleichung für x:

$$0 = C_1 + C_2 \quad \text{also } A = 0,$$

somit wird

$$x = B e^{-mt} \sinh wt;$$

$$\frac{dx}{dt} = v = B(-m e^{-mt} \sinh wt + w e^{-mt} \cosh wt);$$

also $\quad v_0 = Bw; \quad B = \frac{v_0}{w};$

und schließlich

$$x = \frac{v_0}{w} e^{-mt} \sinh wt.$$

Hiernach ist x stets positiv; für $t = \infty$ wird $x = 0$. Das Maximum der Elongation (Ausweichung aus der Ruhelage) ergibt sich, wenn $v = 0$ ist, dann wechselt die Geschwindigkeit die Richtung und der Massenpunkt kehrt in die Gleichgewichtslage zurück ohne Schwingungen auszuführen. Man nennt eine solche Bewegung aperiodisch. Weil $C_1 = - C_2$ ist, so liefert der erste Differentialquotient der ersten Gleichung für x den Zeitpunkt für $v = 0$ wie folgt:

$$r_1 e^{r_1 t} - r_2 e^{r_2 t} = 0, \qquad \text{also} \qquad r_1 t - r_2 t = \ln \frac{r_2}{r_1},$$

$$t = \frac{1}{r_1 - r_2} \ln \frac{r_2}{r_1}.$$

2. Fall. Der Ausdruck unter dem Wurzelzeichen sei negativ, $= -w^2$, dann sind r_1 und r_2 konjugiert komplex und man erhält das allgemeine Integral analog wie im ersten Fall:

$$x = C_1 e^{-mt+iwt} + C_2 e^{-mt-iwt}$$

und daraus nach § 24, 7.:

$$\begin{aligned} x &= e^{-mt}(C_1 \cos wt + i C_1 \sin wt + C_2 \cos wt - i C_2 \sin wt) \\ &= e^{-mt}(A \cos wt + B \sin wt), \end{aligned}$$

worin $A = C_1 + C_2$ und $B = i(C_1 - C_2)$ ist. Nach den Anfangsbedingungen, wie im 1. Fall, ist somit

$$x = B e^{-mt} \sin wt$$

$$\frac{dx}{dt} = v = B(-m e^{-mt} \sin wt + w e^{-mt} \cos wt),$$

$$v_0 = Bw; \quad B = \frac{v_0}{w};$$

$$x = \frac{v_0}{w} e^{-mt} \sin wt.$$

In diesem Falle ergeben sich gedämpfte Schwingungen, denn x kann für gleiche Vorzeichen von w positiv oder negativ werden. Für $t = \infty$ ruht der Massenpunkt in der Gleichgewichtslage. Die Perioden der Schwingung liegen zwischen $\sin 0$, $\sin 2\pi$, $\sin 4\pi$, . . ., also erhält man aus $wt = 2\pi$ die Dauer einer Periode

$$t = \frac{2\pi}{w} = \frac{2\pi}{\sqrt{k^2 - m^2}} = P,$$

sie ist unabhängig von der Anfangsgeschwindigkeit und um so größer, je größer m, d. h. je größer der dämpfende Widerstand ist.

Die Geschwindigkeit nach einer Periode, vom Beginn der Bewegung an gerechnet, ist

$$v_1 = Bw e^{-mt} = v_0 e^{-\frac{2\pi m}{w}},$$

nach zwei Perioden

$$v_2 = v_0 e^{-\frac{4\pi m}{w}}, \text{ usw.}$$

Diese Geschwindigkeiten nehmen also ab wie die Glieder einer geometrischen Reihe; der natürliche Logarithmus ihres Verhältnisses ist $\frac{2\pi m}{w}$ und heißt das logarithmische Dekrement der Schwingung. Berechnet man die Amplituden x für $\frac{1}{4}P, \frac{5}{4}P, \frac{9}{4}P$ usw., so erhält man

$$x_1 = \frac{v_0}{w} e^{-\frac{\pi m}{2w}}; \quad x_2 = \frac{v_0}{w} e^{-\frac{5\pi m}{2w}}; \quad x_3 = \frac{v_0}{w} e^{-\frac{9\pi m}{2w}} \text{ usw.};$$

diese nehmen also auch nach einer geometrischen Reihe ab, und das logarithmische Dekrement ist wiederum

$$\frac{2\pi m}{w} \quad \text{oder} \quad \frac{2\pi m}{\sqrt{k^2 - m^2}}.$$

3. Fall. Ist der Ausdruck unter dem Wurzelzeichen $= 0$, so ist $r_1 = r_2$, und das bisher angewandte Lösungsverfahren, welches die Verschiedenheit der partikularen Lösungen fordert, ist also hier nicht anwendbar; es liegt der aperiodische Grenzzustand vor. Für einen sehr kleinen Wert von $\pm w$ geht die allgemeine Lösung in Fall 1 oder 2 über; für ein unendlich kleines $+ w$ wird nämlich $\cosh wt = 1$ und $\sinh wt = wt$, und für ein unendlich kleines $- w$ wird $\cos wt = 1$ und $\sin wt = wt$; beidemal ergibt sich also für das allgemeine Integral

$$x = e^{-mt}(A + Bwt).$$

Nach den Anfangsbedingungen der Bewegung, wie im 1. und 2. Fall, hat man schließlich

$$x = \frac{v_0}{w} e^{-mt} wt = v_0 t e^{-mt}, \quad \frac{dx}{dt} = v = v_0 e^{-mt}(1 - mt),$$

eine aperiodische Bewegung wie im 1. Fall. Das Maximum der Elongation findet statt, wenn $v = 0$, also zur Zeit $t = \frac{1}{m}$ und ist $v_0 \frac{1}{m} \cdot \frac{1}{e} = \frac{v_0}{me}$.

4. Fall. Für $m = 0$ erhält man wieder die Differentialgleichung und das Integral des Beispiels 7. (4):

$$\frac{d^2 x}{dt^2} = - k^2 x \quad \text{und} \quad x = A \cos kt + B \sin kt.$$

Nach den Anfangsbedingungen der Bewegung, wie im 1. und 2. Fall, hat man somit $0 = A \cdot 1 + B \cdot 0$, also $A = 0$ und daher

$$x = B \sin kt;$$

$$\frac{dx}{dt} = v = kB \cos kt; \qquad v_0 = kB; \qquad B = \frac{v_0}{k};$$

also

$$x = \frac{v_0}{k} \sin kt,$$

d. h. ungedämpfte Schwingungen, welche in der geometrischen Darstellung als eine fortlaufende Reihe kongruenter Sinuswellen erscheinen.

Die vorhergehenden vier Fälle der Bewegung sollen noch mit runden Zahlenwerten und Rechenschiebergenauigkeit durchgerechnet werden, und zwar für $k = 3$ und $v_0 = 10$ m/s, um nebenbei ein zusammenhängendes Funktionsbild der Lösungen zu konstruieren.

1. Fall: $m = 4,\ k = 3,\ v_0 = 10$ m/s.

$$r = -4 \pm \sqrt{16-9} = -4 \pm 2{,}65 = -1{,}35 \text{ und } -6{,}65.$$

Maximale Elongation x zur Zeit $t = \frac{1}{r_1 - r_2} \ln \frac{r_2}{r_1} = \frac{1}{-1{,}35+6{,}65} \ln \frac{6{,}65}{1{,}35}$

$$= \frac{1{,}59}{5{,}30} = 0{,}300 \text{ Sekunden.}$$

Elogation x mit Sekundenzeigern:

$$x_{0,15} = \frac{10}{2{,}65} \cdot \frac{1}{e^{0.6}} \sinh 0{,}398 = 3{,}78 \cdot \frac{1}{1{,}82} \cdot 0{,}41 = 0{,}85 \text{ m}$$

$$x_{0,30} = \frac{10}{2{,}65} \cdot \frac{1}{e^{1.2}} \sinh 0{,}795 = 3{,}78 \cdot \frac{1}{3{,}32} \cdot 0{,}88 = 1{,}00 \text{ »}$$

$$x_{0,50} = \frac{10}{2{,}65} \cdot \frac{1}{e^{2}} \sinh 1{,}325 = 3{,}78 \cdot \frac{1}{7{,}39} \cdot 1{,}75 = 0{,}90 \text{ »}$$

$$x_{1,0} = \frac{10}{2{,}65} \cdot \frac{1}{e^{4}} \sinh 2{,}65 = 3{,}78 \cdot \frac{1}{54{,}5} \cdot 7{,}04 = 0{,}49 \text{ »}$$

$$x_{2,0} = \frac{10}{2{,}65} \cdot \frac{1}{e^{8}} \sinh 5{,}30 = 3{,}78 \cdot \frac{1}{2975} \cdot 100 = 0{,}13 \text{ »}$$

$$x_{4,0} = \frac{10}{2{,}65} \cdot \frac{1}{e^{16}} \sinh 10{,}60 = 3{,}78 \cdot \frac{19900}{8800000} = 0{,}01 \text{ »}$$

Die Tafeln im Taschenbuch »Hütte« geben $\sinh \varphi$ und $\cosh \varphi$ nur bis $\varphi = 5{,}09$, man beachte jedoch, daß darüber hinaus nahezu $\sinh \varphi = \cosh \varphi = \frac{1}{2} e^{\varphi}$ ist und $\log e^{\varphi} = 0{,}434\, \varphi$.

Beim Aufsuchen natürlicher Logarithmen beachte man:

Ist $\ln x = a$, so ist $\ln \frac{1}{10} x = a - \ln 10$, $\ln 10\, x = a + \ln 10$, $\ln 100\, x = a + 2 \ln 10$, $\ln \frac{1}{100} x = a - 2 \ln 10$, usw.

2. Fall: $m = 0{,}5,\ k = 3,\ v_0 = 10$ m/s.

$$r = -0{,}5 \pm \sqrt{0{,}25 - 9} = -0{,}5 \pm 2{,}96\, i$$

$$\frac{1}{2} \text{ Periode} = \frac{1}{2} P = \frac{\pi}{w} = \frac{3{,}14}{2{,}96} = 1{,}06 \text{ s.}$$

Elongation x mit Periodenzeigern:

$$x_{1/4} = \frac{10}{2{,}96} \cdot \frac{1}{e^{0.265}} = \frac{3{,}38}{1{,}30} = 2{,}60 \text{ m}$$

$$x_{3/4} = \frac{10}{2{,}96} \cdot \frac{1}{e^{0.795}} = \frac{3{,}38}{2{,}21} = -1{,}53 \text{ »}$$

$$x_{5/4} = \frac{10}{2{,}96} \cdot \frac{1}{e^{1{,}325}} = \frac{3{,}38}{3{,}77} = \quad 0{,}90 \text{ m}$$

$$x_{7/4} = \frac{10}{2{,}96} \cdot \frac{1}{e^{1{,}855}} = \frac{3{,}38}{6{,}41} = -0{,}53 \text{ »}$$

2. Fall: $m = 1,\ k = 3,\ v_0 = 10 \text{ m/s},$

$$r = -1 \pm \sqrt{1-9} = -1 \pm 2{,}83\, i$$

$$\frac{1}{2} P = \frac{3{,}14}{2{,}83} = 1{,}11 \text{ s.}$$

Elongation x mit Periodenzeigern:

$$x_{1/4} = \frac{10}{2{,}83} \cdot \frac{1}{e^{0{,}555}} = \frac{3{,}54}{1{,}74} = \quad 2{,}04 \text{ m}$$

$$x_{3/4} = \frac{10}{2{,}83} \cdot \frac{1}{e^{1{,}665}} = \frac{3{,}54}{5{,}29} = -0{,}67 \text{ »}$$

$$x_{5/4} = \frac{10}{2{,}83} \cdot \frac{1}{e^{2{,}775}} = \frac{3{,}54}{16{,}2} = \quad 0{,}22 \text{ »}$$

$$x_{7/4} = \frac{10}{2{,}83} \cdot \frac{1}{e^{3{,}885}} = \frac{3{,}54}{48{,}5} = -0{,}07 \text{ »}$$

Nur dieser Fall ($m < k$) liefert gedämpfte Schwingungen; für jede Annahme eine Reihe gleich langer Wellen, die mit wachsendem t immer flacher werden; x wechselt das Vorzeichen mit $\sin wt$; für die letzte Zeile z. B. ist

$$wt = 2{,}83 \cdot 3{,}885 = 10{,}99 = \frac{7}{2}\pi, \quad \text{also } \sin wt = -1.$$

3. Fall: $m = 3,\ k = 3,\ v_0 = 10 \text{ m/s}.$

Maximale Elongation x zur Zeit $t = \frac{1}{m} = \frac{1}{3}$ s.

Elongation x mit Sekundenzeigern:

$$x_{0.15} = \frac{1{,}5}{e^{0.45}} = 0{,}96 \text{ m} \qquad x_1 = \frac{10}{e^3} = 0{,}50 \text{ m}$$

$$x_{0.33} = \frac{3{,}33}{e^{1.00}} = 1{,}22 \text{ »} \qquad x_2 = \frac{20}{e^6} = 0{,}05 \text{ »}$$

$$x_{0.50} = \frac{5}{e^{1.50}} = 1{,}11 \text{ »} \qquad x_4 = \frac{40}{e^{12}} = \frac{1}{4000} \text{ »}$$

4. Fall: $m = 0,\ k = 3,\ v_0 = 10 \text{ m/s}.$

$$\frac{1}{2} P = \frac{\pi}{3} = 1{,}05 \text{ s (denn } kt_{1/2} = \pi).$$

Maximale Elongation für $\frac{1}{4}$, $\frac{3}{4}$, $\frac{5}{4}$, $\frac{7}{4}$ Perioden $= \frac{10}{3} \cdot 1 = 3{,}33$ m.

$kt_{1/4} = 3\,\frac{1{,}05}{2} = \frac{\pi}{2} = 90^0$, also $\sin kt = 1$, oder abwechselnd ± 1.

Bild 269 ist die geometrische Darstellung dieser Berechnungen. In der ursprünglichen Differentialgleichung der gedämpften Schwingungen

$$\frac{d^2 x}{dt^2} + 2\,\mathrm{m}\frac{dx}{dt} + k^2 x = 0$$

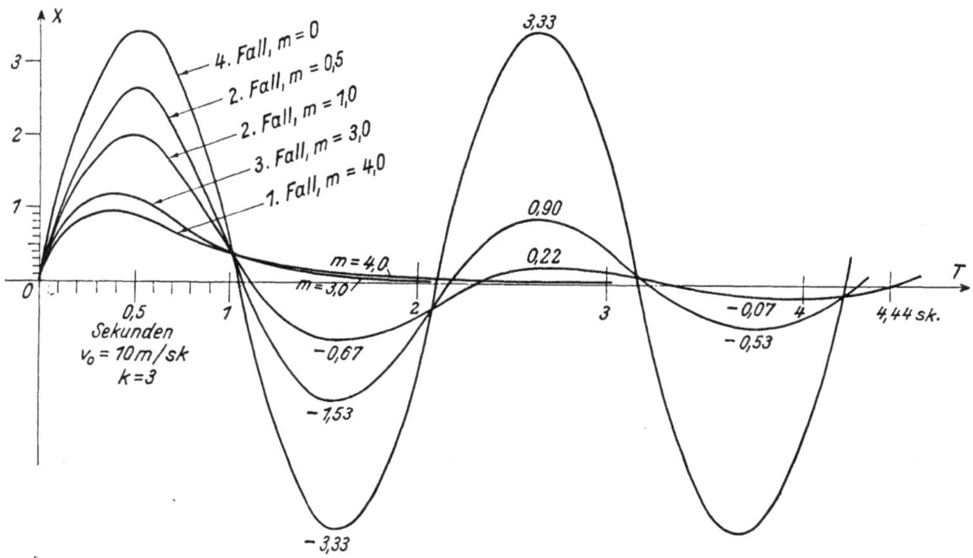

Bild 269

bedeutet das dritte Glied die der Elongation x (oder der Ordinate) proportionale treibende Kraft, das zweite Glied die der Geschwindigkeit $\frac{dx}{dt}$ proportionale dämpfende Kraft, die Unabhängige t die Zeit.

9. Homogene Differentialgleichung 2. Ordnung mit veränderlichen Koeffizienten.

Zu Anfang letzter Nummer wurde gezeigt, daß die allgemeine homogene Differentialgleichung 2. Ordnung

a) $$y'' + X_1 y' + X_2 y = 0$$

auf das allgemeine Integral

b) $$y = k_1 y_1 + k_2 y_2$$

führt, wenn y_1 und y_2 zwei partikulare Integrale von a) sind. Kennt man nur ein partikulares Integral Y, so kann man das noch unbekannte durch Yz bezeichnen, wo z der Quotient beider Partikularintegrale, mithin eine noch unbekannte Funktion von x ist. Die Substitution $y = Yz$ in a) gibt

$$Yz'' + 2Y'z' + Y''z + X_1(Yz' + Y'z) + X_2 Yz = 0$$

oder anders geordnet:

$$Yz'' + (X_1 Y + 2Y')z' + (Y'' + X_1 Y' + X_2 Y)z = 0;$$

der letzte Klammerwert ist aber nach a) $= 0$, also bleibt

$$Y\frac{dz'}{dx} + \left(X_1 Y + 2\frac{dY}{dx}\right)z' = 0.$$

Durch Trennung der Variablen erhält man hieraus

$$\frac{dz'}{z'} = -\left(\frac{2\,dY}{Y\,dx} + X_1\right)dx$$

$$\ln z' = -2\ln Y - \int X_1\,dx,$$

$$z' = Y^{-2}e^{-\int X_1 dx},$$

$$z = \int\frac{dx}{Y^2}e^{-\int X_1 dx}.$$

Ersetzt man nun y_1 und y_2 durch Y und Yz in b), so ist

c) $$y = Y\left(k_1 + k_2\int\frac{dx}{Y^2}e^{-\int X_1 dx}\right).$$

Das allgemeine Integral der Differentialgleichung a) würde sich also immer entwickeln lassen, wenn man nur eines ihrer partikularen Integrale kennt. Zur Aufsuchung dieses letzteren gibt es zwar keine allgemeine Regel, jedoch ein in vielen Fällen brauchbares Hilfsmittel, nämlich die Substitution von Reihen, wie im ersten der folgenden Beispiele.

(1) Gegeben sei die Differentialgleichung

$$y'' + \frac{2}{x}y' + a^2 y = 0$$

und zur Auffindung eines partikularen Integrals setze man

$$y = A_0 + A_1 x + A_2 x^2 + A_3 x^3 + A_4 x^4 + \ldots\ldots \quad \Big|\; a^2$$

dann ist

$$y' = A_1 + 2A_2 x + 3A_3 x^2 + 4A_4 x^3 + \ldots\ldots \quad \Big|\; \frac{2}{x}$$

$$y'' = 2A_2 + 6A_3 x + 12A_4 x^2 + \ldots\ldots \quad \Big|\; 1,$$

womit die gegebene Gleichung durch Zusammenfassung gleich hoher Potenzen von x in die folgende übergeht:

$$\left(\frac{2A_1}{x}\right) + (6A_2 + a^2 A_0) + (12A_3 + a^2 A_1)x + (20A_4 + a^2 A_2)x^2 + \ldots = 0;$$

hieraus ergeben sich, weil jeder Klammerwert $= 0$ ist, für die Koeffizienten die Werte:

$$A_1 = 0, \quad A_2 = -A_0 \frac{a^2}{6}, \quad A_3 = 0, \quad A_4 = -A_2 \frac{a^2}{20} = A_0 \frac{a^4}{6 \cdot 20}, \ \ldots$$

und es ist daher

$$y = A_0 \left(1 - \frac{a^2 x^2}{2 \cdot 3} + \frac{a^4 x^4}{2 \cdot 3 \cdot 4 \cdot 5} - \ldots\right);$$

multipliziert und dividiert mit $a x$ ergibt sich hieraus

$$y = \frac{A_0}{a x} \left(a x - \frac{a^3 x^3}{3!} + \frac{a^5 x^5}{5!} - \ldots\right),$$

also ist nach § 24, 6. b):

$$y = \frac{A_0}{a} \cdot \frac{\sin a x}{x}, \quad \text{oder kürzer } Y = \frac{\sin a x}{x}$$

ein partikulares Integral der gegebenen Differentialgleichung. Formel c) gibt hiernach das allgemeine Integral

$$y = \frac{\sin a x}{x} \left(k_1 + k_2 \int \frac{x^2 \, dx}{\sin^2 a x} e^{-\ln x^2}\right)$$

und da $e^{\ln x^2} = x^2$, so hat man nach § 34, 13. m)

$$y = \frac{\sin a x}{x} \left(k_1 - k_2 \frac{\cot a x}{a}\right);$$

setzt man schließlich noch $k_2 = -k_0 a$, so ist

$$y = \frac{k_0 \cos a x + k_1 \sin a x}{x}.$$

(2) Gegeben sei die Differentialgleichung

$$x^2 \frac{d^2 u}{d x^2} + x \frac{d u}{d x} - u = 0.$$

Löst man zuerst eine Differentialgleichung 1. Ordnung von ähnlicher Bauart, etwa $x \frac{du}{dx} - r u = 0$, worin r eine beliebige Konstante ist, so erhält man

$$\frac{du}{u} = \frac{r \, dx}{x}, \quad \text{also } \ln u = r \ln x,$$

oder $u = x^r$ als partikulares Integral und dürfte nach den bisherigen Erfahrungen vermuten, daß eine ähnliche Substitution die Lösung der gegebenen Gleichung herbeiführen könnte.

Aus

$$u = x^r \text{ folgt } u' = r x^{r-1} \text{ und } u'' = r(r-1) x^{r-2};$$

setzt man diese Werte in die ursprüngliche Gleichung ein, so ergibt sich

$$x^2 r (r - 1) x^{r-2} + x r x^{r-1} - x^r = 0,$$

oder durch x^r dividiert, die charakteristische Gleichung

$$r (r - 1) + r - 1 = 0$$

mit den Wurzeln $r_1 = + 1$ und $r_2 = - 1$. Die partikularen Lösungen sind daher x und $\frac{1}{x}$, also die allgemeine Lösung (nach den früheren Erörterungen):

$$u = k_1 x + \frac{k_2}{x}.$$

(3) Gegeben sei die Differentialgleichung

$$x^2 \frac{d^2 u}{d x^2} + 2 x \frac{d u}{d x} - 2 u = 0;$$

die Substitution wie unter (2) führt auf die charakteristische Gleichung

$$r (r - 1) + 2 r - 2 = 0$$

mit den Wurzeln $r_1 = + 1$ und $r_2 = - 2$, also ist die allgemeine Lösung

$$u = k_1 x + \frac{k_2}{x^2}.$$

(4) Gegeben sei die Differentialgleichung

$$x^2 \frac{d^2 u}{d x^2} + 9 x \frac{d u}{d x} + 12 u = 0;$$

die Substitution wie unter (2) führt auf die charakteristische Gleichung

$$r (r - 1) + 9 r + 12 = 0$$

mit den Wurzeln $r_1 = - 2$ und $r_2 = - 6$, also ist die allgemeine Lösung

$$u = k_1 x^{-2} + k_2 x^{-6}.$$

(5) Gegeben sei die Differentialgleichung

$$x^2 \frac{d^2 u}{d x^2} + 5 x \frac{d u}{d x} + 4 u = 0;$$

setzt man wieder $u = x^r$, so ergibt sich die charakteristische Gleichung

$$r (r - 1) + 5 r + 4 = 0$$

mit den beiden gleichen Wurzeln $r = - 2$; man erhält in diesem Falle also nur eine partikulare Lösung $u_1 = x^{-2}$. Die allgemeine Lösung findet man wie folgt:

Es ist

$$x^2 u'' + 5\,xu' + 4\,u = 0$$

und ebenso

$$x^2 u_1'' + 5\,xu_1' + 4\,u_1 = 0;$$

multipliziert man die erste dieser Gleichungen mit u_1, die zweite mit $-u$ und addiert sie, so ergibt sich

$$x^2 (u'' u_1 - u_1'' u) + 5\,x\,(u' u_1 - u_1' u) = 0;$$

setzt man nun $u' u_1 - u_1' u = y$, dann ist

$$\begin{aligned} y' &= (u'' u_1 + u' u_1') - (u_1'' u + u_1' u') \\ &= u'' u_1 - u_1'' u \end{aligned}$$

und somit

$$x^2 y' + 5\,x\,y = 0 \quad \text{oder} \quad x \frac{dy}{dx} + 5y = 0;$$

$$\frac{dy}{y} = -\frac{5\,dx}{x}; \ \ln y = -5 \ln x + \ln k_1;$$

$$y = k_1 x^{-5} = \frac{k_1}{x^5};$$

ferner ist

$$\frac{d}{dx}\left(\frac{u}{u_1}\right) = \frac{u_1 u' - u_1' u}{u_1^2} = \frac{y}{u_1^2};$$

$$\frac{d}{dx}\left(\frac{u}{u_1}\right) = \frac{k_1}{x^5} : \frac{1}{x^4} = \frac{k_1}{x};$$

$$\frac{u}{u_1} = k_1 \ln x + k_2;$$

also ist die allgemeine Lösung der ursprünglichen Differentialgleichung

$$u = \frac{1}{x^2}(k_2 + k_1 \ln x).$$

Dies Verfahren läßt sich auf jede lineare homogene Differentialgleichung 2. Ordnung anwenden, wenn ein partikulares Integral bekannt ist.

(6) Gibt man der Differentialgleichung unter (5) die Normalform a), indem man durch x^2 dividiert, also

$$u'' + \frac{5}{x} u' + \frac{4}{x^2} u = 0,$$

so ist $u_1 = x^{-2}$ nach wie vor eine partikulare Lösung; man findet jetzt die allgemeine Lösung nach Formel c):

$$u = \frac{1}{x^2}\left(k_1 + k_2 \int \frac{dx}{\left(\frac{1}{x^2}\right)^2} e^{-\int \frac{5\,dx}{x}}\right)$$

und weil

$$\int x^4\, dx\, e^{-5 \ln x} = \int \frac{x^4\, dx}{x^5} = \ln x,$$

so ist

$$u = \frac{1}{x^2}(k_1 + k_2 \ln x)$$

wie zuvor.

(7) Hat man umgekehrt eine Differentialgleichung in der Form

$$y'' - \frac{1}{x} y' + \frac{1}{x^2} y = 0$$

und bringt sie durch Multiplikation mit x^2 auf die Form

$$x^2 y'' - x y' + y = 0,$$

so ergibt die Substitution $y = x^r$ die charakteristische Gleichung

$$r(r - 1) - r + 1 = 0$$

mit den beiden gleichen Wurzeln $r = 1$, also ist $y_1 = x^1$ eine partikulare Lösung der ursprünglichen Gleichung; jetzt findet man die allgemeine Lösung nach Formel c):

$$y = x\left(k_1 + k_2 \int \frac{dx}{x^2} e^{+\int \frac{dx}{x}}\right)$$

und da

$$\int \frac{dx}{x^2} e^{\ln x} = \int \frac{x\, dx}{x^2} = \ln x,$$

so ist

$$y = x(k_1 + k_2 \ln x)$$

oder

$$y = k_1 x + k_2 x \ln x.$$

10. Vollständige lineare Differentialgleichung 2. Ordnung.

Unter 8. f) und i) ergab sich für die homogene Differentialgleichung 2. Ordnung mit konstanten Koeffizienten $y'' + ay' + by = 0$ das allgemeine Integral $y = k_1 e^{r_1 x} + k_2 e^{r_2 x}$. Die allgemeinere Differentialgleichung

a) $$y'' + a y' + b y = X$$

läßt sich dadurch integrieren, daß man dem y dieselbe Form gibt, jedoch k_1 und k_2 nicht mehr als Konstante, sondern als Funktionen von x betrachtet, also das allgemeine Integral in der Form

b) $$y = u_1 e^{r_1 x} + u_2 e^{r_2 x}$$

annimmt, worin r_1 und r_2 dieselbe Bedeutung haben wie zuvor. Setzt man nun

c) $$u_1' e^{r_1 x} + u_2' e^{r_2 x} = 0,$$

so ist
$$y' = u_1 r_1 e^{r_1 x} + u_2 r_2 e^{r_2 x},$$
$$y'' = u_1 r_1^2 e^{r_1 x} + u_2 r_2^2 e^{r_2 x} + u_1' r_1 e^{r_1 x} + u_2' r_2 e^{r_2 x}.$$

Die Werte für y, y' und y'' in a) eingeführt ergeben

$$(r_1^2 + a r_1 + b) u_1 e^{r_1 x} + (r_2^2 + a r_2 + b) u_2 e^{r_2 x} \\ + u_1' r_1 e^{r_1 x} + u_2' r_2 e^{r_2 x} = X$$

und da die ersten beiden Glieder dieser Gleichung nach 8. h) verschwinden, so verbleibt

d) $$u_1' r_1 e^{r_1 x} + u_2' r_2 e^{r_2 x} = X.$$

Aus c) und d) erhält man

$$u_1' = \frac{X e^{-r_1 x}}{r_1 - r_2} \text{ und } u_2' = \frac{X e^{-r_2 x}}{r_2 - r_1}$$

und hieraus durch Integration

$$u_1 = \frac{k_1 + \int X e^{-r_1 x} dx}{r_1 - r_2} \text{ und } u_2 = \frac{k_2 + \int X e^{-r_2 x} dx}{r_2 - r_1},$$

worin k_1 und k_2 aufs neue die Integrationskonstanten bedeuten; nach Formel b) ist jetzt

e) $$y = \frac{(k_1 + \int X e^{-r_1 x} dx) e^{r_1 x} - (k_2 + \int X e^{-r_2 x} dx) e^{r_2 x}}{r_1 - r_2}$$

das allgemeine Integral der Differentialgleichung a).

Beispiel (1): Um die Differentialgleichung

$$y'' - y' - 2y = x$$

zu integrieren, bestimme man nach 8. h) aus der zugehörigen homogenen Gleichung $y'' - y' - 2y = 0$ die charakteristische Gleichung $r^2 - r - 2 = 0$, daraus die Wurzeln $r_1 = 2$ und $r_2 = -1$ und hat dann nach e)

$$y = \frac{(k_1 + \int x e^{-2x} dx) e^{2x} - (k_2 + \int x e^{x} dx) e^{-x}}{3};$$

nach § 34, 14. e) ist

$$\int x e^{-2x} dx = -e^{-2x}\left(\frac{x}{2} + \frac{1}{4}\right),$$
$$\int x e^{x} dx = e^{x}(x - 1),$$

also ist

$$y = \frac{1}{3}\left(k_1 e^{2x} - k_2 e^{-x} - \frac{x}{2} - \frac{1}{4} - x + 1\right)$$

oder

$$y = c_1 e^{2x} + c_2 e^{-x} - \frac{x}{2} + \frac{1}{4}$$

das allgemeine Integral der gegebenen Gleichung.

Betrachtet man schließlich die lineare Differentialgleichung 2. Ordnung mit veränderlichen Koeffizienten

f) $$y'' + X_1 y' + X_2 y = X,$$

so dürfte die Vermutung naheliegen, daß ihr Integral mit dem der zugehörigen homogenen Gleichung 9. a) von gleicher Grundform ist, wenn man wieder k_1 und k_2 nicht als Konstante, sondern als Funktionen von x ansieht; es wird daher die Annahme gemacht

g) $$y = u_1 y_1 + u_2 y_2.$$

Die fernere Entwicklung gestaltet sich ganz ähnlich wie zuvor. Setzt man nämlich

h) $$u_1' y_1 + u_2' y_2 = 0,$$

so ist

$$\begin{aligned} y' &= u_1 y_1' + u_2 y_2' \\ y'' &= u_1' y_1' + u_2' y_2' + u_1 y_1'' + u_2 y_2''. \end{aligned}$$

Die Werte für y, y' und y'' in f) eingeführt ergeben

$$\begin{aligned} & u_1 (y_1'' + X_1 y_1' + X_2 y_1) \\ + & u_2 (y_2'' + X_1 y_2' + X_2 y_2) \\ + & u_1' y_1' + u_2' y_2' = X \end{aligned}$$

und da die beiden ersten Glieder dieser Gleichung nach 9. a) verschwinden, so verbleibt

i) $$u_1' y_1' + u_2' y_2' = X.$$

Aus h) und i) erhält man

$$u_2' = \frac{X}{\dfrac{y_2 y_1' - y_1 y_2'}{y_2}} = \frac{X}{y_2\left(\dfrac{y_1}{y_2}\right)'}, \text{ denn } \frac{d}{dx}\left(\frac{y_1}{y_2}\right) = \frac{y_2 y_1' - y_1 y_2'}{y_2^2}.$$

$$u_2' = \frac{X}{\dfrac{y_1 y_2' - y_2 y_1'}{y_1}} = \frac{X}{y_1\left(\dfrac{y_2}{y_1}\right)'}$$

und hieraus durch Integration die Werte für u_1 und u_2. Nach g) ist also

k) $$y = y_1 \left[k_1 + \int \frac{X\,dx}{y_2 \left(\frac{y_1}{y_2}\right)'} \right] + y_2 \left[k_2 + \int \frac{X\,dx}{y_1 \left(\frac{y_2}{y_1}\right)'} \right].$$

das allgemeine Integral der Differentialgleichung f).

Beispiel (2): Gegeben sei die Differentialgleichung

$$y'' - \frac{1}{x} y' + \frac{1}{x^2} y = x;$$

die zugehörige homogene Gleichung hat nach Beispiel (7) unter 9. die partikularen Integrale

$$y_1 = x \qquad \text{und} \qquad y_2 = x \ln x,$$

also ist das allgemeine Integral der gegebenen Gleichung nach Formel k)

$$y = x \left(k_1 + \int \frac{x\,dx}{x \ln x \left(\frac{x}{x \ln x}\right)'} \right) + x \ln x \left(k_2 + \int \frac{x\,dx}{x \left(\frac{x \ln x}{x}\right)'} \right);$$

mit den Werten der Differentialquotienten

$$\left(\frac{1}{\ln x}\right)' = -\frac{1}{x (\ln x)^2} \qquad \text{und} \qquad \left(\frac{\ln x}{1}\right)' = \frac{1}{x},$$

wird

$$y = x\left(k_1 - \int x \ln x\,dx\right) + x \ln x \left(k_2 + \int x\,dx\right)$$

und nach § 34, 14. g) ergibt sich jetzt durch Integration:

$$y = x \left[k_1 - \frac{x^2}{2} \left(\ln x - \frac{1}{2} \right) \right] + x \ln x \left(k_2 + \frac{x^2}{2} \right)$$

$$= k_1 x + k_2 x \ln x + \frac{x^3}{4}.$$

Struktur des allgemeinen Integrals von a) und f). Ist y_1 ein partikulares Integral von f) und Y das allgemeine Integral der dazugehörigen homogenen Gleichung, dann ist

$$y_1'' + X_1 y_1' + X_2 y_1 = X$$
$$Y'' + X_1 Y' + X_2 Y = 0$$

also $$(Y + y_1)'' + X_1 (Y + y_1)' + X_2 (Y + y_1) = X$$

und da Y die erforderlichen zwei Konstanten enthält, so ist $y = Y + y_1$ das allgemeine Integral von f).

Es setzt sich also das allgemeine Integral einer nicht homogenen Gleichung aus einem partikularen Integral derselben und dem allgemeinen Integral der zugehörigen homogenen Gleichung additiv zusammen.

Unter anderen Anwendungen kann dieser Satz auch zur schnellen Probe der Lösung einer Differentialgleichung dienen: Im Beispiel (1) ist hiernach $y = -\frac{x}{2} + \frac{1}{4}$ ein partikulares Integral von

$$y'' - y' - 2y = x,$$

also muß

$$0 + \frac{1}{2} + \left(x - \frac{1}{2}\right) = x \text{ sein.}$$

Im Beispiel (2) ist dem Satze nach $y = \frac{x^3}{4}$ ein partikulares Integral von

$$y'' - \frac{1}{x} y' + \frac{1}{x^2} y = x$$

also muß

$$\frac{6}{4} x - \frac{3}{4} x + \frac{1}{4} x = x \text{ sein.}$$

11. Homogene Differentialgleichung n-ter Ordnung mit konstanten Koeffizienten.

Wenn es schon für Differentialgleichungen erster und zweiter Ordnung keine allgemeine Integrationsmethode gibt, so wird es nicht befremden, daß die Differentialgleichungen höherer Ordnungen nur selten nach einfachen Regeln integriert werden können. Eine Ausnahme bilden die linearen homogenen Differentialgleichungen mit konstanten Koeffizienten, deren Lösung auf ein algebraisches Problem, nämlich auf die Bestimmung der Wurzeln einer algebraischen Gleichung zurückführt, ganz analog wie es unter 8. f) bis k) und (1) bis (3) für die betreffenden Differentialgleichungen 2. Ordnung ausgeführt wurde. Ist also (mit Beachtung der Schreibweisen unter § 34, 7.)

a) $$y^{(n)} + a_1 y^{(n-1)} + a_2 y^{(n-2)} + \ldots + a_n y = 0$$

eine Differentialgleichung n-ter Ordnung, worin $a_1, a_2, \ldots a_n$ konstante Koeffizienten bezeichnen, und setzt man $y = e^{rx}$, unter r noch unbestimmte Konstanten verstanden, so erhält man analog 8. h) die charakteristische Gleichung

b) $$r^n + a_1 r^{n-1} + a_2 r^{n-2} + \ldots + a_n = 0$$

deren n Wurzeln $r_1, r_2, r_3 \ldots r_n$ heißen mögen. Jeder von den n Ausdrücken

$$e^{r_1 x}, \; e^{r_2 x}, \; e^{r_3 x}, \ldots . . e^{r_n x}$$

ist ein partikulares Integral der Differentialgleichung a), das allgemeine Integral derselben ist, wenn alle Wurzeln reell und verschieden sind,

c) $$y = k_1 e^{r_1 x} + k_2 e^{r_2 x} + k_3 e^{r_3 x} + \ldots + k_n e^{r_n x}.$$

Wie das Verfahren zu vervollständigen ist, wenn gleiche oder imaginäre Wurzeln auftreten, wird aus den folgenden Beispielen hervorgehen.

Beispiele:

(1) Zu der Differentialgleichung

$$4y''' - 6y'' + 4y' - y = 0$$

gehört die charakteristische Gleichung

$$4r^3 - 6r^2 + 4r - 1 = 0,$$

bringt man sie in die Normalform

$$r^3 - \frac{3}{2}r^2 + r - \frac{1}{4} = 0,$$

so läßt sich nach § 11, 3. leicht erraten, daß $\frac{1}{2}$ eine Wurzel der Gleichung sein dürfte; dividiert man daher mit $r - \frac{1}{2}$, so bleibt die quadratische Gleichung $r^2 - r + \frac{1}{2} = 0$, welche die beiden andern Wurzeln $\frac{1}{2} \pm \frac{i}{2}$ liefert. Das allgemeine Integral ist also

$$y = k_1 e^{\frac{x}{2}} + k_2 e^{\left(\frac{1}{2} + \frac{i}{2}\right)x} + k_3 e^{\left(\frac{1}{2} - \frac{i}{2}\right)x}$$
$$= e^{\frac{x}{2}}\left(k_1 + k_2 e^{\frac{ix}{2}} + k_3 e^{-\frac{ix}{2}}\right);$$

reduziert wie im Beispiel (2) unter 8. wird daraus

$$y = e^{\frac{x}{2}}\left(k_1 + A\cos\frac{x}{2} + B\sin\frac{x}{2}\right).$$

(2) Der Differentialgleichung

$$y^{\mathrm{IV}} - 4y''' + 3y'' + 4y' - 4y = 0$$

entspricht die charakteristische Gleichung

$$r^4 - 4r^3 + 3r^2 + 4r - 4 = 0;$$

da die Summe der Koeffizienten $= 0$ ist, so ist $+1$ eine Wurzel dieser Gleichung, und da mit Zeichenwechsel der ungeraden Potenzen von r die Koeffizientensumme wieder gleich Null wird, so ist auch -1 eine Wurzel; dividiert man daher mit $r^2 - 1$, so bleibt die quadratische Gleichung $r^2 - 4r + 4 = 0$, welche die beiden andern Wurzeln 2 und 2 liefert. Mit Berücksichtigung der Formel 8. k) ist also das allgemeine Integral

$$y = k_1 e^x + k_2 e^{-x} + (A + Bx)\, e^{2x}.$$

(3) Die Differentialgleichung

$$y^{\mathrm{IV}} + 2y'' + y = 0$$

führt zu der charakteristischen Gleichung

$$r^4 + 2r^2 + 1 = 0$$

mit den zwei gleichen quadratischen Wurzeln $r^2 = -1$, also sind $\pm i$ und $\pm i$ die vier Wurzeln der charakteristischen Gleichung. Das allgemeine Integral ist demnach, mit Berücksichtigung von Formel k) und Beispiel (2) unter 8.:

$$y = (A + Bx) \cos x + (C + Dx) \sin x.$$

Das Newtonsche Näherungsverfahren zur Lösung von numerischen Gleichungen höheren Grades wurde Ende § 34, 7. erklärt.

§ 39. Partielle Differentialgleichungen.

1. Geometrische Bedeutung der partiellen Differentialgleichungen.

Die bisher behandelten Differentialgleichungen zwischen zwei Veränderlichen und ihren gewöhnlichen Differentialquotienten nennt man, im engeren Sinne, gewöhnliche Differentialgleichungen; in geometrischer Darstellung liefern sie ebene Kurven, ebenso wie ihre Integrale, welche man daher auch Integralkurven nennt. Die nun folgenden Differentialgleichungen zwischen drei Veränderlichen und ihren partiellen Differentialquotienten heißen partielle Differentialgleichungen; in geometrischer Darstellung sind es krumme Flächen, wie auch ihre Integrale, die dann Integralflächen heißen.

Bedeuten x und y zwei unabhängige Veränderliche, z eine noch unbekannte Funktion derselben und bezeichnet man (nach § 35, 1.) die partiellen Differentialquotienten von z durch $\frac{\partial z}{\partial x}$ und $\frac{\partial z}{\partial y}$, so kann die Gleichung

a) $$F\left(x, y, z, \frac{\partial z}{\partial x}, \frac{\partial z}{\partial y}\right) = 0$$

als das allgemeine Schema einer partiellen Differentialgleichung erster Ordnung zwischen drei Veränderlichen angesehen werden, und die Aufgabe würde sein, aus der Gleichung a) eine primitive Gleichung von der Form $z = f(x, y)$, d. h. ihr Integral zu entwickeln.

Denkt man sich x, y, z als rechtwinklige Koordinaten eines Punktes im Raume, so bedeutet die Gleichung $z = f(x, y)$ eine Fläche, welche die in a) ausgesprochene Lage der Tangentialebenen haben soll, denn es bestimmt ja $\frac{\partial z}{\partial x}$ die Tangente in der x-Richtung und $\frac{\partial z}{\partial y}$ die Tangente in der y-Richtung, also bestimmen beide vereint die Tangentialebene der Fläche im Punkte x, y, z (Bild 185, § 34). Werden die Koordinaten der Tangentialebene mit ξ, η, ζ bezeichnet, zur Unterscheidung von den Koordinaten der krummen Fläche, so sind die Gleichungen der beiden Tangenten (nach § 28, 9. b)):

b) $$\zeta - z = \frac{\partial z}{\partial x}(\xi - x) \quad \text{und} \quad \zeta - z = \frac{\partial z}{d y}(\eta - y).$$

Die Gleichung einer Ebene durch den Punkt x, y, z der Fläche ist (nach § 31, 4. b)):

$$A(\xi - x) + B(\eta - y) + C(\zeta - z) = 0,$$

oder durch C dividiert

$$\zeta - z = m(\xi - x) + n(\eta - y),$$

und werden darin m und n noch durch die Differentialquotienten $\frac{\partial z}{\partial x}$ und $\frac{\partial z}{\partial y}$ ersetzt, so ergibt sich die Gleichung der Tangentialebene

c) $$\zeta - z = \frac{\partial z}{\partial x}(\xi - x) + \frac{\partial z}{\partial y}(\eta - y).$$

Für einen Punkt dieser Ebene auf der Tangente in der x-Richtung ist $\eta - y = 0$, und für einen Punkt dieser Ebene auf der Tangente in der y-Richtung ist $\xi - x = 0$; in beiden Fällen würde c) mit b) übereinstimmen. Vermöge obiger Beziehungen ließe sich eine Integralfläche wie folgt konstruieren: Man gebe der einen Veränderlichen einen willkürlichen Anfangswert x_0, lege in der Entfernung $x = x_0$ eine Ebene parallel zur Koordinatenebene yz, zeichne in dieser Parallelebene eine beliebige Kurve $z = \psi(y)$ und betrachte sie als den Schnitt der gesuchten Integralfläche mit der Parallelebene. Für jeden Punkt dieser Schnittkurve sind $x = x_0$, y und z bekannt, sowie $\frac{\partial z}{\partial y}$ vermöge der Gleichung $z = \psi(y)$. Nach Gleichung a) kann man also jetzt $\frac{\partial z}{\partial x}$ berechnen oder, genauer ausgedrückt, den Spezialwert, welchen $\frac{\partial z}{\partial x}$ für $x = x_0$ annimmt. Da nunmehr alle x, y, z, $\frac{\partial z}{\partial x}$ und $\frac{\partial z}{\partial y}$ des Parallelschnittes bestimmt werden können, läßt sich auch durch jeden Punkt desselben eine Tangentialebene legen, deren Gleichung, in den laufenden Koordinaten ξ, η, ζ ausgedrückt,

$$\zeta - z = \frac{\partial z}{\partial x}(\xi - x_0) + \frac{\partial z}{\partial y}(\eta - y)$$

wäre. Es sind dies die Tangentialebenen, welche die Integralfläche längs des Parallelschnittes an sich trägt. Gibt man nun dem x einen zweiten Wert $x_1 = x_0 + d x_0$ und legt durch x_1 eine zweite Parallelebene zu yz, so wird diese von jenem System von Tangentialebenen in einer Kurve $z = \psi_1(y)$ geschnitten, welche bei unendlich kleiner Verschiedenheit von x_0 und x_1 als zweiter Parallelschnitt der gesuchten Integralfläche gilt. Von diesem Schnitte ausgehend kann man die vorige Konstruktion wiederholen, die kontinuierliche Folge der zu $z = \psi_1(y)$ gehörenden Tangentialebenen bilden, dann zu einem dritten Parallelschnitte in der Entfernung $x_2 = x_1 + d x_1$ übergehen, usw. So würde die Integralfläche ihrer ganzen Ausdehnung nach bestimmbar durch die stetige Aufeinanderfolge ihrer Querschnitte (Bild 166) parallel zur yz-Ebene, sobald nur der erste dieser Querschnitte $z = \psi(y)$, $x = x_0$ gegeben ist oder willkürlich angenommen wird. Eine partielle Differentialgleichung charakterisiert daher eine unendliche Menge krummer Flächen, deren spezielle Gestalt von der Kurve $z = \psi(y)$ abhängt, durch welche man sie hindurchgehen lassen will; jedes Integral ist demnach insofern unbestimmt, als es eine willkürliche Funktion enthalten muß. Dies bestätigt sich analytisch leicht, wenn man eine partielle Differentialgleichung bildet. Dreht man z. B. eine beliebige in der yz-Ebene dargestellte Kurve $z = \psi(y)$ um die z-Achse, so entsteht eine Umdrehungsfläche von der Gleichung (nach § 32, 4.)

$$z = \psi(\sqrt{x^2 + y^2}),$$

und man findet:

$$\frac{\partial z}{\partial x} = \psi'(\sqrt{x^2 + y^2}) \cdot \partial \sqrt{x^2 + y^2} = \psi'(\sqrt{x^2 + y^2}) \cdot \frac{1}{2}(x^2 + y^2)^{-\frac{1}{2}}\, 2x;$$

also

$$\frac{\partial z}{\partial x} = \frac{x\,\psi'(\sqrt{x^2 + y^2})}{\sqrt{x^2 + y^2}}, \qquad \frac{\partial z}{\partial y} = \frac{y\,\psi'(\sqrt{x^2 + y^2})}{\sqrt{x^2 - y^2}},$$

und daraus läßt sich ohne weiteres die partielle Differentialgleichung

d) $$y\frac{\partial z}{\partial x} - x\frac{\partial z}{\partial y} = 0$$

ableiten. Rotiert man als Einzelfall die Parabel $y^2 = 2pz$ um die z-Achse, so entsteht das Rotationsparaboloid $x^2 + y^2 = 2pz$, und man erhält

$$\frac{\partial z}{\partial x} = \frac{x}{p} \quad \text{und} \quad \frac{\partial z}{\partial y} = \frac{y}{p}$$

und daraus wiederum die partielle Differentialgleichung d). Alle ihre Integrale sind Rotationsflächen. Die Gleichung d) sagt auch, daß alle Normalen der Fläche die z-Achse durchschneiden, denn die Elimination von z ergibt $x = y\frac{\partial y}{\partial x}$, die Gleichung der Subnormalen.

2. Die Integration linearer partieller Differentialgleichungen erster Ordnung

stützt sich unmittelbar auf die Betrachtungen unter 1., ihr Schema ist

$$\text{a)}\qquad \varphi(x, y, z)\frac{\partial z}{\partial x} + \psi(x, y, z)\frac{\partial z}{\partial y} = \chi(x, y, z).$$

Wie immer auch die zugrunde liegende Integralgleichung $F(x, y, z) = 0$ beschaffen sein möge, so würde doch z, als Funktion von x und y betrachtet, also $z = f(x, y)$, daraus entnommen werden können und als Schema die Differenzierung

$$\text{b)}\qquad dz = \frac{\partial z}{\partial x}dx + \frac{\partial z}{\partial y}dy$$

ergeben; durch Substitution des Werter von $\frac{\partial z}{\partial x}$ aus a) in b) erhält man dann die Form:

$$\text{c)}\qquad (\varphi\, dz - \chi\, dx) - (\varphi\, dy - \psi\, dx)\frac{\partial z}{\partial y} = 0.$$

Denkt man sich wie früher x für den Augenblick konstant, so würde diese Gleichung dem in der Entfernung x, parallel zur Koordinatenebene yz, gelegten Querschnitte zugehören; dieser Querschnitt ist aber eine willkürliche Kurve, mithin $\frac{\partial z}{\partial y}$ eine ganz beliebige Größe und die Gleichung c) kann daher nur bestehen, wenn zugleich die Gleichungen

$$\text{d)}\qquad \varphi dz - \chi dx = 0 \quad \text{und} \quad \varphi dy - \psi dx = 0$$

für sich stattfinden. Aus den zwei Gleichungen d) folgt noch eine dritte, nämlich $dz : dy = \chi : \psi$, oder $\psi dz = \chi dy$, welche man auch durch Elimination von $\frac{\partial z}{\partial y}$ anstatt $\frac{\partial z}{\partial x}$ gefunden haben würde. Die Differentialgleichung a) zieht also folgende drei Gleichungen nach sich:

$$\text{e)}\qquad \begin{aligned} \varphi dy - \psi dx &= 0, \\ \varphi dz - \chi dx &= 0, \\ \psi dz - \chi dy &= 0, \end{aligned}$$

welche keine partiellen Differentiale enthalten. Hat man aus zwei dieser sog. Hilfsgleichungen oder aus zwei Kombinationen derselben durch gewöhnliche Integration ein Paar neue Integralgleichungen abgeleitet, so sind diese der Form nach

f) $$\varphi(x, y, z) = C \quad \text{und} \quad \psi(x, y, z) = C_1,$$

worin C und C_1 zwei willkürliche Konstanten bezeichnen. Es folgt hieraus, daß C_1 eine nicht näher bestimmbare und ebenfalls willkürliche Funktion von C sein muß, also $C_1 = f(C)$ oder nach f)

g) $$\psi(x, y, z) = f[\varphi(x, y, z)].$$

Diese Gleichung ist demnach das gesuchte Integral in ganz allgemeiner Form.

Beispiel 1. Die partielle Differentialgleichung sei

$$a\frac{\partial z}{\partial x} + b\frac{\partial z}{\partial y} = 0;$$

den Wert von $\frac{\partial z}{\partial x}$ in Schema b) eingesetzt, ergibt

$$a\,dz - (a\,dy - b\,dx)\frac{\partial z}{\partial y} = 0,$$

also ist $$a\,dy - b\,dx = 0, \qquad a\,dz = C,$$

und $$ay - bx = C, \qquad z = C_1,$$

das Integral ist daher $$C_1 = f(C)$$

oder $$z = f(ay - bx).$$

Prüfung: $$\frac{\partial z}{\partial x} = -b f'(ay - bx)$$

$$\frac{\partial z}{\partial y} = a f'(ay - bx),$$

woraus man durch Transposition und Addition wieder die ursprüngliche Gleichung erhält.

Beispiel 2. Die Differentialgleichung 1. d)

$$y\frac{\partial z}{\partial x} - x\frac{\partial z}{\partial y} = 0$$

gibt, auf gleiche Weise behandelt:

$$y\,dy + x\,dx = 0, \qquad y\,dz = 0,$$
$$y^2 + x^2 = C, \qquad z = C_1,$$

also $$z = f(x^2 + y^2).$$

Die Integrale unter 1. waren $z = \varphi\left(\sqrt{x^2 + y^2}\right)$ und $z = \frac{x^2 + y^2}{2p}$; eine Prüfung wie im Beispiel 1. wird alle drei Integrale für richtig finden. Das sollte aber keineswegs befremden, wenn man sich vergegenwärtigt, daß die Erzeugende einer Umdrehungsfläche sich zu einer anderen addieren läßt, indem man die y-Ordinaten beider addiert und so eine dritte Erzeugende erhält; auch durch Verdopplung der Ordinaten oder durch Multiplikation mit einem beliebigen Faktor oder durch Addition einer Konstanten ergeben sich weitere Erzeugende aus einer ursprünglichen. Dementsprechend gibt auch die Summe zweier oder mehrerer Integrale, oder die Multiplikation mit einem beliebigen Faktor, oder die Addition einer Konstanten, immer ein weiteres Integral der Differentialgleichung, und daß sich diese Bemerkung auf die Integrale aller partiellen Differentialgleichungen bezieht, dürfte nach den Erörterungen unter 1. ganz selbstverständlich sein.

Es erklärt sich so, daß die partikularen Integrale einer partiellen Differentialgleichung sehr mannigfache Formen annehmen können, und daß ebendeswegen die Aufgabe der Integration in dieser Beziehung etwas Unbestimmtes hat. Völlig bestimmt wird die Aufgabe erst dann, wenn Nebenbedingungen hinzutreten, wie sie bei den physikalischen Anwendungen in der Tat vorhanden sind. Es kommt in solchen Fällen darauf an, dem Integral gerade die Form zu verschaffen, welche sich mit den gegebenen Nebenbedingungen verträgt.

Beispiel 3. Genau nach Beispiel 1 läßt sich die allgemeinere Gleichung

$$\text{h)} \qquad X\frac{\partial z}{\partial x} + Y\frac{\partial z}{\partial y} = Z$$

behandeln, worin X, Y, Z Funktionen von x, y, z allein bezeichnen mögen. Wenn der Wert von $\frac{\partial z}{\partial x}$ aus dieser Gleichung in Schema b) eingesetzt wird, erhält man die Hilfsgleichungen:

$$X dy - Y dx = 0, \qquad X dz - Z dx = 0;$$

in beiden ist die Trennung der Variablen sehr leicht und gibt:

$$\int\frac{dy}{Y} - \int\frac{dx}{X} = C, \qquad \int\frac{dz}{Z} - \int\frac{dx}{X} = C_1,$$

mithin das Integral:

$$\text{i)} \qquad \int\frac{dz}{Z} - \int\frac{dx}{X} = f\left\{\int\frac{dy}{Y} - \int\frac{dx}{X}\right\}.$$

Hat man eine Gleichung von der Form h), so braucht man nur ihre Koeffizienten in i) einsetzen, um ein Integral zu erhalten.

Beispiel 4. Die Differentialgleichung sei

$$x^2\frac{\partial z}{\partial x} + y^2\frac{\partial z}{\partial y} = z^2;$$

ihre Koeffizienten x^2, y^2, z^2 statt X, Y, Z in i) eingesetzt, ergeben das Integral:

$$-\frac{1}{z} + \frac{1}{x} = \varphi\left(-\frac{1}{y} + \frac{1}{x}\right)$$

oder

$$\frac{1}{z} = \frac{1}{x} + \varphi\left(\frac{1}{y} - \frac{1}{x}\right).$$

Beispiel 5. Die Differentialgleichung sei

$$\tan x \frac{\partial z}{\partial x} + \tan y \frac{\partial z}{\partial y} = \tan z;$$

ihre Koeffizienten $\tan x$, $\tan y$, $\tan z$ statt X, Y, Z in i) eingesetzt, ergeben zuerst: $\ln \sin z - \ln \sin x = \varphi(\ln \sin y - \ln \sin x)$ und daraus das Integral: $\sin z = \sin x\, \varphi\left(\frac{\sin y}{\sin x}\right)$.

$\left(\text{Nach § 34, 13. w) ist nämlich} \int \frac{dx}{\tan x} = \int \cot x\, dx = \ln \sin x\right)$.

Beispiel 6. Die gegebene Differentialgleichung sei

$$(cy - bz)\frac{\partial z}{\partial x} + (az - cx)\frac{\partial z}{\partial y} = bx - ay;$$

die Hilfsgleichungen lauten nach Schema e)

$$\begin{aligned}(cy - bz)\, dy - (az - cx)\, dx &= 0\\ (cy - bz)\, dz - (bx - ay)\, dx &= 0\\ (az - cx)\, dz - (bx - ay)\, dy &= 0\end{aligned}$$

und sind nicht unmittelbar integrabel, weil in jeder von ihnen drei Variable vorkommen; multipliziert man aber die zweite mit $-a$ und die dritte mit $-b$ und addiert beide, so bleibt nach Hebung von $bx - ay$:

$$a dx + b dy + c dz = 0, \quad \text{also ist } ax + by + cz = C.$$

Um ein zweites Integral zu erhalten, multipliziere man die zweite mit $-x$ und die dritte mit $-y$ und addiere wieder, so bleibt nach Hebung von $bx - ay$:

$$x dx + y dy + z dz = 0, \quad \text{also ist} \quad x^2 + y^2 + z^2 = C_1;$$

das gesuchte Integral ist folglich:

$$x^2 + y^2 + z^2 = f(ax + by + cz).$$

3. Lineare partielle Differentialgleichungen zweiter Ordnung.

Das unter 2. auseinandergesetzte Verfahren, welches in der Zurückführung einer partiellen Differentialgleichung auf ein System gewöhnlicher Differentialgleichungen besteht, ist mit einigen Modifikationen auch bei partiellen Differentialgleichungen zweiter Ordnung anwendbar, aber nicht immer zum Vorteil, weil die Integration des entstehenden Systems von Hilfsgleichungen oft größere Schwierigkeiten darbietet als die direkte Integration der ursprünglichen Gleichung.

Es soll im folgenden nur eine Klasse von partiellen Differentialgleichungen behandelt werden, welche deshalb eine besondere Beachtung verdienen, weil sie bei vielen Problemen der theoretischen Physik eine wichtige Rolle spielen; es sind dies die linearen partiellen Differentialgleichungen zweiter Ordnung mit konstanten Koeffizienten. Das Verfahren zu ihrer direkten Integration besteht immer darin, daß man anfangs ein partikulares Integral aufsucht und nachher das allgemeine Integral aus einer Reihe partikularer Integrale zusammensetzt. Es soll zunächst an der schon unter 2. Beispiel 1 besprochenen Differentialgleichung erster Ordnung

a) $$a \frac{\partial z}{\partial x} + b \frac{\partial z}{\partial y} = 0$$

durchgeführt werden. In § 38, 8. g) wurde auf Grund einer motivierten Vermutung die von x abhängige Veränderliche y durch e^{rx} ersetzt, was zur Lösung von gewöhnlichen Differentialgleichungen zweiter Ordnung führte. Es liegt also der Versuch nicht fern, hier die von x und y abhängige Veränderliche z durch einen Ausdruck von der Form

b) $$z = e^{\beta x + \gamma y}$$

zu ersetzen, worin β und γ einstweilen noch unbekannte Koeffizienten bedeuten; die Substitution in a) gibt

$$a \beta e^{\beta x + \gamma y} + b \gamma e^{\beta x + \gamma y} = 0,$$

oder

c)₁ $$(a \beta + b \gamma) e^{\beta x + \gamma y} = 0,$$

mithin

c)₂ $$a \beta + b \gamma = 0$$

oder

$$\gamma = - \frac{a}{b} \beta,$$

worin β völlig willkürlich bleibt. Ein partikulares Integral der Differentialgleichungen a) ist also

$$z = e^{\beta x - \frac{a}{b} \beta y} \quad \text{oder} \quad z = e^{\mu (bx - ay)},$$

wenn $\beta = b \mu$ gesetzt wird. Etwas allgemeiner wäre

$$z = C e^{\mu (bx - ay)}.$$

Prüfung: $$\frac{\partial z}{\partial x} = b \mu C e^{\mu (bx - ay)},$$

$$\frac{\partial z}{\partial y} = - a \mu C e^{\mu (bx - ay)},$$

woraus durch Transposition und Addition wieder die Gleichung a) entsteht.

Gibt man den willkürlichen Konstanten C und μ verschiedene Werte und summiert die so entstehenden partikularen Integrale, so gelangt man zu dem allgemeinen Integral

$$z = \sum C e^{\mu (bx - ay)},$$

welches letzten Endes eine willkürliche Funktion von $bx - ay$ darstellt, also

$$z = \varphi (bx - ay);$$

unter 2. Beispiel 1 ergab sich $z = f(ay - bx)$; beide Ausdrücke genügen der Differentialgleichung a).

Wendet man nun auf die Differentialgleichung zweiter Ordnung

$$\text{d)} \qquad a_0 \frac{\partial^2 z}{\partial x^2} + b_0 \frac{\partial^2 z}{\partial y^2} + c_0 \frac{\partial^2 z}{\partial x \partial y} + a_1 \frac{\partial z}{\partial x} + b_1 \frac{\partial z}{\partial y} + c_1 z = 0$$

die Substitution b). an, so ergibt sich analog c)$_1$

$$(a_0 \beta^2 + b_0 \gamma^2 + c_0 \beta \gamma + a_1 \beta + b_1 \gamma + c_1) e^{(\beta x + \gamma y)} = 0$$

und weil der Exponentialwert von e nicht Null sein kann, so muß, analog c)$_2$, der Koeffizient

$$\text{e)} \qquad a_0 \beta^2 + b_0 \gamma^2 + c_0 \beta \gamma + a_1 \beta + b_1 \gamma + c_1 = 0$$

sein, und vermöge dieser Tatsache läßt sich γ durch β ausdrücken. Dasselbe würde in ähnlicher Weise bei einer linearen Differentialgleichung höherer Ordnung mit konstanten Koeffizienten der Fall sein, und man kann daher $\gamma = \varphi(\beta)$ setzen, indem man sich die algebraische Hilfsgleichung jederzeit nach γ aufgelöst denkt. Partikulare Integrale der ursprünglichen Differentialgleichung sind demnach alle Ausdrücke von der Form

$$z = e^{\beta x + \varphi(\beta) y}, \quad \text{oder} \quad z = C e^{\beta x + \varphi(\beta) y},$$

folglich ist das allgemeine Integral gegeben durch

$$\text{f)} \qquad z = \sum C e^{\beta x + \varphi(\beta) y}.$$

Beispiel 1. Der Differentialgleichung

$$\text{g)} \qquad \frac{\partial^2 z}{\partial y^2} = a^2 \frac{\partial^2 z}{\partial x^2}$$

entspricht die quadratische Hilfsgleichung $\gamma^2 = a^2 \beta^2$, woraus $\gamma = \pm a \beta$ folgt; man hat daher nach f)

$$z = \sum C e^{\beta (x + ay)} = \Phi (x + ay)$$

und

$$z = \sum C e^{\beta (x - ay)} = \Psi (x - ay).$$

Demnach ist das allgemeine Integral

h) $$z = \Phi\,(x + a y) + \Psi\,(x - a y).$$

Prüfung: $$\frac{\partial z}{\partial x} = \Phi' + \Psi', \qquad \frac{\partial z}{\partial y} = a\,\Phi' - a\Psi',$$

$$\frac{\partial^2 z}{\partial x^2} = \Phi'' + \Psi'', \qquad \frac{\partial^2 z}{\partial y^2} = a^2\,\Phi'' + a^2\,\Psi'',$$

woraus durch Transposition von a^2 und Subtraktion wieder g) entsteht.

Beispiel 2. Gegeben sei die Differentialgleichung

$$\frac{\partial^2 z}{\partial x^2} + 2a\frac{\partial^2 z}{\partial x\,\partial y} + b\frac{\partial^2 z}{\partial y^2} = 0.$$

Setzt man $z = e^{\alpha x + \beta y}$, so lautet die quadratische Hilfsgleichung

$$\alpha^2 + 2\,a\,\alpha\beta + b\,\beta^2 = 0 \quad \text{oder} \quad \frac{\beta^2}{\alpha^2} + \frac{2a}{b}\cdot\frac{\beta}{\alpha} + \frac{1}{b} = 0$$

also ist

$$\frac{\beta}{\alpha} = \frac{-a \pm \sqrt{a^2 - b}}{b} = \begin{cases} m \\ m' \end{cases} \quad \text{oder} \quad \beta = \begin{cases} \alpha m \\ \alpha m' \end{cases};$$

hiermit wird $z = e^{\alpha(x + m y)} + e^{\alpha(x + m' y)}$, oder

$$z = \Phi\,(x + m y) + \Psi\,(x + m' y).$$

Dies ist die erste zur Lösung gebrachte partielle Differentialgleichung 2. Ordnung, und zwar durch L. Euler. Gleichung g) ist ein spezieller Fall dieser Differentialgleichung.

Zwei besondere Gleichungen. Die partielle Differentialgleichung

$$\frac{\partial^2 z}{\partial x^2} = f\,(x)$$

ist wie eine gewöhnliche zu behandeln, jedoch mit der Beachtung, daß an Stelle der Integrationskonstanten eine willkürliche Funktion von y, das bei dem ganzen Prozesse als konstant betrachtet wird, zu setzen ist, um das Integral in seiner größten Allgemeinheit zu erhalten. Hiernach ergibt sich nach einmaliger Integration

$$\frac{\partial z}{\partial x} = \int f\,(x)\,d x + \varphi\,(y),$$

das Zwischenintegral, und nach abermaliger Integration:

$$z = \int d x \int f\,(x)\,d x + x\,\varphi\,(y) + \psi\,(y).$$

Ähnlich verhält es sich mit der Differentialgleichung

$$\frac{\partial^2 z}{\partial x\,\partial y} = f\,(x, y)$$

nur mit dem Unterschied, daß nach zwei verschiedenen Variablen integriert wird; man erhält bei der Integrationsfolge y, x zuerst:

$$\frac{\partial z}{\partial x} = \int f(x, y)\, dy + \varphi'(x)$$

und dann

$$z = \int dx \int f(x, y)\, dy + \varphi(x) + \psi(y).$$

Das allgemeine Integral einer partiellen Differentialgleichung zweiter Ordnung muß also immer zwei willkürliche Funktionen enthalten, wie es im Beispiel 1 der Fall ist. Gelingt es nicht ein solches zu finden, so muß man aus verschiedenen partikularen Integralen ein weiteres partikulares Integral zusammenzusetzen suchen, welches den Bedingungen der jeweiligen Aufgabe genügt.

Beispiel 3. Der Differentialgleichung

i) $$\frac{\partial z}{\partial y} = k^2 \frac{\partial^2 z}{\partial x^2}$$

entspricht die algebraische Hilfsgleichung $\gamma = k^2\beta^2 = \varphi(\beta)$; in f) eingesetzt ergibt das aber nur eine Gleichung, also kein allgemeines Integral; doch kann man mittels des partikularen Integrals

k) $$z = e^{\beta x + k^2\beta^2 y} = e^{\beta x} \cdot e^{k^2\beta^2 y}$$

ein paar andere partikulare Integrale finden, wenn man β imaginär werden läßt, also $i\beta$ statt β setzt; es wird dann

$$z = e^{i\beta x} \cdot e^{-k^2\beta^2 y},$$

oder nach § 24, 7.:

$$z = (\cos \beta x + i \sin \beta x)\, e^{-k^2\beta^2 y};$$

trennt man nun den reellen Teil von dem imaginären Teil, so ergeben sich die beiden partikularen Integrale

l) $$z_1 = e^{-k^2\beta^2 y} \cos \beta x \quad \text{und} \quad z_2 = e^{-k^2\beta^2 y} \sin \beta x;$$

daraus läßt sich ein drittes Integral bilden, indem man $z_3 = z_1 \cos \beta c + z_2 \sin \beta c$ setzt, worin c eine willkürliche Konstante bezeichnet. Also

$$z_3 = e^{-k^2\beta^2 y} (\cos \beta x \cos \beta c + \sin \beta x \sin \beta c),$$

oder

m) $$z_3 = e^{-k^2\beta^2 y} \cos (c - x)\beta.$$

Anders als zuvor ist die folgende Bestimmung eines Integrals von i): Man setze $z = XY$, wobei X eine Funktion von x allein und Y eine Funktion von y allein sein soll. Differenzierungen nach y und x ergeben

$$\frac{\partial z}{\partial y} = X \frac{\partial Y}{\partial y} \quad \text{und} \quad \frac{\partial^2 z}{\partial x^2} = Y \frac{\partial^2 X}{\partial x^2};$$

in Gleichung i) eingesetzt erhält man

$$X \frac{\partial Y}{\partial y} = k^2 Y \frac{\partial^2 X}{\partial x^2},$$

oder

$$\text{n)} \qquad \frac{1}{Y} \cdot \frac{\partial Y}{\partial y} = \frac{k^2}{X} \cdot \frac{\partial^2 X}{\partial x^2}.$$

Da hier auf der linken Seite nur y, auf der rechten nur x als Veränderliche erscheint, so ist die Gleichung nur möglich, wenn die eine und die andere Seite derselben Konstante gleich ist. Wählt man für diese $-a^2$, so ergeben sich zwei gewöhnliche Differentialgleichungen

$$\text{o)} \qquad \frac{dY}{dy} = -a^2 Y \qquad \text{und} \qquad \frac{d^2 X}{dx^2} = -\frac{a^2}{k^2} X$$

mit den Lösungen (nach § 38, 2. und § 38, 7. (2))

$$Y = e^{-a^2 y} \qquad \text{und} \qquad X = A \sin \frac{a}{k} x + B \cos \frac{a}{k} x.$$

Hiermit wird

$$\text{p)} \qquad z = XY = e^{-a^2 y} \left(A \sin \frac{a}{k} x + B \cos \frac{a}{k} x \right).$$

Die Differentialgleichung i) findet häufige Anwendung in Problemen der Wärmeleitung und, wie bei allen partiellen Differentialgleichungen, wird es schließlich darauf ankommen, ein der Differentialgleichung genügendes Integral so zu transformieren, daß es sich mit den gegebenen physikalischen Bedingungen verträgt. In diesem Falle kommen dazu die Fourierschen Reihen, § 36, 7., in Betracht.

4. Ein ausführliches Beispiel aus der theoretischen Physik.

Zuerst soll gezeigt werden, wie sich eine partielle Differentialgleichung überhaupt entwickelt und wie Nebenbedingungen entstehen, denen die Lösung angepaßt werden muß.

Zwischen zwei festen Punkten A und B sei eine Saite ausgespannt, deren Länge $AB = \lambda$ und deren Gewicht p sein möge; durch irgendwelche Mittel sei sie aus ihrer natürlichen Lage heraus in die Form einer durch die Gleichung $y_0 = f_1(x)$ dargestellten Kurve gebracht, jedem ihrer Punkte eine Anfangsgeschwindigkeit erteilt und sie dann sich selbst überlassen. Nach einer kleinen Zeit t mögen $AM = x$ und $PM = y$, Bild 270, die Koordinaten eines Punktes der Saite bezeichnen, indem sich derselbe von einer anfänglichen Lage P_0 nach P bewegt hat; ferner sei der Bogen $AP = s$, $MM_1 = dx$,

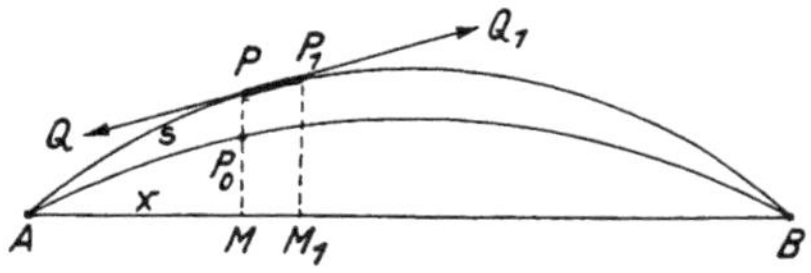

Bild 270

$P P_1 = ds = \frac{\partial s}{\partial x} dx$, mithin die Masse des Saitenelements $P P_1 = \frac{p}{g\lambda} ds$, wenn g die Fallbeschleunigung bedeutet. Die eine Masse bewegende Kraft ist = Masse mal Beschleunigung, also im vorliegenden Fall

$$= \frac{p}{g\lambda} \cdot \frac{\partial s}{\partial x} dx \cdot \frac{\partial^2 y}{\partial t^2};$$

sie muß den Kräften gleich sein, welche aus der Verbindung des Saitenelements PP_1 mit den übrigen Teilen der Saite herrühren. Bezeichnen

$$Q \text{ und } Q_1 = Q + \frac{\partial Q}{\partial x} dx$$

die in den Punkten P und P_1 nach den Richtungen der Tangenten an der Kurve wirkenden Spannungen, so wird das Saitenelement PP_1 einerseits von der Vertikalkomponente der Kraft Q herab-, andererseits von der Vertikalkomponente der Kraft Q_1 hinaufgetrieben, und es steht folglich PP_1 unter Einwirkung der beiden entgegengesetzt wirkenden Kräfte:

$$Q \frac{\partial y}{\partial s} \qquad \text{und} \qquad Q \frac{\partial y}{\partial s} + \frac{\partial \left(Q \frac{\partial y}{\partial s}\right)}{\partial x} dx.$$

Die Differenz derselben gibt die bewegende Kraft, und es ist daher:

$$\frac{p}{g\lambda} \cdot \frac{\partial s}{\partial x} \cdot \frac{\partial^2 y}{\partial t^2} = \frac{\partial \left(Q \frac{\partial y}{\partial s}\right)}{\partial x}.$$

Um diese Differentialgleichung zu vereinfachen, sei angenommen, daß sich die Saite nur wenig von der geradlinigen Form entferne, mithin ∂x für ds genommen und Q als konstant angesehen werden kann. Das gibt

$$\frac{p}{g\lambda} \cdot \frac{\partial^2 y}{\partial t^2} = Q \frac{\partial^2 y}{\partial x^2} \text{ oder, wenn } \frac{Q g \lambda}{p} = a^2 \text{ gesetzt wird:}$$

a) $$\frac{\partial^2 y}{\partial t^2} = a^2 \frac{\partial^2 y}{\partial x^2},$$

es ist die sog. Schwingungsgleichung, welche unter 3. Beispiel 1 integriert wurde. Die Aufgabe sei aber hier ein Integral zu finden, welches nicht nur der Differentialgleichung genügt, sondern auch den zwei weiteren Bedingungen: Erstens, daß für $t = 0$ der ursprüngliche Zustand der Saite zum Vorschein kommt, d. h. y in $y_0 = f_1(x)$ übergeht; zweitens, daß die am Ende der Zeit t vorhandene Geschwindigkeit $\frac{\partial y}{\partial t}$ des Punktes P für $t = 0$ zur Anfangsgeschwindigkeit wird, welche P_0 erhalten hat; heißt dieselbe v_0 und betrachtet man sie als verschieden für verschiedene Punkte der Saite, so ist v_0 gleich einer gegebenen Funktion $f_2(x)$ der Abszisse.

Das Integral

b) $$y = \Phi(x + at) + \Psi(x - at),$$

worin Φ und Ψ zwei willkürliche Funktionen bezeichnen, genügt nach 3. h) der Differentialgleichung a); ferner ist

c) $$\frac{\partial y}{\partial t} = a\{\Phi'(x + at) - \Psi'(x - at)\}.$$

Um die Funktionen Φ und Ψ den weiteren Bedingungen der Aufgabe anzupassen, setze man in den Gleichungen b) und c) $t = 0$, weil damit y in $f_1(x)$ und $\frac{\partial y}{\partial t}$ in $f_2(x)$ übergeht; es wird so

$$f_1(x) = \Phi(x) + \Psi(x), \qquad \frac{f_2(x)}{a} = \Phi'(x) - \Psi'(x);$$

aus der zweiten dieser Gleichungen folgt durch Multiplikation mit dx und Integration:

$$\frac{1}{a}\int f_2(x)\,dx = \Phi(x) - \Psi(x),$$

und wenn man diese Gleichung mit der ersten verbindet, so erhält man:

$$\Phi(x) = \frac{1}{2}\left\{f_1(x) + \frac{1}{a}\int f_2(x)\,dx\right\}$$

$$\Psi(x) = \frac{1}{2}\left\{f_1(x) - \frac{1}{a}\int f_2(x)\,dx\right\};$$

wird jetzt in der ersten dieser Formeln $x + at$, in der zweiten $x - at$ statt x gesetzt, so ergibt die Addition der beiden Formeln nach b) das gesuchte Integral:

$$y = \frac{1}{2}[f_1(x + at) + f_1(x - at)] + \frac{1}{2a}\int_{x-at}^{x+at} f_2(x)\,dx,$$

oder

d) $$y = \frac{1}{2}[f_1(x + at) + f_1(x - at)] + \frac{1}{2a}[f_2(x + at) - f_2(x - at)].$$

Prüfung: Die Bedingungen waren, kurz rekapituliert, folgende:

1. Für $t = 0$ muß $y = y_0 = f_1(x)$ werden;
2. für $t = 0$ muß $\frac{\partial y}{\partial t} = v_0 = f_2(x)$ werden;
3. muß d) nach zweimaliger Integration a) ergeben.

Ad 1: $\frac{1}{2}[f_1(x) + f_1(x)] + \frac{1}{2a}[f_2(x) - f_2(x)] = f_1(x).$

Ad 2: $\frac{\partial y}{\partial t} = \frac{1}{2}[f_1(x + at) - f_1(x - at)]\,a + \frac{1}{2a}[f_2(x + at)$

$+ f_2(x - at)]\,a = f_2(x)$ für $t = 0$.

Ad 3: $\frac{\partial^2 y}{\partial t^2} = \frac{1}{2}[f_1(x + at) + f_1(x - at)]\,a^2 + \frac{1}{2a}[f_2(x + at)$

$- f_2(x - at)]\,a^2;$

$\frac{\partial y}{\partial x} = \frac{1}{2}[f_1(x + at) + f_1(x - at)] \quad + \frac{1}{2a}[f_2(x + at)$

$- f_2(x - at)] = \frac{\partial^2 y}{\partial x^2};$

Transposition von a^2 und Subtraktion gibt

$$\frac{\partial^2 y}{a^2 \partial t^2} - \frac{\partial^2 y}{\partial x^2} = 0$$

oder a).

Das Saitenproblem mit seinen vielen Schwingungsformen ist ein sehr ausdehnbares, hier kam es nur darauf an, ein Beispiel zu geben, wofür es keine Regeln gibt, nämlich ein beliebiges Integral einer partiellen Differentialgleichung gegebenen physikalischen Bedingungen anzupassen. Für weitere Bedingungen müssen wieder weitere Verwandlungen vorgenommen werden, bis sich ein Ausdruck ergibt, der allen Bedingungen genügt.

Die obige Lösung der Differentialgleichung a) stammt von d'Alembert. Zur Ausdehnung des Saitenproblems geeigneter ist eine Lösung von Bernoulli, er setzte

$$y = XT,$$

wobei X eine Funktion von x und T eine Funktion von t ist; t ist also in X, x in T nicht enthalten; es ist somit

$$\frac{\partial^2 y}{\partial t^2} = X\frac{\partial^2 T}{\partial t^2} \quad \text{und} \quad \frac{\partial^2 y}{\partial x^2} = T\frac{\partial^2 X}{\partial x^2}.$$

In Gleichung a) eingesetzt ergibt dies

$$X\frac{\partial^2 T}{\partial t^2} = a^2 T\frac{\partial^2 X}{\partial x^2},$$

oder

e) $$\frac{1}{T}\cdot\frac{\partial^2 T}{\partial t^2} = \frac{a^2}{X}\cdot\frac{\partial^2 X}{\partial x^2}.$$

Da hier auf der linken Seite nur die Zeit, auf der rechten nur die Abszisse x als Veränderliche erscheint, so ist die Gleichung nur möglich, wenn eine und die andere Seite derselben Konstanten gleich ist. Wählt man für diese $-\varepsilon^2$, so ergeben sich zwei gewöhnliche Differentialgleichungen

$$\text{f)} \qquad \frac{d^2 X}{d x^2} = -\frac{\varepsilon^2}{a^2} X \qquad \text{und} \qquad \frac{d^2 T}{d t^2} = -\varepsilon^2 T,$$

deren Lösungen nach § 38, 7. (2) periodische Funktionen sind, nämlich

$$X = A_1 \sin \frac{\varepsilon}{a} x + B_1 \cos \frac{\varepsilon}{a} x,$$

$$T = A_2 \sin \varepsilon t + B_2 \cos \varepsilon t.$$

Hiermit wird

$$y = XT = \left(A \sin \frac{\varepsilon}{a} x + B \cos \frac{\varepsilon}{a} x\right) \sin \varepsilon t + \left(C \sin \frac{\varepsilon}{a} x + D \cos \frac{\varepsilon}{a} x\right) \cos \varepsilon t.$$

Die Saite ist an beiden Enden fest. Es muß also zu jeder Zeit für $x = 0$ auch $y = 0$ sein, also muß $B = D = 0$ sein, womit

$$\text{g)} \qquad y = \sin \frac{\varepsilon}{a} x \,(A \sin \varepsilon t + C \cos \varepsilon t)$$

verbleibt. Damit ferner für $x = \lambda$ auch $y = 0$ wird, muß

$$\sin \frac{\varepsilon}{a} \lambda = 0 \qquad \text{oder} \qquad \frac{\varepsilon}{a} \lambda = \pi,\ 2\pi,\ 3\pi, \ldots\ldots k\pi,$$

$$\text{also} \qquad \varepsilon = \frac{\pi a}{\lambda}, \frac{2\pi a}{\lambda}, \ldots\ldots \frac{k\pi a}{\lambda}$$

sein.

Die Schwingungsdauer für ganze Perioden ist nach Formel § 38, 7. e), die sich nur auf halbe Perioden bezieht, gleich $\tau = \frac{2\pi}{\varepsilon}$, also ist die Zahl der Schwingungen pro Sekunde oder die Schwingungszahl

$$n = \frac{\varepsilon}{2\pi} = \frac{a}{2\lambda}, \frac{2a}{2\lambda}, \frac{3a}{2\lambda}, \ldots\ldots \frac{ka}{2\lambda}.$$

Man kann also mit der gespannten Saite eine große Anzahl von Tönen hervorbringen, deren tiefster

$$n = \frac{a}{2\lambda}$$

ist. Diesen tiefsten Ton nennt man den Grundton, die übrigen die Obertöne der Saite, und da sie ganzzahlige Vielfache des Grundtons sind, harmonische Obertöne. Gibt die Saite nur den ersten Oberton, so schwingt sie in zwei Teilen, sie hat dann in der Mitte einen

Knoten. Gibt sie nur den zweiten Oberton, so schwingt sie in 3 Teilen mit 2 Knoten usw.

Wird ε in Gleichung g) durch seinen letzten Wert ersetzt, so ergibt sich das allgemeine Integral:

h) $$y = \sin \frac{k\pi x}{\lambda} \left(A_k \sin \frac{k\pi a}{\lambda} t + C_k \cos \frac{k\pi a}{\lambda} t \right)$$

$$k = 1, 2, 3, 4 \ldots\ldots$$

eine Reihe, welche die Grundschwingung und alle möglichen Oberschwingungen darstellt.

Für eine weitere Verfolgung des Problems kommen wieder die Fourierschen Reihen in Betracht, § 36, 7. Siehe auch Bild 230 daselbst und die Erklärung dazu.

G. Vektoranalysis.

§ 40. Die Elemente und Rechnungsregeln.

1. Die Geschichte der Vektoranalysis beginnt eigentlich mit dem Holländer Simon Stevin, der zu Anfang des 17. Jahrhunderts *das Prinzip des Präfteparallelogramms* formulierte, woraus ohne weiteres *das Kräftedreieck* und *das Kräftepolygon* hervorgeht, wie es Bild 238 veranschaulicht. Es zeigte sich nach und nach, daß das Prinzip auf alle solche Größen anwendbar ist, welche durch gerichtete Strecken dargestellt werden können, und man nennt diese Methoden, also die Bestimmung der Resultante gerichteter Strecken, auch *geometrische Addition*; sie bildet den elementarsten Teil der Vektoranalysis. Die weitere Entwicklung dieses neuesten Zweiges der Mathematik stützt sich hauptsächlich auf die früheren Arbeiten von Möbius und die späteren von Hamilton, Scheffler und Graßmann. Unabhängig voneinander, dem Wesen komplexer Zahlen nachspürend, gelangten diese drei, um die Mitte des vorigen Jahrhunderts, zu eigenartigen Entdeckungen, die aber im allgemeinen nur sehr langsam Aufnahme gefunden haben. *Die Quaternionen* von Hamilton, *der Situationskalkül* von Scheffler und *die Ausdehnungslehre* von Graßmann sind die betreffenden Werke dieser Forscher. Die Quaternionen haben in England ein günstigeres Feld gefunden als die Arbeiten der beiden deutschen Forscher in Deutschland. Graßmanns Ausdehnungslehre scheint allerdings ein ganz besonders schwieriges Werk zu sein, denn Möbius, welcher in Graßmann einen Geistesverwandten erblickt, berichtet (acht Jahre nach Erscheinung des Buches) aus einer Mathematikerversammlung, Bretschneider in Gotha sei der einzige Mathematiker, der ihm versichern konnte, daß er die Ausdehnungslehre durchgelesen habe.

Das Anwendungsgebiet der Vektoranalysis sind Geometrie, Mechanik und fast alle Teile der theoretischen Physik, insbesondere die Theorie der Kraftfelder. Die Kräftediagramme der graphischen Statik und die Vektordiagramme der Elektrotechnik sind praktische Beispiele geometrischer Addition und werden in der Regel entwickelt und erklärt, ohne auf Vektoranalysis weiter einzugehen; aber man kann kaum eines der neueren Werke über theoretische Physik in die Hand nehmen, ohne auf analytische Entwicklungen mittels Vektoranalysis, d. h. vektoranalytische Entwicklungen, zu stoßen. Zur gelegentlichen Beziehung auf die Vektorrechnung folgen hier die in der Arithmetik geltenden Gesetze:

(1) Das kommutative (Vertauschungs-) Gesetz der Addition:

$$a + b = b + a.$$

(2) Das assoziative (Verbindungs-) Gesetz der Addition:

$$a + b + c = (a + b) + c = a + (b + c).$$

(3) Das kommutative Gesetz der Multiplikation:

$$b \cdot a = a \cdot b.$$

(4) Das assoziative Gesetz der Multiplikation:

$$(ab)\,c = (ac)\,b = (bc)\,a.$$

(5) Das distributive (Verteilungs-) Gesetz der Addition und Multiplikation:

$$(a + b)\,(c + d) = ac + ad + bc + bd.$$

2. Skalare, Vektoren und vektorielle Addition.

Skalare sind solche Größen, die bei gegebenen Maßeinheiten allein durch Angabe einer reellen Zahl bestimmt sind, einer Zahl auf der Zahlenlinie, der Skala, Bild 1. Die Skalare der Vektoranalysis sollen im folgenden durch lateinische Buchstaben bezeichnet werden. Zu den Skalaren gehören die Masse, die Energie, die Temperatur, das Leitvermögen, u. a. m.

Zur vollständigen Bestimmung der Vektoren ist neben der Angabe ihrer Größe auch die Angabe ihrer Richtung erforderlich oder genauer, da Richtung zweideutig ist, der Richtung und des Richtungssinnes. Zu den Vektoren gehören die Begriffe: Kraft, Geschwindigkeit, Beschleunigung, Strömung, Feldstärke u. a. m. Die Vektoren sollen, wie gewöhnlich, durch deutsche Buchstaben bezeichnet werden.

Der Vektor wird graphisch dargestellt durch eine Strecke, deren Länge den absoluten Wert oder numerischen Betrag des Vektors und deren Richtung die Richtung des Vektors angibt. Eine Pfeilspitze gibt den Richtungssinn des Vektors an, und der Anfangspunkt der Strecke ist der Punkt, auf den sich der Vektor bezieht.

Ist $\mathfrak{A}$ ein Vektor, so bezeichnet man seinen absoluten Wert mit $|\mathfrak{A}|$ oder mit A. Als Einheitsvektor bezeichnet man einen Vektor vom Betrage 1. Jeder Vektor kann als Produkt eines Skalars, der die Länge des Vektors oder den Betrag des Vektors angibt, und eines mit ihm zusammenfallenden Einheitsvektors oder Richtungsvektors dargestellt werden. Ist als $\mathfrak{a}_1$ der Einheitsvektor zu $\mathfrak{A}$, so hat man $\mathfrak{A} = A\,\mathfrak{a}_1$. Die Gleichung $\mathfrak{A} = \mathfrak{B}$ sagt, daß die Vektoren nach Betrag, Richtung und Richtungssinn übereinstimmen; die Gleichung $\mathfrak{A} = -\mathfrak{B}$

sagt, daß die Vektoren nur nach Betrag und Richtung übereinstimmen, der Richtungssinn aber entgegengesetzt ist.

Es ergibt sich aus obigem sofort, daß eine Gleichung zwischen zwei Vektoren zwei eigentlichen Gleichungen entspricht, denn sind $\mathfrak{a}$ und $\mathfrak{b}$ die Einheits- oder Richtungsvektoren zu $\mathfrak{A}$ und $\mathfrak{B}$, so hat man

a) $$\mathfrak{A} = \mathfrak{B} \qquad \text{oder} \qquad A\mathfrak{a} = B\mathfrak{b},$$

d. h. aber immer $A = B$ und $\mathfrak{a} = \mathfrak{b}$.

Die Differenzierung von a) nach der Zeit t ist

$$\frac{d\mathfrak{A}}{dt} = \frac{d\mathfrak{B}}{dt} \qquad \text{oder} \qquad A\frac{d\mathfrak{a}}{dt} + \mathfrak{a}\frac{dA}{dt} = B\frac{d\mathfrak{b}}{dt} + \mathfrak{b}\frac{dB}{dt},$$

woraus folgt

b) $$\frac{dA}{dt} = \frac{dB}{dt} \qquad \text{und} \qquad \frac{d\mathfrak{a}}{dt} = \frac{d\mathfrak{b}}{dt}.$$

Die erste dieser beiden Gleichungen enthält die Größenänderungen, die zweite die Richtungsänderungen von $\mathfrak{A}$ und $\mathfrak{B}$. Man erkennt leicht, daß die Richtungsänderungen nichts weiter sind als die in § 37, 4. a) mit $\frac{d\varphi}{dt}$ bezeichnete Winkeländerung im Bogenmaß.

Das Verfahren der Vektoraddition ergibt sich aus der Zusammensetzung geradliniger Verrückungen. Führt ein Punkt 0 gleichzeitig die Verrückungen $\mathfrak{B}$ und $\mathfrak{C}$ aus, Bild 271, so ergibt sich der Endpunkt der Verrückung, wenn man vom Ende des Vektors $\mathfrak{B}$ eine Strecke abträgt, die der Richtung und Größe nach mit $\mathfrak{C}$ übereinstimmt. Die Strecke $\mathfrak{A}$ ist die Resultierende der Verrückungen $\mathfrak{B}$ und $\mathfrak{C}$ und stellt die geometrische Summe von $\mathfrak{B}$ und $\mathfrak{C}$ dar. $\mathfrak{A} = \mathfrak{B} + \mathfrak{C}$; der Punkt 0 kann auch zunächst die Verrückung $\mathfrak{C}$ ausführen und dann die Verrückung $\mathfrak{B}$; er gelangt hierbei nach demselben Punkte wie vorher. Die Vektoraddition ist von der Reihenfolge der Summanden unabhängig, so daß $\mathfrak{B} + \mathfrak{C} = \mathfrak{C} + \mathfrak{B}$ ist. Es gilt also das Vertauschungsgesetz der arithmetischen Addition.

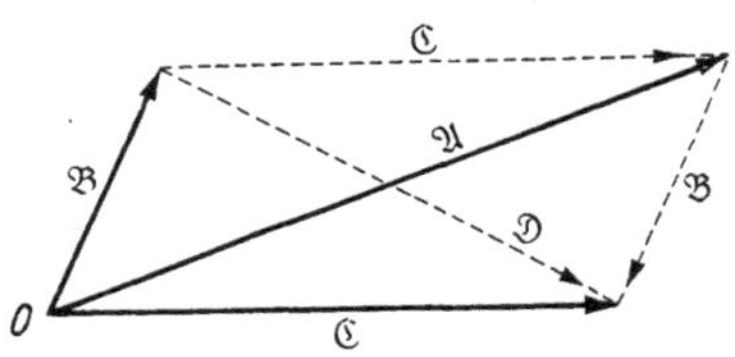

Bild 271

Soll von einem Vektor $\mathfrak{A}$ der Vektor $\mathfrak{B}$ subtrahiert werden, so addiert man zu $\mathfrak{A}$ einen Vektor, der nach Betrag und Richtung mit $\mathfrak{B}$ übereinstimmt, aber den entgegengesetzten Richtungssinn hat. In Bild 271 ist $\mathfrak{C} = \mathfrak{A} + (-\mathfrak{B}) = \mathfrak{A} - \mathfrak{B}$ und $\mathfrak{D} = \mathfrak{C} - \mathfrak{B}$ oder $\mathfrak{B} + \mathfrak{D} = \mathfrak{C}$.

Der Kürze halber sollen im folgenden die Bezeichnungen Richtung und gleiche Richtung immer auch den Richtungssinn bzw. gleichen Richtungssinn einschließen, wenn nicht das Gegenteil gesagt wird.

Im Vektordreieck $\mathfrak{a}\mathfrak{b}\mathfrak{c}$, Bild 272, ist stets

$$\mathfrak{a} + \mathfrak{b} + \mathfrak{c} = 0$$

oder

$$\mathfrak{a} + \mathfrak{b} = -\mathfrak{c}.$$

Wird diese Gleichung quadriert, so folgt

$$\mathfrak{a}^2 + 2\mathfrak{a}\mathfrak{b} + \mathfrak{b}^2 = \mathfrak{c}^2.$$

Auch ist $a^2 + 2ab\cos\gamma' + b^2 = c^2$;

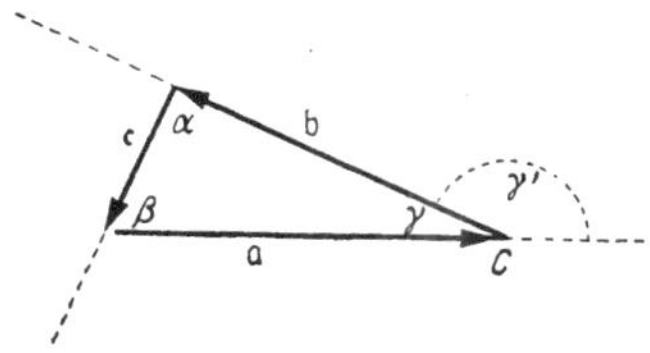

Bild 272

γ' ist der Winkel zwischen den positiven Richtungen von a und b oder Außenwinkel bei C; es ist also das Produkt $\mathfrak{a}\mathfrak{b} = ab\cos(\mathfrak{a}\mathfrak{b})$ und

$$a^2 + b^2 - 2ab\cos\gamma = c^2;$$

das ist der Cosinussatz, § 22, 4. c).

Die augenblickliche Lage eines Punktes P, Bild 273, kann durch den von einem festen Anfangs- oder Bezugspunkte O gezogenen Vektor $\mathfrak{s}$ angegeben werden. Durch O lege man drei zueinander rechtwinklige Koordinatenachsen, deren Richtungen so gewählt sind, daß eine Drehung der x-Achse in der xy-Ebene auf dem kürzesten Wege in die Richtung der y-Achse und eine Fortbewegung in der Richtung der z-Achse zusammengehören, wie die Drehung einer rechtsgängigen Schraube mit ihrer Fortbewegung. Das dadurch definierte Achsensystem soll als Rechtssystem bezeichnet und allen folgenden Ausführungen zugrunde gelegt werden.

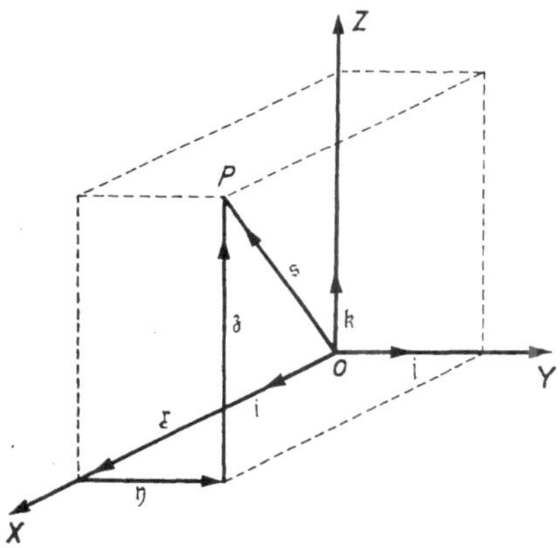

Bild 273

Man beachte, daß dieses Achsensystem durch Vertauschung der relativen Lagen von x-Achse und y-Achse sich von dem bisher gebrauchten unterscheidet, welches bei Drehung der x-Achse auf kürzestem Wege in die Richtung der y-Achse und Fortbewegung in Richtung der z-Achse mit der Drehung und Fortbewegung einer linksgängigen Schraube übereinstimmen, also ein Linkssystem darstellen würde. Es ist auch leicht einzusehen, daß durch Vertauschung zweier beliebiger Achsen aus einem Linkssystem ein Rechtssystem entsteht und umgekehrt; so würde aus dem bisher gebrauchten Linkssystem durch Vertauschung der $+y$-Achse mit der $-y$-Achse ein Rechtssystem folgen.

Die Komponenten des Vektors $\mathfrak{s}$ sind $\mathfrak{x}$, $\mathfrak{y}$ und $\mathfrak{z}$, und Bild 273 zeigt, daß man durch Aneinandertragen dieser Strecken in beliebiger

Reihenfolge, nämlich auf sechs verschiedenen Wegen, von 0 aus stets nach P gelangt; die geometrische oder Vektoraddition gibt also

$$\mathfrak{s} = \mathfrak{x} + \mathfrak{y} + \mathfrak{z}.$$

Sind $\mathfrak{i}$, $\mathfrak{j}$ und $\mathfrak{k}$ Richtungs- oder Einheitsvektoren, die der Richtung nach mit der x-, y- und z-Achse des Koordinatensystems zusammenfallen, so kann man auch schreiben $\mathfrak{x} = \mathfrak{i}x$, $\mathfrak{y} = \mathfrak{j}y$, $\mathfrak{z} = \mathfrak{k}z$ oder

$$\mathfrak{s} = \mathfrak{i}x + \mathfrak{j}y + \mathfrak{k}z.$$

3. Beispiele aus der Bewegungslehre (§ 37, 4.).

Bewegt sich der Punkt P, Bild 274, während des Zeitelements dt von P nach P_1, so kann man den unendlich kleinen Bogen PP_1 als geradlinig betrachten, also $d\mathfrak{s}$ als einen Vektor. Sind dx, dy, dz die absoluten Beträge der Projektionen von $d\mathfrak{s}$ auf den Koordinatenachsen, so wird

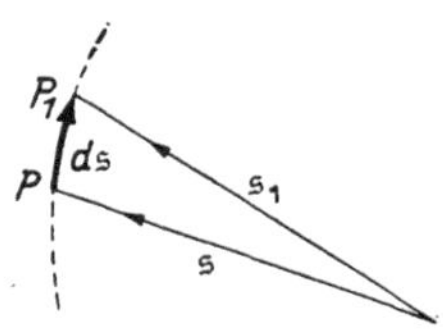

Bild 274

$$d\mathfrak{s} = \mathfrak{i}dx + \mathfrak{j}dy + \mathfrak{k}dz.$$

P_1 ist durch den Vektor $\mathfrak{s} + d\mathfrak{s} = \mathfrak{s}_1$ bestimmt. Die Richtung der Geschwindigkeit des Punktes P ist durch die Tangente der Bahn im betrachteten Punkte oder durch das Bahnelement PP_1 gegeben. Es ist also, mit der Lagrangeschen Bezeichnungsweise der Differentialquotienten des Weges nach der Zeit (§ 34, 7.), der Geschwindigkeitsvektor

$$\mathfrak{v} = \mathfrak{s}' = \mathfrak{i}x' + \mathfrak{j}y' + \mathfrak{k}z'.$$

Demnach sind $v_x = x'$, $v_y = y'$, $v_z = z'$ die Komponenten der Geschwindigkeit nach den drei Koordinatenachsen. Mit dieser Zerlegung der Geschwindigkeit können statt der Bewegung des Punktes im Kurvenelement drei andere Bewegungen in Betracht kommen, die zu demselben Resultat führen, erstens eine Bewegung des Punktes in der x-Achse mit der Geschwindigkeit x', zweitens einer Parallelverschiebung der x-Achse mit der Geschwindigkeit y' in der Richtung der y-Achse, drittens eine Parallelverschiebung der xy-Ebene in der Richtung der z-Achse mit der Geschwindigkeit z'.

Die Geschwindigkeit des Punktes kann sich der Größe und Richtung nach ändern. Während des Zeitelements dt wachse die Geschwindigkeit von $\mathfrak{v}$ auf $\mathfrak{v}_1$ an. Bei Annahme von endlichen Kräften unterscheiden sich $\mathfrak{v}_1$ und $\mathfrak{v}$ nur unendlich wenig voneinander in bezug auf Größe und Richtung. Man bezeichnet die Änderung der Geschwindigkeit während des Zeitelements dt mit $d\mathfrak{v}$ und setzt

$$d\mathfrak{v} = \mathfrak{v}_1 - \mathfrak{v},$$

indem $d\mathfrak{v}$ die geometrische Differenz von $\mathfrak{v}_1$ und $\mathfrak{v}$ ist. Die Beschleunigung ist der Größe und Richtung nach durch den Vektor

$$\mathfrak{b} = \mathfrak{v}' = \mathfrak{s}''$$

gegeben. Die Darstellung des Beschleunigungsvektors mittels der Komponenten ist

$$\mathfrak{b} = \mathfrak{i}x'' + \mathfrak{j}y'' + \mathfrak{k}z'',$$

indem

$$b_x = x'',\ b_y = y'',\ b_z = z''$$

die Komponenten der Beschleunigung nach den Achsen des rechtwinkligen Koordinatensystems sind. Man erhält:

$$|\mathfrak{b}| = \sqrt{x''^2 + y''^2 + z''^2}.$$

$$\cos(\mathfrak{b}\,x) = \frac{x''}{b},\quad \cos(\mathfrak{b}\,y) = \frac{y''}{b},\quad \cos(\mathfrak{b}\,z) = \frac{z''}{b}.$$

Führt ein Punkt während des Zeitelements dt gleichzeitig zwei Bewegungen aus, die durch die Vektoren $d\mathfrak{s}_1$ und $d\mathfrak{s}_2$ bestimmt sind, so ist der ganze im Zeitelement dt zurückgelegte Weg

$$d\mathfrak{s} = d\mathfrak{s}_1 + d\mathfrak{s}_2,$$

indem $d\mathfrak{s}$ die Diagonale des Parallelogramms ist, dessen Seiten $d\mathfrak{s}_1$ und $d\mathfrak{s}_2$ sind. Jede Bewegung kann auch in zwei oder mehrere Komponenten zerlegt werden.

Der betrachtete Punkt hat die beiden voneinander unabhängigen Geschwindigkeiten $\mathfrak{s}_1'$ und $\mathfrak{s}_2'$, sowie die resultierende Geschwindigkeit

$$\mathfrak{s}' = \mathfrak{s}_1' + \mathfrak{s}_2' \quad \text{oder} \quad \mathfrak{v} = \mathfrak{v}_1 + \mathfrak{v}_2,$$

denn $\mathfrak{v}$ wird ebenfalls durch die Diagonale eines Parallelogramms dargestellt, dessen Seiten $\mathfrak{v}_1$ und $\mathfrak{v}_2$ sind. Da man

$$d\mathfrak{s}_1 = \mathfrak{i}\,dx_1 + \mathfrak{j}\,dy_1 + \mathfrak{k}\,dz_1,\qquad d\mathfrak{s}_2 = \mathfrak{i}\,dx_2 + \mathfrak{j}\,dy_2 + \mathfrak{k}\,dz_2$$

setzen kann, so sind die rechtwinkligen Komponenten der Geschwindigkeit $\mathfrak{v}$

$$x' = x_1' + x_2',\quad y' = y_1' + y_2',\quad z' = z_1' + z_2'$$

Ferner ist

$$|\mathfrak{v}| = v = \sqrt{x'^2 + y'^2 + z'^2}.$$

Da die Beschleunigung der Zuwachs einer Geschwindigkeit ist, so findet man die resultierende Beschleunigung in derselben Weise.

$$\mathfrak{b} = \mathfrak{s}'' = \mathfrak{s}_1'' + \mathfrak{s}_2'',$$

indem

$$\mathfrak{s}_1'' = \mathfrak{i}x_1'' + \mathfrak{j}y_1'' + \mathfrak{k}z_1'',\qquad \mathfrak{s}_2'' = \mathfrak{i}x_2'' + \mathfrak{j}y_2'' + \mathfrak{k}z_2''$$

ist. Die Beschleunigung $\mathfrak{b}$ wird durch die Diagonale eines rechtwinkligen Parallelepipeds dargestellt, dessen Seiten

$$x'' = x_1'' + x_2'',\quad y'' = y_1'' + y_2'',\quad z'' = z_1'' + z_2''$$

sind.

4. Richtungszahlen und vektorielle Multiplikation.

Aus den Regeln der vektoriellen Addition ergibt sich, daß die Multiplikation eines Skalars n mit dem Vektor $\mathfrak{A}$ einen Vektor $n\mathfrak{A}$ ergibt, der die gleiche Richtung hat wie $\mathfrak{A}$, dessen absoluter Betrag aber $n$mal größer als $\mathfrak{A}$ ist. Die Division eines Vektors durch einen Skalar, z. B. $\mathfrak{A} : a$, kann als die Multiplikation von $\mathfrak{A}$ mit $\frac{1}{a}$ angesehen werden.

Sind ferner $0\mathfrak{a}$ und $0\mathfrak{b}$ zwei Vektoren, Bild 275, und zieht man von 0 aus einen beliebig gerichteten Einheitsvektor 01, trägt darauf $0b = 0\mathfrak{b}$ ab und zieht bc parallel $1\mathfrak{a}$, so ergeben ähnliche Dreiecke

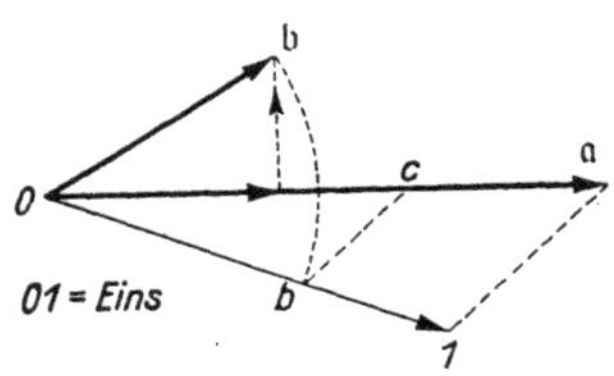

Bild 275

$$01 : 0\mathfrak{a} = 0\mathfrak{b} : 0c,$$

oder das Produkt $0\mathfrak{a} \cdot 0\mathfrak{b} = 0c$. Nennt man die beiden Vektoren der Kürze halber wieder $\mathfrak{a}$ und $\mathfrak{b}$ und das Produkt vorläufig P, so ist also

$$P = \mathfrak{a} \cdot \mathfrak{b},$$

und da nach vektorieller Addition

a) $$\mathfrak{b} = b \cos(\mathfrak{a}\mathfrak{b}) + b \sin(\mathfrak{a}\mathfrak{b})$$

gesetzt werden kann, so kann man auch schreiben

b) $$P = \mathfrak{a}\left\{ b \cos(\mathfrak{a}\mathfrak{b}) + b \sin(\mathfrak{a}\mathfrak{b}) \right\}.$$

Hier muß ein Vergleich mit der Imaginärtheorie eingeschaltet werden. Man nennt nämlich die komplexen Zahlen auch **Richtungszahlen**, und daß sie mit den soweit behandelten Vektoren sehr nahe verwandt sind, wird aus folgendem klar hervorgehen; auch ist zugleich die Begründung der Vektormultiplikation darin enthalten. Man denke sich die beiden Vektoren $\mathfrak{a}$ und $\mathfrak{b}$, ohne ihre relative Lage zu ändern, auf die komplexe Zahlenebene so gelegt, daß der Anfangspunkt des Vektors $\mathfrak{a}$ mit dem Nullpunkt übereinstimmt und seine Richtung mit der reellen Zahlenlinie, Bild 1; in solcher Lage ist $\mathfrak{a}$ eine reelle Zahl und $\mathfrak{b}$ eine komplexe, und es ergibt die Multiplikation von $\mathfrak{a}$ und $\mathfrak{b}$ mit Bezug auf § 24, 1. a):

c) $$P = \mathfrak{a} \cdot b \left\{ \cos(\mathfrak{a}\mathfrak{b}) + i \sin(\mathfrak{a}\mathfrak{b}) \right\}, \text{ oder}$$

d) $$P_1 = \mathfrak{a}b \cos(\mathfrak{a}\mathfrak{b}) \quad \text{und} \quad P_2 = i\mathfrak{a}b \sin(\mathfrak{a}\mathfrak{b});$$

der erste dieser beiden Ausdrücke ist ein Produkt reeller Zahlen, eine Zahl **innerhalb** der reellen Zahlenlinie, der **Skala**, man nennt es **skalares** oder **inneres Produkt** und bezeichnet es durch $(\mathfrak{a}\mathfrak{b})$, es ist also der Skalar

e) $$(\mathfrak{a}\mathfrak{b}) = \mathfrak{a}b \cos(\mathfrak{a}\mathfrak{b})$$

und da cos $(\mathfrak{a}\mathfrak{b})$ = cos $(\mathfrak{b}\mathfrak{a})$ ist, so gilt für das skalare Produkt das kommutative Gesetz

f) $$(\mathfrak{a}\mathfrak{b}) = (\mathfrak{b}\mathfrak{a}).$$

Liegt einer der Vektoren rechtwinklig zum andern, so ist das skalare Produkt = Null, weil $\cos 90^0 = 0$ ist. Die Gleichung $(\mathfrak{a}\mathfrak{b}) = 0$ sagt also aus, daß die beiden Vektoren einen rechten Winkel bilden.

Sind die beiden Vektoren parallel, so ist

g) $$(\mathfrak{a}\mathfrak{b}) = ab,$$

weil $\cos 0^0 = 1$. Demnach ist auch

h) $$(\mathfrak{a}\mathfrak{a}) = \mathfrak{a}^2 = a^2.$$

Wendet man diese Betrachtungen auf die Einheitsvektoren an, so ergeben sich die wichtigen Beziehungen

i) $$\begin{aligned} &(\mathfrak{i}\mathfrak{i}) = 1, \quad (\mathfrak{j}\mathfrak{j}) = 1, \quad (\mathfrak{k}\mathfrak{k}) = 1. \\ &(\mathfrak{i}\mathfrak{j}) = 0, \quad (\mathfrak{j}\mathfrak{k}) = 0, \quad (\mathfrak{k}\mathfrak{i}) = 0. \end{aligned}$$

Die Gleichung b) wurde abgeleitet mit Gebrauch der vektoriellen oder geometrischen Addition, sonst aber als wären die Vektoren reelle Zahlen. Daß sie das nicht sind, weil reelle Zahlen nur ein Maß auf der reellen Zahlenlinie haben, aber keine Richtung, wird durch ihre Abbildung auf der komplexen Zahlenebene zunächst bestätigt. Diese Prüfung lieferte die Gleichungen d), und ein Vergleich der Gleichung b) mit den Gleichungen d) zeigt, daß sie nur im einmaligen Auftreten der imaginären Einheit $i = \sqrt{-1}$ variieren. Das zuerst abgeleitete Produkt P zerfällt hiernach in zwei Teilprodukte, wovon das eine als reelle Zahl, als ein Skalar erkannt wurde. Was bedeutet nun das zweite Teilprodukt iab sin $(\mathfrak{a}\mathfrak{b})$?

Ergibt die Lösung zweier Simultangleichungen in x und y nur ein sogenanntes imaginäres Resultat, so enthält letzteres doch meistens eine ganz bestimmte Aussage; erkennt man z. B., daß die eine Gleichung die einer Geraden ist und die andere die eines Kreises, so sagt das Resultat, nach § 26, 4. c), daß die Gerade den Kreis weder schneidet, noch tangiert, sondern außerhalb des Kreises verläuft.

Im zweiten Teilprodukt oben sagt i zunächst, daß das Teilprodukt keine reelle Zahl, also außerhalb der reellen Zahlenlinie zu suchen ist, und ab sin $(\mathfrak{a}\mathfrak{b})$ sagt, was es ist, nämlich ein Flächeninhalt, die Fläche des aus den Vektoren $\mathfrak{a}$ und $\mathfrak{b}$ zu bildenden Parallelogramms; man nennt es vektorielles oder äußeres Produkt und bezeichnet es durch $[\mathfrak{a}\mathfrak{b}]$, auch wird es zuweilen Flächenvektor genannt. Dieser Vektor, dessen absoluter Betrag also durch das aus den beiden Vektoren $\mathfrak{a}$ und $\mathfrak{b}$ gebildeten Parallelogramms gegeben ist, wird durch eine Strecke $\mathfrak{c}$ normal zu dieser Ebene, wie in Bild 276 dargestellt. Es ist $\mathfrak{c} = [\mathfrak{a}\mathfrak{b}]$.

Eine Drehung des Vektors $\mathfrak{a}$ auf kürzestem Wege in die Richtung $\mathfrak{b}$ und eine Fortbewegung in der Richtung $\mathfrak{c}$ entsprechen einer Rechtsschraubung. Die Vektoren $\mathfrak{a}$, $\mathfrak{b}$ und $\mathfrak{c}$ stellen ein Rechtssystem dar. Es ist

k) $$\mathfrak{c} = [\mathfrak{a}\mathfrak{b}] = ab \sin(\mathfrak{a}\mathfrak{b}).$$

Ist $[\mathfrak{a}\mathfrak{b}] = 0$, so muß entweder $\mathfrak{a} = 0$ oder $\mathfrak{b} = 0$ oder $\sin(\mathfrak{a}\mathfrak{b}) = 0$, d. h. $\mathfrak{a}$ parallel $\mathfrak{b}$ sein.

Aus k) folgt sofort, daß

l) $$[\mathfrak{a}\mathfrak{a}) = 0$$

ist. Ferner, da $\sin(\mathfrak{a}\mathfrak{b}) = -\sin(\mathfrak{b}\mathfrak{a})$ ist, so ist

m) $$[\mathfrak{a}\mathfrak{b}] = -[\mathfrak{b}\mathfrak{a}].$$

Für das vektorielle Produkt gilt also das kommutative Gesetz nicht, die Faktoren sind nur mit Zeichenwechsel vertauschbar.

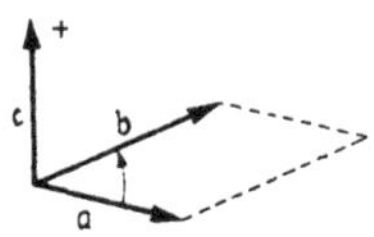

Bild 276

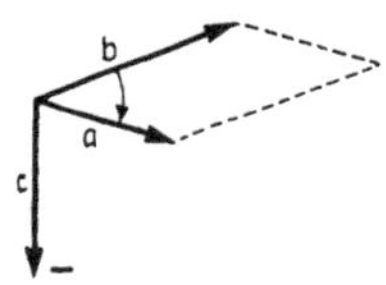

Bild 277

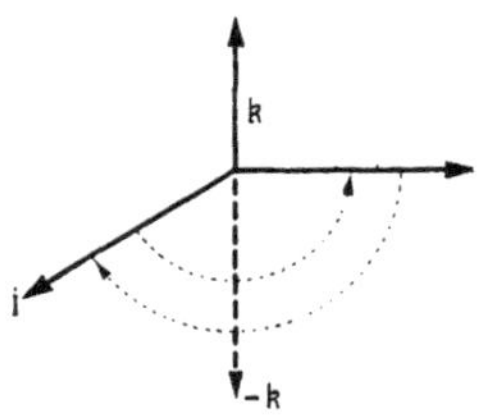

Bild 278

Der Vektor $\mathfrak{c}$ geht bei dieser Umstellung in die entgegengesetzte Richtung über, Bild 277, die beiden Vektoren bilden aber wieder ein Rechtssystem.

Da $\sin 90^0 = 1$ ist, so sagt die Gleichung $[\mathfrak{a}\mathfrak{b}] = ab$, daß die beiden Vektoren einen rechten Winkel bilden.

Wendet man die Regel für die Richtung des Vektorprodukts $\mathfrak{c}$ auf die Einheitsvektoren an, so folgen die wichtigen Gleichungen:

n) $$[\mathfrak{i}\mathfrak{j}] = \mathfrak{k}, \quad [\mathfrak{j}\mathfrak{k}] = \mathfrak{i}, \quad [\mathfrak{k}\mathfrak{i}) = \mathfrak{j},$$
$$[\mathfrak{j}\mathfrak{i}] = -\mathfrak{k}, \quad [\mathfrak{k}\mathfrak{j}] = -\mathfrak{i}, \quad [\mathfrak{i}\mathfrak{k}] = -\mathfrak{j},$$

Bild 278. Die Einheitsvektoren $\mathfrak{i}$, $\mathfrak{j}$, $\mathfrak{k}$ bilden in dieser Folge ein Rechtssystem. Bei zyklischer Vertauschung der Einheitsvektoren ergibt sich immer wieder ein Rechtssystem. Auch bildet die Reihenfolge $\mathfrak{j}$, $\mathfrak{i}$, $-\mathfrak{k}$ ein Rechtssystem.

Nach l) ist

o) $$[\mathfrak{i}\mathfrak{i}] = 0, \quad [\mathfrak{j}\mathfrak{j}] = 0, \quad [\mathfrak{k}\mathfrak{k}] = 0.$$

Die Differenzierung eines skalaren Produkts erfolgt nach bisherigen Regeln:

$$\frac{d}{dt}(\mathfrak{A}\mathfrak{B}) = \left(\mathfrak{A}\frac{d\mathfrak{B}}{dt}\right) + \left(\mathfrak{B}\frac{d\mathfrak{A}}{dt}\right);$$

oder

$$(\mathfrak{A}\mathfrak{B})' = (\mathfrak{A}\mathfrak{B}') + (\mathfrak{B}\mathfrak{A}');$$

bei einem vektoriellen Produkt muß man, weil das kommutative Gesetz nicht gilt, die gegebene Reihenfolge innehalten:

$$\frac{d}{dt}[\mathfrak{A}\mathfrak{B}] = \left[\mathfrak{A}\frac{d\mathfrak{B}}{dt}\right] + \left[\frac{d\mathfrak{A}}{dt}\mathfrak{B}\right];$$

oder

$$[\mathfrak{A}\mathfrak{B}]' = [\mathfrak{A}\mathfrak{B}'] + [\mathfrak{A}'\mathfrak{B}];$$

Siehe auch 2. a) und b).

Das skalare und das vektorielle Produkt sind die für die gesamte theoretische Physik wichtigsten Elementarverknüpfungen von Vektoren. In der Mechanik tritt das vektorielle Produkt als Drehmoment vor allem bei den Kräftepaaren hervor. Ein Kräftepaar besteht aus zwei gleichen, entgegengesetzt gerichteten Kräften, die an zwei verschiedenen Punkten eines starren Körpers angreifen. Seine Wirkung ist eine Drehung, die von der Lage der Achse völlig unabhängig ist. Denn für den willkürlich gewählten Punkt 0, Bild 279, ist die Drehwirkung der einen Kraft

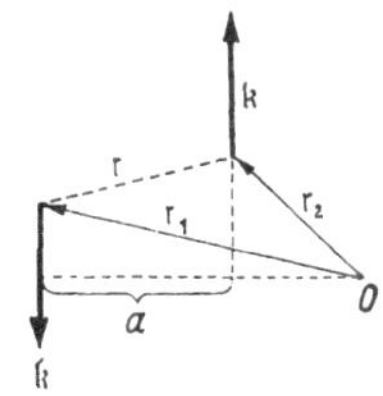

Bild 279

$$[\mathfrak{k}\mathfrak{r}_1] = k r_1 \sin(\mathfrak{k}\mathfrak{r}_1),$$

die der anderen Kraft

$$[\mathfrak{k}\mathfrak{r}_2] = k r_2 \sin(\mathfrak{k}\mathfrak{r}_2);$$

da beide einander entgegenwirken, ist also die Gesamtwirkung

$$k[r_1 \sin(\mathfrak{k}\mathfrak{r}_1) - r_2 \sin(\mathfrak{k}\mathfrak{r}_2)] = ka,$$

d. h. gleich dem Produkt aus Kraft und Arm des Kräftepaares, oder wenn $\mathfrak{r}$ den Radiusvektor der Angriffspunkte bedeutet, $= [\mathfrak{k}\mathfrak{r}]$. Dieser Ausdruck heißt das Moment des Kräftepaares. Es ist als vektorielles Produkt selbst wieder ein Vektor, so daß man Kräftepaare wie Kräfte zusammensetzen kann.

5. Summen von Vektorprodukten und Zerlegungen.

Ist $\mathfrak{A} = \mathfrak{C} + \mathfrak{D}$, so ist auch

a) $$(\mathfrak{A}\mathfrak{B}) = (\mathfrak{C}\mathfrak{B}) + (\mathfrak{D}\mathfrak{B})$$

oder

$$A\cos(\mathfrak{A}\mathfrak{B}) = C\cos(\mathfrak{C}\mathfrak{B}) + D\cos(\mathfrak{D}\mathfrak{B}).$$

Die Richtigkeit der Gleichung ergibt sich aus dem Bild 280.

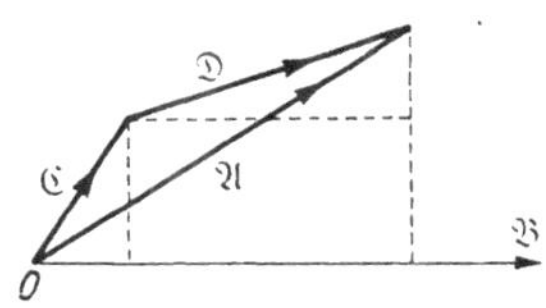

Bild 280

Haben die Vektoren $\mathfrak{A}$ und $\mathfrak{B}$ in einem rechtwinkligen Koordinatensystem bzw. die Komponenten A_x, A_y, A_z und B_x, B_y, B_z, so ist

$$(\mathfrak{A}\mathfrak{B}) = (\mathfrak{i}A_x + \mathfrak{j}A_y + \mathfrak{k}A_z)\,(\mathfrak{i}B_x + \mathfrak{j}B_y + \mathfrak{k}B_z).$$

Nach den Gleichungen 4. i) erhält man daraus

b) $$(\mathfrak{A}\mathfrak{B}) = A_xB_x + A_yB_y + A_zB_z.$$

Ebenso ergibt sich

c) $$(\mathfrak{A}\mathfrak{A}) = A^2 = A_x^2 + A_y^2 + A_z^2 \quad \text{und} \quad |\mathfrak{A}| = A = \sqrt{A_x^2 + A_y^2 + A_z^2}.$$

Die Formeln b) und c) stehen in enger Beziehung zu den Grundformeln der analytischen Geometrie. Dividiert man z. B. die Gleichung b) durch das Produkt AB und beachtet, daß

$$(\mathfrak{A}\mathfrak{B}) = AB\cos(\mathfrak{A}\mathfrak{B}) \quad \text{und} \quad A_x = A\cos(\mathfrak{A}x)$$

ist, so ergibt sich ohne weiteres

$$\cos(\mathfrak{A}\mathfrak{B}) = \cos(\mathfrak{A}x)\cos(\mathfrak{B}x) + \cos(\mathfrak{A}y)\cos(\mathfrak{B}y) + \cos(\mathfrak{A}z)\cos(\mathfrak{B}z),$$

eine unter § 26, 9. f) anders abgeleitete wichtige Formel.

Häufige Anwendung findet die folgende Gleichung:

d) $$[\mathfrak{A} + \mathfrak{B}, \mathfrak{C}] = [\mathfrak{A}\mathfrak{C}] + [\mathfrak{B}\mathfrak{C}]$$

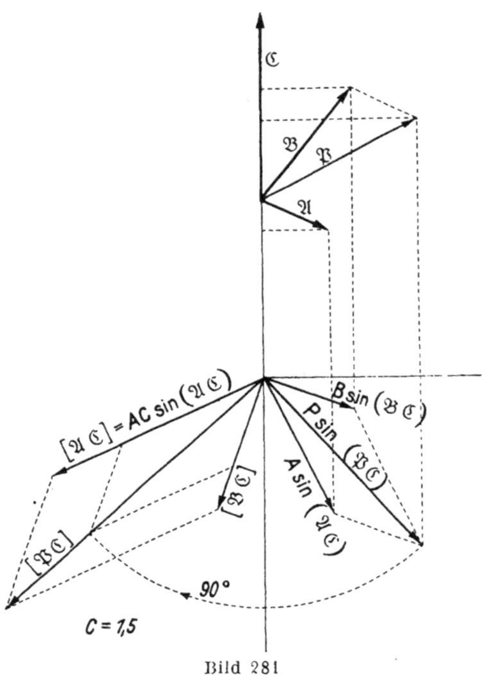

Bild 281

Um ihre Richtigkeit nachzuweisen, nehme man an, daß $\mathfrak{A}$, $\mathfrak{B}$ und $\mathfrak{C}$ von demselben Punkte ausgehen, Bild 281, und ersetze $\mathfrak{A} + \mathfrak{B}$ durch den Vektor $\mathfrak{P}$, dessen Betrag durch die Diagonale des aus $\mathfrak{A}$ und $\mathfrak{B}$ gebildeten Parallelogramms dargestellt wird. Die Projektion des Vektors $\mathfrak{P}$ auf eine zu $\mathfrak{C}$ senkrechte Ebene ist $P \sin(\mathfrak{P}\mathfrak{C})$ und gleich der Diagonale des Parallelogramms, dessen Seiten $A \sin(\mathfrak{A}\mathfrak{C})$ und $B \sin(\mathfrak{B}\mathfrak{C})$ sind. Dreht man das Parallelogramm nun um 90^0 in seiner Ebene und vergrößert es $C : 1$, dann stellen die Seiten dieses Parallelogramms die Vektorprodukte $[\mathfrak{A}\mathfrak{C}]$ und $[\mathfrak{B}\mathfrak{C}]$ dar, und deren Summe ist $[\mathfrak{P}\mathfrak{C}]$.

Aus dem Vorhergehenden folgt, daß auch

$$[\mathfrak{A} + \mathfrak{B},\ \mathfrak{C} + \mathfrak{D}] = [\mathfrak{A} + \mathfrak{B},\ \mathfrak{C}] + [\mathfrak{A} + \mathfrak{B},\ \mathfrak{D}], \text{ oder}$$

e) $$[\mathfrak{A} + \mathfrak{B},\ \mathfrak{C} + \mathfrak{D}] = [\mathfrak{A}\mathfrak{C}] + [\mathfrak{B}\mathfrak{C}] + [\mathfrak{A}\mathfrak{D}] + [\mathfrak{B}\mathfrak{D}]$$

ist, d. h. für die Vektorprodukte gilt das distributive Gesetz.

Ferner ist auch

$$[\mathfrak{A}\mathfrak{B}] = [(\mathfrak{i}A_x + \mathfrak{j}A_y + \mathfrak{k}A_z)\ (\mathfrak{i}B_x + \mathfrak{j}B_y + \mathfrak{k}B_z)].$$

Durch Ausführung der Multiplikation ergibt sich mit Bezug auf 4. n) und o):

f) $$[\mathfrak{A}\mathfrak{B}] = \mathfrak{i}\,(A_yB_z - A_zB_y) + \mathfrak{j}\,(A_zB_x - A_xB_z) + \mathfrak{k}\,(A_xB_y - A_yB_x).$$

Demnach sind die Komponenten des Vektorprodukts $[\mathfrak{A}\mathfrak{B}]$:

g) $$[\mathfrak{A}\mathfrak{B}]_x = \mathfrak{A}_y\mathfrak{B}_z - \mathfrak{A}_z\mathfrak{B}_y, \quad [\mathfrak{A}\mathfrak{B}]_y = \mathfrak{A}_z\mathfrak{B}_x - \mathfrak{A}_x\mathfrak{B}_z,$$
$$[\mathfrak{A}\mathfrak{B}]_z = \mathfrak{A}_x\mathfrak{B}_y - \mathfrak{A}_y\mathfrak{B}_x.$$

In dem Vektorprodukt

$$(\mathfrak{A}[\mathfrak{B}\mathfrak{C}])$$

ist $[\mathfrak{B}\mathfrak{C}]$ ein Vektor $\mathfrak{D}$, der auf der durch die Vektoren $\mathfrak{B}$ und $\mathfrak{C}$ bestimmten Ebene senkrecht steht, Bild 282.

$$(\mathfrak{A}[\mathfrak{B}\mathfrak{C}]) = (\mathfrak{A}\mathfrak{D}) = AD\cos(\mathfrak{A}\mathfrak{D}).$$

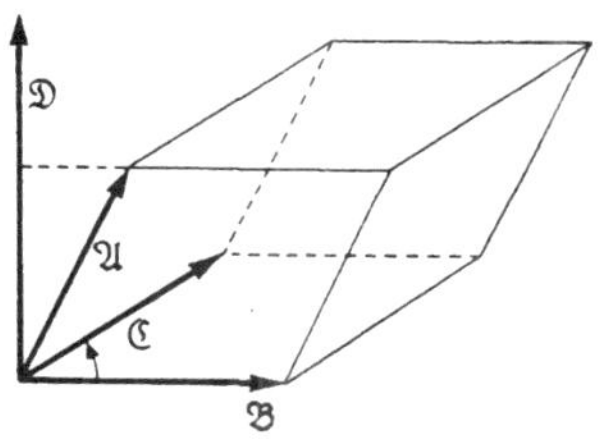

Bild 282

Da $\mathfrak{D}$ seinem Betrage nach gleich dem Inhalt des von $\mathfrak{B}$ und $\mathfrak{C}$ gebildeten Parallelogramms ist, so stellt $(\mathfrak{A}[\mathfrak{B}\mathfrak{C}])$ das Volumen des aus den Strecken $\mathfrak{A}$, $\mathfrak{B}$ und $\mathfrak{C}$ gebildeten Parallelepipeds dar. Und weil sich immer aus zwei dieser Strecken eine Grundfläche des Parallelepipeds bilden läßt, so ist

h) $$(\mathfrak{A}[\mathfrak{B}\mathfrak{C}]) = (\mathfrak{B}[\mathfrak{C}\mathfrak{A}]) = (\mathfrak{C}[\mathfrak{A}\mathfrak{B}]) = \text{Volumen}.$$

Es ist auch hiernach

i) $$(\mathfrak{B}\mathfrak{D}) = (\mathfrak{B}[\mathfrak{B}\mathfrak{C}]) = (\mathfrak{C}[\mathfrak{B}\mathfrak{B}]) = 0,$$

weil $\cos(\mathfrak{B}\mathfrak{D}) = 0$ und $\sin(\mathfrak{B}\mathfrak{B}) = 0$ ist.

Man beachte die zyklische Vertauschung der Vektoren in den drei Gleichungen h); jede der Gleichungen bildet ein Rechtssystem.

Das zweifache Vektorprodukt $[\mathfrak{A}[\mathfrak{B}\mathfrak{C}]]$ ist wiederum ein Vektor. Wird der Vektor $[\mathfrak{B}\mathfrak{C}]$ mit $\mathfrak{D}$ bezeichnet, so ist nach g)

$$[\mathfrak{A}[\mathfrak{B}\mathfrak{C}]]_x = \mathfrak{A}_y\mathfrak{D}_z - \mathfrak{A}_z\mathfrak{B}_y$$
$$= A_y\,(B_xC_y - B_yC_x) - A_z\,(B_zC_x - B_xC_z),$$

addiert man zu dieser Gleichung die Identität

$$0 = A_xB_xC_x - A_xB_xC_x,$$

so ergibt sich

$$[\mathfrak{A}[\mathfrak{B}\mathfrak{C}]]_x = B_x\,(A_xC_x + A_yC_y + A_zC_z) - C_x\,(A_xB_x + A_yB_y + A_zB_z).$$

Analoge Gleichungen gelten für die y- und z-Komponenten des zweifachen Vektorproduktes; mit Beachtung der Gleichung b) erhält man also die Formel:

k) $$[\mathfrak{A}[\mathfrak{B}\mathfrak{C}]] = \mathfrak{B}(\mathfrak{C}\mathfrak{A}) - \mathfrak{C}(\mathfrak{A}\mathfrak{B}).$$

In Gleichung k) steht rechts die Differenz zweier Vektoren $\mathfrak{B}$ und $\mathfrak{C}$ multipliziert mit Skalaren.

§ 41. Erweiterung der Theorie mit Anwendungen

1. Potential, Kraftfelder und Gradient.

Anschließend an § 37, 3. sei zunächst erwähnt, daß man den Begriff Energie, oder besser Gesamtenergie, in zwei Teile faßt, den einen als kinetische (Bewegungs-) Energie und den andern als potentielle (mögliche) Energie bezeichnet. Der zweite Teil ist also der, welcher noch der Bewegung harrt. Der Satz von der Erhaltung der Energie sagt: Die Summe der kinetischen und der potentiellen Energie ist eine konstante Größe. Dies gilt von jedem abgeschlossenen System, wie auch vom ganzen Weltall und für jede Form der Energie. Was an kinetischer Energie gewonnen wird, geht an potentieller Energie verloren und umgekehrt.

Als einfachstes Beispiel denke man sich eine Masse m von einer Höhe H frei herabfallend. Hat m eine Strecke h durchfallen, so ist ihre kinetische Energie gleich

$$\frac{m v^2}{2} = m g h.$$

Zu Anfang war die potentielle Energie der Masse gleich mgH; nach Zurücklegung der Strecke h ist die potentielle Energie von m nur noch $mg(H - h)$, die Differenz also $= -mgh$ oder Gewinn gleich Verlust.

Nach dem Newtonschen Gravitationsgesetz ist die Anziehungskraft zwischen zwei Massen M und m auf der Entfernung r gleich $\frac{k M m}{r^2}$, wenn k die Gravitationskonstante bedeutet. Diese Kraft mit dr multipliziert ergibt die Arbeit oder kinetische Energie $\frac{k M m}{r^2} dr$. Das Integral

a) $$k M m \int_{r_0}^{r} \frac{dr}{r^2} = -k M m \left(\frac{1}{r} - \frac{1}{r_0}\right)$$

gibt die bei einer Annäherung von der größeren Entfernung r auf die kleinere Entfernung r_0 vom System geleistete Arbeit. Ist r_0 der Erdradius, $r = \infty$ und $m = 1$, so ist die potentielle Energie der Einheitsmasse in bezug auf die Erdoberfläche, das sogenannte

b) $$\text{Gravitationspotential der Erde} = \frac{k M}{r_0}.$$

Dieses Potential bedeutet demnach auch jene Arbeit, die geleistet werden muß, um die Einheit der Masse von der Erde fort ins Unendliche zu bringen. Bezeichnet man das Gravitationspotential für einen beliebigen Punkt (außerhalb der Erde) in der Entfernung r vom Erdmittelpunkt mit U, so ist also

c) $$U = \frac{k\,M}{r} \quad \text{und} \quad \frac{d\,U}{d\,r} = -\frac{k\,M}{r^2};$$

$\frac{k\,M}{r^2} = -\frac{d\,U}{d\,r}$ ist die in der Entfernung r wirkende Kraft.

Arbeit ist eine skalare Größe, denn ist $\mathfrak{K}$ die Kraft und $\mathfrak{s}$ der Weg, so ist $\mathfrak{K}\mathfrak{s} = Ks \cos(\mathfrak{K}\,\mathfrak{s})$ eine Arbeit und nach § 40, 4. d) ein Skalar. Das Potential U ist eine Arbeit, also ein Skalar. Die Flächen gleichen Potentials nennt man auch Niveauflächen; in diesem Falle sind es, abgesehen von der Erdabplattung, Kugelflächen konzentrisch mit der Erdoberfläche. Die Kraftlinien haben die Richtung der Erdradien. Die Potentialflächen allein bilden ein skalares Feld, die Kraftlinien allein ein vektorielles. Kraftlinien und Potentialflächen zusammen bilden das Gravitationsfeld der Erde. Für einen beschränkten Raum, etwa ein Zimmer, kann man die Potentialflächen als Horizontalebenen, die Kraftlinien als Vertikallinien auffassen. Ebenso das Wasserdruckfeld ruhenden Wassers. Das Beispiel unter § 37, 4. d) mit dem Bild 242 zeigt das Wasserdruckfeld einer rotierenden Wassermasse; die Potentialflächen sind Rotationsparaboloide und die Kraftlinien von dort bestimmter Gleichung. Diese Beispiele lassen schon erkennen, daß im allgemeinen die Potentialflächen krumme Flächen sind, welche von den Kraftlinien rechtwinklig durchsetzt werden. Die allgemeine Gleichung einer krummen Fläche ist $U = f(x, y, z)$, also ist

$$d\,U = \frac{\partial U}{\partial x}\,dx + \frac{\partial U}{\partial y}\,dy + \frac{\partial U}{\partial z}\,dz,$$

und das kann man zum Zwecke vektorieller Darstellung nach § 40, 4. i) schreiben:

$$d\,U = \frac{\partial U}{\partial x}\,\mathfrak{i}\cdot\mathfrak{i}\,dx + \frac{\partial U}{\partial y}\,\mathfrak{j}\cdot\mathfrak{j}\,dy + \frac{\partial U}{\partial z}\,\mathfrak{k}\cdot\mathfrak{k}\,dz,$$

oder

d) $$d\,U = \left(\mathfrak{i}\frac{\partial U}{\partial x} + \mathfrak{j}\frac{\partial U}{\partial y} + \mathfrak{k}\frac{\partial U}{\partial z}\right)(\mathfrak{i}\,dx + \mathfrak{j}\,dy + \mathfrak{k}\,dz).$$

Rechts steht ein skalares Produkt zweier Vektoren, deren erster nur von der Änderung von U in Richtung der Koordinatenachsen abhängt und deren zweiter durch die Richtung gegeben ist, in welcher man den Einfluß der Änderung von U bestimmen will. Den ersten nennt man Gradient (Gefälle oder Abnahme) von U und gebraucht dafür die Bezeichnung grad U oder nach Hamilton ∇U, also

e) $$\text{grad } U \text{ oder } \nabla U = \mathfrak{i}\frac{\partial U}{\partial x} + \mathfrak{j}\frac{\partial U}{\partial y} + \mathfrak{k}\frac{\partial U}{\partial z};$$

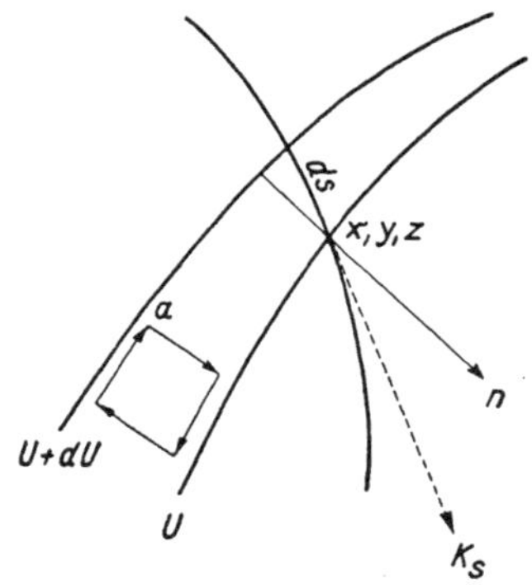

Bild 283

der zweite soll mit $\mathfrak{n}\,dn$ bezeichnet werden, worin $\mathfrak{n}$ der Einheitsvektor der Normalenrichtung n ist, Bild 283; also

f) $$\mathfrak{n}\,dn = \mathfrak{i}\,dx + \mathfrak{j}\,dy + \mathfrak{k}\,dz.$$

Mit Beachtung von e) und f) verwandelt sich d) in

$$dU = \text{grad } U \cdot \mathfrak{n}\,dn,$$

oder

g) $$\frac{dU}{dn} = \mathfrak{n} \text{ grad } U.$$

Das rechtsstehende skalare Produkt hat als solches seinen größten Wert, wenn grad U und $\mathfrak{n}$ gleiche Richtung haben, also $\cos(\mathfrak{n}\,ds) = 1$ ist. In diesem Falle erhält $\frac{dU}{dn}$, d. h. die Änderung von U pro Längeneinheit, ihren größten Wert. Es ist dann

h) $$\mathfrak{K} = -\frac{dU}{dn} = -\nabla U = -\left(\mathfrak{i}\frac{\partial U}{\partial x} + \mathfrak{j}\frac{\partial U}{\partial y} + \mathfrak{k}\frac{\partial U}{\partial z}\right).$$

Im Punkte x, y, z ist das kleinere Gefälle in beliebiger Richtung $= \frac{dU}{ds}$ und das größte Gefälle in der normalen Richtung $= \frac{dU}{dn}$; die Arbeit ist in beiden Fällen dieselbe, ob die Masseneinheit von der Fläche U nach der Fläche $U + dU$ in schräger oder in normaler Richtung geführt wird, doch beachte man, daß der Kraftverbrauch auf dem kürzeren Wege der kleinere ist, denn die Komponente von K_s, welche in die Potentialfläche U fällt, leistet keine Arbeit. Unter § 34, 6. e) wurde auf das Reflexionsgesetz für Licht und Schall und das Refraktionsgesetz der Optik hingewiesen; hier hat man dasselbe Ökonomiegesetz der Natur: Die Kraftlinien führen auf dem kürzesten Wege von einer Potentialfläche zur andern, also so, daß sie alle Potentialflächen rechtwinklig durchsetzen.

Führt man die Masse m über eine beliebige geschlossene Bahn, etwa von a zurück zu a, Bild 283, so ist die geleistete Arbeit = Null.

Das Operationszeichen ∇ ist definiert durch

i) $$\nabla = \mathfrak{i}\frac{\partial}{\partial x} + \mathfrak{j}\frac{\partial}{\partial y} + \mathfrak{k}\frac{\partial}{\partial z}$$

und heißt der Hamiltonsche Operator; wird ein Skalar eingesetzt, so ist das Resultat ein Vektor, wie Gleichung h) es veranschaulicht. Es ist auch leicht einzusehen, daß die Differenzierungsregeln über Summen, konstante Faktoren und Produkte bestehen bleiben:

$$\text{k)}\quad \begin{aligned} \operatorname{grad}(\mathfrak{U} \pm \mathfrak{V}) &= \operatorname{grad} \mathfrak{U} \pm \operatorname{grad} \mathfrak{V}, \\ \operatorname{grad}(c \cdot \mathfrak{V}) &= c \cdot \operatorname{grad} \mathfrak{V}, \\ \operatorname{grad}(\mathfrak{U} \cdot \mathfrak{V}) &= \mathfrak{U} \operatorname{grad} \mathfrak{V} + \mathfrak{V} \operatorname{grad} \mathfrak{U}. \end{aligned}$$

2. Kraftlinien, Kraftröhren und Feldstärke.

Das eigentliche Wesen der Gravitation ist ebenso unbekannt wie das der magnetischen und elektrischen Erscheinungen. Die grundlegenden mathematischen und physikalischen Darstellungen decken sich jedoch in mancher Weise. Während man es aber in der Gravitation nur mit anziehenden Kräften zu tun hat, walten in den anderen beiden anziehende und abstoßende Kräfte. Das Coulombsche Kraftgesetz der magnetischen und elektrischen Mengen ist dem Newtonschen Anziehungsgesetz der ponderablen Massen ganz analog. Es lautet

$$\text{a)}\qquad \mathfrak{F} = \pm c \frac{m m'}{r^2},$$

das $+$-Zeichen der Formel gilt für Abstoßung, das $-$-Zeichen für Anziehung. Es entspricht der allgemeinen Annahme, daß es zwei elektrische Agenzien gibt, die als $+$- und $-$-Elektrizität bezeichnet werden und unter anderem die Eigenschaft haben, sich gegenseitig abzustoßen oder anzuziehen, je nachdem sie gleichnamig oder ungleichnamig sind. Ebenso, daß es zwei magnetische Agenzien gibt, die als $+$- und $-$-Magnetismus bezeichnet werden und bezüglich der gegenseitigen Kraftwirkungen sich analog den elektrischen Agenzien verhalten. c ist ein Proportionalitätsfaktor und hängt ab von der Wahl des Maßsystems, nach welchem m und m' gemessen werden, und von dem Medium, in dem sich die Mengen befinden. Das elektrostatische und das elektromagnetische Maßsystem sind beide so gewählt, daß für Luft $c = 1$ ist, also

$$\text{b)}\qquad \mathfrak{F} = \pm \frac{m m'}{r^2}.$$

Man hat hiernach für zwei gleichgroße und gleichnamige Mengen

$$\mathfrak{F} = \frac{m^2}{r^2}, \quad \text{oder} \quad m = r\sqrt{\mathfrak{F}}.$$

Für $r = 1$ und $\mathfrak{F} = 1$ ist $m = 1$. Es ist also die Einheit der Elektrizität und des Magnetismus die in einem Punkte konzentriert gedachte Menge, welche auf eine gleichgroße in der Entfernung = der Längeneinheit konzentriert gedachte Menge, die Einheit der Kraft ausübt. Im *cgs*-System sind diese Einheiten cm und Dyn.

Schreibt man die Gleichung b)

$$\frac{\mathfrak{F}}{m'} = \pm \frac{m}{r^2} = \mathfrak{H}, \text{ so ist } \mathfrak{F} = \mathfrak{H} \text{ für } m' = 1.$$

Man denke sich nun die Einheit einer positiven magnetischen Menge in einem frei beweglichen Punkte konzentriert, einen sog. Einheitspol, einen solchen gibt es zwar nicht, aber die Vorstellung wird allgemein gebraucht zum klaren Verständnis des Folgenden:

Es seien die beiden Zentralpunkte des Bildes 285 die beiden Pole eines Stabmagneten von der Polstärke m, und n sei der frei bewegliche Einheitspol. Der Nordpol wird den Einheitspol n mit einer Kraft $= \frac{m}{r_1^2}$ Dyn abstoßen, der Südpol hingegen mit einer Kraft $= \frac{m}{r_2^2}$ Dyn anziehen. Der Einheitspol muß sich also jeden Augenblick längs der Resultierenden dieser beiden Kräfte bewegen, wie es durch Kräfteparallelogramme in dem Bild angedeutet ist. Er beschreibt daher eine Kraftlinie, und man erkennt, daß sich durch jeden beliebigen Punkt eine solche Kraftlinie konstruieren ließe.

Den Raum um den Magneten nennt man sein magnetisches Kraftfeld. Theoretisch reicht es bis ins Unendliche, praktisch, soweit eine meßbare Wirkung besteht.

Die Richtung, in welcher sich der Einheitspol fortbewegt, gilt als die positive. Die Kraftlinien des Feldes eines Stabmagneten durchkreisen also den Außenraum immer vom Nordpol ausgehend zum Südpol, und man nimmt allgemein an, daß sie vom Südpol, durch den Magneten zurück, zum Nordpol verlaufen und so geschlossene Kurven bilden. Die punktierten Linien, Bild 285, sind Potential- oder Niveauflächen. Man vergesse dabei aber nicht, daß solche Bilder nur Ebenenschnitte der Felder darstellen, daß die Kraftfelder mit ihren Kraftlinien und Niveauflächen Raumgebilde sind.

Homogen oder gleichförmig nennt man ein Feld, dessen Kraftlinien parallel laufen und dessen Stärke überall dieselbe ist. Ein homogenes Feld besteht z. B. in dem Luftraum, welcher zwei gleichgroße parallele ungleichnamige Polflächen trennt, wenn ihr Abstand im Vergleich zu ihrer Ausdehnung gering ist. Auch kann man das magnetische Feld der Erde für die Größe eines Zimmers als gleichförmig annehmen, falls keine magnetischen Materialien darin vorhanden sind.

Das Kraftfeld jedes einzelnen Poles ist strahlenförmig; das Bild 285 ist das resultierende Feld beider Pole.

Die mittels eines frei beweglichen Einheitspoles bestimmten Kraftlinien zeigen Gestalt und Richtung des magnetischen Feldes an, wie etwa dem Wasser überlassene Schwimmkörperchen Gestalt und Richtung von Wasserströmungen anzeigen würden. Ferner, wie der Wasserdruck pro Flächeneinheit rechtwinklig zu den Strömungslinien als hydraulischer Druck bezeichnet wird, so bezeichnet man, um damit rechnen zu können, die magnetische Kraft pro Flächeneinheit rechtwinklig zu den Kraftlinien als Feldstärke. Die Einheit der Feldstärke läßt sich wie folgt bestimmen:

Denkt man sich um einen Einheitspol eine Kugelfläche von 1 cm Radius umschrieben, so würde auf einen zweiten Einheitspol in der Kugelfläche die Einheit der Kraft wirken, also ist die Feldstärke auf der Kugelfläche gleich der Einheit. Da die Kugelfläche von 1 cm Radius $= 4\pi\,\mathrm{cm}^2$ ist, so wirken 4π Kraftlinien auf dieser Kugelfläche; für eine Polstärke m also 4π m Krafteinheiten. Denkt man sich nun ferner die Kugelfläche in 4π m gleichgroße Vierecke geteilt und die Eckstrahlen durch eines dieser Vierecke gezogen, Bild 284, so ergibt sich ein vierkantiger Raum, welchen man eine Einheitsröhre nennt, und es ist festgesetzt worden, daß eine solche Kraftröhre die Einheit der Feldstärke darstellen soll.

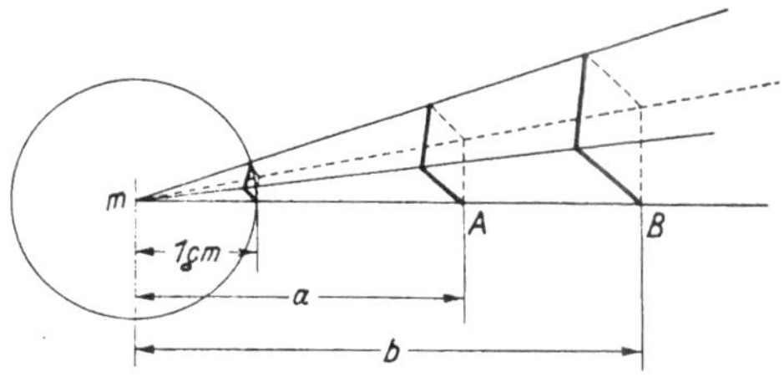

Bild 284

Die Niveauflächen stehen überall rechtwinklig zu den Kraftlinien. Herrscht auf solcher Fläche die Feldstärke 1, so geht pro cm² eine einzige Kraftröhre hindurch, herrscht die Feldstärke 1000, so enthält die Fläche pro cm² 1000 Kraftröhren. Sagt man, in einem Punkte herrsche die Feldstärke $\mathfrak{H}$, so versteht man darunter, daß dort auf 1 cm² Fläche rechtwinklig zu den Kraftlinien $\mathfrak{H}$ Kraftröhren hindurchgehen.

Ein magnetisches Feld besteht nach dieser von Faraday herrührenden Vorstellung aus Kraftröhren, die den Raum lückenlos erfüllen. In obiger Darstellung wurde der Einfachheit wegen eine vierkantige Form gewählt, das ist jedoch unwesentlich, die Querschnittsform mag eine beliebige sein, charakteristisch ist, daß sie den Raum lückenlos erfüllen, sich durch Zusammenziehung, Erweiterung und Krümmung jedem Feld anpassen lassen, auf der Niveaufläche 1 einen Querschnitt $= 1\,\mathrm{cm}^2$ haben und auf der Niveaufläche $\mathfrak{H}$ einen Querschnitt $= \mathfrak{H}\,\mathrm{cm}^2$.

An zwei Stellen A und B, Bild 284, deren Entfernungen vom Kraftzentrum a und b sind, wirken die Kräfte $\frac{1}{a^2}$ und $\frac{1}{b^2}$, und weil sich die Querschnitte der Kraftröhre wie $a^2 : b^2$ verhalten, so ergibt sich:

Innerhalb einer Kraftröhre verhalten sich die Kräfte an verschiedenen Stellen umgekehrt wie ihre Querschnitte. Ein Satz, welcher für jede Form einer Kraftröhre gilt.

Es ist nun gebräuchlich, wie zur Bezeichnung der *Richtung* so auch zur Bezeichnung der *Stärke* eines Feldes nicht von Kraftröhren, sondern von Kraftlinien zu sprechen; man hat sich dann unter einer Kraftlinie *die Achse der Einheitsröhre* vorzustellen. Für die Feldstärke $\mathfrak{H}$ also $\mathfrak{H}$ solcher Kraftlinien pro cm^2.

Um Verwirrung wegen des zwiefachen Gebrauchs des Namens Kraftlinie zu vermeiden, beachte man: Eine die Richtung angebende Kraftlinie läßt sich durch jeden Punkt des Raumes denken, die Anzahl ist also unendlich, während die Anzahl der die Feldstärke angebenden Kraftlinien (Kraftröhrenachsen) immer eine ganz bestimmte ist.

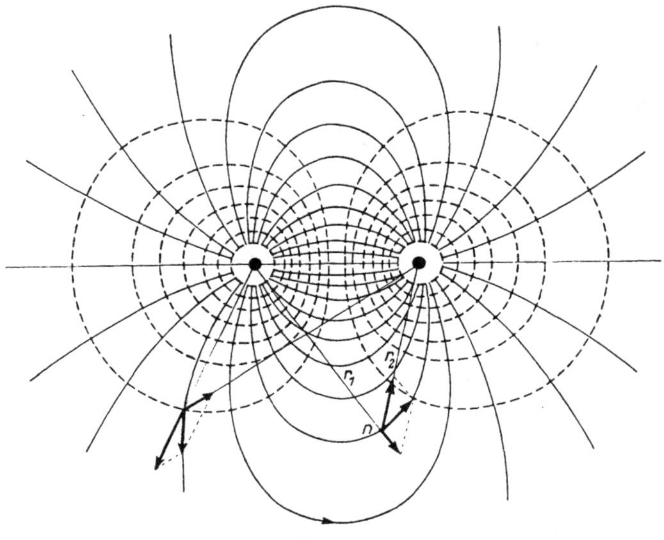

Bild 285

Die Darstellung des elektrischen Feldes ist von der des magnetischen nicht verschieden. Bedeuten diesmal die beiden Zentralpunkte des Bildes 285 eine positive und eine negative elektrische Menge und n eine positive frei bewegliche Einheitsmenge, so stellt das Bild jetzt ein elektrisches Kraftfeld dar. Während jedoch die magnetischen Kraftlinien, wie zuvor erklärt, geschlossene Kurven bilden, entspringen die elektrischen Kraftlinien auf der positiven Menge und endigen auf der negativen. In dieser Beziehung heißt die erstere *die Quelle*, die andere *die Senke*.

Das Bild 286 kann dazu dienen, drei Felder verschiedenen Ursprungs darzustellen. *Erstens* das magnetische Feld zweier gleichnamiger Magnetpole von ungleicher Stärke, *zweitens* das elektrische Feld zweier gleichnamiger elektrischer Mengen von ungleicher Größe, drittens das Gravitationsfeld zweier Weltkörper von ungleicher Masse, etwa Doppelsterne des Makrokosmos.

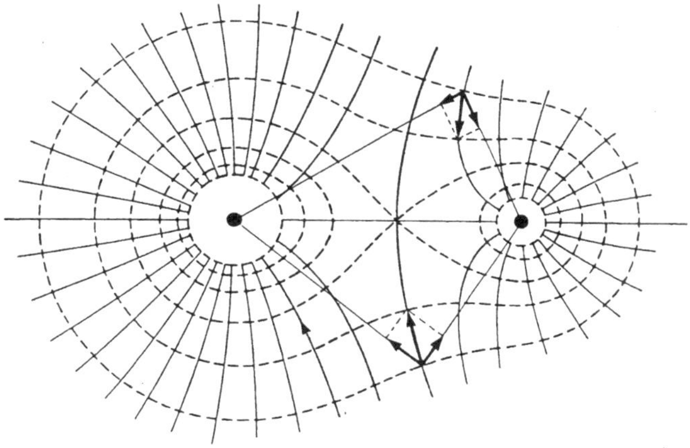

Bild 286

3. Divergenz und Rotation; div grad, rot grad und div rot.

Bezeichnet df ein Flächenelement im elektrischen Felde und $\mathfrak{E}_n$ die nach der Richtung der Normalen von df weisende Komponente der elektrischen Kraft an der betrachteten Stelle, so ist der Kraftfluß durch das Flächenelement $= \mathfrak{E}_n df$. Sind die Elektrizitätsmengen e, also die Quellpunkte der Kraft, über den ganzen Raum verteilt, so ist

a) $$\int \mathfrak{E}_n \, df = 4\pi \sum e,$$

wobei das Integral über die ganze Fläche zu erstrecken ist, die die Ladungen e umschließt.

Man betrachte zunächst den Kraftfluß, der durch die sechs Flächen eines unendlich kleinen Quaders mit den Kanten dx, dy, dz austritt, Bild 287. Ist auf der linken Seitenfläche die normale Komponente der elektrischen Kraft $= \mathfrak{E}_x$, so ist sie auf der rechten Seitenfläche

$$= \mathfrak{E}_x + \frac{\partial \mathfrak{E}_x}{\partial x} dx;$$

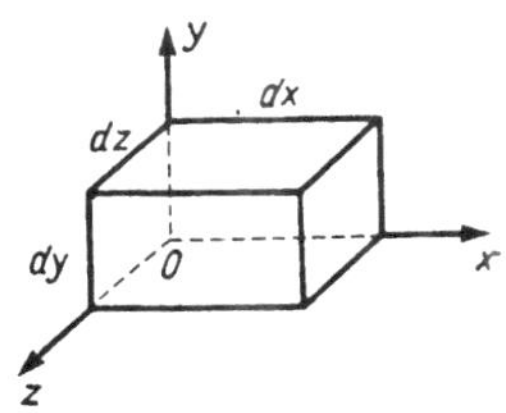

Bild 287

der Austritt des Kraftflusses durch diese beiden Seitenflächen ist also, den Richtungssinn in Betracht gezogen:

b) $$-\mathfrak{E}_x \, dy \, dz + \left(\mathfrak{E}_x + \frac{\partial \mathfrak{E}_x}{\partial x} dy\right) dy \, dz = \frac{\partial \mathfrak{E}_x}{\partial x} dx \, dy \, dz.$$

Bestimmt man ebenso die Kraftflüsse durch die beiden anderen Paare von Seitenflächen, untere und obere, hintere und vordere, so ist der gesamte Kraftfluß durch die Oberfläche des Raumelements $dv = dx\,dy\,dz$, wenn de die Ladung des Raumelements ist, durch

$$\text{c)}\qquad \left(\frac{\partial \mathfrak{E}_x}{\partial x} + \frac{\partial \mathfrak{E}_y}{\partial y} + \frac{\partial \mathfrak{E}_z}{\partial z}\right) dv = 4\pi\, de$$

dargestellt; $\frac{de}{dv}$ ist die räumliche Dichte ϱ der Elektrizität im Raumelement dv. Umschließt der Quader keine Quelle oder Senke, so sind die Kraftflüsse durch die gegenüberliegenden Seitenflächen einander gleich, der gesamte Kraftfluß also = Null. Das ist offenbar nicht mehr der Fall, wenn in dem Quader Quellen vorhanden sind. Alsdann ergibt der Ausdruck

$$\text{d)}\qquad \left(\frac{\partial \mathfrak{E}_x}{\partial x} + \frac{\partial \mathfrak{E}_y}{\partial y} + \frac{\partial \mathfrak{E}_z}{\partial z}\right)$$

die Größe des Kraftflusses pro Raumeinheit, ist also ein Maß für die Ergiebigkeit; er hat den Namen Divergenz, ist in einfacher Weise aus den Komponenten des Vektors $\mathfrak{E}$ ableitbar und spielt die hier gekennzeichnete Rolle ganz allgemein in der Vektoranalysis. Man schreibt

$$\text{e)}\qquad \operatorname{div} \mathfrak{E} = \frac{\partial \mathfrak{E}_x}{\partial x} + \frac{\partial \mathfrak{E}_y}{\partial y} + \frac{\partial \mathfrak{E}_z}{\partial z}.$$

Unter der Divergenz eines Vektors $\mathfrak{V}$, geschrieben $\operatorname{div} \mathfrak{V}$, versteht man also den Differentialausdruck seiner Komponenten

$$\underline{\frac{\partial V_x}{\partial x} + \frac{\partial V_y}{\partial y} + \frac{\partial V_z}{\partial z}.}$$

Die Divergenz (Ergiebigkeit) ist eine Energiegröße, also ein Skalar. Durch ihre Bildung wird dem Vektor $\mathfrak{V}$ in ähnlicher Weise durch Differentialoperationen ein Skalar zugeordnet, wie einem Skalar sein grad. Es zeigt sich nämlich bei analytischer Betrachtung, daß die div durch Anwendung des unter 1. i) angegebenen Hamiltonschen Operators, $\nabla = \mathfrak{i}\frac{\partial}{\partial x} + \mathfrak{j}\frac{\partial}{\partial y} + \mathfrak{k}\frac{\partial}{\partial z}$, aus dem Vektor $\mathfrak{V}$ hervorgeht, wie der grad aus einem Skalar. Setzt man, um dies nachzuweisen, ganz formal

$$\text{f)}\qquad \left\{\begin{aligned} \nabla \mathfrak{V} &= \mathfrak{i}\frac{\partial \mathfrak{V}}{\partial x} + \mathfrak{j}\frac{\partial \mathfrak{V}}{\partial y} + \mathfrak{k}\frac{\partial \mathfrak{V}}{\partial z} \\ &= \mathfrak{i}\left(\mathfrak{i}\frac{\partial V_x}{\partial x} + \mathfrak{j}\frac{\partial V_y}{\partial x} + \mathfrak{k}\frac{\partial V_z}{\partial x}\right) \\ &\quad + \mathfrak{j}\left(\mathfrak{i}\frac{\partial V_x}{\partial y} + \mathfrak{j}\frac{\partial V_y}{\partial y} + \mathfrak{k}\frac{\partial V_z}{\partial y}\right) \\ &\quad + \mathfrak{k}\left(\mathfrak{i}\frac{\partial V_x}{\partial z} + \mathfrak{j}\frac{\partial V_y}{\partial z} + \mathfrak{k}\frac{\partial V_z}{\partial z}\right) \end{aligned}\right.$$

so entsteht zunächst die Frage, ob hier die skalare oder die vektorielle Multiplikation anzuwenden ist. Da der Ansatz rein formaler Natur ist, wird man beide Möglichkeiten ins Auge fassen müssen. Führt man zunächst die skalare Multiplikation aus, wobei die Formeln § 40, 4. i) zur Geltung kommen, so ergibt sich:

$$\text{g)} \qquad (\nabla \mathfrak{V}) = \frac{\partial V_x}{\partial x} + \frac{\partial V_y}{\partial y} + \frac{\partial V_z}{\partial z},$$

also der skalare Ausdruck, der seiner physikalischen Bedeutung wegen als div $\mathfrak{V}$ bezeichnet wurde. Statt div $\mathfrak{V}$ wird entsprechend dieser Ableitung auch $\nabla\, \mathfrak{V}$ geschrieben. Die unter 1. k) gegebenen Differenzierungsregeln gelten auch hier:

$$\text{h)} \qquad \begin{aligned} \operatorname{div}(\mathfrak{V} \pm \mathfrak{W}) &= \operatorname{div}\mathfrak{V} \pm \operatorname{div}\mathfrak{W}, \\ \operatorname{div}(c \cdot \mathfrak{V}) &= c \cdot \operatorname{div}\mathfrak{V}, \\ \operatorname{div}(\mathfrak{V} \cdot \mathfrak{W}) &= \mathfrak{V} \operatorname{div}\mathfrak{W} + \mathfrak{W} \operatorname{div}\mathfrak{V}. \end{aligned}$$

Für den Radiusvektor $\mathfrak{r} = \mathfrak{i}\, x + \mathfrak{j}\, y + \mathfrak{k}\, z$ gibt die Formel g)

$$\operatorname{div}\mathfrak{r} = \frac{\partial x}{\partial x} + \frac{\partial y}{\partial y} + \frac{\partial z}{\partial z} = 3.$$

Um die Divergenz mit dem Kraftlinienbilde zu verknüpfen beachte man, daß die Anzahl der aus einer Quelle austretenden, in einer Senke verschwindenden Kraftlinien ein Maß für die dort herrschende Dichtigkeit ϱ des Agens ist. Zahl der Kraftlinien $= 4\,\pi\varrho$. Andererseits wird die Dichte durch die div gemessen, denn die aus der Volumeneinheit austretende Anzahl ist $=$ div $\mathfrak{E}$; also ist

$$\text{i)} \qquad \operatorname{div}\mathfrak{E} = 4\,\pi\,\varrho,$$

was auch ohne weiteres aus Gleichung c) folgt.

Es wurde schon erwähnt, daß man für Luft die Konstante in Coulombs Gleichung 2. a) der Einfachheit wegen $= 1$ gesetzt hat; für ein anderes Medium hat diese Konstante, die hier Dielektrizitätskonstante heißt und durch ε bezeichnet wird, einen anderen Wert. Für ein beliebiges Medium ist daher $\operatorname{div}\varepsilon\,\mathfrak{E} = 4\,\pi\,\varrho$.

Die Rotation. Es soll nun die zweite Möglichkeit der Anwendung des Hamiltonschen Operators ∇ auf einen Vektor untersucht werden, indem der Ansatz f) nach der vektoriellen Multiplikation ausgeführt wird, wobei die Formeln § 40, 4. n) und o) zur Geltung kommen. Man erhält:

$$\text{k)} \qquad [\nabla\,\mathfrak{V}] = \mathfrak{i}\left(\frac{\partial V_z}{\partial y} - \frac{\partial V_y}{\partial z}\right) + \mathfrak{j}\left(\frac{\partial V_x}{\partial z} - \frac{\partial V_z}{\partial x}\right) + \mathfrak{k}\left(\frac{\partial V_y}{\partial x} - \frac{\partial V_x}{\partial y}\right),$$

einen Vektor, der aus noch zu erörternden Gründen den Namen **Rotation** erhalten hat. Statt $[\nabla \mathfrak{V}]$ schreibt man meistens rot $\mathfrak{V}$. Die drei Komponenten dieses Vektors sind symmetrische Differentialausdrücke, welche sich aus sechs der neun Addenden des Ansatzes f) zusammensetzen. Man beachte, daß die drei Diagonalglieder der neun Addenden den Skalar $(\nabla\ \mathfrak{V}) = \text{div}\ \mathfrak{V}$ bilden, die übrigen sechs den Vektor $[\nabla\ \mathfrak{V}) = \text{rot}\ \mathfrak{V}$. Die Rotation läßt sich sehr schön in Form einer Determinante schreiben:

$$\text{l)} \qquad \text{rot}\ \mathfrak{V} = \begin{vmatrix} \mathfrak{i} & \mathfrak{j} & \mathfrak{k} \\ \frac{\partial}{\partial x} & \frac{\partial}{\partial y} & \frac{\partial}{\partial z} \\ V_x & V_y & V_z \end{vmatrix},$$

woraus die rot-Komponenten als Unterdeterminanten (§ 8, 14.) hervorgehen.

Auch für die Rotation gilt die Differentialregel:

$$\text{rot}\ (\mathfrak{A} \pm \mathfrak{B}) = \text{rot}\ \mathfrak{A} \pm \text{rot}\ \mathfrak{B}.$$

Der Gradient, die Divergenz und die Rotation, oder grad, div und rot, sind die wichtigsten Differentialformen der theoretischen Physik. Der Hamiltonsche Operator spielt durchaus die Rolle eines gewöhnlichen Vektors und man kann damit operieren als ob das Zeichen ∇ ein selbständiger Vektor sei, was auch in der Determinante l) zum Ausdruck gebracht wird. Als kurze Wiederholung läßt sich sagen: Der Differentialoperator ∇ führt auf die Funktionen:

$$\nabla V = \text{grad}\ V = \mathfrak{i}\frac{\partial V}{\partial x} + \mathfrak{j}\frac{\partial V}{\partial y} + \mathfrak{k}\frac{\partial V}{\partial z}, \text{ einen Vektor,}$$

$$(\nabla\ \mathfrak{V}) = \text{div}\ \mathfrak{V} = \frac{\partial V_x}{\partial x} + \frac{\partial V_y}{\partial y} + \frac{\partial V_z}{\partial z}, \text{ einen Skalar,}$$

$$[\nabla\ \mathfrak{V}] = \text{rot}\ \mathfrak{V} = \mathfrak{i}\left(\frac{\partial V_z}{\partial y} - \frac{\partial V_y}{\partial z}\right) + \mathfrak{j}\left(\frac{\partial V_x}{\partial z} - \frac{\partial V_z}{\partial x}\right) + \mathfrak{k}\left(\frac{\partial V_y}{\partial x} - \frac{\partial V_x}{\partial y}\right),$$

einen Vektor. Die Operation ∇ läßt sich auch mehrfach anwenden und führt dann auf

vektorielle Differentialquotienten höherer Ordnung.

Es ist z. B.

$$\text{div grad}\ V = \text{div}\left(\mathfrak{i}\frac{\partial V}{\partial x} + \mathfrak{j}\frac{\partial V}{\partial y} + \mathfrak{k}\frac{\partial V}{\partial z}\right)$$

$$= \frac{\partial^2 V}{\partial x^2} + \frac{\partial^2 V}{\partial y^2} + \frac{\partial^2 V}{\partial z^2},$$

bezeichnet durch $\nabla^2 V$. Der Ausdruck spielt eine wichtige Rolle in der Potentialtheorie. Ferner ist

$$\operatorname{rot}\operatorname{grad} V = \operatorname{rot}\left(\mathfrak{i}\frac{\partial V}{\partial x} + \mathfrak{j}\frac{\partial V}{\partial y} + \mathfrak{k}\frac{\partial V}{\partial z}\right) = \begin{vmatrix} \mathfrak{i} & \mathfrak{j} & \mathfrak{k} \\ \frac{\partial}{\partial x} & \frac{\partial}{\partial y} & \frac{\partial}{\partial z} \\ \frac{\partial V}{\partial x} & \frac{\partial V}{\partial y} & \frac{\partial V}{\partial z} \end{vmatrix}$$

$$= \mathfrak{i}\left(\frac{\partial^2 V}{\partial y\,\partial z} - \frac{\partial^2 V}{\partial z\,\partial y}\right) + \mathfrak{j}\left(\frac{\partial^2 V}{\partial z\,\partial x} - \frac{\partial^2 V}{\partial x\,\partial z}\right) + \mathfrak{k}\left(\frac{\partial^2 V}{\partial x\,\partial y} - \frac{\partial^2 V}{\partial y\,\partial x}\right) = 0,$$

und drittens ist

$$\operatorname{div}\operatorname{rot}\mathfrak{B} = \operatorname{div}\left\{\mathfrak{i}\left(\frac{\partial V_z}{\partial y} - \frac{\partial V_y}{\partial z}\right) + \mathfrak{j}\left(\frac{\partial V_x}{\partial z} - \frac{\partial V_z}{\partial x}\right) + \mathfrak{k}\left(\frac{\partial V_y}{\partial x} - \frac{\partial V_x}{\partial y}\right)\right\}$$

$$= \frac{\partial}{\partial x}\left(\frac{\partial V_z}{\partial y} - \frac{\partial V_y}{\partial z}\right) + \frac{\partial}{\partial y}\left(\frac{\partial V_x}{\partial z} - \frac{\partial V_z}{\partial x}\right) + \frac{\partial}{\partial z}\left(\frac{\partial V_y}{\partial x} - \frac{\partial V_x}{\partial y}\right)$$

$$= \frac{\partial^2 V_z}{\partial x\,\partial y} - \frac{\partial^2 V_y}{\partial x\,\partial z} + \frac{\partial^2 V_x}{\partial y\,\partial z} - \frac{\partial^2 V_z}{\partial x\,\partial y} + \frac{\partial^2 V_y}{\partial x\,\partial z} - \frac{\partial^2 V_x}{\partial y\,\partial z} = 0.$$

Wie sich schließlich alles vereinfacht, zeigt auch das folgende Beispiel:

$$\operatorname{div}[\mathfrak{A}\mathfrak{B}] = \frac{\partial}{\partial x}(\mathfrak{A}_y\mathfrak{B}_z - \mathfrak{A}_z\mathfrak{B}_y) + \frac{\partial}{\partial y}(\mathfrak{A}_z\mathfrak{B}_x - \mathfrak{A}_x\mathfrak{B}_z) + \frac{\partial}{\partial z}(\mathfrak{A}_x\mathfrak{B}_y - \mathfrak{A}_y\mathfrak{B}_x)$$

$$= \frac{\partial\mathfrak{A}_y}{\partial x}\mathfrak{B}_z + \frac{\partial\mathfrak{B}_z}{\partial x}\mathfrak{A}_y - \frac{\partial\mathfrak{A}_z}{\partial x}\mathfrak{B}_y - \frac{\partial\mathfrak{B}_y}{\partial x}\mathfrak{A}_z$$

$$+ \frac{\partial\mathfrak{A}_z}{\partial y}\mathfrak{B}_x + \frac{\partial\mathfrak{B}_x}{\partial y}\mathfrak{A}_z - \frac{\partial\mathfrak{A}_x}{\partial y}\mathfrak{B}_z - \frac{\partial\mathfrak{B}_z}{\partial y}\mathfrak{A}_x$$

$$+ \frac{\partial\mathfrak{A}_x}{\partial z}\mathfrak{B}_y + \frac{\partial\mathfrak{B}_y}{\partial z}\mathfrak{A}_x - \frac{\partial\mathfrak{A}_y}{\partial z}\mathfrak{B}_x - \frac{\partial\mathfrak{B}_x}{\partial z}\mathfrak{A}_y, \text{ also}$$

$$\operatorname{div}[\mathfrak{A}\mathfrak{B}] = \mathfrak{B}_x\left(\frac{\partial\mathfrak{A}_z}{\partial y} - \frac{\partial\mathfrak{A}_y}{\partial z}\right) + \mathfrak{B}_y\left(\frac{\partial\mathfrak{A}_x}{\partial z} - \frac{\partial\mathfrak{A}_z}{\partial x}\right) + \mathfrak{B}_z\left(\frac{\partial\mathfrak{A}_y}{\partial x} - \frac{\partial\mathfrak{A}_x}{\partial y}\right)$$

$$- \mathfrak{A}_x\left(\frac{\partial\mathfrak{B}_z}{\partial y} - \frac{\partial\mathfrak{B}_y}{\partial z}\right) - \mathfrak{A}_y\left(\frac{\partial\mathfrak{B}_x}{\partial z} - \frac{\partial\mathfrak{B}_z}{\partial x}\right) - \mathfrak{A}_z\left(\frac{\partial\mathfrak{B}_y}{\partial x} - \frac{\partial\mathfrak{B}_x}{\partial y}\right) \text{ oder}$$

$$\operatorname{div}[\mathfrak{A}\mathfrak{B}] = \mathfrak{B}\operatorname{rot}\mathfrak{A} - \mathfrak{A}\operatorname{rot}\mathfrak{B}.$$

4. Der Integralsatz von Stokes und die Rotation.

Zerlegt man die Fläche f, Bild 288, durch ein beliebiges Kurvennetz in Elemente, so ist leicht zu erkennen, daß das Linienintegral $\int \mathfrak{A}\,d\mathfrak{s}$, längs des Randes s der Fläche, gleich der Summe der Linienintegrale ist, die über die Begrenzungen der einzelnen Flächenelemente erstreckt werden. Denn bei dieser Integration wird jede Begrenzungslinie, die zwei Elementen von f gemeinsam ist, zweimal in entgegengesetzten Richtungen durchlaufen, während die Teile der Randkurven nur einmal durchlaufen werden. Dabei wird vorausgesetzt, daß der Umlaufssinn überall der gleiche und der Vektor $\mathfrak{A}$ kontinuierlich im Raume verteilt ist.

Es soll gezeigt werden, daß das Linienintegral des Vektors $\mathfrak{A}$ über eine geschlossene Kurve durch ein Flächenintegral über eine beliebige von der Kurve umrandete Fläche ausgedrückt werden kann.

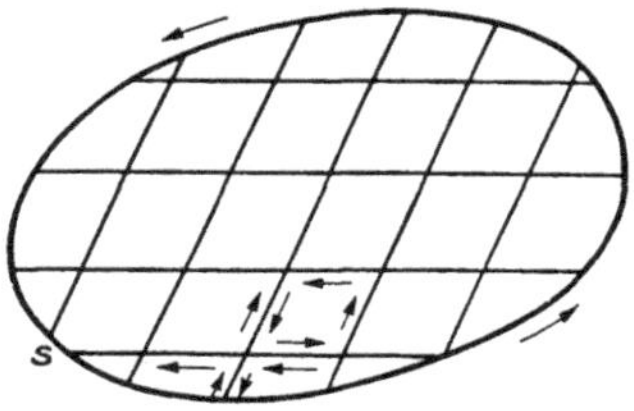

Bild 288

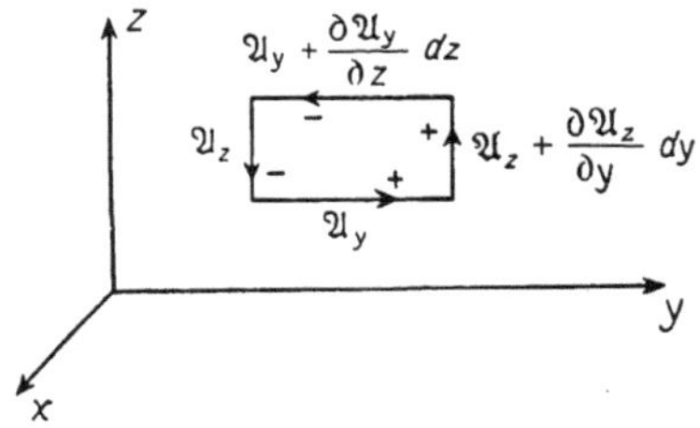

Bild 289

Betrachtet man zunächst ein Flächenelement $dy\,dz$ in der yz-Ebene eines rechtwinkligen Koordinatensystems und wählt als positive Umlaufsrichtung die, welche mit der $+x$-Achse zusammen ein Rechtssystem bildet, so ist nach den Bezeichnungen des Bildes 289 die für den einmaligen Umlauf der Massen- oder Agenseinheit von den Feldkräften zu leistende Arbeit:

$$\sum \mathfrak{A}\,d\mathfrak{s} = \mathfrak{A}_y\,dy - \left(\mathfrak{A}_y + \frac{\partial \mathfrak{A}_y}{\partial z}\,dz\right)dy - \mathfrak{A}_z\,dz + \left(\mathfrak{A}_z + \frac{\partial \mathfrak{A}_z}{\partial y}\,dy\right)dz$$

oder

$$\sum \mathfrak{A}\,d\mathfrak{s} = \left(\frac{\partial \mathfrak{A}_z}{\partial y} - \frac{\partial \mathfrak{A}_y}{\partial z}\right)dy\,dz.$$

Für ein beliebig begrenztes Flächenelement df_x in der yz-Ebene erhält man daher

a) $$\sum \mathfrak{A}\,d\mathfrak{s} = \left(\frac{\partial \mathfrak{A}_z}{\partial y} - \frac{\partial \mathfrak{A}_y}{\partial z}\right)df_x.$$

Setzt man $\Sigma \mathfrak{A}\,d\mathfrak{s} = \mathfrak{R}_x$, so ist für eine in der yz-Ebene liegende Flächeneinheit, die als unendlich klein vorausgesetzt werden soll,

b) $$\mathfrak{R}_x = \frac{\partial \mathfrak{A}_z}{\partial y} - \frac{\partial \mathfrak{A}_y}{\partial z}.$$

Ebenso ergibt sich $\mathfrak{R}_y$ und $\mathfrak{R}_z$ und daraus $\mathfrak{R}_n = \mathfrak{R}_x + \mathfrak{R}_y + \mathfrak{R}_z$, also

c) $$\mathfrak{R}_n = \left(\frac{\partial \mathfrak{A}_z}{\partial y} - \frac{\partial \mathfrak{A}_y}{\partial z}\right) + \left(\frac{\partial \mathfrak{A}_x}{\partial z} - \frac{\partial \mathfrak{A}_z}{\partial x}\right) + \left(\frac{\partial \mathfrak{A}_y}{\partial x} - \frac{\partial \mathfrak{A}_x}{\partial y}\right)$$

oder

d) $$\mathfrak{R}_n = \operatorname{rot}_n \mathfrak{A}.$$

Es sind also die Komponenten des Vektors rot $\mathfrak{V}$ in 3. k) gleich den Arbeiten, die die Feldkraft leistet, wenn die Agenseinheit ein Flächenstück von der Größe 1 in den drei Koordinatenachsen umkreist. Die drei Flächenstücke können weiterhin selbst als Komponenten einer Fläche im Raume aufgefaßt werden, wie folgt:

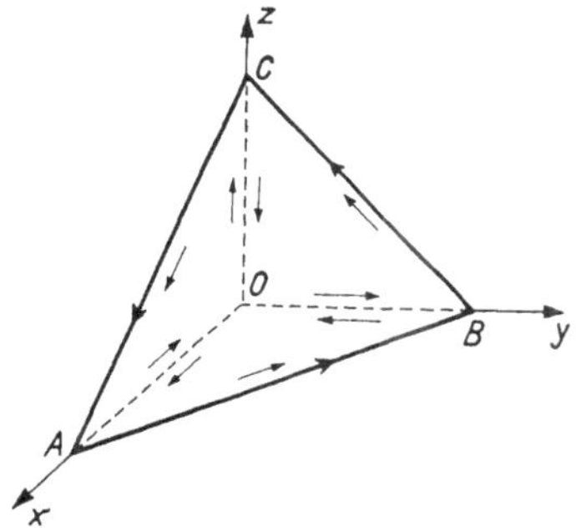

Bild 290

Es sei $0ABC$, Bild 290, ein unendlich kleines Tetraeder, dessen Kanten $0A$, $0B$, $0C$ bzw. den Koordinatenachsen parallel sind. Die Fläche ABC sei df, der Richtungssinn ihrer Normalen n zeige von 0 nach df und der Umlaufssinn $ABCA$ entspreche einer Rechtsschraubung. Der Kantenwinkel zweier Tetraederflächen ist durch den Winkel zwischen ihren Normalen gegeben. Man hat also

$$0BC = df_x = df\cos(nx), \qquad 0CA = df_y = df\cos(ny),$$
$$0AB = df_z = df\cos(nz).$$

Das Linienintegral $\int \mathfrak{A}\,d\mathfrak{s}$, das in positiver Richtung über die Ränder von df_x, df_y und df_z erstreckt wird, ist gleich dem Linienintegral längs der Randlinie $ABCA$ von df, da bei dieser Integration die Kanten $0A$, $0B$, $0C$ je zweimal, aber in entgegengesetzten Richtungen durchlaufen werden. Es ergibt sich also für das Linienintegral längs des Randes von df

$$\sum \mathfrak{A}\,d\mathfrak{s} = \mathfrak{R}_x\,df_x + \mathfrak{R}_y\,df_y + \mathfrak{R}_z\,df_z,$$

oder

$$\sum \mathfrak{A}\,d\mathfrak{s} = \{\mathfrak{R}_x\cos(nx) + \mathfrak{R}_y\cos(ny) + \mathfrak{R}_z\cos(nz)\}\,df = \mathfrak{R}_n\,df,$$

oder nach d)

e) $$\sum \mathfrak{A}\,d\mathfrak{s} = \mathfrak{R}_n\,df = \mathrm{rot}_n\,\mathfrak{A}\,df.$$

Handelt es sich um eine krumme Fläche f, so kann nach dem Vorhergehenden das Linienintegral längs des Randes durch die Summe der Linienintegrale um die einzelnen Flächenelemente, in die f nach Bild 288 zerlegt wird, ersetzt werden. Da diese Flächenelemente wegen ihrer Kleinheit als eben angesehen werden können, so erhält man für eine krumme Fläche f

f) $$\int_{\circ} \mathfrak{A}\,d\mathfrak{s} = \int_{f} \mathrm{rot}_n\,\mathfrak{A}\,df.$$

Diese Gleichung stellt den Integralsatz von Stokes dar, der das längs einer geschlossenen Kurve erstreckte Linienintegral eines Vektors in Beziehung setzt zu dem Flächenintegral der Rotation desselben Vektors, das über eine beliebige von der Kurve umrandete Fläche erstreckt wird. Hat $\mathfrak{A}$ die rechtwinkligen Komponenten X, Y, Z und $d\mathfrak{s}$ die Komponenten dx, dy, dz, so erscheint f) in der Form:

$$\text{f)}' \quad \int_{o} \left(X \frac{dx}{ds} + Y \frac{dy}{ds} + Z \frac{dz}{ds} \right) ds = \int_{f} \left\{ \left(\frac{\partial Z}{\partial y} - \frac{\partial Y}{\partial z} \right) \cos(nx) + \left(\frac{\partial X}{\partial z} - \frac{\partial Z}{\partial x} \right) \cos(ny) + \left(\frac{\partial Y}{\partial x} - \frac{\partial X}{\partial y} \right) \cos(nz) \right\} df.$$

Ist das Linienintegral der Kraft $\mathfrak{K}$ längs einer geschlossenen Bahn gleich Null, so ergibt sich nach f) $\mathrm{rot}_n \mathfrak{K} = 0$; sind also X, Y, Z die Komponenten von $\mathfrak{K}$, so ist

$$\frac{\partial Z}{\partial z} - \frac{\partial Y}{\partial z} = 0, \quad \frac{\partial X}{\partial z} - \frac{\partial Z}{\partial x} = 0, \quad \frac{\partial Y}{\partial x} - \frac{\partial X}{\partial y} = 0.$$

Sind diese Gleichungen erfüllt, so ist der Ausdruck

$$X dx + Y dy + Z dz$$

in dem Integral § 37, 3. b) das vollständige Differential einer Funktion $U(x, y, z)$, indem man nach 1. h) setzen kann

$$X = -\frac{\partial U}{\partial x}, \quad Y = -\frac{\partial U}{\partial y}, \quad Z = -\frac{\partial U}{\partial z},$$

also

$$\begin{aligned} dA &= X dx + Y dy + Z dz \\ &= -\left(\frac{\partial U}{\partial x} dx + \frac{\partial U}{\partial y} dy + \frac{\partial U}{\partial z} dz \right) = -dU. \end{aligned}$$

Die Funktion $-U$ wird Kräftefunktion genannt. U ist das skalare Potential oder die potentielle Energie des Systems. Nach der letzten Gleichung, $dA = -dU$, ist die von den Kräften geleistete Arbeit gleich der Abnahme der potentiellen Energie des Systems.

H. Ausgleichungsrechnung nach der Methode der kleinsten Quadrate

§ 42. Allgemeines und Ausgleichung direkter Beobachtungen

1. Einleitung und Geschichtliches.

Die Methode der kleinsten Quadrate ist ein Zweig der Wahrscheinlichkeitsrechnung. Sie befaßt sich mit der Ausgleichung der unvermeidlichen Mängel und Unvollkommenheiten von Beobachtungen und Messungen, d. h. mit den Fehlern dieser.

Für manche Fälle genügt ein einfaches Ausgleichungsverfahren, welches seit undenklichen Zeiten zur Anwendung kam, nämlich das Prinzip des arithmetischen Mittels, das bekanntlich dazu dient, um abweichende Messungsresultate einer und derselben Größe zu einem Resultate zu vereinigen. Allein die meisten Fälle der Praxis sind nicht so einfach, daß das arithmetische Mittel zur Ausgleichung ausreichen würde.

Die bei einer Ausgleichung zu lösende Aufgabe besteht im allgemeinen darin, aus einer Anzahl von Gleichungen, welche größer ist als die Anzahl der darin vorkommenden Unbekannten, diejenigen Werte der letzteren zu finden, welche sämtliche Gleichungen möglichst befriedigen. Es mögen z. B. folgende drei Gleichungen vorliegen:

$$\text{a)} \qquad \begin{cases} a_1 x + b_1 y + l_1 = 0 \\ a_2 x + b_2 y + l_2 = 0 \\ a_3 x + b_3 y + l_3 = 0, \end{cases}$$

worin die Größen l_1 l_2 l_3 durch Beobachtungen erhalten wurden, x und y Unbekannte sind, welche durch die Gleichungen a) mit den Beobachtungen l_1 l_2 l_3 in Beziehung stehen und die Koeffizienten a und b gegeben sind.

Da es im allgemeinen nicht möglich ist, zwei Unbekannte x, y zu bestimmen, welche allen drei Gleichungen a) völlig Genüge leisten, betrachtet man ein neues System:

$$\text{b)} \qquad \begin{cases} a_1 x + b_1 y + l_1 = v_1 \\ a_2 x + b_2 y + l_2 = v_2 \\ a_3 x + b_3 y + l_3 = v_3 \end{cases}$$

und sucht die Widersprüche v in ihrer Gesamtheit möglichst klein zu machen.

Die Methode der kleinsten Quadrate erklärt nun dasjenige System der Unbekannten x und y für das beste, welches in den Gleichungen solche Widersprüche v erzeugt, deren Quadratsumme ein Minimum ist. Daher der Name »Methode der kleinsten Quadrate«. In dieser allgemeinen Aufgabe ist auch der vorher erwähnte Fall des arithmetischen Mittels mit inbegriffen, worin die Anzahl der Unbekannten sich auf eine reduziert.

Die Ausgleichungsrechnung nach der Methode der kleinsten Quadrate wurde zuerst öffentlich behandelt von Legendre im Jahre 1805. Unabhängig von Legendre fand Gauß die Methode der kleinsten Quadrate im Jahre 1795 als Studierender der Mathematik in Göttingen. Im Jahre 1801 berechnete er mittels dieser Methode die Bahn des gerade von Piazzi in Palermo entdeckten kleinen Planeten Ceres. Wegen ungünstiger Stellung des Sternes zur Sonne waren die Beobachtungen nur auf 40 Tage möglich gewesen und erstreckten sich auf nicht mehr als 9° seiner Bahn. Trotzdem wichen die Berechnungen von Gauß so wenig von der Wahrheit ab, daß der erste Wiederentdecker, Zach, sich dahin äußerte, die Ellipse des Dr. Gauß stimme »zur Bewundrung genau« mit der Stellung des Planeten überein.

Obgleich durch die Berechnung der Bahnelemente der Ceres die Ausgleichungsmethode von Gauß einen vollständigen Triumph errungen hatte, veröffentlichte er sie doch erst im Jahre 1809. Wenn demnach Legendre auch die Priorität der Veröffentlichung gehört, so ist doch Gauß als der Begründer der Methode der kleinsten Quadrate zu betrachten, denn er allein hat weitaus den größten Teil dessen geschaffen, was heute »Methode der kleinsten Quadrate« heißt.

2. Erklärung über Beobachtungsfehler.

Wer sich mit Messungen irgendwelcher Art beschäftigt, macht dabei die Erfahrung, daß diese Messungen Fehlern ausgesetzt sind. Man hat hauptsächlich zwei Mittel, die Richtigkeit von Messungen zu prüfen: entweder wiederholt man die Messung unmittelbar und sieht zu, ob man das erste Resultat wieder erhält, oder man mißt verschiedene Größen, welche unter sich in einer bekannten Beziehung stehen, je einmal, und untersucht, ob die Messungsresultate die Beziehung zeigen; z. B. man mißt die drei Winkel eines gegebenen Dreiecks und vergleicht deren Summe mit der theoretischen Summe 180°. Wenn man bei jeder Messung sich eine derartige Probe verschafft und dieselbe in aller Strenge verfolgt, so wird man zu dem Schluß geführt, daß keine Messung vollkommen fehlerfrei ist. Damit ist natürlich nicht gesagt, daß es nicht möglich sei, eine Messung so auszuführen, daß der noch zu fürchtende Fehler so klein ist, daß er für manche Zwecke unschädlich bleibt.

Trotz der Mangelhaftigkeit der Beobachtungen können doch die Fehler gewisse Grenzen nicht überschreiten, sofern der Beobachter die nötige Sorgfalt anwendet. Ist letzteres nicht der Fall, so treten grobe Fehler auf, z. B. falsches Zählen der ganzen Lattenlagen bei Längenmessungen. Solche groben Fehler sollen von den folgenden Betrachtungen ausgeschlossen sein.

Gewisse Fehler wirken immer in demselben Sinn, z. B. das Ausweichen der Meßlatten aus der zu messenden Geraden führt immer auf ein zu großes Messungsresultat. Auch für derartige Fehler wird, wie gewöhnlich, die Annahme gemacht, daß sie vermeidlich sind und daß nur unvermeidliche, unregelmäßige Beobachtungsfehler, welche gleichwahrscheinlich positiv oder negativ sind, hier in Betracht kommen sollen.

Sobald man erkannt hat, daß die wahren Werte der beobachteten Größen in aller Strenge zu bestimmen unmöglich ist, hat man sich ein weniger hohes Ziel zu stecken, nämlich nur die Erreichung der unter gegebenen Umständen wahrscheinlichsten Werte der Unbekannten. Je nach der Art der Beobachtung und der Anzahl der angewendeten Probemessungen wird man den wahren Werten der Unbekannten mehr oder weniger nahekommen, man kann deswegen nach Ermittlung der wahrscheinlichsten Werte noch die Frage aufwerfen, welche Genauigkeit erzielt worden ist.

Es ist hiernach die Aufgabe der Ausgleichungsrechnung, aus Beobachtungen, welche in einer das unmittelbare Bedürfnis überschreitenden Anzahl vorhanden sind und deswegen infolge der unvermeidlichen, ihnen anhaftenden Beobachtungsfehler auf Widersprüche führen, diejenigen Resultate abzuleiten, welche die größte Wahrscheinlichkeit für sich haben oder die geringsten Fehler fürchten lassen; ferner die Grenzen anzugeben, innerhalb welcher die gefundenen Resultate noch von der Wahrheit abweichen mögen.

Oder mit andern Worten:

Die Methode der kleinsten Quadrate beschäftigt sich mit der Ausgleichung von Beobachtungsfehlern und mit der Bestimmung von mittleren zu fürchtenden Fehlern.

3. Der durchschnittliche Fehler.

Wenn die Fehler mehrerer gleichartiger Beobachtungen bekannt sind, so kann man aus diesen Fehlern, absolut genommen, d. h. ohne Rücksicht auf ihre Vorzeichen, einen Durchschnittswert bilden, welcher »durchschnittlicher Fehler« heißt. Allerdings kennt man die wahren Beobachtungsfehler im allgemeinen ebensowenig als die wahren Werte der beobachteten Größen, doch hindert das nicht, den strengen

Begriff des durchschnittlichen Fehlers zu bilden. Sind $\Delta_1\ \Delta_2\ \Delta_3 \ldots \Delta_n$ eine Anzahl wahrer Beobachtungsfehler von gleicher Art, so ist der durchschnittliche Fehler:

a) $$t = \frac{[\pm \Delta]}{n},$$

wobei der Ausdruck $[\pm \Delta]$ die absolute Summe der Δ zur Unterscheidung von der algebraischen Summe $[\Delta]$ bezeichnen soll.

Beispiel 1:

Bei der Gradmessung in Ostpreußen wurden in 22 Dreiecken alle Winkel gemessen und die Winkelsummen mit den theoretischen Summen 180° + sphär. Exzeß (§ 25, 4. c) verglichen. Dabei ergaben sich folgende 22 Widersprüche $\Delta = \alpha + \beta + \gamma - (180^0 + \varepsilon)$:

+ 0,36″	+ 1,76″	— 1,36″	+ 1,67″
+ 0,93	+ 0,92	+ 1,86	— 0,72
— 0,51	+ 0,56	— 0,42	— 1,35
— 1,46	± 0,00	+ 1,68	— 0,98
— 0,95	— 0,59	+ 1,62	— 1,40
± 0,00	+ 1,62		

Summe 22,72″ = $[\pm \Delta]$

$$t = \frac{22{,}72''}{22} = 1{,}03''.$$

Betrachtet man nun die Winkelsumme eines Dreiecks als Messungsgröße, so hat man den durchschnittlichen Fehler derselben hiermit bestimmt $= \pm 1{,}03''$, dagegen wurde der durchschnittliche Fehler eines einzelnen Dreieckswinkels hierbei nicht gefunden.

Zur genäherten Bestimmung eines durchschnittlichen Fehlers kann das arithmetische Mittel dienen. Hat man nämlich eine große Anzahl gleichartiger Messungen, so kann deren arithmetisches Mittel als verhältnismäßig sehr genau betrachtet und die Differenzen zwischen diesem Mittel und den einzelnen Beobachtungswerten zur Berechnung des durchschnittlichen Fehlers benützt werden wie folgt:

Beobachtungen: $l_1\ l_2\ l_3 \ldots l_n$

Arithmetisches Mittel: $x = \frac{l_1 + l_2 + l_3 + \ldots l_n}{n} = \frac{[l]}{n}$.

Nun bildet man die Differenzen: $v_1 = x - l_1$, $v_2 = x - l_2$, $v_3 = x - l_3$ usw. und überzeugt sich leicht, daß die algebraische Summe dieser Differenzen $= 0$ ist, oder $[v] = 0$.

Diese Differenzen v werden jetzt näherungsweise wie wahre Beobachtungsfehler Δ behandelt, d. h. man berechnet nach Gleichung a) den durchschnittlichen Fehler

$$t = \frac{[\pm v]}{n}.$$

Beispiel 2:

Ein Winkel ist 5mal unabhängig gemessen worden:

Beobachtungen l	Differenzen v	Probe
35° 26′ 16″	+ 2,8″	
20″	— 1,2″	
18″	+ 0,8″	
25″	— 6,2″	$[+v] = +7,4$
15″	+ 3,8″	$[-v] = -7,4$
$[l] = 94''$	$[\pm v] = 14,8$	$[v] = 0$
Mittel $x = 35^0\,26'\,18,8''$		$t = 2,96''$

Nun wäre es weiter wichtig, zu wissen, wie sich die Genauigkeit einer einzelnen Beobachtung zur Genauigkeit des arithmetischen Mittels verhält, allein diese und andere sich hier anschließende Fragen lassen sich auf Grundlage des durchschnittlichen Fehlers nicht beantworten.

4. Der mittlere Fehler.

Wenn eine Anzahl n wahrer Beobachtungsfehler $\Delta_1\ \Delta_2\ \Delta_3 \ldots \Delta_n$ vorliegt und man bildet daraus einen Mittelwert m nach der Gleichung

a) $$m = \pm \sqrt{\frac{\Delta_1^2 + \Delta_2^2 + \Delta_3^2 + \ldots + \Delta_n^2}{n}} = \pm \sqrt{\frac{[\Delta\Delta]}{n}},$$

so nennt man diesen Mittelwert nach Gauß den »mittleren Fehler« oder den »mittleren zu fürchtenden Fehler«.

Der mittlere Fehler bietet gegenüber dem durchschnittlichen Fehler den Vorteil, daß bei der Summierung $[\Delta\Delta]$, da alle Quadrate positiv sind, keine Unterscheidung des Vorzeichens nötig ist, sowie daß das Vorzeichen der Quadratwurzel unbestimmt $\pm$ aus der Rechnung hervorgeht. Abgesehen von diesen äußerlichen Unterschieden ist der mittlere Fehler ein besseres Genauigkeitsmaß als der durchschnittliche Fehler.

Der mittlere Fehler ist im allgemeinen größer als der durchschnittliche Fehler, und nur wenn die Einzelfehler Δ gleich sind, so werden auch der durchschnittliche und der mittlere Fehler einander gleich; man hat in diesem Falle für zwei Fehler:

$$t = \frac{\Delta_1 + \Delta_2}{2} \qquad m = \sqrt{\frac{\Delta_1^2 + \Delta_2^2}{2}}$$

$$t^2 = \frac{\Delta_1^2 + \Delta_2^2 + 2\,\Delta_1\Delta_2}{4} \qquad m^2 = \frac{\Delta_1^2 + \Delta_2^2}{2} = \frac{2\,\Delta_1^2 + 2\,\Delta_2^2}{4}$$

b) $$m^2 - t^2 = \frac{\Delta_1^2 + \Delta_2^2 - 2\,\Delta_1\Delta_2}{4} = \frac{[\Delta_1 - \Delta_2]^2}{4},$$ d. h. stets positiv,

also $m > t$, und diese Rechnung läßt sich leicht auf beliebig viele Elemente ausdehnen.

Bei zwei Fehlern Δ_1 und Δ_2 hat man zwei extreme Fälle:

(1) $\Delta_1 = \Delta_2 = \Delta$ gibt $t = \Delta$, $m = \Delta$ und $m:t = 1$;

(2) $\Delta_1 = \Delta$ und $\Delta_2 = 0$ gibt $t = \frac{\Delta}{2}$, $m = \frac{\Delta}{\sqrt{2}}$ und $m:t = 1{,}414$.

Das arithmetische Mittel aus beiden Fällen ist $m : t = 1{,}207$. Eine spätere Untersuchung wird einen genaueren Mittelwert ergeben, nämlich $m : t = 1{,}2533$ oder rund $m = 1{,}25\, t$.

Zur weiteren Vergleichung des durchschnittlichen Fehlers t mit dem mittleren Fehler m mögen folgende beiden Fehlerreihen dienen:

												$[\Delta] =$	$[\Delta\Delta] =$
(1)	5	6	2	7	3	8	10	9	0	3	5	58	402
(2)	14	3	0	0	6	20	2	0	2	1	10	58	750

Der durchschnittliche Fehler wird in beiden Fällen $= 58 : 11 = 5{,}27$. Der mittlere Fehler dagegen wird:

$$\text{für (1)} = \sqrt{\frac{402}{11}} = \pm\, 6{,}05 \qquad \text{für (2)} = \sqrt{\frac{750}{11}} = \pm\, 8{,}27.$$

Der mittlere Fehler läßt also die erste Reihe besser erscheinen als die zweite Reihe, und unzweifelhaft ist eine ziemlich gleiche Fehlerverteilung bis zur Grenze 10 vertrauenerweckender als das zweimalige Überschreiten dieser Grenze mit 14 und sogar 20 der zweiten Reihe, was durch das dreimalige Vorkommen von 0 nicht aufgewogen wird.

Obgleich man in solcher oder ähnlicher Weise die Einführung des »mittleren Fehlers« wohl als zweckmäßig darstellen kann, ist es doch bisher nicht gelungen, diese Wahl eines Genauigkeitsmaßes als mathematisch notwendig zu erweisen; es müssen die glänzenden damit erzielten Ausgleichungsresultate in Astronomie, Geodäsie und Physik dafür kompensieren.

Das Beispiel (2) unter 3. soll jetzt nach der Definitionsgleichung a) des mittleren Fehlers unter der Annahme behandelt werden, daß die dort berechneten Abweichungen v den Charakter wahrer Beobachtungsfehler haben:

Beobachtungen l	$v = \Delta$	$v^2 = \Delta^2$
35° 26′ 16″	+ 2,8″	7,84
20″	— 1,2″	1,44
18″	+ 0,8″	0,64
25″	— 6,2″	38,44
15″	+ 3,8″	14,44
$[l] = 94''$	$[\Delta] = 0{,}0$	$[\Delta\Delta] = 62{,}80$

Mittel $x = 35^0\, 26'\, 18{,}8''$

$$m = \sqrt{\frac{62{,}80}{5}} = \pm\, 3{,}54''.$$

Der mittlere Fehler $m = \pm 3{,}54''$ ist größer als der unter 3. berechnete durchschnittliche Fehler $t = \pm 2{,}96''$, wie es nach Gleichung b) sein muß. (Vergleiche hierzu die genauere Berechnung unter 6.)

Der Begriff des mittleren Fehlers läßt sich auch auf Funktionen von Beobachtungen ausdehnen:

Wenn eine Funktion

$$X = f(x_1, x_2, x_3 \ldots)$$

unmittelbar gemessener Größen $x_1\ x_2\ x_3 \ldots$ vorliegt, so erzeugen gewisse Fehler $\Delta_1\ \Delta_2\ \Delta_3 \ldots$ von $x_1\ x_2\ x_3 \ldots$ einen gewissen Fehler von X, und der mittlere Fehler von X, welcher M heißen soll, wird ebenfalls nach Gleichung a) berechnet durch

$$M^2 = \frac{[\Delta\Delta]}{n}.$$

Wie sich hierbei $[\Delta\Delta]$ aus den einzelnen $\Delta_1\ \Delta_2\ \Delta_3 \ldots$ zusammensetzt, hängt von der Natur der Funktion f ab und wird unter folgender Nummer Erklärung finden.

5. Fehlerfortpflanzungsgesetze.

Es sollen nun zunächst wichtige Fragen behandelt werden, in welcher Weise sich die mittleren Fehler gemessener Größen auf die hieraus durch Rechnung abgeleiteten Größen übertragen.

Wenn eine gemessene Größe x, deren mittlerer Fehler $= \pm m$ ist, mit einer konstanten Zahl a multipliziert wird, so ist die Frage nach dem mittleren Fehler M des Produktes $X = ax$ leicht zu beantworten, denn durch die Multiplikation mit a werden auch die der Größe x anhaftenden Fehler betroffen, die Antwort kann also nicht anders lauten als

a) $$M = am.$$

Wenn aber zwei voneinander unabhängige Größen, x_1 und x_2, deren mittlere Fehler m_1 und m_2 sind, addiert werden, so ist die Frage nach dem mittleren Fehler M der Summe $X = x_1 + x_2$ nicht so einfach. $M = m_1 + m_2$ stellt nur den äußersten Fall der Häufung der Fehler dar, während bei unregelmäßigen Vorzeichen $\pm$ von m_1 und m_2 auch der Fall der gegenseitigen Tilgung $m_1 - m_2$ berücksichtigt werden muß.

Würde man bei den ersten Potenzen bleiben, d. h. würde man nach 3. den durchschnittlichen Fehler der Summe $x_1 + x_2$ bestimmen wollen, so wäre eine einfache Lösung kaum möglich; dagegen führt der Begriff des mittleren Fehlers nach 4. zu der folgenden mathematischen Betrachtung:

Die bestimmten Fehler $\Delta'\ \Delta''\ \Delta''' \ldots$, welche bestimmten Fehlern $\Delta_1'\ \Delta_2'$, $\Delta_1''\ \Delta_2''$, … entsprechen, lassen sich leicht angeben und quadrieren, nämlich:

$$\begin{array}{llll}
 & \Delta' = \Delta_1' + \Delta_2' & (\Delta')^2 = (\Delta_1')^2 + (\Delta_2')^2 + 2\,\Delta_1'\,\Delta_2' \\
 & \Delta'' = \Delta_1'' + \Delta_2'' & (\Delta'')^2 = (\Delta_1'')^2 + (\Delta_2'')^2 + 2\,\Delta_1''\,\Delta_2'' \\
 & \Delta''' = \Delta_1''' + \Delta_2''' & (\Delta''')^2 = (\Delta_1''')^2 + (\Delta_2''')^2 + 2\,\Delta_1'''\,\Delta_2''' \\
\text{usw. bis} & \Delta^{(n)} \ldots\ldots\ldots\ldots & \ldots\ldots\ldots\ldots\ldots\ldots\ldots\ldots \\
\hline
 & \text{Quadratsumme:} & [\Delta\,\Delta] = [\Delta_1\,\Delta_1] + [\Delta_2\,\Delta_2] + 2\,[\Delta_1\,\Delta_2] \\
 & \text{Quadratmittel:} & \frac{[\Delta\,\Delta]}{n} = \frac{[\Delta_1\,\Delta_1]}{n} + \frac{[\Delta_2\,\Delta_2]}{n} + 2\,\frac{[\Delta_1\,\Delta_2]}{n}.
\end{array}$$

Die drei ersten Glieder der letzten Gleichung sind die mittleren Fehlerquadrate von X, von x_1 und von x_2, das letzte Glied $2\,\frac{[\Delta_1\,\Delta_2]}{n}$ ist der Mittelwert von Produkten, welche gleich wahrscheinlich positiv und negativ sind. Dieser Mittelwert oder der Grenzwert, gegen welchen dieses Glied bei wachsendem n konvergiert, ist aber $= 0$, weil sich die positiven und negativen Produkte aufheben. Man erhält also:

$$\text{b)} \qquad M^2 = m_1^2 + m_2^2 \quad \text{oder} \quad M = \sqrt{m_1^2 + m_2^2}.$$

Wenn es sich statt um Addition $x_1 + x_2$ um Subtraktion $x_1 - x_2$ handeln würde, so würde das in der Ableitung nichts ändern, und es ergibt sich somit der Satz:

Der mittlere Fehler einer Summe oder einer Differenz zweier unabhängig gemessener Größen ist gleich der Quadratwurzel aus der Quadratsumme der mittleren Fehler der gemessenen Größen. Dieser Satz, welcher nach Bild 291 äußerliche Ähnlichkeit mit dem Pythagoreischen Satz der Geometrie hat, ist ein wichtiger Satz der Ausgleichungsrechnung.

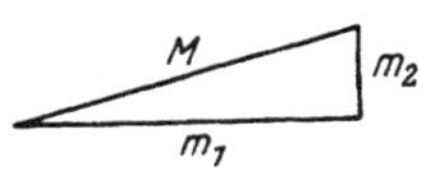

Bild 291

Man erkennt leicht, daß ein kleiner Wert m_2 neben einem verhältnismäßig großem Wert m_1 wenig Einfluß auf M hat. Wenn z. B. $m_1 = 10$ und $m_2 = 1$ ist, so wird $M = 10{,}05$, während $m_1 + m_2 = 11$ wäre. Es ist also in Gleichung b) die auch durch Erfahrung bestätigte Tatsache ausgesprochen, daß kleine Fehler neben großen fast verschwinden.

Hat man drei Größen $x_1\ x_2\ x_3$ zu addieren, deren mittlere Fehler $m_1\ m_2\ m_3$ sind, so findet man den mittleren Fehler ihrer Summe, indem man zuerst $x_1 + x_2$ zusammenfaßt in $X = (x_1 + x_2) + x_3$. Die wiederholte Anwendung dieser Regel gibt für $X = x_1 + x_2 + x_3 + \ldots$ den mittleren Fehler der Gesamtsumme:

$$\text{b')} \qquad M = \sqrt{m_1^2 + m_2^2 + m_3^2 + \ldots} = \sqrt{[m\,m]}.$$

Insbesondere, wenn alle $m_1\ m_2\ m_3 \ldots$ einander gleich sind und ihre Anzahl $= n$ ist, so wird

$$\text{b'')} \qquad M = \sqrt{n\,m^2} = m\sqrt{n}.$$

Durch Verbindung obiger Ableitungen findet man ferner: Für eine lineare Funktion

$$X = a_1 x_1 + a_2 x_2 + a_3 x_3 + \dots$$

unabhängig gemessener Größen $x_1\ x_2\ x_3 \dots$, deren mittlere Fehler $m_1\ m_2\ m_3$ sind, erhält man den mittleren Fehler der Funktion X aus der Gleichung

c) $$M = \sqrt{(a_1 m_1)^2 + (a_2 m_2)^2 + (a_3 m_3)^2 + \dots}$$

und wenn dabei $m_1 = m_2 = m_3 \dots = m$ ist, so wird

c′) $$M = m\sqrt{[a\,a]}.$$

Schließlich kann man durch eine ähnliche Formel den mittleren Fehler irgendeiner Funktion gemessener Größen

$$X = f(x_1, x_2, x_3 \dots)$$

bestimmen. Bezeichnen jetzt $x_1\ x_2\ x_3 \dots$ die wahren Werte der gemessenen Größen, $m_1\ m_2\ m_3 \dots$ deren mittlere Fehler, sowie $\Delta_1\ \Delta_2\ \Delta_3 \dots$ die den letzteren noch anhaftenden Fehler, so kann man, weil die Zusatzfehler sehr kleine Beträge sind, Δ als totales Differential von X betrachten, $\Delta_1\ \Delta_2 \dots$ als Differentiale von $x_1\ x_2 \dots$, und erhält dann nach § 35, 1. c) e):

$$\Delta = \frac{\partial f}{\partial x_1}\Delta_1 + \frac{\partial f}{\partial x_2}\Delta_2 + \frac{\partial f}{\partial x_3}\Delta_3 + \dots$$

Durch ähnliche Schlüsse wie vorher ergibt sich hieraus das Resultat:

d) $$M = \sqrt{\left(\frac{\partial f}{\partial x_1} m_1\right)^2 + \left(\frac{\partial f}{\partial x_2} m_2\right)^2 + \left(\frac{\partial f}{\partial x_3} m_3\right)^2 + \dots}$$

wobei die Differentialquotienten mit Hilfe von Näherungswerten der $x_1\ x_2\ x_3 \dots$ berechnet werden.

Beispiel: Ein Punkt P wird gegen eine feste Basis $AB = c$, Bild 292, durch Messung der zwei Winkel α und γ festgelegt, wodurch auch die Seite $PB = a$ bestimmt wird; man nennt das in der Geodäsie »Seitwärtseinschneiden«.

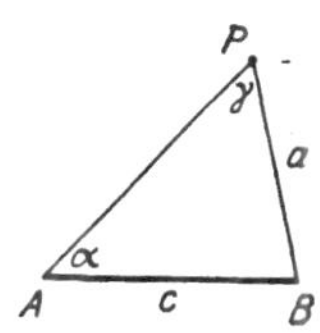

Bild 292

$$a = \frac{c}{\sin\gamma}\sin\alpha;$$

α und γ seien mit den mittleren Fehlern m_α und m_γ behaftet; die Basis c werde als fehlerfrei betrachtet; was ist der Fehler M_a der Seite a?

Die partiellen Differentialquotienten von a sind

$$\frac{\partial a}{\partial \alpha} = \frac{c}{\sin\gamma}\cos\alpha = \frac{a}{\sin\alpha}\cos\alpha = a\cot\alpha,$$

$$\frac{\partial a}{\partial \gamma} = -c\sin\alpha\frac{\cos\gamma}{\sin^2\gamma} = -a\sin\gamma\frac{\cos\gamma}{\sin^2\gamma} = -a\cot\gamma$$

und damit ergibt sich nach d):

$$M_a = a\sqrt{\cot^2\alpha\, m_\alpha^2 + \cot^2\gamma\, m_\gamma^2}.$$

Sind beide Winkel mit gleicher Genauigkeit gemessen, so wird man $m_\alpha = m_\gamma = m$ setzen, also $M_a = am\sqrt{\cot^2\alpha + \cot^2\gamma}$; m ist der Winkelfehler in Bogenmaß; 1 Bogenmaß $= 206265'' = \varrho''$. Bezeichnet man den Winkelfehler in Sekunden durch m'', so erhält man schließlich

$$\frac{M_a}{a} = \frac{m''}{\varrho''}\sqrt{\cot^2\alpha + \cot^2\gamma}.$$

Nimmt man $\alpha = \gamma = 60^0$ und $m = 10''$, so wird $\frac{M_a}{a} = \pm 0{,}0000396$, oder rund $M_a = 0{,}004\%$ von a. Für $a = 1000$ Meter ist also $M_a = 0{,}04$ Meter.

6. Das einfache arithmetische Mittel.

Man nimmt als wahrscheinlichsten Wert einer Unbekannten, welche in gleichartiger Weise wiederholt beobachtet wurde, das einfache arithmetische Mittel der Beobachtungsresultate. Einen mathematischen Nachweis für die Richtigkeit dieser Annahme gibt es ebensowenig wie für die des mittleren Fehlers.

Poincaré sagt in dieser Beziehung in seiner Thermodynamik: »Wie wir zu den Grundregeln der Wahrscheinlichkeitsbetrachtungen kommen, ist unklar. Jedermann glaubt an dies Fehlergesetz, weil es der Mathematiker für eine Beobachtungstatsache und der Beobachter für ein Theorem der Mathematik hält.«

Liegen also zur Bestimmung einer Unbekannten X die n gleichartigen Beobachtungen $l_1\ l_2\ l_3 \ldots l_n$ vor, so ist der wahrscheinlichste Wert das arithmetische Mittel:

a)
$$x = \frac{l_1 + l_2 + l_3 + \ldots l_n}{n} = \frac{[l]}{n}$$

oder

$$x = \frac{1}{n}l_1 + \frac{1}{n}l_2 + \frac{1}{n}l_3 + \ldots + \frac{1}{n}l_n;$$

hieraus ergibt sich nach 5. c):

b)
$$M = \sqrt{\left(\frac{1}{n}m\right)^2 + \left(\frac{1}{n}m\right)^2 + \left(\frac{1}{n}m\right)^2 + \ldots + \left(\frac{1}{n}m\right)^2}$$

$$= \sqrt{n\left(\frac{1}{n}m\right)^2} = \sqrt{\frac{m^2}{n}},$$

also

b′)
$$M = \frac{m}{\sqrt{n}} \quad \text{oder} \quad M^2 = \frac{m^2}{n}.$$

Indem man nun das arithmetische Mittel x als nahezu übereinstimmend mit dem wahren Wert der Unbekannten betrachtet, bildet man die Differenzen:

c) $$\begin{cases} v_1 = x - l_1 \\ v_2 = x - l_2 \\ v_3 = x - l_3 \\ \dots\dots\dots \\ v_n = x - l_n \end{cases}$$

deren Summe nach a) gleich Null ist, oder

d) $$[v] = n\,x - [l] = 0.$$

Wären die v wahre Fehler, so hätte man nach 4. a) $m^2 = \frac{[v\,v]}{n}$, nun sind es aber nur die wahrscheinlichsten Fehler. Obgleich die wahren Fehler $\varDelta$ ebenso wie der wahre Wert X der Unbekannten immer unbekannt bleiben, läßt sich die Bestimmung von m doch noch verbessern, wie folgt:

$$\varDelta_1 = X - l_1 \qquad v_1 = x - l_1 \qquad \text{also} \qquad \varDelta_1 = v_1 + (X - x)$$

$$\begin{aligned} \varDelta_1{}^2 &= v_1{}^2 + (X - x)^2 + 2 v_1 (X - x) \\ \varDelta_2{}^2 &= v_2{}^2 + (X - x)^2 + 2 v_2 (X - x) \\ \varDelta_3{}^2 &= v_3{}^2 + (X - x)^2 + 2 v_3 (X - x) \\ &\dots\dots\dots\dots\dots\dots\dots\dots \end{aligned}$$

e) $$\text{Summe } [\varDelta\,\varDelta] = [v\,v] + n\,(X - x)^2 + 2\,[v]\,(X - x)$$

Wegen d) fällt das letzte Glied fort, und wenn man die naheliegende Annahme macht, daß die Differenz zwischen dem wahren Werte X der Unbekannten und dem arithmetischen Mittel x gleich dem mittleren Fehler M des Mittels ist, so ergibt sich mit Bezug auf b'):

$$(X - x)^2 = M^2 = \frac{m^2}{n} \quad \text{oder} \quad n\,(X - x)^2 = m^2,$$

oder

$$[\varDelta\,\varDelta] = [v\,v] + m^2$$

und da nach der strengen Definition des mittleren Fehlers $\frac{[\varDelta\varDelta]}{n} = m^2$ ist, so folgt aus der Verbindung dieser beiden Gleichungen $n\,m^2 = [v\,v] + m^2$ und daraus

f) $$m^2 = \frac{[v\,v]}{n-1} \quad \text{oder} \quad m = \sqrt{\frac{[v\,v]}{n-1}}.$$

Die Formel b') erweitert sich hiermit zu

g) $$M = \frac{m}{\sqrt{n}} = \sqrt{\frac{[v\,v]}{n\,(n-1)}}.$$

Eine genauere Rechnung des Beispiels unter 4. möge hier folgen als Beispiel 1:

Beobachtungen l	v	v^2
35° 26′ 16″	+ 2,8″	7,84
20″	— 1,2″	1,44
18″	+ 0,8″	0,64
25″	— 6,2″	38,44
15″	+ 3,8″	14,14
$[l] = 94''$	$[v] = 0$	$[v\,v] = 62,80$

Mittel $x = 35^0\,26'\,18,8''$

Der mittlere Fehler einer Beobachtung ist nach f):

$$m = \sqrt{\frac{62,80}{4}} = \pm 3,96''$$

und der mittlere Fehler des arithmetischen Mittels ist nach g):

$$M = \sqrt{\frac{62,80}{5 \cdot 4}} = \frac{\pm 3,96}{\sqrt{5}} = \pm 1,77'';$$

man schreibt daher das Mittel selbst so:

$$\underline{x = 35^0 26' 18,8'' \pm 1,77''.}$$

Ein größeres Zahlenbeispiel, welches späterhin zu anderen Zwecken benutzt werden soll, eine Fehlerberechnung aus 18 unabhängigen Messungen eines Winkels der »Gradmessung in Ostpreußen« folgt als

Beispiel 2:

Nr.	Beobachtung l	$+v$	$-v$	v^2
1	83° 30′ 36,25″		1,38″	1,90
2	7,50″		2,63″	6,92
3	6,00″		1,13″	1,28
4	4,77″	0,10″		0,01
5	3,75″	1,12″		1,25
6	0,25″	4,62″		21,34
7	3,70″	1,17″		1,37
8	6,14″		1,27″	1,61
9	4,04″	0,83″		0,69
10	6,96″		2,09″	4,37
11	3,16″	1,71″		2,92
12	4,57″	0,30″		0,09
13	4,75″	0,12″		0,01
14	6,50″		1,63″	2,66
15	5,00″		0,13″	0,02
16	4,75″	0,12″		0,01
17	4,25″	0,62″		0,38
18	5,25″		0,38″	0,14
Summe	87,59″	10,71″	10,64″	46,97

Mittel 83° 30′ 34,87″

Mittlerer Fehler einer einzelnen Beobachtung:

$$m = \sqrt{\frac{[v\,v]}{n-1}} = \sqrt{\frac{46,97}{17}} = \pm 1,66''.$$

Mittlerer Fehler des arithmetischen Mittels:

$$M = \frac{m}{\sqrt{n}} = \frac{1,66}{\sqrt{18}} = 0,39''.$$

Resultat der Ausgleichung:

$$\underline{83^\circ 30' 34,87'' \pm 0,39''.}$$

Die wichtige Gleichung b′) sagt, daß der mittlere Fehler des arithmetischen Mittels sich im Verhältnis der Quadratwurzel der Anzahl der Messungen verkleinert. Zur Veranschaulichung dieses Gesetzes kann man $\frac{1}{\sqrt{n}}$ als Ordinate zur Abszisse n auftragen und erhält so eine hyperbelartige Kurve, Bild 293.

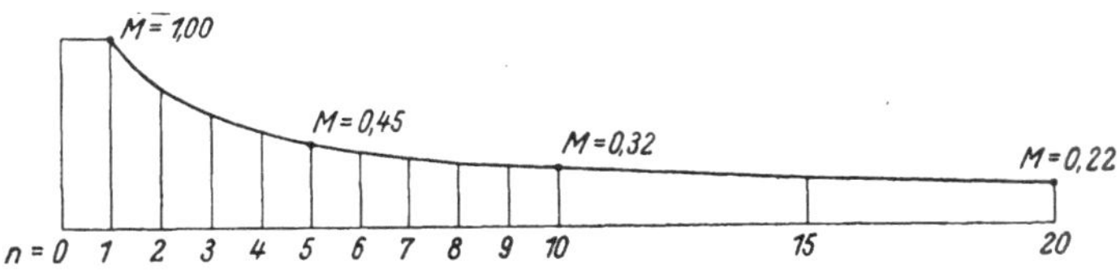

Bild 293

Die Kurve nähert sich asymptotisch der Basis. Die ersten 5 bis 10 Wiederholungen einer Messung geben danach eine rasche Abnahme von M, d. h. eine Genauigkeitssteigerung; dann aber hat weiteres Wiederholen wenig Erfolg. Man pflegt daher höchstens 5- bis 10mal zu wiederholen und zwar noch aus einem anderen Grunde; nämlich je schärfer die Messungen werden und je öfter man sie wiederholt, je mehr kommt man zu der Überlegung, daß trotz aller Vorsicht fast überall konstante Fehlerquellen einwirken. Man soll daher bei Wiederholungen auch die Nebenumstände möglichst abändern, z. B. bei Winkelmessungen nach und nach verschiedene Striche der Kreisteilung als Einstellung benützen und dergleichen mehr.

7. Gewichte und das allgemeine arithmetische Mittel.

Nach Gleichung 6. b′) läßt sich das arithmetische Mittel als Resultat einer einzigen Beobachtung auffassen, deren mittlerer Fehler M ist. Es ist also das Genauigkeitsverhältnis dieser fingierten Beobachtung und einer wirklichen Beobachtung durch die Werte M und m bestimmt. Dies führt zu dem Begriff des Gewichtes.

In dem Verhältnis $\frac{M^2}{m^2} = \frac{1}{n}$ ist nämlich n die Zahl, welche angibt, wie viele Beobachtungen in einem arithmetischen Mittel vereinigt sein müssen, damit es die Genauigkeit der fingierten Beobachtung erhält; n heißt in dieser Auffassung das Gewicht der letzteren, denn es wiegt auf der Waage der Genauigkeit n Beobachtungen auf.

Wendet man nun die wichtige Gleichung 6. b′) auf zwei Fälle an mit den Gewichten $n = p$ und $n = p'$, so erhält man aus $m = M\sqrt{p} = M'\sqrt{p'}$

a) $$\frac{\sqrt{p'}}{\sqrt{p}} = \frac{M}{M'} \quad \text{oder} \quad \frac{p'}{p} = \frac{M^2}{M'^2}$$

d. h. die Gewichte verhalten sich umgekehrt wie die Quadrate der mittleren Fehler.

Bezeichnet also m den mittleren Fehler der Gewichtseinheit, sowie m_1 den mittleren Fehler einer Beobachtung l_1 mit dem Gewichte p_1, so ist

a′) $$\frac{m_1}{m} = \frac{1}{\sqrt{p_1}} \quad \text{oder} \quad m_1 = \frac{m}{\sqrt{p_1}}.$$

Den Gleichungen unter 5. über mittlere Fehler entsprechen nun andere Gleichungen über Gewichte. Für die Funktion

$$X = a_1 x_1 + a_2 x_2 + a_3 x_3 + \ldots,$$

worin $p_1\ p_2\ p_3 \ldots$ die Gewichte von $x_1\ x_2\ x_3 \ldots$ sind, findet man das Gewicht P von X aus der Gleichung 5. c), wenn man $M^2 = \frac{1}{P}$, $m_1{}^2 = \frac{1}{p_1}$ usw. setzt; es ergibt sich so:

a″) $$\frac{1}{P} = \frac{a_1{}^2}{p_1} + \frac{a_2{}^2}{p_2} + \frac{a_3{}^2}{p_3} + \ldots = \left[\frac{a\,a}{p}\right].$$

Wenn nun zur Bestimmung einer Unbekannten mehrere ungleichwertige Beobachtungen vorliegen, d. h. solche, denen von vornherein nicht gleiche Genauigkeit zuzuschreiben ist, so ist das unter 6. behandelte einfache arithmetische Mittel nicht der wahrscheinlichste Wert der Unbekannten. Hat man $l_1\ l_2\ l_3 \ldots l_n$ ungleichwertige Beobachtungen mit den Gewichten $p_1\ p_2\ p_3 \ldots p_n$, so ergibt sich, analog der Gleichung 6. a), in welcher alle Gewichte $= 1$ sind, die folgende Gleichung für das allgemeine arithmetische Mittel:

b) $$x = \frac{p_1 l_1 + p_2 l_2 + p_3 l_3 + \ldots p_n l_n}{p_1 + p_2 + p_3 + \ldots p_n} = \frac{[p\,l]}{[p]}$$

oder

$$x = \frac{p_1}{[p]} l_1 + \frac{p_2}{[p]} l_2 + \frac{p_3}{[p]} l_3 + \ldots \frac{p_n}{[p]} l_n$$

und daraus weiter nach 6. b) mit Beachtung von a'):

c) $$M^2 = \left(\frac{p_1}{[p]} \cdot \frac{m}{\sqrt{p_1}}\right)^2 + \left(\frac{p_2}{[p]} \cdot \frac{m}{\sqrt{p_2}}\right)^2 + \left(\frac{p_3}{[p]} \cdot \frac{m}{\sqrt{p_3}}\right)^2 + \ldots$$

$$= m^2 \frac{p_1 + p_2 + p_3 + \ldots}{[p]^2} = m^2 \frac{[p]}{[p]^2} = \frac{m^2}{[p]}$$

oder

c') $$M = \frac{m}{\sqrt{[p]}}, \text{ entsprechend 6. b').}$$

Multipliziert man die Gleichungen 6. c) mit p und addiert sie dann, so ergibt sich:

d) $$[pv] = [p]x - [pl] = 0.$$

Analog den Gleichungen 6. f) und 6. g) erhält man ferner:

f) $$m^2 = \frac{[pvv]}{n-1} \quad \text{oder} \quad m = \sqrt{\frac{[pvv]}{n-1}},$$

g) $$M = \frac{m}{\sqrt{[p]}} = \sqrt{\frac{[pvv]}{[p](n-1)}}.$$

Man erkennt ohne weiteres schon aus b), daß $[p]$ das Gewicht des allgemeinen arithmetischen Mittels ist und daß sich x nicht ändert, wenn alle p mit einer beliebigen Zahl multipliziert werden. Die Gewichte sind also Verhältniszahlen, man darf sie proportional vergrößern oder verkleinern, um handliche Zahlen für die Berechnung zu erhalten.

Zahlenbeispiel:

Ausgleichung der trigonometrischen Höhenbestimmung eines Punktes P, rückwärts aus 6 Festpunkten der Landesaufnahme.

Festpunkte	Entfernung von $P = a$ m	Gegebene Höhen über N. N. m	Gemessene Höhendiff. h m	Berechnete Höhen von P über N.N. m
A	2010	1043,64	— 314,73	728,91
B	8903	619,02	+ 109,20	728,22
C	5820	480,81	+ 248,24	729,05
D	3002	1247,01	— 518,43	728,58
E	6197	928,18	— 199,16	729,02
F	5800	418,71	+ 310,13	728,84

Einfaches Mittel: 728,77 m

Werden der kurzen Entfernungen wegen Erdkrümmung und Refraktion vernachlässigt, so ist

$$h = a \tan \alpha$$

und als Hauptfehlerquelle bleibt nur der Messungsfehler des Höhenwinkels α, nämlich

$$m = dh = a \frac{d\alpha}{\cos^2 \alpha}.$$

Da ferner alle α sehr kleine Winkel sind, kann $\cos^2\alpha = 1$ gesetzt werden, und unter der Annahme, daß alle α mit gleicher Genauigkeit gemessen wurden, ist dann nach der letzten Gleichung der mittlere Fehler einer Höhenmessung proportional der Entfernung a; folglich ist das Gewicht einer solchen Höhenbestimmung proportional $\frac{1}{a^2}$. Es ist also, abgerundet:

$$m = 2{,}0 \quad 8{,}9 \quad 5{,}8 \quad 3{,}0 \quad 6{,}2 \quad 5{,}8$$

$$p = \frac{1}{m^2} = 0{,}25 \quad 0{,}01 \quad 0{,}03 \quad 0{,}11 \quad 0{,}03 \quad 0{,}03.$$

Hiermit erhält man nun folgende Ausgleichung:

l	p	$p\,l$	$v = x - l$	v^2	$p\,v^2$
728 + 0,91	0,25	0,2275	− 0,08	0,0064	0,0016
+ 0,22	0,01	0,0022	+ 0,61	0,3721	0,0037
+ 1,05	0,03	0,0315	− 0,22	0,0484	0,0015
+ 0,58	0,11	0,0638	+ 0,25	0,0625	0,0070
+ 1,02	0,03	0,0306	− 0,19	0,0361	0,0011
+ 0,84	0,03	0,0252	− 0,01	0,0001	0,0000
Summe:	0,46	0,3808			0,0149

$$x = \frac{[p\,l]}{[p]} = \frac{0{,}3808}{0{,}46} = 0{,}83,$$

$$m = \sqrt{\frac{[p\,v\,v]}{n-1}} = \sqrt{\frac{0{,}0149}{5}} = \pm\,0{,}055\text{ m},$$

$$M = \frac{m}{\sqrt{[p]}} = \frac{0{,}055}{\sqrt{0{,}46}} = \pm\,0{,}080\text{ m}.$$

Resultat: $H = 728{,}83\text{ m} \pm 0{,}08\text{ m}$.

m ist der Fehler der Gewichtseinheit, also hier der Fehler pro 1000 m Entfernung. Zugleich erhält man aus der Berechnung die Überzeugung, daß die als fehlerfrei vorausgesetzten 6 Festpunkte der Voraussetzung nahezu entsprechen.

Die in dieser Nummer entwickelten Formeln gestatten zum Teil einfache mechanische Deutungen.

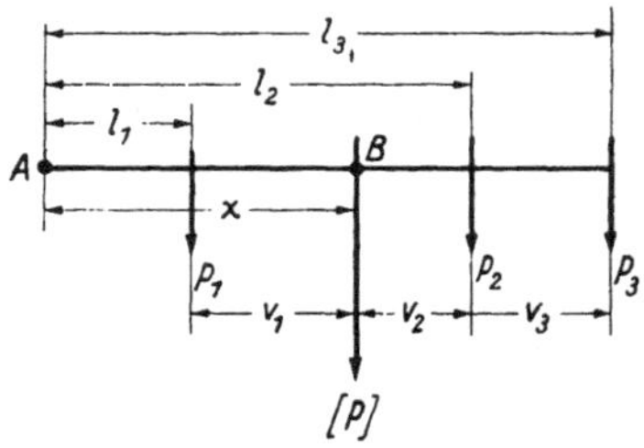

Bild 294

Denkt man sich, nach Bild 294, $p_1 l_1$ $p_2 l_2$ $p_3 l_3$ als statische Momente in bezug auf A, so ist $x[p]$ das resultierende Moment. In bezug auf den Punkt B ist dann $v_1 = x - l_1$, $v_2 = x - l_2$, $v_3 = x - l_3$, also

$$p_1 v_1 + p_2 v_2 + p_3 v_3 = [p\,v] = 0,$$

d. h. B ist der Schwerpunkt des Gewichtssystems.

Auch die Summe $[pvv]$ hat eine mechanische Deutung, nämlich als Trägheitsmoment des Gewichtssystems in bezug auf B, und die Bedingung $[pvv] =$ Minimum, welche den Mittelwert x im Sinne der Ausgleichungsrechnung bestimmt, heißt im Sinne der Mechanik, es soll B eine Achse kleinsten Trägheitsmomentes sein.

8. Winkelausgleichung in einem Dreieck.

1. Fall: Wenn die 3 Winkel α β γ eines Dreiecks mit gleicher Genauigkeit gemessen werden, so wird der Widerspruch der Summe $\alpha + \beta + \gamma$ gegen 180^0, welcher wegen unvermeidlicher Messungsfehler auftreten wird, auf die 3 Winkel zu gleichen Teilen verteilt. Es läßt sich dies Verfahren durch das Prinzip des einfachen arithmetischen Mittels wie folgt begründen:

Für den ersten Winkel α sind zwei unabhängige Beobachtungsresultate vorhanden, nämlich

a) $x_1 = \alpha$ mit dem Gewicht $p_1 = 1$,

b) $x_2 = 180^0 - (\beta + \gamma)$ mit dem Gewicht $p_2 = \frac{1}{2}$.

Das zweite Gewicht ist $= \frac{1}{2}$, weil in x_2 die Fehler von β und von γ zusammenwirken, also ist

$$m_2{}^2 = 1^2 + 1^2 \text{ und daher } p_2 = \frac{1}{1+1} = \frac{1}{2}.$$

Der wahrscheinliche Wert des Winkels α ist somit nach 7. b):

c) $$x = \frac{1 \cdot \alpha + \frac{1}{2}[180^0 - (\beta + \gamma)]}{1 + \frac{1}{2}}.$$

Mit Einführung des Dreiecks-Widerspruchs w hat man nun

$$\alpha + \beta + \gamma - 180^0 = w$$

oder $$180^0 - (\beta + \gamma) = \alpha - w$$

und damit ergibt sich nach c):

d) $$x = \frac{2\alpha + (\alpha - w)}{3} = \alpha - \frac{w}{3}.$$

Gleiches gilt für die wahrscheinlichsten Werte der beiden anderen Winkel β und γ, also ist

$$x = \alpha - \frac{w}{3}, \qquad y = \beta - \frac{w}{3}, \qquad z = \gamma - \frac{w}{3}$$

und $$x + y + z = \alpha + \beta + \gamma - w,$$

d. h. der Widerspruch w wird auf die 3 Winkel gleichmäßig verteilt.

Die Verbesserung der ersten Beobachtung x_1 ist $v_1 = -\frac{w}{3}$ und die Verbesserung der zweiten Beobachtung x_2 ist $v_2 = \frac{w}{3} + \frac{w}{3} = \frac{2w}{3}$. Der mittlere Fehler einer Beobachtung vom Gewicht 1 wird nach 7. f):

$$\text{e)} \qquad m = \pm\sqrt{\frac{p_1 v_1^2 + p_2 v_2^2}{2-1}} = \pm\sqrt{\left(\frac{w}{3}\right)^2 + \frac{1}{2}\left(\frac{2w}{3}\right)^2} = \pm\frac{w}{\sqrt{3}}.$$

Da jedem der 3 Winkel vor der Ausgleichung das Gewicht 1 zugeteilt wurde, so ist dieser Wert m zugleich der mittlere Fehler eines Winkels vor der Ausgleichung. Den verbesserten Winkelwerten nach der Ausgleichung entspricht das größere Gewicht $p_1 + p_2 = \frac{3}{2}$, und damit wird der mittlere zu fürchtende Fehler jedes der 3 Winkel nach 7. g):

$$\text{f)} \qquad M = \pm\frac{m}{\sqrt{3/2}} = \pm\frac{w}{3}\sqrt{2}.$$

Die mittleren Fehler m und M, welche vor und nach der Ausgleichung gelten, veranschaulichen den durch die Ausgleichung erzielten Genauigkeitsgewinn; e) und f) ergeben das Verhältnis:

$$\text{g)} \qquad M : m = \sqrt{2/3} : 1 = 0{,}816 : 1.$$

2. Fall: Sind die Winkelmessungen im Dreieck von ungleicher Genauigkeit und die Gewichte $p_\alpha\ p_\beta\ p_\gamma$, so sind die mittleren Winkelfehler vor der Ausgleichung:

$$m_\alpha = \frac{m}{\sqrt{p_\alpha}}, \qquad m_\beta = \frac{m}{\sqrt{p_\beta}}, \qquad m_\gamma = \frac{m}{\sqrt{p_\gamma}}.$$

Dies gibt

$$\text{h)} \qquad m_\alpha^2 = m^2\frac{1}{p_\alpha}, \qquad m_\beta^2 + m_\gamma^2 = m^2\left(\frac{1}{p_\beta} + \frac{1}{p_\gamma}\right).$$

Bezeichnet man nun mit p_1 das Gewicht von α und mit p_2 das Gewicht von $\beta + \gamma$, so wird nach h)

$$\text{i)} \qquad p_1 = p_\alpha = \frac{1}{\frac{1}{p_\alpha}}, \qquad p_2 = \frac{1}{\frac{1}{p_\beta} + \frac{1}{p_\gamma}}.$$

Wird $\frac{1}{p_\alpha} + \frac{1}{p_\beta} + \frac{1}{p_\gamma} = \left[\frac{1}{p}\right]$ gesetzt, so ergibt die Addition

$$\text{k)} \qquad p_1 + p_2 = \frac{\left[\frac{1}{p}\right]}{\frac{1}{p_\alpha}\left(\frac{1}{p_\beta} + \frac{1}{p_\gamma}\right)}.$$

Nun hat man analog c):

$$x = \frac{p_1 \alpha + p_2 [180^0 - (\beta + \gamma)]}{p_1 + p_2} = \frac{p_1 \alpha + p_2 (\alpha - w)}{p_1 + p_2}$$

oder

$$x = \alpha - \frac{p_2}{p_1 + p_2} w.$$

Setzt man hierin i) und k) ein, so wird

l) $$x = \alpha - \frac{\frac{1}{p_\alpha}}{\left[\frac{1}{p}\right]} w.$$

Da für die beiden anderen Winkel entsprechende Gleichungen gelten, so ergibt sich der Satz: Der Widerspruch w wird auf die 3 Winkel $\alpha\,\beta\,\gamma$ umgekehrt proportional den Gewichten oder proportional den Quadraten der mittleren Fehler verteilt.

Analog e) und f) erhält man ferner: Mittlerer Gewichtseinheitsfehler

m) $$m = \frac{w}{\sqrt{\left[\frac{1}{p}\right]}}.$$

Mittlerer Fehler des Winkels α vor der Ausgleichung

n) $$m_\alpha = \frac{m}{\sqrt{p_\alpha}} = w \frac{\sqrt{\frac{1}{p_\alpha}}}{\sqrt{\left[\frac{1}{p}\right]}}.$$

Mittlerer Fehler des Winkels α nach der Ausgleichung

$$M_\alpha = \frac{m}{\sqrt{p_1 + p_2}} = \frac{w}{\sqrt{\left[\frac{1}{p}\right]}} : \frac{\sqrt{\left[\frac{1}{p}\right]}}{\sqrt{\frac{1}{p_\alpha}\left(\frac{1}{p_\beta} + \frac{1}{p_\gamma}\right)}}$$

o) $$M_\alpha = w \frac{\sqrt{\frac{1}{p_\alpha}} \sqrt{\frac{1}{p_\beta} + \frac{1}{p_\gamma}}}{\left[\frac{1}{p}\right]}.$$

Zahlenbeispiel: In dem Dreieck OMS des Badischen Triangulierungsnetzes, Bild 295, hat man:

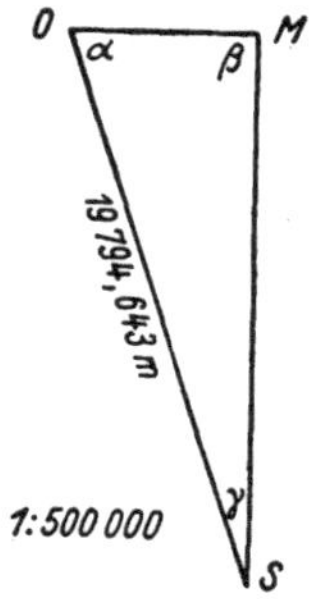

Bild 295

Gemessen	$\alpha =$	72^0	$16'$	$44{,}86''$	$p_\alpha = 27$
»	$\beta =$	90^0	$01'$	$56{,}46''$	$p_\beta = 42$
»	$\gamma =$	17^0	$41'$	$17{,}43''$	$p_\gamma = 65$
Summe $\alpha + \beta + \gamma$	$=$	179^0	$59'$	$58{,}75''$	
Soll $180^0 + \varepsilon$	$=$	180^0	$00'$	$00{,}29''$	
Widerspruch w	$=$			$-1{,}54''$	

$$\frac{1}{p_\alpha} = 0{,}037, \quad \frac{1}{p_\beta} = 0{,}024, \quad \frac{1}{p_\gamma} = 0{,}015,$$

$$\left[\frac{1}{p}\right] = 0{,}076.$$

$$v_\alpha = \frac{0{,}037}{0{,}076}\, 1{,}54'' = +\,0{,}75'', \quad v_\beta = +\,0{,}49'', \quad v_\gamma = +\,0{,}30''.$$

Ausgeglichen	$\alpha =$	72^0	$16'$	$45{,}61''$
»	$\beta =$	90^0	$01'$	$56{,}95''$
»	$\gamma =$	17^0	$41'$	$17{,}73''$
Summe		180^0	$00'$	$00{,}29''$

Nach m) ist der mittlere Fehler der Gewichtseinheit $m = \pm\, 5{,}59''$ und nach o) berechnet man die mittleren Fehler der ausgeglichenen Winkel. Damit ergibt sich das Schlußresultat:

$$\begin{aligned} \alpha &= 72^0\ 16'\ 45{,}61'' \pm 0{,}77'' \\ \beta &= 90^0\ 01'\ 56{,}95'' \pm 0{,}72'' \\ \gamma &= 17^0\ 41'\ 17{,}73'' \pm 0{,}61''. \end{aligned}$$

Der sphärische Exzeß ist nach § 25, 4. c): $\varepsilon'' = \frac{F \cdot 180}{\pi \cdot r^2}\, 3600''$.

Für die Dreiecksfläche F in qkm und den mittleren Erdhalbmesser $r = 6366$ km ergibt der Rechenschieber:

$$\varepsilon'' = F \cdot 0{,}0051 = 56{,}4 \cdot 0{,}0051 = 0{,}29''.$$

Bei $F < 2$ qkm kommt also ε nicht mehr in Betracht.

Grundlinie und Höhe des Dreiecks in km können auf einem priliminären Plan des Dreiecksnetzes, etwa im Maßstabe des Bildes 295, abgegriffen werden; eine größere Genauigkeit ist nicht erforderlich.

9. Bestimmung des mittleren Fehlers aus Beobachtungsdifferenzen.

Die Differenz zweier gleich genauer Beobachtungen derselben Unbekannten ist der wahre Fehler der Differenz, denn der wahre Wert der Differenz soll ja Null sein. Hat man also eine Anzahl n unabhängiger gleichartiger Beobachtungsdifferenzen Δ, so ergibt sich die mittlere Differenz D je zweier Beobachtungen aus der Formel

a) $$D^2 = \frac{\Delta_1^2 + \Delta_2^2 + \Delta_3^2 + \ldots}{n} = \frac{[\Delta\Delta]}{n}.$$

Die Beziehung zwischen der mittleren Differenz D und dem mittleren Fehler einer Beobachtung ist nach 5. b):

$$D^2 = m^2 + m^2 = 2\,m^2 \quad \text{oder} \quad D = m\sqrt{2},$$

also ist

b) $$m = \sqrt{\frac{[\Delta\Delta]}{2\,n}}.$$

Wenn man n Beobachtungen verschiedener Größen mit den Gewichten $p_1\ p_2\ p_3 \ldots p_n$ in gleichartiger Weise wiederholt, so daß den wiederholten Beobachtungen wieder dieselben Gewichte zukommen und man damit die Differenzen $\Delta_1\ \Delta_2\ \Delta_3 \ldots \Delta_n$ erhält, so ergibt sich die mittlere Differenz D vom Gewicht 1 aus

$$D^2 = \frac{p_1\Delta_1^2 + p_2\Delta_2^2 + p_3\Delta_3^2 + \ldots + p_n\Delta_n^2}{n} = \frac{[p\Delta\Delta]}{n}$$

oder

c) $$D = \sqrt{\frac{[p\Delta\Delta]}{n}}.$$

Hieraus erhält man den mittleren Fehler vom Gewicht 1, nämlich

d) $$m = \frac{D}{\sqrt{2}} = \sqrt{\frac{[p\Delta\Delta]}{2\,n}}.$$

Praktische Anwendungen der Bestimmung von m aus Beobachtungsdifferenzen kommen recht häufig vor, namentlich bei wiederholten Längenmessungen oder Nivellements. Hat man z. B. eine Anzahl Doppelmessungen

von Entfernungen	s_1	s_2	s_3	$\ldots s_n$
mit Differenzen	Δ_1	Δ_2	Δ_3	$\ldots \Delta_n$
dann sind die Gewichte	$\frac{1}{s_1}$	$\frac{1}{s_2}$	$\frac{1}{s_3}$	$\ldots \frac{1}{s_n}.$

Die Gleichung d) gibt also:

e) $$m_1 = \sqrt{\frac{1}{2\,n}\left(\frac{\Delta_1^2}{s_1} + \frac{\Delta_2^2}{s_2} + \frac{\Delta_3^2}{s_3} + \ldots + \frac{\Delta_n^2}{s_n}\right)} = \sqrt{\frac{1}{2\,n}\left[\frac{\Delta\Delta}{s}\right]}.$$

Das ist der mittlere Fehler einer Messung pro Streckeneinheit. Der mittlere Fehler des Mittels aus beiden Messungen pro Streckeneinheit ist also nach 6. b′):

f) $$m_2 = \frac{m_1}{\sqrt{2}} = \frac{1}{2}\sqrt{\frac{1}{n}\left[\frac{\Delta\Delta}{s}\right]}.$$

Für den mittleren Fehler der Gesamtlänge L als Mittel aus beiden Messungen erhält man:

$$\text{g)}\qquad \frac{M}{m^2}=\frac{1/\sqrt{1}}{1/\sqrt{L}} \text{ oder } M=m_2\sqrt{L}=\frac{m_1\sqrt{L}}{\sqrt{2}}=\frac{1}{2}\sqrt{\frac{L}{n}\left[\frac{\Delta\Delta}{s}\right]}.$$

Beispiel 1:

Die Braakerbasis der Triangulation von Schleswig-Holstein wurde in 7 Abschnitten hin und zurück mit folgenden Ergebnissen gemessen:

Abschnitt	Messung I m	Messung II m	Δ mm	s km	$\frac{\Delta^2}{s}$
1	815,3365	815,3405	— 4,0	0,82	19,50
2	846,9594	846,9591	+ 0,3	0,85	0,11
3	925,9406	925,9401	+ 0,5	0,93	0,27
4	873,7033	873,7038	— 0,5	0,87	0,29
5	932,8154	932,8176	— 2,2	0,93	5,20
6	842,3548	842,3520	+ 2,8	0,84	9,33
7	638,1323	638,1328	— 0,5	0,64	0,39
	5875,2423	5875,2459	— 3,6	5,88	35,09

Mittlerer Fehler einer Messung pro km

$$m_1=\sqrt{\frac{35{,}09}{2\cdot 7}}=\pm 1{,}6\,\text{mm}.$$

Mittlerer Fehler beider Messungen pro km

$$m_2=\frac{1}{2}\sqrt{\frac{35{,}09}{7}}=\pm 1{,}1\,\text{mm}.$$

Die Genauigkeit hat also dementsprechend zugenommen.

Der mittlere Fehler der Gesamtlänge als Mittel aus beiden Messungen ist

$$M=\frac{1{,}6\sqrt{5{,}88}}{\sqrt{2}}=\pm 2{,}7\,\text{mm}.$$

Resultat: 5875, 2441 ± 0,0027 m.

Beispiel 2:

Um beim Nivellieren nicht 2 Spalten mit + und — führen zu brauchen, ist es zweckmäßig, negative Höhendifferenzen durch die dekadischen Ergänzungen zu ersetzen; z. B.:

$$-0{,}0905 \text{ durch } 9{,}9095-10 \text{ oder } \overline{10}+9{,}9095,$$

wie in folgender Berechnung eines Hin- und Her-Nivellements in der Stadt Hannover:

Punkt	Nivellierung I Höhendiff. m	Nivellierung II Höhendiff. m	I—II = Δ mm	Entfern. s km	$\frac{\Delta^2}{s}$	Mittel $\frac{I+II}{2}$ m
1						
2	0,4428	0,4418	+ 1,0	0,20	5,00	0,4423
3	0,3540	0,3541	— 0,1	0,20	0,05	0,3541
4	$\overline{10}$ 9,8016	$\overline{10}$ 9,8034	— 1,8	0,17	19,06	$\overline{10}$ 9,8025
5	0,2330	0,2340	— 1,0	0,17	5,88	0,2335
6	0,2157	0,2144	+ 1,3	0,18	9,39	0,2150
7	0,1940	0,1934	+ 0,6	0,23	1,56	0,1937
8	$\overline{10}$ 9,5822	$\overline{10}$ 9,5808	+ 1,4	0,16	12,25	$\overline{10}$ 9,5815
9	$\overline{10}$ 9,4694	$\overline{10}$ 9,4686	+ 0,8	0,16	4,00	$\overline{10}$ 9,4690
10	$\overline{10}$ 9,1178	10 9,1162	+ 1,6	0,18	14,22	$\overline{10}$ 9,1170
11	0,4990	0,4984	+ 0,6	0,15	2,40	0,4987
	$\overline{10}$ 9,9095	$\overline{10}$ 9,9051	+ 4,4	1,80	73,81	10 9,9073
	= — 0,0905	= — 0,0949				= — 0,0927

Der mittlere Fehler des Mittels aus beiden Nivellierungen ist:

$$m_2 = \frac{1}{2}\sqrt{\frac{73,81}{10}} = \pm 1,36 \text{ mm pro km.}$$

§ 43. Ausgleichung vermittelnder Beobachtungen

1. Allgemeines Ausgleichungsprinzip.

Das arithmetische Mittel genügt nur zur Ausgleichung von Beobachtungen einer Unbekannten. Wenn zur Bestimmung mehrerer Unbekannten nun Beobachtungen in überschüssiger Zahl vorhanden sind, so muß ein allgemeines Ausgleichungsprinzip gesucht werden. Alle Ausgleichungsaufgaben werden sich auf eine Grundaufgabe zurückführen lassen, wie es in Verbindung mit den Gleichungen a) und b) § 42, 1. schon angegeben wurde. Dehnt man nämlich diese beiden Gleichungen auf beliebig viele Unbekannte aus, wobei die Anzahl n der Beobachtungen und der Gleichungen immer größer sein soll, als die Anzahl u der Unbekannten, so heißt die Grundaufgabe, es soll die Quadratsumme der Widersprüche v möglichst klein sein, oder in der Formelsprache:

a) $$[vv] = v_1^2 + v_2^2 + v_3^2 + \ldots + v_n^2 = \text{Minimum.}$$

Diese einfache Bedingung gilt aber nur unter der Voraussetzung, daß die Beobachtungen l, zu welchen die Verbesserungen v gehören, von gleicher Genauigkeit sind; ist dies nicht der Fall, und kommen den Beobachtungen $l_1\ l_2\ l_3 \ldots l_n$ die mittleren zu fürchtenden Fehler $m_1\ m_2\ m_3 \ldots m_n$ zu, so gilt statt a) die geänderte Bedingung:

b) $$\left[\frac{vv}{mm}\right] = \left(\frac{v_1}{m_1}\right)^2 + \left(\frac{v_2}{m_2}\right)^2 + \ldots + \left(\frac{v_n}{m_n}\right)^2 = \text{Minimum.}$$

Oder weil unter Gewichten $p_1\, p_2 \ldots p_n$ solche Zahlen verstanden werden, welche den Quadraten $m_1^2\, m_2^2 \ldots m_n^2$ umgekehrt proportional sind, kann man statt b) auch schreiben:

c) $$[p v v] = p_1 v_1^2 + p_2 v_2^2 + \ldots + p_n v_n^2 = \text{Minimum.}$$

Daß dies Minimumprinzip im Einklang steht mit dem einfachen und allgemeinen arithmetischen Mittel § 42, 6. 7., soll zunächst gezeigt werden:

Man habe eine Größe X wiederholt beobachtet

mit den Resultaten $l_1\; l_2\; l_3 \ldots l_n$
und den Gewichten $p_1\; p_2\; p_3 \ldots p_n$.

Der Hypothese, es sei x der wahrscheinlichste Wert, entsprechen die wahrscheinlichsten Verbesserungen v der Beobachtungen:

$$v_1 = x - l_1 \qquad v_2 = x - l_2 \qquad v_3 = x - l_3 \qquad \ldots v_n = x - l_n.$$

Nach c) soll sein:

$$p_1 (x - l_1)^2 + p_2 (x - l_2)^2 + p_3 (x - l_3)^2 + \ldots + p_n (x - l_n)^2 = \text{Minimum.}$$

Hieraus erhält man durch Differenzierung nach x:

$$2\, p_1 (x - l_1) + 2\, p_2 (x - l_2) + 2\, p_3 (x - l_3) + \ldots + 2\, p_n (x - l_n) = 0$$

und mit Auflösung nach x:

$$x = \frac{p_1 l_1 + p_2 l_2 + p_3 l_3 + \ldots + p_n l_n}{p_1 + p_2 + p_3 + \ldots + p_n} = \frac{[p\, l]}{[p]},$$

in Übereinstimmung mit § 42, 7. b).

2. Vermittelnde Beobachtungen mit 2 Unbekannten.

Wenn mehrere Fehlergleichungen gegeben sind:

a) $$\begin{cases} v_1 = a_1 x + b_1 y + l_1 \\ v_2 = a_2 x + b_2 y + l_2 \\ v_3 = a_3 x + b_3 y + l_3 \\ \ldots\ldots\ldots\ldots\ldots\ldots \\ v_n = a_n x + b_n y + l_n \end{cases}$$

wo die $l_1\; l_2\; l_3 \ldots l_n$ beobachtet wurden und die Unbekannten x und y bestimmt werden sollen, so nennt man die l insofern vermittelnde Beobachtungen, als man sie nicht ihrer selbst wegen beobachtet hat, sondern als Vermittlung, zur Bestimmung von x und y.

Ein einzelnes v gibt quadriert:

$$\begin{aligned} v^2 = a^2 x^2 &+ 2\, a b\, x y + 2\, a l x \\ &+ b^2 y^2 \quad + 2\, b l y \\ &\qquad\qquad + l^2. \end{aligned}$$

Denkt man sich alle einzelnen v so quadriert und addiert, so ergibt sich:

b) $$\begin{cases} [vv] = [aa]\,x^2 + 2\,[ab]\,xy + 2\,[al]\,x \\ \qquad\qquad + [bb]\,y^2 \quad + 2\,[bl]\,y \\ \qquad\qquad\qquad\qquad + [ll] \end{cases}$$

Das Quadrat-Minimum-Prinzip verlangt nun:

$$\frac{\partial\,[vv]}{\partial x} = 0 \quad \text{und} \quad \frac{\partial\,[vv]}{\partial y} = 0,$$

also mit Streichung des gemeinschaftlichen Faktors 2 der Differenzierung

c) $$\begin{cases} [aa]\,x + [ab]\,y + [al] = 0 \\ [ab]\,x + [bb]\,y + [bl] = 0. \end{cases}$$

Diese Gleichungen nennt man Normalgleichungen; ihre Auflösung gibt:

$$x = -\begin{vmatrix} [al] & [ab] \\ [bl] & [bb] \end{vmatrix} : \begin{vmatrix} [aa] & [ab] \\ [ab] & [bb] \end{vmatrix} \qquad y = -\begin{vmatrix} [aa] & [al] \\ [ab] & [bl] \end{vmatrix} : \begin{vmatrix} [aa] & [ab] \\ [ab] & [bb] \end{vmatrix}$$

oder

d) $$x = -\frac{[bb]\,[al] - [ab]\,[bl]}{[aa]\,[bb] - [ab]\,[ab]} \qquad y = -\frac{[aa]\,[bl] - [ab]\,[al]}{[aa]\,[bb] - [ab]\,[ab]}.$$

Die Gleichungen c) und d) enthalten die vollständige Ausgleichungsvorschrift für die gegebenen Fehlergleichungen a); in Worten: Wenn die Koeffizienten $a\,b$ und die Absolutglieder l der Fehlergleichungen a) gegeben sind, so bildet man daraus alle Quadrate und Produkte und deren Summen, also

$$\begin{array}{l} a_1^2 + a_2^2 + a_3^2 + \ldots + a_n^2 = [aa] \\ a_1 b_1 + a_2 b_2 + a_3 b_3 + \ldots + a_n b_n = [ab] \\ b_1^2 + b_2^2 + b_3^2 + \ldots + b_n^2 = [bb] \\ \ldots\ldots\ldots\ldots\ldots\ldots\ldots\ldots \end{array}$$

Aus diesen Summen-Koeffizienten bildet man die Normalgleichungen c) oder sogleich deren Auflösungen d).

Eine abgekürzte Form für die Normalgleichungen c) ist

e) $$\begin{cases} [av] = 0 \\ [bv] = 0, \end{cases}$$

denn multipliziert man die Gleichungen a) mit a und addiert sie dann, so ergibt sich

$$[av] = [aa]\,x + [ab]\,y + [al].$$

Die Gleichungen e) entsprechen der Gleichung $[v] = 0$, § 42, 6. d).

Zahlenbeispiel:

Das Gesetz für gleichförmig beschleunigte Bewegung ist

$$s = v_0 t + \frac{p t^2}{2} \qquad (\S\ 37,\ 1.)$$

worin s der Weg, v_0 die Anfangsgeschwindigkeit, p die Beschleunigung und t die Zeit bedeutet. Um den Zahlenwert von v_0 und p einer solchen Bewegung zu bestimmen, hat man die verschiedenen Zeitspannen entsprechenden Wegstrecken gemessen wie folgt:

Zeiten	0	1	3	5	7	10 Sekunden
Wege	0	5	20	38	58,5	101 Meter

Die Normalgleichungen aus $v_0 t + \frac{p t^2}{2} - s = 0$ analog c) gebildet sind:

$$[t t]\, v_0 + [t\, t^2] \frac{p}{2} - [t s] = 0$$

$$[t t^2]\, v_0 + [t^2 t^2] \frac{p}{2} - [t^2 s] = 0$$

und deren Auflösung nach d):

$$v_0 = \frac{[t^2 t^2][t s] - [t t^2][t^2 s]}{[t t][t^2 t^2] - [t t^2][t t^2]} \qquad \frac{p}{2} = \frac{[t t][t^2 s] - [t t^2][t s]}{[t t][t^2 t^2] - [t t^2][t t^2]},$$

wonach sich folgende Rechnung ergibt:

t	t^2	t^3	t^4	s	$t s$	$t^2 s$
1	1	1	1	5	5	5
3	9	27	81	20	60	180
5	25	125	625	38	190	950
7	49	343	2401	58,5	409,5	2866,5
10	100	1000	10000	101	1010	10100
Summen:	184	1496	13108	222,5	1674,5	14101,5
	$=[t t]$	$=[t t^2]$	$=[t^2 t^2]$	$=[s]$	$=[t s]$	$=[t^2 s]$

$$v_0 = \frac{13108 \cdot 1674{,}5 - 1496 \cdot 14101{,}5}{184 \cdot 13108 - 1496 \cdot 1496} = 4{,}908 \text{ m},$$

$$\frac{p}{2} = \frac{184 \cdot 14101{,}5 - 1496 \cdot 1674{,}5}{184 \cdot 13108 - 1496 \cdot 1496} = 0{,}5155 \text{ m}.$$

Die Formel für die beobachtete Bewegung ist also

$$s = 4{,}908\, t + 0{,}5155\, t^2.$$

Nach dieser Formel hat man für

die Zeiten	0	1	3	5	7	10″
die Wege	0	5,43	19,36	37,43	59,62	100,63 m.

Im Bilde 296 sind sowohl die beobachteten als auch die berechneten s-Werte aufgetragen. Die Kurve durch die berechneten Punkte wird sich so zwischen den beobachteten Punkten $ABCDE$ hinziehen, daß die Quadratsumme der Abweichungen ein Minimum wird.

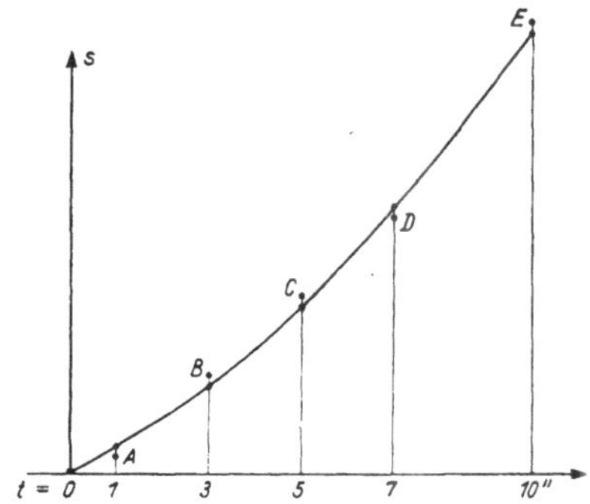

Bild 296

Für manche Zwecke mag es genügen, durch die Punkte der Beobachtung eine stetige Kurve, möglichst anschließend, nach Augenmaß durchzulegen und die Ordinaten solcher graphischen Ausgleichungskurve als ausgeglichene Werte anzunehmen.

3. Auflösung der Normalgleichungen nach Gauß.

Die unmittelbare Auflösung der Normalgleichungen wie unter 2. für 2 Unbekannte, dürfte schon für 3 Unbekannte (etwa nach § 9, 2.) unbequem werden. Für beliebig viele Unbekannte ist die allmähliche Elimination nach Gauß unübertroffen; sie wurde unter § 9, 8. an einem Zahlenbeispiel erklärt, ohne auf die von Gauß eingeführten algebraischen und symbolischen Bezeichnungen in eckigen Klammern sowie auf rechnerische Kürzungen einzugehen; das soll hier nachgeholt werden.

Um die Normalgleichungen 2. c)

a) $$\begin{cases}[aa]\,x+[ab]\,y+[al]=0\\ [ab]\,x+[bb]\,y+[bl]=0\end{cases}$$

nach dieser Methode aufzulösen, multipliziert man die erste Gleichung mit $-\frac{[ab]}{[aa]}$ und addiert sie zur zweiten, wodurch x verschwindet und die folgende Gleichung übrig bleibt:

b) $$\left([bb]-\frac{[ab]}{[aa]}[ab]\right)y+\left([bl]-\frac{[ab]}{[aa]}[al]\right)=0,$$

woraus sich für y die Lösung 2. d) ergibt. Für die algebraischen Ausdrücke in runden Klammern hat Gauß nun die kürzeren symbolischen Ausdrücke $[bb\cdot 1]$ und $[bl\cdot 1]$ eingeführt; damit erhält man

b′) $$[bb\cdot 1]\,y+[bl\cdot 1]=0 \quad\text{und}\quad y=-\frac{[bl\cdot 1]}{[bb\cdot 1]}.$$

Ersetzt man in b) alle a durch b und alle b durch a, so ergibt sich für x:

c) $$\left([aa]-\frac{[ab]}{[bb]}[ab]\right)x+\left([al]-\frac{[ab]}{[bb]}[bl]\right)=0,$$

also dementsprechend symbolisch:

c′) $$[aa\cdot 1]\,x + [al\cdot 1] = 0 \quad \text{und} \quad x = -\frac{[al\cdot 1]}{[aa\cdot 1]}.$$

Ferner, durch Einführung der Unbekannten in die Fehlergleichungen 2. a) läßt sich $[v]$ und $[vv]$ bestimmen, was zur Berechnung des mittleren Fehlers nötig ist.

Eine zweite Bestimmung von $[vv]$ schließt sich unmittelbar an die Lösung der Normalgleichungen an, wie folgt:

Multipliziert man die Gleichungen 2. a) mit v, so ergibt sich

d) $$[vv] = [av]\,x + [bv]\,y + [lv];$$

nach 2. e) ist aber $[av]$ und $[bv] = 0$, also ist $[vv] = [lv]$, und multipliziert man 2. a) mit l, so wird $[lv] = [al]\,x + [bl]\,y + [ll]$, also ist auch

e) $$[vv] = [al]\,x + [bl]\,y + [ll].$$

Diese Gleichung der Quadratsumme der übrigbleibenden Fehler löst man gewöhnlich mit den Normalgleichungen zugleich, schreibt also für 2 Unbekannte die 3 Normalgleichungen:

f) $$\begin{aligned} [aa]\,x + [ab]\,y + [al] &= 0 \\ [ab]\,x + [bb]\,y + [bl] &= 0 \\ [al]\,x + [bl]\,y + [ll] &= [vv] \end{aligned}$$

und da jeder Koeffizient, außer denen der Diagonalreihe $[aa]$ $[bb]$ $[ll]$, zweimal und in symmetrischer Anordnung zur Diagonalreihe vorkommt, schreibt man sie auch abgekürzt in der Form:

g) $$\begin{aligned} \underline{[aa]x} + [ab]y + [al] &= 0 \\ \underline{[bb]y} + [bl] &= 0 \\ \underline{[ll]} &= [vv], \end{aligned}$$

wobei die Unterstreichungen auf die abgekürzte Form hindeuten sollen. Für 4 Unbekannte hat man dementsprechend die 5 Normalgleichungen:

h) $$\begin{aligned} [aa]x + [ab]y + [ac]z + [ad]t + [al] &= 0 \\ [ab]x + [bb]y + [bc]z + [bd]t + [bl] &= 0 \\ [ac]x + [bc]y + [cc]z + [cd]t + [cl] &= 0 \\ [ad]x + [bd]y + [cd]z + [dd]t + [dl] &= 0 \\ [al]x + [bl]y + [cl]z + [dl]t + [ll] &= [vv] \end{aligned}$$

oder in abgekürzter Form:

i) $$\begin{aligned} \underline{[aa]x} + [ab]y + [ac]z + [ad]t + [al] &= 0 \\ \underline{[bb]y} + [bc]z + [bd]t + [bl] &= 0 \\ \underline{[cc]z} + [cd]t + [cl] &= 0 \\ \underline{[dd]t} + [dl] &= 0 \\ \underline{[ll]} &= [vv]. \end{aligned}$$

Es möge genügen, die abgekürzte Schreibweise der Normalgleichungen durch g) und i) angegeben zu haben, fernerhin sollen sie vollständig ausgeschrieben werden, um die Übersicht zu erleichtern.

Im folgenden Zahlenbeispiel sind alle Multiplikationen mit dem Rechenschieber gemacht. Der Rechenschieber ist überhaupt das nützlichste Instrument bei Ausgleichungsrechnungen. Dem Leser, welcher sich die Mühe nimmt, das ganze Zahlenbeispiel in derselben Weise nachzurechnen, werden die sich anschließenden Erklärungen über Kürzung und Probe der Rechenarbeit und über algebraische und symbolische Bezeichnungen nach Gauß wenig Schwierigkeiten machen, er wird das Eliminationsverfahren kaum irgendwo so klar und kompakt dargestellt finden wie hier.

Es seien die 5 Normalgleichungen gegeben:

$$\begin{array}{llll}
+459x - 308y - 389z + 244t - 507 = 0 & 1 & \bar{s}_1 = + \;\; 501 \\
-308x + 464y + 408z - 269t + 695 = 0 & 2 & \bar{s}_2 = - \;\; 990 \\
-389x + 408y + 676z - 331t + 653 = 0 & 3 & \bar{s}_3 = -1017 \\
+244x - 269y - 331z + 469t - 283 = 0 & 4 & \bar{s}_4 = + \;\; 170 \\
-507x + 695y + 653z - 283t + 1129 = [vv] & 5 & \bar{s}_5 = -1687
\end{array}$$

$\bar{s}$ sind die Summen der Koeffizienten mit umgekehrtem Vorzeichen.

Man überzeuge sich zunächst, daß oberhalb und unterhalb der Diagonalreihe gleiche Koeffizienten in symmetrischer Anordnung stehen, d. h. die erste Zeile gleich der ersten Kolonne, die zweite Zeile gleich der zweiten Kolonne ist, usw., also die 5 Gleichungen in der gekürzten Form i) geschrieben werden könnten.

Nun führe man, ganz analog dem Zahlenbeispiel § 9, 8., die Rechnung vollständig durch, wie in Tafel I, ohne sich um die starke Zickzacklinie der Tafel vorerst zu kümmern.

Nach Tafelzeile 4‴ wird $t = -\frac{136}{280} = -0{,}486$. Damit erhält man aus Tafelzeile 3″ den Zahlenwert von z, weiter aus Zeile 2′ den Wert von y und schließlich aus Zeile 1 den Wert von x. Zeile 5^{IV} gibt die Fehlerquadratsumme $[vv] = 11$.

Diese Gleichungen, nämlich

$$\begin{array}{rl}
+459x - 308y - 389z + 244t - 507 = 0 & 1 \\
+257y + 147z - 105t + 355 = 0 & 2' \\
+262z - 64t + 20 = 0 & 3'' \\
+280t + 136 = 0 & 4''' \\
+11 = [vv] & 5^{\text{IV}}
\end{array}$$

nennt man vollständig reduzierte Normalgleichungen oder Endgleichungen.

Tafel I.

x	y	z	t	l	$\bar{s}$	Probe	Bezeichnung
+ 459	— 308	— 389	+ 244	— 507	+ 501	0	1
— 308	+ 464	+ 408	— 269	+ 695	— 990	0	2
+ 308	— 207	— 261	+ 164	— 340	+ 336	0	$1 \cdot \left(+\frac{308}{459}\right)$
	+ 257	+ 147	— 105	+ 355	— 654	0	2′
— 389	+ 408	+ 676	— 331	+ 653	— 1017	0	3
+ 389	— 261	— 330	+ 207	— 430	+ 425	0	$1 \cdot \left(+\frac{389}{459}\right)$
	+ 147	+ 346	— 124	+ 223	— 592	0	3′
	— 147	— 84	+ 60	— 203	+ 374	0	$2' \cdot \left(-\frac{147}{257}\right)$
		+ 262	— 64	+ 20	— 218	0	3″
+ 244	— 269	— 331	+ 469	— 283	+ 170	0	4
— 244	+ 164	+ 207	— 130	+ 269	— 266	0	$1 \cdot \left(-\frac{244}{459}\right)$
	— 105	— 124	+ 339	— 14	— 96	0	4′
	+ 105	+ 60	— 43	+ 145	— 267	0	$2' \cdot \left(+\frac{105}{257}\right)$
		— 64	+ 296	+ 131	— 363	0	4″
		+ 64	— 16	+ 5	— 53	0	$3'' \cdot + \left(\frac{64}{262}\right)$
			+ 280	+ 136	— 416	0	4‴
— 507	+ 695	+ 653	— 283	+ 1129	— 1687	0	5
+ 507	— 340	— 430	+ 269	— 560	+ 554	0	$1 \cdot \left(+\frac{507}{459}\right)$
	+ 355	+ 223	— 14	+ 569	— 1133	0	5′
	— 355	— 203	+ 145	— 490	+ 903	0	$2' \cdot \left(-\frac{355}{257}\right)$
		+ 20	+ 131	+ 79	— 230	0	5″
		— 20	+ 5	— 2	+ 17	0	$3'' \cdot \left(-\frac{20}{262}\right)$
			+ 136	+ 77	— 213	0	5‴
			— 136	— 66	+ 202	0	$4''' \cdot \left(-\frac{136}{280}\right)$
				+ 11	— 11	0	5^{IV}
				$= [v\,v]$			

Bei nunmehriger kritischer Betrachtung der Tafel I erkennt man leicht, daß Zeile 3′ nur eine Zwischenrechnung ist, die gestrichen werden kann, denn wenn die vorhergehende und die nachfolgende Zeile zusammen zu Zeile 3 addiert werden, ergibt sich gleichfalls die Endgleichung 3″. Analog sind 4′ 4″ sowie 5′ 5″ 5‴ Zwischenrechnungen, die gestrichen werden können. Außerdem läßt sich alles links der starken Zickzacklinie streichen, muß dabei aber beachten, daß die Probe = 0 dann nur für die Endgleichungen stattfindet. Was übrig bleibt, ist in

Tafel II wiederholt, sie zeigt die Lösung der Aufgabe in der kürzesten Form.

Tafel II.

x	y	z	t	l	$\bar{s}$	Probe	Bezeichnung
+ 459	— 308	— 389	+ 244	— 507	+ 501	0	1
	+ 464	+ 408	— 269	+ 695	— 990		2
	— 207	— 261	+ 164	— 340	+ 336		1 · (+ 308 : 459)
	+ 257	+ 147	— 105	+ 355	— 654	0	2′
		+ 676	— 331	+ 653	— 1017		3
		— 330	+ 207	— 430	+ 425		1 · (+ 389 : 459)
		— 84	+ 60	— 203	+ 374		2′ · (— 147 : 257)
		+ 262	— 64	+ 20	— 218	0	3″
			+ 469	— 283	+ 170		4
			— 130	+ 269	— 266		1 · (— 244 : 459)
			— 43	+ 145	— 267		2′ (+ 105 : 257)
			— 16	+ 5	— 53		3″ (+ 64 : 262)
			+ 280	+ 136	— 416	0	4‴
				+ 1129	— 1687		5
				— 560	+ 554		1 · (+ 507 : 459)
				— 490	+ 903		2′ · (— 355 : 257)
				— 2	+ 17		3″ · (— 20 : 262)
				— 66	+ 202		4‴ · (— 136 : 280)
				+ 11	— 11	0	5^IV
				= $[vv]$			

An Hand der Tafel II und mit Bezug auf die Gleichungen b) und b′) läßt sich nun auch leicht eine Tafel III mit den algebraischen und symbolischen Bezeichnungen nach Gauß niederschreiben, die als Schema der Berechnung von Normalgleichungen mit beliebig vielen Unbekannten fortgeführt werden kann.

Wer sich nur wenig mit Ausgleichungsrechnungen zu beschäftigen hat, wird wohl nach Tafel I rechnen, weil das für jede Zeile gleich eine Probe gibt und ein etwaiger Rechenfehler nicht weitergetragen wird. Wer sich einigermaßen sicher fühlt, wird der Kürze wegen nach Tafel II oder mit Einsatz der Zahlen nach Tafel III rechnen, wobei dann allerdings nur die Endgleichungen eine Probe gestatten und ein etwaiger Rechenfehler eine größere Nachrechnung erfordert.

Man ersieht auch aus den letzten 5 Zeilen der Tafeln II und III recht deutlich, wie die Summe $[ll]$ mit der Anzahl der Gleichungen allmählich abnimmt.

Wie sich das Schema der Tafel II und III noch weiter verkürzt, wenn die einzelnen Gleichungen nicht alle Unbekannten enthalten, ist aus dem Zahlenbeispiel § 44, 3. zu ersehen.

Tafel III.

	x	y	z	t	l
1	$[aa]$	$[ab]$	$[ac]$	$[ad]$	$[al]$
		$[bb]$	$[bc]$	$[bd]$	$[bl]$
		$-\frac{[ab]}{[aa]}[ab]$	$-\frac{[ab]}{[aa]}[ac]$	$-\frac{[ab]}{[aa]}[ad]$	$-\frac{[ab]}{[aa]}[al]$
2′		$[bb\cdot 1]$	$[bc\cdot 1]$	$[bd\cdot 1]$	$[bl\cdot 1]$
			$[cc]$	$[cd]$	$[cl]$
			$-\frac{[ac]}{[aa]}[ac]$	$-\frac{[ac]}{[aa]}[ad]$	$-\frac{[ac]}{[aa]}[al]$
			$-\frac{[bc\cdot 1]}{[bb\cdot 1]}[bc\cdot 1]$	$-\frac{[bc\cdot 1]}{[bb\cdot 1]}[bd\cdot 1]$	$-\frac{[bc\cdot 1]}{[bb\cdot 1]}[bl\cdot 1]$
3″			$[cc\cdot 2]$	$[cd\cdot 2]$	$[cl\cdot 2]$
				$[dd]$	$[dl]$
				$-\frac{[ad]}{[aa]}[ad]$	$-\frac{[ad]}{[aa]}[al]$
				$-\frac{[bd\cdot 1]}{[bb\cdot 1]}[bd\cdot 1]$	$-\frac{[bd\cdot 1]}{[bb\cdot 1]}[bl\cdot 1]$
				$-\frac{[cd\cdot 2]}{[cc\cdot 2]}[cd\cdot 2]$	$-\frac{[cd\cdot 2]}{[cc\cdot 2]}[cl\cdot 2]$
4‴				$[dd\cdot 3]$	$[dl\cdot 3]$
					$[ll]$
					$-\frac{[al]}{[aa]}[al]$
					$-\frac{[bl\cdot 1]}{[bb\cdot 1]}[bl\cdot 1]$
					$-\frac{[cl\cdot 2]}{[cc\cdot 2]}[cl\cdot 2]$
					$-\frac{[dl\cdot 3]}{[dd\cdot 3]}[dl\cdot 3]$
5^{IV}					$[ll\cdot 4]=[vv]$

4. Gewichtskoeffizienten und Gewichtsgleichungen.

Ist n die Anzahl der Fehlergleichungen und u die Anzahl der Unbekannten, so hat man, mit Beschränkung auf $n = 4$ und $u = 3$, analog 2. a):

a)
$$\left.\begin{aligned} v_1 &= a_1 x + b_1 y + c_1 z + l_1 \\ v_2 &= a_2 x + b_2 y + c_2 z + l_2 \\ v_3 &= a_3 x + b_3 y + c_3 z + l_3 \\ v_4 &= \underbrace{a_4 x + b_4 y + c_4 z}_{\text{Anzahl } u\, =\, 3} + l_4 \end{aligned}\right\} \text{Anzahl } n = 4.$$

Analog 2. c) ergeben sich hieraus die Normalgleichungen:

$$\text{b)}\qquad \begin{aligned} [aa]x + [ab]y + [ac]z + [al] &= 0 \\ [ab]x + [bb]y + [bc]z + [bl] &= 0 \\ [ac]x + [bc]y + [cc]z + [cl] &= 0. \end{aligned}$$

Denkt man sich die Normalgleichungen so aufgelöst, daß $x\ y\ z$ als lineare Funktionen von l erscheinen, so hätte man (mit Bevorzugung des $+$-Zeichens für die folgende Entwicklung):

$$\text{c)}\qquad \begin{aligned} -x &= \alpha_1 l_1 + \alpha_2 l_2 + \alpha_3 l_3 + \alpha_4 l_4 \\ -y &= \beta_1 l_1 + \beta_2 l_2 + \beta_3 l_3 + \beta_4 l_4 \\ -z &= \gamma_1 l_1 + \gamma_2 l_2 + \gamma_3 l_3 + \gamma_4 l_4. \end{aligned}$$

Wären die Koeffizienten $\alpha\ \beta\ \gamma$ bestimmt, so ließen sich die mittleren Fehler von $x\ y\ z$ nach § 42, 5. c') angeben, z. B. für z:

$$\text{d)}\qquad (m_z)^2 = m^2 [\gamma\gamma]$$

oder, wenn m der mittlere Gewichtseinheitsfehler ist, in Gewichtsform:

$$\text{e)}\qquad \frac{1}{p_z} = [\gamma\gamma].$$

Zum Zweck der Elimination von x und y aus den Normalgleichungen b) multipliziere man die Gleichungen mit den vorläufig unbestimmt gelassenen Koeffizienten $Q_{z1}\,Q_{z2}\,Q_{z3}$, das gibt:

$$\text{f)}\qquad \begin{aligned} Q_{z1}[aa]x + Q_{z1}[ab]y + Q_{z1}[ac]z + Q_{z1}[al] &= 0 \\ Q_{z2}[ab]x + Q_{z2}[bb]y + Q_{z2}[bc]z + Q_{z2}[bl] &= 0 \\ Q_{z3}[ac]x + Q_{z3}[bc]y + Q_{z3}[cc]z + Q_{z3}[cl] &= 0. \end{aligned}$$

Nun verfügt man über die Faktoren Q so, daß bei der Addition der drei Gleichungen f) die Koeffizienten von x und von y je $= 0$ werden und der Koeffizient von z hierbei $= 1$ wird, also:

$$\text{g)}\qquad \begin{aligned} Q_{z1}[aa] + Q_{z2}[ab] + Q_{z3}[ac] &= 0 \\ Q_{z1}[ab] + Q_{z2}[bb] + Q_{z3}[bc] &= 0 \\ Q_{z1}[ac] + Q_{z2}[bc] + Q_{z3}[cc] &= 1, \end{aligned}$$

damit gibt die Addition der Gleichungen f):

$$\text{h)}\qquad -z = Q_{z1}[al] + Q_{z2}[bl] + Q_{z3}[cl]$$

oder mit Auflösung der Klammern:

$$\text{h')}\qquad -z = \begin{cases} Q_{z1}(a_1 l_1 + a_2 l_2 + a_3 l_3 + a_4 l_4) \\ Q_{z2}(b_1 l_1 + b_2 l_2 + b_3 l_3 + b_4 l_4) \\ Q_{z3}(c_1 l_1 + c_2 l_2 + c_3 l_3 + c_4 l_4). \end{cases}$$

Ein Vergleich von h') mit der ursprünglichen Annahme c) ergibt:

$$\text{i)}\qquad \begin{aligned} \gamma_1 &= Q_{z1}a_1 + Q_{z2}b_1 + Q_{z3}c_1 \\ \gamma_2 &= Q_{z1}a_2 + Q_{z2}b_2 + Q_{z3}c_2 \\ \gamma_3 &= Q_{z1}a_3 + Q_{z2}b_3 + Q_{z3}c_3 \\ \gamma_4 &= Q_{z1}a_4 + Q_{z2}b_4 + Q_{z3}c_4. \end{aligned}$$

Multipliziert man diese Gleichungen der Reihe nach mit $a_1\ a_2\ a_3\ a_4$, so ist ihre Summe mit Beachtung von g):

$$[a\gamma] = Q_{z1}[aa] + Q_{z2}[ab] + Q_{z3}[ac] = 0;$$

ebenso erhält man

$$\begin{aligned} [b\gamma] &= Q_{z1}[ab] + Q_{z2}[bb] + Q_{z3}[bc] = 0 \\ [c\gamma] &= Q_{z1}[ac] + Q_{z2}[bc] + Q_{z3}[cc] = 1. \end{aligned}$$

Diese 3 Gleichungen $[a\gamma] = 0$, $[b\gamma] = 0$, $[c\gamma] = 1$ sind das Ergebnis der Elimination von x und y oder der Bestimmung von z. Für die Bestimmung von x hätte man die Koeffizienten $Q_{x1}\,Q_{x2}\,Q_{x3}$ und für die Bestimmung von y die Koeffizienten $Q_{y1}\,Q_{y2}\,Q_{y3}$. Insgesamt ergeben sich so die 9 Formeln:

$$\text{k)}\qquad \begin{array}{lll} [a\alpha] = 1 & [b\alpha] = 0 & [c\alpha] = 0 \\ [a\beta] = 0 & [b\beta] = 1 & [c\beta] = 0 \\ [a\gamma] = 0 & [b\gamma] = 0 & [c\gamma] = 1. \end{array}$$

Ferner, multipliziert man die Gleichungen i) der Reihe nach mit $\alpha_1\ \alpha_2\ \alpha_3\ \alpha_4$, so ist ihre Summe:

$$[\alpha\gamma] = Q_{z1}[a\alpha] + Q_{z2}[b\alpha] + Q_{z3}[c\alpha]$$

oder wegen k)

$$\text{l')}\qquad [\alpha\gamma] = Q_{z1}.$$

Die Multiplikation von i) mit $\beta_1\ \beta_2\ \beta_3\ \beta_4$ und mit $\gamma_1\ \gamma_2\ \gamma_3\ \gamma_4$ gibt ebenso

$$\text{l'')}\qquad [\beta\gamma] = Q_{z2} \qquad [\gamma\gamma] = Q_{z3}.$$

Die letzten 3 Werte in h) eingesetzt ergeben:

$$\text{m)}\qquad -z = [\alpha\gamma][al] + [\beta\gamma][bl] + [\gamma\gamma][cl].$$

Setzt man l') und l'') auch in g) ein, so erhält man:

$$\text{n)}\qquad \begin{aligned} [aa][\alpha\gamma] + [ab][\beta\gamma] + [ac][\gamma\gamma] &= 0 \\ [ab][\alpha\gamma] + [bb][\beta\gamma] + [bc][\gamma\gamma] &= 0 \\ [ac][\alpha\gamma] + [bc][\beta\gamma] + [cc][\gamma\gamma] &= 1. \end{aligned}$$

Durch zyklische Vertauschung von γ durch α und β ergibt sich aus m) die »Unbestimmte Auflösung der Normalgleichungen«:

$$\text{m')}\qquad \begin{aligned} -x &= [\alpha\alpha][al] + [\alpha\beta][bl] + [\alpha\gamma][cl] \\ -y &= [\alpha\beta][al] + [\beta\beta][bl] + [\beta\gamma][cl] \\ -z &= [\alpha\gamma][al] + [\beta\gamma][bl] + [\gamma\gamma][cl]. \end{aligned}$$

Durch dieselbe zyklische Vertauschung ergeben sich aus n) die Gewichtsgleichungen:

$$\text{n}') \quad \begin{aligned} &[aa]\,[\alpha\alpha] + [ab]\,[\alpha\beta] + [ac]\,[\alpha\gamma] = 1 \\ &[ab]\,[\alpha\alpha] + [bb]\,[\alpha\beta] + [bc]\,[\alpha\gamma] = 0 \\ &[ac]\,[\alpha\alpha] + [bc]\,[\alpha\beta] + [cc]\,[\alpha\gamma] = 0 \\ &[aa]\,[\alpha\beta] + [ab]\,[\beta\beta] + [ac]\,[\beta\gamma] = 0 \\ &[ab]\,[\alpha\beta] + [bb]\,[\beta\beta] + [bc]\,[\beta\gamma] = 1 \\ &[ac]\,[\alpha\beta] + [bc]\,[\beta\beta] + [cc]\,[\beta\gamma] = 0 \\ &[aa]\,[\alpha\gamma] + [ab]\,[\beta\gamma] + [ac]\,[\gamma\gamma] = 0 \\ &[ab]\,[\alpha\gamma] + [bb]\,[\beta\gamma] + [bc]\,[\gamma\gamma] = 0 \\ &[ac]\,[\alpha\gamma] + [bc]\,[\beta\gamma] + [cc]\,[\gamma\gamma] = 1. \end{aligned}$$

Durch Auflösung der Gewichtsgleichungen kann man alle Gewichtskoeffizienten $[\alpha\alpha]$ $[\alpha\beta]$ usw. bestimmen, und zwar die nichtquadratischen $[\alpha\beta]$ $[\beta\gamma]$ usw. doppelt, was als Rechenprobe dient.

Die so erhaltenen Gewichtskoeffizienten in m′) eingesetzt ergeben die sogenannte »Unbestimmte Auflösung der Normalgleichungen«, d. h. die Entwicklung der $x\ y\ z$ als lineare Funktionen der Absolutglieder $[al]$, $[bl]$, $[cl]$.

Die Gewichtsgleichungen n′) haben dieselben Koeffizienten $[aa]$, $[ab]$ usw. wie die ursprünglichen Normalgleichungen b) und werden ebenso aufgelöst.

Die letzte reduzierte Gewichtsgleichung oder Endgleichung lautet

$$\text{o)} \qquad [cc\cdot 2]\,[\gamma\gamma] - 1 = 0$$

und daraus ergibt sich mit Beachtung von e):

$$\text{p)} \qquad p_z = \frac{1}{[\gamma\gamma]} = [cc\cdot 2].$$

Da die obigen Ableitungen zwar mit 3 Unbekannten $x\ y\ z$ geführt, aber dem Gedanken nach nicht an 3 gebunden sind, heißt der in p) formulierte wichtige Satz:

Wenn man die Normalgleichungen nach Gauß allmählich reduziert, d. h. $[bb\cdot 1]$, $[cc\cdot 2]$, $[dd\cdot 3]$ usw. bildet, bis nur noch eine Gleichung mit einer Unbekannten übrig bleibt, so ist in dieser letzten Gleichung der Koeffizient der Unbekannten zugleich das Gewicht der Unbekannten.

Durch Umstellung der $x\ y\ z$ und der entsprechenden Umstellung der Gleichungen 1 2 3 kann aber jede der Unbekannten zur letzten gemacht werden. Für zyklisches Permutieren hat man daher der Reihe nach:

x	y	z	1	2	3	gibt $p_z = [cc\cdot 2]$
z	x	y	3	1	2	» $p_y = [bb\cdot 2]$
y	z	x	2	3	1	» $p_x = [aa\cdot 2]$.

Siehe Zahlenbeispiel unter 6.

5. Bestimmung des mittleren Fehlers der Beobachtungen.

Die i-te Gleichung einer Anzahl von n Fehlergleichungen sei:

a) $$v_i = a_i x + b_i y + c_i z + l_i.$$

Für die wahren Werte X Y Z der Unbekannten hätte man dementsprechend:

b) $$\Delta_i = a_i X + b_i Y + c_i Z + l_i.$$

Um eine Beziehung zwischen den wahren und den wahrscheinlichsten Fehler zu erhalten, subtrahiere man a) von b), das gibt:

c) $$\Delta_i - v_i = a_i (X - x) + b_i (Y - y) + c_i (Z - z).$$

Dies für $i = 1$ bis n geschrieben, jede Gleichung mit ihrem Δ multipliziert, und dann alle Gleichungen addiert, bringt:

d) $$[\Delta\Delta] - [v\Delta] = [a\Delta](X - x) + [b\Delta](Y - y) + [c\Delta](Z - z).$$

Um nun zunächst $[v\Delta]$ zu eliminieren, multipliziere man die Gleichungen von der Form c) jede mit ihrem v und addiere sie. Man erhält so:

e) $$[\Delta v] - [vv] = [av](X - x) + [bv](Y - y) + [cv](Z - z).$$

Analog 2. e) ist aber $[av] = [bv] = [cv] = 0$, also ist

f) $$[\Delta v] = [vv].$$

Wird dieser Wert in d) eingeführt, so folgt

g) $$[\Delta\Delta] = [vv] + [a\Delta](X - x) + [b\Delta](Y - y) + [c\Delta](Z - z).$$

Zur Elimination von $(X - x)$, $(Y - y)$, $(Z - z)$ setze man analog 4. c):

$$-x = \alpha_1 l_1 + \alpha_2 l_2 + \alpha_3 l_3 + \ldots + \alpha_n l_n;$$

für X müssen die fehlerfreien l eingeführt werden, also

$$-X = \alpha_1 (l_1 - \Delta_1) + \alpha_2 (l_2 - \Delta_2) + \ldots + \alpha_n (l_n - \Delta_n);$$

die Subtraktion der letzten von der vorletzten Gleichung ergibt

$$X - x = \alpha_1 \Delta_1 + \alpha_2 \Delta_2 + \alpha_3 \Delta_3 + \ldots = [\alpha\Delta];$$

ebenso erhält man $Y - y = [\beta\Delta]$ und $Z - z = [\gamma\Delta]$.

Setzt man diese 3 Werte in g) ein, so wird schließlich:

h) $$[\Delta\Delta] = [vv] + [a\Delta][\alpha\Delta] + [b\Delta][\beta\Delta] + [c\Delta][\gamma\Delta].$$

Das erste Produkt dieser Gleichung aufgelöst und dann ausmultipliziert gibt

$$\begin{aligned}[a\Delta][\alpha\Delta] &= (a_1\Delta_1 + a_2\Delta_2 + a_3\Delta_3 + \ldots)(\alpha_1\Delta_1 + \alpha_2\Delta_2 + \alpha_3\Delta_3 + \ldots)\\ &= a_1\alpha_1\Delta_1^2 + a_2\alpha_2\Delta_2^2 + a_3\alpha_3\Delta_3^2 + \ldots + a_1\alpha_2\Delta_1\Delta_2\\ &\quad + a_1\alpha_3\Delta_1\Delta_3 + \ldots .\end{aligned}$$

Der durchschnittliche Wert der Glieder mit ungleichem Index ist $= 0$ und der durchschnittliche Wert der Faktoren Δ_1^2 Δ_2^2 Δ_3^2 ist $= \frac{[\Delta\Delta]}{n} = m^2$, also bleibt

$$[a\Delta][\alpha\Delta] = a_1\alpha_1 m^2 + a_2\alpha_2 m^2 + a_3\alpha_3 m^2 + \ldots = [a\alpha]\, m^2.$$

Nach 4. k) ist aber $[a\alpha] = 1$, also $[a\Delta][\alpha\Delta] = m^2$.

Ebenso erzeigen sich die beiden anderen Produkte der Gleichung h) $= m^2$, und es reduziert sich die Gleichung h) somit zu

$$n m^2 = [v v] + 3\, m^2 \quad \text{oder} \quad (n - 3)\, m^2 = [v v] \quad \text{oder}$$

i) $$m^2 = \frac{[v v]}{n - 3},$$

entsprechend der Gleichung 42, 6. f) für eine Unbekannte und allgemein

k) $$m^2 = \frac{[v v]}{n - u} \quad \text{bzw.} \quad \frac{[p v v]}{n - u}$$

für n Fehlergleichungen mit u Unbekannten; $n - u$ ist die Anzahl der überschüssigen Messungen. Der mittlere Fehler der einzelnen Messung wird um so kleiner, je größer $n - u$ ist.

6. Ausgleichung eines Nivellierungsnetzes.

In dem Nivellierungsnetz Bild 297 sind 6 Höhenunterschiede h mit ihren Entfernungen s bestimmt:

Höhenunterschiede	Entfernungen	Gewichte $p = \frac{1000}{s}$
$h_1 = AB = + 10{,}8838$ m	$s_1 = 11{,}67$ km	$p_1 = 85$
$h_2 = AC = + 4{,}6783$	$s_2 = 9{,}24$	$p_2 = 108$
$h_3 = AD = + 18{,}5595$	$s_3 = 20{,}42$	$p_3 = 49$
$h_4 = CB = + 6{,}1963$	$s_4 = 6{,}05$	$p_4 = 165$
$h_5 = CD = + 13{,}8677$	$s_5 = 12{,}86$	$p_5 = 78$
$h_6 = BD = + 7{,}6657$	$s_6 = 16{,}58$	$p_6 = 60.$

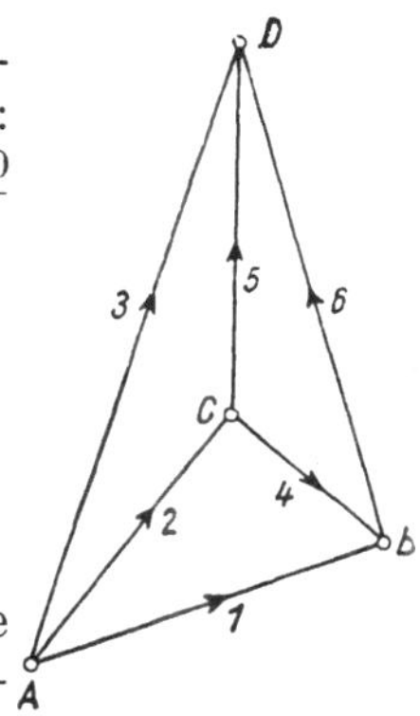

Bild 297

Die Richtung des Steigens ist in Bild 297 durch Pfeile angegeben. Die Gewichte sind den Entfernungen umgekehrt proportional genommen und zwar $p = \frac{1000}{s}$, um möglichst gleiche Koeffizienten der Normalgleichungen zu erhalten. Das Gewicht $p = 1$ kommt also der Nivellierung einer Strecke von 1000 km zu.

Betrachtet man A als Ausgangspunkt, dann sind die 3 anderen Punkte B C und D vollkommen bestimmt durch die 3 Höhenunterschiede AB, AC, AD, welche deshalb als unabhängige Unbekannte eingeführt werden. Als Näherungswert dieser 3 unabhängigen Unbekannten werden die 3 Beobachtungen selbst angenommen und die zugehörigen wahrscheinlichsten Verbesserungen seien x_1 x_2 x_3.

Von den 6 Fehlergleichungen sind die ersten 3 also sehr einfach:

1) $v_1 = x_1$

2) $v_2 = x_2$

3) $v_3 = x_3$.

Aus Dreieck ABC folgt weiter: $10{,}8838 + x_1 = 4{,}6783 + x_2 + 6{,}1963 + v_4$, also

4) $v_4 = x_1 - x_2 + 0{,}0092$ m.

Analog findet man die letzten beiden Fehlergleichungen:

$$5)\qquad v_5 = -x_2 + x_3 + 0{,}0135 \text{ m}$$
$$6)\qquad v_6 = -x_1 + x_3 + 0{,}0100 \text{ m}.$$

Diese 6 Fehlergleichungen haben die allgemeine Form:

$$v = a x_1 + b x_2 + c x_3 + l.$$

Die Zusammenstellung der Koeffizienten gibt mit cm als Einheit:

Nr.	p	a	b	c	l
1	85	+1	0	0	0
2	108	0	+1	0	0
3	49	0	0	+1	0
4	165	+1	−1	0	+0,92 cm
5	78	0	−1	+1	+1,35 cm
6	60	−1	0	+1	+1,00 cm

Die Koeffizienten der Normalgleichungen werden hiernach:

$$[paa] = +310 \quad [pab] = -165 \quad [pac] = -60 \quad [pal] = +92$$
$$[pbb] = +351 \quad [pbc] = -78 \quad [pbl] = -257$$
$$[pcc] = +187 \quad [pcl] = +165$$
$$[pll] = +342.$$

Die vollständig ausgeschriebenen 3 Normalgleichungen und die Gleichung der Quadratsumme der übrig bleibenden Fehler mit ihren Summengliedern $\bar{s}$, sowie die Auflösung dieser 4 Gleichungen nach Tafel II unter 3. mittels Rechenschieber, folgt hier ohne weitere Erklärung:

$$+310\,x_1 - 165\,x_2 - 60\,x_3 + 92 = 0 \qquad \bar{s}_1 = -177 \qquad 1$$
$$-165\,x_1 + 351\,x_2 - 78\,x_3 - 257 = 0 \qquad \bar{s}_2 = +149 \qquad 2$$
$$-60\,x_1 - 78\,x_2 + 187\,x_3 + 165 = 0 \qquad \bar{s}_3 = -214 \qquad 3$$
$$+92\,x_1 - 257\,x_2 + 165\,x_3 + 342 = [pvv] \qquad \bar{s}_4 = -342 \qquad 4$$

x_1	x_2	x_3	l	$\bar{s}$	Probe	Bezeichnung
+310	−165	−60	+92	−177	0	1
	+351	−78	−257	+149		2
	−88	−32	+49	−94		1 · (+165 : 310)
	+263	−110	−208	+55	0	2′
		+187	+165	−214		3
		−12	+18	−34		1 · (+60 : 310)
		−46	−87	+23		2′ · (+110 : 263)
$x_3 = -\frac{96}{129} = -0{,}74$ cm		+129	+96	−225	0	3″
		$= P_3$	+342	−342		4
			−27	+52		1 · (−92 : 310)
			−165	+44		2′ · (+208 : 263)
			−71	+167		3″ · (−96 : 129)
			+79	−79	0	4‴
			$= [pvv]$			

Außer den Zahlenwerten von $[pvv]$ und x_3 erhält man hieraus noch, nach Formel 4. p), das Gewicht $P_3 = 129$.

Ohne nun durch Einsetzung des x_3-Wertes in die Endgleichung 2′ den Wert von x_2 und durch Einsetzung beider x-Werte in die erste Gleichung x_1 zu bestimmen, kann man nach dem Schlußsatz von 4. die Werte von x_2 und x_1 auch durch zusammengehörige Umstellung der Unbekannten und der Gleichungen erhalten, wobei sich zugleich die Zahlenwerte von P_2 und P_1 ergeben, welche aus der vorhergehenden Rechnung nicht bestimmt werden können. Diese Berechnung folgt hier ohne weitere Erklärung als Zahlenbeispiel zum Schlußsatz von 4.:

	x_3	x_1	x_2	l	$\bar{s}$	Probe	Bezeichnung
	+ 187	— 60	— 78	+ 165	— 214	0	3
		+ 310	— 165	+ 92	— 177		1
		— 19	— 25	+ 53	— 69		3 · (+ 60 : 187)
		+ 291	— 190	+ 145	— 246	0	1′
			+ 351	— 257	+ 149		2
			— 33	+ 69	— 89		3 · (+ 78 : 187)
			— 124	+ 95	— 161		1′ · (+ 190 : 291)
$x_2 = +\frac{93}{194} = +0{,}48$ cm			+ 194	— 93	— 101	0	2″
			$= P_2$				

	x_2	x_3	x_1	l	$\bar{s}$	Probe	Bezeichnung
	+ 351	— 78	— 165	— 257	+ 149	0	2
		+ 187	— 60	+ 165	— 214		3
		— 17	— 37	— 57	+ 33		2 · (+ 78 : 351)
		+ 170	— 97	+ 108	— 181	0	3′
			+ 310	+ 92	— 177		1
			— 78	— 121	+ 70		2 · (+ 165 : 351)
			— 55	+ 62	— 103		3′ · (+ 97 : 170)
$x_1 = -\frac{33}{177} = -0{,}19$ cm			+ 177	+ 33	— 210	0	1″
			$= P_1$				

Die sämtlichen Verbesserungen v sind nach Angabe der Fehlergleichungen:

$$v_1 = -0{,}19 \text{ cm} \qquad v_4 = +0{,}25 \text{ cm}$$
$$v_2 = +0{,}48 \text{ »} \qquad v_5 = +0{,}13 \text{ »}$$
$$v_3 = -0{,}74 \text{ »} \qquad v_6 = +0{,}45 \text{ »}$$

Hiermit ergeben sich die ausgeglichenen Höhenunterschiede:

$$\begin{aligned}
h_1 &= 10{,}8838 \text{ m} - 0{,}0019 \text{ m} = 10{,}8819 \text{ m}\\
h_2 &= 4{,}6783 \text{ »} + 0{,}0048 \text{ »} = 4{,}6831 \text{ »}\\
h_3 &= 18{,}5595 \text{ »} - 0{,}0074 \text{ »} = 18{,}5521 \text{ »}\\
h_4 &= 6{,}1963 \text{ »} + 0{,}0025 \text{ »} = 6{,}1988 \text{ »}\\
h_5 &= 13{,}8677 \text{ »} + 0{,}0013 \text{ »} = 13{,}8690 \text{ »}\\
h_6 &= 7{,}6657 \text{ »} + 0{,}0045 \text{ »} = 7{,}6702 \text{ »}
\end{aligned}$$

Zur Schlußprobe bestimmt man noch $[pvv]$ aus den einzelnen v:

Nr.	v	v^2	p	pv^2
1	− 0,19	0,0360	85	3,06
2	+ 0,48	0,2304	108	24,88
3	− 0,74	0,5476	49	26,83
4	+ 0,25	0,0625	165	10,31
5	+ 0,13	0,0169	78	1,32
6	+ 0,45	0,2025	60	12,15
				78,55

Die Summe $[pvv] = 78{,}55$ stimmt genügend mit der aus der Elimination erhaltenen Summe $[pvv] = 79$ und damit ist die ganze Ausgleichungsrechnung versichert.

Der mittlere Fehler einer Nivellierung vom Gewicht = 1, also in diesem Falle einer Nivellierung von 1000 km Länge, ist nach 5. k):

$$m = \pm \sqrt{\frac{79}{6-3}} = \pm 5{,}1 \text{ cm};$$

der mittlere Fehler für 1 km Länge ist also

$$m = \frac{5{,}1}{\sqrt{1000}} = \pm 0{,}16 \text{ cm} = \pm 1{,}6 \text{ mm}.$$

Die mittleren Fehler der aus den Normalgleichungen bestimmten Unbekannten sind nach § 42, 7. a'):

$$M_1 = \frac{5{,}1}{\sqrt{177}} = \pm 0{,}39 \text{ cm},$$

$$M_2 = \frac{5{,}1}{\sqrt{194}} = \pm 0{,}37 \text{ cm},$$

$$M_3 = \frac{5{,}1}{\sqrt{129}} = \pm 0{,}45 \text{ cm}.$$

Endresultat der Ausgleichung:

Absolute Höhe von $A = 0{,}0000$ als Ausgangspunkt

$$\begin{aligned}
B &= 10{,}8819 \pm 0{,}0039 \text{ m}\\
C &= 4{,}6831 \pm 0{,}0037 \text{ »}\\
D &= 18{,}5521 \pm 0{,}0045 \text{ »}
\end{aligned}$$

§ 44. Ausgleichung bedingter Beobachtungen

1. Bedingte Beobachtungen zurückgeführt auf vermittelnde Beobachtungen.

Es seien n Größen unmittelbar beobachtet, zwischen denen r streng zu erfüllende Bedingungsgleichungen bestehen, wobei immer $n > r$ sein muß, falls man es überhaupt mit einer Ausgleichungsrechnung zu tun hat; es sollen die wahrscheinlichsten Werte der n Größen bestimmt werden.

Ein sehr einfacher Fall dieser Art ist z. B. die Messung der drei Winkel $x_1\, x_2\, x_3$ eines Dreiecks, wobei eine Bedingungsgleichung $x_1 + x_2 + x_3 - 180^0 = 0$ besteht bzw. $x_1 + x_2 + x_3 - (180^0 + \text{sphär. Exzeß}) = 0$, also $n = 3$ und $r = 1$.

Diese Aufgabe wurde bereits unter § 42, 8. auf eine Ausgleichung nach dem arithmetischen Mittel zurückgeführt.

Man kann die Ausgleichung bedingter Beobachtungen immer auf vermittelnde Beobachtungen zurückführen, was zunächst gezeigt werden soll.

Angenommen, es seien n unbekannte Größen $x_1\, x_2\, x_3 \ldots x_n$ zu bestimmen, wozu die gleich genauen Messungen $l_1\, l_2\, l_3 \ldots l_n$ gemacht wurden, und daß zwischen den Unbekannten x die folgenden streng zu erfüllenden r Bedingungsgleichungen bestehen:

$$\text{a)} \quad \left.\begin{array}{l} a_0 + a_1 x_1 + a_2 x_2 + a_3 x_3 + \ldots + a_n x_n = 0 \\ b_0 + b_1 x_1 + b_2 x_2 + b_3 x_3 + \ldots + b_n x_n = 0 \\ c_0 + c_1 x_1 + c_2 x_2 + c_3 x_3 + \ldots + c_n x_n = 0 \\ \cdots\cdots\cdots\cdots\cdots\cdots\cdots\cdots\cdots \\ r_0 + \underbrace{r_1 x_1 + r_2 x_2 + r_3 x_3 + \ldots + r_n x_n}_{\text{Anzahl} = n} = 0 \end{array}\right\} \text{Anzahl} = r. \qquad n > r.$$

Setzt man an Stelle der Unbekannten x die Beobachtungswerte l, so sind die Gleichungen a) nicht mehr befriedigt, sie ergeben:

$$\text{b)} \quad \left\{\begin{array}{l} a_0 + a_1 l_1 + a_2 l_2 + a_3 l_3 + \ldots + a_n l_n = w_1 \\ b_0 + b_1 l_1 + b_2 l_2 + b_3 l_3 + \ldots + b_n l_n = w_2 \\ c_0 + c_1 l_1 + c_2 l_2 + c_3 l_3 + \ldots + c_n l_n = w_3 \\ \cdots\cdots\cdots\cdots\cdots\cdots\cdots\cdots\cdots \\ r_0 + r_1 l_1 + r_2 l_2 + r_3 l_3 + \ldots + r_n l_n = w_r. \end{array}\right.$$

Es sind nun den l solche Verbesserungen v zu erteilen, daß die Widersprüche w wieder verschwinden. Das gibt für die erste der Gleichungen a):

$$a_0 + a_1 (l_1 + v_1) + a_2 (l_2 + v_2) + a_3 (l_3 + v_3) + \ldots + a_n (l_n + v_n) = 0.$$

Subtrahiert man die erste der Gleichungen b) hiervon, so bleibt:

$$a_1 v_1 + a_2 v_2 + a_3 v_3 + \ldots + a_n v_n + w_1 = 0.$$

Das ganze System solcher neuen Bedingungsgleichungen ist also:

$$\text{c)}\quad \left.\begin{array}{l} a_1 v_1 + a_2 v_2 + a_3 v_3 + \ldots + a_n v_n + w_1 = 0 \\ b_1 v_1 + b_2 v_2 + b_3 v_3 + \ldots + b_n v_n + w_2 = 0 \\ c_1 v_1 + c_2 v_2 + c_3 v_3 + \ldots + c_n v_n + w_3 = 0 \\ \ldots\ldots\ldots\ldots\ldots\ldots\ldots\ldots\ldots\ldots \\ \underbrace{r_1 v_1 + r_2 v_2 + r_3 v_3 + \ldots + r_n v_n}_{\text{Anzahl} = n} + w_r = 0 \end{array}\right\} \text{Anzahl} = r. \qquad n > r$$

Hierzu kommt noch die Ausgleichungsbedingung

$$\text{d)}\qquad [vv] = \text{Minimum}.$$

Man kann nun die Ausgleichung auf vermittelnde Beobachtungen dadurch zurückführen, daß man mit Hilfe der neuen Bedingungsgleichungen c) eine Anzahl r der neuen Unbekannten v in den $n - r$ übrigen ausdrückt; z. B.

$$\text{e)}\quad \left.\begin{array}{l} v_1 = A_1 v_{r+1} + B_1 v_{r+2} + \ldots\ldots + H_1 v_n \\ v_2 = A_2 v_{r+1} + B_2 v_{r+2} + \ldots\ldots + H_2 v_n \\ \ldots\ldots\ldots\ldots\ldots\ldots\ldots\ldots\ldots\ldots \\ v_r = \underbrace{A_r v_{r+1} + B_r v_{r+2} + \ldots\ldots + H_r v_n}_{\text{Anzahl} = n - r} \end{array}\right\} \text{Anzahl} = r.$$

Fügt man noch die Identitätsgleichungen von $v_{r+1}, v_{r+2}, \ldots v_n$ hinzu, nämlich

$$\text{f)}\quad \left.\begin{array}{l} v_{r+1} = \ldots v_{r+1} \\ v_{r+2} = \ldots\ldots\ldots\ldots v_{r+2} \\ \ldots\ldots\ldots\ldots\ldots\ldots\ldots\ldots\ldots\ldots \\ v_n \;\;\; = \underbrace{\ldots\ldots\ldots\ldots\ldots\ldots\ldots\ldots v_n}_{\text{Anzahl} = n - r} \end{array}\right\} \text{Anzahl} = n - r,$$

so stellen e) und f) zusammen ein System von $r + (n - r)$ Fehlergleichungen mit $n - r$ Unbekannten dar, welche nach § 43 zu behandeln sind. Der mittlere Fehler der Gewichtseinheit ist also nach § 43, 5. k):

$$\text{g)}\qquad m = \sqrt{\frac{[vv]}{(r + (n - r)) - (n - r)}} = \sqrt{\frac{[vv]}{r}}.$$

Diese Fehlergleichung ist immer gültig, ob die Ausgleichung durch Reduktion auf vermittelnde Beobachtungen oder nach der noch zu behandelnden Korrelaten-Methode ausgeführt wird.

Die Reduktion auf vermittelnde Beobachtungen wird im allgemeinen nur dann vorteilhaft sein, wenn die Bedingungsgleichungen einfach sind und von geringer Anzahl.

2. Bedingte Beobachtungen mit Korrelaten.

Die Bedingungsgleichungen 1. a) sollen hier der leichteren Übersicht wegen für $n = 4$ und $r = 3$ geschrieben werden, ohne der Allgemeinheit Abbruch zu tun. Also zunächst wie unter 1.:

Zwischen den Unbekannten x bestehen folgende streng zu erfüllende Bedingungsgleichungen:

$$\text{a)} \quad \begin{cases} a_0 + a_1 x_1 + a_2 x_2 + a_3 x_3 + a_4 x_4 = 0 \\ b_0 + b_1 x_1 + b_2 x_2 + b_3 x_3 + b_4 x_4 = 0 \\ c_0 + c_1 x_1 + c_2 x_2 + c_3 x_3 + c_4 x_4 = 0. \end{cases}$$

Setzt man an Stelle der wahrscheinlichsten Werte x die Beobachtungswerte l, so sind die Gleichungen a) nicht mehr befriedigt, sondern man erhält:

$$\text{b)} \quad \begin{cases} a_0 + a_1 l_1 + a_2 l_2 + a_3 l_3 + a_4 l_4 = w_1 \\ b_0 + b_1 l_1 + b_2 l_2 + b_3 l_3 + b_4 l_4 = w_2 \\ c_0 + c_1 l_1 + c_2 l_2 + c_3 l_3 + c_4 l_4 = w_3. \end{cases}$$

Es sind daher den l solche Verbesserungen v zu erteilen, daß die Widersprüche w wieder verschwinden, man setzt also:

$$\text{c)} \qquad x_1 = l_1 + v_1 \qquad x_2 = l_2 + v_2 \qquad x_3 = l_3 + v_3 \qquad x_4 = l_4 + v_4$$

und damit ergibt die erste der Gleichungen a):

$$a_0 + a_1 (l_1 + v_1) + a_2 (l_2 + v_2) + a_3 (l_3 + v_3) + a_4 (l_4 + v_4) = 0.$$

Subtrahiert man die erste der Gleichungen b) hiervon, so bleibt:

$$a_1 v_1 + a_2 v_2 + a_3 v_3 + a_4 v_4 + w_1 = 0.$$

Die 3 neuen Bedingungsgleichungen sind also:

$$\text{d)} \quad \left.\begin{array}{l} a_1 v_1 + a_2 v_2 + a_3 v_3 + a_4 v_4 + w_1 = 0 \\ b_1 v_1 + b_2 v_2 + b_3 v_3 + b_4 v_4 + w_2 = 0 \\ \underbrace{c_1 v_1 + c_2 v_2 + c_3 v_3 + c_4 v_4}_{\text{Allgemein} = n} + w_3 = 0 \end{array}\right\} \text{Allgemein} = r. \qquad n > r.$$

Mit Anwendung der Summenklammern kann man b) und d) auch schreiben:

$$\text{e)} \quad \begin{cases} a_0 + [a l] = w_1 \qquad & [a v] = -w_1 \\ b_0 + [b l] = w_2 \qquad & [b v] = -w_2 \\ c_0 + [c l] = w_3 \qquad & [c v] = -w_3. \end{cases}$$

Die Gleichungen d) wurden wieder Bedingungsgleichungen genannt, weil sie die Bedingungen angeben, welche die Verbesserungen v genau erfüllen müssen.

Außer den Gleichungen d) hat man zur Bestimmung von v die Fundamentalgleichung:

f) $$[vv] = v_1^2 + v_2^2 + v_3^2 + v_4^2 = \text{Minimum}.$$

Um dies Minimum mit Rücksicht auf die anderen Bedingungen d) zu erhalten, multipliziere man die Gleichungen d) mit den unbestimmten Koeffizienten $-2k_1$ $-2k_2$ $-2k_3$ (die gerade so gewählt werden, weil sich -2 später wieder von selbst tilgt), also:

g) $$\begin{cases} -2a_1k_1v_1 - 2a_2k_1v_2 - 2a_3k_1v_3 - 2a_4k_1v_4 - 2w_1k_1 = 0 \\ -2b_1k_2v_1 - 2b_2k_2v_2 - 2b_3k_2v_3 - 2b_4k_2v_4 - 2w_2k_2 = 0 \\ -2c_1k_3v_1 - 2c_2k_3v_2 - 2c_3k_3v_3 - 2c_4k_3v_4 - 2w_3k_3 = 0. \end{cases}$$

Addiert man hierzu die Minimumsbedingung f) und ordnet alles nach v, so ist die Summe

h) $$\begin{cases} S = v_1^2 - 2v_1(a_1k_1 + b_1k_2 + c_1k_3) \\ \quad + v_2^2 - 2v_2(a_2k_1 + b_2k_2 + c_2k_3) \\ \quad + v_3^2 - 2v_3(a_3k_1 + b_3k_2 + c_3k_3) \\ \quad + v_4^2 - 2v_4(a_4k_1 + b_4k_2 + c_4k_3) \\ \qquad - 2(w_1k_1 + w_2k_2 + w_3k_3). \end{cases}$$

Die Differenzierung nach v und $\frac{dS}{dv} = 0$ gesetzt, ergibt:

$$0 = 2v_1 - 2(a_1k_1 + b_1k_2 + c_1k_3) \text{ usw.},$$

also muß sein:

i) $$\begin{cases} v_1 = a_1k_1 + b_1k_2 + c_1k_3 \\ v_2 = a_2k_1 + b_2k_2 + c_2k_3 \\ v_3 = a_3k_1 + b_3k_2 + c_3k_3 \\ v_4 = a_4k_1 + b_4k_2 + c_4k_3. \end{cases}$$

Setzt man nun diese Ausdrücke in die Bedingungsgleichungen d) oder noch besser in e) ein und ordnet nach k, so ergeben sich die Normalgleichungen:

k) $$\begin{cases} [aa]\,k_1 + [ab]\,k_2 + [ac]\,k_3 + w_1 = 0 \\ [ab]\,k_1 + [bb]\,k_2 + [bc]\,k_3 + w_2 = 0 \\ [ac]\,k_1 + [bc]\,k_2 + [cc]\,k_3 + w_3 = 0; \end{cases}$$

ihre Anzahl ist gleich der Anzahl der Bedingungsgleichungen.

Diese Normalgleichungen werden nach k aufgelöst; damit erhält man die v aus i); damit die wahrscheinlichsten Werte der Unbekannten x aus c) und schließlich den mittleren Fehler einer Beobachtung nach 1. g):

l) $$m = \sqrt{\frac{[vv]}{3}} \text{ oder allgemein } m = \sqrt{\frac{[vv]}{r}},$$

worin r die Anzahl der Bedingungsgleichungen ist.

Multipliziert man jede der Gleichungen i) mit ihrem v und addiert sie dann, so ergibt sich:

$$[vv] = [av]\,k_1 + [bv]\,k_2 + [cv]\,k_3,$$

also mit Beachtung von e):

m) $$[vv] - = w_1 k_1 - w_2 k_2 - w_3 k_3 = -[wk].$$

Ungleiche Gewichte. Wenn die Beobachtungen ungleiche Gewichte $p_1\,p_2\,p_3\,p_4$ haben, so tritt an Stelle von $[vv] =$ Minimum die neue Bedingung:

f') $$[pvv] = p_1 v_1^2 + p_2 v_2^2 + p_3 v_3^2 + p_4 v_4^2 = \text{Minimum};$$

damit ändert sich die erste Gleichung von i) zu $p_1 v_1 = a_1 k_1 + b_1 k_2 + c_1 k_3$. Das gibt die Korrektionsformeln

i') $$\begin{cases} v_1 = \dfrac{a_1}{p_1} k_1 + \dfrac{b_1}{p_1} k_2 + \dfrac{c_1}{p_1} k_3 \\ v_2 = \dfrac{a_2}{p_2} k_1 + \dfrac{b_2}{p_2} k_2 + \dfrac{c_2}{p_2} k_3 \\ v_3 = \dfrac{a_3}{p_3} k_1 + \dfrac{b_3}{p_3} k_2 + \dfrac{c_3}{p_3} k_3 \\ v_4 = \dfrac{a_4}{p_4} k_1 + \dfrac{b_4}{p_4} k_2 + \dfrac{c_4}{p_4} k_3 \end{cases}$$

und die Normalgleichungen

k') $$\begin{cases} \left[\dfrac{aa}{p}\right] k_1 + \left[\dfrac{ab}{p}\right] k_2 + \left[\dfrac{ac}{p}\right] k_3 + w_1 = 0 \\ \left[\dfrac{ab}{p}\right] k_1 + \left[\dfrac{bb}{p}\right] k_2 + \left[\dfrac{bc}{p}\right] k_3 + w_2 = 0 \\ \left[\dfrac{ac}{p}\right] k_1 + \left[\dfrac{bc}{p}\right] k_2 + \left[\dfrac{cc}{p}\right] k_3 + w_3 = 0. \end{cases}$$

Will man die Gewichte nicht durchwegs mitführen, so kann man alle Koeffizienten $a\,b\,c$ von Anfang an durch $\sqrt{p}$ dividieren und dann weiter rechnen, wie wenn alle Gewichte $= 1$ wären; denn die erste Gleichung von i') kann man auch schreiben $v_1 \sqrt{p_1} = \dfrac{a_1}{\sqrt{p_1}} k_1 + \dfrac{b_1}{\sqrt{p_1}} k_2 + \dfrac{c_1}{\sqrt{p_1}} k_3$ oder kürzer:

$$v_1' = a_1' k_1 + b_1' k_2 + c_1' k_3.$$

Die erste Bedingungsgleichung d) wird dementsprechend sein:

$$a_1' v_1' + a_2' v_2' + a_3' v_3' + a_4' v_4' + w_1 = 0,$$

die erste Normalgleichung k')

$$[a'a']\,k_1 + [a'b']\,k_2 + [a'c']\,k_3 + w_1 = 0$$

und die Quadratsumme der übrigbleibenden Fehler

m') $$[p\,v\,v] = [v'v'] = -w_1 k_1 - w_2 k_2 - w_3 k_3 = -[w\,k].$$

3. Nivelliernetz-Ausgleichung nach bedingten Beobachtungen.

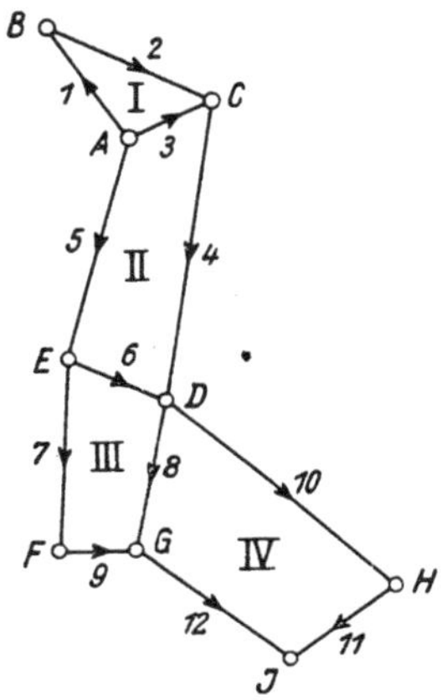

Bild 298

a)

Nr.	Linie von bis	Entfernung s	Höhendiff. h
1	A—B	14 km	0,893 m
2	B—C	20	9,125
3	A—C	9	10,012
4	C—D	32	2,640
5	A—E	26	6,193
6	E—D	12	6,481
7	E—F	22	6,999
8	D—G	17	1,712
9	F—G	5	1,212
10	D—H	33	126,214
11	H—J	13	39,844
12	G—J	26	164,388
		$[s] = 229$ km	

Bild 298 zeigt ein Stück des Landes-Nivelliernetzes von Baden. Die Pfeile bedeuten die Richtung des Steigens. Tafel a) gibt die Entfernungen s in km und die nivellierten Höhendifferenzen h in m. Das Netz erstreckt sich von Mannheim (B) bis Pforzheim (J) mit 4 Umläufen.

Bedingungsgleichungen.

Nach dem Umlauf I des Bildes 298 soll sein:

$$h_1 + h_2 - h_3 = 0;$$

setzt man aber die gemessenen h aus der Liste a) ein, so erhält man:

$$+\,0{,}893 + 9{,}125 - 10{,}012 = +\,0{,}006 = w_1.$$

Um diesen Widerspruch zu tilgen, fügt man zu jeder Messung eine Verbesserung v hinzu und schreibt:

$$+\,(0{,}893 + v_1) + (9{,}125 + v_2) - (10{,}012 + v_3) = 0,$$

subtrahiert die zweite Gleichung von dieser und erhält so die erste Bedingungsgleichung:

$$v_1 + v_2 - v_3 + 0{,}006 = 0.$$

Verfährt man mit den anderen 3 Umläufen ebenso und nimmt zur Probe noch den Gesamtumfang hinzu, so ergibt sich die folgende Tafel b).

b)

Umlauf	Nr.	Linie von bis	s in km	h in m		w in mm
I	1	A—B	14	+ 0,893		
	2	B—C	20	+ 9,125		
	3	A—C	9		— 10,012	
			43	+ 10,018	— 10,012	$w_1 = +6$
II	3	A—C	9	+ 10,012		
	4	C—D	32	+ 2,640		
	6	E—D	12		— 6,481	
	5	A—E	26		— 6,193	
			79	+ 12,652	— 12,674	$w_2 = -22$
III	6	E—D	12	+ 6,481		
	8	D—G	17	+ 1,712		
	9	F—G	5		— 1,212	
	7	E—F	22		— 6,999	
			56	+ 8,193	— 8,211	$w_3 = -18$
IV	10	D—H	33	+ 126,214		
	11	H—J	13	+ 39,844		
	12	G—J	26		— 164,388	
	8	D—G	17		— 1,712	
			89	+ 166,058	— 166,100	$w_4 = -42$
Gesamt-umfang	2	B—C	20	+ 9,125		
	4	C—D	32	+ 2,640		
	10	D—H	33	+ 126,214		
	11	H—J	13	+ 39,844		
	12	G—J	26		— 164,388	
	9	F—G	5		— 1,212	
	7	E—F	22		— 6,999	
	5	A—E	26		— 6,193	
	1	A—B	14	+ 0,893		
			191	+ 178,716	— 178,792	$w' = -76$

Einige Rechenproben sind:

$$w_1 + w_2 + w_3 + w_4 = w' \quad \text{oder}$$
$$+6 - 22 - 18 - 42 = -76,$$

denn die Trennungslinien 3 6 8 des Gesamtumfanges werden hin und zurück durchlaufen, also $\pm 3 \pm 6 \pm 8$.

Für s hat man

$$\frac{43 + 79 + 56 + 89 + 191}{2} = 229,$$

denn jede Linie kommt in Tafel b) zweimal vor; 229 ist die Liniensumme der ursprünglichen Liste a).

Einen andern Zweck als diese Rechenproben hat die Einbeziehung des Gesamtumfanges nicht. Sie gibt nicht etwa eine fünfte Bedingungsgleichung, weil ja die Umfangsprobe schon in den 4 Einzelumläufen enthalten ist.

Die 4 unabhängigen Bedingungsgleichungen sind hiernach:

$$\begin{array}{ll} \text{I} & +v_1+v_2-v_3+6\text{ mm}=0 \\ \text{II} & +v_3+v_4-v_6-v_5-22\text{ mm}=0 \\ \text{III} & +v_6+v_8-v_9-v_7-18\text{ mm}=0 \\ \text{IV} & +v_{10}+v_{11}-v_{12}-v_8-42\text{ mm}=0. \end{array}$$

Gewichte.

Die Gewichte sind, wie im Beispiel § 43, 6., den Entfernungen s umgekehrt proportional genommen und das gibt folgende Tafel c).

c)

Nr.	v_1	v_2	v_3	v_4	v_5	v_6	v_7	v_8	v_9	v_{10}	v_{11}	v_{12}	w
I $a=$	+1	+1	−1	.	.	.	.	.	.	.	.	.	+ 6 mm
II $b=$	.	.	+1	+1	−1	−1	.	.	.	.	.	.	− 22 »
III $c=$	.	.	.	.	.	+1	−1	+1	−1	.	.	.	− 18 »
IV $d=$	.	.	.	.	.	.	.	−1	.	+1	+1	−1	− 42 »
$\frac{1}{p}=s=$	14	20	9	32	26	12	22	17	5	33	13	26	

Hiernach wird:

$$\left[\frac{aa}{p}\right]=14+20+9=43. \qquad \left[\frac{ab}{p}\right]=-9$$

$$\left[\frac{bb}{p}\right]=9+32+26+12=79. \qquad \left[\frac{bc}{p}\right]=-12$$

$$\left[\frac{cc}{p}\right]=12+22+17+5=56. \qquad \left[\frac{cd}{p}\right]=-17$$

$$\left[\frac{dd}{p}\right]=17+33+13+26=89.$$

Daraus ergeben sich die Normalgleichungen nach 2. k')

$$\begin{array}{lll} +43\,k_1-9\,k_2 \ldots\ldots\ldots\ldots + 6\text{ mm}=0 & \bar{s}_1=-40 & 1 \\ -9\,k_1+79\,k_2-12\,k_3 \ldots\ldots -22\text{ »}=0 & \bar{s}_2=-36 & 2 \\ \quad -12\,k_2+56\,k_3-17\,k_4-18\text{ »}=0 & \bar{s}_3=-9 & 3 \\ \quad\quad -17\,k_3+89\,k_4-42\text{ »}=0 & \bar{s}_4=-30 & 4 \end{array}$$

und

$$+\ 6\,k_1 - 22\,k_2 - 18\,k_3 - 42\,k_4 + 0\ \mathrm{mm} = -[pvv] \quad \bar{s}_5 = +76 \quad 5$$

nach 2. m) und m′).

Die Auflösung dieser 5 Gleichungen ist noch einmal vollständig nach § 43, 3. Tafel II gegeben, um ohne weitere Erklärung darauf aufmerksam zu machen, wie und warum sich das Schema verkürzt, wenn die einzelnen Gleichungen nicht alle Unbekannten enthalten:

d)

k_1	k_2	k_3	k_4	w	$\bar{s}$	Probe	Bezeichnung
+ 43	— 9	.	.	+ 6	— 40	0	1
	+ 79	— 12	.	— 22	— 36		2
	— 1,9	.	.	+ 1,3	— 8,4		1 · (+ 9 : 43)
	+ 77,1	— 12	.	— 20,7	— 44,4	0	2′
		+ 56	— 17	— 18	— 9		3
		.	.	.	.		1 · (0 : 43)
		— 1,9	.	— 3,2	— 6,9		2′ · (+ 12 : 77,1)
		+ 54,1	— 17	— 21,2	— 15,9	0	3″
			+ 89	— 42	— 30		4
			.	.	.		1 · (0 : 43)
			.	.	.		2′ · (0 : 77,1)
			— 5,3	— 6,7	— 5,0		3″ · (+ 17 : 54,1)
			+ 83,7	— 48,7	— 35,0	0	4‴
				0	+ 76		5
				— 0,8	+ 5,6		1 · (— 6 : 43)
				— 5,6	— 11,9		2′ · (+ 20,7 : 77,1)
				— 8,3	— 6,3		3″ · (+ 21,2 : 54,1)
				— 28,3	— 20,4		4‴ · (+ 48,7 : 83,7)
				— 43,0	+ 43,0	0	5^{IV}
				= — [pvv]			

$k_4 = +\dfrac{48{,}7}{83{,}7} = +0{,}581$

$k_3 = +0{,}575$ aus 3″
$k_2 = +0{,}358$ » 2′
$k_1 = -0{,}063$ » 1

Die Bestimmung der Korrektionen v_1 bis v_{12} nach 2. i′) zeigt folgende Tafel e):

e)

	1	2	3	4	5	6	7	8	9	10	11	12
$\frac{1}{p} = s =$	14	20	9	32	26	12	22	17	5	33	13	26
$k_1 = -0{,}063,\ k_1 s =$	— 0,9	— 1,3	+ 0,6									
$k_2 = +0{,}358,\ k_2 s =$			+ 3,3	+ 11,5	— 9,3	— 4,3						
$k_3 = +0{,}575,\ k_3 s =$						+ 6,9	— 12,6	+ 9,8	— 2,9			
$k_4 = +0{,}581,\ k_4 s =$								— 9,9		+ 19,2	+ 7,6	— 15,1
$v =$	— 0,9	— 1,3	+ 3,9	+ 11,5	— 9,3	+ 2,6	— 12,6	— 0,1	— 2,9	+ 19,2	+ 7,6	— 15,1

Damit erhält man schließlich den

Abriß der Ausgleichungsrechnung.

Nr.	Linie von bis	Gemessen s	Gemessen h	Verbess. v	Ausgeglichen $h+v$	$\frac{v^2}{s}$
		km	m	mm	m	
1	A—B	14	0,893	— 0,9	0,8921	0,06
2	B—C	20	9,125	— 1,3	9,1237	0,08
3	A—C	9	10,012	+ 3,9	10,0159	1,69
4	C—D	32	2,640	+ 11,5	2,6515	4,13
5	A—E	26	6,193	— 9,3	6,1837	3,33
6	E—D	12	6,481	+ 2,6	6,4836	0,56
7	E—F	22	6,999	— 12,6	6,9864	7,22
8	D—G	17	1,712	— 0,1	1,7119	0,00
9	F—G	5	1,212	— 2,9	1,2091	1,68
10	D—H	33	126,214	+ 19,2	126,2332	11,17
11	H—J	13	39,844	+ 7,6	39,8516	4,44
12	G—J	26	164,388	— 15,1	164,3729	8,77
						43,13

Nun überzeugt man sich wohl zunächst, ob die Bedingungsgleichungen stimmen, d. h. ob man die ausgeglichenen Höhen alle widerspruchsfrei zusammensetzen kann, was mit den berechneten Werten der Fall ist.

Die Summe $\left[\frac{vv}{s}\right] = [pvv] = 43{,}13$ stimmt mit den vorher gefundenen ($= 43$) gut überein und das versichert die ganze Ausgleichung. Der mittlere Fehler der Gewichtseinheit ist daher nach 2. 1):

$$m = \sqrt{\frac{43}{4}} = \pm 3{,}3 \text{ mm pro km.}$$

4. Gewicht einer Funktion der ausgeglichenen Elemente.

a)
$$F = f_0 + f_1 x_1 + f_2 x_2 + f_3 x_3 + f_4 x_4$$

sei eine Funktion der ausgeglichenen Beobachtungen x. In der Anwendung wird sich zeigen, daß eine solche Funktion nicht alle x enthalten kann, und es wird daher immer ein Teil der Koeffizienten $= 0$ sein.

Es wird nun darauf ankommen, F als eine Funktion der Beobachtungen l darzustellen, etwa in der Form:

b)
$$F = F_0 + F_1 l_1 + F_2 l_2 + F_3 l_3 + F_4 l_4.$$

Setzt man die Gewichte der l zunächst $= 1$, so ergibt sich das Gewicht von F nach § 42, 7. a'') durch die Gleichung:

c)
$$\frac{1}{P} = \frac{F_1^2}{1} + \frac{F_2^2}{1} + \frac{F_3^2}{1} + \frac{F_4^2}{1} = [FF].$$

Um eine Beziehung zwischen a) und b) zu gewinnen, kommen die Gleichungen 2. c) und 2. i) in Betracht, also

d) $$\begin{cases} x_1 = l_1 + v_1 & v_1 = a_1 k_1 + b_1 k_2 + c_1 k_3 \\ x_2 = l_2 + v_2 & v_2 = a_2 k_1 + b_2 k_2 + c_2 k_3 \\ x_3 = l_3 + v_3 & v_3 = a_3 k_1 + b_3 k_2 + c_3 k_3 \\ x_4 = l_4 + v_4 & v_4 = a_4 k_1 + b_4 k_2 + c_4 k_3. \end{cases}$$

Die ersten 4 dieser Gleichungen geben in Verbindung mit a):

e) $$\begin{aligned} F = f_0 &+ f_1 l_1 + f_2 l_2 + f_3 l_3 + f_4 l_4 \\ &+ f_1 v_1 + f_2 v_2 + f_3 v_3 + f_4 v_4. \end{aligned}$$

Mit Beachtung der zweiten 4 Gleichungen d), alles gleichartige in Summenklammern gefaßt, wird aus e):

f) $$\begin{aligned} F = f_0 &+ [fl] \\ &+ [af]\, k_1 + [bf]\, k_2 + [cf]\, k_3. \end{aligned}$$

Die Korrelaten k müssen eliminiert werden und dazu dienen die Normalgleichungen 2. k), welche mit Beachtung von 2. e) wie folgt geschrieben werden:

g) $$\begin{aligned} [aa]\, k_1 + [ab]\, k_2 + [ac]\, k_3 + [al] + a_0 &= 0 \\ [ab]\, k_1 + [bb]\, k_2 + [bc]\, k_3 + [bl] + b_0 &= 0 \\ [ac]\, k_1 + [bc]\, k_2 + [cc]\, k_3 + [cl] + c_0 &= 0. \end{aligned}$$

Um nun $k_1\, k_2\, k_3$ aus f) und g) zu eliminieren, denke man sich die g) mit vorläufig unbestimmt gelassenen Koeffizienten $r_1\, r_2\, r_3$ multipliziert, f) hinzu addiert, und nun über die Übertragungskoeffizienten $r_1\, r_2\, r_3$ so verfügt, daß die Glieder mit $k_1\, k_2\, k_3$ verschwinden; d. h. man hat die sogenannten Übertragungsgleichungen:

h) $$\begin{aligned} [aa]\, r_1 + [ab]\, r_2 + [ac]\, r_3 + [af] &= 0 \\ [ab]\, r_1 + [bb]\, r_2 + [bc]\, r_3 + [bf] &= 0 \\ [ac]\, r_1 + [bc]\, r_2 + [cc]\, r_3 + [cf] &= 0. \end{aligned}$$

Hiermit verbleibt von g) + f):

i) $$\begin{aligned} F = f_0 &+ [fl] \\ &+ (a_0 + [al])\, r_1 + (b_0 + [bl])\, r_2 + (c_0 + [cl])\, r_3 \end{aligned}$$

oder durch Auflösung der Klammern und Ordnen nach l):

k) $$\begin{aligned} F = f_0 &+ a_0 r_1 + b_0 r_2 + c_0 r_3 \\ &+ (f_1 + a_1 r_1 + b_1 r_2 + c_1 r_3)\, l_1 \\ &+ (f_2 + a_2 r_1 + b_2 r_2 + c_2 r_3)\, l_2 \\ &+ (f_3 + a_3 r_1 + b_3 r_2 + c_3 r_3)\, l_3 \\ &+ (f_4 + a_4 r_1 + b_4 r_2 + c_4 r_3)\, l_4. \end{aligned}$$

Damit ist schließlich erreicht, was in b) erstrebt wurde, nämlich die Entwicklung von F als lineare Funktion der l, wobei die Koeffizienten sind:

$$\text{l)}\quad \begin{aligned} F_1 &= a_1 r_1 + b_1 r_2 + c_1 r_3 + f_1 \\ F_2 &= a_2 r_1 + b_2 r_2 + c_2 r_3 + f_2 \\ F_3 &= a_3 r_1 + b_3 r_2 + c_3 r_3 + f_3 \\ F_4 &= a_4 r_1 + b_4 r_2 + c_4 r_3 + f_4. \end{aligned}$$

Ein Vergleich von l) mit § 43, 4. a) und von h) mit § 43, 4. b) zeigt, daß F an Stelle von v und f an Stelle von l tritt. Nach § 43, 3. Tafel III hat man für 3 Unbekannte:

$$[v\,v] = [l\,l] - \left\{\frac{[a\,l]^2}{[a\,a]} + \frac{[b\,l\cdot 1]^2}{[b\,b\cdot 1]} + \frac{[c\,l\cdot 2]^2}{[c\,c\cdot 2]}\right\};$$

analog ergibt sich hier:

$$\text{m)}\quad \frac{1}{P} = [F\,F] = [f\,f] - \left\{\frac{[a\,f]^2}{[a\,a]} + \frac{[b\,f\cdot 1]^2}{[b\,b\cdot 1]} + \frac{[c\,f\cdot 2]^2}{[c\,c\cdot 2]}\right\}.$$

$[f\,f]$ ist der reziproke Wert des Gewichtes einer nicht ausgeglichenen Beobachtung; Formel m) zeigt also deutlich, wie das Gewicht P mit den überschüssigen Beobachtungen wächst, d. h. der mittlere Fehler abnimmt.

Wenn die Beobachtungsgewichte nicht alle $= 1$ sind, wie bisher angenommen wurde, so treten die zu Ende 2. erwähnten Änderungen ein und an Stelle von m) erhält man:

$$\text{m')}\quad \frac{1}{P} = \left[\frac{F\,F}{p}\right] = \left[\frac{f\,f}{p}\right] - \left\{\frac{\left[\frac{a\,f}{p}\right]^2}{\left[\frac{a\,a}{p}\right]} + \frac{\left[\frac{b\,f}{p}\cdot 1\right]^2}{\left[\frac{b\,b}{p}\cdot 1\right]} + \frac{\left[\frac{c\,f}{p}\cdot 2\right]^2}{\left[\frac{c\,c}{p}\cdot 2\right]}\right\}.$$

Ohne nun durch Einsetzen der aus h) bestimmten r in l) die einzelnen F zu berechnen, deren Quadrierung die gesuchte Gewichtsreziproke gibt, kann man $[F\,F]$ bzw. $\left[\frac{F\,F}{p}\right]$ kürzer so bestimmen, wie bisher $[v\,v]$ und $[p\,v\,v]$ berechnet wurden, d. h. in diesem Falle durch Anhängung der Gleichung $[a\,f]\,r_1 + [b\,f]\,r_2 + [c\,f]\,r_3 + [f\,f] = \frac{1}{P}$ an die Übertragungsgleichungen h).

Zahlenbeispiel:

Zum Abschluß der Ausgleichungsrechnung unter 3. soll hier noch der mittlere Fehler M einer Funktion der ausgeglichenen Höhen bestimmt werden, wozu der Höhenunterschied von B und J gewählt werden möge. Nimmt man den Weg $B\,A\,E\,F\,G\,J$, Bild 298, so ist

$$J - B = -h_1 + h_5 + h_7 + h_9 + h_{12},$$

also $f_1 = -1 \quad f_5 = +1 \quad f_7 = +1 \quad f_9 = +1 \quad f_{12} = +1$; alle anderen f sind $= 0$.

Damit erhält man aus Tafel c):

$$\left[\frac{af}{p}\right] = -14, \left[\frac{bf}{p}\right] = -26, \left[\frac{cf}{p}\right] = -27, \left[\frac{df}{p}\right] = -26, \left[\frac{ff}{p}\right] = +93.$$

Die Koeffizienten der r in den Übertragungsgleichungen sind gleich den der k in den Normalgleichungen, es ändern sich also in den Gleichungen unter 3. nur die absoluten Glieder. Man hat daher im Anschluß an die Berechnung unter 3.:

$$\begin{array}{lll} +43\,r_1 - 9\,r_2 \ldots\ldots\ldots\ldots - 14 = 0 & \bar{s}_1 = -20 & 1 \\ -9\,r_1 + 79\,r_2 - 12\,r_3 \ldots\ldots - 26 = 0 & \bar{s}_2 = -32 & 2 \\ -12\,r_2 + 56\,r_3 - 17\,r_4 - 27 = 0 & \bar{s}_3 = \pm\ 0 & 3 \\ -17\,r_3 + 89\,r_4 - 26 = 0 & s_4 = -46 & 4 \\ -14\,r_1 - 26\,r_2 - 27\,r_3 - 26\,r_4 + 93 = \frac{1}{P} & s_5 = \pm\ 0 & 5 \end{array}$$

r_1	r_2	r_3	r_4	f	$\bar{s}$	Probe	Bezeichnung
+ 43	— 9	.	.	— 14	— 20	0	1
	+ 79	— 12	.	— 26	— 32		2
	— 1,9	.	.	— 2,9	— 4,2	·	1 · (+ 9 : 43)
	+ 77,1	— 12	.	— 28,9	— 36,2	0	2′
		+ 56	— 17	— 27	± 0		3
		— 1,9	.	— 4,5	— 5,6		2′ · (+ 12 : 77,1)
		+ 54,1	— 17	— 31,5	— 5,6	0	3″
			+ 89	— 26	— 46		4
			— 5,3	— 9,9	— 1,8		3″ · (+ 17 : 54,1)
			+ 83,7	— 35,9	— 47,8	0	4‴
				+ 93	± 0		5
				— 4,6	— 6,5		1 · (+ 14 : 43)
				— 10,8	— 13,6		2′ · (+ 28,9 : 77,1)
				— 18,4	— 3,2		3″ · (+ 31,5 : 54,1)
				— 15,4	— 20,5		4‴ · (+ 35,9 : 83,7)
				+ 43,8	— 43,8	0	5^{IV}
				$= \frac{1}{P}$			

Nimmt man zur weiteren Probe den Weg *BCDHJ*, Bild 298, so ergibt sich in gleicher Weise

$$\frac{1}{P} = 44{,}2.$$

Das Mittel aus beiden Resultaten ist $\frac{1}{P} = 44{,}0$.

Mit Zuziehung des unter 3. bestimmten mittleren Fehlers der Gewichtseinheit $m = 3{,}3$ mm hat man also

$$M = \pm\ 3{,}3\sqrt{44} = \pm\ 21{,}9 \text{ mm}.$$

5. Ausgleichung der 3 Winkel eines ebenen Dreiecks.

Diese Ausgleichung wurde schon unter § 42, 8. nach dem Prinzip des arithmetischen Mittels behandelt und soll hier als einfaches Beispiel zur Anwendung der unter 2. und 4. abgeleiteten Formeln dienen, eigentlich zu ihrer Wiedergabe in einfachster Form:

Gemessene Winkel: $l_1 \quad l_2 \quad l_3.$
Gewichte: $1 \quad 1 \quad 1.$
Verbesserungen: $v_1 \quad v_2 \quad v_3.$
Resultate: $x_1 = l_1 + v_1 \quad x_2 = l_2 + v_2 \quad x_3 = l_3 + v_3.$
Bedingungsgleichung: $x_1 + x_2 + x_3 - 180^0 = 0.$
Widerspruch: $l_1 + l_2 + l_3 - 180^0 = w.$
Koeffizienten der Bedingungsgleichung: $a_1 = +1, a_2 = +1, a_3 = +1.$
Koeffizienten der Normalgleichung: $\left[\frac{aa}{p}\right] = 3, \left[\frac{ab}{p}\right] = 0, \left[\frac{ac}{p}\right] = 0.$
Normalgleichung: $3k + w = 0.$
Auflösung der Normalgleichung: $k = -\frac{w}{3}.$
Verbesserungen: $v_1 = -\frac{w}{3}, \quad v_2 = -\frac{w}{3}, \quad v_3 = -\frac{w}{3}.$
Ausgeglichene Dreieckswinkel: $x_1 = l_1 - \frac{w}{3}, x_2 = l_2 - \frac{w}{3}, x_3 = l_3 - \frac{w}{3}.$
Quadratsumme der übrigbleibenden Fehler: $[vv] = 3\frac{w^2}{9} = \frac{w^2}{3}.$
Mittlerer Fehler einer Messung vom Gewicht 1, d. h. eines gemessenen Winkels vor der Ausgleichung: $m = \sqrt{\frac{[vv]}{1}} = \frac{w}{\sqrt{3}}.$

Es soll das Gewicht der Funktion $F = x_1$ bestimmt werden, d. h. das Gewicht eines ausgeglichenen Winkels. Man hat also die Funktionskoeffizienten:

$$f_1 = 1 \qquad f_2 = 0 \qquad f_3 = 0$$

$$\left[\frac{af}{p}\right] = 3, \qquad \left[\frac{bf}{p}\right] = 0, \qquad \left[\frac{cf}{p}\right] = 0.$$

Übertragungsgleichung: $3r + 1 = 0.$
Auflösung derselben: $r = -\frac{1}{3}.$
Berechnung der F: $\quad F_1 = 1 - \frac{1}{3}, \; F_2 = 0 - \frac{1}{3}, \; F_3 = 0 - \frac{1}{3}.$

$$\left[\frac{FF}{p}\right] = \left(\frac{2}{3}\right)^2 + \left(\frac{1}{3}\right)^2 + \left(\frac{1}{3}\right)^2 = \frac{6}{9} = \frac{2}{3}.$$

$$M = \frac{w}{\sqrt{3}}\sqrt{\frac{2}{3}} = \frac{w}{3}\sqrt{2},$$

wie in § 42, 8. f).

6. Winkelmessung und Richtungsmessung.

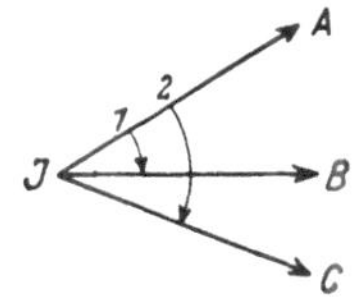

Bild 299

Bei Ausgleichungsrechnungen muß zwischen »Winkelmessung« und »Richtungsmessung« unterschieden werden. Ein Winkel kann immer betrachtet werden als Differenz zweier Richtungen. In Bild 299 ist z. B.:

a) Winkel AJB = Richtung JB — Richtung JA.

Ist daher r ein mittlerer Richtungsfehler und m ein mittlerer Winkelfehler, so hat man nach a):

$$\pm m = \pm r \pm r \quad \text{oder} \quad m^2 = r^2 + r^2 = 2\,r^2 \quad \text{oder}$$

b) $$m^2 : r^2 = 2 : 1, \text{ also } p_w : p_r = \frac{1}{2} : 1,$$

wenn p_w das Gewicht einer Winkelmessung und p_r das Gewicht einer Richtungsmessung bedeutet.

Die Richtungen, welche bei unveränderter Limbusstellung des Theodolits gemessen werden, bilden zusammen einen Satz (oder Gyrus). Wenn nach Bild 299 die 3 Richtungen ABC in einem Satz gemessen und ihre Fehler mit δA δB δC bezeichnet werden, so fordert die Ausgleichsrechnung für gleiche Gewichte:

c) $$(\delta A)^2 + (\delta B)^2 + (\delta C)^2 = \text{Minimum}.$$

Wenn dagegen die 3 Strahlen A B C durch 2 Winkelmessungen AB und AC gegeneinander festgelegt werden, so entsprechen diesen zwei Winkelmessungen 4 Richtungskorrektionen, nämlich

d) $$\begin{cases} \delta_1 = \delta B_1 - \delta A_1 \\ \delta_2 = \delta C_2 - \delta A_2, \end{cases}$$

worin δ_1 und δ_2 die Winkelkorrektionen sind. Die Ausgleichung nach Richtungen verlangt jetzt:

e) $$(\delta A_1)^2 + (\delta B_1)^2 + (\delta A_2)^2 + (\delta C_2)^2 = \text{Minimum},$$

hingegen die Ausgleichung nach Winkeln:

f) $$p_1 \delta_1^2 + p_2 \delta_2^2 = p_1 (\delta B_1 - \delta A_1)^2 + p_2 (\delta C_2 - \delta A_2)^2 = \text{Minimum},$$

wo p_1 und p_2 die Winkelgewichte sind. Hiernach ist

$$\delta A_1 = -\frac{\delta_1}{2} \qquad \delta B_1 = +\frac{\delta_1}{2}$$

$$\delta A_2 = -\frac{\delta_2}{2} \qquad \delta C_2 = +\frac{\delta_2}{2},$$

weil jede andere Verteilung der Winkelfehler auf die Richtungen eine größere Quadratsumme für e) ergeben würde. Diese Werte in e) eingesetzt geben

g) $$\frac{1}{2}\delta_1^2 + \frac{1}{2}\delta_2^2 = \text{Minimum}$$

und das wird mit der Bedingung f) identisch, wenn man $p_1 = p_2 = \frac{1}{2}$ setzt, wie es nach b) sein soll.

7. Bedingungsgleichungen im Dreiecksnetz.

In einem Dreiecksnetz, in welchem eine Grundlinie gemessen wurde, bezeichne

p die Anzahl der Eckpunkte,
l die Anzahl der Verbindungslinien,
W die Anzahl der Winkelmessungen,
R die Anzahl der Richtungsmessungen,
r die Anzahl der unabhängigen Bedingungsgleichungen.

Unter Annahme einer Basis braucht man zur gegenseitigen Festlegung der 3 ersten Punkte 2 Winkel und für jeden folgenden Punkt abermals 2 Winkel; die Anzahl der notwendigen Winkel ist also $= 2 + (p - 3)\,2 = 2p - 4$.

Die Anzahl der unabhängigen Bedingungsgleichungen ist gleich der Anzahl der überschüssigen Beobachtungen, denn jede überschüssige Beobachtung gibt eine selbständige Messungsprobe. Wurden also W Winkel gemessen, so hat man:

a) $$r = W - 2p + 4 \text{ Bedingungsgleichungen.}$$

Diese Bedingungsgleichungen teilen sich in zwei wesentlich verschiedene Gattungen, in Winkelgleichungen und Seitengleichungen.

Die Winkelgleichungen entspringen aus Bedingungen, daß z. B. die Winkelsumme eines Dreiecks $= 180^0 +$ Exzeß sei, oder daß die Summe aller um einen Punkt herum gemessenen Winkel $= 360^0$ sei, usw.

Die Anzahl der unabhängigen Dreiecksgleichungen sind im allgemeinen nicht gleich der Anzahl der Dreiecke selbst.

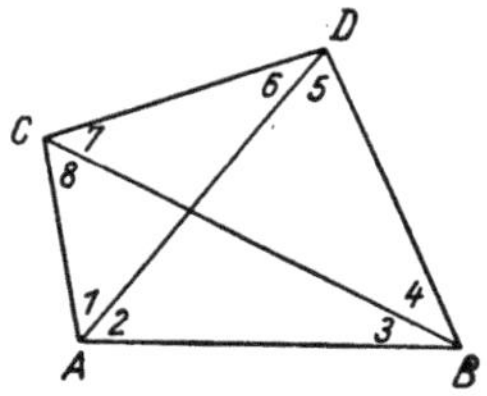

Bild 300

Wenn z. B. in einem Viereck mit 2 Diagonalen, Bild 300, 8 Winkel gemessen sind, so kann man zunächst für 3 der entstehenden 4 Dreiecke die Dreiecksgleichungen aufstellen, nämlich:

$$(1) + (2) + (3) + (8) = 180^0$$
$$(4) + (5) + (6) + (7) = 180^0$$
$$(1) + (6) + (7) + (8) = 180^0.$$

Subtrahiert man nun die dritte Gleichung von der Summe der zwei ersten, so ergibt sich

$$(2) + (3) + (4) + (5) = 180^0,$$

d. h. wenn 3 Dreiecke schließen, so schließt auch das vierte und Bild 300 liefert daher nicht 4, sondern nur 3 unabhängige Dreiecksgleichungen.

Man beachte ferner, daß, wenn die einzelnen Dreiecke auf 180° schließen, auch das ganze Viereck auf 360° schließt, also kann eine der 3 Dreiecksgleichungen ersetzt werden durch die Vierecksgleichung

$$(1) + (2) + (3) + (4) + (5) + (6) + (7) + (8) = 360^\circ.$$

Analog gibt ein geschlossenes Polygon mit p Linien immer eine Polygongleichung, die übrigen $l - p$ Linien geben $l - p$ Dreiecksgleichungen, also hat man im ganzen

b) $$1 + l - p \text{ Dreiecksgleichungen,}$$

wovon eine durch die Polygongleichung ersetzt werden kann.

Um zu einer Formel für die Seitengleichungen zu gelangen, überlege man, daß zum Zusammenhang der 3 ersten Punkte 3 Linien und für jeden folgenden Punkt 2 Linien nötig sind, also ist die Anzahl der notwendigen Verbindungslinien $= 3 + (p - 3)\, 2 = 2\,p - 3$. Ein System, welches nur diese notwendigen Linien enthält, besteht aus einer Aneinanderreihung von Dreiecken und wird als »Dreieckskette« bezeichnet. Hat man mehr Verbindungslinien als diese notwendige Anzahl, so bezeichnet man das System als »Dreiecksnetz«. Ist jetzt l die Anzahl der Linien, so sind davon $l - (2\,p - 3)$ überschüssig und damit ergeben sich

c) $$l - 2\,p + 3 \text{ Seitengleichungen.}$$

Eine Dreieckskette hat demnach keine Seitengleichungen. Ein Viereck mit einer Diagonale ist nach dieser Auffassung eine Kette, ein Viereck mit 2 Diagonalen ein Netz. Die Anzahl der Seitengleichungen in einem Dreiecksnetz ist also gleich der Anzahl der Seiten, die gestrichen werden müssen, damit das Netz in eine Kette übergeht. Werden z. B. alle Punkte eines n-Ecks mit einem Punkte innerhalb verbunden, so ist $l = 2\,n$ und $p = n + 1$, also die Anzahl der Seitengleichungen nach c):

$$2\,n - 2\,(n + 1) + 3 = 1.$$

Das Netz heißt »Zentralsystem«. Streicht man also eine Seite des n-Ecks, so wird das Netz zur Kette.

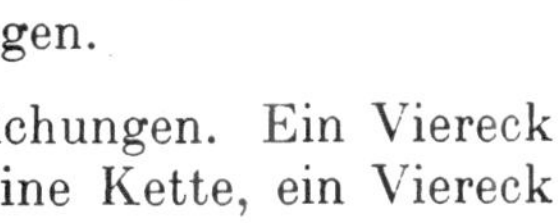

Bild 301

Die Existenz und der allgemeine Charakter der Seitengleichungen soll an einem einfachen Beispiel erläutert werden. In Bild 301 seien die angegebenen 5 Winkel gemessen. Nach Formel a) gibt es nur eine Bedingungsgleichung und Formel c) gibt dafür, mit $l = 6$ und $p = 4$:

$$6 - 8 + 3 = 1 \text{ Seitengleichung.}$$

Obgleich keine Dreiecksgleichungen vorhanden sind, weil keines der 4 Dreiecke in bezug auf 180° geschlossen ist, hat das Viereck doch eine Probe; es läßt sich nämlich die Seite CD aus AB zweifach ableiten:

Beachtet man, daß der Sinus eines Winkels gleich dem Sinus seines Supplements ist, also der Sinus des gegenüberliegenden Winkels in einem Dreieck durch den Sinus der beiden anliegenden Winkel ersetzt werden kann, so ergibt der Sinussatz ohne weiteres:

$$CB = \frac{CD \sin(5)}{\sin(4)} = \frac{AB \sin(1+2)}{\sin(1+2+3)} \quad \text{und}$$

$$DB = \frac{CD \sin(4+5)}{\sin(4)} = \frac{AB \sin(2)}{\sin(2+3+4)};$$

die Gleichsetzung der beiden Ausdrücke für $\frac{CD}{AB}$ gibt die Seitenbedingungsgleichung:

d) $$\frac{\sin(1+2)\sin(2+3+4)\sin(4+5)}{\sin(1+2+3)\sin(2)\sin(5)} = 1.$$

Wenn diese Bedingung nicht erfüllt ist, so läßt sich mit den 5 Winkeln das Viereck nicht ohne Widerspruch konstruieren, man wird an einem der 4 Punkte ein fehlerzeigendes Dreieck erhalten.

Die bisherigen Ableitungen gelten zunächst nur für Winkelmessungen, sie lassen sich aber leicht auf Richtungsmessungen übertragen, denn weil an jedem Punkt eine Richtung mehr vorhanden ist, als Winkel, so ist die Anzahl der Winkel $W = R - p$. Damit ändert sich nur die Formel a), während b) und c) unverändert bleiben, man hat also:

a') $r = R - 3p + 4$ Bedingungsgleichungen,

b) $l - p + 1$ Dreiecks- oder Polygongleichungen,

c) $l - 2p + 3$ Seitengleichungen.

In neuerer Zeit ist man von der Anschauung zurückgekommen, daß der Wert einer Triangulierung hauptsächlich in einer Häufung von Bedingungen, die alle auszugleichen sind, bestehen müsse; die neueren grundlegenden Netze der Preußischen Landesaufnahme haben nur eine mäßige Anzahl namentlich von Seitenbedingungsgleichungen, d. h. es sind nur eine mäßige Anzahl von Vierecken mit 2 Diagonalen darin enthalten.

Sind alle Winkel in einem Viereck mit 2 Diagonalen gemessen, wie in Bild 300, so gibt der Sinussatz:

$$CB = \frac{CD \sin(5+6)}{\sin(4)} = \frac{AB \sin(1+2)}{\sin(8)} \quad \text{und}$$

$$DB = \frac{CD \sin(7)}{\sin(4)} = \frac{AB \sin(2)}{\sin(5)};$$

die Gleichsetzung der beiden Ausdrücke für $\frac{CD}{AB}$ gibt die Seitenbedingungsgleichung:

d') $$\frac{\sin(1+2)\sin(5)\sin(7)}{\sin(2)\sin(5+6)\sin(8)} = 1.$$

Um diese für Triangulationsausgleichungen wichtige Gleichung, ganz abgesehen von der jeweiligen Numerierung der Winkel oder Richtungen, niederschreiben zu können, merke man sich die Symmetrie der Reihenfolge der Winkel zu einer der Diagonalen wie im Bild 302 und der dazugehörigen Form:

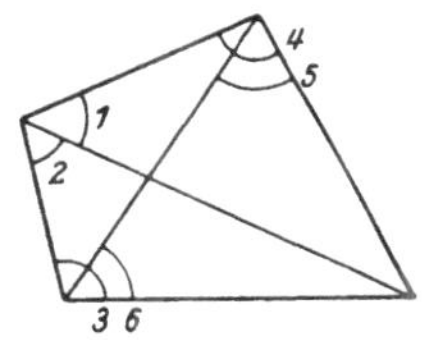

Bild 302

d'') $$\frac{\sin(1)\sin(3)\sin(5)}{\sin(2)\sin(4)\sin(6)} = 1.$$

Es liege nun die Bedingungsgleichung d'') vor, oder um nach § 34, 11. (3) die erforderliche Differenzierung zu erleichtern, die logarithmische Form von d''). Es soll sein:

e) $\log\sin(1)+\log\sin(3)+\log\sin(5)-\log\sin(2)-\log\sin(4)-\log\sin(6)=0.$

Wegen der Beobachtungsfehler erhält man aber statt dessen:

e') $\log\sin(1)+\log\sin(3)+\log\sin(5)-\log\sin(2)-\log\sin(4)-\log\sin(6)=w.$

Der Widerspruch w soll nun durch Beifügung der Korrektionen $v_1\, v_2\, v_3 \ldots$ zu den gemessenen Winkeln (1) (2) (3) ... weggeschafft werden.

Die Taylorsche Reihe ergab nach § 34, 7. g) die Funktionsgleichung

$$f(a+h) = f(a) + hf'(a),$$

worin h einen kleinen Zuwachs von a bedeutet. Auf den Ausdruck $\sin((1)+v_1)$ angewandt, erhält man damit:

$$\ln\sin((1)+v_1) = \ln\sin(1) + v_1 \frac{\cos(1)}{\sin(1)}$$

oder nach § 34, 11. e):

f) $$\log\sin((1)+v_1) = \log\sin(1) + \frac{m}{\varrho}\cot(1)\cdot v_1,$$

worin $m = 0{,}4342945$ der Modulus des Briggschen Logarithmensystems ist und der Nenner $\varrho = 206265''$ das Bogenmaß der Differenzierung nach § 42, 5. zu Sekunden macht. Die Ausrechnung ergibt:

$$\log\frac{m}{\varrho} = 4{,}32336 - 10, \qquad \frac{m}{\varrho} = 0{,}0000021055.$$

Für Einheiten der 6ten Logarithmendezimale ist:

g) $$\log\frac{m}{\varrho} = 0{,}32336, \qquad \frac{m}{\varrho} = 2{,}1055.$$

Bezeichnet man die hiermit gebildeten Koeffizienten von v durch a, so ist nach f):

$$\text{h)} \qquad \log \sin \big((1) + v_1\big) - \log \sin (1) = a_1 v_1.$$

Dieser Koeffizient a_1 hat eine sehr einfache Bedeutung, die man erkennt, wenn $v_1 = 1''$ gesetzt wird; damit ergibt h):

$$\text{h}') \qquad \log \sin \big((1) + 1''\big) - \log \sin (1) = a_1,$$

d. h. a_1 ist die aus der logarithmisch-trigonometrischen Tafel zu entnehmende, einer Sekunde entsprechende Differenz von log sin (1). Wenn z. B. (1) = 43°00′ ist, so ist nach einer 7stelligen Tafel die Differenz für 10″ = 226 Einheiten der 7ten Dezimale, also ist die Differenz für 1″ = 2,26 Einheiten der 6ten Dezimale. Eine genaue Rechnung nach (g) ergibt:

$$\begin{aligned} \log \cot 43^0 &= 0{,}03034 \\ \log \frac{m}{\varrho} &= 0{,}32336 \\ \hline \log a &= 0{,}35370 \\ a &= 2{,}2579. \end{aligned}$$

Ein stumpfer Winkel, z. B. (1) = 137°00′ würde $a = -2{,}2579$ ergeben.

Denkt man sich die Gleichung h) für alle Winkel ausgeschrieben und dann summiert, so ergibt sich mit Beachtung von e′):

$$[\log \sin ((\;) + v)] - w = [av]$$

oder, da der erste Klammerwert = 0 ist, die Seitenbedingungsgleichung

$$\text{i)} \qquad a_1 v_1 - a_2 v_2 + a_3 v_3 - a_4 v_4 + a_5 v_5 - a_6 v_6 + w = 0.$$

Schreibt man die ursprüngliche Sinusgleichung d″) umgekehrt, d. h.:

$$\frac{\sin (2) \sin (4) \sin (6)}{\sin (1) \sin (3) \sin (5)} = 1.$$

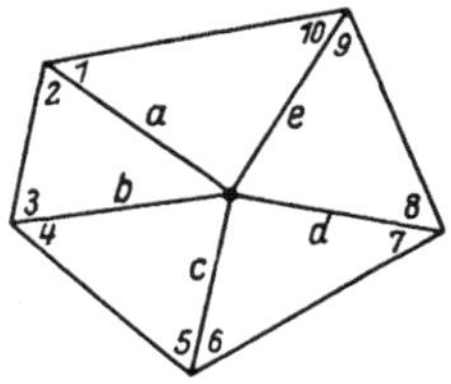

Bild 303

so ändern in i) alle Koeffizienten und das Absolutglied ihre Vorzeichen, womit die Gleichung an sich doch unverändert bleibt.

Die Seitenbedingung eines Zentralsystems erhält man mittels des Sinussatzes in recht einfacher Weise. Die einzelnen Dreiecke des Bildes 303 ergeben:

$$\frac{e}{a} = \frac{\sin (1)}{\sin (10)}, \quad \frac{a}{b} = \frac{\sin (3)}{\sin (2)}, \quad \frac{b}{c} = \frac{\sin (5)}{\sin (4)}, \quad \frac{c}{d} = \frac{\sin (7)}{\sin (6)}, \quad \frac{d}{e} = \frac{\sin (9)}{\sin (8)};$$

das Produkt aller Seitenverhältnisse ist = 1, also ist auch:

k) $$\frac{\sin(1)\sin(3)\sin(5)\sin(7)\sin(9)}{\sin(2)\sin(4)\sin(6)\sin(8)\sin(10)} = 1.$$

Man beachte, daß auch das Viereck mit 2 Diagonalen als Zentralsystem aufgefaßt werden kann. Bild 300 ergibt dann die Seitengleichung:

l) $$\frac{\sin(1)\sin(3)\sin(5)\sin(7)}{\sin(2)\sin(4)\sin(6)\sin(8)} = 1;$$

die Gleichung d') bzw. d'') ist aber in der Anwendung etwas kürzer und deshalb gebräuchlicher.

8. Größeres Beispiel einer Triangulierungs-Ausgleichung.

Als Abschluß der Ausgleichung bedingter Beobachtungen soll ein Teil einer Triangulierung von Linden bei Hannover dienen, Bild 304.

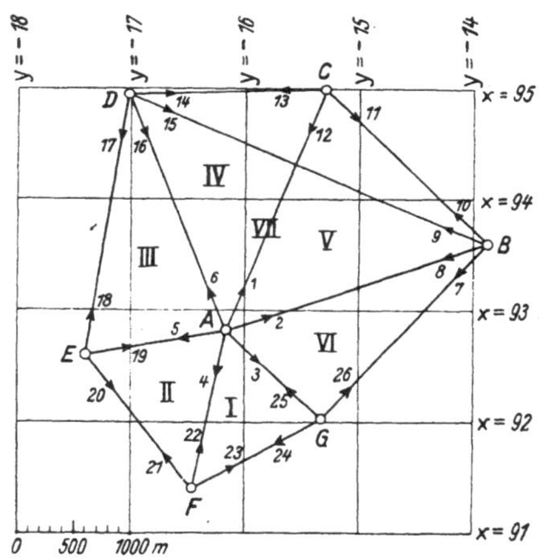

Bild 304

Gegeben ist die Basis AB durch die Koordinaten ihrer Endpunkte:

Für A ist $x = 92808,280$ und $y = -16145,760$;
für B ist $x = 93575,890$ und $y = -13879,790$.

Daraus wurde abgeleitet:

Entfernung $AB = 2392,456$ m (log = 3,378 8439),
Azimut $AB = 71^\circ\,17'\,09,25''$, also
Azimut $BA = 251^\circ\,17'\,09,25''$.

Die Richtungsmessungen wurden auf allen 7 Stationen in je 8 vollen Sätzen ausgeführt und zu je einem vollen Satz durch Mittelbildungen vereinigt. Für AB ergab das eine »beobachtete Richtung« von 71° 17′ 10,11″, also mit der errechneten Verbesserung $v = -0{,}72''$ eine »ausgeglichene Richtung« von 71° 17′ 09,39″. Um nun alle ausgeglichenen Richtungen als Azimute zu erhalten, wurden noch sämtliche »beobachteten Richtungen« um 0,14″ vermindert und in dem hier vorangestellten endgültigen Abriß mit »orientiert« bezeichnet.

Endgültiger Abriß der Triangulierung

Punkt und Richtung		Beobachtete Richtung orientiert	Verbesserung v	Ausgeglichene Richtung Azimut	log der Entfernung log s
Punkt A:	1	20° 30′ 20,87″	− 0,67″	20° 30′ 20,20″	3,371 9186
	2	71 17 09,97	− 0,72	71 17 09,25	3,378 8439
	3	135 14 16,27	+ 0,26	135 14 16,53	3,049 7386
	4	192 20 33,47	− 0,61	192 20 32,86	3,163 6373
	5	259 44 34,57	+ 0,73	259 44 35,30	3,116 1512
	6	338 10 36,67	+ 1,01	338 10 37,68	3,366 6752
			0,00		
Punkt B:	7	223 21 09,66	− 0,89	223 21 08,77	3,332 5617
	8	251 17 09,16	+ 0,09	251 17 09,25	3,378 8439
	9	293 58 15,06	+ 1,68	293 58 16,74	3,534 8234
	10	314 56 01,06	− 0,89	314 56 00,17	3,308 7206
			0,01		
Punkt C:	11	134 56 00,72	− 0,54	134 56 00,18	3,308 7206
	12	200 30 18,22	+ 1,97	200 30 20,19	3,371 9186
	13	268 26 54,42	− 1,43	268 26 52,99	3,227 9460
			0,00		
Punkt D:	14	88 26 52,75	+ 0,26	88 26 53,01	3,227 9460
	15	113 58 15,45	+ 1,32	113 58 16,77	3,534 8234
	16	158 10 39,45	− 1,77	158 10 37,68	3,366 6752
	17	189 58 46,55	+ 0,20	189 58 46,75	3,385 4369
			0,01		
Punkt E:	18	9 58 47,17	− 0,37	9 58 46,80	3,385 4369
	19	79 44 35,95	− 0,65	79 44 35,30	3,116 1512
	20	140 43 26,95	+ 1,02	140 43 27,97	3,187 1994
			0,00		
Punkt F:	21	320 43 29,10	− 1,14	320 43 27,96	3,187 1994
	22	12 20 32,10	+ 0,76	12 20 32,86	3,163 6373
	23	60 18 54,50	+ 0,38	60 18 54,88	3,102 9559
			0,00		
Punkt G:	24	240 18 55,36	− 0,48	240 18 54,88	3,102 9559
	25	315 14 16,76	− 0,23	315 14 16,53	3,049 7386
	26	43 21 08,06	+ 0,72	43 21 08,78	3,332 5617
			0,01		

Nach 7. a′) kommen 9 Bedingungsgleichungen in Betracht und zwar 7 Dreiecksgleichungen und 2 Seitengleichungen.

Aus den Richtungsbeobachtungen ergeben sich die Dreieckswinkel:

I	(4— 3) = 57°06′ 17,2″	II	(5— 4) =	67°24′ 01,1″
	(23—22) = 47 58 22,4		(20—19) =	60 58 51,0
	(25—24) = 74 55 21,4		(22—21) =	51 37 03,0
	180 00 01,0			179 59 55,1
III	(6— 5) = 78°26′ 02,1″	IV	(1— 6) =	42 19 44,2
	(17—16) = 31 48 07,1		(13—12) =	67 56 36,2
	(19—18) = 69 45 48,8		(16—14) =	69 43 46,7
	179 59 58,0			180 00 07,1
V	(2— 1) = 50 46 49,1	VI	(3— 2) =	63 57 06,3
	(10— 8) = 63 38 51,9		(8— 7) =	27 55 59,5
	(12—11) = 65 34 17,5		(26—25) =	88 06 51,3
	179 59 58,5			179 59 57,1

VII	(2— 6) =	93°06′ 33,3″
	(9— 8) =	42 41 05,9
	(16—15) =	44 12 24,0
		180 00 03,2

Die 7 Dreiecksgleichungen sind also:

$$
\begin{array}{ll}
\text{I} & v_4 - v_3 + v_{23} - v_{22} + v_{25} - v_{24} + 1{,}0'' = 0 \\
\text{II} & v_5 - v_4 + v_{20} - v_{19} + v_{22} - v_{21} - 4{,}9'' = 0 \\
\text{III} & v_6 - v_5 + v_{17} - v_{16} + v_{19} - v_{18} - 2{,}0'' = 0 \\
\text{IV} & v_1 - v_6 + v_{13} - v_{12} + v_{16} - v_{14} + 7{,}1'' = 0 \\
\text{V} & v_2 - v_1 + v_{10} - v_8 + v_{12} - v_{11} - 1{,}5'' = 0 \\
\text{VI} & v_3 - v_2 + v_8 - v_7 + v_{26} - v_{25} - 2{,}9'' = 0 \\
\text{VII} & v_2 - v_6 + v_9 - v_8 + v_{16} - v_{15} + 3{,}2'' = 0.
\end{array}
$$

Die Seitengleichung des Vierecks mit 2 Diagonalen ist nach 7. d″):

$$\text{VIII} \quad \frac{\sin(1-6)\sin(10-8)\sin(15-14)}{\sin(2-1)\sin(16-14)\sin(10-9)} = 1;$$

die logarithmische Rechnung nach 7. e′) ergibt:

Winkel			Δ log sin für 10″
(1—6)	log sin 42° 19′ 44,2″ =	9,828 2641	231
(10—8)	log sin 63° 38′ 51,9″ =	9,952 3478	104
(15—14)	log sin 25° 31′ 22,7″ =	9,634 3492	441
		9,414 9611	
(2—1)	log sin 50° 46′ 49,1″ =	9,889 1488	171
(16—14)	log sin 69° 43′ 46,7″ =	9,972 2344	78
(10—9)	log sin 20° 57′ 46,0″ =	9,553 5934	549
		9,414 9766	
		$w = -155.$	

Hieraus erhält man mit den 6ten Logarithmendezimalen für 1'':

$$+ 2{,}31\,(v_1 - v_6) + 1{,}04\,(v_{10} - v_8) + 4{,}41\,(v_{15} - v_{14})$$
$$- 1{,}71\,(v_2 - v_1) - 0{,}78\,(v_{16} - v_{14}) - 5{,}49\,(v_{10} - v_9) - 15{,}5 = 0$$

oder geordnet nach 7. i):

$$+ 4{,}02 v_1 - 1{,}71 v_2 - 2{,}31 v_6 - 1{,}04 v_8 + 5{,}49 v_9$$
$$- 4{,}45 v_{10} - 3{,}63 v_{14} + 4{,}41 v_{15} - 0{,}78 v_{16} - 15{,}5 = 0.$$

Die Seitengleichung des Zentralsystems A ist nach 7. k):

$$\text{IX}\ \frac{\sin(10-8)\sin(13-12)\sin(17-16)\sin(20-19)\sin(23-22)\sin(26-25)}{\sin(12-11)\sin(16-14)\sin(19-18)\sin(22-21)\sin(25-24)\sin(8-7)} = 1$$

und damit ergibt sich ganz analog wie unter VIII:

$$+ 3{,}97 v_7 - 5{,}01 v_8 + 1{,}04 v_{10} + 0{,}96 v_{11} - 1{,}81 v_{12} + 0{,}85 v_{13}$$
$$+ 0{,}78 v_{14} - 4{,}17 v_{16} + 3{,}39 v_{17} + 0{,}77 v_{18} - 1{,}94 v_{19} + 1{,}17 v_{20}$$
$$+ 1{,}67 v_{21} - 3{,}57 v_{22} + 1{,}90 v_{23} + 0{,}57 v_{24} - 0{,}64 v_{25} + 0{,}07 v_{26} + 3{,}8 = 0.$$

Tafel 1	1	2	3	4	5	6	7	8	9
	$a =$	$b =$	$c =$	$d =$	$e =$	$f =$	$g =$	$h =$	$i =$
v_1	.	.	.	+1	−1	.	.	+4,02	.
v_2	.	.	.	.	+1	−1	+1	−1,71	.
v_3	−1	.	.	.	.	+1	.	.	.
v_4	+1	−1	.	.	.	.	.	.	.
v_5	.	+1	−1	.	.	.	.	.	.
v_6	.	.	+1	−1	.	.	−1	−2,31	.
v_7	.	.	.	.	.	−1	.	.	+3,97
v_8	.	.	.	.	−1	+1	−1	−1,04	−5,01
v_9	.	.	.	.	.	.	+1	+5,49	.
v_{10}	.	.	.	.	+1	.	.	−4,45	+1,04
v_{11}	.	.	.	.	−1	.	.	.	+0,96
v_{12}	.	.	.	−1	+1	.	.	.	−1,81
v_{13}	.	.	.	+1	.	.	.	.	+0,85
v_{14}	.	.	.	−1	.	.	.	−3,63	+0,78
v_{15}	.	.	.	.	.	.	−1	+4,41	.
v_{16}	.	.	−1	+1	.	.	+1	−0,78	−4,17
v_{17}	.	.	+1	.	.	.	.	.	+3,39
v_{18}	.	.	−1	.	.	.	.	.	+0,77
v_{19}	.	−1	+1	.	.	.	.	.	−1,94
v_{20}	.	+1	.	.	.	.	.	.	+1,17
v_{21}	.	−1	.	.	.	.	.	.	+1,67
v_{22}	−1	+1	.	.	.	.	.	.	−3,57
v_{23}	+1	.	.	.	.	.	.	.	+1,90
v_{24}	−1	.	.	.	.	.	.	.	+0,57
v_{25}	+1	.	.	.	.	−1	.	.	−0,64
v_{26}	.	.	.	.	.	+1	.	.	+0,07
w''	+1,0''	−4,9''	−2,0''	+7,1''	−1,5''	−2,9''	+3,2''	−15,5''	+3,8

Die obigen 9 Bedingungsgleichungen sind in Tafel 1, nach $v_1\ v_2\ v_3 \ldots$ geordnet, übersichtlich zusammengestellt, um die Aufstellung der Normalgleichungen zu erleichtern. Hierbei sei noch darauf aufmerksam gemacht, daß es immer Rechenarbeit ersparen wird, wenn wie hier die Gleichungen mit wenigen Gliedern an den Anfang und die mit vielen Gliedern ans Ende der Aufstellung kommen. Nach § 43, 3. g) und i) sind hiernach die

Normalgleichungen in abgekürzter Schreibweise:

$$\begin{array}{l}
+6k_1 - 2k_2 \;\;..\;\;..\;\;..\; - 2k_6 \;\;..\;\;..\; + 4{,}26\,k_9 + 1{,}00 = 0 \\
+6k_2 - 2k_3 \;\;..\;\;..\;\;..\;\;..\;\;..\; - 2{,}13\,k_9 - 4{,}90 = 0 \\
+6k_3 - 2k_4 \;\;..\;\;..\; - 2k_7 - 1{,}53\,k_8 + 4{,}85\,k_9 - 2{,}00 = 0 \\
+6k_4 - 2k_5 \;\;..\; + 2k_7 + 9{,}18\,k_8 - 2{,}29\,k_9 + 7{,}10 = 0 \\
+6k_5 - 2k_6 + 2k_7 - 9{,}14\,k_8 + 3{,}28\,k_9 - 1{,}50 = 0 \\
+6k_6 - 2k_7 + 6{,}67\,k_8 - 8{,}27\,k_9 - 2{,}90 = 0 \\
+6k_7 + 1{,}94\,k_8 + 0{,}84\,k_9 + 3{,}20 = 0 \\
+108{,}68\,k_8 + 1{,}00\,k_9 - 15{,}50 = 0 \\
+101{,}94\,k_9 + 3{,}80 = 0
\end{array}$$

Die Auflösung dieser 9 Gleichungen in bisheriger Weise gibt:

$k_1 = +\,0{,}46$ $k_2 = +\,1{,}07$ $k_3 = +\,0{,}34$ $k_4 = -\,1{,}39$ $k_5 = +\,0{,}50$
$k_6 = +\,0{,}72$ $k_7 = +\,0{,}02$ $k_8 = +\,0{,}303$ $k_9 = -\,0{,}0425$.

Hiermit und mit Tafel 1 erhält man die Tafel 2, worin alle Verbesserungen v berechnet wurden, wie sie im endgültigen Abriß erscheinen.

Tafel 2	1 + 0,46	2 + 1,07	3 + 0,34	4 — 1,39	5 + 0,50	6 + 0,72	7 + 0,02	8 + 0,303	9 — 0,0425	v''
1	.	.	.	— 1,39	— 0,50	.	.	+ 1,22	.	— 0,67
2	.	.	.	.	+ 0,50	— 0,72	+ 0,02	— 0,52	.	— 0,72
3	— 0,46	.	.	.	.	+ 0,72	.	.	.	+ 0,26
4	+ 0,46	— 1,07	.	.	.	.	.	.	.	— 0,61
5	.	+ 1,07	— 0,34	.	.	.	.	.	.	+ 0,73
6	.	.	+ 0,34	+ 1,39	.	.	— 0,02	— 0,70	.	+ 1,01
7	.	.	.	.	.	— 0,72	.	.	— 0,17	— 0,89
8	.	.	.	.	— 0,50	+ 0,72	— 0,02	— 0,32	+ 0,21	+ 0,09
9	.	.	.	.	.	.	+ 0,02	+ 1,66	.	+ 1,68
10	.	.	.	.	+ 0,50	.	.	— 1,35	— 0,04	— 0,89
11	.	.	.	.	— 0,50	.	.	.	— 0,04	— 0,54
12	.	.	.	+ 1,39	+ 0,50	.	.	.	+ 0,08	+ 1,97
13	.	.	.	— 1,39	.	.	.	.	— 0,04	— 1,43
14	.	.	.	+ 1,39	.	.	.	— 1,10	— 0,03	+ 0,26
15	.	.	.	.	.	.	— 0,02	+ 1,34	.	+ 1,32
16	.	.	— 0,34	— 1,39	.	.	+ 0,02	— 0,24	+ 0,18	— 1,77
17	.	.	+ 0,34	.	.	.	.	.	— 0,14	+ 0,20
18	.	.	— 0,34	.	.	.	.	.	— 0,03	— 0,37
19	.	— 1,07	+ 0,34	.	.	.	.	.	+ 0,08	— 0,65
20	.	+ 1,07	.	.	.	.	.	.	— 0,05	+ 1,02
21	.	— 1,07	.	.	.	.	.	.	— 0,07	— 1,14
22	— 0,46	+ 1,07	.	.	.	.	.	.	+ 0,15	+ 0,76
23	+ 0,46	.	.	.	.	.	.	.	— 0,08	+ 0,38
24	— 0,46	.	.	.	.	.	.	.	— 0,02	— 0,48
25	+ 0,46	.	.	.	.	— 0,72	.	.	+ 0,03	— 0,23
26	.	.	.	.	.	+ 0,72	.	.	— 0,00	+ 0,72

Die algebraische Summe dieser v ist für jede der 7 Stationen und auch im ganzen $= 0$, was als Rechenprobe dient.

Die Quadratsumme der v findet man durch Einzelausrechnung:

$$[vv] = 22{,}98.$$

Hierzu hat man als Probe nach 2. m):

	w	k	$-wk$	
I	+ 1,0	+ 0,46		— 0,46
II	— 4,9	+ 1,07	+ 5,25	
III	— 2,0	+ 0,34	+ 0,68	
IV	+ 7,1	— 1,39	+ 9,87	
V	— 1,5	+ 0,50	+ 0,75	
VI	— 2,9	+ 0,72	+ 2,08	
VII	+ 3,2	+ 0,02		— 0,06
VIII	— 15,5	+ 0,303	+ 4,70	
IX	+ 3,8	— 0,0425	+ 0,16	

$[vv] = + 23,49 - 0,52 = + 22,97.$

Der mittlere Fehler einer beobachteten Richtung ist also

$$m = \sqrt{\frac{22,98}{9}} = \pm 1,60''.$$

An die eigentliche Ausgleichungsrechnung schließt sich noch die Berechnung der Dreiecksseiten an, sowie die Berechnung der Koordinaten mit den anfänglich gegebenen Elementen der Basispunkte. Die Seitenlogarithmen sind bereits im Abriß angegeben. Die Berechnung der Koordinaten ergibt:

Station	$x =$	$y =$
A	+ 92808,280 m	— 16145,760 m
B	+ 93575,890 »	— 13879,790 »
C	+ 95013,695 »	— 15320,943 »
D	+ 94967,919 »	— 17010,553 »
E	+ 92575,620 »	— 17431,505 »
F	+ 91384,373 »	— 16457,328 »
G	+ 92012,085 »	— 15356,150 »

§ 45. Wahrscheinlichkeitstheorie in bezug auf Ausgleichungsrechnung

1. Wahrscheinlichkeit der Beobachtungsfehler.

Die Anwendung der Wahrscheinlichkeitstheorie auf Beobachtungsfehler setzt voraus, daß die Beobachtungsfehler als zufällige Ereignisse in dem in § 16 erörterten Sinne zu betrachten sind. Grobe Fehler und einseitig wirkende Fehler sollen ausgeschlossen sein.

Angenommen, man habe sich auf irgendwelche Art eine größere Anzahl von unabhängigen gleichartigen Beobachtungsfehlern verschafft, indem man etwa die Differenzen zwischen dem arithmetischen Mittel vieler gleichartiger Beobachtungen einer Unbekannten und diesen Beobachtungen selbst, näherungsweise als wahre Beobachtungsfehler gelten läßt, oder indem man Dreieckswinkel-Widersprüche oder dergleichen benützt, welche den Charakter wahrer Fehler haben.

Wenn man nun solche Fehler nach ihrer Größe ordnet, so ergibt sich, daß die Verteilung derselben einem gewissen Gesetz folgt. Außer der Bestätigung der von vornherein gemachten Annahme, daß gleich große positive und negative Fehler nahezu gleich zahlreich sind, findet man, daß kleine Fehler weit häufiger sind als große, und daß um den Wert Null sich die Fehler häufen, während größere Fehler, die das Zwei- bis Dreifache des mittleren Fehlers übersteigen, sehr selten sind.

Schon die geringe Zahl von 18 Beobachtungen, welche im Beispiel 2 unter § 42, 6. behandelt wurden, zeigt dies; nämlich 10 positive und 8 negative Fehler, und wenn man ohne Rücksicht auf Vorzeichen nach der Größe ordnet, so ergibt sich folgende Verteilung:

0,10″	0,12″	0,12″	0,13″	0,30″	0,38″	0,62″	0,83″	1,12″
1,13	1,17	1,27	1,38	1,63	1,71	2,09	2,63	4,62.

Angenommen, es sei hier etwa 5,00 der Grenzfehler, und es seien alle Fehler zwischen 0 und 5,00 möglich, nämlich 0,00 0,01 0,02 0,03 . . . 4,98 4,99 5,00 ohne Zwischenwerte, so sind doch, wie obige Reihe zeigt, nicht alle diese Fehler gleich wahrscheinlich. Es ist z. B. wahrscheinlicher, daß der Fehler einer neuen Beobachtung unter 2,50 fällt, als darüber, denn unter den 18 beobachteten Fehlern sind nur 2, welche über die Grenze 2,50 fielen. Es ist ferner wahrscheinlicher, bei einer neuen Beobachtung den Fehler 0,20 zu erhalten, als den Fehler 2,00, weil die Reihe 5 Fälle zwischen 0,10 und 0,30 aufweist, dagegen nur einen Fall zwischen 1,90 und 2,10.

Die gemachte Annahme, daß nur die bestimmten Fehler 0,00 0,01 0,02 . . . 4,99 5,00 möglich sein sollen, nicht aber Zwischenwerte, ist in Wirklichkeit nur insofern erfüllt, als etwa alle vorkommenden Fehler sich bei der Ablesung auf 0,01 abrunden, so daß z. B. alle Werte zwischen 1,501 und 1,499 nur als 1,50 erscheinen können, d. h. man ist genötigt, die Wahrscheinlichkeit aller unendlich vielen Fehler, welche zwischen gewissen engen Grenzen liegen, als gleich anzunehmen, und sucht nun nicht mehr die Wahrscheinlichkeit eines ganz bestimmten Fehlers $\varDelta$ als Funktion von $\varDelta$ darzustellen, sondern die Wahrscheinlichkeit, daß ein Fehler zwischen die engen Grenzen $\varDelta$ und $\varDelta + d\varDelta$ fällt. Dies bezeichnet man durch

a) $$\text{Wahrscheinlichkeit} = \varphi(\varDelta)\, d\varDelta$$

und nennt $\varphi(\varDelta)$ die Fehlerwahrscheinlichkeitsfunktion.

Je enger man die Grenzen $\varDelta$ und $\varDelta + d\varDelta$ zusammenzieht, um so kleiner wird $\varphi(\varDelta)\, d\varDelta$, und nimmt man $d\varDelta$ unendlich klein, so wird auch $\varphi(\varDelta)\, d\varDelta$, d. h. die Wahrscheinlichkeit einen ganz bestimmten Fehler zu machen, unendlich klein, und die Wahrscheinlichkeit, daß ein Fehler zwischen den Grenzen a und b liegt, wird hiermit:

b) $$W_a^b = \int_a^b \varphi(\varDelta)\, d\varDelta.$$

2. Bestimmung der Wahrscheinlichkeitsfunktion.

Um zur Bestimmung der Funktion $\varphi(\varDelta)$ zu gelangen, kommen zunächst die Fehlergrenzen in Betracht. Ohne Zweifel gibt es für jede Beobachtungsart gewisse Grenzen, welche von den Fehlern nicht überschritten werden können. Da aber diese Grenzen sich nicht allgemein angeben lassen, nimmt man die denkbar äußersten Grenzen, nämlich $-\infty$ und $+\infty$. Für diese Grenzen muß die Fehlerwahrscheinlichkeit $= 0$ werden, also

a) $$\varphi(\pm\infty) = 0.$$

Die Wahrscheinlichkeit, daß ein Fehler zwischen den Grenzen $-\infty$ und $+\infty$ liegt, ist die Gewißheit $= 1$ oder nach 1. b):

b) $$\int_{-\infty}^{+\infty} \varphi(\varDelta)\, d\varDelta = 1.$$

Als zweite Bedingung, welcher die Funktion $\varphi(\varDelta)$ genügen soll, wird angenommen, daß ihr zufolge das arithmetische Mittel x mehrerer gleich genauer Beobachtungen der wahrscheinlichste Wert der beobachteten Größe ist. Wenn also mehrere Beobachtungen einer Unbekannten die Werte $l_1\ l_2\ l_3 \ldots$ ergeben, so muß daher angenommen werden, daß folgende Fehler begangen wurden:

c) $$\varDelta_1 = x - l_1 \qquad \varDelta_2 = x - l_2 \qquad \varDelta_3 = x - l_3 \qquad \text{usw.}$$

Nun soll die Wahrscheinlichkeit von x und damit die Wahrscheinlichkeit des Zusammentreffens der Fehler $\varDelta_1\ \varDelta_2\ \varDelta_3 \ldots$ die größtmöglichste, d. h. ein Maximum sein, also hat man nach dem Multiplikationssatz der Wahrscheinlichkeitsrechnung § 16, 6.:

$$\varphi(\varDelta_1)\, d\varDelta \cdot \varphi(\varDelta_2)\, d\varDelta \cdot \varphi(\varDelta_3)\, d\varDelta \ldots = \text{Maximum}$$

oder logarithmisch:

$$\ln\varphi(\varDelta_1) + \ln\varphi(\varDelta_2) + \ln\varphi(\varDelta_3) + \ldots = \text{Maximum}.$$

Die Bedingung des Maximums ist also:

$$\frac{d\ln\varphi(\varDelta_1)}{d\varDelta_1} + \frac{d\ln\varphi(\varDelta_2)}{d\varDelta_2} + \frac{d\ln\varphi(\varDelta_3)}{d\varDelta_3} + \ldots = 0,$$

oder wenn man Zähler und Nenner noch mit $\varDelta$ multipliziert:

$$\frac{\varDelta_1\, d\ln\varphi(\varDelta_1)}{\varDelta_1\, d\varDelta_1} + \frac{\varDelta_2\, d\ln\varphi(\varDelta_2)}{\varDelta_2\, d\varDelta_2} + \frac{\varDelta_3\, d\ln\varphi(\varDelta_3)}{\varDelta_3\, d\varDelta_3} + \ldots = 0.$$

Das arithmetische Mittel verlangt aber:

$$\varDelta_1 + \varDelta_2 + \varDelta_3 + \ldots = 0.$$

Soll nun diese und die vorhergehende Gleichung auf denselben Wert x führen, so muß sein:

$$\frac{d\ln\varphi(\varDelta_1)}{\varDelta_1\, d\varDelta_1} = \frac{d\ln\varphi(\varDelta_2)}{\varDelta_2\, d\varDelta_2} = \frac{d\ln\varphi(\varDelta_3)}{\varDelta_3\, d\varDelta_3} = \ldots = k,$$

gleich Konstante oder

$$\frac{d \ln \varphi(\Delta)}{d\Delta} = k\Delta.$$

Die Integration dieses Ausdrucks ergibt:

$$\ln \varphi(\Delta) = \frac{1}{2} k \Delta^2 + C$$

oder

$$\varphi(\Delta) = e^{\frac{1}{2} k \Delta^2 + C} = e^C \cdot e^{\frac{1}{2} k \Delta^2}.$$

Wegen der Bedingung a) muß aber k notwendig negativ sein. Setzt man daher $\frac{1}{2} k = -h^2$ und zugleich die von der Integrationskonstanten C abhängige Potenz $e^C = A$, so erhält man:

d) $$\varphi(\Delta) = A\, e^{-h^2 \Delta^2}.$$

Die Bedingung b) wird hiermit:

$$A \int_{-\infty}^{+\infty} e^{-h^2 \Delta^2} d\Delta = 1,$$

oder noch etwas einfacher, wenn man $h\Delta = t$ und $d\Delta = \frac{dt}{h}$ setzt:

e) $$\frac{A}{h} \int_{-\infty}^{+\infty} e^{-t^2} dt = 1.$$

Zur Auswertung dieses bestimmten Integrals ziehe man die Umdrehungsfläche, Bild 305, in Betracht, mit der Gleichung:

$$z = e^{-(x^2 + y^2)} \quad \text{oder.} \quad z = e^{-r^2}.$$

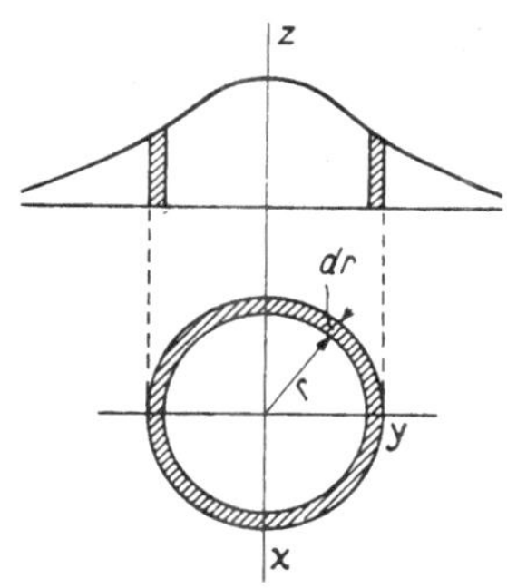

Bild 305

Das Volumen zwischen der krummen Fläche und der xy-Ebene läßt sich in zweierlei Weise bestimmen, wie folgt:

Erstens gibt die Zerlegung nach dx und dy das Volumendifferential

$$dV = z \cdot dx\, dy, \quad \text{also:}$$

f) $$V = \iint_{-\infty}^{+\infty} e^{-(x^2 + y)^2} dx\, dy = \int_{-\infty}^{+\infty} e^{-x^2} dx \int_{-\infty}^{+\infty} e^{-y^2} dy.$$

Zweitens kann man auch eine Zerlegung nach Zylinderelementen vornehmen. Das Volumen eines Hohlzylinders vom Halbmesser r, der Dicke dr und der Höhe z ist

$$dV' = 2 r \pi\, dr \cdot z = 2 r \pi\, dr \cdot e^{-r^2};$$

das Gesamtvolumen ist also:

$$\text{g)}\qquad V = \int dV' = \int_0^\infty 2r\pi e^{-r^2} dr = \pi \int_0^\infty e^{-r^2} 2r\,dr.$$
$$= \pi(-0-(-1)) = \pi.$$

Ein Vergleich von f) und g) gibt

$$\int_{-\infty}^{+\infty} e^{-x^2} dx \int_{-\infty}^{+\infty} e^{-y^2} dy = \pi;$$

da aber Bild 305 eine Umdrehungsfläche darstellt, so sind die beiden Integrale einander gleich, man kann daher $x = y = t$ setzen und erhält:

$$\left\{\int_{-\infty}^{+\infty} e^{-t^2} dt\right\}^2 = \pi.$$

Formel e) gibt hiermit

$$\frac{A}{h}\sqrt{\pi} = 1 \quad \text{oder} \quad A = \frac{h}{\sqrt{\pi}}$$

und damit erhält man schließlich nach d) die Wahrscheinlichkeitsfunktion:

$$\text{h)}\qquad \varphi(\Delta) = \frac{h}{\sqrt{\pi}} e^{-h^2 \cdot \Delta^2}.$$

Die noch verbleibende Konstante h, die jeder einzelnen Beobachtung zugeordnet werden muß, um die Größe ihrer Genauigkeit auszudrücken, die also mit letzterer wächst, heißt nach Gauß das **Maß der Präzision**.

3. Reihenentwicklungen.

Nach der letzten Gleichung 2. h) ist die Wahrscheinlichkeit, daß ein Fehler zwischen den Grenzen a und b liegt:

$$W_a^b = \int_a^b \frac{h}{\sqrt{\pi}} e^{-h^2 \Delta^2} d\Delta \qquad \left(= -\frac{1}{2h\Delta\sqrt{\pi}} \cdot e^{-h^2 \Delta^2}\Big|_a^b\right)$$

oder mit $h\Delta = t$ und $d\Delta = \frac{dt}{h}$ ist

$$W_a^b = \frac{1}{\sqrt{\pi}} \int_{ah}^{bh} e^{-t^2} dt \qquad \left(= -\frac{1}{2t\sqrt{\pi}} \cdot e^{-t^2}\Big|_{ah}^{bh}\right).$$

Die eingeklammerten Integrationen zeigen ohne weiteres, daß die beiden Gleichungen äquivalent sind.

Die Wahrscheinlichkeit, daß ein Fehler zwischen den Grenzen $-a$ und $+a$ liegt, ist demnach

$$W_{-a}^{+a} = \frac{1}{\sqrt{\pi}} \int_{-ah}^{+ah} e^{-t^2}\, dt \quad \text{oder}$$

a) $$W_0^a = \frac{2}{\sqrt{\pi}} \int_0^{ah} e^{-t^2}\, dt.$$

Zur Auswertung dieses Integrals diene die unter § 2, 9. abgeleitete Exponentialreihe:

$$e^x = 1 + \frac{x}{1!} + \frac{x^2}{2!} + \frac{x^3}{3!} + \ldots,$$

sie gibt mit $x = -t^2$:

$$e^{-t^2} = 1 - \frac{t^2}{1!} + \frac{t^4}{2!} - \frac{t^6}{3!} + \frac{t^8}{4!} - \ldots\ldots$$

$$\int e^{-t^2}\, dt = t - \frac{t^3}{3 \cdot 1!} + \frac{t^5}{5 \cdot 2!} - \frac{t^7}{7 \cdot 3!} + \frac{t^9}{9 \cdot 4!} - \ldots\ldots$$

also ist die Wahrscheinlichkeit W, daß ein Fehler zwischen den Grenzen 0 und a liegt:

b) $$W_0^a = \frac{2}{\sqrt{\pi}} \int_0^{ah} e^{-t^2}\, dt = \frac{2}{\sqrt{\pi}} \left(ah - \frac{(ah)^3}{3 \cdot 1!} + \frac{(ah)^5}{5 \cdot 2!} - \frac{(ah)^7}{7 \cdot 3!} + \frac{(ah)^9}{9 \cdot 4!} - \ldots \right).$$

Mit $ah = 0{,}1$ ergibt das z. B.:

c) $W_0^a = 1{,}12838\,(0{,}100000 - 0{,}000333 + 0{,}000001) = 0{,}112463$

und dementsprechend die folgenden Tafelwerte ohne Rücksicht auf das Vorzeichen von a:

Wahrscheinlichkeit W, daß ein Fehler zwischen den Grenzen 0 und a liegt

ah	W	Diff.	ah	W	Diff.	ah	W	Diff.
0,0	0,00000		0,7	0,67780		1,4	0,95229	
		0,11246			0,06430			0,01382
0,1	0,11246		0,8	0,74210		1,5	0,96611	
		0,11024			0,05481			0,01024
0,2	0,22270		0,9	0,79691		1,6	0,97635	
		0,10593			0,04579			0,00744
0,3	0,32863		1,0	0,84270		1,7	0,98379	
		0,09976			0,03750			0,00530
0,4	0,42839		1,1	0,88020		1,8	0,98909	
		0,09211			0,03011			0,00370
0,5	0,52050		1,2	0,91031		1,9	0,99279	
		0,08336			0,02370			0,00253
0,6	0,60386		1,3	0,93401		2,0	0,99532	
		0,07394			0,01828			0,00428
0,7	0,67780		1,4	0,95229		2,5	0,99960	

4. Der wahrscheinliche Fehler r.

Derjenige Wert a, für welchen die unter voriger Nummer bestimmte Wahrscheinlichkeit $W = \frac{1}{2}$ ist, heißt »der wahrscheinliche Fehler«, wird er mit r bezeichnet, so ist nach 3. a):

a) $$W_0^r = \frac{2}{\sqrt{\pi}} \int_0^{rh} e^{-t^2} dt = \frac{1}{2}.$$

Der hierdurch bestimmte Wert r des wahrscheinlichen Fehlers ist der Grenzwert, unter welchem sich ebensoviele kleinere Fehler befinden als größere über ihm; man kann also bei einer einzelnen Beobachtung, 1 gegen 1 wetten, daß der Fehler nicht größer als r ist.

Ordnet man die Fehler einer Beobachtung nach ihrer absoluten Größe, so kann man also den in der Mitte liegenden Wert als den wahrscheinlichen Fehler annehmen, bei der unter 1. angegebenen Fehlerreihe von 18 Fehlern z. B. als wahrscheinlichen Fehler den Wert von 1,125.

Ohne Gleichung a) nach rh aufzulösen, kann man die Tafel der vorigen Nummer zur Bestimmung von rh benutzen: Für $ah = 0{,}4$ ist $W = 0{,}42839$, für $ah = 0{,}5$ ist $W = 0{,}52050$, und da rh einem $W = 0{,}50000$ entsprechen soll, so erhält man durch einfache Interpolation $rh = 0{,}478$.

Ferner kann man ebenso auch für $2\,rh$, $3\,rh$, $4\,rh$, $5\,rh$ durch einfache Interpolation die entsprechenden W bestimmen oder die Wahrscheinlichkeiten, daß ein Fehler zwischen den Grenzen 0 und nr liegt:

Für	$ah = 0{,}000$	ist	$W = 0{,}000$	
				0,500
»	$rh = 0{,}478$	»	$W = 0{,}500$	
				0,323
»	$2\,rh = 0{,}956$	»	$W = 0{,}823$	
				0,134
»	$3\,rh = 1{,}434$	»	$W = 0{,}957$	
				0,036
»	$4\,rh = 1{,}912$	»	$W = 0{,}993$	
				0,006
»	$5\,rh = 2{,}390$	»	$W = 0{,}999.$	

Von 1000 Beobachtungen liegen demzufolge in den Zwischenräumen

von	0	bis	$1r$	500	Fehler
»	$1r$	»	$2r$	323	»
»	$2r$	»	$3r$	134	»
»	$3r$	»	$4r$	36	»
»	$4r$	»	$5r$	6	»
	Zusammen			999	Fehler.

Hiernach ist also eine Beobachtung, deren Fehler $> 5r$ ist, bereits als vermeidlich und deshalb als unzulässig zu betrachten.

rh ist eine Konstante, also ist die Genauigkeitszahl h umgekehrt proportional dem wahrscheinlichen Fehler r. Zur gelegentlichen Trennung dieser reziproken Werte wird rh durch ϱ bezeichnet und folgende Formel gibt zugleich den genaueren Zahlenwert nach Gauß:

b) $$rh = \varrho = 0{,}4769363$$

ϱ ist der Wert des wahrscheinlichen Fehlers für die Genauigkeit $h = 1$.

5. Wahrscheinlicher Fehler r und mittlerer Fehler m.

Eine Beziehung zwischen dem wahrscheinlichen Fehler und dem schon bekannten mittleren Fehler ergibt sich wie folgt:

Bei einer Beobachtung von der Genauigkeit h sind die Wahrscheinlichkeiten für die Entstehung der Fehler $\Delta_1\ \Delta_2\ \Delta_3\ \ldots$ nach 2. h):

$$\frac{h}{\sqrt{\pi}}\, e^{-h^2 \Delta_1^2}\, d\Delta, \qquad \frac{h}{\sqrt{\pi}}\, e^{-h^2 \Delta_2^2}\, d\Delta, \qquad \frac{h}{\sqrt{\pi}}\, e^{-h^2 \Delta_3^2}\, d\Delta \quad \text{usw.}$$

Die Wahrscheinlichkeit, daß diese Fehler $\Delta_1\ \Delta_2\ \Delta_3\ \ldots$ bei einer Beobachtungsreihe zusammen auftreten, ist nach dem Multiplikationssatz der Wahrscheinlichkeitsrechnung § 16, 6. bei n Beobachtungen proportional dem Ausdruck:

a) $$W = \left(\frac{h}{\sqrt{\pi}}\right)^n e^{-h^2 [\Delta\Delta]}.$$

Soll nun diese Wahrscheinlichkeit die größtmöglichste, d. h. ein Maximum sein, so bestimmt sich h aus der Gleichung:

$$\frac{dW}{dh} = 0.$$

Die Differenzierung von a) gibt mit Fortlassung des konstanten Nenners $\sqrt{\pi}$:

$$0 = \frac{d\,(h^n e^{-h^2 [\Delta\Delta]})}{dh} = n h^{n-1} e^{-h^2 [\Delta\Delta]} + h^n e^{-h^2 [\Delta\Delta]} (-2h[\Delta\Delta])$$
$$= h^{n-1} e^{-h^2 [\Delta\Delta]} (n - 2h^2 [\Delta\Delta]);$$

der zweite Faktor $= 0$ gesetzt, gibt:

b) $$\frac{[\Delta\Delta]}{n} = \frac{1}{2h^2};$$

nach 4. b) ist aber $rh = \varrho$ oder $h = \frac{\varrho}{r}$ und damit erhält man:

$$r = (\varrho\sqrt{2}) \sqrt{\frac{(\Delta\Delta)}{n}}.$$

Der hier erscheinende Wurzelwert ist aber nach § 42, 4. a) der mittlere Fehler m; es ist also:

c) $$r = (\varrho \sqrt{2})\, m$$

oder mit Beachtung von 4. b):

c') $$r = 0{,}6744898 \cdot m.$$

Aus b) erhält man auch eine Beziehung zwischen dem mittleren Fehler m und der Genauigkeitszahl h, nämlich:

d) $$m = \frac{1}{h\sqrt{2}} \quad \text{oder} \quad h = \frac{1}{m\sqrt{2}}.$$

Die Anwendung der Formel c) auf das Beispiel 2 § 42, 6. gibt mit dem dort berechneten mittleren Fehler $m = 1{,}66''$:

$$r = 0{,}6745 \cdot 1{,}66'' = 1{,}12'',$$

was mit dem unter 4. aus der Fehlerreihe abgelesenen Wert 1,125 zufälligerweise sehr nahe übereinstimmt.

6. Durchschnittlicher Fehler t und Fehlerbeziehungen.

Der durchschnittliche Fehler wurde als erstes und ältestes Genauigkeitsmaß eingeführt und ist nach § 42, 3. a):

$$t = \frac{[\pm \varDelta]}{n}.$$

wobei $[\pm \varDelta]$ die absolute Summe von n wahren Beobachtungsfehlern bezeichnen soll, d. h. die Summe ohne Rücksicht auf die Vorzeichen $\pm$.

Die Wahrscheinlichkeit eines Fehlers $\varDelta$ ist

$$W = \frac{h}{\sqrt{\pi}}\, e^{-h^2 \varDelta^2}\, d\varDelta.$$

Der Fehler $\varDelta$ wird daher in n Fällen $n\,W$mal vorkommen und das gibt die Summe $n\,\varDelta\,W$. Die Summe aller Fehler überhaupt ist demnach

$$[\pm \varDelta] = \int_{-\infty}^{+\infty} n\,\varDelta\, \frac{h}{\sqrt{\pi}}\, e^{-h^2 \varDelta^2}\, d\varDelta$$

oder

a) $$[\pm \varDelta] = \frac{2nh}{\sqrt{\pi}} \int_0^{\infty} \varDelta\, e^{-h^2 \varDelta^2}\, d\varDelta.$$

Setzt man $h\varDelta = x$, also $\varDelta = \frac{x}{h}$ und $d\varDelta = \frac{dx}{h}$, so wird:

b) $$t = \frac{[\pm \varDelta]}{n} = \frac{2h}{h^2\sqrt{\pi}} \int_0^{\infty} x\, e^{-x^2}\, dx.$$

Nun ist

$$\int_0^\infty x\,e^{-x^2}\,dx = -\frac{1}{2}\int_0^\infty e^{-x^2}(-2\,x\,dx) = 0 - \left(-\frac{1}{2}\right) = \frac{1}{2},$$

also wird

c) $$t = \frac{[\pm \varDelta]}{n} = \frac{1}{h\sqrt{\pi}}.$$

Nach 4. b) ist aber $h = \frac{\varrho}{r}$, also ist

d) $$r = (\varrho\sqrt{\pi})\,t = 0{,}8453476\,t,$$

und mit Beachtung von 5. c′) ist

$$m = 1{,}2533141\ t.$$

Es fragt sich noch, in welcher Weise der durchschnittliche Fehler zu berechnen ist, wenn nicht die wahren Fehler $\varDelta$, sondern nur ihre wahrscheinlichsten Werte v vorliegen. Für den mittleren Fehler wurden zwei verschiedene Beziehungen gefunden, § 42, 4. a) und 6. f):

e) $$m^2 = \frac{[\varDelta\varDelta]}{n} = \frac{[v\,v]}{n-1}.$$

Unter der Annahme, daß die v demselben Fehlergesetz folgen wie die $\varDelta$, erhält man daraus:

$$[\pm \varDelta] : [\pm v] = \sqrt{n} : \sqrt{n-1} \quad \text{oder} \quad \frac{[\pm \varDelta]}{n} = \frac{[\pm v]}{\sqrt{n\,(n-1)}}.$$

Demnach ist der durchschnittliche Fehler:

f) $$t = \frac{[\pm \varDelta]}{n} = \frac{[\pm v]}{\sqrt{n\,(n-1)}}.$$

Genauigkeitsmaße.

Die Genauigkeit von Beobachtungen ist festgelegt durch h als Maß der Präzision nach Gauß. Die verschiedenen Genauigkeitsmaße müssen in mathematisch feststehenden Beziehungen zueinander stehen, denn einer vorliegenden Beobachtungsreihe kann im Vergleich zu einer anderen Reihe nur ein bestimmter Genauigkeitsgrad zukommen, nur verschieden ausgedrückt. Die unter 4. 5. und dieser Nummer abgeleiteten Beziehungen haben ergeben:

$$h = \frac{1}{m\sqrt{2}} \qquad m = \frac{1}{h\sqrt{2}},$$

$$r = 0{,}6745\,m \ \text{oder rund}\ \frac{2}{3}\,m,$$

$$m = 1{,}2533\,t \ \text{oder rund}\ 1\frac{1}{4}\,t.$$

h ist umgekehrt proportional zu m zu r und zu t.

7. Graphische Darstellung des Fehlergesetzes.

Die Ausrechnung der Wahrscheinlichkeitsfunktion 2. h), nämlich

a) $$y = \varphi(\Delta) = \frac{h}{\sqrt{\pi}}\, e^{-h^2 \Delta^2}$$

für $h = 1$ und $h = 2$ ist in folgender Zahlentafel gegeben und die entsprechenden beiden Wahrscheinlichkeitskurven zu ein und demselben Maßstab in Bild 306. Die Ordinatenachse ist Symmetrieachse, die

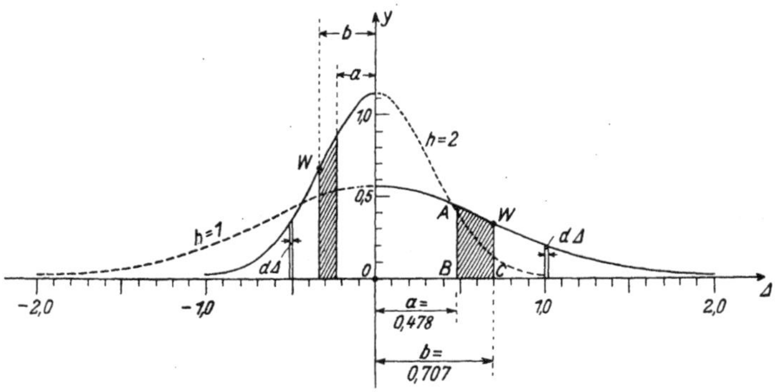

Bild 306

Δ	$y = \varphi(\Delta)$ für $h = 1$	$y = \varphi(\Delta)$ für $h = 2$
0,0	0,56419	1,12838
0,1	0,55858	1,08414
0,2	0,54207	0,96154
0,3	0,51563	0,78724
0,4	0,48077	0,59498
0,5	0,43939	0,41510
0,6	0,39362	0,26734
0,7	0,34565	0,15894
0,8	0,29749	0,08722
0,9	0,25098	0,04420
1,0	0,20755	0,02066
1,1	0,16824	
1,2	0,13367	
1,3	0,10410	
1,4	0,07947	
1,5	0,05946	0,00014
1,6	0,04361	
1,7	0,03136	
1,8	0,02210	
1,9	0,01526	
2,0	0,01033	0,00000
3,0	0,00007	
4,0	0,00000	
	$r = \varrho$	$r = \frac{\varrho}{2}$

Abszissenachse Asymptote der Wahrscheinlichkeitskurven. Die Darstellung zeigt ohne weiteres:

Für den Fehler Null ist die Wahrscheinlichkeit ein Maximum $\left(= \frac{h}{\sqrt{\pi}}\right)$. Das Vorkommen gleicher positiver wie negativer Fehler ist gleich häufig. Die Häufigkeit des Vorkommens eines Fehlers nimmt ab mit seiner Größe.

Die Wahrscheinlichkeit, daß ein Fehler zwischen den Grenzen Δ und $\Delta + d\Delta$ liegt, ist

b) $$W = \varphi(\Delta)\, d\Delta \quad \text{oder} \quad y\, d\Delta$$

und die geometrische Darstellung hiervon ist ein unendlich kleines Rechteck, dessen Höhe $= y$ und dessen Breite $= d\Delta$ ist. Entsprechend ist die Wahrscheinlichkeit, daß ein Fehler zwischen den

Grenzen a und b liegt:

c) $$W = \int_a^b y\, d\Delta,$$

geometrisch dargestellt durch die Fläche, welche begrenzt ist von der Abszissenachse, der Kurve und den beiden Ordinaten, die zu den Abszissen $\Delta = a$ und $\Delta = b$ gehören. Z. B. wird die Wahrscheinlichkeit, daß ein Fehler zwischen den Grenzen $\Delta = 0{,}478$ und $\Delta = 0{,}707$ liegt, in Bild 306 dargestellt durch die schraffierte Fläche $ABCW$.

Die Gesamtfläche zwischen der Abszissenachse und der Kurve ist $= 1$, was der Gleichung 2. b) entspricht, nämlich

d) $$\int_{-\infty}^{+\infty} y\, d\Delta \quad \text{oder} \quad 2\int_0^{\infty} y\, d\Delta = 1.$$

Die Abszisse OB wurde gleich $\varrho = 0{,}478$ gemacht, woraus folgt, daß die Ordinate BA die eine Hälfte der Gesamtfläche halbiert, denn das entspricht nach 4. a) dem Integral des wahrscheinlichen Fehlers:

e) $$\frac{2h}{\sqrt{\pi}} \int_0^r e^{-h^2\Delta^2} d\Delta \quad \text{oder} \quad \frac{2}{\sqrt{\pi}} \int_0^{rh} e^{-t^2} dt = \frac{1}{2}.$$

Von besonderem Interesse ist noch, daß der mittlere Fehler m zugleich den Wendepunkt W der Kurve bestimmt. Die Wendepunktabszisse erhält man nach § 34, 6. d), wenn man den zweiten Differentialquotienten der Funktion a) gleich Null setzt.

$$\frac{dy}{d\Delta} = \frac{h}{\sqrt{\pi}} e^{-h^2\Delta^2}(-2h^2\Delta) = -\frac{2h^3}{\sqrt{\pi}} \Delta e^{-h^2\Delta^2};$$

$$\frac{d^2y}{d\Delta^2} = -\frac{2h^3}{\sqrt{\pi}} \left(e^{-h^2\Delta^2} - \Delta e^{-h^2\Delta^2} \cdot 2h^2\Delta\right)$$

$$= -\frac{2h^3}{\sqrt{\pi}} e^{-h^2\Delta^2}(1 - 2h^2\Delta^2).$$

Soll das $= 0$ werden, so muß sein:

$$1 - 2h^2\Delta^2 = 0, \text{ also}$$

f) $$\Delta = \frac{1}{h\sqrt{2}};$$

dies ist aber nach 5. d) der mittlere Fehler m.

Die Wendepunktabszissen der Wahrscheinlichkeitskurven und also auch die m sind $\pm 0{,}7072\ldots$ für $h = 1$ und $\pm 0{,}3536\ldots$ für $h = 2$.

Eine Schlußbetrachtung:

Angenommen zwei Schützen S_1 und S_2 messen sich im Scheibenschießen mit je 1000 Schüssen. 500 Schüsse von S_1 fallen in einen Kreis vom Radius $\Delta = 0{,}386$; 500 Schüsse von S_2 fallen in einen Kreis vom Radius $\Delta = 0{,}513$. Das gibt mit Bezug auf Bild 306:

$$h_1 : 1 = 0{,}478 : 0{,}386 \quad \text{oder} \quad h_1 = 1{,}241$$
$$h_2 : 1 = 0{,}478 : 0{,}513 \quad \text{oder} \quad h_2 = 0{,}932.$$

Die relative Geschicklichkeit von S_1 und S_2 ist daher

$$h_1 : h_2 = 1{,}33 : 1.$$

Ist r der Radius des Kreises, worin 500 Schüsse trafen und man fertigt sich eine Scheibe mit 5 Kreisen von $1r$, $2r$, $3r$, $4r$, $5r$ Radius, so ließe sich die unter 4. abgeleitete Fehlerverteilung also durch eine entsprechende Schießübung prüfen.

Schärfer würde eine solche Prüfung des Fehlergesetzes sein, wenn man einen etwaigen Fehler der Büchse, der immer einseitig wirken wird, dadurch eliminiert, daß man die Rechnung nicht auf das Zentrum der Scheibe, sondern auf den Schwerpunkt der 1000 Schüsse bezieht, welcher mit dem Zentrum der Scheibe im allgemeinen nicht genau übereinstimmen wird.

Sachverzeichnis

www.ingramcontent.com/pod-product-compliance
Lightning Source LLC
LaVergne TN
LVHW081355011026
849161LV00013BA/2813
* 9 7 8 3 4 8 6 7 4 7 8 5 0 *